AF609145

Antike nach der Antike
Antiquity after Antiquity

Herausgegeben von Daniel Barbu, Constanze Güthenke, Karin Schlapbach, Thomas Späth und Adrian Stähli

Band 4

Severin Thomi

Felix Staehelin und die römische Schweiz

Ein Beitrag zur Wissenschaftsgeschichte

Schwabe Verlag

Die Druckvorstufe dieser Publikation wurde vom Schweizerischen Nationalfonds zur Förderung der wissenschaftlichen Forschung unterstützt.

Bibliografische Information der Deutschen Nationalbibliothek
Die Deutsche Nationalbibliothek verzeichnet diese Publikation in der Deutschen Nationalbibliografie; detaillierte bibliografische Daten sind im Internet über http://dnb.dnb.de abrufbar.

Abbildung Cover: Kalksteinrelief der Lupa Capitolina, Aventicum – Site et Musée romains d'Avenches (Photo: Paul Lutz)
Gestaltungskonzept und Cover: icona basel gmbh, Basel
Satz: 3w+p, Rimpar
Druck: Hubert & Co., Göttingen
Printed in Germany
ISBN Printausgabe 978-3-7965-5030-0
ISBN eBook (PDF) 978-3-7965-5095-9
DOI 10.24894/978-3-7965-5095-9
Das eBook ist seitenidentisch mit der gedruckten Ausgabe und erlaubt Volltextsuche.
Zudem sind Inhaltsverzeichnis und Überschriften verlinkt.

rights@schwabe.ch
www.schwabe.ch

Inhalt

Vorwort

Bei diesem Buch handelt es sich um die leicht überarbeitete Version meiner Promotionsschrift, die im Sommer 2019 an der Universität Bern angenommen wurde.

Dass die hier vorgelegte Studie entstehen konnte, verdankt sich nicht zuletzt einem Umfeld, das mir stets die nötige Unterstützung geboten hat.

Zuerst und hauptsächlich gebührt meinem Doktorvater und akademischen Lehrer, Stefan Rebenich, unter dessen Leitung die Dissertation entstanden ist, mein herzlicher und tiefempfundener Dank für die langjährige Förderung und Unterstützung meiner Studien.

Diese Arbeit wäre überdies so nicht möglich gewesen ohne das vom Schweizerischen Nationalfonds geförderte Projekt «Traductions helvétiques de l'Antiquité/Helvetische Übersetzungen der Antike». Dem Leiter des Projekts und Zweitbetreuer meiner Promotionsschrift, Thomas Späth, danke ich herzlich dafür, dass mir die Möglichkeit geboten wurde, meine Dissertation in diesem Rahmen zu erarbeiten. Auch meinen Kolleginnen und Kollegen, die sich in diesem Nationalfonds-Projekt engagierten, gilt mein herzlicher Dank.

Mannigfache Anregungen erhielt ich im Althistorischen Kolloquium der Universität Bern, dessen Teilnehmerinnen und Teilnehmern ich dankbar bin für ihre wertvolle geistige Mitarbeit an meinen Forschungen.

Ein angenehmes und produktives Arbeitsumfeld durfte ich in Bern an der Abteilung für Alte Geschichte und Rezeptionsgeschichte der Antike, aber auch am Historischen Institut insgesamt geniessen. Den Mitarbeitenden des Instituts sowie den Studienkolleginnen und -kollegen, die mein Projekt begleitet haben, bin ich dafür ebenfalls zu Dank verpflichtet.

Für fruchtbaren Austausch, der (nicht nur) im Rahmen eines durch das Projekt initiierten Workshops in Bern erfolgte, danke ich bestens Constanze Güthenke, Jürgen von Ungern-Sternberg, Beat Näf und François Paschoud (†). Ebenfalls gilt mein Dank den Teilnehmerinnen und Teilnehmern des Althistorischen Kolloquiums der Humboldt-Universität zu Berlin für die anregende Diskussion meines Forschungsthemas.

Für aufschlussreiche Gespräche und die freundliche Überlassung von anderweitig nicht zugänglichen Quellen zu Felix Staehelin danke ich herzlich Martin Staehelin.

Einer ganzen Reihe von Bibliotheken und Archiven bin ich zu Dank verpflichtet für die ausnahmslos freundliche und hilfsbereite Betreuung, vor allem aber der Universitätsbibliothek Basel und dem Staatsarchiv des Kantons Basel-Stadt.

Der Herausgeberschaft der Reihe «Antike nach der Antike» sowie dem Schwabe Verlag danke ich herzlich für die umsichtige und zuvorkommende Unterstützung bei der Vorbereitung der Publikation.

Sowohl die Forschungsarbeit wie auch dieses Buch selbst wurden ermöglicht durch die Unterstützung des Schweizerischen Nationalfonds.

All dies aber wäre umsonst gewesen ohne den Rückhalt in meinem persönlichen Umfeld, die Unterstützung von vielen lieben Freunden, vor allem aber von meiner Ehefrau Sarah. In der Phase der Publikationsvorbereitung freute mich überdies ganz besonders die Anwesenheit unseres kleinen Sohnes Alexander Elias. Von Beginn meines Lernens und Schaffens an getragen und gestützt haben mich schliesslich meine Eltern Peter und Annemarie. Ihnen sei dieses Buch gewidmet.

Bern, im Februar 2024 Severin Thomi

Abkürzungsverzeichnis

AAS	Jahrbuch Archäologie Schweiz
AE	L'Année épigraphique
AGGS	Allgemeine Geschichtsforschende Gesellschaft
AGZ	Antiquarische Gesellschaft in Zürich
ANRW	Aufstieg und Niedergang der römischen Welt
ArchS	Archäologie der Schweiz/Archäologie Schweiz
ASA	Anzeiger für schweizerische Altertumskunde
ASZ	Allgemeine Schweizer Zeitung
BBAW	Berlin-Brandenburgische Akademie der Wissenschaften (PAW: Preussische Akademie der Wissenschaften)
BCU	Bibliothèque cantonale et universitaire Lausanne
BJ	Basler Jahrbuch
BN	Basler Nachrichten
BRGK	Bericht der Römisch-Germanischen Kommission
BSB	Basler Stadtbuch
BZG	Basler Zeitschrift für Geschichte und Altertumskunde
Centralblatt	Centralblatt des Schweizerischen Zofingervereins
CIL	Corpus Inscriptionum Latinarum
CPh	Classical Philology
CSIR	Corpus Signorum Imperii Romani
DAI	Deutsches Archäologisches Institut
DNP	Der neue Pauly. Enzyklopädie der Antike
DVA	Deutsche Verlags-Anstalt
EDI	Eidgenössisches Departement des Innern
FAG	Freiwillige Akademische Gesellschaft Basel
FGrH	Die Fragmente der griechischen Historiker
Germania	Germania: Anzeiger der Römisch-Germanischen Kommission des Deutschen Archäologischen Instituts
Gnomon	Gnomon: Kritische Zeitschrift für die gesamte Klassische Altertumswissenschaft
GGA	Göttingische gelehrte Anzeigen
GGG	Gesellschaft für das Gute und Gemeinnützige Basel
HAG	Historische und Antiquarische Gesellschaft zu Basel

HLS	Historisches Lexikon der Schweiz
HMB	Historisches Museum Bern
HSR	Historical Social Research
HZ	Historische Zeitschrift
ICH	Inscriptiones Confoederationis Helveticae Latinae
JdG	Journal de Genève
JSG	Jahrbuch für schweizerische Geschichte
JbSGU	Jahresbericht der Schweizerischen Gesellschaft für Urgeschichte; Jahrbuch der Schweizerischen Gesellschaft für Urgeschichte; Jahrbuch der Schweizerischen Gesellschaft für Ur- und Frühgeschichte
JRS	Journal of Roman Studies
Klio	Klio: Beiträge zur Alten Geschichte
Liz.	Lizenziatsarbeit
Nat.-Ztg.	National-Zeitung
NZZ	Neue Zürcher Zeitung
PhW	Philologische Wochenschrift
Pro Aventico	Bulletin de l'Association Pro Aventico
Pro Vindonissa	Jahresbericht/Gesellschaft Pro Vindonissa
RBPh	Revue belge de philologie et d'histoire
RGK	Römisch-Germanische Kommission des Deutschen Archäologischen Instituts
RE	Paulys Realencyclopädie der classischen Altertumswissenschaft
REA	Revue des Études Anciennes
RIS	Römische Inschriften der Schweiz (= Walser, RIS = Walser 1977–1980)
RPh	Revue de Philologie, de Littérature et d'Histoire Anciennes.
RSAA	Zeitschrift für Schweizerische Archäologie und Kunstgeschichte
SBAG	Schweizer Beiträge zur Allgemeinen Geschichte
SGEK	Schweizerische Gesellschaft für Erhaltung historischer Kunstdenkmäler
SGU	Schweizerische Gesellschaft für Urgeschichte
SKPhB	Seminar für klassische Philologie der Universität Basel
SPM	Die Schweiz vom Paläolithikum bis zum frühen Mittelalter
SRZ	Die Schweiz in römischer Zeit
SRZ^{2}	Die Schweiz in römischer Zeit, zweite, verbesserte Auflage
SRZ^{3}	Die Schweiz in römischer Zeit, dritte, neu bearbeitete und erweiterte Auflage
SvW	Stiftung Schnyder von Wartensee

SLA	Schweizerisches Literaturarchiv
SZG	Schweizerische Zeitschrift für Geschichte
StABS	Staatsarchiv des Kantons Basel-Stadt
StABE	Staatsarchiv des Kantons Bern
StAZH	Staatsarchiv des Kantons Zürich
TB	Tagebuch Felix Staehelin
ThBeitr	Thurgauer Beiträge zur Geschichte
TLL	Thesaurus linguae Latinae
UB Basel	Universitätsbibliothek Basel
UB Mainz	Universitätsbibliothek Mainz
ULB	Universitäts- und Landesbibliothek Sachsen-Anhalt
ZBZ	Zentralbibliothek Zürich
ZBSO	Zentralbibliothek Solothurn
ZIG	Zeitschrift für Ideengeschichte
ZSG	Zeitschrift für schweizerische Geschichte
ZSK	Zeitschrift für schweizerische Kirchengeschichte

I Die *Schweiz in römischer Zeit* im Kontext der Biographie Felix Staehelins

Abb. 1: Ernst Wolf, 1915–2007. Bildnis Prof. Felix Staehelin 1944. Öl auf Leinwand. (Sammlung des Kunstkredits Basel-Stadt. Inv.-Nr. 909).

1 Einleitung

1.1 Problemstellung und Erkenntnisinteresse

Felix Staehelin veröffentlichte sein Werk *Die Schweiz in römischer Zeit* im Jahr 1927.[1] Das Buch – das 1931 und 1948 je eine aktualisierte Auflage erfuhr – etablierte sich sofort als Standardwerk zum Thema und blieb über Jahrzehnte hinweg der massgebliche Bezugspunkt jeglichen Diskurses zur Geschichte der «römischen Schweiz».[2] Staehelins Publikation stellte keineswegs den ersten Versuch dar, eine historische Gesamtdarstellung des Gebietes der modernen Schweiz zur Zeit der römischen Herrschaft zu verfassen. Nun aber geschah dies unter neuen wissenschaftlichen Vorzeichen und in einer auf Vollständigkeit angelegten Art und Weise, wie es bis dahin nicht unternommen worden war.

Die vorliegende Studie besteht aus einer Untersuchung, welche dieses Werk selbst ins Zentrum stellt und durch eine umfassende Kontextualisierung auf seine historische Bedeutung hin befragt.

Staehelins Werk zur römischen Schweiz stellt in mehrfacher Hinsicht einen lohnenden Gegenstand der historischen Betrachtung dar, seine zentrale Stellung innerhalb der Geschichte der Auseinandersetzung der schweizerischen Geschichts- und Altertumswissenschaft mit der eigenen «klassischen» Epoche hebt es über thematisch ähnlich gelagerte Elaborate hinaus. Der zeitgenössischen und diachronen Wichtigkeit der Publikation Staehelins entspricht ein historischer Erkenntnisgewinn, den eine umfassende Untersuchung und Einordnung auf verschiedenen Ebenen versprechen. Obwohl die Bedeutung des Buches in der Fachwelt einhellig anerkannt wird,[3] fehlt eine historisch informierte, durch um-

1 Staehelin 1927 (= SRZ). Zu der Schreibweise des Namens: In den früheren Publikationen ist der Autorname stets mit «Stähelin» angegeben. Wie aus den Quellen ersichtlich wird, wünschte Staehelin verschiedentlich (auch auf Nachfrage) explizit diese Schreibweise (so etwa: StABS PA 208 178: 3; UB Basel NL 72 VIII: 400). In späteren Publikationen taucht daneben auch «Staehelin» auf, für die dritte Auflage der SRZ «Stæhelin». Seine Korrespondenz unterzeichnete er mit «Felix Staehelin». In vorliegender Arbeit wird in Übereinstimmung mit der neueren Literatur (als Referenz: Bleicken/Staehelin 1994) konsequent die Form «Staehelin» verwendet (ausser in Zitaten mit anderer Schreibweise).

2 Vgl. etwa: Howald/Meyer 1940, VII ff.; Meyer 1946, 121; Meyer 1972, 91; Frei-Stolba 1976, 289; Ducrey 1972, 107.

3 Vgl. etwa: Furger et al. 2001, 301 f.

fangreiche Quellenarbeit gestützte wissenschaftsgeschichtliche Behandlung, die sich nicht in der Diskussion von einzelnen Punkten im Sinne einer Aufbereitung des Forschungsstandes zur Hinführung auf die Materialebene erschöpft.

Während die SRZ zwar stets in gebührendem Masse gewürdigt worden ist, wurde sie kaum je als Objekt gefasst, welches nicht lediglich um seiner selbst und der immanenten Aussageabsicht willen zu rezipieren ist. Nie wurde das Werk zum Gegenstand einer umfassenden analytischen Betrachtung gemacht, welche durch seine Einordnung in die relevanten historischen Zusammenhänge neue Erkenntnisse zu grundsätzlichen Fragen zu Diskursen und Akteuren des Umgangs der Schweiz mit ihrer römischen Vergangenheit zu gewinnen sucht. Eine solche Untersuchung stellte bislang ein Desiderat dar, eine Forschungslücke innerhalb der Geschichte der Rezeption der «römischen Schweiz»,[4] der Geschichte der schweizerischen Historiographie und der schweizerischen Altertumswissenschaften im 20. Jahrhundert. Mit der nun vorliegenden Studie soll dieser Forschungslücke Rechnung getragen werden.[5]

Das Werk, Staehelins SRZ, wird hier nicht als isolierter Gegenstand verstanden, sondern als Produkt und Kreuzungspunkt von individuell formuliertem, aber kollektiv bedingtem Erkenntnisinteresse, von verfügbarer Quellenbasis und derer interpretativer Vorformung, von gegebenen sozialen und diskursiven Konstellationen, von fachgeschichtlichen und institutionellen Entwicklungen, von zeitgeschichtlichen Gegebenheiten und Prozessen unterschiedlicher Art. Es ist somit in seiner Existenzmöglichkeit (und zwar, *dass* es existiert und *wie* es existiert) bedingt durch einen Zusammenklang einer Vielzahl von historischen Faktoren. Diese bilden ein Kontinuum, welches im Zuge der vorliegenden Untersuchung durch die historische Analyse und Gestaltung in verschiedene Aspekte bzw. Perspektiven zergliedert wird, die sich sodann distinkt, aber durch ihre jeweiligen Interdependenzen verbunden darstellen lassen. Es werden hierzu die mannigfaltigen Zusammenhänge, in denen die SRZ steht, durch perspektivische Ordnung und Hierarchisierung organisiert, um sie einer Analyse zugänglich zu machen.

4 Der Ausdruck «römische Schweiz» wird in dieser Untersuchung verwendet, um das Untersuchungsobjekt der SRZ zu bezeichnen. Das Konzept «römische Schweiz» wird in der vorliegenden Studie nicht definiert, sondern in wissenschaftsgeschichtlicher Perspektive analytisch beobachtet. Wie dies konkret geschieht, wird in Kapitel 8 der Arbeit ausführlich gezeigt. Der entsprechende Ausdruck kann vorläufig grob als Bezeichnung desjenigen Rezeptionsobjekts verstanden werden, das aus der historiographischen Beschäftigung mit der antiken Geschichte des Gebiets der heutigen Schweiz hervorgegangen ist.

5 Eine wissenschaftsgeschichtliche Interpretation der SRZ aus ihrer Zeit heraus wurde bisher nur in Form einiger knapper diesbezüglicher Bemerkungen vorgenommen. Vgl. dazu die Diskussion des Forschungsstandes in Kapitel 1.3.

In vorliegender Untersuchung wird zur historischen Behandlung der *Schweiz in römischer Zeit,* die im Zentrum des Erkenntnisinteresses steht, in einem übergeordneten Sinn nach dem *Autor* und seiner Gestaltung des *Objekts* gefragt, welche das Werk in seiner Substanz konstituiert. Diese Herangehensweise an die *Schweiz in römischer Zeit,* die einerseits den Autor, andererseits den Gegenstand des Werks in den Fokus rückt und die Gestaltung des Letzteren durch Ersteren als das Wesentliche an dem Werk versteht, kommt in dem Titel der vorliegenden Arbeit zum Ausdruck, wo mit «Felix Staehelin» der Autor, mit «römische Schweiz» das Objekt und mit dem Junktor «und» die verbindende Relation bezeichnet ist, nach der gefragt wird.

Der Fokus liegt also einerseits auf Felix Staehelin, der als vielfach geprägter, aber doch in seinen spezifischen Prägungen individueller Autor und als historischer Akteur verstanden wird, und andererseits auf der «römischen Schweiz», die als präexistentes Objekt der Rezeption von Staehelin in einer neuen Art gestaltet wird.

Es wird somit kein werkimmanenter Zugang zur *Schweiz in römischer Zeit* angestrebt, sondern mit dem Fokus auf den Autor und seinen Gegenstand eine grundlegende Hierarchisierung vorgenommen, von wo aus ein Frageraster über die historischen Zusammenhänge gelegt werden kann, in welchen das Werk steht, um die wissenschaftsgeschichtliche Klärung der Signifikanz der SRZ in einer breit kontextualisierenden Art vorzunehmen.

Konkret bedeutet dies, dass die *Schweiz in römischer Zeit* in einem ersten Teil der Untersuchung in der Biographie ihres Autors verortet und hierbei in ihren Bedingungen analysiert wird. Es wird also gefragt nach Staehelins sozialem Hintergrund, nach seinem intellektuellen, wissenschaftlichen und institutionellen Werdegang und der Rolle, welche seiner *Schweiz in römischer Zeit* hierbei zukam. Einerseits ist hier somit das Ziel, die Bedeutung des Werks für den Lebensweg des Gelehrten aufzuzeigen, und andererseits wird im Sinne einer Teilperspektive auf das Werk ein Verständnis der SRZ aus dem Lebensweg des Autors angestrebt. Es sollen also die Wechselwirkung und die gegenseitige Bedingtheit von Werk und Biographie herausgearbeitet werden. Hierbei werden der Autor und sein Lebensweg nicht isoliert betrachtet, sondern verstanden als epistemologischer Zugang zum historischen Kontext der SRZ in Bezug auf die relevanten Akteure, Institutionen und Diskurse. Gefragt wird nach dem Weg Staehelins zur SRZ, nach seiner fachlichen und sozialen Herkunft, nach den Faktoren, welche die Entstehung des Werks in dieser Form ermöglichten, und denjenigen, die zu seiner Realisierung den Ausschlag gaben. Es interessiert weiter die Frage, wie Staehelin in die Position des legitimen Sprechens über die römische Schweiz gelangt und wie er das Autorentum eines Gesamtbildes der römischen Schweiz schliesslich für sich monopolisiert. Es wird also gefragt nach Konkurrenz und nach Strategien der Behauptung des Forschungsfeldes. Ebenfalls geht die vorliegende Studie dem konkreten Entstehungsprozess des Buches sowie seiner zweiten und dritten Auflage nach, sie fragt nach Staehelins wissenschaftlichem Netzwerk und dessen Funktion im Hinblick auf die SRZ wie auch nach der Bedeutung, die der SRZ im weiteren Werk Staehelins sowie in der zeitgenössischen Forschungslandschaft zukommt. Ebenfalls wird den Fragen nachgegangen, welche Rolle Staehelin über die SRZ hinaus für die wissenschaftliche Auseinandersetzung mit der römischen Schweiz spielte und weshalb letztlich nie eine französische Version des Werks entstand. Nicht zuletzt wird auch die Frage nach der Etablierung und Positionierung Staehelins im universitären Feld in die Untersuchung einbezogen.

Die hier gewählte Art der Fragestellung ermöglicht über die Analyse des konkreten Wissenschaftlers und seines Werks hinaus einen gewissermassen zentralperspektivisch organisierten Blick auf fachgeschichtliche Aspekte im Kontext der fortschreitenden Ausdifferenzierung der Altertumswissenschaft und der Geschichte der Alten Geschichte in der Schweiz sowie auf Voraussetzungen und Mechanismen der wissenschaftlichen Produktion zum Thema der römischen Schweiz in der ersten Hälfte des 20. Jahrhunderts. Der berücksichtigte Zeitraum erlaubt hierbei die Herausarbeitung zentraler Veränderungsprozesse.

In einem zweiten Teil der Untersuchung erfolgt ein Wechsel des Blickwinkels. Die Analyse geht hier von grundlegenden Aspekten des Werks selbst aus, um von hier aus die historische Kontextualisierung vorzunehmen. Es wird hier gefragt, wie das Objekt «römische Schweiz» konzeptionell zu fassen ist, in welcher Gestalt Staehelin dieses Objekt antrifft und wie er es neu gestaltet. Hierbei interessieren insbesondere die Systematik der historiographischen Konstruktion, die Organisation der historischen Evidenz, die konkrete Arbeitsweise und der methodische Zugriff auf das Thema sowie der allgemeine Charakter der Darstellung und zentrale Aspekte ihrer Rezeption. Ebenfalls wird nach den erkenntnisleitenden Konzepten und ihrer Verortung im wissenschaftlichen Diskurs sowie nach Interdependenzen mit ausserwissenschaftlichen Diskursen zu Identität und nationalgeschichtlicher Kontinuität gefragt.

Die jeweils sich hieraus ergebenden Teilfragen werden im Verlauf der Untersuchung nicht nacheinander abgehandelt, sondern sie ziehen sich in ihren gegenseitigen Abhängigkeiten durch deren gesamten Verlauf, werden mit Schwerpunkten an einzelnen Stellen breiter erörtert, sollen jedoch durch ihr fortwährendes Aufeinander-Bezug-Nehmen letztlich ein synthetisches Bild des historischen Kontextes und der historischen Bedeutung der SRZ ergeben und sich so zu einer kontinuierlichen wissenschaftsgeschichtlichen Darstellung vereinigen.

Es soll in der Arbeit wie angesprochen gezeigt werden, dass die hier vorgenommene Untersuchung über den konkreten Untersuchungsgegenstand hinaus relevanten Erkenntnisgewinn bieten kann für die Forschungsfelder, auf denen sie sich bewegt. So ist ein Ziel der Arbeit die erstmalige (thematisch fokussierte) Darstellung des Lebenswegs eines Schweizer Altertumswissenschaftlers in diesem Umfang. Felix Staehelin stellt aufgrund seiner Position in einem zeit- und fachgeschichtlich hochdynamischen Umfeld ein ideales Untersuchungsobjekt dar, um daran zentrale Aspekte der Entwicklung und Ausdifferenzierung der Geschichts- und Altertumswissenschaften in der Schweiz aufzuzeigen. Seine Pionierrolle in Bezug auf die Althistorie in der Schweiz erlaubt gerade in einer kombinierten Betrachtung von Werk und institutionellem Werdegang eine neue und aufschlussreiche Perspektive auf die entsprechenden Entwicklungen.

Vor allem aber soll die vorliegende Studie einen Beitrag leisten zur Geschichte der wissenschaftlichen Rezeption der antiken Epoche des Gebiets der heutigen Schweiz. Die SRZ eignet sich aufgrund diverser Eigenschaften für eine solche Untersuchung. Das Werk ist als vollständige Synthese der bis dahin erzielten Forschungsleistungen zum historischen Gegenstand «römische Schweiz» angelegt. Mit der SRZ und ihrem Autor als zentralem Bezugspunkt lässt sich also der wissenschaftliche Status quo ante in Bezug auf die römische Schweiz ebenso erschliessen wie die zeitgenössische Landschaft des altertumswissenschaftlichen Umgangs mit der Schweiz in Hinblick auf die relevanten Akteure, Institutionen und Diskurse. Weiter ist die disziplinäre Zugehörigkeit des Gegenstandes «Schweiz in römischer Zeit» gerade in der hier untersuchten Zeit einer grossen Dynamik unterworfen. Eine Analyse von Entstehung und Rezeption der SRZ trägt in dieser Hinsicht in bedeutendem Masse zu einer wissenschaftsgeschichtlichen Erhellung der entsprechenden Prozesse bei.

Durch den Umfang der vorgenommenen Quellenbehandlung und eine bewusst transnationale Perspektive soll mit vorliegender Untersuchung ein substantieller Teil beigetragen werden zu einer rezeptions- und wissenschaftsgeschichtlichen Aufarbeitung des Umgangs mit der römischen Epoche der Schweiz.

Es ist an dieser Stelle darauf hinzuweisen, dass ein Ansatz, der sowohl den Wissenschaftler als Individuum wie auch sein «Hauptwerk» in den Blick nimmt, einige methodische Gefahren birgt, welche sich durch die analytische Interdependenz von Biographie und Werk ergeben. Es gilt, in der Darstellung das vorschnelle Postulieren von Kausalbeziehungen zu vermeiden, um nicht in die Falle unterkomplexer Erklärungsmuster zu tappen. Dieser Gefahr wird in vorliegender Arbeit dadurch begegnet, dass erstens keine für sich gültige Darstellung der Biographie Staehelins behauptet wird, sondern lediglich eine biographische Kontextualisierung der SRZ, so dass also nicht die SRZ in der analytischen Perspektive als der gültige Ausdruck und das Ziel des betrachteten Lebenswegs postuliert wird. Auf der anderen Seite erfolgt nun aber diese Kontextualisierung in einem Umfang, der die Breite des Schaffens Staehelins anklingen lässt, die Kontingenz und Indeterminiertheit vieler Entwicklungen deutlich macht und so den Eindruck einer zwingenden Entwicklung der Person Staehelins hin zum Autor der SRZ dekonstruiert.

Entsprechend dem bis hier Ausgeführten wird in vorliegender Studie eine adäquate Balance angestrebt zwischen Breite und Engführung der Behandlung.

Es versteht sich hierbei von selbst, dass viele Bereiche der wissenschaftlichen, institutionellen und gesellschaftlichen Wirksamkeit Staehelins nur gestreift werden können. Auch werden Zeiträume, die in Hinblick auf das hier verfolgte Erkenntnisinteresse besonders relevant erscheinen, eingehender behandelt als andere, so dass also neben den thematischen ebenfalls chronologische Schwerpunktsetzungen vorgenommen werden.

Es bleibt zum Schluss dieser Darlegung des Erkenntnisinteresses der vorliegenden Arbeit darauf hinzuweisen, was explizit *nicht* das Ziel der Untersuchung ist, und zwar ist dies eine Analyse von Staehelins Behandlung der einzelnen historischen Elemente der SRZ auf der Ebene der althistorischen Probleme und der diesbezüglichen Thesenbildungen und Argumentationen, also die in diesem Sinne forschungsgeschichtliche Einordnung der diversen Einzelthemen des Buches im Licht der zeitgenössischen und der heutigen auf die Ebene der rezipierten Epoche bezogenen wissenschaftlichen Debatten. Eine solche Behandlung hätte, um Staehelins eigene Forschungsgrundlage und seine darauf aufbauende Argumentation transparent zu machen, erstens die Darstellung der einzelnen, weitverzweigten wissenschaftlichen Diskussionen der Zeit zu spezifischen Einzelproblemen zur Voraussetzung, und zwar – angesichts der Vielfältigkeit und Vollständigkeit von Staehelins SRZ – zu einer schier unabsehbaren Fülle komplexer und voneinander weit entfernter Fragen, die jede für sich genügend Stoff für eigene Untersuchungen böten. Zweitens müsste eine solche Behandlung sinnvollerweise stets mit Berücksichtigung und Diskussion möglichst der gesamten relevanten modernen Forschung zu diesen Themen vorgenommen werden. Drittens wäre bei alledem zuerst und als Grundlage umfassend die antike Quellenlage zu den einzelnen Themenkomplexen darzulegen und zu besprechen. Bei Beachtung dieser drei Voraussetzungen würde als entsprechendes Projekt eine nicht zu bewältigende Monstrosität resultieren. Andererseits entstünde bei Vernachlässigung dieser Bedingungen eine oberflächliche Auflistung von Thesen und ihrer Begründungen durch Staehelin.

Es versteht sich von selbst, dass beides nicht das Ziel dieser Arbeit sein kann. Für eine Untersuchung im Sinne einer Diskussion, Einordnung und Überprüfung der Ergebnisse Staehelins auf der Ebene der einzelnen althistorischen Probleme ist eine Betrachtung des Gesamtwerkes *Schweiz in römischer Zeit* und ihres Verfassers, wie sie in vorliegender Arbeit vorgenommen wird, nicht der adäquate Rahmen. Im Gegensatz dazu interessiert diesbezüglich in dieser Arbeit das *Objekt* «römische Schweiz», also die Ebene des Gesamtkonzepts, die Art der Konstruktion dieses Gegenstandes bei Staehelin, die Gruppierung der einzelnen Elemente, die methodischen Grundsätze, Staehelins Umgang mit Quellen und Literatur, die erkenntnisleitenden Konzepte und der Bezug zur kollektiven historischen Selbstverortung in der Schweiz.

Eine Forschungsdiskussion zu den Einzelproblemen der römischen Schweiz wird hier also nicht erfolgen. Es wird aus diesem Grund in der Regel auch darauf verzichtet, die jeweilige neuere althistorische bzw. provinzialarchäologische Forschungsliteratur zu den im Text erwähnten Problemen der althistorischen Materialebene anzugeben.[6]

Hieraus folgt weiter, dass der zweite Teil dieser Arbeit nicht als eine Aufbereitung des Forschungsstandes zu den althistorischen bzw. archäologischen Einzelproblemen der römischen Schweiz missverstanden werden darf. Auch eine erste Orientierung, ein Überblick über die Themen der römischen Schweiz kann anhand vorliegender Arbeit nicht gewonnen werden, entsprechende Kenntnisse werden jeweils vorausgesetzt.

1.2 Methodische Vorüberlegungen und theoretisches Instrumentarium

In dem Kapitel zu «Definition und Aufgabe der Wissenschaftsgeschichte» seiner im Jahr 2006 erschienenen Studie zur Geschichte der deutschen Althistorie[7] diskutiert Karl Christ verschiedene mit der Erforschung und Darstellung der Geschichte der Alten Geschichte verbundene Begriffe und Konzepte. Von der «primär im philologischen Bereich entwickelte[n]»[8] Rezeptionsgeschichte unterscheidet er die Forschungsgeschichte, die Historiographiegeschichte sowie die «Wissenschaftsgeschichte insgesamt».[9] Die einzelnen Konzepte sind bei Christ jedoch nicht scharf voneinander abgegrenzt, sondern weisen zahlreiche Überschneidungen auf, worauf Christ explizit hinweist.[10] In der Tat ist es auch für die vorliegende Arbeit nicht sinnvoll, sich innerhalb des Themenspektrums der Wissenschaftsgeschichte der Althistorie in einem streng etikettierten Teilbereich bewegen zu wollen. Weder dem behandelten Material noch dem Erkenntnisinteresse würde hier eine beschränkende Einordnung in einen solchen Teilbereich gerecht werden. Dennoch können diese «Labels» hilfreich dabei sein, sich bewusst zu machen, wie sich Fragen und Problemstellungen, Blickwinkel und behandelte Quellen innerhalb der Geschichte der Althistorie organisieren lassen. So weist der Begriff der «Rezeptionsgeschichte» in unserem Fall darauf hin, dass hier etwas *rezipiert* wird, was den Blick schärft für die Frage nach dem Rezipierten, den Rezipienten und den diese

6 Es ist aus diesen Gründen auch nicht zu vermeiden, dass zeitgenössische historische Konzepte und Begriffe in dieser Untersuchung ohne weitere Diskussion angeführt werden, sofern sie nicht den Kern des hier verfolgten wissenschaftsgeschichtlichen Erkenntnisinteresses tangieren – und dies auch dann, wenn sie durch die neuere Forschung mittlerweile aufgegeben oder neu problematisiert worden sind.

7 Christ 2006.

8 Christ 2006, 12. Christ verweist hier auf den Artikel Cancik/Mohr 2002 in DNP 15/2. Vgl. auch Porter 2008, 470: «Reception is built into the bloodlines of classical studies.»

9 Christ 2006, 12 f.

10 Christ 2006, 11.

verbindenden Rezeptionsformen und damit für Kategorien wie die Perzeption, Aneignung, Collage, (Re-)Konstruktion, (Re-)Produktion, aber auch die Übersetzung[11] und weitere mit dem Rezeptionsbegriff verbundene Wahrnehmungs- und Handlungsformen.[12] Ebenfalls verweist der Rezeptionsbegriff auf die Tatsache, dass der Umgang mit (hier der antiken) Vergangenheit kein ausschliesslich wissenschaftsimmanentes Phänomen ist, der wissenschaftliche Blick auf die Antike also einerseits nur eine Teilperspektive darstellt, welche mit anderen (etwa künstlerischen und populären) Perspektiven in wechselseitigen Abhängigkeiten steht.[13]

Andererseits wird durch die Verortung der Untersuchung in der «Historiographiegeschichte» deutlich, dass ein Buch wie Staehelins SRZ im breiten Kontext der Geschichte der Geschichtsschreibung und deren Entwicklungen steht, einen Ort bezeichnet im Verlauf von deren Wandlungen und Kontinuitäten in Bezug auf Themen, Fragestellungen und Methoden. Die Kategorie der Historiographiegeschichte kann so im vorliegenden Fall etwa die Verengung des Blicks auf die Altertumswissenschaften oder die Antike als Epoche verhindern und somit sicherstellen, dass die Geschichtsschreibung (nicht nur) in der Schweiz in ihren verschiedenen Ausprägungen als kontextualisierendes Element der SRZ berücksichtigt wird.[14]

Plausibel ist es weiter, mit Christ den Begriff der «Wissenschaftsgeschichte» als einen umfassenden Terminus zu verstehen, nämlich allgemein als den Bereich der Geschichte, der «[ansetzt] bei der Erschließung und Vermittlung der wissenschaftlichen Tradition der Althistorie in ihren [...] wechselnden Prioritäten und Schwerpunkten». Dazu gehört nach Christ, dass die Wissenschaftsgeschichte «die einschlägigen Archive, Quellen und Methoden der älteren Geschichtsbilder und Werke [überprüft]». Und weiter: «Daneben hat die Wissenschaftsgeschichte

11 Zum Übersetzungsbegriff als Instrument der Beschreibung von Rezeptions-, Transfer- und Transformationsformen der Antike vgl. Rebenich/von Reibnitz/Späth 2010.

12 Vgl. Cancik/Mohr 2002.

13 Hier wird der Rezeptionsbegriff in einem weiten Sinn verstanden und nicht etwa auf den «ausserwissenschaftlichen» Umgang mit der Antike verengt für den Versuch, die Rezeptionsgeschichte der Wissenschaftsgeschichte überschneidungsfrei gegenüberzustellen. Eine solche trennende Perspektive erscheint nicht zweckdienlich, und zwar aufgrund der Schwierigkeiten der Abgrenzung, der gegenseitigen Interdependenzen der Diskurse und des normativen Definitionsballasts, den man sich mit einer solchen Etikettierung auflädt. Vgl. hierzu die Überlegungen in Gertzen 2017, 3 f.

14 Der Gehalt der Kategorie der Historiographiegeschichte wird hier also nicht im selben Sinn verstanden wie bei Karl Christ, wo mit A. Momigliano zwar einerseits die Historiographiegeschichte als «Ausdruckweise des Bewußtseins [verstanden wird], daß historische Probleme selbst eine Geschichte haben», was mit der in dieser Arbeit vertretenen Auffassung übereinstimmt, andererseits aber – ebenfalls mit Momigliano – postuliert wird, das historiographiegeschichtliche Ziel sei es, «die Leistungen eines Historikers zu überprüfen», was nicht dem Erkenntnisinteresse dieser Arbeit entspricht. Vgl. Christ 2006, 12 f.

konkret den Wandel der dominierenden Methoden und Fragestellungen ihres Arbeitsfeldes zu ermitteln und deren Zusammenhänge mit den Veränderungen der gesellschaftlichen, politischen und geistesgeschichtlichen Rahmenbedingungen, Interdependenzen und Abhängigkeiten aufzuzeigen.»[15]

Mit den Kategorien der *Rezeptionsgeschichte der Antike,* der *Historiographiegeschichte* und der *Wissenschaftsgeschichte der Althistorie*[16] lassen sich die disziplinären Dimensionen der vorliegenden Untersuchung bezeichnen.[17]

Leitkategorie ist in vorliegender Studie der Begriff der *Wissenschaftsgeschichte,* so dass die Akteure, Institutionen und Diskurse, die dem *wissenschaftlichen* Feld zuzuordnen sind, im Fokus des Erkenntnisinteresses stehen und ausserwissenschaftliche Faktoren in ihren Interdependenzen hierzu als kontextualisierendes Element berücksichtigt werden.

Mit diesen Ausführungen ist aber noch wenig über den konkreten Zugang zu dieser Art der Geschichte, zu den epistemologischen Prämissen und der theoretischen Fundierung der hier unternommenen Untersuchung ausgesagt.

Es lässt sich konstatieren, dass innerhalb der deutschsprachigen Wissenschaftsgeschichte der Althistorie oftmals[18] diesbezüglich keine umfangreichen,

---

15 Christ 2006, 13.

16 Einschliesslich der Nachbardisziplinen, die in einem Mass berücksichtigt werden, das von den jeweils interessierenden Aspekten der althistorischen Wissenschaftsgeschichte vorgegeben wird. Vgl. Christ 1982, 9, Anm. 3.

17 Übergangen wird hierbei die Christ'sche Kategorie der «Forschungsgeschichte», die dem durch die drei anderen Begriffe Bezeichneten für die Zwecke der vorliegenden Studie nicht Substantielles hinzufügt.

18 Eine Ausnahme stellt hier die Dissertation von Simon Strauss dar (Strauss 2017), wo eine gewisse «theoretische Unmündigkeit» der althistorischen Wissenschaftsgeschichte moniert (17, 20) und damit eben auf den hier angesprochenen Umstand referiert wird. Strauss folgt in seiner Untersuchung «in der Tendenz» dem Ansatz Momiglianos, wonach das Ziel der Historiographiegeschichte darin bestehe, «die Leistungen eines Historikers zu überprüfen [...] und zu unterscheiden zwischen Lösungen historischer Probleme, die nicht überzeugen können und Lösungen, die es wert sind, neu formuliert und entwickelt zu werden». Als epistemologischer Rahmen für seine Untersuchung dient Strauss das im Berliner Sonderforschungsbereich 644 entwickelte Konzept, wonach der *Rezeptions*begriff zugunsten des *Transformations*begriff aufgegeben wird, wodurch der Reziprozität und wechselseitigen Dynamik entsprechender Aneignungsprozesse Rechnung getragen werden soll (20 ff.). Es handelt sich bei diesem Konzept um eine ausformulierte «Transformationstheorie», deren Anwendung sich für die vorliegende Arbeit zwar nicht anbietet, die aber den beachtenswerten Vorteil aufweist, den offenen Fragen zum Verhältnis von Wandel und diachroner Persistenz der Antike und zur Möglichkeit von normativer «Richtigkeit» einer althistorischen These bei gleichzeitig anerkannter Konstruktivität des Objekts eine – zumindest vorläufige – Antwort entgegenzusetzen.

expliziten theoretischen Erörterungen vorgenommen werden.[19] Es gehört allerdings zu den Charakteristika der (zumal deutschsprachigen) althistorischen Wissenschaftsgeschichte der letzten Dezennien, dass stark auf die wissenschaftlich tätigen Persönlichkeiten fokussiert wird und die Geschichte der Methoden, Gegenstände und Geschichtsauffassungen anhand der einzelnen Protagonisten (verstanden einerseits als Autoren eines wissenschaftlichen Werks und andererseits als Akteure innerhalb des akademischen Betriebs und sonstiger sozialer und soziopolitischer Zusammenhänge) organisiert, analysiert und dargestellt wird.[20] Es ist denn auch diese Fokussierung auf die Wissenschaftler selbst als das verbindende methodische Moment der überwiegenden Anzahl der Publikationen zur althistorischen Wissenschaftsgeschichte, die als theoretische Entscheidung noch am häufigsten explizit festgehalten wird.[21] Berühmt und vielzitiert ist denn auch das Diktum William Calders, wonach «Wissenschaftsgeschichte im Grunde Wissenschaftlergeschichte» sei.[22]

Tatsächlich ist die Fokussierung auf den wissenschaftlichen Protagonisten bei gegebener Fragestellung auch für die vorliegende Untersuchung unabdingbar. Die SRZ und ihre wissenschafts- und zeitgeschichtliche Signifikanz sind in ihren sämtlichen Aspekten ohne Betrachtung des Autors, seines Lebenswegs, seiner akademischen und wissenschaftlichen Entwicklung, der Wandlungen seiner Erkenntnisinteressen, aber auch seiner persönlichen Beziehungen nicht zu verstehen. Eine Untersuchung, welche die historische Kontextualisierung der SRZ zum Ziel hat, muss von Felix Staehelin selbst ausgehen, sie kann ohne breite Behand-

19 Obwohl über Aufgabe, Methoden und Ziele der Wissenschaftsgeschichte sehr wohl reflektiert wird: vgl. etwa: Christ 1982, 9 ff.; Christ 2006, 11 ff.; Königs 1995, 5 ff.; Näf 1986, 7 ff.; Nippel 2013, 7 ff. Dieser Mangel an Theoriebildung hängt teilweise damit zusammen, dass die entsprechenden Autoren allfällige Methoden- und Theoriefragen häufig in erster Linie in Bezug auf das Handwerk der Alten Geschichte interessieren und nicht bezüglich der Metaebene, der Wissenschaftsgeschichte. Das Problem der geschichtstheoretischen Perspektiven taucht hier also lediglich als *Objekt* der wissenschaftsgeschichtlichen Untersuchung auf und nicht als *Fundierung* einer solchen. Man *beobachtet* in der Wissenschaftsgeschichte die epistemologischen Annahmen und deren Wandel und macht sie nicht als Vorbedingungen seiner Untersuchungen auf der Metaebene selbst zum Thema. Vgl. etwa Christ 1982, 13: «Die Wissenschaftsgeschichte analysiert [...] die methodische Entwicklung und die Eigenart des Faches konkreter und zugleich anschaulicher als jede abstrakte Theorie und Methodenlehre.»

20 Vgl. hierzu auch: Hatscher 2003, 21 ff. Dies gilt sowohl für wichtige Überblickswerke wie etwa: Christ 1979; Christ 1982; Christ 1999; Christ 2006; Nippel 2013 wie auch für Studien mit engerem thematischen Rahmen wie etwa Näf 1986 und evidenterweise ganz besonders für Untersuchungen, die sich in biographischer Perspektive explizit mit einzelnen Protagonisten der Althistorie befassen.

21 Bezeichnend hierfür etwa: Christ 1999, 1: «Bei der Realisierung des Projekts wurde bewusst von den Persönlichkeiten der einzelnen Forscher ausgegangen, nicht von den Bewertungen der Einzelprobleme.»

22 Calder 2010, 77.

lung des Autors und der biographischen Aspekte nicht sinnvoll durchgeführt werden.

Es kann also festgehalten werden, dass hier die Methode, den Wissenschaftler als Autor seiner Texte und als Akteur in den diversen sozialen Feldern in den Fokus der Untersuchung zu rücken, als ein in der althistorischen Wissenschaftsgeschichte bewährtes Verfahren ebenfalls angewandt wird. Insofern folgt die vorliegende Arbeit dem Credo Karl Christs, wonach «die Basis des Gesamtverständnisses und der Gesamterkenntnis [...] nach wie vor die präzise Erfassung der maßgeblichen Gelehrten selbst [bildet]».[23] Ebenso ist Christ recht zu geben, wenn er bemerkt, dass es nicht genüge, die Namen der Wissenschaftler «lediglich als Chiffren zur Fixierung von Thesen und Wertungen zu benutzen».[24] Wer sich lediglich auf eine Analyse der Behandlung der althistorischen Problemstellungen durch die jeweiligen Wissenschaftler verlegt, ohne die Autoren als Akteure, mithin selbst als historische Subjekte wahrzunehmen, der verlegt den wissenschaftlichen Wandel in einen kontextlosen Raum, der letztlich die Illusion einer «reinen» Wissenschaft nährt, und begibt sich dadurch grosser Teile des möglichen Erkenntnisgewinns wissenschaftshistorischen Arbeitens, sowohl in Bezug auf die Analyse der Kontinuitäten und Brüche in den historischen Fragestellungen und Thesen als auch umgekehrt in der Aussagekraft der Analyse dieses Wandels für die Zeitgeschichte. Ist doch, worauf Stefan Rebenich hingewiesen hat, gerade eine wissenschaftsgeschichtliche Betrachtung der Althistorie mit ihrer «lange[n] Deutungsgeschichte bei annähernd konstantem Quellenbestand» besonders geeignet, den «Wandel der jeweils vorherrschenden Interpretationsmuster und Betrachtungsweisen» deutlich zu machen und damit einen «Beitrag zur Kultur- und Mentalitätsgeschichte der jeweiligen Epoche» zu leisten.[25]

Andererseits darf aber der Fokus auf die Person des einzelnen Wissenschaftlers erstens nicht zu dessen individualistischer Verabsolutierung führen und zweitens sollte der Zugriff epistemologisch überlegt erfolgen. Während also grundsätzlich die Bedeutung des Individuums für wissenschaftshistorische Fragestellungen hier ähnlich wie in einem massgeblichen Teil der bisherigen Forschung zur Geschichte der Altertumswissenschaften beurteilt wird, so muss doch festgestellt werden, dass diese allzu häufig durch eine erkenntnistheoretisch unreflektierte Behandlung des historischen Subjektes geprägt erscheint. Besonders deutlich wird dies, wenn etwa William Calder affirmativ das Diktum seines Lehrers Werner Jaeger zitiert, wonach «die Geschichte der Philologie nichts weiter sei als lange Schatten

23 Christ 2006, 13.

24 Christ 2006, 13.

25 Rebenich 2010, 20. Vgl. Rebenich 2021, 13.

weniger großer Männer»[26]. Karl Christ wiederum spricht von den «großen Meistern»[27] und postuliert als ein Ziel der Wissenschaftsgeschichte, «die Persönlichkeit eines Autors als Ganzes»[28] zu sehen. Demgegenüber ist festzuhalten, dass eine allzu individualistische Sichtweise nicht nur Gefahr läuft, die mannigfaltigen sozialen Prägungen und inkorporierten Strukturen des Individuums zu vernachlässigen, sondern ebenfalls den *Autor* zu absolut als Urheber, Begründer und Ursprung seines Werkes zu verstehen ohne dessen Bedingtheit durch sprachlich vorgeformte Bedeutungsräume zu berücksichtigen. Weiter ist zu betonen, dass die historische Behandlung einer Person selbst notwendigerweise selektiv erfolgt und darüber hinaus einen eminent konstruktiven Aspekt aufweist, dass folglich also keine Persönlichkeit «als Ganzes» Eingang in eine Untersuchung finden kann.

In vorliegender Studie soll deshalb eine vortheoretische, zu geradlinige und sowohl epistemologisch illusorische wie historisch unterkomplexe Auffassung des «Autors» und der individuellen «Persönlichkeit» des Wissenschaftlers in zweierlei Hinsicht korrigiert werden.

Erstens wird dem Umstand Rechnung getragen, dass jeder Text in ein komplexes Geflecht eingebunden ist von vergangenen und gegenwärtigen Aussagen über denselben «Gegenstand», dasselbe «Thema» innerhalb einer wissenschaftlichen «Disziplin», einer Weltsicht. Jegliche Äusserungen als hervorgebrachte sprachliche Instanzen schreiben sich ein in einen Raum des Gesagten, des Noch-nicht-Gesagten, des überhaupt Sagbaren. Neben dem institutionellen Rahmen, in dem der Autor steht, bewegt er sich mit seinem Text in einer Vielzahl von Beziehungen des Sagens und des Sagen-Könnens, der expliziten Aussagen und der Regeln und Regelmässigkeiten ihres Vorkommens.[29]

Zweitens ist in epistemologischer Hinsicht festzuhalten, dass uns der unvermittelte Zugriff auf eine historische Person verwehrt bleibt. Unsere Darstellung folgt dem spezifischen Erkenntnisinteresse der Untersuchung und den (offenen oder versteckten, unmittelbaren oder ableitbaren) Aussagen der Quellen; die Person, wie sie als Objekt der historischen Untersuchung erscheint, ist also ontologisch von dem empirisch existiert habenden Menschen zu unterscheiden. Sie weist in hohem Masse konstruktiven Charakter auf und wird in der Analyse selbst gebildet anhand der untersuchten (durch das Erkenntnisinteresse vorgegebenen und in den Quellen greifbaren) Eigenschaften, welche notwendigerweise weitgehend sozial geprägt sind und deswegen in sozialer Dimension beschrieben

---

26 Calder 2010, 77. Calder macht seine diesbezügliche Auffassung auch durch eigene Formulierungen deutlich, vgl. ebd.: «Zweifellos spielt der Zeitgeist eine wichtige Rolle. Aber ich glaube nicht, daß dies die Bedeutung des Individuums herabsetzt.»

27 Christ 1999, 1.

28 Christ 2006, 13.

29 Vgl. Foucault 2015, 68 ff.

werden müssen. Dieser Erkenntnis der epistemologischen und sozialen Bedingtheit jeder historischen Konzeption des Wissenschaftlers wird in vorliegender Arbeit Rechnung getragen, indem ausgehend von Überlegungen Pierre Bourdieus der Akteur als «epistemisches Individuum» konzeptualisiert wird.

Zunächst soll jedoch eingegangen werden auf die angesprochene grundlegende Bedingtheit von Text und Autor durch die Geflechte sprachlicher Beziehungen, in denen sie stehen. Damit diesem Umstand und seinen Implikationen für das Erkenntnisinteresse dieser Arbeit Rechnung getragen werden kann, wird ein theoretisches Werkzeug benötigt, welches es erlaubt, die konstitutive Kraft sprachlicher Repräsentationen herauszuarbeiten. Es drängt sich hier also das Konzept des *Diskurses* auf als das zentrale theoretische Instrument zur Beschreibung der wirklichkeitsbildenden Wirksamkeit von Sprache.

Wenn wir die römische Schweiz als Objekt betrachten und uns fragen, wie und weshalb dieser Gegenstand existiert, wenn wir zur Beantwortung dieser Frage weiter dessen sprachliche Repräsentationen heranziehen, die Quellen also, in denen von der römischen Schweiz die Rede ist, so werden wir unweigerlich auf den Diskursbegriff verwiesen, in dem Sinne nämlich, dass wir mit Foucault Diskurse als Praktiken verstehen, «die systematisch die Gegenstände bilden, von denen sie sprechen».[30]

Das Operieren mit dem Diskursbegriff drängt sich also aus dem Grund auf, weil er ein Analyseinstrument bereitstellt, welches in Bezug auf die hier interessierenden Fragen relevanten Erkenntnisgewinn verspricht.[31] Nur unter Anwendung eines Diskurskonzepts lässt sich schlüssig zeigen, weshalb ein Ausdruck (die «römische Schweiz» nämlich) das Objekt einer historischen Darstellung (Staehelins SRZ) bezeichnen kann, obwohl diesem Begriff – auch und gerade im Verständnis vieler, die mit ihm operieren – kein historischer In-der-Welt Referent entspricht. Nur ein diskursanalytisches Instrumentarium erlaubt einen adäquaten Umgang mit einem solchen Gegenstand und kann seine diachronen Kontinuitäten und Wandlungen analytisch beschreiben und kontextualisieren.[32]

30 Foucault 2015, 74. Vgl. Landwehr 2009, 92.

31 Vgl. zu Diskursbegriff und historischem Erkenntnisgewinn auch: Landwehr 2009, 20.

32 Hierbei wird der Rezeptionsbegriff nicht obsolet. «Rezeption» wird aber als eine diskursive Praxis verstanden. Obwohl, wie oben ausgeführt, in der Forschung diverse erhellende Konzepte der Rezeption formuliert wurden und diese auch, wo es sinnvoll erscheint, als Analyseinstrumente hinzugezogen werden, bildet der Diskursbegriff in dieser Arbeit in Bezug auf den sprachlich organisierten Umgang mit der römischen Schweiz das theoretische Hauptinstrument. Im Diskursbegriff ist grundlegend die konstitutive, den Gegenstand, über den gesprochen – der rezipiert – wird, hervorbringende Wirksamkeit der Sprache enthalten. Für die Zwecke vorliegender Arbeit scheint er dadurch am geeignetsten. Weiter lassen sich die oben angesprochenen Rezeptionsperspektiven (wissenschaftlich, populär etc.) auf die rezipierte Epoche als sich gegenseitig beeinflussende, sprachlich konstituierte Teilbereiche verstehen und also am zweckmässigsten als Diskurse konzeptualisieren.

Ebenfalls stellt der Diskursbegriff ein Instrument dar, um mit Fragen nach der Konstituierung einer wissenschaftlichen Disziplin, ihrer Unterscheidung von den Nachbardisziplinen, ihrer Herstellung von Legitimität etc. adäquat umzugehen und also die in dieser Arbeit interessierende Problematik der fachgeschichtlichen Kontextualisierung der SRZ zu behandeln, ohne auf die ausschliessliche Beschreibung institutioneller Vorgänge verwiesen zu sein. Ebenfalls ist der Diskursbegriff das geeignete Mittel, um Konzepte, die sich einem Werk wie der SRZ zeigen und dort die Kategorien der Organisation von historischer Evidenz bilden, in einer nicht werkimmanenten Perspektive als überindividuell in den Aussagesystemen der Zeit existent zu begreifen.

Während also die vorliegende Arbeit einerseits auf Felix Staehelin als den Autor der SRZ und historischen Akteur referiert, wird andererseits ebenfalls ein von dieser Perspektive zu unterscheidender Standpunkt eingenommen und das Thema aus diskursanalytischer Warte betrachtet. Der Multiperspektivität in Bezug auf die historischen Formationen, die den Kontext von Staehelins SRZ bilden, entspricht eine Herangehensweise, die unter Zuhilfenahme verschiedener theoretischer Instrumentarien das Thema aus unterschiedlichen Blickwinkeln traktiert. Hierbei wird nicht der Versuch unternommen, etwa eine Foucault'sche Diskursanalyse «durchzuführen» und seine Diskurstheorie auf einer theoretischen Ebene mit einem von einer gewissen Individualität gekennzeichneten Begriff des Autors zu harmonisieren.[33] Es wird grundsätzlich auf den Versuch verzichtet, die darzustellende historische Realität in toto unter das Dach einer synthetisierten Konzeption zu stellen. Der epistemologischen Unmöglichkeit, positiv zur Historie an sich zu gelangen, und der Erfordernis, in der Darstellung keine entsprechende Illusion entstehen zu lassen, wird in dieser Untersuchung

33 Ist es doch ein Kennzeichen Foucault'scher Diskursanalyse, dass das «individuelle Subjekt», die «souveräne Subjektivität» nicht vorkommt (Foucault 2015, 177), der Autor im herkömmlichen Sinn in der diskursanalytischen Perspektive «durchgestrichen wird» (Sarasin 2012, 117). Allerdings verschwindet das hervorbringende Subjekt auch bei Foucault nicht vollständig: Es besetzt einen Ort. Es gibt «den besonderen Platz eines sprechenden Subjekts, [...] das den Namen eines Autors erhalten kann» (Foucault 2015, 178). Die Aussagen werden nicht von einer «große[n] anonyme[n] Stimme» getätigt, die «notwendig durch die Diskurse eines jeden spräche» (ebd.). Selbst wenn sich der Autor in eine Diskursposition aufzulösen droht, fehlt etwa seine soziale Macht als eine Eigenschaft nicht (vgl. Sarasin 2012, 118; zum Subjekt in der Diskursanalyse nach Foucault vgl. auch Landwehr 2009, 69). Weiter weist Sarasin 2017, 48, darauf hin, dass «Foucault [...] betont [hat], dass das sprechende Subjekt immer die Möglichkeit besitze, im Raum einer diskursiven Ordnung *verschiedene* Aussagen zu machen, d. h. verschiedene, wenn auch vorstrukturierte Positionen im diskursiven Feld zu besetzen und damit eine *Wahl* zu treffen». Es soll an dieser Stelle aber betont werden, dass in vorliegender Studie entsprechenden Fragen auf der Theorieebene *nicht* nachgegangen wird, sondern die Verwendung des Diskursbegriffes hier lediglich ein pragmatisches, anwendungsorientiertes und komplementäres Hilfsmittel darstellt, um Aspekte zu beleuchten, welche bei einem reinen Fokus auf den Autor nicht deutlich herauszuarbeiten sind.

mit der Anwendung verschiedener *Hilfsmittel der Erkenntnis* Rechnung getragen, wobei jeweilige Unvereinbarkeiten der diesen Hilfsmitteln zugrunde liegenden erkenntnistheoretischen Systeme nicht aufzulösen versucht werden. Hierbei gilt es allerdings zu beachten, dass diese Unvereinbarkeiten sich nicht in eine selbstwidersprüchliche Anwendung der einzelnen theoretischen Werkzeuge innerhalb der Darstellung übersetzen. Damit dies nicht geschieht, müssen im Fall der vorliegenden Untersuchung zwei Voraussetzungen erfüllt sein: erstens die Verwendung eines rein instrumentellen, rein operationellen Diskursbegriffs, welcher als Werkzeug der Analyse, als Angebot einer Perspektive dient und nicht als begriffliches Mittel einer erkenntnistheoretischen Position mit allgemeinem Geltungsanspruch fungiert; zweitens ein Konzept des Autors als historischer Akteur, der trotz seiner nicht reduktionistisch aufgefassten Individualität in einem solchen Mass als geprägte und bedingte Entität verstanden wird, dass sich die Verwendung dieses Konzepts mit der Anwendung von diskursanalytischen Instrumenten sinnvoll verbinden lässt.

Es geht hier also nicht darum, eine bestimmte philosophische Position einzunehmen, nicht einmal darum, eine metahistorische bzw. erkenntnistheoretische Theorie «anzuwenden». Vielmehr werden die Konzeptionen, auf die in dieser Arbeit zurückgegriffen wird, als theoretisches Angebot verstanden, als der Analyse zur Verfügung stehende Instrumente, welche nicht exklusiv angewendet werden und deren Gebrauch sich durch ihren spezifischen Nutzen bei der Beantwortung der hier interessierenden Fragen zeigt.

Insofern folgt die Untersuchung hier einem Ansatz Achim Landwehrs, wonach «der Diskursbegriff ein Analyseinstrument [ist], das dazu dienen soll, bestimmte Phänomene zu fassen, die mit zuvor vorhandenen begrifflichen Möglichkeiten nicht ausreichend zu fassen waren».[34] Und unter Diskursen werden hier – wie oben bereits angesprochen – sprachlich konstituierte Praktiken verstanden, durch die sich in der Zeichenverwendung nicht nur eine *Bezeichnung* von Sachen vollzieht, sondern «die systematisch die Gegenstände bilden, von denen sie sprechen».[35]

Analog dazu wird von einem konzeptionell «schlanken» Autorenbegriff ausgegangen: Der «Autor» ist grundsätzlich durch die konkrete Praxis der Hervorbringung des hier betrachteten Werkes definiert. Er wird also im Wesentlichen als historischer Akteur verstanden. Über das Verhältnis von Originalität und diskursiver Bedingtheit, von «Urheberschaft» im eigentlichen Sinn und Abhängigkeit von den Regeln des Sagbaren ist damit noch nichts ausgesagt. Wichtig ist, dass der Autor hier als historisches Subjekt interessiert und die Behandlung deshalb den oben angesprochenen Aspekten der Konstruktivität und der sozialen

34 Landwehr 2009, 20.
35 Foucault 2015, 74.

Bedingtheit des in der Untersuchung vorkommenden Individuums Rechnung zu tragen hat.

Unter Rückgriff auf Überlegungen, die Pierre Bourdieu in seinem Werk *Homo Academicus* entwickelt, wird deshalb unterschieden zwischen der *empirischen Person* Felix Staehelin – einem Menschen, der gelebt hat und der durch eine nicht zu fassende Mannigfaltigkeit von Aspekten konstituiert wurde – und dem *epistemischen Individuum* Felix Staehelin – der Person, wie sie in der vorliegenden Darstellung erscheint, die durch die in der Untersuchung berücksichtigten Parameter bestimmt wird, mithin eine durch Erkenntnisinteresse und Quellenlage geformte Entität darstellt. Die Darstellung erhebt nicht den Anspruch, dem gesamten Menschen gerecht zu werden, sondern setzt selbstverständlich in der Konzeption nicht vorhandene Aspekte des empirischen Menschen voraus. Gerade für vorliegende Untersuchung, wo die Behandlung des Individuums der historischen Kontextualisierung seines Werkes dienen soll, bietet sich ein solches Verständnis an. Auf die Frage, um welchen Felix Staehelin es hier gehe, lautet entsprechend der Antwort: um den Autor der SRZ. Und diese Antwort ist nicht ein Fingerzeig auf eine empirische Entität, sondern bedeutet, den Hauptparameter der Konstruktion des epistemischen Individuums zu benennen. Dieses epistemische Individuum wird sodann in seinen sozialen Dimensionen dargestellt. Hierbei gelangen grundlegende Konzepte Bourdieus zur Anwendung: der *Habitus* als sozial erzeugtes und dem Individuum inkorporiertes System von Dispositionen des Wahrnehmens, Denkens, und Handelns; der Bourdieu'sche Begriff des *Kapitals* als soziale Einsatzmöglichkeit in ihren diversen Ausprägungen; und das soziale *Feld* als der Ort des Wirkens der jeweiligen Habitus und des Einsatzes des Kapitals. Des Weiteren kommen ebenfalls spezifischere Konzepte Bourdieus zur Anwendung: so die Kapitalformen der universitären Macht, des wissenschaftlichen Prestiges, der intellektuellen Prominenz.[36]

Die einzelnen Konzepte gewinnen hierbei ihre scharfen Grenzen oftmals erst durch die Anwendung. Sie sind Werkzeuge der Analyse und durch eine gewisse definitorische Offenheit und Beweglichkeit gekennzeichnet, durch welche sie auf das jeweilige konkrete Erkenntnisinteresse konkretisiert werden können. Nicht zuletzt bieten die Ausführungen Bourdieus zum wissenschaftlichen Feld auch eine Reihe von hilfreichen und mit Gewinn zu übertragenden Einzelbeobachtungen.[37]

36 Bourdieu 2014, insb.: 88 f.

37 Vgl. Rebenich 2012, 371.

1.3 Der Stand der Forschung

Aufgrund der Tatsache, dass in vorliegender Studie einem in dieser Form neuartigen Erkenntnisinteresse nachgegangen wird, existieren keine zentralen Vorstudien, die im Zuge der Untersuchung einer Revision unterzogen würden. Allerdings sind diverse Aspekte, die für die Untersuchung relevant sind, in der Forschung durchaus bearbeitet worden. Diese Arbeiten werden hier teils zur Kontextualisierung herangezogen, teils erfolgt eine Differenzierung der entsprechenden Darstellungen und teils eine komplette Neubehandlung der betreffenden Themen.

Die vorliegende Untersuchung erfolgt in Auseinandersetzung mit der bisherigen Forschung auf den diversen thematischen Feldern, die für den Gegenstand der Arbeit relevant sind. Die folgende Besprechung des Forschungsstandes, auf dem die Untersuchung aufbaut, muss deshalb einer heterogenen Ausgangslage gerecht werden und die Diskussion thematisch differenzieren. Die einzelnen Forschungsfelder überschneiden sich, so dass die Einordnung der Beiträge nicht trennscharf erfolgen kann. Die Einteilung ist also teilweise arbiträr und orientiert sich in der Abfolge daran, wie stark jeweils die Kongruenz mit dem Thema der vorliegenden Arbeit ist. Hierbei bietet sich eine Gliederung an, die tendenziell vom Speziellen zum Allgemeinen fortschreitet.

Im Folgenden wird der Stand der Forschung in Bezug auf folgende Themen knapp besprochen:[38] Person und Werk Felix Staehelins; Staehelins *Schweiz in römischer Zeit;* Rezeptions- und Wissenschaftsgeschichte der römischen Schweiz; Geschichte der Genese und Entwicklung der Altertumswissenschaften in der Schweiz.

Person und Werk Felix Staehelins sind historisch nie umfassend behandelt worden. Es existieren jedoch entsprechende Vorarbeiten, welche Teilaspekte untersuchen und die mit Gewinn hinzugezogen werden können. So haben Jochen Bleicken und Martin Staehelin einen Aufsatz vorgelegt, der sich mit der Genese von Felix Staehelins Promotionsschrift über die kleinasiatischen Galater auseinandersetzt sowie mit der Reaktion von Ulrich von Wilamowitz auf die Zusendung dieser Dissertation.[39] Der Aufsatz behandelt in informierter Weise Entstehung und Charakter von Felix Staehelins Doktorarbeit und zieht als ergänzende Quellen Felix Staehelins Korrespondenz mit Ferdinand Dümmler und Jacob Burckhardt hinzu. Obwohl die Behandlung nicht erschöpfend ist, stellt sie das Thema in adäquater Weise auf knappem Raum dar und bildet einen unverzichtbaren Aus-

38 Zu beachten ist der Umstand, dass in diesem Kapitel der Forschungsstand – entsprechend dem Erkenntnisinteresse vorliegender Arbeit –, was die römische Schweiz angeht, lediglich in Bezug auf die rezeptions- und wissenschaftsgeschichtliche Ebene diskutiert wird.

39 Bleicken/Staehelin 1994.

gangspunkt für die Beschäftigung mit der frühen wissenschaftlichen Entwicklung Felix Staehelins.

Die Darstellung der universitären Wirksamkeit Felix Staehelins stellt einen wichtigen Aspekt der 1988 in Basel eingereichten Lizentiatsarbeit von Diemuth Königs dar, welche in gekürzter Form 1990 und erneut 2010 publiziert wurde.[40] Entsprechend dem verfolgten Erkenntnisinteresse beleuchtet die Arbeit mit dem Titel *Die Entwicklung des Fachs «Alte Geschichte» an der Universität Basel im 20. Jahrhundert* die Person Felix Staehelins einzig im Hinblick auf seine Rolle in der institutionellen Entwicklung der Alten Geschichte in Basel. Biographische Kontextualisierung und Diskussion des wissenschaftlichen Werks fallen demgegenüber nicht unter die Fragestellung der Untersuchung. Die Arbeit ist auf breiter Quellenbasis durchgeführt und greift ebenfalls auf inzwischen verlorene Evidenzressourcen zurück, indem die Autorin in persönlichen Kontakt mit Zeitgenossen Staehelins treten und dadurch auf Methoden der Oral History zurückgreifen konnte. Manche Beurteilungen und Einschätzungen der Autorin weisen einen stellenweise etwas apodiktischen Charakter auf, was die Aussagekraft ihrer Untersuchung aber kaum schmälert.

Was Staehelins institutionelle, universitäre Stellung betrifft, ist Königs' Studie für die vorliegende Arbeit von grosser Wichtigkeit und sie wird in den entsprechenden thematischen Unterkapiteln fortlaufend herangezogen. Die hier vorgenommene Untersuchung stützt sich jedoch nicht in dem Sinne auf Königs, dass die zentralen Ergebnisse übernommen worden wären, sondern als eine das Thema und den Quellenbestand vorstrukturierende Behandlung. Die das Erkenntnisinteresse dieser Arbeit betreffenden Quellen wurden erneut gesichtet, mit weiterem Material kombiniert und das Thema von hier aus neu erarbeitet, wie denn die vorliegende Untersuchung auch teilweise zu von Königs differierenden Wertungen gelangt. Nur punktuell stützt sich die Arbeit substantiell auf die durch Königs vorgenommene Quellenauswertung, worauf an den entsprechenden Stellen hingewiesen wird.

Von Jürgen von Ungern-Sternberg stammt ein publizierter Vortrag zur *Geschichte der Alten Geschichte an der Universität Basel*, in welchem auch Staehelin in seiner institutionellen Funktion und als Forscherpersönlichkeit skizziert und gewürdigt wird.[41]

Neben diesen Beiträgen existieren diverse kurze Artikel bzw. Absätze, die in Überblickswerken, Lexika und Ähnlichem Felix Staehelin gewidmet sind. Zu nennen sind hier aus dem Jahr 1960 die knappen Würdigungen Staehelins durch Denis van Berchem in zwei Sammelbänden zur Fünfhundertjahrfeier der Univer-

40 Königs 1988; Königs 1990 (= Königs 2010). In vorliegender Arbeit wird nach der Lizentiatsarbeit (Königs 1988) zitiert, da diese die vollständigere Form der Behandlung darstellt.

41 Ungern-Sternberg 2010.

sität Basel[42] und die Charakterisierung durch Edgar Bonjour in dessen Geschichte der Universität Basel.[43] Für die biographischen Eckdaten ist der entsprechende Eintrag in der Staehelin'schen Familiengeschichte zu beachten.[44] Ebenso finden sich in der Edition der Jacob-Burckhardt-Briefe von Max Burckhardt ein kurzer biographischer Abriss sowie erläuternde Anmerkungen zu der Staehelin-Burckhardt-Korrespondenz.[45] Die entsprechenden Informationen – nebst den Briefen selbst – bezog Burckhardt hierbei teilweise direkt von Felix Staehelin.[46] Weiter behandelt ein Eintrag des *Historischen Lexikons der Schweiz* Felix Staehelin.[47] Jüngst hat überdies Christian Simon eine Studie zur Geschichte der Universität Basel in der Zeit von 1933 bis 1945 vorgelegt, in der Felix Staehelin am Rande ebenfalls zur Sprache kommt.[48] Ebenfalls ist ein neuer Jubiläumsband zur Familie Staehelin erschienen, in welchem Felix Staehelin einige kurze Passagen gewidmet sind.[49] Dagegen ist Staehelin in Darstellungen zur Wissenschaftsgeschichte der deutschsprachigen Althistorie nur sehr spärlich vertreten.[50]

Höchst wichtige knappe Behandlungen von Person und Werk Felix Staehelins stellen die diversen Nachrufe dar. Sie zeichnen sich durch eine oftmals intime Kenntnis des Gewürdigten aus. Durch die persönliche und zeitliche Nähe weist das Genus der Nekrologe allerdings ausgeprägten Quellencharakter auf und muss entsprechend behandelt werden; zu den historischen Kurzdarstellungen können sie deswegen nicht gerechnet werden. Wichtige Nachrufe auf Felix Staehelin wurden verfasst von Wilhelm Abt, Paul Burckhardt-Lüscher, Rudolf Laur-Belart und Bernhard Wyss.[51] Weiter zu berücksichtigen sind die diversen Trauerreden, verfasst von den Nachkommen Staehelins sowie von Bernhard Wyss, Hans Georg Wackernagel und Hans Franz Sarasin, sowie die Predigt von Pfarrer

42 Van Berchem 1960a; van Berchem 1960b.

43 Bonjour 1960, 650 f.

44 Staehelin et al. 1995: Die frühen Auflagen dieses Werks stammen von Felix Staehelin selbst. Die hier zitierte 3. Auflage stellt die jüngste historische Überarbeitung dar. Seither verfasste neuere Auflagen unterschieden sich von dieser nur durch aktuelle Nachträge (schriftliche Auskunft Familie Staehelin).

45 Kurzbiographie: Burckhardt 1986a, 674. Anmerkungen und Erläuterungen zu der Korrespondenz zwischen Jacob Burckhardt und Felix Staehelin: ebd., 395, 494 ff., 501 f., 507 ff., 521 ff., 528 ff., 564 ff.

46 Vgl. die Korrespondenz mit Felix Staehelin im Nachlass von Max Burckhardt: UB Basel NL 296 A: 353, 1–17.

47 Schwarz 2012a.

48 Simon 2022, 347 ff., 366.

49 Ehrenbold/Hafner 2020, 136 ff., 185.

50 So widmet ihm Karl Christ in seiner Darstellung *Römische Geschichte und deutsche Geschichtswissenschaft* einen einzigen Satz (der allerdings bezeichnenderweise die SRZ erwähnt: Christ 1982, 333).

51 Abt 1952; Abt 1953; Burckhardt 1953; Laur-Belart 1952a; Wyss 1952a.

Eberhard Zellweger anlässlich der Abdankung.[52] Weiter taucht Staehelin in diversen Lebenserinnerungen am Rande auf.[53]

Allgemeinere Arbeiten zur Geschichte der Basler Geschichtswissenschaft in der ersten Hälfte des 20. Jahrhunderts klammern Staehelin in der Regel weitgehend oder gar vollständig aus.[54]

Aufgrund dieser Ausgangslage umso wichtiger sind Forschungsarbeiten zum zeitgeschichtlichen Kontext. Nur unter gebührender Beachtung des sozialen und politischen Umfelds können die Bedingtheit und Wirksamkeit des historischen Akteurs herausgearbeitet werden und eine biographisch orientierte Perspektive innerhalb der hier verfolgten Fragestellung relevanten Erkenntnisgewinn bieten. Hier ist besonders der Forschungssituation in Bezug auf die neuere Geschichte der Stadt Basel (bzw. des Kantons Basel-Stadt) Rechnung zu tragen. Einerseits sind grundlegende Überblicksdarstellungen für die hier interessierende Zeit unverzichtbar,[55] andererseits aber in besonderem Masse auch Forschungsbeiträge, die sich dem spezifischen Umfeld widmen, in dem und durch welches Felix Staehelin seine Milieuprägung erhält. Die Schicht der alten Eliten bzw. der über Jahrhunderte in Basel bestimmenden Familien besetzte in dem sozialen Kosmos der Stadt eine herausgehobene Stelle und verfügte über eine ausgeprägte soziale Eigenidentität, die ebenfalls in hohem Mass konstitutiv war für bestimmte Formen des politischen und religiösen Denkens, der Eigen- und Fremdwahrnehmung der dieser Schicht angehörenden Individuen. Im Hinblick auf die Konzeptualisierung des historischen Akteurs, die in vorliegender Arbeit verfolgt wird, welche u. a. auf das Habitus-Konzept Pierre Bourdieus zurückgreift,[56] sind deswegen Arbeiten mit Gewinn hinzuzuziehen, welche die spezifischen Lebens-, Wahrnehmungs-, Denk- und Handlungsformen jener Schicht in den Blick nehmen. Insbesondere sei verwiesen auf die Dissertation von Philipp Sarasin (hier verwendet in der zweiten, überarbeiteten und erweiterten Auflage), welche eben dieses Forschungsgebiet analytisch reflektiert und mit Fokus auf einen hier besonders interessierenden Zeitabschnitt behandelt.[57] Eine Studie, die stärker auf die konkrete politische Wirksamkeit herausragender Vertreter der alten Basler

52 Fam. Staehelin 1952; Wyss 1952b; Wackernagel 1952; Sarasin 1952; Zellweger 1952.

53 Bonjour 1983; Hartmann/Abt 1989; ebenfalls erscheint Staehelin am Rande in einem Artikel Abts zu Carl Grob: Abt 1982, sowie in einem Beitrag zu den Diskussionen um eine Verlegung des Grabes von Jacob Burckhardt: Sieber 1995.

54 Vgl. Vischer 1984; Marchal 2013.

55 Neben der älteren Stadtgeschichte von Paul Burckhardt-Lüscher (Burckhardt 1942) und dem Artikel im *Historischen Lexikon der Schweiz* (Degen/Sarasin 2017) geben einige chronologisch gegliederte Sammelbände einen Überblick: Burckhardt et al. 1984; Kreis/von Wartburg 2000; GGG 2001. Zur Tendenz bei Paul Burckhardt-Lüscher vgl. Schaffner 1984, 51; Janner 2012, 56–71.

56 Vgl. Kapitel 1.2.

57 Sarasin 1997.

Familien und die spezifisch baslerische Ausprägung des «Liberal-Konservatismus» fokussiert, hat bereits 1988 Dorothea Roth vorgelegt.[58] Im Hinblick auf Staehelin selbst und die soziale Schicht, der er angehört, ebenfalls wichtig sind Forschungen zu religions- und kirchengeschichtlichen Entwicklungen in Basel und der Schweiz.[59] Die konfessionellen und vor allem innerkonfessionellen Gegensätze spielten im Basel der hier interessierenden Zeit eine konstitutive Rolle für die Integration bzw. Abgrenzung jeweiliger sozialer und politisch-weltanschaulicher Gruppen.[60] Auf die grosse Bedeutung der Religion in der von der Reformation, der protestantischen Orthodoxie sowie seit dem späten 18. Jahrhundert vom Pietismus geprägten Stadt weist auch die Rede vom «Frommen Basel» hin.[61] Es ist vor diesem Hintergrund nicht erstaunlich, dass ein grosses Interesse an biblischen und kirchlichen Fragen sowohl für Staehelins wissenschaftliche Orientierung wie auch für seine Wirksamkeit in der städtischen Gesellschaft eine gewisse Rolle spielte. Für das Verständnis von Staehelins intellektueller und wissenschaftlicher Entwicklung ist also die Berücksichtigung religiöser Diskurse im Basel des späten 19. und frühen 20. Jahrhunderts unabdingbar. Neben diesen geistes- und kulturgeschichtlichen Studien und soziopolitischen Analysen sind ebenfalls Darstellungen zu einzelnen Persönlichkeiten relevant, welche das persönliche Umfeld Felix Staehelins prägten. Von Bedeutung ist hierbei etwa die grundlegende Biographie zu Jacob Burckhardt.[62] Daneben wird aber ebenfalls auf Arbeiten zurückgegriffen, die weitere für das Verständnis von Felix Staehelins Biographie zentrale Personen zum Thema haben.

Weiter können zahlreiche Arbeiten herangezogen werden, welche für die institutionellen Zusammenhänge, in denen sich Felix Staehelin bewegte, relevant sind. Besonders wichtig sind diesbezüglich Arbeiten zum Basler Gymnasium[63] und besonders zur Basler Universität[64] sowie zur institutionellen Entwicklung

58 Roth 1988.

59 Für die vorliegende Arbeit besonders aufschlussreich ist die Charakterisierung des kirchlichen Umfeldes, in dem sich Staehelin bewegte, in: Mattmüller 1957. Weiter wurden hinzugezogen: Kuhn/Sallmann 2002; Schweizer 1972. Vgl. zum Kontext auch: Janner 2012.

60 Vgl. Roth 1988, 85 ff.

61 Vgl. Kuhn/Sallman 2002, 7; vgl. weiter zum Ausdruck «Das fromme Basel»: Janner 2012, 56–71, wo auch die Bedeutung des Historikers (und Weggefährten Staehelins) Paul Burckhardt für die Etablierung des Begriffs akzentuiert wird.

62 Kaegi 1947–1982; zur Burckhardt-Rezeption vgl. Rebenich 2018.

63 Burckhardt-Biedermann 1889; Meyer 1989.

64 Thommen 1914; Bonjour 1971; Kreis/Ott 2002; Kreis 2010; Staehelin 1959; Staehelin 1960a; Teichmann 1885; Teichmann 1896; Simon 2022. Vgl. ebenfalls die katalogartige Zusammenstellung, für die neben dem Hauptautor u. a. auch Felix Staehelin verantwortlich zeichnet: Boner 1943.

der altertumswissenschaftlichen und historischen Fächer,[65] weiter auch zur Historischen und Antiquarischen Gesellschaft Basel (HAG).[66] In diesem Zusammenhang sind sowohl Beiträge zur Geschichte der Augster und Basler Bodenforschung zu berücksichtigen, die ein wichtiges Umfeld für Staehelins Hinwendung zu Themen der römischen Schweiz bildet,[67] wie auch Arbeiten zur Geschichte weiterer mit Staehelins Biographie und Werk in engerem Zusammenhang stehende Institutionen wie der Stiftung Pro Vindonissa,[68] aber auch der Reichs-Limeskommission,[69] des Deutschen Archäologischen Instituts[70] und vor allem dessen Römisch-Germanischer Kommission.[71]

Für die vorliegende Studie als Vorarbeiten zu verwendende Reflexionen über die wissenschaftsgeschichtliche Bedeutung von Staehelins *Schweiz in römischer Zeit* finden sich grundsätzlich nicht in Texten, die sich Felix Staehelin widmen, sondern in solchen, die sich in ihrem Erkenntnisinteresse auf dem Forschungsfeld der «römischen Schweiz» selbst bewegen.[72]

Hierbei ist zu unterscheiden zwischen einer Behandlung der SRZ in forschungsgeschichtlichen Überblicken einerseits und der Diskussion einzelner von Staehelins Thesen und Argumentationssträngen im Zuge der Debatte über Aspekte der römischen Schweiz (ohne in erster Linie wissenschaftsgeschichtliches Erkenntnisinteresse) andererseits. Letzteres ist – und darin spiegelt sich die enorme Bedeutung der SRZ – in der Forschungslandschaft zur römischen Schweiz nach Staehelin noch lange ubiquitär. Es zeigt sich hierin die grundlegende Stellung von Staehelins Werk innerhalb der Fachdiskurse.

Was Ersteres, also die wissenschaftsgeschichtliche Behandlung der SRZ in der Forschung betrifft, so sind entsprechende Ausführungen verhältnismässig dünn gesät. Sie stellen fast immer einen Teil eines allgemeineren forschungsgeschichtlichen Überblicks zur römischen Schweiz dar, welcher in den entsprechenden Werken oftmals knapp ausfällt. Eine gewisse Selbständigkeit in der Be-

65 SKPhB 1987; Vischer 1984; Laschinger/Kaufmann-Heinimann 2012; Kaufmann-Heinimann 2014; Marchal 2013; Simon 2013; Wichers 2013.

66 Thommen 1902; His 1936; Burckhardt 1986b; Weber 1986.

67 Neben den bereits genannten: Schubiger 1995; Benz et al. 2003; Kamber 2008; div. Passagen in Berger 2012; Hufschmid/Tissot-Jordan 2013, 13–15; div. Beiträge in: Hufschmid/Pfäffli 2015; vgl. auch: Burckhardt-Biedermann 1882, 6–10; Furger 1998, 38–45; Furger 2001, 301–306.

68 Laur-Belart 1931; Kielholz 1947; Käch 2013.

69 Rebenich 2008.

70 Junker 1997; Vigener 2012.

71 Becker 2002; Krämer 2002; Rassmann et al. 2002; Schnurbein 2002; vgl. auch die Beiträge in BRGK 100 (2019), 2022.

72 Erwähnt und summarisch gewürdigt wird das Buch allerdings in historischen Darstellungen bei jeglicher Erwähnung Felix Staehelins (vgl. etwa Bonjour 1960, 650).

handlung findet die SRZ allerdings in einem wissenschaftsgeschichtlichen Abriss von Andres Furger.[73] Hierauf wird weiter unten näher eingegangen.

Die bisherige historische Einordnung der SRZ muss aufgrund der Forschungslage im Kontext allgemeinerer Beiträge zur Rezeptions- und Wissenschaftsgeschichte der römischen Schweiz diskutiert werden. Dies soll im Folgenden überblicksartig geschehen. Mit Blick auf die Bedeutung des entsprechenden Forschungsstandes für die vorliegende Arbeit wird dieser Abriss nicht auf die Situierung der SRZ enggeführt, sondern ist breiter angelegt.

Eine umfassende Rezeptionsgeschichte der Schweiz in der Antike liegt bislang weder diachron noch für einzelne Epochen vor. Die Geschichte der Aneignung und Konstruktion antiker schweizerischer Vergangenheit ist ausserordentlich vielgestaltig und komplex, was sich ebenfalls darin widerspiegelt, dass die bisherige Aufarbeitung dieser Geschichte aus unterschiedlichster Perspektive und mit stark divergierenden Erkenntnisinteressen vorgenommen wurden. Der Themenkomplex «Schweiz in der Antike» wurde und wird selbst durch unterschiedliche disziplinäre Sichtweisen, Methoden und konstruktive Vorgehensweisen geprägt und ebenso verhält es sich mit dem Blick auf die Rezeption und die Forschungsgeschichte dieses Themenkomplexes, der aufgrund seines dynamischen, konstruktiven Charakters definitorisch nicht scharf zu fassen ist. Es gilt, die diversen Herangehensweisen aufgrund ihres Erkenntnisinteresses und ihrer epistemologischen und normativen Prämissen zu unterscheiden.

Erstens sind diejenigen Untersuchungen zu nennen, deren primäres Erkenntnisinteresse das Gebiet der Geschichte der schweizerischen Geschichtsbilder und Identitätsdiskurse betrifft, die sich innerhalb dieses Themenfeldes jedoch thematisch teilweise oder vollständig der Rezeption der «römischen Schweiz» (bzw. der Schweiz in der Antike)[74] widmen.

Für die Genese der massgeblichen Rezeptionskonzepte der antiken Schweiz ist grundlegend der 2002 von Thomas Maissen publizierte Aufsatz zur Frage *Weshalb die Eidgenossen Helvetier wurden.*[75] Konzise zeigt Maissen das Entstehen und die Ausgestaltung der von der Caesar-Rezeption geprägten «Helvetierthese», die im Zuge der sich entwickelnden humanistischen Historiographie zu einer identitätsstiftenden und politisch legitimierenden Herkunftserzählung der Eidgenossen avancierte. In jüngerer Zeit hat ebenfalls Volker Reinhardt dem

73 Furger 2001.

74 Die Frage, inwieweit etwa die «vorrömische» Geschichte der Helvetier zu der «Geschichte der Römischen Schweiz» gehört, wird in dieser Arbeit nicht normativ erörtert, sondern analytisch anhand der Rezeption herausgearbeitet. Da die «vorrömische Schweiz» der Helvetier gerade bei Staehelin in die Darstellung der römischen Schweiz integriert, mithin also zum selben historischen Komplex geschlagen wird, sind für die Untersuchung auch Forschungsbeiträge zur Rezeption der Helvetier, Raeter etc. hinzuzuziehen.

75 Maissen 2002.

Thema einige Kapitel einer Darstellung zu *Schweizer Mythen* gewidmet, die sich an ein breites Publikum wendet.[76] Bereits 1991 hat Guy P. Marchal in einem historiographiegeschichtlichen Beitrag die frühneuzeitliche «Helvetierthese» und ihre «legitimatorische Nutzanwendung»[77] untersucht.

Marchals Aufsatz ist im Band 14 der Zeitschrift *Archäologie der Schweiz* erschienen, der anlässlich des «700-jährigen Jubiläums der Schweiz» eine ganze Reihe weiterer rezeptionsgeschichtlicher Beiträge enthält, die – wiewohl in ihrer zeitgeschichtlichen Kontextualisierungsleistung begrenzt – Grundlagen bilden für eine Analyse der diskursiven Bedeutung der Helvetier im Kontext der Entwicklung der Geschichtsbilder in der Schweiz und die in Bezug auf ihr Erkenntnisinteresse zwischen den eigentlich historiographiegeschichtlichen Arbeiten und der archäologischen Forschungsgeschichte anzusiedeln sind. So skizziert Boris Schneider den Werdegang Ferdinand Kellers und seine Bedeutung für die Helvetierforschung[78] und zeichnet William Hauptmann den Weg Charles Gleyres zu seinem berühmten Helvetiergemälde nach.[79] Gilbert Kaenel behandelt das Wirken von Frédéric-Louis-Troyon und Edouard Desor und vergleicht Topoi der französischen Gallierrezeption mit der Wahrnehmung der Helvetier in der Westschweiz, wobei Charles Gleyre ebenfalls zur Sprache kommt.[80] Karl Zimmermann analysiert die Rolle der Kelten und Helvetier in historischen Festumzügen der Schweiz.[81] Katharina Eder Matt untersucht die schweizerische Helvetierrezeption exemplarisch anhand vier ausgewählter literarischer Texte von 1779 bis 1959.[82]

Einen knappen Abriss über Aspekte der Rezeption der Frühgeschichte («Helvetier, Römer und Pfahlbauer») gibt Marc-Antoine Kaeser in dem Sammelband *Die Geschichte der Schweiz.*[83]

Eine Reihe von neuen Forschungsbeiträgen widmet sich Aspekten der frühen epigraphischen und archäologischen Wissenschaftsgeschichte, hier seien als wichtige Beiträge genannt Arbeiten von Regula Frei-Stolba zu Avenches,[84] ein

76 Reinhardt 2014.

77 Marchal 1991, 8.

78 Schneider 1991.

79 Hauptmann 1991.

80 Kaenel 1991.

81 Zimmermann 1991.

82 Eder Matt 1991. Der Vollständigkeit halber wird hier noch ein weiterer Beitrag aus dem Heft angeführt, der sich mit populären Keltenbildern befasst: Osterwalder Maier 1991.

83 Kaeser 2014. Der Beitrag stellt den einzigen knappen Abriss der Rezeptionsgeschichte der gesamten Schweizer Frühzeit im modernen Bundesstaat dar und ist deswegen als Ausgangspunkt wichtig. Er erscheint jedoch aufgrund seiner Kürze und einer Tendenz, die diskursive Gemengelage zu einem gewissermassen einheitlichen Geschichtsbild zu harmonisieren, teilweise notgedrungen etwas simplifizierend.

84 Frei-Stolba 1992; Frei-Stolba 2013a.

kontextualisierender Beitrag zum «Pierre-Pertuis» von Laurent Auberson,[85] ein umfangreicher Band zu der frühen Augster Forschung,[86] Beiträge zur Antikerezeption in Zürich und das Wirken von Caspar Hagenbuch von Urs Leu.[87] Mittelbar steht letztlich eine Fülle von Beiträgen zu Aspekten des Humanismus in der Schweiz mit dem Thema in Verbindung. Eine Vielzahl von weiteren Beiträgen befasst sich überdies mit der archäologischen Forschungsgeschichte einzelner Kantone, Orte und Ausgrabungsstätten sowie einzelnen Rezeptionsmotiven. Diese werden hier nicht angeführt, aber in der Untersuchung punktuell herangezogen

Die wissenschaftsgeschichtliche Aufarbeitung des Umgangs mit der antiken Vergangenheit der Schweiz hat schon früh wesentliche Impulse erfahren, so dass hier noch kurz auf einige Pionierarbeiten auf dem Feld verwiesen werden soll. Mommsens Überblick über die epigraphische Forschung in den *Inscriptiones Confoederationis Helveticae Latinae* ICH[88] und im *Corpus Inscriptionum Latinarum* CIL XIII[89] stellt diesbezüglich einen Meilenstein dar. Im Jahr 1886 korrigierte Salomon Voegelin die Darstellung im ICH in einigen Punkten.[90] 1890 legte Jacob Wackernagel einen Abriss über die Geschichte des Studiums der Antike in der Schweiz vor, worin auch der Umgang mit der eigenen antiken Epoche eine Rolle spielt.[91]

Heinrich Dübi veröffentlichte 1888 die Studie *Die alten Berner und die Römischen Altertümer.*[92] Diese Abhandlung ist als Reaktion auf Vorwürfe entstanden, die von waadtländischer Seite gegen den Umgang des alten Bern mit den Altertümern von Aventicum geäussert wurden. Dübi unternahm es, das Berner Patriziat zu verteidigen, und hieraus erwuchs einer der ersten in historischer Arbeit auf archivalischen Quellen basierenden rezeptionsgeschichtlichen Beiträge zur römischen Schweiz.

Von diesen Arbeiten sind diejenigen disziplingeschichtlichen Beiträge zu unterscheiden, die einen Bestandteil von Werken bilden, welche in ihrem Hauptfokus nicht rezeptionsgeschichtlich ausgerichtet sind und die die Wissenschafts- und Rezeptionsgeschichte ausschliesslich oder in erster Linie als ein Mittel der fachlichen Standortbestimmung bzw. Hinführung zum Thema verstehen. In Bezug auf die römische Schweiz betrifft dies in erster Linie Beiträge, die von Vertretern der

---

85 Auberson 2011.
86 Hufschmid/Pfäffli 2015.
87 Leu 2001; Leu 2004.
88 ICH, XI–XVIII. Siehe auch die Einleitung: V–X.
89 CIL XIII 2,1, 7–12.
90 Voegelin 1886.
91 Wackernagel 1891.
92 Dübi 1888.

Ur- und Frühgeschichte und der Provinzialrömischen Archäologie – teilweise jedoch auch von Althistorikern – verfasst worden sind. Die wissenschaftsgeschichtliche Entwicklung mit ihren unterschiedlichen methodischen Zugriffen und fachlichen Einordnungen des Themas «römische Schweiz» spiegelt sich hier in den forschungsgeschichtlichen Zugriffen wider.

Für die «römische Schweiz» im engeren Sinn ist hier an erster Stelle auf den 3. Band der *Archäologie und Kulturgeschichte der Schweiz* zu verweisen und die darin enthaltenen rezeptionsgeschichtlichen Beiträge von Andres Furger und Cornelia Isler-Kerényi.[93] Isler-Kerényi bietet einen Abriss zu den «Römerbilder[n] der Schweizer» bis ins 19. Jahrhundert, der allerdings sehr knapp ausgefallen ist und sich hauptsächlich mit einer schlagwortartigen Herleitung der These begnügt, wonach die römische Epoche für «die Schweizer» kein grosses Identifikationspotential geboten habe.[94]

Wichtiger im Hinblick auf die vorliegende Untersuchung ist der Beitrag von Andres Furger, der in einem wissenschaftsgeschichtlichen Kapitel den Wandel der wissenschaftlichen «Römerbilder» in der Schweiz behandelt, wobei er auch auf Felix Staehelin eingeht.

Diese knappe und allgemein gehaltene Schilderung spricht einige Hauptcharakteristika von Staehelins Zugriff auf die römische Schweiz und die wissenschaftsgeschichtliche Verortung der SRZ in Form kurzer Bemerkungen an. So wird im Hinblick auf die Entstehung des Werks erwähnt, dass hier die Historische und Antiquarische Gesellschaft Basel eine gewisse Rolle gespielt habe, Staehelins Buch wird als brillantes Werk gelobt, als die «Symphonie», die auf Mommsens «Ouvertüre» gefolgt sei.[95] Die SRZ wird hier als historische Pionierleistung gewürdigt, Staehelin wird in erster Linie als Wegbereiter der «Basler Schule» der provinzialrömischen Archäologie behandelt, welche mit Rudolf Laur-Belart ihren Anfang nahm.

Nach einigen Überlegungen zur Objektivität von Geschichte und zur Aufgabe der Wissenschaftsgeschichte beleuchtet Furger ebenfalls den Wandel des wissenschaftlichen Blicks auf die römische Schweiz. Hierbei benennt er in groben Zügen einige markante Charakteristika von Staehelins Zugriff auf das Thema. Bezüglich der Prägung und des Wandels des «Römerbildes» betont Furger die wichtige Rolle der altertumswissenschaftlichen Fächerhierarchien. Hierbei geht es ihm in erster Linie um die rezeptionsgeschichtliche Herausarbeitung von Vorstellungen der römischen Kulturüberlegenheit und der freiwilligen Übernahme der als höherstehend erkannten Zivilisation durch die Unterworfenen, eine Auffassung, die Furger in der normativen Dominanz der klassischen Philologie begründet sieht und gegen die er selbst sich ablehnend ausspricht. In einer knappen

93 Furger 2001.
94 Isler-Kerényi 2001.
95 Furger 2001, 301.

wissenschaftsgeschichtlichen Skizze leitet er entsprechend die positive Bewertung der römischen Kultur in der Forschung seit Staehelin her, zu welcher er kritisch Stellung nimmt:

> Weit oben [in der Hierarchie] waren [...] die klassischen Philologen platziert. [...] Ihre Sichtweisen und Deutungsmonopole strahlten dementsprechend in die jüngeren Fächer Klassische Archäologie, Alte Geschichte und Provinzialrömische Archäologie aus. Diese wurden von Philologen ihrem Selbstverständnis gemäss zuweilen als eine Art «Hilfswissenschaften» angesehen. Dozenten für Latein pflegten zwar einen durchaus kritischen Umgang mit den Quellen, stellten aber die Träger der lateinischen Sprache und damit die Urheber der Quellen sowie ihr Tun aus nachvollziehbaren Gründen weniger in Frage.[96]

Hieraus, und aus der damit korrespondierenden Priorisierung der Schriftquellen, erklärt Furger, so scheint es, Staehelins Vorstellung der römischen Kulturüberlegenheit. Kritisiert werden weiter Staehelins Geschichtsverständnis, das die Prähistorie ausschliesst,[97] sowie seine positive Bewertung des Augustus.[98] Ebenfalls geht Furger in diesem Zusammenhang kurz auf die Rezeption der römischen Schweiz im Zusammenhang mit der «Geistigen Landesverteidigung» ein.

Der popularisierende Stil und die Kürze dieser Ausführungen führen hier und in vergleichbaren Passagen zur Rezeptionsgeschichte in provinzialarchäologischen Werken dazu, dass grundsätzlich richtige Beobachtungen oftmals etwas vereinfacht und generalisiert wiedergegeben werden, so dass ein durchaus nicht falsches, aber unterkomplexes Bild der für die Rezeptionsweisen entscheidenden Faktoren entsteht. Die Ausführungen Furgers stellen durch die darin enthaltenen Beobachtungen trotz dieses Defizits einen aufschlussreichen Beitrag zur Rezeptionsgeschichte der römischen Schweiz dar. Gerade in Bezug auf Staehelin werden wichtige Punkte in Ansätzen korrekt angesprochen und eine erste – freilich notwendigerweise vereinfachende und pauschale – Skizze von Staehelins Zugriff auf das Thema gezeichnet, welche in vorliegender Untersuchung durch die vorgenommene Quellenarbeit in allen hier erwähnten Punkten differenziert werden soll. (Es wird denn in dieser Arbeit auch nicht auf dieser Skizze Furgers aufgebaut, sondern der gesamte entsprechende Themenkomplex von Grund auf neu erarbeitet.) Mit seiner kritischen Behandlung Staehelins nimmt Furger grundsätzlich nicht einen eigentlich analytischen Standpunkt ein, vielmehr reiht er sich selbst in eine disziplinäre Auseinandersetzung um Staehelins SRZ ein, deren Anfänge und argumentativen Traditionen in vorliegender Untersuchung zur Sprache kommen werden.

Ebenfalls auf disziplinär-methodische Differenzen gehen Laurent Flutsch und Frédéric Rossi in dem einleitenden Kapitel zu dem 5. Band *(Römische Zeit)*

---

96 Furger 2001, 302.

97 Furger 2001, 15.

98 Furger 2001, 301 ff.

der archäologischen Reihe *Die Schweiz vom Paläolithikum bis zum frühen Mittelalter* (SPM) ein. Weiter wird – ohne Namensnennung Staehelins – unter dem Titel «Verzerrende Spiegel» der humanistische «Romanozentrismus» der älteren Forschung gerügt, was zweifellos ebenfalls auf die SRZ gemünzt ist.[99]

In Bezug auf divergierende Forschungsperspektiven innerhalb der archäologischen Disziplinen wird dem «Provinzialrömer» der «Urgeschichtler» gegenübergestellt.[100] In einem äusserst kompakten Überblick wird die Geschichte der «römischen Archäologie» in der Schweiz rekapituliert, weiter wird unter dem Titel «Vereinnahmungen und Klischees» das Thema der «ideologischen Interpretationen» der Antike kurz gestreift, wobei auch hier das wichtige Thema der «Geistigen Landesverteidigung» angesprochen wird.[101] Schliesslich führen Flutsch und Rossi kurz die Darstellungen des Themas «römische Schweiz» von Loys de Bochat bis Furger unter Einschluss von Staehelins SRZ an, wobei eine einseitig deutschschweizerische Prägung der bisherigen Überblickswerke moniert wird.[102] Ebenfalls knapp auf die Rezeptionsgeschichte der römischen Schweiz geht Flutsch in seiner kurzen Darstellung *L'époque romaine* ein.[103]

In jüngster Zeit haben Nikolas Hächler, Beat Näf und Peter-Andrew Schwarz eine Studie zum Hochrhein-Limes vorgelegt, in welcher auch der Forschungsgeschichte Rechnung getragen und die Rezeption des Hochrhein-Limes diskutiert wird. Herbei werden die massgeblichen Protagonisten der Erforschung und Interpretation des Hochrhein-Limes vorgestellt, wobei ebenfalls Felix Staehelin und seine SRZ zur Sprache kommen.[104]

Neben eigentlichen rezeptionsgeschichtlichen Abrissen sind für die wissenschaftsgeschichtlichen Fragestellungen der vorliegenden Untersuchung auch die Forschungsdiskussionen innerhalb der vielen nichtrezeptionsgeschichtlich angelegten Beiträge zur römischen Schweiz hinzuzuziehen. Ebenfalls relevant sind forschungsgeschichtliche Kapitel in Beiträgen, welche sich kategoriell nicht mit der Schweiz beschäftigen, wohl aber mit dem entsprechenden Gebiet.[105]

Im Kontext des Forschungsfeldes, auf dem sich vorliegende Studie bewegt, ist ebenfalls hinzuweisen auf rezeptionsgeschichtliche Monographien, Aufsätze und einzelne Kapitel, die den Fokus weniger auf die römische Schweiz als auf die Bodenforschung in der Schweiz im Allgemeinen sowie auf die Urgeschichte legen, wobei Epochen behandelt werden, die im Sinne Staehelins teils zur Prähistorie

99 Flutsch/Rossi 2002 11 f.
100 Flutsch/Rossi 2002, 12 f.
101 Flutsch/Rossi 2002, 13 ff. Vgl. auch Flutsch 2005, 16 ff.
102 Flutsch/Rossi 2002, 14.
103 Flutsch 2005, 16–21.
104 Hächler et al. 2020. Zu Staehelin: 54 ff.
105 So etwa: Klee 2013, 17–23.

gehören und teils als «vorrömische Schweiz» einen Teil des Komplexes «römische Schweiz» bilden.[106] Zur Rezeptionsgeschichte der Helvetier in der Schweiz hat ebenfalls Andres Furger bereits 1984 (^{2}1986) ein Überblickskapitel publiziert. Furger skizziert hier knapp die Rezeption vom Humanismus bis ins 20. Jahrhundert, wobei er die Berücksichtigung keltischer Elemente durch Felix Staehelin hervorhebt.[107] Einen kurzen Abriss zur Geschichte der Archäologie der Eisenzeit in der Schweiz gibt Gilbert Kaenel in der Einleitung zum 4. Band der bereits erwähnten Reihe SPM,[108] im Anschluss daran finden sich von Felix Müller verfasste methodische Reflexionen zur Interdisziplinarität der Keltenforschung.[109] Jüngst hat Müller überdies eine Biographie des Archäologen Wiedmer-Stern vorgelegt.[110] Einen relativ umfangreichen Überblick zur Bodenforschung in der Schweiz im Allgemeinen publizierte wiederum Andres Furger im 1. Band der *Archäologie und Kulturgeschichte der Schweiz.*[111] Hierbei kommt ebenfalls Felix Staehelin zur Sprache als Verfechter des wirkungsmächtigen «positiven Bild[es] der römischen Kultur», was Furger wie erwähnt in Band 3 derselben Reihe weiter ausführt.[112] Ebenfalls geht Furger hier auf Rudolf Laur-Belart, Emil Vogt und ihre entsprechenden «Basler» bzw. «Zürcher Schulen» der schweizerischen Bodenforschung ein.

Zur Forschungs- und Rezeptionsgeschichte der Pfahlbauer hat Marc-Antoine Kaeser eine erkenntnisreiche Darstellung publiziert, die mit der notwendigen Kontextualisierung die Bedeutung der Pfahlbauer für die Geschichte der schweizerischen Geschichtsbilder und die nationalen Identitätsdiskurse nachzeichnet.[113] Kaesers Studie weist ein hohes Mass an historischer Reflexion auf. Dasselbe gilt für zwei auf Aspekte der Fachgeschichte der Archäologie in der Schweiz fokussierte Beiträge: Toni Rey untersuchte in einem 2002 erschienenen Aufsatz anhand der Jahresberichte der Schweizerischen Gesellschaft für Urgeschichte (SGU) das Verhältnis der Schweizer Urgeschichtsforschung zu Tendenzen der ausländischen Wissenschaft der Zwischenkriegszeit, besonders der Indienstnahme der Urgeschichte für den Nationalismus in Deutschland.[114] Felix Müller et al. analysierten die massgeblichen deutschen urgeschichtlichen Publikationen zur Zeit des Nationalsozialismus in ihren Schweizbezügen sowie die jeweiligen

106 Vgl. Kapitel 8, Kapitel 9.

107 Furger 1986, 161. Vgl. auch die rezeptionsgeschichtlichen Bemerkungen Furgers im Katalog zur Ausstellung *Gold der Helvetier:* Furger/Müller 1991, 13–20.

108 Kaenel 1999, 15–20.

109 Müller 1999, 24–27.

110 Müller 2020.

111 Furger 1998.

112 Ebenfalls verweist Furger hier auf die wichtige Rolle Karl Stehlins für Felix Staehelin (38) und erwähnt auch hier die «Geistige Landesverteidigung» (38 f.).

113 Kaeser 2004. Vgl. auch: Kaeser 1998.

114 Rey 2002.

schweizerischen Reaktionen, wobei besonders auch Laur-Belarts Schrift über «Urgeschichte und Schweizertum» diskutiert wird.[115]

In historisch informierter Weise hat sich Hansjörg Brem mit diversen Aspekten der Geschichte der Schweizer Bodenforschung beschäftigt. Zu nennen sind hier etwa seine Beiträge zur Geschichte der Archäologie im Kanton Thurgau[116] und des Vereins Pro Vindonissa[117] (zusammen mit Hugo W. Doppler) sowie zur Schweizerischen Gesellschaft für Urgeschichte,[118] vor allem aber das die Schweiz betreffende Kapitel eines kürzlich erschienenen Sammelbands zu Nationalsozialismus und Archäologie in Europa.[119] Jüngst hat Brem ebenfalls einen grundlegenden Aufsatz zu den Beziehungen des deutschen Archäologen Gerhard Bersu zur Schweiz vorgelegt.[120]

Zahllose kleine und kleinste archäologisch-forschungsgeschichtliche Beiträge zu einzelnen Fundzusammenhängen – meist mit Prolog- bzw. Einleitungscharakter – sind weit verstreut, weisen in diverser Hinsicht eine isolierte Binnenperspektive auf und stellen selbst den Zusammenhang unter sich nicht her. Es wird in dieser Arbeit punktuell auf entsprechende Darlegungen zurückgegriffen, wenn das verfolgte Erkenntnisinteresse dies nahelegt.

Es lässt sich festhalten, dass die rezeptions- und wissenschaftsgeschichtliche Aufarbeitung der römischen Schweiz für die Moderne stark von der Archäologie geprägt ist, worin sich die heutigen disziplinären Zugehörigkeiten zeigen. Entsprechend wurde bisher die Rezeptionsgeschichte der römischen Schweiz in erster Linie als Archäologiegeschichte geschrieben. Während für die Geschichte der Schweizer Bodenforschung im Allgemeinen sowie für einzelne Teilbereiche der «römischen» Forschung wie oben ausgeführt die Anfänge für eine historisch informierte, auf archivalischer Grundlage beruhende Aufarbeitung gemacht sind, bestehen die bislang vorliegenden rezeptions- und wissenschaftsgeschichtlichen Behandlungen zum Konzept der «römischen Schweiz» in der Regel aus relativ knappen Abrissen und Überblicken und richten sich häufig an ein breites Publikum. Die historische Kontextualisierung erfolgt in unterschiedlichem Umfang und wird oft auf einzelne Aspekte enggeführt. Als einleitende Passagen haben diese Überblicke generell den Charakter von knappen fachlichen Selbstverortungen mit normativen Stellungnahmen. Die rezeptionsgeschichtlichen Ausführun-

---

115 Müller et al. 2003.

116 Brem 2008.

117 Brem/Doppler 1996.

118 Brem 2007.

119 Brem 2023. Vgl. zu diesem Thema ebenfalls die Einlassung Brem 2003.

120 Brem 2022. Der Artikel erschien im 100. Bericht der RGK, der daneben eine Reihe weiterer wissenschaftsgeschichtlicher Beiträge zu Bersu enthält.

gen von archäologischer Seite schwanken dabei oftmals zwischen einer Analyse der methodischen Kontroversen und einer Weiterführung dieser Auseinandersetzungen.

Generell finden sich in den forschungsgeschichtlichen Beiträgen aus dem Gebiet der provinzialrömischen Archäologie zur Rezeption der römischen Schweiz wichtige grundlegende Beobachtungen. Oft erfolgt aber die Behandlung in einzelnen, knappen, weitgehend dekontextualisierten Statements, deren Belege nicht ausreichend belastbar sind und die die Tendenz haben, die Diskurse in vereinfachender Weise zu homogenisieren. Ebenfalls wird häufig weniger eine wissenschaftsgeschichtliche Analyse als eine Abgrenzung von in dieser Lesart überwundenen Ansätzen angestrebt. Die betreffenden Darstellungen beruhen dementsprechend oft nicht auf einer belastbaren und transparenten historischen Quellengrundlage, und für die getroffenen Feststellungen und allgemeinen Aussagen wird häufig wenig differenziert und zu apodiktisch argumentiert. Es entsteht hierbei leicht das Bild einer homogenen und geradlinigen Entwicklung der «Römerbilder». Ebenfalls bringt es die disziplingeschichtliche Perspektive mit sich, dass die römische Schweiz als *historisches* Problem (im Doppelsinn: erstens als Komplex alt*historischer* Themen und Fragestellungen und zweitens als ein Problem der Personen-, Diskurs- und Institutionen*geschichte* der Moderne) nicht eigentlich beleuchtet wird.

In Bezug auf Felix Staehelin, der selbst nicht im eigentlichen Sinn zu dieser Fachgeschichte gehört, sondern disziplinär in ganz anderen Kontexten geprägt wurde, liegt gerade in einer rein provinzialarchäologischen Perspektive auf die Rezeptions- und Wissenschaftsgeschichte der römischen Schweiz ein zusätzliches methodisches Problem: Was Staehelin und seine SRZ betrifft, genügt ein rezeptionsgeschichtlicher Zugang, der lediglich im Rahmen einer Fachgeschichte der provinzialrömischen Archäologie erfolgt, nicht. Eine solche läuft unweigerlich Gefahr, Staehelin, den Althistoriker, als Vorläufer der «eigentlichen» Forschung zu konzeptualisieren. Seine Verdienste werden gewürdigt, aber immer durch die Brille der archäologischen und damit in Bezug auf Staehelin letztlich fachfremden Forschungsgeschichte betrachtet. Damit eng zusammenhängend weist die bisherige wissenschaftsgeschichtliche Behandlung der römischen Schweiz der SRZ oftmals die Position eines «Anfangspunktes» zu, von welchem in die 1930er und 1940er Jahre geblickt wird, was zur Folge hat, dass die Zeit der *Entstehung* der SRZ kaum interessiert. Und drittens tendiert die archäologische Fachgeschichte dazu, Staehelins Vorgehensweisen konzeptionell in ihrem Abweichen von archäologischen Methoden und Auffassungen der neuen provinzialrömischen Forschung zu fassen und als ein Zeugnis der noch nicht emanzipierten provinzialrömischen Archäologie. Staehelin erscheint so aus einer ihm fachfremden Perspektive oftmals als der fachlich «Andere», als das Stereotyp des «Philologen», der dem Bodenforscher gegenübergestellt wird.

Demgegenüber wird mit vorliegender Arbeit eine Untersuchung angestrebt, die Staehelin und sein Werk in ihrem Eigenrecht beleuchtet. Die Rezeptionsgeschichte der römischen Schweiz im Allgemeinen und die SRZ im Besonderen werden hier als historisches Problem aufgefasst, welches durch eine Analyse einer historisch vielfältigen Gemengelage untersucht wird, von der die Geschichte der Bodenforschung in der Schweiz einen wichtigen Teilaspekt darstellt, nicht jedoch die erkenntnisleitenden Fragen und die epistemologische Perspektive diktiert.

Die rezeptionsgeschichtlichen Beiträge zu Staehelin und zur Rezeption der römischen Epoche aus dem Bereich der provinzialarchäologischen Forschungsgeschichte sind also für die hier vorgenommene Untersuchung als verdienstvolle erste Zugänge zu unserem Thema zu berücksichtigen; das durch sie vermittelte Bild bedarf allerdings der historischen Kontextualisierung, Ergänzung und Differenzierung.

Es bildet für die vorliegende Arbeit weiter eine Schwierigkeit, dass keine historisch kontextualisierenden, auf breiter Auswertung von Archivmaterial beruhenden Studien zur provinzialrömischen Forschung in der Schweiz der ersten Hälfte des 20. Jahrhunderts existieren. Biographien, Netzwerke, Diskurse und auch die Geschichte der Institutionen sind nur in Grundzügen beleuchtet und werden häufig pauschal mit wenigen Sätzen abgehandelt. Wichtige Prozesse wie die Verflechtung der Schweizer Römerforschung mit der deutschen römisch-germanischen Wissenschaft sind noch wenig untersucht.[121]

Es zeigt sich also das Problem, dass kaum Beiträge zu der Geschichte Schweizer Römerforschung existieren, die auf umfassender Auswertung der in Abundanz vorhandenen archivalischen Quellen beruhen.[122] Hier besteht eine klare Forschungslücke, die durch die rekapitulierenden Kapitel zur Forschungsgeschichte in vielen archäologischen Studien nicht gefüllt wird.

Es kann diesbezüglich also die vorliegende Untersuchung nicht in ein bereits aufgearbeitetes Umfeld eingepasst werden. Vielmehr leistet sie notgedrungen auch in den zwar peripheren, für die Analyse jedoch unabdingbaren Fragen etwa zur Verflechtung von deutscher und schweizerischer römischer Bodenforschung Grundlagenarbeit. Diese wird entsprechend dem Erkenntnisinteresse aber nicht als Thema sui generis behandelt, sondern auf ihre Bedeutung für Staehelin und seine SRZ enggeführt. Es fallen also für eine ausstehende Geschichte

121 Ausnahmen hierzu (und wertvolle Pionierarbeiten) bilden die oben angesprochenen Beiträge – etwa von Hansjörg Brem, Toni Rey und Felix Müller –, die sich auf archivalischer Grundlage der Schweizer Bodenforschung im Allgemeinen und ihrer Verflechtung mit der deutschen Forschung widmen. Der Fokus liegt in diesen Arbeiten aber nicht eigens auf der römischen Forschung.

122 Vgl. hierzu auch die entsprechenden Bemerkungen bei Brem 2007, 19, 26 sowie Brem 2023.

der provinzialrömischen Archäologie in der Schweiz in der hier vorliegenden Arbeit lediglich einzelne Schlaglichter auf die entsprechenden Themen. Die aufgrund ihrer thematischen Nähe in den Bereich dieser Untersuchung fallenden Aspekte können aber in diesem Rahmen nicht systematisch weiterverfolgt werden.

In mehrfacher Hinsicht baut die vorliegende Arbeit nicht nur auf Forschungsbeiträgen zur Rezeptionsgeschichte der römischen Schweiz, sondern ebenfalls zur Genese und Entwicklung der Altertumswissenschaften in der Schweiz im Allgemeinen auf. Als eigentliche Überblicksdarstellung zum Thema existiert bisher lediglich der grundlegende Artikel *Schweiz* im rezeptionsgeschichtlichen Teil des *Neuen Pauly* (DNP), der von Beat Näf verfasst wurde.[123] Mit einem chronologisch und thematisch breiten Zugriff stellt Näf die Auseinandersetzung mit dem Altertum in der Schweiz dar. Das Thema wird kenntnisreich und bei aller notwendigen Kürze chronologisch umfassend behandelt. Die Rezeption der «römischen Schweiz» kommt an diversen Stellen zur Sprache, Staehelin und seine SRZ werden an einer Stelle erwähnt.[124] Zur Geschichte der Klassischen Philologie der Schweiz im 20. Jahrhundert hat 1989 Walter Burkert eine grundlegende Übersicht gegeben.[125]

Neben diesen Überblickstexten existieren – nebst den bereits genannten zur Universität Basel im Allgemeinen und zur Alten Geschichte in Basel – zahlreiche weitere Beiträge zur Geschichte einzelner für das Thema relevanter Institutionen. So hat Anne Bielman eine Darstellung der Geschichte der Althistorie und der Archäologie an der Universität Lausanne verfasst.[126] Anna Laschinger und Annemarie Kaufmann-Heinimann haben 2012 mit der Begleitpublikation zu der Ausstellung *Knochen, Scherben und Skulpturen* einen Überblick zu *100 Jahre*[*n*] *Archäologie an der Universität Basel* herausgegeben, der u. a. persönliche Würdigungen einzelner Protagonisten enthält.[127] Ebenfalls von Kaufmann-Heinimann stammt ein Aufsatz zu den *Anfängen der klassischen Archäologie an der Universität Basel.* Die Autorin stellt hier durch umfangreiche und sorgfältige Quellenarbeit die frühe Geschichte der Klassischen Archäologie in Basel dar, wobei die zentralen Protagonisten wie Wilhelm Vischer, Jacob Burckhardt, Johann Jakob Bernoulli, Johann Jakob Bachofen bis zu Hans Dragendorff und Ernst Pfuhl zur Sprache kommen.[128] Einen Exkurs widmet Kaufmann-Heinimann der Person der Cécile Horner. Ebenfalls behandelt wird Ferdinand Dümmler und implizit

123 Näf 2002.
124 Näf 2002, 1149.
125 Burkert 1989.
126 Bielman 1987.
127 Laschinger/Kaufmann-Heinimann 2012.
128 Kaufmann-Heinimann 2014.

dessen enges Verhältnis zu Felix Staehelin.[129] Das Basler Institut für Klassische Philologie veröffentlichte bereits 1987 einen Überblick über die Geschichte des Seminars.[130]

Zur Geschichte der Institutionalisierung der Alten Geschichte im deutschen Sprachraum sind grundlegend der entsprechende Aufsatz von Alfred Heuss[131] sowie Beiträge von Stefan Rebenich.[132] Für die Schweiz neben den bereits besprochenen Arbeiten von Königs und Ungern-Sternberg (Basel) ebenfalls ein Beitrag von Seraina Ruprecht (Bern).[133] Geprägt wurde die deutsche althistorische Wissenschaftsgeschichte sodann vor allem durch die Arbeiten von Karl Christ,[134] auf die in Bezug auf die theoretische Fundierung der vorliegenden Studie in Kapitel 1.2 ausführlich Bezug genommen wird. Weitere wichtige Beiträge hat Wilfried Nippel vorgelegt.[135]

Gerade auch in Bezug auf die in dieser Arbeit verfolgte Akteursperspektive ist eine Vielzahl biographisch angelegter Beiträge zu einzelnen Protagonisten der deutschsprachigen Althistorie mit Gewinn hinzuzuziehen. Hier seien nur einige hervorgehoben: So hat Stefan Rebenich die massgebliche Darstellung zu Theodor Mommsen vorgelegt.[136] Für das Erkenntnisinteresse vorliegender Arbeit ist hier weiter besonders wichtig Rebenichs Beitrag zu Mommsens Rolle in Bezug auf die Gründung der Reichs-Limeskommission.[137] Bereits 1983 ist von Alfred Kneppe und Josef Wiesehöfer eine Darstellung zu Friedrich Münzer erschienen,[138] zu Ernst Fabricius hat Eckhardt Wirbelauer gearbeitet.[139] Zu Eugen Täubler sind Beiträge von Alfred Heuss[140] und Jürgen von Ungern-Sternberg[141] publiziert worden. Von Letzterem sind ebenfalls weitere grundlegende Arbeiten zu einzelnen Protagonisten und besonders zum Verhältnis zwischen deutscher und französischer Altertumswissenschaft erschienen.[142] Diemuth Königs hat 1995 eine Bio-

129 Kaufmann-Heinimann 2014, 227.

130 SKPhB 1987.

131 Heuss 1989a.

132 Rebenich 2010; Rebenich 2012. Vgl. zur Geschichte der Altertumwissenschaften und Antikerezeption in Deutschland auch den jüngst erschienenen Band Rebenich 2021.

133 Ruprecht 2015.

134 Christ 1982; Christ 1983; Christ 1999; Christ 2006.

135 Für vorliegende Untersuchung insbesondere relevant: Nippel 2013.

136 Rebenich 2002; vgl. auch Rebenich 1997.

137 Rebenich 2008.

138 Kneppe/Wiesehöfer 1983.

139 Wirbelauer 2006; Wirbelauer 2016.

140 Heuss 1989b.

141 Ungern-Sternberg 2010.

142 Ungern-Sternberg 2017; Ungern-Sternberg 2018.

graphie von Joseph Vogt vorgelegt.[143] In jüngerer Zeit sind Kurzbiographien zu Eduard Norden[144] und grössere biographische Studien zu Fritz Schachermeyr[145] und Franz Hampl[146] erschienen. Simon Strauss hat eine Studie zum Verhältnis von Theodor Mommsen und Matthias Gelzer publiziert.[147] Die genannten Werke bewegen sich teilwiese ebenfalls im Forschungsfeld zum Thema «Althistorie und Nationalsozialismus», ein Gebiet, das von der Pionierarbeit von Volker Losemann geprägt wurde.[148] Zu Alfred Heuss und zu Helmut Berve hat in entsprechender Perspektive Stefan Rebenich Beiträge vorgelegt.[149] Wichtig sind ebenfalls Beat Näfs frühe Studie zur Rezeption der athenischen Demokratie[150] und der von ihm herausgegebene Tagungsband zu Nationalsozialismus und Antike.[151]

Eine Fülle von Forschungsbeiträgen thematisiert sodann einzelne Aspekte der Entwicklung der deutschsprachigen Althistorie, deren Implikationen ebenfalls für die hier verfolgte Untersuchung zu beachten sind. Diese werden hier nicht einzeln aufgeführt, sondern für die Untersuchung punktuell herangezogen.

Es lässt sich nach diesem Überblick also festhalten, dass die vorliegende Arbeit zwar auf thematisch verwandten Untersuchungen aufbaut, grundsätzlich jedoch einer Forschungslücke Rechnung trägt, die sich weniger der Revisionsbedürftigkeit älterer Forschung verdankt als dem Fehlen umfangreicher älterer Studien in dem Forschungsfeld, in dem sie sich bewegt, d. h. in Bezug auf eine historisch orientierte Rezeptionsgeschichte der römischen Schweiz im Allgemeinen sowie auf Person und Werk Felix Staehelins im Besonderen. Erstmals wird es hier unternommen, mit dem Fokus auf Staehelins SRZ die Rezeption der römischen Schweiz im frühen 20. Jahrhundert in ihren diversen Implikationen zu untersuchen. Dies führt allerdings in Teilen dennoch zu einer angestrebten Revision bisheriger Auffassungen, da das historische Bild in den diversen Bereichen, in denen sich die Untersuchung bewegt, auch für in der Forschung bereits behandelte Teil bereiche differenziert und ergänzt werden soll.

143 Königs 1995.
144 Schlunke 2016.
145 Pesditschek 2010.
146 Deglau 2017.
147 Strauss 2017.
148 Losemann 1977; vgl. auch: Losemann 2017.
149 Rebenich 2000; Rebenich 2001.
150 Näf 1986.
151 Näf 2001.

1.4 Das Quellencorpus

Die Zusammensetzung des Quellencorpus,[152] das in dieser Arbeit bearbeitet wird, folgt dem formulierten Erkenntnisinteresse: Erstens wurde das greifbare publizierte Material zu Felix Staehelin umfassend berücksichtigt. Staehelins SRZ bildet als Objekt der Arbeit zugleich auch die wichtigste Quelle, von wo aus ein Grossteil der in dieser Untersuchung behandelten Fragen entwickelt werden. In unmittelbarer Nachbarschaft stehen Staehelins übrige Arbeiten zur römischen Schweiz sowie von anderen verfasste Publikationen, die sich direkt auf die SRZ beziehen.

Daneben konstituieren die weiteren Veröffentlichungen Staehelins eine breite Quellenbasis für die Aufarbeitung seines wissenschaftlichen Schaffens.[153] Diese werden als Ganzes und in ihren spezifischen Kontext eingebettet eingearbeitet,[154] was bedeutet, dass nicht nur Staehelins Publikationen selbst behandelt werden, sondern ebenfalls Texte, die damit in einer relevanten Verbindung stehen, wie etwa Beiträge, auf die sich die jeweilige Veröffentlichung bezieht, sowie Rezensionen und andere Zeugen des «zeitgenössischen Echo[s]».[155] Der Umfang der Behandlung folgt hierbei der Relevanz der jeweiligen Publikationen für die Fragestellungen der Arbeit. Neben den Texten *von* Staehelin werden ebenfalls die zeitgenössischen Veröffentlichungen *über* Staehelin und sein Werk integriert, was (ausser den angesprochenen Reaktionen auf einzelne seiner Beiträge) insbesondere Würdigungen, Gutachten und die Nachrufe auf seine Person betrifft.

Eine weitere Abteilung bilden die publizierten zeitgenössischen Texte zum Gegenstand «römische Schweiz», die in dieser Arbeit nicht als Forschungsliteratur, sondern als rezeptions- und wissenschaftsgeschichtliche Quellen verwendet werden. In Anbetracht der zahllosen Beiträge, die in diese Kategorie fallen, muss hier zwingend mit einer gewissen Selektivität vorgegangen werden. Um sicherzustellen, dass die Auswahl nicht beliebig ist, wurden klar definierte Kriterien angewandt: Erstens zählt die konkrete Relevanz der jeweiligen Publikationen für die SRZ – besteht doch ein methodischer Vorteil der Fokussierung auf ein einzelnes Werk gerade darin, das weitere Material perspektivisch ordnen zu können. Zweitens entschied über die Berücksichtigung die jeweilige Bedeutung der Publikationen für die Rezeptionsgeschichte des Gegenstandes «römische Schweiz». Es interessieren also nicht die unzähligen Texte zu «Römischem» in der Schweiz,

152 Für die vollständige Auflistung der verwendeten Quellen vgl. das Verzeichnis am Ende dieser Studie.

153 Für ein Publikationsverzeichnis Staehelins vgl. Abt 1943 bzw. Abt 1947. Da Wilhelm Abt die Publikationsliste Staehelins bereits zu dessen Lebzeiten erstellt hat, fehlen Veröffentlichungen der letzten Lebensjahre.

154 Wie Wilfried Nippel zu Recht betont hat, verbietet es sich für die Wissenschaftsgeschichte, sich auf «die Auslegung von Vorworten und anderen programmatischen Äusserungen zu beschränken». Nippel 2013, 9.

155 Nippel 2013, 10.

sondern Veröffentlichungen, die in relevanter Weise eine Aussage treffen zu der Rezeption der Schweiz in der Antike als Gesamtkonzept. Und weiter zählen hierbei ebenfalls die zeitliche und diskursive Nähe zur SRZ. Es bildet sich so ein Koordinatensystem, das die SRZ zum Mittelpunkt hat, um die herum in Abstufung der Relevanz die publizierten Quellen ausgewählt und organisiert werden.

Daneben stützt sich die Untersuchung in grossem Umfang auf unpublizierte Quellen. Gerade in dieser Hinsicht besteht in der Wissenschaftsgeschichte der Altertumswissenschaften in der Schweiz ein grosses, bislang für die Moderne nur wenig ausgeschöpftes Potential.

Parallel zu den publizierten Quellen bildet auch hier das von Staehelin selbst hervorgebrachte Material den Nukleus des Quellencorpus. Eingehend wurde der wissenschaftliche Nachlass Felix Staehelins in der Universitätsbibliothek Basel ausgewertet. Dieser umfasst einen Zeitraum vom Beginn des Studiums Staehelins bis hin zu späten Veröffentlichungen. Der Nachlass liegt in geordneter und erschlossener Form vor. Er beinhaltet 11 Hauptsegmente. Diese umfassen Vorlesungsmitschriften als Student, Nachschriften und Notizen aus dem Studienaufenthalt in Griechenland, studentische Arbeiten (und eine Schülerarbeit), Vorlesungs- und Seminarmanuskripte, umfangreiche Materialien zu eigenen Publikationen (mit Collectanea, Rezensionen, Manuskripten etc., inklusive etwa Handexemplare der SRZ und SRZ^2), eine Sammlung von grösstenteils von Staehelin verfassten Zeitungsartikeln, weiter eine Fülle von Collectanea zu verschiedenen Themen sowie Korrespondenz, die hauptsächlich alphabetisch geordnet ist, wobei grössere Einheiten, teils mit Zusatzmaterial, davon separiert sind.

Der Nachlass zeigt gerade in der Korrespondenz eine starke Durchgestaltung. Wie bereits aus dieser selbst ersichtlich wird und mittels der zugehörigen Korrespondenzen aus Nachlässen von Staehelins Briefpartnern bestätigt werden kann, stellt das Material im Nachlass nur einen Bruchteil der Staehelin'schen Korrespondenz dar. So ist das Volumen für viele Briefpartner auf 1–5 Einheiten gestutzt worden, nur wenige Briefwechsel umfassen deutlich mehr Einheiten, diese sind jedoch in der Regel gerade für das Erkenntnisinteresse vorliegender Arbeit relevant.

Bei der Verwertung eines so planvoll ausgewählten und zusammengestellten Nachlasses ist selbstverständlich mit Verzerrungen bzw. der Präsentation eines gestalteten Bildes zu rechnen. Dies ist bei der Bearbeitung zu berücksichtigen. Die methodischen Probleme, die sich daraus ergeben, können jedoch durch diverse Faktoren und Massnahmen weitgehend aufgefangen werden. Erstens ist in Bezug auf die wissenschaftliche Arbeit Staehelins in Forschung und Lehre aufgrund der schieren Menge des vorhandenen Materials ein solch umfassendes Bild zu gewinnen, dass man sich einer interpretativen Vorformung entziehen kann; jedenfalls wenn zweitens – und dies ist der Hauptpunkt –, wie in vorliegender

Untersuchung geschehen, für sämtliche relevanten Aspekte parallele Überlieferungszusammenhänge herangezogen werden. Bezüglich Staehelins Position in den wissenschaftlichen Diskursen verunmöglicht hier bereits die Berücksichtigung des umfangreichen auch von anderer Seite publizierten Materials eine perspektivische Vereinnahmung durch planvolle Nachlassgestaltung. Zusätzlich wurden daneben jedoch vor allem auch archivalische Quellen aus anderen Zusammenhängen in grossem Umfang hinzugezogen.

Für die Bearbeitung der Korrespondenz, die wie erwähnt stark gestaltet ist, fällt dieser zweite Punkt noch viel stärker ins Gewicht. Da hier die Berücksichtigung der Parallelüberlieferung sich ausserordentlich aufwändig gestaltet und häufig gar nicht möglich ist, wurde so vorgegangen, dass genau für jene Bereiche, in denen nach dem hier verfolgten Erkenntnisinteresse in vorliegender Untersuchung die massgeblichen Thesenbildungen erfolgen, zusätzliche Überlieferungszusammenhänge erschlossen wurden.

Neben dem wissenschaftlichen Nachlass in der Universitätsbibliothek finden sich nachgelassene Materialien Staehelins in verschiedenen Zusammenhängen, die nicht für jedes einzelne Dokument restlos aufgearbeitet wurden. Es wurde auch hier die SRZ zur perspektivischen Ordnung verwendet, und das Vorgehen zielte den Fragestellungen der Arbeit folgend darauf ab, für Staehelins Umgang mit der römischen Schweiz und für seinen intellektuellen, wissenschaftlichen und institutionellen Werdegang das Material möglichst vollständig zu berücksichtigen.

Im Staatsarchiv des Kantons Basel-Stadt (im Folgenden: Staatsarchiv Basel) befindet sich das Familienarchiv der Staehelins, worin Felix Staehelin eine eigene Einheit zugeordnet ist, die ausgewertet wurde.

Eine Vielzahl von überlieferten Dokumenten aus dem Nachlass Staehelins betrifft die Jacob-Burckhardt-Stiftung und die Jacob-Burckhardt-Gesamtausgabe und ist in den entsprechenden Archivkontexten überliefert. Diese wurden zu einem substantiellen Teil gesichtet und werden in der Untersuchung punktuell herangezogen. Weiter sind aufgrund von Staehelins vielfältiger Vernetzung und seiner diversen Tätigkeitsbereiche in der Stadtgesellschaft einzelne – oftmals nicht sehr aussagekräftige und in der Regel für die vorliegende Arbeit nicht weiter relevante – Schriftstücke etc. verstreut in unterschiedlichen Zusammenhängen überliefert.

Wichtig sind die ebenfalls im Staatsarchiv Basel vorhandenen Quellen aus den eigentlich institutionellen Zusammenhängen, die zur Analyse und Darstellung von Staehelins schulischem und beruflichem Werdegang in grossem Umfang herangezogen wurden. Hierbei wurden für die Bearbeitung des Themas auch peripherere institutionelle Materialien berücksichtigt, so etwa die Akten der Kirchensynode.

Ebenfalls konsultiert wurden im Basler Staatsarchiv ausgewählte Teile des Archivs der Historischen und Antiquarischen Gesellschaft Basel (inklusive Materialien der Stiftung Pro Augusta Raurica).

Was die Basler Bestände angeht, so ist nicht zuletzt ebenfalls die testamentarisch dem Seminar für Alte Geschichte überlassene Bibliothek Staehelins zu dem Nachlass hinzuzuzählen.

Einen besonders wertvollen Einblick bietet weiter ein dankenswerterweise von privater Seite zugänglich gemachter Ausschnitt des Tagebuchs des Maturanden Felix Staehelin, dessen Auswertung einen grossen Erkenntnisgewinn im Hinblick auf sein intellektuelles Umfeld, seine frühen Prägungen und Reflexionen, seine weltanschaulichen Kategorien und die Herausbildung seiner wissenschaftlichen Erkenntnisinteressen bietet.

Um zu der angesprochenen methodisch notwendigen Perspektivenübersicht zu gelangen, wurden sodann weitere Überlieferungszusammenhänge für das Thema erschlossen, deren Auswahl und Berücksichtigung gemäss der hier verfolgten Fragestellung erfolgten.

In der Universitätsbibliothek Basel wurde in diversen Nachlässen die erhaltene Korrespondenz von Felix Staehelin gesichtet.

Ebenfalls wurde im Staatsarchiv Basel, u. a. im Jacob-Burckhardt-Archiv, im Nachlass von Karl Stehlin und im Nachlass von Paul Roth, Korrespondenz von Felix Staehelin bearbeitet.

Weiter konnte im Archiv des Schwabe Verlags in Basel, wo alle Auflagen der SRZ und die postum herausgegebenen gesammelten Reden und Vorträge erschienen sind, die zugehörigen Akten bearbeitet werden.[156]

In Basel wurden auch die Auszüge aus dem Tagebuch von Rudolf Laur-Belart bearbeitet, die von seiner Ehefrau nach seinem Tod zusammengestellt wurden.

In Bern wurde der Nachlass Otto Tschumi im Schweizerischen Literaturarchiv bearbeitet sowie die nachgelassene Korrespondenz im Bestand des Bernischen Historischen Museums.

Ebenfalls im Schweizerischen Literaturarchiv wurde der Teilnachlass von Otto Schulthess bearbeitet, ebenso dessen weitere Teilnachlässe in der Burgerbibliothek Bern und im Berner Staatsarchiv. In Bezug auf die Tätigkeit von Otto Schulthess an der Universität Bern wurde weiter das Berner Universitätsarchiv, das im Staatsarchiv angesiedelt ist, konsultiert.

Im Zürcher Staatsarchiv wurde punktuell auf Akten bezüglich der Besetzung des dortigen Extraordinariats zugegriffen, soweit ein entsprechender Zusammenhang mit der Laufbahn von Felix Staehelin besteht.

156 Diese Materialien befinden sich heute in der Universitätsbibliothek Basel.

An der Zürcher Zentralbibliothek wurde das Archiv der Stiftung Schnyder von Wartensee, die als Herausgeberin aller drei Auflagen der SRZ fungierte, konsultiert.

An der Universitätsbibliothek Lausanne wurde der Nachlass von Frank Olivier konsultiert und die dortige Korrespondenz mit Felix Staehelin für die Untersuchung herangezogen.

In Solothurn wurde der Nachlass von Eugen Tatarinoff bearbeitet. Dessen äusserst umfangreiche Korrespondenz ermöglicht einen Einblick in die Perspektive der massgeblichen Schweizer Bodenforscher auf die wissenschaftsgeschichtlichen Zusammenhänge im Umfeld der Entstehung der SRZ.

Für die transnationale Perspektive vorliegender Untersuchung war neben der entsprechenden Korrespondenz im Nachlass Felix Staehelins und in den weiteren konsultierten Schweizer Nachlässen besonders wichtig das Archiv der Römisch-Germanischen Kommission (RGK) in Frankfurt am Main sowie die Schweizer Korrespondenz von Ernst Fabricius an der Universitätsbibliothek Mainz. Zusätzlich konnten ebenfalls archivalische Materialien zu Staehelin aus der Zentrale des Deutschen Archäologischen Instituts (DAI) in Berlin hinzugezogen werden. Darüber hinaus geben auch inhaltlich nicht weiter relevante Materialien in diversen Nachlässen Aufschluss über entsprechende Kontakte und Netzwerke.

Es bleibt anzumerken, dass Anfragen an Archäologie Schweiz, Römerstadt Augusta Raurica, die Gesellschaft Pro Vindonissa und das Staatsarchiv Kanton Aargau in Bezug auf Materialien zu Felix Staehelin negativ beantwortet wurden. Nach Auskünften der Association Pro Aventico müssten entsprechende Materialien (Korrespondenz) existiert haben, es waren aber nach den Abklärungen der Vereinigung lediglich zwei entsprechende Schriftstücke aufzufinden sowie ein persönlich gewidmetes Exemplar der SRZ.

Zusammenfassend lässt sich sagen, dass sowohl Staehelins wissenschaftlicher Nachlass wie auch die heranzuziehende weitere Überlieferung genügend und genügend diverses Material ergeben, um in Kombination mit den publizierten Quellen dem hier verfolgten Erkenntnisinteresse nachzugehen. Unwillkürliche perspektivische Verzerrungen sowie Interpretationen, die bei einer noch vollständigeren Dokumentation möglicherweise anders nuanciert würden, sind letztlich bei einer solchen Arbeit, wie sie hier vorgenommen wird, nie restlos auszuschliessen.

1.5 Der Aufbau der Untersuchung

Die hier vorgelegte Studie gliedert sich entsprechend der Formulierung der leitenden Fragestellung in zwei Teile: In einem ersten Teil wird in grundsätzlich chronologischer Ordnung die *Schweiz in römischer Zeit* im Kontext der Biographie Felix Staehelins behandelt, in einem zweiten, werk- und diskursanalytisch fokussierten Teil werden sodann zentrale Aspekte der *Schweiz in römischer Zeit* analysiert und kontextualisiert.

Der erste Teil beginnt mit einem Kapitel, das sich in einem zeitlichen Rahmen von 1873 bis um das Jahr 1897 mit Staehelins Herkunft, seinem Studium und seinen ersten wissenschaftlichen Arbeiten befasst (Kapitel 2).

Es folgt in Kapitel 3 eine in der Perspektive breite Behandlung von Staehelins Werdegang im Zeitraum vom Beginn des 20. Jahrhunderts bis in die 1920er Jahre. Hierbei wird eine thematische Untergliederung vorgenommen, durch die erstens Staehelins frühe berufliche Laufbahn, seine Lehrtätigkeit und institutionelle Position an Gymnasium und Universität dargestellt, zweitens Staehelins Stellung und Engagement in der Basler Stadtgesellschaft nachgezeichnet und drittens seine frühe wissenschaftliche Entwicklung anhand seiner Publikationen analysiert und nachvollzogen werden.[157]

Die zentralen, thematisch fokussierten Kapitel 4 und 5 schliessen chronologisch die Lücke zwischen Kapitel 3 und 6, wobei sie sich mit diesen ebenfalls überschneiden. In diesen Kapiteln werden unter Verringerung der Betrachtungsdistanz zuerst Art und Verlauf von Staehelins Hinwendung zur römischen Schweiz analysiert und seine Etablierung auf dem Forschungsfeld sowie der Umgang mit ebenfalls hier vorgestellten Konkurrenzunternehmungen beleuchtet (Kapitel 4), danach werden die konkrete Entstehung der SRZ, ihre allgemeine Aufnahme und die Publikation der zweiten Auflage dargestellt (Kapitel 5).

Kapitel 6 und 7 bilden die letzte grosse chronologische Einheit der Arbeit, sie reichen von der Zeit um 1930 bis über Staehelins Tod im Jahr 1952 hinaus. Diese Kapitel behandeln Staehelins Etablierung an der Universität mit Erlangung des Ordinariats und Seminargründung sowie Forschung und Lehre in der Zeit seines Ordinariats und beleuchten dann in thematischer Engführung Staehelins Verhältnis zum Themenkomplex der römischen Schweiz in dem betreffenden Zeitraum (Kapitel 6). Daran schliesst sich eine Behandlung der Zeit von Staehelins Emeritierung und der Entstehung der dritten Auflage der SRZ an, bevor in zeitlich übergreifender Perspektive, aber mit Schwerpunkt auf der Zeit um 1950, auf die Frage einer französischen Übersetzung der SRZ eingegangen und danach mit einer Beleuchtung von Staehelins letzten Jahren der chronologische Teil vorliegender Untersuchung abgeschlossen wird (Kapitel 7).

157 Unter «früh» ist hier nicht ein junges Lebensalter zu verstehen, sondern allgemein die Phase vor der Publikation der SRZ und der definitiven Etablierung an der Universität.

Der zweite Teil der Arbeit beginnt mit einer Klärung des ontologischen Status und der adäquaten Konzeptualisierung des Objekts «römische Schweiz», analysiert weiter die Gestalt dieses Objekts bei Staehelin sowie die Logik der Konstruktion, zergliedert es in seine Elemente und legt dar, wie diese bei Staehelin ausgewählt, organisiert und verbunden werden (Kapitel 8).

In Kapitel 9 stehen grundlegende Aspekte von Staehelins methodischem Umgang mit Forschungsergebnissen und Überlieferung im Fokus, wobei sein Umgang mit den Quellen und methodische Vorannahmen diskutiert werden. Hierbei kommen ebenfalls das Verhältnis Staehelins zur Bodenforschung und grundlegende damit verbundene methodische und disziplinäre Fragen zur Sprache.

In Kapitel 10 werden zentrale Konzepte der SRZ analysiert, welche werkimmanent die Evidenz und die Darstellung organisieren und die hier in einer kontextualisierenden Perspektive in den entsprechenden Diskursen verortet werden. In einem ersten Schritt interessieren grundlegende Konzepte Staehelins im Hinblick auf die Entwicklung der wissenschaftlichen Diskurse und der fachlichen Entwicklung, danach wird die Perspektive mit der leitenden Frage nach Konzepten der Kontinuität und der historischen Selbstverortung auf ausserwissenschaftliche Diskurse hin geöffnet.

Den übergreifenden narrativen Einheiten des ersten Teils (Kapitel 2; Kapitel 3; Kapitel 4 und 5; Kapitel 6 und 7) wurde je ein resümierendes Zwischenfazit in Form eines eigenen Unterkapitels beigegeben. Den Schluss bildet ein die Untersuchung rekapitulierendes Gesamtfazit.

2 Herkunft, Studium und erste wissenschaftliche Tätigkeit

2.1 Soziale Herkunft und familiärer Hintergrund

Felix Rudolf Staehelin wurde am 28. Dezember 1873 als ältester Sohn des Emil Staehelin und der Marie Louise geb. Burckhardt in Basel geboren, wo er – wohnhaft in der St.-Alban-Vorstadt – «im Kreise einer immer grösser werdenden Geschwisterschar»[1] seine Kindheit und Jugend verbrachte.[2] Der Vater war von Beruf Seidenbandfabrikant. Sowohl dessen Familie wie diejenige der Mutter, die Burckhardts, gehörten zu den alteingesessenen Geschlechtern Basels, Felix Staehelin war mithin also ein «vierhundert Jahre alter Basler Bürger von Vater- und Mutterseite».[3] Die frühen Prägungen Felix Staehelins sind nur dann verständlich, wenn man die wesentlich mit dieser Abstammung verbundene soziokulturelle Position seiner Familie in der städtischen Gesellschaft in Betracht zieht. Staehelins Schichtzugehörigkeit[4] und deren Implikationen lassen sich wiederum nur durch eine Kontextualisierung mittels der zeitgenössischen Strukturen und Prozesse erfassen, durch welche die Basler Gesellschaft der Zeit geprägt war.[5]

Felix Staehelin wurde in einer Zeit des politischen Umbruchs geboren. Die neue Kantonsverfassung, die am 19. April 1875 vom Basler Grossen Rat und am 5. Mai desselben Jahres vom Volk angenommen wurde, beendete das sogenannte «Ratsherrenregiment» und stellte damit eine tiefgehende Zäsur in der politischen Geschichte Basels dar.[6] Bis dahin war die politische Partizipation im Kanton Ba-

1 Fam. Staehelin 1952, 1. Seine Geschwister waren Luise Laura (1875–1965), Clara Margaretha (1878–1958), Emma Noemi (1881–1977), Peter Emil (1883–1959) und Maria Martha (1886–1966). Vgl. Staehelin et al. 1995, 68 ff.

2 Vgl. Burckhardt 1953, 7; Wyss 1952a, 264.

3 BW 1951, Nr. 38, 21.9.1950. Im Original in Basler Dialekt geschrieben: «e vierhundert Johr alte Basler Burger vo Vat(t)er- und Muetersyte». Vgl. UB Basel NL 72 V: 58. Der «Stammvater» der Familie Staehelin ist Hans Stehelin, der am 30.8.1520 Basler Bürger wurde (vgl. Staehelin et al. 1995, 24.), derjenige der Burckhardts, Christoph Burckhardt, erlangte das Bürgerrecht im Jahr 1523. Vgl. Burckhardt 2005.

4 Zur Problematik der adäquaten Terminologie zur Bezeichnung der Gruppe der altbürgerlichen Eliten vgl. die Ausführungen unten.

5 Vgl. hierzu: Mooser 2009.

6 Mez 1995; Burckhardt 1957, 310 ff.; Schaffner 1984, 46 ff.

sel-Stadt breiten Schichten gänzlich verwehrt gewesen.[7] So hatte ein restriktives Wahlrecht gegolten und auch niedergelassene Schweizer waren nicht wahlberechtigt gewesen;[8] das politische System Basels ist damit auch im schweizerischen Vergleich für die Zeit vor 1875 als sehr konservativ zu bezeichnen.[9] Die auf die vermögenden Vollbürger ausgerichtete politische Organisation begünstigte tendenziell eine Monopolisierung der politischen Entscheidungsmacht in den Händen weniger altbürgerlicher Familien, die schon im Ancien Régime massgeblich die Geschicke Basels geleitet hatten. Es herrschte eine unter sich durch ein Geflecht verwandtschaftlicher Beziehungen verbundene, «recht homogene, wenig durchlässige Oberschicht [...], in der Fabrikanten und Kaufleute den Ton angaben».[10] Der Wandel von 1875, der eine Modernisierung des Staates und eine Extensivierung der politischen Partizipation mit sich brachte, beendete diesen von Teilen des zeitgenössischen Freisinns polemisch als «Geschlechterherrschaft» bezeichneten Zustand.[11] Allerdings sank die starke Vertretung der alten Geschlechter in den politischen Behörden in der Folge nur relativ langsam.[12] Während die alten grossbürgerlichen Eliten also ihres politischen Einflusses nach 1875 keineswegs gänzlich verlustig gingen, so war es doch in erster Linie ihre «gesellschaftliche Hegemonie»,[13] die sie in der Folge als Gruppe mit starker Eigenidentität von der übrigen (in der zweiten Hälfte des 19. Jahrhunderts stark angewachsenen)[14] Basler Bevölkerung abhob. Dass diese soziale Gruppe des alteingesessenen Gross-

7 Schaffner 1984, 40: «Vom Wahlrecht ausgeschlossen waren Dienstboten, Armengenössige, Konkursiten und strafrechtlich Verurteilte [...]».

8 Wecker 2000, 217; vgl. Schaffner 1984, 40.

9 Wecker 2000, 217.

10 Schaffner 1984, 42.

11 Schaffner 1984, 42 ff. Von liberalkonservativer Seite wurde jedoch etwa anlässlich der Verfassungsrevision betont, dass es in Basel nie ein eigentliches Patriziat gegeben habe. Wie Roth 1988, 30 ausführt, drückt sich hier eine Haltung aus, wonach die «Vorzugsstellung [...] [nicht] auf rechtlich festgesetzten Privilegien [beruht], sondern auf einer besonderen Lebensform, deren Wurzel die sittliche Verantwortung ist». In der Tat ist für Basel, wo seit dem 16. Jahrhundert die Zünfte «alleinige Träger der politischen Ordnung» (Berner 2016) waren, der Begriff «Patriziat» auch für die Zeit des Ancien Régime nicht in demselben eigentlichen Sinn zu verstehen wie etwa für Bern, Luzern oder Freiburg i. Ü. Vgl. hierzu auch Kaegi 1947–1982, Bd. 7 (1982) 112: «Nicht de iure, sondern nur de facto kann man dieses Wort [= Patriziat] im Falle Basels verwenden.»

12 Mooser 2009; Schaffner 1984, 50. Auch Dorothea Roth verweist auf den grossen Anteil von Vertretern alter Familien am «Neubau des Staates» und betont deren «staatsmännische Erfahrung», von der auch das neue System profitierte (Roth 1988, 30).

13 Sarasin 1997, 91. Vgl. auch Mooser 2000, 244: «Trotz dieses Wandels behielten die alten ‹Herren› ausser in der politischen Arena, in der die Konservativen weiterhin präsent blieben, allerdings bis weit ins 20. Jahrhundert hinein eine diskrete wirtschaftliche und kulturelle Macht.»

14 Vgl. Wecker 2000, 198 ff.

bürgertums in einer Art existierte, in der sie sich in der sozialhistorischen Analyse auch von wohlhabenden Kreisen von Aufsteigern und Neuzuzügern unterscheiden lässt, hat Philipp Sarasin in einer 1997 in zweiter Auflage erschienenen Studie gezeigt.[15] Festmachen lässt sie sich erstens durch Quellenbegriffe wie «Patriziat» und «Aristokratie», die von den Zeitgenossen noch Ende des 19. Jahrhunderts zur Bezeichnung einer als abgegrenzt wahrgenommenen Schicht verwendet wurden.[16] Zweitens definiert Sarasin empirische Kriterien, mit deren Hilfe sich Individuen besagter Schicht zuweisen lassen, wobei er auch die erkenntnistheoretischen Probleme der entsprechenden Parameterfindung reflektiert.[17] Die Elite, die durch die massgeblichen alten Familien gebildet wird, ist einerseits als herausgehobene Gruppe klar erkennbar, andererseits aber nicht vollkommen trennscharf zu definieren.[18] Dies gilt umso mehr, wenn man terminologisch mit den Begriffen «Bürgertum», «Gute Gesellschaft», «Patriziat» in eindeutiger Art umgehen möchte. Für die Zwecke der vorliegenden Arbeit ist es allerdings nicht nötig, die sozialgeschichtliche Klassen- bzw. Schichtendiskussion zu vertiefen; es genügt festzuhalten, dass die aus alten Geschlechtern gebildete Elite fassbar ist als «patrizische» soziale Gruppe, die im Untersuchungszeitraum politisch nicht mehr über grössere Rechte verfügte als andere, die aber sozial, kulturell und zu einem Teil auch ökonomisch hegemonial blieb und sich durch bestimmte Kriterien – wenn auch nicht vollständig trennscharf – als distinkte soziale Formation fassen lässt.[19] Entsprechend kann diese Elite mit Sarasin anhand ihrer «patrizischen Struktur» sichtbar gemacht werden, welche durch «soziale Regeln» konstituiert wird, wobei unter «patrizischer Struktur» «soziale Strategien» zu verstehen sind, «welche die Mitglieder altbürgerlicher Familien und bestimmter Berufsgruppen im Grossbürgertum zu einer relativ homogenen Gruppe verbunden haben, das heisst mit einer spezifischen und bewusst erhaltenen Sozialstruktur gegen den Aufstieg von Menschen aus der städtischen Unterschicht, von Neubürgern und von Zugezogenen weitgehend abgrenzten».[20]

15 Sarasin 1997.

16 Sarasin 1997, 93.

17 Sarasin 1997, 94 f.

18 So weist Sarasin etwa auf die analytischen Grenzen ökonomischer Kriterien in folgender Formulierung hin (Sarasin 1997,94 f.): «Daher fällt [Jacob] Burckhardt aus meinem Raster, obwohl er nicht nur zum Bürgertum, sondern in einem engeren Sinne gar zur ‹patrizischen› Guten Gesellschaft [...] gehörte.»

19 Vgl. Sarasin 1997, 103: «Ich nenne das mit der Sprache der Zeitgenossen ‹patrizisch›, weil diese sozialen Strategien mit ihrer spezifischen Betonung der altbürgerlichen Herkunft dieser Familien und einer gezielten Heiratspolitik sich die tradierten Erfahrungen des Ancien-Régime-Patriziats für die Sicherstellung der sozialen Hegemonie dieser Gruppe unter den modernen Bedingungen staatsbürgerlicher Gleichheit nutzbar machten.»

20 Sarasin 1997, 102 f. Im Volksmund wurde (und wird) die aus den alten Familien bestehende gesellschaftliche Elite in Basel auch «Daig» genannt. Vgl. Burckhardt 2005; Sarasin 1997,

In vorliegender Arbeit soll jedoch auch bei Berücksichtigung der Erkenntnisse einer strukturellen Betrachtung das Individuum zwar als sozial geprägt, aber nicht als sozial reduzibel aufgefasst werden. Ebenfalls ist in diesem Zusammenhang zu betonen, dass dieses «Patriziat» der alten Eliten keineswegs nur durch die Struktur der ökonomischen Beziehungen und verwandtschaftlichen Verflechtungen bestimmt war, sondern sich ebenfalls durch bestimmte Werthaltungen auszeichnete, welche auf das heranwachsende Individuum prägend einwirkten und die soziale Gruppe diskursiv konstituierten.[21] Ebenfalls wird es strukturiert durch ein System zahlreicher ungeschriebener Regeln und komplizierter Rituale, deren genaue Kenntnis und formgerechte Durchführung Zugehörigkeit markierte.[22] Es ist diese soziale Gruppe der alten Basler Familien, in die Felix Staehelin hineingeboren wird und die mit ihrem soziokulturellen Platz in der Basler Gesellschaft entscheidend auf seine Habitusprägung wirkt. Die Familien, denen Staehelins Eltern entstammten, gehören nicht nur wie erwähnt zu den ältesten der Stadt, ihre Vertreter hatten in der Vergangenheit auch immer wieder herausgehobene Positionen bekleidet,[23] und das Bewusstsein einer starken Verpflichtung für und eine Identifikation mit Basel ist denn auch ein leitmotivischer Zug in Staehelins Denk- und Handlungsdispositionen.

Felix Staehelins väterliche Vorfahren waren grösstenteils Kaufleute.[24] Sein Grossvater Johann Rudolf Staehelin (1814–1891) heiratete im Jahr 1840 Marga-

95; Degen/Sarasin 2017. Felix Staehelin verwendete den Ausdruck mindestens an einer Stelle auch selbst: BW 1951, Nr. 38, 21.9.1950.

21 So beschränkt sich auch Sarasin in seiner Studie nicht auf eine strukturelle Betrachtung, sondern bezieht gesellschaftliche Rituale, konkrete Lebensläufe sowie Formen der Repräsentation der Stadtgesellschaft in seine Untersuchung mit ein und hält fest, dass sich Gesellschaft nicht «über sozioökonomische Strukturmerkmale, sondern über Formen der Bedeutungsstiftung und über Interpretationen dieser strukturellen Verhältnisse [konstituiert]». Dies bedeutet laut Sarasin nicht, «dass die sogenannt harten Strukturen der ungleichen Einkommensverteilung, der Besitzverhältnisse, der Berufsstruktur, der Bevölkerungsstruktur und der Geschlechterverhältnisse sich bei näherem Hinsehen als ‹blosse› Interpretationen erweisen», sondern «dass all dies einerseits Diskurse provoziert, das heisst Interpretationen und Bedeutungsstiftungen, ohne die diese Verhältnisse nicht als Teil der sozialen Wirklichkeit erschienen wären, und andererseits, dass diese Diskurse als Versuch, die strukturellen Verhältnisse zu deuten, diese immer auch prägen: Menschen handeln nicht aus Kenntnis statistisch rekonstruierbarer Strukturmerkmale, sondern angeleitet von ihren Interpretationen der Wirklichkeit». Sarasin 1997, 275.

22 Sarasin 1997, 122 ff.

23 Staehelin et al. 1995; Burckhardt 2005; Suter et al. 1990.

24 Staehelin et al. [3]1995 ; vgl. Burckhardt 1953, 8. Vgl. Wichers 2012. Vgl. auch Staehelin 1941a, 103 f. über die Familie des Ururgrossvaters Peter Staehelin. Dieser führte in der Streitgasse zusammen mit seinem Bruder Christoph ein Geschäft für «Kolonialwaren» (Staehelin 1941a, 163, Anm. 127) bzw. «Spezerei» (Staehelin et al. [3]1995, 63 f.), welches danach zuerst von seinem ältesten Sohn Balthasar – Felix Staehelins Urgrossvater – geführt wurde und danach von dessen Sohn, Johann Rudolf, Felix Staehelins Grossvater. Peter Staehelin wurde aufgrund

retha Staehelin (1820–1865), die Tochter des Bandfabrikanten Benedict Staehelin (1796–1886),[25] womit Felix Staehelins Vater, Emil Staehelin, von den beiden grossen Linien der Basler Familie Staehelin abstammte.[26] Durch diese Verbindung war die familiäre Nähe zur Seidenbandfabrikation gegeben; Emil Staehelin ging bei seinem Grossvater Benedict in die Lehre und trat nach Auslandsaufenthalten in Mailand, London und Manchester in dessen Firma ein.[27] Von 1875 bis 1878 führte er eine eigene Bandfabrik, danach trat er in die Firma J. J. Linder ein, für die er bis zu seinem Tod tätig war.[28] Die Tätigkeit des Vaters Felix Staehelins in der Seidenindustrie unterstreicht in sozioökonomischer Perspektive die ebenfalls durch die Abstammung gegebene Zugehörigkeit der Familie zum Basler «Patriziat», war doch gerade dieser Industriezweig stark von altbürgerlichen Familien der Basler Elite geprägt.[29] Während also Felix Staehelins direkte Vorfahren der Staehelin-Seite einem kaufmännischen Gewerbe nachgingen,[30] finden sich in der Verwandtschaft durchaus auch wissenschaftlich und geistlich tätige Männer.[31] So war Rudolf Staehelin, der älteste Bruder Emil Staehelins, in Basel Theologieprofessor[32] und ein weiterer Onkel, Fritz Staehelin, war ab 1882 als Missio-

seines Geschäfts auch «Kaffee-Staehelin», «Kaffistäächeli», genannt, ein Spitzname, der sich auch auf die nachfolgenden Generationen vererbte. Staehelin 1941a, 103; Staehelin et al. [3]1995, 63.

25 Staehelin et al. [3]1995, 63.

26 Väterlicherseits stammte Emil Staehelin von der «Streitgass-» und mütterlicherseits von der «Grabenlinie» ab. Vgl. zu den genannten Personen auch: Staehelin 1916, 60 ff.

27 Die Firma war inzwischen in den Besitz des Sohnes des obengenannten Benedict Staehelin übergegangen, (Benedict Staehelin 1825–1891); Staehelin et al. [3]1995, 110. Zu Selbstverständnis und Ausbildung der Bandfabrikanten vgl. auch die Schilderung bei Peter-Müller/Babey 1983, 8: «Die Bandfabrikanten verstanden sich seit jeher als Grosskaufleute. [...] Ihre Ausbildung führte sie schon als junge Leute, beinahe noch als Knaben, in ihre zukünftige Tätigkeit ein: sie begleiteten früh ihre Angehörigen auf Geschäftsreisen in alle Handels- und Messestädte Europas, wurden bei Geschäftspartnern oder Verwandten in die Lehre gegeben [...]. Für eine grundlegende humanistische Ausbildung am Paedagogium bzw. Gymnasium, für Studien, blieb ihnen wenig Zeit, sie formten ihr umfassendes Wissen im Umgang mit der Gesellschaft der internationalen Handelswelt.» Vgl. hierzu auch Sarasin 1997, 58 f.

28 Das kurze Bestehen der «Firma E. Stähelin» (Staehelin et al. [3]1995, 68) fällt in eine ökonomisch hochdynamische Phase, in der ein eigentlicher Boom Anfang der 1870er Jahre von einem krisenhaften Konjunktureinbruch im weiteren Verlauf des Jahrzehnts abgelöst wurde. Vgl. Sarasin 1997, 66 ff. Zur Seidenbandindustrie als dominantem industriellen Zweig in Basel vgl. auch: ebd., 49 ff.; Wecker 2000, 203 f.

29 Vgl. Sarasin 1997, 96 ff.

30 Vgl. auch Burckhardt 1953, 8.

31 Im Allgemeinen ist in der Familie Staehelin für das 19. und 20. Jahrhundert eine Zunahme akademischer Lebensläufe zu beobachten, vgl. Wichers 2012.

32 Rudolf Staehelin (1841–1900). Vgl. Staehelin 1960b; Ehrenbold/Hafner 2020, 184 f.

nar und Missionshistoriker in Surinam tätig.[33] Die Familie Staehelin war verwurzelt in der herrnhuterischen Tradition der Basler Brüdersozietät mit ihrer «innigen, keineswegs kopfhängerischen Frömmigkeit» – wie es Felix Staehelin ausdrückte.[34] So ist denn auch die grosse Rolle, welche die christliche Religion in Staehelins Denk-, Wahrnehmungs- und Handlungsdispositionen spielen sollte, vor dem Hintergrund einer entsprechenden Sozialisation in Familie und Verwandtschaft zu sehen.[35]

Die enge verwandtschaftliche Verbindung von Kaufmanns- und Gelehrtenbiographien in der Familie Staehelin ist typisch für das Basler «Patriziat».[36] Wir finden dieses Nebeneinander auch in der Verwandtschaft mütterlicherseits: Staehelins Mutter, Maria-Louise geb. Burckhardt, war die Tochter des Industriellen und Grossrats Lukas Gottlieb Burckhardt, der in der vornehmen, von den «patrizischen» alten Familien geprägten St.-Alban-Vorstadt – im Volksmund «Dalbe» genannt – das Haus «Zum Geist» besass, in dem auch die Familie von Emil Staehelin wohnte, das Zuhause, in dem Felix Staehelin aufwuchs. Auch Gottlieb Burckhardt war in der Seidenindustrie tätig, und zwar in der Schappe-Spinnerei Alioth in Arlesheim.[37]

Sein Bruder, der Onkel der Mutter und damit Felix Staehelins Grossonkel, war der bekannte Historiker Jacob Burckhardt.[38] Staehelin suchte in jungen Jahren aktiv die Nähe seines «berühmten Grossonkels»,[39] und die Beschäftigung mit Jacob Burckhardt, seinem Leben und Wirken, sollte eine Konstante bilden, die Staehelins ganzes weiteres Leben durchzog.

---

33 Meyer 1997; vgl. Staehelin et al. [3]1995. Allerdings erfolgte der entsprechende Entschluss als Umorientierung von einer bereits beschlossenen Kaufmannslaufbahn. Vgl. Staehelin, 1916, 8 f.

34 Staehelin 1941a, 103. Vgl. Felix Staehelins Nachruf auf Fritz Staehelin: BN 1922, Nr. 484, Beilage Abendblatt, 6.11.1922. Zum Verhältnis der Familie Staehelin zur pietistischen Frömmigkeit vgl. Ehrenbold/Hafner 2020, 54. Zur Rolle der Religion bzw. «Kirchlichkeit» in den konservativen Teilen des Basler Bürgertums des 19. Jahrhunderts vgl. Janner 2012, zur Brüdersozietät: 276–293.

35 Vgl. auch Fam. Staehelin 1952, 1: «Hier [= im Haus ‹Zum Geist›, vgl. unten] und im Verkehr mit den übrigen Grosseltern [= der Staehelin-Grosseltern] und der weiteren grossen Familie ist die Grundlage nicht nur für seinen ausgeprägten Familiensinn und für das baslerische Wesen, sondern auch für seine religiöse Weltanschauung gelegt worden.» Auch Paul Burckhardt betont in seinem Nachruf auf Felix Staehelin die christliche Prägung, die dieser durch sein Elternhaus erfahren habe. Burckhardt 1953, 11.

36 Vgl. hierzu Sarasin 1997, 114.

37 Kaegi 1947–1982, Bd. 5 (1973), 158, 631.

38 Der Antistes Burckhardt, Vater von Jacob Burckhardt, war somit Felix Staehelins Urgrossvater.

39 TB, 17.2.1891.

Die Familie von Emil Staehelin war zu seinen Lebzeiten ökonomisch gesichert, erst sein früher Tod sollte den damaligen Studenten Felix Staehelin vor grössere materielle Probleme stellen.

Zusammenfassend lässt sich sagen, dass Felix Staehelin seine Kindheit und Jugend im patrizisch geprägten Quartier St.-Alban-Vorstadt im Schoss seiner Familie und der «guten Gesellschaft»[40] Basels verlebte. Von diesem Milieu wurde sein Habitus geprägt und diese soziale, soziopolitische, historische und geographische Herkunft erachtete er Zeit seines Lebens in affirmativer Weise als wesentlichen und bestimmenden Zug seiner Identität.

2.2 Frühe Interessen und Studienwahl

Nach Absolvierung der Primarschule trat Felix Staehelin im Jahr 1884 in das Untere Gymnasium ein,[41] an dessen vier Schuljahre sich die weiteren vier des Oberen Gymnasiums anschlossen.[42] Im Unterrichtsplan waren besonders die alten Sprachen sowie Französisch, Deutsch und Geschichte breit vertreten (der Lateinunterricht belegte die meisten Wochenstunden, ab Beginn der 4. Klasse des Unteren Gymnasiums folgte Griechisch an zweiter Stelle).[43] In den letzten Semestern nahm Felix Staehelin die Möglichkeit wahr, Grundlagen des Hebräischen zu erlernen, das von dem Alttestamentler Bernhard Duhm[44] unterrichtet wurde.

Staehelin war ein hervorragender Gymnasiast. Bewegte er sich zu Beginn seiner gymnasialen Ausbildung mit seinen Leistungen noch im guten Mittelfeld der Klasse,[45] so entwickelte er sich bereits im Verlauf der unteren Klassen zu einem der Klassenbesten. In der Zeit des Oberen Gymnasiums waren seine Leistungen ausnahmslos exzellent (ausser in Turnen) und in den letzten Jahren war Staehelin durchgehend Klassenbester.[46] Dass er dabei durchaus Kollegialität bewies, zeigt die Bewertungsspalte «Betragen» im Klassennotenblatt des 3. Quartals der obersten Gymnasiumsklasse: Unter dem Namen Felix Staehelin findet sich da der Vermerk: «Lässt abschreiben».[47] Im Frühling 1892 schloss Felix Staehelin

40 Vgl. Sarasin 1997, 94 f.

41 StABS, Erziehung, S 11b, 1883/84. 1884/85.

42 Zu der Einteilung des Gymnasiums vgl. Meyer 1989, 22.

43 Vgl. Meyer 1989, 25.

44 Bernhard Duhm (1847–1928). Von 1889 bis 1928 Ordinarius der Universität Basel für Altes Testament und allgemeine Religionsgeschichte. Vgl. Baumgartner 1960; Hartmann/Abt 1989, 72.

45 StABS, Erziehung, S 11b, 1883/84. 1884/85.

46 StABS, Erziehung, S 11a, 1887/88. 1888/89; StABS, Erziehung, S 11a, 1889–1895.

47 StABS, Erziehung, S 11a, 1889–1895.

das Gymnasium mit der Bestnote 1 ab und hielt an der Promotionsfeier eine Schülerrede zum Bild der Germanen bei Caesar und Tacitus.[48]

In der Lehrerschaft des Gymnasiums fanden sich zu Staehelins Schulzeit starke Persönlichkeiten, wie Theodor Plüss,[49] Theophil Burckhardt-Biedermann[50] und der bereits erwähnte Bernhard Duhm, die einen bleibenden Eindruck auf Felix Staehelin hinterliessen, von denen er gefördert wurde und denen er sich Zeit seines Lebens verbunden fühlte.

Aufgrund einer glücklichen Überlieferungssituation haben wir Einblick in Aspekte des Innenlebens des Gymnasiasten Staehelin: Aus einem persönlichen Tagebuch, das Felix Staehelin führte, liegt dem Autor dieser Studie ein Auszug vor, der Einträge aus der Zeit vom 8. März 1890 bis 13. April 1892 umfasst, was etwa den beiden letzten Jahren von Staehelins Zeit im Gymnasium entspricht.[51] Das Dokument erlaubt es, frühe Erkenntnisinteressen Staehelins und den Weg der Entscheidungsfindung bezüglich seiner Studienfächerwahl nachzuvollziehen, und gibt eine Ahnung von seinen Denkhorizonten und der Richtung seiner geistigen Bewegungen. Es zeigt das Bild eines äusserst ernsthaften, fleissigen und denkfreudigen jungen Menschen, der mit Humor, zuversichtlichem Selbstvertrauen, grossem Reflexionsvermögen und einem feinen Gespür für die Diskurse seiner Zeit ausgestattet ist. Den grössten Teil seiner Aufzeichnungen widmete Staehelin dem Beginn seiner Studien und den damit zusammenhängenden persönlichen Begegnungen und Reflexionen. Aktiv suchte er das Gespräch mit gelehrten Kreisen der Stadt, wobei er von seinem Umfeld unterstützt wurde. Bereits im Frühsommer 1890, also fast zwei Jahre vor seiner Maturität, suchte er auf einen Hinweis Burckhardt-Biedermanns hin den Basler Geschichtsprofessor Adolf Baumgartner[52] auf, um ihn bezüglich Literaturakquisition und Studienfächerwahl um Rat zu fragen.[53] An diesen Besuch schloss sich in der Folge eine Reihe weiterer Konsultationen von Basler Gelehrten an, von denen sich Staehelin bei der Planung seines Studiums beraten liess.

48 Burckhardt 1986a, 395. Er wurde dabei von Theodor Plüss unterstützt: TB, 11.4.1892.

49 Theodor Plüss (1845–1919) war zuvor von 1873 bis 1881 Professor an der Landesschule zu Pforta, dann bis 1907 Lehrer der alten Sprachen am Basler Gymnasium. Plüss war eine jener Klassischen Philologen, die das Gymnasium einer universitären Laufbahn vorzogen, die Nachfolge Nietzsches auf dem Basler Lehrstuhl schlug er aus. Staehelin verfasste 1905 einen Beitrag zur Festschrift für Plüss, die diesem von seinen ehemaligen Schülern überreicht wurde. Staehelin publizierte anlässlich von Plüss' Tod ebenfalls einen Nachruf auf ihn: BN 1919, Nr. 492, 15.11.1919. Vgl. Hartmann/Abt 1989, 61 f.; Meyer 1989, 38–40.

50 Theophil Burckhardt-Biedermann (1840–1914) ist wissenschaftsgeschichtlich in erster Linie aufgrund seiner historischen und antiquarischen Tätigkeit, vor allem in Bezug auf Augst, relevant. Vgl. hierzu Kapitel 4. Vgl. auch: Burckhardt 1990, 186–169.

51 Hier zitiert als: TB. Original in Privatbesitz.

52 Zu Baumgartner vgl. Kapitel 2.3.1.

53 TB, 8.6.1890.

Wie sein Tagebuch zeigt, war Felix Staehelin als Gymnasiast fasziniert von der altorientalischen Geschichte. Seine Eltern unterstützten dieses Interesse und schenkten dem knapp 17-Jährigen den ersten Band von Eduard Meyers *Geschichte des Altertums.*[54] Während der letzten Jahre seiner Gymnasialzeit verfolgte Staehelin ein veritables autodidaktisches Einführungsstudium und dokumentierte seine Fortschritte in der Literaturakquisition und Lektüre in seinem Tagebuch. Hierbei legte er ein wissenschaftliches Interesse an den Tag, das sich nicht mit der Rezeption der Fachliteratur begnügte; er exzerpierte nicht nur, sondern verglich und kritisierte die Publikationen. Parallel dazu lotete er die Möglichkeit einer wissenschaftlichen Spezialisierung und akademischen Laufbahn auf dem Feld der Orientalistik aus, wobei ihm allerdings früh klar wurde, dass er mit diesem wissenschaftlichen Interesse gerade in der Schweiz nur mit Mühe eine akademische Anstellung finden würde. So notierte er am 8. Oktober 1890 – enttäuscht über seine vergeblichen Versuche, Wincklers *Untersuchungen zur altorientalischen Geschichte*[55] über die Universitätsbibliotheken Basel und Zürich zu beziehen – in seinem Tagebuch: «Es ist eben in der Schweiz nichts anzufangen, wenn man sich mit Assyriologie u. dgl. befassen will; ich ahne schon, dass ich einmal in Leipzig leben und meine Kinder als deitsche Michele erziehen muss.»[56]

Noch pessimistischer als Staehelin selbst schätzte Jacob Burckhardt die Perspektive einer Laufbahn auf altorientalistischem Gebiet ein, wie jener im persönlichen Gespräch mit ihm erfahren sollte.

Felix Staehelin war wie erwähnt in familiärer Nähe zu seinem Grossonkel Jacob Burckhardt aufgewachsen, und er hatte bereits als Kind einiges von den Gesprächen mitbekommen, die dieser mit Staehelins Grossvater, Lukas Gottlieb Burckhardt, bei seinen Besuchen geführt hatte.[57]

Im Alter von 17 Jahren suchte Staehelin nun aktiv die Nähe zu Jacob Burckhardt, gerüstet mit Warnungen seiner Eltern, «größte Diskretion und Zurückhaltung im Gespräch mit ihm»[58] zu üben; waren doch andere bei Burckhardt etwa durch die unvorsichtige Erwähnung seiner – von ihm verleugneten – Jugendgedichte in Ungnade gefallen.[59] Felix Staehelins Kontaktaufnahme jedoch glückte ausgezeichnet, er besuchte Burckhardt fortan regelmässig und liess sich von ihm

54 Meyer 1884. Adolf Baumgartner bestärkte ihn in der Absicht, das Buch durchzuarbeiten, bezeichnete es als «ganz ausgezeichnet» und bemerkte laut Staehelin, «es sei viel besser, sich hier sattelfest zu machen als z. B. in Duncker [= Maximilian Duncker, Geschichte des Alterthums, Berlin, Leipzig 1863–1867]». Die überragende wissenschaftliche Persönlichkeit Eduard Meyers übte einen wichtigen Einfluss auf Staehelin aus. Vgl. zu Eduard Meyer auch: Christ 1979, 286 ff.; Christ 1999, 99 ff., 448 f., Anm. 43 f. mit weiterer Literatur.

55 Winckler 1889.

56 TB, 8. 10. 1890.

57 Staehelin 1946, 117. Zu Jacob Burckhardt grundlegend: Kaegi 1947–1982.

58 Staehelin 1946, 118.

59 Staehelin 1946, 118 f.

in Bezug auf Studium und Berufswahl beraten.[60] Burckhardt war seinerseits von seinem begabten Grossneffen sehr angetan, was sich nicht nur in der bis zu seinem Tode andauernden Anteilname an Staehelins Werdegang zeigt, sondern von ihm auch explizit festgehalten wurde. So findet sich in einem Brief vom 17. Oktober 1891 an seine Schwester Hanna Veillon-Burckhardt folgende Bemerkung: «In der Dalben freut mich Felix Stähelin, welcher ein sehr ernster, tüchtiger Mensch zu werden verspricht.»[61] Zu seiner ausgezeichnet bestandenen Maturität schenkte Burckhardt Staehelin die gesamte *Römische Geschichte* von Theodor Mommsen sowie die ganze *Griechische Geschichte* von Ernst Curtius.[62] Auch während Staehelins Studien im Ausland sollte der Kontakt zum Grossonkel nicht abbrechen.

Im Oktober 1890, damals in der zweitobersten Klasse des Gymnasiums, sprach Felix Staehelin Burckhardt anlässlich eines Besuches auf seine altorientalistischen Pläne an. Dieser zeigte sich wie erwähnt skeptisch, seine dahingehende Warnung notierte Staehelin folgendermassen:

> Also mit dem alten Orient willst du dich befassen. Das ist ein Gebiet, das immer weiter führt; man muss da ungefähr jedes Jahr eine neue Sprache lernen. Die Stellen sind sehr selten, in Deutschland giebt es etwa 30 solche Stellen, und in England kommt nur alle Jubeljahre ein Deutscher (wie Max Müller)[63] an eine solche Stelle. Und auf alle diese Stellen lauern schon lange Hunderte von Strebern. Mit desperaten Strebern, die am Hungertuch nagen und kein Mittel scheuen um einen anderen wegzubringen, mit solchen Leuten haben wir es da zu tun, wir, die wir nicht desperat sind und nur Fähigkeiten u. Wissen mitbringen, nicht aber die Fähigkeit zu parvenieren. Ja wenn du ein Rentier wärest, so wollte ich gar nichts sagen, da könntest du studieren was du wolltest. Aber wo es gilt, möglichst bald zu einem Amt zu gelangen, zu einer Carriere, da geschieht dies viel sicherer mit einer bescheidenen Lehrstelle für klassische Philologie u. Geschichte.[64]

Mit einer – für ihn durchaus nicht untypischen – drastischen Ausdrucksweise[65] machte Jacob Burckhardt also klar, mit welchen Eigenschaften jemand seiner Meinung nach ausgestattet sein müsse, damit sich das altorientalistische Abenteuer lohne. Entweder arm, verzweifelt und skrupellos oder aber reich und ledig-

60 Hierbei gab Burckhardt dem Maturanden auch konkrete Ratschläge mit, wie «deutlich schreiben», «Papier nicht sparen» etc. (TB 7.2.1891).

61 Jacob Burckhardt an Hanna Veillon-Burckhardt, Basel 17.10.1891. Burckhardt 1980, Nr. 1368, 325. Vgl. Kaegi 1947–1982, Bd. 6 (1977), 835. Die «Dalben» ist die St.-Alban-Vorstadt.

62 TB 11.4.1892. Vgl. Jacob Burckhardt an Felix Staehelin, 24.3.1892. Burckhardt 1980, Nr. 1382. Zu Theodor Mommsen grundlegend: Rebenich 2002.

63 Friedrich Max Müller, 1868–1875 Professor für vergleichende Sprachwissenschaft in Oxford.

64 TB 14.10.1890. Auszugsweise ebenfalls zitiert bei: Kaegi 1947–1982, Bd. 6 (1977), 216, Anm. 243a; 313, Anm. 161.

65 Vgl. etwa Kaegi 1947–1982, Bd. 2 (1950), 226.

lich der reinen Wissenschaft verpflichtet müsse man sein. Für den grundsätzlich gut situierten, aber auf spätere Erwerbsarbeit angewiesenen Staehelin empfahl er die Solidität des Lehrerberufs mit seinem «mäßigen Wohlergehen, womit wir vorlieb nehmen können».[66] Ohnehin komme es daneben letztlich auf die «Summe des geistigen Glückes an», welche auch im Schuldienst zu erreichen sei.[67]

Wie sich zeigen sollte, war hiermit durch Jacob Burckhardt bereits die generelle Strategie formuliert, nach welcher Felix Staehelin weiter vorging; auch wenn er auf eine akademische Karriere letztlich nicht zu verzichten brauchte und sein Interesse an altorientalischer Geschichte nie erlosch.[68] Es ist zwar keineswegs so, dass Staehelin nach diesen doch eher pessimistischen Äusserungen Burckhardts seinen Plan einer altorientalistischen Laufbahn direkt aufgegeben hätte. Doch verstärkten sie selbstverständlich seine bereits vorhandene Skepsis in Bezug auf die Karriereaussichten auf diesem Feld, und so sind denn auch seine weiteren Erkundigungen bei den Autoritäten, die ihm zugänglich waren, von deutlichen Zweifeln geprägt. Nichtsdestotrotz las er sich weiterhin in die Geschichte des Alten Orients ein und exzerpierte eifrig.

Gut ein halbes Jahr nachdem er von Jacob Burckhardt obenstehenden Ratschlag empfangen hatte, wandte sich Felix Staehelin mit einem Brief an den Münchner Professor Fritz Hommel,[69] in welchem er diesen angesichts der zweifelhaften Aussichten auf dem Gebiet um Rat fragte. Kurz darauf besprach er sich mit «Onkel Siebeck»,[70] der ihm riet, sich «nicht gleich anfangs [...] auf ein Specialissimum zu werfen».[71] Nach einigen Erwägungen bezüglich der Aussichten auf dem Gebiet der orientalischen Sprachen bemerkte Siebeck Staehelin gegenüber, «sehr einträglich u. nicht überfüllt seien die Stellen für alte Geschichte». Man «könne alte Geschichte im ganzen Umfang lesen und dabei doch den

66 Staehelin 1946, 120f; vgl. Burckhardt an Staehelin, 6.6.1894, StABS PA 207 52: S41 (= Burckhardt 1986a, Nr. 1511, 173).

67 Staehelin 1946. Das gesamte Zitat findet sich ursprünglich in dem oben zitierten Brief (Burckhardt an Staehelin, 6.6.1894, StABS PA 207 52: S41 = Burckhardt 1986a, Nr. 1511, 173), wird von Letzterem ohne diesen konkreten Kontext in seinen Erinnerungen zitiert und bringt Burckhardts allgemeine Meinung zu Staehelins Zukunftsplänen besonders deutlich auf den Punkt. Ähnlich äusserte sich Burckhardt etwa auch in einem Brief vom 22.1.1895 an Staehelin (Burckhardt an Staehelin, 22.1.1895, StABS PA 207 52: S41 (= Burckhardt 1986a, Nr. 1540).

68 Tatsächlich berücksichtigte er dieses Gebiet während seiner gesamten universitären Lehrtätigkeit und publizierte auch praktisch bis zum Ende seiner wissenschaftlichen Tätigkeit darüber.

69 Fritz Hommel (1854–1936) war seit 1885 Extraordinarius für semitische Sprachen in München. Ab 1892 Ordinarius. Staehelin stand Hommels Arbeiten später sehr kritisch gegenüber, vgl. UB Basel NL 72 IV 1.

70 Hermann Siebeck (1842–1920), ab 1875 Ordinarius für Philosophie in Basel, ab 1883 in Giessen, vgl. Bonjour 1960, 712. Siebeck war der Ehemann von Staehelins Tante Margaretha, der jüngeren Schwester seines Vaters.

71 TB, 24.5.1891.

Schwerpunkt mehr in den Orient legen». Hierbei verwies er Staehelin auf die – diesem bereits bekannte – *Geschichte des Altertums* von Eduard Meyer.[72]

Ex post betrachtet fassen wir hier in gewisser Weise die Ergänzung des durch den Ratschlag Jacob Burckhardts vorgezeichneten Weges, den Staehelin schliesslich einschlagen sollte, und sehen ein umfassendes Verständnis von Alter Geschichte formuliert, das für ihn seine ganze Schaffenszeit hindurch prägend bleiben sollte.

In einem unmittelbareren Sinn wegweisend war sodann ein Gespräch, das Felix Staehelin mit dem Theologen Rudolf Staehelin,[73] dem älteren Bruder seines Vaters, führte. Dieser riet ihm kurzerhand, er solle «einstweilen die orientalistischen Studien an den Nagel hängen».[74] Er könne sich später immer noch auf dieses Gebiet verlegen. Er riet ihm weiter davon ab, Theologie zu studieren, um sich etwa der Assyriologie anzunähern, vielmehr solle er sich als Stud. phil. immatrikulieren und vorderhand Klassische Philologie studieren.[75]

Neben Gesprächen mit Karl Budde und Heinrich Gelzer, den er als «herablassend-unnahbar» erlebte,[76] hatte Staehelin in der Folge ebenfalls Gelegenheit zu einem Treffen mit dem Leipziger Ordinarius Albert Socin,[77] Basler (Bürger) von Herkunft, dem er durch «Onkel Felix» (wohl Felix Burckhardt) empfohlen worden war. Auch Socin riet dem Gymnasiasten, vorerst Klassische Philologie zu studieren und bei Baumgartner Alte Geschichte zu treiben. Daneben könne er bei Franz Misteli[78] einen Einblick ins Sanskrit erhalten und bei Bernhard Duhm in die Exegese des Alten Testaments. Weiter solle er sich vor allem um die Sprachen (etwa Hebräisch, Arabisch) bemühen. Insbesondere aber beschrieb Socin ähnlich

72 TB, 24.5.1891. In der Tat erlebte die Alte Geschichte institutionell nach 1870 geradezu eine «Gründerzeit» (Christ 2006, 15). Im Zuge der Ausdifferenzierung sowohl der klassischen Altertumswissenschaft als auch der Geschichtswissenschaft erfolgten nun in Deutschland fortlaufend Gründungen von althistorischen Lehrstühlen und Seminarien; eine Entwicklung, die die Schweiz mit einiger Verzögerung ebenfalls erreichte und von der Felix Staehelin letztlich profitieren sollte (vgl. Kapitel 3.1). Es ist hierbei aber gerade im Vergleich der Entwicklungen des 19. Jahrhunderts mit den Institutionalisierungsprozessen des 20. Jahrhunderts auf Unterschiede in den bedingenden und begünstigenden Faktoren zu achten, wie Rebenich 2010 gezeigt hat.

73 Vgl. Bonjour 1960, 508 ff.; Kuhn 2011; Staehelin 1960b, 210 f.

74 TB, 13.6.1891.

75 TB, 13.6.1891.

76 TB, 15.10.1891.

77 Albert Socin (1844–1899), 1873 bis 1876 Extraordinarius in Basel, ab 1890 Ordinarius für altorientalische Sprachen in Leipzig. Vgl. Tschudi 1960; Bigger 2011.

78 Franz Misteli (1841–1903), 1874 Extraordinarius, 1877 Ordinarius für Vergleichende Sprachwissenschaft und Archäologie. Vgl. Bonjour 1960, 651 f.

wie zuvor Siebeck Staehelin die Alte Geschichte als institutionell aussichtsreich und empfahl ihm, nicht zu lange in Basel, danach aber in Halle zu studieren.[79]

Mit neuer Dringlichkeit stellte sich für Felix Staehelin die Frage nach seinem akademischen Weg nach erfolgreich (und glänzend) bestandener Maturität. Als «Maulesel», wie sich Staehelin in dieser Phase nach studentischer Tradition selbst bezeichnete,[80] musste er sich nun einen konkreten Studienplan zusammenstellen. Dies tat er mithilfe einiger in kurzer Folge vorgenommener klärender Gespräche mit Bernhard Duhm, Jacob Burckhardt, Theodor Plüss und Jacob Wackernagel. Die Richtung war nun klar: Staehelin sollte Klassische Philologie und Geschichte studieren, daneben seinen orientalistischen Interessen vorerst allein dadurch nachgehen, dass er bei Duhm Altes Testament hörte; daneben blieb die Aussicht innerhalb einer breit aufgefassten Althistorie, sich zumindest auch mit der Geschichte des Alten Orients zu beschäftigen. Von Sanskrit riet ihm Jacob Burckhardt bestimmt ab.[81] Das Studium der Sprachen des Nahen Orients war vage für spätere Semester vorgesehen, es sollte allerdings nicht mehr dazu kommen.[82]

Die Klassische Philologie blieb als pragmatische Wahl nach Staehelins Erkundigungen übrig. Sie wurde ihm generell nahgelegt als Grundlage für die Alte Geschichte[83] und das Studium weiterer alter Sprachen, vor allem aber auch als Qualifikation im Hinblick auf eine zukünftige Anstellung als Lehrer. Staehelin machte jedoch bereits vor begonnenem Studium klar, dass es ihm in seinem wissenschaftlichen Erkenntnisstreben in erster Linie nicht um das Sprachliche, son-

79 TB, 15.10.1891. Dieser Ratschlag ist vor dem Hintergrund der in Halle zu dieser Zeit lehrenden Kapazitäten zu sehen. Weiter unterhielt sich Socin mit Staehelin über seine Expeditionen in Arabien und die empirische Sprachforschung, die er dort vornahm. Besonders beeindruckt zeigte sich der junge Staehelin von der Gepflogenheit Socins, die Vollständigkeit der Zähne der Frauen vor Ort – welche «überall noch die reinere Aussprache haben» – mittels eines Blicks in den Mund zu überprüfen, um möglichst unverfälschte Beispiele richtiger Aussprache zu erhalten.

80 TB, 30.3.1892.

81 TB, 11.4.1892.

82 Anlässlich seiner Bewerbung um Zulassung zum Doktorexamen sollte Staehelin diesen Weg zu seinen Studienfächern fünf Jahre später in seinem Curriculum Vitae folgendermassen rekapitulieren: «Ursprünglich fühlte ich mich am meisten zum Studium der Geschichte und der Sprachen des alten Orients, besonders der semitischen Völkern, hingezogen. Durch praktische Erwägungen bin ich aber davon abgekommen und zum klassischen Altertum übergegangen, und das innere Interesse folgte der äußerlichen Schwenkung bald nach.» StABS UA XI 4.2c.

83 So bemerkte etwa Jacob Wackernagel Staehelin gegenüber: «Philologie muss doch immer einen Grundstock bilden, ohne das wird kein Geschichtsforscher tüchtig werden.» TB, 13.4. 1892. Und Jacob Burckhardt wies Staehelin noch im fortgeschrittenen Studium darauf hin, «[w]ie unendlich viel die Philologie als Eingangspforte zur Geschichte werth ist». Burckhardt an Staehelin, 6.6.1894, StABS PA 207 52: S41 (= Burckhardt 1986a, Nr. 1511, 171).

dern um das Historische gehe. So bemerkte er Bernhard Duhm gegenüber, er wolle sich «überhaupt mehr auf Geschichte als auf Sprachwissenschaft werfen»,[84] und zu seinem Gespräch mit Jacob Wackernagel notierte er: «Ich sagte ihm gleich, die Geschichte werde mir immer wichtiger sein als die eigentliche Philologie».[85]

Neben Staehelins von ihm selbst dokumentierten autodidaktischen Studien und dem protokollierten Weg zu seiner Studienrichtung zeigen sich die geistige Regsamkeit und die intellektuelle Neugierde des Gymnasiasten Felix Staehelin ebenfalls in manchen in sein Tagebuch eingestreuten Reflexionen und Gesprächsnotizen. So unterhielt er sich mit Theodor Plüss über die Musik Richard Wagners, ein Thema, welches dieser in origineller Weise mit neuen Erkenntnissen zur antiken Kunst in Verbindung brachte.[86] Ebenfalls machte sich Staehelin Gedanken zur Organisationsform des Gymnasiums[87] und hielt Eindrücke aus dem Theater fest.[88]

Ganz besonders aber beschäftigten den jungen Staehelin die Frage der Religion, des Verhältnisses von Glaube und historischer Kritik und die Polarisierung der Reformierten Kirche in Basel. Es ist wohl nicht als Zufall anzusehen, dass im Tagebuch Staehelins religiöse Überlegungen in der Zeit nach dem Beginn seines Hebräischunterrichts bei Bernhard Duhm beginnen, zeigt er sich doch in seinen Ansichten ausdrücklich als von Duhm geprägt.[89] In einem Eintrag vom 11. Januar 1891 schreibt der Gymnasiast Staehelin ausführliche Gedanken nieder zu der Frage «Welchen Wert kann die heutige Bibelkritik für einen ernsten Christen haben?»,[90] wobei er sich gegen apologetische Strömungen der Zeit wendet. Staehelin argumentiert hier für die Pflicht zur historisch-kritischen Methode in der Bibellektüre, gegen die Unfehlbarkeit der Heiligen Schrift in einzelnen Details und andererseits aber auch für einen davon nicht angetasteten christlichen Glauben, der zwar das Vorkommen von Widersprüchen und wissenschaftlich zu widerlegenden Falschaussagen – etwa historischer Art – in der Bibel nicht leugne, sich aber auch nicht zu einer pantheistischen Gottesverehrung verwässere. Er be-

84 TB, 9.4.1892.

85 TB, 13.4.1892.

86 TB 14.4.1892: Staehelin notiert folgende Aussage Theodor Plüss': «Mich interessirte es sehr, wie sich Jakob Burckhardt, der wie kein zweiter Schriftsteller in Europa der Kunst ihre Empfindung abzulauschen versteht, sich zu der neuen Theorie stellt, wonach die antiken Statuen mit grellen Farben bemalt d. h. mit (ähnlich wie bei Rich. Wagner) sinnlich mächtig reizenden Mitteln ausgestattet waren. Mich dünkt, diese Theorie müsse alles umstossen, alles von Winckelmann und Goethe an.»

87 TB, 30.3.1891.

88 TB, 8.3.1891.

89 Bernhard Duhm (1847–1928), ab 1889 Extraordinarius für alttestamentliche Theologie on Basel, vgl. Bonjour 1960, 511 f.

90 TB, 11.1.1891.

tont jedoch, dass die Bibelkritik nur einer Elite zuträglich sei, während sie im «Volk» unweigerlich zum Unglauben führen müsse: «Das Volk hat entweder seinen ganzen vollen Kinderglauben oder gar nichts».

In einem Eintrag vom 30. März 1892 legt Staehelin im Tagebuch seinen Plan dar, durch die Gründung einer «unabhängig-christlichen Partei» die Spaltung der Kirche zu überwinden.[91] Als theologische Grundlage nennt Staehelin u. a. Bernhard Duhm und Karl Marti,[92] von welchen auch seine eben erwähnten Ausführungen zur Rolle der Kritik massgeblich beeinflusst sind.[93]

Obwohl Staehelin also in seinen Überlegungen offenbar stark von der persönlichen Nähe zu Duhm geprägt war, schreiben sich diese ebenfalls in Diskurse ein, welche für Basel im Allgemeinen von grosser Wichtigkeit waren.

Seit der Mitte des 19. Jahrhunderts prägte ein kirchlicher Richtungsstreit zwischen «orthodoxen» und «reformtheologischen» Kräften den Basler Protestantismus; ein Streit, der über die theologischen Streitpunkte hinaus soziale und politische Frontstellungen der städtischen Gesellschaft strukturierte. Die «orthodoxen», «positiven» Protestanten bildeten ebenfalls das Substrat des zeitgenössischen politischen Konservatismus und waren sozial im Milieu der altbürgerlichen Eliten stark verankert.[94] Wie Paul Burckhardt es ausgedrückt hat, wurde

91 TB 30. 3. 1892: «Die heutigen religiösen und kirchlichen Verhältnisse sind elend. Die Partei regiert überall, heisse sie nun orthodox oder liberal. Auf religiöses Leben sieht man nicht. Ich habe den Vorsatz, als Mann eine ‹unabhängig-christliche› Partei zu gründen».

92 Karl Marti (1855–1925), 1880 PD in Basel, ab 1895 Ordinarius für Altes Testament und semitische Sprachen in Bern.

93 Vgl. Duhm 1892, 12: «[...] und [die Religion] wird dann die nüchterne Wissenschaft weder als Gegnerin sich gegenüber, noch als Führerin vor sich, sondern als Zeugen ihrer Thaten in ihrem Gefolge haben. Es sind die verkehrten Meinungen vom Wesen der Religion, die sie in Verwicklung oder in falsche Verbindung mit der Wissenschaft bringen und die ihre Anhänger zu Träumern oder zu Quacksalbern zu machen drohen»; Marti 1892, 7 f: «Es ist mit einem Worte ein durchaus historisches, ein geschichtliches Verständnis [des Alten Testaments] zu suchen, das [...] in die jedesmalige Stufe der geistigen Entwickelungen einer Zeit und ihrer Vertreter einzudringen sucht. [...] Bei solchem Bemühen um das Schriftverständnis wird erst recht die Herrlichkeit des Alten Testamentes im rechten Licht erscheinen [...]. Statt in jedem Worte das unmittelbare Werk und Diktat Gottes zu sehen, mit dessen Erlernung wir, wie Schüler mit einer schwer verständlichen Lektion, uns abzumühen hätten, breitet sich jetzt das Alte Testament vor uns aus, wie der prachtvolle wunderbare Himmel, aus dessen Grunde ein heller Stern um den anderen uns hervorleuchtet [...]. Allerdings ist bei dieser Betrachtungsweise die Kritik unumgänglich, die ganz mit Unrecht bei vielen keinen guten Namen hat.» Beide Texte werden von Felix Staehelin (TB 30. 3. 1892) explizit als Grundlage seiner eigenen Anschauungen genannt.

94 Allerdings waren grosse Teile der alteingesessenen, konservativen Basler Bürgerschaft stark von pietistischem Gedankengut beeinflusst. Vgl. Pernet 2002, 54: «Es wurde bereits darauf hingewiesen, dass die pietistisch-erweckliche Bewegung seit den 1830er Jahren zunehmend auf Akzeptanz in den angesehenen und einflussreichen Basler Familien stieß. Dabei war es das Zu-

«der für das Wesen evangelischer Kirche verhängnisvolle Schein [...] erweckt, als ob die Verbindung von kirchlich gläubigem und politisch konservativem Sinn in Basel selbstverständlich sei».[95] Die Reformtheologie bezeichnete demgegenüber eine nicht nur kirchlich, sondern ebenfalls politisch freisinnige Opposition, die massgeblich von der sozialen Gruppe Neuzugezogener getragen wurde und die sich weltanschaulich gegen das Basler «Patriziat» stellte. In den Worten des auch selbst im Milieu Staehelins verhafteten Paul Burckhardt: «Die Erbitterung über politische oder soziale Zurücksetzung und ein diesseitsfreudiger allgemeiner Fortschrittsglaube verbanden sich mit theologisch begründeten Forderungen zum Kampf gegen das alte Basel, in dem politische Macht, Geld, gesellschaftliche Vorzüge und traditionelle Frömmigkeit eine geschlossene Front zu bilden schienen».[96] Zusammenfassend beschreibt Johannes Georg Fuchs die Kongruenz der religiösen, politischen und sozialen Verwerfungslinien als «für das kirchliche Leben fatale Lage, dass sich die kirchlichen und politischen Parteiungen entsprachen, dass sich die Konservativen [...] als die angestammte, begüterte Bevölkerung und die Freisinnig-Radikalen als Zugezogene geistlich und weltlich bekämpften».[97] Es ist interessant zu sehen, wie Staehelin als Maturand die Polarisierung der Basler Kirche in Verbindung zu setzen wusste mit einem erkenntnistheoretischen Konflikt zwischen Kritik und Bibeltreue. Hier tut sich für den jungen Felix Staehelin ein Dilemma auf: Seiner soziopolitischen Prägung entsprechend eher einer «positiven» als freisinnigen Religionsauffassung zugeneigt, fühlt er sich epistemologisch einer kritischen Textlektüre verpflichtet.

Es zeigt sich sein milieutypisches und nicht in Frage gestelltes Pflichtgefühl für Basel darin, dass er sich berufen fühlt, Lösungen zu suchen, nicht nur um – auf der epistemologischen Ebene – seine eigenen religiösen Vorstellungen zu klären, sondern auch um zu einer Überwindung des Gegensatzes auf der soziopolitischen Ebene beizutragen. Ebenfalls als ein Aspekt dieses eben auch durch ein gewisses Standesbewusstsein vermittelten Pflichtgefühls sind andererseits ein Paternalismus und ein ausgeprägtes dichotomes Denken zu beobachten, das scharf zwischen gebildeter Elite und verführbarem Volk unterscheidet. Historisch-phi-

---

sammengehen von einer pietistisch-karitativen Religiosität mit dem Basler Konservativismus gewesen, das zu der so eigentümlichen Basler Frömmigkeit führte.» Vgl. hierzu auch: Janner 2012. Bereits Oscar Moppert zeichnete ein differenziertes Bild des Basler Protestantismus der Zeit: Er beschrieb die «altreformierte orthodoxe Frömmigkeit» mit «starken Einschüssen von Pietismus [und] oekumenischer Weite» und geprägt durch lutheranische Einflüsse, durch die «Basler Mission» und die schwäbische Frömmigkeit sowie durch die herrnhuterische Brüdergemeinde (Letzteres besonders wichtig gerade für den Hintergrund Felix Staehelins). Weiter identifiziert Moppert als prägend für Basel den «humanistischen Einschlag» sowie den «kirchlichen Freisinn». Moppert 1961, 110 ff.

95 Burckhardt 1942, 297.

96 Burckhardt 1942, 297.

97 Fuchs 1984, 349.

lologische Kritik, die letztlich den Glauben nicht anfechten kann, darf und soll geübt werden, aber sie ist nicht für jedermanns Ohren bestimmt.

Selbstverständlich fassen wir hier die Gedanken eines sehr jungen Menschen, die keineswegs als gültige Überzeugungen der Person Felix Staehelin postuliert werden können, doch die weitere Persistenz von Staehelins Achtung sowohl der historisch-kritischen Methode wie auch dem tiefempfundenen Glauben gegenüber und die Konsequenz, mit welcher die so früh konkret formulierte Vermittlungsabsicht Jahre später dann auch in Angriff genommen wurde, verbietet es, hier blosse Gedankenspiele zu vermuten. Sowohl die Haltung, die Staehelin in späteren Publikationen vertritt, wie auch die Rolle, die er im kirchlichen Leben Basels spielt, deuten darauf hin, dass seine früh formulierten, von den Positionen Duhms und Martis geprägten Auffassungen bleibenden Einfluss auf sein religiöses und kirchliches Denken behalten. Die Verpflichtung auf einen klar christlichen Glauben und gleichzeitig auf die intellektuelle Redlichkeit, welche eine historisch-kritische Bibellektüre einfordert, bleibt ebenso bestimmend wie der Wunsch nach Überwindung von Parteiwesen und Spaltung der Kirche durch eine vermittelnde Position. Ebenfalls lässt sich festhalten, dass die Faszination für die Geschichte des Alten Orients bei Staehelin immer auch den Aspekt eines genuinen intrinsischen Interesses an Fragen des Alten Testaments, des biblischen Volkes Israel und der Religion und der Kirche im Allgemeinen aufwies.

In dem Herausgearbeiteten zeigen sich die individuelle Habitusausprägung, die deutlich durch den sozialen und kulturellen Hintergrund der werdenden Persönlichkeit vorgeformt wird, sowie die Selbstverortung des Individuums in den Debatten der Zeit. Das Dokument des Tagebuchs findet seine Aussagegrenzen als historische Quelle nicht in der Berichterstattung über mentale Prozesse, sondern transportiert ebenfalls das konstruierte Selbstbild des Autors, das ihn bereits als strenges, nachdenkliches und fürsorgliches Mitglied der republikanischen Elite Basels zeigt.

Im Ganzen zeichnete sich der Gymnasiast Staehelin also durch ein bemerkenswertes intrinsisches wissenschaftliches Erkenntnisinteresse aus. In seinem autodidaktischen Eifer machte er sich sein familiäres Netzwerk und allgemein das soziale und kulturelle Kapital zu Nutze, über das er aufgrund seiner sozialen Herkunft und seines Bildungswegs verfügte. Hierbei stand er affirmativ zu seiner Rolle als Teil des Basler «Patriziats» mit seiner Pflege der Verwandtschaftsverflechtungen, seinen protestantisch strukturierten Werthaltungen und zeigte ein gewisses bürgerliches Selbstverständnis als Teil der gebildeten und kultivierten Klasse.[98] Von seinem eigentlichen Wunsch des Studiums der Wissenschaften des

98 In Bourdieu'scher Terminologie ausgedrückt, hat sich der junge Staehelin durch Einsatz seines sozialen Kapitals einen Grundstock an materiellem und vor allem auch inkorporiertem kulturellem Kapital erwirtschaftet und zeigt Denk-, Wahrnehmungs- und Handlungsdispositionen, die einem Habitus entsprechen, welcher durch seine soziale Herkunft geprägt ist.

Alten Orients wurde er in seinem Deliberationsprozess durch sein Umfeld immer deutlicher in Richtung einer konventionelleren Studienwahl geleitet. Dass die Verwandtschaft in der Anleitung und Kanalisierung des Erkenntnisstrebens und der Wahl der Studienrichtung eine massgebliche Rolle spielte, war dabei in der Basler Gesellschaft durchaus Usus.[99]

Wie gesehen zeigte Staehelin schon als Gymnasiast ein gutes Sensorium für aktuelle diskursive Entwicklungen. Früh kristallisierte sich überdies als wissenschaftliches Hauptinteresse die Geschichte heraus, auf die er sich mit erstaunlicher Sicherheit festlegen und dies auch gegenüber den Autoritätsfiguren explizit festhalten konnte.

2.3 Studium in Basel, Bonn und Berlin

2.3.1 Basel

Felix Staehelin begann sein Studium an der Universität Basel im Sommersemester 1892.[100] Nach vier Semestern wechselte er im Sommer 1894 an die Universität Bonn und ab Winter 1894/1895 bis einschliesslich im Wintersemester 1895/1896 studierte er in Berlin, bevor er nach Basel zurückkehrte und hier im Frühsommer 1897 sein Doktorexamen ablegte.[101]

Im Sommer 1892 – als Staehelin sein Studium in Angriff nahm – las Adolf Baumgartner einerseits über *Griechische Geschichte vom Peloponnesischen Kriege bis zum Untergang der Diadochenstaaten*, andererseits über die *Geschichte Frank-*

99 Dies ist etwa einem Brief Dümmlers zu entnehmen, der diesem sozialen Mechanismus kritisch gegenüberstand: Ferdinand Dümmler an Wilhelm Barth, 14.4.1894, UB Basel NL 72 IX: 752c.

100 StABS PA 182a B 45: 1. Und nicht bereits 1890, wie Bleicken/Staehelin 1994, 455 irrtümlich angeben. Das Missverständnis liegt nahe, da sich in Felix Staehelins Nachlass eine von ihm selbst angefertigte Nachschrift von vier aufeinanderfolgenden – thematisch durch fortlaufende Chronologie verbundenen – historischen Vorlesungen Albert Burckhardt-Finslers findet, die von SS 1890 bis WS 1891/92 gehalten wurden (UB Basel NL 72: I, 1–4). Es handelt sich hierbei möglicherweise um eine Abschrift oder aber um das Zeugnis einer Hospitation des damaligen Gymnasiasten. Bezeichnenderweise findet sich in den entsprechenden Heften die Namensangabe «Felix Staehelin» ohne Zusatz, während in den nachfolgenden Abschriften – des nun immatrikulierten Studenten – stets «Felix Staehelin, stud. phil.» zu lesen ist.

101 Vgl. StABS PA 182a B 45: 1. Die vollen ersten vier Semester an der heimatlichen Universität zu studieren entsprach in Basel einer allgemeinen Gepflogenheit, wie Ferdinand Dümmler, der dieser Praxis im Allgemeinen kritisch gegenüberstand, in einem Brief bemerkt (UB Basel NL 72 IX: 752c). Vgl. hierzu auch: Kaufmann Heinimann 2014, 227.

reichs unter den Capetingern und den Valois.[102] Staehelin hatte sich schon früh in der Planung seines Studieneinstiegs entschlossen, beide Vorlesungen zu hören, zumal ihm Baumgartner auch von Jacob Burckhardt ans Herz gelegt worden war.[103] Daneben besuchte er[104] bei Bernhard Duhm *Erklärung der Genesis*[105] und *Alttestamentliche Geographie*[106] sowie bei Hans Heussler *Einleitung in die Philosophie,*[107] den Rest seiner Wochenstunden belegten Veranstaltungen der Philologen Jacob Wackernagel und Ferdinand Dümmler. Neben einer Vorlesung Dümmlers *Das griechische Drama*[108] besuchte er die epigraphischen Übungen der beiden Philologen[109] sowie Seminarübungen zu Quintilian,[110] Cicero[111] (beide Wackernagel) und Euripides[112] (Dümmler). Ebenfalls war Staehelin gerade noch früh genug Student geworden, um in seinen ersten zwei Semestern die beiden letzten kunsthistorischen Vorlesungen Jacob Burckhardts zu hören (über die italienische Renaissance einerseits und über die Kunst des 17. und 18. Jahrhunderts andererseits),[113] womit er sich den lang gehegten Wunsch erfüllen konnte, «einmal ein Colleg von diesem berühmten Onkel [zu] hören».[114] Die Philosophie sollte Staehelin fortan nicht weiter verfolgen,[115] ansonsten aber blieb er in

102 UB Basel NL 72 I: 6; UB Basel NL 72 I: 8. Die Berücksichtigung zweier chronologisch und thematisch so unterschiedlicher Themengebiete ist bezeichnend für die Lehrerpersönlichkeit Baumgartners.

103 TB, 11.4.1892.

104 Nachschriften, Notizen und Beilagen zu den besuchten Veranstaltungen über das gesamte Studium hinweg finden sich im Nachlass: UB Basel NL 72 I. Diese ergeben ein umfassendes – wenn auch nicht ganz vollständiges – Bild der von Staehelin absolvierten Vorlesungen und Seminarübungen. Manche dieser Hefte begleiteten Staehelin durch sein ganzes Wissenschaftlerleben, wie Nachträge, die er teils noch Jahrzehnte später vornahm, zeigen (so etwa: UB Basel NL 72 I: 7).

105 UB Basel NL 72 I: 5.

106 UB Basel NL 72 I: 10.

107 UB Basel NL 72 I: 9.

108 UB Basel NL 72 I: 7.

109 UB Basel NL 72 I: 11. Dies entgegen dem Ratschlag Jacob Burckhardts (TB, 11.4.1892), aber auf Anraten von Wackernagel (TB, 13.4.1892).

110 UB Basel NL 72 I: 12.

111 UB Basel NL 72 I: 13.

112 UB Basel NL 72 I: 14.

113 Staehelin 1946, 121. Im Nachlass Felix Staehelins (UB Basel NL 72) finden sich davon keinerlei Mitschriften.

114 TB, 7.2.1891.

115 Während der Berliner Semester war es vor allem Dümmler, der Staehelin vom Besuch philosophischer Veranstaltungen abriet. Bereits vor dem Antritt seiner Berliner Studien wurde Staehelin durch Dümmler beschieden, die Berliner Philosophie sei für ihn «Zeitverlust», und fügte an: «auch der grosse Dilthey» (Dümmler an Staehelin, 10.8.1894, UB Basel NL 72 IX: 738). Trotzdem spielte Staehelin offenbar für sein zweites Berliner Semester wieder mit dem Gedanken, bei dem früheren Basler Professor Wilhelm Dilthey (1833–1911) eine Vorlesung

seiner ersten Zeit an der Basler Universität in der Ausgestaltung seines Studienplans sehr konstant. Baumgartner, Dümmler, Wackernagel, daneben Duhm waren über alle vier Semester hinweg seine hauptsächlichen Lehrer.[116]

Adolf Baumgartner, der aus Lörrach stammte und in Basel – u. a. bei Friedrich Nietzsche und Jacob Burckhardt – sowie in Jena Geschichte und Klassische Philologie studiert hatte, war 1890 auf den Lehrstuhl für Allgemeine Geschichte berufen worden, den bis 1886 Jacob Burckhardt innegehabt hatte.[117] In Jacob Burckhardt hatte er immer einen wichtigen Förderer gehabt[118] und so wurde Staehelin der Besuch seiner Vorlesungen denn auch von jenem wärmstens empfohlen.[119] Baumgartner behandelte in seinen Lehrveranstaltungen «den ganzen Zeitraum von der ältesten orientalischen Geschichte bis zu Napoleon I.»[120] und verstand sich als Universalhistoriker in der Tradition Jacob Burckhardts, weshalb er eine Einschränkung seines Lehrauftrags auf die Alte Geschichte stets ablehnte.[121] Felix Staehelin bescheinigt Adolf Baumgartner in seinem Nachruf hervorragende Quellenkenntnisse und einen fesselnden Vortragsstil, bemerkt jedoch, dass es Baumgartner durch sein Generalistendasein nicht möglich gewesen sei, sich

(Geschichte der Philosophie) zu hören; Ferdinand Dümmler reagierte erneut ablehnend auf die Idee. Dilthey habe sich, «spätestens seit er in Berlin ist [...][,] das Arbeiten abgewöhnt». Ausserdem blieben die Kenntnisse nach solchen Vorlesungen oberflächlich, «wenn man nicht einige philosophische Hauptwerke im Original gelesen hat, sei es auch nur, um sich in der eigenen Ablehnung philosophischer Thätigkeit zu kräftigen. Sie werden dazu jetzt doch keine Zeit haben» (Dümmler an Staehelin, 25.2.1895, UB Basel NL 72 IX: 745). In Anbetracht der engen Begleitung von Felix Staehelins universitärer Ausbildung durch Dümmler kann angenommen werden, dass dieser sowohl Staehelins philosophische Vorbildung wie auch seine entsprechende Neigung richtig einschätzte. Interessant ist allerdings in diesem Zusammenhang die Tatsache, dass Staehelin im Alter seine letzte Publikation dem Thema «Burckhardt und Dilthey» widmete (Staehelin 1951).

116 Daneben Franz Misteli (WS 1892/93 *Lat. Laut- und Formenlehre;* UB Basel NL 72 I: 24), Albert Burckhardt-Finsler (SS 1893 *Geschichte der Schweiz 1648–1798;* UB Basel NL 72 I: 30). Weiter Hospitationen bei Rudolf Staehelin (SS 1893 *Erasmus;* UB Basel NL 72 I: 35) und Adolf Bolliger (SS 1893 *Dogmatik;* UB Basel NL 72 I: 36).

117 Dürr 1932; Staehelin 1931.

118 Königs 1988, 5 f.

119 TB, 14.10.1890.

120 Staehelin 1931, 3 f.

121 Königs 1988, 10. Wie Eduard Vischer bemerkt, sei Baumgartner, der sich ursprünglich auf die armenische Geschichte spezialisiert hatte, nach umfangreichen Studien anderer Gebiete schliesslich nicht zur «eigentlichen Forschung zurück[gekehrt] [...], sondern blieb der einsame Polyhistor». Vischer 1984, 12. Angesichts der Rätselhaftigkeit mancher Aspekte von Baumgartners Werdegang und Wirken schreibt Vischer: «Im übrigen muss man wohl sagen, Baumgartner habe sein Geheimnis mit ins Grab genommen.» Vischer 1984, 13.

immer auf der Höhe der Forschung zu bewegen oder diese «durch eigene Veröffentlichungen zu fördern».[122]

Obwohl Baumgartner sich also wie erwähnt institutionell nicht auf die Alte Geschichte beschränken lassen wollte, stellte sie schon durch sein Studienprofil sein Spezialgebiet dar,[123] und so hatte er sich denn auch für Alte Geschichte und Historiographie habilitiert. Felix Staehelin, dessen wissenschaftliches Interesse ja hauptsächlich auf die Geschichte ging, besuchte Baumgartners Veranstaltungen während seiner gesamten Basler Studienzeit und konnte entsprechend auch von den Vorlesungen Baumgartners zur Althistorie profitieren. Es war also keineswegs so, dass allein die Klassischen Philologen sich um althistorische Themengebiete gekümmert hätten,[124] auch wenn die Reihe der historischen Vorlesungen durch Baumgartners universalhistorisches Profil auch in den folgenden Semestern relativ vielgestaltig ausfiel[125] und die philologischen Lehrer einen massgeblichen Teil zu Staehelins altertumswissenschaftlicher Ausbildung beisteuerten.

Die auch nominell historische universitäre Bildung erhielt Staehelin in Basel praktisch zur Gänze in Veranstaltungen Baumgartners[126] – lediglich bei Albert

122 Staehelin 1931, 3 f. Der Gymnasiallehrer Alfred Hartmann erinnert sich in seinen Memoiren an Baumgartners – den er freilich einige Jahre später hörte als Staehelin – «uralte, maliziös vorgetragene Kollegien über alte Geschichte». Hartmann/Abt 1989, 35. Eduard Vischer erinnerte sich, dass Baumgartner «seine vor 30 bis 40 Jahren angelegten Hefte vorgelesen und sich noch in den späten 1920er Jahren mit einem Gelehrten wie Duncker auseinandergesetzt» (11) habe. Vgl. auch Vischers weitere Würdigung Baumgartners, des «Basler Universalhistorikers der Lehre» (Vischer 1984, 11–14). Vgl. weiter Staehelins Würdigung zum 70. Geburtstag: Nat.-Ztg. 1925, Nr. 271 sowie Marchal 2013, 34 ff.

123 Dies neben der armenischen Geschichte, vgl. Staehelin 1931, 3.

124 Insofern ist also Jochen Bleickens Aussage, wonach Wackernagel und Dümmler in Basel «für die Altertumswissenschaften zuständig» waren und «ein Basler Promovent mit althistorischen Interessen» an Dümmler «verwiesen war» (Bleicken/Staehelin 1995, 461), zumindest unvollständig. Bleicken erwähnt Adolf Baumgartner nicht, obwohl dieser von Martin Staehelin im selben Aufsatz (455) explizit angeführt wird.

125 Felix Staehelin besuchte bei Baumgartner – neben den oben erwähnten Vorlesungen – in seinen ersten vier Semestern folgende Veranstaltungen: *Griechische Historiographie; Geschichte der römischen Kaiserzeit* (WS 1892/92); *Geschichte des frühen Mittelalters; Geschichte des Zeitalters Napoleons; Plutarch* (Seminarübung) (SS 1893); *Orientalische und ältere griechische Geschichte; Geschichte des Mittelalters vom Vertrag von Verdun bis zur Reformation; Materialien zur Geschichte Karls des Grossen* (Seminarübung) (WS 1893/94). UB Basel NL 72 I: 17, 22, 29, 31, 32, 38, 42, 46.

126 Aus seinem Basler Geschichtsstudium sind an eigenen Beiträgen Staehelins überliefert: ein Seminarreferat *Über Plutarchs Solon,* Frühling 1893, sowie ein Seminarreferat *Zu Einhards Vita Caroli Magni,* Herbst 1893.

Burckhardt-Finsler[127] besuchte Staehelin weiter eine Vorlesung zur Schweizer Geschichte[128]. Was die Althistorie betrifft, wurde sein Studium jedoch wie erwähnt ebenfalls durch die Vertreter der Klassischen Philologie geprägt. Staehelins frühe wissenschaftliche Studien waren also gekennzeichnet von einer noch kaum erfolgten Ausdifferenzierung der klassischen Altertumswissenschaften an der Universität Basel. Die Alte Geschichte war so zwar breit vertreten, hatte aber kein eigenes institutionelles Gefäss.[129] Besonders berücksichtigt wurden die historischen und archäologischen Aspekte der Antike von demjenigen Lehrer, zu dem Staehelin die tiefste persönliche Verbindung aufbaute und dessen Andenken er 1897 seine Dissertation widmen sollte: Ferdinand Dümmler.[130] Dümmler, der Sohn des Mittelalterhistorikers Ernst Dümmler, hatte in Halle, Strassburg und Bonn – u. a. bei Hermann Usener, bei dem er auch promovierte – studiert. Nach seiner Promotion im Jahr 1882 hatte er ausgedehnte archäologische Reisen im Mittelmeerraum unternommen, auf denen er auch eigene Grabungen durchführte, wobei er von Ulrich Köhler gefördert wurde.[131] Nach seiner Rückkehr versuchte er, sich im Sommer 1886 in Göttingen zu habilitieren, was unter für ihn kränkenden Umständen misslang.[132] Schliesslich wurde er in Giessen für «Klassische Philologie, vornehmlich Archäologie»[133] habilitiert und wirkte an der dorti-

---

127 Albert Burckhardt-Finsler (1854–1911), Gymnasiallehrer, Privatdozent, 1890–1905 Extraordinarius für Schweizergeschichte an der Universität Basel (Teuteberg 2018). Vgl. auch Bonjour 1960, 690 f.

128 *Geschichte der Schweiz 1648–1798* (SS 1893), UB Basel NL 72 I: 30. Daneben existieren Abschriften Staehelins einer Vorlesungsreihe von Burckhardt-Finsler zur Geschichte des Mittelalters (vgl. oben), UB Basel NL 72 I: 1–4.

129 Dieser Zustand blieb letztlich bis zur Einrichtung von Staehelins Ordinariat 1931 bzw. 1937 bestehen. Vgl. hierzu auch Königs 1988. Wie denn allgemein unter den Basler Philologen noch lange ein weites Verständnis von Klassischer Philologie als «Klassische Altertumswissenschaft» vorherrschte. Vgl. SKPhB 1987.

130 Eine ausführliche Beschreibung der Biographie Dümmlers findet sich bei Wolters 1917. Wolters, ein Weggefährte und enger Freund Dümmlers, publizierte in diesem Band ebenfalls poetische Werke Dümmlers und flocht in seine biographische Darstellung zahlreiche ausführliche Briefzitate ein, wobei er u. a. ebenfalls auf Dokumente zurückgriff, die ihm Felix Staehelin zur Verfügung gestellt hatte (UB Basel NL, 72, IX, 752a). Weiter zu Dümmler: von Zeitgenossen verfasst: ASZ, Sonntagsbeil. 38, 20.12.1896; Staehelin Nat.-Ztg. 1936; Studniczka 1901; Studniczka 1904; in neueren Abhandlungen: Bleicken/Staehelin 1994, 462; Bonjour 1960, 645 (folgt teilweise wörtlich Staehelin, Nat.-Ztg. 1936); Kaufmann-Heinimann 2014, 224–228; Von der Mühll 1960. Eingehend und auf neuer Quellengrundlage legt weiter Müller 2009 das schwierige Verhältnis zwischen Dümmler und Wilamowitz-Möllendorff dar.

131 Studniczka 1901, XIII.

132 Müller 2009 zeigt plausibel auf, wie Wilamowitz – und im Hintergrund letztlich wohl auch Theodor Mommsen – Dümmlers Habilitation in Göttingen hintertrieben und ihn sowie seinen Vater öffentlich blossstellten.

133 Kaufmann-Heinimann 2014, 226.

gen Universität von 1887 bis 1890 – ab 1889 als Extraordinarius –, bevor er 1890 den Ruf nach Basel annahm.

Dümmler verstand sein Fach in Basel als Altertumswissenschaft «im weitesten Sinne»,[134] was auch dem Anforderungsprofil seiner Professur entsprach.[135] Nach eigenem Bekunden war es ihm ein Anliegen, der Archäologie in Basel zu einer prominenteren Position zu verhelfen, der frühen und klaren Ausrichtung auf die Geschichte, die für viele Basler Studenten charakteristisch war, stand er kritisch gegenüber.[136]

Felix Staehelin war von dem weiten Horizont der Lehrerpersönlichkeit Dümmlers begeistert und suchte den persönlichen Umgang mit ihm.[137] Dümmler nahm sich des begabten jungen Studenten an und begleitete dessen Studien nicht nur mit Ratschlägen, sondern suchte diesem auch durch seine persönlichen Verbindungen von Nutzen zu sein. Der Ton, den er dabei gegenüber Staehelin anschlug, weist auf das grosse Vertrauen hin, welches er diesem entgegenbrachte.[138] Insbesondere für Staehelins Zeit im Ausland bot Dümmler wichtige Unterstützung und Orientierung, auch wenn der Einfluss, den er etwa auf Themenwahl und Konzeption der Dissertation ausübte, sehr gering war. Staehelin war auch nicht der einzige Basler Student, der von Ferdinand Dümmler eingenommen war, so findet sich in einem Brief von Wilamowitz an Diels, in welchem jener

134 Von der Mühll 1960, 264.

135 Vgl. Kaufmann-Heinimann 2014, 227.

136 So schrieb er im April 1894 an seinen Vater: «[Ich] kann […] eine Wirksamkeit, die mich einigermaßen befriedigt, hier [= in Basel] nur durch die allergrößte Vielseitigkeit erreichen. Die Hörer sind meist seit dem Gymnasium zur Geschichte als Hauptfach entschlossen und wollen nur von allem etwas naschen. Das ist hier eine unerschütterliche Tradition, die ich nicht ändern werde. Am ersten ist noch Aussicht, die Archäologie hier etwas mehr einzubürgern» (Ferdinand Dümmler an Ernst Dümmler, 29. 4. 1894, nach: Wolters 1917, 299). Um dieselbe Zeit schrieb er an Wilhelm Barth, es gehöre zu den «Basler Missständen» unter anderem, «ein gewisses Vorurteil für die Historie sans phrase, als ob jedes historische Colleg eo ipso gentlemanliker sei als ein philologisches oder andres. Das gibt dann eine Hypertrophie an Historikern aller Art, für die beinahe Basel zu eng ist. Diese blühen dann den kleinen Veilchen gleich an Bibliothek oder Schulen oder sie treiben diese Studien mehr schöngeistig weiter, oder sie werfen sich strebsam auf die akademische Carriere und habilitieren früh für 5 Jahre Schweizer Geschichte. In allen diesen Fällen umgibt sie ein gewisser aristokratischer Nimbus». Ferdinand Dümmler an Wilhelm Barth, 14. 4. 1894, UB Basel NL 72 IX: 752c.

137 Staehelin, Nat.-Ztg. 1936.

138 Vgl. auch Bleicken/Staehelin 1994, 455.

sich despektierlich über den frühen Tod Dümmlers äussert,[139] die Formulierung: «wir haben hier einen Basler, der für ihn schwärmt».[140]

In seinen ersten vier Studiensemestern in Basel besuchte Staehelin zahlreiche Lehrveranstaltungen Dümmlers, darunter einige philosophiegeschichtlich und historisch ausgerichtete; besonders hervorzuheben ist das Kolleg zur *Griechischen Culturgeschichte,* das Dümmler im Wintersemester 1893/1894 abhielt, aus welchem dereinst eine publizierte griechische Kulturgeschichte hätte hervorgehen sollen.[141]

Der zweite Philologe, unter dessen Ägide Staehelin in Basel studierte, war Jacob Wackernagel, dessen Gebiet neben der Klassischen Philologie vor allem auch das Altindische und die vergleichende Sprachwissenschaft war,[142] Forschungsfelder, auf denen sich Staehelin jedoch nie betätigte. Wackernagel, der 1902 einen Ruf nach Göttingen annehmen und 1915 auf einen Lehrstuhl nach

---

139 «[...] es ist sehr schade, dass er starb, noch mehr schade, dass er an einem Mangel an sittlichem Halt zu Grunde gehen musste.» Ulrich von Wilamowitz-Moellendorff an Hermann Diels, 18.11.1896, nach: Braun et al. 1995, Nr. 87, 146. Dümmler war am 15.11.1896 einem Magenleiden erlegen, welches offenbar mit einer Alkoholsucht in engem Zusammenhang stand. Vgl. Studniczka 1901, XVIII; Wolters 1917, 272 f.; Müller 2009, 192 ff. Es ist allerdings ebenfalls zu bemerken, dass sich Wilamowitz in einem Schreiben vom 12.12.1896 (Poststempel) an Jacob Wackernagel im Zusammenhang mit der Neubesetzung des Lehrstuhls sehr anerkennend zu Dümmler äusserte (StABS Erziehung CC16). So bemerkt Wilamowitz: «Die seltene Vereinigung archäologischer, philologischer und philosophischer Kenntnisse, durch die Dümmler ausgezeichnet war, finden Sie nicht leicht wieder».

140 Es ist offenbar bislang nicht versucht worden, den erwähnten Basler zu identifizieren. Es soll hier die Vermutung geäussert werden, dass es sich dabei um den späteren Redaktor der *Basler Nachrichten,* Grossrat und Nationalrat Albert Oeri (1875–1950) handelt, einen Vetter zweiten Grades Felix Staehelins (Oeris Grossmutter Louise Burckhardt war die Schwester von Staehelins Grossvater Gottlieb Burckhardt, beide also Geschwister Jacob Burckhardts). Oeri studierte zur fraglichen Zeit bei Wilamowitz in Göttingen, wo der Brief abgefasst wurde (vgl. Teuteberg et al. 2002, 27). In einem Brief an Jacob Burckhardt vom 22.6.1896 bezeichnet er Wilamowitz als «nicht so geistreich und geschmackvoll» wie Dümmler und empört sich über Polemiken der Wilamowitz-Schüler gegen diesen. Vgl. Wassermann 1969, 77 f.

141 Felix Staehelin betont in seiner Würdigung Dümmlers, dass Jacob Burckhardt den Plan, eine griechische Kulturgeschichte zu veröffentlichen, sofort verworfen habe, als er von den entsprechenden Plänen Dümmlers erfahren habe (Nat.-Ztg. 1936, Nr. 532, 15.11.1936). Vgl. Wolters 1917, 296. Insgesamt besuchte Staehelin bei Dümmler in seiner ersten Basler Studienzeit – ausser den oben bereits aufgeführten Veranstaltungen des ersten Semesters – folgende Lehrveranstaltungen: WS 1892/93: *Römische Literaturgeschichte, Aristoteles' Politeia Athenaion* (Proseminar), *Vergils Aeneis* (Seminar) *Philosophie der mittleren Stoa* (behandelt an zwei Terminen im Seminar); SS 1893: *Erklärung ausgewählter Fragmente der Vorsokratiker, Livius* (Seminar). WS 1893/94: *Griechische Kulturgeschichte,* UB Basel NL 72 I: 21, 23, 25, 26, 27, 33, 39. Als eigene Leistung Staehelins ist nachgelassen eine Arbeit *Quaeritur quomodo clausula hymni in Apollinem Pythium e rerum gestarum memoria explicanda sit.* UB Basel NL 72 III: 7.

142 Vgl. Bloch 1960; Bonjour 1960, 641; SKPhB 1987, 35 ff.

Basel zurückkehren sollte,[143] war bei den Studenten dafür bekannt, grössten Wert auf Genauigkeit beim Arbeiten zu legen.[144] Felix Staehelin entwickelte zu ihm kein auch nur annähernd so inniges Lehrer-Schüler-Verhältnis wie zu Dümmler, seiner Hochachtung vor dem grossen Philologen steht ein eher verhaltenes Urteil Wackernagels über Staehelins Fähigkeiten (bei nach eigenem Bekunden grosser persönlicher Sympathie) gegenüber.[145] Für Staehelins zukünftige wissenschaftliche Arbeit erwiesen sich als besonders nützlich die epigraphischen Übungen, die Wackernagel zusammen mit Dümmler abhielt und zu denen er Staehelin bereits vor dem Beginn des Studiums dringend geraten hatte.[146]

Bei Baumgartner, Dümmler und Wackernagel erhielt der junge Felix Staehelin also sein erstes Rüstzeug für die Geschichte und die Altertumswissenschaft. Mit der Universalhistorie Baumgartners und dem in Basel vorherrschenden breiten Verständnis von Philologie, zusätzlich durch seinen Besuch der alttestamentlichen Veranstaltungen Bernhard Duhms verfügte Staehelin über eine Basis, mit welcher er möglichst viele seiner wissenschaftlichen Interessen abdecken konnte und die keinerlei Spezialisierung erkennen lässt. In gewissem Sinn sollte auch in seinem weiteren wissenschaftlichen Leben eine eigentliche Spezialisierung in Form einer fortschreitenden thematischen Fokussierung seines Arbeitens – trotz

143 Wachter 2013.

144 Vgl. etwa Albert Oeri in seinem Brief an Jacob Burckhardt bei Wassermann 1969, 77 f. Weiter die Charakterisierung durch Staehelin in einem Brief an Jacob Burckhardt, wonach sich Wackernagel gegenüber anderen Philologen besonders durch «scharfsinnige[...], exacte Forschung» auszeichne. Staehelin an Burckhardt, 24.5.1895, StABS, PA 207 52: S41.

145 Vgl. Kapitel 3.1. Wie denn Wackernagel generell zu äusserst strengen Urteilen neigte, wie etwa seine Beurteilung der Leistungen der schweizerischen Altertumswissenschaft zeigt (Wackernagel 1891). Staehelin bezeugte seine Bewunderung von Wackernagel auch öffentlich, etwa als er anlässlich des Todes von Wilamowitz dessen respektvolles Urteil über den Basler Philologen zitierte, zusammen mit der Betonung der Bedeutung, die einem solchen Lob angesichts Wilamowitz' oft harscher Beurteilung von Fachgenossen zukam. BN 1931, Nr. 267, 29.9.1931. Vgl. Wilamowitz-Erinnerungen (2. Aufl., 291). Staehelin besuchte bei Wackernagel in seinen ersten Basler Semestern – ausser den oben bereits aufgeführten Veranstaltungen des ersten Semesters – folgende Lehrveranstaltungen: WS 1892/93: *Griechische Syntax, Griechische Dialektinschriften* (zusammen mit Dümmler), *Ilias mit Scholien* (Seminar). SS 1893: *Erklärung von Aristophanes' Fröschen mit Einleitung über die Geschichte der griechischen Komödie, Platons Phaedo* (Seminar). WS 1893/94: *Einleitung zu Homer, Plautus, Rudens, Ciceros Briefe* (Seminar), UB Basel NL 72 I: 18, 19, 20, 28, 34, 40, 41, 45.

146 Wackernagel gab Staehelin – laut Tagebuch – am 13.4.1892 den weitsichtigen Hinweis, die Epigraphik nicht zu vernachlässigen. Staehelin notierte: «Die Inschriften werden heutzutage immer wichtiger und ständen [sic] der Litteratur wenn nicht in aesthetischem Werte, so doch als geschichtliche und sprachliche Denkmäler vollkommen ebenbürtig zur Seite.» (TB, 13.4.1892). Im Frühling 1893 verfasste Staehelin bei Wackernagel eine Arbeit *De perfecti Iliaci forma et usu*, UB Basel NL 72 III: 4.

deutlich erkennbarer Schwerpunkte – nur bedingt geschehen, worin eine gewisse Folgerichtigkeit liegt, führt man sich die Abneigung gegen eine solche Verengung der Erkenntnisinteressen durch seine hauptsächlichen Lehrerfiguren Burckhardt, Dümmler und Baumgartner vor Augen.

Für seine Vernetzung und Positionierung in der akademischen Gesellschaft Basels tat Staehelin bereits früh einen wichtigen Schritt, indem er in die Basler Sektion des Zofingervereins eintrat. Diese Wahl war für einen Exponenten von Staehelins Milieu keineswegs überraschend, so war etwa auch Jacob Burckhardt zu seiner Studentenzeit in dieser traditionsreichen Verbindung aktiv gewesen und mit Staehelin war eine Reihe junger Leute aus der «guten», «patrizischen» Gesellschaft in der mehrheitlich liberalkonservativ orientierten[147] Zofingia Mitglied.[148] Aus seinem Engagement in der Verbindung resultierten auch Staehelins erste Publikationen: im Jahr 1894 erschein sein *Bericht über das 75. Jubiläum des Zofinger-Vereins*[149] sowie im Organ der Zofingia ein erster historischer Artikel zum Verbindungswesen: *Zofingerverein und Burschenschaft im Jahr 1821/22.*[150]

2.3.2 Bonn

Für das Sommersemester 1894 wandte sich Staehelin also nach dem Ausland und immatrikulierte sich in Bonn, nachdem er – wie es Max Burckhardt treffend formuliert hat – «in seinen ersten vier Studiensemestern sozusagen das gesamte Angebot der heimischen Universität an historischen und altphilologischen Vorlesungen und Übungen unter Einbeziehen alttestamentlicher Studien ausgenutzt [hat]».[151]

Für Bonn – wie auch für sein zweites Ziel Berlin – sprachen fachliche Gründe sowie die Verbindungen dorthin, über die Ferdinand Dümmler verfügte, andererseits klingt in Staehelins Auslandsstudium mit der Abfolge Bonn – Berlin ebenfalls der Weg seines verehrten Grossonkels Jacob Burckhardt an.[152] Über beide Auslandaufenthalte sind wir relativ gut informiert durch die Korrespon-

147 Ehinger 2020.

148 So etwa auch Albert Oeri, vgl. Teuteberg et al. 2002. Grösse und Einfluss des Zofingervereins in Basel spiegeln sich in den Worten wider, mit denen Bernhard Duhm auf Staehelins Eintrittspläne reagierte: «Ich habe ja an sich gar nichts gegen diese Zofingia; aber sie ist viel zu groß. Das ist keine Verbindung mehr: das ist eine politische Faction.» TB, 9.4.1892.

149 Staehelin 1894a.

150 Staehelin 1894b.

151 Burckhardt 1986a, 494.

152 Vgl. Bleicken/Staehelin 1994, 455.

denz, die Staehelin in dieser Zeit mit Jacob Burckhardt und Ferdinand Dümmler führte und von der substantielle Teile erhalten sind.[153]

Die Korrespondenz mit Dümmler bezieht sich – neben kurzen Statusmeldungen zu Gesundheit, Wohnung und Reiseplänen – praktisch ausschliesslich auf das Studium, Staehelins diverse Dozenten sowie wissenschaftliche Probleme.[154] Dümmler beriet Staehelin ganz konkret in der Auswahl der Dozenten und Lehrveranstaltungen, stand öfters auch in direktem Kontakt mit Staehelins Universitätslehrern und begleitete so das Studium eng als Staehelins Mentor. Dagegen kommen in den Briefen an und von dem Grossonkel auch andere Aspekte zur Sprache, so gibt Burckhardt etwa Ratschläge zu Staehelins Reisen, insbesondere zur Kunstrezeption, weiter sind Musik und Theater ein Thema. Staehelin zeigt sich in diesen Quellen als ebenso beflissen, lernbegierig und zielstrebig wie humorvoll. Die Kommunikation wird in beiden Briefwechseln durch ein Lehrer-Schüler-Verhältnis vorstrukturiert und durch die jeweiligen Besonderheiten der Beziehung weiter geformt: Während die Kommunikationspositionen im Briefwechsel mit Burckhardt festgelegt erscheinen, schwingt im Briefwechsel mit Dümmler beiderseits teilweise eine gewisse Offenheit mit, was dieser Korrespondenz einen anderen Charakter verleiht und ein sich festigendes – obgleich asymmetrisches – freundschaftliches Verhältnis widerspiegelt.[155] Beide Briefwechsel sind für bestimmte Zeiträume lückenhaft überliefert, aber im Ganzen reich an Informationsgehalt, und stellen ebenfalls wichtige Quellen für die Entstehung von Staehelins Dissertation dar.

Staehelin kam im April 1894 in Bonn an, ausgerüstet nicht nur mit guten Ratschlägen und Informationen bezüglich der Möglichkeiten zu Unterkunft und Verpflegung,[156] sondern ebenfalls mit zahlreichen Empfehlungsschreiben, die

153 Vgl. für das Folgende auch: Bleicken/Staehelin 1994. Korrespondenz mit Jacob Burckhardt: StABS PA 207 52: S41. Die erhaltenen Briefe von der Hand Burckhardts sind publiziert in: Burckhardt 1986a (Nrn. 1503, 1511, 1520, 1540, 1546, 1558, 1595. Zusätzlich: 1382 = der oben zitierte Brief aus der Zeit von Staehelins Maturitätsabschluss). Korrespondenz mit Ferdinand Dümmler: UB Basel NL 72 IX 7: 723–752. Die folgende Darstellung ist chronologisch, aber auch thematisch geordnet. Durch die Zusammenstellung von Briefzitaten zum selben Thema ergibt es sich, dass eine Reihe von Briefen im Text in ihren verschiedenen Teilen mehrfach zitiert wird. Zugunsten besserer Lesbarkeit wurde auf fortwährende entsprechende Hinweise verzichtet. Welche Zitate jeweils denselben Briefen entnommen sind, lässt sich aus den Belegen erschliessen.

154 Thema einiger früher Briefe ist ebenfalls Wilhelm Barth, ein weiterer Basler Schüler Dümmlers. Zu Barth: Lapaire 2002.

155 So übt Dümmler etwa ausführliche Selbstkritik, was seine Lehrtätigkeit betrifft (Dümmler an Staehelin, 6.4.1894, UB Basel NL 72 IX: 730), und wird daraufhin von Staehelin beschwichtigt und ermutigt (Staehelin an Dümmler, 25.4.1894 (Konzept), UB NL 72 IX: 731). Staehelin versucht Dümmler ebenfalls über Kritik von Fachkollegen hinwegzutrösten (Staehelin an Dümmler, 30.6.1894, UB NL 72 IX: 733). Vgl. auch Bleicken/Staehelin 1994, 455.

156 Dümmler an Staehelin, 6.4.1894, UB Basel NL 72 IX: 727.

ihm Zugang zu der Gesellschaft der Stadt verschafften.[157] Auch hier zeigt sich das Gewicht von Staehelins sozialem Kapital, welches er grundsätzlich seiner Herkunft zu verdanken hatte, das er allerdings fortlaufend geschickt einzusetzen und zu vermehren wusste.

Es war für sein Bonner Semester eine erklärte Zielsetzung von Staehelin, sich nun noch fundierter historisch zu bilden. Dies bedeutete für ihn, die Alte Geschichte weiter zu betreiben, aber sich vor allem auch in die mittelalterliche und Neue Geschichte einzuarbeiten. Im Gegensatz zu Basel bot ihm Bonn nun stärker spezialisierte Lehrer, so hörte Staehelin bei Heinrich Nissen,[158] August Brinkmann,[159] Reinhold Koser[160] und Moritz Ritter[161]. Die deutlichere Hinwendung zur Historie war Staehelin auch von Jacob Burckhardt nahegelegt worden, unter anderem im Hinblick auf die von diesem für Staehelin nach wie vor präferierte Laufbahn als Gymnasiallehrer;[162] auch Dümmler billigte die Entscheidung. Daneben hörte Staehelin in Bonn jedoch auch die Philologen Hermann Usener[163] und Franz Bücheler[164], weiter den Archäologen Georg Loeschcke[165]. Staehelin gefiel es nach eigenem Bekunden ausserordentlich gut in Bonn.[166] Er nahm Reitstunden und verkehrte in philologischen Vereinen.

157 «Hier habe ich schon einige Bekanntschaften gemacht und weitere stehen mir, vermöge der Empfehlungen, mit denen ich so reichlich ausgestattet bin, noch bevor.» Staehelin an Dümmler, 25.4.1894, UB NL 72 IX: 729.

158 Heinrich Nissen (1839–1912), 1863 Extraordinarius, 1870 Ordinarius in Marburg, 1877 Göttingen, 1878 Strassburg, seit 1884 Ordinarius für Alte Geschichte in Bonn.

159 August Brinkmann (1863–1923), seit 1893 PD in Bonn, danach 1896 Extraordinarius, 1900 Ordinarius in Königsberg, 1902 Ordinarius für Klassische Philologie in Bonn.

160 Reinhold Koser (1852–1914), 1884 Extraordinarius in Berlin, seit 1891 Ordinarius in Bonn.

161 Moritz Ritter (1840–1923), 1873 Extraordinarius in München, 1873 Ordinarius für Geschichte in Bonn.

162 «Passe auch ein wenig darüber auf, wie weit dir das Dasein eines prof. ord. der Philologie überhaupt als beneidenswerth vorkömmt? Als Dein endliches Ziel wirst du doch mehr und mehr den allgemeinern Blick in das Geschichtliche erkennen?» Burckhardt an Staehelin, 3.5. 1894, StABS PA 207 52: S41(= Burckhardt 1986a, Nr. 1503, 163). Und im nächsten Brief: «Laß dich nicht zu sehr auf den Gedanken ein, academischer Docent zu werden; eine gute Lehrerstelle an obern Classen ist heute schon ein recht begehrenswertes Ziel». Burckhardt an Staehelin, 6.6.1894, StABS PA 207 52: S41(= Burckhardt 1986a, Nr. 1511, 172 f.).

163 Hermann Usener (1834–1905), 1861 Extraordinarius in Bern, seit 1863 Ordinarius in Greifswald, seit 1866 in Bonn.

164 Franz Bücheler, (1837–1908), 1858 Extraordinarius, 1862 Ordinarius in Freiburg i. Br., 1866 Greifswald, seit 1870 in Bonn.

165 Georg Loeschcke (1852–1915), 1879 Prof. für Klassische Philologie und Archäologie in Dorpat, seit 1889 Ordinarius in Bonn.

166 Staehelin an Dümmler, 30.6.1894, UB Basel NL 72 IX: 733.

Auf Anhieb sagte Staehelin die Lehrerpersönlichkeit Heinrich Nissens zu, bei welchem er eine Vorlesung zur «altrömische[n] Geschichte» und die Seminarübung zu den «Sallust-Historien» besuchte.[167] So schrieb er an Dümmler: «[...] ich finde, er hat etwas sehr Zutrauenerweckendes und Gemütliches».[168] Nissen war denn von den Lehrern auch die wichtigste Bezugsperson Felix Staehelins in Bonn. Staehelin liess sich seinen Studienplan von ihm absegnen,[169] verkehrte auch ausserhalb der Universität mit ihm[170] und von Nissen sollte er schliesslich die ersten Anregungen für sein Dissertationsthema erhalten.

Dümmler hatte Staehelin auf Nissen, der ein «sehr eigenartiger Mensch» sei, durch die Weitergabe einiger Aufsätze vorbereitet, da Staehelin «von dem Lehrer mehr haben werde[...], wenn er sich vorher von dem Gelehrten etwas ein Bild gemacht haben würde[...]».[171] Staehelin bescheinigte Nissen eine «würdevolle Klarheit und eine sehr schöne Darstellung», an «die merkwürdige Art seines Vortrages» habe er sich «bald gewöhnt»;[172] ein positives Anfangsurteil, das sich im Zuge des Semesters zu eigentlicher Hochachtung wandeln sollte.[173]

Bei Reinhold Koser hörte Staehelin *Geschichte des Reformationszeitalters 1414–1563*[174] und besuchte eine Seminarübung zur *Lektüre deutscher Geschichtsquellen des 12. und 13. Jahrhunderts.*[175] Letztere Veranstaltung, deren Besuch von Jacob Burckhardt ausdrücklich begrüsst wurde,[176] erlaubte es Staehelin, sich erstmals unter eingehender methodischer Anleitung ausserhalb der bekannten antiken Quellen zu bewegen.[177] Bei Moritz Ritter hörte Staehelin *Geschichte der europäischen Staaten von 1660–1789*[178] und bei August Brinkmann besuchte er eine Seminarübung zu Thukydides.[179]

---

167 Vgl. UB Basel NL 72 I: 47, 53.

168 Staehelin an Dümmler, 25.4.1894, UB Basel NL 72 IX: 729.

169 Staehelin an Dümmler, 25.4.1894, UB Basel NL 72 IX: 729.

170 Staehelin an Dümmler, 30.6.1894, UB Basel NL 72 IX: 733.

171 Dümmler an Staehelin, 6.4.1894, UB Basel NL 72 IX: 727.

172 Staehelin an Dümmler (Konzept), 5.5.1894, UB Basel NL 72 IX: 731.

173 So schrieb Staehelin am 30. Juni 1894 an Dümmler: «Nissen's Qualität habe ich eigentlich erst kennen gelernt, seit ich selbst ein Referat im Seminar halte. Erst wer dasselbe Material durchgearbeitet hat, merkt, wie hoch der Meister über ihm steht!» Staehelin an Dümmler, 30.6.1894, UB Basel NL 72 IX: 733.

174 UB Basel NL 72 I: 48.

175 UB Basel NL 72 I: 54.

176 Burckhardt an Staehelin, 6.6.1894, StABS PA 207 52: S41(= Burckhardt 1986a, Nr. 1511, 172).

177 Staehelin verfasste im Seminar ebenfalls eine Arbeit: *Die Bemühungen Friedrichs II. um die Wahl seines Sohnes Heinrich zum deutschen König.* UB Basel NL 72 III: 8.

178 UB Basel NL 72 I: 49.

179 UB Basel NL 72 I: 52.

Neben diesem sehr umfangreichen historischen Programm blieben Staehelin nicht viele Wochenstunden übrig.[180] Eine Vorlesung Büchelers zur lateinischen Sprachlehre brach er rasch wieder ab, als feststand, dass sie nicht mehr umfassen werde, als Staehelin in Basel bereits bei Misteli gehört hatte.[181] Dagegen hörte er bei Usener *Symbol und Mythus.*[182] Allerdings hatte er nach eigenem Bekunden oft Mühe, Usener zu folgen. Staehelin erlebte dessen Vortragsstil als mühselig und zeigt hier – wie auch später – keine Neigung zur philosophischen Abstraktion.[183]

Archäologisch ausgerichtet war die Vorlesung, die Staehelin bei Georg Loeschcke hörte *(Über neuere Ausgrabungen und Entdeckungen in Griechenland und Kleinasien).*[184] Staehelin schickte das erste Heft seiner Vorlesungsmitschrift an Ferdinand Dümmler mit der Bemerkung, dieser brauche es nicht zu retournieren, er, Staehelin, habe nicht die Absicht, sich eigentlich in die Archäologie einzuarbeiten, er sei, was diese Disziplin angehe, nur an den Ergebnissen interessiert.[185]

Noch deutlicher als in Basel akzentuierte sich somit in diesem Bonner Semester die Geschichte als Felix Staehelins wissenschaftliches Hauptinteresse. Nicht der rein philologische Umgang mit Text und Sprache und nicht die philosophische Deduktion vermochten ihn zu fesseln, ebenso wenig die Behandlung der materiellen Kultur um ihrer selbst willen. Es waren das historische Erkenntnisinteresse und der entsprechende methodische Zugriff auf die Quellen als Zeugen des Konkreten, die ihn in der Wissenschaft antrieben.

Anfangs Herbst 1894 reiste Staehelin an den 10. Internationalen Orientalistenkongress in Genf, von wo er für die Basler *Allgemeine Schweizer Zeitung*

180 Jacob Burckhardt bemerkte denn auch, Staehelin habe sich «mit Collegien [...] etwas stark beladen», schob jedoch nach, es seien aber «prächtige Collegien». Burckhardt an Staehelin, 6.6.1894, StABS PA 207 52: S41(= Burckhardt 1986a, Nr. 1511, 171).

181 Staehelin an Dümmler, 25.4.1894, UB Basel NL 72 IX: 729.

182 UB Basel NL 72 I: 51.

183 «[...] nachgerade kommt mir dieses Colleg doch schwerer vor, als es mir zu Anfang schien. Im Einzelnen ist immer enorm viel Interessantes, und ein immenses Material verarbeitet, aber der große Zusammenhang, der geistige Faden, der sich durch alles hindurchzieht, ist oft sehr schwer zu erkennen. Oft herrscht eine so philosophisch-abstracte Deduktion, dass ein philosophisch ungebildeter Kopf wie ich nur mit grösster Mühe dem gesprochenen Worte folgen kann. [...] ein zweites, was Useners Colleg in gewisser Hinsicht schadet, ist, dass der Vortrag nicht ausgearbeitet ist, sondern aus der Menge von Materialzeddeln erst im Colleg selber der Zusammenhang gleichsam vor unseren Augen entsteht, und zwar oft mit einer gewissen Gewaltsamkeit und Mühseligkeit.» Staehelin an Dümmler, 30.6.1894, UB Basel NL 72 IX: 733.

184 UB Basel NL 72 I: 50.

185 Staehelin an Dümmler, 30.6.1894, UB Basel NL 72 IX: 733.

(ASZ) Bericht erstattete.[186] Staehelins Interesse für die altorientalische Geschichte war ungebrochen und so war es ihm ein Anliegen, an dem Kongress anwesend zu sein. Gleichzeitig beginnt sich aber eine Reflexion des methodischen Rückstands auf diesem Gebiet in den Quellen zu zeigen, den er nun nach fünf Semestern Studium durch seine fehlende Kenntnis der entsprechenden Sprachen aufwies. So schrieb er im Vorfeld des Kongresses an Dümmler: «Für die erste Hälfte September's schwebt mir als Ziel der Besuch des Genfer Orientalistenkongresses vor. Doch ist das eigentlich ein gewaltiger Luxus für einen Menschen, der keine dieser Sprachen versteht. Aber was für die Geschichte abfällt, und die Gelehrten selbst interessieren mich sehr.»[187]

Seine Berichte von dem Kongress markieren den Beginn einer Reihe von Beiträgen, darunter viele Rezensionen, die Staehelin über die nächsten Jahre in der ASZ publizierte, einer Zeitung, die in der politischen Landschaft Basels die Position eines Zentrums und Sammelpunktes der liberalkonservativen Kräfte besetzte.[188] Staehelin positionierte sich durch seine Verbindungen zur ASZ also durchaus in der Nähe eines Liberalkonservatismus und einer sogenannt «positiven» Haltung in Fragen der Religion. Dies entspricht einem Habitus, der angesichts von Staehelins soziokulturellem Hintergrund keineswegs ungewöhnlich, sondern vielmehr erwartbar ist. Es ist möglich, dass Staehelin zu dieser Zeit in seiner Haltung unter anderem auch spezifisch durch den Konservatismus Jacob Burckhardts beeinflusst war. Seine weltanschaulichen Urteile waren aber spätestens in der Zeit nach Beendigung seines Studiums gegenüber Burckhardt klar eigenständig, wie etwa der Nachruf zeigt, den er nach dem Tod seines Grossonkels in dem Organ des Zofingervereins publizierte und der einer stillschweigenden Harmonisierung von Burckhardts protestantisch-orthodoxen und gleichzeitig tendenziell prokatholischen, aristokratisch-konservativen Ansichten mit konsensfähigerem liberalkonservativem Gedankengut der Zeit eine klare Absage er-

186 ASZ 1894: Nr. 207, 5.9.1894; Nr. 209, 7.9.1894; Nr. 210, 8.9.1894; Beil. Nr. 212, 11.9.1894; Nr. 213, 12.9.1894; Nr. 214, 13.9.1894; Nr. 215, 14.9.1894. Vgl. auch die nachgelassenen Notizen: UB Basel NL 72 VII: 1.

187 Staehelin an Dümmler, 7.8.1894, UB Basel NL 72 IX: 737.

188 Im Jahr 1973 als dezidiert konservatives Presseerzeugnis gegründet, verstand sich die ASZ als Verfechterin des Föderalismus (in Opposition zu einer freisinnig-zentralistischen Politik) und des «positiven Protestantismus» (in Opposition zu einer freisinnigen Reformtheologie). Die Redaktion der ASZ sah sich einem traditionellen Republikanismus verpflichtet, dessen Staatsauffassung in der politischen Organisation Basels vor der Verfassungsrevision verwurzelt war; auf Bundesebene stand die Zeitung dem protestantisch-konservativen Eidgenössischen Verein nahe und kann als deren Organ bezeichnet werden. Im Jahr 1894 wechselte die Chefredaktion von Alfred Joneli, der die Zeitung bis dahin massgeblich geprägt hatte, zu Otto Zellweger. Dieser definierte die Ausrichtung der Zeitung als «liberal-konservativ», wobei die Charakterisierung als «konservativ» nach wie vor stark im religiösen Bereich verhaftet war. Vgl. Roth 1988, insbesond.: 12 ff., 48 f., 89. Vgl. Tréfas 2016, 39.

teilt.[189] Staehelins Artikel in der ASZ sind jedoch keine politischen Texte, sondern sämtlich auf seine wissenschaftlichen Interessen bezogen. Ihre Nüchternheit wird nicht durch ideologische Parteinahmen durchbrochen, sondern allenfalls durch gelegentliche bissig-humorvolle Pointen, was ihnen einen ebenso geistreichen wie gewissenhaften Charakter verlieh, der immer deutlicher den Stil von Felix Staehelins Texten in der Presse kennzeichnen sollte.

Es ist bezeichnend, dass er sich in dieser Zeit nur in einem sehr frühen Artikel, den er anonym im Mai 1894 in der *Kölnischen Zeitung* publizierte,[190] im weitesten Sinne auf politisches Gebiet begab, was für Missstimmung sorgte und wofür er denn auch einen milden Verweis von Jacob Burckhardt kassierte.[191]

---

189 Staehelin 1897a, 120: «Wenn er [= J. B.] sich auch mit einer gewissen Vorliebe einen ‹Heiden› nannte, so hat er doch, ebenso wie er den politischen Radikalismus auf's schärfste verwünschte, den ältesten kirchlichen Formen am meisten Sympathie erzeigt. [...] selbst die geringste ‹Heterodoxie› schien ihm bedenklich. Grössere Zuneigung aber noch als der orthodoxe Protestantismus genoss von seiner Seite die katholische Kirche. Weder im Kolleg, noch in öffentlichen Vorträgen hat er von seiner Abneigung gegen Zwingli und Oecolampad, seinem Abscheu vor Calvin ein Hehl gemacht; [...]. In der Reformation des 16. Jahrhunderts erblickte er vor allem die Befriedigung fürstlicher Machtgelüste und die Abschüttelung lästiger Fasten- und Kirchensteuern durch das Volk». Staehelin betont in dem Nachruf, dass diese «entschiedene Vorliebe für römisch-katholisches Wesen [...] ein überzeugter Protestant nur bedauern, nimmermehr aber vertuschen und wegleugnen» könne. Ebenso macht er deutlich, wie grundsätzlich Burckhardts politischer Konservatismus tatsächlich gewesen und dass dieser in späteren Jahren unverändert geblieben sei. Burckhardt sei mit den Jahren «lediglich der Öffentlichkeit gegenüber vorsichtiger geworden», während er noch «in den 1840ger Jahren geraume Zeit an der konservativen ‹Basler Zeitung› als Redaktor thätig gewesen ist und in ihr für den Sonderbund geschrieben hat» (ebd., 121).

190 Kölnische Zeitung 1894, Nr. 436, 25. 5. 1894.

191 «Einmal Dich mit einer Zeitung im fremden Lande eingelassen, aber so leicht nicht wieder! Hüte dich überhaupt draußen vor aller Oeffentlichkeit und namentlich vor aller Politik! ich hätte Dich schon hier ausdrücklich davor warnen sollen und beklage es, dieß so völlig versäumt zu haben.» Burckhardt an Staehelin, 6. 6. 1894, StABS PA 207 52: S41 (= Burckhardt 1986a, Nr. 1511, 171). Auf diese Warnung spielte Staehelin im Folgejahr in einem Brief aus Berlin noch einmal an. Es findet sich folgende Passage: «Zur Beruhigung kann ich Dir sagen, dass ich (abgesehen vom Zeitunglesen) nicht politisire, und namentlich nicht in Zeitungen schreibe.» Staehelin an Burckhardt, 13. 1. 1895, StABS, PA 207, 52: S41. Es handelte sich um eine obskure Affäre im Umfeld internationaler anarchistischer Gewaltaktionen und obrigkeitlicher Gegenmassnahmen, in die sich Staehelin mit seinem Artikel eingeschaltet hatte: Es ging um den flüchtigen «anarchistischen Verschwörer, der unter dem Namen Baron Ungern-Sternberg bekannt ist» (Kölnische Zeitung, Nr. 436, 25. 5. 1894) – in Wirklichkeit ein Agent Provocateur des russischen Geheimdienstes Ochrana mit Namen Cyprien Jagolkovsky (Graaf 2013, 145–149), was damals aber nicht bekannt war. Staehelin behauptete in seinem Beitrag, besagten «Anarchisten» in Basel unter dem Namen Baron von Sternberg kennengelernt zu haben; dieser solle vergeblich versucht haben, sich in den Zofingerverein aufnehmen zu lassen. Staehelin beschreibt in seinem Artikel allerlei verdächtiges Verhalten des Fremden und versichert, er

Vor der Gefahr solcher Verwicklungen war Staehelin in seiner Funktion als Berichterstatter der ASZ am Orientalistenkongress freilich gefeit. Er genoss spürbar die Gesellschaft der «geistigen Häupter»[192] der Disziplin – zu einem Gutteil eben jene Gelehrte, die er als Gymnasiast durch ihre Werke entdeckt hatte – und beschrieb neben Vortragsthemen, Streitpunkten und Diskussionen auch begeistert die gesellschaftliche Atmosphäre des Kongresses. Er enthielt sich an einzelnen Stellen auch nicht polemisch formulierter Kritik, allerdings brachte er solche nur dort an, wo er die grosse Mehrheit der massgeblichen Fachvertreter hinter sich wusste.

2.3.3 Berlin

Im August 1894 begann Ferdinand Dümmler mit Staehelin das Studienprogramm für den schon lange fest eingeplanten Aufenthalt in Berlin[193] im Detail zu planen. Dümmler unterstützte den Studenten in der Folge nicht nur mit Ratschlägen und seiner eigenen Erfahrung, sondern suchte mit grossem Engagement, seine persönlichen Verbindungen zum Vorteil Staehelins einzusetzen, unter anderem während eigener Aufenthalte in Berlin.[194] Jacob Burckhardt konnte demgegenüber nach eigenem Bekunden Staehelin lediglich mit gutem Rat und nicht mit Empfehlungen aushelfen, da er «im jetzigen Berlin kaum mehr einen Menschen kenne», wie er seiner Schwester mitteilte.[195]

Staehelins Studienbeginn in Berlin wurde von einer persönlichen Tragödie überschattet. Der frühe Tod seines Vaters Emil Staehelin am 1. November 1894

habe schon damals geglaubt, «in seinem bleichen und unzufriedenen Gesicht [...] den Verbrecher zu lesen». Was für weitere Verwicklungen sorgte, war weiter Staehelins Behauptung – die er in Einklang mit einem Autor der ASZ aufstellte –, besagter «Baron v. Sternberg» sei später noch einmal «in den Farben einer Straßburger studentischen Verbindung» in Basel gesehen worden (UB Basel NL 72 V: 58). Auf einen nur schlecht begründeten Widerlegungsversuch einer Strassburger Zeitung reagierte Staehelin seinerseits – einem erhaltenen Briefkonzept nach zu schliessen – mit einer Zuschrift an diese Zeitung, in welcher er der Redaktion mit einer «quellenkritischen Erwägung» die Unhaltbarkeit ihres Argumentes demonstrierte. Staehelins Rolle in dieser Sache sorgte offenbar für Missstimmung, worauf Burckhardt in seinem Brief anspielt. Vgl. hierzu: Burckhardt 1986a, 501.

192 ASZ 1894, Nr. 210, 8.9.1894.

193 Staehelin an Dümmler, 30.6.1894, UB Basel NL 72 IX: 733.

194 So liess Dümmler durch seinen Vater Staehelin bei Paul Scheffer-Boichorst empfehlen und versuchte während eines Aufenthaltes in Berlin persönlich – allerdings ohne Erfolg – mit Blick auf Staehelins Studienplan bei Köhler auf eine Terminverschiebung von dessen Seminarübung hinzuwirken (Dümmler an Staehelin, 18.10.1894, UB Basel NL 72 IX: 739). Ebenfalls empfahl er Staehelin bei Otto Kern.

195 Jacob Burckhardt an Hanna Veillon-Burckhardt, Basel, 30.9.1894 (= Burckhardt 1986a, Nr. 1525).

erschütterte seine weiteren Pläne.[196] Für den Moment war Staehelins weiteres Studium in der vorgesehenen Form und Dauer in Frage gestellt.[197] In Basel suchten Ferdinand Dümmler und vor allem Jacob Burckhardt nach einer Möglichkeit, Staehelin die Erfordernis, sein Studium abkürzen zu müssen, zu ersparen.[198] Es gelang schliesslich, in Felix Staehelins Verwandtschaft Unterstützung zu organisieren, so dass eine Verkürzung des Studiums nicht nötig wurde.[199]

196 Vgl. zum Folgenden auch: Bleicken/Staehelin 1994, 456; Burckhardt 1986a, 519 f.; Staehelin 1964 (1898), 217.

197 So äusserte sich Staehelin in einem Brief an Dümmler zwar bezüglich der Weiterführung seines Studiums grundsätzlich zuversichtlich, fuhr dann aber fort: «[...] so ist doch der Ernst des Lebens und der Gedanke an eine baldige praktische Wirksamkeit mir nun plötzlich viel näher gerückt als bisher.» Staehelin an Dümmler, 15.11.1894, UB Basel NL 72 IX: 741. Offenbar trug sich Staehelin auch mit dem Gedanken, in Basel das Staatsexamen statt der Promotion zu absolvieren, und noch im Januar 1895 wusste Jacob Wackernagel zu berichten, Staehelin plane sein Studium abzukürzen, wie aus Briefen Dümmlers hervorgeht (Dümmler an Staehelin, 24.12.1894, UB Basel NL 72 IX: 742; Dümmler an Burckhardt, 31.12.1894. PA 207, 52: D8). Staehelin selbst bezeichnete jedoch einen solchen Plan im Nachhinein Dümmler gegenüber als «Missverständnis» (Staehelin an Dümmler, 10.1.1895, UB Basel NL 72 IX: 743). Während er um Jacob Burckhardts wichtige Rolle bei der Rettung seiner Studienpläne wusste und sich ihm gegenüber äusserst dankbar zeigte (Staehelin an Burckhardt, 29.3.1895, StABS, PA 207, 52: S41), war er gegenüber Dümmler als einem familiär Aussenstehenden diesbezüglich sehr zurückhaltend und spielte seine finanziell schwierige Lage stets herunter.

198 Dies geht aus ihrem Briefwechsel hervor. Dümmler schrieb am 31.12.1894 an Burckhardt: «Der schmerzliche Verlust, der ihn [= Felix Staehelin] betroffen hat, schmerzte mich sehr, und ich fürchte, er wird auch die Freiheit der Lehrjahre, die er so gut anwendete etwas verkümmern. Es ist kein Zweifel, dass F. sehr bald einen guten, ja glänzenden Abschluss seiner Studien herbeiführen könnte. Den Gedanken, das Basler Staatsexamen zu machen, nur um schnell fertig zu werden, muss man ihm als kleinmütig ausreden. Er wird sehr bald auch ein gutes Doctorexamen machen können. Wegen des äußern Erfolgs ist mir also gar nicht bange. Aber es würde mir leid thun um jedes Studiensemester, das er sich aus praktischen Rücksichten versagen würde; denn was er dadurch verlieren würde, bringt das spätere Leben niemals ganz ein. Dass er nach vollendetem Studium zuerst Lehrer in Basel werde, halte ich für ganz richtig. Wenn sein innerer Beruf mehr der des akademischen Lehrers ist, wird sich bei seiner großen Begabung alles äußere von Selbst machen. Aber gerade darum möchte ich, dass die Studienjahre voll der rein menschlichen Ausbildung bleiben, der sie gebühren.» Dümmler an Burckhardt, 31.12.1894. PA 207, 52: D8. Burckhardt antwortete darauf folgendermassen: «Die künftige Laufbahn des so früh und hartgeprüften F S giebt mir oft zu denken und Ihre Winke darüber sind für mich um so wesentlicher als ich in der Hauptsache, der möglichsten Verlängerung seiner academischen Studien, völlig derselben Ansicht bin. Es wird nun meine Pflicht sein, irgendwie innerhalb der Verwandtschaft von dieser unserer Überzeugung neue Kunde zum Gehör zu bringen.» Burckhardt an Dümmler, nach dem 31.1.2.1894 (= Burckhardt 1986a, Nr. 1536).

199 Eine zentrale Rolle scheint hierbei Karl Staehelin-Burckhardt, dem jüngsten Bruder von Felix Staehelins Vater, zugekommen zu sein. Vgl. Burckhardt an Hanna Veillon-Burckhardt, 18.1.1895 (= Burckhardt 1986a, Nr. 1539). Vgl. Burckhardt 1986a, 521; Staehelin 1964, 217.

Felix Staehelin liess sich durch den erlittenen Verlust in seinen Studien nur kurz unterbrechen und nahm danach sein Berliner Studium richtig in Angriff.[200] Insbesondere rückten nun die Themenfindung und immer stärker auch die eigentliche Arbeit an der Dissertation als konkrete Ziele in den Fokus. Nachdem Staehelin bereits seit seinen diesbezüglichen Gesprächen mit Heinrich Nissen auf das Thema «Pergamon» festgelegt war, wurden nun in Berlin vor allem Ulrich Köhler und Otto Kern für die weitere Ausarbeitung wichtig.[201]

Das erste Berliner Semester stand hauptsächlich im Zeichen der Geschichte, wobei Staehelin mit Blick auf die Universalhistorie wichtige Lücken schliessen konnte.[202] Die Philologie war nun vollkommen in den Hintergrund getreten, stärker noch als von Staehelin selbst beabsichtigt. Er hatte geplant, Otto Kerns Vorlesung *Griechische Privataltertümer* zu hören, «um doch nicht ganz allen Rapport mit der Philologie zu verlieren».[203] Diese Veranstaltung fiel jedoch aus Mangel an Interessenten aus (Staehelin wäre der einzige Hörer gewesen). Was allerdings trotz ähnlicher Ausgangslage stattfand, war eine Seminarübung Kerns zu *Pausanias' Periegese*,[204] an der Staehelin als einziger Student teilnahm.[205]

Was Veranstaltungen der Althistoriker betrifft, so hörte Staehelin in diesem Wintersemester Ulrich Köhlers *Griechische Geschichte*[206] und Otto Hirschfelds *Römische Geschichte von der Zeit der Gracchen bis zur Schlacht von Actium.*[207] Köhler war Staehelin von Dümmler gleich von Anfang an dringend ans Herz gelegt worden,[208] seine Vorlesung gefiel jenem zu Beginn nicht sonderlich – insbesondere aufgrund der seiner Ansicht nach schlecht begründeten Angriffe auf die Thesen Eduard Meyers.[209] Später sollte er sein Urteil allerdings revidieren. So

200 Staehelin an Dümmler, 15.11.1894, UB Basel NL 72 IX: 741.

201 Zur Dissertation siehe Kapitel 2.4.

202 So schrieb er an Jacob Burckhardt: «Zufällig haben sie [= die Vorlesungen] gerade das, was ich früher gehört habe, auf das Schönste ergänzt, so dass ich jetzt so ziemlich die ganze Weltgeschichte durchgehört haben werde.» Staehelin an Burckhardt, 13.1.1895, StABS, PA 207, 52: S41.

203 Staehelin an Dümmler, 15.11.1894, UB Basel NL 72 IX: 741.

204 UB Basel NL 72 I: 63.

205 «Die Uebungen Kerns über Pausanias sind wirklich als Colloquium zu zweien zu Stande gekommen, was äusserst anregend ist». Staehelin an Dümmler, 10.1.1895, UB Basel NL 72 IX: 743. Auch Jahre später erinnerten sich beide, Kern und Staehelin, gern daran, dass Letzterer durch den Besuch dieser Übung tatsächlich der allererste Schüler Kerns überhaupt gewesen sei. Kern an Staehelin, 14.5.1905, UB Basel NL 72 VII: 305; Staehelin an Wissowa, 30.4.1922, Halle, Wissowa I: 5986.

206 UB Basel NL 72 I: 56.

207 UB Basel NL 72 I: 57.

208 Dümmler an Staehelin, 10.8.1894, UB Basel NL 72 IX: 738.

209 Staehelin an Dümmler, 15.11.1894, UB Basel NL 72 IX: 741. Dümmler reagierte auf Staehelins Kritik mit Verständnis, bemerkte aber, er verstehe es gut, dass sich Köhler am – auch inhaltlich chronologischen – Anfang der Vorlesung nicht mit langen argumentativen Herlei-

schrieb er im Januar 1895 an Dümmler, Köhler – mit dem er sich mittlerweile auch über seine Pläne für die Dissertation unterhalten hatte – gefalle ihm «nun viel besser als früher, da er sich jetzt auch auf Diskussionen einlässt». Staehelin lobte Köhlers «gesund[es] und treffend[es]» Urteil, obgleich ihm sein «Standpunkt» immer noch «oft zu radikal» war.[210] Otto Hirschfeld dagegen sagte Felix Staehelin aufgrund seiner «freundliche[n] Art» sofort zu.[211] Gegenüber Jacob Burckhardt betonte Staehelin die gute Verständlichkeit der Ausführungen Hirschfelds und hielt fest: «[...] die schwierige römische Verfassungsgeschichte wird mir eigentlich erst jetzt einigermassen klar».[212]

Auf Anraten von Ferdinand Dümmler besuchte Staehelin für die mittelalterliche Geschichte bei Paul Scheffer-Boichorst neben dessen Vorlesung zur *Allgemeinen Verfassungsgeschichte des Mittelalters*[213] auch die Seminarübung zur *Politischen Geschichte des 13. und 14. Jahrhunderts*,[214] eine Veranstaltung, die Jacob Burckhardt auf Staehelins Beschreibung hin «zum Lehrreichsten» rechnete.[215]

Komplettiert wurde Staehelins historisches Studienprogramm dieses Wintersemesters durch zwei Vorlesungen der Neuen Geschichte. Während Max Lenz

tungen befassen wolle. Ausserdem lohne sich Köhler vor allem in den Übungen und im persönlichen Umgang (Dümmler an Staehelin, 24.12.1894, UB Basel NL 72 IX: 742).

210 Staehelin an Dümmler, 10.1.1895, UB Basel NL 72 IX: 743. Ähnlich äusserte sich Staehelin auch gegenüber Jacob Burckhardt: «Er [= Köhler] zeigt immer ein ausserordentlich gesundes und treffendes Urteil; nur ist er mir immer ein bisschen zu radikal». Staehelin an Burckhardt, 13.1.1895, StABS, PA 207, 52: S41.

211 Staehelin an Dümmler, 15.11.1894, UB Basel NL 72 IX: 741.

212 Staehelin an Burckhardt, 13.1.1895, StABS PA 207 52: S41. Burckhardt antwortetet darauf: «Es ist gut daß Euch auch die römische Verfassungsgeschichte bei Hirschfeld sanft und klar eingänglich gemacht wird; ich meinestheils habe erst spät und mühsam verstehen lernen von was die Rede war.» Burckhardt an Staehelin, 22.1.1895, StABS PA 207 52: S41 (= Burckhardt 1986a, Nr. 1540, 200).

213 UB Basel NL 72 I: 58.

214 UB Basel NL 72 I: 64.

215 Burckhardt an Staehelin, 22.1.1895, StABS PA 207 52: S41 (= Burckhardt 1986a, Nr. 1540, 200). Staehelin selbst gefiel das Seminar ebenfalls sehr gut. Er berichtete an Dümmler: «Bei Scheffer hoffe ich im Seminar immer mehr Methode zu lernen; sein Colleg über Verfassungsgeschichte bringt mir fast lauter Neues, aber in sofort verständlicher und klarer Form». Staehelin an Dümmler, 10.1.1895, UB Basel NL 72 IX: 743. Und an Burckhardt: «Dieser [= Scheffer-Boichorst] ist aber vor allem famos in seinem Seminar, wo er eine Reihe kleiner Fragen aus der Geschichte des 13. und 14. Jahrhunderts bespricht und uns lehrt, methodisch an diese Fragen heranzugehn [...]. Scheffer giebt sich grosse Mühe, die Glieder seines Seminars einander näher zu bringen, indem er nachher meist ein Glas Bier mit uns trinken geht; sein Ziel ist, dass die Seminaristen möglichst wenig aus gegenseitiger Genur sich fürchten, ihre (eventuell dumme) Meinung auszusprechen.» Staehelin an Burckhardt, 13.1.1895, StABS, PA 207 52: S41.

und seine *Allgemeine Geschichte des Zeitalters der französischen Revolution und Napoleons I.*[216] für Staehelin letztlich unverständlich blieb,[217] war er von Heinrich von Treitschke, der *Deutsche Geschichte von 1814–1866*[218] las, hellauf begeistert.[219]

Daneben fand Staehelin noch Zeit, seinen orientalistischen und theologischen Interessen nachzugehen: Bei C. F. Lehman besuchte er die *Erklärung der vorderasiatischen Altertümer des königlichen Museums,*[220] eine Veranstaltung, die ihm sehr zusagte.[221]

Den stärksten persönlichen Eindruck aber machte auf ihn Adolf von Harnack,[222] der in ihm das Interesse an der Theologie neu anfachte. Staehelin schrieb über von Harnack mit einer solchen Begeisterung an Jacob Burckhardt, dass er in

---

216 UB Basel NL 72 IX: 60.

217 «Nicht allzusehr gefällt mir das Colleg von Lenz. Er hat die ausgesprochene Gabe frei und prächtig vorzutragen, ohne dass ein Mensch in der Regel versteht, was er meint und worum es sich handelt.» Staehelin an Burckhardt, 13. 1. 1895, StABS, PA 207, 52: S41. Und an Dümmler: «Immer weniger vermag ich Lenz zu geniessen; ich kann mir nicht vorstellen, dass irgendeinem seiner Zuhörer mehr als ¼ von dem was er sagt, verständlich wird.» Staehelin an Dümmler, 10. 1. 1895, UB Basel NL 72 IX: 743.

218 UB Basel NL 72 IX: 61.

219 «Ein wahrer Genuss dagegen ist es, Treitschke zuzuhören, der in schönem Vortrage seine sehr freimütigen Urteile über die ehemaligen und jetzigen Verhältnisse Deutschlands ausspricht, oft mit einem solchen Hagel an boshaften Ausfällen, dass das Auditorium aus dem Lachen gar nicht herauskommt, oft aber auch mit einer geradezu hinreissenden Begeisterung.» Staehelin an Burckhardt, 13. 1. 1895, StABS, PA 207, 52: S41. Burckhardt antwortete darauf: «Euren Treitschke mögt Ihr nun genießen so lange Ihr ihn habt; eine merkwürdige Erscheinung, welche nicht ewig währen möchte. Für meine Person bin ich froh daß ich nie auf dem Katheder über Zeiträume vortragen musste, welche der Gegenwart mit Neigung und Haß, Hoffen und Fürchten so nahe auf dem Genicke liegen.» Burckhardt an Staehelin, 22. 1. 1895, StABS PA 207 52: S41 (= Burckhardt 1986a, Nr. 1540, 201). Diese Passage wurde von Staehelin ebenfalls in dem oben erwähnten Nachruf auf Burckhardt zitiert (Staehelin 1897a, 121).

220 UB Basel NL 72 IX: 62.

221 «Eine sehr hübsche Stunde bereitet uns jeden Mittwoch 1–2 Uhr im neuen Museum Dr. C. F. Lehmann mit seiner ‹Erklärung der vorderasiatischen Altertümer›; eine solche Belehrung an den Gegenständen selber wird einem doch deutlicher und eindrücklicher als alle Schilderungen oder Abbildungen.» Staehelin an Dümmler, 15. 11. 1894, UB Basel NL 72 IX: 741.

222 Adolf von Harnack (1851–1930), seit 1874 PD in Leipzig, 1879 Ordinarius in Giessen, 1886 Marburg, seit 1888 Ordinarius in Berlin. Vgl. Rebenich 1997, bes. 45–55. Harnack, der sich in Berlin im Zentrum von theologischen Auseinandersetzungen zwischen konservativ-orthodoxen Auffassungen und von ihm propagierten historisch-kritischen Ansätzen befand, dürfte Staehelins begeistertes Interesse nicht zuletzt aus eben diesem Grunde geweckt haben. Dem jungen Studenten lagen ja wie oben gezeigt genau diese Fragen sehr am Herzen. Es bestätigt sich hier also auch in Bezug auf den Basler Studenten die Bemerkung Stefan Rebenichs, dass «Harnack Fragen aufgeworfen hatte, die das kulturprotestantische Bürgertum in dieser Zeit heftig bewegten». Rebenich 1997, 51.

diesem die Befürchtung weckte, Staehelin sei daran, zur Theologie zu wechseln.[223] Staehelin versicherte ihm später, diese Gefahr habe «ernstlich keinen Augenblick gedroht».[224]

Das Sommersemester 1895, Staehelins zweites Berliner Semester, erwies sich als sehr ergiebig. Vor allem die epigraphische Arbeit bei Köhler und Kern waren für Staehelin äusserst wichtig, gerade auch im Hinblick auf seine Dissertation. In diesem Sommer kam Staehelin in den Genuss einer fundierten inschriftenkundlichen Schulung: Bei Ulrich Köhler besuchte er – neben einer Vorlesung zur griechischen Geschichte[225] – *Historische Uebungen über ausgewählte griechische Inschriften,*[226] bei Kern *Uebungen über griechische Sacralurkunden.*[227]

Die griechische Geschichte im Allgemeinen und die griechische Epigraphik im Besonderen waren für Staehelin jetzt das wichtigste Gebiet, da nun seit länge-

223 Staehelin berichtete: «Einen noch mächtigeren Eindruck als alle Professoren meines Faches macht auf mich Harnack. So oft ich bei ihm hospitire, bedaure ich eigentlich, nicht stud. theol. zu sein. Neben erhabenster Gelehrsamkeit besitzt er eine religiöse Macht, eine Art, sein Innerstes, seine tiefste Überzeugung zu sagen, dass man unwillkürlich denkt: der Mann muss Recht haben, anders kann es gar nicht sein.» Staehelin an Burckhardt, 13. 1. 1895, StABS PA 207 52: S41. Jacob Burckhardt antwortete: «Die einzige Sorge, die mir Dein werther Brief verursacht ist die, daß Du etwa zur Theologie umsatteln möchtest. Prüfe doch ein wenig, wie es dort in concreto aussieht und wie bedenklich es ist, in jener Gegend Hütten bauen zu wollen. Nur der allerentschiedenste innere und äußere Beruf zum Lootsen darf Einen in die bevorstehenden Stürme dieses Meeres hinausführen. Es ist unter der Sonne nichts so gefährlich als die Bestimmung und Verpflichtung, eine permanente starke persönliche Einwirkung auf weite Kreise üben zu müssen. Auch bist ja Du, liebes Kind, nicht Harnack, und Du hast es ja auch nicht schriftlich daß Dieser sich immer glücklich fühle. Eine bloß wissenschaftliche Einwirkung, ja eine solche im Kleinen, wie die eines Schullehrers, ist auch schon etwas werth und hat neben aller redlichen Anstrengung die ganz unschätzbare Ruhe und Stille mit sich welche auch dem beglückenden Nachdenken und Anschauen zu Statten kömmt, ohne daß man beständig für Seelenheil und Seligkeit vieler und oft sehr curioser Menschen verantwortlich wird.» Burckhardt an Staehelin, 22. 1. 1895, StABS PA 207 52: S41 (= Burckhardt 1986a, Nr. 1540, 200). Vgl. hierzu auch: Bleicken/Staehelin 1994, 456; Burckhardt 1953, 11 f.; Burckhardt 1986a, 521; Kaegi 1947–1982 Bd. 6, 2, 871.

224 Staehelin an Burckhardt, 19. 3. 1895, StABS PA 207 52: S41.

225 «Griechische Geschichte vom Beginn des Peloponnesischen Krieges bis zur Schlacht von Chaironeia», UB Basel NL 72 I: 67. Zum Besuch dieser Vorlesung hatte Dümmler geraten: «[...] würde ich Ihnen dazu raten, einzelne Collegien, deren Stoff Ihnen schon vertraut ist, bei andern Docenten zum zweiten Mal zu hören, so ganz unbedingt Griech. Geschichte bei Köhler.» Dümmler an Staehelin, 25. 2. 1895, UB Basel NL 72 IX: 745.

226 Der Kommentar von Jacob Burckhardt: «Die Inschriftenübungen bei Köhler kommen wie gerufen und auch sein Geschichtscolleg ist gerade was du brauchst.» Burckhardt an Staehelin, 17. 4. 1895, StABS PA 207 52: S41 (= Burckhardt 1986a, Nr. 1546, 208).

227 Dümmler merkte mit leisem Spott an: «Wenn Sie Kerns Sacralinschriften hören so thun Sie sicher ein gutes Werk und werden wol auch mit ihm zusammen etwas lernen.» Dümmler an Staehelin, 25. 2. 1895, UB Basel NL 72 IX: 745.

rem klar war, dass seine Dissertation von Pergamon handeln würde. So erstaunt es auch nicht, dass nach seiner eigenen Einschätzung die Veranstaltungen bei Köhler und Kern für ihn in diesem Semester den grössten Nutzen zeitigten.[228]

Grundsätzlich war es Staehelins Ziel für den Sommer, nach seinem gewissermassen universalgeschichtlichen Wintersemester, sich nun vermehrt wieder spezifisch der Altertumswissenschaft zuzuwenden.[229] Ebenfalls sollte das Studium nun seinen Charakter ändern, und zwar müsse es – wie Staehelin an Burckhardt schrieb – «jetzt nachgerade quantitativ ab- aber qualitativ zunehmen, und sich vom Hörsaal mehr in die Studierstube zurückziehen».[230] Um sich wieder näher zur Philologie zu bewegen, hörte Staehelin nun ebenfalls Hermann Diels, zu dem ihm Dümmler bereits dringend geraten hatte[231] und der in jenem Semester über «griechische Lyriker» las.[232] Für Staehelin war Diels «gewissermassen der combinirte Dümmler, Wackernagel und Plüss» und «das Ideal von einem Philologen».[233] Daneben besuchte Staehelin bei Lehmann-Haupt *Geschichte des Alten Orients*.[234]

228 «Am meisten haben mir natürlich die beiden epigraphischen Uebungen geboten: die bei Köhler, wo ich die Art und Weise kennen lernte, wie der beste historische Epigraphiker die Inschriften anfasst; und die bei Kern, wo ich selber habe lesen lernen. Sie haben mich ihm zur Einführung in die hellenistische Epigraphik empfohlen, und dieses Ziel hat er mit geradezu rührender Hingebung verfolgt.» Staehelin an Dümmler, 19.7.1895, UB Basel NL 72 IX: 747. Noch Jahre später zitierte Staehelin Köhler in einem Aufsatz direkt aus dem Kolleg, vgl. Staehelin 1905a, 47.

229 So hatte er bereits während des Wintersemesters an Burckhardt geschrieben: «Im nächsten Semester [...] muss ich die arg vernachlässigten philologischen Nebenfächer wieder mehr berücksichtigen.» Staehelin an Burckhardt, 13.1.1895, StABS PA 207 52: S41. Und an Dümmler: «Meine Collegien sind durchweg geschichtlich; doch wird das im nächsten Semester notwendig anders, da ich nun ziemlich die ganze Weltgeschichte durchgehört habe.» Staehelin an Dümmler, 10.1.1895, UB Basel NL 72 IX: 743. Für ein *Publicum* von Treitschke *(Geschichte und Politik der Staatenbünde)* fand er allerdings trotzdem Zeit (UB Basel NL 72 I: 71) und freute sich über Treitschkes Behandlung der Schweiz: «Treitschke hat in seinem Publicum ‹Geschichte und Politik der Staatenbünde› soeben die Schweiz fertig behandelt, und zwar mit oft scharfer Kritik, aber doch viel mehr Verständnis für unsere Eigenart als sie die Durchschnittsdeutschen haben.» Staehelin an Burckhardt, 24.5.1895, StABS PA 207 52: S41.

230 Staehelin an Burckhardt 19.3.1895, StABS PA 207 52: S41.

231 Dümmler an Staehelin, 24.12.1894, UB Basel NL 72 IX: 742.

232 UB Basel NL 72 I: 68.

233 So drückte er sich in einem Brief an Burckhardt aus: «Im neuen Semester ist zu meinen bisherigen Lehrern noch ein neuer getreten, in seiner Art trefflicher als alle Andern: Prof. Hermann Diels, das Ideal von einem Philologen. Er ist gewissermassen der combinirte Dümmler, Wackernagel und Plüss, denn er vereinigt weiten Horizont und kühnen Geist mit scharfsinniger, exacter Forschung und mit feinem ästhetischem Gefühle. Er liest über ‹Griechische Lyriker› und führt uns – ohne lange litterarhistorische Einleitung – an Hand der Fragmente spielend in die betr. Probleme ein.» Staehelin an Burckhardt, 24.5.1895, StABS PA 207 52: S41.

234 UB Basel NL 72 I: 66.

Jacob Burckhardt war mit Staehelins Semesterprogramm durchaus einverstanden,[235] riet weiter zu häufigen Besuchen im Alten und Neuen Museum und mahnte: «Vor Allem aber: Dich nicht überarbeiten.»[236]

Im Wintersemester 1895/1896, das Staehelin dank seines Basler Umfelds ebenfalls noch in Berlin verbringen konnte,[237] verlagerte sich sein Studium nun tatsächlich stärker vom Hörsaal weg «in die Studierstube». Neben der Arbeit an dem Pergamonthema reduzierte Staehelin seine Lehrveranstaltungen mit einer klaren Fokussierung: Er hörte bei Köhler die Vorlesung *(Geschichte Griechenlands und der makedonischen Reiche von der Thronbesteigung Alexanders an)*[238] und nahm an seiner Seminarübung «über die kleinen politischen, unter Xenophons Namen überlieferten Schriften»[239] teil. Daneben hörte er die Vorlesungen Hirschfelds *(Römische Staatsverfassung)*[240] und Diels' *(Herodots Leben und Werk)*[241]. Auf diese Veranstaltungen hatte er sich bereits im Vorfeld festgelegt.[242] Staehelin fokussierte sich damit klar auf die klassische Altertumswissenschaft; er liess es sich allerdings nicht nehmen, die Gelegenheit zu letztmaligem Hospitieren bei dem verehrten Harnack zu nutzen, und hörte von diesem *Einleitung in das Neue Testament*[243] und *Ueber das Vater-Unser und seine Geschichte in der Kirche.*[244]

Seine Berliner Zeit war für Felix Staehelins Bildungsweg sehr wichtig; das wissenschaftliche Umfeld und die Möglichkeiten der Berliner Universität waren ausschlaggebend für seinen starken Wunsch, die vollen drei Semester in Berlin studieren zu können. Bereits im Wintersemester 1894/1895 schrieb er an Jacob Burckhardt, in Bezug auf die wissenschaftliche Arbeit sei Berlin «ganz einzigartig», und weiter: «[...]ausser den beiden grossen Bibliotheken sind noch eine ganze Reihe kleinerer Institute da, wo ich für mein Fach in unbeschränktem Masse alles fin-

235 «Um die von Dir gewählten Collegien des Sommersemesters bist Du recht zu beneiden». Burckhardt an Staehelin, 17.4.1895, StABS PA 207 52: S41 (= Burckhardt 1986a, Nr. 1546, 208).

236 Burckhardt an Staehelin, 17.4.1895 (= Burckhardt 1986a, Nr. 1546, 208).

237 Staehelin an Burckhardt, 29.3.1895, StABS PA 207 52: S41.

238 UB Basel NL 72 I: 73. Das Thema war für Staehelin angesichts des Fokus seiner Dissertation geradezu ideal. So urteilte denn auch Dümmler: «Die Collegien des nächsten Semesters sind für Sie ja recht günstig.» Dümmler an Staehelin, 20.7.1895, UB Basel NL 72 IX: 748.

239 UB Basel NL 72 I: 75. Staehelin hielt in der Übung ein Referat zu Xenophons *Verfassung der Spartaner*, UB Basel NL 72 III: 9.

240 UB Basel NL 72 I: 76.

241 UB Basel NL 72 I: 74.

242 So schrieb Staehelin an Dümmler: «Der nächste Winter wird für mich hier wieder einige prächtige Sachen bieten, z.B. Diels Herodot; Köhler, Alexander der Grosse etc; Hirschfeld, Römische Staatsverfassung.» Staehelin an Dümmler, 19.7.1895, UB Basel NL 72 IX: 747.

243 UB Basel NL 72 I: 77.

244 UB Basel NL 72 I: 78.

den kann, was ich brauche».[245] Und auch an Dümmler berichtete er, ihm sage in Berlin «ebenso sehr als die Professoren, oder noch mehr [...] die unbeschränkte Fülle wissenschaftlichen Materials zu».[246] Selbstverständlich ist hierzu ebenfalls die Berliner Museumslandschaft zu rechnen mit ihrer «erdrückenden Fülle»[247] an Exponaten.

Daneben schöpfte Staehelin aus den Möglichkeiten des Erlebens, die ihm die Reichshauptstadt und ihre nähere Umgebung boten.[248] Wie er nach Basel berichtete, hatte er schon im ersten Winter «viel Interessantes erlebt und mitgemacht».[249] Er informierte Jacob Burckhardt über seine Opernbesuche[250] (wo er auch einmal als Statist auftrat)[251] und schilderte ihm, wie sich seine anfängliche Skepsis Wagner ge-

245 Staehelin an Burckhardt, 13. 1. 1895, StABS PA 207 52: S41.

246 Staehelin an Dümmler, 10. 1. 1895, UB Basel NL 72 IX: 743.

247 Staehelin an Burckhardt, 13. 1. 1895, StABS PA 207 52: S41.

248 «Ich geniesse auch jetzt Berlin so reichlich als ich nur kann.» Staehelin an Burckhardt, 24. 5. 1895, StABS PA 207 52: S41.

249 Staehelin an Burckhardt 19. 3. 1895, StABS PA 207 52: S41. So besuchte er eine Sitzung im Reichstag «in der Diplomatenloge, die unser Minister Roth den Schweizerstudenten der Reihe nach zur Verfügung stellt». Das «erlauchte Haus» habe ihm aber einen «eher stumpfsinnigen Eindruck gemacht». Des Weiteren besuchte er politische Kommerse, wobei er eine Rede Treitschkes hörte sowie eine von Fürst Hohenlohe, von der er anekdotisch folgendes berichtet: «Nun fing er ganz gut zu reden an und kündigte drei Punkte an, die sich die deutsche akademische Jugend bewahren solle. Leider blieb er nach den ersten zwei Punkten absolut stecken und musste seinen Zettel hervorziehen; da stand denn auch der dritte Punkt darauf: ‹bewahren Sie die Treue zu Kaiser und Reich!›» Ebenfalls berichtete Staehelin von Kaiser Wilhelm und von einem Ausflug nach Sanssouci.

250 Da der Vater gleich zu Beginn von Staehelins Berliner Zeit verstarb, nahm Letzterer erst anfangs des Folgejahres wieder am gesellschaftlichen Leben teil: «In Theater bin ich seit dem Tode meines Vaters bis jetzt nicht gegangen; ich habe im Sinn, diess jetzt wieder aufzunehmen, den einen Winter ohne das in Berlin zuzubringen, wäre einfach unverantwortlich.» Staehelin an Burckhardt, 13. 1. 1895, StABS PA 207 52: S41. Im März 1895 schrieb Staehelin an Burckhardt: «Die schönen Ferien benütze ich einstweilen dazu, fleissig auf die Bibliothek, in die Museen und das Theater zu gehen. [...] Von allen Opern, die ich hier gehört habe, hat mir bis jetzt Bizets ‹Carmen› am besten gefallen. Heute kommt (zum ersten Mal in der Saison!) Figaro dran.» Staehelin an Burckhardt 19. 3. 1895, StABS, PA 207, 52: S41. Und in einem Brief vom Mai 1895 berichtete er erneut ausführlich über die zwischenzeitlich gesehenen Vorstellungen (Staehelin an Burckhardt, 24. 5. 1895. PA 207 52: S41).

251 Bei dieser Gelegenheit erlebte Staehelin ebenfalls eine Ansprache von Cosima Wagner: «Einmal habe ich es mir nicht versagen können, mit einem Freund als Statist zu dienen. Wir wählten dazu die riesige Ausstattungsoper «Rienzi» und haben es nicht bereut. Es wird einem in diesem Stück sozusagen alles vorgemacht, was Theatermaschinerie nur erfinden kann. Wir erhielten mit den übrigen Mitwirkenden Frau Cosima's Segen, die in einer Probe auf die Bühne kam und uns eine Rede hielt über den ‹Geist, in dem dieses Stück komponiert worden sei.›» Staehelin an Burckhardt 19. 3. 1895, StABS PA 207 52: S41.

genüber in ein positiveres Urteil wandelte.[252] Nicht zuletzt nutzte Staehelin Berlin als Ausgangspunkt für Reisen. So besuchte er die Hansestädte Lübeck, Bremen und Hamburg, wo er an der Fahrt der deutschen Studentenschaft zu Bismarck nach Friedrichsruh teilnahm.[253] Über diesen Anlass verfasste er für die ASZ in Basel einen begeisterten Artikel.[254] Weiter unternahm er eine Reise nach Kopenhagen, von der er seiner Familie eine Reisebeschreibung anfertigte.[255]

Zurück in Basel hörte Staehelin im Sommersemester 1896 bei Baumgartner (*Geschichte des 17. und 18. Jahrhunderts*)[256] und Wackernagel (*Erklärung des Theokrit nebst Einführung in die alexandrinische Dichtung*)[257] und nahm an der historischen Seminarübung teil (Baumgartner: *Die Quellen zur Biographie des Perikles*).[258] Das Wintersemester 1896/1897 war ganz der Arbeit an der Dissertation gewidmet, daneben hospitierte Staehelin einzig noch in der philologischen Seminarübung zu Polybios,[259] wozu ihm sowohl Wackernagel, der sie durchführte, als auch Ferdinand Dümmler im Hinblick auf die Dissertation geraten hatten.[260]

2.4 Die *Geschichte der kleinasiatischen Galater*

Staehelins Dissertation, die *Geschichte der kleinasiatischen Galater bis zur Errichtung der römischen Provinz Asia*[261] bildete den Abschluss seiner Studien.[262] Als Betreuer fungierte Adolf Baumgartner,[263] dessen Einfluss auf die Arbeit jedoch

252 So schrieb Staehelin anfangs des Jahres 1895 an Burckhardt noch: «Wenn auch nur mehr Klassisches gegeben würde! Aber dato wird eben von ‹allerhöchster Seite› Wagner ganz besonders begünstigt, und damit möchte ich nicht gerne anfangen.» Staehelin an Burckhardt, 13.1. 1895, StABS PA 207 52: S41. In dem Brief vom Mai allerdings: «[...] so gross auch meine Vorurteile gegen Wagner bisher gewesen waren, – die Aufführung des ‹Rheingold› am letzten Montag hat doch einen ganz gewaltigen und erhebenden Eindruck auf mich gemacht». Staehelin an Burckhardt, 24.5.1895, StABS PA 207 52: S41.

253 Bereits von Bonn aus hatte Staehelin ebenfalls eine Reise nach Belgien unternommen. Staehelin an Dümmler, 7.8.1894, UB Basel NL 72 XI: 737.

254 ASZ 1895, Nr. 83, 7.4.1895. Vgl. auch: Burckhardt an Staehelin, 17.4.1895, StABS PA 207 52: S41 (= Burckhardt 1986a, Nr. 1546).

255 Burckhardt an Staehelin, 22.7.1895, StABS PA 207 52: S41.

256 UB Basel NL 72 I: 81.

257 UB Basel NL 72 I: 79.

258 UB Basel NL 72 I: 80. Staehelin hielt in der Übung ein Referat *Ueber die Chronologie der Zeit des Perikles*, UB Basel NL 72 III: 11.

259 UB Basel NL 72 I: 82.

260 Dümmler an Staehelin, 27.10.1896, UB Basel NL 72 IX: 752.

261 Staehelin 1897b.

262 Vgl. zu diesem Thema auch: Bleicken/Staehelin 1994.

263 StABS UA R 3a.1.

aus den Quellen nicht deutlich wird. Als seinen hauptsächlichen akademischen Lehrer in Basel sah Felix Staehelin seinen Mentor Ferdinand Dümmler an, der ihn sein ganzes Studium hindurch freundschaftlich begleitet, beraten und nach Kräften unterstützt hatte, und die Dissertation ist denn auch dem Andenken des am 15. November 1896 Verstorbenen gewidmet. Schon manche Zeitgenossen vermuteten deshalb Dümmler als den eigentlichen Betreuer der Arbeit; Staehelin sah sich gar gezwungen, sich gegen den Vorwurf zu verteidigen, Dümmler habe die Arbeit über das gebührende Mass beeinflusst und Staehelin selbst sich somit eine Unredlichkeit zu Schulden kommen lassen,[264] wogegen dieser dezidiert festhielt, die Anregung zur Dissertation sei von anderer Seite gekommen, und weiter erklärte, «dass Dümmler meine Arbeit nie gesehen hat, weder als ganzes noch in einzelnen Teilen».[265] Insofern kann es ebenfalls missverständlich aufgefasst werden, wenn Jochen Bleicken schreibt, dass Staehelin Dümmler «offensichtlich für das Promotionsvorhaben jedenfalls formell als seinen Lehrer ansah».[266] In der Tat zeigte sich Dümmler von Beginn weg nicht einmal vollkommen überzeugt von der Wahl des pergamenischen Forschungsfeldes, das seit Sommer 1894 als thematischer Rahmen für die Promotionsschrift feststand. Er war der Meinung, Staehelin weise dafür nicht das richtige Profil auf, und übte behutsame, warnende Kritik.

Zum ersten Mal taucht in der erhaltenen Korrespondenz die Frage der Dissertation in einem Brief Jacob Burckhardts vom Juni 1894 auf, worin dieser noch sehr vage von einem «schwankenden Project» spricht, das nun allmählich an Staehelins Horizont erscheinen werde, «nämlich der Gedanke an die eventuelle

264 Erhoben von H. van Gelder, UB Basel NL 72 VIII: 170, Beil.

265 Briefkonzept Staehelin an van Gelder, 21[?].9.1899, UB Basel NL 72 VIII: 170 Beil. Weiter verwahrt sich Staehelin gegen jeden Vorwurf der wissenschaftlichen Unredlichkeit. Seine Hochschätzung Dümmlers kommt zum Schluss des Briefkonzepts noch einmal deutlich zum Ausdruck: «Im übrigen haben Sie mir durch Ihre Insinuation, ohne es zu wollen, das denkbar größte Kompliment gemacht, denn wenn das, was ich als mein geistiges Eigentum niedergeschrieben habe, nicht zu schlecht ist, um selbst einem Manne wie Ferdinand Dümmler zugetraut zu werden, so kann ich mit dieser Anerkennung immerhin zufrieden sein.»

266 Bleicken/Staehelin 1994, 461. Bleicken bezeichnet Dümmler auch als den «offiziellen Promotor» und seine Vermutung, Dümmler, von dem ja das Thema nicht stamme, sei «nicht zuletzt wegen seiner angeschlagenen Gesundheit [...] wohl nicht [...] einmal als Betreuer der Dissertation im engeren Sinne anzusehen», weist in eine falsche Richtung. Auch wenn die in diesem Kontext von Bleicken gemachte Aussage, Dümmler habe «zu dem Typ von Altertumswissenschaftlern» gehört, die neben der eigentlichen Philologie im engeren Sinn «auch die sogenan. ‹Realien›, d. h. Archäologie, Antiquitäten, alte Geographie und Geschichte, mitzuvertreten hatten» – wie oben gezeigt –, durchaus richtig ist. Bleicken räumt selbst auch ein, es sei nicht anzunehmen, «dass Dümmler das Thema der Dissertation Staehelins nahe lag». Bleicken/Staehelin 1994, 461.

Doctordissertation und deren Thema».[267] Dass die erste Anregung für ein Themengebiet von Heinrich Nissen kam, erfahren wir wiederum aus einem Brief Jacob Burckhardts,[268] der einige Wochen später auf eine – nicht erhaltene – Antwort Staehelins erwiderte, «außerordentlich günstig» erscheine ihm «wegen der künftigen Dissertation der Vorschlag Nissen's: das pergamenische Reich». Wie Burckhardt hervorhob, eigne sich das Thema, um – vom Folgesemester an – in Berlin daran zu arbeiten, Staehelin werde dort «die betreffenden Publicationen reichlich vorfinden und das größte Denkmal obendrein»;[269] er könne auf diesem Gebiet «immer so und so viel eigenes an Conjecturen und Corrigendis vorbringen, dass es zu einer Dissertation reicht». Dabei komme Staehelin «in Polyb, Strabo, Livius und in dem ungeheuer reichen Diodor herum» und er lerne «den nicht verächtlichen Geist des Hellenismus näher kennen». Jacob Burckhardt zeigt sich in dem Brief also von Pergamon als Dissertationsthema sehr angetan, beschliesst allerdings den entsprechenden Absatz etwas sibyllinisch mit der Bemerkung: «[…] vielleicht leuchtet Dir aber bald ein anderes Thema besser ein».

Ferdinand Dümmler reagierte wie erwähnt skeptisch. Im Winter 1894 schrieb er an Staehelin[270] zu «dem von Nissen empfohlenen Gebiete der Epigonengeschichte», er habe «jetzt Droysens Diadochen und Epigonen wieder durchgelesen» und sei «dabei doch etwas zweifelhaft geworden, ob diese Stoffe für Anfängerarbeiten zu empfehlen sind». Es liege – so Dümmler – «namentlich auf den syrischen Verhältnissen […] zu tiefes Dunkel und wir müssen da abwarten, daß durch die inschriftlichen Archive der Städte allmählich Licht hineinkommt». Dümmler räumt zwar ein, dass man auch mit dem bereits Bekannten noch Neues erarbeiten könne, kommt danach aber auf seine eigentliche Befürchtung zu sprechen, die Staehelins nüchterne und gewissenhafte Art betrifft: «Schließlich ist dann für diese Epoche auch noch die politische Phantasie eines Droysen nöthig, während Ihre Neigung und Anlage mehr auf geschlossene reinliche Resultate geht.»

Felix Staehelin ging in seiner Antwort an Dümmler nicht explizit auf diese Warnung ein, wies sie implizit aber zurück, indem er in seinem Brief betonte,[271]

---

267 Burckhardt an Staehelin, 6.6.1894, StABS PA 207 52: S41 (= Burckhardt 1986a, Nr. 1511, 172).

268 Burckhardt an Staehelin, 26.6.1894, StABS PA 207 52: S41 (= Burckhardt 1986a, Nr. 1520, 181). Vgl. Bleicken/Staehelin 1994, 455, 463.

269 Burckhardt meint den Pergamonaltar. Seit seiner erstmaligen Begegnung mit diesem Monument war Burckhardt von dessen Ästhetik begeistert, wie Staehelin anhand von Briefzitaten selbst aufzeigt. Vgl. Staehelin 1934a, 15 ff. Es ist vor dem Hintergrund seiner eigenen historischen Interessen und Wertungen bezeichnend, dass Staehelin den zentralen Teil seiner Einleitung zu Burckhardts *Antiken Kunst* dessen hymnischen Lob des Pergamonaltars und Verteidigung der hellenistischen Kunst widmet. Vgl. auch: Christ 1982, 88, Anm. 205.

270 Dümmler an Staehelin, 24.12.1894, UB Basel NL 72 IX: 742.

271 Staehelin an Dümmler, 10.1.1895, UB Basel NL 72 IX: 743.

Ulrich Köhler, mit dem er sich in der Zwischenzeit ausführlich unterhalten hatte, habe ihm «mit Pergamon sehr Mut gemacht». Köhler sei der Meinung, «es sei auf diesem Gebiet noch viel zu machen».

Wie Staehelin ausführt, hatte er um jene Zeit (Januar 1895) begonnen, sich in das Thema vertieft einzulesen,[272] man kann also (mit Dümmler)[273] vermuten, dass die Sache in den ersten Monaten nach Nissens Anregung (Frühsommer 1894) nicht direkt weiterverfolgt wurde. Durch die Beschäftigung mit der entsprechenden Literatur kam Staehelin von dem Gedanken – den er offenbar erwogen hatte – ab, als Dissertation eine zusammenhängende Darstellung der pergamenischen Geschichte zu verfassen, wo er in den neusten Forschungsstand einzelne eigene neue Ergebnisse eingeflochten hätte,[274] stattdessen war er nun der Ansicht, dass «doch eine Menge Einzelfragen sehr wohl discutiert werden können», denn: «In einer allgemeineren Darstellung müsste doch zu viel längst Anerkanntes wiederholt werden.» Staehelin beabsichtigte nun also, sich auf die Klärung einer Reihe von Einzelfragen zu beschränken, wofür er den Titel «Pergamenica» vorsah.[275] Otto Kern teilte ihm zu jener Zeit mit, er besitze exklusives Inschriftenmaterial zu Pergamon, das er nächstens veröffentlichen wolle.[276] Dümmler blieb jedoch auch in Bezug auf Staehelins neu fokussierte Dissertationspläne skeptisch; zwar, so schrieb er an Staehelin,[277] liessen sich sicherlich «in der pergamenischen Geschichte auch jetzt schon manche lohnende Einzeluntersuchungen machen» – wobei «die Mangelhaftigkeit der Fränkelschen Bearbeitung der Inschriften»[278] sehr zustattenkomme. Dümmler gab jedoch zu bedenken, dass «Einzeluntersuchungen aus der Epigonengeschichte ungewöhnlich große allgemeine Vorarbeiten» voraussetzten, und wies angesichts des «heutigen Stande[s] der Monumentalforschung» auf die Gefahr der schnellen Antiquie-

272 Staehelin an Dümmler, 10. 1. 1895, UB Basel NL 72 IX: 743. Vgl. ebenfalls: Staehelin an Burckhardt, 13. 1. 1895, StABS PA 207 52: S41: «Für eine Dissertation über die Pergamener hat er [= Köhler] mir, als ich ihn besuchte, sehr eingehenden und ermunternden Rat gegeben; und ich bin nun daran, die Geschichte dieses Reiches eingehend zu studieren.»

273 Dümmler an Staehelin, 24. 12. 1894. UB Basel NL 72 IX: 742.

274 Eine solche Darstellung blieb aber das Ziel Staehelins, wenn auch nicht für die Promotion.

275 Staehelin an Dümmler, 10. 1. 1895, UB Basel NL 72 IX: 743.

276 «Kern sagte mir heute, er besitze eine Reihe von Briefen und Erlassen pergamenischer Könige, die er in Magnesia gefunden habe, und die außer ihm Niemand kenne; er will sie demnächst veröffentlichen.» Staehelin an Dümmler, 10. 1. 1895, UB Basel NL 72 IX: 743. Kern publizierte die Inschriften der magnetischen Grabungskampagne – an der er im Jahr 1891 vor Ort teilgenommen hatte – im Jahr 1900: Kern 1900. Bereits im November 1894 hatte Dümmler Staehelin auf Kerns Beitrag zur Gründungsgeschichte Magnesias und die entsprechende Inschrift aufmerksam gemacht. Dümmler an Staehelin, 10. 11. 1894, UB Basel NL 72 IX: 740.

277 Dümmler an Staehelin, 8. 2. 1895, UB Basel NL 72 IX: 744.

278 Vgl. Fraenkel 1890 – 1895. Mit dieser Einschätzung stand Dümmler nicht allein. Vgl. Calder et al. 2000. Dort auch allgemein zu Fränkel. Zu Fränkels Zusammenarbeit mit Ernst Fabricius: Wirbelauer 2006, 150 ff.; Wirbelauer 2016, 253 f.

rung einer solchen Arbeit hin. Auch wenn Dümmler, wie er anfügte, Staehelin nicht «abschrecken» wollte, und seine Einschätzung mit der Bemerkung relativierte, Kern werde ja wohl bald mit seinem Material «herausrücken» und «schwerlich selbst die letzten Schlüsse ziehn», so bleibt doch der Eindruck einer erneuten Warnung deutlich bestehen.

Jacob Burckhardt zeigte sich erfreut darüber, dass Ulrich Köhler mit dem pergamenischen Thema einverstanden war, und forderte – rückblickend sehr interessant – Staehelin auf, neuerer französischer Forschung zu den kleinasiatischen Galatern nachzugehen, womit das spätere Thema in der erhaltenen Korrespondenz zum ersten Mal auftaucht.[279] Bereits knappe drei Monate später wiederholte Burckhardt diese Aufforderung,[280] worauf ihm Staehelin antwortete, er habe ein entsprechendes Werk in der Literatur zitiert gefunden, bezweifle aber, es in Berlin auftreiben zu können.[281] Burckhardts Verweis auf die Galater beeinflusste Staehelins Deliberationsprozess offenbar zumindest vorerst nicht. Weiterhin beschäftigte er sich im Allgemeinen mit der pergamenischen Geschichte und war sich über die Art der Eingrenzung des Themas noch längere Zeit im Unklaren; jedoch intensivierte sich die Arbeit für die Dissertation nun.[282] Im Verlauf des Frühlings 1895 berichtete er nach Basel in einer ersten Phase der Arbeit über sein Studium der literarischen Quellen und der einschlägigen Literatur, bevor er damit begann, sich intensiv mit der epigraphischen Überlieferung zu beschäfti-

---

279 Burckhardt an Staehelin, 22.1.1895, StABS PA 207 52: S41 (= Burckhardt 1986a, Nr. 1540, 200): «Berlin ist nun gerade gegenwärtig für Dich wissenschaftlich assortirt so glänzend als Du nur wünschen kannst. Ich bin sehr froh, daß Köhler das Thema Deiner Dissertation billigt. Frage doch bei Gelegenheit irgendwo nach, ob es neuere *französische* Forschungen über die Galater in Kleinasien giebt? da Du ihnen doch nicht ganz ausweichen kannst.» Vgl. hierzu Bleicken/Staehelin 1994, 455, 457; Burckhardt 1986a, 522.

280 Burckhardt an Staehelin, 17.4.1895, StABS PA 207 52: S41 (= Burckhardt 1986a, Nr. 1546, 207): «Was die pergamenische Dissertation betrifft, so weiß ich nicht mehr ob ich Dich auf mögliche neuere französische Forschungen über die Galater von KleinAsien hingewiesen habe? Vielleicht reicht die neue Ausgabe von Pauly: Realencyclopädie schon bis Buchstaben G. und enthält bereits solche Nachweise? Mich freut vor Allem daß du an dem Thema als solchem nicht irre geworden bist, wie es sonst etwa bei Dissertationen vorkömmt.»

281 Staehelin an Burckhardt, 24.5.1895, StABS PA 207 52: S41: «Was die von Dir erwähnten französischen Forschungen über die Galater betrifft, so habe ich ein diessbezügliches Werk von Perrot, Guillaume und Delbet, ‹Exploration archéologique de la Galatie›, Paris 1863 ff, 2 Folio, citirt gefunden; freilich bin ich noch nicht dazugekommen, es aufzusuchen, zweifle auch einigermassen, ob es auf den hiesigen Bibliotheken vorhanden ist, denn mit auswärtiger Literatur sind sie erstaunlich gering versehen.»

282 «Auch ausserhalb meiner 19 Stunden Collegien ist meine Tätigkeit jetzt mit Arbeit ziemlich ausgefüllt. Fast alles, was ich tue, hängt näher oder weiter mit den Pergamenern zusammen.» Staehelin an Burckhardt, 24.5.1895, StABS PA 207 52: S41.

gen.[283] Hierbei nun waren ihm die Epigraphiker Köhler und Kern eine unschätzbare Hilfe.[284] Das Material, das Letzterer Staehelin zur Verfügung stellte, war hierbei – neben der Fränkel'schen Sammlung der pergamenischen Inschriften – in dieser Zeit das Hauptobjekt von dessen Quellenstudium.[285]

Staehelin trug sich damals mit dem Gedanken, das Forschungsfeld Pergamon entscheidend für sich zu besetzen; das Projekt einer entsprechenden historischen Gesamtdarstellung, auf das er wie erwähnt für die Promotion verzichtete, blieb hierbei die entscheidende Perspektive. Die Dissertation selbst sollte demgegenüber nur ein kleineres Vorprojekt darstellen. So findet sich in einem Brief an Dümmler folgende Passage:

> Gestern besuchte ich auch Dr. Köpp[286] und habe von ihm mancherlei guten Rat über Pergamon erhalten. Er selbst wird auf dieses Gebiet kaum mehr zurückkommen. Also schon einer weniger! Mir schwebt als Ziel für später vor die völlige Neubearbeitung der pergamenischen Geschichte. Neues ist ja überall einzustreuen. Um so schwerer erscheint es mir, für die Doctordissertation ein abgerundetes Gebiet von kleinerem Umfang zu finden, wo von Grund auf Neues geschaffen werden könnte.[287]

Staehelin legt hier ein ausgeprägtes kompetitives Bewusstsein an den Tag. Der sich in dieser Passage manifestierende Wille, ein Thema zu monopolisieren und in seiner Gesamtheit in einer allgemein massgeblichen Darstellung zu gestalten, begegnet später im Entstehungsprozess der SRZ wieder. Was die Dissertation selbst betrifft, so zeigte sich Staehelin in der konkreten Konzeptualisierung

283 Staehelin an Burckhardt 19.3.1895, StABS PA 207 52: S41: «Auf der Bibliothek pflege ich mich in meine Pergamener zu vertiefen an Hand der Autoren und der neueren darauf bezüglichen Literatur. Bin ich damit einigermassen durch, so kommen die Inschriften daran, die alle in einem besonderen kleinen Corpus schön beisammen sind.» Umfangreiche Vorarbeiten zu der Dissertation sind in Felix Staehelins Nachlass überliefert. Allerdings nicht in der Akteneinheit «Geschichte der Kleinasiatischen Galater» (UB Basel NL 72 V: I), welche die Dissertation betrifft, sondern in der Akteneinheit «Das pergamenische Reich» (UB Basel NL 72 V: II) zu Staehelins öffentlichem Promotionsvortrag dieses Titels.

284 Dümmler hatte Staehelin bereits im Herbst 1894 Köhler aus «Sorge um die Dissertation» ans Herz gelegt. Dümmler an Staehelin, 18.10.1894, UB Basel NL 72 IX: 739.

285 «Gegenstände unserer [= Kerns und Staehelins] Lectüre [...] sind meist die ausgiebigen Schätze aus Magnesia, und zwar hat mir Dr. Kern alles zugänglich gemacht, was für mein spezielles Arbeitsgebiet irgendwie interessant ist, z.B. die Decrete der dionysischen Techniten an die Magneten. [...] Im Uebrigen bin ich mit der Durcharbeitung der Fränkelschen Inschriften nahezu fertig und erwarte sehnlichst das Erscheinen des zweiten Bandes.» Staehelin an Dümmler, 19.7.1895, UB Basel NL 72 IX: 747.

286 Friedrich Koepp (1860–1944). Ab 1887 Assistent am DAI. Ab 1908 Mitglied, ab 1916 Leiter der Römisch-Germanischen Kommission des DAI. Vgl. Grimm 1988, 136 f.; Schnurbein 2002, 147 ff. Koepp sollte später durch seine Tätigkeit an der RGK für Staehelin im Zusammenhang mit der SRZ erneut von einiger Wichtigkeit sein.

287 Staehelin an Dümmler, 19.7.1895, UB Basel NL 72 IX: 747.

schwankend. Von einer kumulativen Klärung kleinerer Einzelfragen war er zu diesem Zeitpunkt offensichtlich bereits wieder abgekommen und suchte nun ein kompaktes Thema, wo er sich durch Grundlagenarbeit beweisen konnte. Dümmler beurteilte die «pergamenische[n] Pläne» als «sehr schön und vielversprechend», war jedoch der Meinung, dass Staehelin für die Dissertation «die Ansprüche zu hoch» spanne, und empfahl, sich doch lieber auf die Besprechung einer «Anzahl einzelner Punkte» zu beschränken.[288] Auf diese Idee kam Staehelin in der Folge jedoch nicht mehr zurück, sondern suchte intensiv nach seinem eigenen Thema.[289] Der letzte überlieferte Brief Jacob Burckhardts an Staehelin

---

288 Dümmler an Staehelin, 20.7.1895, UB Basel NL 72 IX: 748. Weiter schrieb Dümmler an dieser Stelle: «Bevor man Praxis im Schriftstellern hat, unterschätzt man immer, was man im Kopf hat beträchtlich. Wie ich meine Dissertation anfieng, war ich ganz verzweifelt, wie ich mit den par Ideen zwei Bogen ausfüllen sollte, und in wenigen Wochen waren es 5 Bogen und hätten leicht doppelt so viel werden können. Ich bin überzeugt, dass es Ihnen genau so gehen wird, sobald Sie einmal anfangen auszuarbeiten und rathe Ihnen deshalb, das nicht zu lange hinauszuschieben. Ce n'est que le permier pas, qui coûte. Sie werden ja nach vollbrachtem Examen mit ganz anderm Genuss weiterarbeiten.» Bereits im Dezember 1894 hatte Dümmler sich gegenüber Staehelin ähnlich geäussert: «Ich kann Ihnen darüber jetzt weiter nichts sagen, als dass der Anfang mehr als die halbe Arbeit ist, die man sich viel zu schwer vorzustellen pflegt. Ich hatte Anfangs die feste Überzeugung, ich würde die vorschriftsmäßigen 2 Druckbogen nicht zu Stande bekommen und es wurden dann im Laufe eines Semesters ihrer fünf.» Dümmler an Staehelin, 24.12.1894, UB Basel NL 72 IX: 742.

289 Unter anderem beschäftigte Staehelin das Thema der dionysischen Techniten, mit dem er durch Kerns Lehrveranstaltung zu den *Griechischen Sakralurkunden* in Berührung gekommen war. Er erwähnte dies bereits im Sommer 1895 gegenüber Dümmler (Staehelin an Dümmler, 19.7.1895, UB Basel NL 72 IX: 747), zieht die Techniten in dem Brief jedoch nicht explizit als Dissertationsthema in Betracht. In einem Brief Jacob Burckhardts vom Januar 1896 gibt dieser Felix Staehelin ausführliche Hinweise in Bezug auf die Techniten und reagiert damit offensichtlich auf entsprechende Anfragen oder Feststellungen Staehelins (der betreffende Brief ist nicht überliefert). Aus der Formulierung Burckhardts ist hierbei nicht eindeutig zu ersehen, in welchem Verhältnis die Bearbeitung des Technitenthemas zur Dissertation steht (vgl. unten in dieser Anm.). Bereits Max Burckhardt hat darauf hingewiesen, dass im Nachlass Felix Staehelins zwar umfangreiches Material zum Thema überliefert, eine entsprechende Behandlung aber weder in der Dissertation noch im öffentlichen Promotionsvortrag erfolgt sei. Vgl. Burckhardt 1986a, 565 f. Vgl. auch Bleicken/Staehelin 1994, 456 f. Vermutlich hat Staehelin zumindest zeitweise beabsichtigt, die Frage der Techniten im Rahmen der Dissertation zu behandeln oder – vielleicht eher – seiner geplanten Gesamtdarstellung der pergamenischen Geschichte einzugliedern. Wie aus seinem weiteren Briefwechsel mit Dümmler hervorgeht, beschäftigte er sich auch noch mit Inschriften zum griechischen Theaterwesen als das Galaterthema für die Dissertation längst feststand. Vgl. Dümmler an Staehelin, 15.9.1896, UB Basel NL 72 IX: 750; Staehelin an Dümmler, 17.9.1896, UB Basel NL 72, IX: 751. Die Passage in Jacob Burckhardts Brief (Burckhardt an Staehelin, 2.1.1896, StABS PA 207 52: S41 = Burckhardt 1986a, Nr. 1595, 258): «Was die Dissertation betrifft, so müssen ja zahlreiche Andere auf ihren Gebieten dieselbe Pressurarbeit mitmachen. Von Pergamon notiere Dir doch vor Allem auch den anfänglichen, dann

datiert vom 2. Januar 1896. In der überlieferten Korrespondenz zwischen Staehelin und Dümmler klafft zwischen September 1895 und September 1896 eine Lücke. Der genaue Verlauf der Themenfindung und die Festlegung auf die Galater lassen sich deswegen aus diesen Quellen nicht rekonstruieren. Am 17. September 1896 schrieb Staehelin an Dümmler: «Im übrigen bin ich jetzt tüchtig bei meinen Galatern (in der Ausarbeitung) und hoffe die Arbeit bald vollendet zu haben.»[290] Vom Zeitpunkt der definitiven Festlegung des Themas an muss Staehelin also ausserordentlich effizient und zielstrebig an seiner Untersuchung gearbeitet haben, wobei er von seinen Vorarbeiten zur pergamenischen Geschichte profitieren konnte. Er stellte denn die Arbeit auch tatsächlich bereits in der ersten Hälfte des nächsten Jahres fertig und ersuchte im Sommer 1897 um die Zulassung zum Doktorexamen. Im Protokoll der Philosophisch-historischen Abteilung der Philosophischen Fakultät ist für den 11. Juni 1897 festgehalten: «Herr Stähelin wünscht in Geschichte als Hauptfach, ausserdem in griechischer und lateinischer Philologie geprüft zu werden.»[291] In derselben Sitzung referierte Adolf Baumgartner zu Staehelins Dissertation «und bezeichnet sie als recht gut. Die Kritik ist verständig, das Material vollständig gesammelt, der Stil gut, die Polemik massvoll. Es ist eine Arbeit, wie sie bei uns schon lange nicht eingereicht wurde. Herr Boos[292] spricht ebenfalls seine Anerkennung aus, rügt bloss einige stilistische Mängel. Einstimmig wird Zulassung beschlossen.»[293] Staehelin legte am 19. Juli 1897 das Doktorexamen ab, wo er von Erich Bethe, Jacob Wackernagel und Adolf Baumgartner geprüft[294] und mit dem Prädikat summa cum laude bewertet

schwankenden und vermehrten Gebietsumfang *vor* dem Anfang der römischen Generositäten, siehe auch bei Pauly und in Monographien diejenigen Städte von Vorderkleinasien nach, welche zeitweise oder dauernd pergamenisch gewesen sein können. Besonders aber, weil Du darauf Gewicht legst: die Frage der dionysischen *Techniten.* Kennst du *Welcker: die griechischen Tragödien?* oder ist das Werk schon veraltet? Im dritten Bande [...] ist die ganze Spätgeschichte des griechischen Theaters genau erörtert, auch dessen Bedeutung an den Diadochenhöfen, bereits mit Hülfe vieler Inschriften.» Es folgen weiter ausführliche Hinweise zum Thema. Ende des Jahres 1900 sollte Staehelin für die *National-Zeitung* den Promotionsvortrag von Johannes Frei zum Thema der Techniten knapp referieren: Nat.-Ztg. 1900, Nr. 295, 16.12.1900.

290 Staehelin an Dümmler, 17.9.1896, UB Basel NL 72 IX: 751.

291 StABS UA R 3a.1, 13.

292 Heinrich Boos (1851–1917) war Extraordinarius für Kulturgeschichte, Quellenkunde des Mittelalters und Historische Hilfswissenschaften. Vgl. Bonjour 1960, 691; Steinmann 2004.

293 StABS UA R 3a.1, 14.

294 «[...] als Examinatoren [werden] bezeichnet Herr Baumgartner für Geschichte, Herr Bethe für griechische Philologie, der Dekan [= Jacob Wackernagel] für lateinische Philologie.» StABS UA R 3a.1, 14.

wurde.[295] Anlässlich seiner öffentlichen Promotion am 22. Oktober desselben Jahres hielt er eine Rede mit dem Titel *Das pergamenische Reich.*[296]

Die *kleinasiatischen Galater* sind ein Zeugnis von Staehelins grosser Begabung als Historiker, seiner wissenschaftlichen Gewissenhaftigkeit und einer für ihn auch später typischen Kombination von erzählender Gestaltung und quellenkritischer Nüchternheit. Jochen Bleicken bezeichnete die Dissertation treffend als «das Muster einer auf der historisch-kritischen Methode fußenden Abhandlung rein historischen Charakters».[297] Bleicken hebt die «klare Ausrichtung des jungen Gelehrten auf die Historie»[298] hervor, welche sich in der Promotionsschrift zeige. Wie oben dargelegt, ergibt sich dies folgerichtig aus Staehelins Vorprägungen, seinen Erkenntnisinteressen und seinem wissenschaftlichen Zugriff auf die Antike.

Staehelin gibt in seinem Buch in erster Linie eine politische Geschichte der mit den Galatern verbundenen Entwicklungen im Raum Kleinasien von dem Eintreffen der entsprechenden Verbände an bis zur «Befreiung der Galater durch Rom». Die dürftige Überlieferung macht hierbei viele Einzelheiten schon der Ereignisgeschichte unsicher, und es war erst die epigraphische Schulung in Berlin, welche ihn befähigte, das Galaterthema in den Griff zu bekommen. Zum historischen Erkenntnisgewinn dient in wichtigen Teilen der Arbeit die kritisch reflektierte Kombination von inschriftlicher und literarischer Evidenz, wobei Staehelin teilweise hypothetisch wird – werden muss –, was im Einzelnen sowohl gelobt als auch kritisiert wurde.[299] In einer Rezension ist von Staehelins «anerkennenswerter Divinationsgabe»[300] die Rede, die Dümmlers Skepsis über die Eignung des nüchternen Geistesarbeiters für ein solches Thema als doch unbegründet erschei-

295 Paul Roth imaginierte anlässlich des 70. Geburtstages von Staehelin folgende Szene: «Wir können uns im Geiste einigermassen vorstellen, wie diese Prüfung vor sich ging. Bethe wird gefragt haben, über die poetischen und gelehrten Arbeiten im pergamenischen Reich, über die philosophischen Interessen an den Diadochenhöfen, über antike Homerforschung, Historiker des 5. Jahrhunderts, attische Inschriften, Polybios; Wackernagel über Plautus und Catull, mit besonderer Rücksicht auf die Metrik, sowie über Livius und die römische Geschichtsforschung überhaupt; und Baumgartner über Alexanderreiche, Seleuciden, Ptolemäer, römische Kaiserzeit, Arsaciden und Sassanidenreiche ...». BN 1943, 2. Beil. zu Nr. 354, 27.12.1943.

296 UB Basel NL 72 V: 2. Vgl. Bleicken/Staehelin 1994, 457.

297 Bleicken/Staehelin 1994, 460.

298 Bleicken/Staehelin 1994, 460.

299 «Vielfach wird man dem Verf. beistimmen können; anderes [...] ist doch sehr problematisch.» Meyer 1897. Die Hauptkritik Meyers richtet sich gegen eine spekulative Quellenkombination Staehelins, gegen die auch andere Einwände erhoben – so etwa Wilamowitz in seinem Brief, den er Staehelin als Reaktion auf dessen Zusendung der Arbeit geschickt hatte – und die auch Bleicken als «recht gewagt» bezeichnet. In der zweiten Auflage fehlt sie denn auch. Vgl. Bleicken/Staehelin 1994, 460.

300 Hansen 1898, 591.

nen lässt. Staehelins *Galater* wurden von der Fachwelt sehr positiv aufgenommen und die 2. erweiterte Auflage aus dem Jahr 1907 blieb über viele Jahrzehnte hinaus ein Standardwerk zum Thema.[301]

Der Tenor der Rezensionen war sehr gut. Eduard Meyer bezeichnete die *Galater* als eine «recht dankenswerte Arbeit».[302] Körte, der die «tüchtige Arbeit» und die «klare und gewandte Darstellung»[303] lobte sowie Staehelins Vorsicht bei der Thesenbildung und seine quellenkritischen Anmerkungen, bemerkte zu dem Kapitel, das die Auseinandersetzungen der Galater mit Pergamon bis ins Jahr 200 zum Thema hat: «[...] unwillkürlich giebt der Verfasser hier mehr eine Geschichte des pergamenischen Staates als der Galater».[304] Dies weist auf ein grundsätzliches Charakteristikum der Arbeit hin, die sich aus Staehelins Interessenlage und der Themenfindung ergibt. Wie oben gezeigt, wollte Staehelin tatsächlich in erster Linie über das pergamenische Reich schreiben. Hier lag sein primäres Interesse. Die Eingrenzung des Themas seiner Dissertation verlief von der ersten Idee einer Gesamtdarstellung auf dem neusten Stand der Forschung über den Plan einer Behandlung einer Reihe von Einzelfragen («Pergamenica») schliesslich zur Suche nach einem geeigneten geschlossenen kleineren Teilgebiet der pergamenischen Geschichte. Erst spät kristallisierten sich die Galater als Untersuchungsobjekt heraus, und diese werden in der Arbeit von Staehelin entsprechend in gewisser Weise als Teilgebiet der pergamenischen Geschichte behandelt. Hieraus ergibt sich auch die zeitliche Eingrenzung der Arbeit. So ist es kein Zufall, dass seine Rede anlässlich der Promotion Pergamon zum Thema hatte und nicht die Galater. Die Galater werden somit als peripherer Teil der Geschichte antiker politischer Formationen konzeptualisiert und weniger in ihrem «Eigenrecht», und Staehelins Blick auf die kleinasiatischen Galater – eine ethnische Formation, die quellenseitig praktisch ausschliesslich «von aussen» historisch behandelt werden kann – folgt denn auch tendenziell der Perspektive der «klassischen» Kultur auf die «Barbaren», was in der neueren Forschung kritisiert wird.[305] Dies stellt ein wichtiges und für Staehelins Geschichtsverständnis aufschlussreiches Charakteristikum dar, das wie so manch andere Eigenschaften dieser ersten grossen Arbeit für das Thema vorliegender Untersuchung, für die SRZ und die Frage nach Kontinuitäten in Staehelins wissenschaftlichem Arbeiten zentral ist.

301 Vgl. Strobel 1996, 55 ff.

302 Meyer 1897.

303 Körte 1898, 6.

304 Körte 1898, 2.

305 Vgl. Strobel 1996, 55 ff. Zeitgenössisch wurde etwa von Ernst Fabricius die Tatsache, dass Staehelin seine Darstellung «bald an die Geschichte der Seleuciden, bald an die der Attaliden, bald an die Geschichte Roms» anschliesse, lobend hervorgehoben. Fabricius bemerkt dazu weiter, dass diese Methode «noch entschiedener» hätte angewandt werden können (Fabricius 1898, 1530).

Einem interessierten Fachkreis blieb Staehelins grundlegendes Buch zu den Galatern stets ein unhintergehbarer Punkt der Auseinandersetzung. Staehelin war mit seiner Dissertation – in Form der zweiten Auflage von 1907 – wie erwähnt ein erstes Standardwerk gelungen,[306] welches später jedoch durch die SRZ in Bezug auf die öffentliche Wahrnehmung der wissenschaftlichen Person Staehelins vollkommen verdrängt werden sollte, so dass Staehelin später selbst so manchem Kollegen fälschlicherweise als ein «homo unius libri» erschien – wie sich Edgar Bonjour erinnerte.[307]

2.5 Fazit zu Kapitel 2

Felix Staehelins frühe Habitusprägungen sind bedingt durch seine Herkunft aus dem altbürgerlich-«patrizischen» Milieu Basels mit seinen sozialen Voraussetzungen, seinen spezifischen Praktiken und seinen diskursiven Kategorien. Das soziale und kulturelle Kapital, welches diese Herkunft nicht allein garantiert, dessen Besitz und Einsatz sie jedoch erst ermöglicht, sowie das materielle Kapital, das sich zugunsten der Bildung im entscheidenden Moment mobilisieren liess, sind Grundvoraussetzungen, welche bei einer ebenso notwendigen Betrachtung unter der Perspektive individueller Entwicklung und des genuin eigenen Denkens des Subjekts stets zu berücksichtigen sind.

Wie aus der Analyse von Felix Staehelins Bildungsweg hervorgeht, ist sein Studium in Verlauf und Ergebnis bestimmt vom Zusammenspiel eines früh sich ausprägenden, selbst artikulierten intrinsischen Erkenntnisinteresses, der Gestalt zeitgenössischer wissenschaftlicher und politisch-kultureller Diskurse sowie des mittelbaren und unmittelbaren Einflusses des sozialen und soziopolitischen Umfelds mit seinen weltanschaulichen Selbstverständlichkeiten und pragmatischen Zwängen.

Entscheidend beeinflusst von einem breiten Verständnis Alter Geschichte, wie es bei Eduard Meyer zu finden ist, bildet sich bei Staehelin früh ein Interesse an einem Altertum heraus, das seine Gestalt durch die frühesten historischen Zeiten erhält. Hierdurch, und ausgehend von einer christlich geprägten, auf die Welt des Alten Testaments fokussierten Perspektive, wird der junge Staehelin in seinem intrinsischen Interesse auf den Alten Orient als Objekt seines wissenschaftlichen Strebens verwiesen.

306 Vgl. das Urteil Karl Strobels aus dem Jahr 1996, wonach Staehelins Werk «bis zum heutigen Tage die grundlegende, in allen Arbeiten zum hellenistischen Kleinasien wie zur Expansion der Kelten herangezogene oder zitierte Arbeit geblieben ist». Strobel 1996, 55.

307 Auch in seiner Korrektur dieses Eindrucks kommen die *Galater* aber namentlich nicht vor: «Staehelin galt vielen als homo unius libri. Hat sich aber mit manchen Einzelstudien auch in anderen Disziplinen bewegt, so vor allem im Hellenismus.» Bonjour 1983, 98.

In der weiteren Entscheidungsfindung wird der explizite Einfluss des sozialen Umfelds mit seinen pragmatischen Argumenten und vorgeformten Lebenskonzepten immer stärker wirksam. Diese starke Kanalisierung des akademischen Werdegangs ist – wie die reflektierende Einschätzung Dümmlers zeigt, der hier aus einer Aussenperspektive auf die Verhältnisse blickt – ebenso ein Charakteristikum Basels zu jener Zeit wie das Studium an der heimischen Universität in den ersten Semestern und die allgemeine Hochschätzung des Historischen.

Die Pragmatik seines Umfeldes sowie ein holistisches Verständnis von Alter Geschichte, in dem auch die humanistische Begeisterung für das klassische Altertum einen wichtigen Platz einnahm, vor allem aber auch das offene, nicht auf eine spezifische Epoche oder ein bestimmtes kulturelles Umfeld beschränkte allgemeine historische Erkenntnisstreben führten Staehelin schliesslich von seinen altorientalistischen Plänen weg auf den konventionelleren Weg der Spezialisierung auf das römisch-griechische Altertum. Hierbei blieb auch im Weiteren stets ein schon früh klar formulierter Fokus auf die Geschichte das konstante Hauptelement der Entwicklung seines wissenschaftlichen Denkens.

Staehelins Basler Studium war erstens bestimmt durch einen universalhistorischen Zugang, der vom persönlichen Umgang mit Jacob Burckhardt, dessen entsprechendem geistigem Erbe an der Universität und der Lehrerpersönlichkeit Adolf Baumgartners geprägt war.[308] Zweitens herrschte ein noch sehr geringer Grad an Ausdifferenzierung in den Altertumswissenschaften, so dass Staehelin seine frühe althistorische Bildung einerseits im Rahmen der Allgemeinen Geschichte und andererseits der Philologie – etwa von Dümmler verstanden als altertumswissenschaftlich übergreifende Disziplin – erhielt. Die Alte Geschichte besass nicht im eigentlichen Sinn ein institutionelles Gefäss.

Das Studium in Bonn und Berlin bildete dazu einen Kontrast. Hier kam Staehelin nun in Kontakt mit einer bereits hochgradig spezialisierten Geschichts- und Altertumswissenschaft, die methodisch der Höhe der Zeit entsprach. Dies verhinderte nicht nur eine Provinzialisierung von Staehelins Standpunkten, sondern verschaffte ihm vor allem auch eine methodische Schulung, die ihm seine künftige wissenschaftliche Tätigkeit in ihrer Form erst ermöglichen sollte. Eine erste Frucht dieser Schulung stellt die Dissertation zu den kleinasiatischen Galatern dar, die von einer solchen Qualität war, dass sie – in Form ihrer späteren zweiten Auflage – zum grundlegenden Werk zu diesem Thema werden sollte.

Staehelins wissenschaftlicher Habitus wies nach diesem Bildungsweg einen gewissen Doppelcharakter auf, der einerseits geformt war von der spezialisierten methodischen Bildung, die er in Deutschland genossen hatte, und andererseits von dem in mehrfacher Hinsicht universellen Zugriff der prägenden Basler Lehrerfiguren. Dieser Doppelcharakter zieht sich in der Folge nicht nur durch sein ganzes weiteres Werk hindurch und prägte die akademische Lehre, sondern

308 Vgl. zur Universalgeschichte in Basel: Marchal 2013, 16 ff.

strukturiert ebenfalls seinen Zugriff auf einzelne Themen, wie in vorliegender Untersuchung anhand der römischen Schweiz gezeigt werden wird.

Obwohl durch seine Dissertation auf die hellenistische Epoche als Spezialgebiet festgelegt, sollte Staehelin im Hinblick auf seine Themen letztlich immer Generalist bleiben und er steht hierbei in der Tradition Burckhardts, Baumgartners und in gewissem Sinn auch Ferdinand Dümmlers. So bewahrte er sich sein früh geformtes, umfassendes Verständnis von Alter Geschichte auch nach seinem Studium weiterhin. Seiner ungebrochenen Begeisterung für den Alten Orient standen nun aber doch deutliche methodische Defizite auf diesem Gebiet gegenüber. Seine entsprechenden Studien berechtigen ihn strenggenommen nicht dazu, einen Expertenstatus für sich zu reklamieren, besonders was die sprachliche Bildung anging. Trotzdem verfolgte Staehelin seine Arbeiten auf dem Gebiet auch in Zukunft mit einigem Erfolg in Forschung und Lehre weiter.

Ausserhalb des universitären Umfelds begann sich Staehelin als Student in seiner journalistischen Arbeit für die ASZ zu etablieren, worin gleichzeitig eine bewusste Akzentuierung seiner Position in einem altbürgerlich geprägten, religiös positiven und liberalkonservativen soziopolitischen Milieu zu sehen ist.

Es sind die frühen in diesem Kapitel untersuchten Formungen, in welchen wir die Habitusprägung des epistemischen Individuums Felix Staehelin fassen und in deren Licht Staehelins Zugriff auf historische Komplexe, seine Methoden, sein Geschichtsverständnis im Hinblick auf die Fragestellungen dieser Arbeit zu sehen sind. Die hier vorgenommene Analyse von Staehelins Bildungsweg schafft so die notwendige Grundlage für ein Verständnis Felix Staehelins als geprägte und prägende Entität und damit als Autor der SRZ als wiederum selbst historisch formendes und historisch geformtes Objekt, das in seinen weiteren Bedingtheiten vor dem Hintergrund des bisher Dargelegten verortet werden kann.

3 Von der Promotion zum Extraordinariat

3.1 Frühe berufliche Laufbahn

Nach seiner glänzenden Promotion unternahm Felix Staehelin eine ausgedehnte Reise in den Mittelmeerraum,[1] die ihm – mithilfe erneuter Unterstützung aus der Verwandtschaft[2] – die Möglichkeit eröffnete, seine akademische Beschäftigung mit der griechisch-römischen Antike nun durch die persönliche Anschauung vor Ort zu ergänzen. Das primäre Reiseziel war Athen, wo er bei Paul Wolters, dem 2. Sekretär des Deutschen Archäologischen Instituts[3] (und Freund des inzwischen verstorbenen Ferdinand Dümmler) Unterkunft nahm.[4] Staehelin hielt in Athen engen akademischen und gesellschaftlichen Kontakt mit dem Institut, den Institutssekretären Dörpfeld und Wolters sowie den anwesenden Stipendiaten.[5] Überliefert sind diverse Vortragsmitschriften, die Staehelin verfasste und welche Referate von Wilhelm Dörpfeld,[6] Adolf Wilhelm,[7] Wolfgang Reichel[8] und Paul Wolters[9] wiedergeben. Die Vorträge wurden teils in Athen gehalten, teils auf ausgedehnten Reisen durch Griechenland, an denen Staehelin teilnahm. Von diesen Reisen (Mittelgriechenland, Peloponnes, Inseln)[10] verfasste Felix Staehelin Reisebeschreibungen für seine Mutter. Eine dieser Beschreibungen ist heute allgemein greifbar dank ihrer Publikation durch Martin Staehelin im Jahr 1964. Es handelt sich um Felix Staehelins *Beschreibung meiner Reise durch Mit-*

1 Für das Folgende: Vgl. Staehelin 1964.

2 Es war erneut sein Onkel Karl Staehelin-Burckhardt, der die nötige finanzielle Unterstützung leistete. Staehelin 1964, 217; vgl. Keller 1912, 80.

3 Das heutige DAI wird der Einfachheit halber auch für den Untersuchungszeitraum vorliegender Arbeit so genannt.

4 Staehelin 1964, 217.

5 Staehelin 1964, 217 ff.

6 «Vortragsnachschriften vor den Ruinen von Athen»: UB Basel NL 72 II: 1; «Vortragsnachschriften» (Peloponnesreise): UB Basel NL 72 II: 4; «Vortragsnachschriften» (Griechische Inseln): UB Basel NL 72 II: 5.

7 «Epigraphische Vorträge» (Athen): UB Basel NL 72 II: 2.

8 «Mykenische Kultur und Kunst» (Athen): UB Basel NL 72 II: 3.

9 «Aelteste griechische Plastik» (Athen): UB Basel NL 72 II: 3.

10 Staehelin 1964, 218.

telgriechenland.[11] Staehelin unternahm diese Reise im Februar 1898; sie führte ihn von Athen per Schiff nach Euböa (mit einem Abstecher nach Chalkis), danach über Land quer durch Böotien und auf einer östlichen Route nach Norden bis Lamia, weiter im Westen des Parnassos wieder nach Süden, erneut durch Böotien und über Theben und Delphi zurück nach Athen. Staehelin beschreibt hier nicht nur die antike Topographie, sondern ebenfalls Land und Leute, mit einem wachen Sinn für die zeitgeschichtliche Lage. Während seines Griechenlandaufenthaltes erhielt Staehelin durch diese Reisen nicht nur Einblick in die Topographie und Befundlandschaft Athens, sondern eine eingehende, durch direkte, von den Fachleuten vor Ort angeleitete Anschauung eines grossen Teils sowohl des antiken wie auch des zeitgenössischen Griechenland. Neben persönlichen Aufzeichnungen resultierten aus dieser Reise ebenfalls diverse Vorträge, die Staehelin nach seiner Rückkehr in Basel über das in Griechenland Gesehene und Erfahrene hielt.[12] Bereits aus Athen hatte er für die ASZ unter dem Titel *Archäologisches aus Griechenland* über neuste Grabungsergebnisse des Deutschen Archäologischen Instituts berichtet.[13] Nach seiner Rückreise durch Italien – und einem längeren Aufenthalt in Rom[14] – kam Felix Staehelin im Sommer 1898 schliesslich wieder in seiner Heimatstadt an.

Der Berufseinstieg erfolgte nun wie bereits Jahre zuvor u.a. von Jacob Burckhardt vorgezeichnet. Staehelin liess sich am Pädagogischen Seminar der Universität Basel ausbilden,[15] absolvierte am Gymnasium Basel sein Vikariat[16] und schlug die Laufbahn eines Gymnasiallehrers ein.

---

11 Staehelin 1898. Mit einer Einleitung von Martin Staehelin: Staehelin 1964.

12 UB Basel NL 72 V: 3 f.

13 ASZ Sonntagsbeilage 1898, Nr. 3, 16. 1. 1898.

14 Vgl. Burckhardt 1953, 8.

15 Im Nachlass Felix Staehelin finden sich Nachschriften der entsprechenden Veranstaltungen bei Friedrich Heman (1839–1919), seit 1888 Extraordinarius für Philosophie und Pädagogik: UB Basel NL 72 I: 83–85. Zum Pädagogischen Seminar an der Universität Basel vgl. auch Staehelin 1943a, 96. Die pädagogische Schulung war nicht sehr umfangreich. Alfred Hartmann, der sich zehn Jahre nach Felix Staehelin zum Gymnasiallehrer ausbilden liess, erinnert sich folgendermassen: «Freude machten mir in jener Zeit eigentlich nur die vielen Privatstunden, die ich einigen [...] Gymnasiasten aus guten Familien erteilte. Ich erwarb mir dabei [...] auch pädagogische und methodische Erfahrung und hatte von dieser Tätigkeit unendlich viel mehr als von den pädagogischen Kursen beim alten Heman. Die paar wenigen obligatorischen Kurse belasteten uns freilich kaum und konnten auch ohne Schaden geschwänzt werden; desgleichen war das Examen in Pädagogik recht harmlos: von dem Inhaber eines Doktordiploms verlangte es bloss einen Aufsatz, und jeder Altphilologe konnte darauf zählen, dass sich unter den zur Wahl gestellten Themata der Neuhumanismus befinde. [...] Dazu kamen nur noch zwei Probelektionen». Hartmann/Abt 1989, 39. Zu Heman und dem pädagogischen Studium an der Universität Basel vgl. auch: Boner 1943, 91 f. Zu Alfred Hartmann vgl. auch: Meyer 1989, 109 f.

16 StABS ED REG 1a.1: 1427; Abt 1953, 98; Hartmann/Abt 1989, 25.

Im Frühling 1901 gelangte Staehelin an eine vorerst provisorische Anstellung am Gymnasium Winterthur, im Februar 1902 wurde er definitiv gewählt. Er unterrichtete dort bis Anfang des Jahres 1905 Deutsch, Latein und Griechisch.[17]

Dieser ersten institutionellen Etablierung entsprach eine familiäre: Am 15. April 1902 vermählte sich Felix Staehelin mit der Basel-Landschäftlerin Martha Schwarz (1874–1951). Schwarz war in Liestal aufgewachsen als fünftes Kind des Bankdirektors und Obergerichtspräsidenten Hans Georg Schwarz und Lina Schwarz geb. Gutzwiler. Felix Staehelin hatte sie durch sein Engagement im Basler Gesangsverein kennengelernt.[18] Bereits im Jahr 1900 hatte die Verlobung stattgefunden,[19] Staehelin heiratete seine Verlobte allerdings erst, nachdem er seine erste Anstellung erlangt hatte;[20] mit ihr sollte er drei Kinder haben (Hans Georg Balthasar, Maria Magdalena, Felix Alfred).[21]

Vorerst beschränkte sich die berufliche Tätigkeit Felix Staehelins also auf das Amt eines Mittelschullehrers. Durch seine fortwährende Publikationstätigkeit zeigte er aber einen ungebrochenen Forschergeist und schärfte so parallel zu seiner Lehrertätigkeit, die ihm die materielle Grundlage für seine Familiengründung gewährleistete, sein Profil als Gelehrter und erwarb sich wissenschaftliches Prestige.[22] Ebenfalls war Staehelin der Allgemeinen Geschichtsforschenden Gesellschaft[23] beigetreten, und – für das Thema vorliegender Untersuchung besonders bedeutsam – der Historischen und Antiquarischen Gesellschaft Basel.[24]

---

17 Vgl. Meyer 1989, 108; Keller 1912, 80. Falsch bei: Laur-Belart 1952a, 5, der die Fächerkombination Alte Sprachen und Geschichte angibt.

18 Burckhardt 1953, 9.

19 In dem Lebensbild, das von Felix Staehelin und Familie anlässlich der Abdankung von Martha Staehelin-Schwarz verfasst wurde, findet sich die Formulierung: «Die prachtvolle Wiedergabe von Bachs H Moll-Messe unter Hans Huber am 10. Juni 1900 führte zur Verlobung», StABS PA 182a B45: 4.

20 StABS PA 182a B45: 4; vgl. auch: Staehelin et al. [3]1995, 69.

21 Staehelin et al. 1995, 69.

22 Pierre Bourdieu verwendet für seine Analyse des universitären Feldes den Begriff des «wissenschaftlichen Prestiges» in erster Linie zur Kennzeichnung einer Kapitalform, dessen Indikatoren durch wissenschaftliche Auszeichnungen, Übersetzungen des Werkes in fremde Sprachen, Teilnahme an internationalen Kongressen u. Ä. gebildet werden (vgl. Bourdieu [6]2014, 89). Dies alles ist für den vorliegenden Fall ebenfalls relevant, allerdings bietet es sich an, auch und gerade entsprechende Formen der Kapitalakkumulierung unter diesem Begriff zu subsummieren, die durch *in der Fachwelt anerkannte Publikationen* realisiert werden, was der Intention des Begriffes vollkommen angemessen ist und von Bourdieu nur aufgrund von methodischen Problemen, die in vorliegender Untersuchung keine Rolle spielen, vermieden wird. Vgl. Bourdieu 2014, 89, Anm. 10.

23 StABS PA 182a B45: 1. Zur AGGS vgl. Reichen 2012.

24 Vgl. Kapitel 4.1.

1905 wurde Felix Staehelin – auf Empfehlung von Rektor Fritz Schäublin – als Lehrer an das heimische Gymnasium in Basel gewählt.[25] Diese Anstellung, die Staehelin im April desselben Jahres antrat, ermöglichte der jungen Familie die «ersehnte Rückkehr in die Heimat».[26] Felix Staehelin wirkte in der Folge ein Vierteljahrhundert lang – bis zu seinem Ordinariat – als Lehrer für Latein, Griechisch, Deutsch und Geschichte.

Alfred Hartmann[27] beschreibt in seinen Erinnerungen das Kollegium des Basler Gymnasiums in einer Weise, die deutlich macht, wie leicht sich Felix Staehelin hier seinem Habitus nach einfügen konnte: «‹Man› stimmte konservativ-liberal und kirchlich positiv».[28] Die starke Stellung, welche die Liberal-Konservativen (mittlerweile mit dem Parteinamen Liberale Partei) im Basler Gymnasium innehatten, spielte auch in Bezug auf die Berufungspolitik an der Universität im Fach Geschichte eine Rolle.[29] Konfrontativ war die Stimmung laut Hartmann lediglich in der angespannten politischen Lage während des Ersten Weltkriegs und einmal aufgrund einer Wahlaffäre, bei der allerdings Felix Staehelin selbst im Zentrum stand.[30]

Felix Staehelins sich schon im Studium abzeichnende Arbeitsweise, die durch gründlichste Durchdringung und exakte Bearbeitung des Stoffes geprägt ist und sich durch grosse wissenschaftliche Gewissenhaftigkeit in der Detailarbeit auszeichnet, schlug in gewisser Weise ebenfalls auf seinen Unterricht durch, wie eine Passage aus den Erinnerungen Alfred Hartmanns zeigt:

> [...] römische [Geschichte vermittelte uns] als Vikar der junge Dr. Felix Staehelin [...]. Was wissenschaftliche Genauigkeit ist, lernten wir bei ihm zum ersten Male kennen; aber da er frisch von der Hochschule kam und sich an seine Kollegienhefte hielt, trug sein Unterricht ein akademisches Gepräge, dessen Qualität zu würdigen wir nicht reif genug waren.[31]

---

25 Vgl. Meyer 1989, 108 f.

26 Die Formulierung stammt aus dem Lebensbild Martha Staehelin-Schwarz, verfasst von Felix Staehelin und Familie (StABS, PA 182a: B45, 4).

27 Zu Hartmann: Hartmann/Abt 1989.

28 Hartmann/Abt 1989, 44. Vgl. zu Staehelins politischer Positionierung Kapitel 3.2. Hartmann schreibt ebenfalls, dass im Lehrerzimmer in der Regel «sehr wenig politisiert» worden sei. «Das Mitbringen oder gar Lesen von Zeitungen war verpönt» (ebd.). In dieser Äusserung spiegelt sich ein Verständnis des Zeitungslesens als Akt des Politisierens wider, wie es sich auch in einer Wendung Staehelins selbst ausdrückt (Staehelin an Burckhardt, 13. 1. 1895, StABS, PA 207, 52: S41). Es ist der Vollständigkeit halber zu bemerken, dass es offenbar durchaus auch freisinnig gesinnte Persönlichkeiten im Kollegium gab, wenn auch – wie sich Hartmann erinnert – deutlich in der Minderzahl (ebd.).

29 Vgl. Königs 1988, 17/22. Vgl. Kapitel 6.1.1.

30 Vgl. hierzu Kapitel 3.2.1.

31 Hartmann/Abt 1989, 25. Hartmann teilt hier ebenfalls die Spitznamen mit, welche die Basler Gymnasiasten Staehelin gaben: «Löffel» oder «Pfuusi».

Die wissenschaftliche Strenge des Unterrichts war hierbei ein Charakteristikum nicht nur des jungen Vikars, sondern allgemein der Lehrerpersönlichkeit Felix Staehelin. So hält Bernhard Wyss fest: «Im Unterricht hat er viel verlangt – nämlich Gründlichkeit, hat er unablässig zu klarem, genauem Denken erzogen.»[32] Ähnlich äusserte sich Paul Roth: «Wer unter seiner Zucht als Junge etwa geseufzt haben mag, wird ihm später als reifer Mann gedankt haben; denn das Anliegen, um das es ihm ging, war Erziehung zur Genauigkeit, Gewissenhaftigkeit und wissenschaftlicher Verantwortung.»[33] Und Wilhelm Abt erinnert sich: «Manch einer der angehenden Humanisten [= Schüler des Humanistischen Gymnasiums] mochte unter der Strenge und unerbittlichen Gründlichkeit seines Latein-, Griechisch- oder Geschichtslehrers gelegentlich gestöhnt und sie als drückende Last empfunden haben.»[34] Der Staehelin äusserst wohlgesonnene Abt[35] verschweigt denn auch nicht, dass es «an kritischen Stimmen [...] nicht gefehlt» habe. Dies sei Staehelin selbst durchaus auch bewusst gewesen; Wilhelm Abt zitiert ihn mit den Worten: «‹Man bezichtigt mich des Pedantismi›». «Doch», so Abt, «kümmerte es ihn wenig.»[36]

Bei aller für die Zuhörer ermüdenden Akribie war Staehelin aber offenbar durchaus auch in der Lage, die interessierten Gymnasiasten mit freiem, mitreissendem Vortrag zu begeistern, und zwar besonders auf seinem Spezialgebiet, der Alten Geschichte. So spricht Abt von der «souveräne[n] Meisterschaft, mit welcher Staehelin [...] etwa Unterricht in alter Geschichte erteilte», Staehelin habe «mit unerreichter sprachlicher Disziplin, frei und temperamentvoll» vorgetragen.[37] Auch Wyss spricht von der «fesselnde[n], in wohlgeformtem Vortrag dargebotene[n] Behandlung der Alten Geschichte»[38] und berichtet, Staehelin habe «die Alltagsar-

32 Wyss 1952b, 10. Ähnlich äusserte sich Wyss in seinem Nachruf auf Staehelin in der SZG: «Im Unterricht suchte er zu Gründlichkeit, klarem Denken und sachlichem Urteil zu erziehen. Beim Übersetzen aus antiken Autoren bestand er auf peinlich genauem Erfassen auch des scheinbar Nebensächlichen; den ernsthaften Schüler lohnte das Bewusstsein, ganze Arbeit geleistet zu haben.» Wyss 1952a, 264.

33 Anlässlich des 70. Geburtstages von Felix Staehelin: BN 1943, 2. Beil. zu Nr. 354, 27.12.1943.

34 Abt 1952.

35 Wilhelm Abt, der auch die Edition von Staehelins gesammelten Vorträgen besorgte, betonte stets die grosse Verehrung, die er seinem Lehrer entgegenbrachte. So ist denn sein Nachruf auf Staehelin in den *Basler Nachrichten* auch mit dem Titel *Zur Erinnerung an einen grossen Gelehrten* versehen. Abt 1952.

36 Abt 1952. Vgl. hierzu auch: Meyer 1989, 109: «Seine [= Staehelins] menschliche Güte wurde Studenten und Schülern in gleicher Weise zuteil, vorausgesetzt, dass er bei ihnen Fleiss und guten Willen spürte. Halbheiten vermochte sein kritischer Geist freilich nicht zu ertragen; seine Gründlichkeit, die ihm auch etwa als Pedanterie ausgelegt wurde, verlangte von den Schülern ganze Arbeit.»

37 Abt 1952.

38 Wyss 1952a, 264.

beit [...] belohnt, indem er den Schülern von Zeit zu Zeit in anmutig-fesselnder Erzählung manches vortrug, was über das blosse Schulpensum hinausreichte».[39] Von seinem Pflichtgefühl, als Historiker den Schülern nicht bloss eine gefällige Erzählung zu bieten, sondern sie in das wissenschaftliche Handwerk einzuführen, wird ein Eindruck vermittelt durch Staehelins Feststellung, dass ohne «das Aufsuchen und Verwerten der *originalen* Quellen [...] jeder Geschichtsunterricht in Gefahr gerät, zu leerem Geschwätz herabzusinken».[40]

Der Beruf des Gymnasiallehrers, der Staehelin ja vor allem durch sein Umfeld früh nahegelegt worden war, füllte ihn jedoch nie ganz aus; das Ziel blieb letztlich immer die Tätigkeit an der Hochschule.[41] Seine wissenschaftliche Exzellenz, seine akademischen Ambitionen und sein ungebrochenes Interesse an der historischen Forschung liessen ihn denn nach seiner Rückkehr nach Basel diesen Weg einschlagen.[42]

Am 8. Juni 1906 war in der Sitzung der Philosophischen Fakultät der Universität Basel unter anderem das Habilitationsgesuch Felix Staehelins Thema.[43] Wie dem entsprechenden Protokoll zu entnehmen ist, «hat [Staehelin] sechs Druckschriften eingereicht und bittet um Erlass einer besonderen Habilitationsschrift».[44] Um Begutachtung wurden durch den Dekan (Karl Von der Mühll) Adolf Baumgartner, Alfred Körte[45] und Friedrich Münzer[46] ersucht.[47] Friedrich Münzer hielt bei dieser Gelegenheit fest, er wolle angesichts der «literarischen Leistungen» Staehelins «in diesem Falle der Zulassung ohne besondere Habilitationsschrift nicht entgegentreten».[48] Er zeigte sich jedoch im Allgemeinen skeptisch gegenüber der Praxis, Lehrer zu habilitieren, «die mit Schulstunden überlastet sind und bei gewissenhafter Erfüllung ihrer Pflichten der Schule gegenüber keine Zeit haben zu gründlicher wissen-

39 Wyss 1952b, 10.

40 Staehelin, Rez. Oechsli 1918: BN 1918, Nr. 384, 18.8.1918. Weiter ebenfalls zum Gymnasium jener Zeit: Gutzwiller 1980; Abt 1982.

41 Vgl. hierzu auch die Einschätzung Paul Burckhardts: «Obwohl eine volle akademische Lehrtätigkeit wohl immer seinem innersten Wunsch entsprochen hätte, setzte Stähelin doch seine ganze Kraft für den Lehrerberuf ein.» Burckhardt 1953, 9.

42 Zu den zentralen Aspekten von Staehelins schrittweiser Etablierung an der Universität vgl. die Lizentiatsarbeit von Diemuth Königs (Königs 1988), in welcher die Autorin die Entwicklung des Fachs *Alte Geschichte* an der Basler Universität untersucht. Auf diese Arbeit wird im Folgenden immer wieder Bezug genommen.

43 StABS UA R 3.6, 189 f. Vgl. auch Königs 1988 16 f.

44 StABS UA R 3.6, 189.

45 Alfred Körte (1866–1946), 1899 Extraordinarius in Greifswald, 1903–1906 Ordinarius in Basel, danach Giessen. Vgl. SKPhB 1987, 23.

46 Friedrich Münzer (1868–1942), 1897 PD in Basel, 1902 Ordinarius für Klassische Philologie, 1912 Ordinarius für Alte Geschichte in Königsberg, 1921 in Münster, 1942 Tod im Konzentrationslager Theresienstadt. Zu Münzer Kneppe/Wiesehöfer 1983, zu seiner Basler Zeit: 13–41.

47 StABS UA R 3.6, 189.

48 StABS UA R 3.6, 190.

schaftlicher Forschung». Er könne keine Verleihungen von Extraordinariaten befürworten, solange dem Betreffenden «ein volles Pensum an der Schule» obliege, und werde «künftig in solchen Fällen gegen Erteilung der venia docendi stimmen».[49] Es waren also Staehelins wissenschaftliche Leistungen, die Münzer trotz genereller Bedenken dazu bewegten, seiner Zulassung zur Habilitation zuzustimmen.[50] Die Skepsis gegenüber der Verbindung zwischen Schulamt und Karriere an der Universität wurde bezeichnenderweise von dem Deutschen Friedrich Münzer geäussert und nicht von jemandem, der selbst aus Basel stammte, wo diese Kombination noch immer vielen als ein Ideal galt. Münzers Argumentation erscheint nicht ganz unberechtigt. In der Tat konnte dieses in Basel angesehene und in der Tradition verankerte Prinzip, wonach ein Doppelengagement an Gymnasium und Universität erwünscht war, als nicht mehr zeitgemäss erscheinen. Für Staehelins wissenschaftliche Entwicklung sollte es jedenfalls in Zukunft ein gewisses Hindernis darstellen.[51]

Nach Sichtung der von Staehelin eingereichten Schriften referierte zuerst sein Lehrer Adolf Baumgartner. Er betonte, Staehelins Dissertation sei «eine hervorragende gewesen», und wies auf die geplante zweite Auflage hin. Ebenfalls habe Staehelin seit seiner Promotion «tüchtig weitergearbeitet». Die Arbeit über die «Historikerfragmente bei Didymos»[52] könne, so Baumgartner, «recht gut als Habilitationsschrift gelten».[53] Körte, der danach sprach, schloss sich dem Votum Baumgartners «vollständig an». Staehelin habe «in seinen Arbeiten große Sorgfalt und Gründlichkeit gezeigt» sowie «Gewandtheit in der Darstellung». Auch der Bescheid von Münzer, der ebenfalls den Aufsatz über die Didymos-Fragmen-

49 StABS UA R 3.6, 190.

50 Dies kann bei Königs 1988, 16 f. missverständlich aufgefasst werden, da der Eindruck entstehen kann, erst nach Sichtung der von Staehelin eingereichten Schriften habe «plötzlich auch Münzer keine Einwände mehr gegen eine Habilitation Staehelins vorzubringen» gehabt, «obwohl er weiterhin seine Meinung vertrat, Lehrer mit vollem Schulpensum nicht zu habilitieren». Münzer hatte aber wie gezeigt von Beginn weg in diesem konkreten Fall einer Zulassung zugestimmt. Er wiederholte nach Sichtung der Schriften lediglich seine allgemeine Haltung noch einmal, hatte also seine Meinung in der Zwischenzeit nicht geändert.

51 Anders beurteilte dies Bernhard Wyss in seiner Leichenrede auf Staehelin: «Er hat diese Doppelstellung nicht als Hemmnis wissenschaftlicher Entfaltung empfunden, sondern sie nach beiden Seiten voll und freudig ausgefüllt». Wyss 1952b, 10. Es ist zwar richtig, dass Staehelin die Aufgaben beider Tätigkeitsbereiche mit Freude erfüllte, dass die damit einhergehende Belastung jedoch sein wissenschaftliches Arbeiten nicht beeinträchtigt hätte, ist eine Schönfärbung, die von Wyss unwillkürlich selbst aufgedeckt wird, wenn er einige Zeilen später schreibt: «Bei seiner starken, jahrelangen Beanspruchung durch das Schulamt ist der Umfang seines Schaffens erstaunlich». Ebd.

52 Staehelin 1905b, vgl. Kapitel 3.3.

53 StABS UA R 3.6, 199. Vgl. Königs 1988, 16.

te hervorhob, war positiv[54] und so beschloss die Fakultät, «den Kand. auf Montag den 16. Juli [...] zum Kolloquium aufzubieten».[55]

Staehelin sprach in seinem Vortrag im Kolloquium über ein Thema aus dem Gebiet der hellenistischen Epoche, und zwar über die Geschichte des ptolemäischen Ägypten. Es war dies ein Thema, zu dem er selbst zu diesem Zeitpunkt bereits gearbeitet hatte. Der Vortrag trug den Titel *Der Ausgang des Ptolemäerreichs,*[56] behandelte allerdings nicht nur das Ende, sondern die gesamte Dauer der ptolemäischen Herrschaft, wiewohl der Fokus stärker auf den Entwicklungen in der Zeit des römischen Einflusses und der schliesslichen Eingliederung ins Reich lag.[57] Staehelin demonstrierte in dem Vortrag seine Fähigkeit zur Kombination der verschiedenen Überlieferungsformen und verwies ebenfalls fortwährend auf die Forschungslage. Sein Abriss der Geschichte des Ptolemäerreiches löste allerdings nicht gerade Begeisterung aus.[58] Wie das Fakultätsprotokoll festhält, hob «Baumgartner zunächst hervor, daß der Vortrag nichts Neues enthalten habe; es sei eine Schulstunde gewesen, kein Vortrag für Studierende».[59] Baumgartner monierte ausserdem eine mangelhafte Berücksichtigung der syrischen Geschichte und eine fehlende nähere Charakterisierung der römischen Politik. Auch Körte und Münzer «hätten mehr Originelles gewünscht». Sie verteidigten Staehelin aber mit der Bemerkung, es lasse sich in 20 Minuten auch «nicht viel sagen», wenn «die ganze Geschichte des Ptolemäerreiches solle abgehandelt werden», worauf Baumgartner entgegnete, «daß er H. Staehelin vorgeschlagen habe, über den Ausgang des Ptolemäerreichs zu reden, nicht über die ganze Entwicklung während 250 Jahren». Obwohl Staehelin der Vortrag somit nicht besonders gelungen war, schlug die Fakultät die Verleihung der Venia Docendi für Alte Geschichte vor, die von der Regenz der Universität am 20. November beschlossen und am 29. November von der Kuratel[60] bestätigt wurde.[61]

54 Er betonte allerdings erneut seine generelle Skepsis gegenüber der Habilitation von im Schuldienst stehenden Lehrern.

55 StABS UA R 3.6, 200.

56 Handschr. Manuskript im Nachlass: UB Basel NL 72 V: 14.

57 StABS UA R 3.6, 200. «F. Staehelin spricht 20 Minuten, nicht über den Ausgang, sondern über den ganzen Verlauf des Ptolemäerreiches.»

58 Vgl. auch Königs 1988, 17.

59 StABS UA R 3.6, 205.

60 «Kuratel» hiess das Aufsichtsgremium der Universität, das etwa die Berufungsvorschläge zuhanden des Regierungsrates ausarbeitete und in dem «Vertreter der kulturellen Elite der alten Familien, aber auch der Industrie ein gewichtiges Wort [über die Ausrichtung der Universität] mitsprachen» (Simon 2013, 65). Die Mitglieder gehörten teilweise dem Erziehungsrat an, welcher dem Erziehungsdepartement angegliedert war, und wurden vom Regierungsrat (Kantonsregierung) gewählt.

61 StABS UA R 3.6, 205; vgl. Fakultät an Rektorat, 20.11.1906, StABS ED REG 1a.1: 1427: «Wenn auch dieser Vortrag den Erwartungen der Herren Referenten nicht ganz entsprochen

Staehelin war damit der erste Gelehrte überhaupt, der sich in Basel für Alte Geschichte habilitierte.[62] Die Habilitation stellt dadurch den institutionellen Beginn von Staehelins Vorreiterrolle dar, die er künftig in der Genese der Althistorie als universitäres Fach in Basel spielen sollte.[63]

Die Basler Klassische Philologie war zu jener Zeit geprägt von sehr häufigen Wechseln auf den Lehrstühlen.[64] Viele grosse Begabungen aus Deutschland wie der schon erwähnte Friedrich Münzer, Walter F. Otto oder Werner Jaeger blieben nur sehr kurz und wechselten schon bald an eine grössere Universität im Deutschen Reich. Bezeichnend für die Berufungspolitik ist eine Passage in einem Schreiben von Jacob Wackernagel, wo er sich zu folgendem Grundsatz bekennt: «Besser einen Fähigen drei Jahre als einen Unfähigen 30 Jahre.»[65] So entstand auch gerade zu der Zeit, als Staehelins Habilitation in Aussicht stand, eine Vakanz durch den bevorstehenden Abgang von Alfred Körte. In den Diskussionen um die Nachfolge wurde auch Staehelins Name genannt. Der um seine Beurteilung angefragte Bethe äusserte sich anerkennend, bemerkte aber: «Der treffliche Felix Stähelin könnte höchstens für alte Geschichte, nicht für klassische Philologie in Betracht kommen.»[66] Aus Göttingen gab Jacob Wackernagel, dem ganz allgemein ein äusserst strenges Urteil zu eigen war,[67] folgende Meinungsäusserung ab:

> Felix Stähelin ist in seiner Art ein tüchtiger Mensch, und ich freue mich aufrichtig, dass soviel ich höre seine Habilitation in Aussicht steht. Aber erstens ist er eine überwiegend rezeptive Natur. Er versteht es mehr, gut zu referieren, als dass er Eigenes brächte. Und es geht lange, bis er überhaupt etwas bringt. Zweitens ist sein Fach Alte Geschichte, ein Gebiet, das schon genügend vertreten ist, durch Baumgartner und durch Münzer.[68]

---

hat, so wurde doch einstimmig beschloßen, der Regenz die Erteilung der venia docendi an Herrn Dr. Felix Staehelin zu beantragen.»

62 Ungern-Sternberg 2010, 60.

63 Diemuth Königs hat darauf hingewiesen, dass Baumgartner mit der Habilitation Staehelins die Etablierung eines seiner Schüler förderte und dass letztlich mit Hermann Bächtold, Emil Dürr und Staehelin gleich drei Schüler Baumgartners in Basel auf ein Ordinariat gelangen sollten. Sie interpretiert diese Förderung im Sinn einer beabsichtigten Schulgründung durch Baumgartner (Königs 1988, 17).

64 So «hatten in den 42 Jahren zwischen 1890 und 1932 [...] nicht weniger als 15 Professoren [...] die Basler philologischen Lehrstühle inne». SKPhB 1987, 22.

65 Wackernagel an Vertreter der Universität, 14. 2. 1903, StABS Erziehung CC 16.

66 Auszug aus einem Brief von Bethe, undatiert, StABS Erziehung CC 16.

67 Einen Eindruck hiervon gibt sein Abriss der Geschichte der Altertumswissenschaften in der Schweiz (Wackernagel 1891), wo nicht nur viele der einzelnen Vertreter, sondern im Grunde die gesamte Schweizer Zunft in harscher Weise abqualifiziert wird.

68 Wackernagel nach Basel 13. 2.1906, StABS Erziehung CC 16.

Letztlich entschied man sich für Hermann Schöne, wobei in Bezug auf Staehelin die Beurteilungen Bethes und Wackernagels durchdrangen:

> Leider sind wir nicht in der Lage, Ihnen einen Schweizer in Vorschlag zu bringen. [...] Ausser ihm [= Georg Finsler, der abgelehnt hatte] wurden von Schweizern genannt der Lehrer am hiesigen Gymnasium Dr. Felix Stähelin; da aber sein spezielles Gebiet, für das er sich soeben habilitiert hat, alte Geschichte ist, musste er von der Liste allfälliger Kandidaten gestrichen werden.[69]

Staehelin, dessen wissenschaftliches Interesse mit der Wahl seines Faches und der Gestaltung seiner Forschertätigkeit so klar auf das Historische fokussiert war, hätte es als Klassischer Philologe also vielleicht einfacher gehabt, eine akademische Karriere zu verfolgen. Zwar war ihm in seiner Jugend wie gezeigt die Althistorie als institutionell sehr aussichtsreich geschildert worden, aber dies galt vorerst nur für das Ausland, und Staehelin zeigte keinerlei Ambitionen, Basel erneut zu verlassen. Die feste Verbundenheit mit seinem Fach Alte Geschichte, das intrinsische wissenschaftliche Interesse muss somit als ein bleibender Hauptfaktor seiner disziplinären Orientierung angesehen werden, der Gründe der Opportunität stets überwog.[70] Die historische Ausrichtung des (in Basel) nominellen Philologen Münzer und Baumgartners fortgesetzte Mitberücksichtigung der Alten Geschichte bildeten hierbei kontingente Faktoren, die Staehelins frühen Aufstieg verhinderten.[71]

Nach geglückter Habilitation las also Staehelin bei gegebener Ausgangslage als Privatdozent, eine Position, die er für die nächsten zehn Jahre innehaben sollte. Tatsächlich aber sollte die doppelte Tätigkeit an Gymnasium und Universität sich längerfristig durch die hohe Belastung, die damit einherging, als nicht unproblematisch herausstellen, so dass Staehelin anfangs des Jahres 1915 um Reduktion seines Schulpensums von 27 auf 25 Wochenstunden ersuchen sollte.[72] Staehelin unterrichtete 15 Stunden Latein, 6 Stunden Griechisch, 6 Stunden Geschichte und las 2 Stunden an der Universität. Wie erdrückend die Arbeitslast für ihn war, wird deutlich aus dem Schreiben, das er in dieser Sache an die Kuratel richtete und worin er erklärte, «daß ich mich genötigt sehe, auf Beginn des Sommersemesters 1915 auf meine Venia legendi zu verzichten». Falls aber, so Staehelin weiter, darauf Wert gelegt werde, dass er seine Lehrtätigkeit fortsetze, so sei

69 Erziehungsdepartement an Erziehungsrat, 19.7.1906, StABS Erziehung CC 16.

70 Diemuth Königs verwendet die Formulierung, dass Bethe und Wackernagel mit ihren Gutachten Staehelin auf die Alte Geschichte «festgelegt» hätten (Königs 1988, 16). Es ist aber nach Staehelins so klarer eigener fachlicher Ausrichtung eine andere Beurteilung kaum denkbar.

71 Vgl. Königs 1988, 7 ff.

72 Vgl. auch Königs 1988, 12.

dies nur möglich, falls entweder sein Schulpensum ohne Gehaltsänderung vermindert werde oder er vorläufig an der Universität beurlaubt werde.[73] Der Wunsch nach vorläufiger Beurlaubung ist vor dem Hintergrund der damals bevorstehenden Reorganisation des Fachs Geschichte zu sehen. Es war noch unklar, ob und wie sich dadurch Staehelins Position verändern würde, aber seine Situation gestaltete sich offenbar so, dass er schon vor der Reorganisation eine Änderung sehen wollte: «Läßt sich nicht in der einen oder anderen Weise eine Erleichterung meiner unerträglichen Lage schaffen, so ersuche ich die hohe Kuratel, meinen Verzicht auf die Venia anzunehmen.»[74] Die Kuratel war grundsätzlich nicht bereit, vor der Neuordnung des Fachs Geschichte irgendwelche Massnahmen zu ergreifen, und empfahl Staehelin, sich für das Sommersemester beurlauben zu lassen.[75] Dies war aber nicht im Sinn der Fakultät, die der Meinung war, «die Vorlesungen des Herrn Dr. Stähelin seien von Wert für die Studenten der klassischen Philologie und es wäre deshalb vorzuziehen, wenn die Beurlaubung des Herrn Dr. Stähelin vermieden werden könnte».[76] Staehelin wandte sich nun mit Unterstützung der Fakultät an das Erziehungsdepartement,[77] von welchem ihm daraufhin mitgeteilt wurde, es sei mittlerweile nicht mehr möglich, Schulpensen für das laufende Schuljahr zu ändern, ebenfalls wurde Staehelin auf die finanziellen Schwierigkeiten seines Ansinnens hingewiesen (die Pensumsreduktion sollte ja ohne Gehaltseinbusse erfolgen).[78] So wurde Staehelin durch die verschiedenen Instanzen hingehalten, bis er sich im Sommer 1915 direkt an die Inspektion des Gymnasiums wandte, die ihm von sich aus die gewünschte Reduktion bewilligte.[79]

Die Episode wirft erstens ein Licht auf den äusserst verwickelten Aufbau des Basler Bildungswesens, zweitens zeigt sich die grosse Bedeutung, die selbst marginalen finanziellen Fragen beigemessen wurde, und drittens wird das Bestreben der Entscheidungsträger nach völliger Handlungsfreiheit für die Neuordnung des Faches Geschichte sichtbar. Vor allem aber wird deutlich, in welch angespannter Situation Staehelin seinen wissenschaftlichen Tätigkeiten nachgehen musste und welche Arbeitslast er zu bewältigen hatte.

Als Privatdozent begann Felix Staehelin seine Lehrtätigkeit an der Basler Universität mit Vorlesungen in zwei Themengebieten, die ihn in unterschiedlicher Wei-

73 Staehelin an Kuratel, 21. 1. 1915, StABS ED REG 1a.1: 1427.

74 Staehelin an Kuratel, 21. 1. 1915, StABS ED REG 1a.1: 1427.

75 Kuratel an Staehelin, 23. 2. 1915, StABS ED REG 1a.1: 1427.

76 Fakultät an Erziehungsdepartement, 10. 3. 1915, StABS ED REG 1a.1: 1427. Es ist bezeichnend, dass Staehelins Lehrprogramm schon hier geradezu der Philologie zugeschlagen wird.

77 Staehelin an Erziehungsdepartement, 11. 3. 1915, StABS ED REG 1a.1: 1427.

78 Erziehungsdepartement an Staehelin, 12. 3. 1915, StABS ED REG 1a.1: 1427.

79 Inspektion des Gymnasiums an Erziehungsrat, 17. 7. 1915, StABS ED REG 1a.1: 1427.

se bis dahin seit Studienzeiten begleitet hatten: Einerseits las er zu griechischen Inschriften[80] und zur Geschichte des Hellenismus[81] sowie zur athenischen Verfassungsgeschichte,[82] andererseits hielt er Überblicksvorlesungen zur *Geschichte das alten Orients*[83]. Die Themenfelder der griechischen Epigraphik und der hellenistischen Geschichte hatte Staehelin bereits für seine Dissertation intensiv bearbeitet und er konnte auf diesem Gebiet auch aufgrund seiner Artikel für *Paulys Realencyclopädie* wissenschaftliche Expertise vorweisen.[84] Der Alte Orient war wie oben dargelegt das erste historische Grossthema gewesen, das ihn gefesselt hatte. Es war zu einem wesentlichen Teil einer lebensklugen Pragmatik und dem Einfluss des Umfeldes zu verdanken, dass Staehelin sich in seiner Jugend nicht auf dieses Thema spezialisiert hatte. Obwohl Staehelin ja in seinem Studium einige alttestamentliche und altorientalistische Lehrveranstaltungen besucht hatte, mangelte es ihm strenggenommen an der nötigen fachlichen Qualifikation für dieses Gebiet. Dass ihm dies schon früh sehr wohl bewusst war, zeigt die oben angeführte entsprechende Bemerkung über seinen Besuch des Orientalistenkongresses in Genf im Jahr 1894. Während die Behandlung des Alten Orients für einen Althistoriker mit weitem Begriff des Altertums grundsätzlich angehen mochte, so bestand, was die entsprechenden Sprachen betraf, in methodischer Hinsicht wie oben ausgeführt doch ein erhebliches Defizit.

So sah sich Staehelin denn in der Situation, sich für seine weitere akademische Beschäftigung mit der Geschichte des Alten Orients und für seine Absicht, auf diesem Gebiet zu lehren, rechtfertigen zu müssen. Bereits in seinem Habilitationsvortrag zum Thema *Probleme der israelitischen Geschichte*[85] geht Staehelin in defensiver Weise auf die methodischen Schwierigkeiten ein und hält fest, die Tatsache, dass er für sein Quellenstudium «zum großen Teil» auf die «Hilfe von Übersetzungen» angewiesen sei, sei «bedauerlich, aber nicht zu ändern». Er beruft sich darauf, dass das «Universalgelehrtentum» eben «gründlich vorbei» sei.[86]

Das – vielfach ergänzte und überarbeitete – Manuskript seiner Vorlesung zur *Geschichte des alten Orients* beginnt ebenfalls mit einer verteidigenden einleitenden Passage, welche das Sprachproblem thematisiert. So warnte Staehelin die Hörer mit den Worten:

---

80 Als PD: SS 1907, SS 1908, SS 1911, SS 1915, SS 1916.

81 Als PD: SS 1909, WS 1911/12, WS 1913/14.

82 Als PD: SS 1910, SS 1913, SS 1917.

83 Als PD: WS 1907/08, WS 1908/09, WS 1910/11, WS 1912/13, WS 1915/16, WS 1916/17.

84 Vgl. hierzu Kapitel 3.3.

85 Staehelin 1907a. Öffentlicher Vortrag nach erreichter Habilitation. Nicht zu verwechseln mit dem Vortrag anlässlich des Habilitationskolloquiums in der Fakultät.

86 Die Gefahr eines argumentativen Widerspruchs zwischen dieser Aussage – die ja sein Nichtbeherrschen der Quellensprachen entschuldigen soll – und Staehelins Anspruch, die gesamte Alte Geschichte in einem umfassenden Verständnis abdecken zu können, ist hierbei evident.

> Wenn ich es wage, Ihnen während dieses Semesters die Geschichte des alten Orients vorzutragen, so muss ich von vornherein mit dem Geständnis beginnen, dass Sie in dieser Vorlesung nicht finden werden, was Ihnen ein Fachmann in engerem Sinne zu geben vermöchte: Eine Einführung aufgrund eindringender sprachlicher Beherrschung der Quellen.[87]

Wie Staehelin wiederholt betonte, entsprach seiner Sicht auf das Themenfeld der Alten Geschichte ein – stark von Eduard Meyers Arbeiten beeinflusster – umfassender Zugriff auf die frühen geschichtlichen Epochen.[88] In seinem Habilitationsvortrag führt er – seine entsprechende Lehrtätigkeit legitimierend – aus, er sei «seitdem mir die Ehre zu teil geworden ist, an unserer Universität als Lehrer der alten Geschichte im weitesten Sinn wirken zu dürfen, nicht nur berechtigt, sondern auch verpflichtet, den ganzen Umkreis der Völker des Altertums in den Bereich meines Studiums zu ziehen».[89]

In hohem Masse ist es dabei Staehelins früh erwachtes und in seinem Milieu auf fruchtbaren Boden gefallenes Interesse an biblischen Themen, das ihn mit besonderer Freude an dem Themengebiet des Alten Orients festhalten liess; noch vor dem eben angeführten Argument hält er in seinem Habilitationsvortrag zur «Rechtfertigung» der Themenwahl fest, dass «die Beschäftigung mit dem alten Orient und besonders mit dem Alten Testament von früher Jugend an eine meiner Liebhabereien gewesen» sei, eine «Lieblingsbeschäftigung», zu der er «von Studien anderer Art her immer wieder von Zeit zu Zeit gerne zurückgekehrt» sei.[90]

Er war hierbei aber nicht «Dilettant», nicht einmal in dem positiven Sinn, den Jacob Burckhardt dem Wort beigelegt hatte,[91] und noch weniger unkritischer Liebhaber des Themas. Zwar war er von den sprachlichen Autoritäten abhängig, seine historische Schulung im Umgang mit Quellen und Hypothesen liess ihn aber auch eigentliche Altorientalisten scharf kritisieren, wenn ihm deren Methode wissenschaftlichen Kriterien nicht zu genügen schien.

Demgegenüber befand sich Staehelin in der griechischen und hier vor allem in der hellenistischen Geschichte auf dem sicheren Boden des Spezialistentums und bewegte sich auf der Höhe der Forschung.

Bis zum Wintersemester 1911/1912 bildeten diese Themen die ausschliesslichen Inhalte von Staehelins universitärer Lehrtätigkeit. Im Sommer 1912 änderte sich dies: Felix Staehelin las in diesem Semester zur *Schweiz in römischer Zeit,*

---

87 UB Basel NL 72 IV: 1, 1 f.

88 «Geschichtlich» heisst hier: mit schriftlicher Überlieferung. Dieses Konzept von Geschichte sollte später auch für die SRZ wichtig werden, vgl. Kapitel 9.3, Kapitel 10.1.

89 Staehelin 1907a, 3.

90 Staehelin 1907a, 3.

91 «[...] die des Namens würdig sind, eben weil sie jene Dinge lieben.» Staehelin 1934a, II. Vgl. Burckhardt 1929b, 17; Burckhardt 2000, 368.

womit er sich in seinem Lehrprogramm erstmals diesem neuen Themenkomplex zuwandte. Staehelin hielt die Vorlesung zur provinzialrömischen Geschichte der Schweiz von diesem Zeitpunkt an regelmässig ca. alle zwei bis drei Jahre ab.[92] Er behielt diesen Rhythmus auch nach seiner Ernennung zum Extraordinarius im Jahr 1917 bei, bezeichnenderweise aber nur bis zur Abfassung der SRZ, danach führte er die Lehrveranstaltung nicht mehr durch, ein deutlicher Hinweis auf die wichtige Rolle, die eben dieser Vorlesung im Kontext der Konzeption und Ausarbeitung der SRZ zukommt. Weiter las Staehelin im Sommer 1914 erstmals zu «Thukydides»; eine Vorlesung, die er fortan in unregelmässigen Abständen weiterhin durchführte.

Auch in seiner Tätigkeit als Hochschullehrer war Staehelin – ähnlich wie am Gymnasium – in seinen Veranstaltungen auf grösstmögliche Genauigkeit und in gesteigerter Form auf exakte Erfassung von Details bedacht: «Es war konzentrierte und manchmal schwere Kost, die der Student an jenen Nachmittagen im alten Kollegiengebäude am Rheinsprung und später auf dem Petersplatz vorgesetzt erhielt», erinnert sich Wilhelm Abt in einem Nachruf auf Staehelin. «Anfänglich ist er wohl vom beklemmenden Gefühl beschlichen worden, durch die Masse vorgetragener Zitate erdrückt und erschlagen zu werden und kein anschauliches historisches Bild zu gewinnen.»[93] Diese Sorge lässt sich gut nachvollziehen, betrachtet man etwa das nachgelassene Manuskript von Staehelins Überblicksvorlesung zum Alten Orient – der immense Detailreichtum sticht ins Auge.[94] Wilhelm Abt bescheinigt Staehelins Vortrag jedoch ebenfalls «absolute Zuverlässigkeit, kristallene Klarheit und monumentale Prägnanz». Derjenige, der sich durch die Dichte und den Detailreichtum der Behandlung nicht habe abschrecken lassen, «empfing kostbarste und reichste Belehrung».[95] Diversen Studenten war allerdings Staehelins Akribie offenbar zu mühselig. So erinnerte sich Eduard Vischer noch in den 1980er Jahren, «er habe nie eine der Vorlesungen von Staehelin besucht, da diese zu langweilig gewesen seien».[96] Eine Haltung, die ähnlich auch andere teilten, wie aus Abts Empörung deutlich herauszulesen ist: «Die wenigen, die sich langweilten, oder gar schwänzten, verrieten damit nur ihre eigene Unfähigkeit, ihr Desinteressement oder ihr klägliches Banausentum.»[97] Im Kontrast hierzu beschreibt Abt die Wirkung, die Staehelins Lehrveranstaltungen auf ihn selbst ausgeübt hatten: «[...] für den Schreibenden dieser

92 SS 1912, WS 1914/15, WS 1917/18, WS 1920/21. Die geplante Durchführung im WS 1923/24 fand mangels Anmeldungen nicht statt, vgl. auch: Königs 1988, 67; SS 1925.

93 Abt 1952.

94 UB Basel NL 72 IV: 1.

95 Abt 1952.

96 Königs 1988, Bd. 2, 19 zitiert Eduard Vischer (mündlich) mit dieser Aussage.

97 Abt 1952.

Zeilen jedenfalls waren Staehelins formvollendete Vorlesungen nicht nur schön, lehrreich und interessant, sie waren geradezu spannend und herzerquickend».[98] Insbesondere hebt Abt auch Staehelins intrinsisches Interesse an dem Referierten hervor: «Immer wieder loderte die Glut persönlicher, innerer Anteilnahme, des wissenschaftlichen Eros hell auf»;[99] eine Beobachtung, die bei Kenntnis von Staehelins wissenschaftlichen Publikationen und Zeitungsartikeln ebenso wenig erstaunen kann wie die von Abt beschriebene Vorliebe des Dozenten, «klar Stellung zu beziehen und scharf zu formulieren».[100] Letzteres betraf sowohl fachliche Fragen[101] wie auch die politischen Verhältnisse der Zeit.[102]

Es ergibt sich ein Bild, das die intellektuelle Persönlichkeit Staehelins akzentuiert und eine gewisse Kongruenz aufweist zum Autor Felix Staehelin, als der er in seinen publizierten Texten erscheint: Einerseits zeigte er einen Sinn für Details und eine Genauigkeit, die sich geradezu zur Pedanterie auswachsen konnte, andererseits aber war er eloquent und verfügte über eine grosse Fähigkeit zur gestaltenden Aufbereitung des Stoffes, war dabei durchaus humorvoll und witzig und mit einer Vorliebe für geistreichen Spott ausgestattet.

Nachdem Staehelin acht Jahre als Privatdozent gewirkt hatte, kam die Frage seiner Beförderung erstmals im Jahr 1915 auf, als an der Universität Basel im Zuge der Schaffung eines zweiten gesetzlichen Lehrstuhles die oben bereits erwähnte Reorganisation des Fachbereichs Geschichte vorgenommen wurde.[103] Obwohl Adolf Baumgartner sich einer Neuordnung der thematischen Abgrenzung zwischen den Lehrstühlen widersetzte, die ihn auf die Alte Geschichte beschränkt hätte, und also auf der Universalhistorie beharrte,[104] schien sowohl der zuständigen Expertenkommission wie auch der Kuratel eine Stärkung der Alten Geschichte durch Beförderung Staehelins nicht angezeigt. Weder kam er nach der gewünschten Ausrichtung des zweiten Lehrstuhls als Kandidat in Frage,[105] noch wurde ihm ein Extraordinariat verliehen:

98 Abt 1952.

99 Abt 1952.

100 Abt 1952.

101 Wie Abt ausführt, stand etwa Karl Julius Beloch «nicht hoch im Kurs. Da er unter anderem von Alexander dem Grossen schreibt, er sei weder ein grosser Staatsmann noch ein grosser Stratege, und ihn zu ‹Alexander dem Kleinen› degradiert, wurde ihm das Zeugnis ausgestellt, eine ‹kleinliche und hämische Natur› zu sein». Abt 1952.

102 Vgl. Kapitel 10.2.

103 Vgl. hierzu: Königs 1988, 9 ff.; Vischer 1984, 13 ff.; Marchal 2013, 36 ff.; Simon 2013, 87 ff.

104 Königs 1988, 10.

105 Gesucht war ein Vertreter für «Mittlere und Neuere Geschichte» (Marchal 2013, 38).

> [Es] wird aus der Mitte der Kuratel beantragt, es sei Herrn Dr. F. Staehelin das Extraordinariat zu verleihen. Nachdem darauf hingewiesen worden ist, dass der genannte nicht eine eigentliche Lücke an der Universität ausfülle, wird folgender Beschluss gefasst: Wird auf die Beförderung der Herrn Dr. F. Staehelin zur Zeit nicht eingetreten, ist aber die Angelegenheit im Auge zu behalten.[106]

Auch hier zeigt sich also das Lehrangebot der Philologen und Baumgartners als Hindernis für Staehelins Etablierung.[107] Zwei Jahre später wurde erneut eine Beförderung Staehelins diskutiert, wobei Adolf Baumgartner eine ambivalente Haltung einnahm. Er wollte offenbar nicht den Anschein erwecken, die Alte Geschichte abgeben zu wollen; nach anfänglichem Zögern unterstützte er aber die Erteilung eines Lehrauftrags an Staehelin, um ihm die ausserordentliche Professur zu ermöglichen.[108] Als Ergebnis der Entscheidungsfindung schlug die Fakultät Staehelin also für einen Lehrauftrag für Alte Geschichte vor: «[...] hat in ihrer gestrigen Sitzung beschlossen [...], die Beförderung des Herrn Privatdozenten Dr. Felix Staehelin von Basel zum Professor extraordinarius zu beantragen». Staehelin stehe «zurzeit in bezug Anciennität an der Spitze der Liste unserer Privatdozenten» und habe durch seine «wertvollen Dienste», die er der Universität mit seiner Lehrtätigkeit erwiesen habe, sowie durch «gediegene Publikationen» in seinem Fachbereich sowie durch Beiträge zur Lokalgeschichte und öffentliche Vorträge sich in den diversen Feldern verdient gemacht.[109] Die Kuratel beschied der Fakultät in einer ersten Antwort daraufhin, sie anerkenne die Verdienste Staehelins vollkommen, wies aber gleichzeitig darauf hin, dass eine allfällige Beförderung Staehelins ohne Gehaltsausrichtung zu erfolgen habe.[110] In der Fakultät war man über die Idee, Staehelin einen Lehrauftrag ohne Gehalt zu übertragen, nicht erfreut, erklärte sich jedoch einverstanden, «um der [...] vorgeschlagenen Beförderung [...] keine Schwierigkeiten in den Weg zu legen».[111] Letztlich verzichtete die Kuratel jedoch zusammen mit dem Gehalt auch gleich auf den Lehrauftrag und empfahl dem Regierungsrat – nach Stichentscheid des Präsidenten – die Beförderung Staehelins zum Extraordinarius ohne die Erteilung eines solchen.[112] Und so wurde Felix Staehelin am 29. August 1917 von der Basler Kantonsregierung zum ausserordentlichen Professor ernannt.[113]

---

106 Kuratel an Erziehungsdepartement, 24.9.1915, StABS ED REG 1a.1.

107 Vgl. Königs 1988, 11 f.

108 Vgl. Königs 1988, 12.

109 Fakultät an Kuratel, 6.6.1917, StABS ED REG 1a.1: 1427.

110 Kuratel an Fakultät, 20.6.1917, StABS ED REG 1a.1: 1427.

111 Fakultät an Kuratel, 26.6.1917, StABS ED REG 1a.1: 1427.

112 Kuratel an Erziehungsdepartement 18.7.1917, StABS ED REG 1a.1: 1427.

113 Datum der Ernennungsurkunde, StABS PA 182a B45: 1. Vgl. Königs 1988, 12; Ungern-Sternberg 2010.

Diese Position an der Universität sollte Staehelin bis ins Jahr 1931 innehaben. Allerdings verhielt es sich nicht so, dass er hierzu keine Alternative gehabt hätte: Im Jahr 1920 lehnte er eine Anfrage der Universität Zürich ab, wo nach dem altersbedingten Rücktritt Gerold Meyer von Knonaus der Gesamtbereich der Geschichte neu aufgestellt wurde.[114] Anstatt Staehelin sollte 1922 schliesslich Eugen Täubler[115] (bis 1925) als Extraordinarius die Alte Geschichte in Zürich vertreten. Die Anfrage von 1920 sollte nicht die letzte sein, welche die Universität Zürich an Staehelin richtete: Noch für die Nachfolge von Johannes Hasebroek[116] 1927, die dann letztlich von Ernst Meyer angetreten werden sollte, wurde er erneut angefragt. Wie ein Gutachten zeigt, wurden selbst zu diesem Zeitpunkt noch Felix Staehelin und Matthias Gelzer als die einzigen überhaupt in Frage kommenden Schweizer Kandidaten genannt,[117] was ein Schlaglicht wirft auf die gegenüber Deutschland deutlich verzögerte Ausdifferenzierung der Altertumswissenschaften und besonders auf die nur sehr langsam voranschreitende Institutionalisierung der Alten Geschichte und ihre Etablierung als eigener Fachbereich (sowohl gegenüber der Geschichte wie gegenüber der Philologie).[118] So wurde denn von der Fakultät in diesem Zusammenhang die Hoffnung ausgedrückt, es «dürfte in absehbarer Zeit möglich sein, junge Leute schweizerischer Herkunft in vermehrtem Maße für die alte Geschichte zu interessieren, sodaß in nicht zu ferner Zeit die Möglichkeit sich ergäbe, im eigenen Land geeigneten Nachwuchs zu finden».[119]

Staehelin blieb also in Basel, was bei seiner grossen Verbundenheit mit seiner Heimatstadt nicht erstaunen kann. Die Zürcher Anfrage von 1920 blieb aber für ihn trotzdem nicht ohne Folgen: Als Anerkennung für seine Ablehnung gewährte ihm die Universität Basel in der Folge für seine Lehrtätigkeit nun neu ein Gehalt von 1000 Franken pro Jahr.[120]

---

114 «Bei der Personenfrage musste leider festgestellt werden, dass die beiden einzigen in Betracht fallenden schweizerischen Althistoriker, Prof. Matthias Gelzer in Frankfurt und Prof. Felix Stähelin in Basel sich einer Berufung nach Zürich gegenüber ablehnend verhielten.» Gutachten der Kommission, 2.7.1920, StAZH U 109.3. Die Situation in Zürich war, was die Alte Geschichte betrifft, in gewisser Weise jener in Basel vergleichbar. Meyer von Knonau, der als «Universalhistoriker der Lehre» ebenfalls das Altertum berücksichtigte, hatte sein Lehramt in dieser Hinsicht ähnlich interpretiert wie in Basel Adolf Baumgartner. Vischer 1984, 8 f.

115 Zu Täubler vgl. Kapitel 4.4.3.

116 Johannes Hasebroek (1893–1957), 1921 Habilitation in Hamburg, 1925–1927 Extraordinarius in Zürich, 1927 Köln.

117 Ausserordentliche Professur für Alte Geschichte. Gutachten der Kommission, 2.7.1920, StAZH Z 70.964.

118 Vgl. Rebenich 2010, 11.

119 StAZH MM 3.41 RRB 1927/0431.

120 Vgl. die knappe Bemerkung bei Königs 1988, Bd. 2, 3, Anm. 29. Die genaue Abfolge der Entwicklung ist aus den Akten nur schlecht zu rekonstruieren. Offenbar wurde im Frühling

Was Staehelins Lehrprogramm betrifft, so blieb dieses auch in seiner neuen Position als Extraordinarius relativ konstant. Neben Weiterführung und Überarbeitungen seiner bisherigen Themen bot Staehelin ab dem Sommersemester 1922 neu eine Übung an: *Einführung in die griechischen Inschriften.*[121] Zusätzlich aber erfolgte in seiner Lehre eine für das Thema dieser Arbeit besonders wichtige Neuerung, und zwar bestand diese in einer Vorlesung zur *Lateinische*[*n*] *Epigraphik mit besonderer Berücksichtigung der römischen Schweiz.*[122] Nach der weiterhin durchgeführten Vorlesung zur *Schweiz in römischer Zeit* war dies nun die zweite Lehrveranstaltung, die in einem direkten Zusammenhang zur SRZ stand. Und wie es bei jener der Fall ist, so markiert auch hier der Zeitpunkt der ersten Durchführung den Beginn einer neuen Phase von Staehelins Beschäftigung mit der römischen Schweiz, wie in Kapitel 4 gezeigt werden wird.[123]

3.2 Bürgerliches Engagement in Basel

Staehelins Stellung als Gymnasiallehrer, der gleichzeitig ebenfalls als Universitätsdozent tätig war, mochte zwar in Anbetracht der mit dem Doppelamt einhergehenden hohen Belastung gelegentlich zu Kritik führen – wie oben für Friedrich Münzers gezeigt –, sie entsprach aber einer alten Basler Tradition, die noch aus Zeiten des «Pädagogiums» stammte.[124] So ist denn auch Jahrzehnte später in dem Brief, mit dem Rektor und Dekan dem damals 70-jährigen Staehelin zum Geburtstag gratulierten, zu lesen:

1920 für Staehelin ein Jahresgehalt beschlossen, allerdings unter Abzug eines Betrags, der von der Universität – wie auch schon die Jahre zuvor – der Staatskasse für den von Staehelin nicht wahrgenommenen Teil seines Pensums am Gymnasium abgeliefert wurde (Erziehungsdepartement an Staehelin, 1.5.1920, StABS ED REG 1a.1: 1427). Nach einer Intervention des Gymnasiums (Rektor Schäublin) im Sommer 1920, in welcher der offizielle Charakter der Zürcher Anfrage an Staehelin betont und festgehalten wurde, dass «eine bejahende Antwort [...] sicher zur eigentlichen Berufung geführt hätte», wurde vom Erziehungsrat eine Vergütung von Staehelins Lehrtätigkeit ohne diese Abzüge beschlossen, was dem Vorschlag des Gymnasiums entsprach. Gymnasium an Erziehungsdepartement, 5.7.1920; Beschluss des Erziehungsrates, 12.7.1920, StABS ED REG 1a.1: 1427.

121 Weitere Durchführungen als Extraordinarius: SS 1926, SS 1930.

122 UB Basel NL 72 IV: 8d.

123 Durchführungen (inkl. Ordinariat): SS 1920, WS 1930/31, WS 1933/34, SS 1942 (unter dem Titel *Römische Epigraphik*). Bezeichnend auch die Durchführungen der Lehrveranstaltung 1930/31 im Vorfeld der Publikation der 2. Auflage und 1942 im Zuge der erneut begonnenen Erarbeitung des Forschungsstandes (vgl. unten). Im SS 1924 und im WS 1927/28 fiel die Vorlesung aus Mangel an Anmeldungen aus (vgl. hierzu Königs 1988, 67 f.).

124 Vgl. Wyss 1952a, 264; Wyss 1952b, 10; Ungern-Sternberg 1999, 99.

> Sie haben seit Ihrer Habilitation [...] jene uralte Verbindung zwischen dem humanistischen Gymnasium und unserer Universität in so ausgezeichneter und fruchtbarer Weise verkörpert, dass sich Ihnen die Philosophisch-historische Fakultät zu Dank verpflichtet fühlte schon zu einer Zeit, da Sie Ihre Lehrtätigkeit am Gymnasium noch immer als Ihr Hauptamt betrachteten.[125]

Bereits diese Kombination der Betätigungsfelder, das Konservierende und strukturelle Stabilität Erzeugende der Verbindung von Gymnasium und Universität in der persönlichen Tätigkeit, bedeutet also in Basel einen gesellschaftlich integrativen Lebensentwurf – selbst wenn ihr Zustandekommen neben der planvollen Gestaltung ebenfalls einer gewissen Kontingenz zuzurechnen ist. Weiter hatte Felix Staehelin zu seiner «patrizischen» Abstammung und der damit einhergehenden familiären Verflechtung in der Stadtgesellschaft, die sämtliche Bereiche der Wirksamkeit städtischer Eliten durchdrangen, nicht nur eine affirmative Haltung, sondern er bekräftigte und festigte etwa durch seine fachmännische Aufarbeitung der Familiengeschichte das «gentilizische» Selbstverständnis seiner Familie und die enge Verbindung von Familienstrukturen und Basler Bürgerschaft.

Wenn Staehelin also bereits durch seine berufliche und familiäre Situation sowie durch seine soziale Prägung in vollstem Masse gestalteter und gestaltender Teil der Basler Stadtgesellschaft war, so entsprach eben jenem Habitus darüber hinaus ein durch Pflichtgefühl und Ambition geleitetes weiteres Engagement in und für Basel. Eine erschöpfende Behandlung von Staehelins vielfältiger Wirksamkeit in institutionellen und informellen Zusammenhängen der städtischen Gesellschaft ist an dieser Stelle nicht möglich; es soll im Folgenden deshalb auf Staehelins Tätigkeit in denjenigen Bereichen eingegangen werden, welche für die intellektuelle, wissenschaftliche und akademische Entwicklung Staehelins besonders relevant erscheinen.

3.2.1 Politik und Kirche

Im Gegensatz zu anderen Exponenten seines Milieus, wie etwa zu seinem Vetter Albert Oeri,[126] der ebenfalls altertumswissenschaftlich gebildet war, machte Staehelin keine Karriere als Politiker. Er wurde zwar 1926 in den Grossen Rat gewählt, blieb aber nur sehr kurz Mitglied dieser Körperschaft und trat im politischen Betrieb im engeren Sinn weiter nicht in Erscheinung.[127] Das offizielle

125 StABS PA 182a B45: 1. Vgl. Königs 1988, 17.

126 Vgl. Zu Albert Oeri: Teuteberg et al. 2002.

127 Wahl in den Grossen Rat: BN 1926, Nr. 108, 21.4.1926. Nach einer Zeit von wenigen Wochen trat Staehelin aus dem Rat wieder zurück, laut seinen Nachkommen «weil ihn der dortige Leerlauf anwiderte» (Fam. Staehelin 1952, 3). Was von dieser Aussage zu halten ist, ist nicht ganz klar.

Behördenverzeichnis des Kantons Basel-Stadt führt Felix Staehelin – wohl aufgrund der Kürze seiner Amtszeit – als Grossrat nicht auf.[128]

Ein Bereich, in dem sich Staehelin dagegen andauernd engagierte, war die Basler Kirchenlandschaft. Wie in Kapitel 2 ausgeführt, schwebte ihm seit seiner Jugend die Bildung einer kirchenpolitischen Vereinigung vor, die auf Grundlage von durch Bernhard Duhm und Karl Marti vertretenen theologischen Grundsätzen auf die Überwindung der Parteikämpfe in der gespaltenen Reformierten Basler Kirche hinwirken sollte; ein Anliegen, dessen Dringlichkeit für Staehelin etwa von Paul Burckhardt noch in seinem Nachruf auf den Freund betont wird.[129] Es mag vor diesem Hintergrund nicht erstaunen, dass Staehelin sich nun im Erwachsenenalter an eine kirchenpolitische Vereinigung anschloss, der er nicht nur durch persönliche Nähe, sondern ebenfalls durch dieses gemeinsame Ziel eines Aufbrechens der starren kirchlichen Parteifronten verbunden war.

Wie oben geschildert, war die Reformierte Kirche in Basel seit der Mitte des 19. Jahrhunderts durch einen Richtungsstreit geprägt worden, der zu einer eigentlichen Spaltung in «positive» und «freisinnige» Kräfte geführt hatte, wenn auch unter dem gemeinsamen Dach der Landeskirche.[130] In diese Situation wurde im frühen 20. Jahrhundert eine neue Dynamik gebracht durch eine neue, gemeinhin als «religiös-sozial»[131] bekannte Bewegung, die einen wichtigen Ausdruck fand in der im Jahr 1906 von einer Gruppierung um Paul Wernle, Leonhard Ragaz, Rudolf Liechtenhan und Benedikt Hartmann gegründete Zeitschrift *Neue Wege.*[132]

Kristallisationspunkt der Trägerschaft dieses neuen, nach eigenem Anspruch die kirchlichen Parteien übergreifenden[133] Periodikums war der Theologe Paul Wernle,[134] um den sich ein Kreis scharte, zu dem ebenfalls Felix Staehelin

128 Verzeichnis der Behörden und Beamten des Kantons Basel-Stadt sowie der schweizerischen Bundesbeamten für das Jahr 1927.

129 «Auch litt er [= Felix Staehelin] ganz persönlich unter dem Zwiespalt der kirchlichen Richtungen in Basel» (Burckhardt 1953, 11).

130 Allerdings ist für das frühe 20. Jahrhundert der Gegensatz nicht in unveränderter Weise wirksam. So betont etwa Paul Wernle in einem Aufsatz von 1912, die gewandelte Situation vor allem auf der Seite der «Positiven», wo sowohl der «Glaubenszwang» sich abgeschwächt habe wie auch die feste Verbindung mit der konservativen Politik. Wernle 1912, 225.

131 Vgl. Fuchs 1984, 349 f. «Religiös-sozial» war ebenfalls Selbstdeklaration, vgl. Mattmüller 1957, 138.

132 Zur religiös-sozialen Bewegung und den «Neuen Wegen» siehe: Buess/Mattmüller 1984; Matmüller 1957; Moppert 1961; Roth 1988, 99 ff.

133 Vgl. den Einleitungstext *Was wir wollen* in der ersten Nummer der *Neuen Wege:* Hartmann 1906.

134 «Die Gründung der ‹Neuen Wege› ist das Werk des Freundeskreises um Paul Wernle. *Paul Wernle* (1872–1939) selber figurierte zwar nie in der Redaktorenliste, wohl aber lieferte er einen Beitrag zur ersten Nummer. [...] Seine Amtswohnung am Heuberg, das Frey-Grynäum, wurde nun das Zentrum eines großen Freundeskreises». Mattmüller 1957, 129.

gehörte – nebst einiger seiner engen Freunde wie Paul Burckhardt und Albert Barth.[135] Wernle «brachte seinen ganzen Freundeskreis in Kontakt mit [Leonhard] Ragaz»,[136] welcher später als der wichtigste Vorkämpfer für einen religiösen Sozialismus in der Schweiz bekannt werden sollte, damals aber an Prominenz hinter Wernle zurückstand.[137]

Eine Rezension der von Rudolf Liechtenhan verfassten Abhandlung *Jeremia* aus dem Jahr 1908 zeigt auf, dass die Beschäftigung mit der sozialen Frage bzw. deren Implikationen für die Religion zu jener Zeit für Felix Staehelin von grosser Wichtigkeit war.[138] Staehelin schreibt begeistert, es könne «gar nicht hoch genug anerkannt werden, daß ein Geistlicher, der an den brennenden sozialen Fragen so lebhaft Anteil nimmt wie Liechtenhan, daneben doch noch hinreichende Kraft und Sammlung findet zu einer so hervorragenden wissenschaftlichen Leistung». Liechtenhan sei es gelungen zu zeigen, «wie Jeremia als der eigentliche Entdecker der Innerlichkeit in der Religion die sittliche Reinheit des Herzens und die soziale Gerechtigkeit höher gestellt hat als die Korrektheit und Legitimität des Kultus». Staehelin schliesst mit der Feststellung, dass «das Schriftchen gerade im gegenwärtigen Augenblick in Basel allgemeinem Interesse begegnen [dürfte]».[139]

Staehelin war nicht nur Mitglied des Trägervereins Freunde der neuen Wege, sondern amtierte zeitweilig als deren Präsident. In dieser Funktion schrieb er etwa im Namen der Vereinigung das Vorwort zu vier Vorträgen (von Ragaz, Wernle, Schmidt und Liechtenhan), die unter einem gemeinsamen Obertitel – *Unsere Kirche. Worauf sie ruht und was sie soll* – publiziert wurden.[140] Staehelin

---

135 Mattmüller 1957, 130. Staehelins freundschaftliches Verhältnis zu Paul Wernle wird ebenfalls bezeugt durch zwei überlieferte Postkarten aus ihrer Korrespondenz: UB Basel NL 72 VIII: 668 f.

136 Mattmüller 1957, 129; vgl. Burckhardt 1953, 11; vgl. Fam. Staehelin 1952, 3 f. Die intellektuelle Exzellenz des Kreises wird in der Darstellung von Oscar Moppert betont: «Man wird ohne Übertreibung sagen dürfen, daß ihnen von den besten Geistern des damaligen Basel, Männer und Frauen wie Rosa Göttisheim, Elisabeth Zellweger, Paul Burckhardt, Paul Wernle, Albert Barth, Felix Staehelin, Karl G. Götz, Eberhard Vischer, Rudolf Liechtenhan, Hermann Bächtold und so fort, angehörten oder doch nahestanden». Moppert 1961, 122.

137 Mattmüller 1957, 129. Vgl. Buess/Mattmüller 1984, 78 f.

138 Es ist hierbei interessant zu sehen, dass die soziale Komponente der Religiosität traditionell eher der «positiven» Seite näherstand, worauf Dorothea Roth hingewiesen hat, Roth 1988, 102. Und Paul Wernle schreibt für 1912, dass manche «positive[n]» Pfarrer in jener Zeit «die Arbeiterinteressen in ihrem Beruf voranstellen, mit Freuden mit Sozialdemokraten zusammenarbeiten und vom Evangelium aus den Weg zum Sozialismus hinüber finden». Wernle 1912, 225.

139 BN 1909, 1. Beil. zu Nr. 302, 5.11.1909. Zu: Rudolf Liechtenhan, *Jeremia*, Tübingen 1909.

140 Staehelin 1911a. Die Vorträge waren zwischen dem 26.11.1910 und dem 28.2.1911 im «Bernoullianum» in Basel gehalten worden. Vgl. BN 1910, Beil. zu Nr. 313, 16.11.1910. Staehelin fungierte als Präsident der Freunde der neuen Wege auch verschiedentlich via Presse als

zeigt sich hier noch optimistisch, dass die Referenten in den «Grundüberzeugungen» übereinstimmten, und glaubt, «sagen zu dürfen, daß das religiöse Fühlen, Wollen und Hoffen der ‹Freunde der neuen Wege› in diesen Vorträgen einen vorzüglich klaren und beredten Ausdruck gefunden» habe.[141]

Die Vereinigung liess in ihrem Selbstverständnis als überparteiliche Gruppierung verschiedene Positionen zu, mit denen Staehelin keineswegs immer sympathisierte.[142]

Die *Neuen Wege* wurden später als Ragaz' *Zeitschrift des Religiösen Sozialismus* bekannt, waren aber in ihrer Frühzeit nicht entsprechend ausgerichtet: «Die Gründung der *Neuen Wege* gehörte in eine Stimmung des allgemeinen Aufbruchs; die ‹soziale Frage› war nur ein Element neben anderen in dieser Stimmung.»[143] Der Untertitel der Zeitschrift lautete damals *Blätter für religiöse Arbeit*, und ihre sozialistische Ausrichtung entwickelte sich sukzessive erst im Laufe der Zeit. Paul Wernle erinnerte sich rückblickend:

> Für Deutschland schrieb ich in die Christliche Welt und als es sich darum handelte, für die Schweiz eine neue Zeitschrift mit ähnlich weitem Horizont zu gründen, war ich mit dabei und schrieb in die «Neuen Wege» so lange, bis sie durch Ragaz ihren parteilosen Charakter verloren und ein Ragazisches Sozialistenblatt wurden.[144]

So trennte sich der Kreis um Wernle in den Jahren des Ersten Weltkriegs nach bereits längerer Tendenz der fortschreitenden Entfremdung definitiv von den *Neuen Wegen* unter dem Eindruck von Ragaz' immer dezidierterer Parteinahme für eine sozialistische Politik im Zuge der sich verhärtenden klassenkämpferischen Fronten in der Schweizer Politik.[145]

Im Gegensatz zu Ragaz war Staehelin wie die allermeisten Exponenten seines Milieus,[146] die sich der religiös-sozialen Bewegung angenähert hatten, kein Anhänger einer aus dem christlich-sozialen Gedanken abgeleiteten Pflicht zur Systemveränderung geworden.

In Basel ging aus dem ursprünglichen Trägerverein für die *Neuen Wege* die Gruppierung der Unabhängigen Kirchgenossen hervor, die im Sinne des ur-

---

Sprecher der Vereinigung: Nat.-Ztg. 1911, Nr. 26, 2. Blatt, 31.1.1911; BN 1912, Nr. 19, 20.1. 1912.

141 Staehelin 1911a.

142 Vgl. Burckhardt 1953, 11: «Es entsprach seiner [= Staehelins] gütigen Art, daß er bei den Diskussionen auch ihm nicht sympathische und absonderliche Redner zu Worte kommen ließ.»

143 Buess/Mattmüller 1984, 78.

144 Wernle 1929, 250.

145 Mattmüller 1957, 183ff. Liechtenhan schrieb rückblickend, dass «aus dem Organ eines ganzen Kreises» später «das ganz persönliche Organ des einen Mannes Leonhard Ragaz» geworden sei. Liechtenhan 1946, 188.

146 Vgl. Roth 1988, 107.

sprünglichen Gedankens ihre Überparteilichkeit bewahrte[147] und für die Staehelin 1918 erfolgreich um einen Sitz in der Synode[148] kandidierte.[149] Staehelins Kandidatur und geglückte Wahl in die Synode liefen allerdings nicht ganz ohne persönliche Verwerfungen ab, wie eine Passage aus den Lebenserinnerungen des Gymnasiallehrers Alfred Hartmann zeigt:

> Eine scharfe Auseinandersetzung [im Kollegium des Gymnasiums] habe ich nur einmal erlebt, als Probst bei den Wahlen für die Kirchensynode nicht mehr bestätigt worden war und in seinem Ingrimm Felix Staehelin dafür verantwortlich machte: Staehelin habe als ehrgeiziger Junger sich mit andern verschworen, die altbewährten Herren, die an der Spitze der Liste standen, durch «Listenköpfen» abzusägen. Staehelin verbat sich das ebenso energisch, wie Probst es behauptete; sie haben sich dann lange ‹geschnitten›, bis ein günstiger Zufall zu beidseitigen Entschuldigungen führte.[150]

Die Episode zeigt – unabhängig davon, wie gerechtfertigt nun die Vorwürfe tatsächlich waren –, dass Staehelin auch von dem Umfeld als durchaus ehrgeizig eingeschätzt wurde und dass sein Einsatz für die Gesellschaft der Vaterstadt nicht alleine durch Pflichtgefühl, sondern durchaus auch durch Ambition geprägt war.

Staehelin amtierte bis 1930 in der Synode. Er spielte in dem Gremium allerdings keine herausgehobene Rolle und trat – den entsprechenden Akten im Basler Staatsarchiv nach zu schliessen – nicht als Wortführer auf, sondern leistete

147 Paul Burckhardt beschrieb den Zweck der Vereinigung rückblickend folgendermassen: «Es galt vor allem einen Boden innerhalb des Basler Kirchenvolkes zu schaffen, auf dem sich ernstlich suchende, lebendige und von den Parteiinteressen unabhängige Kirchgenossen zusammenfinden konnten.» Burckhardt, Zirkular, 15.4.1934, zitiert nach: Moppert 1961, 123.

148 Die Reformierte Kirche war in Basel 1910/1911 in staatsrechtlicher Hinsicht grundlegend neu verfasst (sogenannte «Trennung von Kirche und Staat») und als öffentlich-rechtliche Körperschaft neu konstituiert worden. Vgl. Moppert 1957, 15 ff.; Mooser 2000, 247.

149 St. Leonhardgemeinde, Liste II (Wiederwahl 1924: Liste I). StABS, Kirchenakten C11. Paul Burckhardt geht in seinem Nachruf auf Staehelin auf die Freunde der neuen Wege gar nicht erst ein, sondern erwähnt ausschliesslich die Unabhängigen Kirchgenossen, wobei er seine eigene Rolle in dem Unternehmen nicht anspricht: «So half er [= Felix Staehelin)] mit gleichgesinnten Freunden, unter denen Paul Wernle führend war, die ‹Vereinigung unabhängiger Kirchgenossen› zu gründen, als deren Vertreter er von 1918 bis 1930 der Synode der Evangelisch-Reformierten Kirche Basel-Stadt angehörte.» Burckhardt 1953, 11. Anders die Nachkommen Staehelins: «Dagegen hat er während zweier Amtsperioden, von 1918–1930, der Kirchensynode angehört, und zwar als Vertreter jener Mittelgruppe, welche, geführt von seinen Freunden Paul Wernle, Albert Barth und Paul Burckhardt, zunächst unter dem Namen ‹Freunde der Neuen Wege› und später als ‹Unabhängige Kirchgenossen› zwischen den kirchlichen Richtungen zu vermitteln suchte.» Fam. Staehelin 1952, 3 f.

150 Hartmann/Abt 1989, 44.

hier stetige Arbeit für die Reformierte Kirche.[151] Gleichwohl vertrat er die Positionen der unabhängigen Kirchgenossen verschiedentlich nach aussen.[152]

Staehelins Engagement für die Kirche entsprach ebenfalls eine tiefe persönliche Verbundenheit mit der Religion. Seine Haltung zum christlichen Glauben wurde von Paul Burckhardt folgendermassen charakterisiert: «Der fromme Humanismus, der sich in Basel seit Erasmus, Castellio und Curione in mannigfaltigen Variationen vererbte, lag auch Felix Stähelin nahe. Einer ausgeprägten theologischen Schule wollte er sich nicht verschreiben.»[153] Weiter hielt er fest, dass Staehelins Glaubensgrundlage von der «kritische[n] Prüfung der biblischen Überlieferung» nicht zerstört worden sei.[154]

Es ist dies eine Reflexion von Staehelins bereits in Jugendjahren durch den Einfluss Duhms und Martis affirmativ aufgenommener Haltung, dass die historisch-kritische Lektüre der Bibel einerseits eine Notwendigkeit darstelle und andererseits aber das Wesen des Glaubens nicht angreife. So wird auch in Staehelins entsprechenden Stellungnahmen seine Ablehnung eines apologetischen – gegen die Kritik gerichteten – Umgangs mit der historischen Evidenz sichtbar. Deutlich zeigt sich diese Haltung etwa an seiner Reaktion auf einen Artikel im *Christlichen Volksboten,* in welchem unter dem Titel *Schreiende Steine* behauptet worden war, dass durch «Entdeckungen und Ausgrabungen in Aegypten und Vorderasien [...] in glänzender Weise *alle* Erzählungen der Bibel von den bezeichneten Gegenständen bestätigt» würden.[155] Staehelin begnügt sich in seiner Erwiderung mit dem Titel *Unfruchtbare Apologetik* nicht mit der – en passant vorgenommenen – Widerlegung eines in besagtem Artikel besonders hervorgehobenen Beispiels für die These, sondern hält in grundsätzlicher Art und Weise fest: «Der Artikel ist ein recht lehrreiches Beispiel dafür, wie man *nicht* soll unseren Glauben retten helfen.» Und er fährt fort: «Ganz abgesehen von dem religiösen Wert, den die Geschichtlichkeit alttestamentarischer Erzählungen überhaupt haben kann: – was ist denn damit gewonnen, wenn uns die *Existenz* dieses oder jenes im Alten Testament genannten Königs durch Denkmäler und Überreste bestätigt wird?» Und er schliesst mit den Worten:

---

151 So liess er sich etwa in der konstituierenden Sitzung vom 10.6.1918 in die Wahlprüfungskommission wählen; in der Sitzung vom 13.10.1918 trat er als Teil einer von Rudolf Liechtenhan angeführten Gruppe auf, die einen Antrag für das passive Frauenwahlrecht einreichte (StABS, Kirchenakten C11).

152 So verwahrte er sich 1915 in einem Zeitungsartikel gegen den Vorwurf, die Unabhängigen hätten das Proporzsystem in der Kirche «durchgesetzt», wogegen er anführt, dass es gerade dieser seiner Gruppierung durch das Listensystem unmöglich gemacht werde, die angestrebte Überparteilichkeit auch in Bezug auf die Wahlen zu gewährleisten. BN 1915, Nr. 559, 4.11. 1915.

153 Burckhardt 1953, 11.

154 Burckhardt 1953, 11.

155 Christlicher Volksbote 1918, Nr. 42, zitiert nach BN 1918, Beil. zu Nr. 509, 31.10.1918.

> Seien wir doch vorsichtig mit solchen Versuchen, durch Verbreitung ganz oder halb oder gar nicht richtiger archäologischer Nachrichten den «Glauben» zu stützen! Wo der Glaube nicht auf besserem Fundament beruht als auf «schreienden Steinen», da könnte er jämmerlich zu Falle kommen, wenn eines Tages die Steine – wie das öfters vorkommt – zufällig *nicht* zugunsten der biblischen Überlieferung, sondern in entgegengesetztem Sinne «schreien».[156]

Im Ganzen war Staehelins Glaubensauffassung von einer grossen Toleranz geprägt, die – wie Paul Burckhardt festhält – «nicht auf Indifferenz» beruht habe: «[...] er konnte bestimmt Ja und Nein sagen, wenn es sich um die letzten Fragen handelte; nur war er sich der Schranken menschlicher Erkenntnis und seiner eigenen Schranken wohl bewußt».[157] Er war hierbei äusserst zurückhaltend, was die Artikulation seiner inneren Überzeugungen anging: «Er sprach nicht oft von dem, was er, um ein Wort Gottfried Kellers zu gebrauchen, in seinem Tabernakel als Heiliges trug».[158]

Neben der Arbeit im kirchlichen Bereich und freieren Engagements, wie seiner Mitgliedschaft im Basler Gesangsverein, die für seinen familiären Lebensweg – wie in Kapitel 3.1 geschildert – von grosser Wichtigkeit sein sollte, verpflichtete sich Staehelin seiner Vaterstadt vor allem in Funktionen, die durch seine Stellung und Expertise als Gelehrter nahelagen – wie unten weiter ausgeführt wird. Sein bürgerliches Engagement in Basel kann also im Wesentlichen nicht im engeren Sinne ein politisches genannt werden.

Dass Staehelin nie eigentlich Politiker war, bedeutet andererseits selbstverständlich nicht, dass er keine politische Haltung gehabt hätte. Allerdings sind explizite öffentliche Stellungnahmen zu konkreten politischen Fragen rar. Es ist dementsprechend schwierig, Entwicklungen seines politischen Denkens in Einzelheiten herauszuarbeiten. Bereits seit seiner Jugend stand Staehelin der Parteipolitik skeptisch gegenüber – wie gezeigt besonders auch in kirchlichen Belangen. Gerade diese Abneigung gegen das Parteiwesen ist jedoch bezeichnend für einen gewissen «altbaslerisch konservativen Habitus» und kann insofern selbst

156 BN 1918, Beil. zu Nr. 509, 31.10.1918 Hervorhebungen im Original. Vgl. Marti 1892, Einleitung Sacharja, 4: «Wohl ist bis auf den heutigen Tag noch lange nicht die Verträglichkeit des christlichen Glaubens mit freiem und uneingeengten Forschen des menschlichen Verstandes überall anerkannt. [...] Und wie meint man Grund zur Freude zu haben, wenn wieder in Ägypten oder in Mesopotamien ein Denkmal zu Tage gefördert wird, worin der apologetische Übereifer die Bestätigung einer alttestamentarischen Angabe und damit eine Rettung der heiligen Schrift erblickt.»

157 Burckhardt 1953, 11. Vgl. auch die Formulierung der Nachkommen Staehelins: «Hierin kam ein besonders ausgeprägter Charakterzug unseres Vaters zum Ausdruck, nämlich seine, bei aller Ernsthaftigkeit der Überzeugung, freie Einstellung, die jede Engherzigkeit und Borniertheit schroff ablehnte.» Fam. Staehelin 1952, 3 f.

158 Burckhardt 1953, 12.

als politische Haltung verstanden werden.[159] Aus seinem «patrizischen», christlich orientierten und auf das Wohl des Gemeinwesens fokussierten Habitus lässt sich sein Blick auf das politische Basel verstehen, sein Pflichtgefühl und der Ehrgeiz, in der städtischen Gesellschaft eine dem Gemeinwesen zugutekommende Position zu bekleiden.

Vor diesem Hintergrund würde der Versuch einer Einordnung der Haltungen Staehelins in einer Terminologie der Tagespolitik seinem Denken nicht gerecht werden.[160] Was festgehalten werden kann, ist ein auf protestantischer Grundlage stehendes Politikverständnis, das ihn – im Zuge einer entsprechenden Bewegung in Basel – für soziale Fragen sensibilisierte. Demgegenüber ist spätestens ab den 1920er Jahren eine Abneigung gegen eigentlich sozialistische Ideologien zu konstatieren, die sich im Lauf der Zeit akzentuiert haben mochte und die durch Briefzitate belegt ist.[161] Man kann Staehelin in politischer Hinsicht etwa durch seine Nähe zu der ASZ und (danach) den Basler Nachrichten (BN) – ohne diese Kategorie allzu determinierend zu verstehen – dem liberal-konservativen Milieu zuordnen, eine in gebildeten, altbürgerlich-«patrizischen» Kreisen Basels durchaus übliche politische Positionierung.[162] Seine parteipolitische Heimat war denn entsprechend auch die Liberale Partei, für die er wie oben ausgeführt 1926 in den Grossrat gewählt wurde. Bei aller geistigen Beweglichkeit zeigt sich Felix Staehelin also mit seinem durch «patrizische» Sozialisation geformten Habitus als tendenziell strukturkonservierender Akteur im sozialen Feld der Basler Gesellschaft.[163] Aus Staehelins Haltung, die also als ein christlich fundierter, liberalkonservativer Republikanismus im weitesten Sinn bezeichnet werden kann, erwuchs seine klare Opposition gegen Bewegungen, welche die Systemfra-

---

159 Vgl. Roth 1988, 37.

160 Die grosse Unabhängigkeit seines politischen Denkens kommt denn auch bezeichnend zum Ausdruck durch Staehelins eigene Aussage, wonach er etwa «über die Verhandlungen der eidg. [= eidgenössischen] Räte und unseres Grossen Rates, sofern sie mich überhaupt interessieren, stets mehrere Zeitungsberichte aus verschiedenen Parteilagern vergleichend zu lesen» pflege, UB Basel NL 72 X: 754.

161 So schrieb Staehelin im Vorfeld der kantonalen Wahlen von 1929, es sei nötig, «das berühmte ‹letzte Bein› an die Wahlurne zu bringen, um eine rote Mehrheit zu verhindern». Staehelin an Drexel, 28. 3. 1929, D-DAI-RGK-A-AR-1185.

162 Vgl. auch die Position von Staehelins Vetter zweiten Grades Albert Oeri als Chefredaktor der *Basler Nachrichten* und führendes Mitglied der Liberalen Partei (Teuteberg et al. 2002). Vgl. ebenfalls die Charakterisierung dieses Milieus durch Hans Trümpy, der den «standesbewussten Altbasler» – in Zusammenhang mit der Diskussion seines Soziolekts – mit Zugehörigkeit zur «liberalen Partei, Abonnement der ‹Basler Nachrichten›, ‹positivem› Christentum und bequemen Finanzverhältnissen» attribuiert (Trümpy 1984, 148); wobei die Finanzverhältnisse Staehelins nicht so «bequem» waren, wie die von manch anderem Exponenten dieses Milieus.

163 Entsprechend wurde er während des Berufungsverfahrens zur Nachfolge Baumgartners auch eingeordnet (vgl. Kapitel 6.1.1).

ge stellten, ob von links oder von rechts.[164] Deutliche Stellungnahmen – wie die unten zu thematisierenden Positionierungen gegen den Nationalsozialismus – sind unter anderem auch in diesem Kontext zu sehen.[165]

3.2.2 Als Gelehrter in Basel

Wie erwähnt stellte sich Felix Staehelin dem Basler Gemeinwesen ungleich stärker als Gelehrter denn als Politiker zur Verfügung; so engagierte er sich etwa in der Basler Freiwilligen Akademischen Gesellschaft,[166] wo er über Jahre Mitglied des Vorstandes war.[167] Staehelins Tätigkeit in dieser in Basel fest verankerten und seit ihrer Gründung altbürgerlich geprägten Organisation, die auch als Bindeglied zwischen Bürgerschaft und Universität fungierte, ist bezeichnend für seine Position in der Stadtgesellschaft.

Im Jahr 1921 – also bereits als Extraordinarius – wurde Staehelin sodann in die Kommission für das Historische Museum gewählt, welche er ab 1928 präsidierte.[168]

Staehelins Wahl in die Kommission im Jahr 1921 fällt in die Zeit des Beginns der intensiven Phase seiner Beschäftigung mit der römischen Schweiz, es erstaunt deshalb nicht, dass er sich im Museum in besonderem Masse den Funden aus der römischen Epoche widmete – auch wenn er in seinem universalhistorisch-weiten Horizont alle Epochen der Stadtgeschichte mit Interesse im Blick behielt.[169] Sein besonderer Fokus lag auf der Sammlung der Augster Fundstü-

---

164 «Als grundsätzlichen Individualisten könnte ich mich zur Not bekennen, dagegen müsste ich grundsätzliche Neigung zum Sozialismus durchaus ablehnen: er ist mir in keiner Form sympathisch, weder als Nationalsozialismus noch als roter Marxismus (leider bin ich ‹Kapitalist›)». Staehelin an Brenner, 11.1.1937, UB Basel NL 72 X: 757.

165 Vgl. hierzu Kapitel 10.2.

166 Die Freiwillige Akademische Gesellschaft war 1835 unter Federführung von Andreas Heusler-Rhyner gegründet worden und hatte ursprünglich das Ziel, durch Mittel, die von der Basler Bürgerschaft zur Verfügung gestellt wurden, den Betrieb der nach der Kantonstrennung in ihrer finanziellen Grundlage tangierten Universität zu unterstützen. Die FAG entwickelte sich zu einem wichtigen Akteur in der Förderung wissenschaftlicher Tätigkeit in Basel und stellt(e) einen integrativen Rahmen der Verbindung von Stadt und Universität dar. Vgl. Dossier: 150 Jahre Freiwillige Akademische Gesellschaft (UB Basel SWA Institute 507). Vgl. Ungern-Sternberg 1999, 200. Der zweite Lehrstuhl für Geschichte war durch die FAG gestiftet worden (Simon 2013, 64). Staehelin selbst sollte letztlich Nutzniesser der FAG werden, als diese in den 1930er Jahren einen Teil seines Gehalts als Professor übernahm, StABS ED REG 1a.1.

167 Vgl. Fam. Staehelin 1952, 3; Wyss 1952a, 265.

168 Vgl. Wackernagel 1952, 16; Von der Mühll, in: Nat.-Ztg. 1943, Nr. 601, 27.12.1943 (StABS PA 88 J 4 h).

169 Vgl. Wackernagel 1952, 16.

cke,[170] hier hatte er ebenso privilegierten Quellenzugang wie in Bezug auf die im Museum befindlichen Inschriften, von Wilhelm Abt als «seine [= Staehelins] Freunde» bezeichnet, «die er liebte und verstand».[171] Staehelin behandelte die Inschriften ebenfalls in seiner Vorlesung zur *lateinischen Epigraphik mit besonderer Berücksichtigung der römischen Inschriften der Schweiz.*[172] Die Zeit Staehelins als Präsident der Museumskommission deckt sich mit dem Publikationszeitraum der drei Auflagen der SRZ: Sein erstes Amtsjahr folgte direkt auf die Publikation der SRZ, sein Rücktritt vom Präsidium fällt in das Jahr der Veröffentlichung der dritten Auflage. Staehelin förderte in seiner Amtszeit unter anderem die Pläne zur Eröffnung des neuen «Kirschgartenmuseums», die jedoch erst in der Zeit nach seiner Präsidentschaft erfolgte.[173] Vor allem aber sollte er in seiner Funktion als Präsident der Kommission eine entscheidende Rolle spielen bei der Anstellung und weiteren Etablierung von Rudolf Laur-Belart in Basel.[174] Neben weiteren Engagements – zu denen etwa auch die Teilnahme an kollegialen Vereinigungen von Fachgenossen im Philologischen Kränzchen und bei den Freunden der Vaterländischen Geschichte gehörten – ist von herausragender Bedeutung für das Thema vorliegender Untersuchung aber vor allem Staehelins Beitritt zur Historischen und Antiquarischen Gesellschaft Basel.

Als Staehelin der Gesellschaft 1898 beitrat, konnte diese – bzw. ihre Vorgängergesellschaften – bereits auf eine längere Tradition zurückblicken. 1836 war die Historische Gesellschaft gegründet worden von einer Gruppe von Basler Hochschullehrern, darunter Andreas Heusler, Franz Dorotheus Gerlach, Wilhelm Wackernagel und Wilhelm Vischer; ebenfalls zu den Gründern gezählt wurde der Antistes Jakob Burckhardt, der Vater des oben behandelten Historikers gleichen Namens und Urgrossvater Felix Staehelins.[175] In den Jahren 1839/1840 wurde innerhalb der Gesellschaft ein antiquarischer Ausschuss eingerichtet,[176] 1842 erfolgte sodann die Gründung der Gesellschaft für vaterländische Altertümer bzw. Antiquarischen Gesellschaft[177] unter Federführung von Wilhelm Vischer (1808–1874), dem «erste[n] Vertreter der auf kritischer Grundlage ar-

170 Wackernagel 1952, 16.

171 Abt 1952, BN, 10.3.1952.

172 So demonstrierte er etwa am Beispiel der Basler Inschriftensammlung Mommsens epigraphische Brillanz: UB Basel NL 72 IV: 8d, 12 A.

173 Wackernagel 1952, 16. Die Eröffnung fällt in das Jahr 1951, vgl. von Roda/Schubiger 1995.

174 Vgl. Kapitel 6.3.

175 Thommen 1902, 204. Federführend waren somit deutsche Professoren, die nach Basel berufen worden waren, sowie Basler, die in Deutschland studiert hatten, vgl. His 1936, 8 ff.

176 Thommen 1902, 213.

177 «Der offizielle Name war [...] ‹Gesellschaft für vaterländische Altertümer›, doch bürgerte sich von Anfang an daneben die kürzere Bezeichnung ‹Antiquarische Gesellschaft› ein, die von ihr auch in offiziellen Schreiben etwa verwendet wurde.» His 1936, 24.

beitenden umfassenden Altertumswissenschaft in der Schweiz».[178] Vischer, Schüler von Niebuhr, Welcker und Boeckh, stellt neben seiner allgemeinen wissenschaftsgeschichtlichen Bedeutung ebenfalls eine zentrale Figur für die Rezeption des klassischen Altertums im Basel des 19. Jahrhunderts dar.[179] Die Gründung der Antiquarischen Gesellschaft erfolgte mit explizitem Bezug auf vergleichbare Anstrengungen in Deutschland und Frankreich sowie mit Blick auf die Antiquarische Gesellschaft in Zürich.[180] Gemäss den wissenschaftlichen Interessen Vischers richtete sich der Fokus der Antiquarischen Gesellschaft stark auf die Antike und hier besonders auch auf Augst aus.[181] Die beiden Gesellschaften blieben in den folgenden Jahrzehnten eng verbunden[182] und im Jahr 1875 erfolgte schliesslich – nach dem Tod Wilhelm Vischers – der Zusammenschluss zur Historischen und Antiquarischen Gesellschaft HAG.[183]

Die HAG war also in ihrer Geschichte durch hervorgehobene Persönlichkeiten geprägt worden und gerade in den Kreisen der altbürgerlichen Elite fest verankert.[184] Für Staehelin lag ein Beitritt aufgrund seiner philologisch-historischen Bildung und Tätigkeit sowie der Rolle, die er in der Basler Stadtgesellschaft zu spielen beabsichtigte, quasi auf der Hand. Sein Engagement in der HAG sollte denn in Zukunft auch einen beträchtlichen Umfang annehmen: Seit 1907 war er im Vorstand der Gesellschaft tätig, 1928–1931 als Vorsteher und danach als Statthalter. Erst 1950 sollte er im Alter von knapp 77 Jahren aus dem Vorstand zurücktreten.[185] Staehelin gestaltete die Tätigkeiten der HAG somit über Jahrzehnte mit, wobei für das Thema dieser Arbeit seine Mitarbeit in der Kommissi-

---

178 Diese Einschätzung stammt von Eduard Vischer: Vischer 1956, 20. Max Burckhardt nannte ihn den «ersten im fachmännischen Sinn vollwertigen Basler Gräzisten». Burckhardt 1986b, 8.

179 Vgl. zu Vischer: Barmasse 2013; Kaufmann-Heinimann 2012, 12 ff.; Kaufmann-Heinimann 2014, 194 ff.

180 «Der Eifer, mit dem seit mehreren Jahren in Deutschland, Frankreich und andern Ländern die Überbleibsel vergangener Jahrhunderte erforscht wurden, und der Erfolg, mit dem dieses Bestreben an Orten gekrönt wurde, die viel ungünstiger liegen als Basel, musten [sic] auch hier Aufmerksamkeit erregen. Die interessante Sammlung des Herrn Schmid in Augst [Gemeint ist der Papierfabrikant J.J. Schmid, vgl. unten], die Leistungen der mit einsichtsvoller Thätigkeit geleiteten antiquarischen Gesellschaft in Zürich, zeigten, was hier mit einiger Anstrengung zu erreichen sei.» Wilhelm Vischer, Zirkular 2.2 1842, zitiert nach Thommen 1902, 215. Vgl. His 1936, 23 f.

181 Thommen 1902, 216; vgl. Weber 1986, 58.

182 Vgl. His 1936, 24 f.

183 His 1936, 27 f.

184 Vgl. für die hier interessierende Zeit etwa die Mitgliederliste in der ersten Nummer der BZG (1902), 309–312, an welcher die breite Vertretung der altbürgerlichen Elite gut abzulesen ist. Vgl. ebenfalls die knappe Würdigung prägender Gestalten der Historischen und Antiquarischen Gesellschaft in: His 1936, 35 ff.

185 Jahresberichte der HAG in: BZG. Vgl. Laur-Belart 1952a, 5; Sarasin 1952, 19.

on für Augst (ab 1912) und seine Rolle bei der Gründung der Stiftung Pro Augusta Raurica im Jahr 1935 besonders wichtig sind. Die Gesellschaft bot überdies den Rahmen für eine Reihe öffentlicher Vorträge Staehelins[186] und durch die von ihr herausgegebene *Basler Zeitschrift für Geschichte und Altertumskunde* (BZG) ebenfalls für kleinere Publikationen.

Neben diesen hauptsächlichen Engagements war Staehelin noch in zahlreichen weiteren institutionellen und informellen Zusammenhängen der Stadtgesellschaft involviert.[187]

Es lässt sich also festhalten, dass der junge Gelehrte Felix Staehelin seinen Platz, der ihm durch Milieuzugehörigkeit und Bildung in der Basler Gesellschaft zukam, einnahm und sich affirmativ dazu verhielt. Durch seinen Habitus und seine Stellung im sozialen Feld gehörte er zu den stabilitätserzeugenden, die Strukturen, Werthaltungen und persönlichen Nahbeziehungen konservierenden bzw. reproduzierenden Elementen. In der gesellschaftlich integrierenden Verschränkung seiner Tätigkeitsfelder in Basel entsprach Staehelin damit in idealer Weise einer überkommenen Vorstellung der Lebensführung, die von einem «Sohn der Stadt» und Basler Professor erwartet wurde.[188] Staehelin verkörperte mit seiner Position die Verschränkung der sozialen Felder in Basel mit seiner «Universität in der Stadt und für die Stadt»,[189] deren Professoren sich nach herrschender Auffassung «in das städtische Kulturleben und sozial in die städtische Elite» integrieren sollten und von denen erwartet wurde, dass sie sich mit Letzterer «arrangierten oder aus ihr selbst stammten».[190] Es ist auch vor diesem Hintergrund zu verstehen, dass in Staehelins wissenschaftlicher Tätigkeit der Affirmation seiner städtischen und gesellschaftlichen Identität (Basel und humanistisches Erbe, Familiengeschichte) ein solch grosser Stellenwert zukommt.

---

186 Die Vortragstätigkeit bildete einen Kern der Vereinsaktivitäten: «Das eigentliche Rückgrat der Gesellschaftstätigkeit bildeten von Anfang an ohne Zweifel die Vorträge. [...] Es bedeutet etwas, dass der von Anfang an festgesetzte Turnus, alle vierzehn Tage während des Wintersemesters, nun 150 Jahre lang hat durchgehalten werden können» (Burckhardt 1986b, 8). Einen detaillierten Überblick über die Vortragstätigkeit bis Anfang der 1930er Jahre gibt His 1936, 42–57. Für die anschliessende Periode sowie zur Vortragstätigkeit allgemein siehe Burckhardt 1986b, 12–18.

187 Aufgrund einer gewissen Relevanz für das Thema dieser Arbeit sei hier im Besonderen noch Staehelins Tätigkeit in der Jacob-Burckhardt-Stiftung erwähnt.

188 Restlos deutlich wird in einem Abgleich der hier geschilderten Tätigkeiten Staehelins mit Martin Lengwilers Charakterisierung der von Professoren in Basel erwünschten Wirksamkeit, die «auch über den Kreis der Universität hinaus in die städtische Gesellschaft wirken sollten, etwa im Rahmen öffentlicher Vorträge, durch Vereinstätigkeit oder publizistisches Engagement sowie als Lehrkräfte am Gymnasium». Lengwiler 2013, 7.

189 Simon 2013, 65.

190 Simon 2013, 59.

3.3 Frühe Publikationen und wissenschaftliche Entwicklung

Wie erwähnt begnügte sich Felix Staehelin zu keiner Zeit mit der praktischen Tätigkeit als Gymnasial- und Hochschullehrer, sondern verfolgte stets auch seine Publikationstätigkeit weiter. Einerseits veröffentlichte er zahlreiche Beiträge in der ASZ (und ab 1902 den *Basler Nachrichten),* zumeist Buchrezensionen, Tagungsberichte und Vortragsreferate, zuweilen auch schriftliche Fassungen eigener Vorträge, kurze, populär gehaltene Abhandlungen sowie Nachrufe. Nicht zuletzt verfasste Staehelin ab dem Jahr 1910 für die Basler Nachrichten auch Meldungen zu Ergebnissen und Funden der Grabungen in Augusta Raurica.[191]

Neben diesen Beiträgen in der Presse veröffentlichte Staehelin vor allem aber auch diverse historische Forschungsarbeiten, in denen er in gewisser Weise einem Basler universalhistorischen Zugriff auf die Geschichte treu blieb, indem er in seinem Schaffen ein ausserordentliches breites Gebiet abdeckte: Neben Aufsätzen zur Basler Lokalgeschichte und zur Geschichte des Burschenschaftswesens im Allgemeinen sowie des Zofingervereins im Speziellen beschäftigten ihn weiterhin Fragen der altorientalischen – insbesondere israelitischen – Geschichte. In wissenschaftlicher Hinsicht am wichtigsten sind aber zweifelsohne die Arbeiten, die er in seinem eigentlichen Spezialgebiet, der hellenistischen Geschichte, publizierte.

Im Folgenden sollen die wichtigsten frühen Publikationen Felix Staehelins in grundsätzlich chronologischer Ordnung nachverfolgt werden. Hierbei kann in Anbetracht der weitgespannten Interessensgebiete Staehelins nicht weiter auf die materielle Ebene der Arbeiten eingegangen werden, ansonsten sich der Umfang vorliegender Untersuchung potenzieren würde. Ziel ist eine knappe Skizze der Entwicklung des Forscherprofils Felix Staehelins bis hin zu seiner publizistischen Beschäftigung mit dem Themenkomplex der römischen Schweiz, welche in Kapitel 4 behandelt wird. Von den grösseren frühen Arbeiten Staehelins werden im Folgenden alle zumindest kurz angeführt. Vollständigkeit in Bezug auf sämtliche Publikationen Staehelins wird jedoch nicht angestrebt. Für eine Auflistung vgl. die Bibliographie von Wilhelm Abt.[192]

Am 8. August 1897, keine zwei Monate nach Staehelins Promotion, verstarb der verehrte Grossonkel Jacob Burckhardt, und Felix Staehelin publizierte in dem Organ des Zofingervereins einen Nachruf nebst einem von Burckhardt eigenhändig verfassten Lebensbeschrieb. Die Würdigung Burckhardts durch Staehelin ist nicht zuletzt deshalb bemerkenswert, da dieser – wie oben besprochen – Burckhardts dezidierten Konservatismus und seine Abneigung gegen den historischen

191 Vgl. hierzu insbes. Kapitel 4.1.

192 Abt 1943; Abt 1947.

Prozess der Reformation akzentuierte und damit einem unkritischen Erinnern und einer Harmonisierung von Burckhardts Denken mit herrschenden Auffassungen der Gegenwart früh eine Absage erteilte.[193]

Neben einem weiteren Artikel in dem Zofinger *Centralblatt* aus dem Jahr 1899 *(Aus der Demagogenzeit)*,[194] der sich mit der Burschenschaftsgeschichte beschäftigt, publizierte Staehelin in den ersten Jahren nach seiner Promotion in erster Linie in der Tagespresse. Seine Autorentätigkeit für die ASZ hatte bereits während seiner Studentenzeit begonnen, und er führte sie nach der Promotion nahtlos weiter. Die Buchbesprechungen betreffen jeweils neue Publikationen aus dem Gebiet der Alten, aber auch der Neuen Geschichte. So rezensierte er in den ersten Jahren nach seiner Promotion etwa die Bände 1 und 4 der populären Reihe *Berühmte Kunststätten*,[195] weiter *Die Blütezeit des Pharaonenreiches* von G. Steindorff[196] und *Alexander der Grosse* von Friedrich Koepp[197]. Aus wissenschaftsgeschichtlich-methodischer Perspektive interessant ist weiter die knappe Rezension einer Biographie des Philologen Carl Jahn, in welcher Staehelin bemerkt, dass das beschriebene Leben zwar per se nicht von allgemeinem Interesse sei, dass aber durch die biographische Behandlung für künftige Historiker Einblicke in die Zustände der Zeit ermöglicht würden. Neben seinen Rezensionen veröffentlichte er auch eigene Vorträge, so etwa *Steuerwesen im alten Ägypten*[198] und *Antisemitismus im Altertum*[199].

Im Jahr 1902 lösten die *Basler Nachrichten* die ASZ als das Blatt der Liberal-Konservativen in Basel ab[200] und Staehelin veröffentlichte den Grossteil seiner

193 Vgl. Kapitel 2.3.2.

194 Staehelin 1899.

195 Sonntagsbeilage ASZ 1898, 184; ASZ 1898, Nr. 302.

196 Sonntagsbeilage ASZ 1900, 120.

197 ASZ 1900, Nr. 177.

198 Sonntagsbeilage ASZ 1900, Nr. 46–48, 181–183, 185–186, 189–191. Es handelt sich um einen Abdruck von Staehelins Vortrag *Neuere Papyrusfunde*, den Staehelin an der 40. Jahresversammlung der schweizerischen Gymnasiallehrer gehalten hatte und unter diesem Titel ebenfalls im Jahresheft des Vereins schweizerischer Gymnasiallehrer (Bd. 31, 1901, 42–68) publiziert hatte. Dieser Vortrag stellt vor allem auch ein Zeugnis für die freudige Erregung dar, welche die noch neue Hilfswissenschaft der Papyrologie in dem jungen Gelehrten auslöste. Staehelin vergleicht hier die Bedeutung der Erschliessung der Papyri als Quellen für die Alte Geschichte mit Petrarcas Entdeckung der Cicero-Briefe und würdigt die Pionierarbeit Ulrich Wilckens.

199 Sonntagsbeilage ASZ 1901, 65 ff., 69 f., 73 f. Vgl. hierzu die Ausführungen unten.

200 Der Übergang wird geschildert von Roth 1988, 52 ff.; Tréfas 2016, 49, 52 f. Roth zeigt ebenfalls die Verbindungen zur Gründung der mit den BN eng verknüpften Liberalen Partei in Basel auf sowie die Kontroversen über die zu wählende Selbstbezeichnung der liberal-konservativen Kräfte (wobei sich «liberal» gegen «konservativ» durchsetzte). Vgl. die Formulierung von David Tréfas: «Die früheren Konservativen, die sich ab 1902 ‹Liberale Partei› nannten, verfügten seit 1902 wieder über die *Basler Nachrichten* [die zwischenzeitlich radikal, d. h. freisinnig

Beiträge zur Tagespresse fortan in diesem Presseerzeugnis, dem er durch Milieu und Weltanschauung verbunden war. Wenn Staehelin also mit der ASZ bzw. den BN ein Hauptblatt für seine Besprechungen hatte, so publizierte er doch auch schon früh in anderen Pressetiteln.[201] Weiter griff er generell gern korrigierend ein, wenn er in der Zeitung offensichtlich Unrichtiges las. Ein bezeichnendes Beispiel ist ein Artikel im *Basler Anzeiger* aus dem Jahr 1899,[202] mit dem sich Staehelin in die Debatte über den kalendarischen Beginn des 20. Jahrhunderts einschaltete. Die eloquente, spöttisch-witzige Art, mit welcher er hier Genauigkeit des Denkens einforderte und seine stichhaltigen Argumente vorbrachte, ist bezeichnend für den Stil seiner Einlassungen in der Presse. Seiner humorvollen Art entsprach es auch, dass er witzige, geistreiche Wendungen sehr zu schätzen wusste und dies auf diesem Weg auch öffentlich zeigte.[203]

Es war eine Biographie des Munatius Plancus, mit der Staehelin im Jahr 1900 seinen ersten grösseren historischen Beitrag seit der Publikation seiner *Galater* veröffentlichte. Die Möglichkeit dazu bot ihm der erste Band der Buchreihe *Basler Biographien,* herausgegeben von einem Kreis Basler Historiker (den «Freunden vaterländischer Geschichte») unter der Leitung von Albert Burckhardt-Finsler.[204] Der Aufsatz stellt Staehelins ersten Versuch dar, Lokalhistorie und Geschichte des Altertums in einer Darstellung zu vereinen, wobei in diesem Fall der lokalhistorische Anteil vor allem den Charakter einer rezeptionsgeschichtlichen Einführung und Legitimation der Themenwahl aufweist.[205]

Seit Beatus Rhenanus galt Munatius Plancus mittelbar als Begründer der Stadt Basel, die sich in der Zeit nach der Reformation mit dem römischen Ahnherrn «eine neue Identifikationsfigur [gab], die unabhängig von einem altkirchlichen Kontext die Entstehung der Stadt verkörpern konnte».[206] Felix Staehelin

---

ausgerichtet gewesen war, vgl. Tréfas 2016, 39]. Das bedeutete auch, dass sie die Herausgabe der *Allgemeinen Schweizer Zeitung* [...] aufgaben.» Tréfas 2016, 49. Vgl. zum Verhältnis von BN und ASZ auch: Reck 1984, 162 f.

201 So in der Basler *National-Zeitung*. Später auch in der *Neuen Zürcher Zeitung* und der Berner Zeitung *Der Bund.*

202 BA 1899, Nr. 306, 29.12.1899. Vgl. UB Basel NL 72 V: 58. Eine für Staehelin typische Intervention stellt ebenfalls der Artikel *Wann wurde Jesus gekreuzigt?* dar: BN 1921, Nr. 133, 31.3.1921.

203 Vgl. hierzu etwa die Notiz *Mommsen und die Schweiz,* BN Sonntagsblatt 1917, Nr. 52, 30.12.1917, 208.

204 Staehelin 1900a.

205 Staehelin 1900a, 1 ff.

206 Schneider 2015, 19. Schneider stützt sich bei dieser These auf Hess 2000, wo der Beginn der Plancus-Rezeption näher untersucht wird. Hess argumentiert dafür, dass diese nach der Reformation in Basel die Verehrung des Heiligen und Stadtpatrons Heinrich II. quasi abgelöst habe. Wie Hess ausführt, hütete sich jedoch nach dem Vorbild Beatus Rhenanus' auch die Basler Obrigkeit, Plancus entgegen den verfügbaren Quellen die Gründung Basels explizit zuzu-

stellt sich affirmativ zu dieser humanistischen Herleitung der Bedeutung des Munatius Plancus für Basel, sein Text schreibt sich so in eine Tradition der Basler Identitätsdiskurse ein, welche den humanistischen Charakter der Stadt und mithin ebenfalls ihr antikes Erbe betonen. So ist denn Munatius Plancus, der Gründer der Colonia Raurica, cum grano salis der erste Bürger Basels und seine Lebensbeschreibung steht in dieser Lesart vollkommen berechtigt am Beginn der *Basler Biographien.*[207] Wenig erstaunlich nimmt die Gegend am Rheinknie über diese rezeptionsgeschichtliche Hinführung hinaus in Staehelins Kurzbiographie von Munatius Plancus verhältnismässig wenig Platz ein, dies insbesondere auch aus dem Grund, dass Staehelin sich auf eine quellengestützte Erzählung von Plancus' Lebensweg beschränkt. Hierbei folgt er weitgehend Emile Julliens Darstellung von 1892, moniert aber bezeichnenderweise dessen allzu lockere Hypothesenbildung.[208] Ebenfalls registrierte Staehelin einige chronologische Ungenauigkeiten. Was die Colonia Raurica selbst betrifft, so stützt sich Staehelin für die entsprechenden Passagen vor allem auf die Arbeiten seines ehemaligen Lehrers Theophil Burckhardt-Biedermann. Da er – in Bezug auf eine Interpretation von Hor. carm. 1.7 – ebenfalls auf den «verehrten Lehrer» Theodor Plüss verweist,[209] und der Gesamtband wie erwähnt unter der herausgeberischen Leitung von Albert Burckhardt-Finsler publiziert wurde, bei dem Felix Staehelin an der Universität Schweizer Geschichte gehört hatte, ergibt sich das Bild eines ersten historischen Beitrags zur Basler Geschichte, der von einer affirmativen und respektvollen Haltung des jungen Gelehrten gegenüber seinen Lehrerfiguren und den Autoritäten des philologisch-historisch gebildeten Basler Milieus geprägt ist.

---

schreiben, die implizite Vereinnahmung erfolgte durch die von Rhenanus geprägte Formel, die ihn als *vetustissimus tractus huius illustrator* bezeichnete. In breiteren Kreisen verschwammen allerdings diese Feinheiten offenbar und Plancus galt vielen als der Gründer Basels (Hess 2000, 199 f.). Wirkungsmächtig blieb die Vorstellung Basels als einer «Tochterstadt» Augusta Rauricas, welcher Staehelin später explizit entgegentreten sollte. Die verhältnismässig junge Hypothese, wonach die ursprüngliche Colonia Raurica in Basel gegründet worden sei (vgl. hierzu Berger 2000, 15; vgl. jetzt auch Tschudin 2021, 116), wird angesichts dieser Rezeptionsgeschichte von Hess als ironische Schlusspassage angefügt. Vgl. zur Rezeption des Munatius Plancus in Basel jetzt: Hess 2020, 93 ff. Vgl. auch: Litwan 2014.

207 Wie Hess 2020, 135–136 darlegt, fügt sich diese Behandlung in eine allgemeine Tendenz der zeitgenössischen Basler Rezeption des Munatius Plancus ein, dem «ab dem späten 19. Jahrhundert [...] regelmässig die Rolle zugedacht [wurde], den Reigen von wichtigen Persönlichkeiten aus der Basler Geschichte zu eröffnen». Hess 2020, 135.

208 Staehelin 1900a, 30. In seinem Dankesschreiben, das er an Staehelin als Reaktion auf die Zusendung des Artikels sandte, anerkennt Jullien einen Teil von Staehelins Vorbehalten, was ihm umso leichter fiel, als Staehelin sein Buch im Allgemeinen mit Lob bedachte. Jullien erklärt sich denn auch als «flatté» und stellt mit Bezug auf Plancus die Beziehung zwischen dem Basler und dem Lyoner Bürger heraus (UB Basel NL 72 VIII: 298). Vgl. Jullien 1892.

209 Staehelin 1900a, 34, Anm. 37.

Die «Freunde der vaterländischen Geschichte» bestanden als «historisches Kränzchen»[210] aus Personen, die etwa auch in der HAG, dem Gymnasium oder der Universität eine Rolle spielten, also tragende Teile der historisch-gelehrten Basler Gesellschaft bildeten bzw. künftig bilden sollten und so einen wichtigen Teil von Staehelins Netzwerk in Basel ausmachten.[211] Der Plancus-Aufsatz kann so gewissermassen als Pendant zu Staehelins lebenspraktischer Perspektive auf die Basler Gesellschaft und seiner darin angestrebten sozialen Funktion angesehen werden. Es ist – mit Pierre Bourdieu gesprochen – derselbe Habitus, der auf den verschiedenen Feldern wirksam wird; er prägte diese fortan mit und trug dadurch, dass er seine eigene Prägung daraus erhalten hatte, via Affirmation der herrschenden Regeln zur Kontinuität der Struktur dieser Felder bei.

In dem Plancus-Aufsatz zeigt sich – wohl auch für Staehelin selbst – zum ersten Mal in seinem Werk das Potential einer «Alten Geschichte der nahen Umgebung», die in der diskursiven Lage der Zeit notwendig auch das Gepräge einer «Alten Geschichte der eigenen Herkunft» erhält. So stellte sich der Aufsatz denn rückblickend auch für die Zeitgenossen als ein Anfang dessen dar, was später in der SRZ kulminieren sollte.[212] Diese «nahe Althistorie» war in Basel zu jener Zeit vor allem das Gebiet Theophil Burckhardt-Biedermanns und Karl Stehlins, in deren Nähe sich Staehelin durch seine Tätigkeit in der HAG immer stärker bewegen sollte. Für den Moment aber blieb der Plancus-Aufsatz ein einzelner, methodisch fundierter, durchaus lokalpatriotisch gedachter Beitrag an die Heimat mit den Mitteln des Althistorikers.

Durch seine Abkunft, seine vielfältige Verwurzelung im Basler Patriziat und damit in der Geschichte der Stadt sowie durch seine historische Expertise gelangte Felix Staehelin immer wieder an exklusives Quellenmaterial zur Basler Geschichte, das er teils selbst historisch bearbeitete und teils durch weitgehend un-

210 Vgl. zu den akademischen Kränzchen in Basel: Ungern-Sternberg 1999, 199.

211 Neben dem etablierten Leiter des Unternehmens, Albert Burckhardt-Finsler, waren etwa auch August Burckhardt und Paul Burckhardt, der lebenslange Freund und Weggefährte, Teil dieses Kreises. Vgl. Nat.-Ztg. 1935, Nr. 242, 28.5.1935.

212 Vgl. Laur-Belart 1952a, 5.

kommentierte Publikation der Öffentlichkeit zur Verfügung stellte.[213] Drei solcher Veröffentlichungen erschienen noch im Jahr 1900 im Basler Jahrbuch.[214]

In der Sonntagsbeilage der ASZ publizierte Staehelin 1901 einen längeren Beitrag zu dem dritten Band der (Oeri'schen) *Griechischen Kulturgeschichte* Jacob Burckhardts und im Jahr darauf, nach dem Erscheinen des vierten Bandes, in den *Basler Nachrichten* einen weiteren Beitrag zu dem grossen, postum herausgegebenen Werk.[215] Beide Besprechungen bestehen in erster Linie aus einem eingehenden, affirmativ abgefassten Referat des Inhalts des Burckhardt-Oeri'schen Opus, an dessen Entstehung Staehelin am Rande ebenfalls mitbeteiligt war.

Neben einer Reihe weiterer kleiner Beiträge in Presse und Periodika sollte sich bereits im Jahr 1903 zeigen, dass Felix Staehelin auch darüber hinaus höchst produktiv gewesen war, als einerseits die *Geschichte der Basler Familie Stehelin und Stähelin*[216] erschien und andererseits 25 Artikel, die Staehelin für *Paulys Realencyclopädie* verfasst hatte. Die Familiengeschichte Staehelins besteht in erster Linie aus einem systematischen, nach dem Mannesstamm geordneten Katalog der bekannten Familienmitglieder. Das Buch ist auch in den erzählenden einleitenden Passagen sehr nüchtern gehalten, wie sich Staehelin denn auch bei späterer Gelegenheit spöttisch über Familiengeschichten geäussert hat, in welchen sich «Schönfärbereien, Vertuschungen aller Art und Entstellungen der Wahrheit *ad maiorem gentis gloriam*» breitmachten.[217] Staehelin überarbeitete und aktualisierte das Buch in Form von Nachträgen im Weiteren fortlaufend, der zwölfte Nachtrag datiert vom März 1943. Die Familiengeschichte wurde nach Felix Staehelins Tod diverse Male neu aufgelegt. Die letzte allgemein zugängliche Version stammt von 1995.[218] Staehelin beschäftigte sich nicht nur mit der eigenen Familie, sondern mit dem gesamten, komplexen gentilizischen Geflecht und der durch

---

213 Sehr deutlich wird Staehelins privilegierter Zugang zu entsprechendem Quellenmaterial ebenfalls in einem seiner späten Aufsätze, in dem Artikel *Eine vergessene Augster Grabinschrift* aus dem Jahre 1948. Staehelin verwertet hier ein hinterlassenes Album mit Abbildungen von Augster Funden des Basler Kunstsammlers Daniel Burckhardt-Wildt (1752–1819) und hält dazu fest: «Das Album Burckhardt-Wildts ist bis 1947 ein streng gehütetes Familiengeheimnis geblieben. Kein einziger unter den Basler Forschern, die sich mit den Altertümern von Augst befaßten, hatten von seinem Vorhandensein Kenntnis. [...] Erst im Februar 1947 wurde mir durch die Güte des Besitzers der Einblick in das Album und dessen Studium ermöglicht.» Staehelin 1948, 13. Zu Burckhardt-Wildt vgl. Kamber 2011, 104 ff.

214 *Ein Basler Hochzeitsessen* (Staehelin 1900b; *Ein Brief aus der Alliiertenzeit* (Staehelin 1900c; *Eine Basler Verlobung* (Staehelin 1900d). Auch später veröffentlichte Staehelin entsprechende Quellen, so etwa *Hundertjährige Briefe einer Lausener Pfarrfrau* (Staehelin 1914a); *Erlebnisse und Bekenntnisse aus der Zeit der Dreißigerwirren* (Staehelin 1941a).

215 Sonntagsbeilage ASZ, 1901, 25 ff., 30 ff., 34 ff.; BN 1902, Nr. 337–339, 342, 9.12.1902, 10.12.1902., 14.12.1902.

216 Staehelin 1903.

217 BN 1931, Nr. 118, 2./3.5.1931.

218 Staehelin et al. 1995.

dieses geprägten Geschichte Basels. Gerade in seiner späteren Tätigkeit für das Historische Museum kam seine allgemeine Expertise auf diesem Gebiet zur Geltung, wie Hans Georg Wackernagel in seiner Leichenrede auf seinen Vorgänger im Amt des Präsidenten der für dieses zuständigen Kommission betonte: «Vor allem erregt es immer wieder Erstaunen und Bewunderung, wie gross, umfassend und tief die Kenntnisse waren, die Staehelin in der so vielschichtigen Familien- und Personengeschichte unserer Vaterstadt besass, in den schwierigsten Fragen, die sich da stellen konnten, wusste er jeweilen guten Rat und erschöpfende Auskunft.»[219]

Die Artikel für *Paulys Realencyclopädie (RE)*, die Staehelin verfasste, betrafen in erster Linie das Forschungsfeld der hellenistischen Geschichte, also Staehelins eigentliches Spezialgebiet, daneben in deutlich geringerem Masse die weitere griechische und vereinzelt auch die römische Geschichte inklusive der Spätantike. Die erwähnten ersten 25 Artikel erschienen im 1. Supplementband (1903), in der Folge sollte Staehelin über Jahrzehnte hinweg noch eine Vielzahl weiterer Beiträge an das Nachschlagewerk liefern, so 84 allein für den 3. Supplementband von 1918, die letzten steuerte er für den Band 6 der 2. Reihe bei (1937). Staehelins Artikel behandeln zum grössten Teil Personen; viele eher obskure, die lediglich durch einige wenige Quellenstellen belegt sind und deren RE-Artikel nur einige Zeilen umfasst, daneben hat er jedoch ebenfalls sehr umfangreiche Artikel verfasst, so etwa *Kleopatra* (1921) (Nr. 11–29) in der RE XI (55 Spalten) oder *Seleukos* (1921) (Nr. 1–14, 17–19, 21–25, 27–28) in der RE, 2. Reihe, Band II (40 Spalten). Die RE-Artikel Staehelins wurden später wie so viele seiner historischen Leistungen in Bezug auf sein Bild als Wissenschaftler gegen aussen durch die SRZ fast vollkommen verdrängt. Von damit näher bekannten Fachleuten wurden sie aber durchaus gewürdigt, so rief Gelzer in seiner Besprechung von Staehelins postum erschienenen *Reden und Vorträgen* explizit den *Kleopatra-Artikel* in Erinnerung, obwohl dieser in dem Band nicht enthalten ist,[220] Bernhard Wyss bezeichnete Staehelins RE-Beiträge «als Muster dafür [...], wie solche prosopographisch-historischen Aufgaben anzupacken und zu lösen sind».[221] Peter Von der Mühll bemerkte, dass in den Lexikonartikeln allein schon «fast die Leistung eines ganzen Gelehrtenlebens steckt».[222]

Zu erwähnen ist neben diesen historischen Arbeiten ein Nachruf auf Theodor Mommsen, den Felix Staehelin anfangs November 1903 in den *Basler Nachrichten* publizierte.[223] In dem von grösster Hochachtung geprägten Text betont Staehelin die Verdienste Mommsens um die Forschung in der Schweiz und weist

219 Wackernagel 1952, 16 f.

220 Gelzer 1956; vgl. Staehelin 1956.

221 Wyss 1952b, 13.

222 Nat.-Ztg. 1943, Nr. 601, 27.12.1943.

223 BN 1903, Nr. 301, 3.11.1903.

auf wohlwollende Äusserungen des Verstorbenen dem Land gegenüber hin.[224] Staehelin hebt neben den quellenkritischen Innovationen den «glänzenden Stil» und die «feurig leidenschaftliche Parteinahme» der *Römischen Geschichte* hervor und charakterisiert Mommsen als einen unermüdlichen, Gewaltiges leistenden Gelehrten, dessen Forschung – «von einem Umfang und einer Ausdehnung ohne gleichen» – «schlechthin alles, was römisch ist, in ihren Betracht zog».

Staehelin, der Mommsen als einen «der größten Gelehrten aller Zeiten» apostrophiert, würdigt insbesondere auch die Breitenwirkung der *Römischen Geschichte,* «die ihn [= Mommsen] mit einem Schlag zum populären Schriftsteller im besten Sinne gemacht und, was wichtiger ist, das gebildete Publikum mit lebhaftem Interesse für das römische Altertum erfüllt hat». Hier ist ein Gefühl für die Wichtigkeit der Vermittlung von Antike und den Wert einer – richtig verstandenen – Popularisierung der Alten Geschichte ausgedrückt, welches einen Eindruck der Denk- und Deutungskategorien vermittelt, in welchen Felix Staehelin die Bedeutung seiner eigenen entsprechenden Beiträge und vor allem die SRZ gesehen haben dürfte.

Eine populäre Behandlung eines althistorischen Themas bildet weiter eine sich über mehrere Ausgaben der *Basler Nachrichten* erstreckende Artikelserie, in der Staehelin dem Publikum die antike griechische Medizin näherbrachte.[225]

Wenn dies auch für das Jahr 1904 die einzige Publikation Staehelins bleiben sollte, so veröffentlichte er dagegen im folgenden Jahr mehrere wichtige Arbeiten. Für seine universitäre Etablierung sollte wie gezeigt in erster Linie sein Aufsatz zu den Historikerfragmenten in dem Demosthenes-Kommentar des Didymos Chalkenteros wichtig werden. 1904 erschien die *editio princeps* des Kommentars,[226] herausgegeben u. a. von Hermann Diels, bei dem Staehelin in Berlin gehört hatte. Staehelin sah die Gelegenheit, die in einer sofortigen historischen Bearbeitung dieser neuen Quelle lag, und fasste noch im selben Jahr einen zweiteiligen Artikel ab, den er im Herbst den *Neuen Jahrbüchern für das klass. Altertum, Geschichte*

224 «[…] er hat unserem Lande stets eine freundliche Gesinnung bewahrt und ihm schon 1854 einen Dankeszoll entrichtet durch die Herausgabe der ‹Inscriptiones confoederationis Helveticae›.» Als «charakteristisch für seine alte Freundschaft zur Schweiz» führt Staehelin weiter ein Zitat an, wo Mommsen im Zuge eines Gedankenspiels eine «Annexion der Schweiz durch das Deutsche Reich» als Vergleich heranzieht, «aber sofort die Worte bei[fügt]: absit omen». BN 1903, Nr. 301, 3.11.1903. Im Jahr 1917 veröffentlichte Staehelin im Sonntagsblatt der BN weiter einen ausführlichen Artikel zu Mommsens Zeit in der Schweiz und seinen Leistungen für die Schweizer Altertumswissenschaft (Sonntagsblatt BN 1917, Nr. 50, 16.12.1917, 197 f.; vgl. unten). Zwei Wochen später publizierte Staehelin die oben angesprochene Notiz zu einer die Schweiz betreffenden Pointe Mommsens (Sonntagsblatt BN 1917, Nr. 52, 208, 30.12. 1917).

225 BN 1904, Nr. 98, 105, 112, 119, 126.

226 *Didymos Kommentar zu Demosthenes (Papyrus 9780) nebst Wörterbuch zu Demosthenes' Aristocratea (5008),* bearb. v. H. Diels und W. Schubart (Berliner Klassikertexte 1), Berlin 1904.

und deutsche Literatur anbot. Hierbei drängte er zur Eile: «Ich bin bereit, einen solchen [Artikel zu den Fragmenten] […] zu liefern, aber nur falls er möglichst bald […] erscheinen könnte, nämlich bevor noch ~~einer der~~ Größen wie Wilamowitz sich darüber ~~im ‹Hermes›~~ äussert.»[227] Für die Ausrichtung dieser Zeitschrift war der Aufsatz in seiner Themensetzung allerdings zu spezifisch und so erschien er schliesslich in der *Klio*.[228] Staehelin gibt in dem relativ umfangreichen Text eine Übersicht und Diskussion der durch die Fragmente neu beleuchteten Einzelfragen der Geschichte des 4. Jahrhunderts v. Chr. Der Aufsatz ist in zwei Teile gegliedert, wobei der erste alle Fragmente des Philochoros[229] zusammenstellt und der zweite einerseits die aus diversen Fragmenten gewonnenen neuen Erkenntnisse zu Hermias von Atarneus[230] behandelt und danach die übrigen Fragmente in chronologischer Folge der exzerpierten und zitierten Autoren.

Der Artikel stellt ein Beispiel dar für Staehelins Übersicht, die Klarheit seines Blicks auf verwickelte Detailfragen, die Gründlichkeit in der Durcharbeitung und die Fähigkeit zur durchgestalteten Darstellung untereinander nur mittelbar verbundener Elemente. Es wurde oben gezeigt, dass Baumgartner den Artikel allein als für die Zulassung zur Habilitation ausreichend ansah und dass auch Münzer ihn im selben Zusammenhang explizit hervorhob. Alfred Körte, der ja ebenfalls über Staehelins eingereichte Schriften zu referieren hatte, hatte bereits in einem 1905 publizierten eigenen Artikel zu den Fragmenten eingangs auf den «wertvollen Aufsatz» und die «lehrreichen Ausführungen» Staehelins hingewiesen.[231]

Aus dem Umfeld des Galater-Themas stammt eine ebenfalls 1905 publizierte Untersuchung, die Staehelin als Beitrag zur Festschrift für Theodor Plüss ablieferte, dem er seit seiner Jugendzeit verbunden war.[232] In dem Aufsatz *Der Eintritt der Germanen in die Geschichte* diskutiert Staehelin breit die Frage der ethnischen Zugehörigkeit einer Kollektivformation, deren Angehörige in einer in der Forschung viel erörterten Inschrift aus Olbia[233] «Γαλάται» genannt werden.[234] Er argumentiert hierbei entgegen seiner früheren Auffassung[235] dafür, dass eben

227 Briefkonzept: Staehelin an Ilberg, 22.10.1904, UB Basel NL 72 VIII: 276, Beil.

228 Staehelin 1905b. Handexemplar im Nachlass: UB Basel NL 72 V: 13.

229 Atthidograph (ca. 340 v.Chr. – 262/1 v. Chr.); vgl. Meister 2000.

230 Um 350 v. Chr., Tyrann über Atarneus und Assos, vgl. Engels 1998.

231 Körte 1905. Hierzu auch die überlieferte Postkarte, mit welcher Körte Staehelin für die Zusendung dankt: Körte an Staehelin, 14.6.1905, UB Basel NL 72 VIII: 312.

232 Plüss feierte am 29.5.1905 seinen 60. Geburtstag.

233 Protogenes-Dekret: IOSPE I^2 32 A, vgl. Vinogradov/Kryzickij 1995, 139.

234 Staehelin 1905a. Handexemplar im Nachlass: UB Basel NL 72 V, 11a.

235 In seiner Dissertation hatte Staehelin die These vertreten, dass es sich bei der fraglichen Gruppe um kleinasiatische Galater handle. In dem neuen Aufsatz nennt er diese Ansicht nun eine «Verirrung» (Staehelin 1905a, 51) und spricht von dem «demütigenden Bewusstsein, gera-

jene «Galater» mit den literarisch überlieferten[236] «Bastarnern» identisch und diese wiederum nicht als keltisch, sondern als germanisch anzusprechen seien. Es würde sich somit in der zeitgenössischen Interpretation bei der Inschrift um das erste Zeugnis des Zusammentreffens eines als germanisch anzusprechenden Verbandes mit der «klassischen Welt» handeln.[237] Staehelin stärkte mit seinem Beitrag diese These – die er nicht als Erster äusserte[238] – in der zeitgenössischen Forschung beträchtlich. Die Frage der Zuordnung von in den Quellen greifbaren Bezeichnungen ethnischer Gruppen, die Konstruktion von Volkstumskategorien – bzw. der Umgang mit entsprechenden antiken Definitionen und Abgrenzungen – und die Diskussion von methodischen Kriterien ihrer Anwendung wurden zeitgenössisch eingehend debattiert. Der Aufsatz stiess gerade in der Germanen- und in der Keltenforschung auf grosses Interesse[239] und erlaubte es Staehelin, der aufgrund seiner Dissertation als Fachmann für die Geschichte des betreffenden Raumes in der fraglichen Epoche bereits anerkannt war, sein wissenschaftliches Prestige international weiter zu festigen. Die Bescheidenheitsgeste, die in seiner harschen Selbstkritik liegt, wurde zu seinen Gunsten ausgelegt.[240] Staehelin bewegte sich hier mit seinen Thesen zu Fragen der Volkstumszugehörigkeit auf einem Forschungsfeld, das für ihn auch in Bezug auf die römische Schweiz und seine Etablierung in diesem Gebiet eine grosse Rolle spielen sollte.

Eine weitere Veröffentlichung des Jahres 1905 besteht aus der Ausarbeitung und Vertiefung eines Vortrags, den Staehelin im Februar 1901 in Basel gehalten hatte:[241] *Der Antisemitismus des Altertums in seiner Entstehung und Entwicklung.*[242] Staehelin geht hier der Judenfeindlichkeit in der griechisch-römischen Welt nach, wobei er einen theoretischen und einen praktischen Antisemitismus unterscheidet. Die Autoren, die den theoretischen Antisemitismus betrieben, hätten hierbei nach Staehelin «alles, was man den Juden der Gegenwart vorzuwerfen hatte [...][,] in die israelitische Urzeit» projiziert; «ein Verfahren, das», so Stae-

---

de zur Protogenes-Inschrift eine der allerverfehltesten Hypothesen selber aufgestellt zu haben». Staehelin 1905a, 46.

236 So etwa: Liv. 40.5, 57 f.; 44.26 f.; App. Mithr. 15, 69; Cass. Dio 51.23 ff. u. a.

237 Staehelin 1905a, 70.

238 Staehelin 1905a, 50 f.

239 Vgl. etwa: Jullian 1906; Much 1908.

240 Vgl. Much 1908, 263. Staehelin stand mit Much in dieser Sache auch direkt in Kontakt: Much an Staehelin, 15.6.1905, UB Basel NL 72 VIII: 390.

241 Abgedruckt in: Sonntagsbeilage ASZ 1901, Nr. 17, 28.4.1901, 55 ff.; Sonntagsbeilage ASZ 1901, Nr. 18, 5.5.1901, 69 f.; Sonntagsbeilage ASZ 1901, Nr. 19, 12.5.1901, 73 f.

242 Staehelin 1905c. Später behandelte Staehelin das Thema auch im althistorischen Seminar: UB Basel NL 72 IV: 11. Im Jahr 1930 wurde Staehelin mit Blick auf diesen Aufsatz durch einen ehemaligen Schüler eingeladen, vor dem Jüdischen Jugendbund «Emuna» Basel zu sprechen, UB Basel NL 72 VIII: 185.

helin, «auf lange Zeit hinaus vorbildlich blieb, so daß die judenfeindlichen Schriftsteller ihre giftigen Erfindungen mit Vorliebe an die Geschichte der Entstehung des Volkes Israel [...] knüpften».[243] In einem Narrativ von wechselseitig betriebener diskursiver Eskalation beschreibt Staehelin eine teils durch kontingente Faktoren verschuldete Entfremdung «der Juden» von dem sie umgebenden Umfeld und den Umschlag in einen «praktischen Antisemitismus» in Alexandria, der «den Boden bloßer literarischer Kopfflechtereien» verlassen habe.[244] Weiter verfolgt er Diskurs und Praxis des Antisemitismus bis in die mittlere Kaiserzeit. Staehelins Schrift ist – wie andere zeitgenössische Behandlungen des Themas – selbst nicht frei von gewissen stereotypen Vorstellungen,[245] etwa wenn Staehelin bemerkt, «die Judenschaft» sei «in einem Maße zu Macht und Einfluß gelangt [...], wie es auch durch ihre hohe Kopfzahl nicht gerechtfertigt erschien»,[246] oder wenn er über eine «starke Beteiligung [‹der Juden›] an chikanösen und blutsaugerischen, aber desto rentableren Finanzgeschäften» räsoniert.[247] Es ist aber zu betonen, dass er, wie schon obenstehendes Zitat über die «giftigen Erfindungen» zeigt, gegen den Antisemitismus immer wieder deutliche Worte findet, so auch etwa, wenn er festhält, dass «der entsetzliche Aberglaube vom jüdischen Ritualmord [...] immer wieder [...] die fanatisierten Massen zu den fürchterlichsten Ausschreitungen gegen die Juden fortzureißen pflegt».[248] Auch seiner Korrespondenz ist eine Ablehnung antisemitischer Ideologie zu entnehmen.[249] Die wichtigste Konsequenz aber, die Staehelin aus seiner Behandlung zieht, ist seine Konklusion, dass «an der Entstehung des Antisemitismus das Christentum nicht den geringsten Anteil hatte».[250] Hierin besteht auf die zeitge-

243 Staehelin 1905c, 10.

244 Staehelin 1905c, 32.

245 Vgl. Hoffmann 2000. Vgl. zu zeitgenössischen Diskursen in Staehelins Umfeld auch die Diskussion antisemitischer Haltungen bei Jacob Burckhardt: Mattioli 1999.

246 Staehelin 1905c, 36.

247 Staehelin 1905c, 37.

248 Staehelin 1905c, 32.

249 Staehelin an Brenner, 14.12.1936, UB Basel NL 72 VIII: 754; Brenner an Staehelin 16.1.1937, UB Basel NL 72 VIII: 760. Vgl. zu dieser Korrespondenz auch Kapitel 10.2. In Situationen des Konflikts konnte Staehelin mit dem Thema allerdings rhetorisch ambivalent umgehen und seinen Äusserungen einen zweideutigen Unterton verleihen. So versicherte er dem jüdischen Ökonomen Edgar Salin im Jahr 1939 im Zuge einer Auseinandersetzung um dessen Rektoratsprogramm zu Nietzsche und Jacob Burckhardt, dass Salins «überhebliche Anwürfe» gegen seine, Staehelins, Person an ihm «spurlos ab[gleiten]» würden, «sie werden nicht einmal die Wirkung haben, mich zum Antisemitismus zu bekehren». Staehelin an Salin, 11.2.1939, UB Basel NL 114: Fa 9518 f.. Zu Salin vgl. jetzt: Simon 2022, 588–626. Zur Kontroverse um das Rektoratsprogramm im Allgemeinen: Simon 2022, 610. Vgl. auch Simons Ausführungen zu Spielarten antisemitischer Einstellungen, welche in den Kreisen der Basler Liberalen geläufig waren: Simon 2022, 197.

250 Staehelin 1905c, 53.

nössischen Diskurse bezogen der direkte Zweck seiner Schrift: «Für den Judenhaß wird heutzutage nicht selten das Christentum verantwortlich gemacht»,[251] so schreibt Staehelin, und er will deshalb zeigen, dass der Antisemitismus älter und in seiner Entstehung vom Christentum unabhängig sei: «Es ist also ein grober Irrtum, wenn man dem Christentum als solchem die Verantwortlichkeit für den heutigen Antisemitismus zuschreibt.»[252] Nach Staehelin ist der Antisemitismus «ein im letzten Grunde heidnischer Instinkt, der von Zeit zu Zeit wieder hervorbricht».[253] Staehelins Aufsatz stellt also in dieser Hinsicht eine Art apologetische Schrift dar.[254] Auch in späteren Wortmeldungen setzte sich Staehelin für eine entsprechende Auffassung ein.[255]

In dem dritten Band der *Basler Biographien* erschien der von Felix Staehelin verfasste Lebensbeschrieb des «Ritters Bernhard Stehelin»,[256] eines Basler Bürgers des 16. Jahrhunderts und Hauptmanns in französischen Diensten.[257] Die Sammlung von Kurzbiographien setzte sich erneut zum Ziel – wie Herausgeber Albert Burckhardt-Finsler im Vorwort formulierte –, «verdiente Mitbürger der Vergessenheit zu entreissen». Alle Texte seien Männern gewidmet «die [...] in ihrer Art sich ausgezeichnet und dem Namen Basels Ehre gemacht haben».[258] Wie bereits in seinem biographischen Aufsatz zu Munatius Plancus verzichtete Staehelin jedoch auch hier in diesem doch konventionelleren Beitrag zu den *Basler Biographien* auf patriotische Überhöhung[259] (wiewohl die Tapferkeit der schweizerischen Söldner im Gefecht zeittypisch hervorgehoben wird).[260] Lediglich im Schlussabsatz der Darstellung wird von Staehelin – vielleicht eingedenk

251 Staehelin 1905c, 53.

252 Staehelin 1905c, 54.

253 Staehelin 1905c, 54. In dem Vortrag von 1901 stand an dieser Stelle noch: «im letzten Grunde heidnischer Instinkt der Völker indogermanischer Rasse». Der Verweis auf die Rasse fehlt in der Version von 1905, wie denn Staehelin generell im Fortschreiten seiner wissenschaftlichen Entwicklung der Verwendung von Rassekonzepten zunehmend skeptischer gegenüberstand, bis er diese dann in ihrer radikalisierten Form der 1930er und 1940er Jahre offen bekämpfte. Vgl. hierzu Kapitel 10.2.

254 Staehelins entsprechende Positionierung ist ebenfalls im Zusammenhang zu sehen mit Ausführungen Heinrich von Treitschkes und dem «Berliner Antisemitismusstreit». Vgl. Hoffmann 2000, 755 f.; Rebenich 2002, 170–173.

255 So etwa: BN 1913, Nr. 485, 17. 10. 1913.

256 Staehelin 1905d.

257 Felix Staehelin ist trotz des (praktisch) gleichlautenden Familiennamens mit ihm allerdings nicht verwandt, siehe Staehelin 1905d, 2, 42 f.

258 Burckhardt-Finsler 1905.

259 So weist Staehelin etwa explizit darauf hin, dass Bernhard Stehelin als «diplomatischer Agent» die französische Krone unter anderem durch «Aushorchen von Basler Amtspersonen» mit geheimen Informationen versorgt habe, und zitiert entsprechende Schreiben im Wortlaut. Staehelin 1905d, 37 ff.

260 Vgl. etwa Staehelin 1905d, 13.

eben dieses Gesamtzwecks der *Basler Biographien* – ein etwas unmotiviertes positives Gesamturteil zu Bernhard Stehelins Charakter nachgereicht. Seine in gewohnt gewandtem und lesefreundlichem Stil abgefassten Beschreibung des Lebenswegs und Wirkens Bernhard Stehelins präsentiert sich als gewissenhafte historische Arbeit, die dem gebildeten Publikum mit äusserst umfangreichen Quellenzitaten, der Diskussion von Quellenproblemen und mit ausführlichem Anmerkungsapparat nicht ein fertiges Lebensbild vorsetzte, sondern die historische Arbeit, die dahinter stand, und die überlieferungsbedingte Lückenhaftigkeit der Darstellung überaus transparent machte. Dieses Vorgehen verleiht dem Text trotz des zugänglichen Stils teilweise ein etwas sperriges Gepräge. Wie bereits in seinem Aufsatz zu Munatius Plancus präsentiert Staehelin auch hier als Historiker nicht allein einen individualisierten Lebensbericht, sondern nutzt die Gelegenheit, um dem Publikum weiterführende Erkenntnismöglichkeiten der Untersuchung eines Lebenswegs aufzuzeigen. Der Ritterschlag Stehelins durch den französischen König Heinrich II. bzw. das diesen bestätigende Adelsdiplom steht im Zentrum eines Zeitungsartikels, in welchem Staehelin einige Jahre später das Thema erneut aufnahm und eine zusätzliche – in der Zwischenzeit recherchierte – Episode aus dem Leben Bernhard Stehelins nachreichte.[261]

Nach diesem für die Ergebnisse von Staehelins wissenschaftlicher Produktion so wichtigen Jahr erfolgten seine Habilitation und der Beginn der universitären Lehrtätigkeit. Schon 1907 aber gab Staehelin die zweite Auflage seiner *kleinasiatischen Galater* heraus.[262] Hatte der Untersuchungszeitraum der Dissertation bis zur Errichtung der Provinz Asia gereicht, so zog Staehelin die Darstellung nun bis in die Kaiserzeit weiter. Ausserdem korrigierte er seine Studie in vielen Einzelheiten und brachte sie auf den neuen Stand der Forschung. Staehelin arbeitete auch Bemerkungen der Rezensenten und ihm direkt zugegangene Hinweise ein.[263] Trotz der grundlegenden Überarbeitung behielt er in vielem die Textgestalt und die Art der Formulierung bei. Im Ganzen wandte er ein Verfahren der Aktualisierung seines Buches an, wie es später bei der SRZ wieder begegnet. Auch diese Neubearbeitung wurde ausserordentlich positiv aufgenommen, und sie etablierte sich – wie oben ausgeführt – als die massgebliche Studie zum Thema. Gelzer schrieb Staehelin zu einer Vorlesung über die hellenistischen Monarchien, die er 1912 hielt, er behandle zurzeit die Seleukiden und es gebe «zur Einführung in die Probleme dieser Zeit» nichts Besseres als Staehelins *Geschichte der kleinasiatischen Galater*.[264]

261 BN 1912, 1. Beil zu Nr. 124, 7.5.1912. Staehelin beschreibt einen Konflikt zwischen Stehelin und der Basler Obrigkeit in Zusammenhang mit dessen Engagement in den fremden Diensten, der schliesslich das Ende seiner entsprechenden Aktivitäten bedeuten sollte.

262 Staehelin 1907b. Handexemplar im Nachlass: UB Basel NL 72 V: 18.

263 Vgl. Handexemplar der ersten Auflage: UB Basel NL 72 V: 1.

264 Gelzer an Staehelin, 22.6.1912, UB Basel NL 72 VIII: 171.

Eine Art Nachtrag zu der im Jahre 1900 veröffentlichten Kurzbiographie Munatius Plancus' stellt der Aufsatz *Ciceros Briefwechsel mit Plancus*[265] dar, in welchem Staehelin sich mit der Verwertung des entsprechenden Briefwechsels durch Emile Jullien[266] befasst. Staehelin diskutiert in dem Artikel in erster Linie Fragen der Chronologie bzw. Rückschlüsse, die sich aus dieser ergeben, wobei er unter Besprechung der massgeblichen zeitgenössischen Literatur Kritik an einzelnen Punkten von Julliens Ausführungen übt und diesem Ungenauigkeiten in der Rekonstruktion der zeitlichen Abläufe nachweist.[267] Dieser Text bildet mit seiner eingehenden Quellendiskussion und der vorausgesetzten Kenntnis der grossen Linien der Ereignisgeschichte einen Kontrast zu der – dem Rahmen und Publikum entsprechend – eher populär abgefassten Plancus-Biographie. Wie Staehelin selbst erwähnt, bot sich hier die Gelegenheit, seine früheren Ausführungen – soweit sie von den Annahmen Julliens abweichen – ausführlicher zu begründen.[268] Vor allem aber erlaubte es ihm die Publikation, sich mit seiner quellenkritischen Arbeit, die er in Bezug auf Munatius Plancus geleistet hatte, nun auch einem Fachpublikum bekannt zu machen, nachdem er sie – notwendigerweise ohne eingehende Quellen- und Forschungsdiskussion – für die *Basler Biographien* verwendet hatte. In diesem Zusammenhang interessant ist auch die überlieferte Liste der Sonderdruckadressaten, die aufzeigt, wie breit Staehelin den Aufsatz aktiv gestreut hat.[269]

Ebenfalls noch 1907 veröffentlichte Staehelin die Verschriftlichung seines Vortrags, den er anlässlich der erlangten Habilitation gehalten hatte (Habilitationsvorlesung). Wie oben ausgeführt, nutzte Staehelin in dem Vortrag mit dem Titel *Probleme der israelitischen Geschichte* die Gelegenheit, seine Beschäftigung mit dem Alten Orient zu rechtfertigen. Weiter stellt der Vortrag ein Plädoyer für eine Lektüre des Alten Testaments im Sinne der historisch-kritischen Methode dar und fügt sich hierdurch in Staehelins gedankliche Arbeit am Verhältnis von religiöser Überlieferung und Kritik ein, die wie gezeigt bis in seine Zeit als Gymnasiast zurückreicht. Hierbei tritt er in seinen Ausführungen weiter einem in zeitgenössischen Diskursen virulenten Panbabylonismus entgegen, wie er von Hugo Winckler und Alfred Jeremias vertreten wurde.[270]

---

265 Staehelin 1907c.

266 Jullien 1892.

267 Siehe etwa: Staehelin 1907c, 105, 108. Staehelin, der die von Jullien verfasste Biographie im Allgemeinen hochschätzte, hatte mit Letzterem bereits 1900 persönlich über die strittigen Fragen korrespondiert (UB Basel NL 72 V: 17d).

268 Jullien reagierte erneut sehr zugänglich auf Staehelins Kritik und teilte ihm brieflich mit: «Je reconnais volontiers que vous avez raison sur un grand nombre de points», UB Basel NL 72 VIII: 299.

269 UB Basel NL 72 V: 17d.

270 Vgl. zum Panbabylonismus und seinem diskursiven Verhältnis zum Bibel-Babel-Streit: Weichenhan 2016. Vgl. auch die Besprechung Staehelins zu Friedrich Delitzsch, *Das Land ohne*

In einem Vortrag vor der HAG mit dem Titel *Israel in Ägypten nach neugefundenen Urkunden,* den Staehelin 1908 publizierte, referierte er über die aramäischen Elephantine-Papyri, wobei er hier sein schon mehrfach gezeigtes besonderes Interesse an der papyrologischen Überlieferung mit der israelitischen Geschichte verbinden konnte.[271]

Nach dieser Veröffentlichung trat Staehelin vorerst nicht mehr mit grösserer Publikationstätigkeit hervor. Nach wie vor verfasste er Buchbesprechungen, darüber hinaus erschienen 1910 drei RE-Artikel. Ebenfalls 1910 erschien erstmals ein Bericht von Staehelin über die Forschungen in Augusta Raurica,[272] ein vorerst noch kaum merklicher Anfang der Arbeit auf diesem neuen Forschungsfeld. Die hier begonnene Form der Berichterstattung zu Augst sollte sich in der Folge verstetigen. Staehelins Pressebeiträge der 1910er Jahre, die mit der römischen Schweiz in Verbindung stehen, werden in Kapitel 4 thematisiert.

Nachdem Staehelin sich also in den späten 1900er Jahren stark mit der israelitischen Geschichte befasst hatte, wandte er sich in der Folge einem Forschungsfeld zu, das am Beginn seines historischen Arbeitens bereits einmal aufgetaucht war: die Geschichte der Burschenschaften und des politischen Umfelds ihrer Entstehung, die er in diversen Arbeiten behandelte. So beschäftigte er sich mit Karl Ludwig von Haller, dem «Restaurator», dessen Informationstätigkeit für Preussen Staehelin mit scharfen Worten verurteilt: «[...] die mannigfachen Schikanen, denen die Schweiz in der Restaurationszeit ausgesetzt war, [sind] nicht zuletzt eine Folge des landesverräterischen Treibens der Denunzianten vom Schlage Hallers gewesen».[273] Thematisch eng verwandt ist eine 1911 im Periodikum des Zofingervereins veröffentlichte Arbeit zu den *Anfängen des Zofingervereins im Lichte deutscher Polizeiakten,* wo Staehelin in Form einer Art kommentierten Quellenedition die Formierung der nationalen schweizerischen Burschenschaft aus restaurativer, deutscher Perspektive darstellt.[274] Ebenfalls in dieses Themengebiet gehört schliesslich ein umfangreicher Artikel Staehelins aus dem Jahr 1914 über *Demagogische Umtriebe zweier Enkel Salomon Gessners.*[275] Staehelin folgt den Brüdern

Heimkehr, Stuttgart 1911. Staehelin lobt zwar die Ausführungen, solange sie babylonisch-assyrisches Gebiet betreffen, lehnt jedoch darüber hinausgehende Folgerungen Delitzschs ab (BN 1912, 2. Beil. zu Nr. 306, 10.11.1912). Vgl. auch die für diese Fragen allerdings nicht ergiebige Rezension von Staehelin zu Friedrich Delitzsch, *Handel und Wandel in Altbabylonien,* Stuttgart 1910: BN 1910, 1. Beil. zu Nr. 108, 22.4.1910.

271 Auch in diesem Text werden gewisse stereotype Vorstellungen über die «finanziellen Instinkte» und den «jüdischen Volkscharakter» der Art, wie sie oben zitiert sind, transportiert. Staehelin 1908, 14.

272 Sonntagsblatt der BN 1910, 161 f.

273 Staehelin 1911b. Ebenfalls über das Thema («Der Restaurator Haller als politischer Denunziant») schrieb Staehelin im Sonntagsblatt des Berner Bund, 1911, 774–778.

274 Staehelin 1911c.

275 Staehelin 1914b.

Heinrich und Eduard Gessner, die in der Atmosphäre von Restauration und «Demagogie» unter dem Einfluss deutscher Liberaler in grenzüberschreitende politische und in der Folge auch juristische Auseinandersetzungen verwickelt wurden. Er zeichnet hier ein breites Panorama der transnationalen liberalen Agitation im Umfeld der Burschenschaftsbewegung und zeigt die beiden Brüder und ihr Schicksal als Ausdruck davon, «daß die schweizerische und die deutsche Einheitsbewegung durchaus verwandte Erscheinungen, ja im Grunde lediglich zwei Triebe aus derselben Wurzel gewesen sind».[276]

Einen kleinen wissenschaftsgeschichtlichen Artikel widmete Staehelin dem Thema «Mommsen und die Schweiz».[277] Staehelin schildert hier die Zeit, die Mommsen in der Schweiz verbrachte, wofür er u. a. in Zürich bei Otto Markwart Informationen eingeholt hatte. Insbesondere hebt Staehelin Mommsens überragende wissenschaftsgeschichtliche Bedeutung für die römische Schweiz hervor, worauf in Kapitel 8 zurückzukommen sein wird. Zeitgeschichtlich interessant ist der Artikel, da er eine Passage enthält, die als Kommentar zu der damaligen diskursiven Situation in der Schweiz angesichts der Spaltungstendenzen zwischen den Sprachregionen während des Ersten Weltkriegs gelesen werden kann. Der Schluss des Artikels lautet:

> Und so mag denn Mommsens Andenken uns teuer bleiben auch als Typus des deutschen Gelehrten derjenigen Art, die frei von politischen Nebengedanken unser Land friedlich durchdringen half und hilft mit den edelsten Wirkungen deutschen Geistes und deutscher Kultur. Niemals werden wir uns den Stolz und die Freude rauben lassen, solche Männer die unsern zu nennen.[278]

Die Formulierung bewahrt eine gewisse Deutungsoffenheit. Die Hervorhebung einer «Art» von Deutschen, die «frei von politischen Nebengedanken» das Land «friedlich durchdringen half», kann als implizite Kritik an einer «Art» gelesen werden, die von solchen Nebengedanken nicht ganz frei ist. Die Betonung von «deutschem Geist und deutscher Kultur» wirkt demgegenüber aber als ein deutliches Bekenntnis zur deutschen Wissenschaft. In diesem letzteren Sinn hat die Passage Theodor Plüss verstanden, der sich aber bezeichnenderweise seiner Interpretation auch nicht restlos sicher ist: «Darf ich in den Schlußworten die aktuelle Abwehr einer wissenschaftlichen Entente erkennen? und mich um so mehr darüber freuen?»[279]

---

276 Staehelin 1914b, 60.

277 Sonntagsblatt der BN 1917, Nr. 50, 16. 12. 1917. Der Artikel ist aus einem Vortrag entstanden, den Staehelin offenbar an einer Feier der Basler Philologen anlässlich des 100. Geburtstag Mommsens (30. 11. 1917) gehalten hatte. Von der Mühll an Staehelin, 11. 11. 1917, UB Basel NL 72 VIII: 638.

278 Sonntagsblatt der BN 1917, Nr. 50, 16. 12. 1917, 198.

279 Plüss an Staehelin, 16. 12. 1917, UB Basel NL 72 VIII: 444.

Am 19. März 1917 hielt Staehelin erneut einen Vortrag vor der HAG. Er kam hier wieder auf das Gebiet des Alten Orients zurück und referierte dieses Mal über das Volk der Philister. Den Vortrag publizierte er in überarbeiteter Form im Jahr 1918.[280] Eine neue historische Behandlung der Philister, so Staehelin, sei angezeigt, da die alttestamentarische Überlieferung nun mit den neuen Erkenntnismöglichkeiten, welche die epigraphischen und archäologischen Quellen böten, kombiniert werden könne. Hierdurch sei es möglich geworden, «ein Volk, an dem auch für den aufmerksamen Leser des Alten Testaments (wie einst für seine Verfasser) immer wesentlich der Begriff der ausländischen feindlichen Macht, des Volkes der ‹Andern› haftete, einmal in den Mittelpunkt der Betrachtung zu rücken»[281] – eine Bestimmung des Untersuchungsfokus, in der sich Staehelins eigenständiges wissenschaftliches Denken, seine grosse intellektuelle Flexibilität und der sichere Umgang mit Kategorien der historischen Perspektive zeigen. Ebenfalls erschien 1918, wie oben angesprochen, eine Reihe von Staehelins Artikeln in *Paulys Realencyclopädie*. Er verfasste ausserdem, wie auch die Jahre zuvor, zahlreiche Beiträge für die Tagespresse, wobei hier genannt werden sollen eine Rezension zur 2. Auflage von Wilhelm Oechslis *Quellenbuch zur Schweizergeschichte,*[282] in welcher Staehelin sowohl die Sammlung an sich als auch die Überarbeitung lobt und die Bemerkung zur Wichtigkeit des Quellenstudiums im Geschichtsunterricht anschliesst, die oben zitiert ist[283]; weiter zwei Besprechungen, die Jacob Burckhardt betreffen: die eine zu zwei neuen Editionen von Gedichten Burckhardts[284] und die andere zu einer Jacob-Burckhardt-Ausstellung in der Universitätsbibliothek Basel,[285] beides Hinweise auf die Bedeutung, die dem Burckhardt-Jubiläum (am 25. Mai 1918 jährte sich sein Geburtstag zum 100. Mal) beigemessen wurde. Ebenso erschien in diesem Jahr der oben angesprochene Zeitungsartikel zum Problem einer archäologisch-historisch argumentierenden Apologetik.

Im Jahr 1919 verstarben zwei Personen, die für Staehelin sehr wichtig gewesen waren und denen er je einen Nachruf widmete: Theodor Plüss und Otto Markwart. Staehelin würdigte Plüss als einen Lehrer, «unter dem Griechisch und Latein zu lernen» und «an die antike Literatur herangeführt zu werden [...][,] ein unausschöpflicher Born geistigen Genusses und Gewinns» gewesen sei. Der Nachruf gibt Einblick in eine Facette der Perspektiven und Kategorien, die Stae-

280 Staehelin 1918. Eine erste Version war bereits 1917 in den *Basler Nachrichten* publiziert worden: Sonntagsblatt der BN 1917, 153 f., 157 f., 162 f. Handexemplar und Materialien zum Vortrag: UB Basel NL 72 V: 24.

281 Staehelin 1918, 4.

282 BN 1918, Nr. 384, 18.8.1918. Vgl. Oechsli 1918.

283 Vgl. Kapitel 3.1

284 BN 1918, Nr. 238, 25.5.1918.

285 NZZ 1918, Nr. 743, 6.6.1918.

helins frühe Begegnungen mit dem Altertum prägten. So schreibt Staehelin über Plüss, dass «dieser Mann sein Leben lang einen Kampf führte gegen geistige Strömungen unserer Zeit, die er als verhängnisvoll betrachtete: den Realismus und Materialismus, dem gerade in der Verhandlung literarischer Kunstwerke von der tonangebenden Philologie seiner Überzeugung nach nur allzu sehr gehuldigt wurde. Im Unterricht suchte er dem ‹historischen Realismus› und ‹ideenlosen Positivismus›, dem verbreiteten Sinn für das bloß Stoffliche gegenüber, der ihm lebenszerstörend schien, dem lebenschaffenden, echt humanistischen Idealismus zum Sieg zu verhelfen».[286] Dieser von Staehelin im persönlichen Kontakt und in der Rezeption von Plüss' Schriften so deutlich wahrgenommene humanistische Zugang zur Antike ist als ein prägendes Element für seine Kategorienbildung auch im Hinblick auf die SRZ zu berücksichtigen.

In Otto Markwart, mit dem er ebenfalls in engem persönlichem Kontakt gestanden hatte, verehrte Staehelin einen der hingebungsvollsten Jacob-Burckhardt-Schüler. Man sei oft unter dem Eindruck gestanden, so Staehelin, «Markwart beurteile die ganze Welt in Vergangenheit und Gegenwart nur noch mit Burckhardts Augen, sozusagen *sub specie Jacobi Burckhardt*», und Staehelin sah es als grosses Unglück an, dass Markwarts Biographie Burckhardts unvollständig geblieben war.[287]

An wissenschaftlichen Publikationen erschienen in den Jahren 1919 und 1920 weitere acht RE-Artikel von Staehelin. Einen Beitrag zum 400-jährigen Jubiläum der Aufnahme des Familienstammvaters Hans Stehelin in das Basler Bürgerrecht stellen sodann die zusammen mit W. R. Staehelin herausgegebenen *Bilder zur Familiengeschichte der Stehelin und Stähelin* dar.[288]

Im Jahr 1921 beginnen die eigentlichen Publikationen Staehelins zum Themengebiet der römischen Schweiz, eine Arbeit, die Staehelin in hoher Intensität bis zur Veröffentlichung der SRZ im Jahr 1927 fortführte und auf die in Kapitel 4 ausführlich eingegangen wird. Daneben tritt seine übrige wissenschaftliche Produktion bis dahin immer stärker in den Hintergrund, sie versiegt jedoch nie ganz. Noch 1921 erschienen weitere sechs RE-Artikel, darunter die beiden bedeutenden zu Kleopatra und Seleukos. Ebenfalls besprach Staehelin Gelzers grundlegendes Buch zu Caesar,[289] wobei er das Bild, das Gelzer «von der Persönlichkeit seines Helden» entwerfe, als «durchaus folgerichtig entwickelt und in sich geschlossen» bezeichnet. Gelzer bewahre die Mitte zwischen einer Mommsen'schen «ins Übermenschliche, schlechthin Unvergleichliche steigernden [...] Verherrlichung» und «Ferreros Versuch, Cäsar wieder als einen von den Ereig-

286 BN 1919, Nr. 492, 15.11.1919.

287 BN 1919, 1. Beil. zu Nr. 231, 20.5.1919. Vgl. Markwart 1920.

288 Staehelin 1920.

289 Gelzer 1921.

nissen getragenen [...] Abenteurer hinzustellen».[290] Staehelin stand allgemein einer dezidierten Kritik an Caesar, wie sie Ferrero übte, äusserst ablehnend gegenüber, was sich in der SRZ auf seine Behandlung Caesars als Quelle für das *Bellum Helveticum* auswirken sollte.

1923 verfasste Staehelin einen kleinen Beitrag für die Festschrift Jacob Wackernagel. In dem knappen Artikel *Der Name Kanaan* versucht Staehelin, einen Beitrag zur Klärung dieser sprachlich unklaren Form durch das Postulat eines «ägäisch-kleinasiatischen» linguistischen Elementes in der Bildung eines bestimmten Suffixes zu leisten.[291] Hierbei verweist er ebenfalls auf archäologisch-anthropologische Befunde, die seine These des kleinasiatischen Einflusses stützen sollen.

In den Jahren 1924/1925 erschienen 13 RE-Artikel Staehelins, darunter *Lamischer Krieg* (RE XII, 562–564) und *Laodike* Nr. 11–32 (RE XII, 700–712); und noch 1927, im Jahr der Publikation der SRZ, weitere drei Artikel im Band XII und im Band III der 2. Reihe.

Von Staehelins allgemeiner publizistischer Tätigkeit bis hin zur SRZ ist schliesslich noch anzuführen eine Rezension von Ulrich Wilckens für ein breites Publikum abgefasste *Griechische Geschichte im Rahmen der Altertumsgeschichte* aus dem Jahr 1924.[292] Staehelin, der mit Wilcken auch persönlich in Kontakt stand und dem dessen papyrologische Arbeit eine grosse Inspiration gewesen war,[293] zeigt sich begeistert von dem Buch:

> Es zwingt zum Aufhorchen, wenn man vernimmt, daß ein anerkannter Meister seines Faches es unternimmt, der Jugend und weiteren Kreisen der Gebildeten einen Ueberblick über die Ergebnisse seiner Wissenschaft zu verschaffen. [...] fest auf dem Boden der Tatsachen stehend, liebevoll die Einzelheiten ins Auge fassend und doch immer die großen Linien klar heraushebend, erzählt er [= der Verfasser] mit warmer Teilnahme und in frischer, anschauungsreicher Sprache [...]. Vieles ist ja [...] noch hypothetisch und umstritten, aber in dem Gewirr der sich entgegenstehenden Ansichten trifft der Verfasser sorgfältig abwägend fast immer Entscheidungen, die ohne weiteres einleuchten. [...] [Das Buch] eignet sich vorzüglich dazu, dem Laien klare Begriffe zu bringen und unrichtige Vorstellungen in ihm zu zerstreuen, aber auch der Fachmann hat allen Anlaß, sich dankbar über mannigfaltige wertvolle Belehrung zu freuen.

290 BN 1921, Nr. 514, 2.12.1921. Im Einzelnen bringt Staehelin weiter auch einige Kritikpunkte vor.

291 Staehelin 1923a.

292 BN 1924, 4. Beil. zu Nr. 447, 1./2.11.1924; Wilcken 1924.

293 Im Jahr 1939 gehörte Wilcken überdies zu den Unterzeichnern des Antrags auf Wahl Staehelins zum korrespondierenden Mitglied der Preussischen Akademie der Wissenschaften. Archiv BBAW: PAW (1812–1945): II-III-46 Bl. 153. Staehelin sollte 1945 ebenfalls einen Nachruf auf Wilcken publizieren: BN 1945, Nr. 36, 24.1.1945.

Liest man diese Zeilen und macht sich dabei bewusst, dass Staehelin zu der Zeit, als er sie schrieb, intensiv an der SRZ arbeitete, so bekommen sie einen ganz besonderen Klang. In dieser Charakterisierung des Buches von Wilcken, in diesem Lob für die gelungene fachmännische Darstellung eines komplexen althistorischen Themas in Form eines anschaulichen Lesebuchs, das sowohl Fachleute wie breite Kreise fesseln und belehren kann, fassen wir gleichsam das Ideal dessen, was Staehelin selbst mit der SRZ zu erreichen hoffte.

3.4 Fazit zu Kapitel 3

Als junger Gelehrter unternahm Felix Staehelin seine Schritte zur institutionellen Etablierung den Prägungen seines Habitus entsprechend in einer Art, die sich geradezu nahtlos an seine Bildungsjahre anschloss. Hierbei ist eine wechselseitige Integration seiner Tätigkeiten und Positionierungen zu beobachten, in welcher der beruflich eingeschlagene Weg mit der Einnahme eines bestimmten Platzes in der Basler Stadtgesellschaft und bis zu einem gewissen Grad ebenfalls mit seiner wissenschaftlichen Produktion korrespondiert.

Die Ausbildung zum Gymnasiallehrer und die Aufnahme einer entsprechenden Tätigkeit wurden Staehelin schon während des Studiums vor allem von Jacob Burckhardt nahegelegt. Da er sich auf die relativ sichere Perspektive eines klassischen Studiums der Geschichte und Philologie eingelassen hatte, stand ihm dieser Weg nun offen. Sein Beitritt zur HAG in der Zeit nach der Promotion und sein Engagement im Historischen Kränzchen Burckhardt-Finslers sowie die in diesem Rahmen realisierte Publikation zu Munatius Plancus deuten früh auf die Rolle hin, die er künftig in Basel zu spielen beabsichtigte. Auch wenn er die ersten Jahre seines Berufslebens in Winterthur verbrachte, blieb die Heimatstadt stets die massgebliche Perspektive seiner Lebensplanung, und so ergriff er denn die Gelegenheit, mit seiner jungen Familie schon nach wenigen Jahren nach Basel zurückzukehren. Seine Etablierung verlief nun in einer ersten Phase zügig und seinen Wünschen entsprechend. Durch eine bereits direkt nach der Promotion begonnene und in Winterthur entschlossen fortgeführte Forschungs- und Publikationstätigkeit baute er das wissenschaftliche Prestige, das er sich durch seine Dissertation erworben hatte, rasch aus und konnte dieses sodann im universitären Feld einsetzen, indem er sich mit den entsprechenden Schriften habilitieren liess. Ebenfalls wurde er nun in den Vorstand der HAG gewählt und übernahm zudem eine Funktion in Basels kirchlichem Leben, indem er sich in der herrschenden religiös-sozialen Aufbruchsstimmung dem Freundeskreis um Paul Wernle anschloss.

Während die weitere Etablierung in der Stadtgesellschaft sich in einem ähnlichen Rhythmus weiter vollzog, indem Staehelin in der HAG eine immer wichtigere Rolle spielte und sein kirchliches Engagement sich durch seine Wahl in die

Synode institutionalisieren sollte, gestaltete sich sein Fortkommen, was die akademische Laufbahn betrifft, weniger linear. Ausser einem Extraordinariat ohne eigentlichen Lehrauftrag sollte für ihn in Basel bis anfangs der 1930er Jahre nichts Entsprechendes zu erreichen sein. Hierbei waren verschiedene Faktoren wirksam. Einerseits hatte Staehelins wissenschaftliche Integrität, die ihn sein früh formuliertes klares Bekenntnis zur Historie über die karrieretechnischen Opportunitäten stellen liess, zur Folge, dass er als disziplinärer Pionier kein bereits bestehendes institutionelles Gefäss für seine fachliche Prägung vorfand. Vielmehr wurde das Gebiet der Althistorie sowohl von der Geschichte wie auch von der Philologie abgedeckt, und hier waren in einer entscheidenden Phase sowohl Baumgartner wie Münzer eigentliche Spezialisten für diese Disziplin. Die Alte Geschichte war also sowohl heimatlos wie übervertreten, eine Situation, die den Aufstieg Staehelins in einem wesentlichem Mass erschwerte. Zwar war die Alte Geschichte nun auch in der Schweiz in der institutionellen Etablierung begriffen, was Staehelin die Möglichkeit eröffnete, nach Zürich zu wechseln. Einem solchen Plan standen nun aber seine starke Verwurzelung in Basel entgegen und die Entschlossenheit, hier auch weiterhin ein integrierender Teil der Bürgerschaft zu bleiben.

Diesen Hindernissen, die Staehelins weitere universitäre Etablierung komplizierten, standen jedoch auch begünstigende Faktoren gegenüber, welche zu seinem Extraordinariat führten und in Zukunft die endgültige Etablierung ermöglichen sollten. Es waren dies sein Basler Netzwerk, seine fachliche Exzellenz, seine langjährige Loyalität zur heimischen Universität und vor allem die beinahe vollkommene Verkörperung des Ideals eines Basler Professors durch sein grosses Engagement für die Stadtgesellschaft und – nicht zu unterschätzen – durch seine Abkunft aus der kulturell immer noch bestimmenden altbürgerlichen Elite der Stadt.[294]

In seinen vielfältigen Tätigkeiten und besonders durch das Doppelamt in Schule und Universität sollte es Staehelin ab den 1910er Jahren schwerfallen, eine vergleichbare wissenschaftliche Produktion aufrechtzuerhalten, wie dies in der Zeit seiner ersten Etablierung noch möglich gewesen war. Da er überdies damals in Hinblick auf die Habilitation kumulativ gearbeitet hatte, stellten die *kleinasiatischen Galater*, als er 1917 zum Extraordinarius befördert wurde, noch immer sein Hauptwerk dar.

Was die Entwicklung des wissenschaftlichen Profils Staehelins zwischen Promotion und Extraordinariat betrifft, so wirkt sich die spezifische, bereits für sein Studium konstatierte Verbindung einer spezialisierten Altertumswissen-

294 Noch in dem Gratulationsschreiben, das Staehelin von der Universität zu seinem 70. Geburtstag erhielt, wird betont, «dass Sie zu den wenigen gehören, in deren Person die Verbindung unserer Universität mit der alten Bürgerschaft unserer Stadt lebendig geblieben ist», StABS PA 182a B45: 1.

schaft auf der methodischen Höhe der Zeit mit einem andererseits universalhistorisch geprägten Zugriff auf die Geschichte weiter aus. Ebenfalls zeigt sich deutlich die klare disziplinäre Entscheidung für die Historie, was Staehelin von vielen Altertumswissenschaftlern seiner Zeit unterschied.

Als Experte für die hellenistische Geschichte hatte Staehelin seit seiner Dissertation eine gewisse Reputation, die sich in seiner Mitarbeit für die *Realencyclopädie* akzentuierte. Einer eigentlichen Spezialisierung stand jedoch sein umfassendes Verständnis von Alter Geschichte entgegen und damit verbunden die Weigerung, auf das erste wissenschaftliche Grossthema, das in ihm den Drang zur Geschichte geweckt hatte, zu verzichten: den Alten Orient. In letzterem Gebiet war es ihm aufgrund sprachlicher Defizite aber nicht möglich, mit eigentlichen neuen Forschungsleistungen hervorzutreten, so dass seine intensive Beschäftigung mit diesem Forschungsfeld sich nicht in wissenschaftliches Kapital ummünzen liess. Auch hier zeigt sich der hohe Stellenwert, der einem genuin intrinsischen Erkenntnisinteresse für Staehelins wissenschaftliche Tätigkeit zukam, jenseits von Erwägungen pragmatischer Opportunität. Das Themengebiet des antiken Antisemitismus bildete hier gewissermassen eine Kombination von israelitisch-jüdischer Geschichte und klassischem Altertum. Dieser Fokus erlaubte Staehelin hier zusätzlich eine Implementierung apologetisch-christlicher Argumentation, was er in anderen wissenschaftlichen Kontexten scharf ablehnte. Tatsächlich reagierte er auf plumpe Versuche, den Glauben über die historische Evidenz zu verteidigen, stets spöttisch und ärgerlich.

Das universalhistorische Erbe und der damit einhergehende freie Blick über die Epochen hinweg traten weiter nicht nur in dem Einbezug der Frühen Neuzeit in Staehelins lokalhistorische Tätigkeit hervor, sondern vor allem auch in der Beschäftigung mit der Burschenschaftsgeschichte und damit der Epoche von Restauration und liberaler Agitation, die sich nicht in kleineren Anmerkungen erschöpfte, sondern – im Falle der Gessner-Brüder – geradezu monographische Ausmasse annahm.

Was Charakteristika von Staehelins althistorischem Arbeiten (im engeren Sinn) betrifft, so sehen wir hier eine philologisch fundierte, klar quellenzentrierte, kritische Geschichtsschreibung, die mit der hilfswissenschaftlichen Erschliessung neuer Überlieferungsformen Schritt hält und damit den methodischen Erfordernissen einer zeitgenössischen Althistorie vollkommen gerecht wird. Zu allen von ihm bearbeiteten Themen legt Staehelin stets eine grosse Vertrautheit mit Quellen und Literatur an den Tag. In der Erarbeitung der historischen Zusammenhänge und der Einzelheiten seiner Untersuchungen zeigt er – mit seiner Neigung zur Akribie – eine grosse Genauigkeit und intellektuelle Gewissenhaftigkeit. Die meisten seiner Punkte sind sehr sorgfältig begründet; im Kontrast hierzu fällt die Thesenbildung jedoch in einzelnen Passagen zuweilen auch geradezu abrupt und apodiktisch aus. Mit Wendungen wie «es ist undenkbar, dass», «es wäre grotesk anzunehmen, dass», «vollkommen ausgeschlossen ist» werden so auch Postulate mit Nachdruck bekräftigt, die aus der eigentlichen Quellenarbeit nicht in einer zwingenden Weise hervorgehen. Hiermit korrespondieren ein streitbarer Ton, den Staehelin zuweilen anschlägt, und eine Schärfe der Kritik, die er jedoch ohne zu zögern ebenfalls auf sich selbst anwendet, wenn er eine eigene These als verfehlt revidiert.

Einer grossen Flexibilität im Umgang mit der historischen Perspektive und dem damit verbundenen Bewusstsein davon, wie arbiträr die Einnahme entsprechender Standpunkte letztlich ist, steht auf der anderen Seite ein nur wenig reflektiertes Verständnis ethnischer Formationen als den Agenten der geschichtlichen Entwicklung gegenüber, das oft selbstverständlich von den antiken «Völkern» als abgegrenzten und mit festen Identitäten ausgestatteten historischen Akteuren ausgeht. Grosse Teile von Staehelins Schaffen haben denn auch ethnische Formationen zum titelgebenden Thema, angefangen bei den Galatern über die Bastarner bis hin zu den Philistern. Die ethnischen Kategorien werden hierbei allerdings nicht so simplizistisch und homogenisierend gedacht, wie es bei einer ersten Betrachtung den Anschein haben könnte. Dies würde sich bei einer eingehenden Analyse auch der hier aufgeführten Arbeiten bereits erweisen, wird in vorliegender Untersuchung jedoch gemäss dem hier verfolgten Erkenntnisinteresse für Staehelins Auffassung der römischen Schweiz gezeigt werden.

4 Die Hinwendung zur römischen Schweiz

Bis in die 1920er Jahre liegt wie ausgeführt von Staehelin wenig Publiziertes zum Themenkomplex der römischen Schweiz im weitesten Sinne vor: Ausser zwei Aufsätzen zu Munatius Plancus, wovon nur der erste überhaupt auf das Gebiet der Schweiz eingeht, existieren lediglich einige knappe Berichte in der Presse und ein Artikel in einer illustrierten Zeitschrift. In der Fachwelt hatte Staehelin sich generell zwar bereits einen Namen als kompetenter Althistoriker gemacht, auf diesem spezifischen Gebiet aber war er noch jetzt, mit 47 Jahren, weitgehend ein Unbekannter, im Gegensatz etwa zum verstorbenen Burckhardt-Biedermann, zu Karl Stehlin oder zu anderen in diesem Feld profilierten Figuren wie Otto Schulthess.[1]

Dies änderte sich nun mit Beginn der 1920er schnell, und bereits zur Mitte des Jahrzehnts wurde die Publikation der massgeblichen Gesamtdarstellung allgemein von ihm erwartet. Im Folgenden werden die Entwicklungen nachvollzogen, durch welche Staehelin in die Position kam, das Thema zu besetzen und zu behaupten.

Es ist hier zuerst der Blick auf die praktische Tätigkeit in Universität und Basler Gesellschaft zu richten, um zu verstehen, wie es möglich ist, dass Felix Staehelin sich in den 1920er Jahren sehr schnell (und bereits vor der Publikation der SRZ) den Ruf als einer der besten Kenner der römischen Vergangenheit der Schweiz erwarb. In Kapitel 4.1 wird somit nach der frühen Beschäftigung Staehelins mit Themen aus dem Gebiet der römischen Schweiz gefragt, welche aus seinem Œuvre nicht unmittelbar zu erkennen ist. Kapitel 4.2 und 4.3 zeigen sodann die Intensivierung von Staehelins Beschäftigung mit der römischen Schweiz im Verlauf der 1920er Jahre auf, die Bedeutung seiner entsprechenden Publikationen und die Art und Weise seiner Etablierung auf diesem Forschungsfeld. In Kapitel 4.4 werden durch eine Analyse der spezifischen Konkurrenzsituationen die Voraussetzungen und Bedingungen von Staehelins Behauptung der Deutungshoheit und der schliesslichen Monopolisierung des Themas geklärt. Die breite Behandlung von Staehelins frühem sozialem, akademischem und wissenschaftlichem Werdegang in Kapitel 3 wird nun in Kapitel 4 also komplementiert mit der thematischen Engführung auf die römische Schweiz.

1 Vgl. Kapitel 4.4.2.

4.1 Basel, Augst und die Schweiz

Art und Verlauf der Hinwendung Staehelins zum Forschungsgebiet der römischen Schweiz werden nur dann verständlich, wenn nicht allein seine frühen Publikationen, sondern vor allem auch seine Tätigkeit in Universität und Stadtgesellschaft in den Blick genommen wird. Insbesondere kommt Staehelins Engagement in der HAG diesbezüglich eine Schlüsselrolle zu,[2] wie im Folgenden gezeigt werden soll.

Wie oben ausgeführt, lag es für Staehelin aufgrund seiner Position als junger, in der Gesellschaft Basels tief verwurzelter und bestens vernetzter Historiker nahe, in der HAG eine tragende Rolle anzustreben, und so war er als frisch habilitierter Privatdozent seit 1907 im Vorstand der Gesellschaft aktiv. Als Althistoriker mit einem genuinen, durch Neigung und Fähigkeit aussichtsreichen Interesse an der Geschichte Basels und einem ausgeprägten humanistischen Bewusstsein empfahl sich Staehelin für diejenigen Felder der Gesellschaftstätigkeit, die sich der antiken Vergangenheit Basels und der Region widmeten. Dies betraf zum einen das «Alte Basel», vor allem aber die Delegation für Augst, in welcher Staehelin seit 1913/1914 tätig war.[3]

Die Funde und Befunde von Augst stellten traditionellerweise ein besonderes Anliegen der HAG dar. Bereits in der Zeit der Gründung der Antiquarischen Gesellschaft hatten die Erforschung von Augusta Raurica und eine Bestandsaufnahme des bisher Entdeckten[4] zu den Prioritäten ihrer Protagonisten gehört.[5] Schon am 15. Februar 1840 hatte Wilhelm Vischer einen Vortrag gehalten über die *Geschichte der bisherigen Entdeckungen in Basel-Augst.*[6] Eigene

2 Vgl. hierzu auch die Bemerkung bei Furger 2001, S 301.

3 Vgl. für diese beiden Tätigkeitsfelder der HAG: Weber 1986.

4 Erste genauere Erkenntnisse über die römischen Ruinen in Augst waren bereits in der Zeit des Humanismus gewonnen worden. 1582–1585 war der Basler Kaufmann Andreas Ryff mit der Leitung von Ausgrabungen beauftragt worden (Burckhardt-Biedermann 1882, 6; Benz et al. 2003, 2 f.; Kamber 2008, 19; Hufschmid in Berger 2012, 81 f.; Hufschmid 2015, 37 f.). Von 1588 bis 1590 studierte Basilius Amerbach, Professor für Jurisprudenz, intensiv die zu Tage liegenden Überreste, dokumentierte Teile davon, unter anderem mithilfe des von ihm beigezogenen Kunstmalers Hans Bock, und identifizierte das vermeintliche Schloss in Basel-Augst als Theaterbau (Burckhardt-Biedermann 1882, 6–10; Berger 1985; Hufschmid/Pfäffli 2015; vgl. auch: Söll-Tauchert 2011). Im Verlauf des 18. Jahrhundert erfolgten sporadische private Grabungen, die aber zumeist lediglich Kleinfunde zu Tage förderten. Allgemeine Beschreibungen wurden verfasst von Daniel Bruckner und J. D. Schöpflin (Weber 1986, 57 f.; Hufschmid 2015; vgl. auch: Schubiger 1995). In den Jahren 1793–1804 nahm der französische Architekt Aubert Parent Grabungen vor allem im Gebiet der «Grienmatt» vor, im Auftrag der damaligen Grundbesitzer, der Familie Forcart. Vgl. Burckhardt-Biedermann 1903, 83; His 1936, 74 f.; Berger 1985, 33; Nagel 1995.

5 Vgl. zu der Geschichte der Forschungen in Augst generell: Benz et al. 2003.

6 Vgl. Stehlin 1911, 106 ff.

entsprechende Grabungs- und Sammlungstätigkeit zu entfalten, war jedoch für die Gesellschaft über lange Zeit schwierig. Der Papierfabrikant J. J. Schmid, seit 1820 Besitzer des Theaterareals, betrieb auf eigene Faust Grabungen und korrespondierte darüber etwa mit Ferdinand Keller in Zürich.[7] Was die Kleinfunde betraf, so hatte sich Schmid eine Sammlung von Augster Fundstücken angelegt, die er laufend erweiterte. Bereits seit 1839 hatte die Historische Gesellschaft versucht, die Sammlung zu erwerben. Nach diversen gescheiterten Verhandlungen gelang 1858 – Jahre nach Schmids Tod – der Ankauf, der gemeinsam durch die Akademische Gesellschaft, die Regenz, die Antiquarische Gesellschaft und die Museumskommission finanziert wurde.[8] Bis weit in die zweite Hälfte des 19. Jahrhunderts konnte die Antiquarische Gesellschaft im Weiteren praktisch ausschliesslich Einzelfunde behandeln. Eine neue Dynamik wurde durch die Fusion mit der Historischen Gesellschaft und den neuen Präsidenten Theophil Burckhardt-Biedermann ausgelöst. Der Gymnasiallehrer Burckhardt-Biedermann, zu dessen Schülern später auch Felix Staehelin gehören sollte,[9] begann 1877 mit einer ersten privaten, von der Gesellschaft unterstützten Grabung in Augst.[10] Ab Winter 1878/1879 entwickelte sich daraus eine umfangreiche Grabungstätigkeit, deren Kosten von der HAG getragen wurden.[11] Neue Möglichkeiten eröffneten sich, als Johann Jakob Merian im Jahr 1884 das Areal des Theaters und des Schönbühlhügels (mit der Tempelanlage) kaufte und der HAG schenkte, ein Beginn an Augster Grundbesitz, der in der darauffolgenden Zeit durch diverse Schenkungen noch vermehrt wurde.[12]

Besonders in den 1880er Jahren war Burckhardt-Biedermann in Basel die zentrale Persönlichkeit in Bezug auf die «nahe» Alte Geschichte und die antiken Überreste der Region, und er korrespondierte in dieser Position u. a. auch mit Theodor Mommsen.[13] Er publizierte zahlreiche Artikel sowohl zu lokalgeschichtlichen als auch zu «antiquarischen» Themen und verfasste unter anderem eine populäre Gesamtdarstellung *Helvetien unter den Römern,* die in gewisser Weise als Vorgängerpublikation zu Staehelins SRZ betrachtet werden kann. 1903 veröf-

7 Benz et al. 2003 27 f.; His 1936, 75; Hufschmid in Berger 2012, 83; Vgl. Stehlin 1911, 103 ff.

8 His 1936, 25 f. Die Bestände der Antiquarischen Gesellschaft wurden generell «unter Vorbehalt des Eigentumsrechts» den öffentlichen Sammlungen zur Verfügung gestellt. His 1936, 29; vgl. Benz et al. 2003, 30.

9 Vgl. Kapitel 2.2.

10 Burckhardt-Biedermann 1903, 83 f.; Weber 1986, 59; vgl. Hufschmid in Berger 2012, 83.

11 Burckhardt-Biedermann war 1874 für kurze Zeit der letzte Präsident der Antiquarischen Gesellschaft und ab 1875 der erste der neuen Historischen und Antiquarischen Gesellschaft. His 1836, 27, 85 f.

12 Weber 1986, 60 ff. Zu den einzelnen Ausgrabungen vgl. auch His 1936, 76 ff. Vgl. Burckhardt-Biedermann 1882.

13 Staehelin BN 1917, Sonntagsblatt Nr. 52, 30.12.1917.

fentlichte Burckhardt-Biedermann einen Artikel in der *Basler Zeitschrift für Geschichte und Altertumskunde*, inklusive Situationsplan von Augst, der die Ergebnisse seiner Ausgrabungen zusammenfasste.[14]

Schon im Verlauf der 1890er Jahre war jedoch daneben eine andere Figur immer stärker hervorgetreten, die fast ein halbes Jahrhundert für die Augster Forschung prägend bleiben sollte: Karl Stehlin. Stehlin, von seiner universitären Bildung her Jurist und Rechtshistoriker, entfaltete seine grösste Wirksamkeit auf dem Gebiet der Architekturgeschichte und archäologischen Forschung. Nach Abschluss einer Baugeschichte des Basler Münsters wandte sich Stehlin, der seit 1891 im Vorstand der HAG tätig war, der Ausgrabungstätigkeit in Augst zu.[15] Stehlin spielte in der HAG auch in anderen Bereichen eine tragende Rolle, so etwa was die «Basler Altertümer» angeht.[16] Seit 1893 nahm er die archäologische Forschung in Augst immer stärker in die eigenen Hände, was ihm durch sein beträchtliches Vermögen ermöglicht wurde, welches ihm völlige Handlungsfreiheit gab.

Als der junge Felix Staehelin sich neu in der HAG zu engagieren begann, bildeten Stehlin und Burckhardt-Biedermann seit längerer Zeit zusammen die Kommission für Augst, ergänzt durch wechselnde Unterstützung.[17] Bis 1907 unterstand die archäologische Forschung in Augst insgesamt «nominell» immer noch Theophil Burckhardt-Biedermann, durch seine bestimmende Rolle war anfangs des 20. Jahrhunderts jedoch, was die Ausgrabungstätigkeit angeht, in erster Linie Karl Stehlin die massgebliche Forscherpersönlichkeit,[18] ja er hatte schon seit den 1890er Jahren «faktisch eine leitende Funktion inne[gehabt]».[19] So nahm Stehlin über Jahrzehnte eine Vielzahl einzelner – selbstfinanzierter – Ausgrabungen vor, dokumentierte minutiös und arbeitete nicht zuletzt schon früh die Publikationsgeschichte zum Thema «Augusta Raurica und Basilia» in einer

14 Burckhardt-Biedermann 1903. Burckhardt-Biedermann engagierte sich auch in der Forschung zum spätantiken Rheinlimes und trat durch die Publikation neu gefundener Inschriften hervor. Zu der Tätigkeit Burckhardt-Biedermanns in Augst siehe den Nachlass im Archiv der HAG: StABS PA 88: H 5. Vgl. auch Benz et al. 2003, 30, 35, 37.

15 Weber 1986, 62; zu Karl Stehlin vgl. auch den von Staehelin verfassten Nachruf: Staehelin 1934b; weiter: Benz et al. 2003, 37; Furger 1994.

16 Zu Stehlins vielfältiger Tätigkeit für die HAG siehe die Jahresberichte der HAG in der *Basler Zeitschrift für Geschichte und Altertumskunde* (BZG) sowie das Archiv der HAG: StABS PA 88, besonders: H7–H15.

17 Bis 1904 zusammen mit August Bernoulli, ab 1905 mit dem Augster Salinenverwalter Fritz Frey, der 1907 einen *Führer durch Augusta Raurica* (Frey 1907) publizierte. Vgl. Jahresberichte der HAG in BZG; Staehelin 1912, 201.

18 So bezeichnet auch Hans Franz Sarasin in seinem Nachruf auf Staehelin die Augster Forschung als die «eigentliche und – man darf fast sagen – ausschliessliche Domäne Karl Stehlins». Sarasin 1952, 19.

19 His 1936, 76.

kommentierten Bibliographie auf.[20] Er war – in der Schweiz und darüber hinaus – bereits zum Zeitpunkt des Eintritts Staehelins in die Kommission für Augst als einer der massgeblichen Experten für die römische Bodenforschung in der Schweiz bekannt. Sein Tod im Jahr 1934 sollte eine einschneidende Zäsur für die Augster Bodenforschung bilden, machte die Gründung einer Stiftung Pro Augusta Raurica notwendig und leitete über zu einer neuen Periode, die nun von Rudolf Laur-Belart geprägt werden sollte.[21] Eine von Stehlin geplante zusammenfassende Veröffentlichung zu Augst kam zu seinen Lebzeiten nicht mehr zustande.[22] Nicht nur lokal, sondern auch im schweizerischen Rahmen war Stehlin wie erwähnt bereits seit den 1890er Jahren einer der profiliertesten Protagonisten der institutionellen «Römerforschung» in der Schweiz: So hatte im Jahr 1896 die Schweizerische Gesellschaft für Erhaltung historischer Kunstdenkmäler (SGEK),[23] welche Stehlin von 1895 bis 1898 präsidierte, eine Kommission geschaffen für diejenigen Tätigkeitsbereiche der Gesellschaft, welche die römische Epoche betrafen; die Leitung übernahm Stehlin selbst und er entfaltete in dieser sogenannten Römerkommission[24] eine rege Tätigkeit; in punkto rö-

20 Stehlin 1911, 7. Zur Zusammenarbeit zwischen Burckhardt-Biedermann und Stehlin sowie zur Methode Stehlins vgl. auch die Bemerkungen von Thomas Hufschmid in Hufschmid/Tissot-Jordan 2013, 13 ff.

21 Vgl. Kapitel 6.3.

22 Im Jahr 1994 gab Alex R. Furger eine von ihm und Constant Clareboets überarbeitete Version des von Heiner Speiser transkribierten Manuskripts heraus: Stehlin 1994.

23 Zur Geschichte der Gesellschaft: Schwabe et al. 1980.

24 Zwischenzeitlich auch Archäologische Kommission, vgl. Dragendorff 1909, 97: «Die Arbeiten der schon in den früheren Berichten genannten ‹Römerkommission› oder, wie sie jetzt heisst, ‹Archäologischen Kommission› gehen rüstig weiter»; später wieder Kommission für römische Forschungen (vgl. etwa: ZBSO TAT_E 3.2.58). Die genauen Umstände und Implikationen der jeweiligen Namenswechsel werden aus der Literatur nicht klar. (Vgl. die offensichtlich unrichtige oder zumindest sehr ungenaue Darstellung bei Drack 1987, 30 f. Es zeigt sich auch hier das Fehlen einer auf archivalischen Quellen basierenden Geschichte der provinzialrömischen Archäologie in der Schweiz.) Die Kommission hatte zum Ziel, «die früheren und neuen Entdeckungen von römischen Altertümern in der Schweiz, besonders von Inschriften, zu registrieren, die vom Bunde subventionierten Ausgrabungen und Erhaltungsarbeiten zu beaufsichtigen und auch direkt Ausgrabungen römischer Reste zu leiten». Schwabe 1980, 323. Wie Drack 1987, 31 ausführt, wurden über die Kommission im 20. Jahrhundert «Ausgrabungen von gegen 20 römischer Gutshof-Bauten, mehrerer römischer Wachttürme am Rhein, von Bauresten in Kempraten und Nyon sowie in Zillis, auf dem Julier und Septimer subventioniert». In den 1930er Jahren blockierte das schwierige Verhältnis zwischen Stehlin und Schulthess die Römerkommission zusehends, was in der Schweizerischen Gesellschaft für Urgeschichte vermehrt für Unmut sorgte über die Zweispurigkeit der schweizerischen römischen Bodenforschung, die einerseits von der SGEK, andererseits von der Schweizerischen Gesellschaft für Urgeschichte betrieben wurde. Ersichtlich wird dies etwa aus der Korrespondenz im Nachlass Tatarinoff: ZBSO TAT_E 3.2.3. Vgl. auch Kapitel 4.4.2 dieser Studie. Kolportiert wird, dass die Römerkommission auf Anregung Theodor Mommsens gegründet worden sei. Laur-Belart 1957, 3; darauf ge-

mische Bodenforschung galt er vielen als der «schweizerische Fachexperte».[25] Ebenfalls war er in der Subkommission «für die Erforschung des schweizerischen Rheinlimes» tätig.[26] Diese Rheinlimeskommission wurde 1908 mit dem Ziel gegründet, die spätrömischen Befestigungen am Rhein und am Bodensee zu untersuchen und zu publizieren.[27] Ebenfalls wurde Stehlin 1912 kurzzeitig für den verstorbenen Jakob Heierli in die Dreierkommission berufen, welcher die Leitung der Arbeiten in Vindonissa oblag.[28] In einem Zeitungsartikel, den Laur-Belart anlässlich der Jahresversammlung der Schweizerischen Gesellschaft für Urgeschichte (SGU) in Basel im Juni 1938 publizierte, fasste er Stehlins Tätigkeit knapp folgendermassen zusammen:

> Er [= Stehlin] war der Gründer der Schweiz. Römerkommission, die seit 1896 in halbamtlicher Stellung alle römischen Ausgrabungen, die vom Bunde subventioniert wurden, überwachte; er leitete die Untersuchung der spätrömischen Wachtürme am Rhein, er förderte die Vindonissaforschung in ihren Anfängen und forschte auf eigene Kosten überall im Schweizerlande.[29]

stützt: Schwarz et al. 2014, 37, Anm. 4; Schwarz 2016, 47, Anm. 12; ohne Beleg bei: Sauter 1982, 34. Jüngst auch Hächler et al. 2020, 28. Dies ist angesichts von Mommsens Rolle bei der Gründung der deutschen Reichs-Limeskommission (vgl. Rebenich 2008) und seiner Verbindungen in die Schweiz durchaus plausibel. Es ist aus Laur-Belart 1957 aber nicht zu ersehen, worauf sich diese Behauptung stützt.

25 Laur-Belart, Tagebuch, 45.

26 Dragendorff 1909; Laur-Belart 1934, 7. Zur Forschungsgeschichte des Rheinlimes oder «Hochrhein-Limes» vgl. auch: Schwarz et al. 2014; Hächler et al. 2020, 21–65. Der dort verwendete Begriff «spätrömischer Hochrhein-Limes» wurde von Peter-Andrew Schwarz geprägt, vgl. Hächler et al. 2020, 50.

27 Neben Stehlin waren ebenfalls Theophil Burckhardt-Biedermann, Jakob Heierli und Otto Schulthess Teil dieser Kommission. Mit dem Tod Heierlis im Jahr 1912 und desjenigen Burckhardt-Biedermanns 1914 verblieben lediglich Stehlin und Schulthess in der Kommission. Die Bemühungen zu einer Publikation der Ergebnisse kamen jedoch nie zum Abschluss. Das zusehends angespannte Verhältnis zwischen Stehlin und Schulthess blockierte letztlich eine gemeinsame Publikation der Ergebnisse. Stehlin übergab vor seinem Tod 1934 sein Material an Rudolf Laur-Belart. Nach dem Zweiten Weltkrieg bearbeitete Victorine von Gonzenbach mit Mitteln des Nationalfonds das Material Stehlins und veröffentlichte es 1957 (Stehlin/Gonzenbach 1957); vgl. Laur-Belart 1957. Die genaue Entwicklung des Verhältnisses der «Römerkommission» zur hierarchisch untergeordneten Rheinlimeskommission wird aus der Literatur nicht klar und scheint – wie die Geschichte der Römerkommission an sich – nicht näher aufgearbeitet zu sein. Vgl. Schwarz et al. 2014, 37, Anm. 4; Hächler et al. 2020, 28 ff.

28 Die Kommission löste sich jedoch im Verlauf des Ersten Weltkrieges auf und wurde später nicht wieder reaktiviert. Laur-Belart 1931, 4, 16. Zu der Tätigkeit Stehlins für Vindonissa vgl. auch Kielholz 1947, 35.

29 Nat.-Ztg. 1938, Nr. 278, 18./19. 6. 1938.

Entsprechend der bestimmenden Position, die Karl Stehlin zu Beginn des 20. Jahrhunderts in der Augster Forschung innehatte, war er es denn auch, der im Jahr 1913 – in Absprache mit Burckhardt-Biedermann – in der HAG den Antrag zur Wahl Felix Staehelins in die Kommission für Augst stellte.[30]

Burckhardt-Biedermann verstarb im folgenden Jahr, und da der Salinenverwalter Fritz Frey zu diesem Zeitpunkt ebenfalls bereits nicht mehr am Leben war, verblieben – nach erfolgter Wahl – Karl Stehlin und Felix Staehelin bald als die beiden einzigen Mitglieder der Kommission; sie bildeten von diesem Zeitpunkt an über Jahrzehnte das «Augster Duumvirat».[31] Staehelin war damit – teils durch Kompetenz und Ambition, teils durch kontingente Entwicklungen – in eine Position gekommen, die ihm ein grosses Betätigungsfeld eröffnete.

Aufgrund der Eigenheiten Karl Stehlins, der ein eifriger und begabter Forscher war und seine Forschungen auch dokumentierte, jedoch konsequent auf die eigentliche historische Auswertung und Synthese seiner Ergebnisse verzichtete,[32] ergab sich eine «Symbiose»[33] zwischen dem Ausgräber Stehlin und dem Historiker Staehelin, die Letzterem die Entfaltung seiner Fähigkeiten und althistorischen Expertise an diesem neuen Objekt – der Antike seiner Heimat – in vollem Umfang ermöglichte.[34] Stehlin war überdies nicht im eigentlichen Sinn altertumswissenschaftlich gebildet. Bezeichnenderweise waren in der Vor-Staehelin-Ära die Augster *Inschriften* stets die Domäne des Philologen Burckhardt-Biedermann geblieben. Staehelin übernahm in einem gewissen Sinn als Ablösung die Rolle des Philologen Burckhardt-Biedermann, die er jedoch auf einem ganz anderen wissenschaftlichen Niveau und mit einer noch neuen fachlichen Prägung interpretieren sollte. Es war diese Zusammenarbeit mit Stehlin – nicht nur in Bezug auf Augst –, welche die weitere Etablierung Staehelins in Basel als Experte für die «Alte Geschichte der Region» überhaupt erst möglich machte. Die Nähe

30 Vgl. August Burckhardt (damaliger Präsident der HAG) an Felix Staehelin, 4.11.1913, UB Basel NL 72 VIII: 65: «Lieber Freund, mit diesen Zeilen möchte ich Dir mitteilen, dass Dich die Kommission der historischen Gesellschaft nach dem von Herrn Dr. Burckhardt-Biedermann unterstützten Antrage von Herrn Dr. Karl Stehlin auf dem Circularwege zu einem Mitglied der Delegation für Augst gewählt hat. Wie mir Herr Dr. Stehlin mündlich gesagt hat, hat er Dich bevor er seinen Antrag stellte darum begrüsst, so dass wir annehmen dürfen, Du übernehmest das neue ‹Amt›. Mit bestem Grusse Dein ergebener Aug Burckhardt.»

31 Vgl. Laur-Belart 1952a, 7.

32 In der Formulierung Otto Tschumis: «Da ihm [Karl Stehlin] die schriftliche Gestaltung seiner Forschungen innere Hemmungen bereitete, hat er wenige Aufsätze verfasst, aber ein riesiges, wohlgeordnetes Material hinterlassen.» Otto Tschumi, Handschr. Manuskript, SLA Otto Tschumi 4: 67/1.

33 Laur-Belart 1952a, 7.

34 Laur-Belart 1952a, 7 drückt dies so aus, dass «der eigenwillige Karl Stehelin […] der Praktiker und findige Ausgräber [gewesen sei und] der einfühlsame Felix Stähelin der kritische Philologe und gestaltende Historiker». Vgl. auch: Benz et al. 2003, 35.

zu Karl Stehlin und dessen Forschungen ermöglichten Staehelin via die lokale Antike ebenfalls einen einzigartigen Zugang zu dem grösseren Themenkomplex der Provinzialgeschichte der Schweiz. Die langjährige Expertise und gründliche Grabungs- und Dokumentationstätigkeit Karl Stehlins trafen hier auf Staehelins historische Begabung, seine intellektuelle Neugierde und seine fundierte Kenntnis der Althistorie, die es ihm erlaubte, die lokalen Funde und Befunde und die Geschichte der Umgebung im historischen Gesamtzusammenhang zu sehen. Einem jungen Gelehrten mit diesen Möglichkeiten zur Synthese eröffneten seine Einbettung in die gebildete Basler Gesellschaft durch die HAG auf diese Weise die Gelegenheit, sich das historisch weitgehend brach liegende Feld der römischen Geschichte seiner Umgebung zu erschliessen. Es ist für die Bedeutung von Staehelins Position wichtig zu sehen, dass Augusta Raurica für Basel keine beliebige Quelle der Kenntnis römischer Vergangenheit darstellte, sondern ein zentrales Element der eigenen historischen Selbstverortung und der Identifikation mit dem eigenen humanistischen und mithin antiken Erbe. Augusta Raurica war nicht einfach eine antike Stätte in der Nähe der Stadt, sondern Basels «römische Vorgängerin»[35] und «lokales Pompeji».[36]

Vor diesem Hintergrund erst wird verständlich, was die Monopolisierung der entsprechenden historischen Syntheseleistungen durch Staehelin für seine Position in der Welt des gebildeten Basel bedeutete. Hier hatte er sich eine Position geschaffen, die – wie von ihm selbst erkannt – weitere Wege öffnete. Es erstaunt deshalb nicht, dass der Beginn seiner zusammenhängenden Darstellungen auf dem Gebiet der römischen Schweiz die antike Geschichte der engen Heimat betreffen und massgeblich auf Stehlins Forschungsleistungen beruhen sollte: der Artikel *Das älteste Basel* von 1921. Wenn Felix Staehelin zum Zeitpunkt dieser Publikation einer breiteren Basler Öffentlichkeit bereits als Experte für die römische Epoche der Region bekannt war, so aufgrund seiner bereits angesprochenen Vorträge und Presseartikel über die Forschungen in Augst, die eben aus seiner Tätigkeit für die HAG und der engen Zusammenarbeit mit Karl Stehlin resultierten.

Schon vor seiner Wahl in die Kommission für Augst im Jahr 1910 hatte Staehelin im Sonntagsblatt der BN einen Artikel über *Neue Forschungen über Augusta Raurica* publiziert.[37]

Nun, um die Zeit seines neuen Engagements in der Kommission, ist eine Intensivierung der Beschäftigung Staehelins mit Augst festzustellen. In einem öffentlichen Vortrag in Basel vom 12. Februar 1914[38] referierte er den in jüngster Zeit

35 His 1936, 71. Es sollte allerdings gerade Staehelins wissenschaftliche Gewissenhaftigkeit sein, welche – bei aller Hochachtung und Affirmation der Basler Bemühungen um Augst – ihn zwang, der Auffassung Basels als «Tochterstadt» der Kolonie vor den Toren zu widersprechen.

36 Schubiger 1995, 11.

37 Sonntagsblatt der BN 1910, 161 f.

38 UB Basel NL 72 V: 22.

von Burckhardt-Biedermann, Fritz Frey und Karl Stehlin erarbeiteten Forschungsstand zum Augster Theaterbau, worin zweifelsohne die Reflexion der eigenen fundierten Einarbeitung in die Materie zu erblicken ist. Er hatte dasselbe Thema bereits im Jahr 1912 in geraffterer Form in einem Artikel für die illustrierte Zeitschrift *Die Schweiz* behandelt.[39] In seinem Vortrag bot Staehelin nun überdies einen knappen Abriss der entsprechenden Rezeptions- und Forschungsgeschichte seit dem Spätmittelalter mit Würdigung der Arbeiten von Ryff, Amerbach und Bock.[40] Im März und erneut im Oktober 1914 erschienen in den *Basler Nachrichten* Artikel von Staehelin zu den *Ausgrabungen zu Augst.*[41] Staehelin berichtet von Führungen u. a. der HAG in Augst und den entsprechenden Ausführungen von Karl Stehlin und Arnold von Salis.[42] Ein erneuter Artikel zu demselben Thema – wieder als Berichterstattung über eine Führung durch Stehlin – erschien im November 1915.[43] Im Jahr 1920 führte Stehlin Mitglieder der HAG durch die Ausgrabungen auf dem Schönbühl und Staehelin berichtete darüber abermals in einem Zeitungsartikel *(Ausgrabungen zu Augst)* derselben Form.[44]

Nachdem er schon seit 1909 wiederholt mit seinen Gymnasiasten und Maturanden die Ausgrabungsstätte besucht hatte, leitete Staehelin ab 1916 auch selbst Führungen für Studenten, in- und ausländische Altertumswissenschaftler, für den Basler Dozentenverein, für Lehrervereine und historische Gesellschaften, aber auch etwa für die Volkshochschule, im Rahmen diverser Ferienkurse und auch für Berufsverbände.[45]

Staehelin übernahm in Basel durch Vortragstätigkeit und Berichterstattung in der Presse also die Aufgabe der Vermittlung jeweils neuster Forschungsergebnisse und Interpretationen (inklusive derer Korrektur) an ein breites Publikum und wurde dadurch für ein solches in Basel sukzessive zum Gesicht der Augster

39 Staehelin 1912. Vgl. UB Basel NL 72 V: 21. Hierzu ebenfalls Korrespondenz mit Otto Waser: UB Basel NL 72 VIII: 657–660. Den Aufsatz von 1912 machte Staehelin ebenfalls durch gezielte Sendung ins Ausland bekannt, so etwa an Matthias Gelzer in Freiburg (Gelzer an Staehelin, 22.6.1912, UB Basel NL 72 VIII: 171). Bezeichnenderweise geht Gelzer in seinem Dankesschreiben in erster Linie auf Staehelins *Galater* ein.

40 Vgl. ebenfalls Staehelins Korrektur eines fehlerhaften Referates seines Vortrags in der Presse: Nat.-Ztg. 1914, Nr. 93, 5.4.1914.

41 BN 1914, Nr. 490, 14.10.1914.

42 Arnold von Salis, 1881–1958, Klassischer Archäologe, Studium in Basel, 1909 Habilitation in Bonn, 1910 Extraordinarius in Rostock, 1916 Ordinarius in Münster, 1929 in Heidelberg, 1940–1951 in Zürich. Vgl. Barmasse 2011.

43 BN 1915, Nr. 581, 16.11.1915. Alle drei Artikel in den BN von 1914/15 (bzw. die entsprechenden Führungen) haben die Ausgrabungen auf der Grienmatt in Augst zum Thema.

44 BN 1920, Nr. 128, 24.3.1920.

45 Im Nachlass Felix Staehelin ist eine von ihm selbst erstellte handschriftliche Liste seiner Führungen in Augst von 1909 bis 1938 überliefert. Gemäss dieser Liste hat Staehelin in diesem Zeitraum über 30 solcher Führungen veranstaltet, darunter auch etwa eine vom 21. April 1917 für internierte deutsche Studenten. UB Basel NL 72 VI: 13b.

Forschung – vorläufig jedoch noch nicht für ein nationales und internationales Fachpublikum.[46]

Staehelins wissenschaftliches Interesse an einer «Alten Geschichte der Heimat» blieb neben dieser Rolle als Vertreter Augsts gegen aussen aber auch schon in den 1910er Jahren nicht allein auf baslerische Zusammenhänge beschränkt. Was sich bis in die 1920er Jahre an seinem wissenschaftlichen Œuvre nicht ablesen lässt – die intensive Arbeit am Gesamtkomplex «römische Schweiz» –, wird deutlich bei einer Betrachtung der Lehrtätigkeit Staehelins. Seit 1912 – also im Vorjahr seiner Wahl in die Augster Kommission – findet sich wie in dieser Untersuchung bereits angesprochen im Lektionskatalog seine Vorlesung zur *Schweiz in römischer Zeit*.[47] Die letzte Version des Manuskripts dieser Vorlesung, die sich im Nachlass Felix Staehelins befindet,[48] gibt einen guten Eindruck davon, in welchem Masse diese Veranstaltung die Buchpublikation vorbereitete. Das Grundkonzept ist bereits im Wesentlichen dasselbe,[49] der Aufbau in weiten Teilen entsprechend der späteren SRZ ausgeführt.[50] Zahlreiche Passagen weisen darüber hinaus bereits denselben Wortlaut auf wie später in der SRZ. In der Arbeit an dieser Vorlesung ist die zentrale Leistung Staehelins zu sehen, die ihm die Publikation der SRZ in den 1920er Jahren ermöglichen sollte.

Ab 1920 – nun als Extraordinarius – hielt Staehelin sodann, wie ebenfalls bereits angesprochen, zusätzlich die Vorlesung über *Lateinische Epigraphik unter besonderer Berücksichtigung der römischen Inschriften in der Schweiz*.[51] Neben seiner Publikationstätigkeit zum Thema, die um diese Zeit beginnen sollte, ist die Aufnahme dieser epigraphischen Veranstaltung in sein Lehrprogramm ein weite-

---

46 Sämtliche Führungen, die Staehelin für ein (auch internationales) Fachpublikum durchführte, fanden erst nach 1921 statt.

47 Diverse Archiveinheiten im Nachlass Felix Staehelin geben Aufschluss über Staehelins frühe Einarbeitung ins Thema «römische Schweiz», die zweifelsohne auch im Zusammenhang mit der Vorlesung zu sehen sind. So insbesondere die Collectanea: UB Basel NL 72 VI: 13.

48 Manuskript: UB Basel NL 72 IV: 6. Das Vorlesungsskript trägt den Vermerk «gelesen [:] S. 1912; W.S. 1914/5 W.S. 1917/8 W.S. 1920/1». Für das Wintersemester 1923/24 war die Vorlesung angekündigt, fiel jedoch mangels Anmeldungen aus (vgl. Königs 1988, 67). Im Sommersemester 1925 hielt Staehelin laut Lektionenkatalog (vgl. Findbuch zu NL 72, UB Basel) eine Vorlesung *Die römische Schweiz* (zum veränderten Titel vgl. Kapitel 8.2, Kapitel 10.2). Ob dieser Vorlesung dasselbe Manuskript zugrunde lag, muss offenbleiben. Da die Ausarbeitung der SRZ jedoch zu einem grossen Teil im Wintersemester 1924/25 erfolgte, ist es plausibel anzunehmen, dass Staehelin im Sommer 1925 bereits eine fortgeschrittene Rohfassung seines Buchmanuskripts für die Vorlesung heranzog; deshalb wohl auch der veränderte Titel der Veranstaltung.

49 Vgl. hierzu Kapitel 8.

50 Allerdings sind im Vergleich mit dem Buch auch einige grundlegende Unterschiede in der Gruppierung zu beobachten (vgl. Kapitel 8).

51 Manuskript: UB Basel NL 72 IV: 8d.

res bezeichnendes Indiz für die Intensivierung von Staehelins Beschäftigung mit der römischen Schweiz anfangs der 1920er Jahre.

Staehelin erarbeitete sich also im ersten und vor allem im zweiten Jahrzehnt des 20. Jahrhunderts das Thema «römische Schweiz» von Grund auf, jedoch in einer für eine weitere Öffentlichkeit und vor allem für die Fachwelt zunächst nicht offensichtlichen Weise: durch eigenes Studium sowie in seiner Tätigkeit in den Basler Institutionen: der HAG und der Universität.

Wie sich zeigt, war es Staehelins Position in der Basler Gesellschaft, die Kombination aus seiner Bildung, seiner sozialen Vernetzung und seines Engagements, mithin sein kulturelles und soziales Kapital, was ihn überhaupt erst in die Lage versetzte, sich die römische Schweiz in dieser Weise als sein Gebiet anzueignen. Hierbei stellt ebenfalls bereits die blosse Tatsache seiner altbürgerlichen Abstammung im Basel der Zeit ein beträchtliches Mass an symbolischem Kapitel dar. So wird in dem oben erwähnten Glückwunschbrief der Universität zu seinem 70. Geburtstag gerühmt, dass «Sie zu den wenigen gehören, [...] in denen sich das leibliche mit dem geistigen Erbe jener Männer vereint, die in den Tagen der Amerbachs zum ersten Mal die Forschungsthemen angriffen, denen Sie Ihr Leben gewidmet haben».[52] Durch seine Stellung in der Universität und vor allem auch in der HAG – die im Sinne Pierre Bourdieus durchaus als Ergebnis des Einsatzes seiner diversen Kapitalformen betrachtet werden kann – und die Möglichkeiten, die sich ihm dadurch als Mitglied der Augster Kommission auftaten, erreichte Staehelin in Basel eine Position, die ihn legitimierte, mit Autorität über die römische Vergangenheit des heimischen Raumes zu sprechen. Mit Karl Stehlin stand hierbei eine Persönlichkeit hinter ihm, deren Arbeit in dem Forschungsfeld unbestritten war und die über die archäologische Expertise verfügte, an der es Staehelin mangelte. Ohne das Zusammenspiel dieser Faktoren ist die spätere Besetzung und Monopolisierung der römischen Schweiz in dieser Form undenkbar.

4.2 *Geschichte der Helvetier* und *Das älteste Basel*

Zu Beginn des Jahres 1921 trat Staehelin zum ersten Mal in einem Fachorgan mit einem Aufsatz zum helvetisch-römischen Themenkomplex hervor. Im *Anzeiger für schweizerische Altertumskunde* (ASA) erschien eine knappe Darstellung mit dem Titel *Aus der Religion des römischen Helvetien.*[53] Der Artikel ist die erste Publikation Staehelins, in welcher er Ergebnisse seiner Beschäftigung mit der epigraphischen Überlieferung der römischen Schweiz darlegt. Der Text ist – dem

52 StABS PA 182a B45: 1. Die Würdigung ist in diesem Wortlaut allerdings angesichts der breiten wissenschaftlichen Tätigkeit Staehelins höchstens ungefähr zutreffend.

53 Staehelin 1921a. Zum «Helvetien»-Konzept vgl. Kapitel 8.

Publikationsorgan entsprechend – argumentativ und narrativ relativ anspruchslos gehalten, legt zentrale Erkenntnisse zur gallorömischen Religion in der Schweiz anhand entsprechender Inschriften und archäologischer Funde dar und kontextualisiert sie mithilfe der Forschungsliteratur. Die Publikationsplattform des ASA war dazu angetan, die Gemeinschaft der Schweizer Altertumsforscher, Kunsthistoriker etc. zu erreichen.

Von ungleich grösserer Bedeutung war jedoch die – in kurzem Abstand nachfolgende – zweite entsprechende Publikation: In der *Zeitschrift für schweizerische Geschichte* (ZSG) veröffentlichte Staehelin im selben Jahr einen Artikel *Zur Geschichte der Helvetier.*[54] Das Erscheinen dieses Artikels bezeichnet einen Schlüsselmoment in Staehelins Etablierung auf diesem – für ihn in publizistischer Hinsicht noch neuen – Forschungsgebiet; er stellt in mehrerer Hinsicht eine entscheidende Zäsur für die chronologische Kontextualisierung der SRZ in der Biographie Felix Staehelins dar, wie im Folgenden aufgezeigt wird.

Im Jahr 1920 hatte der Berliner Ordinarius Eduard Norden[55] sein Werk zur *Germanischen Urgeschichte in Tacitus Germania* publiziert,[56] worin ein *Beitrag zur ältesten Geschichte der Schweiz,* verfasst von Hans Philipp, enthalten ist.[57] Das Werk wurde breit rezipiert und in Fachkreisen hoch gelobt.[58] Staehelin, der sich wie oben ausgeführt zu dieser Zeit bereits seit mindestens zehn Jahren in steigendem Masse mit der antiken Vergangenheit der Schweiz auseinandersetzte – und sich seit acht Jahren im Rahmen seiner Überblicksvorlesung um eine Gesamtdarstellung bemühte –, nutzte die Gelegenheit und verfasste eine Erwiderung, die sich mit den das Gebiet der Schweiz betreffenden Ausführungen Nordens und Philipps beschäftigt und die er in Gestalt eben jenes Artikels – *Zur Geschichte der Helvetier* – publizierte. Er kritisiert hier Nordens freie Art und Weise der Thesenbildung und widerspricht ihm in zentralen Punkten.[59] Staehelin dekonstruiert die Argumentation Nordens, welcher «Schluß auf Schluß baut»,[60] um als den Ort des Rheinübergangs des Kimbernzugs das heutige Zurzach zu erweisen und die notwendigen Folgebehauptungen, welche die These stützen, zu verteidigen. Staehelins Gegenthesen sind zwar ebenfalls keineswegs sicher, erfordern einige Annahmen und sind teils spekulativ, die Einwände waren aber durchaus dazu angetan, die Grundlagen der Postulate Nordens ernsthaft in Zweifel zu ziehen; dies umso mehr, als er sich trotz einer teils scharfen, polemischen

54 Staehelin 1921b. Handexemplar und Materialien im Nachlass: UB Basel NL 72 V: 26.

55 Eduard Norden (1868–1941), 1892 Habilitation, 1893 Extraordinarius in Greifswald, 1895 Ordinarius, 1898 in Breslau, 1906 Berlin. Zu Eduard Norden vgl. Schlunke 2016, 67, Anm. 1 mit weiterer Literatur und Quellen.

56 Norden 1920.

57 Philipp 1920.

58 Obgleich in populäreren Rezeptionskreisen nicht unumstritten. Vgl. Schlunke 2016, 35.

59 Der Artikel ist später in seinem Gehalt praktisch vollständig in die SRZ eingegangen.

60 Staehelin 1921b, 131.

Sprache – so wirft er Norden an einer Stelle «gelehrte Mätzchen» vor[61] – von Teilen der Erkenntnisse Nordens durchaus angetan zeigt und dadurch nie den Eindruck erweckt, der Widerspruch sei Selbstzweck. Staehelin nutzt ebenfalls die Gelegenheit, um grundsätzliche methodische Fragen anzusprechen und in dem Streit um Fragen der Deutungshoheit zwischen Bodenforschung und Althistorie in eindeutiger Weise zugunsten letzterer Position zu beziehen.[62] Mit der Bemerkung, «Nordens Werk bietet [...], wie immer man sich im einzelnen zu seinen Aufstellungen verhalten möge, Belehrung und Anregung in Fülle»,[63] wendet er sich sodann dem Beitrag von Hans Philipp zu, für welchen «das Urteil wesentlich anders lauten muß».[64] Was folgt, ist eine vernichtende Kritik dessen, was Staehelin als ein «Gemisch von kartographischer Gelehrsamkeit und historischer Ignoranz»[65] bezeichnet. Staehelin weist Philipp einen Mangel an Quellen- und Literaturkenntnis nach und befleissigt sich dabei eines abqualifizierenden Tons, der angesichts der oftmals höchst unsicheren Fragen, die behandelt werden, nicht immer gerechtfertigt erscheint, der aber seitens Philipps durch eine dezidierte, sehr weitreichende Thesenbildung und ein schlecht fundiertes «autoritatives Auftreten»[66] provoziert wird.

Durch die Prominenz Nordens und die Bekanntheit von dessen *Germanischer Urgeschichte* erzielte Staehelin mit seinem ersten, umfangreicheren, «echten» helvetischen Aufsatz ein grosses Echo. Um die Rezeption gerade auch in der deutschsprachigen Fachwelt war er durch den Versand von Sonderdrucken selbst besorgt[67] und eine Rezension durch Matthias Gelzer[68] in den *Philologischen Wochenblättern* potenzierte die Wirkung.[69] Andererseits förderte die Publikation in der ZSG die Aufmerksamkeit für das Thema in der Schweiz, so erschien eine ausführliche Besprechung in der *Neuen Zürcher Zeitung*, verfasst von Ernst Kornemann,[70] und im *Journal de Genève* kam Anfang des Jahres 1923 Paul E. Martin

61 Staehelin 1921b, 133.

62 Vgl. Kapitel 9.3.

63 Staehelin 1921b, 154.

64 Staehelin 1921b, 154.

65 Staehelin 1921b, 154.

66 Gelzer 1922, 421.

67 Eine handschriftliche Auflistung von Adressaten findet sich in Staehelins Handexemplar UB Basel NL 72 V: 26a.

68 Matthias Gelzer war selbst auch Basler Bürger. In Liestal und Basel aufgewachsen, war er bereits im Gymnasium Schüler von Staehelin gewesen und hatte 1907 dessen erste Vorlesung als Privatdozent gehört, vgl. Gelzer 1956, 623. 1912 Habilitation in Freiburg i. Br., 1915 Ordinarius in Greifswald, 1918 Strassburg, ab 1919 Frankfurt a. M. Vgl. zu Gelzer: Christ 1982, 120 ff.; Strauss 2017; Simon 2022, 325–331.

69 Gelzer 1922.

70 NZZ 1922, Nr. 1234, 22.9.1922. Ernst Kornemann (1868–1946), 1898 Habilitation in Giessen, 1902–1918 Prof. in Tübingen, 1918–1936 in Breslau. Vgl. Baltrusch 2012. Die Auf-

auf den Artikel zurück.[71] Für Schweizer Historikerkreise hatte Martin den Artikel bereits in der ZSG besprochen.[72] Otto Schulthess[73] wies im Jahresbericht der Schweizerischen Gesellschaft für Urgeschichte JbSGU auf den Aufsatz hin.[74] In Frankreich wurde der Artikel durch Camille Jullian[75] in der *Revue des études anciennes* angezeigt und charakterisiert als «[des] excellentes remarques sur l'histoire des Helvètes».[76]

Die Rezensionen von Staehelins gut fundierter und sehr entschiedener Argumentation fielen auch sonst äusserst positiv aus. So betont Gelzer – der durchaus einige Einwände vorbringt – die Übersicht und grosse Sorgfalt Staehelins im Umgang mit der Literatur und bemerkt zu Staehelins Quellendiskussion: «Des weiteren führt er eindrucksvoll alle Anhaltspunkte der literarischen und monumentalen Überlieferung ins Treffen, welche für seine Auffassung sprechen.»[77] Kornemann hält in seiner sehr ausgewogenen Besprechung Staehelin zugute, dass dieser einzelne Thesen gegen Norden «schlagend bewiesen» habe, und be-

merksamkeit der NZZ für das Thema hatte ebenfalls den Hintergrund, dass Hans Philipp bereits in einer früheren Ausgabe (NZZ 1921, Nr. 1217) seine Thesen zur Besiedlungsgeschichte des Oberwallis in dieser Zeitung vorgestellt und Staehelin darauf repliziert hatte (NZZ 1921, Nr. 1250, 31.8.1921). In eben jener Replik hatte Staehelin die ausführliche Kritik angekündigt, die der Aufsatz *Zur Geschichte der Helvetier* darstellt. Auf einen Protest Philipps – erneut in der NZZ abgedruckt –, der das Vorgehen Staehelins als nicht legitim einschätzte, antwortete wiederum Staehelin (NZZ 1921, Nr. 1412, 3.10.1921). Die Redaktion druckte auch diese Antwort Staehelins noch ab, bemerkte dazu aber, dass dies nun das Ende jener Diskussion bedeute: «Die Welt hat andere Probleme». Als Kornemann seine Rezension veröffentlichte, waren also zumindest Teile des Besprochenen für aufmerksame Leser der NZZ nicht vollkommen neu.

71 Paul E. Martin (1883–1969), zu jener Zeit Archivar am Genfer Staatsarchiv, ab 1928 Staatsarchivar, ab 1928 Prof. an der Universität Genf für Geschichte des Mittelalters und der Neuzeit, ab 1936 für Schweizer Geschichte, vgl. Roth 2008. Im Januar 1923 meldete er sich im Hinblick auf seinen Artikel im JdG bei Staehelin, worauf dieser ihn in Genf besuchte. Martin an Staehelin, 18.1.1923, UB Basel NL 72 VIII: 370. Martin wollte dem breiteren Publikum in erster Linie Staehelins These näherbringen, wonach die Teutonen mit den «Tougenern» identisch und also ein helvetischer Teilstamm gewesen seien. Vgl. JdG 1925, Nr. 25, 26.1.1925.

72 Martin stellte die Besprechung an den Beginn seiner Rubrik *Revue des publications historiques de la Suisse romande, 1921.* Er zeigt sich von Staehelins «étude si ingenieuse et si suggestive» sehr angetan. Martin 1921.

73 Klassischer Philologe, Ordinarius in Bern. Vgl. zu Schulthess ausführlich Kapitel 4.4.2.

74 JbSGU, Bd. 13 (1921), S. 56.

75 Camille Jullian (1859–1933), 1886 Prof. in Bordeaux, ab 1905 Prof. für Antiquités Nationales am Collège de France. Jullian war mit seinen Arbeiten zur Geschichte Galliens, besonders der 1907–1928 entstandenen *Historie de la Gaule* zur Zeit der Entstehung der SRZ der wichtigste Vertreter der Forschung zur antiken Geschichte Frankreichs (Schlange-Schöningen 2012; zu Jullians Verhältnis zu Deutschland und zu der deutschen Forschung vgl. Ungern-Sternberg 2018).

76 Jullian 1922, 56.

77 Gelzer 1922, 419.

merkt, andere Teile des «Nordenschen Baues» seien durch Staehelin «wohl erschüttert, aber noch nicht abgetragen».[78]

Dass die wohlkalkulierte Polemik, die Staehelins Artikel darstellt, ihr Ziel nicht verfehlte, zeigen noch deutlicher als die Besprechungen zahlreiche persönliche Reaktionen, die er als Antwortschreiben auf den Versand seiner Sonderdrucke erhielt. Georg Wissowa,[79] der in seiner Rezension zu Norden gerade dessen Argumentation zum strittigen Punkt des Rheinübergangs gelobt hatte, bekannte nun brieflich gegenüber Staehelin, er habe sich «durch Nordens blendende Beweisführung über den Kimbernübergang bei Tenedo bei dem Mangel eigener Sach- und Literaturkenntnis zu einer […] Zustimmung verführen lassen, die nicht berechtigt war».[80] Friedrich Münzer zeigte sich von Staehelins Thesen zwar nicht ganz überzeugt und behielt sich angesichts der differierenden Ansichten Eduard Meyers[81] eine spätere Entscheidung in den betreffenden Fragen vor, versicherte Staehelin jedoch, er selbst habe «ebenfalls gegen Norden manche Bedenken», und findet, Staehelins «kräftiges Wörtlein über seinen Mitarbeiter [= Philipp]» sei «ganz am Platze».[82] Einen «wahren Genuss» nennt Ernst Howald[83] die Tatsache, «dass Philipp so heimbezahlt wird», Norden selbst verdiene «im Vergleich damit […] natürlich Milde». Howald führt weiter aus, ihm schienen «alle wichtigen Ergebnisse» von Nordens Buch «entweder falsch oder unbewertbar».[84] Wilhelm Reeb schrieb an Staehelin, er halte dessen Beweisführung «in allen Stücken für vollkommen gelungen», und kündigte an, Staehelins Erkenntnisse in der Neuauflage seines Tacitus-Kommentars zu berücksichtigen. Neben weiteren zu-

78 NZZ 1922, Nr. 1234, 22.9.1922. Staehelin bedankte sich bei Kornemann per Postkarte für die Rezension: Staehelin an Kornemann (Briefkonzept), 2.10.1922, UB Basel NL 72 V: 26.

79 Georg Wissowa (1859–1931), Klassischer Philologe und Religionswissenschaftler, 1883–1886 PD in Breslau, 1886–1890 Extraordinarius, 1890–1895 Ordinarius in Marburg, 1895–1924 Ordinarius in Halle/Saale, redaktioneller Leiter und Herausgeber von *Paulys Realencyclopädie* 1890–1906 (Söltenfuss 2012).

80 UB Basel NL 72 VIII: 672. Weiter pflichtet Wissowa in dem Schreiben Staehelins «ausgezeichneter Untersuchung über die Helvetier, aus der ich sehr viel gelernt habe», in dem wesentlichen Punkt der ethnischen Bestimmung der Teutonen als Teilstamm der Helvetier bei.

81 Dass Eduard Meyer ihm im zentralen Punkt der Frage des Rheinübergangs der Kimbern nicht zustimmte, sondern für Norden Partei ergriff (Sitzungsber. D. Berl. Ak. 1921, 750 ff., hier nach: Norden 1922, 507), scheint Staehelin gekränkt zu haben. Er vermutete dahinter nicht fachliche Gründe, sondern kollegiale Schonung. In einem Brief an Drexel bemerkte er: «[…] man fühlt sich etwas fatal an die Sprüchlein von den Klerikern und den Krähen erinnert». Staehelin an Drexel, 29.1.1922, D-DAI-RGK-A-AR-1185.

82 Münzer an Staehelin, 12.12.1921, UB Basel NL 72 VIII: 395.

83 Ernst Howald (1887–1967), Klassischer Philologe, 1912 Habilitation, ab 1918 Ordinarius in Zürich.

84 Howald an Staehelin, 25.10.1921, UB Basel NL 72 VIII: 255.

stimmenden Reaktionen, die erhalten sind – etwa von Albert Debrunner[85] –, findet sich im Nachlass Staehelin ebenfalls ein Schreiben von Eduard Norden selbst, der Staehelin für die zwei ihm zugesandten Sonderdrucke (ein Exemplar für Philipp) dankt. Eine eigentliche Lektüre des Aufsatzes seitens Nordens war zu diesem Zeitpunkt noch nicht erfolgt, er habe bislang «nur geblättert». Zum streitbaren Ton, den Staehelin anschlägt, schreibt Norden:

> [...] habe mich über die «gelehrten Mätzchen» [die Staehelin Norden in dem Aufsatz vorwirft], auf die grade mein Blick fiel, amüsiert. Ich pflege solche Ausdrücke zu meiden, aber das ist ja Geschmackssache. Aber der Schlußabsatz S. 157 scheint mir doch über eine sachliche Polemik hinauszugehen, da er auf das rein persönliche Gebiet übergreift.[86]

In der zweiten Auflage seines Buches weist Norden schliesslich sämtliche von Staehelins Kritikpunkten zurück.[87] Obwohl Staehelin Norden also in keiner Art überzeugen konnte und obwohl Eduard Meyer in der Auseinandersetzung die Position von Norden vertrat, kann festgehalten werden, dass Felix Staehelin mit seinem Helvetier-Aufsatz von 1921 ein veritabler Erfolg gelungen war. Er hatte Nordens Prominenz und die Bekanntheit von dessen Urgeschichte geschickt als Vehikel verwendet, um die Reichweite seiner eigenen Thesen zu erhöhen.[88] Erst mit diesem Artikel wurde Staehelin in einem Grossteil der deutschsprachigen Fachwelt überhaupt als Fachmann für die Schweiz in der Antike bekannt.

Über diesen allgemeinen Zugewinn an wissenschaftlichem Prestige und diskursiver Deutungsmacht hinaus zeitigte der Aufsatz jedoch ebenfalls gewichtige konkrete Folgen für Staehelins weitere Beschäftigung mit der römischen Schweiz. So ist denn für das Erkenntnisinteresse dieser Untersuchung die Aufnahme des Artikels durch bestimmte einzelne Gelehrte von besonderer Bedeutung. Wie im

---

85 Debrunner an Staehelin, 25.10.1921, UB Basel NL 72 VIII: 88. Albert Debrunner (1884–1958), Philologe und Indogermanist, 1920–1925 und 1935–1954 Ordinarius für Philologie in Bern. Vgl. Wachter 2004.

86 Norden an Staehelin, 20.10.1921, UB Basel NL 72 VIII: 405. In dem betreffenden Absatz schreibt Staehelin: «In seiner Vorrede sagt Norden (S. VII), man werde, in Zeiten, wo jeder Buchstabe, ja jedes Interpunktionszeichen Geld kostet, jeden Satz daraufhin prüfen müssen, ob er entbehrlich sei. Schade, daß er den Beitrag seines Mitarbeiters nicht gründlicher geprüft und daraufhin für eine bessere Verwertung der kostspieligen zwölf Seiten 472 ff. gesorgt hat!»

87 Norden 1922, 506 f.

88 Obwohl in quellenkritischer Hinsicht anzumerken ist, dass die nachgelassenen Zuschriften erstens durch ihr Zustandekommen und zweitens durch ihre Überlieferung eine gewisse Einseitigkeit zugunsten der Abbildung einer positiven Rezeption von Staehelins Helvetier aufweisen, zeigen sie trotzdem durch ihre Existenz und das Gewicht der Absender die respektvolle und beeindruckte Aufnahme des Artikels und geben zweitens einen belastbaren Hinweis darauf, dass dieser breit zur Kenntnis genommen wurde, selbst wenn möglicherweise nicht überall mit dem Mass an Zustimmung, das sich in der nachgelassenen Korrespondenz reflektiert.

Folgenden gezeigt werden soll, gilt dies für Frank Olivier, Ernst Fabricius und – vor allem – Friedrich Drexel.

Der Latinist und Lausanner Ordinarius Frank Olivier[89] reagierte auf die Zusendung des Artikels durch Staehelin mit einem eingehenden und begeisterten Brief, in welchem er festhält: «Il y a longtemps que je n'ai pas lu un morceau de critique (et de reconstruction) qui m'ait fait autant de plaisir et je vous en remercie très vivement.»[90] Die Anerkennung durch den renommierten Philologen bedeutete für Staehelin einen wichtigen Rückhalt in der Romandie für seine Bemühungen um die antike Geschichte der Schweiz. Die besondere Bedeutung dieses Kontaktes bestand vor allem auch darin, dass Olivier seit kurzem als Präsident der Association Pro Aventico amtierte, bei der Staehelin selbst Mitglied war.[91] Zusammen mit der Position, die Staehelin mittlerweile in Bezug auf die «heimische» Römerstätte Augst bekleidete, sowie seiner Kontakte zu Protagonisten der Gesellschaft Pro Vindonissa – der er Anfang des Jahres 1919 beigetreten war[92] – besass er damit nun persönliche Verbindungen zu den drei bedeutendsten Fundorten materieller römischer Relikte in der Schweiz. Und es blieb nicht bei dieser Reaktion auf Staehelins fulminanten Auftritt auf dem Gebiet. Frank Olivier begleitete in der Folge eng Staehelins Forschungen zur römischen Schweiz, es entwickelte sich ein freundschaftlicher Austausch zu dem Thema, der zeitweise den Charakter einer eigentlichen Zusammenarbeit annahm.[93] In der Phase unmittelbar vor der Publikation der SRZ war der Lausanner Ordinarius schliesslich der wichtigste Ansprechpartner Staehelins für alles, was Aventicum und die Waadt

89 Vgl. zu Frank Olivier: Gex 2018. Olivier und Staehelin dürften sich zumindest flüchtig bereits aus ihrer Berliner Studienzeit gekannt haben. Olivier (welcher vor Berlin ebenfalls wie Staehelin in Bonn studierte, allerdings nur bis vier Jahre vor Staehelins dortiger Immatrikulation) studierte von 1890 bis 1895 in Berlin und besuchte im Sommersemester 1895 die Vorlesung zu den *Griechischen Lyrikern* bei Diels (vgl. Gex 2018, 302 f.). Staehelin hatte diese Vorlesung ebenfalls besucht (vgl. Kapitel 2). Möglicherweise kam es in Berlin darüber hinaus zu einem denkwürdigen Zusammentreffen: So schrieb Staehelin im März 1895 an Jacob Burckhardt, er habe «in der Doctorpromotion eines jungen Waadtländers als ‹Opponent›» fungiert (Staehelin an Burckhardt, 29.3.1895, StABS, PA 207, 52: S41). In der erhaltenen Korrespondenz mit Olivier spielt Staehelin mehrmals auf die Berliner Studienzeit an (Staehelin an Olivier, 4.11.1926; Staehelin an Olivier, 28.6.1927, BCU IS 1905/XIII P).

90 Olivier an Staehelin, 26.10.1921, UB Basel NL 72 VIII: 414.

91 Bulletin de l'Association Pro Aventico, Bd. 14 (1944), 3; Revue historique vaudoise, Bd. 29 (1921), 31.

92 Pro Vindonissa 1918/19; Heuberger an Staehelin, 12.1.1919. NL 72 VIII: 222.

93 Besonders deutlich wird dies etwa in Staehelins Aufsatz *Das Römerdenkmal in Basel* von 1925, wo er an einer Stelle eine Beobachtung Oliviers («mein verehrter Kollege Prof. Dr. Frank Olivier [hat] sehr richtig erkannt») anführt, wobei er sich nicht auf eine Publikation Oliviers stützt, sondern gemeinsame private Erörterungen referiert. Vgl. unten. Vgl. auch die Korrespondenz im Nachlass Felix Staehelin (UB Basel NL 72 VIII: 414–421) und im Nachlass Frank Olivier (BCU IS 1905/XIII P).

im Allgemeinen betraf; er nahm für Staehelin Autopsien von Inschriften vor, beantwortete bibliographische Anfragen und organisierte vor allem die für die SRZ erforderlichen Illustrationen.[94] Er vertrat unter anderem auch Staehelins diverse Anliegen gegenüber dem Ausgräber in Aventicum, Louis Bosset[95] und auch gegenüber dem als schwierig im Umgang geltenden Albert Naef.[96] Gerade mit diesen Freundschaftsdiensten erwarb er sich Staehelins grosse Dankbarkeit. Olivier ist denn auch unter den Personen, denen die SRZ (1. Auflage) gewidmet ist, was Staehelin ihm im Herbst 1926 mit folgenden Worten ankündigte: «Von nun an hoffe ich Sie wirklich nicht weiter belästigen zu müssen bis auf den Moment der Ueberreichung meines Opus, das Sie mir erlauben werden, Ihnen zu dedicieren.»[97] Fast zwei Jahrzehnte später, im Herbst 1943, sollte Olivier Felix Staehelin anlässlich dessen 70. Geburtstag im Gegenzug seine Edition des *Journal de Route* der *Campagne de Bâle* von Urbain Olivier dedizieren. In der Widmung nimmt er auf Staehelins SRZ Bezug, was die Reziprozität der Geste gewissermassen unterstreicht.[98]

Besondere Aufmerksamkeit verdient ebenfalls das Antwortschreiben von Ernst Fabricius.[99] Fabricius besetzte als Leiter der Reichs-Limeskommission und Mitglied der Römisch-Germanischen Kommission des Deutschen Archäologi-

94 So veranlasste Olivier etwa die Fotografie des Meilensteins von St. Saphorin in SRZ, 301 (CIL XII 5528, CIL XVII 2, 124; Howald/Meyer 377; Walser, RIS III 317).

95 Louis Bosset (1880–1950), Architekt, ab 1910 zusammen mit Albert Naef Ausgräber in Aventicum, ab 1934 Waadtländer Kantonsarchäologe. Vgl. Bridel 2000. Staehelin korrespondierte allerdings auch direkt mit Bosset. In Avenches befindet sich überdies ein von Staehelin an Bosset überreichtes Exemplar der SRZ.

96 Staehelin an Olivier, 23.10.1926, BCU IS 1905/XIII P. Zu der schwierigen kommunikativen Situation im Umfeld Naefs vgl. auch die Korrespondenz im Nachlass Tatarinoff, etwa: Tatarinoff an Viollier, 8.4.1927, ZBSO TAT_E 3.2.55. Vgl. weiter zu Albert Naef: Bielmann 1987, 61–70.

97 Staehelin an Olivier, 29.11.1926. Da Olivier nicht ganz verstanden gehabt zu haben scheint, wie dies gemeint war, konkretisierte Staehelin in einem Folgebrief (Staehelin an Olivier, 16.12.1926): «nämlich Ihren Namen auf ein besonderes Blatt hinter den Titel setzen neben zwei, drei anderen Namen als von Männern, quis nemo me sit devinctior alter [eine Anspielung auf Hor. sat. 1.5]. Hoffentlich erheben Sie dagegen keinen Einspruch!» BCU IS 1905/XIII P. In der zweiten Auflage erfolgt die Erwähnung Oliviers im Zuge der allgemeinen Danksagung in folgender Form: «meinem verehrten Freunde Prof. Dr. Frank Olivier (Lausanne)», SRZ^2, X.

98 Olivier 1943, VIII: «À mon très cher collègue FELIX STÄHELIN[,] insigne historien de la Suisse à l'époque romaine, je dédie ce récit de La Campagne de Bâle en témoignage de singulière estime et de vieille et toujours jeune amitié pour marquer l'heureux accomplissement de ses soixante-dix ans.» Die Widmung war ebenfalls als Ersatz gedacht für einen Beitrag an den Festband Staehelin, auf den Olivier aufgrund seiner Arbeitsbelastung und seines gesundheitlichen Zustandes verzichtete, StABS PA 88 J H4.

99 Ernst Fabricius (1857–1942), ab 1888 Ordinarius für Alte Geschichte in Freiburg i. Br., ab 1902 Leiter der Reichs-Limeskommission. Zu Fabricius: Wirbelauer 2006; Wirbelauer 2016.

schen Instituts eine der wichtigsten Positionen der institutionalisierten provinzialrömischen Archäologie in Deutschland. Wie unter anderem diverse in Mainz nachgelassene Dokumente zeigen, begleitete Fabricius die Römerforschung in der Schweiz eng.[100] In erster Linie standen naheliegenderweise das Legionslager Vindonissa und daneben die Erforschung des sogenannten Rheinlimes im Fokus.[101] Die Grabungs- und Auswertungstätigkeit in Vindonissa erfolgte bereits seit Beginn des 20. Jahrhunderts unter teils entscheidender Beteiligung der deutschen provinzialrömischen Forschung. Der Gegensatz zwischen einer von Laien getragenen, kontinuierlichen lokalen Tätigkeit in den entsprechenden Vereinen einerseits und den Fachgelehrten andererseits, der für Deutschland in Bezug auf die Geschichtsvereine und die Limesforschung beschrieben wurde,[102] zeigt sich in der Schweiz der Zwischenkriegszeit gerade für Vindonissa als stark von dem nationalen Gegensatz Schweiz – Deutschland überformt. Man scheint hier aber im Allgemeinen im frühen 20. Jahrhundert keine Abwehrhaltung gepflegt zu haben.[103] Verschiedentlich griff man in Vindonissa direkt auf die Expertise der deutschen Wissenschaftler zurück. Bereits 1906 leitete Hans Dragendorff, der bis 1902 Extraordinarius für Klassische Philologie und Archäologie in Basel gewesen war und nun Direktor der RGK, Ausgrabungen in Vindonissa, womit er die dortigen Forschungen methodisch auf neue Grundlagen stellte,[104] was nur den Beginn einer regen Tätigkeit der deutschen Fachleute in und für Vindonissa bedeutete.[105] Allgemein wurde im Bereich der Bodenforschung die Beziehung zwischen der schweizerischen und der deutschen Forschung teilweise durch eine Art Leh-

100 UB Mainz 4° Ms 97.

101 Vgl. Kapitel 4.1, Kapitel 4.4.2.

102 Vgl. Esch 1972; Rebenich 2008.

103 Auch wenn etwa im Fall Laur-Belarts eine solche in einer Situation persönlicher Unsicherheit in einzelnen Äusserungen durchscheint (vgl. Kapitel 6.3).

104 Laur-Belart 1931, 8 f.; Schwarz 2012b, 37; Kaufmann-Heinimann 2012, 37 f. Dragendorff war unter jenen Männern, die 1912 anlässlich der Einweihung des Vindonissamuseums zu Ehrenmitgliedern der Gesellschaft Pro Vindonissa ernannt wurden (Kielholz 1947, 14).

105 So begleiteten etwa auch Emil Ritterling, Walther Barthel, Friedrich Koepp und Siegrfried Loeschcke in der einen oder anderen Weise die Erforschung von Vindonissa (vgl. die überlieferte Korrespondenz im Archiv der RGK: D-DAI-RGK-A-AR-417. Vgl. weiter: Laur-Belart 1931, 12; zu den genannten Personen: Becker 2002; Schnurbein 2001). Durch den Ersten Weltkrieg war die Zusammenarbeit zwischenzeitlich stark beeinträchtigt gewesen, wie etwa Ritterling in einem Brief an Fabricius beklagt (27.11.1926, UB Mainz 4° Ms 97). Was die Bearbeitung der Funde betrifft, so sind Loeschckes Arbeit über die Lampen von Vindonissa (Zürich 1919) und Oscar Bohns Bearbeitung der Schreibtäfelchen (Bamberg 1925) hervorzuheben. Vgl.: Laur-Belart 1931, 13 f.; Speidel 1996, 12. Die enge Verbindung zeigt sich auch in einer Formulierung im 23. Bericht der RGK (1934), 8, über die «mit der Kommission seit alters her verbundenen Gesellschaft Pro Vindonissa in Brugg». Vgl. auch: von Schnurbein 2002; Becker 2002; zur Gesellschaft Pro Vindonissa vgl. Laur-Belart 1931; Kielholz 1947; Brem/Doppler 1996; Käch/Milosavljevic 2007; Fellmann Brogli/Wertenschlag 2009.

rer-Schüler-Verhältnis strukturiert. So ist in den *Basler Nachrichten* noch 1927 anlässlich der 19. Generalversammlung der SGU über die Gäste aus Deutschland zu lesen: «[...] wenn auch die Herren hier als Lehrmeister auftreten, so ist es keine Schande, wenn wir von ihnen zu lernen haben».[106]

Hierbei ist in der Person Ernst Fabricius ein zentraler Akteur zu sehen in der Zusammenarbeit zwischen der deutschen Altertumswissenschaft und der aus Laien bestehenden Ausgräbermannschaft in Vindonissa, wie aus seiner nachgelassenen Korrespondenz hervorgeht.[107] So war denn Fabricius – laut Samuel Heuberger – auch der erste deutsche Fachmann gewesen, der die Ausgrabungen in Vindonissa besucht hatte,[108] und er war es gewesen, der die Leitung der Gra-

106 BN, 28.7.1927. Die ganze Passage: «Noch bleibt etwas zu sagen über die Beteiligung der Herren, die aus dem *Ausland*, namentlich aus dem Deutschen Reich zu uns gekommen sind. Sie sind zwar fast sämtlich Mitglieder. Der Präsident ergriff aber doch den Anlaß diese Herren besonders zu begrüßen. Prof. Gößler von Stuttgart, der württembergische Landeskonservator für Altertümer, erklärte in seiner Antwort auf die Begrüßung durch den Präsidenten, in Deutschland bringe man der schweizerischen Forschung die größte Sympathie entgegen und wenn die Deutschen auch nach den politischen Grenzen ‹Ausländer› seien, so seien sie es dem Herzen nach sicher nicht. Daß zwei deutsche, in Ausgrabungssachen führende Männer, wie *Bersu* und *Reinerth*, die Ausgrabungen in Sarmenstorf mit einem so glücklichen Resultat zu Ende geführt haben, darf nach unserer Ansicht denn doch nicht als ‹unberechtigte Einmischung in schweizerische Angelegenheiten› aufgefaßt werden, sondern, wenn auch die Herren hier als Lehrmeister auftreten, so ist es keine Schande, wenn wir von ihnen zu lernen haben. Der ohnehin zu Zurückhaltung und Kritik geneigte Schweizer, der die heimatliche Landeskunde natürlich besser überblickt, freut sich trotzdem, dass aus solchen Beispielen und Anregungen auch seine Volksgenossen Gewinn ziehen und aus ihnen selbst mit der Zeit Forscher erwachsen werden, die imstande sind, nach den modernen Regeln der Ausgrabungstechnik zu arbeiten und damit die schweizerische Forschungstätigkeit auf eigene Füße zu stellen. Im übrigen besitzt wohl keine Tätigkeit mehr die Eigenschaft, einerseits freundschaftliche Bande zu den Forschern unserer Nachbarstaaten zu knüpfen, andererseits aber auch die Liebe zur eigenen Scholle zu fördern, als die prähistorische Archäologie.» Vgl. zu den Kontakten von Bersu und Reinerth in die Schweiz: Rey 2002; Müller et al. 2003; jetzt besonders auch: Brem 2022; Brem 2023. Das entsprechende Verhältnis zur deutschen Forschung wird auch in der inneren Korrespondenz der Protagonisten der SGU deutlich. Vgl. die Korrespondenz im Nachlass Tatarinoff: ZBSO TAT_E 3.2.55.

107 UB Mainz 4° Ms 97; vgl. weiter Kielholz 1947, 8 f., 47 und die knappe Bemerkung bei von Graffenried 2016, 100, die sich allerdings nicht auf den hier zitierten Nachlass beziehen.

108 Der erste Besuch dürfte um das Jahr 1900 datieren, vgl. Fabricius an Haupt, 31.12.1926, UB Mainz 4° Ms 97; vgl. auch Kielholz 1947, 8 f.: «Mit den Ratschlägen der Professoren Fabricius und Haag traten zum ersten Male auswärtige Archäologen von Ruf als Helfer unserer Gesellschaft auf und eröffneten damit die Reihe von Wissenschaftlern, welche immer wieder ihre Hilfe geleistet und zur Belehrung und Ausbildung der autochthonen Vindonissaforscher Wesentliches beigetragen haben.»

bung von 1906 durch Hans Dragendorff vermittelt hatte.[109] Intensiv korrespondierte Fabricius seit Beginn des 20. Jahrhunderts mit Samuel Heuberger, dem langjährigen Präsidenten der Antiquarischen Gesellschaft Brugg bzw. der Gesellschaft Pro Vindonissa und wurde seinerseits von diesem verschiedentlich um professionelle Hilfe angefragt, ebenso pflegte er den Kontakt zu weiteren Protagonisten der Forschung in Vindonissa, so stand er seit den späten 1920er Jahren vor allem in intensivem Austausch mit Rudolf Laur-Belart.[110] Schon früh regte Fabricius eine systematische Erforschung der Wachtürme am Rhein durch die Schweizer Bodenforscher an, wie sie schliesslich von der Rheinlimeskommission verfolgt wurde, und korrespondierte in dieser Sache auch mit Otto Schulthess.[111] Verschiedentlich war Fabricius auch nach seinem ersten Besuch persönlich in Vindonissa anwesend, bereits in den Jahren vor dem Ersten Weltkrieg und danach wiederholt in den 1920er und 1930er Jahren.[112] Zusammen mit u. a. Koepp und Siegfried Loeschcke wurde er 1921 zum korrespondierenden Mitglied der Gesellschaft ernannt.[113] Im Jahr 1926 intervenierte er brieflich bei Bundesrat Haab, mit dem er persönlich bekannt war, unterstrich die allgemeine Bedeutung der Forschung an den Funden von Vindonissa – «viel wichtiger als [...] die Sammlung der Funde von Augst in Basel oder von Avenches» – und forderte ein verstärktes Engagement der Eidgenossenschaft.[114]

Fabricius' Schweizer Interessen beschränkten sich jedoch trotz seines dringenden, in den Erfordernissen der Limesforschung begründeten wissenschaftlichen Interesses an Legionslager und Rheinbefestigungen keineswegs ausschliesslich auf Vindonissa und den Limes,[115] und so schrieb er denn nach der Lektüre der *Helvetier* im Herbst 1921 auch an Staehelin, dass ihn dessen Aufsatz «natürlich lebhaft interessiert» habe, und er lobt verschiedene Ausführungen Staehelins als «überzeugend und wertvoll».[116] Staehelin korrespondierte in der Folge nicht

109 Heuberger an Fabricius, 8.2.1925; vgl. Dragendorff an Fabricius, 13.11.1906, UB Mainz 4° Ms 97. Vgl. Kielholz 1947, 47. Zu der Beziehung zwischen Dragendorff und Fabricius vgl. Wirbelauer 2006, 131, Anm. 53. Eine wichtige Rolle hat hierbei offenbar auch Koepp gespielt, wie ein im Archiv der RGK überliefertes Schreiben zeigt: Koepp an Dragendorff, 26.4.1906, D-DAI-RGK-A-AR-417.

110 UB Mainz 4° Ms 97.

111 UB Mainz 4° Ms 97.

112 UB Mainz 4° Ms 97.

113 Kielholz 1947, 23 f.

114 Fabricius an Haab, 31.1.1926, UB Mainz 4° Ms 97.

115 Eine gewisse Verbindung zur Schweiz war schon allein dadurch gegeben, dass Fabricius' Ehefrau aus Zürich stammte. Fabricius an Schulthess, 9.3.1927, UB Mainz 4° Ms 97.

116 Fabricius an Staehelin, 30.10.1921, UB Basel NL 72 VIII: 128. Fabricius hatte schon früher mit Staehelins Schaffen zu tun gehabt: Im Jahr 1898 hatte er eine Rezension zu den *Galatern* verfasst. Vgl. Kapitel 2.4.

nur stetig mit Fabricius,[117] sondern traf ihn wiederholt bei dessen Reisen in die Schweiz und führte gemeinsam mit ihm Führungen in Augst durch; so bereits anlässlich eines Besuches von Fabricius im Sommer 1923 zusammen mit Dragendorff und 23 Freiburger Studenten.[118] Weiter war Fabricius etwa auch 1926[119] und 1928[120] zu Besuch in Augst. Eine Fotografie vom 5. Februar 1928 zeigt Fabricius zusammen mit Dragendorff, Stehlin, Tschumi und Staehelin im Ausgrabungsgelände.[121] Der Kontakt entwickelte sich über die Zeit zu einer herzlichen Verbindung, Fabricius sollte in seinen Briefen noch Jahre später an seine regelmässigen Besuche in Brugg, Augst und Basel erinnern und noch 1939 und erneut 1940 drückte er, mittlerweile über 80 Jahre alt, Staehelin gegenüber die Freude aus, die ihm ein – letztes – Wiedersehen bereitet hätte.[122] Es geschah zweifelsohne im Bewusstsein der grossen Bedeutung dieses Kontaktes, als Staehelin Fabricius die SRZ nach Publikation schenkte (und vier Jahre später die 2. Auflage wieder).[123] Fabricius' Bekanntschaft mit Staehelin und seine genaue Kenntnis von dessen wissenschaftlichen Fähigkeiten sollten diesem nicht zuletzt auch bei der Erlangung des Ordinariats im Jahr 1931 von Nutzen sein.[124]

Für Felix Staehelin vielleicht am folgenreichsten aber waren die Antwortschreiben, die er von einem weiteren zentralen Protagonisten der römisch-germanischen Forschung erhielt, nämlich von Friedrich Drexel. Drexel war von 1908 bis 1911 Assistent von Fabricius an der Reichs-Limeskommission gewesen und hatte danach (1913/1914) eine Assistenz am Provinzialmuseum in Trier innegehabt, bevor er im Jahr 1914 als wissenschaftlicher Mitarbeiter an die Römisch-Germanische-Kommission des DAI gekommen war.[125] Nachdem er 1916 eingezogen worden war, wurde er ab 1918 (erneut) Assistent an der RGK – und sollte später (1924) zu deren Leiter gewählt werden.[126] Als Reaktion auf Staehelins Aufsatz sandte er zuerst ein Schreiben, worin er sich für dessen Zusendung bedankte und Staehelin in den Hauptpunkten recht gab. So schreibt er, Norden sei «bei seinen Exkursionen auf historisch-antiquarisches Gebiet […] fast regelmäßig auf Abwege geraten». Nordens These zum Rheinübergang der Kimbern

117 UB Basel NL 72 VIII: 128–136.

118 Staehelin an Drexel, 9.7.1923, 16.2.1924, D-DAI-RGK-A-AR-1185. Vgl. UB Basel NL 72 VI: 13b.

119 Fabricius an Staehelin, 1.7.1926, UB Basel NL 72 VIII: 129; Fabricius an Staehelin, 29.6.1926, UB Basel NL 72 VIII: 130.

120 Pellegrini an Staehelin, 3.2.1928, UB Basel NL 72 VIII: 431.

121 NL 72 VI: 13b 99. Siehe Abb. 2 am Ende von Kapitel 5.2.

122 Fabricius an Staehelin, 31.1.1939, UB Basel NL 72 VIII: 135. Fabricius an Staehelin, 16.4.1940, UB Basel NL 72 VIII: 136.

123 Fabricius an Staehelin, 15.11.1931, UB Basel NL 72 VIII: 132.

124 Vgl. Kapitel 6.1.

125 Vgl. Schnurbein 2002, 162 f.

126 Schnurbein 2002, 162 ff.

bezeichnete er als «historischen Roman».[127] Staehelin bedankte sich postwendend «für Ihren mir sehr wertvollen Brief» und kündigte den Versand eines Rezensionsexemplars an die Kommission (für eine Anzeige in der *Germania)* an.

Beachtung verdient die Fortsetzung der Korrespondenz: In einem Folgeschreiben (dem Dank im Namen der Kommission) führte Drexel aus, er habe sich mit Matthias Gelzer mehrfach über eine «römische Schweiz» unterhalten, die zu schreiben wäre.[128] In der Tat hatte Gelzer auf diese Gespräche hin, die ganz offensichtlich im Zusammenhang mit Staehelins Versand seines Helvetier-Aufsatzes geführt worden waren, bereits an diesen geschrieben, dass er und Drexel sich ihn als Verfasser eines «Haug-Sixt», also einer Zusammenstellung der römischen Inschriften und Bildwerke für das Gebiet der Schweiz vorstellen könnten.[129] Als begleitenden Berater für dieses Projekt legte Gelzer Drexel nahe. Drexel selbst hatte allerdings etwas anderes im Sinn als Gelzer, wie er nun gegenüber Staehelin klarstellte:

> [...] ich dachte dabei eher weniger an eine Art Haug-Sixt (so etwas wäre natürlich auch sehr begrüßenswert) als an *eine zusammenhängende Darstellung, wie sie bei Mommsen vorliegt.* Sie werden noch besser übersehen als ich, wie außerordentlich lohnend diese Aufgabe ist. Auch brauchten wir wirklich dringend eine solche Arbeit.[130]

Etwa einen Monat darauf schrieb Staehelin in einem Brief u. a. Folgendes an Drexel:

> Der Gedanke, die Schweiz in gallorömischer Zeit zusammenfassend zu bearbeiten, schwebt auch mir als schönes Ziel vor. Ob ich es jemals erreichen werden? Die laufenden Pflichten meines Doppelamts lassen mir fast nur in den Ferien Zeit zu zusammenhängender und, wenn's gut geht, produktiver Arbeit. Aber fahren lasse ich den Plan einstweilen nicht.[131]

Hier ist also von Seiten der Römisch-Germanischen Kommission die Anregung für die SRZ deutlich ausgesprochen. Durch die Nennung des Vorbildes Mommsen, der in seiner Schweizer Zeit nicht nur Teile der *Römischen Geschichte* verfasst und das Schweizer Inschriftencorpus ICH erstellt, sondern ebenfalls eine kurze Darstel-

127 Drexel an Staehelin 25.10.1921, NL 72 VIII: 99.

128 Zum Verhältnis zwischen Drexel und Gelzer vgl. Krämer 2002, 23, wonach Drexel 1926 auf Antrag Gelzers zum Honorarprofessor ernannt wurde. Gelzer und Drexel führten Ende der 1920er Jahre auch gemeinsame Lehrveranstaltungen durch: Vgl. BerRGK18 1928, 189; BerRGK19 1929, 202.

129 Gelzer an Staehelin, 28.10.1921, UB Basel NL 72 VIII: 173.

130 Drexel an Staehelin, 5.11.1921, UB Basel NL 72 VIII: 100. Hervorhebung durch den Verf. dieser Arbeit.

131 Staehelin an Drexel 13.12.1921, D-DAI-RGK-A-AR-1185. Der Brief scheint nicht das direkte Antwortschreiben auf den oben zitierten Brief von Drexel zu sein, dieses ist offenbar nicht erhalten.

lung zur *Schweiz in römischer Zeit* publiziert hatte,[132] war der Bezugsrahmen, in welchem Drexel den formulierten Plan sah, klar gegeben: Es ging hier um nichts weniger als eine neue, massgebliche Synthese. Die Reaktion Staehelins lässt darauf schliessen, dass ihm die Idee eines solchen Projekts nicht vollkommen neu war. Dies kann nicht erstaunen: Wie oben gezeigt, trug er sich bereits als Student mit dem Gedanken einer alles Bisherige überholenden Gesamtdarstellung. War es damals Pergamon, das ihm als Objekt eines solchen Standardwerks vorgeschwebt hatte, so tat sich jetzt mit der römischen Schweiz eine neue Möglichkeit auf. Es ist also durchaus plausibel anzunehmen, dass es der expliziten Aufforderung von aussen nicht bedurft hätte, um in ihm einen entsprechenden Plan reifen zu lassen. Gerade aber durch die Art, wie ihm die Aufgabe von Drexel förmlich angetragen wurde, stellen die Ermutigung und zu erwartende Unterstützung durch die RGK wichtige Faktoren bei seiner Monopolisierung des Themas dar; dieses Gewicht sollte sich im Verlauf der Arbeit an dem Projekt noch dadurch vergrössern, dass Drexel im Jahr 1924 zum Leiter der RGK gewählt wurde. Vor dem Hintergrund der Wichtigkeit der RGK und der deutschen römisch-germanischen Forschung im Allgemeinen für die Römerforschung in der Schweiz musste die explizite Aufforderung Drexels für Staehelin einen entscheidenden Rückhalt bedeuten. Drexel ging in dem zitierten Schreiben in diesem Sinn sogar noch weiter und schloss den möglichen Konkurrenten Otto Schulthess in seinem Urteil explizit als Aspiranten auf die massgebliche Gesamtdarstellung aus.[133]

Schon bald darauf, nach der Zusendung von Staehelins Aufsatz über *Das älteste Basel*, entwickelte sich zwischen Drexel und Staehelin zunächst ein Austausch über diese Darstellung und die Funde und Befunde in Basel. Einen Brief vom 20. Dezember 1921 schloss Staehelin mit den Worten: «Es wäre mir sehr willkommen, wenn ich durch weiteren Gedankenaustausch mit Ihnen diese und andere Sachen dürfte weiter fördern helfen, ich bitte Sie also, mit Fragen ja nicht zurückzuhalten.»[134] Auf diese einladenden Worte Staehelins hin entwickelte sich eine rege Korrespondenz und kollegiale Freundschaft, die bis zum plötzlichen Tod Drexels im Jahr 1930 anhalten sollte. Neben Frank Olivier und Ernst Fabricius begleitete also auch Friedrich Drexel Staehelins Arbeit an dem Themenkomplex der römischen Schweiz.

Wie andere Protagonisten der RGK war Drexel der Schweizer Forschung allgemein eng verbunden. Er stand – wie Fabricius und auch wie sein Vorgesetzter und Vorgänger in der RGK, Friedrich Koepp – in stetem Kontakt mit Pro Vindonissa und reiste wiederholt nach Brugg. In derselben Ausgabe des ASA, in der Staehelin die «Religion des römischen Helvetien» behandelt hatte, destruierte

132 Vgl. hierzu Kapitel 8 sowie Kapitel 10.1.

133 Vgl. hierzu Kapitel 4.4.2.

134 Staehelin an Drexel, 20.12.1921, D-DAI-RGK-A-AR-1185.

Drexel die bislang angenommene «Gladiatorenkaserne» in Vindonissa.[135] Auch an anderen Schweizer Fundorten ist die Anwesenheit Drexels anhand der Quellen nachzuweisen, so besuchte er etwa im Mai 1925 Bern.[136] Im Juni 1926 wurde Drexel Mitglied der Schweizerischen Gesellschaft für Urgeschichte SGU.[137] Nicht zuletzt nahm er ebenfalls Anteil an den Forschungen in Augst, wo er auch in Begleitung Staehelins persönlich mehrmals hinreiste.[138] Auch in dem Nachruf, den Staehelin auf Drexel für die BN schreiben sollte, betonte er, dieser sei «in Augst und Vindonissa [...] ein oft und gern gesehener Gast» gewesen.[139]

Als eine Kapazität auf dem Gebiet der römischen Provinzialarchäologie übernahm Drexel für Staehelin die Rolle eines fachlichen Beraters, an den sich dieser oft genug auch mit spezifischen Fragen wandte. Seine gedankliche Mitarbeit an den Themen, die Staehelin bearbeitete, zeitigte konkrete Ergebnisse, wie etwa an Staehelins Aufsatz über das Basler «Kriegerrelief» ersichtlich wird.[140] Staehelin wiederum stellte für Drexel eine ideale Verbindung nach Basel und zur Augster Forschung dar. Er informierte diesen regelmässig über neue Ausgrabungsergebnisse und fungierte als vermittelnde Kommunikationsinstanz zwischen Drexel und Karl Stehlin.[141] Ebenfalls verfasste Staehelin bereits im Herbst 1922 eine begeisterte Rezension des von Koepp und Drexel publizierten Bilderatlasses *Germania Romana* und versuchte dadurch, dessen Absatz in der Schweiz zu fördern.[142]

1924, im Jahr der Ernennung Drexels zum Leiter der RGK, wurde Staehelin vom Archäologischen Institut des Deutschen Reiches als korrespondierendes Mitglied aufgenommen.[143]

Im Frühling 1929 besuchte Staehelin Drexel am Institut in Frankfurt a. M. auf der Reise nach Berlin – die er von dort offenbar zusammen mit Drexel und Laur-Belart antrat –, wo er an der Jubiläumsfeier des Deutschen Archäologischen

135 Drexel 1921; vgl. Trumm 2013.

136 Tschumi an Tatarinoff, 2. 5. 1925, ZBSO TAT_E 3.2.58.

137 ZBSO TAT_E 3.2.55.

138 Drexel an Staehelin, 18. 2. 1924, UB Basel NL 72 VIII: 101; Drexel an Staehelin 27. 5. 1929, UB Basel NL 72 VIII: 106. Staehelin an Olivier, 28.6.1927, BCU IS 1905/XIII P. Vgl. Laur-Belart 1931, 6.

139 BN 1930, Nr. 77, 19. 3. 1930.

140 Staehelin 1925a.

141 D-DAI-RGK-A-AR-1185.

142 BN 1922, Nr. 417, 28. 9. 1922. Vgl. Staehelin an Drexel, 6. 6. 1923, D-DAI-RGK-A-AR-1185: «Für die Empfehlung Ihrer ‹Germania Romana› habe ich das mir Mögliche getan; ich möchte gerne hoffen, daß eine Anzahl Exemplare in der Schweiz gekauft worden sind.» Zu der *Germania Romana* vgl. von Schnurbein 2001, 154, Anm. 92.

143 DAI Berlin, Archiv der Zentrale, Biographica-Mappe Felix Staehelin; StABS PA 182a B45: 1. Vgl. auch den Glückwunschbrief Staehelins an Drexel 26. 12. 1924 D-DAI-RGK-A-AR-1185.

Instituts nicht nur die Universität Basel, sondern ebenfalls diejenigen Zürichs und Berns vertrat.[144]

Die Verbindung Drexels zu Staehelin ist im Zusammenhang zu sehen mit dem oben angesprochenen allgemein engen Verhältnis der deutschen Fachkreise zu der Römerforschung in der Schweiz und fügt sich überdies in die damalige Kommissionspolitik ein, die darauf abzielte, in der Zwischenkriegszeit die Bande zwischen der deutschen und der restlichen europäischen provinzialrömischen Forschung wieder enger zu knüpfen.[145] So unterstützte Drexel nicht nur – wie auch Friedrich Koepp – den Franzosen Emile Espérandieu bei seinem monumentalen Werk *Recueil général des bas-reliefs, statues et bustes de la Gaule romaine,*[146] auf welches er auch Staehelin hinwies und dadurch mittelbar die Anschaffung an der Universität Basel bewirkte,[147] sondern er förderte ebenfalls die Beziehungen zur Forschung in Ländern wie Italien, Österreich, Belgien, der Niederlande, Dänemark und Ungarn.[148]

Was die Beziehung zu Drexel für Staehelin bedeutete, lässt sich nicht nur an der förmlichen, gedruckten Widmung in der 1. Auflage der SRZ ablesen, die ihn neben Karl Stehlin, Maurice Holleaux[149] und Frank Olivier nennt, sondern ebenfalls an Staehelins Nachruf, den er auf Drexel, der noch vor der Publikation der 2. Auflage der SRZ unter ungeklärten Umständen ums Leben gekommen war, verfasste;[150] vor allem aber zeigt es sich in seinem Kondolenzbrief an die RGK –

144 StABS PA 182a B45: 7. Staehelin war unterdessen zum ordentlichen Mitglied ernannt worden (DAI Berlin, Archiv der Zentrale, Biographica-Mappe Felix Staehelin).

145 Wie Marie Vigener mit Bezug auf die Aktivitäten des Prähistorikers Bersu ausführt, sind die europäischen Bestrebungen der RGK in jener Zeit durchaus auch im Lichte der Interessen der deutschen Aussenpolitik zu sehen. So sollten etwa «deutsche Archäologen […] in Mittel- und Osteuropa die Leitfunktion der österreichischen Wissenschaft übernehmen, die Franzosen ausstechen und die Polen isolieren» (Vigener 2012, 39). Vgl. zu den Aktivitäten Bersus als Assistent an der RGK auch die Ausführungen in Krämer 2002, hier bes. 23 f. Vgl. jetzt ebenfalls die diversen Beiträge im Bericht der RGK, Bd. 100 2019 (2022).

146 Espérandieu 1907–1938.

147 D-DAI-RGK-A-AR-1185.

148 Nach Ungarn baute er besonders enge Kontakte auf, und hier besonders zu Andreas Alföldi, von Schnurbein 2002, 158 f., 166 f. Im Zusammenhang mit dieser Politik ist auch die Nähe zu Otto Schulthess zu sehen (vgl. Kapitel 4.4.2).

149 Maurice Holleaux (1861–1932), ab 1885 Mitglied der Ecole française d'Athènes, ab 1904 Direktor, 1888–1904 Dozent in Lyon, 1904–1923 Lehrtätigkeit an der Sorbonne in Paris, 1923–1927 Prof. an der Sorbonne, 1927–1932 Prof. am Collège de France (Sonnabend 2012). Vgl. zu Holleaux: Ungern-Sternberg 2017, 203–245. Staehelin war mit Holleaux langjährig freundschaftlich verbunden und hielt äusserst grosse Stücke auf ihn, möglicherweise kannte er ihn bereits seit seinem Aufenthalt in Athen in jungen Jahren. Er half ihm wiederholt mit seinen Kontakten nach Deutschland aus, etwa um von Holleaux benötigte Literatur zu organisieren. Siehe etwa: Staehelin an Drexel, 16.2.1929, D-DAI-RGK-A-AR-1185.

150 Zu Drexels Ableben vgl. Krämer 2002, 32 f.

ebenfalls im Namen der HAG verfasst, dessen Vorsitzender er zu dieser Zeit war –, in welchem er schreibt:

> Unsere Gesellschaft, ja die ganze Schweiz, soweit sie sich auf dem Gebiet der archäologischen Forschung betätigt, ist dem Verstorbenen unendlichen Dank schuldig für mannigfache Hilfe und Beratung, für nie versagende mitteilsame Güte. Mir persönlich bedeutet sein Tod einen unersetzlichen Verlust, ich habe an ihm einen wahren Freund besessen, dem ich in mehr als einer Hinsicht wirksamste Förderung verdanke.[151]

Wenn also die Reaktion auf Eduard Nordens Thesen Staehelin international als Fachmann für Fragen der antiken Geschichte der Schweiz bekannt machte, so wurde er im selben Jahr, was die lokalen Zusammenhänge betrifft, ebenfalls definitiv zur Stimme der Basler Römerforschung, und zwar mit einer Publikation über *Das älteste Basel.*[152] Bereits im Februar 1919 hatte er in der HAG einen Vortrag zum Thema gehalten[153] und nun erschien dieser in Form eines Aufsatzes in der BZG. Staehelin synthetisiert hier die durch Ausgrabungen gewonnenen Erkenntnisse über die keltische und römische Vergangenheit Basels bis in die Spätantike und den Übergang zum Mittelalter. Es zeigt sich in dieser Darstellung deutlich die Art der Zusammenarbeit mit Karl Stehlin. Staehelin verhehlt denn auch nicht, in welchem Masse er sich auf das durch diesen Erarbeitete stützt,[154] und er würdigt ebenfalls frühere Forschungen – etwa von Burckhardt-Biedermann.[155] Der Verzicht Stehlins auf eine eigene synthetisierende Publikation machte es hier für Staehelin möglich, ohne selbst in der Bodenforschung tätig zu sein, ein entsprechendes Thema zu gestalten und die massgebliche Darstellung dazu zu verfassen. Es ist aber keineswegs so, dass die Arbeit in einer blossen Wiedergabe fremder Ergebnisse bestünde; es zeigt sich hier vielmehr die Art und

---

151 Staehelin an RGK, 18.3.1930, D-DAI-RGK-A-AR-1185. Vgl. auch das Vorwort der 2. Auflage der SRZ (1931), wo Staehelin schreibt: «Leider erreicht mein Dank nicht mehr den uns entrissenen Direktor der Römisch-germanischen Kommission in Frankfurt a. M., Friedrich Drexel, dessen Hinschied auch für die schweizerische Römerforschung einen unersetzlichen Verlust bedeutet.» SRZ^2, X.

152 Staehelin 1921c.

153 Vgl. BN 1919, Nr. 86, 20.2.1919.

154 Einleitend stellt Staehelin folgendes fest. «Herr Dr. Karl Stehlin hat seit vielen Jahren in unermüdlicher stiller Tätigkeit Beobachtungen gesammelt, exakte Messungen vorgenommen, die Ausgrabungsbefunde sorgfältig aufgezeichnet und zahlreiche Fundpläne von nicht zu überbietender Klarheit gezeichnet; er hat auch alle die Probleme, die hier zur Sprache gebracht werden sollen, reiflich erwogen und durchdacht, und es bleibt nur zu bedauern, dass der Versuch eines erneuten zusammenfassenden Überblicks, der ja doch einmal gewagt werden musste, nicht von diesem in jeder Hinsicht am besten dazu geeigneten Manne unternommen wird.» Staehelin 1921c, 127.

155 Staehelin 1921c, 127. Ebenfalls von einer gewissen Wichtigkeit für die Basler Bodenforschung war Emil Major. Vgl. etwa: Emil Major, *Auf den ältesten Spuren von Basel*, in: Anz. für Schweizer Geschichte 1919, 144 ff.

Weise, wie Staehelin seine wissenschaftliche Rolle als Althistoriker in Bezug auf Themen der lokalen Antike interpretierte: Während Stehlin die Funde und Befunde so genau wie möglich feststellte, zeigt Staehelin diese darauf aufbauend durch Einordnung in die historischen Zusammenhänge in ihrer Signifikanz. Statt isolierter Tatsachen bietet er eine historische Durchgestaltung des Themas im Kontext der vorrömischen und römischen Geschichte der Region. Er verweist auf hinzuzuziehende literarische Quellen und bespricht ausführlich die – nicht sehr zahlreichen – Inschriften. Seine historische Übersicht zeigt sich weiter in der Behandlung der Forschungsgeschichte, mit Erwähnung von Aegidius Tschudi, Beatus Rhenanus und Schöpflin sowie Erwägungen der Ortsnamensforschung. Ebenfalls stellt er zu einzelnen Funden eigene Thesen auf. Die umfassende Berücksichtigung der verschiedenen Quellengattungen weist hierbei methodisch auf die SRZ voraus. Staehelin ist in seinem *Ältesten Basel* also keineswegs ein Sprachrohr für Karl Stehlin, sondern er überführt hier städtische Bodenforschung durch Synthese, Kontextualisierung und narrative Gestaltung in Geschichtsschreibung. Was die einzelnen Thesen betrifft, so widerspricht Staehelin an verschiedenen Stellen früheren Auffassungen. Mit besonderem Nachdruck hält er fest, dass «die früher herrschende Meinung bekämpft werden [muss], wonach Basel eine Tochterstadt von Augst gewesen wäre. Ein Filialverhältnis zu Augst hat nicht bestanden.»[156]

Im darauffolgenden Jahr veröffentlichte Staehelin eine zweite Auflage als selbständige Publikation. Diese Version ist über weite Strecken identisch mit der ersten Fassung, einzelne Formulierungen sind verändert und präziser gefasst und einige Fehler korrigiert, so ist etwa ein «Irrtum» Staehelins bei der Interpretation eines Reliefs berichtigt.[157] In einem 1925 zusammen mit Karl Stehlin verfassten Aufsatz sollte er auf die entsprechende Darstellung ausführlicher zurückkommen, mit Deutungen, die er unter substantiellem Beitrag von Friedrich Drexel und Frank Olivier erarbeitet hatte. Mit dem *Ältesten Basel* gelangte Staehelin – lokal wie in grösserem Rahmen – in eine Position der massgeblichen *historischen* Kapazität für alle Fragen, welche die antike Geschichte der Stadt und Region betrafen, wobei die *archäologische* Kompetenz als ermöglichender Faktor und unverzichtbare Komponente in der Person Karl Stehlins seiner gestaltenden Darstellung zur Verfügung stand. Bezeichnend für die Wahrnehmung seiner dis-

156 Staehelin 1921c, 159 f. Man sollte allerdings die Rede von Basels «Metropolis» Augst nicht in jeder Äusserung wörtlich nehmen und auf eine bestimmte Konzeption der historischen Zusammenhänge zurückführen. Öfters werden entsprechende Aussagen im Wissen um die Tradition cum grano salis getätigt; vgl. etwa Von der Mühll, in: Nat.-Ztg. 1943, Nr. 601, 27.12. 1943.

157 Staehelin 1921c, 157 ff.; Staehelin 1922, 32. Etwas dramatischer klingt die Sache in einem Brief Staehelins an Drexel: «Einstweilen kann ich in meiner rasch nötig gewordenen Retractatio des ‹ältesten Basel› […] nur eben meine ärgsten Schnitzer ausmerzen.» Staehelin an Drexel, 29. 1. 1922, D-DAI-RGK-A-AR-1185.

kursiven Position ist Münzers Bemerkung in dem Schreiben, mit dem er Staehelin für die Sonderdrucke dankt. Münzer – der durch seine Basler Vergangenheit die früheren Verhältnisse bis um die Zeit von Staehelins Wahl in die Kommission für Augst gut kannte (er verliess Basel 1912) – schreibt hier, dass auch Karl Stehlin «trotz seiner grossen Verdienste» ein derartiges «Gesamtbild der Entwicklung Basels im Altertum [...] nicht fertig gebracht» und der verstorbene Burckhardt-Biedermann «in seiner vorsichtig zurückhaltenden Art» ein solches zu geben sich wohl nicht getraut hätte.[158] Münzer identifiziert hier mit sicherem Blick Aspekte von Staehelins Überlegenheit: gegenüber Stehlin die Fähigkeit zur einordnenden und gestaltenden Synthese, gegenüber Burckhardt-Biedermann die methodisch sichere Bewältigung umfassender Themenkomplexe. Die Reihe der «Zepterübergabe», des Übergangs der Hoheit über die Darstellung der antiken Geschichte Basels auf Staehelin wird hier explizit in Worte gefasst.

Die Zeit um das Jahr 1920 bezeichnet also einen eigentlichen Beginn von Staehelins sukzessiver Besetzung des Forschungsfeldes der römischen Schweiz, sowohl was den «Basler Kosmos» angeht als auch in Bezug auf die Fachwelt. Die *Helvetier* und *Das älteste Basel* entsprechen so gewissermassen einer doppelten Etablierung. Diesen Eindruck gewinnt man zudem aus der Korrespondenz mit Drexel, und er wird durch die Tatsache noch verstärkt, dass Staehelin offenbar des Öfteren beide Sonderdrucke zusammen an die Fachkollegen verschickte.[159] Gelzer, der mit Staehelin und Basel generell in engem Kontakt stand und der von Staehelin auch schon den Artikel zum Augster «Römertheater» zugesandt bekommen hatte, stellt in seiner Rezension zum Helvetier-Aufsatz der deutschen Fachwelt den «rühmlichst bekannte[n] Geschichtsschreiber der kleinasiatischen Galater» nun als «kenntnisreichen Erforscher der Frühgeschichte seines Heimatlandes» vor.[160] Staehelin war nun also als kompetenter Experte für die antike Geschichte der Schweiz bekannt und gleichzeitig war eine gewichtige Entwicklung seines Netzwerkes innerhalb der Landschaft der keltisch-germanisch-provinzialrömischen Forschung der Schweiz, Frankreichs und des deutschsprachigen Raumes erfolgt; die RGK hatte ihm darüber hinaus in der Person Drexels seine Position als erster Anwärter auf die massgebliche Gestaltung des Themas explizit bestätigt.[161] Spätestens für die Zeit nach Ende des Jahres 1921 kann davon ausgegan-

158 Münzer an Staehelin, 12.12.1921, UB Basel NL 72 VIII: 395.

159 Schumacher an Staehelin, 5.12.1921, UB Basel NL 72 VIII: 504; Münzer an Staehelin, 12.12.1921, UB Basel NL 72 VIII: 395; Viollier an Staehelin, 6.12.1921, UB Basel NL 72 VIII: 621.

160 Gelzer 1922, 419.

161 Im selben Zusammenhang wie die Veröffentlichung der ersten drei entsprechenden Beiträge ist auch die Aufnahme enger Kontakte mit Aventicum und Vindonissa um diese Zeit zu sehen. Ebenfalls fällt in diese Zeit ein Gespräch mit Eugen Täubler über eine Gesamtdarstellung zur römischen Schweiz (vgl. Kapitel 4.4.3).

gen werden, dass Staehelin grundsätzlich in Richtung einer Gesamtdarstellung arbeitete, und die dichte Abfolge von entsprechenden kleineren Arbeiten in den 1920er Jahren, die schliesslich in der SRZ aufgingen, kann in diesem Sinn gedeutet werden.

4.3 Vorarbeiten bis zur Publikation der *Schweiz in römischer Zeit*

An die oben besprochenen Arbeiten, die seine Etablierung auf dem Gebiet der Alten Geschichte Basels und der Schweiz bedeuteten, schloss Staehelin in der Folge nahtlos weitere Beiträge an, welche seine Auseinandersetzung mit der römischen Schweiz und in zunehmendem Masse die konkrete Arbeit an der SRZ reflektieren. So hielt er im Verlauf der 1920er Jahre eine Reihe von Vorträgen und publizierte Vorarbeiten in Form von kleineren Aufsätzen, die später inhaltlich in der SRZ aufgegangen sind.

Die Abfassung einer Rezension der von Eduard Schwyzer überarbeiteten und neu herausgegebenen Ausgabe der taciteischen *Germania* von Heinrich Schweizer-Sidler[162] gab Felix Staehelin die Gelegenheit, in geraffter Form erneut auf den Themenkomplex seines Helvetier-Aufsatzes zurückzukommen. Im Zuge seiner sehr positiven Besprechung des Kommentars bekräftigte Staehelin seine zwei Jahre zuvor formulierte Haltung zur Teutonenfrage. Lobend hält er fest: Nicht nur sei «besonders spürbar» in Schwyzers Kommentar «der Niederschlag, den E. Nordens ‹Germanische Urgeschichte in Tacitus Germania› hinterlassen» habe, sondern der Verfasser wahre «auch Norden gegenüber [...] seine Selbständigkeit», und er verwerte «nicht minder sorgfältig die durch Norden angeregten kritischen Auseinandersetzungen».[163] Mit Verweis auf Eduard Meyers Position erinnert er an Kernpunkte seiner Argumentation.

Noch im selben Jahr publizierte Staehelin in der französischen *Revue des études anciennes* einen kurzen Aufsatz über ein Detail der römisch-schweizerischen Topographie: die Frage, ob der in der *Notitia Dignitatum*[164] überlieferte Name Olitio (bzw. Olino, Olicio) einem römischen *castrum* an der Stelle der heutigen Kleinstadt Olten im Kanton Solothurn zu attribuieren sei.[165] Der Anlass für die Beschäftigung mit dem Thema bildete eine Anfrage des französischen Spezialisten für gallische und gallorömische Geschichte Camille Jullian. Mit einem Schreiben, das auf den 13. Juni 1922 datiert ist, fragte Jullian bei Felix Stae-

162 *Tacitus' Germania*, erl. v. Heinrich Schweizer-Sidler, erneuert v. Eduard Schwyzer, Halle [8]1923.

163 Staehelin 1923b, 449.

164 Not. dign. occ. 36.

165 Staehelin 1923c. Vgl. UB Basel NL 72 V: 29.

helin an, ob man in der Schweiz nie erwogen habe, Olitio mit Olten zu identifizieren.[166] Nach einer ersten Antwort, die ihn selbst nicht befriedigte,[167] besprach sich Staehelin mit Karl Stehlin,[168] bevor er Jullian, der seine Frage in der Zwischenzeit noch konkretisiert und erweitert hatte,[169] ausführlich Auskunft erteilte.[170] Mit seiner charakteristischen Übersicht über die Forschungsgeschichte, die er in diesem Fall der bibliographischen Arbeit Karl Stehlins verdankte, konnte Staehelin Jullian mitteilen, dass die Vermutung tatsächlich bereits im 18. Jahrhundert einmal geäussert worden sei.[171] Er kündigte weiter an, die Jahresversammlung der SGU zu besuchen, die in diesem Jahr in Olten stattfand und wo der Arzt Max von Arx über seine Forschungen zum römischen Olten referieren werde, danach könne er in informierterer Weise Auskunft erteilen. Jullian begrüsste dies und verkündete huldvoll: «Pour moi il y a un grand avenir à étudier cet endroit, et j'aimerais qu'il fût étudié par vous.»[172] Von Arx sprach am 9. Juli vor der Jahresversammlung über *vicus* und *castrum* von Olten, und Staehelin machte bei dieser Gelegenheit die versammelten Bodenforscher mit Jullians Hypothese bekannt.[173] Er erstattete diesem danach Bericht, schilderte ihm die Thesen von Arx' bei gleichzeitiger Erwähnung skeptischer Stimmen, die ein *castrum* damals noch nicht für erwiesen hielten.[174] «[...] tout le monde a été étonné», so Staehelin in dem Schreiben weiter, «lorsque j'ai parlé du problème d'Olitione en citant votre question». Niemand habe von einer solchen Vermutung je gehört, und ohne allfällige künftige Funde könne zu der Frage nichts Sicheres gesagt werden. Doch Jullian hatte sich bereits entschieden: «Pour moi, il n'y a plus de doute: Olten est l'Olitio de la Notitia Dignitatum.»[175]

Aus Staehelins Beschäftigung mit der Frage entstand schliesslich besagter Aufsatz, der in der von Jullian herausgegebenen *Revue* publiziert wurde. Staehelin referiert hier kurz den Forschungsstand und die Hypothesen Max von Arx'. Was die Vermutung Jullians angeht, so zeigte sich Staehelin sehr skeptisch. Er schliesst mit den Worten: «L'énigme d'*Olitione* reste encore à resoudre.»[176] Camille Jullian liess sich hierdurch von seiner Idee nicht abbringen und hielt auch in seiner *Histoire de la Gaule* unbeirrt an seiner spekulativen Identifizierung von

166 Jullian an Staehelin, 13.6.1922, UB Basel NL 72 VIII: 293.

167 Staehelin zweifelte in seiner ersten Antwort die Existenz eines spätantiken *castrum* in Olten noch an.

168 Staehelin an Stehlin, 22.6.1922, StABS PA 513a: 1 G, 3.22.

169 Jullian an Staehelin, 24.6.1922, UB Basel NL 72 VIII: 294.

170 Staehelin an Jullian, 25.6.1922 (Briefkonzept), UB Basel NL 72 VIII: 294, Beil.

171 Vgl. auch: Staehelin 1923c, 58.

172 Jullian an Staehelin, 27.6.1922 (Poststempel, Transkript), UB Basel NL 72 VIII: 296.

173 Vgl. JbSGU, Bd. 14 (1922), 1.

174 Staehelin an Jullian, 11.7.1922 (Briefkonzept), UB Basel NL 72 VIII: 296, Beil.

175 Jullian an Staehelin, 15.7.1922, UB Basel NL 72 VIII: 297.

176 Staehelin 1923c, 60.

Olitio mit Olten fest. Felix Staehelin reagierte darauf irritiert, wie eine entsprechende Anmerkung in der SRZ zeigt, wo er für die «merkwürdigerweise von C. Jullian [...] noch aufrecht erhaltene Vermutung, *Olino* sei mit Olten in Verbindung zu bringen», auf seinen eigenen Aufsatz verweist.[177]

Die Episode zeigt eindrücklich, dass Staehelin sich in so kurzer Zeit bereits in eine Position gebracht hatte, die dazu angetan war, dass der massgebliche Vertreter der französischen Forschung ihn als den hauptsächlichen Ansprechpartner in der Schweiz betrachtete. Der Artikel bedeutete für Staehelin eine wichtige Möglichkeit, seinen Status als Fachmann für entsprechende Fragen in Frankreich und im weiteren französischen Sprachraum zu festigen. Ebenfalls knüpfte er hierdurch engere Beziehungen zu Camille Jullian selbst, der einen wichtigen Bestandteil seines fachlichen Netzwerkes bildete.

Staehelin streute den Artikel auch unter den Bodenforschern in der Schweiz, die nicht nur aufgrund der Diskussion anlässlich ihrer Versammlung an dem Thema sehr interessiert waren. Eugen Tatarinoff[178] besprach die Ausführungen des «bekannten Verfassers der Geschichte des ältesten Basel» für das *Solothurner Wochenblatt*,[179] weiter erschienen Berichte in der *Neuen Zürcher Zeitung* (NZZ)[180] und im *Oltener Tagblatt*[181]. Staehelin führte ebenfalls Korrespondenz über das Thema.[182]

Im Jahr 1924 kam Staehelin in zwei kleineren Artikeln auf die Frage der Religion in der römischen Schweiz zurück; ein Forschungsfeld, auf dem er sich wie angesprochen 1921 bereits positioniert hatte. Ein knapper Bericht zu *Denkmälern und Spuren helvetischer Religion*[183] im ASA machte den Anfang dieser kurzen Beiträge, die in Bezug auf Staehelins Arbeitsprozess interessant sind. Es wird hier keine neue Thematik besprochen, sondern lediglich die Behandlung von 1921 in einzelnen Punkten durch Anführen der neuen Funde und von Bei-

---

177 SRZ, 277, Anm. 2; SRZ^2, 300, Anm. 3; SRZ^3, 312, Anm. 4.

178 Eugen Tatarinoff war seit 1894 Lehrer für Geschichte und Philosophie an der Kantonsschule Solothurn und seit 1906 Kustos der antiquarischen Sammlung des Museums der Stadt Solothurn. Er spielte eine zentrale Rolle in der Schweizerischen Gesellschaft für Urgeschichte, die er 1907 mitgegründet hatte: 1910 Präsident, 1912–1926 Sekretär (Brem 2012).

179 Solothurner Wochenblatt 1923, Nr. 10, 10.3.1923. Vgl. auch Tatarinoff an Staehelin, 15.3.1923, UB Basel NL 72 VIII: 580.

180 NZZ 1923, Nr. 938, 9.7.1923.

181 Oltener Tagblatt, 7.4.1923.

182 Vgl. etwa den Briefwechsel Staehelin – Häfliger: UB Basel NL 72 VIII: 201–204. Weiter sind diverse briefliche Reaktionen auf Staehelins Versand des Artikels überliefert, die zeigen, wie weit Staehelin diesen gestreut hatte. So etwa: Heuberger an Staehelin, 27.3.1923, UB Basel NL 72 VIII: 223; Hubschmied an Staehelin, 23.1.1924, UB Basel NL 72 VIII: 262; Schulthess an Staehelin, 23.3.1923, UB Basel NL 72 VIII: 511; Tschumi an Staehelin, 27.3.1923, UB Basel NL 72 VIII: 603; von Arx an Staehelin, 24.3.1923, UB Basel NL 72 VIII: 630.

183 Staehelin 1924a.

trägen in der Forschung zu dem Thema aktualisiert. Gerade die Religion wird von Staehelin in der SRZ breit behandelt, und wir fassen hier seine fortwährende intensive Beschäftigung mit dem Thema und seine konstante Rezeption der Literatur, welche ihm später diese eingehende Berücksichtigung erlauben sollte. Mit den *Denkmälern und Spuren* zeigte er seine führende Stellung für die Synthese der Thematik in der Schweizer Forschung der Zeit und sein stetes Sich-Bewegen auf der Höhe des Bekannten, einerseits was Behandlungen in der internationalen Forschung anging, andererseits aber ebenso in Bezug auf die heimischen Funde:[184] «*Dies diem docet*», so beginnt der kurz darauf folgende zweite Beitrag im ASA zum Thema,[185] in dem Staehelin eine kurz nach Fertigstellung des ersten Artikels in Augst aufgefundene Kleinbronze des Sucellus und eine Weihinschrift, die den Gott erwähnt, behandelt;[186] ein weiteres schönes Beispiel für die Zusammenarbeit mit Karl Stehlin und die entsprechende Rollenverteilung. Staehelins Beschäftigung mit der Religion der römischen Schweiz war ebenfalls stark inspiriert von Friedrich Drexel und dessen diesbezüglichen Arbeiten.[187]

In einer knappen Notiz in den *Basler Nachrichten*[188] stellte Staehelin weiter die nach eigener Auflösung korrekte Lesart der erwähnten Inschrift klar, die zuvor offenbar in der Presse falsch wiedergegeben worden war. Camille Jullian druckte die Inschrift gestützt auf die Zeitungsnotiz Staehelins, die dieser ihm wohl selbst hat zukommen lassen, in der *Revue des études anciennes* in seiner «chronique gallo-romaine» ab.[189]

Für das Gebiet der römischen Schweiz von Interesse ist ebenfalls ein Zeitungsartikel zum Thema «Der grosse St. Bernhard vor 400 Jahren», den Staehelin aus Anlass der Einrichtung eines Gasthofes auf der Passhöhe publizierte.[190] Obwohl das Thema nicht unmittelbar mit der römischen Schweiz zu tun hat, weist der Artikel dennoch auf Staehelins Arbeit an diesem Themenkomplex hin: Es handelt sich um einen kurz kommentierten Textauszug aus Aegidius Tschudis

184 Ein kleiner Nachtrag dazu (Staehelin 1924b) geht noch einmal kurz auf die darin enthaltene Abbildung einer Epona-Statuette ein; hierbei versucht Staehelin unter anderem die Verwirrung, die sich aus der vielfach zu findenden Verwechslung der römischen Fundorte Muri bei Bern und Muri im Kanton Aargau ergeben hatte, aufzulösen. Dass er damit nicht völlig durchdrang, zeigen künftige Verwechslungen. So sah sich Staehelin noch im Herbst 1925 veranlasst, in einem Brief an Tatarinoff erneut zu betonen: «Es gibt keine Epona von Muri bei Bern, sondern alle Erwähnungen beziehen sich ausschliesslich auf die[jenige] […] von Muri Kt. Aargau.» Staehelin an Tatarinoff, 31.10.1925, ZBSO TAT_E 3.2.58.

185 Staehelin 1924c.

186 AE 1925, 5; Howald/Meyer 352; Walser, RIS II 239.

187 Dies wird aus der Korrespondenz deutlich: Staehelin an Drexel, 6.6.1923, D-DAI-RGK-A-AR-1185.

188 BN 1924, Nr. 389, 4.9.1924.

189 REA, Bd. 26 (1924), 344.

190 BN Sonntagsblatt 1924, Nr. 52, 28.12.1924, 208.

Darstellung *Gallia Comata,*[191] die unter anderem einen frühen historiographiegeschichtlichen Ausgangspunkt für die Beschäftigung mit der römischen Schweiz darstellt. Der Artikel kann auf diese Weise ebenfalls als ein Ausdruck von Staehelins fundierter Aufarbeitung des gesamten Forschungsstandes gelesen werden.

Im selben Jahr hielt Staehelin an der Jahresversammlung der Gesellschaft Pro Vindonissa auf Einladung Samuel Heubergers einen Vortrag zu *Lage und Geschichte von Vindonissa.*[192] Heuberger hatte Staehelin zunächst für den vorgesehenen Termin der Jahresversammlung der Gesellschaft angefragt, ob er für einen Vortrag zur Verfügung stehen werde: «Sie können wohl aus ihrem Stoff Helvetien zur Römerzeit etwas [...] herausgreifen; [...] sei es etwas über die römisch-helvet. Götter oder etwas anders für einen Vortrag von einer Stunde.»[193] Auf Staehelins Bescheid hin, dass er an diesem Datum nicht abkömmlich sei, wurde kurzerhand die Versammlung verschoben und so hielt Staehelin den gewünschten Vortrag schliesslich am 29. Juni 1924.[194] Nicht nur diese Terminverschiebung ist ein starkes Zeichen für den Status, den Staehelin mittlerweile in den Kreisen der Schweizer Bodenforscher innehatte: In dem Bericht über die Jahresversammlung, den Tatarinoff für das *Solothurner Wochenblatt* verfasste, ist zu lesen: «Welche Bedeutung der Vindonissaforschung zukommt, beweist auch, dass es dem Vorstand der Gesellschaft gelungen ist, einen unserer bedeutendsten schweizer. Römerforscher der Jetztzeit, Prof. Dr. Felix Stähelin von Basel, zu einem Vortrag zu gewinnen [...].»[195] Die Wirkung, die von Staehelins neuartiger Art ausging, die Themen auf dem Gebiet der römischen Schweiz zu behandeln, war für seine Reputation in diesen Kreisen von durchschlagender Wirkung. Der historische, synthetische Blick, mit welchem Staehelin die bislang isoliert festgestellten und in Berichtsform festgehaltenen Funde und Befunde im Licht der grossen altgeschichtlichen Zusammenhänge zeigte, die Eingebundenheit in eine internationale Forschungslandschaft und die altertumswissenschaftliche Schulung, die sein Arbeiten prägte, hatten bereits vor der SRZ eine neue Qualität in den wissenschaftlichen Umgang mit der römischen Schweiz gebracht.[196]

Der Vorschlag Heubergers, über ein Thema aus dem Gebiet des Götterkultes zu sprechen, zeigt seine Vertrautheit mit Staehelins jüngsten Arbeiten auf dem Feld. Es ist aber bezeichnend für Staehelin, dass er nicht einfach etwas her-

191 Tschudis Werk *Haupt-Schlüssel zu zerschidenen Alterthumen, oder gründliche – theils Historische – theils Topographische Beschreibung von dem Ursprung, Landmarchen, Alten Namen, und Mutter-Sprachen Galliae comatae* wurde 1758 von Johann Jacob Gallati herausgegeben und ist als Faksimile greifbar: Lindau 1977.

192 Vortragsmanuskript und Materialien: UB Basel NL 72 V: 30.

193 Heuberger an Staehelin, 5.6.1924, UB Basel NL 72 VIII: 224.

194 Heuberger an Staehelin, 7.6.1924, UB Basel NL 72 VIII: 225.

195 Solothurner Wochenblatt 1924, Nr. 28, 12.7.1924.

196 Vgl. zum Verhältnis von Staehelins Methode zur zeitgenössischen Bodenforschung Kapitel 9.3.

vorholte, was ohnehin bereits da war, sondern dass er das Thema seines Vortrags dem Veranstaltungsort anpasste. Es kann mit Blick auf seine fachliche Prägung nicht überraschen, dass er in seinem Vortrag kaum auf die Anlage des Lagers und damit verbundene archäologische Fragen einging, sondern Vindonissa in die grösseren geschichtlichen Zusammenhänge einzuordnen suchte.

Staehelins Vortrag wurde gebührend gewürdigt,[197] und sein Auftritt an dieser Versammlung stellt ebenfalls eine Etappe im Hinblick auf seine Monopolisierung des Gesamtkomplexes «römische Schweiz» und die Abfassung seiner SRZ dar, wie in Kapitel 4.4 gezeigt wird.

1925 konnte Staehelin in der BZG endlich den Artikel zu dem sogenannten Kriegerrelief[198] publizieren, das er bereits in seinem *Ältesten Basel* besprochen und dessen gesonderte Behandlung er seit damals geplant hatte. Er hatte schon seit Jahren mit Friedrich Drexel und Frank Olivier darüber korrespondiert, und die Thesenbildung in dem Artikel stellt denn auch ein eigentliches Gemeinschaftswerk dar.[199] Als Koautor wird lediglich Karl Stehlin genannt, aber dass die Substanz der Bearbeitung auch darüber hinaus einer Art von kollektivem Effort geschuldet ist, macht Staehelin selbst in einleitenden Passagen vollkommen transparent: «Wenn ich nochmals auf diesen Gegenstand zurückkomme, so geschieht es, weil die Deutung des bis jetzt so rätselhaften Torsos durch briefliche Mitteilungen befreundeter Gelehrter wesentlich gefördert worden ist.»[200] Die Beiträge, welche seine Kontakte an die vorgeschlagenen Interpretationen des Abgebildeten geliefert haben, werden von Staehelin stets mit Namensnennung ihren Urhebern zugewiesen. Daraus wird ersichtlich, dass – wie ebenfalls aus der Korrespondenz deutlich hervorgeht – Drexel (auch gegenüber Olivier) einen überragenden Anteil an den Ausführungen hatte. Der Artikel ist ein Beispiel dafür, wie Staehelin Limitationen, die mit seiner fachlichen Prägung einhergingen, für die Behandlung gewisser Themenfelder der römischen Schweiz mit der Expertise, die in seinem Netzwerk vorhanden war, ausgleichen konnte. Hierauf wird in Kapitel 9 ausführlich eingegangen.

Im selben Jahr hielt Staehelin vor der HAG einen Vortrag über die *Anfänge geschichtlichen Lebens in der Schweiz.*[201] Dieser Vortrag widerspiegelt nun deut-

197 Es erscheinen Vortragsreferate in der lokalen Presse sowie etwa auch in den *Basler Nachrichten* (BN 1924, Nr. 309, 5.7.1924) und der Basler *National-Zeitung* (Nat.-Ztg. 1924, Nr. 301, 1.7.1924).

198 Vgl. Neukom 2002 (= CSIR, Schweiz, Bd. I,7), Nr. N 13, 114–118.

199 Vgl. etwa: Staehelin an Drexel, 29.1.1922, D-DAI-RGK-A-AR-1185: «Ich behalte mir vor, das Basler Monument noch einmal eingehender zu behandeln, wobei freilich Sie mit ihren Deutungen und Nachweisen einen Hauptanteil erhalten werden.» In demselben Brief berichtet Staehelin ebenfalls von Hinweisen, die er von Olivier erhalten habe. Vgl. ebenfalls diverse weitere: D-DAI-RGK-A-AR-1185.

200 Staehelin 1925a, 55.

201 Unvollständiges Manuskript und Presse: UB Basel NL 72 V: 31.

lich die bereits weit fortgeschrittene konkrete Arbeit an der SRZ. Er stellt bis hin zu einzelnen exakt übernommenen Formulierungen eine Skizze dessen dar, was in der SRZ den Beginn der Behandlung der «vorrömischen Schweiz» bilden sollte. Zu den einzelnen Abschnitten des Vortrags sind explizit die betreffenden Seitenzahlen des Manuskripts der SRZ notiert.

Ähnlich verfuhr Staehelin bei zwei Vorträgen, mit denen er im Jahr darauf weitere Einblicke in das entstehende Werk gab. Ein direktes Pendant zu dem eben genannten stellt ein Vortrag vor der HAG zum *Ende der römischen Herrschaft in der Schweiz* dar.[202] Die Themensetzung offenbart Staehelins Sinn für Symmetrie: Während der Vortrag von 1925 den Beginn des ersten Teils der SRZ zum Thema hatte, so behandelte Staehelin nun dessen Abschluss.

Vor der Allgemeinen Geschichtsforschenden Gesellschaft sprach er sodann über die *Kultur der römischen Schweiz.*[203] Staehelin gab hier einen knappen Abriss von Themen, die den zweiten Teil der SRZ konstituieren, führte also gewissermassen die Behandlung seines Buchmanuskripts nahtlos weiter.

Dass Staehelin daneben nicht um Ideen verlegen war, aktuelle Anlässe zu nutzen, um antike Geschichte einem breiten Publikum zu vermitteln und so seine Arbeit an der SRZ in populärem Rahmen zu verwerten, zeigt ein Artikel mit dem Titel *Der Rhein zur Römerzeit* in den *Basler Nachrichten,* wo er die zu dieser Zeit stattfindende *Internationale Ausstellung für Binnenschiffahrt und Wasserkraftnutzung* als Stichwort nutzte, um über die Bedeutung des Flusses für Helvetier, Germanen und das Römische Reich zu referieren.[204]

Mit einem Thema aus dem Gebiet der epigraphischen Überlieferung der Spätantike befasst sich Staehelins letzte Arbeit zur römischen Schweiz vor der Publikation der SRZ. Es handelt sich um den Aufsatz *Magidunum,*[205] in welchem Staehelin eine bereits bekannte Inschrift aus Kaiseraugst[206] in Teilen neu deutet und ihren ursprünglichen Standort nach Rheinfelden (AG) verlegt. Staehelins Behandlung dieses Themas ist im Zusammenhang zu sehen mit seiner Beschäftigung mit der militärgeschichtlichen Bedeutung der Nordschweiz in der Spätantike. Die in diesem Artikel entwickelten Thesen bilden denn auch einen Teil der «zweiten Militärperiode» in der SRZ und der Besprechung der historischen Zusammenhänge im Umfeld des spätantiken «Hochrhein-Limes».[207]

---

202 Vortragsmanuskript und Materialien: UB Basel NL 72 V: 34.

203 Vortragsmanuskript und Materialien: UB Basel NL 72 V: 33.

204 BN 1926, Nr. 252, 14.9.1926.

205 Staehelin 1925b. Vgl. UB Basel NL 72 V: 35.

206 CIL XIII 11543; Howald/Meyer 341; Walser, RIS II 233; Kolb 2022, 589. Vgl. Schwarz 2000.

207 Zu der Erforschung des «Rheinlimes» bzw. «Hochrhein-Limes» vgl. Kapitel 4.1, Kapitel 4.4.2.

4.4 Konkurrenz

4.4.1 Der Fall Ludwig Reinhardt

Während Felix Staehelin im Laufe der 1920er Jahre durch seine diversen Beiträge nicht nur seine wissenschaftliche Erschliessung der römischen Schweiz vorantrieb, sondern damit ebenfalls die Tendenz zur Monopolisierung des Themas laufend verstärkte, blieb sein Plan zur massgeblichen Gesamtdarstellung der Geschichte der römischen Schweiz vorerst nicht ohne Mitbewerber; ein erstes Konkurrenzunternehmen kündigte sich bereits zu Beginn der 1920er Jahre von unerwarteter Seite an.

Im April 1922 sah sich Felix Staehelin veranlasst, einem gewissen Dr. med. Ludwig Reinhardt – Arzt in Zürich – einen in scharfem Tonfall abgefassten Brief zu schreiben.[208] Grund des Schreibens war Reinhardts geplante Veröffentlichung eines Buches mit dem Titel *Helvetien unter den Römern.* Nach der oben aufgezeigten Entwicklung von Staehelins Interessen und Ambitionen musste schon allein das bevorstehende Erscheinen eines solchen Werkes seine Aufmerksamkeit erregen. Was ihm aber vor allem Sorge bereitete, war die Tatsache, dass Reinhardt im Wintersemester 1917/1918 bei ihm seine Vorlesung zur *Schweiz in römischer Zeit* als Hospitant gehört hatte. Wie bereits angesprochen, bildete eben jene Vorlesung Staehelins sukzessive sich entwickelndes und vervollständigendes Gesamtbild des historischen Komplexes «römische Schweiz» ab; nun stand für ihn zu befürchten, dass Reinhardt die hierfür geleistete historische Arbeit als seine eigene zu verkaufen gedenke.

Felix Staehelin hatte durch den (mit ihm verwandten) Verleger Alfred Kober von Reinhardts Plan erfahren.[209] Kober hatte Staehelin im März 1922 angefragt, ob er ihm das von Reinhardt zum Verlag angebotene Manuskript zur vorgängigen Prüfung vorlegen dürfe. Staehelin hatte darauf hingewiesen, dass er «diesem Verfasser gegenüber in höchstem Grade befangen sei». Er kenne «seinen blutigen Dilettantismus zur Genüge»[210] und befürchte im Hinblick auf seine

208 UB Basel NL 72 XI: 764 (Handschriftliche Kopie des Schreibens). Zur gesamten «Affäre Reinhardt»: UB Basel NL 72 XI: 764–773. Staehelin dokumentierte die entsprechenden Auseinandersetzungen durch eine Zusammenstellung von Zeitungsausschnitten, Originalbriefen, Abschriften von Schreiben an Dritte und persönliche Notizen. Es entsteht hierdurch ein Bild der Abläufe, welches – unter Berücksichtigung der durch diese Überlieferungssituation entstehenden quellenkritischen Herausforderungen sowie Einbezug weiterer Überlieferungszusammenhänge – eine Skizze der Affäre ermöglicht.

209 Zur geschilderten zeitlichen Abfolge die entsprechenden Notizen Staehelins: UB Basel NL 72 XI (Notiz Felix Staehelin, 29.3.1922).

210 Einen Hinweis darauf gibt ein Schreiben der Redaktion der *Basler Nachrichten* an Staehelin aus dem Jahr 1918, wo Staehelin darauf hingewiesen wird, Reinhardt habe der Zeitung einen Artikel zu Augst zugesandt, «den wir umgehend retourniert haben». Daran schliesst die Bitte an, Staehelin möge in den BN «wie bisher, wenn über Augst etwas neues bekannt wird, darüber

Vorlesung, dass Reinhardt nun «das damals bei mir Profitierte industriell [...] verwerten» wolle. Als ihm Kober – nach beschlossener Ablehnung des Manuskripts – den Text zur kurzen Durchsicht vorlegte, sah sich Staehelin in seinen Befürchtungen bestätigt.

In seinem Schreiben an Reinhardt gab er – ohne zu erwähnen, dass er das Manuskript bereits kurz durchgesehen hatte – seiner Erwartung Ausdruck, dass in dem Buch «von Tatsachenmaterial, Deutungen, Kombination und Gruppierung <u>nichts</u> enthalten sein wird, was Sie lediglich aus meiner Vorlesung wissen». Staehelin weist weiter darauf hin, dass «Vieles, was wesentlich zu dem Thema gehört, [Reinhardt] anderswoher gar nicht bekannt sein» könne. «Ich müsste mir weitere Schritte vorbehalten für den Fall, dass meiner Erwartung zuwider ein derart flagranter Verstoss gegen die guten Sitten begangen werden sollte, wie ihn die unbefugte Veröffentlichung von Mitteilungen aus meiner Vorlesung darstellen würde.»

Ludwig Reinhardt reagierte auf den Brief beleidigt und demonstrativ überrascht; er rechtfertigte sich wortreich unter Berufung auf den Charakter wissenschaftlicher Erkenntnisse als Besitz der Allgemeinheit: «Das Wissen ist Gemeingut und kann nicht von einem Einzelnen für sich reserviert werden.»[211] Reinhardt behauptet in dem Schreiben in einer etwas konfusen Argumentation, sein Werk sei seit 1914 grundsätzlich fertiggestellt und seither von ihm lediglich verbessert worden, er habe sich aus diesem Grund für Staehelins Vorlesung interessiert, habe aber von dieser nicht profitieren können: «Meine Spezialität ist Erforschung der Kulturgeschichte und von solcher gaben Sie nichts, sondern nur Inschriftenkunde, die ich nicht verwerten konnte.» Überhaupt sei es «ein Versuch, der missglücken wird, da die Preise viel zu hoch für den Druck sind». Gegen Ende des Schreibens steigert er sich in eine etwas larmoyante Anklage hinein des Inhalts, dass Staehelin «einen Mitforscher in solcher Weise ohne Ursache» angreife, der «selbstlos und ohne irgendwelchen Ehrgeiz das Leben der Vorzeit den Menschen der Gegenwart nahe bringen» wolle. «Man mag auch wirklich tun, was man will, so fallen Professoren, die die Wahrheit für sich gepachtet zu haben glauben, über einen her, um einen zu zerreissen, statt dass sie die Sache und nicht ihre werte Person im Auge haben.»

Was die Chancen einer Publikation seines Werks anging, so sollte Reinhardt mit seiner Negativankündigung nicht recht behalten: 1924 kam sein Buch mit dem Titel *Helvetien unter den Römern. Geschichte der römischen Provinzial-Kultur* in Berlin und Wien heraus.[212] Im Vorwort des über 700 Seiten starken Buches hält Reinhardt fest, dass er in dem Band «unser ganzes Wissen über das erste

in gemeinverständlicher Weise orientieren». Baur an Staehelin, 27.4.1918, UB Basel NL 72 VIII: 35.

211 UB Basel NL 72 XI: 765.

212 Reinhardt 1924.

halbe Jahrtausend schweizerischer Geschichte für jedermann verständlich zusammengestellt» habe.[213] Dabei sei «keine wichtige Ausgrabung und keine auch noch so verstümmelt auf uns gekommene Inschrift, keine wichtige literarische Notiz alter Autoren unberücksichtigt gelassen». Er versteigt sich weiter zu der Aussage, dass – da nach ihm «kaum wichtige neue Tatsachen dazu kommen» würden – «dieses Buch auf Jahrzehnte hinaus eine erschöpfende Quelle aller unserer Erkenntnis von Land und Leuten unserer Heimat [ist], nachdem sie durch die Mitteilungen des großen Julius Caesar [...] ins Licht der Geschichte getreten war».

Das Werk Reinhardts entpuppte sich als eine Kompilation, in welcher der grösste Teil unter Kapitelüberschiften wie «Die Künste bei den alten Römern» oder «Die Musik bei den alten Römern» allgemeine Darstellungen zur römischen Kulturgeschichte ausschrieb – vor allem die *Darstellungen aus der Sittengeschichte Roms* von Ludwig Friedländer[214] – und der tatsächlich «Helvetien» betreffende Rest in der Tat offenbar in grossen Teilen von Staehelins Vorlesung abhängig ist.[215] Das Buch ist sichtlich das Werk eines Laien auf dem Gebiet, und es finden sich zahlreiche Fehler und Widersprüche darin.

Offenbar schätzte Staehelin die unredliche Übernahme dessen, was er als sein geistiges Eigentum betrachtete, als gravierend ein. Was ihn aber möglicherweise in noch höherem Masse zur Intervention reizte, war die Tatsache, dass ihm nun ein Autor mit einer – wenigstens so deklarierten – Gesamtdarstellung zuvorkam. Wenn diese auch nicht dazu angetan war, in Fachkreisen Anklang zu finden, und in keiner Weise drohte, Staehelins geplantes Werk obsolet zu machen, so mochte sie doch möglicherweise beim breiten Publikum Erfolg haben und den künftigen Monopolstatus seiner eigenen Behandlung gefährden.

Es ist nun interessant zu sehen, auf welche Weise Felix Staehelin gezielt gegen Reinhardts Buch vorging. In der *National-Zeitung*, den *Basler Nachrichten* und der *Neuen Zürcher Zeitung* erschienen Besprechungen, die alle von ehemaligen Schülern Staehelins verfasst worden waren.[216] Ludwig Reinhardt vermutete dahinter sicher zu Recht eine konzertierte Aktion.[217] In einem Brief, der sich im Nachlass von Eugen Tatarinoff findet, ist zu lesen: «Der Trog von der N.Z.Z. [...] schreibt [...], Felix Stähelin sei ausser sich über das Buch ‹H.u.d.R.›. Offenbar will Stähelin dieses Werk executieren; ich meine aber totschweigen sei viel

213 Reinhardt 1924, Vorwort [ohne Paginierung].

214 Friedländer 1862–1871.

215 Vgl. Nat.-Ztg. 1924, Nr. 289, 24.6.1924.

216 In der *National-Zeitung* von Eduard Sieber: Nat.-Ztg. 1924, Nr. 289, 24.6.1924; in den *Basler Nachrichten* von Karl Meuli: BN 1924, 2. Beil. zu Nr. 290, 24.6.1924; in der NZZ von Paul Schoch: NZZ 1924, Nr. 968, 30.6.1924; Nr. 972, 30.6.1924. Eine weitere vernichtende Rezension erschien im *Basler Anzeiger:* BA 1924, Nr. 179, 4.8.1924.

217 Reinhardt an Zellweger, 15.7.1924, UB Basel NL 72 XI: 772.

wirksamer. Diese Bücher sind einfach Ramschware!»[218] Ebenfalls deutet die gleichzeitige Veröffentlichung der Verrisse in den beiden Basler Blättern auf ein abgestimmtes Vorgehen hin.[219]

Die Rezensionen weisen alle auf die zahlreichen inhaltlichen Fehler des Buches hin, auf die laienhafte Anlage, den irreführenden Titel, den überzogenen Anspruch, die unredliche Übernahme fremder Leistungen. Der Stil, den die Rezensenten dabei anschlagen, ist von Empörung über die Anmassung des Autors geprägt, welcher in höhnischem Ton Ausdruck verliehen wird. Gerade Reinhardts Ausschlachten von Staehelins Vorlesung konnte von den Rezensenten an Einzelbeispielen illustriert werden, da sie jene ebenfalls gehört hatten. Die Besprechungen beabsichtigen offensichtlich nicht nur die Disqualifizierung des Buches, sondern die Lächerlich- und Verächtlichmachung des Autors.[220]

Staehelin gab sich allerdings mit der öffentlichen Hinrichtung des Werks in der Tagespresse nicht zufrieden. Er versuchte sicherzustellen, dass das Buch auch für besonders interessierte Kreise von Beginn weg als Scharlatanerie entlarvt werde. So veranlasste er nicht nur den Versand von Karl Meulis Verriss in den *Basler Nachrichten* an sämtliche Mitglieder der SGU,[221] sondern er dürfte diesen (und die weiteren Rezensionen) auch durch eigenhändige Verbreitung als Waffe gegen Reinhardt genutzt haben. So ist etwa zu vermuten, dass Camille Jullian, der in der *Revue des études anciennes* das französische Fachpublikum vor Reinhardts Elaborat warnte und dabei auf Schoch und Meuli verwies, die entsprechenden Hinweise von Staehelin selbst empfangen hatte.[222] Gleiches gilt für die Kreise der Römisch-Germanischen Kommission.[223]

---

218 Tatarinoff an Bosch, 11.5.1924, ZBSO TAT_E 3.2.50. Gemeint ist Hans Trog (1864–1928), der bei Jacob Burckhardt studierte und später für die ASZ schrieb. Zu jener Zeit war Trog Feuilletonredaktor der NZZ (Schaad 2012). Vgl. auch: Tatarinoff an Staehelin, 3.6.1924, UB Basel NL 72 VIII: 581.

219 Vgl. auch: Tatarinoff an Tschumi, 26.6.1924, ZBSO TAT_E 3.2.55: «Die Basler haben den Reinhardt nicht schlecht gebodigt. Offenbar geschah es auf Verabredung, denn nicht nur in den Basl Nachr., die Du wohl auch erhalten haben wirst, sondern auch in der Nat.-Ztg. ist am gleichen Tage ein Keulenschlag erfolgt.»

220 So wurde Reinhardt ebenfalls in der Rubrik «Briefkasten des Publikums» der *Basler Nachrichten* unter dem Titel *Olium, das Oel* als des Lateins nicht mächtiger Dilettant vorgeführt (BN 1924, Nr. 310, 6.7.1924).

221 BN an Staehelin, 5.6.1924, UB Basel NL 72 XI: 767. Das Vorgehen war mit Tatarinoff abgesprochen, der auch das Mitgliederverzeichnis zur Verfügung stellte (Tatarinoff an Staehelin, 3.6.1924, UB Basel NL 72 VIII: 581).

222 Jullian 1924, 344: «Il ne faut pas que nos savants se laissent tromper par le titre du livre du Dr Ludwig Reinhardt, *Helvetien unter den Roemern* [...]. C'est un très mauvais livre, sans valeur scientifique ni autre, et composé dans de telles conditions, qu'il ressemble à une entreprise industrielle d'assez piètre allure.»

223 Vgl. Koepp 1928, 353: «Das aber weiß ich, daß die Altertumswissenschaft *keinen* Grund hat, sich mit dem anderen Werk [= Reinhardts Helvetien unter den Römern] irgendwie zu be-

Welche Empörung das Buch in Fachkreisen – und gerade in Staehelins Nähe – auslösen konnte, zeigt ein Brief von Frank Olivier, in welchem er im Mai 1924 zornbebend *(«Bilem movet»)* eine Aktion gegen den «pirate de lettres et d'histoire» der Art, wie sie danach tatsächlich erfolgte, vorgeschlagen hatte: «N'y aurait-il pas moyen d'executer ce malfaisant personnage dans nos journaux?»[224]

Die Demaskierung und Delegitimierung des Reinhardt'schen Opus bildete jedoch nur die eine Seite der publizistischen Offensive des Kreises um Staehelin. Damit korrespondierend wurde der Platz von Staehelins entstehender eigener Arbeit als derjenige der legitimen Darstellung diskursiv vorbereitet. Während Paul Schoch in seiner Rezension lediglich feststellt: «Die längst empfundene Lücke bleibt trotz R. noch immer offen»,[225] wird Karl Meuli in den *Basler Nachrichten* deutlicher: «Schade, daß der Verlag sein Geld für ein so erbärmliches Machwerk hergegeben hat! Wir hoffen nur, es möchte nun bald ein berufener Kenner des Gegenstandes – und wir haben solche! – durch ein gutes zuverlässiges Buch die Lücke ausfüllen, die auch nach Reinhardts Leistung offen geblieben ist.»[226] Und im *Basler Anzeiger* war zu lesen: «Uns noch weiter mit deser [sic] dreisten Kompilation abzugeben, wäre verlorene Zeit, und es muß zum Schlusse nur dem Wunsche Ausdruck verliehen werden, daß hoffentlich in absehbarer Zeit von berufenerer Seite diese empfindliche Lücke ausgefüllt werde.»[227] Dass in beiden Fällen auf Felix Staehelin als «berufener(er) Kenner» angespielt wird, ist offensichtlich. Gar kein Zweifel an der entsprechenden Stossrichtung liess schliesslich Samuel Heuberger. Wie oben geschildert, hatte er sich erfolgreich darum bemüht, Staehelin für einen Vortrag anlässlich der Jahresversammlung von Pro Vindonissa zu gewinnen. Nachdem Staehelin seinen Vortrag beendet hatte, «fügte [Heuberger] dem Dank an den Vortragenden den Wunsch bei, Herr Prof. Stähelin möchte uns bald eine Geschichte Helvetiens unter den Römern schenken».[228] Hier wurde nun also Staehelin öffentlich um die Abfassung der massgeblichen Darstellung gebeten und damit seine in dieser Sache legitime Diskursposition von einem der bekanntesten Ausgräber der Schweiz in einer Art be-

---

fassen; ich wußte das schon, bevor mir das Buch selbst zu Gesicht gekommen war, dank der überzeugenden Abfertigung, die ihm in Tagesblättern der Schweiz zuteil wurde».

224 Olivier an Staehelin, 4.5.1924, UB Basel NL 72 VIII: 415. Eugen Tatarinoff wiederum macht in seiner Korrespondenz keinen Hehl aus seiner Freude über die Abfertigung Reinhardts: «Sie werden die Nr. der Basl. Nachr. auch erhalten haben, in der der Schmierer Reinhardt am Seil heruntergelassen wird; es ist wirklich ein starkes Stück, ein solches Buch zu schreiben & dazu noch einen Verleger zu finden. Ich freue mich ünrigens [sic] sehr über die Basler, die den Strauss aufgenommen haben.» Tatarinoff an Amrein, 26.6.1924, ZBSO TAT_E 3.2.55.

225 NZZ 1924, Nr. 972, 30.6.1924.

226 BN 1924, 2. Beil. zu Nr. 290, 24.6.1924.

227 BA 1924, Nr. 179, 4.8.1924.

228 BN 1924, Nr. 309, 5.7.1924.

stätigt, die ihn durch die Berichterstattung über den konkreten Kommunikationszusammenhang hinaus zu derjenigen Person machte, von der «man» die SRZ erwartete. Der Zusammenhang mit Reinhardts Publikation war offensichtlich,[229] und gegen diesen – wie «man» sich einig war – klar illegitimen Versuch zeichnete sich Staehelins Status als derjenige des Gelehrten, der von den Sachverständigen förmlich um seine Bearbeitung gebeten wurde, umso deutlicher ab.[230]

Das im Ganzen offensichtlich zentral orchestrierte Vorgehen des Kreises um Staehelin löste in der Folge weitere Gehässigkeiten aus; so erhielten sowohl Felix Staehelin selbst wie auch Paul Schoch anonyme Schreiben. Staehelin wurde in einem mit «Einige Ihrer ehemaligen Schüler» unterzeichneten Brief seine «gegen Dr. Reinhardt gerichtete Hetze» vorgeworfen. Er bediene sich mit seinem Vorgehen «Mittelchen», die «eines Akademikers unwürdig» seien. «Man braucht kein grosser Psychologe zu sein um wieder einmal Ihren verletzten und geradezu krankhaften Ehrgeiz zu konstatieren.»[231] Paul Schoch wurde mitgeteilt, der «geneigte Leser» seiner Besprechung merke «nur allzubald, dass Sie nur der Kuli eines Höheren [also Staehelins] sind».[232]

Reinhardt selbst beschwerte sich bei Otto Zellweger[233] darüber, dass die BN die zugesandten Rezensionsexemplare seiner sämtlichen bisher erschienenen Werke stets ignoriert hätten, nur um nun die «persönliche Rache des sich grundlos beleidigt fühlenden Prof. Felix Stähelin» zu betreiben, und beklagte sich bitter über die Auswirkungen der Kampagne gegen seine Person.[234]

Ein Ende fand die Affäre fast zwei Jahre nach Erscheinen des Buches. Der Verlag Benjamin Harz, der Reinhardts Buch herausgegeben hatte, wurde wegen Plagiats dazu verurteilt, keine weiteren Auflagen des Werks herzustellen. Ange-

229 Dass dies so verstanden wurde, wird nicht zuletzt durch eine Passage in einem anonymen Schreiben deutlich, das Staehelin erhielt und das offensichtlich aus dem Umfeld von Ludwig Reinhardt stammte: «Nicht nur mussten drei Ihrer Kollegen herhalten, um das Buch in den grösseren Tageszeitungen herunterzureissen, sondern Sie hatten nichts Eiligeres zu tun als im Schosse der Gesellschaft ‹Pro Vindonissa› einen Vortrag zu halten, wo Sie, wie in den ‹Basler Nachrichten› zu lesen war, vom Präsidenten dieser Gesellschaft gebeten worden sind der Schweiz bald eine Geschichte ‹Helvetien unter den Römern› zu schenken» (Anonym an Staehelin, 11.7.1924, UB Basel NL 72 XI: 770).

230 Im Frühling des Jahres 1925, als allgemein bekannt wurde, dass die SRZ in Vorbereitung sei, sollte Heuberger Staehelin freudig daran erinnern, dass er ja den entsprechenden Wunsch an ihn gerichtet habe: «Vielleicht erinnern Sie sich, dass ich den Wunsch aussprach, Sie möchten das tun, als ich an der letzten Jahresversammlung die Ehre hatte, Ihren Vortrag über Vindonissa zu verdanken. Um so mehr freut es mich, dass wir nun ein solches Werk von Ihnen erwarten dürfen.» Heuberger an Staehelin, 18.3.1925, UB Basel NL 72 VIII: 231.

231 Anonym an Staehelin, 11.7.1924 (Poststempel), UB Basel NL 72 XI: 770.

232 Anonym an Schoch, 13.7.1924 (Poststempel), Abschrift Staehelin: UB Basel NL 72 XI: 771.

233 Theologe und Grossrat, 1902–1924 Leiter der *Basler Nachrichten* (Fuchs 2014).

234 Reinhardt an Zellweger, 15.7.1924, Abschrift Staehelin: UB Basel NL 72 XI: 772.

strengt hatte den Prozess der Verlag S. Hirzel aufgrund von Reinhardts Übernahmen aus der von jenem herausgegebenen *Sittengeschichte* Friedländers. Wie die im Nachlass Staehelins überlieferte Abschrift eines Briefes des Verlags S. Hirzel an Paul Schoch vom 17. Februar 1926 zeigt,[235] in welchem dieser über den Ausgang des Rechtsstreits informiert wird, war der Kreis um Staehelin mittelbar ebenfalls in den Prozess involviert, mindestens als Beobachter, möglicherweise gar als diejenige Partei, welche die entsprechenden Hinweise gegeben hatte (ist es doch fraglich, ob der Verlag S. Hirzel von Reinhardts Buch von sich aus Notiz genommen hätte). Mit Rücksicht auf die persönlichen Verbindungen zu einem Bruder Reinhardts, der als Verlagsbuchhändler tätig war, und der finanziellen und gesundheitlichen Situation des Autors verzichtete der Verlag S. Hirzel auf Schadenersatzforderungen, die der Verlag Benjamin Harz auf Reinhardt abgewälzt haben würde. Aufgrund der ökonomischen Lage des Verlags Benjamin Harz (der die Prozesskosten nur durch Pfändung und Versteigerung von in seinem Besitz befindlichen Büchern erstatten konnte) und die «allerseits äusserst schlechte Aufnahme», die das Buch gefunden habe, zeigte sich der Verlag S. Hirzel in seinem Schreiben an Schoch zuversichtlich, dass Reinhardts Werk von diesem Zeitpunkt an nicht mehr weiter vertrieben werde, auch ohne eine Forderung nach Vernichtung des Restbestandes.[236]

Man könnte diese in Bezug auf Reinhardt gewissermassen tragikomische Affäre als letztlich bedeutungslose, rein anekdotische Episode übergehen, würde sich damit jedoch des Erkenntnisgewinns begeben, den die Beobachtung der Auseinandersetzung dennoch zu bieten hat.

So zeigt sich in der Analyse, dass die Vorlesung zur *Schweiz in römischer Zeit* bereits zur Zeit ihrer dritten Durchführung im Wintersemester 1917/1918 eine stringente Gesamtdarstellung bot, in einem Umfang, dass Staehelin befürchten konnte, es liesse sich eine Publikation verfassen, die sich in hohem Masse darauf stützt. Staehelins alarmierte Reaktion bestätigt in dieser Hinsicht den Eindruck, den man bei der Lektüre seines nachgelassenen Vorlesungsmanuskripts gewinnt.[237]

Vor allem aber zeigt der «Fall Reinhardt», mit welcher Entschlossenheit Staehelin seinen Anspruch auf die Deutungshoheit über die römische Schweiz ver-

235 Verlag Hirzel an Schoch, 17.2.1926, UB Basel NL 72 XI: 773.

236 Im Ganzen muss trotzdem konstatiert werden, dass das Werk eine gewisse Verbreitung gefunden hat. So ist es noch heute in vielen öffentlichen Bibliotheken der Schweiz greifbar (https://swisscovery.slsp.ch [1.12.2023]), darunter die zentralen Bibliotheken der Universitätsstädte Zürich, Basel, Bern, Genf und Neuenburg sowie weiterer Hochschulen, archäologischer Dienste und privater Institutionen.

237 Die letzte Version des Vorlesungsskriptes stammt offensichtlich vom WS 1922/23. Aus den zahlreichen ergänzenden Einschüben und Ersetzungen lässt sich schliessen, dass die Grundstruktur der Vorlesung und damit der Charakter einer SRZ-ähnlichen Gesamtdarstellung bereits in früheren Versionen (also etwa auch in jener von 1917/18) dieselbe war.

teidigte. Wäre schon allein die Tatsache, dass ihm jemand so knapp mit einer (zumindest dem Anspruch nach) Gesamtdarstellung der Geschichte der römischen Schweiz zuvorkam, für Staehelin problematisch gewesen, so mobilisierte der damit verbundene zu befürchtende Diebstahl seines geistigen Eigentums Staehelins polemisches Potential.

Nun stand Staehelin allerdings der Situation alles andere als ohnmächtig gegenüber, hatte er doch durch seinen Besitz an sozialem und kulturellem Kapital die Mittel zum Zuschlagen. Sein in der Folge aktiviertes Netzwerk torpedierte nicht nur im näheren Rahmen Reinhardts Buch förmlich, sondern – wie im Fall Camille Jullians und Friedrich Koepps – auch in der weiteren Fachwelt. Die Strategie funktioniert hierbei im doppelten Sinn. Im Zuge der Delegitimation des Reinhardt'schen Beitrags wird gleichzeitig Staehelin selbst als legitime Instanz installiert und bestätigt. Die Behauptung der legitimen Diskursposition funktioniert hier also bereits im Vorfeld des eigentlichen Bestehens der Konkurrenzsituation.

Der Diskurs richtet sich auch hier – wie in anderen Äusserungskontexten – gemäss den Machtverhältnissen aus. Es gehört hierbei zwar auch die offensichtliche und auf den ersten Blick als einzig relevant erscheinende Differenz an Kompetenz und Expertise zum Machtgefälle; dieses erschöpft sich darin jedoch nicht, sondern Staehelins soziale Position, seine Verbindungen und die legitime institutionalisierte Stellung, die zum historisch-wissenschaftlichen Sprechen befugt, ermöglichen erst die Verteidigung des diskursiven Hegemonieanspruchs. Staehelins Behauptung des entsprechenden Diskursraums gegenüber Reinhardt ist letztlich bereits vollendet, bevor die SRZ überhaupt erscheint.

Dass Reinhardt schliesslich durch einen Aspekt seines Werks zu Fall gebracht wird, der mit Staehelins Anliegen nur sehr mittelbar zu tun hat (wenn auch vielleicht nicht ohne dessen Zutun), ist wiederum eine gewissermassen ironische Entwicklung, welche den Anteil der Kontingenz an allen hier nachgezeichneten Prozessen schlaglichtartig beleuchtet.

Die für das Thema dieser Arbeit entscheidende Konsequenz von Reinhardts Handeln ist allerdings die Katalysatorfunktion, die sein Vorgehen in Bezug auf Staehelins SRZ hatte. Dass die konkrete Inangriffnahme des Projekts SRZ gerade in dieser Zeit erfolgte – wie unten ausgeführt wird –, ist kein Zufall. Staehelin, der sich nun seit Jahren mit dem Plan zur Gesamtdarstellung trug, aber durch seine vielfältigen Verpflichtungen nie den entscheidenden Anstoss zum entschlossenen Vorgehen erhalten hatte, scheint hier den nötigen «heilsamen Schock» erlitten zu haben. Ab jetzt wusste er, dass das Zeitfenster auch vorübergehen konnte, das ihm die Abfassung der massgeblichen Darstellung erlaubte. Reinhardts Versuch war für Staehelins Pläne noch vergleichsweise harmlos, aber ein Anfang war gemacht, und die Möglichkeit, dass jemand Staehelin zuvorkommen könnte, stand jetzt deutlich im Raum. Staehelin beantragte für das Wintersemester 1924/1925 Urlaub und machte sich an die Ausarbeitung seiner *Schweiz in römischer Zeit.*[238]

4.4.2 Otto Schulthess, Otto Tschumi und die *Urgeschichte der Schweiz*

Hatte Reinhardts Versuch, als Laie mittels Kompilation und Ausschreibung fremder Forschungsleistungen eine massgebliche Darstellung zu verfassen, letztlich nie eine ernsthafte Konkurrenz für Felix Staehelins Pläne bedeutet, so stellte sich die Ausgangslage bei einem weiteren Projekt zur römischen Schweiz, von dem Staehelin im Winter 1924/1925 erfuhr, ganz anders dar: Am 30. Dezember 1924 erhielt er einen Brief von dem Berner Ordinarius Otto Schulthess, der über seine Kontakte von Staehelins Absichten erfahren hatte:

> Wenn ich mich nicht täusche, war es Kollege Debrunner, der mir sagte, Sie hätten einen Urlaub erhalten, um ein Buch Helvetien unter den Römern zu schreiben. Je rascher Reinhardt zugedeckt wird, um so dankenswerter. Mich interessiert Ihre Arbeit, weil ich bis spätestens Frühjahr 1927 dasselbe Thema in dem von Otto Tschumi herauszugebenden 2-bändigen Werke «Urgeschichte der Schweiz» (Von den Anfängen bis auf Karl den Großen) zu bearbeiten habe, allerdings auf bloß 8 Bogen mit Einschluß der Abbildungen. Hoffentlich kommen wir uns nicht in die Quere; aber wünschenswert wäre es, daß wir über die Sache einmal miteinander reden könnten.[239]

Während Staehelin sich also bis dahin bedeckt gehalten hatte, wirkte nun sein Urlaubsgesuch (bzw. dessen Begründung) in informierten Kreisen gleichsam als Ankündigung seiner Darstellung zur römischen Schweiz.[240] Es verwundert nicht, dass Schulthess daraufhin direkt mit Staehelin Kontakt aufnahm; der Konflikt, der sich hier abzeichnete, war für beide Seiten ein durchaus ernsthafter, wie ein Blick auf das Berner Projekt und seine Urheber aufzeigt.

Der im Brief erwähnte Otto Tschumi (1878–1960) war promovierter Historiker, Lehrer am Berner Literargymnasium und seit 1924 Extraordinarius in Bern

238 Es ist bezeichnend, dass gerade Paul Schoch, der dem Kreis um Staehelin angehörte und im «Kampf» gegen Reinhardt an vorderster Front gestanden hatte, diesen Zusammenhang fast 30 Jahre später, in seiner Rezension zur dritten Auflage der SRZ, explizit herstellte: «Vielleicht hätte man damals noch länger auf die Erfüllung dieses Desideratums warten müssen, wäre nicht einige Jahre zuvor der anspruchsvolle Wälzer eines schweizerischen Plagiators in Deutschland erschienen, der sich erkühnte, Staehelins Kolleg über die römische Schweiz vielfach unverstanden aufzuzeichnen und mit andern, ebenfalls nie genannten Quellen als eigene Weisheit zu veröffentlichen. Nach diesem üblen Vorfall verfaßte Staehelin [...] seine grundlegende Monographie». Schoch 1953, 436 f.

239 Schulthess an Staehelin, 30. 12. 1924, UB Basel NL 72 VIII: 512.

240 «Offiziell» informierte Staehelin erst im Frühling 1925.

für Ur- und Frühgeschichte und mittelalterliche Geschichte.[241] Er hatte nach seiner Promotion 1901 bis 1905 als Erzieher der Söhne von Graf Dimitri Tolstoi (Leiter der Eremitage in St. Petersburg) gewirkt; ab 1911 war er als Assistent der ur- und frühgeschichtlichen Abteilung des Historischen Museums Bern angestellt gewesen, welcher er seit 1918 als Konservator vorstand. Als zentrale Instanz der Berner Bodenforschung leitete er diverse Ausgrabungen, so etwa auf der Berner «Engehalbinsel». Tschumi war unter anderem durch seine Position in der Schweizerischen Gesellschaft für Urgeschichte in der Schweiz gut vernetzt und pflegte ebenfalls – wie alle namhaften Deutschschweizer Ausgräber – Kontakte zu der deutschen prähistorischen und «römisch-germanischen» Forschung.[242] Für die von Schulthess angesprochene Überblicksdarstellung zur Ur- und Frühgeschichte der Schweiz suchte er eine Reihe von Fachleuten zu gewinnen. So sollte etwa der damalige Sekretär der SGU (1912–1926), der Solothurner Historiker und Urgeschichtler Eugen Tatarinoff den «frühgermanischen» Teil übernehmen.[243]

Während der Grossteil der einzelnen Themenkomplexe auf Basis von Bodenfunden und mit prähistorischen Methoden erarbeitet werden sollte, stellte das Kapitel zur römischen Epoche selbstverständlich noch ganz andere Anforderungen an den Verfasser. Es zeigt sich hier, dass die römische Schweiz sich methodisch trotz des grossen Anteils der Bodenforschung nicht ohne Weiteres in ein ur- und frühgeschichtliches Paradigma und damit einer chronologisch kontinuierlichen Frühgeschichte der Schweiz von der Prähistorie bis zum Mittelalter einordnen liess.[244]

Dass nun Tschumis Wahl für den entsprechenden Abschnitt auf Otto Schulthess fiel, kann keineswegs erstaunen, vielmehr drängte sich der Kollege an der Berner Universität für eine solche Aufgabe geradezu auf. Schulthess spielte – wie im Folgenden gezeigt werden soll – eine zentrale Rolle in der schweizerischen römischen Forschung der Zeit; es soll aus diesem Grund und da er für

241 Zimmermann 2013. Zu Beginn war sein Lehrauftrag kurzzeitig mit «Prähistorie, griechische Archäologie und germanische Frühgeschichte» umschrieben gewesen, bevor er 1925 in «Urgeschichte und Mittelalter» umbenannt wurde (SLA, Otto Tschumi 9).

242 Diverse Belege hierzu im Nachlass Tschumi: SLA Otto Tschumi. Tschumi war ebenfalls Teilnehmer an der 4. Donauländischen Studienfahrt der deutschen Bodenforscher, an der etwa auch Gelzer, Bersu und Alföldi teilnahmen (Bersu/Zeiss 1932, 3. Vgl. Schnurbein 2002, 192–196). Siehe zu Tschumis Kontakten nach Deutschland ebenfalls: Müller et al. 2003. Vgl. zu den Studienfahrten jetzt auch: Schnurbein 2022.

243 Tatarinoff an Hänny, undatiert, ZBSO TAT_E 3.2.55. Tatarinoff an Drexel, 4.8.1926, ZBSO TAT_E 3.2.55. Ausser Tschumi, Schulthess und Tatarinoff waren als Mitarbeiter unter anderem auch David Viollier und Paul Vouga vorgesehen (Tatarinoff an Ischer, 31.8.1926, ZBSO TAT_E 3.2.55). Paul Vouga (1880–1940), 1909–1919 PD, 1919–1940 Extraordinarius für Urgeschichte in Neuenburg. Ausgräber in LaTène (Aubert 2012).

244 Vgl. Kapitel 9.3.

die Konkurrenzsituation von Tschumis Projekt gegenüber Staehelin ausschlaggebend war, an dieser Stelle etwas ausführlicher auf seine Person eingegangen werden;[245] dies vor allem auch deshalb, weil seine wissenschaftsgeschichtliche Bedeutung nicht offensichtlich ist und entsprechende Behandlungen deshalb bislang fehlen.

Nach dem Besuch des Gymnasiums in der Kleinstadt Winterthur im Kanton Zürich studierte Otto Schulthess (1862–1939) ab 1880 an der Universität Zürich Klassische Philologie bei Arnold Hug, Hugo Blümner und Adolf Kägi, daneben Indogermanistik bei Heinrich Schweizer-Sidler, Geschichte bei Gerold Meyer von Knonau und Philosophie bei Richard Avenarius.[246] Im Sommer 1884 weilte er für ein Semester in München und studierte dort unter anderem bei Eduard Wölfflin, mit dem er durch seine Mithilfe bei der Vorarbeit zum *Thesaurus linguae Latinae* (TLL) bereits von der Schweiz aus in Kontakt gestanden hatte.[247] 1885 promovierte Schulthess in Zürich mit einer Arbeit zur *Vormundschaft nach attischem Recht.*[248] Bereits hier also zeichnete sich ab, dass er sich als Klassischer Philologe weniger sprachwissenschaftlichen oder literarischen Fragen, sondern in erster Linie den sogenannten «Altertümern»[249] zuwenden sollte. Nach seiner Promotion verbrachte er (zehn Jahre bevor Staehelin dort anlangte) ein Semester in Bonn, wo er nicht nur bei Usener und Bücheler, sondern unter anderem ebenfalls bei Nissen studierte, sich also auf althistorischem Gebiet weiterbildete. Ab 1886 wirkte Schulthess als Gymnasiallehrer in Frauenfeld, betätigte sich aber weiterhin wissenschaftlich. 1891 publizierte er eine Studie zum Prozess des C. Rabirius,[250] 1894 verfasste er als Nachfolger von J. H. Lipsius den Bericht über die Veröffentlichungen zu den griechischen Staats- und Rechtsaltertümern.[251] Er publizierte in der Folge weitere Arbeiten über die griechische Rechtsgeschichte und verfasste Beiträge für *Paulys Realencyclopädie.*[252] 1893 habilitierte er sich an der Universität Zürich, die ihn 1902 zum ausserordentlichen Professor für griechisches Recht, Epigraphik und Papyrologie ernannte. 1906 beendete er seine Tätigkeit an der Kantonsschule im Thurgau und siedelte nach Zürich über.[253]

Bereits 1896 war Schulthess in Basel für einen Lehrstuhl im Gespräch gewesen, und zwar als Nachfolger von Staehelins Mentor Ferdinand Dümmler. Obwohl er offenbar einige Fürsprecher besass, überwog doch eine ablehnende Hal-

245 Zu Otto Schulthess: Debrunner 1939; Tièche 1939; Tschumi 1939; Tièche 1941, Bärtschi 2011.

246 Einige studentische Arbeiten sind nachgelassen: SLA MS L 77.12.

247 Tièche 1941, 2 f.

248 Schulthess 1886.

249 Zu den «Altertümern» vgl. Kapitel 10.1.

250 Schulthess 1891.

251 Schulthess 1894.

252 Vgl. für eine Bibliographie: Tièche 1941, 15 ff.

253 Tièche 1941, 4 ff.

tung. Jacob Wackernagel bevorzugte Erich Bethe und riet entschieden von einer Berufung Schulthess' ab.[254] Deutlich drückte sich ebenfalls Wilamowitz aus, den Wackernagel um eine Stellungnahme gebeten hatte. Wilamowitz verglich Schulthess mit einem «wohlvorbereiteten und wohlmeinenden Gymnasiallehrer» und charakterisiert dessen Forschungen auf dem Gebiet der attischen Staats- und Rechtsaltertümer als «receptiv und epikritisch». Er stützte sein Urteil auf Schulthess' Dissertation über die Vormundschaft und ausserdem habe er «hie und da eingehendere Recensionen von ihm gelesen».[255] Gerade aufgrund dieses letzteren Punktes dürfte er allerdings möglicherweise Schulthess gegenüber nicht ganz unvoreingenommen gewesen sein, hatte dieser doch im Vorjahr Wilamowitz' Studie *Aristoteles und Athen*[256] kritisch besprochen und besonders dessen Umgang mit seinen wissenschaftlichen Gegnern scharf gerügt.[257]

In der schnelllebigen Welt der damaligen Basler Klassischen Philologie gab es in der Folge noch mehrmals Anlass, eine mögliche Berufung Schulthess' zu diskutieren. Für die Nachfolge Bethe war Schulthess im Jahr 1903 in Basel erneut im Gespräch, galt jedoch gegenüber dem schliesslich berufenen Körte als die deutlich nachgeordnete Wahl. Auch wurde seine Ausrichtung auf die «Altertümer» in Anbetracht der historischen Ausrichtung des Lehrangebots Münzers als ein Nachteil angesehen.[258] Nach dem Abgang Körtes im Jahr 1906 hielt Wackernagel in einem Schreiben fest, er müsse sich «ganz entschieden» gegen eine Berufung von Schulthess aussprechen. Es handelt sich hierbei um das oben bereits erwähnte Schriftstück, in dem Wackernagel auch Felix Staehelin als Kandidat für

254 Wackernagel an Regierungsrat Zeitt, 15.12.1896, StABS Erziehung CC 16.

255 Wilamowitz an Wackernagel, 12.12.1896 (Poststempel) (Abschrift), StABS Erziehung CC 16.

256 Wilamowitz 1893.

257 Schulthess 1895. Obwohl von allgemeiner Hochachtung gegenüber dem Ersten seiner Zunft getragen, findet Schulthess deutliche Worte der Kritik. So schreibt er (940 f.): «Mitunter freilich läßt sich der Herr Verfasser zu sehr gehen und bietet uns fast zu viele Früchte seiner enormen Belesenheit und schöpft fast zu tief aus dem reich quellenden Borne seines beinahe unerschöpflichen Wissens. [...] man wird Wilamowitz den Vorwurf nicht ganz ersparen dürfen, daß er auch hier wieder de omnibus rebus et quibusdam aliis handle. [...] Wenn der Verf. mitunter zu mitteilsam wird, so steht dem gegenüber der Mangel an Streben nach Abgeschlossenheit und Vollständigkeit.» Das Werk genüge nach dem «strengen Maßstabe [des Strebens nach wissenschaftlicher Objektivität] gemessen» nicht. Weiter führt Schulthess aus (943): «Einen anderen subjektiven Fehler des Verfassers vermag ich nicht zu entschuldigen, es ist die von einem hohen Selbstbewußtsein eingegebene Geringschätzung des Gegners in der Polemik; denn nicht bloß mit scharfer Kritik, sondern mit einer mitunter geradezu beleidigenden, wegwerfenden Art behandelt Wilamowitz andere, ebenfalls hochverdiente Forscher. Gegen diese Manier energisch zu protestieren, betrachtet Referent als seine Pflicht.»

258 Wackernagel an einen Vertreter der Basler Universität, 13.2.1903, StABS Erziehung CC 16.

eine philologische Professur ausschliesst.[259] In einem für beide Taxierten nicht sehr schmeichelhaften Vergleich bemerkt er, man müsse Schulthess noch «in viel höherem Grade als Stähelin [...] produktive Fähigkeiten absprechen».[260] Es führten dann schliesslich – auch von Wackernagel angesprochene – «Bedenken persönlicher Natur» und die Einschätzung einer «wegen mangelnder produktiver Tätigkeit» fehlenden wissenschaftlichen Eignung dazu, dass Schulthess erneut nicht berücksichtigt wurde.[261] Die negative Beurteilung durch Wackernagel wiederholte sich im Jahr 1912, als Friedrich Münzer nach Königsberg wechselte. Die Ablehnung wurde gar noch dezidierter formuliert.[262] Als es 1913 um einen Ersatz für Lommatzsch ging, wurde seitens der Fakultätskommission lediglich noch auf diese letzte Beurteilung verwiesen.[263]

Unterdessen hatte sich Schulthess aber anderswo etablieren können: Im Jahr 1907 war er in Bern zum Ordinarius für Klassische Philologie gewählt worden.[264] Diesen Lehrstuhl sollte er bis zu seiner Emeritierung im Jahr 1932 innehaben, einen Ruf nach Zürich lehnte er 1918 ab.[265] In Bern war er ebenfalls Mitglied der Prüfungskommission für das höhere Lehramt und die Maturitätskommission und auf nationaler Ebene war er in der Eidgenössischen Maturitätskommission entsprechend tätig.[266] Bereits in dem Berufungsverfahren war seine Vertrautheit mit dem

259 Vgl. Kapitel 3.1.

260 Wackernagel, Göttingen, 13. 2. 1906. Die Passage schliesst sich an die Bemerkung an, wonach es sich bei Staehelin um eine «überwiegend rezeptive Natur» handle, er verstehe es «besser zu referieren, als dass er Eigenes brächte». Vgl. Kapitel 3.1. Weiter verweist Wackernagel auf kolportierte Charakterschwächen von Otto Schulthess, die bereits anlässlich der Dümmler-Nachfolge den Ausschlag gegen diesen gegeben hätten.

261 Erziehungsdepartement an Erziehungsrat, 19. 7. 1906, StABS Erziehung CC 16.

262 Die Kuratel zitierte in ihrem Vorschlag an das Erziehungsdepartement Wackernagel unter anderem mit folgenden Feststellungen: «Er kann wissenschaftlich kaum zählen». «Man hätte jetzt Gelegenheit, die Stelle mit Gelehrten zu besetzen, die sich über ausgebreitete Kenntnis von Sprache und Literatur Roms und über Vollbesitz der philologischen Technik und Methode ausgewiesen haben: wie kann daneben jemand in Betracht kommen, der nie weder eine Ausgabe eines Textes geliefert noch eine literarhistorische oder sprachhistorische Untersuchung veröffentlicht hat? Es wäre beinahe dasselbe, wie wenn man einen tüchtigen Landarzt zum Direktor der Anatomie machen würde.» Wackernagel anerkenne, so schreibt er, dass Schulthess «ein guter Lehrer sei», und betont, er hätte es bevorzugt, wenn Schulthess zu einem früheren Zeitpunkt ans Basler Gymnasium geholt worden wäre. Unter anderem fügte Wackernagel als Ablehnungsgrund weiter ebenfalls auch Schulthess vorgerücktes Alter und sein mittlerweile erlangtes Berner Ordinariat an. Von der Kuratel wurden ausserdem erneut «persönliche Bedenken wegen gewisser nachteiliger Charaktereigenschaften» in Anschlag gebracht. Kuratel an Erziehungsdepartement, 8. 3. 1912, StABS Erziehung CC 16.

263 Beilage zum Bericht der Expertenkommission, 18. 6. 1913.

264 Er trat dort die Nachfolge Karl Prächters an (StABE BB III b 621: 13), vgl. Tièche 1941, 6.

265 StABE BB III b 621: 13.

266 Tièche 1941, 11.

«Mittelschulwesen» in der Schweiz gewürdigt worden, auf welches er denn in seiner weiteren Tätigkeit auch grossen Einfluss ausüben sollte.[267]

Im Verlauf des ersten Jahrzehnts des 20. Jahrhunderts wandte sich das wissenschaftliche Interesse Otto Schulthess' der römischen Epoche der Schweiz zu, einerseits was die Bodenforschung, andererseits was die Inschriften betrifft.[268] Er wurde Mitglied der von Karl Stehlin 1896 ins Leben gerufenen Römerkommission und Vorsitzender der 1908 neu gegründeten Rheinlimeskommission, in der er – ab 1914 als einziges Mitglied neben Karl Stehlin – den römischen Wachtürmen am Rhein nachging.[269] Von 1906 bis 1908 leitete er die Ausgrabungen am Kastell Irgenhausen, die ursprünglich von der Antiquarischen Gesellschaft in Zürich begonnen worden waren.[270] In der Folge grub Schulthess an diversen Plätzen vor allem im Aargau und der östlichen Schweiz, so u. a. in Hunzenschwil, Rupperswil, in Vindonissa zusammen mit Walter Barthel von der RGK (1913/1914)[271] sowie in Schaffhausen und Thurgau, weiter in Zurzach,[272] an der Tössegg und in Castelmur.[273]

Mehr noch als durch seine eigene Ausgrabungstätigkeit wurde Schulthess aber als Berichterstatter zu einer zentralen Instanz der schweizerischen römischen Bodenforschung und zu einem von deren prominentesten Gesichtern. Von 1907 bis 1913 verfasste er für den *Archäologischen Anzeiger* des DAI jährliche Berichte über römische Ausgrabungen und Funde in der Schweiz. Den Bericht für die Jahre 1913 und 1914 erstellte Schulthess sodann für den 8. Bericht der

267 Vgl. Feller 1935, 483; Tièche 1941.

268 Handschr. Curriculum Vitae von Otto Schulthess, StABE BB III b 621: 13.

269 Vgl. Kapitel 4.1. Bereits im Jahr 1906, also deutlich vor der Gründung der Spezialkommission, hatte Schulthess an Fabricius melden können: «Die von Ihnen gewünschte systematische Untersuchung aller burgi an der Rheingrenze ist im Gange». Schulthess an Fabricius, 1.11.1906, UB Mainz 4° MS 97. Wie oben erwähnt, wurde der Abschnitt, der Stehlin zugeteilt war, nach dem Zweiten Weltkrieg durch Victorine von Gonzenbach publiziert. Auch Otto Schulthess kam wie Karl Stehlin in seinem Leben nicht mehr dazu, seine Ergebnisse zu veröffentlichen. In einem Brief von 1926 schildert er Fabricius die finanziellen Probleme des Projekts; jener nahm daran starken Anteil und schlug seinerseits eine Publikation im Verlag des Limes-Werks vor (Schulthess an Fabricius 29.12.1926; Fabricius an Schulthess, UB Mainz 4° MS 97). Ebenfalls blockierte das zusehends belastete Verhältnis zu Stehlin die Unternehmung, das Ende der 1920er, Anfang der 1930er Jahre in offenen Konflikt mündete. Laur-Belart (in Gonzenbach) 1957, 4. Anders als Stehlin gab Schulthess keine ausgearbeiteten Materialien weiter und seine Notizen waren – wie Laur-Belart berichtet – in seinem Nachlass nicht mehr aufzufinden. Laur-Belart 1957, 4. Vgl. Schwarz et al. 2014; Hächler et al. 2020, 28.

270 Tièche 1941, 7.

271 Laur-Belart 1931, 20; Kielholz 1947, 47. Vgl. hierzu auch Staehelins Bericht über den Schweizer Historikertag 1913: Nat.-Ztg. 1913, Nr. 249, 12.9.1913.

272 Vgl. Schulthess an Fabricius, 1.11.1906, UB Mainz 4° MS 97.

273 Für einen Überblick: Tièche 1941.

RGK, der 1917 herauskam.[274] Für den 15. Bericht der RGK sollte Schulthess schliesslich auf Veranlassung Friedrich Koepps hin einen entsprechenden Überblick über die vergangenen zehn Jahre anfertigen (1914–1923).[275] Für das Inland fungierte Schulthess vom Jahr 1917 an als ein zentraler Berichterstatter über die römische Bodenforschung; er übernahm zu jener Zeit die Verantwortung für die jährlichen Berichte im Jahrbuch der SGU, die bis 1911 von Heierli und dann von Tatarinoff abgefasst worden waren. Gleichzeitig wurde durch deren Parallelveröffentlichung im Jahresbericht der Gesellschaft für Erhaltung der historischen Kunstdenkmäler[276] die Berichterstattung vorübergehend vereinheitlicht und damit deren römische Kommission, der Schulthess ja angehörte, in eine zentrale Scharnierfunktion gerückt.[277] Diese Schweizer Tätigkeit als Berichterstatter reicht bis ins Jahr 1935.

Vor allem aber beschäftigte sich Schulthess wie erwähnt auch mit den römischen *Inschriften* der Schweiz. Bereits in dem Curriculum Vitae, das er seiner Bewerbung um das Ordinariat in Bern beilegte, schrieb er: «Seit längerer Zeit bin ich mit der Sammlung der römischen Inschriften der Schweiz beschäftigt und hoffe eine erklärende Ausgabe in etwa zwei Jahren zum Abschluss bringen zu können.»[278] Was Schulthess vorhatte, war letztlich ein Corpus, mit dem er Mommsens ICH fortgesetzt hätte.[279] Vorerst jedoch publizierte er Einzelnes: 1907 veröffentlichte er eine Inschrift, die bei einer von Jakob Heierli geleiteten Ausgrabung bei Koblenz («Kleiner Laufen») gefunden worden war.[280] Zwei Jahre später behandelte er eine Solothurner und eine Münsinger (BE) Inschrift.

Im Jahr 1913 jedoch begann er schliesslich im *Anzeiger für schweizerische Altertumskunde* die systematisch auf die Publikation der Neufunde angelegte Reihe *Neue römische Inschriften aus der Schweiz.* Die Reihe sollte «eine möglichst voll-

274 Zur Entwicklung der Berichte der RGK siehe Rassmann et al. 2002, 364–372.

275 Schulthess 1925. Vgl. Schulthess an Staehelin, 13.4.1925, UB Basel NL 72 VIII: 513.

276 (JEK), integriert in den *Anzeiger für schweizerische Altertumskunde* (ASA).

277 Der Bericht erschien in dem JEK allerdings nur bis Jahrgang 1919/20. Er wurde aber auch danach, als er ausschliesslich im JbSGU veröffentlicht wurde, von Schulthess im Namen der Römerkommission verfasst. Zu der nicht immer ganz reibungslosen Zusammenarbeit zwischen der römischen Kommission als Teil der GEK und der SGU siehe die Korrespondenz Tatarinoff - Schulthess in: ZBSO TAT_E.

278 CV Schulthess, Beilage Schulthess an Phil.-hist. Fakultät Uni Bern, 27.7.1907, StABE BB III b 621.

279 Vgl. Schulthess an Staehelin, 4.7.1912, UB Basel NL 72 VIII: 509. Vgl. auch Kapitel 9.2.

280 CIL XIII 11537; Howald/Meyer 339; Walser, RIS II 201; Kolb 2022, 390; Schulthess 1907 (vgl. SRZ, 270; SRZ², 291; SRZ³, 298 f.). Die Lesung hatte Schulthess unter Hinzuziehung von Fabricius und Ritterling erarbeitet (UB Mainz 4° MS 97). Schulthess hatte das Thema ebenfalls in einem Vortrag an der 48. Versammlung deutscher Philologen und Schulmänner in Basel behandelt, den dort ebenfalls Felix Staehelin gehört hatte (SLA MS L 78.3). Zu dem entsprechenden archäologischen Befund und seiner Forschungsgeschichte vgl. Schwarz et al. 2014, 45 ff.; Hächler et al. 2020, 256 f.

ständige Übersicht über alle neugefundenen Inschriften» darstellen, in welche auch andernorts bereits publizierte Neufunde aufgenommen werden sollten.[281] Das entsprechende epigraphische Material wuchs jedoch nicht in der von Schulthess antizipierten Geschwindigkeit an, so dass es bei einer – so untertitelten – «ersten Reihe» blieb;[282] weitere neu gefundene Inschriften teilte Schulthess später im Rahmen seiner archäologischen Berichte mit. Was übrige epigraphische Publikationen angeht, so behandelte er römische Augenarztstempel[283] und schliesslich die Weihinschrift an die Alpengötter aus Allmendingen.[284]

Schulthess' intensive Beschäftigung mit der epigraphischen Überlieferung in der Schweiz ist somit zum Teil durch seine Publikationen ersichtlich, noch deutlicher aber aus zahlreichen nachgelassenen Dokumenten.[285] Es finden sich nicht nur eigene Exzerpte, Collectanea und Notizen, sondern ebenfalls weitreichende Korrespondenz mit den massgeblichen Protagonisten in der Schweiz und in Deutschland (unter anderem Fabricius, Ritterling, Bohn und Drexel). In vielen Fällen wurde Schulthess um seine Meinung angefragt (etwa von Burckhardt-Biedermann) und er verstand sich denn auch selbst als Ansprechperson, sowohl gegenüber philologisch geschulten Fachkollegen wie auch für die Ausgräber.[286]

Es waren diese hier knapp skizzierte epigraphische und archäologische Tätigkeit, seine Berichte und sein Netzwerk, die Schulthess innerhalb der Schweiz, vor allem aber für die Forschung in Deutschland zu einer zentralen Figur der schweizerischen römischen Forschung werden liessen.[287] 1925 wurde Schulthess schliesslich auf Veranlassung der RGK zum ordentlichen Mitglied des DAI er-

281 Schulthess 1913.

282 Schulthess 1913; Schulthess 1914a. Vgl. Tièche 1941, 9. Vgl. hierzu auch die die Schweiz betreffenden Addenda zu CIL XIII in CIL XIII, 4, welche substantiell auf den Arbeiten Schulthess' beruhen.

283 Schulthess 1914b.

284 Schulthess 1926. Zu der Inschrift vgl. Kapitel 9.2.2.

285 BBB Mss.hh.XLV.34/35; Mss.hh.XLV.36; Mss.hh.XXXIV.198; SLA: MS L 77/MS L 78; vgl. auch etwa die Korrespondenz mit Fabricius: UB Mainz 4° MS 97.

286 «Als eine seiner besonderen Aufgaben betrachtet der Unterzeichnete, den Findern und Herausgebern neugefundener römischer Inschriften bei deren Lesung und Erklärung mit fachmännischem Rat behilflich zu sein.» Tièche 1941, 8 nach: Jahresbericht der SGEK für die Jahre 1918 und 1919, 24.

287 «Wir haben allen Grund, Schultheß für diese Arbeit dankbar zu sein, die nicht wenig dazu beitrug, die Beziehungen der schweizerischen Forschung zur deutschen zu beleben.» Tièche 1941, 7. «Durch seine enge Verbundenheit mit der Römisch-germanischen Kommission in Frankfurt a. M. förderte er die wichtigen Beziehungen zu unserem Nachbarn im Norden und sicherte damit unserem Lande manche wertvolle Anregung und gleichzeitig die Anerkennung unserer heimischen Forschung.» Tschumi 1939, 16.

nannt.[288] Zwei Jahre später wurde er als Referent an das 25-Jahr-Jubiläum der RGK nach Frankfurt eingeladen.[289]

Was nun Felix Staehelin betrifft, so hatte dieser mit Schulthess spätestens seit seiner Zeit als Lehrer in Winterthur (1902–1905) in persönlichem Kontakt gestanden, als sie sich teils in denselben philologischen Kreisen Zürichs bewegten.[290] Schulthess hatte ihm wiederholte Male mit fachlicher Auskunft weitergeholfen, so im Zusammenhang von Staehelins Beschäftigung mit den Bastarnern[291] und ebenfalls was römische Inschriften und Grabungsergebnisse der Schweiz betrifft.[292] Staehelin hatte sich in der Zeit seiner Einarbeitung in den Themenkomplex der römischen Schweiz intensiv mit den epigraphischen Arbeiten von Otto Schulthess auseinandergesetzt[293] und später auch in seinen Lehrveranstaltungen darauf verwiesen.[294] Ebenfalls zeugen überreichte Sonderdrucke in Schulthess' nachgelassener Bibliothek (und umgekehrt) von dem Kontakt Staehelins mit seinem älteren Kollegen.

Der Beginn von Staehelins Vorlesung über die *Schweiz in römischer Zeit* im Jahr 1912 war von Schulthess sofort registriert worden, wie aus einem Schreiben an Staehelin hervorgeht: «Es hat mich gefreut aus dem Lektionskatalog zu sehen, dass Sie die Schweiz in röm. Zeit behandeln. Es ist allerhöchste Zeit, dass Nachwuchs komme; sonst reißt die Tradition und Kenntnis plötzlich ab. Mit Pfuschern, die nicht bloß von Epigraphik, sondern auch von Latein nichts verstehen, kann man nichts anfangen.»[295]

Wenn Schulthess hier einen Traditionsabbruch befürchtete, so hängt dies also damit zusammen, dass ein Grossteil der Schweizer «Römerforscher», d. h. der Ausgräber vor Ort, nicht eigentlich altertumswissenschaftlich gebildet war. Mit dem definitiven Wegfall Theophil Burckhardt-Biedermanns war zu rechnen,

---

288 Vgl. Schulthess an Tatarinoff 17.6.1925, ZBSO TAT F 3.2.58. Gleichzeitig wurde eine Anzahl weiterer europäischer Gelehrter aufgenommen. Die Ernennung Schulthess' zum ordentlichen Mitglied des DAI und die intensive Zusammenarbeit mit ihm sind in dem grösseren Kontext des Versuchs der RGK zu sehen, durch eine bewusst transnationale Strategie die Isolation der deutschen Forschung nach dem Ersten Weltkrieg zu überwinden. Krämer 2002, 166; vgl. Kapitel 4.2.

289 Drexel 1930, VIII; vgl. Schnurbein 2002, 171 f.

290 Schulthess an Staehelin 28.11.1904, UB Basel NL 72 VIII: 507; Schulthess an Staehelin 1.12.1904, UB Basel NL 72 VIII: 508.

291 Schulthess an Staehelin 14.9.1903, UB Basel NL 72 VIII: 506.

292 Schulthess an Staehelin 4.7.1912, UB Basel NL 72 VIII: 509; Schulthess an Staehelin 17.2.1915, UB Basel NL 72 VIII: 510; Schulthess an Staehelin 30.12.1924, UB Basel NL 72 VIII: 512.

293 UB Basel NL 72 VI: 13a.

294 UB Basel NL 72 IV: 8d.

295 Schulthess an Staehelin 4.7.1912, UB Basel NL 72 VIII: 509. Weiter macht Schulthess Staehelin in dem Schreiben auf seine geplante Sammlung der Schweizer Inschriften aufmerksam: «Ich sitze oft über meiner Slg. d. röm. Inschr. d. Schweiz, finde aber einstweilen noch nicht die Muße zum Abschluss.»

nur wenige der übrigen Klassischen Philologen beschäftigten sich mit Fragen der «römischen Schweiz», und eigentliche Schweizer Althistoriker existierten – mit Ausnahme Staehelins – noch kaum.

Die Situation der Konkurrenz im Vorfeld von Staehelins SRZ zeigt sich nach dem Gesagten nun also in deutlicheren Umrissen. Es wird klar, dass zu Beginn der 1920er Jahre neben Staehelin in erster Linie Otto Schulthess als Verfasser einer Gesamtdarstellung zur römischen Schweiz in Frage kam. Schulthess war allerdings im Gegensatz zu Staehelin als Instanz zu jener Zeit bereits fest installiert. In dem Moment, als sich die Konkurrenz abzeichnete, arbeitete er seit beinahe 20 Jahren an zentraler Stelle an und für die römische Schweiz, während Staehelin wie oben gezeigt weiteren Fachkreisen erst seit wenigen Jahren überhaupt als Spezialist für das Gebiet bekannt war. In Kreisen der SGU wurde die massgebliche Gestaltung ursprünglich nicht von Staehelin, sondern von Schulthess erwartet, noch war allerdings nicht klar, in welcher Form – bzw. in welchen Formen – diese erfolgen würde.

Breit abgestützt, schon länger in Planung und deshalb ja auch von Schulthess in seinem oben zitierten Brief an Staehelin erwähnt, war die Darstellung in Tschumis projektierter Urgeschichte, dessen Entscheidung für Schulthess als den Autoren des römischen Teils aus dem Gesagten vollkommen verständlich geworden sein dürfte.[296] Obwohl zu dem Zeitpunkt, als Schulthess in der Sache mit Staehelin Kontakt aufnahm, wenigstens von seinem eigenen Kapitel noch «kein Wort» geschrieben war,[297] wurde mit dem Zustandekommen des Gemeinschaftswerks und damit der als Bestandteil enthaltenen Darstellung der römischen Schweiz fest gerechnet; bereits seit Frühling 1924 existierte ein Verlagsvertrag.[298] Unangefochten war das Projekt spätestens jetzt, als Staehelins Pläne deutlich wurden, nicht mehr. Seine SRZ war allerdings auch nicht die erste Unternehmung, die als Gefahr für Schulthess' geplante Darstellung wahrgenommen worden war. Wie im Umfeld Staehelins, so hatte auch bei jenem Kreis bereits die Publikation Ludwig Reinhardts für Aufregung gesorgt. So hatte sich Eugen Tatarinoff – der ja ebenfalls als Mitarbeiter an dem Projekt vorgesehen war – gegenüber diversen seiner Korrespondenzpartner aus den Reihen der Schweizer Bodenforscher Luft verschafft, so etwa gegenüber Otto Tschumi: «Hast Du gelesen, dass der Stänker Reinhardt, Dr. med., eine Geschichte der Schweiz in römischer Zeit herausgegeben hat. Ein Mann, der vom römischen Wesen auch gar rein nichts versteht, Arzt von Beruf & Verfasser rein kompilierender Werke», und weiter: «Was sagt Schulthess dazu? Das Buch wird, wie ich weiss, wegen der damit verbundenen Reklame sehr gekauft & das schadet unserem Vorhaben eini-

296 Vgl. auch die von Tschumi abgefasste postume Würdigung «Otto Schulthess als Römerforscher», in: *Der Bund* 216, 1939.

297 Schulthess an Staehelin, 13.4.1925, UB Basel NL 72 VIII: 513.

298 Rentsch an Tatarinoff, 18.11.1926, ZBSO TAT_E 3.2.60.

germassen. Ich werde mir das Buch natürlich beschaffen müssen, um zu sehen, wie wir den Kerl fassen können.»[299] Hier wird nun auch deutlich, weshalb Tatarinoff die Basler «Hinrichtung» Reinhardts mit solcher Genugtuung aufnahm.

Die Situation war allgemein undurchsichtig. Nicht nur Schulthess' Beitrag in Tschumis Werk und Reinhardts eigener Versuch galten anfangs des Jahres 1924 als bevorstehend: Schulthess ging überdies noch mindestens bis im Frühling 1925 (wenn auch zunehmend zweifelnd) davon aus, dass er für die Antiquarische Gesellschaft Zürich die Leitung einer Reihe «Monographien über die römischen Plätze der Schweiz» übernehmen werde, inklusive eines «staatsrechtlichen Teils», den er aber offenbar nicht selbst zu verfassen beabsichtigte, sondern für den er Eugen Täubler vorsah.[300] Mit Täubler, auf dessen Person und Bedeutung für Staehelins SRZ in Kapitel 4.4.3 näher eingegangen wird, war ohnehin – neben Reinhardt und den doppelspurigen Plänen von Otto Schulthess – noch ein weiterer unklarer Faktor im Spiel; gerüchteweise plante er selbst eine Gesamtdarstellung. Die Lage wurde im Februar 1924 von Tatarinoff in einem Brief folgendermassen zusammengefasst:

> Die Brugger [d. h. Pro Vindonissa] werden wohl die Ohren aufsperren, wenn sie hören, dass nächstens zwei «Schweiz in römischer Zeit» erscheinen werden, die eine will der bekannte Doktor Reinhart […] & die zweite ein Professor Täubler, ein noch die Eierschalen an sich tragender junger Professor […] verfassen. […] Endlich plant Tschumi die Herausgabe einer «Vor- & Frühgeschichte der Schweiz», einem von mehreren Verfassern herzustellenden Werk, in dem Schulthess «die Schweiz in römischer Zeit» verfassen soll. Etwas viel auf einmal![301]

Weiter warnte er Tschumi vor der Zürcher Konkurrenz, da er davon ausging, dass Schulthess sich aufgrund seines entsprechenden Projekts gegen Tschumis Urgeschichte entscheiden könnte,[302] – eine Befürchtung, die sich als unbegründet herausstellen sollte, wie wir bereits gesehen haben.

Die verschiedenen Mutmassungen und Gerüchte über sich gegenseitig durchkreuzende Pläne zeigen deutlich auf, dass eine «römische Schweiz» nun allgemein erwartet wurde und dass die verschiedenen Akteure versuchten, sich hier in Position zu bringen.

Wie weiter aus der Korrespondenz von Tatarinoff ersichtlich wird, waren offensichtlich also auch in Kreisen der Schweizer Bodenforscher vor der «Affäre Reinhardt» Staehelins konkrete Pläne zur SRZ nicht bekannt. Bereits aus dem eingangs dieses Unterkapitels zitierten Brief ist zu ersehen, dass Staehelin auch

299 Tatarinoff an Tschumi, 18.3.1924, ZBSO TAT_E 3.2.50.
300 Schulthess an Staehelin, 13.4.1925, UB Basel NL 72 VIII: 513.
301 Tatarinoff an Eckinger, 2.4.1924, ZBSO TAT_E 3.2.50.
302 Tatarinoff an Tschumi, 21.2.1924, ZBSO TAT_E 3.2.50.

Schulthess darüber nicht informiert hatte,[303] so wie er offenbar Jahre zuvor, 1912, eine fachliche Anfrage an Schulthess gerichtet hatte, ohne den Verwendungszweck der nachgefragten Information – seine neue Vorlesung über die römische Schweiz – deutlich zu machen.[304] Tatarinoffs Reaktion auf Reinhardt zeigt aber, dass – auch wenn nichts Konkretes bekannt war – der Gedanke an ein entsprechendes Projekt keineswegs fern lag: «Wir dürften ja natürlich nichts sagen, wenn etwa ein F. Stähelin auf eigene Rechnung ein solches Werk veröffentlichen würde».[305]

Umgekehrt muss offenbleiben, ob Staehelin von Tschumis Projekt schon vor der Benachrichtigung durch Schulthess wusste. Vollkommen überraschend wird die Konkurrenzsituation jedenfalls nicht gekommen sein, Schulthess hatte ja auf das Thema gewissermassen die älteren Rechte, und Staehelin hatte gegenüber Drexel denn auch bereits im Jahr 1921 auf Schulthess als Prätendenten für eine massgebliche Darstellung hingewiesen. Staehelin war also durchaus klar, dass sich sein Plan zur SRZ direkt gegen Schulthess' Ambitionen richten konnte.

Aus dieser Perspektive wird noch deutlicher, welche Bedeutung Drexels Zuspruch nach der Publikation des Helvetier-Aufsatzes 1921 für Staehelin haben musste. Nicht nur schlug Drexel Staehelin wie oben ausgeführt die Abfassung einer SRZ nach Mommsens Vorbild direkt vor, sondern er bemerkte weiter wörtlich: «Schultheß, an den Sie erinnern, wird sie [d. h. eine solche Arbeit wie die ‹römische Schweiz›] gewiß im Einzelnen ausgezeichnet machen, aber ich zweifle, ob sie ihm als Synthese gelingen wird. Leicht ist es nicht, das Durchkreuzen der verschiedenen Kulturen und ihr reizvolles Miteinander und Durcheinander [...] darzustellen.» Schulthess komme seiner Veranlagung nach – so Drexel – eher für einen «Haug-Sixt» (den Gelzer ja für Staehelin vorgeschlagen hatte) in Betracht.[306]

Diese Beurteilung der Stärken und Limitationen von Schulthess' wissenschaftlichem Arbeiten steht nicht für sich allein; sie fügt sich in eine Reihe ähnlicher Einschätzungen ein, wie sie nicht nur, was seine philologische Arbeit betrifft, in wenig wohlwollender Art in den Basler Berufungsverfahren durch Wilamowitz und Wackernagel vorgebracht wurden, sondern ebenfalls in Bezug auf seine Beschäftigung mit der römischen Schweiz. Sein Zehnjahresbericht von 1925 zur römischen Forschung in der Schweiz, der mehr eine Auflistung als eine Synthese darstellt, galt als zu dürr und trocken. Drexel wünschte sich von Eugen Tatarinoff für einen ähnlichen Bericht (für den Bereich der Prähistorie) eine «et-

303 Schulthess an Staehelin, 30. 12. 1924, UB Basel NL 72 VIII: 512.

304 Schulthess an Staehelin 4. 7. 1912, UB Basel NL 72 VIII: 509.

305 Tatarinoff an Tschumi, 18. 3. 1924, ZBSO TAT_E, 3.2.50.

306 Drexel an Staehelin, 5. 11. 1921, UB Basel NL 72 VIII: 100.

was saftvollere Behandlung» als diejenige, die Schulthess abgeliefert hatte;[307] er pflichtete damit dem Urteil Tatarinoffs bei, der sich von Schulthess' Bericht «etwas enttäuscht» gezeigt und dazu bemerkt hatte, er habe die Behandlung «doch etwas dürftig [gefunden], namentlich in Hinsicht auf die allgemeine Siedelungsgeschichte unseres Landes in röm. Zeit».[308] Gegenüber dem Archäologen Hermann Gropengiesser bemerkte er: «Das ist ja ein reiner Schiffskatalog.»[309]

Auch Edouard Tièche betont in seinem Nachruf auf Schulthess, dass «[e]in abschließendes Urteil über Schultheß' wissenschaftliches Lebenswerk [...] freilich auch die Grenze nicht übersehen [darf], die seinem Schaffen gesetzt war. Dieser Grenze war sich Schultheß selber klar bewußt. Er sah, wo seine Stärke lag. Sie lag im Handwerklichen, in der peinlich sorgfältigen Kleinarbeit, an die er alle seine trefflichen Geistesgaben wandte».[310]

Die Einschätzung Tièches, wonach sich Schulthess seiner eigenen Grenzen nur allzu bewusst war, wird bestätigt durch dessen Reaktion auf die Konfliktsituation, die sich nun in Bezug auf Staehelin ergeben hatte. Im April 1925 dankte er Staehelin für dessen (erst) zu diesem Zeitpunkt erfolgte ausführlichere Mitteilung seines Vorhabens. Er wünschte ihm dazu Erfolg und bemerkte etwas resigniert: «[...] das darf ich Ihnen ruhig sagen, daß Sie nach Ihren bisherigen Arbeiten eher das Talent zur Synthese haben als ich, der ich so unendlich viel Zeit und Arbeit auf Berichterstattungen verwendete, die man, wenn es gut geht, schnell durchfliegt & dann auf die Seite legt». Er habe Tschumi gar empfohlen, statt seiner doch Staehelin für den römischen Teil seines Werks vorzusehen; «aber er wollte durchaus mich haben, und so habe ich zugesagt».[311]

Schulthess räumte Staehelin also einen gewissen Vorrang ein, umgekehrt nahm aber Staehelin die Konkurrenz durchaus ernst. Er versuchte, Schulthess dazu zu bewegen, ihm bereits ein Manuskript zugänglich zu machen, auf das er sich in der Abfassung der SRZ hätte beziehen können. Schulthess lehnte ab; er verwies darauf, dass noch nichts vorliege, machte aber ebenfalls deutlich, dass er

307 Drexel an Tatarinoff, 9.8.1926, ZBSO TAT_E 3.2.60. Er bemerkt dazu allerdings, man müsse zur Entschuldigung anführen, dass Schulthess den Bericht «auf Wunsch Herrn Koepps in sehr kurzer Zeit niedergeschrieben hat».

308 Tatarinoff an Drexel, 4.8.1926, ZBSO TAT_E 3.2.55.

309 Tatarinoff an Gropengiesser, 25.3.1926, ZBSO TAT_E 3.2.55: «Ueber die 10 jährige Tätigkeit der Schweizer Forscher auf römischem Gebiete hätte ich gerne einen etwas andern Artikel gelesen, als den im 15.JB.RGK. erschienenen. Das ist ja ein reiner Schiffskatalog.»

310 Tièche 1941, 10.

311 Schulthess an Staehelin, 13.4.1925, UB Basel NL 72 VIII: 513. Es ist allerdings nicht anzunehmen, dass Staehelin seine SRZ in einem solchen Rahmen hätte publizieren wollen. In den Kreisen der mit Tschumis Projekt verbundenen Bodenforscher wurde aber ebenfalls über eine Zusammenarbeit zwischen Schulthess und Staehelin nachgedacht, um den befürchteten Schaden für das eigene Projekt abzuwenden. Tatarinoff an Tschumi, 31.3.1925, ZBSO TAT_E 3.2.55.

nichts Unpubliziertes herausgeben werde, da dies «wohl vom Verleger, dessen Eigentum das Manuskript laut Vertrag wird, nicht zugestanden [würde]».[312] Staehelin wiederum versuchte später ebenfalls erfolgreich zu verhindern, dass Schulthess sein Manuskript der SRZ zu Gesicht bekam.

Das Projekt «Tschumi, Schulthess et al.» kam im Folgejahr – während Staehelin weiter seine SRZ ausarbeitete – nur langsam voran. Zu Beginn des Jahres 1926 verschickte der Verlag die Leitsätze für das Zitieren.[313] Im Frühling 1926 fand eine Konferenz der Mitarbeiter statt.[314] Tatarinoff beklagte sich wiederholt über die Schwierigkeit und Mühseligkeit der Bearbeitung seines Themas (frühgermanische Epoche).[315] Schulthess bemerkte im Juni 1926, er selbst habe immer noch nichts geschrieben, und es gab Gerüchte über Geldprobleme des Verlags.[316]

Eine unverhoffte Wendung nahm die Angelegenheit schliesslich, als noch im Jahr 1926 Otto Tschumi auf eigene Faust eine Monographie mit dem Titel *Urgeschichte der Schweiz* veröffentlichte, die chronologisch vom Paläolithikum bis in die La-Tène-Zeit reicht.[317] Wenn er offenbar davon ausgegangen war, das Buch könnte für das Sammelwerk als eine Art «Schrittmacher» dienen, wie er Schulthess gegenüber angab,[318] so hatte er die Lage damit vollkommen falsch eingeschätzt. Der für das grössere Projekt zuständige Rentsch-Verlag erkannte in der Publikation Tschumis einen Vertragsbruch und veranlasste «beidseitig und gegenseitig entschädigungslos» die Beendigung der Zusammenarbeit.[319] Es musste davon ausgegangen werden, dass eine so betitelte *Urgeschichte der Schweiz* die Absatzchancen eines danach erscheinenden, praktisch gleichlautenden Sammelbandes empfindlich schmälern würde. Tatarinoff, der sich stets um das Zustandekommen und den Erfolg der Publikation gesorgt hatte, zeigte kein Verständnis für das eigenmächtige Handeln Tschumis. Bereits Jahre zuvor hatte er ihm von einem solchen Schritt abgeraten.[320] Gegenüber seinen Korrespondenzpartnern äusserte er nun seinen Unmut in aller Deutlichkeit.[321]

312 Schulthess an Staehelin, 13.4.1925, UB Basel NL 72 VIII: 513.

313 Rentsch-Verlag an Tatarinoff, 19.1.1926, ZBSO TAT_E 3.2.58.

314 Tschumi an Tatarinoff, 6.3.1926, ZBSO TAT_E 3.2.58.

315 Tatarinoff an Viollier, 26.8.1925, ZBSO TAT_E 3.2.55.

316 Schulthess an Tatarinoff, 10.6.1926 (Poststempel), ZBSO TAT_E 3.2.60.

317 Tschumi 1926.

318 Schulthess an Tatarinoff, 21.7.1926, ZBSO TAT_E 3.2.60.

319 Rentsch an Tatarinoff, 18.11.1926, ZBSO TAT_E 3.2.60; Tatarinoff an Viollier, 18.7.1926, ZBSO TAT_E 3.2.55.

320 Tatarinoff an Tschumi, 17.4.1923, ZBSO TAT_E 3.2.50

321 Tatarinoff zeigte auch Verständnis für das Vorgehen des Rentsch-Verlags: «Ich habe aber den Eindruck, dass Rentsch recht hat, wenn er Tschumi den Vorwurf macht, er habe vorgeschossen. Ich finde es doch im höchsten Grade merkwürdig, dass Tschumi sich als den Chef einer erlauchten Plejade aufspielt, um mit Rentsch ein grosses Werk über Urgeschichte herauszugeben & vorher bei einem schweiz. Verleger ein Buch herausgiebt, das der Plejade trotz allem

Was Tatarinoff vollends nicht verstand, war weiter die Tatsache, dass nun ausgerechnet Felix Staehelin Tschumis Buch in den *Basler Nachrichten* in einem sehr wohlwollenden Ton besprach, und dies, obgleich er ihm inhaltlich zahlreiche Fehler nachweist.[322] Tatsächlich sticht einer der gröbsten Schnitzer Tschumis, nämlich die Behauptung, der helvetische *pagus* der Tougener werde von Caesar erwähnt, schon dadurch hervor, dass Ludwig Reinhardt für denselben Fehler von Staehelins Umfeld bissigen Hohn geerntet hatte, während Tschumi nun mit einem im Vergleich doch recht milden Verweis davonkam.

Staehelins Nachsicht ist aber keineswegs unverständlich. Dass für ihn und sein Projekt gute Beziehungen nach Bern in dieser Phase vital waren, liegt auf der Hand. Tschumi und Schulthess hatten in jenem Jahr in Allmendingen bei Thun spektakuläre Entdeckungen gemacht.[323] Nicht nur eine gut erhaltene Statuette zählte zu den Funden,[324] sondern ebenfalls der später berühmt gewordene Stein mit einer Weihinschrift an die *alpes,* über den Staehelin sich wiederholt die jeweils neusten Informationen erbat.[325] Die Konkurrenzsituation war für Staehelins Informationsfluss ohnehin gefährlich, war er doch nach Anlage seines Buches auf dauernde Kontakte zu allen relevanten Fundorten dringend angewiesen, und Tschumi war nicht nur für Allmendingen, sondern etwa auch für die Berner «Engehalbinsel» der entscheidende Kontakt. Ein undiplomatischer Ton gegenüber Tschumi hätte hier beträchtlichen Schaden anrichten können.[326]

Das grosse Projekt von Otto Tschumi hatte also durch die Veröffentlichung seiner eigenen Monographie einen empfindlichen Rückschlag erlitten. Tschumi selbst teilte dies Staehelin mit, dieser war jedoch durch sein Netzwerk bereits über das voraussichtliche Scheitern der Zusammenarbeit informiert gewesen.[327] Er rechnete in der Folge aber noch jederzeit damit, dass das Werk erscheinen

& allem doch Konkurrenz macht. Wer wird unsere Urgeschichte noch kaufen, wenn er Tschumis Buch [...] erworben hat?» Tatarinoff an Viollier, 18.7.1926, ZBSO TAT_E 3.2.55. Ebenfalls Otto Schulthess: «Als Verleger wäre auch ich skeptisch.» Schulthess an Tatarinoff, 21.7.1926, ZBSO TAT_E 3.2.60.

322 BN 1926, 4. Beil. zu Nr. 228, 21./22.8.1926; vgl. Tschumi 1926; Tatarinoff an Bosch, 30.8.1926, ZBSO TAT_E 3.2.55: «Hast du die Rezension von Stähelin in den basl.nachr. gelesen? Der greift auch allerhand an, spricht aber bereits von einer notwendig werdenden zweiten Auflage! je nun, das heisst einem schon in recht widerlicher Weise den Bart streichen!»

323 Vgl. zu Allmendingen: Martin-Kilcher/Schatzmann 2009.

324 Kaufmann-Heinimann 2009a.

325 Howald/Meyer 234; Walser 124. Vgl. Kaufmann-Heinimann 2009b; Herzig 2009. Vgl. Kapitel 9.2.2.

326 Es soll damit nicht behauptet werden, diese Überlegungen seien der einzige Grund für Staehelins freundlichen Tonfall gewesen. Gerade mit Tschumi pflegte er auch in der Folge stets ein kollegiales Verhältnis; und dieser sollte sich 1944 anlässlich von Staehelins 70. Geburtstag denn auch mit einem Beitrag an der Festschrift beteiligen.

327 Staehelin an Tschumi, 4.10.1926, SLA Otto Tschumi 4: 85.

und Schulthess seine Darstellung der römischen Schweiz publizieren werde.[328] Noch nach Erscheinen der ersten Auflage der SRZ wollte er Schulthess für seine eigene Überarbeitung abwarten.

Erst im Verlauf der weiteren Jahre wurde deutlich, dass das Projekt vollends versanden würde – jedenfalls was Otto Schulthess betraf, der nach der Publikation von Staehelins SRZ ausser seinen Berichten nichts mehr zur römischen Schweiz publizieren sollte. Für Otto Tschumi dagegen entwickelte sich das Sammelwerk zu einem ewigen Plan, den er Zeit seines Lebens verfolgen sollte. Rudolf Laur-Belart schreibt in seinem Nachruf auf Tschumi:

> An der Jahresversammlung der Schweiz. Gesellschaft für Urgeschichte in Vaduz 1935 eröffnete er mir seinen Plan, eine Arbeitsgemeinschaft der aktiven schweizerischen Fachleute ins Leben zu rufen, um eine groß angelegte, auch die Hilfswissenschaften umfassende «Urgeschichte der Schweiz» herauszugeben. Es war eine riesige Aufgabe, die sich Tschumi damit auflud. Einige Mitarbeiter lieferten ihm ihre Kapitel prompt, andere starben weg und die dritten ließen ihn im Stich.[329]

Laur-Belart scheint das erste Kapitel dieser Geschichte – der «Plan» bestand zu dem Zeitpunkt ja immerhin schon über zehn Jahre – also nicht gekannt zu haben. 1949 wurde dann endlich ein erster Band publiziert, der allerdings mit dem ursprünglich angedachten Projekt nurmehr wenig zu tun hatte, mit seinen vorwiegend naturwissenschaftlich ausgerichteten Beiträgen aber ein Fundament für einen zweiten Teil hätte legen sollen. Noch aus dem Jahr 1954 datiert die schriftliche Rücknahme einer Zusage von Andreas Alföldi, der offenbar als später Nachfolger von Otto Schulthess für die Abfassung des römischen Teils vorgesehen war.[330] Ein solcher wurde schliesslich nie geschrieben.

Die hier aufbereitete Quellenlage zeigt, in welchem Masse die Zeit für eine Gesamtdarstellung zur römischen Schweiz allgemein als reif erachtet wurde, wie die deutsche römisch-germanische Wissenschaft und vor allem die RGK auf zusammenfassende Darstellungen drängte, enge Kontakte knüpfte und dabei ebenfalls die verschiedenen Akteure evaluierte. In der Schweiz wiederum brachten sich die Prätendenten in Position, wobei aufgrund der spezifischen personellen und institutionellen Situation der Altertumswissenschaften letztlich zu diesem Zeitpunkt lediglich Schulthess und Staehelin tatsächlich in Frage kamen.[331] Dem

328 Wie auch im Kreis der Mitarbeiter nach der Kündigung des Verlagsvertrags lediglich von einer Verzögerung des Projekts ausgegangen wurde. Tatarinoff an Tschumi, 14.4.1927, ZBSO TAT_E 3.2.55. Es wurde ebenfalls eine neue Verlagszusammenarbeit eingegangen. Protokoll Kommission SvW,12.10.1928. Arch. St 202: a.

329 Laur-Belart 1960, 47.

330 Alföldi an Tschumi, 26.1.1954. Bernisches Historisches Museum: Otto Tschumi. Im Zusammenhang zu sehen mit seiner eigenen Gesamtdarstellung, die ebenfalls nicht zustande kommen sollte. Zu Alföldis Zeit in der Schweiz vgl. Ruprecht 2015.

331 Dies zumindest nach dem Abgang Eugen Täublers, vgl. Kapitel 4.4.3.

Philologen Schulthess, der mit Blick auf die «Realien» und «philologischen Hilfswissenschaften» als altertumswissenschaftlicher Experte die Bodenforschung seit Jahren begleitet hatte und nun das klassische Zeitalter als Kapitel in das Narrativ einer Ur- und Frühgeschichte der Schweiz zu integrieren gedachte, stand nun der deutlich später hinzugekommene Althistoriker Staehelin gegenüber, der eine in der Schweiz so noch neue fachliche Prägung und eine andere Herangehensweise verkörperte. Dass sich hier Staehelin durchsetzte, führte letztlich dazu, dass das massgebliche Werk, welches das Bild der römischen Schweiz prägen sollte, als Synthese unter einem dezidiert althistorischen Paradigma entstand, während die urgeschichtlich konzipierte, archäologisch-antiquarische Darstellung weiterhin relativ unverbunden in verstreuten Berichten erfolgte.[332]

4.4.3 Eugen Täubler und die Helvetier

Mit dem – scheinbar momentanen, in Wirklichkeit definitiven – Wegfall der Konkurrenz aus Bern im Jahr 1926 und der endgültigen Diskreditierung Ludwig Reinhardts gab es um die Platzierung der massgeblichen Darstellung zur römischen Schweiz neben Staehelin vorläufig keine Mitbewerber mehr. Wesentlich zu der Klärung der Situation beigetragen hatte allerdings ebenfalls, dass Eugen Täubler, seit 1922 Extraordinarius für Alte Geschichte in Zürich, im Jahr 1925 einen Ruf nach Heidelberg angenommen hatte.[333] Wäre Täubler in der Schweiz geblieben, so wäre Staehelin möglicherweise eine genuin althistorische Konkurrenz auf dem Gebiet der antiken Schweiz erhalten geblieben, wie im Folgenden kurz dargelegt werden soll.

Eugen Täubler (1879–1953) hatte ab 1898 gleichzeitig in Berlin am orthodoxen Rabbinerseminar und der Lehranstalt für die Geschichte des Judentums wie auch an der Universität studiert, wo er sich auf die Fächer Geschichte sowie Klassische und Orientalische Philologie verlegte.[334] Nach seiner Promotion bei Otto Hirschfeld sowie Tätigkeiten als Mitarbeiter Mommsens und Harnacks wirkte Täubler in der Zeit vor dem Ersten Weltkrieg als Leiter des Gesamtarchivs der Deutschen Juden sowie als Dozent für Geschichte und Literatur der jüdisch-hellenistischen und der frühchristlichen Zeit an der Lehranstalt für die Wissenschaft des Judentums, ab 1912 als Inhaber des Ludwig-Philippson-Lehrstuhls für jüdische Geschichte.[335] Nachdem Täubler 1916 «kriegsdienstgeschädigt» als Soldat entlassen worden war, habilitierte er sich 1918 in Berlin mit einer Studie über

332 Eine genauere Analyse des methodischen Gegensatzes, durch den die hier geschilderte Konkurrenz geprägt war, erfolgt in Kapitel 9.3, Kapitel 10.1.

333 Zu Eugen Täubler: Christ 1982, 168–176; Heuss 1989b; Ungern-Sternberg 1985; Scharbaum 2000.

334 Ungern-Sternberg 1985, VII.

335 Ungern-Sternberg 1985, VII f.

Die Vorgeschichte des zweiten Punischen Krieges. Als Privatdozent für Alte Geschichte in Berlin verfolgte er weiterhin Pläne zur Förderung der jüdischen Studien in Deutschland, publizierte aber auch weiter zur römischen Geschichte.[336]

Täubler kam 1922 auf jenes neu geschaffene Zürcher Extraordinariat für Alte Geschichte, für das ebenfalls Felix Staehelin im Gespräch gewesen war und das dieser wie oben ausgeführt bereits am Beginn des Verfahrens auf eine informelle Anfrage hin abgelehnt hatte.[337] Täubler war damit neben Staehelin einer der ersten «reinen» Althistoriker an einer Deutschschweizer Universität.

1924 veröffentlichte Täubler seine Studie *Bellum Helveticum,*[338] die von Alfred Heuss als eine «literarische Gabe für seine eidgenössischen Gastgeber in Zürich» gedeutet worden ist, indem er in dieser Geste eine «offensichtliche Nachahmung Mommsens» erblickt.[339] Ganz ähnlich war auch für Karl Christ Täublers *Bellum Helveticum* «in erster Linie ein Tribut an seine Schweizer Wirkungsstätte».[340]

Diese weit ausgreifende Analyse der Hintergründe und der Bedeutung von Caesars Helvetierkrieg war nun von ganz anderer Art, als die Schweizer «Römerforscher» die Auseinandersetzung mit der antiken Epoche betrieben, in gewisser Weise dem dezidiert historischen Blick Staehelins nahe, allerdings ebenso von einer grossen Individualität und Einzigartigkeit.[341] In dem äusserst geistreichen, phantasievollen und kreativen Buch, das als *Caesarstudie* betitelt ist, erklärt Täubler den Helvetischen Krieg aus einem breiten Panorama der gallischen Verhältnisse heraus. Als Grundproblem sieht Täubler den Kampf um den gallischen Prinzipat und im Gegensatz zwischen Arvernern und Haeduern erkennt er eine in gewissem Sinn analoge Konstellation wie im griechischen Antagonismus zwischen Sparta und Athen. Hieraus ergeben sich durch diverse Verschiebungen die Suprematiekämpfe unter Einschluss der Sequaner, Helvetier und der Germanen Ariovists, die wir bei Caesar fassen. Das Ganze wird von Täubler – auch in diesem Zusammenhang – auf raffinierte Weise mit einem Gegensatz der Herrschaftsformen Monarchie und Oligarchie und mit der römischen Politik der Zeit verbunden. Dadurch entsteht ein narratives Gewebe, in welchem der Krieg «um, für und gegen» Gallien eine ähnliche klassische Bedeutung gewinnt wie der Peloponnesische Krieg.[342] Immer mit Caesars *Bellum Gallicum* im Zentrum und in

336 Ungern-Sternberg 1985, VIII.

337 Vgl. Kapitel 3.1.

338 Täubler 1924.

339 Heuss 1989b, 282.

340 Christ 1982, 170.

341 Für eine Charakterisierung der spezifischen und einzigartigen Prägung von Täublers historischem Denken vgl. Ungern-Sternberg 1985; Heuss 1989b.

342 «Mit den Augen eines gallischen Thukydides» müsse die Vorgeschichte von Caesars Eingreifen angesehen werden, so Täubler 1924, 3. Angesichts von Täublers Perspektive auf die Entwicklungen ist es in einem gewissen Sinne nicht erstaunlich, dass er sich nach dieser Beschäfti-

Auseinandersetzung mit und starker Kritik an der bisherigen Forschung zeigt Täubler den Helvetischen Krieg als entscheidende Episode in einer Entwicklung Galliens zu nationaler Einigung und übergreifender Monarchie in Form konföderierter Stämme unter «dem Vorkämpfer seines Stammes und seines Volkes»[343] Orgetorix – was letztlich durch Caesar verhindert wurde.[344]

Täublers *Bellum Helveticum* ist allerdings in seiner Eigenschaft als verwickelte und komplizierte Quellenexegese auch sehr sperrig und dürfte kaum ein grosses Publikum gefunden haben. Ein populärer Rezipientenkreis kommt mit Blick auf die Art der Behandlung von vornherein nicht in Frage, und es ist schwer vorstellbar, dass die Schweizer Bodenforscher damit etwas hätten anfangen können. Aber auch in Fachkreisen scheint das Buch ohne grösseren Einfluss geblieben zu sein.[345] Nicht zuletzt hat sich auch die althistorische Wissenschaftsgeschichte offenbar bislang kaum auf die Lektüre eingelassen.[346] Ganz anders Staehelin: Er hatte das Buch gelesen und teilte Täubler auch selbst mit, dass er mit den Ergebnissen im Grossen und Ganzen einiggehe. Die Behandlung der «Unterwerfung unter Rom» in der SRZ[347] stützt sich in ihrem ersten Teil stark auf Täublers Buch.[348]

Dasselbe Thema gestaltete Täubler ebenfalls in einem Essay über Orgetorix,[349] dessen «panegyrische Erhebung»[350] gerade vor dem Hintergrund der schweizerischen Rezeptionstraditionen ein weiteres Zeugnis von der grossen Originalität und Eigenständigkeit Täublers darstellt.[351] Auch diesen Aufsatz rezipier-

---

gung mit Caesar Thukydides zuwenden sollte. Hierzu ein anderer Gedanke bei Heuss: Seiner Ansicht nach war Caesar grundsätzlich das falsche historiographische Objekt für Täublers Art der Geschichtsschreibung, das richtige hatte er erst mit Thukydides gefunden. Heuss 1989b.

343 Täubler 1924, 41.

344 Die Bedeutung des Buches liegt ebenfalls in einer Zurückweisung der virulenten Fundamentalkritik an Caesars *commentarii* (vgl. Heuss 1989b, 1909). Dieser Aspekt ist wichtig für die affirmative Aufnahme des Werks durch Staehelin, der eine dezidierte Form von Kritik an Caesars Glaubwürdigkeit in der SRZ empört zurückweist (SRZ, 51; SRZ², 57; SRZ³, 66). Vgl. Kapitel 9.2.1.

345 Vgl. Heuss 1989b, 1908.

346 So schreibt Heuss 1989b, 1908 zu Recht, dass die «eigenwilligen Interpretationsabsichten», die Täubler in diesem Werk verfolge, «eigentlich […] längeres Verweilen erforderten», als es in seiner Behandlung der Fall sei – und auch in vorliegender Untersuchung sein muss.

347 Vgl. Kapitel 8 und Kapitel 9.2.1.

348 Umgekehrt hatte Täubler Staehelin in seinem *Bellum Helveticum* ebenfalls zitiert, allerdings mit seiner Monographie zu den *Galatern*, die er für Analogieschlüsse heranzieht. So etwa Täubler 1924, 47, Anm. 64.

349 Täubler 1926a.

350 Heuss 1989b, 1909.

351 Heuss 1989b, 1908 bemerkt, Täubler habe Orgetorix «in geradezu grotesker Weise verzeichnet». Er zitiert hier Täubler allerdings etwas ungenau. So schreibt Heuss: «Abgesehen, davon, dass er diesen höchst fragwürdigen Politiker […] in nahezu grotesker Weise verzeichnete,

te Staehelin in affirmativer Weise. Wichtig für ihn war ebenfalls Täublers dritter Beitrag zur römischen Schweiz, nämlich die Darstellung der «Erhebung» der Helvetier im Jahr 69 n. Chr.,[352] gegen die er einige sachliche Einwände vorzubringen hatte.[353]

Täubler hatte sich der römischen Schweiz mit Phantasie, geistreicher Narration und ausführlicher Erörterung, aber fast ausschliesslich auf der Grundlage der literarischen Überlieferung genähert. Mit einer solchen Herangehensweise konnte er wohl die ereignisgeschichtlichen Komplexe des *Bellum Helveticum* und des Kampfs der Helvetier gegen Caecina Alienus[354] historisch behandeln, für eine Gesamtdarstellung zur römischen Schweiz hätte es aber einer grundlegenden Änderung der Methode bedurft. Wie eine solche Behandlung des Themas durch Täubler ausgesehen hätte, ist deshalb nicht leicht vorstellbar. Dennoch gingen wie oben gezeigt zeitweise Gerüchte um, Täubler bringe nächstens eine «römische Schweiz» heraus. Ob in der oben zitierten Korrespondenz Tatarinoffs ein Missverständnis über den Charakter des *Bellum Helveticum* vorlag, ob die Zürcher Pläne von Otto Schulthess im Hintergrund standen, die Täubler ja ebenfalls einschlossen, oder ob tatsächlich zu dieser Zeit konkrete Pläne Täublers für ein anderes, noch umfassenderes Projekt bestanden, muss hier offenbleiben.

Dass mit Täubler auf dem Gebiet der römischen Schweiz zu rechnen war, dies hatte für Staehelin jedenfalls schon vor dessen ersten entsprechenden Publikationen festgestanden: Staehelin und Täubler hatten sich bereits anfangs der 1920er Jahre – unmittelbar nach Veröffentlichung der *Helvetier* und des *Ältesten Basel* – über die «Wünschbarkeit einer Zusammenfassung der Erkenntnisse auf diesem Gebiet» unterhalten.[355] Angeregt hatte das Gespräch Täubler, und zwar direkt nachdem Staehelin ihm seine zwei Aufsätze geschickt hatte. Er legte Staehelin einerseits eine grössere Darstellung nahe, allerdings nicht in Form einer narrativen Synthese, sondern als Sammlung von Arbeiten, wie sie *Das älteste Basel* darstellte, also als abgeschlossene Behandlungen von einzelnen Siedlungen: «Die Einzelstudien würden sich am Ende zu einem grossen Bande zusammenschliessen und erst in dieser Geschlossenheit methodisch und stofflich ihre volle

indem er ihn als ‹diesen einzigartigen Mann, den sie (scil. die Helvetier) der Weltgeschichte (!) gegeben haben› vorstellt, rechtfertigt er dessen Phantastik». Täubler schreibt jedoch nicht *«einzigartig»*, sondern er nennt ihn den *«einzigen* [!] Mann», den die Helvetier der Weltgeschichte gegeben hätten (Täubler 1926a, 137). Obwohl die Hochstilisierung von Orgetorix, die Heuss moniert, in dem Essay tatsächlich zu finden ist, meint diese Passage vor allem einfach, dass die Helvetier ausser Orgetorix keinen weiteren Mann von weltgeschichtlichem Format hervorgebracht hätten.

352 Täubler 1926b; vgl. NZZ 1925, Nr. 116, 24. 1. 1925.

353 Staehelin an Täubler 1. 4. 1925, UB Basel NL 78 E: III, 101.

354 Aulus Caecina Alienus, vgl. Eck 1997a.

355 Staehelin an Täubler 1. 4. 1925, UB Basel NL 78 E: III, 101.

Wirkung tun.»[356] Andererseits machte Täubler seine eigenen Ambitionen deutlich: «Über dies und anderes hoffe ich bald mit Ihnen sprechen zu können. Ich kann mich mit meinen Interessen für die römische Schweiz nur an Ihre Kenntnisse und Leistungen anlehnen. Ich hoffe, dass Sie mir dies in freundnachbarlichem Verhältnis gestatten.» Staehelins Arbeiten, so heisst es am Anfang des Briefes, machten auf ihn «einen völlig überzeugenden Eindruck.» Er habe sich nur in «belanglosen Einzelheiten [...] vorerst ein Fragezeichen notiert; vorerst – d. h. wohl, bis ich mit dem Stoff vertrauter bin. Der Winter soll wesentlich den Helvetica gewidmet sein.»[357] Mit den oben genannten Arbeiten hatte Täubler in der Folge gezeigt, wie ernst es ihm mit den «Helvetica» war. Es war also durchaus nicht abwegig anzunehmen, dass hier Weiteres zu erwarten war, und das bereits angedachte Zusammengehen von Täubler und Schulthess hätte zweifellos ein ernstzunehmendes Projekt ergeben.

Nicht nur dazu sollte es aber letztlich nicht mehr kommen, sondern überhaupt zu keinen weiteren Arbeiten Täublers zum Thema: Er erhielt 1925 einen Ruf nach Heidelberg, was auch thematisch das Ende seiner Schweizer Tätigkeit bedeutete. Schulthess informierte Staehelin in seinem Schreiben vom 13. April 1925 über die Berufung Täublers mit dem Zusatz «wird leider annehmen».[358] Staehelin wusste aber zu diesem Zeitpunkt schon von Täublers bevorstehendem Abgang aus der Schweiz. Bereits knappe zwei Wochen vor Erhalt des betreffenden Briefes von Schulthess hatte er Täubler schriftlich zu dem Ruf gratuliert und dabei auch sein Bedauern über den Weggang ausgedrückt: «Zunächst habe ich Ihnen meine herzlichen Glückwünsche darzubringen zu Ihrer Berufung auf Domaszewskis Lehrstuhl, wodurch Sie das längst verdiente Ordinariat erhalten haben. Freilich will sich dabei auch das Bedauern nicht unterdrücken lassen, dass wir Sie hier in der Schweiz schon so bald wieder verlieren.» Aus der Art, wie Staehelin im Folgenden sein «Bedauern» weiter ausführt, ist deutlich zu ersehen, dass hier ein in seinen Augen gewichtiger Konkurrent ausscheiden werde:

«Mir persönlich geht das [= der Weggang] besonders nahe, da Sie so intensiv an den Problemen der römischen Schweiz mitzuarbeiten begonnen haben. Ich fürchte, daß Ihnen diese Dinge nun etwas ferner treten werden.» Staehelin, der sich bis dahin bedeckt gehalten hatte, eröffnete Täubler im selben Zug nun die bevorstehende Veröffentlichung seiner SRZ:

> Inzwischen habe ich mir gesagt, dass ich, wenn ich bei meinen vorgerückten Jahren überhaupt je zur Abfassung einer Arbeit über die römische Schweiz kommen soll, nicht länger zuwarten darf. Ich habe darum im letzten Herbst rasch entschlossen einen Urlaub für diesen Winter genommen und auch erhalten, und habe mich an die Abfassung eines Bu-

356 Täubler an Staehelin, 26.7.1922, UB Basel NL 72 VIII: 584.

357 Täubler an Staehelin, 26.7.1922, UB Basel NL 72 VIII: 584.

358 Schulthess an Staehelin, 13.4.1925, UB Basel NL 72 VIII: 513.

ches gemacht, in dem die Geschichte und die Kultur der römischen Schweiz dargestellt werden sollen.

Dass Staehelin davon ausging, mit seinem Buch – ähnlich wie gegenüber Schulthess – auch Täublers eigene Ambitionen anzugreifen, wird deutlich aus der Formulierung, die er anschloss: «Ich halte mich [...] für verpflichtet, Ihnen darüber ganz offen zu berichten, da wir doch einmal über derartige Pläne verhandelt haben.» Seine «Befürchtung», dass «diese Dinge» Täubler «nun etwas ferner treten werden», dürfte ihn vor diesem Hintergrund nicht sonderlich belastet, sondern möglicherweise eher etwas erleichtert haben. Ganz sicher war er sich der Sache jedoch noch nicht, so schloss er den betreffenden Absatz in dem Brief mit der Bitte, Täubler möge ihm mitteilen, «ob man von Ihnen nicht doch noch weitere Helvetica erwarten darf».[359] Wenn Staehelin schon durch das Projekt von Tschumi und Schulthess etwas beunruhigt war, so erscheint der Abgang Täublers für seinen Anspruch auf das Thema beinahe noch wichtiger, war ihm dieser doch durch seine genuin althistorische Prägung in der fachlichen Perspektive in gewissem Sinne näher. Staehelins Tendenz zur Monopolisierung eines Themas hatte sich schon in jungen Jahren deutlich während seiner Arbeit am Pergamonthema gezeigt. Durch die Art, wie er hier nun explizit sein Bedauern darüber ausdrückt, dass Täubler nun wohl für die Arbeit an der Geschichte der römischen Schweiz nicht mehr zur Verfügung stehe, kann man sich durchaus erinnert fühlen an die Zeile, die er als Student an Dümmler schickte, als er erfahren hatte, dass Koepp nicht weiter an Pergamon interessiert sei: «Einer weniger»!

359 Staehelin an Täubler, 1.4.1925, UB Basel NL 78 E: III, 101.

5 Die Publikation der ersten und der zweiten Auflage der *Schweiz in römischer Zeit*

5.1 Die erste Auflage

Als Friedrich Drexel Felix Staehelin im Jahr 1921 auf die Wünschbarkeit einer Gesamtdarstellung zur römischen Schweiz, «wie sie bei Mommsen vorliegt», hingewiesen hatte, hatte dieser ihm – wie bereits oben zitiert – beschieden, dass ihm eine solche ebenfalls als «schönes Ziel» vorschwebe, aber: «Ob ich es jemals erreichen werde? Die laufenden Pflichten meines Doppelamts lassen mir fast nur in den Ferien Zeit zu zusammenhängender und, wenn's gut geht, produktiver Arbeit. Aber fahren lasse ich den Plan einstweilen nicht.»[1] Wiederholt hatte er sich gegenüber Drexel auch im Folgenden über seinen Mangel an Zeit für die Forschungsarbeit beklagt. Im Sommer 1922 schrieb er ihm bezüglich einer zu schreibenden Rezension: «Ich komme erst in den Ferien zu solcher Arbeit [...]. Im Semester nehmen die laufenden Pflichten meine ganze Zeit in Anspruch.»[2] Und ein knappes Jahr später hiess es: «Mein Doppelamt an Schule und Universität läßt mir zu wissenschaftlicher Produktion erbärmlich wenig Muße.»[3] Angesichts der Arbeitsbelastung Staehelins, die durch seine diversen Engagements in der städtischen Gesellschaft noch erhöht wurde, war die Ausarbeitung einer «römischen Schweiz», die seinen eigenen Ansprüchen genügte, bei «laufendem Betrieb» eine Unmöglichkeit. Die SRZ hätte auf diese Weise ebenso ein ewiger Plan bleiben können wie Tschumis grosse *Urgeschichte* – wenn nicht der «Warnschuss» erfolgt wäre, den Ludwig Reinhardts Buch bedeutet hatte. Staehelin war schlagartig an die Dringlichkeit einer Publikation seiner römischen Schweiz erinnert worden; wollte er das Feld behaupten, musste es rasch geschehen. Er war ausserdem mittlerweile über 50 Jahre alt und durfte bei seinen «vorgerückten Jahren nicht mehr länger zuwarten», wie er sich gegenüber Täubler ausgedrückt hatte. In dieser Situation entschied sich Staehelin dafür, das lang geplante Buch nun definitiv in Angriff zu nehmen. «Kurzentschlossen» also ersuchte er um Urlaub für das Wintersemester 1924/1925. An-

1 Staehelin an Drexel, 13.12.1921, D-DAI-RGK-A-AR-1185.

2 Staehelin an Drexel, 3.7.1922, D-DAI-RGK-A-AR-1185.

3 Staehelin an Drexel, 6.6.1923, D-DAI-RGK-A-AR-1185. In punkto Staehelins Arbeitsbelastung mag man sich ebenfalls daran erinnern, dass er sich bereits 1915 gezwungen gesehen hatte, bei den Behörden eine Reduktion seines Schulpensums zu erwirken, vgl. Kapitel 3.

fangs Oktober 1924 gewährten ihm die Behörden zunächst den Urlaub für sein Lehramt am Gymnasium, und mit diesem positiven Bescheid wandte sich Staehelin sodann an die Kuratel, um ebenfalls an der Universität beurlaubt zu werden.[4] Die Kuratel unterstützte sein Gesuch, und so wurde Staehelin für das Semester «von der Vorlesungspflicht an der Universität zur Fertigstellung einer grösseren wissenschaftlichen Arbeit dispensiert».[5]

Mit dem Urlaubsgesuch wurde – wie oben gezeigt – das konkrete Projekt SRZ erst bekannt. In Basel war es von jetzt an angesichts der Begründung des Gesuchs kein Geheimnis mehr, woran Staehelin arbeitete, hatte er doch in seinem Gesuch explizit auf das konkrete Thema seiner «grösseren wissenschaftlichen Arbeit» verwiesen.[6] Aus diesem Grund hatte ja auch Schulthess bereits im Winter 1924 über seine entsprechenden Kontakte von der SRZ erfahren. Dennoch informierte Staehelin im Allgemeinen auch jetzt noch sehr zurückhaltend, wobei er allerdings Drexel bereits im Dezember 1924 mitteilte, dass er sich «nun ernstlich hinter die römische Schweiz gemacht und zu diesem Zweck sogar ein halbes Jahr Urlaub von Schule und Universität erhalten» habe. Staehelin arbeitete zu diesem Zeitpunkt bereits an der ersten Hälfte des Manuskripts und bat Drexel für den weiteren Verlauf der Arbeit um dessen «gütige Beratung und Unterstützung».[7] Dieser reagierte sehr erfreut darauf, dass Staehelin «nun endlich an die römische Schweiz gehen» könne, und bekräftigte seine Hilfsbereitschaft für das Unternehmen.[8]

Am 17. März 1925 erschien in den BN das Referat von Staehelins Vortrag über den «Beginn des geschichtlichen Lebens in der Schweiz». Am Anfang des Artikels wurde der Freude darüber Ausdruck verliehen, dass ein Buch erscheinen werde, in welchem Staehelin, der als «der beste Kenner auf dem Gebiet der römischen Schweiz» gelte, «die Resultate seiner Forschungen auf diesem Gebiet einem weiteren Publikum zugänglich machen wird».[9] Damit war die Sache nun gewissermassen offiziell und gerade in Kreisen der Bodenforscher wurde die Ankündigung denn auch sofort registriert.[10] In den folgenden Wochen begann Staehelin aktiv

4 Staehelin an Köchlin (Präsident der Kuratel), 6. 10. 1921, StABS ED REG 1a.1: 1427.

5 Beschluss des Erziehungsrates vom 10. 11. 1924, StABS ED REG 1a.1: 1427.

6 Staehelin an Köchlin (Präsident der Kuratel), 6. 10. 1921, StABS ED REG 1a.1: 1427.

7 Staehelin an Drexel, 26. 12. 1924, D-DAI-RGK-A-AR-1185.

8 Drexel an Staehelin, 21. 1. 1925, UB Basel NL 72 VIII: 102.

9 BN 1925, 1. Beil. zu Nr. 76, 17. 3. 1925.

10 Tatarinoff an Tschumi, 31. 3. 1925, ZBSO TAT_E 3.2.55. «Ich las jüngst irgendwo in einem Feuilleton, dass Prof. Dr. Felix Stähelin die Absicht habe, eine Geschichte der Schweiz in r. Zeit zu verfassen.» Es war zu diesem Zeitpunkt, dass Tatarinoff eine Zusammenarbeit Staehelin-Schulthess anregte (vgl. Kapitel 4): «Haben wir da nicht wieder double emploi & könnte man nicht im Interesse unserer ‹Urgeschichte› Schulthess veranlassen, dass er sich mit Stähelin verständigt?» Siehe auch: Heuberger an Staehelin, 18. 3. 1925, UB Basel NL 72 VIII: 231: «Mit lebhafter Freude entnehme ich den gestrigen Basler Nachrichten, dass Sie ein Buch über Helvetien unter den Römern vorbereiten oder bald herausgeben werden.»

über sein Projekt zu informieren. Es war zu diesem Zeitpunkt, dass er – wie oben ausgeführt – nun in aller Deutlichkeit an die Konkurrenten Otto Schulthess und Eugen Täubler schrieb, ebenfalls informierte er jetzt Frank Olivier.[11]

Aufgrund seiner umfangreichen Vorarbeit, die er in Form seiner Vorlesungsmanuskripte, seiner Vorträge und Aufsätze zum Thema bereits geleistet hatte, kam er mit seinem Werk relativ schnell voran. Fortwährend hielt er ebenfalls weitere Vorträge über Teilgebiete des entstehenden Buches, wie aus den Daten der entsprechenden Veranstaltungen, die oben (Kapitel 4.3) aufgeführt sind, ersichtlich ist. Nach seinem Urlaub las Staehelin im Sommersemester 1925 – wenig überraschend – über die «römische Schweiz», wobei er der Vorlesung vermutlich nicht mehr sein Skript zugrunde legte, das er seit 1912 weiterverfasst und ausgebaut hatte, sondern die Veranstaltung nun neu auf Grundlage des entstehenden Buchmanuskripts abhielt.

Bereits Ende des Jahres 1925 konnte Staehelin an Frank Olivier schreiben: «Nun ist das Manuskript so gut wie druckfertig; es fehlen eigentlich nur noch die Bilder.»[12] Entsprechend begann Staehelin in der Folge gezielt seine Kontakte zu den Schweizer Zentren der römischen Bodenforschung zu nutzen, um das Bildmaterial für die SRZ zu beschaffen.[13] Ebenfalls war er bemüht, in der Zeit bis zur Veröffentlichung einen konstanten Informationsfluss über Neufunde aufrechtzuerhalten.[14]

Vor allem aber musste Staehelin sich weiter um die konkrete Realisierung der Publikation bemühen. Er ging eine enge Zusammenarbeit mit dem Verlag Benno Schwabe in Basel ein; um die Finanzierung zu gewährleisten, wandte man sich sodann gemeinsam an die Stiftung Schnyder von Wartensee (SvW), die von der Zentralbibliothek Zürich verwaltet wurde.[15] Im März 1926 wurde Staehelins

11 Staehelin an Olivier, 25.12.1925, BCU IS 1905 XIII/P.

12 Staehelin an Olivier, 25.12.1925, BCU IS 1905 XIII/P.

13 Für die Waadt spielte hierbei Frank Olivier eine Schlüsselrolle (BCU IS 1905 XIII/P). Für Genf war Waldemar Deonna wichtig (1920–1925 Extraordinarius in Genf, 1925–1955 Ordinarius für klassische Archäologie; vgl. Monnoyeur 2005); siehe: Deonna an Staehelin, 28.12.1925, UB Basel NL 72 VIII: 91. Ebenfalls wandte er sich für die Illustrationen des Buches wiederholt an die RGK, an die diversen Museen und Gesellschaften sowie an einzelne Ausgräber. Siehe: Korrespondenz in SLA Otto Tschumi 4. Korrespondenz mit Drexel, in: D-DAI-RGK-A-AR-1185. Vgl. allgemein die Korrespondenz UB Basel NL 72 VIII; vgl. weiter die Danksagungen im Vorwort der SRZ, IX. Vgl. Kapitel 9.3.

14 Vgl. Kapitel 9.3.

15 Die Stiftung war 1847 von dem Musiker und Komponisten Franz Xaver Schnyder von Wartensee gegründet worden. Den Stiftungszweck hatte er selbst folgendermassen formuliert: «Wenn bedeutende wissenschaftliche, poetische oder andere Kunst-Werke, die eine Veröffentlichung verdienen, aber aus Mangel an Mitteln [...] nicht gedruckt [...] werden könnten, sich zeigen, so kann die Verwaltung meiner Stiftung solche an sich kaufen und soll sie dann veröffentlichen.» Hier nach: Forrer an (Robert) Schnyder von Wartensee, 19.10.1962, ZBZ Arch. St 203: 1. Konkret

SRZ in der Sitzung der Stiftungskommission behandelt.[16] Staehelins Werk, so ist im Protokoll zu lesen, sei «im Manuscript sozusagen abgeschlossen». Zusätzlich zum Text sei mit ca. 60 Abbildungen, einer Karte und «etlichen Stadtplänen» zu rechnen. Man ging von Druckkosten von ca. 10 000 Franken ohne die Karte und die Pläne aus, wobei Staehelin auf ein Honorar verzichtete und der Schwabe Verlag den Absatz von 500 Exemplaren garantierte (bei 50 Prozent des Ladenpreises, der an die Stiftung gehen würde).[17] Im April schrieb Staehelin an Tschumi, dass mit einem Veröffentlichungstermin vor 1927 nicht zu rechnen sei: «[...] soviel ist [...] sicher, sonst leider noch nichts Positives».[18]

Erst im September des gleichen Jahres wurde in der Stiftungskommission die Frage nach einem geeigneten Gutachter für Staehelins Manuskript geklärt. Der Aktuar der Stiftung, Hermann Escher,[19] führte aus:

> Publikation Stähelin über: «Die Schweiz in römischer Zeit». In erster Linie käme in Betracht Herr Prof. Dr. O. Schulthess in Bern. Nun ist dieser mit einer Arbeit aus dem gleichen Gebiet beschäftigt. Die beiden Herren stehen in fortwährender Verbindung miteinander; immerhin liegt es auf der Hand[,] dass unter solchen Umständen Herr Prof. Stähelin nicht wünscht, sein Manuscript gerade Herrn Schulthess auszuhändigen. Ich schlage deshalb, indem ich von auswärtigen Experten, die mir von Prof. Stähelin genannt wurden, absehe, als schweiz. Experten Herrn Vizedirektor Viollier vom Schweiz. Landesmuseum vor.[20] Er ist zwar in erster Linie Prähistoriker, aber doch auch mit der römischen Zeit vertraut.[21]

---

bedeutete dies etwa im Fall der SRZ, dass die Stiftung die Verlagsrechte an dem Manuskript erwarb und den Druck einem Kommissionsverleger (hier Schwabe) übertrug. Vgl. Ballmer 2011.

16 Protokoll Kommission SvW, 5.3.1926, ZBZ Arch. St 202: a.

17 Letztlich sollte die Stiftung SvW für die Publikation ca. 14 000 Franken aufwenden und fast 11 000 Franken damit einnehmen, so dass sich ihre Nettoausgaben für die 1. Auflage laut Protokoll auf gut 3000 Franken beliefen. Protokoll Kommission SvW, 2.3.1928, ZBZ Arch. St 202: a.

18 Staehelin an Tschumi, 21.4.1926, SLA Otto Tschumi 4: 78.

19 Hermann Escher (1857–1938), ab 1881 Mitarbeiter der Stadtbibliothek Zürich und ab 1887 deren Erster Bibliothekar, 1916–1932 Direktor der neu gegründeten Zentralbibliothek Zürich (Germann 2004). Staehelin, der mittelbar bereits in jungen Jahren mit Escher zu tun gehabt hatte, als er sich aus Basel um Fernleihbücher in Zürich bemüht hatte (TB), pflegte im Zuge der Arbeit an der SRZ ein gutes Verhältnis zu Escher und nahm diesen ebenfalls namentlich in die Danksagung im Vorwort auf. Siehe SRZ, VIII.

20 David Viollier (1876–1965) war von 1913 bis 1930 Vizedirektor des Schweizerischen Landesmuseums in Zürich und ein wichtiger Exponent der Schweizer Prähistoriker, 1916–1918 Präsident der SGU; vgl. Aubert 2011.

21 Escher an Kommission der Stiftung Schnyder von Wartensee, 15.9.1926, ZBZ Arch. St 203: 1.

Eschers Vorschlag wurde angenommen.[22] Es kann nach dem oben Ausgeführten nicht erstaunen, dass die Stiftung SvW bei der Evaluation der Frage nach einem geeigneten Gutachter direkt auf Schulthess verfallen war. Wie sehr Staehelin und Schulthess als die einzigen Prätendenten auf eine «römische Schweiz» galten, wird so ebenfalls aus dieser Suche nach einem Experten deutlich. Da Staehelin aus Konkurrenzgründen nicht wollte, dass Schulthess sein Manuskript zu Gesicht bekam, dieser also nicht in Betracht kam, fiel die Wahl auf David Viollier – einen Prähistoriker, wie auch Escher einräumt.[23] Einen Schweizer Althistoriker, der in Frage gekommen wäre, gab es schlicht nicht, genauso wenig wie althistorisch gebildete «provinzialrömische» Archäologen. Ausser Staehelin und Schulthess kam niemand in Betracht. Es ist in ganz anderem Kontext dasselbe Bild, das sich in den Zürcher Berufungsverfahren auf das noch neue althistorische Extraordinariat bot: Nachwuchs in der Alten Geschichte war in der Deutschschweiz noch praktisch nicht vorhanden. Bei den «auswärtigen» Experten, die Staehelin offenbar vorgeschlagen hatte, dürfte es sich um die einschlägigen Protagonisten aus den Reihen der RGK gehandelt haben: so z. B. Dragendorff, Drexel, Fabricius oder Koepp.

Anfangs Oktober 1926 scheint sich der positive Bescheid der Stiftung abgezeichnet zu haben. «[...] jetzt geht es voran», schrieb Staehelin an Tschumi. «Die Stiftung Schnyder von Wartensee hat sich meines Opus erbarmt, u. so hoffe ich auf sein Erscheinen im Lauf d. J. 1927».[24] Und zwei Wochen später liess er Frank Olivier wissen, «dass die Herausgabe meiner ‹Schweiz in römischer Zeit› jetzt gesichert ist, indem die Stiftung Schnyder von Wartensee in Zürich sich seiner erbarmt hat».[25] Wohl auf eine entsprechende Rückfrage Oliviers hin präzisierte er allerdings einige Tage später: «Der Druck hat noch nicht begonnen, sondern das Mscr. wird zur Zeit in Zürich gelesen und ‹begutachtet›.»[26] Die Angelegenheit sollte sich noch weiter verzögern. Zwar fiel das Gutachten – wenig erstaunlich – positiv aus[27] und «die Zürcher Herren» hatten gegen Ende des Jahres

22 «Auf Antrag des Aktuars werden folgende Expertisen erbeten[:] über die Publikation Stähelin von Herrn Vizedirektor [des Nationalmuseums] Viollier». SvW-Zirkularbeschluss vom 15.9.1926, ZBZ Arch. St 203: 1.

23 Allerdings hatte Viollier – worauf Eschers Argumentation abzielt – ebenfalls im Themengebiet der römischen Schweiz publiziert. Viollier war für die Stiftung selbst kein Unbekannter: 1916 war eine von ihm verfasste Studie von ihr herausgegeben worden: Viollier 1916. Seine Verbindung mit der Stiftung kommt denn auch dadurch zum Ausdruck, dass er in seiner kurzen Besprechung der SRZ der Stiftung explizit Dank abstattet für ihre wichtige Rolle bei der Publikation entsprechender Werke, vgl. Viollier 1927b.

24 Staehelin an Tschumi, 4.10. 1926, SLA Otto Tschumi 4: 85.

25 Staehelin an Olivier 19.10.1926, BCU IS 1905/XIII P.

26 Staehelin an Olivier, 23.10.1926, BCU IS 1905/XIII P.

27 Dies geht aus dem weiteren Vorgehen der Stiftung hervor. Am 27.12.1926 liess Escher zusammen mit dem Gutachten gleich auch die ersten Vertragsentwürfe in der Kommission zir-

«grundsätzlich Beschluss gefasst»,[28] was jedoch den konkreten Vertragsabschluss anging, so verlief dieser nicht ganz so reibungslos, wie Staehelin es sich vorgestellt hatte. Die Stiftung wollte die zu erwartenden Kosten im Vorfeld möglichst exakt festlegen können, was aber aufgrund der Unwägbarkeiten bezüglich der Illustrationen nur schwer zu erreichen war.[29] Staehelins Hoffnung, den Vertrag noch im Jahr 1926 unterzeichnen zu können, sollte sich nicht erfüllen: «Die Herren in Zürich sind wegen der Kosten voller Bedenken und Aengstlichkeiten. Aber einmal muß es doch werden!»[30]

Ende Januar wurden die Verträge von der Stiftung SvW definitiv genehmigt[31] und Staehelin, der «Tag für Tag»[32] auf diesen Beschluss gewartet hatte, konnte an Frank Olivier schreiben: «‹Endlich!› heute Abend ist der erlösende telephonische Bericht aus Zürich gekommen, die Stiftungskommission habe den von mir am 20. November (!) als annehmbar bezeichneten Vertrag endgültig angenommen und gutgeheißen. So kann der Druck beginnen und die Anfertigung neuer Clichés [für die Illustrationen] angeordnet werden.»[33] Die Erlösung war Staehelins Arbeitseifer bereits im folgenden Monat deutlich anzumerken: «Das Mscr. ist im Satz; ich habe die ersten Probefahnen bekommen und noch einiges Technische ausbessern können; bald werden die regelrechten Fahnen kommen und dann: Vorwärts!»[34]

Allerdings kam die geplante Illustration des Buches tatsächlich teurer zu stehen, als berechnet worden war. Auch mit einer Reduktion des Bildmaterials war diese nur zu finanzieren, weil Staehelin ausser von der Stiftung SvW noch «von privater Seite [...] ein schönes Subsidium» erhalten hatte.[35] Bei dem «Gönner der Wissenschaften, der nicht genannt zu werden wünscht», wie es im Vorwort der SRZ formuliert ist,[36] und dessen «hochherzige Spende»[37] auch in dem Proto-

---

kulieren. Escher an Kommission SvW, 27.12.1926, ZBZ Arch. St 202: a. Das Gutachten selbst ist in den Akten offenbar nicht erhalten.

28 Staehelin an Olivier, 23.12.1926, BCU IS 1905/XIII P.

29 Staehelin an Olivier, 23.12.1926, BCU IS 1905/XIII P.

30 Staehelin an Olivier, 20.12.1926, BCU IS 1905/XIII P.

31 Protokoll Kommission SvW, 24.1.1927 ZBZ Arch. St 202: a. «Die Vertragsentwürfe mit dem Verfasser und dem Verleger Benno Schwabe & Co. werden genehmigt. Der Vergebung der Arbeit nach Basel steht kein Hindernis entgegen mit Rücksicht darauf, daß der Verkehr zwischen Verfasser und Drucker sich viel leichter abwickelt, wenn beide am gleichen Orte wohnen, und daß von einem andern Verleger die feste Uebernahme von 500 Exemplaren nicht zu gewärtigen wäre.»

32 Staehelin an Olivier, 18.1.1927, BCU IS 1905/XIII P.

33 Staehelin an Olivier, 24.1.1927, BCU IS 1905/XIII P.

34 Staehelin an Olivier, 15.2.1927, BCU IS 1905/XIII P.

35 Staehelin an Olivier, 10.3.1927, BCU IS 1905/XIII P.

36 SRZ, IX.

37 SRZ, IX.

koll der Stiftung SvW lediglich als «Subvention einer schweiz. Stiftung»[38] erwähnt wird, dürfte es sich um den Luzerner Bankier und Philanthropen Emil Sidler-Brunner gehandelt haben, den «hochherzigen Förderer der ersten Auflage», dem Staehelin postum die zweite Auflage der SRZ dedizieren sollte.[39]

Den Frühling hindurch widmete sich Staehelin den Korrekturen; die Arbeit an dem Buch reichte aber noch in das Sommersemester 1927 hinein, für welches er sich (allerdings vergebens) wünschte, dass «wenigstens die Studenten ein Einsehen haben und mein Kolleg nicht zu hören begehren».[40] Ende Juni war das Buch «in erster Korrektur ganz, in zweiter größtenteils gelesen», wie Staehelin Olivier mitteilte. Weiter seien «die Clichés [...] alle beieinander und auch von den 4 Planbeilagen drei fertig».[41]

Der Druck ging jedoch nicht ganz so schnell vonstatten, wie Staehelin erwartet hatte, und letztlich wurde es Herbst, bis die *Schweiz in römischer Zeit*, herausgegeben von der Stiftung Schnyder von Wartensee, in einer Auflage von 1200 Exemplaren[42] im Verlag Benno Schwabe in Basel erscheinen konnte.

5.2 Zur allgemeinen Aufnahme der *Schweiz in römischer Zeit*

Zu dem Zeitpunkt, als die SRZ erschien, waren ungefähr sechs Jahre vergangen, in welchen Staehelin unablässig zu der römischen Schweiz publiziert, Vorträge über das Thema gehalten sowie entsprechende Kontakte in der Schweiz und im Ausland geknüpft und verstärkt hatte.[43] Nicht allein dadurch hatte er sich eine – oder eher: *die* – legitime Sprecherposition zur römischen Schweiz im altertumswissenschaftlichen und nationalhistorischen Diskurs erarbeitet, er hatte überdies sein soziales und kulturelles Kapital genutzt, um illegitime Konkurrenz diskursiv

38 Protokoll Kommission SvW, 12.5.1930, ZBZ Arch. St 202: a.

39 Vgl. SRZ², V. Sidler-Brunner (1844–1928) war Mitglied diverser patriotischer, gemeinnütziger und wissenschaftlicher Vereine, er leistete zahlreiche Vergabungen und Stiftungen für gemeinnützige und wissenschaftliche Zwecke und unterstützte unter anderem etwa auch in finanzielle Not geratene Gelehrte; er gründete weiter die Stiftungen Lucerna und die Stiftung für Suchende. Vgl. Quadri 2011; Simmen 1966, bes. 10 f.

40 Staehelin an Olivier, 18.4.1927, BCU IS 1905/XIII P. Ausgefallen war die Vorlesung des Winters 1926/27 *(Geschichte und Kultur der hellenistischen Zeit)*. Diejenige im Sommer 1927 *(Geschichte der athenischen Staatsverfassung)* fand aber statt. Zu den Studentenzahlen Staehelins in den 1920er Jahren vgl. Königs 1988, 14.

41 Staehelin an Olivier, 28.6.1927, BCU IS 1905/XIII P.

42 ZBZ Arch. St 203: 1.

43 Hier ebenfalls zu beachten ist zusätzlich die vorangehende, etwa zehnjährige Phase, in welcher Staehelin lediglich in baslerischen Zusammenhängen (Schule, Universität, HAG, Vorträge, Führungen in Augst) auf dem Gebiet der römischen Schweiz hervorgetreten war.

zu annihilieren und die Verwirklichung seiner Gesamtdarstellung auch gegen Widerstände voranzutreiben. Im Resultat wurde sein Buch lange vor der Publikation bereits allgemein von ihm erwartet, die interessierten Kreise sehnten es buchstäblich herbei. Nur vor diesem Hintergrund ist zu verstehen, wie sehr das Terrain bereitet war, als das Buch dann tatsächlich herauskam.

Der Erfolg war durchschlagend: Innerhalb von sechs Wochen war die gesamte erste Auflage vergriffen. Die Bücher waren tatsächlich so schnell verkauft, dass viele Interessenten, gerade im Ausland, keine Möglichkeit mehr hatten, ein Exemplar zu erhalten.[44] So stellte Drexel gegenüber Staehelin fest, dass «viele Kollegen in Deutschland von seinem [= SRZ] Erscheinen überhaupt erst hörten, als es nicht mehr zu haben war».[45]

Von den Rezensenten wurde das Buch beeindruckt bis euphorisch aufgenommen.[46] Wohl enthalten gerade die ausführlicheren Besprechungen diverse kritische Anmerkungen, sowohl als Erörterungen von strittigen Einzelfragen wie auch in Form grundsätzlicher Bedenken bezüglich Staehelins methodischer Entscheidungen (auf beides wird im weiteren Verlauf der Untersuchung in Teil II eingegangen); von niemandem jedoch wurde Staehelin der Respekt versagt für seine so überzeugend durchgeführte Gestaltung des Themas.

Die Schweizer «Römerforschung» war – trotz mancher Differenz, was Perspektive und Methode anging – des Lobes voll. So schrieb Otto Schulthess in seiner Anzeige des Buches in dem Jahresbericht der SGU: «Nach dem einstimmigen Urteil aller Sachverständigen ist durch dieses umfangreiche Werk die seit vielen Jahrzehnten schmerzlich empfundene Lücke vortrefflich ausgefüllt. Es wird für lange Zeit das grundlegende und zuverlässige Buch über die Schweiz unter römischer Herrschaft bleiben.»[47] Etwas verhaltener äusserte sich Tatarinoff im selben Jahresbericht: «Eine sehr erfreuliche Erscheinung auf dem Gebiete unserer frühgeschichtlichen Literatur, die allgemein von der Kritik günstig aufgenommen wurde.»[48] Ebenfalls verfasste David Viollier eine kurze Besprechung für den Anzeiger für schweizerische Altertumskunde, worin er schreibt: «C'est avec un plaisir tout particulier que nous annonçons cet excellent ouvrage. [...] Disons de suite que la documentation de M. Staehelin est de tout premier ordre [...].

44 Protokoll Kommission SVW, 12.10.1928, ZBZ Arch. St 202: a.

45 Drexel an Staehelin, 18.1.1929, D-DAI-RGK-A-AR-1185.

46 Hier und generell im ersten Teil vorliegender Untersuchung werden die Rezensionen lediglich im Hinblick auf die allgemeine Beurteilung des Werks hin betrachtet. Inhaltliche und methodische Aspekte, die darin angesprochen werden, kommen im Zuge der analytischen Kapitel im zweiten Teil dieser Untersuchung zur Sprache.

47 Schulthess 1928, 110.

48 Tatarinoff 1928 147. Tatarinoff verfasste zusätzlich zu seiner kurzen Anzeige im JbSGU ebenfalls eine ausführliche Rezension für das *Solothurner Wochenblatt*.

L'auteur est maître absolu de cette masse de matériaux disparates, met chaque fait bien à sa place et lui accorde exactement l'importance qu'il doit avoir.»[49]

Otto Tschumi bemerkte in seiner Besprechung im Berner *Bund*, dass es vornehmlich an der Schwierigkeit der Aufgabe gelegen habe, dass noch niemand in der Nachfolge Mommsens eine Darstellung der römischen Schweiz aufgrund des neuen Materials gewagt habe. «Man wird zugeben müssen», fährt Tschumi fort, «daß Felix Stähelin wie wenig andere, alle [...] Erfordernisse [dazu] nahezu vollkommen in seiner Person vereinigt und so imstande war, ein mustergültiges Werk zu schaffen.»[50]

Schneeberger schloss seine eingehende Besprechung in der ZSG mit den folgenden Worten:

> Betrachten wir das Werk als Ganzes, so ist nur *ein* Urteil möglich. Die schweizerische Forschung ist um ein verdienstvolles Werk bereichert worden, das die problemreiche Frühgeschichte unseres Landes in logisch festgefügtem Aufbau, mit streng wissenschaftlicher Begründung der gesicherten, wie der vermuteten Zusammenhänge in spannender Darstellung entwickelt und mit Leben erfüllt. Der Schöpfer des Werkes darf das Selbstlob des antiken Dichters beanspruchen: Exegi monumentum.[51]

In Neuenburg schrieb Georges Méautis in seiner ebenfalls sehr wohlwollenden Rezension: «Le volume de M. Stähelin, dont le but est de synthétiser tout ce que nous savons sur l'Helvétie romaine, correspond à un veritable besoin. Nul n'était plus qualifié que le savant bâlois pour accomplir un tel travail».[52]

Was in den Urteilen Schulthess' und Tatarinoffs gewissermassen als Hintergrund anklingt, ist die begeisterte Aufnahme, die Staehelins SRZ in der deutschen römisch-germanischen Forschung gefunden hatte. Dragendorff begann seine Besprechung in der *Historischen Zeitschrift* mit dem Ausruf: «Ein ausgezeichnetes Buch!», und fuhr fort:

> Mit freudiger Erwartung habe ich diese Frucht langjähriger Beschäftigung des Basler Historikers mit der ältesten Geschichte seiner Heimat in die Hand genommen, und meine Erwartungen sind noch übertroffen worden. [...] das Buch als Ganzes ist eine vorbildli-

---

49 Viollier 1927b. Man kann sich vorstellen, dass bei einer solchen Haltung dem Buch gegenüber das Gutachten Violliers zuhanden der Stiftung SvW von einigermassen überzeugendem Charakter gewesen war.

50 Tschumi, in: Der Bund 1928, Nr. 37, 23.1.1928. Staehelin dankte ihm sogleich für die «freundliche und mich sehr ehrende Besprechung», SLA Otto Tschumi 9.

51 Schneeberger 1929, 211.

52 Méautis 1928, 76. Interessant ist hierbei, dass Méautis dieses Urteil mit Staehelins Reputation begründet, die er sich durch seine *Galater* und die von ihm verfassten RE-Artikel erworben habe; ein Hinweis darauf, dass er auch jetzt, zum Zeitpunkt der Publikation der SRZ, noch nicht überall im selben Masse als Spezialist für die römische Schweiz bekannt war.

> che und bis ins Kleinste hinein solide Leistung, zu der wir unser Nachbarland und den Verf. nur beglückwünschen können.[53]

Hans Lehner rezensierte das Buch ausführlich in der *Germania* und schickte seinen Erörterungen die Bemerkung voraus,

> daß [...] [die] bescheidene Bezeichnung seines Werkes als «Versuch» einer der wenigen Punkte ist, in welchem ich dem Verfasser nicht zustimmen kann; das Buch ist vielmehr meines Erachtens ein *Meisterwerk,* welches volle Beherrschung und übersichtliche Gliederung des Stoffes mit einer lebendigen, flüssigen, jedem gebildeten verständlichen Darstellung und mit solider wissenschaftlicher Begründung in einer Weise verbindet, die, von allen ähnlichen mir bekannten «Versuchen» auf verwandten Gebieten unerreicht, vorbildlich zu wirken berufen ist für andere ähnliche Zusammenfassungen, die geplant sind.[54]

Koepp erinnerte in den *Goettingischen Gelehrten Anzeigen,* wo er Staehelins Buch einer sehr eingehenden Erörterung unterzog, noch einmal an den missglückten Versuch Ludwig Reinhardts und bemerkte dazu, es könne «in einer wissenschaftlichen Zeitschrift [...] von dem Buch [Reinhardts] nur das gerühmt werden, daß es einem besseren, einem wirklich guten, ja vortrefflichen, das sich die gleiche Aufgabe gestellt hat, nicht den Weg versperrt hat».[55] Und Fabricius bemerkte, so sehr Staehelins Werk sich auch von Mommsens kurzer Darstellung der Schweiz in römischer Zeit unterscheide, verdiene es «doch dasselbe Lob einer ausgezeichneten Leistung».[56] Weiter nahm etwa auch Gelzer Staehelins Buch positiv auf. Er bemerkte in seiner Besprechung für die *Philologische Wochenschrift,* dass «alles das, worüber ich mir ein Urteil erlauben darf, mir des höchsten Lobes würdig erscheint».[57]

Die Stimmen aus dem nichtdeutschsprachigen Ausland klangen nicht grundsätzlich anders. Albert Grenier sprach von einem «ouvrage de tout premier ordre qui facilitera singulièrement la connaissance des importants résultats obtenus par la science helvétique».[58] Der Rezensent der *Revue archéologique,* Salomon Reinach, kam zu folgender Konklusion: «En somme, excellent travail, qui tient lieu avec avantage d'une bibliothèque.»[59] Camille Jullian hielt in seiner

---

53 Dragendorff 1929, 119 f.

54 Lehner 1928, 172. Hervorhebung im Original gesperrt.

55 Koepp 1928, 353.

56 Fabricius 1930, 73.

57 Gelzer 1928, 373. Staehelin wertete Gelzers Rezension – wie auch seine brieflichen Mitteilungen – für die 2. Auflage akribisch aus. Praktisch jede konkrete Bemerkung Gelzers sollte in irgendeiner Weise in die Neuauflage einfliessen.

58 Grenier 1928, 301.

59 Reinach 1928, 224.

knappen, etwas nonchalanten Besprechung des Werks von «Félix Staehlin» in der *Revue des études anciennes* fest:

> A quoi bon analyser ce livre? On n'analyse pas un travail bien ordonné, où tout est à sa place, où se trouve un groupement inestimable de documents sûrs et utiles, où le texte, d'une rare sobriété, est étayé de notes nombreuses, où, dans un ensemble d'excellente exécution typographique, s'intercalent de très bonnes illustrations et des plans judicieux. [...] Si nous n'analysons pas le volume, c'est parce que nous le consulterons pour chaque sujet gallo-romain.[60]

Robin George Collingwood rezensierte die SRZ für das *Journal of Roman Studies.* In dem Schlussabsatz bemerkt er:

> The whole book, in fact, is one which deserves the highest praise. In recent years several attempts have been made to write an historical and archeological description of this or that area in Roman times. In many cases the task has been well carried out; but never better than here. In its completeness, in its arrangement, in its scholarly character, and in its illustrations, Dr. Stähelin's book is a model of its kind.[61]

Man kann sich fragen, weshalb nun dem Buch direkt ein solch überragender Erfolg beschieden war, warum es sich buchstäblich schlagartig durchsetzte. Zweifellos ist dieser Erfolg in der ausserordentlichen Qualität der Behandlung des Themas zu suchen, die Staehelins Werk ausmacht. Es wäre jedoch verfehlt, eine solche Resonanz lediglich durch eine individuelle Leistung und die zwingende Überzeugungskraft einer solchen erklären zu wollen, eine solche Deutung bedeutete eine Simplifizierung der Struktur wissenschaftlicher Diskurse. Es wurde oben gezeigt, wie gut die Publikation des Buches durch das Vorangegangene vorbereitet war, wie sehr es durch diese Bereitung des Terrains erwartet wurde und in welchem Masse Staehelin als der adäquate Bearbeiter des Themas schon vor der Publikation feststand, was in einer immensen Erwartungshaltung resultierte.[62] Der schnelle Absatz und die begeisterte Aufnahme des Werks zeigen aber darüber hinaus, wie gut sich Staehelins SRZ in die grösseren Zusammenhänge der Erkenntnisinteressen und provinzialgeschichtlichen Trends der Zeit einfügte: «Wie Pilze aus dem Boden schießen heute Arbeiten der hervorragendsten Gelehrten über das Eindringen der Römer und ihrer Kultur in die Länder nördlich der Alpen», so Tatarinoff in seiner Rezension zur SRZ. Und tatsächlich waren für die Zeit unmittelbar vor und nach Staehelins SRZ diverse entsprechende Darstel-

60 Jullian 1928, 176.

61 Collingwood 1928, 241.

62 Staehelin weist selbst gewissermassen zur Rechtfertigung für sein Unternehmen zu Beginn des Vorwortes der SRZ darauf hin, dass er sich «der von mehr als einer Seite ergangenen Aufforderung, in die Lücke zu treten», nicht habe entziehen können. SRZ, VIII.

lungen zu verzeichnen.[63] Auch andere Rezensenten verwiesen explizit auf den Zusammenhang der wissenschaftlichen Entwicklung, in die sich Staehelin mit seinem Werk einordnete.[64] Vor diesem Hintergrund wiederum ist das grosse Interesse der deutschsprachigen Forschung und vor allem der RGK an synthetischen Leistungen wie einer Gesamtdarstellung zur römischen Schweiz zu verstehen, die dadurch motivierte Evaluierung von verschiedenen Protagonisten in der Schweiz und letztlich die intensive Unterstützung von Staehelins Projekt und der Schweizer Römerforschung im Allgemeinen. Der Erfolg der SRZ hängt also in grossem Masse damit zusammen, dass sie sich in die zeitgenössischen wissenschaftlichen Diskurse in korrespondierender Art einfügte, die vorhandenen und interessierenden Fragen aufnahm und an ihrem eigenen Gegenstand in einer Weise behandelte, die den methodischen Erfordernissen der Zeit entsprach.

63 So etwa: Friedrich Wagner, *Die Römer in Bayern,* München 1924; Hertlein et al., *Die Römer in Württemberg,* Stuttgart 1928–1932; Karl Schumacher, *Siedlungs- und Kulturgeschichte der Rheinlande,* 1921–1925, enthalten Bd. 2: *Die römische Periode.* In gewissem Sinn ist (obwohl schon 1905 erstmals erschienen) auch die 3. Auflage der *Römer in Deutschland,* Bielefeld 1926, von Friedrich Koepp hier dazuzuzählen. Tatarinoff selbst nennt ebenfalls: Robert Forrer: *Strasbourg-Argentorate préhistorique, galloromain et mérovingien,* Strassburg 1927.

64 Koepp 1928, 374 ff.

Abb. 2: Karl Stehlin, Ernst Fabricius, Felix Staehelin, Hans Dragendorff, Otto Tschumi, (von links). Augst, 5.2.1928 (UB Basel NL 72 VI: 13 b 99).

Abb. 3: Felix Staehelin, Schüler der Gymnasialklasse IB. Augst, 19.3.1925 (UB Basel, NL 72 VI: 13 b 88).

Abb. 4: Felix Staehelin, Schüler der Gymnasialklasse IA. Augst, 30.3.1926 (UB Basel, NL 72 VI: 13 b 93).

5.3 Die zweite Auflage

Auch in der Zeit nach der Veröffentlichung seiner SRZ führte Staehelin die Beschäftigung mit den Themengebieten der römischen Schweiz nahezu nahtlos weiter. Erstens ist dies an einigen in den Folgejahren erschienenen Publikationen zu ersehen. 1928 wurde von der HAG der Plan von Augusta Raurica, welcher der SRZ beigelegt war, separat publiziert.[65] Im Sommer 1929 berichtete Staehelin in den BN über eine Führung in Vindonissa durch Rudolf Laur-Belart und die entsprechenden neuen Erkenntnisse und Hypothesen.[66] Im Jahr 1930 schliesslich sollte im ASA sein Artikel zum «Siegesdenkmal von Augst» erscheinen,[67] eines Pfeilers mit Darstellung der Victoria,[68] den Karl Stehlin während seiner Ausgrabungen im Winter 1928/1929 aufgefunden hatte.[69] Die Arbeit an dem Thema verfolgte Staehelin einmal mehr unter mündlicher und brieflicher Besprechung mit Friedrich Drexel.[70] Staehelin diskutiert in seinem Artikel den Typus der Darstellung unter Hinzuziehung von Vergleichsfunden und bringt die Darstellung in Verbindung mit einem Feldzug des Cornelius Clemens im Jahr 74.[71] Ebenfalls besprach er in einer Sammelrezension in den *Basler Nachrichten* u. a. eine Darstellung Rudolf Laur-Belarts der «Römerzeit» des Aargaus: «eine erfreuliche Bereicherung der Literatur über die römische Schweiz».[72] Vor allem aber stellte sich durch den schlagartigen Absatz der gesamten Auflage praktisch sofort die Frage nach einem Nachdruck oder einer Neuauflage der SRZ.

Staehelin äusserte sich bereits im Juni 1928 gegenüber Hermann Escher von der Stiftung SvW auf dessen entsprechende Anfrage hin[73] grundsätzlich zu der Sache.[74] Er hielt in dem Brief fest, dass er es mit seinem «wissenschaftlichen Gewissen nicht vereinigen könnte», einen unveränderten Nachdruck zu publizieren. Dies hatte – wie er weiter ausführte – erstens den Grund, dass er die «seit d. Erscheinen der 1. Aufl., aufgetauchten neuen Tatsachen und Ansichten» für eine Neuauflage berücksichtigen müsse, und zweitens wollte er nicht nur von ihm noch erwartete Rezensionen – namentlich von Dragendorff und Fabricius sowie im JbSGU – abwarten, sondern ebenfalls «– last not least – das konkurrierende

65 Staehelin 1928.

66 BN 1929, Nr. 233, 27.8.1929. Zu Laur-Belart vgl. Kapitel 6.

67 Staehelin 1930.

68 Vgl. Bossert-Radtke 1992 (= CSIR, Schweiz, Bd. III), Nr. 40, 57–60.

69 Dazu Notizen Staehelins zu den Ausführungen Stehlins: UB Basel NL 72 6: 13c.

70 Drexel an Staehelin, 4.5.1929; Drexel an Staehelin, 15.15.1929, D-DAI-RGK-A-AR-1185.

71 Cn. Pinarius Cornelius Clemens, vgl. Eck 1997b.

72 BN 1930, Nr. 133, 17./18.5.1930.

73 Escher an Staehelin, 4.10.1928, UB Basel NL 72 VIII: 719.

74 Staehelin an Escher, 6.10.1928 [Briefnotiz Staehelin], UB Basel NL 72 V: 36.

Unternehmen von Schultheß».[75] Diese Erscheinungen wolle er alle «am liebsten noch abwarten [...], um in einer 2. Aufl. zu Ihnen Stellung nehmen zu können».

Die Gründe, die Staehelin für den Aufschub der Arbeit an der 2. Auflage angibt, sind sehr bezeichnend für seine Haltung und Arbeitsweise: Sie spiegeln einerseits den Anspruch an sein Werk wider, dass es bei Erscheinen dem absolut neusten Stand der Forschung entspreche, eine Forderung an sich selbst, die ihn bereits 1926 und 1927 in seinen Kontakten zu den Verantwortlichen der diversen Schweizer Grabungen umgetrieben hatte und die ihn später auch in der Vorbereitung der 3. Auflage einige Mühe kosten sollte. Andererseits zeugen sie von seinem Bestreben, jegliche Einwände gegen seine Thesen, Tatsachenbehauptungen und seine Form der Darstellung zu kennen, um sich zu ihnen in der Überarbeitung – sei es durch Anerkennung, durch Diskussion oder durch explizite oder stillschweigende Ablehnung – verhalten zu können. In besonderem Masse galt dies für Äusserungen von Kapazitäten wie den in dem Schreiben genannten, ihre allfälligen Anmerkungen mussten bei der Arbeit an einer Neuauflage berücksichtigt werden.

Konkret funktionierte dies so, dass Staehelin sich in seinem durchschossenen Handexemplar der SRZ[76] sachliche Einzeleinwände bzw. Bemerkungen der Rezensenten zusammen mit ihm in persönlichem oder brieflichem Kontakt übermittelten Hinweisen direkt handschriftlich an denjenigen Stellen des Buches notierte, wo er sie dann in der Überarbeitung einschob oder diskutierte bzw. wo er auf deren Grundlage den Text korrigierte.[77] In manchen Fällen notierte Staehelin die Einwände in seinem Handexemplar zwar als Exzerpte, integrierte sie danach aber nicht, weder in Form von ausführlichen Ergänzungen oder Korrekturen im Text noch in den Anmerkungen.[78] Entsprechend verfuhr er ebenfalls mit sonstiger neu rezipierter Literatur, die er im Handexemplar handschriftlich auswertete – oft bereits als fertige Einschübe oder Korrekturen bearbeitet und in derjenigen (oder ähnlicher) Formulierung notiert, in der er sie sodann in die entsprechenden Passagen einarbeitete. Dieses Vorgehen war selbstredend erst mög-

75 Man ging mittlerweile davon aus, dass Tschumis *Urgeschichte* Ende des Jahres 1929 erscheinen würde. Protokoll Kommission SvW, 12.10.1928, ZBZ Arch. St 202: a.

76 UB Basel NL 72 V: 36.

77 Als Beispiele: SRZ², 93, Anm. 4 (Gelzer, Rezension); 102, Anm. 1 (ohne Nennung: Drexel, brieflich); 111 (Lehner, Koepp, Rezension); 123, Anm. 2 (Koepp, Rezension); 218, Anm. 7 (Gelzer, Briefzitat); 249 (Drexel, Briefzitat).

78 So finden sich zu der vieldiskutierten Frage, ob das «Helvetierfoedus» über das Jahr 52 v. Chr. hinaus Bestand gehabt habe, im Handexemplar ausführliche Notizen zu Gelzers Rezension und zur Korrespondenz zwischen Staehelin und Gelzer über diese Frage, die in der Überarbeitung aber lediglich in einer äusserst knappen, praktisch nur aus dem bibliographischen Beleg bestehenden Fussnote resultierten. SRZ², 83, Anm. 3. Eine briefliche Mitteilung Drexels zum Problem der *regiones*, 135, steht als Zitat im Handexemplar, hat aber in der Neuauflage keinen Niederschlag gefunden.

lich, sobald die entsprechenden Reaktionen vorlagen. Und schliesslich, «last not least», stand immer noch die Unsicherheit darüber im Raum, was nun Schulthess aus demselben Thema genau machen würde.

Wie Staehelin Escher ebenfalls mitteilte, rechnete er vorerst – die ausstehenden Rezensionen vorbehalten – für die zweite Auflage nicht mit grundsätzlichen Änderungen am Text.[79] Das Schreiben schliesst mit einer Zusammenfassung seiner generellen Haltung: «Ich würde das Zustandekommen einer neuen Aufl. begrüßen, möchte aber deren Termin aus den genannten Gründen möglichst hinausschieben.»

Felix Staehelin hatte also vorläufig keine Eile, was die Publikation einer 2. Auflage anging, und in der nächsten Kommissionssitzung der Stiftung wurde entsprechend festgehalten, eine «grundsätzliche Stellungnahme zur Frage einer Neuauflage» sei in Anbetracht dieses Bescheids «noch nicht nötig».[80]

Staehelins Einstellung zu dieser Sache sollte sich im Frühling 1929 anlässlich eines Aufenthaltes in Berlin ändern. In diesem Jahr feierte das Archäologische Institut des Deutschen Reiches sein hundertjähriges Bestehen.[81] Staehelin, der mittlerweile zum ordentlichen Mitglied des Instituts ernannt worden war, wurde – offensichtlich auf seine eigene Initiative hin – als Vertreter der Universität Basel an die Feierlichkeiten abgesandt.[82] Er nutzte die Gelegenheit, um Zwischenhalt in Frankfurt zu nehmen und u. a. die Räumlichkeiten der Römisch-Germanischen Kommission zu besuchen; es war mit Drexel verabredet, von Frankfurt aus gemeinsam an die Feier nach Berlin zu fahren.[83] Ebenfalls hatten sich bei

---

79 «Das wird da u. dort zu Aenderungen, öfters zu kleinen Zusätzen (bes. in den Anm.) führen. [...] Alles in allem schätze ich, daß der Umfang höchstens um ½ Bogen zunehmen würde.» Die Vorschläge Koepps, der in seiner Rezension Änderungen am grundsätzlichen Aufbau des Buches vorgeschlagen hatte, gedachte Staehelin nicht zu übernehmen. Staehelin an Escher, 6. 10. 1928 [Briefnotiz Staehelin], UB Basel NL 72 V: 36.

80 Protokoll Kommission SvW, 12. 10.1928, ZBZ Arch. St 202: a.

81 Zur Jubiläumsfeier des DAI vgl. Vigener 2012, 47–53.

82 Bolli (Universitätssekretär der Universität Basel) an Staehelin, 15. 3. 1929, StABS PA 182a B45: 7: «Nachdem das Erziehungsdepartement mitgeteilt hat, dass es die Kosten einer Vertretung der Universität bei der Jahrhundertfeier des Archäolog. Institut des Deutschen Reiches übernehmen wird, beehre ich mich Sie verabredungsgemäss mit dieser Vertretung zu betrauen.» In dieser Funktion übernahm Staehelin zusätzlich ebenfalls die Vertretung der Universitäten Bern und Zürich, die keinen eigenen Repräsentanten nach Berlin sandten. Bolli an Staehelin, 23. 3. 1929, StABS PA 182a B45: 7.

83 Staehelin an Drexel, 28. 3. 1929, D-DAI-RGK-A-AR-1185: «[...] am heutigen schulfreien Gründonnerstag möchte ich doch sofort Sie benachrichtigen, dass ich nun entschlossen bin, die Vertretung unserer Universität bei der großen Berliner Palilienfeier zu übernehmen. Ich könnte einen bis zwei Tage vorher nach Frankfurt kommen und würde mich natürlich sehr freuen, Sie dort zu sehen und vielleicht die Reise nach Berlin mit Ihnen zusammen zu machen.» Drexel an Staehelin, 4. 4. 1929, D-DAI-RGK-A-AR-1185: «Mit grosser Freude höre ich von Ihnen, dass Sie nach Berlin kommen werden und mit noch grösserer, dass Sie bei dieser Gelegenheit auch

Drexel Ernst Fabricius, Collingwood und Rudolf Laur-Belart angemeldet.[84] Durch die Erlebnisse in Berlin, vielleicht die Begegnungen und Gespräche im Umfeld des «überwältigenden Berliner Jubiläums»,[85] gelangte Staehelin offenbar zu einer anderen Bewertung der Sachlage. Möglicherweise wurde er von anwesenden Vertretern der internationalen Wissenschaft auf die Schwierigkeit, sein Buch im Ausland zu bekommen, und die Dringlichkeit einer 2. Auflage aufmerksam gemacht. Dass etwa Dragendorff und Collingwood in diesem Sinn auf Staehelin eingewirkt haben könnten, wird plausibel, wenn man sich die entsprechenden Passagen in ihrer jeweiligen Besprechung der SRZ vor Augen führt: Von Dragendorff ist zu lesen: «Wie dankbar es [Staehelins Buch] aufgenommen wurde, zeigt der bei einem derartigen Werke gewiß nicht häufige erfreuliche, manchem auch schmerzliche Umstand, daß die gesamte Auflage heute, ein halbes Jahr nach dem Erscheinen, bereits vergriffen ist. Hoffentlich entschließt der Verf. sich bald zu einer Neuauflage.»[86] Und Collingwood schrieb: «There is only one serious complaint to be made about it: namely that it has been published in a ridiculously small edition, which was exhausted long before the demand was supplied and has not yet been reprinted. The second edition is eagerly awaited, and we must hope it will be a large one.»[87] Schon anfangs des Jahres hatte ausserdem Drexel Staehelin darauf hingewiesen, dass er «wieder mehrfach Notschreie wegen der Beschaffung Ihres Buches» höre, «das im regulären Buchhandel überhaupt nicht mehr aufzutreiben ist».[88]

Bereits gut einen Monat nach seiner Rückkehr nach Basel schrieb Staehelin an Escher, er «habe [...] [sich] im April 1929 in Berlin überzeugt, daß nicht länger abzuwarten [sei]», und er «habe dies auch Schwabe [...] mitgeteilt». Der Schwabe Verlag werde Escher kontaktieren, und Staehelin «wäre dankbar, wenn

meinem Institut einen Besuch abzustatten gedenken. [...] Ich selbst fahre am Nachmittag des 20. April nach Berlin, und es wäre sehr schön, wenn wir die Reise zusammenmachen [sic] könnten.» Die Details der Reise wurden in der Folge brieflich noch genauer besprochen. Ebenfalls erkundigte sich Staehelin nach möglichen Ausflügen zu archäologischen Stätten, die er während seines Aufenthaltes in Frankfurt zu unternehmen gedachte (Saalburg, Taunus-Ringwälle). Staehelin an Drexel, 5.4.1929, 15.4.1929; Drexel an Staehelin, 8.4.1929, D-DAI-RGK-A-AR-1185.

84 Drexel an Staehelin, 8.4.1929, D-DAI-RGK-A-AR-1185.

85 Staehelin an Drexel, 12.5.1929, D-DAI-RGK-A-AR-1185.

86 Dragendorff 1929, 121.

87 Collingwood 1928, 241.

88 Drexel fährt fort mit den Worten: «Erst heute fragte mich Professor Seger – Breslau, der mich hier besuchte, wann die neue Auflage zu erwarten sei.» Drexel an Staehelin, 18.1.1929, D-DAI-RGK-A-AR-1185.

die geschäftl. Seite der Angelegenheit zunächst zwischen der Stiftg. Sch. v. W. und Schwabe besprochen u geregelt würde».[89]

Im September 1929 erkundigte sich Escher bei Staehelin erneut u. a. über den erwarteten Zuwachs an Text.[90] Staehelin antwortete, dass mit «einigen Erweiterungen» im Text und vor allem in den Anmerkungen zu rechnen sein werde, «natürl. um so mehr, je länger [... die] 2. Aufl. sich verzögert». Er glaube aber «annehmen zu dürfen, dass der Gesamtumfang sich [...] höchstens um 2 Bogen vergrößern wird».[91]

Im November wurde die Angelegenheit in der Kommission der Stiftung verhandelt. Das Protokoll hält eingangs fest, «Kommissionsverleger & Autor» wünschten eine Neuauflage. Der Schwabe Verlag hatte eine Offerte eingereicht, nach der er von einer erneuten Auflage von 1200 Exemplaren für 600 eine Übernahmegarantie abgab. Ausserdem hatte der Verlag beschlossen, Staehelin ein Honorar auszuzahlen; für die Stiftung stellte sich nun die Frage, ob sie ebenfalls ein solches ausrichten werde.[92] Als Resultat der Besprechung wurde festgehalten: «Es wird grundsätzlich die Veranstaltung einer Neuauflage beschlossen. Über die offenen Fragen hat der Aktuar [= Hermann Escher] auf dem Zirkularweg Bericht zu erstatten und Antrag zu stellen.»[93] Escher teilte dieses Ergebnis umgehend Staehelin mit und forderte ihn auf, «das Manuscript bereit zu stellen».[94]

Damit war für Staehelin die Finanzierung der zweiten Auflage gesichert, und so konnte er Friedrich Drexel gegen Ende November wissen lassen: «Im übrigen stecke ich schon gehörig in den Vorbereitungen zur 2. Auflage der SRZ, die nun beschlossene Sache ist.»[95] Dieser nahm die Nachricht freudig auf und wies

89 Staehelin an Escher (Aktuar Stiftung SvW), 6.6.1929 [Briefnotiz Staehelin], UB Basel NL 72 V: 36.

90 Escher an Staehelin, 29.7.1930, UB Basel NL 72 VIII: 720. Weiter fragte Escher ebenfalls bezüglich der Illustrationen nach, ob die ausgeliehenen Clichés der Erstauflage nach Meinung Staehelins erneut zu erhalten sein würden und ob er bereits eine Liste neu anzufertigender Clichés erstellt habe, worauf Staehelin die erste Frage bejahte und den von Escher genannten Betrag, den Schwabe für die Neuanfertigungen vorgeschlagen hatte (300 Franken), als ausreichend bezeichnete. Notiz Staehelin, UB Basel NL 72 VIII: 720.

91 Notiz Staehelin, UB Basel NL 72 VIII: 720. Staehelin rechnete also bereits mit etwas umfangreicheren Ergänzungen als noch ein Jahr zuvor.

92 Protokoll Kommission SvW, 8.11.1929, ZBZ Arch. St 202: a. Ebenfalls ist im Protokoll festgehalten, dass sich bei dieser Regelung mit dem Schwabe Verlag «der Herstellungsbetrag von total 12480.– Fr. für die Stiftung auf die Hälfte, auf 6240.– reduzieren würde, bzw., da man die 600 Ex. der Stiftung z.Z. noch nicht zu binden braucht[e], auf 5340». Das Honorar, das Staehelin vom Schwabe Verlag ausgerichtet wurde, betrug insgesamt Fr. 1500. UB Basel NL 72 VIII: 518.

93 Protokoll Kommission SvW, 8.11.1929, ZBZ Arch. St 202: a.

94 Escher an Staehelin, 11.11.1929, UB Basel NL 72 VIII: 721.

95 Staehelin an Drexel, 24.11.1929, D-DAI-RGK-A-AR-1185.

dabei erneut auf die «vielen Klagen darüber, dass das Werk nicht mehr erhältlich ist», hin.[96]

Neben der Überarbeitung des Textes hatte Staehelin nun somit von Neuem für die Illustrationen des Buches zu sorgen und fragte zu diesem Zweck nicht nur die Besitzer derjenigen Vorlagen erneut an, die schon für die erste Auflage Verwendung gefunden hatten,[97] sondern bemühte sich ebenfalls um neues Bildmaterial. Dazu gehörte auch die Darstellung des Labyrinth-Mosaiks aus Orbe, welche in einem zwischenzeitlich erschienenen Aufsatz über das antike *Urba* in der *Revue Historique Vaudoise* enthalten war.[98] Der entsprechende Kontakt mit einem der Autoren des Artikels, Maurice Barbey[99] – einem Repräsentanten der Gesellschaft Pro Urba –, zeitigte einen Nebeneffekt, der einen weiteren starken Hinweis gibt auf die Begeisterung, die Staehelins Buch ausgelöst hatte. Und zwar fragte Barbey bei Staehelin nach, ob dieser schon über eine französische Übersetzung seiner SRZ nachgedacht habe, und bot sich gleichzeitig als Mitarbeiter für eine solche an.[100] Es war dies der Beginn des langwierigen und letztlich ergebnislosen Bemühens um die Publikation einer französischen Version des Buches, das sich noch bis über Staehelins Tod hinausziehen sollte (dazu Kapitel 7.3).

Im Frühling und Frühsommer 1930 wurden die Bestimmungen für die Neuauflage von Seiten der Stiftung SvW konkretisiert. In einer Sitzung am 12. Mai wurde beschlossen, dass Staehelin ein Honorar von 1000 Franken ausbezahlt werden solle, ebenfalls wurde die Preiskalkulation angepasst.[101] Im Juni wurde schliesslich die Auflagenstärke von den geplanten 1200 auf 1500 Exemplare er-

---

96 Drexel an Staehelin, 27. 11. 1929, D-DAI-RGK-A-AR-1185.

97 So zum Beispiel Drexel: «Es wird Ihnen nächster Tage ein Bettelbrief vom Verlag zugehen, worin um die Ueberlassung derselben Druckstöcke gebeten wird, die Sie mir schon für die 1. Auflage leihweise zu überlassen die große Güte hatten. Ich erlaube mir, schon jetzt auch für die 2. Aufl. ein gutes Wort bei Ihnen einzulegen.» Staehelin an Drexel, 24. 11. 1929, D-DAI-RGK-A-AR-1185. Für die zu versendenden Bettelbriefe verfasste Staehelin dem Schwabe Verlag eine Vorlage: UB Basel NL 72 VIII: 517 (Beil).

98 SRZ^2, Abb. 84, 378. Vgl. den genannten Artikel: Barbey et al. 1929.

99 Zu Maurice Barbey vgl. Kapitel 7.3.

100 Barbey an Staehelin, 16. 1. 1930, UB Basel NL 72 VIII: 23. «A l'occasion je serai hereux de savoir si vous avez songé à une traduction française de votre bel ouvrage ‹Die Schweiz in römischer Zeit›? Eventuellement je serais disposé à collaborer à cette traduction».

101 «Ferner soll für die 2. Auflage dem Verfasser ein Honorar von 1000 Franken ausgerichtet werden. Die Herstellungskosten kämen incl. Honorar auf 13479.– Fr. zu stehen, denen aber von vornherein als Einnahmen bei dem vom Kommissionsverleger vorgeschlagenen Ladenpreis von Fr. 24.– bei einer Vergütung von 50 % an die Stiftung und fester Uebernahme von 600 Ex. durch den Kommissionsverlag Fr. 7200.– gegenüberstehen, sodaß nur eine Ausgabe von 6279.– verbleibt, die sich im Verlaufe erst noch um den Verkaufserlös für den restierenden Teil der Auflage vermindert.» Protokoll Kommission SvW, 12. 5. 1930, ZBZ Arch. St 202: a.

höht;[102] ebenfalls wurde Staehelins Honorar neu auf 2000 statt 1000 Franken angesetzt, was nicht nur mit dem früheren Verzicht auf ein Honorar für die erste Auflage begründet wurde, sondern ebenfalls mit der Bedeutung des Werkes.[103]

Während damit das rein Administrative vorerst erledigt war, hatte Staehelin ansonsten im Vorfeld der Publikation seiner SRZ erneut eine gewaltige Arbeitslast zu schultern. Bereits zu Beginn des Jahres 1929, als er sich zwar fortlaufend mit den neuen Entwicklungen auf dem Gebiet der römischen Schweiz, jedoch noch nicht konkret mit der Vorbereitung der 2. Auflage beschäftigt hatte, hatte er Drexel zum wiederholten Male seine Belastung geschildert: «[...] tägliche Schulpflicht, Maturitätsprüfungen, dazu allerlei Geschäfte und zeitraubende Anlässe der Hist. Gesellschaft und des Museums ließen mich wochenlang weder zu wissenschaftlichem Arbeiten noch zum Schreiben von Briefen kommen».[104]

Neben der neuen Arbeit an der SRZ^2 kam in dieser Zeit – zusätzlich zu den vielfältigen Verpflichtungen an Universität, Gymnasium und in der städtischen Gesellschaft – der arbeitsintensivste Teil von Staehelins Mitarbeit an der grossen Jacob-Burckhardt-Gesamtausgabe hinzu, die in Basel herausgegeben wurde. Der erste Band, für den er als Herausgeber fungierte (Gesamtausgabe, Bd. 2), war Burckhardts *Zeit Constantins des Grossen* gewesen, der bereits im Frühling 1929 erschienen war.[105] Als Nächstes stand nun jedoch als «besonders heikler Teil»[106] die *Griechische Kulturgeschichte* an, die aufgrund ihres Umfangs und vor allem ihrer Entstehungs- und Editionsgeschichte noch ganz andere Herausforderungen an den Bearbeiter stellte. Es bestanden über längere Zeit grundsätzliche Meinungsverschiedenheiten mit dem Verlag, die eine ausufernde und aufreibende Korrespondenz zur Folge hatten.[107] Vor allem aber wurde Staehelin im Zuge die-

---

102 «In Ergänzung des Beschlusses vom 12. Mai [...] wird beschlossen: Die zweite Auflage des Werkes ‹Die Schweiz in römischer Zeit› von Prof. Stähelin ist in 1500 Exemplaren herzustellen.» Zirkularbeschluss 16./19.6.1930, ZBZ Arch. St 202: a.

103 «In Abänderung des Beschlusses vom 12. Mai [...] wird beschlossen: Herrn Prof. Stähelin ist, mit Rücksicht darauf, dass ihm bei der ersten Auflage seines Werkes kein Honorar ausgerichtet wurde und dass es sich um ein bedeutendes Werk handelt, ein Honorar von Fr. 2000.– anzusetzen.» Zirkularbeschluss 16./19.6.1930, ZBZ Arch. St 202: a. Staehelin wurde durch Escher von dem Entscheid benachrichtigt: Escher an Staehelin, 19.8.1930 UB Basel NL 72 VIII: 722. Der überlieferte Vertrag ist auf den 25.7.1930 datiert, UB Basel NL 72 VIII: 721 (Beil.).

104 Staehelin an Drexel, 28.3.1929, D-DAI-RGK-A-AR-1185. Staehelin war mittlerweile einerseits im Vorstand der HAG vertreten und hatte andererseits das Präsidium der Museumskommission inne.

105 Burckhardt 1929a.

106 Formulierung von Peter Von der Mühll, Nat.-Ztg. 1943, Nr. 601, 27.12.1943.

107 StABS PA 208 178: 3. Die Deutsche Verlags-Anstalt beharrte lange auf viel substantielleren Kürzungen des Textes gegenüber der Oeri'schen Ausgabe der *Griechischen Kulturgeschichte*, als Staehelin vorzunehmen bereit war. So schrieb dieser etwa am 15.5.1929 an die DVA: «Ich möchte nochmals hervorheben, dass das wahrhaft geniale Rekonstruktionswerk, das J. Oeri im III. u. IV. Bd. geleistet hat, in seinem vollen Umfang auch in der Gesamtausg. erhalten

ser «mühselige[n], bei meinem Doppelamt und mancherlei sonstigen Verpflichtungen jeden freien Augenblick in Anspruch nehmende[n] Arbeit»[108] bezüglich der Abgabe der Korrekturen immer stärker unter Termindruck gesetzt. Schon im April 1930 bat ihn die Deutsche Verlags-Anstalt (DVA), «die Erledigung der Korrekturen mit allen Mitteln [...] zu beschleunigen».[109] Dies gestaltete sich jedoch schwierig, da Staehelin – wie er gegenüber der DVA bemerkte – durchaus noch «andere Pflichten» hatte als die Arbeit an der Burckhardt-Ausgabe[110] – nicht zuletzt eben die Vorbereitung der SRZ^2. Wie stark sich diese tatsächlich mit der Bearbeitung der *Kulturgeschichte* überschnitt, zeigt bereits ein handschriftlicher Vermerk Staehelins auf einem Brief der DVA aus dem Oktober 1930: «Noch mindestens 1 Monat Geduld für Beginn der Fahnenkorr GrK III (SRZ^2!!)».[111] Dem darauffolgenden Schreiben der DVA ist zu entnehmen, dass dies so oder ähnlich auch in seiner Antwort stand.[112] Zu dem von der DVA vorgeschlagenen weiteren Zeitplan notierte Staehelin: «Ganz unmöglich!»[113] Erneut wies Staehelin die Verlags-Anstalt anfangs Dezember auf die SRZ hin, wie aus einer Briefnotiz hervorgeht: «Hierauf geantwortet, daß ich in den Pausen der

---

bleiben muß. Es ist ewig bewundernswert, wie dieser genaueste Kenner von B.'s Geistesart u. Ausdruckweise hier aus KollegMS, Nachschriften u. vereinzelten ausgeführten Aufsätzen ein Ganzes geschaffen hat, das in Disposition u. Vortragsweise den lebendigen Eindruck von B.'s Redestil vermittelt. Die Gesamtausgabe darf dieses Ganze nicht verstümmelt überliefern.» Erst nach längerem Briefwechsel willigte die DVA in Absprache mit dem Schwabe Verlag ein, die *Kulturgeschichte* – wie Staehelin es verlangte – in vier Bänden zu publizieren anstatt in lediglich drei. DVA an Staehelin, 14.10.1929, StABS PA 208 178: 3, 19. In der Bearbeitung kam es darüber hinaus zu weiterer Missstimmung. So begann Staehelin zum Leidwesen der DVA bei fortgeschrittener Vorbereitung des ersten Bandes der *Kulturgeschichte* noch einmal damit, substantiell mit Korrekturen in den Text einzugreifen, was er folgendermassen begründete: «Ich war im Vertrauen auf die mir persönlich bekannten früheren Herausgeber Oeri (Vater und Sohn) [= Jacob und Albert] des guten Glaubens, dass die erste, in Basel gedruckte Auflage eine sorgfältige Wiedergabe des erhaltenen sauberen Originals B.'s darstelle, und ebenso, dass die [...] Satzvorlage eine zuverlässige Wiedergabe der Erstauflage sei. Beides hat sich bei der genauen Vergleichung mit der Urschrift leider als ein Irrtum herausgestellt» (Staehelin an DVA, 25.2.1930). Da die DVA sich weigerte, die Kosten, die dadurch anfielen, zu übernehmen, sprang zur Finanzierung subsidiär die Jacob-Burckhardt-Stiftung ein (Staehelin an DVA, 4.4. 1930).

108 Staehelin an DVA, 25.2.1930, StABS PA 208 178: 3.

109 DVA an Staehelin, 25.4.1930, StABS PA 208 178: 3, 39. Staehelin bemerkte zu der Forderung der DVA ebenfalls, dass er ausser der Mithilfe Samuel Merians keine Unterstützung habe und auf sich allein gestellt sei.

110 Staehelin an DVA 28.4.1930, StABS PA 208 178: 3.

111 Handschr. Notiz auf: DVA an Staehelin, 6.10.1930, StABS PA 208 178: 3, 65.

112 DVA an Staehelin, 9.10.1930, StABS PA 208 178: 3, 66. Die DVA drückte ihr Bedauern darüber aus, dass sie sich «noch 4 Wochen gedulden» sollte.

113 Handschr. Notiz auf: DVA an Staehelin, 9.10.1930, StABS PA 208 178: 3, 66.

Druckarbeit meines eigenen Buches angefangen habe Bd III der GrK zu korrigieren [...]; daß ich aber nach Weihnachten einer Flut von Korrekturen für mein Buch entgegensehe u. daher um Geduld bitten müsse, namentlich aber weitere Zusendung von Fahnen des 4. Bandes mir verbitten müsse.»[114] Damit spitzte sich nun der Konflikt zwischen den beiden Buchprojekten zu. Gegen Ende Dezember 1930 verlangte die DVA von Staehelin ultimativ eine bindende Erklärung zur Einhaltung eines von ihr vorgeschlagenen Zeitplans für die Bände 3 und 4 der *Kulturgeschichte*, andernfalls sie «im Anfang Januar in Verhandlungen zur Gewinnung eines andern Bearbeiters und Herausgebers» zu treten gedenke.[115] Staehelin entschied sich in dieser Situation dafür, den Rest der Korrekturen Samuel Merian zu übertragen, der ihn bis dahin unterstützt hatte, wodurch er selbst die nötige Zeit gewann, um sich der Neuauflage der SRZ zu widmen.[116] Dass Merian für die Bände 3 und 4 der *Kulturgeschichte* als Mitherausgeber fungiert – was angesichts seiner nun wichtigeren Rolle dem Wunsch Staehelins entsprach[117] –, ist also mittelbar der zweiten Auflage der SRZ geschuldet.

Staehelin hatte sich auf diese Weise Kapazität für die SRZ freigemacht. Bei der «Fülle von Korrekturen» unterstützte ihn – wie bereits für die 1. Auflage – sein ehemaliger Schüler Paul Schoch,[118] und so konnte die 2. Auflage der *Schweiz in römischer Zeit* im Herbst 1931 erscheinen. Der Gleichklang der Jahreszeit der Veröffentlichung wird dadurch noch unterstrichen, dass die Einleitung für die 2. Auflage wie diejenige für die erste auf den 7. September datiert ist.

Bereits während der ersten Planungen für die 2. Auflage hatte Staehelin Escher mitgeteilt, er rechne nicht mit grossen Änderungen oder einer beträchtlichen Umfangvermehrung, und die Unterschiede gegenüber der ersten Auflage sind denn auch tatsächlich überschaubar ausgefallen. An der Grundstruktur, dem Konzept und dem Aufbau änderte Staehelin nichts, auch sprachlich griff er kaum ein, so dass diejenigen Teile der Darstellung, bei welchen Staehelin keinen Nachholbedarf sah, in den Formulierungen dieselben blieben.

Überarbeitet ist das Buch, was den Text anbelangt, in zweierlei Hinsicht. Erstens wurden Einwände, Bemerkungen und Anregungen, die Staehelin entweder in Form von Rezensionen oder in persönlichem bzw. brieflichem Kontakt zugegangen waren, eingearbeitet und kritisch diskutiert. Zweitens rezipierte Staehelin praktisch alles, «was irgendwo und irgendwie seit der ersten Auflage in der Schweiz in der römischen Forschung geleistet wurde»,[119] und brachte die entsprechenden Passagen des Buches auf den neuen Stand. Bezüglich der Schweizer

114 Handschr. Notiz auf: DVA an Staehelin, 27.11.1930, StABS PA 208 178: 3, 70.

115 DVA an Staehelin, 17.12.1930, StABS PA 208 178: 3, 79.

116 Staehelin an DVA, 21.12.1930, StABS PA 208 178: 3, 73.

117 DVA an Staehelin, 9.9.1931, StABS PA 208 178: 3, 76.

118 Vgl. zu Schoch: Abt 1995, 159–162 (= BN 1967, Nr. 507, 29.11.1967).

119 Keller-Tarnuzzer 1931, 111.

Bodenforschung betraf dies vor allem Ausgrabungsarbeiten in Augst durch Karl Stehlin, in Vindonissa durch Laur-Belart und in Bern-Engehalbinsel durch Otto Tschumi, aber etwa auch Funde aus Basel und die angesprochenen neuen Publikationen zu Orbe. Auch hier konnte Staehelin neben dem publizierten Material ebenfalls auf persönliche Kontakte zurückgreifen. Darüber hinaus tauschte er manche Illustrationen aus, fügte diverse neue Fotografien und Planskizzen hinzu und aktualisierte die beigegebenen Pläne. Zusätzlich zu dem Namensregister wurde der Darstellung nun auch ein Sachregister beigegeben. Schliesslich korrigierte Staehelin ebenfalls einige sprachliche Ausdrücke sowie Versehen und offensichtliche Fehler, wie etwa das in der ersten Auflage kopfüber stehende Bild eines Frieses aus Aventicum.[120] In einigen Fällen korrigierte oder ergänzte er auch kleinere sachliche Aspekte, ohne dass eine Induzierung von aussen erkennbar ist.[121] Was kleinere Änderungen betrifft, so ist ebenfalls das neu hinzugekommene Motto des zweiten Teils der SRZ zu erwähnen, das aus einem Zitat von Jacob Burckhardt besteht.[122]

Die Art der Überarbeitung brachte es mit sich, dass – wie von Staehelin antizipiert – besonders die Anmerkungen, in welchen Staehelin einen Grossteil der Forschungsdiskussion führt, im Vergleich mit dem Haupttext teilweise stark an Umfang zugenommen haben.[123]

Im Ganzen war das Buch inklusive Anhang von 549 auf 603 Seiten angewachsen. Zusammengenommen ergeben sich neben den grösseren Aktualisierungen unzählige kleine Verbesserungen und Zusätze, die das Werk auf den ersten Blick als praktisch unverändert erschienen lassen, bei einem Detailvergleich aber die grosse erneut geleistete Arbeit erkennbar machen. Die Art und Weise der Überarbeitung, die das Äussere des Textes unangetastet lässt und das Neue spezifisch in die schon vorhandenen Abschnitte einarbeitet, spiegelt die oben bereits skizzierte Methode Staehelins wider: Es wurde nicht ein von Grund auf neu er Text produziert, sondern mittels eines durchschossenen Handexemplars die Korrekturen und Ergänzungen handschriftlich exakt an den betreffenden Passagen notiert und so einem ansonsten nicht veränderten Text eingegliedert. Selbst bei Revision der Thesen wurde der Wortlaut der Formulierungen so weit als möglich beibehalten.[124] Entsprechend änderte Staehelin aufgrund von Einwänden der Rezensenten der ersten Auflage teilweise einzelne Ausdrücke ab, liess

120 SRZ, 395, Abb. 106 = SRZ², 431, Abb. 110 = SRZ³, 458, Abb. 116.

121 Beispiel: SRZ², 117, Z. 5 ff. Einschub zur Narbonensis.

122 SRZ², 319; SRZ³, 336. Vgl. Kapitel 10.

123 Als entsprechendes Beispiel kann hier auf SRZ² 376, Anm. 2 (SRZ 346, Anm. 2) verwiesen werden, wo Staehelin den Umfang einer ursprünglich knappen Fussnote durch Einarbeitung von ihm brieflich mitgeteilten Anmerkungen (hier v. a. von Drexel) sowie in der Zwischenzeit erschienenen Publikationen und deren kurze Diskussion um ein Vielfaches vermehrt.

124 Vgl. hierzu zum Beispiel Seite 111, wo eine Anpassung aufgrund der Rezensionen von Lehner und Koepp erfolgte (SRZ², 111; SRZ, 102).

aber den Satz ansonsten unverändert bestehen. Eine treffende Charakterisierung der daraus resultierenden Art von Neuauflage findet sich in einem Brief von Ernst Fabricius, in welchem er Staehelin für deren Übersendung dankte und dazu schrieb: «Es ist ja dasselbe geblieben, und es ist doch ganz neu geworden!»[125]

Die Rezensenten, die das Buch auch dieses Mal wieder fand, waren erneut des Lobes voll. Koepp, der auch diese Auflage in den *Goettingischen Gelehrten Anzeigen* mit einer (dieses Mal allerdings deutlich kürzeren) Rezension bedachte, bezeichnete es als «höchst erfreulich», dass das «vortreffliche Buch» in zweiter Auflage erschien: «Daß das Buch im wesentlichen das gleiche geblieben ist, versteht sich von selbst.» Dass Staehelin seine (und Lehners) Vorschläge zu grösseren konzeptionellen Änderungen nicht aufgenommen hatte, quittierte Koepp mit der Bemerkung, Staehelin werde dafür «gewiß seine guten Gründe gehabt haben». Rudolf Egger betonte in seiner Besprechung, dass Staehelin «allen Lockungen widerstanden und seine harmonische Darstellung nicht durch ein Zuviel an Zugabe gesprengt» habe.[126] In der ZSG schrieb Reinhold Bosch: «Es stellt eine in jeder Beziehung vorbildliche Leistung dar, auf die die Wissenschaft und die Schweiz stolz sein dürfen.»[127]

Auch ausserhalb des deutschen Sprachraums fand das Buch erneut ein äusserst positives Echo. Jacques Breuer in Belgien begann seine begeisterte und relativ ausführliche Rezension mit der Feststellung: «Cette nouvelle édition, paraissant quatre ans seulement après la première, prouvera combien et pourquoi l'ouvrage a été hautement apprécié en Suisse et à l'étranger.»[128]

Für das *Journal of Roman Studies* rezensierte Ronald Syme, der Staehelins SRZ als eine vollkommen gelungene und vorbildliche Darstellung lobte:

> This admirable work has already found a worthy reviewer [= Collingwood] and a worthy review in the *Journal* [...]. It would therefore be difficult, were it not superfluous, to say much about the eagerly-awaited second edition. [...] No serious student of the history and civilisation of the Western Provinces of the Empire can afford to neglect this book. [...] It is difficult to imagine how and when this book could come superseded. Let us trust that it will continue to be supplemented as it has been in this second edition, let us pray (where we cannot expect) that it will inspire emulation in other lands.[129]

Mit der Neuauflage konnte nun die immer noch grosse Nachfrage nach dem Werk vorerst befriedigt werden, der Absatz war aber immer noch gross, gerade auch im Vergleich mit anderen Publikationen der Stiftung SvW. In den ersten

125 Fabricius an Staehelin, 15.11.1931, UB Basel NL 72 VIII: 132. Gelzer bemerkte gegenüber Staehelin: «Es ist bewundernswert, wie viel Neues Sie bereits wieder zu sagen haben.» Gelzer an Staehelin, 12.7.1932, UB Basel NL VIII: 176.

126 Egger 1932, 244.

127 Bosch 1932, 240.

128 Breuer 1933, 731.

129 Syme 1931, 301.

sechs Jahren nach Erscheinen wurden bereits gegen 1000 Exemplare verkauft[130] und noch vor dem Jahr 1945 war auch die zweite Auflage der SRZ vergriffen.[131]

5.4 Fazit zu den Kapiteln 4 und 5

Staehelins Hinwendung zur römischen Schweiz verlief in mehreren, hinlänglich klar zu unterscheidenden Etappen, wobei der Weg hin zur Schweiz grundsätzlich über Basel und Augst führte. Noch vor einer «Alten Geschichte der Nation» erscheint in Staehelins Biographie eine Alte Geschichte des Lokalen, der Heimatstadt, der Region. Frühe rezeptive Beschäftigungen mit den Forschungen zu Augst – vor allem anhand der Arbeiten Burckhardt-Biedermanns – sind spätestens für die Zeit nach der Promotion zu konstatieren, und sie flossen in die erste, noch singuläre Arbeit mit Bezug zur römischen Schweiz ein, den Aufsatz zu Munatius Plancus.

Nach seiner Rückkehr aus Winterthur bewegte sich Staehelin sodann im Zuge der Intensivierung seines Engagements in der HAG immer stärker in der Nähe der fortlaufenden Augster Forschungen, die massgeblich durch die Person des Ausgräbers Karl Stehlin geprägt waren. Erste deutliche und klar erkennbare Schritte zur eigenständigen Erarbeitung der grösseren Problemkreise der römischen Schweiz sind schliesslich mit dem Beginn der 1910er Jahre festzustellen, eine Zeit, die sich als ein eigentlicher Anfang der Beschäftigung mit dem Gebiet herauskristallisiert: Noch im Jahr 1910 erstattete Staehelin zum ersten Mal in der Presse Bericht über die Augster Forschung, 1912 begann er mit seiner Vorlesung zur Schweiz in römischer Zeit, die über ein Jahrzehnt das Gefäss seiner Arbeit an einer historischen Synthese des Gegenstandes bilden sollte. 1913 wurde Staehelin in die Delegation für Augst gewählt – nachdem dies mit den relevanten Personen, Stehlin und Burckhardt-Biedermann, bereits vereinbart worden war, und 1914 publizierte er seinen Beitrag zum Theater von Augst in der illustrierten Zeitschrift *Die Schweiz.* In den darauffolgenden Jahren bildete sich das Zusammenspiel mit Karl Stehlin immer deutlicher aus, das in einer sich wechselseitig ergänzenden Arbeitsweise des Bodenforschers und des Historikers bestand. Durch die Berichterstattung in der Presse wurde Staehelin in Basel zum publizistischen Gesicht der Augster Forschung.

Die nächste Zäsur ist auf den Anfang der 1920er Jahre zu datieren, als Staehelin erstens begann, durch seine Auswertung und Synthese der Ausgrabungen Karl Stehlins in Basel selbst das Forschungsfeld einer «Alten Geschichte der Heimat» zu besetzen, und zweitens in der schweizerischen und weiteren deutsch-

130 Schwabe Verlag an Staehelin, 25.2.1938, UB Basel NL 72 VIII: 518.

131 Schwabe Verlag an SvW, 19.3.1945; Schwabe Verlag an SvW, 21.2.1945, UB Basel, Archiv Schwabe Verlag II, Staehelin Felix.

sprachigen Fachwelt hervortrat mit seinen ersten Artikeln zum Thema. Einerseits betätigte sich Staehelin auf dem Forschungsfeld der Religion der römischen Schweiz, über das er auch weiterhin in kleinen Arbeiten referierte, andererseits veröffentlichte er mit dem *Ältesten Basel* und dem Artikel *Zur Geschichte der Helvetier* seine ersten umfassenden historischen Beiträge zur Schweiz in der Antike. Diese zwei Arbeiten bedeuteten den Durchbruch und Staehelins Etablierung auf diesem Forschungsfeld. Sie zeitigten nicht nur Aufmerksamkeit und eine Erhöhung des wissenschaftlichen Prestiges, sondern ebenfalls eine entscheidende Erweiterung und Festigung seines fachlichen Netzwerks. In diesem Zusammenhang ist es ebenfalls zu sehen, dass Staehelin in dieser Zeit auch enge Kontakte knüpfte zu den Schweizer Bodenforschern in der SGU und den massgeblichen lokalen Vereinen. Nicht zuletzt zeigt sich die Intensivierung von Staehelins Beschäftigung mit der römischen Schweiz an der Aufnahme der schweizerischen Epigraphik in sein universitäres Lehrprogramm.

Spätestens in diese Zeit fällt der grundsätzliche Entschluss zur Gesamtdarstellung, und die Entwicklung verläuft von hier an deutlich in Richtung SRZ. Staehelins Artikel im Themenfeld der römischen Schweiz, die er nun in rascher Folge publizierte, sind in diesem Sinne als Vorarbeiten zu verstehen, und sie sollten schliesslich in ihrem Gehalt zur Gänze in der SRZ aufgehen. Staehelin positionierte sich nun immer prominenter auf diesem Forschungsfeld und setzte sich mehr oder weniger konfrontativ mit Konkurrenzunternehmungen auseinander. Die Publikation Ludwig Reinhardts wirkte in dieser Beziehung nun als Katalysator, der nicht nur Staehelins polemisches Potential mobilisierte, sondern vor allem auch einen induzierenden Faktor für die konkrete Umsetzung der SRZ darstellte. Nun unternahm Staehelin energisch konkrete Schritte, um sein Projekt in die Realisierungsphase zu überführen. Sein Urlaubsgesuch zeugt hier ebenso von seiner Entschlossenheit, die Sache nun zu Ende zu führen, wie sie eine weitere, späte Bestätigung darstellt von Münzers anlässlich von Staehelins Habilitation geäusserten Vorbehalten über die Möglichkeit zur wissenschaftlichen Produktion bei gleichzeitiger Erfüllung der Pflichten an Universität und Schule. Dieses Urlaubsgesuch brachte nun wiederum Otto Schulthess auf den Plan, und das Folgende vollzog sich in dem fortwährenden Bewusstsein der Konkurrenzsituation zwischen den beiden Wissenschaftlern. Als drittes Element kam in dieser Konkurrenzlage Eugen Täubler hinzu, der allerdings in dieser Beziehung durch seine Rückkehr nach Deutschland schon früh nicht mehr relevant sein sollte.

Die letzte Etappe auf dem Weg zur SRZ begann nun im Wintersemester 1924/1925. Im Frühling 1925 setzte Staehelin sowohl Schulthess wie auch Täubler konkret über sein Vorhaben ins Bild und liess überdies durch die *Basler Nachrichten* auch ein breiteres Publikum von seinem Projekt unterrichten. Was nun folgte, waren die konkrete Ausarbeitung des Buches und die administrative und finanzielle Vorbereitung der Publikation. Staehelins Vorträge zum Thema stützen sich von jetzt an direkt auf sein Buchmanuskript, welches Ende des Jahres

1925 grösstenteils abgeschlossen war. Es gelang nun Staehelin durch die Stiftung Schnyder von Wartensee und private finanzielle Unterstützung, sein Manuskript in eine hochwertige Publikation zu überführen.

Aufgrund der hohen Qualität von Staehelins Arbeiten, seiner Bekanntheit als massgeblicher Fachmann und der passenden Formation der wissenschaftlichen Diskurse der Zeit war die SRZ schlagartig vergriffen. Die Ausarbeitung einer zweiten Auflage erfolgte nun – unter anderem aufgrund der Jacob-Burckhardt-Gesamtausgabe – unter hohem Druck, wurde aber wieder durch die Stiftung Schnyder von Wartensee unterstützt und die Auflage konnte 1931 erscheinen. Die Überarbeitung erfolgte in einem Verfahren, durch das Staehelin das Werk im Grossen und Ganzen unangetastet liess, in den einzelnen Passagen und Anmerkungen jedoch sowohl die zwischenzeitlich erschienenen Forschungsbeiträge und neuen Ausgrabungsergebnisse als auch Bemerkungen der Rezensenten und ihm direkt zugegangene Hinweise und Einwände einarbeitete. Die Phase von Staehelins intensivster Auseinandersetzung mit der römischen Schweiz umfasst somit rund ein Jahrzehnt: Sie beginnt um das Jahr 1920 und endet um das Jahr 1930 mit der Publikation der 2. Auflage.

Die *Schweiz in römischer Zeit* erreichte international von den massgeblichen Fachleuten höchstes Lob, und Staehelin war damit im Alter von fast 54 Jahren der grosse Wurf gelungen, der ihm eine gewisse Prominenz einbrachte und der die Wahrnehmung seiner Person als Wissenschaftler fortan bestimmen sollte.

Für Staehelins Weg zur römischen Schweiz, seine Besetzung des Themenfeldes und schliessliche Publikation der massgeblichen Gesamtdarstellung waren diverse Faktoren entscheidend. Grundsätzlich ermöglichend wirkten Staehelins sozialer Hintergrund, die Art seiner Bildung, seine Kompetenz, sein Ehrgeiz, also sein Habitus und sein kulturelles und soziales Kapital. Daneben bilden institutionelle und diskursive Gegebenheiten und Prozesse den Rahmen der Entwicklungen, wobei nicht zuletzt kontingente Umstände für Charakter und Abfolge der einzelnen Etappen bis hin zur SRZ entscheidend sind.

Am Ausgangspunkt stehen die spezifischen Verhältnisse in Basel, die Staehelin den Einstieg in die Beschäftigung mit der römischen Provinzialgeschichte der Schweiz in idealer Weise ermöglichten. Die HAG als integrierende Struktur der Basler Gesellschaft erlaubte es ihm, seine Fähigkeiten und seine fachliche Prägung als Althistoriker in einem sozialen Zusammenhang auf eine Weise umzusetzen, die honoriert wurde und die der affirmativen Haltung der eigenen Herkunft gegenüber entsprach, die Staehelin auszeichnete; dies umso mehr, als durch die Beschäftigung mit Augst und die damit einhergehende Betonung von Antike und Humanismus ein integrierendes Identifikationsmerkmal der Basler gebildeten Schichten durch Staehelin nun in einer zentralen Position repräsentiert werden konnte.[132] Gleichzeitig war er in eine Stellung gelangt, die es ihm ermöglichte, breitere Kreise mit der Antike in Kontakt zu bringen und sie dafür zu begeistern.

Staehelins Begabung, aber auch sein Ehrgeiz liessen ihn die weiteren Möglichkeiten erkennen, die die spezifische Konstellation in Basel ihm bot. Nach Herkunft und Bildung – seinem sozialen und kulturellen Kapital – in einer hervorragenden Position, um zum massgeblichen Experten für die antike Geschichte Basels und seines «kleinen Pompeji» aufzusteigen, fand er in einer Arbeitsteilung, die ihm die Synthese und althistorische Einordnung der Funde und Befunde überliess, das ideale Wirkungsumfeld. Um hier weiterzukommen waren erstens die strukturellen und diskursiven Möglichkeiten gegeben, zweitens verfügte Staehelin über die notwendigen Voraussetzungen, und drittens spielte ihm die kontingente Situation in der HAG in die Hände. Dies sind die Faktoren der Gemengelage, die es ermöglichten, dass Felix Staehelin sich die Nische des Experten für Augst und das antike Basel erarbeiten konnte. Eine Position, ohne die die weitere Entwicklung und letztlich die SRZ kaum denkbar ist.

Staehelins Ziele gingen in dieser Sache bald über Basel hinaus. In seiner Eigenschaft als methodisch geschulter Althistoriker, der in internationalen Forschungszusammenhängen stand, machte er mit seinen Arbeiten, die er im Fall der *Helvetier* gezielt an virulente Diskurse und prominente Akteure anschloss, in der deutschsprachigen und ebenfalls der französischen Forschung auf sich aufmerksam. Sein im Hinblick auf die römische Schweiz relevantes Netzwerk, das seinen Kern in Basel hatte, wuchs hierdurch sehr schnell nicht nur in gesamtschweizerischen Zusammenhängen, sondern praktisch sofort auch in grenzüberschreitenden Räumen an. Staehelins Netzwerk ist somit als sowohl regional wie national und transnational zu charakterisieren. Die Art seiner Vernetzung korrespondiert weiter auch mit der Art von Staehelins Zugriff auf die römische Schweiz, die in gewisser Weise zwischen den Disziplinen angesiedelt war. Staehelin war vernetzt mit der Schweizer Urgeschichtsforschung, er gehörte selbst aber nicht im eigentlichen Sinn dazu. Durch seine historische fachliche Prägung befand er sich in einer Sonderposition, die sich immer wieder deutlich zeigen sollte.

Für seine weiterführenden Pläne stiess Staehelin auf günstige Ausgangsbedingungen. Erstens trafen seine Ambitionen auf eine an der römischen Schweiz

132 Das Prestige der legitimierenden Stellung, die sich Staehelin durch die Kombination von lokaler und antiker Geschichte in der Basler Gesellschaft erarbeitete, kommt etwa in einer Passage des von Hans Georg Wackernagel verfassten Nachrufs gut zur Geltung: «Echte humanistische Begeisterung für das Altertum vereinigte sich hier mit der Liebe zur Vaterstadt auf die schönste und fruchtbarste Weise. […] Es folgte Staehelin bei seiner wissenschaftlichen Beschäftigung und bei seiner innigen Verbundenheit mit der Augusta Raurica ganz offensichtlich Traditionen, wie sie schon seit Hunderten von Jahren in unserer Humanistenstadt gerade bei den Edelsten und Besten lebendig gewesen waren.» Wackernagel 1952, 26.

ausserordentlich interessierte und den Schweizer Bemühungen wohlwollend gegenüberstehende deutsche Forschung. In Friedrich Drexel fand Staehelin hierbei einen Förderer, der ihm nicht nur die SRZ förmlich antrug, sondern ihn auch explizit anderen Schweizer Wissenschaftlern vorzog und ihn in fachlicher Hinsicht konkret unterstützte. Zweitens profitierte Staehelin von einer noch kaum erfolgten Professionalisierung der Schweizer Bodenforschung, die mehrheitlich von altertumswissenschaftlichen Laien betrieben wurde, welche zu einer historischen Syntheseleistung nicht in der Lage gewesen wären. Die Konkurrenz war also überschaubar; von den drei so verschiedenen Persönlichkeiten Reinhardt, Schulthess und Täubler wurde Reinhardt – der ohnehin nicht als satisfaktionsfähig galt und wissenschaftlich nicht zählte – aktiv niedergekämpft, während Täubler «von selbst» aus den relevanten Zusammenhängen verschwand. Ausser Schulthess war auf diese Weise buchstäblich niemand mehr vorhanden, der Staehelins Monopolstellung noch hätte in Frage stellen können. Altertumswissenschaftlich gebildete Ausgräber waren wie erwähnt rar und eigentliche Althistoriker gab es ausser Staehelin noch praktisch keine in der (Deutsch-)Schweiz. Bezeichnend hierfür ist die Verlegenheit der Stiftung Schnyder von Wartensee, die für das Gutachten zu Staehelins Manuskript auf einen Prähistoriker zurückgreifen musste, wenn sie einen Schweizer wollte.

Bis zum Beginn der 1940er Jahre und zum Anfang von Ernst Meyers Arbeiten auf dem Forschungsfeld sollte Staehelin nun quasi ein Monopol auf die historische Synthese der römischen Schweiz haben. Dass er diese Position erreichte, ist – trotz aller Kontingenz und günstiger Umstände – seinem geschickten und durch Arbeitseifer und Kompetenz gut fundierten Vorgehen zu verdanken, in dem sich sein Wille, ein Thema ganz für sich zu besetzen, ausdrückt. Seine wissenschaftliche Exzellenz traf sich hier mit einem ausgeprägten kompetitiven Bewusstsein; der Drang nach der Monopolisierung eines Themas, der sich bereits in jungen Jahren in der Beschäftigung mit Pergamon gezeigt hatte, prägte hier deutlich seine Perspektive. Seit der Studentenzeit war sein Ehrgeiz dahin gegangen, ein ausgedehntes Thema für sich zu beanspruchen und in einer massgeblichen Gesamtdarstellung komplett zu gestalten. Hier bot sich ihm nun die römische Schweiz an. Mit einem guten Gespür für die Herstellung von diskursiver Legitimität brachte sich Staehelin in eine Position, durch die bei allen relevanten Instanzen Einigkeit erzeugt wurde über seinen Anspruch auf die massgebliche Gestaltung des Themas. Die SRZ kann so in einem gewissen Sinn als Analogon zu der grossen Gesamtdarstellung zur pergamenischen Geschichte gelten, mit der Staehelin als junger Mann ein Thema vollständig neu gestalten wollte und die er nie geschrieben hatte.

6 Ordinarius

6.1 Die institutionelle Etablierung an der Universität

6.1.1 Das persönliche Ordinariat

Am 16. Dezember 1930 starb der Inhaber des Basler Lehrstuhls für Allgemeine Geschichte, Adolf Baumgartner, im Alter von 75 Jahren. Felix Staehelin würdigte seinen Doktorvater mit einem Nachruf in der *Basler Zeitschrift.*[1] Das Ausscheiden des Inhabers des «letzten wirklich universalhistorischen Lehramtes, das es im gesamten deutschen Sprachgebiet bis 1930 noch gegeben hat»,[2] ebnete nun für ihn, seinen Schüler, mittelbar den weiteren Weg an der Universität: Baumgartners Tod hatte eine Neuorganisation der Lehrstühle im Fachbereich Geschichte der Universität Basel zur Folge,[3] in deren Zug Felix Staehelin im Alter von mittlerweile 57 Jahren der Titel eines Ordinarius verliehen werden sollte.[4] Früh kristallisierte sich in dem Verfahren die letztlich denn auch beschlossene Rochade heraus, in der Hermann Bächtold, der Inhaber des zweiten historischen Lehrstuhls, als Nachfolger Baumgartners auf dessen Lehrstuhl wechseln und Emil Dürr, der seit 1925 ein persönliches Ordinariat innehatte, seinerseits die Stelle Bächtolds erhalten sollte.[5]

Die Expertenkommission für die Regelung der Nachfolge Baumgartner tagte zum ersten Mal am 9. Januar 1931.[6] Hermann Bächtold hielt in der Sitzung fest, die Schwierigkeit bestehe in dem «doppelten Erbe», das Baumgartner hinterlassen habe: «erstens den Lehrstuhl und zweitens die Spezialität der Alten Geschichte».[7] Bereits jetzt wurden allgemein als die naheliegendsten Persönlichkeiten für die künftige Vertretung des Gesamtbereichs der Geschichte Bächtold,

1 Staehelin 1931.

2 Staehelin 1931, 3.

3 Vgl. Simon 2013, 85 ff.; 91 f.; Marchal 2013, 39 ff.

4 Vgl. zum Folgenden: Königs 1988, 18–22; Ungern-Sternberg 2010, 61 ff.

5 Zu Hermann Bächtold und Emil Dürr vgl. Vischer et al. 1984; Simon 2013.

6 Zum Ablauf der Berufungsverfahren und zum Zusammenspiel von Fakultätskommission, Expertenkommission der Kuratel, Erziehungsrat und Erziehungsdepartement vgl. Wichers 2013, bes.: 105 f.; Simon 2013, 65.

7 Sitzungsprotokoll Expertenkommission Nachfolge Baumgartner, 9.1.1931, StABS Erziehung CC 20.

Dürr und Staehelin genannt. Allerdings: «Wird für die Alte Geschichte ein besonderer Lehrstuhl errichtet, so kommt hierfür auch M. Gelzer in Betracht» (Votum von Edgar Salin).

In dem ersten Gutachten der Fakultät[8] wurde festgehalten, dass das universalhistorische Erbe, das mit dem jetzt erneut vakanten Lehrstuhl von Jacob Burckhardt verbunden sei, nicht aufzugeben, der «Lehrstuhl für Allgemeine Geschichte» also integral als solcher zu erhalten sei. Dieser solle Bächtold übertragen werden, der sodann zusätzlich zu seiner bisherigen Pflege der allgemeinen Geschichte des Mittelalters und der Neuzeit ebenfalls universalhistorische Vorlesungen halten sollte.[9] Dessen bisheriger Lehrstuhl für «mittlere und neuere Geschichte» wiederum solle mit «besonderer Berücksichtigung der Schweizergeschichte» an Emil Dürr gehen. Für die Alte Geschichte, so die Kommission, genüge ein grösserer Lehrauftrag, da «Teilgebiete der griechisch-römischen Geschichte [...] in kulturgeschichtlichen Vorlesungen der beiden altphilologischen Professuren gepflegt»[10] würden. Es wurde auf das kommende neue Universitätsgesetz verwiesen und vorgeschlagen, die weitere Erörterung, ob die Alte Geschichte einen eigenen gesetzlichen Lehrstuhl erhalten solle, bis zu dessen Inkrafttreten aufzuschieben. Weiter wird in dem Gutachten festgehalten: «Bei der Beantwortung der Frage, welche Persönlichkeit wir für geeignet, ja für gegeben halten, den altgeschichtlichen Lehrauftrag zu übernehmen, wird es keine Überraschung sein, wenn wir den Namen von *Prof. Dr. Felix Stähelin* nennen.»[11] Staehelin wird in dem Gutachten mit seinen wissenschaftlichen Leistungen kurz gewürdigt,[12] es wird auf die «Stetigkeit» seines Wesens und seiner Forschungsinteressen verwiesen und «beiläufig» seine Beschäftigung mit «einzelnen politischen Erscheinungen der neueren Geschichte» erwähnt. Der Blick wird sodann auf Staehelins historisches Interesse für «Vaterstadt und engere Heimat, vornehmlich in antiker Zeit» gelenkt und seiner Arbeiten über Augst und das älteste Basel gedacht, bevor ausführlich auf seine Beschäftigung mit der römischen Schweiz eingegangen wird. In den höchsten Tönen wird seine «wissenschaftliche Hauptleistung», die SRZ, gelobt als «erste umfassende Darstellung dieser Epoche unseres Landes und dieses Gebietes der römischen Geschichte». Hervorgehoben werden die «souveräne Beherrschung des Quellenmaterials wie der Literatur» und die «klare, übersichtliche Anlage», weiter Staehelins genaue Beweisführungen, seine Zurückhaltung in der

8 Philologisch-Historische Abteilung der Philosophischen Fakultät. Gutachten Nachfolge Baumgartner, 27. 1. 1931, StABS Erziehung CC 20.

9 Hierbei wurde auf bereits erfolgte universalhistorische Betätigung Bächtolds in Forschung und Lehre verwiesen. Vgl. Marchal 2013, 3; Königs 1988, 18.

10 Gutachten Nachfolge Baumgartner, 27. 1. 1931, 3, StABS Erziehung CC 20. Vgl. Königs 1988, 18.

11 Gutachten Nachfolge Baumgartner, 27. 1. 1931, 4, StABS Erziehung CC 20. Hervorhebung im Original gesperrt.

12 Hierbei wird allerdings der Vortrag, den er anlässlich seiner Habilitation hielt, mit einer Habilitationsschrift verwechselt und die Habilitation auf 1907 statt 1906 datiert.

Hypothesenbildung, der anschauliche Stil und die Vollständigkeit des wissenschaftlichen Apparates. Ebenfalls wird auf den grossen Absatzerfolg und die – zu diesem Zeitpunkt noch bevorstehende – 2. Auflage verwiesen.[13] Im Zuge eines kursorischen Durchgangs durch sein weiteres Werk wird sodann seine wissenschaftliche Person in einer für Beurteilungen Staehelins ganz allgemein bezeichnenden Weise resümiert: «vollendete Akribie, restlose Sorgfalt und Gewissenhaftigkeit».[14] Die Fakultätskommission schlug also aufgrund ihrer Erwägungen vor, «Herrn Prof. Felix Stähelin mit einem Lehrauftrag von 5–6 Stunden für *Geschichte des Altertums* (mit Einschluss des alten Orients) zu betrauen, unter Ernennung zum Ordinarius».[15]

In der zweiten Sitzung der Expertenkommission zeigte sich der Erziehungsdirektor Hauser irritiert über das Fakultätsgutachten, das gar kein Gutachten sei, sondern «ein Plädoyer zugunsten der Herren, die der Fakultät bereits angehören». Hauser vermutete, dass alles auf die Interessen Emil Dürrs abgestimmt worden sei, den er aufgrund von dessen sehr akzentuiertem politischem Profil für anfechtbar hielt.[16] Weiter, so Hauser, sei er von dem wissenschaftlichen Leis-

13 Die Passage im Wortlaut: «Dann war es der weitere Bereich der vaterländischen Geschichte, wieder in ihrer altgeschichtlichen Periode, dem seine Arbeiten galten. Hier entstand auch nach mancherlei Vorarbeiten 1927 seine wissenschaftliche Hauptleistung: ‹Die Schweiz in römischer Zeit›. Es ist die erste umfassende Darstellung dieser Epoche unseres Landes und dieses Gebietes der römischen Geschichte. Sie beruht auf souveräner Beherrschung des Quellenmaterials wie der Literatur. Mustergültig in der klaren, übersichtlichen Anlage und in der wissenschaftlichen Darbietung, bietet sie einen überaus lebendigen und lesbaren Text und einen vom Text glücklich distanzierten wissenschaftlichen Apparat, der über alle behandelten Fragen und über den Stand der Forschung Auskunft gibt. Dabei ist sie positiv im Beweisbaren, überaus vorsichtig und zurückhaltend im Hypothetischen. Das Werk hat sowohl bei den Fachleuten wie bei den Gebildeten innerhalb und ausserhalb der Schweiz so starken Beifall gefunden, dass der Verfasser in die glückliche Lage versetzt ist, nächstens die 2. Auflage herausgeben zu können. Dem Buch ist auf Schritt und Tritt anzumerken, dass der Verfasser über helvetorömische Verhältnisse mit voller Beherrschung und Berücksichtigung der gesamt-römischen Geschichte und Kultur und ihrer wissenschaftlichen Problematik schreibt.» Gutachten Nachfolge Baumgartner, 27.1.1931, 4f. StABS Erziehung CC 20. Die Passage wird auszugsweise ebenfalls zitiert von Königs 1988, 18 f. Königs weist an der Stelle zu Recht auf die grosse Bedeutung hin, die die SRZ für die Evaluation Staehelins bezüglich des Ordinariats hatte.

14 Gutachten Nachfolge Baumgartner, 27.1.1931, 5, StABS Erziehung CC 20.

15 Gutachten Nachfolge Baumgartner, 27.1.1931, 5, StABS Erziehung CC 20. Als weiteres Argument für Staehelin werden abgelehnte Anfragen der Universitäten Zürich und Bern erwähnt. Für diejenige von Zürich vgl. Kapitel 3. Die erwähnte Anfrage der Universität Bern, wenn sie denn tatsächlich konkret war, dürfte ähnlich informell erfolgt sein und hat in den entsprechenden Dossiers anscheinend keinen archivalischen Niederschlag gefunden, wie bereits Diemuth Königs festgestellt hat. Vgl. Königs 1988, Bd. 2, 5, Anm. 8.

16 Hauser, der selbst Sozialdemokrat war, hielt fest, Dürr sei «im kleinen politischen Tageskampf oft sehr weit gegangen». Dieser hatte sich 1918 im Aufbau einer Bürgerwehr betätigt und galt in Arbeiterkreisen als radikaler Reaktionär und als Zudiener der Klasseninteressen des Grossbürgertums. Vgl. Königs 1988, 19; Simon 2013, 85 f.; Baumann 2012.

tungsausweis Dürrs nicht überzeugt, er witterte «Bestrebungen zur Inzucht» an der Universität und beurteilte «die Konstellation Bächtold, Dürr, Stähelin und Burckhardt[17]» als zu einseitig, was offenbar politisch gemeint war.[18] Die übrigen Mitglieder der Kommission nahmen das Gutachten der Fakultät in Schutz, wiederholt wurde die Entscheidung für Staehelin verteidigt und darauf verwiesen, dass der eigentliche Kern des Problems die Besetzung der Alten Geschichte sei, woraus das Weitere folge. Besprochen wurde, ob der Alten Geschichte nicht ein Vollordinariat zustehe, wobei aber vor den Folgen für Staehelin gewarnt wurde, da ein solches – so die Befürchtung – die Berufung eines auswärtigen Kandidaten statt seiner hätte nach sich ziehen können. Letztlich wurde durch den Kommissionpräsidenten Beschluss gefasst, die Fakultät mit einem ergänzenden Gutachten zu beauftragen, «in dem Sinn, dass für alle Gebiete der Geschichte neue Nominationen gemacht und in Betracht gezogen werden».[19]

In dem verlangten ergänzenden Gutachten geht die Fakultätskommission ausführlich auf ihre Erwägungen ein, um damit letztlich den ursprünglichen Vorschlag zu rechtfertigen. Sie verhehlte nicht, dass ihr Vorschlag im Sinne der «vorhandenen Lehrkräfte» ausgefallen sei, betonte jedoch, damit zugleich den «sachlichen Bedürfnissen» am besten gerecht zu werden.[20]

Die Kommission argumentierte, dass jede andere Lösung der Personalfrage einer grundsätzlichen Neueinteilung des Faches an der Universität Basel gleichkomme. Ausführlich wird auf die Möglichkeit eingegangen, statt Erteilung eines Lehrauftrags mit verbundenem persönlichem Ordinariat ein Vollordinariat für Alte Geschichte zu schaffen. Für einen solchen Fall wäre – so das Gutachten –

17 Zusätzlich zu Bächtold, Dürr und Staehelin war ebenfalls C. J. Burckhardt für einen Lehrauftrag im Gespräch.

18 Sitzungsprotokoll Expertenkommission Nachfolge Baumgartner, 7.2.1931, 1, StABS Erziehung CC 20. Der Vorwurf der Einseitigkeit dürfte – auch angesichts entsprechender späterer Äusserungen Hausers (vgl. unten) – tatsächlich so zu verstehen sein, dass die Kandidaten von Hauser pauschal einem konservativen Lager zugeordnet wurden, wie Königs u. a. auf Grundlage einer mündlichen Mitteilung von Andreas Staehelin vermutet (Königs 1988, 19).

19 Sitzungsprotokoll Expertenkommission Nachfolge Baumgartner, 7.2.1931, 4, StABS Erziehung CC 20.

20 Vgl. den Beginn des Gutachtens: «Die Philologisch-Historische Abteilung der Philosophischen Fakultät kommt dem Ersuchen der Expertenkommission auf Erstattung eines zusätzlichen Gutachtens um so lieber nach, als sie der Ueberzeugung ist, dass gerade die Nennung der von ihr schon früher in Betracht gezogenen, jedoch im ersten Gutachten nicht namentlich angeführten Gelehrten, aufs stärkste geeignet ist, den Vorschlag der Fakultät für die Neubesetzung als die beste Lösung in persönlicher und sachlicher Hinsicht erscheinen zu lassen. Die Fakultät verkennt nicht, dass gerade die Einfachheit ihres Lösungsvorschlags geeignet sein konnte, Bedenken gegen seine sachliche Stichhaltigkeit zu erwecken; sie ist jedoch überzeugt, dass gerade ihre einfache Lösung zugleich den sachlichen Bedürfnissen und den vorhandenen Lehrkräften am besten gerecht wird.» Philologisch-Historische Abteilung der Philosophischen Fakultät. 2. Gutachten Nachfolge Baumgartner, (Eingang:) 14.3.1931, 1, StABS Erziehung CC 20.

eine Berufung Gelzers in Betracht zu ziehen gewesen, der «zweifellos in der Weite der Gesichtspunkte *Prof. Felix Stähelin* überlegen» sei.[21] Als Nächstes genannt werden in dem Gutachten Joseph Vogt und Victor Ehrenberg, die Staehelin aber nicht vorzuziehen seien.[22] Vogt sei «als sorgfältiger und klar beobachtender Gelehrter» ausgewiesen. Der «tüchtige jüngere Gelehrte» mache persönlich einen «sehr vorteilhaften Eindruck».[23] Victor Ehrenberg wird als in seinen Leistungen ungleichmässiger geschildert. Obgleich sehr begabt, neige Ehrenberg dazu, mit seinem Scharfsinn «die Tatsachen konstruktiv zu vergewaltigen».[24] Weiter wird in einer für die Geschichtsauffassung der Zeit bezeichnenden Weise bemängelt, Ehrenberg lasse in seinen Arbeiten ein «geduldiges interpretatorisches Einfühlen in den Gegenstand» vermissen.[25] Es wurden noch weitere Kandidaten für ein Vollordinariat aufgrund ihrer Schriften evaluiert, aber nicht für eine Nennung in Betracht gezogen.[26] Daneben wurde laut dem Gutachten erwogen, statt eines arrivierten Kandidaten günstiger eine Nachwuchskraft für eine «begrenzte Stellung» aus Deutschland heranzuziehen, man kam aber zu der Konklusion, dass die in Frage kommenden Gelehrten allesamt dem «erprobten Stähelin» nicht vorzuziehen seien. Nach diesen Erläuterungen werden als starkes Argument für Staehelin die Beurteilungen von Fachvertretern angeführt. Ulrich Wilcken hatte – obwohl er seinen Schüler Bickermann empfahl, um dessen Beurteilung er ebenfalls gebeten worden war – geschrieben, er würde sich freuen, wenn Staehelin gewählt würde.[27] Daneben waren Walter Otto und Ernst Fabricius angefragt worden. Die Urteile beider über Staehelin fielen äusserst günstig aus, was besonders im Fall Fabricius' nicht überraschen kann, und deckten sich, wie das Gutachten festhält, in den zentralen Punkten mit den Einschätzungen der Fakultät. Wie im Gutachten ausgeführt, betonte Fabricius Staehelins «sichere Beurteilung des Wertes antiker Quellen, mit Einschluss der Epigraphik». Walter Otto wird mit folgenden Worten zitiert:

21 Philologisch-Historische Abteilung der Philosophischen Fakultät. 2. Gutachten Nachfolge Baumgartner, (Eingang:) 14. 3. 1931, 2, StABS Erziehung CC 20. Vgl. Königs 1988, 19.

22 Vgl. Königs 1988, 19; Bd. 2, 6 Am. 21; Simon 2013, 86; Marchal 2013, 40.

23 Philologisch-Historische Abteilung der Philosophischen Fakultät. 2. Gutachten Nachfolge Baumgartner, (Eingang:) 14. 3. 1931, 2, StABS Erziehung CC 20.

24 Nach Simon 2013, 86 ist in dieser Charakterisierung ein «antijüdisches Stereotyp» zu sehen.

25 Philologisch-Historische Abteilung der Philosophischen Fakultät. 2. Gutachten Nachfolge Baumgartner, (Eingang:) 14. 3. 1931, 2 f., StABS Erziehung CC 20.

26 Josef Keil, Ernst Hohl, Ernst Meyer, Wilhelm Ensslin, Ernst Stein, Fritz Schachermeyr («Schachermeier») und Fritz Täger. Philologisch-Historische Abteilung der Philosophischen Fakultät. 2. Gutachten Nachfolge Baumgartner, (Eingang:) 14. 3. 1931, 3, StABS Erziehung CC 20. Vgl. Königs 1988, Bd. 2, 6, Anm. 21.

27 Philologisch-Historische Abteilung der Philosophischen Fakultät. 2. Gutachten Nachfolge Baumgartner, (Eingang:) 14. 3. 1931, 4, StABS Erziehung CC 20.

> Bei St. hat man ausser seinem Schweizerbuch und ähnlichen, seine guten Kenntnisse der Romana aufweisenden Arbeiten zu beachten, seine vortrefflichen Abhandlungen zum Hellenismus von den Galatern an; seine Pauly-Wissowa-Artikel [...] gehören zu den besten einschlägigen Artikeln ... ich glaube, man könnte in diesem Fall seine Unico-Nennung vertreten.[28]

Die Fakultätskommission resümiert das Ergebnis dahingehend, dass zweifellos Staehelin berücksichtigt werden müsse, falls von der Aufwertung der Alten Geschichte zum Vollordinariat und der Berufung eines bereits arrivierten Ordinarius (von welchen sie in den vorangehenden Passagen ja aber auch nur Gelzer eigentlich empfohlen hatte) abgesehen werde.

Als weitere Alternative zur Neuordnung wird in dem Gutachten ebenfalls die Möglichkeit einer Abtrennung der Mittelalterlichen Geschichte von Baumgartners vakantem Lehrstuhl besprochen, es wird allerdings bekräftigt, die Fakultät sehe keinen Bedarf für einen vierten Vertreter der Geschichte neben Bächtold, Dürr und Staehelin. Mit der Bemerkung, dass es grundsätzlich ohnehin nur darum gehe, die Alte Geschichte neu zu regeln, da in den anderen Gebieten Bächtold und Dürr de facto bereits seit längerem in der Nachfolge Baumgartners stünden, schliesst das Gutachten implizit – wie zu Beginn angekündigt – mit demselben Ergebnis wie das beanstandete erste.[29]

Die Expertenkommission übernahm in der Folge ebenfalls den nun bekräftigten Vorschlag des ersten Fakultätsgutachtens. Erziehungsdirektor Hauser bemängelte zwar erneut eine (aus sozialdemokratischer Warte) politisch-weltanschauliche Gleichförmigkeit des Vorschlags Bächtold – Dürr – Staehelin.[30] Aber mehrere Kommissionsmitglieder verteidigten Staehelin vehement. Albert Oeri zeigte sich von dem zweiten Gutachten, welches die Berechtigung der ursprünglichen Vorschläge erweise, befriedigt. August Rüegg verwies auf die «bemerkenswerten Qualitäten» Staehelins und seinen langjährigen Dienst für die Hochschule: «Es liesse sich auf keine Weise rechtfertigen, Felix Stähelin durch die Berufung eines anderen Fachgelehrten, abgesehen von Gelzer, kalt zu stellen.»[31] Und eine Zusage von Gelzer sei ohnehin unwahrscheinlich. Ähnlich äusserte sich Edgar Salin. Ebenfalls wies (Schul-)Rektor Holzach auf Staehelins Expertise hin. August Rüegg versuchte zusätzlich, Staehelin in politischer Hinsicht gegen-

---

28 Philologisch-Historische Abteilung der Philosophischen Fakultät. 2. Gutachten Nachfolge Baumgartner, (Eingang:) 14. 3. 1931, 5, StABS Erziehung CC 20.

29 Philologisch-Historische Abteilung der Philosophischen Fakultät. 2. Gutachten Nachfolge Baumgartner, (Eingang:) 14. 3. 1931, 6 f., StABS Erziehung CC 20. Vgl. Marchal 2013, 40 f.; Königs 1988, 20.

30 Hermann Bächtold war der führende Kopf der Evangelischen Volkspartei in Basel, die politische Heimat Emil Dürrs war – wie diejenige Staehelins – die Liberale Partei.

31 Protokoll 3. Sitzung Expertenkommission Nachfolge Baumgartner, 20. 3. 1931, 1, StABS Erziehung CC 20.

über Hauser in Schutz zu nehmen, indem er festhielt, es liege in der Natur der Sache, «dass Historiker eher Romantiker sind und sich auf die Vergangenheitsideale einstellen oder doch mehr Interesse für die Vergangenheit haben». Er wollte auf diese Weise offenbar ausdrücken, es sei unbillig, von einem Historiker allzu fortschrittliches Denken zu erwarten. Weiter sei Staehelin «nicht in dem Sinne konservativ, dass er nicht lebendig, regsam und anregend wäre. Er hat in hohem Mass Interesse und sympathisches Verständnis für unsere modernen Kulturfragen.»[32] Mehrheitsmeinung war also, dass Staehelin nicht übergangen werden könne. Die Zustimmung zum Fakultätsvorschlag erfolgte letztlich mit einem gewissen Bedauern darüber, dass eine «Auffrischung des Lehrkörpers» und die Verleihung von «neuem Glanz» an die Universität im Zuge dieser Umstrukturierung nicht zu erreichen seien.

In ihrem Bericht führt die Expertenkommission zuerst die Gründe für die Regelung in den Fällen Bächtold und Dürr an und schreibt danach, im Übrigen «habe die Behörden nur noch dafür zu sorgen, dass die einzige bleibende Lücke im Lehrprogramm der Geschichte, die Pflege des Gebiets der alten Geschichte (alter Orient, Hellas und Rom) eine zureichende Betreuung erhält».[33] Der Vorschlag Staehelins für diese Aufgabe sei gerechtfertigt durch dessen wissenschaftlichen Verdienste und menschlichen Qualitäten. Wie im ersten Fakultätsgutachten, so wird auch in diesem Bericht erneut auf die bedeutende Leistung, welche Staehelins SRZ darstelle, verwiesen.[34] Weiter habe er sich trotz seines Doppelamts den «die historischen Studien fördernden Institutionen» Basels mit gutem Erfolg zur Verfügung gestellt.[35] Dass man sich allerdings auch eine andere Wahl

32 Protokoll 3. Sitzung Expertenkommission Nachfolge Baumgartner, 20.3.1931, 2, StABS Erziehung CC 20. Wie auch Diemuth Königs andeutet, dürfte Rüegg allerdings gegen eine als konservativ zu bezeichnende Haltung selbst ebenfalls keine Einwände gehabt haben (1988, Bd. 2, 6, Anm. 17, Anm. 26). Vgl. herzu auch Meier-Kern 1988. Das entschuldigende Argument, das darauf abzielt, Staehelin eine entsprechende Weltanschauung gewissermassen als *déformation professionelle* durchgehen zu lassen, ist wohl als ein rein rhetorisches Mittel zum Zweck aufzufassen. Rüegg scheint hier Hausers Vorwurf der Über- oder sogar Alleinvertretung eines bestimmten politisch-weltanschaulichen Milieus im Fach Geschichte absichtlich als Charakterisierung einer persönlich-individuellen Vergangenheitsbezogenheit Staehelins misszuverstehen, um ihn auf dieser Ebene zu widerlegen.

33 Bericht der Expertenkommission betr. Nachfolge Prof. Baumgartner, 9.4.1931, 2, StABS Erziehung CC 20. Der Umfang der Alten Geschichte ist hier definitorisch bereits so abgesteckt, dass Staehelin mit seinen Forschungsgebieten und seinem Lehrprogramm ideal darauf passte.

34 «Sein Buch über das römische Helvetien (1927) ist in seiner Art ein epochemachendes, abschliessendes und mustergültiges Standardwerk. Weder Deutschland, noch England und Frankreich besitzen eine so solid und umfassend gearbeitete Darstellung ihrer römischen Vorzeit.» Bericht der Expertenkommission Nachfolge Prof. Baumgartner, 9.4.1931, 2, StABS Erziehung CC 20.

35 Bericht der Expertenkommission Nachfolge Prof. Baumgartner, 9.4.1931, 5, StABS Erziehung CC 20.

hätte als wünschbar denken können, wird aus einer entsprechenden Passage deutlich:

> Die Kommission verhehlt sich nicht, dass Prof. Felix Stähelin schon in vorgerücktem Alter steht und dass seinem Lehrvortrag gewisse formale und glanzverleihende Qualitäten abgehen. Er hat etwas Bescheidenes und Behutsames. Im Gegensatz zu Prof. Bächtold, dessen Vorzüge der Nachweis grösserer Zusammenhänge, das Oeffnen grosser Entwicklungsperspektiven und das konstruktiv geschichtsphilosophische Denken ist, liegt bei Stähelin der Hauptakzent auf der historischen Detailarbeit, auf der Wahrheitsergründung, auf der zuverlässigen Akribie der Feststellung der einzelnen historischen Tatsachen. Niemand wird behaupten, dass dieser Teil der Wissenschaft an einer Hochschule nicht vertreten sein sollte und nicht wertvoll und in hohem Grad erzieherisch wäre.[36]

Die Notwendigkeit einer expliziten Verteidigung der als akribisch und wenig brillant eingeschätzten Tätigkeit Staehelins in Forschung und Lehre zeigt sich deutlich vor dem Hintergrund der Erwartungen, die in der Zeit an den wissenschaftlichen Charakter einer Idealbesetzung gelegt wurden. Zu Beginn desselben Gutachtens wird etwas resigniert festgehalten:

> Wenn die Expertenkommission und mit ihr die Erziehungsbehörde sich der Hoffnung hingegeben hatte, die markante Persönlichkeit Prof. A. Baumgartners durch eine prominente jüngere Gelehrtenfigur von genialem Schnitt ersetzen zu können, so bedauert die Expertenkommission, gleich zu Anfang ihres Berichtes bekennen zu müssen, dass ihr das trotz ihres guten Willens nicht geglückt ist.[37]

In der diskursiven Lage der Zwischenkriegszeit hatte Staehelin mit seinem aus oben stehendem Quellenzitat ersichtlichen Etikett des akribischen Positivisten kein wissenschaftliches Kapital, welches sich leicht im akademischen Betrieb ummünzen liess.[38] Offensichtlich wurden vielmehr in erster Linie der «geniale Schnitt», das «Oeffnen grosser Entwicklungsperspektiven und das konstruktiv geschichtsphilosophische Denken» gesucht.[39] Auch die Kuratel, die sich dem Ex-

---

36 Bericht der Expertenkommission Nachfolge Prof. Baumgartner, 9.4.1931, 2, StABS Erziehung CC 20, vgl. Königs 1988, 20.

37 Bericht der Expertenkommission Nachfolge Prof. Baumgartner, 9.4.1931, 1, StABS Erziehung CC 20, vgl. Königs 1988, 20.

38 Zur Geschichtswissenschaft der Zwischenkriegszeit in der Schweiz vgl. Stadler 1974; in Basel: Vischer 1984; Marchal 2013; Simon 2013; Simon 2022, 347 ff., 521–578.

39 In diesen Kategorien ist die angesprochene Diskrepanz, die Staehelin den Aufstieg schwierig machte, zu fassen. Das entsprechende Resümee von Diemuth Königs (1988, 17) – «Zudem aber war Staehelin nicht die herausragende Persönlichkeit, der sich eine glanzvolle Karriere geradezu aufdrängte» – ist demgegenüber in Frage zu stellen. Die Beurteilung des historischen Individuums auf die Frage hin, ob es «eine herausragende Persönlichkeit» gewesen sei, erscheint terminologisch unscharf und epistemologisch zu wenig reflektiert. Eine solche psychologisch-charakterliche Bewertung übernimmt die Deutungskategorien des Quellenmaterials bzw. der historischen Akteure (hier vor allem Jacob Wackernagels), was nur in weiterer

pertengutachten in allen Punkten anschloss, verwies auf Bedenken bezüglich Staehelins «eher nüchterner Vortragsweise».[40]

Wie das Verfahren zeigte, hatte Staehelin allerdings, auch wenn seine Art der Geschichtsschreibung und der Lehre nur bedingt auf Anklang stiess, dennoch diverse Umstände auf seiner Seite. Erstens wollte man nicht leichtfertig eine verdiente Kraft der Universität übergehen, sondern nur im Falle eines durch seine Prominenz und fachliche Kompetenz zwingenden anderen Kandidaten.[41] Einen solchen sah man einzig in Gelzer, gegen den aber sprach, dass «seine Stellung [...] in Deutschland subjektiv und objektiv so gesichert [war] und auch seine Zukunftsaussichten [...] so gut, dass an seine Rückkehr nach Basel nicht zu denken ist», ausserdem gab es politische Vorbehalte gegen seine Berufung.[42] Zweitens stellten die angefragten Gutachter Walter Otto und Ernst Fabricius Staehelin ein günstiges Zeugnis aus und hielten in «unzweideutig ausgesprochenen Urteilen» fest, dass ausser Gelzer «die übrigen Fachvertreter [...] keinen Vorzug vor Stähelin verdienen».[43] Drittens wirkte sich Staehelins tragende Rolle in den «historisch orientierten städtischen Institutionen» in der Evaluation positiv aus. Im Jahr 1928, also direkt nach der Publikation der SRZ, war Staehelin sowohl zum Vorsteher der HAG wie auch zum Präsidenten der Kommission des Historischen Museums gewählt worden.[44] Seine Tätigkeit in diesen Institutionen war somit im richtigen Moment in einer gegen aussen sichtbaren Art gewürdigt und gekrönt worden, um ein starkes Argument für den Erfolg seines entsprechenden Einsatzes zu bilden.[45]

---

quellenkritischer Reflexion und Gewinnung der entsprechenden analytischen Distanz Erkenntniswert bieten würde.

40 Kuratel an Erziehungsrat, 29. 4. 1931, 3, StABS Erziehung CC 20a.

41 Die Tatsache, dass Staehelin vor allem auch aufgrund seiner langjährigen Tätigkeit an der Universität Basel schliesslich doch noch aufstieg, brachte Ungern-Sternberg 2010, 60 mit der Formulierung auf den Punkt, Staehelin sei «in seiner Gelehrsamkeit und Gewissenhaftigkeit unbeirrt lange genug in Basel tätig [...] [gewesen], um am Ende etwas zu werden».

42 Bericht der Expertenkommission betr. Nachfolge Prof. Baumgartner, 9. 4. 1931, 2, StABS Erziehung CC 20. Königs 1988, 22 weist ausserdem darauf hin, dass es schlecht mit der von den Behörden verfolgten Sparsamkeitspolitik in Einklang zu bringen gewesen wäre, für eine berühmte ausländische Kraft ein Vollordinariat einzurichten.

43 Bericht der Expertenkommission betr. Nachfolge Prof. Baumgartner, 9. 4. 1931, StABS Erziehung CC 20a.

44 In der Kommission war durch den Tod des Präsidenten Wilhelm Vischer eine Vakanz eingetreten (Wackernagel 1952, 15).

45 Sein grosser Einsatz für die HAG geht schon allein aus Staehelins intensiver Vortragstätigkeit in der Gesellschaft hervor, aber auch etwa aus seinem Engagement in der Kommission für Augst und der Delegation für das Alte Basel. Seit 1907 war er Mitglied des Vorstandes. Vgl. Kapitel 3, Kapitel 4.

Damit in engem Zusammenhang sind der Effekt von Staehelins schon mehrfach hervorgehobener hervorragender Vernetzung in der Stadtgesellschaft und seine Verbindungen zum Gymnasium zu sehen. Mit mehreren Mitgliedern der Expertenkommission stand Staehelin in näherer Beziehung. Albert Oeri war Chefredaktor der *Basler Nachrichten,* Protagonist der Liberalen Partei, ehemaliger Dümmler- (und Wilamowitz-)Schüler und als Grossneffe Jacob Burckhardts mit Staehelin verwandt. August Rüegg war Staehelins Kollege am Basler Gymnasium[46] und wie dieser und Oeri ebenfalls Mitglied der Zofingia.[47] Mit Blick auf die gesamte Neuregelung kann überdies mit Diemuth Königs die Durchsetzung des ursprünglichen Fakultätsvorschlags als Sieg eines liberal-konservativ ausgerichteten Milieus gegen die sozialdemokratische Politik Hausers gesehen werden,[48] auch wenn die weltanschauliche Haltung der Beteiligten nicht durchgehend als homogen zu bezeichnen ist. Hierfür spricht auch die Polemik, welche die Ergebnisse des Verfahrens in dem linksgerichteten Teil der Basler Presse auslösten, wobei sich hier die Hauptangriffe gegen den politisch profilierten Emil Dürr richteten und Staehelin nur nebenbei genannt wurde.[49]

Letztlich und vor allem aber war es die überragende Leistung der SRZ und deren internationaler Erfolg, welche die Verleihung eines Ordinariats an Staehelin rechtfertigten. Das Werk bedeutet also eine gewaltige Erhöhung von Staehelins kulturellem bzw. wissenschaftlichem Kapital, welches er im akademischen Feld einsetzen und damit einen Zugewinn an akademischer Macht erzielen konnte. Die institutionelle Etablierung zeigt sich so also ebenfalls als Dividende von Staehelins Erfolg, der ihm mit der SRZ geglückt war. Aus dem ausgesprochen nichtautonomen Charakter, den das universitäre Feld in Basel aufwies,[50] ergab sich, dass ebenfalls seine Vernetzung in der Stadtgesellschaft ein erhebliches *soziales* Kapital darstellte, das als gewichtiger Faktor in die Waagschale geworfen werden konnte.

Am 4. Juni 1931 wurde Staehelin vom Basler Regierungsrat zum ordentlichen Professor ernannt unter Erteilung eines Lehrauftrags für die Geschichte des Altertums. Erziehungsdirektor Hauser erkundigte sich daraufhin schriftlich bei ihm, wie er im Hinblick auf das neue Ordinariat seine zukünftige Tätigkeit am Gymnasium beurteile.[51] In einer Unterredung mit Hauser wurde daraufhin beschlossen, dass Staehelin bereits von diesem Sommer an von seinem Lehramt an

---

46 Meyer 1989, 112–115; vgl. Königs 1988, 22.

47 Meier-Kern 1988, 116. Vgl. auch die Korrespondenz Rüegg Staehelin: UB Basel NL 72 VIII: 464–468, in welchem Rüegg Staehelin mit Du anspricht. Rüegg hatte ebenfalls eine höchst positive Anzeige von Staehelins SRZ für den *Literarischen Handweiser* verfasst: Rüegg 1928.

48 Zu dieser Interpretation siehe Königs 1988, 22.

49 Siehe die Materialien hierzu in: StABS Erziehung CC 20; vgl. Simon 2013; Königs 1988, 21 f.

50 Vgl. Simon 2013, 14 f., 17.

51 Hauser an Staehelin, 8.7.1931, StABS ED REG 1a.1.

der Schule entbunden werde. Offenbar entsprach dies dem Wunsch Staehelins, der sich «ganz der Vorbereitung auf das erweiterte Amt an der Universität» widmen wollte.[52] Wie die Inspektion festhielt, war es Staehelins Auffassung, dass «der Lehrauftrag für Geschichte des Altertums [...] so vielgestaltig und weitreichend [ist], dass der betreffende Dozent sich ganz der Lehrtätigkeit an der Universität widmen muss, wenn er der ihm obliegenden Aufgabe richtig nachkommen will».[53] Dass die zu dieser Zeit kurz bevorstehende Publikation der SRZ² für den *sofortigen* Abgang von der Schule ebenfalls eine Rolle gespielt hat, ist möglich, kann aber nicht sicher gesagt werden.

Mit seinem Ordinariat kam für Staehelin nun also auch der Abschied von seiner Tätigkeit als Gymnasiallehrer. Hatte die Arbeitslast, die aus seinem Doppelamt an Schule und Universität resultierte, ihn in Kombination mit seinen diversen Engagements schon öfter an seine Kapazitätsgrenzen gebracht und seine wissenschaftliche Produktion streckenweise ernsthaft gefährdet, so war nun der Moment gekommen, wo sie nicht mehr zu bewältigen gewesen wäre. Nach 25 Jahren nahm Staehelins Unterricht am Basler Gymnasium ein Ende, was durchaus nicht ohne Bedauern geschah.[54]

6.1.2 Die Gründung des Seminars für Alte Geschichte und der dritte gesetzliche Lehrstuhl für Geschichte

Als neuer Ordinarius ging Staehelin bald daran, sein Fach innerhalb der Fakultät neu zu positionieren, was schliesslich in der Gründung des Seminars für Alte Geschichte resultieren sollte.[55] Aus der universalhistorischen Hinterlassenschaft von Adolf Baumgartner war nun mit der Althistorie eine neue institutionalisierte Disziplin entstanden, die auf bereits vorhandene Strukturen und Gewohnheiten im Lehrprogramm traf. Es war unklar, wie die disziplinären Abgrenzungen und Zugehörigkeiten in Zukunft organisiert werden sollten und wo die Alte Geschichte zwischen Geschichts- und klassischer Altertumswissenschaft institutionell genau zu verorten war.[56]

52 Staehelin an Hauser, 10.7.1931, StABS ED REG 1a.1. Staehelin erklärte sich allerdings bereit, noch bis zu den Herbstferien sein «dreistündiges Geschichtspensum» zu behalten, um dem Gymnasium Zeit für die Kompensation seines Wegfalls zu verschaffen.

53 Hauser an Regierungsrat, 20.7.1931. ED REG 1a.1. In einem gewissen Sinn liegt hierin ein spätes Eingeständnis der Berechtigung von Münzers Vorbehalten, die er 25 Jahre zuvor gegenüber der Habilitierung von Gymnasiallehrern geäussert hatte. Vgl. Kapitel 3.

54 Meyer 1989, 109.

55 Dazu ausführlich: Königs 1988, 23–30. Vgl. auch Ungern-Sternberg 2010, 61 ff.

56 Ungern-Sternberg 2010, 52 weist darauf hin, dass in dieser Beziehung die entsprechenden Vorgänge in Basel diesbezüglich exemplarisch ein «grundsätzliches Dilemma», oder anders ge-

Staehelin favorisierte nach eigenen Aussagen und trotz des klaren historischen Fokus seines wissenschaftlichen Arbeitens das Ideal eines «Instituts für Altertumskunde».[57] In das Historische Seminar hatte sich der frischgebackene Ordinarius, obwohl selbst einer der Seminarvorsteher, mit seinem Fach nie richtig eingefügt.[58] Er empfand den Bücherbestand als vollkommen ungeeignet für seine Seminartätigkeit. Seine Übungen hatte er nicht in dessen Räumlichkeiten, sondern jeweils entweder in einem Hörsaal oder im Philologischen Seminar abgehalten.[59] In dieser Situation bereitete er – offenbar in enger Absprache mit den Ordinarien der Klassischen Philologie, Peter Von der Mühll[60] und Harald Fuchs[61] – die Herauslösung der Althistorie aus dem Historischen Seminar vor.

Er begann damit, einen Raum, den das Philologische Seminar durch Vakanz zusätzlich erhalten hatte, als Bibliothek der Alten Geschichte einzurichten, indem er dort den «minimalen Bestand» an althistorischer Literatur des Geschichtsseminars und Baumgartners nachgelassene altgeschichtliche Privatbibliothek zu einem neuen Bestand vereinigte.[62] Dass sowohl die Klassischen Philologen wie auch die Geschichtsordinarien von Beginn weg in das Vorhaben involviert waren, zeigt sich bereits an diesen vollendeten Tatsachen, die Staehelin schon vor seinen entsprechenden administrativen Eingaben geschaffen hatte. Ausserdem ist in einem Schreiben des Philologischen Seminars – wie Diemuth Königs gezeigt hat – von der Einquartierung der Alten Geschichte in diesen Räumlichkeiten ebenfalls schon zu einem frühen Zeitpunkt die Rede.[63] Man kann also von einem gemeinsamen Projekt Staehelins mit den Klassischen Philologen, die «das Terrain vorbereiteten»,[64] in Absprache mit Bächtold und Dürr ausgehen, das noch

---

wendet: «eine besondere Chance» der Alten Geschichte aufzeigen. Vgl. hierzu Heuss 1989a, 1954–1970; vgl. auch: Rebenich 2010.

57 Staehelin 1943b, 98. Staehelin sieht dort das Haupthindernis für ein solches Institut in der damals bestehenden engen Verbindung des Archäologischen Seminars mit der Universitätsbibliothek. Vgl. hierzu auch den Hinweis auf eine erste gescheiterte Initiative für ein Gesamtinstitut für Klassische Altertumswissenschaft im Jahr 1931 bei Kaufmann-Heinimann 2012, 7, 19, wo demgegenüber darauf verwiesen wird, die Kuratel habe das Projekt als zu umfassend konzipiert abgelehnt.

58 Vgl. Königs 1988, 24.

59 Staehelin (via Fakultät) an Kuratel, 12.7.1933, StABS UA XI: 2.25.

60 Peter von der Mühll (1885–1970), ab 1917 Extraordinarius, 1918–1952 Ordinarius für griechische Philologie in Basel (SKPhB 1987, 27); Burkert 1989, 85 ff.

61 Harald Fuchs (1900–1985) 1931–1970 Ordinarius für lateinische Philologie in Basel (SKPhB 1987, 29 ff.).

62 Staehelin (via Fakultät) an Kuratel, 12.7.1933, StABS UA XI: 2.25. Für beide Bestandteile der Bibliothek war er u. a. auf die Kooperation von Emil Dürr angewiesen. Im Fall der historischen Bibliothek versteht sich dies von selbst, aber auch für die Bücher Baumgartners war Dürr als dessen Schwiegersohn mit zuständig. Staehelin 1943b, 98.

63 Königs 1988, 24.

64 Ungern-Sternberg 2010, 61.

vor dem Einschalten der Fakultät durch die direkt Betroffenen bereits geklärt worden war. Als Staehelin im Juli 1933 der Fakultät zuhanden der Behörden ein entsprechendes Gesuch stellte, betonte er denn auch die Geringfügigkeit der zu diesem Zeitpunkt noch zusätzlich nötigen Massnahmen.

In seinem Gesuch macht Staehelin zuerst auf die veränderte Situation aufmerksam: Da es unter dem Universalhistoriker Baumgartner keinen althistorischen Seminarbetrieb gegeben hatte, war nun das Historische Seminar für einen solchen nicht ausgestattet. Zusätzlich betonte er die Wichtigkeit einer institutionellen Nähe der Alten Geschichte zur Klassischen Philologie:

> Ein wirklich fruchtbarer seminaristischer Betrieb des althistorischen Studiums lässt sich nur in engster Verbindung mit dem der klassischen Philologie bewerkstelligen. Das Material, dessen sich der Althistoriker zu bedienen hat (antike Autoren, Inschriften- und Papyruspublikationen), ist grösstenteils identisch mit dem des klassischen Philologen; verschieden ist nur der Gesichtspunkt, von dem er es betrachtet und verwertet. Mindestens 4/5 der Bücher, die der Student der Alten Geschichte zur Hand haben sollte, stehen bereits im philologischen Seminar.[65]

Der weitgehenden Überschneidung des Materials von Althistorikern und Philologen stehe das aus der klaren Epochentrennung resultierende Fehlen einer solchen mit der mittelalterlichen Geschichte gegenüber, was den entsprechenden Bestand der historischen Bibliothek für seine Zwecke irrelevant mache.

Daraufhin formulierte Staehelin das explizite Gesuch, «es sei der seminaristische Betrieb des althistorischen Studiums von dem bestehenden Historischen Seminar endgültig zu trennen (wie dies auch dem sachgemässen Wunsch der beiden andern Leiter des Historischen Seminars entspricht) und es sei für seine Bedürfnisse ein besonderes Seminar für Alte Geschichte einzurichten».[66] Der Rest des Schreibens ist dem Nachweis gewidmet, den Staehelin zu führen sucht, dass die Sache nur «ein Minimum an Kosten» und zusätzlichem Aufwand verursachen werde und dass der Grossteil der Vorbedingungen bereits erfüllt sei. So werde erstens für die Neugründung ein Betrag von 150 Franken aus der unverteilten Restsumme des allgemeinen Seminarkredits ausreichen und mit einer jährlichen entsprechenden Summe auch der weitere Betrieb gedeckt sein. Zweitens aber – und hier zeigt sich der Sinn seiner vorbereitenden Handlungen – seien Räumlichkeiten, in denen ihm die Klassische Philologie «Gastrecht gewähren» werde, schon vorhanden und dort auch bereits die Bibliothek im Aufbau begriffen. Zum Schluss hebt Staehelin die Vorteile hervor, welche sich durch Synergieeffekte ergeben würden (woraus die tiefen Betriebskosten resultieren sollten). Da die Bibliotheken administrativ zu verbinden seien und also jeweils von den Studenten beider Fächer benützt werden könnten, würden alle Anschaf-

65 Staehelin (via Fakultät) an Kuratel, 12.7.1933, 1, StABS UA XI: 2.25.

66 Staehelin (via Fakultät) an Kuratel, 12.7.1933, 2, StABS UA XI: 2.25.

fungen in Absprache erfolgen, wodurch doppelte Bücherkäufe vermieden würden.

Wohlweislich verzichtete Staehelin darauf, die Idealperspektive eines grösser angelegten Instituts für Altertumskunde zu erwähnen. Er schätzte die Bestrebungen der Behörden, die Kosten tief zu halten, sicher richtig ein[67] und konzentrierte sich in seiner Argumentation darauf, die für die Gründung notwendigen Änderungen als möglichst geringfügig erscheinen zu lassen. Während die Kuratel das Gesuch unterstützte, stiess Staehelin bei dem Erziehungsrat, der das Gesuch am 16. Oktober 1933 behandelte, auf Widerstand. Dieser erhob grundsätzliche Bedenken gegen die Einrichtung eines neuen Seminars und begegnete Staehelins Argumentation mit dem Einwand, dass wohl die blosse *Gründung* des Seminars keine grossen Kosten verursache, dass aber ein *bestehendes* Seminar in der Folge trotzdem zu weiteren Ausgaben führen müsse. Generell sollten nach Meinung des Erziehungsrates zum gegebenen Zeitpunkt an der Universität keine neuen Institute entstehen. Dass die Ablehnung tatsächlich nur die formelle Gründung des neuen Seminars betraf, zeigt sich darin, dass Staehelins bereits ergriffenen und noch geplanten Massnahmen durchaus auf Zustimmung stiessen. Die Zusammenarbeit mit den Philologen wurde «lebhaft begrüsst», «Gastrecht in dem erwähnten Seminarraume» werde ja ohnehin gewährt, für Staehelins Bibliothek könnten dem Philologischen Seminar in Zukunft Zusatzmittel gesprochen werden, aus denen eine althistorische Bibliothek finanziert werden könne. Auch die sofort verlangten Mittel aus dem unverteilten Rest des Seminarkredits könnten Staehelin zugesprochen werden. Kurz, es wurde im Grunde alles befürwortet – ausser das eigentliche Gesuch, die Seminargründung als solche.[68]

Diese Ablehnung brachte Staehelin, der ja bereits im Vorfeld seiner Eingabe die wesentlichen Schritte unternommen hatte, in eine «unhaltbare Lage», wie er in einem Wiedererwägungsgesuch an den Erziehungsrat ausführte.[69] Seine kleine Bibliothek, die er in den Räumlichkeiten der Philologen aufgebaut hatte und die den Grundstock einer althistorischen Bibliothek darstellen sollte, bestand ja nur zu einem kleinen Teil aus Büchern des Historischen Seminars. Zum anderen Teil stammte sie aus dem Nachlass Baumgartners. Wenn nun sein Althistorisches Seminar nicht bewilligt würde, so bestand das Problem, dass keine Institution benannt werden konnte, welcher diese – und die in Zukunft anzuschaffenden – Bücher gehörten, die sie also hätte katalogisieren können; denn dem Philologischen Seminar geschenkt waren sie nicht worden, wie Staehelin betonte. Ohnehin war er durch die formelle Ablehnung des faktisch schon so weit vorangetrie-

67 Vgl. hierzu Königs 1988, 25. Aus der defensiven Vorstellung des Althistorischen Seminars in Staehelin 1943b, 98 f. geht hervor, als wie gross offenbar der Rechtfertigungsdruck auch Jahre nach der Gründung des Althistorischen Seminars von Staehelin noch wahrgenommen wurde.

68 Erziehungsrat an Fakultät, 6. 11. 1933, StABS Erziehung CC 1r.

69 Staehelin an Erziehungsrat, 10. 11. 1933, StABS Erziehung CC 1r.

benen Projekts «in Bezug auf den seminaristischen Betrieb» nun plötzlich «sozusagen entwurzelt». Seine Übungen gehörten wie seine Bücher quasi keinem Seminar mehr richtig an. Er steckte gewissermassen freischwebend fest zwischen dem Historischen Seminar, das er verlassen hatte, und dem Philologischen, dem er nicht angehörte. Der Behörde versuchte er die Kongruenz ihrer beiderseitigen diesbezüglichen Interessen begreiflich zu machen, indem er im Zuge einer Beschwichtigung der finanziellen Bedenken ausführte, nicht nur beabsichtige er nicht, in Zukunft grössere Finanzierungswünsche anzubringen, sondern es sei im Gegenteil so, dass gerade die Bewilligung des Seminars die Chance für künftige *private* Zuwendungen erhöhe. Die «Lehrbedürfnisse eines institutslosen Professors» böten kaum denselben Anreiz dazu wie ein Institut. Staehelins erneute Eingabe wurde von der Fakultät unterstützt. Obwohl aus den Reihen des Erziehungsrates auch ein ausführliches ablehnendes Votum vorliegt,[70] drang Staehelin mit seinem Gesuch dieses Mal durch, und im Januar 1934 wurde das neue Seminar für Alte Geschichte gegründet.[71]

Das Resultat der Gründung eines Seminars für Alte Geschichte waren also eine enge Anbindung der Althistorie an die Klassische Philologie und eine Trennung von der institutionellen Geschichte, die das weitere Geschick der Basler Alten Geschichte über Jahrzehnte prägen sollte.[72] Auch Staehelin selbst befand sich – auch mit Seminar – dauerhaft in einer Art Zwischenposition, wie sich an seiner Rolle in der Fakultät zeigt.[73]

70 Eberhard Vischer bemerkte, Staehelin könne sich ja einfach dem Historischen Seminar wieder anschliessen und seine Übungen als Teil dieses Instituts anbieten. Ebenfalls sehe er kein Problem darin, die Bücher in dem Besitz der Geschichte zu belassen und sie trotzdem bei den Philologen aufzubewahren. So sei er weder «institutslos» noch «entwurzelt». Es spreche immer noch gegen die Gründung die Gefahr einer künftigen Erhöhung der Kosten, zu denen jedes Institut tendiere und ausserdem eine Festschreibung der momentanen Lehrstuhleinteilung. Vischer an Regierungsrat, StABS Erziehung CC 1r 14. 11. 1933. Vgl. Königs 1988, 27.

71 Beschluss des Regierungsrates, 2. 1. 1934. «wird [...] die Schaffung eines Seminars für alte Geschichte bewilligt in der Meinung, dass hieraus dem Staat keine Mehrausgaben erwachsen sollen». Vgl. Königs 188, 27; Staehelin sollte schliesslich testamentarisch dem Seminar seine althistorische Privatbibliothek vermachen, womit «diesem erst eine brauchbare Bibliothek gegeben» wurde. Ungern-Sternberg 2010, 61 f.

72 So bemerkt auch Eduard Vischer, «dass Alte Geschichte in Basel aus dem Fachbereich der Geschichte ausgeschieden und seit Jahrzehnten als Sonderfach, das der klassischen Philologie näher stand als der Geschichte, gelehrt worden ist». Vischer 1984, 14. Diemuth Königs hat gezeigt, dass in der Folge fast keine Geschichtsstudenten mehr die althistorischen Seminarübungen besuchten (Königs 1988, 30).

73 Die genauen Verhältnisse lassen sich nicht bis ins Letzte klären, da offenbar mündliche Vereinbarungen zwischen einzelnen Professoren, die nirgends schriftlich niedergelegt waren, eine grosse Rolle spielten. So zitiert Königs 1988, Bd. 2, 9, Anm. 11 eine Äusserung Gerold Walsers über eine Abmachung zwischen den Ordinarien der Geschichte und derjenigen der Philo-

Die hier beschriebenen Vorgänge wurden vor der vorliegenden Arbeit erstmals durch Diemuth Königs untersucht, in einer wertvollen Studie, die – wie bis hier in der Untersuchung hinreichend deutlich geworden ist – auch für die vorliegende Arbeit von einiger Wichtigkeit ist. Da durch ihre Behandlung das für die Forschung bislang einzige Bild der Rolle Staehelins in dem Prozess gestaltet wurde, sei hier kurz auf Aspekte hingewiesen, die nach Auffassung des Verfassers vorliegender Studie korrekturbedürftig sind.

Die Ausführungen von Diemuth Königs zu den Beweggründen Staehelins sind grösstenteils überzeugend, weisen allerdings die Tendenz zu einer Simplifizierung von Staehelins Denken und seiner wissenschaftlichen Perspektive auf sowie eine atmosphärische Marginalisierung seiner Akteursposition. Ihr Erklärungsansatz für die Angliederung der Alten Geschichte an das Philologische Seminar, dahin gehend, dass Staehelin «aus seiner ganzen Geisteshaltung heraus»[74] zu der Klassischen Philologie tendiert habe, da er ja «unter der Ägide der Klassischen Philologen gross geworden war»[75], wird der Komplexität der Gemengelage nicht vollkommen gerecht, sowohl in Bezug auf seine Anschauungen bezüglich des Verhältnisses von Antike und Klassischer Philologie wie auch auf die fachlichen Prägungen, die er aus seinem Studium mitbrachte und der weiteren Entwicklungen seines Denkens. Richtig ist jedoch, dass er mit seinem Lehrprogramm institutionell bereits lange vor der Gründung des Althistorischen Seminars und vor seinem Ordinariat von den Philologen teilweise ihrem Fachbereich zugerechnet wurde.[76]

Weiter vermutet Königs stets eine passive und fremdbestimmte Rolle Staehelins, auch wo diese Interpretation keineswegs zwingend erscheint. Königs' Aussage, Staehelin habe sich mit seinem Seminar «unter das Diktat» der Klassischen Philologie begeben, ist sicher zu drastisch ausgedrückt. Königs verweist auf einen Brief von Fuchs an Staehelin, in dem sie ein Zeugnis erblickt dafür, dass Staehelin von den Philologen sogar seine Buchanschaffungen vorgeschrieben wurden.[77] Fuchs schlägt in dem Brief Staehelin zwei Bücher zur Anschaffung für die Bibliothek des Althistorischen Seminars vor, von einem dritten berichtet er,

logie über die Frage, inwieweit Studierende der Geschichte Veranstaltungen der Alten Geschichte besuchen müssten. Ebenfalls wird in einer Fakultätssitzung vom 4. 12. 1942 durch den damaligen Ordinarius für Mittlere und Neuere Geschichte, Werner Kaegi, eine «private Abmachung der drei Ordinarien für Geschichte über die Gestaltung der Doktorprüfungen in Geschichte» erwähnt (StABS UA R 3a.3).

74 Königs 1988, 28.

75 Königs 1988, 23. Offenbar nach entsprechender Aussage Edgar Bonjours.

76 Vgl. Von der Mühll an Staehelin, 11. 11. 1917, UB Basel NL 72 VIII: 638; Wackernagel an Staehelin, 1. 12. 1921, UB Basel NL 72 VIII: 645. Die Haltung, wonach der Begriff der «Philologie» das gesamte Gebiet der Altertumswissenschaft einschliesse (vgl. Königs 1988, 23), findet sich etwa auch in Wackernagel 1891.

77 Königs 1988, 29; Bd. 2, 9, Anm. 4.

er habe es für Staehelins Bibliothek besorgen wollen, es sei aber am betreffenden Ort bereits nicht mehr erhältlich gewesen.[78] Grundsätzlich sehen wir hier die Koordination der zwei so eng verbundenen Bibliotheken.[79] Ein gewisses hierarchisches Gefälle zwischen dem alten umfassenden Philologischen und Staehelins neu eingegliederten Althistorischem Seminar ist vor dem allgemeinen Hintergrund nicht erstaunlich. Dass Staehelin sich seine Buchanschaffungen aber generell hätte vorschreiben lassen, wie Königs suggeriert, ist mit dem Schreiben sicher nicht zu belegen und wird von Staehelins Haltung, wie sie ansonsten sichtbar wird, auch nicht nahegelegt.

Es ist zu bemerken, dass Diemuth Königs überzeugend herausarbeitet, wie sehr die Alte Geschichte – nicht als Lehrinhalt, aber als institutioneller Fachbereich – durch die spezifische Konstellation in Basel marginalisiert wurde. Sowohl das lange Festhalten an einer universalgeschichtlichen Ausrichtung durch Baumgartner und danach durch Bächtold und in abgeschwächter Form auch noch durch Kaegi wie auch der starke Mitvertretungsanspruch der Klassischen Philologie verunmöglichten die Entwicklung eines scharfen Profils des Fachs und führten durch die Handlungen Staehelins zu einer Angliederung an die Klassische Philologie. Die strukturellen und disziplinären Probleme können hierbei die Erschwernisse, denen Staehelin mit seinem Seminarprojekt gegenüberstand, hinreichend erklären. Königs' Rekurse auf eine angebliche geringe persönliche Durchsetzungskraft, eine fehlende Charakterstärke,[80] die sich auf Oral-History-Quellen stützen, sind für die Argumentation unnötig und in ihrem Aussagewert zweifelhaft; dies umso mehr, als die Hauptquelle für diese Qualifizierung offenbar Aussagen Edgar Bonjours darstellen, der in den entsprechenden Vorgängen eine andere Interessenlage als Staehelin aufweist[81] und von dem bezeichnenderweise ebenfalls das Wort von der Basler Alten Geschichte als der «Magd der Philologie» stammt, welches Königs ebenfalls zitiert.[82] Wenn es überhaupt als

78 Fuchs an Staehelin, 9.5.1943, UB Basel NL 72 VIII: 161.

79 Bereits in seiner ersten Eingabe an die Behörden bezüglich seines neuen Seminars schrieb Staehelin, es sei geplant, «dass Bücheranschaffungen stets im Einverständnis der Leiter beider Seminarien vorgenommen würden, wobei Doppelanschaffungen unter allen Umständen zu vermeiden wären». Staehelin an Fakultät, 12.7.1933, StABS UA XI: 2.25.

80 Königs 1988, 30; Bd. 2, 10, Anm. 17.

81 Königs 1988, 30; Bd. 2, 10, Anm. 17. «Bonjour betonte in einem Interview, dass Staehelin keine besonders charakterstarke Person gewesen sei.» Wie Königs ebenfalls ausführt, bedauerte der Historiker Bonjour, der kurz nach Staehelins Gründung in Basel Ordinarius wurde, im Gespräch explizit die Ablösung der Alten Geschichte von dem Historischen Seminar, ist also in der Sache gewissermassen Partei. Seine diesbezüglichen Äusserungen werden auch von Königs selbst kritisch beurteilt (Königs 1988, 29).

82 Bonjour 1983, 98. Die Schilderung der Person Felix Staehelins in Bonjours Erinnerungen ist im Allgemeinen in ihren Intentionen etwas zweifelhaft. Zwar schreibt Bonjour, er habe sich mit dem «feinsinnigen Gelehrten von menschlich ansprechendem Wesen» befreundet. Darauf

zweckmässig erscheint, hier eine normative Bewertung der Prozesse abzugeben – wobei die eingenommene Perspektive und die angewandten Kriterien erst noch zu reflektieren wären –, so müsste vielmehr gefragt werden, ob Staehelin für sein Fach auch mit seiner Seminargründung in Anbetracht der schwierigen Ausgangslage nicht im Gegenteil ein passables Resultat erzielt hat – wenn auch der von Königs beschriebene weitgehende Verlust der Geschichtsstudenten für die Lehrveranstaltungen der Alten Geschichte bestimmt nicht in seinem Interesse liegen konnte.[83]

Hier ist zusätzlich auf eine Beobachtung zu verweisen: In seiner Opposition gegen die Neugründung hatte das Erziehungsratsmitglied Vischer wie oben bemerkt unter anderem die Befürchtung geäussert, dass mit dem Seminar zugleich die Unterteilungen des Fachs Geschichte festgeschrieben würden.[84] Wenn diese Befürchtung zutreffend war, so lag genau dies möglicherweise mit in der Absicht Staehelins, der hier nicht passiv, sondern im Gegenteil sehr aktiv und vorausschauend vorgegangen wäre, indem er auf diese Weise durch das Schaffen von Fakten den Fachbereich der Alten Geschichte auf Dauer gestellt hätte. Falls dies

folgt ein Lob der SRZ und die bereits in Kapitel 2 zitierte Bemerkung, wonach sich Staehelins wissenschaftliche Produktion entgegen anderer Annahmen nicht in diesem Werk erschöpft habe. Hier schliesst er direkt an: «Leider war die Althistorie in den Dienst der Altphilologie gestellt – als ihre Magd, spottete ich –, war ihr auch räumlich zugeteilt, und es gelang mir nicht, sie in das Historische Seminar zurückzuführen und sie hier wieder einzugliedern.» Die Marginalisierung Staehelins, die in der Aussage liegt, dass er, Bonjour, die Alte Geschichte habe «zurückführen» wollen, ist offensichtlich. Einige Seiten vorher spricht Bonjour in Bezug auf Kaegi von «der von uns beiden [= Bonjour und Kaegi] gemeinsam herausgegebenen Reihe ‹Basler Beiträge zur Geschichtswissenschaft›» (95). Staehelin, der zumindest nominell ebenfalls Mitherausgeber war, wird hier gar nicht erst erwähnt. Zu Staehelin schreibt Bonjour weiter, dass er ein «minutiös korrigierender Gelehrter» gewesen sei, meint damit aber nicht die wissenschaftliche Tätigkeit, sondern Staehelins offenbar eher als pedantisch zu bezeichnenden Umgang mit Akten: «Wenn der Rektoratsbericht in den letzten Korrekturen der Regenz vorlag, pflegte er immer noch Druckfehler zu entdecken und stilistische Verbesserungen anzubringen» (98). Ausser einer Erwähnung der Verwandtschaft mit Jacob Burckhardt und der entsprechenden Herausgebertätigkeit Staehelins legt Bonjour im Weiteren vor allem Wert auf die anschauliche Schilderung von Staehelins Zerstreutheit, die im Alter «bedenklich» zugenommen habe: «Ich hatte ihn einmal zu einer Sitzung aufgeboten; als ich mich dem Kollegiengebäude näherte, trat Staehelin gerade heraus und erzählte mir bekümmert, er habe völlig vergessen, wozu er gekommen sei; nun gehe er eben wieder nach Hause» (98 f.). Auch hier ist Bonjour derjenige, der aufbietet, und Staehelin leistet Folge – bzw. aus Unvermögen eben nicht. Nach dieser Episode schliesst Bonjour seine Behandlung Staehelins mit den Worten: «Gegen sein Ende stellte sich bei ihm ein Zug von Müdigkeit und Schwunglosigkeit ein, wie er uns wohl alle in hohem Alter befällt» (99).

83 Königs 1988, 30.

84 Ebenfalls zitiert bei Königs 1988, 27.

tatsächlich mit sein Plan gewesen sein sollte, so hatte er Erfolg, wie die weiteren Entwicklungen zeigen sollten.

Das Fach Geschichte an der Universität Basel erlebte Mitte der 1930er Jahre unruhige Zeiten. Durch eine unglückliche Koinzidenz starben kurz nacheinander die beiden Ordinarien Emil Dürr und Hermann Bächtold.[85] In den darauffolgenden Berufungsverfahren wurden 1935, im Dekanatsjahr Staehelins, Werner Kaegi und Edgar Bonjour neu gewählt.[86]

An Staehelins Position änderte sich durch diese unverhoffte Wechsel nichts. Zu einer Veränderung seiner Lage führte aber das Inkrafttreten des neuen Universitätsgesetzes im März 1937. Mit diesem Gesetz, das bereits seit Jahren in Vorbereitung war, wurde die Zahl der Lehrstühle deutlich erhöht. Unter anderem konnte nun ein dritter gesetzlicher Lehrstuhl für Geschichte eingerichtet werden. Offenbar ohne jede Opposition schlug die Fakultät schon anfangs Mai 1937 Felix Staehelin für diesen Lehrstuhl vor.[87] Die Kuratel wiederum leitete die Empfehlung so, wie sie sie empfangen hatte, befürwortend an das Erziehungsdepartement weiter.[88] Und so beschloss der Regierungsrat am 17. September 1937: «1. Wird Herr Prof. Dr. Felix Staehelin, von Basel, zur Zeit Inhaber eines Lehrauftrags für Geschichte des Altertums zum Inhaber des dritten gesetzlichen Lehrstuhls für Geschichte an der hiesigen Universität gewählt.»[89] Nun also war Staehelin in vollem Sinne ein Ordinarius der Universität Basel und besetzte einen der gesetzlichen, nicht an eine Person gebundenen Lehrstühle. Damit begann die letzte Phase seiner universitären Tätigkeit, die bis zu seiner Emeritierung im Jahr 1944 andauern sollte.

---

85 Staehelin verfasste in seiner Eigenschaft als Statthalter der HAG einen Nachruf auf Dürr: Staehelin 1934c.

86 Zu dem Verfahren siehe ausführlich Wichers 2013. Hierbei kommt, wie Wichers zeigt, am Rande auch Staehelin eine gewisse Rolle zu.

87 Fakultät an Regierungsrat Hauser, 8.5.1937 (Datum), 22.5.1937 (Eingang). ED REG 1a.1: «Die Fakultät hat in ihrer Sitzung vom 7. Mai beschlossen, für den dritten Lehrstuhl für Geschichte den bisherigen Vertreter der Alten Geschichte, Herrn Professor Dr. Felix Staehelin […] vorzuschlagen.»

88 Kuratel an Erziehungsdepartement, 12.8.1937, ED REG 1a.1: «Die philosophisch-historische Fakultät beantragt, den neugeschaffenen, dritten gesetzlichen Lehrstuhl für Geschichte dem jetzigen Inhaber des Lehrauftrags für alte Geschichte, Herrn Prof. Dr. Felix Staehelin, zu übertragen […]. Die Kuratel leitet den Antrag der Fakultät auf Ernennung des Herrn Prof. Staehelin zum Lehrstuhlinhaber in befürwortendem Sinne an die obern Behörden weiter. Die Ernennung soll auf den 1. Oktober 1937 erfolgen.»

89 Regierungsratsbeschluss, 17.9.1937, StABS ED REG 1a.1. Der Lehrauftrag blieb so bestehen wie bisher. Vgl. zu Staehelins Wahl auch: Königs 1988, 31.

Es zeigt sich hier schlagartig, wie wichtig der Entscheid der Behörden von 1931, noch kein Vollordinariat für Alte Geschichte einzurichten, für Staehelin gewesen war. Wäre dies damals geschehen, so hätte man bei dieser Gelegenheit wohl – wie oben ausgeführt – einen bereits arrivierten Ordinarius berufen und der Weg auf eine ordentliche Professur wäre für Staehelin verbaut gewesen. Nun aber war er ja bereits Ordinarius und sein Wechsel auf den gesetzlichen Lehrstuhl verlief ohne grössere Schwierigkeiten. Möglicherweise hatte eine solche Perspektive bei dem Entscheid von 1931 bereits mitgespielt, wurde doch damals in der Expertenkommission schon früh warnend auf die fatalen Folgen hingewiesen, welche die sofortige Einrichtung eines Vollordinariats für Staehelin haben konnte. Weiter kann man – die oben geäusserte Vermutung wieder aufnehmend – sich fragen, ob Staehelin, der ja 1934 schon wusste, dass das neue Universitätsgesetz anstand, sein Althistorisches Seminar nicht vielleicht auch aus dem Grund aus der Taufe gehoben hatte, um die Zuteilung des dritten historischen Lehrstuhls an die Alte Geschichte bereits vorzuspuren. Wäre doch nun eine gänzlich neue Abgrenzung der historischen Lehrstühle ohne einen solchen für einen Fachbereich Alte Geschichte zu reservieren, der bereits über ein eigenes Seminar verfügte, kaum denkbar gewesen.[90]

6.2 Lehre und Forschung als Ordinarius

Die Zeit um das Ende der 1920er und den Beginn der 1930er Jahre stellte für Staehelin wie gezeigt mit der Publikation der ersten und zweiten Auflage der SRZ sowie seiner Erlangung des Ordinariats und der damit einhergehenden Abkehr von der Schule einen markanten Einschnitt dar. In Zusammenhang mit seiner Lehrtätigkeit ist diese Zäsur im Vorlesungsprogramm deutlich zu sehen. Zwar blieb Staehelin in der Lehre seinen Themen treu und führte auch in der neuen Funktion sein bisheriges Lehrprogramm in Teilen fort: Er las immer noch, wie bereits als Privatdozent und als Extraordinarius, in regelmässigen Abständen zur Geschichte des Alten Orients, ebenfalls zur athenischen Verfassungsgeschichte und zu Geschichte und Kultur der hellenistischen Reiche. Zusätzlich ist nun aber deutlich das Bestreben zu erkennen, ein wirklich umfassendes althistorisches Lehrprogramm anzubieten. So kamen neue Überblicksvorlesungen hinzu, einerseits über weitere Gebiete der griechischen Geschichte,[91] vor allem aber auch regelmässig durchgeführte chronologisch weitgespannte Vorlesungen zur römi-

90 Königs 1988, 30 bezeichnet es als erstaunlich, dass Staehelin der dritte gesetzliche Lehrstuhl für Geschichte zugeteilt wurde, obwohl er doch sein Fach aus dem institutionellen Zusammenhang der Geschichte herausgelöst hatte. Aus der hier skizzierten Perspektive ist dies aber möglicherweise nicht trotz, sondern unter anderem gerade wegen Staehelins entsprechender Vorgehensweise geschehen.

91 UB Basel NL 72 IV: 4.

schen Geschichte, welche vorher – ausser in Form epigraphischer Einführungen – in seiner Lehre keine Rolle gespielt hatte.[92]

Was allerdings nun fehlte, war die Vorlesung zur Schweiz in römischer Zeit, die er seit 1912 gehalten und aus der letztlich die SRZ hervorgegangen war. Die letzte Durchführung fällt ins Jahr 1925, danach hielt Staehelin sie nie mehr, ja er sollte auch sonst in seiner weiteren Tätigkeit als Hochschullehrer keine einzige Vorlesung mehr halten, die mit dem Gebiet in näherer Verbindung stand (ausser man möchte die Überblicksvorlesungen zur römischen Kaiserzeit und zur Spätantike hinzuzählen). Er behandelte das Thema lediglich noch im Seminar als epigraphische Übung[93] und in einmaliger Durchführung mit Laur-Belart als *Übung zur Karte der römischen Schweiz.*[94]

Weiter bot Staehelin im Seminar eine fundierte methodische Schulung in der Tradition, wie er sie selbst als Student erhalten hatte. Die Seminarveranstaltungen bestanden in der Einübung des Umgangs mit den wichtigsten Quellengattungen der Alten Geschichte. Was die literarische Überlieferung betrifft, so bevorzugte Staehelin als Thema die antike Historiographie, die er den Studenten im Wechsel anhand von Thukydides, Tacitus und Polybios nahebrachte, zuweilen behandelte er aber auch die Briefe Ciceros. Daneben führte er regelmässig Übungen zur lateinischen und griechischen Epigraphik durch, darunter wie angedeutet die *Römischen Inschriften der Schweiz,* sowie Einführungen zur Papyrologie. Weitere Übungen veranstaltete er zu den *Res Gestae* des Augustus (*Monumentum Ancyranum* und *Antiochenum)* und zum Thema «Quellen zur griechischen Geschichte» bzw. «Quellen zur athenischen Staatsverfassung».[95] Was gänzlich fehlte, war die Numismatik, ein Thema, mit dem sich Staehelin auch in seinen Forschungen nie näher befasst hatte.

Staehelins Seminarübungen wurden in der Regel von etwa drei bis sechs Studenten besucht.[96] Wilhelm Abt beschrieb die Atmosphäre im kleinen Kreis als von «anheimelnder Wärme, Güte und Wohlwollen» geprägt und zeichnet Staehelin als nahbaren und freundlichen Lehrer. Etwa in der Übung zu den römischen Inschriften der Schweiz, welche Staehelin naheliegenderweise kannte wie nur wenige andere, hätten die Studenten Gelegenheit gehabt, beim «Blick in die Werkstatt des Meisters» sich durch die Begeisterung Staehelins für die Materie mitreissen zu lassen. Ebenfalls habe Staehelin die Sitzungen durch persönliche Anekdoten aufgelockert.[97] Seine SRZ habe er bei Verweis darauf stets «mein Bil-

92 UB Basel NL 72 IV: 5.
93 UB Basel NL 72 IV: 8e.
94 Im SS 1933, Lektionenkatalog, nach: UB Basel NL 72, Findbuch, Anhang, 2.
95 Lektionenkatalog, nach: UB Basel NL 72, Findbuch, Anhang, 2. Vgl. UB Basel NL 72 IV.
96 Jahresberichte Seminar für Alte Geschichte, StABS Erziehung CC 1r.
97 Abt 1952, 150.

derbuch» genannt und von den Galatern zuweilen als von «seinen alten Freunden» gesprochen.[98]

In seiner gesamten Universitätskarriere ist unter der Leitung von Felix Staehelin keine einzige Dissertation entstanden, worauf verschiedentlich hingewiesen worden ist.[99] Diemuth Königs konnte zur versuchten Klärung der Gründe auf Oral-History-Quellen zurückgreifen; die Aussagen der Zeitzeugen zielen in die Richtung, dass auch nach der Einrichtung des Ordinariats Promotionen in dem Fach «nicht üblich» gewesen seien und aus Gewohnheit zu entsprechenden Themen in der Klassischen Philologie oder in der «Allgemeinen Geschichte» promoviert worden sei.[100] Zumindest eine entsprechende Anfrage scheint Staehelin auch aktiv abgelehnt zu haben: Gerold Walser teilte Königs mit, Staehelin habe ihm auf seine Anfrage hin beschieden, er «habe keine Themen zu vergeben»[101] bzw. es «gäbe keine Themen».[102] Die Knappheit der entsprechenden Zitate lässt keine erschöpfende Beantwortung der Frage zu. Es ist anzunehmen, dass Staehelin, der nun schon so lange Zeit an der Universität gelehrt, sich in die Strukturen eingefügt und Promotionen mitbetreut hatte, die bei der Klassischen Philologie eingereicht worden waren, nun im Alter von 60 Jahren keine gänzlich andere Rolle einzunehmen gedachte. Möglicherweise sah er sich auch als Generalist, der er war, nicht dazu berufen, einen Schüler in dessen Spezialgebiet anzuleiten. Weiter ist zu bemerken, dass der Bedarf nach Promotionen in Themen der Alten Geschichte offenbar kaum vorhanden war, und nach den vorliegenden Indizien in den 13 Jahren von Staehelins Ordinariat nur 2 in der Klassischen Philologie eingereichte Dissertationen ihrem Gegenstand nach überhaupt für die Alte Geschichte in Frage gekommen wären,[103] hinzu kommen je eine in der mittelalterlichen Geschichte und eine in der Nationalökonomie. Für Staehelins Haltung gegenüber konkreten entsprechenden Anfragen ist die einzige, äusserst knappe und nur schwer zu generalisierende Bemerkung Walsers nicht belastbar, so dass eine

98 Abt 1952, 151.

99 So bereits schon von Abt (1952, 151), der dazu bemerkt, Staehelin habe trotz dieser Tatsache «manchen Schüler bestimmend und nachhaltig beeinflusst». Sowie von Königs 1988, 49 f.

100 Mündliche Mitteilung von Tschudin bei: Königs 1988, 49.

101 Königs 1988, 49.

102 Vgl. Königs 1988, 49; Königs 1988, Bd. 2, 17, Kapitel 6, Anm. 6.

103 In ihrer verdienstvollen Auswertung der Promotionen (Königs 1988, 64 f.) weist Diemuth Königs für die Zeit des Ordinariats Staehelins drei in der Klassischen Philologie abgeschlossene Dissertationen (mit Einschluss derjenigen von Gerold Walser von 1946) dem Themenbereich der Alten Geschichte zu. Die Auswahl ist jedoch diskutabel. Königs' Zuweisung der Arbeit Buxtorfs über die «lateinischen Grabinschriften der Stadt Basel» zum Gebiet der Althistorie dürfte auf einem Missverständnis beruhen.

abschliessende Aussage zu den Gründen für das Fehlen von Promotionen unter Staehelin aufgrund der vorliegenden Quellen nicht gut möglich ist.[104]

Neben der universitären Lehre verfolgte Staehelin nach wie vor seine wissenschaftliche Publikationstätigkeit. Allerdings war hier die Zeit der grossen Arbeiten vorerst vorbei. Dies gilt für seine Forschungstätigkeit zur römischen Schweiz, die in Kapitel 6.3 besprochen wird, aber auch für seine wissenschaftliche Produktion im Allgemeinen.

Zu Beginn der 1930er Jahre war Staehelin immer noch mit seiner Mitarbeit an der Jacob-Burckhardt-Gesamtausgabe beschäftigt. Er schloss seine Arbeit daran mit der 1934 erfolgten Publikation der *Antiken Kunst* ab, die in einem Band mit den von Heinrich Wölfflin verantworteten *Skulpturen der Renaissance* und *Erinnerungen aus Rubens* erschien.[105]

Staehelins Beschäftigung mit dem Denken Jacob Burckhardts hatte wie gezeigt durch ihre Verwandtschaft und den persönlichen Kontakt schon in seiner Jugend begonnen, und er war bereits an der ersten Edition der *Griechischen Kulturgeschichte* von Jacob Oeri beteiligt gewesen.[106] Wenn bei ihm also besondere Gründe vorlagen, an der Gesamtausgabe mitzuarbeiten, so schrieb sich seine Arbeit an Burckhardts Werken doch ebenfalls in eine allgemeine «Neubesinnung auf Jacob Burckhardt»[107] ein, die in der Zwischenkriegszeit einsetzte und in deren Zug es allgemein Usus wurde, sich als Basler Historiker mit Jacob Burckhardt auseinanderzusetzen.[108] Das Phänomen ist hierbei nicht allein in Hinsicht auf Basel zu sehen, sondern vor dem Hintergrund einer breiten Hinwendung zu dem nun «weltanschaulich nobilitierten Burckhardt».[109] Wichtig war in diesem Zu-

104 Möglicherweise hat auch die oben erwähnte «private Abmachung der drei Ordinarien für Geschichte über die Gestaltung der Doktorprüfungen in Geschichte» (Fakultätsprotokoll, 4. 12. 1942, StABS UA R 3a.3) eine Rolle gespielt. Zwingend ist dies jedoch keineswegs, da in der weiteren Besprechung der betreffenden Frage explizit die Möglichkeit einer Promotion in Alter Geschichte erwähnt wird (Beilage Fakultätsprotokoll 12. 2. 1943, StABS UA R 3a.3).

105 Burckhardt 1934.

106 StABS PA 208 179: 1. Vgl. auch den Nachruf auf Oeri: BN 1908, Nr. 93, 4. 4. 1908. Wie oben gezeigt setzte sich Staehelin mit seiner Forderung nach einer weitgehenden Übernahme der Oeri'schen Bearbeitung der *Kulturgeschichte* in der neuen Gesamtausgabe gegen die DVA durch. In der Einleitung des ersten Bandes der Neuedition der *Kulturgeschichte,* die er als Herausgeber verfasste, verteidigt Staehelin Oeri in Hinblick auf die Tatsache, *dass,* und die Art, *wie* dieser die *Kulturgeschichte* publiziert hatte, und vermeidet es grösstenteils, dessen Editionsentscheidungen einer expliziten Kritik auszusetzen. Burckhardt 1930, XV–XL.

107 Stadler 1974, 325.

108 Wie Simon 2013, 64 festhält, waren die Basler Geschichtsprofessoren geradezu «mit der Erwartung konfrontiert, sich aktiv mit Burckhardts intellektuellem Erbe zu befassen». Simon spricht von einer eigentlichen «Burckhardt-Erinnerungsindustrie» (ebd., 65). Er bezieht sich in seinen Ausführungen in erster Linie auf Hermann Bächtold und Emil Dürr, Staehelin wird von ihm diesbezüglich nicht behandelt.

109 Rebenich 2018 31 ff.

sammenhang etwa die Schrift Emil Dürrs über *Freiheit und Macht bei Jacob Burckhardt* von 1918.[110] Dürr und Bächtold waren wie Staehelin ebenfalls beide an der Gesamtausgabe beteiligt. Staehelin fügte sich mit seinem entsprechenden Engagement also in eine im Basler Umfeld allgemein affirmierte Tradierung des Burckhardt'schen Gedankengutes ein.[111]

Neben der Publikation diverser Artikel in der Presse, Rezensionen und Nekrologen – etwa auf den 1934 verstorbenen Karl Stehlin[112] – verfasste er überdies fortwährend weiter seine Artikel zur hellenistischen Geschichte für die RE, eine Tätigkeit, die er bis ins Jahr 1937 fortführte. Ausser seinen Publikationen zur Provinzialgeschichte der Schweiz (worunter hier auch zwei Vorträge zu Augustus gerechnet werden) sind bis zu Staehelins Emeritierung darüber hinaus auf althistorischem Gebiet drei Aufsätze von eigenständiger Bedeutung erschienen: ein Vortrag zu Claudius,[113] ein Vortrag zu Konstantin dem Grossen[114] und ein Vortrag zu den *Völkern und Völkerwanderungen im Alten Orient*[115]. Auf den Vortrag zu den *Völkern und Völkerwanderungen* wird aufgrund seiner zeitgeschichtlichen Bedeutung in Kapitel 10 zurückzukommen sein.

Der Vortrag zu Claudius, den Staehelin im Frühling 1933 in Basel gehalten hatte und der danach in den *Basler Nachrichten* und als Sonderdruck erschienen war, macht den Anfang seiner Beschäftigung mit einzelnen römischen Kaisern in den 1930er Jahren. Staehelin unternimmt hier eine Art Ehrenrettung und diskutiert kritisch das durch Überlieferung und Forschung entstandene Bild des vierten Princeps. Er bemüht sich im Zuge einer sehr personalisierten, moralisierenden, etwas altertümlichen Form der Geschichtsschreibung, die wohl auch den Umständen des Vortrags geschuldet ist, um ein ausgewogenes Charakterbild des Claudius, das darauf hinausläuft, es habe sich hier «ein edler Kern in einer mißgestalteten und verkümmerten Schale» befunden.[116] Allerdings beschränkt sich Staehelin nicht auf das «psychologische Rätsel» und eine Betrachtung der Charakterzüge, sondern betont ebenso etwa die politische Bedeutung der Debatte um die Integration der Provinzialen in die Herrschaftsausübung im Reich. Er billigt hier Claudius einen politischen Weitblick zu, «der sogar den des Augustus übertrifft».[117] Im Ganzen kommt er zum Schluss, «daß es mit Schlagworten wie

---

110 Dürr 1918. Vgl. Rebenich 2018, 31 f.

111 Vgl. hierzu auch Kapitel 10.

112 Staehelin 1934b.

113 Staehelin 1933a.

114 Staehelin 1937.

115 Staehelin 1943c. Daneben ein kurzer Aufsatz zu *Attischen Richtertäfelchen in Basel* (Staehelin 1943d) sowie je eine knappe Bemerkung zum solonischen Rat der 400 (Staehelin 1933b) und zu der Formel «felicior Augusto, melior Traiano!» (Staehelin 1944a, ein Beitrag zum ersten Band der neuen Zeitschrift *Museum Helveticum*).

116 Staehelin 1933a, 31.

117 Staehelin 1933a, 31.

‹Schwachsinn›, ‹gutmütiger Narr› und dergleichen jedenfalls nicht getan ist, wenn man Claudius gerecht werden will, nicht einmal mit Mommsens berühmter Formel von dem ‹gelehrten Verkehrten auf dem Throne›».[118]

Eine Frucht von Staehelins intensiver Beschäftigung mit dem Werk Jacob Burckhardts dürfte in seinem Aufsatz *Constantin der Grosse und das Christentum* zu sehen sein.[119] Mit der Feststellung, dass das Handeln und dessen Folgen des ersten christlichen Kaisers historisch hinlänglich klar seien, leitet er über zu seinem Erkenntnisinteresse: Schwierig und unklar sei jedoch die Frage der Persönlichkeit Constantins und seiner inneren Haltung zum Christentum. Staehelin zeigt in der Folge zuerst das Panorama der in der Forschung diesbezüglich vertretenen Auffassungen auf, bevor er sich anhand der Quellen selbst dem Problem widmet. In einer weit ausholenden Untersuchung kommt er zu einem Schluss, der in einem gewissen Sinn verschiedene Positionen (u. a. Burckhardts) synthetisiert, indem Konstantin einerseits seine «Kirchenpolitik» zur Steigerung seiner persönlichen Macht und derjenigen des Reiches betrieben, andererseits aber sich unter dem «besonderen Schutz des Christengottes» gewähnt habe.[120] Staehelin sieht dieses Sich-unter-den-göttlichen-Schutz-Begeben nicht als Christentum an, sondern vielmehr als auf den Christengott bezogenes Heidentum; dies wird etwa deutlich, wenn er schreibt: «Schon das Kreuz hat er ja nicht übernommen als eine Gewähr der Erlösung von Schuld und Sünde, sondern als den zauberkräftigen Talisman, dessen Macht er erfahren hatte, und dessen Macht er auch weiterhin zu erfahren hoffte.»[121] Staehelin schliesst seinen Beitrag mit einer zeitgeschichtlich interessanten Anspielung, die Konstantin in die Nähe eines faschistischen Führers rückt:

> Vielleicht sollte gerade die Gegenwart nicht mehr so fassungslos wie frühere Geschlechter dem Rätsel eines Mannes gegenüberstehen, der, religiös unsicher wenn nicht gleichgültig, aber von eisernem Willen und unbändigem Machtstreben erfüllt, auch auf einem Weg, den Gewalttat und Leichen zeichnen, in sich das Bewußtsein hegt und immer wieder sich darauf beruft, daß er eine besondere Sendung zu erfüllen habe, daß er Vollstrecker des göttlichen Willens, daß er ein Werkzeug in Gottes Hand sei, unter deren wunderbarem Schutz und sichtbarem Segen er habe Großes vollbringen dürfen.[122]

118 Staehelin 1933a, 31.

119 Staehelin 1937. Zwei Jahre später veröffentliche Staehelin in der ZSG eine *Nachlese zu Constantin*, wo er das Fortschreiten der Auseinandersetzung in der Forschung skizziert und vor allem auch auf Kritik reagiert, die seinem eigenen Aufsatz zuteil geworden war – was den eigentlichen Anlass zur «Nachlese» gebildet haben dürfte (Staehelin 1939a).

120 Staehelin 1937, 408.

121 Staehelin 1937, 415.

122 Staehelin 1937, 417.

Die politischen Erfahrungen der Gegenwart werden in dieser Lesart zu einem Schlüssel für das Verständnis eines antiken Herrschers und seiner Zeit.

Sein Konstantin-Aufsatz löste in Staehelins Umfeld, der entsprechenden Korrespondenz nach zu schliessen, ein reges Echo aus.[123] In Bezug auf die Überlieferungssituation ist allerdings zu bemerken, dass die entsprechenden Rückmeldungen möglicherweise von Staehelin auch besonders gut bewahrt und zur Tradierung übermittelt wurden. Wie andere Quellen zeigen, lag ihm der Aufsatz selbst sehr am Herzen.[124]

6.3 Felix Staehelin und die römische Schweiz in den 1930er und frühen 1940er Jahren

Die Zäsur, welche die SRZ für Staehelin bedeutet, zeigte sich in vielerlei Hinsicht ebenfalls in Veränderungen der Rolle, die die römische Schweiz in seiner weiteren Biographie spielen sollte. Im Kontext des wissenschaftlichen Umgangs mit der römischen Epoche in der Schweiz trat Staehelin nun stärker in den Hintergrund.

Wie gezeigt, war die römische Schweiz in Staehelins universitärer Lehre nun deutlich weniger prominent vertreten. Zusätzlich nahm nach der Publikation der ersten zwei Auflagen der SRZ aber ebenfalls die Publikationsdichte zum Thema schlagartig ab und Staehelin sollte im Folgenden nicht mehr im selben Ausmass an der Gewinnung neuer Erkenntnisse mitwirken wie zuvor. Die grossen Forschungsleistungen, die in der Zeit bis zu der dritten Auflage seines Buches in der Schweiz unternommen wurden,[125] sahen ihn nicht als Protagonisten, und obwohl er diese in seinem Buch verarbeitete, sollte die SRZ in Konzept, Aufbau und Struktur dasselbe Werk bleiben wie bis anhin.[126] Die SRZ ist also auch in Gestalt

123 Div. Korrespondenz in: UB Basel NL 72 VIII: 3, 11, 98, 134, 164, 183, 301, 308 f., 342.

124 So wies er den Staatsarchivar Paul Roth an, falls dessen Laudatio, die er aus Anlass von Staehelins 70. Geburtstag gehalten hatte, dereinst zu einem Nekrolog umgestaltet werde, möge er sie doch bitte um den *Constantin* ergänzen: Staehelin an Roth, 22.12.1943, StABS PA 454a: 21, 53.

125 Besonders die römische Bodenforschung machte in jener Zeit in der Schweiz grosse Fortschritte. Diese waren vor allem möglich geworden im Kontext des sogenannten freiwilligen Arbeitsdienstes und der späteren Beschäftigung von Internierten. Siehe hierzu: Benz et al 2003, 48; Castella 2012. Brem 2022, 204 spricht für die Archäologie und die Denkmalpflege in der Schweiz zwischen 1933 und 1945 von einem «regelrechten Boom» im Zusammenhang mit der «Geistigen Landesverteidigung». Für Augst ist vor allem auch die unten skizzierte Installierung von Laur-Belart zu beachten.

126 In dieser Hinsicht ist es auch zu verstehen, wenn Karl Schefold und Gerold Walser gegenüber Diemuth Königs offenbar die Aussage machten, von Staehelin seien nach der Veröffentlichung der SRZ in dieser Hinsicht «keine Impulse mehr ausgegangen» (Königs 1988, 22; Königs 1988, Bd. 2, 7, Anm. 43). Diese Beurteilung ist aber bei einer Gesamtbetrachtung von Staehelins

der dritten Auflage letztlich in ihrer Grundmatrix immer ein Produkt der 1920er Jahre. Dennoch stellt die römische Schweiz auch in der Zeit von Staehelins Ordinariat ein wichtiges Element seines Wirkens dar, wenn auch in veränderter Form. Ebenfalls blieb Staehelin umgekehrt als Gestalter für die römische Forschung in der Schweiz von einiger Wichtigkeit. Beides soll im Folgenden ausgeführt werden.

Nach dem Grosserfolg der SRZ hatte Staehelin einen neuen Status inne. Was ihm in seiner Jugend für Pergamon vorgeschwebt war, dies hatte er nun für die römische Schweiz erreicht: die «völlige Neubearbeitung» eines historischen Themenkomplexes. Durch die geglückte Monopolisierung des Themas und die umfassende Synthese befand Staehelin sich jetzt in der Position, dass er für den Gesamtkomplex der römischen Schweiz sowohl im Inland wie auch international als der unbestritten beste Kenner anerkannt war. Der Prestigegewinn, den er damit erzielte, ist im Hinblick sowohl auf Fachkreise, auf die Basler Zusammenhänge, auf die Schweizer Vereinslandschaft wie – bis zu einem gewissen Grad – auch auf populäre Rezipientenkreise zu sehen. Dies wurde nicht nur in persönlichem Kontakt und in den diversen Rezensionen wie gezeigt oftmals euphorisch ausgedrückt, sondern hatte auch konkrete institutionelle Folgen. Für die baslerischen Zusammenhänge wurde dies oben ausgeführt, sie beschränkten sich jedoch nicht auf diese.

Noch im Jahr 1928 wurde Staehelin wie bereits erwähnt zum ordentlichen Mitglied des Deutschen Archäologischen Instituts gewählt,[127] was auch in Basel durchaus zur Kenntnis genommen und in den *Basler Nachrichten* kurz gewürdigt wurde.[128]

Im Jahr 1932 wurde er von der traditionsreichen Antiquarischen Gesellschaft Zürich (AGZ) anlässlich von deren 100-Jahr-Jubiläum als Ehrenmitglied aufgenommen. In dem Schreiben, mit dem Staehelin über die bevorstehende Eh

entsprechender Wirksamkeit in dieser Absolutheit kaum aufrechtzuerhalten, wie in diesem Unterkapitel aufgezeigt wird.

127 DAI Berlin, Archiv der Zentrale, Biographica-Mappe Felix Staehelin. In dem Vorschlag, der von der Römisch-Germanischen Kommission eingereicht wurde, wird darauf verwiesen, dass es sich bei Staehelin um den «Verfasser des eben erschienenen vorzüglichen Buches ‹Die Schweiz in römischer Zeit›» handle. Staehelin habe dadurch, dass er das Buch (unter anderem) Drexel gewidmet hatte, «auch äusserlich zum Ausdruck gebracht, wieviel er der deutschen Forschung verdankt». Siehe auch: StABS PA 182a B45: 1; BRGK 18 (1928), 1929, 189. Gleichzeitig wurde eine Reihe weiterer Schweizer Forscher aufgenommen: Karl Stehlin, Otto Tschumi, Eugen Tatarinoff, David Viollier, ausserdem Reinhold Bosch als korrespondierendes Mitglied. Es wurde im Wahlvorschlag betont, «die Ernennung der Schweizer Forscher […] [ist] deswegen wichtig, weil sie gerade gegenüber anders gerichteten Strömungen von der Westschweiz her stets betont haben, wie wichtig es für die Schweiz ist, mit der deutschen Forschung zusammenzugehen». DAI Berlin, Archiv der Zentrale, Biographica-Mappe Felix Staehelin.

128 BN 1928, 1.6.1928.

rung informiert wurde, kündigen Präsident und Aktuar der Gesellschaft an, dass die Ehrenmitgliedschaft «einigen um die Geschichts- und Altertumswissenschaft verdienten Gelehrten» als Dank und Anerkennung für das Geleistete verliehen werden solle. Zu diesen gehöre auch Staehelin «zufolge Ihrer akademischen Tätigkeit und Ihrer grundlegenden Darstellung der Geschichte und Kultur der römischen Schweiz».[129] Staehelin zeigte sich hochgeehrt und drückte dem Präsidenten der AGZ den Dank für die Ernennung aus, deren Wert gerade für ihn ein besonderer sei:

> Ist doch durch die Arbeiten ihrer Gesellschaft die Forschung über die antike Schweiz in ihrer Gesamtheit mehr gefördert worden als sonst irgendwo. Ich bin stolz darauf, dieser erlauchten Vereinigung, der – um nur Nichtzürcher zu nennen – Männer wie Mommsen u. Burckhardt angehörten, nunmehr selber verbunden sein zu dürfen.[130]

Ebenfalls unterstreicht die Wahl Staehelins in den Vorstand der Allgemeinen Geschichtsforschenden Gesellschaft im Jahr 1933 die nun erreichte Position des arrivierten Schweizer Gelehrten; er sollte diesem bis nach seiner Emeritierung angehören.

Am 19. Juni 1938 wurde Staehelin sodann zum Ehrenmitglied der Schweizerischen Gesellschaft für Urgeschichte gewählt, womit ihm auch von dieser zentralen Organisation der Schweizer Bodenforscher die Anerkennung für seine Arbeit ausgedrückt wurde.[131]

Von einem aufwändigen Geschenk wurde des Weiteren die drei Jahre später erfolgte Ernennung Staehelins zum Ehrenmitglied der Gesellschaft Pro Vindonissa begleitet. In Widerspiegelung einer für Vindonissa typischen Form epigraphischen Quellenmaterials wurde Staehelin eine Ernennungsurkunde in Form eines Schreibtäfelchens überreicht. Hierzu war ein Schreiner beauftragt worden, mit Holz aus dem sogenannten Schutthügel von Vindonissa ein ebenfalls dort aufgefundenes Schreibtäfelchen nachzubilden.[132] Der Basler Philologie-Ordinari-

129 AGZ (Lehmann/von Muralt) an Staehelin, 29.10.1932, StABS PA 182a B45: 1. Entsprechend setzten auch die BN in ihrer Berichterstattung den Akzent: «Die Antiquarische Gesellschaft Zürich hat bei Anlaß ihrer Jahrhundertfeier am 20. Oktober unsern Mitbürger Herrn Professor Dr. Felix Stähelin zum Ehrenmitglied ernannt in Würdigung seiner akademischen und wissenschaftlichen Tätigkeit und ganz besonders in hoher Anerkennung seines Buches ‹Die Schweiz in römischer Zeit›, das zum ersten mal die gesamte römisch-antiquarische Forschung in einem wissenschaftlich bedeutsamen und eindrucksvollen Werke zusammengefasst hat. Zu dieser Ehrung, die Herrn Professor Dr. Stähelin in die vorderste Reihe der schweizerischen Altertumsforscher stellt, gratulieren wir herzlich.» BN 1932, Nr. 299, 31.10.1932.

130 Staehelin an Lehmann, 30.10.1932 (Briefkonzept), StABS PA 182a B45: 1.

131 JbSGU, Bd. 30 (1938), 2; StABS PA 182a B45: 1. Hierbei ist ebenfalls zu beachten, dass mittlerweile Rudolf Laur-Belart in der SGU eine zentrale Rolle spielte. Dasselbe gilt für die Ehrung durch die Gesellschaft Pro Vindonissa.

132 Pro Vindonissa 1940–1941, 1941, 31 ff.

us Von der Mühll verfasste den Text, der sodann von einem Kunstmaler auf einen wachsfarbenen Untergrund aufgetragen wurde und der deutlich machte, dass auch diese Ehrung direkt auf die SRZ zurückzuführen war, und zwar in einer Art, die Staehelins entsprechenden Status unterstrich.[133]

Vorerst unvollendet blieb dagegen im Jahr 1939 Staehelins Wahl zum korrespondieren Mitglied der Preussischen Akademie der Wissenschaften, welche aus politischen Gründen letztlich erst 1950 erfolgen sollte.[134]

Nicht nur die gewissermassen institutionelle Anerkennung zeigt Staehelins nun erreichten zentralen Status in der Schweiz, dieser ist ebenfalls aus informelleren Zusammenhängen zu ersehen. So berichtete der mit Staehelin gut bekannte Zürcher Archäologe Otto Waser ihm im Winter 1932, dass er nun zum zweiten Mal ein Seminar zum Thema *Die Römer in der Schweiz* durchführe und dass ihm die 2. Auflage der SRZ hierbei «ausgezeichnete Dienste» leiste.[135] Er schilderte Staehelin detailliert die verschiedenen Teilaspekte, welche durch die Studenten bearbeitet wurden, und gab ihm Hinweise auf Beobachtungen, die aus der Beschäftigung mit dem Thema entstanden waren. Nicht nur war eine akademische Veranstaltung zur römischen Schweiz nun undenkbar geworden, ohne Staehelins Buch zugrunde zu legen, sondern es wurden ihm augenscheinlich ebenfalls entsprechende Rückmeldungen gegeben.

Als der Groupe romand des études latines im Frühling 1937 seine Halbjahresversammlung in Basel und Augst organisierte, bestanden die Westschweizer Philologen darauf, dass sie und ihre Gäste aus Frankreich[136] von Felix Staehelin durch die Ausgrabungsstätte geführt (und in einem Vortrag darüber informiert) würden und nicht etwa von dem Ausgräber Laur. Man wollte den Autor der SRZ haben, selbst wenn andere aus grösserer Nähe über die Ausgrabungen hätten be-

---

133 Die Ehrung im Wortlaut: «Societas Pro Vindonissa cognominata, quae sibi proposuit ut Castra Romanorum Vindonissensia effodiantur atque pro viribus recte explorentur et describantur, cuique interest iusta laude ne defraudentur qui de his rebus meriti sint Felicem Staehelin doctorem philosophiae in Universitate Basiliensi historiae antiquae professorem quem historicorum qui quomodo vixerint Helvetii Romanis imperitantibus scribunt omnium principem iudicat socium honorarium sibi adscribi voluit». Pro Vindonissa 1940–1941, 1941, 32.

134 Archiv BBAW: PAW (1812–1945): II-III-46 Bl_146 – Bl_153; PAW (1812–1945): II-III-156 Bl_26 – Bl_35. Vgl. Kapitel 7.4, Kapitel 10.2.

135 Waser an Staehelin UB Basel NL 72 VIII: 662.

136 Der Groupe romand hatte die französische Société des études latines eingeladen. Wie André Oltramare Staehelin im Vorfeld mitteilte, wurde eine hochkarätige Gruppe aus zahlreichen französischen Professoren und Studenten erwartet.

richten können;[137] ein deutlicher Hinweis auf Staehelins Prestigeposition, die in der Anfrage auch explizit unterstrichen wurde.[138]

Auch für Interessierte ausserhalb der engeren Fachkreise war Staehelin in gewissem Sinne Ansprechperson.[139] Lokalhistoriker[140] oder Ortsnamensforscher wandten sich mit Hinweisen und Fragen an den Experten.[141] Staehelin behandelte das Thema in Vorträgen sogar selbst vor lokalen Geschichtsvereinen.[142]

Was die internationale Ebene betrifft, so hielt Staehelin auch weiterhin Kontakt etwa zur RGK in Frankfurt – trotz der veränderten personellen Lage. So pflegte er herzlichen Umgang mit Gerhard Bersu, der auch sonst enge Kontakte

---

137 Anlässlich einer Führung für Mitglieder der Antiquarischen Gesellschaft Zürich, die im selben Jahr stattfand, bemerkte Staehelin, dass eigentlich Laur der «in jeder Hinsicht für die heutige Aufgabe besser geeignete Mann» wäre. (Handschr. Notiz, UB Basel, NL 72 VI: 13b). Selbst bei Berücksichtigung des in dieser Aussage liegenden offensichtlichen Bescheidenheitstopos ist hier Laurs viel engerer Bezug zu den konkreten Ausgrabungen angesprochen.

138 Wegen der Gäste aus Frankreich und auf den dringenden Wunsch Jules Marouzeaus hin bat Oltramare darum, dass Staehelin seine Ausführungen in französischer Sprache halte (was dieser denn auch tat). Zugleich beschied er ihm aber, dass man auch in dem Fall, dass er diese Bedingung nicht erfüllen könne, keinesfalls einen anderen Sprecher haben wolle: «L'essentiel pour nous c'est que devant tous ces savants étrangers, ce soit le grand archéologe de notre pays qui présente les fouilles d'Augst». UB Basel NL 72 VIII: 423. Staehelin wies zu Beginn seines Referats in typisch humorvoller Art auf diese Umstände hin: «Avant tout, je vous prie de bien vouloir excuser la forme très peu satisfaisante sous laquelle je vous présente ma communication. Je sais bien que je ne sais ni écrire ni parler français et ce n'est qu'en m'inclinant au désire catégorique de M. le président [= Marouzeau] que je m'exprime dans un idiome qui a une certaine ressemblance assez lointaine avec votre belle et noble langue.» Handschr. Vortragsmanuskript, UB Basel NL 72 VI: 13b. Marouzeau dankte im Nachhinein Staehelin noch einmal ausdrücklich für seinen Vortrag (Marouzeau an Staehelin, 21.5.1937, UB Basel NL 72 VIII: 366). Vortragsreferat im Bericht über die Exkursion in der *Revue des études latines*, Bd. 15 (1937), 245 ff. Zu diesem Anlass auch Briefwechsel mit Charles Favre, UB Basel NL 72 VIII: 138 ff.

139 Hierzu ist zu bemerken, dass viele Dorfschullehrer oder Pfarrer sich mit Zufallsfunden oder Fragen zu Römerstrassen und Ähnlichem naheliegenderweise eher an die Bodenforscher, etwa aus dem Kreise der SGU, sowie an lokale Vereine und Museen wandten als an den Geschichtsprofessor.

140 So etwa Arnold Oberholzer aus Arbon, UB Basel, NL 72 VIII: 407 f.

141 Hierbei ging der Informationsbedarf teils auch über reine Fachfragen hinaus. So ist die Anfrage eines Kanzlisten aus St. Gallen überliefert, der sich im Kontext der Rassediskurse in der Zeit des Zweiten Weltkriegs und den damit aufgeworfenen Identitätsfragen für die Althistorie interessierte. K. Dudle an Felix Stähelin, 3.2.1944, UB Basel NL 72 VIII: 108. Vgl. zur Kategorie der Rasse bei Staehelin Kapitel 10.2.

142 So hielt er am 17.3.1929 vor der Gesellschaft Raurachischer Geschichtsfreunde eine «Plauderei» über das Thema «Wie die Schweiz römisch geworden ist», UB Basel NL 72 VI: 13b.

in die Schweiz unterhielt und hier wiederholt als Ausgräber tätig war.[143] Wie aus der Korrespondenz zu ersehen ist, liess er sich 1934 von diesem etwa die Ausgrabungen am «Wittnauer Horn» zeigen und lud ihn für Anfang 1935 nach Basel ein, wo Bersu einen Vortrag über die entsprechenden Ergebnisse vor der HAG hielt.[144] Die Kontakte scheinen aber bei weitem nicht mehr so eng gewesen zu sein wie vorher zu Drexel. Ebenfalls stand Staehelin auch darüber hinaus nach wie vor fortwährend in direkter persönlicher Verbindung mit diversen Protagonisten der römisch-germanischen Forschung.[145]

Im Jahr 1935 wurde er nach London an den Kongress zur Feststellung der Karte des römischen Reiches *(Tabula Imperii Romani)* eingeladen.[146] Im Frühling 1938 hielt Staehelin in Strassburg anlässlich des Kongresses der Association Guillaume Budé einen Vortrag über Augusta Raurica. Anschliessend wurden Basel und Augst besucht.[147] Staehelin betonte in seinem Vortrag die enge Verbindung Basels mit dem Elsass und wies in einer für ihn typischen Weise auf das gemeinsame humanistische Erbe hin, bevor er über Beatus Rhenanus und die Basler Plancus-Rezeption ins eigentliche Thema einstieg. Er übernahm bezeichnenderweise anschliessend auch in dieser Veranstaltung sodann die Führung durch die Augster Ruinen, obwohl der Ausgräber Laur ebenfalls an der Veranstaltung teilnahm.

Es ist zusammenfassend also festzuhalten, dass Staehelin nun in der Zeit seines Ordinariats mit der römischen Schweiz erstens dadurch verbunden war, dass er in allgemein anerkannter Weise als geehrter Experte und Kenner die Dividende des Bucherfolges ernten konnte und sowohl institutionell wie informell zu einer zentralen Instanz geworden war, dem man Rückmeldung erstattete über eigene akademische Veranstaltungen auf dem Gebiet, den man um seine Expertenmeinung anging, den man in den Vereinen ehrte und der als der prestigeträchtige Hauptprotagonist der Schweizer Forschung in ihrer Darstellung nach aussen wahrgenommen wurde.

143 Vgl. Brem 2022.

144 Staehelin an Bersu, 25.9.1934; Bersu an Staehelin, 11.10.1934; D-DAI-RGK-A-AR-1185. Krämer 2002, 48, erwähnt die Ehrungen, die Bersu im Jahr 1935 in der Schweiz zuteilwurden, welche im Zusammenhang stehen mit der politischen Hetzkampagne, die in Deutschland gegen den «Juden Bersu» geführt wurden, und seiner schliesslichen Abberufung vom Direktorium der RGK. Vgl. zu der Haltung der Schweizer Bodenforschung: Müller et al. 2003; Rey 2002; jetzt insbesondere: Brem 2022; Brem 2023.

145 Erwähnt wurde dies bereits für Fabricius, daneben stand er auch etwa mit August Oxé (1863–1944) in Kontakt. Vgl. UB Basel NL 72 VIII: 427.

146 Bersu an Staehelin, 2.9.1935, D-DAI-RGK-A-AR-1185. Dass es bei der Korrespondenz um diesen Kongress geht, wird darin nicht explizit ausgedrückt, lässt sich jedoch durch den Kontext erschliessen. Vgl. auch: Krämer 2002, 48 f. Vgl. zu Bersu und der *Tabula Imperii Romani* jetzt auch: Külzer 2022, zu dem erwähnten Kongress: 189.

147 Handschr. Vortragsmanuskript u. diverse Materialien: UB Basel NL 72 VI: 13b.

Um darüber hinaus seine Position richtig zu sehen, die er in der Zeit nach der Veröffentlichung der beiden ersten SRZ-Auflagen in Bezug auf den wissenschaftlichen Umgang mit der römischen Schweiz innehatte, muss die sich für Staehelin nun rasch verändernde Situation in den Blick genommen werden. Es ist oben gezeigt worden, welche Wichtigkeit Staehelins personellem Netzwerk und den dadurch mit ihm in Kontakt stehenden Persönlichkeiten für die Entstehung der SRZ zukam. Nun, in der Zeit der Publikation der SRZ und SRZ^2 sowie in den Jahren danach, fand ein Generationenwechsel statt, der in dieser Beziehung einer eigentlichen Erschütterung dieses Netzwerkes gleichkam. Ein harter und überraschender Schlag war der obskure Tod Friedrich Drexels im Jahr 1930. Es wurde oben ausführlich dargelegt, welch eminent wichtige Funktion Drexel für Staehelins Beschäftigung mit der römischen Schweiz hatte, wie nah er Staehelin stand und wie sehr er diesen förderte. An Drexel hatte sich Staehelin aufgrund ihres gegenseitigen Vertrauensverhältnisses stets auch mit fachlichen Fragen wenden können, ohne sich durch mögliche Blössen, die er sich dabei hätte geben können, hindern lassen zu müssen; eine Fülle von Einzelaspekten, gerade in Gebieten, in denen er nicht sehr firm war, erarbeitete er zusammen mit dem Kollegen.[148] Abgesehen von dem menschlichen Verlust brach hier für Staehelin eine Ressource weg, die in dieser Art auch durch das weitere Personal der RGK nicht ersetzt werden konnte. Was weiter Staehelins Verbindungen zu Pro Vindonissa betraf, so fielen sowohl Samuel Heuberger wie auch Frölich weg, Heuberger war bereits 1929 verstorben, Leopold Frölich[149] 1933, der Tod des Konservators Theodor Eckinger sollte 1936 erfolgen.[150]

Heuberger war über Jahrzehnte die prägende Figur der Vindonissa-Forschung gewesen.[151] Staehelin hatte schon früh mit ihm in Kontakt gestanden, und er war es gewesen, der Staehelin 1924 die Abfassung der SRZ anlässlich eines Vortrages öffentlich angetragen hatte. Im weiteren Verlauf der 1930er Jahre sollten zudem Albert Naef und Otto Schulthess sterben. Zu den diversen Vereinen und ihren neuen Protagonisten sollte Staehelin auch weiterhin Kontakt halten, was für ihn aber ein drängendes Problem darstellte, war der absehbare Wegfall von Karl Stehlin, der im Jahr 1929 70 Jahre alt geworden war. Erstens war damit die Forschung in Augst gefährdet, die Stehlin nun so lange gefördert und auch

148 Es erstaunt vor diesem Hintergrund nicht, dass Staehelin in seinem Nachruf auf Drexel in den BN neben einer besonderen Würdigung dessen, was auch die Schweiz Drexel an Erkenntnissen zu verdanken hatte, ebenfalls betonte, dass Drexel «stets mit vollen Händen aus dem unermeßlichen Schatz seines Wissens spendend, […] der gegebene Helfer und Berater eines jeden, der sich vertrauensvoll an ihn wandte» gewesen sei. BN 1930, Nr. 77, 19.3.1930.

149 Staehelin verfasste einen Nachruf auf den Arzt und Vindonissa-Forscher, der 1903 den berühmten «Schutthügel» entdeckt hatte: BN 1933, Nr. 6, 6.1.1933.

150 Vgl. zu Eckinger: Laur-Belart 1931.

151 Staehelin würdigte Heuberger in einem Nachruf in der Zeitung. BN 1929, Nr. 302, 4.11.1929.

finanziert hatte, und zweitens Staehelins direkter privilegierter Zugang zu den entsprechenden Funden und Befunden. Da Staehelin selbst kein Archäologe war, musste ein solcher gefunden werden, der die Nachfolge Stehlins antreten konnte.

In dieser Situation, wo zentrale Teile seines Netzwerks in Bezug auf die archäologische Expertise noch ganz wegzubrechen drohten, holte Staehelin in einem Manöver, das von seiner strategischen Weitsicht zeugt, den jungen Bodenforscher Rudolf Laur-Belart nach Basel.[152] Rudolf Laur, der 1898 als Sohn des später als «Bauernführer» bekannt gewordenen Ernst Laur[153] in Brugg geboren wurde, hatte sich schon früh in grosser Selbständigkeit an die ehrenamtliche Bodenforschung gemacht. 1921 trat er sodann – als junger Lehrer mit Fachexamen – der Gesellschaft Pro Vindonissa bei.[154] Schon zu dieser Zeit stellte er sich vor, er werde einmal der Nachfolger von «Sämi» Heuberger.[155] 1923 promovierte Laur in Heidelberg mit einer Arbeit über die Eröffnungsgeschichte des Gotthardpasses[156] und wurde als Bezirkslehrer in Brugg im Juli 1925 in den Vorstand von Pro Vindonissa gewählt. Lange war Laur sich unschlüssig über seinen weiteren Werdegang. Die Arbeit in Vindonissa fesselte ihn und schreckte ihn in manchem doch auch ab. Aspekte des archäologischen Spezialistentums und der Kontrast zwischen dem Verein in Vindonissa, zu dem er gehörte, und der Höhe der deutschen Wissenschaft bedrückten ihn.[157] Das kann nicht erstaunen: Seine Tätigkeit in Vindonissa stand noch ganz unter dem Eindruck dieses Gegensatzes der interessierten und sich aufopfernden Laien einerseits, die in den lokalen Vereinen organisiert waren, welche die Kontinuität der Ausgrabungstätigkeit gewährleisteten, und den altertumswissenschaftlich gebildeten Fachleuten andererseits. In der Schweiz der Zwischenkriegszeit war dieser Gegensatz wie oben ausgeführt zusätzlich stark durch den nationalen Gegensatz zu Deutschland kon-

152 Zu dem Folgenden vgl. auch die sehr summarischen und knappen Bemerkungen bei: Berger 1972; Bürgin 1973, 5; Weber 1986, 66; Furger 1998, 42; Furger 2001, 301. Der geschilderte Ablauf ist in der Forschung bislang nie in den hier aufbereiteten Details dargestellt worden.

153 Zu Ernst Laur: Baumann 1993.

154 Laur, Tagebuch (= Laur TB), 4.2.1921.

155 Laur, TB, 20.1.1922.

156 Laur 1924.

157 So notierte er am 14.7.1925: «Als Hilfskonservator habe ich mich schon hinter die Scherben gesetzt, musste aber oft meinen Kopf zerbrechen über den Wert dieser Geschichte, verbohre mich aber immer mehr hinein und bekomme nur hie und da ein Grausen, wenn wir feststellen, dass bereits ca. 30000 Gegenstände katalogisiert sind oder wenn ein deutscher Gelehrter bei uns erscheint.» Und ein Eintrag vom 11.10.1925: «Vor einem Museumsleben, wie es Eckinger hat, graut mir bereits. So sehr es mich manchmal anzieht, könnte ich, glaube ich, doch kein Buch über unsere Keramik schreiben. Der Gedanke, es werde einmal ein Deutscher kommen, um sich darauf zu stürzen, erweckte früher Konkurrenzgefühle, jetzt solche der Befreiung. Mein Ziel wird einmal sein: Präsident der Gesellschaft, Anordner, Vermittler, aber nicht Spezialist.»

notiert, was in Vindonissa besonders zu spüren war.[158] Da Laur ursprünglich mit einem Leben als Schriftsteller liebäugelte, erschien ihm zudem die römische Bodenforschung demgegenüber lange als eine geistig untergeordnete Tätigkeit und er akzeptierte sie erst spät als vollwertige Lebensperspektive. So notierte er im November 1925 in sein Tagebuch: «Jetzt kommt mir allmählich die Ueberzeugung, dass auch die an sich untergeordnete Chacheliwissenschaft, alias römische Archäologie, eine Geisteswissenschaft sei».[159] Immer stärker verfestigte sich in der Folge sein Plan, die Archäologie zu seinem Beruf machen. Hierbei erkannte er früh die Chance, die sich aus dem bisherigen Fehlen eines entsprechenden universitären Faches bei gleichzeitigem Vorhandensein von einer Fülle von Material ergab:

> Eine kleine Professur, die nicht allzuviel Zeit und Geist fordert, in der ich meine wissenschaftlich-historischen Instinkte doch abreagieren kann, um daneben höheren Dingen zu leben. – Da gibt es nur eines: – Römische Archäologie – An den Schweizer Universitäten ist sie gegenwärtig gar nicht oder nur kläglich vertreten, es ist überall eine Masse Material und wenig Durchgearbeitetes da und dazu habe ich Vindonissa als ganz günstigen Ausgangspunkt.[160]

Laur begann, sich in persönlichem Kontakt mit Fachleuten über die Möglichkeiten einer entsprechenden Laufbahn zu informieren. Im Januar 1928 sprach er bei Viollier am Landesmuseum in Zürich vor. Im Frühling desselben Jahres reiste er nach Trier. Im November traf er sich mit Otto Waser, der ihm beschied, für eine Privatdozentur sei es zwingend, zusätzlich zur römischen Epoche die gesamte Urgeschichte zu berücksichtigen; ein deutlicher Hinweis darauf, wie stark die disziplinäre Prägung der römischen Bodenforschung als Teil der Prähistorie war.

Mit einem scharfen Blick für die Zukunftsperspektiven der Schweizer Forschung fasste Laur den Plan, «Geldmittel zu grossen Ausgrabungen in der Schweiz zusammen zu bringen», denn: «Ich weiss ganz genau, dass niemand da ist, der das bei uns betreibt.»[161] Ausserdem sah er Potential in der Etablierung internationaler Kontakte. Auch hier spielte erneut Friedrich Drexel eine wichtige Rolle. Es wurde in Kapitel 4 in Bezug auf die Entstehung der SRZ bereits gezeigt, in welchem Masse die deutsche römisch-germanische Forschung die Arbeiten in der Schweiz begleitete, daneben aber auch Schweizer Forscher beobachtete, evaluierte und gezielt zu fördern suchte. Spätestens seit 1928 stand Drexel mit Laur in brieflichem Kontakt. Wie Staehelin reiste Laur 1929 ebenfalls an das Jubiläum des Archäologischen Instituts in Berlin, und zwar ebenfalls als Teil der Reise-

158 Vgl. hierzu auch Kapitel 4.

159 Laur, TB, 20.11.1925. «Chacheli» ist ein Mundartausdruck für eine Form von Keramikware.

160 Laur, TB, 24.1.1926.

161 Laur, TB, 19.10.1928.

gruppe Drexel-Staehelin. Bereits zuvor hatten Drexel und Staehelin sich über die Person Laurs ausgetauscht. Im Februar 1929 schrieb Drexel an Staehelin:

> Er [= Laur] scheint mir überhaupt mehr und mehr eine der zukunftsreichsten Persönlichkeiten auf dem Gebiet der schweizerischen Römerforschung zu sein, nicht nur theoretisch, sondern auch praktisch; denn er hat ein scharfes Auge im Gelände und gräbt ganz vortrefflich aus. Es ist schade, dass er von Haus aus ja mittelalterlicher Historiker ist, sodass er sich in unser Gebiet erst hineinarbeiten muss.[162]

Auch im Kreis der SGU galt Laur schon länger als Nachwuchshoffnung, die zwecks besserer Schulung mit der deutschen Forschung in Verbindung gebracht werden müsse.[163] Staehelin selbst stand zu diesem Zeitpunkt ebenfalls bereits in näherem Kontakt mit Laur. So las er etwa Laurs Publikation eines Militärdiploms aus Vindonissa Korrektur. Wie Laur gegenüber Staehelin bekannte, habe ihm «besonders die Redaktion der Uebersetzung [...] zu beissen gegeben».[164] Er tauschte sich mit Staehelin auch über seine Aussichten bezüglich einer archäologischen Laufbahn aus.[165] In der Zwischenzeit arbeitete er weiter in Vindonissa und spielte bei den dortigen Ausgrabungen und dem Einwerben von Mitteln immer mehr die massgebliche Rolle. Er war ebenfalls Staehelins Ansprechpartner vor Ort in Bezug auf die SRZ^2.[166] Im Herbst 1929 arbeitete Laur an den Ausgrabungen in Xanten mit, wo er August Oxé kennenlernte.[167] Das erste Halbjahr 1930 verbrachte er in Paris, wo er sich an der Sorbonne archäologisch weiterbildete. Er bewarb sich als Konservator am Landesmuseum in Zürich, verlor die Wahl aber gegen Emil Vogt.[168] Laur fasste um diese Zeit den Plan, dereinst ein

162 Drexel an Staehelin, 21.2.1929, D-DAI-RGK-A-AR-1185.

163 So etwa: Tatarinoff an Bersu, 19.2.1927; Tatarinoff an Bosch, 8.11.1927; Tatarinoff an Amrein, 8.11.1927, ZBSO Tat_E 3.2.55. Auf die Förderung Laur-Belarts durch Bersu weist jüngst ebenfalls Brem 2022, 205 f. hin.

164 Laur an Staehelin, 9.2.1929, UB Basel NL 72 VIII: 335.

165 Laur an Staehelin, 14.6.1929, UB Basel NL 72 VIII: 336.

166 Laur an Staehelin, 1.12.1929, UB Basel NL 72 VIII: 338.

167 Laur, TB, 10.1929. Noch immer hatte er allerdings ein ambivalentes Verhältnis zur deutschen Forschung: «Diese deutschen Gelehrten sind eine Mischung von unerschöpflicher Initiative und Arbeitskraft und selbstgefälliger Kleinlichkeit. Dazu die verfluchte innere Steifheit; immer einen Gipskragen um den Hals, immer in Stellung wie eine 12 cm Haubitze oder wie Bismarck in der Pickelhaube. Deshalb kribbelt es mich oft wieder vor meiner Wissenschaft, wenn ich solche Leute vor mir habe und erst, wenn ich allein bin, finde ich die positive Einstellung von neuem dazu.» Ebenfalls noch im Jahr 1930 wurde Laur zum korrespondierenden Mitglied des Deutschen Archäologischen Instituts ernannt. Nat.-Ztg. 1930, Nr. 587, 19.12.1930. Zu dieser Wahl vgl. auch Brem 2022.

168 Emil Vogt (1906–1974) studierte in Breslau, Paris, Berlin und Wien, 1928 Promotion in Basel, von der gegen Laur gewonnenen Stellung als Konservator der Ur- und Frühgeschichte im Landesmuseum stieg er 1953 zum Vizedirektor und 1961 (bis 1971) zum Direktor auf. Ab 1933 PD an der ETH, ab 1940 PD an der Universität Zürich, 1945–1974 Extraordinarius für Ur- und

schweizerisches Institut für römische Forschung gründen zu wollen, «in Zürich sollen sie auf ihren Steinbeilen und Pfahlbauer-Haselnüssen herumrutschen».[169]

Laur erhielt nun in dieser Situation, bereits wenige Tage nach dem negativen Entscheid in Zürich, von Staehelin ein Schreiben, «indem er mich ganz persönlich und unverbindlich anfragte, ob ich nicht Lust hätte, nach Basel zu kommen».[170] Ganz offensichtlich hatte Staehelin den Ausgang der Wahl in Zürich abgewartet und sah nun den Moment gekommen, erste Weichen für die Zukunft der Forschung in Augst zu stellen.[171] Laur erkannte sofort die Möglichkeiten, die ihm Basel bieten konnte:

> [...] in Basel die alte humanistische und klassische Tradition weiterführen. In Basel vor allem die Nachfolge Karl Stehlins, der [...] selber schon einmal die Rolle eines schweiz. Fachexperten inne hatte. Also wird in Basel mit seinen eigenen Mitteln und seiner bisher geringen Beanspruchung der Bundeskasse viel leichter einmal das von mir erstrebte Schweizerische archäologische Institut zu verwirklichen sein [...].[172]

Zuerst schien sich in der Folge allerdings ein Scheitern der Pläne abzuzeichnen. Laur wurde eine Assistentenstelle am Historischen Museum zu einem sehr niedrigen Jahresgehalt angeboten.[173] Wie er bemerkte, war es nur die Höflichkeit Staehelin gegenüber, die Laur dazu bewog, sich danach noch für eine Besprechung in Basel einzufinden. Letztlich anerkannte man aber in Basel, dass die Zeit der vor allem selbstfinanzierten Privatgelehrten auch in Augst nun vorbei war. Rudolf Laur-Belart wurde als Assistent «1. Klasse» zum selben Gehalt, welches er in Brugg an der Schule bezogen hatte, und mit der Aussicht auf weitere Lehrtätigkeit am Basler Museum angestellt. Am 9. Januar 1931 notierte Laur: «Heute schreibt Stähelin, ‹am 6. Januar hat Sie der Regierungsrat gewählt. Sie können in Brugg künden.›»[174]

Frühgeschichte. Vogt war einer der wichtigsten und einflussreichsten Schweizer Prähistoriker der Nachkriegszeit und wurde zum Begründer der sogenannten «Zürcher Schule» der heimischen Bodenforschung. Vgl. Furger 1998, 43 f. Wie Brem 2022, 206 zeigt, hatte möglicherweise die RGK in der Person von Bersu ebenfalls Einfluss auf den Ausgang dieser Wahl.

169 Laur, TB, 6.1930.

170 Laur, TB, 11.10.1930.

171 Es kann vermutet werden, dass Staehelin aufgrund von Informationen, zu denen er durch sein Netzwerk Zugang hatte, den Ausgang der Wahl bereits im Vorfeld antizipieren konnte.

172 Laur, TB, 11.11.1930.

173 Laur war furios: «Dass es eine Museumskommission wagt, mich, der ich doch Familie habe, offiziell anzufragen, ob ich eine Assistentenstelle für Fr. 3000.– (im Jahr!) annehme [...] [,] ist so unglaublich, dass ich nicht verstehe wie diese Herren, der reichen und stolzen Stadt Basel sich so lächerlich machen können. Das lässt tief blicken auf den grosszügigen Geist am Barfüsserplatz. Sie vermuten wahrscheinlich, dass wir ‹vom Vermeege› oder den Zinsen daraus leben, wie es sich in Basel im ‹Taig› gehört.» Laur, TB, an seine Gattin Alice, 17.10.1930.

174 Laur, TB, 9.1.1931.

Laurs interne Tätigkeit unter dem Konservator Emil Major im Historischen Museum war von Staehelin lediglich als ein notwendiger Zwischenschritt geplant gewesen, was schon durch eine von Laur berichtete Episode im April 1931 deutlich wurde:

> Heute erschien auch Felix Stähelin auf dem Büro und fing gleich an zu betonen, wie das Historische Museum eine Zentralstelle für das umliegende Gebiet werden und wie ich viel hinausgehen müsse. Major lächelte sauersüss und erklärte, er sei nicht ganz dieser Meinung. Ich hörte dem Dialog mit völliger Ruhe [...] zu. [...] Stähelin kennt meine Fähigkeiten [...].[175]

Die Position Laurs in Basel war mit der administrativen Lösung seiner Anstellung am Museum nicht ganz eindeutig, und er stand fortan im Spannungsfeld eines gewissen Gegensatzes zwischen der HAG, der die Forschungen in Augst (und Basel) unterstanden, und dem Historischen Museum. Wie Staehelin auch später bemerkte, war die Anstellung aus seiner Sicht nur ein «Notbehelf», der aus der Schwierigkeit, den Posten eines echten Kantonsarchäologen zu schaffen, geboren war. Für ihn war immer klar: «Herr Laur wurde 1931 nach Basel berufen, damit die bisher auf den Schultern von Dr. Karl Stehlin liegende Tätigkeit durch eine jüngere Kraft übernommen und fortgesetzt werde.»[176] Entsprechend verfocht Staehelin – wie bereits in der von Laur überlieferten obigen Szene sichtbar – stets die Interessen von Laurs archäologischer Tätigkeit, auch gegenüber dem Museum.[177] Er hatte damit auch nach der geglückten Installierung Laurs in Basel diesem gegenüber eine gewisse Patronagefunktion inne, die sich aus ihrer gemeinsamen Interessenlage in Bezug auf den Progress und die Kontinuität der römischen Bodenforschung in Augst und Basel ergab.

Felix Staehelin hatte mit der Anstellung von Laur also seine Position als Präsident der Kommission des Historischen Museums genutzt, um eine institutionelle Möglichkeit zu finden, eine starke Nachwuchskraft für Augst nach Basel heranzuziehen. Laur sollte sich in der Folge in Basel in einer Weise etablieren, die ihn zu der zentralen Figur der römischen Bodenforschung in der Schweiz werden liess. Zunächst erfolgte 1932 seine Habilitation für «Prähistorie und römisch-germanische Archäologie»[178] und er wirkte von da an neben seiner Assistentenstelle im Museum als Privatdozent an der Universität. Dies wirft ein Schlaglicht auf die disziplinäre Position der römischen Schweiz.[179] Ein eigenes institutionelles Gefäss

175 Laur, TB, 7.4.1931.

176 Staehelin an Bonjour, 25.5.1949, StABS PA 88 H17: 9c. Vgl. Bürgin 1973, 5.

177 Staehelin an Bonjour, 25.5.1949, StABS PA 88 H17: 9c. Bald schon galt offenbar ein Arrangement, wonach es Laur-Belart von der Kommission des Historischen Museums gestattet wurde, «die Nachmittage und den Samstag auf die Römerforschung zu verwenden».

178 Kaufmann-Heinimann 2012, 6.

179 Vgl. hierzu auch Kapitel 9.

für die römische Bodenforschung gab es nicht, und so besass man für ein solches Fach also noch keinen Namen. Es lag daher nahe, den Namen, den die für die Schweiz so prägende deutsche Forschung ihrem vergleichbaren Fachbereich gegeben hatte, zusammen mit den Methoden ebenfalls zu übernehmen.[180]

Nach dem Tod Karl Stehlins 1934 übernahm Laur definitiv die Leitung der Augster Ausgrabungen. 1937 wurde ihm von der Freiwilligen Akademischen Gesellschaft ein Gehalt ausgerichtet, um seine archäologischen Tätigkeiten zu unterstützen.[181] Im selben Jahr gründete er die popularisierende Zeitschrift *Ur-Schweiz*. 1941 wurde er Extraordinarius an der Basler Universität mit einem Lehrauftrag für «Ur- und Frühgeschichte mit besonderer Berücksichtigung der Schweiz».[182] Von der Bezeichnung «römisch-germanisch» war man nun, im Zeitalter von Krieg und «Geistiger Landesverteidigung», also wieder abgekommen. Laur spielte lange die zentrale Rolle in der SGU und gründete 1942 – wie er es schon lange geplant hatte – ein Schweizerisches Institut für Ur- und Frühgeschichte.[183]

Für Staehelin war Laur-Belart damit in idealer Position, um seinen direkten Zugriff auf die Basler und Schweizer Bodenforschung auf Dauer zu stellen. Gerade für die Erarbeitung der 3. Auflage der SRZ, die Staehelin nach seiner Emeritierung in Angriff nehmen sollte, bedeutete dies einen unschätzbaren Vorteil.[184]

Mit dem Tod von Karl Stehlin im Jahr 1934 entstand jedoch für die Forschung in Augst nicht nur in personeller, sondern vor allem auch in finanzieller Hinsicht eine Lücke. Ein letzter finanzieller Beitrag Stehlins an die HAG kam auch ihr noch zugute, aber für die Zukunft mussten neue Quellen erschlossen werden. Unter der Ägide der HAG wurde deshalb die Gründung einer Stiftung Pro Augusta Raurica beschlossen.[185] Staehelin spielte auch hier eine zentrale Rol-

180 Zu dem Begriff und der komplexen Diskursgeschichte der «römisch-germanischen» Forschung und dem Antagonismus zwischen klassischer Altertumswissenschaft und Prähistorie in der deutsche «Römerforschung» vgl. Junker 1997, 49 ff.; Rebenich 2008; vgl. auch Kapitel 9.3.

181 Staehelin an Bonjour, 25. 5. 1949, StABS PA 88 H17: 9c.

182 Vgl. Kaufmann-Heinimann 2012, 7.

183 Vgl. Kaufmann-Heinimann 2012, 7; Furger 1998, 42; Brem 2023.

184 Dies wurde von ihm in der dritten Auflage der SRZ auch entsprechend gewürdigt: «In erster Linie liegt mir daran, dem Initianten und umsichtigen Leiter des Instituts für Ur- und Frühgeschichte der Schweiz, meinem verehrten Kollegen Rudolf Laur-Belart, meine Verbundenheit für die nie versagende Bereitschaft zu Hilfe und Beratung zu bezeigen, die ich von ihm erfahren durfte.» SRZ^3, IX f.

185 Vgl. His 1936, 34 f. «Durch Schenkungsurkunde vom 30. Dezember 1927 verfügte der um unsere Gesellschaft hochverdiente Dr. Karl Stehlin ebenfalls eine prächtige Schenkung, die im Zeitpunkt der Auszahlung (1935) über 92000 Franken betrug und sowohl für antiquarische als für historische Forschungen verwendet werden […] sollte. […] Da der Tod Stehlins (18. November 1934) die Augster Forschung zudem eines beständigen, höchst liberalen Gönners beraubt hatte, sah sich der Vorstand […] veranlasst, zur Erhaltung dieses wichtigen Aufgabengebietes eine weitere Sammlung zu veranstalten und den Ertrag in einer Stiftung festzulegen […].

le. So machte er das Projekt bekannt und setzte seine Prominenz dafür ein.[186] Er übernahm nach der Gründung auch direkt eine Funktion im Stiftungsrat, zuerst als Statthalter, danach als Vorsteher der Stiftung. Wie die erhaltene Korrespondenz zeigt, hielt er sich in dieser Funktion jedoch im Hintergrund und überliess auch hier, wie bei allem, was Augst betraf, Laur-Belart immer stärker die aktive Rolle ganz.[187]

Mit der Etablierung von Laur in Basel begann dort eine neue Ära der ur-/frühgeschichtlichen und provinzialrömischen Archäologie. Nun konnten angehende Archäologen sich an der Universität entsprechend ausbilden lassen und die Zeit der interessierten Laien und Autodidakten neigte sich dem Ende zu. Laur gilt denn im Rückblick auch als der Begründer der «Basler Schule»[188] der Schweizer Bodenforschung. Entsprechend seiner Position am Beginn der professionellen provinzialrömischen Forschung in der Schweiz und seinem eigenen Herkommen aus der Laienforschung wurde er von Ludwig Berger nach seinem Tod im Jahr 1972 als «einer der letzten Pioniere unserer Disziplin» gewürdigt.[189] Nach seiner Etablierung als erster eigentlicher Althistoriker an der Basler Universität stand also Staehelin hier erneut im Zentrum der weiteren fachlichen Ausdifferenzierung der Altertumswissenschaften. Vor allem aber hatte er als arrivierte Kraft durch die Installierung von Laur und seine Rolle bei der Gründung und Interessensvertretung von Pro Augusta Raurica nun nach seiner Veröffentlichung der SRZ erneut eine zentrale Funktion für die römische Schweiz inne. Sein geglücktes Projekt, die Forschungen in Augst auf Dauer zu stellen, hatte Bedeutung weit

---

So errichtet unsere Gesellschaft am 29. Juni 1935 die Stiftung ‹*Pro Augusta Raurica*› mit einem unantastbaren Stiftungskapital von 30 000 Franken und mit über 300 Kontribuenten, die sich zu Jahresbeiträgen von über 2000 Franken verpflichteten. Der Vorstand unserer Gesellschaft behielt sich das Wahlrecht für sechs Mitglieder des Stiftungsrates vor, je ein weiteres Mitglied wählen die Regierungen der Kantone Basel-Stadt, Baselland und Aargau.» Vgl. auch: Berger 1985; Weber 1986, 64; Benz et al. 2003, 47–52.

186 NZZ 1935, Nr. 503, 24. 3. 1935.

187 Wie stark die aktive Rolle von Laur übernommen wurde und Staehelin, der immer noch eine tragende Funktion in der Kommission für Augst der HAG innehatte, auch für die Öffentlichkeit im Hintergrund blieb, zeigt etwa ein Brief Laurs an einen Journalisten der *National-Zeitung*, in dem es um die Berichterstattung zu den «Arbeitsrappen»-Projekten in Augst geht. Laur weist den Berichterstatter darauf hin, «dass diese Projekte und Arbeiten nicht in meinem Namen geschehen, sondern im Auftrage der Kommission für Augst […]. Alle Gesuche an die Behörden sind von der Kommission für Augst, d. h. von deren Präsidenten Prof. Felix Staehelin und mir als Schreiber unterzeichnet. Ich bestreite nicht, dass ich in den meisten Fällen der Initiant der Projekte bin, aber diese werden von einem Kollegium diskutiert und genehmigt. […] Ich bitte sie deshalb freundlich, in Zukunft diese Formen zu berücksichtigen.» Laur an National-Zeitung, 10. 9. 1949, StABS PA 88 H17: 9c. Zu den Forschungen in Augst unter Laur in den 1930er Jahren vgl. Benz et al. 2003, 47–52.

188 Furger 1998, 39.

189 Berger 1972, 7.

über die engere Region hinaus, für die gesamte Schweiz. So betonte Staehelin auch selbst ausdrücklich, dass an Laurs Tätigkeit «sogar mehr als die Zukunft der Erforschung von Augst [hängt], nämlich die der ganzen schweizerischen Römerforschung».[190]

Wenn also Staehelins Bedeutung für die römische Schweiz sich nach der SRZ in der beschriebenen Form wandelte, heisst das keineswegs, dass er nicht weiterhin stets mit der Forschung Fühlung gehalten und sich auch selbst entsprechend wissenschaftlich betätigt hätte. Seine diesbezügliche Produktion trug hierbei weniger den Charakter einer Neuerschliessung von entsprechenden Themen, sondern eher einer kritischen Begleitung der Forschung aus der Perspektive der arrivierten Kapazität auf dem Gebiet.

1932 verfasste Staehelin eine sehr positive Rezension zu einer neuen Darstellung der antiken Geschichte Badens.[191] 1934 folgte eine Anzeige der neuen Limes-Veröffentlichung von Fabricius et al.,[192] wobei Staehelin kurz die Geschichte der Reichs-Limeskommission rekapituliert und die Bedeutung ihrer Forschungen für die römische Schweiz hervorhebt. Eine ausführlichere Besprechung für die *Klio* schrieb Staehelin zu einer Studie zur Geschichte und Topographie des antiken und frühmittelalterlichen Raetien von Richard Heuberger.[193]

1935 erschien ein von ihm verfasster Vortrag über *Die vorrömische Schweiz im Lichte geschichtlicher Zeugnisse und sprachlicher Tatsachen,* in welchem Staehelin – eigentlich zuhanden der Bodenforscher – eine synthetische Zusammenstellung der nichtarchäologischen Evidenz für die Thesenbildung zur «vorrömischen Epoche»[194] bietet. 1937 besprach er Laurs *Führer durch Augusta Raurica,* auf welchen er auch in seinen Vorträgen immer wieder hinwies.

Ein grösseres Projekt, und hier nun doch eine thematische Neuheit, stellte schliesslich der Aufsatz über *Antike Becher von Locarno* dar, welchen Staehelin im Jahr 1938 veröffentlichte.[195] Staehelin geht darin auf mehrere Becher ein, die 1936 bei Ausgrabungen im Tessin gefunden wurden, welche unter der Leitung von Christoph Simonett durchgeführt wurden. Aus archäologisch-kunsthistorischer Perspektive war das Hauptobjekt seiner Behandlung bereits besprochen worden. Staehelin selbst steuert in seinem Aufsatz, der ursprünglich eine Bespre-

190 Staehelin an Bonjour, 25.5.1949, StABS PA 88 H17: 9c. Hierbei ist allerdings auch zu berücksichtigen, dass Staehelin ein Interesse daran hatte, in diesem Schreiben die Wichtigkeit von Laurs Arbeit zu betonen, da er sich hier gegen eine zu starke Inanspruchnahme Laurs durch das Museum und für die Rechte der HAG an Laurs Arbeitskraft wehrte.

191 Rez. Ivo Pfyffer, *Aquae Helveticae,* Baden 1932 (BN 1932, Literaturblatt zu Nr. 42, 15.10. 1932).

192 Staehelin 1934d.

193 Staehelin 1934e.

194 Zum Konzept der «vorrömischen Schweiz» vgl. Kapitel 9.

195 Staehelin 1938a.

chung eben dieser ersten Behandlung hätte werden sollen,[196] Thesen zur Datierung und zum Produktionsort der Funde bei.

Eine besondere Position nehmen sodann zwei Vorträge zu Augustus ein, welche Staehelin anlässlich des Jubiläumsjahres 1938 gehalten hatte:[197] die eine im Kontext der grossen Basler Augustusfeier in Augst, die andere in Königsfelden (in der Nachbarschaft des antiken Vindonissa). Diese sind für die zeitgenössischen Diskurse und für Staehelins Werthaltungen in Bezug auf die römische Schweiz aufschlussreich, es wird deswegen darauf zurückzukommen sein. Dasselbe gilt für eine Rezension aus dem Jahr 1941 zu einem Buch über die Alemannen, das im Umfeld der nationalsozialistischen deutschen Forschungsgemeinschaft Deutsches Ahnenerbe entstanden war.

Ebenfalls in diesem Jahr erschien ein Artikel in der *Zeitschrift für Archäologie und Kunstgeschichte,* der die Frucht einer Form der Zusammenarbeit mit Laur darstellt, die sehr stark an das frühere Zusammenspiel mit Karl Stehlin gemahnt. In seinen Ausgrabungen vom Sommer 1941 hatte Laur in der Nähe der Basilica in Augst den Griff einer Schöpfkelle aufgefunden, auf welchem sich eine Weihinschrift befindet.[198] Er überliess diese Staehelin zur Publikation, der sie in einem kurzen Artikel vorstellte und damit zusammenhängend einige Überlegungen zur Sakraltopographie von Augusta Raurica anstellte.[199]

In der Zwischenzeit hatte sich die Situation, was den althistorischen Umgang mit der römischen Schweiz und Fragen der Deutungshoheit über das Gesamtobjekt «römische Schweiz» betrifft, grundlegend verändert, und zwar durch die Arbeit des Zürcher Professors für Alte Geschichte Ernst Meyer, der im Jahr 1941 zusammen mit dem Ordinarius für Klassische Philologie, Ernst Howald, eine umfassende Quellensammlung mit dem Titel *Die römische Schweiz* publizierte.

Der aus Norddeutschland stammende Ernst Meyer (1898–1975) war 1927 unter Mitwirkung von Ernst Howald nach Zürich berufen worden.[200] Er besetzte dort nun eben jenes Extraordinariat, für das Felix Staehelin im Vorfeld der Berufung auch diesmal wieder angefragt worden war.[201] Bereits in der ersten Hälfte der 1930er Jahre hatte Meyer begonnen, sich mit der Geschichte der Schweiz in

196 UB Basel NL 72 VIII: 150 ff.

197 Im Vorfeld verfasste Staehelin ebenfalls für die BN einen bissigen Kurzartikel, in welchem er sich über all jene lustig machte, die mit der Jahresberechnung über das nichtexistente Jahr 0 nicht umgehen könnten und deshalb das augusteische Jubiläumsjahr zu früh angesetzt hatten. Es war dies in gewisser Weise eine Neuauflage seiner Einlassung zum Beginn des 20. Jahrhunderts. BN 1938, Nr. 260, 21.9.1938.

198 Nesselhauf/Lieb 97; Kolb 2022, 562.

199 Staehelin 1941b.

200 Christ 1983, 141. Vgl. zu Ernst Meyer auch: Christ 1982, 137 ff.

201 Vgl. Kapitel 3.1.

der Antike zu beschäftigen, und er publizierte in der Folge eine ganze Reihe entsprechender Arbeiten.[202]

Das Buch *Die römische Schweiz* fasst die wichtigsten literarischen und epigraphischen Zeugnisse zu dem Gebiet in einen Band. Es wurde konzipiert für die universitäre Lehre und ein interessiertes, gebildetes Publikum. Obwohl der Band nominell ein Gemeinschaftswerk von Ernst Meyer und Ernst Howald darstellt und ebenfalls Manu Leumann, Jakob Jud, Eduard Norden und eine Reihe von Studenten daran mitgearbeitet hatten,[203] ist er in historischer Hinsicht in erster Linie die Leistung Ernst Meyers. Zur eingehenden wissenschaftlichen Beschäftigung mit den Quellen ist die Quellensammlung nur bedingt und im Sinne eines ersten Nachschlagens geeignet; dies unter anderem deshalb, weil die literarischen Quellen notgedrungen eng beschnitten und in einer Weise auf exakt diejenigen Punkte gekürzt sind, die die Schweiz betreffen, dass der gesamte Kontext wegfällt. Durch den historischen Kommentar ist das Buch allerdings weit mehr als eine blosse Quellensammlung. Die eingehende Diskussion der Textausschnitte sowie der einzelnen Inschriften, die Erörterung grundlegender Punkte der historischen Probleme, die in einigen Fällen zu selbständigen Anhängen anwuchsen, machen den Band geradezu zu einer Darstellung der römischen Schweiz aus den schriftlichen Quellen heraus. Es fügt sich in das bereits skizzierte Bild der Position ein, die Staehelin und seiner SRZ in jener Zeit zukam, wenn Meyer in dem Vorwort seiner Publikation schreibt: «Für alles, was der Leser hier nicht findet, vor allem für die allgemeine historische und kulturhistorische Verknüpfung und Einordnung der Texte sei auf das prächtige Buch von Felix Stähelin, Die Schweiz in römischer Zeit, verwiesen, auf das unsere Anmerkungen ständig Bezug nehmen.»[204] Weiter wird durch den gesamten Band hindurch fortwährend auf die SRZ verwiesen.

Staehelin hielt in einer kurzen Besprechung des «wertvollen Werkes», in der er im Einzelnen auch kleinere kritische Einwände vorbrachte, fest, es könne «jedem Schweizer Altertumsforscher wertvolle Dienste leisten», es würden hier «zahllose Einzelfragen auf durchwegs fördernde Art beleuchtet».[205] Im Vorwort der dritten Auflage seiner SRZ sollte Staehelin den Quellenband erneut als wichtiges Hilfsmittel erwähnen, und er weist die Inschriften entsprechend jeweils zusätzlich nach dem neuen Corpus nach.[206]

202 Vgl. hierzu: Christ 1983, 141 mit Literatur. Als weiterer in jener Zeit aufsteigender Althistoriker mit starkem Bezug zur römischen Schweiz ist Denis van Berchem (1908–1994) zu nennen: 1939–1948 Prof. für lateinische Sprache und Literatur in Lausanne, 1949–1951 in Genf, 1956–1963 Ordinarius für Alte Geschichte in Basel, auf dem Lehrstuhl Staehelins (vgl. Königs 1988, 41 f.), 1963–1976 in Genf. Santschi 2002.

203 Howald/Meyer 1941, VIII f. Vgl. Hächler et al. 2020, 48 f.

204 Howald/Meyer 1941, VII.

205 Staehelin 1943e, 449 f.

206 SRZ[3], IX.

Ernst Meyer publizierte 1946 zusätzlich einen kleinen Band *Die Schweiz im Altertum*, der die erste methodisch fundierte Kurzdarstellung des Themas seit Theodor Mommsen darstellt.[207] Diese wird von Staehelin in der Einleitung der SRZ[3] ohne weiteren Kommentar in eine Reihe mit den Darstellungen von Wartmann[208] und Theophil Burckhardt-Biedermann[209] gestellt, was ihr angesichts der ganz anderen wissenschaftlichen Qualität nicht gerecht wird.

Mit der Publikation des Quellenbandes kam die Zeit von Staehelins Monopol auf die historische Gestaltung des Gesamtgegenstandes «römische Schweiz» zu einem Ende. Bezeichnend ist die Bemerkung von Christoph Simonett, der in seiner Besprechung des Bandes festhielt: «Wer auch immer mit der Frühgeschichte unseres Landes etwas zu tun hat, wird in Zukunft neben dem Werk von Stähelin ‹Die Schweiz in römischer Zeit› das vorliegende nicht entbehren können.»[210]

Ernst Meyer sollte sich in der Zeit nach Felix Staehelin zum wichtigsten Historiker der römischen Schweiz entwickeln. Er publizierte wie erwähnt zahlreiche Arbeiten zu dem Thema, besonders hervorzuheben ist seine zusammenfassende, äusserst dichte Darstellung *Römische Zeit* im *Handbuch der Schweizer Geschichte* von 1972.[211]

Staehelin wiederum zeigte in einer Sammelrezension von 1943, von welcher die erwähnte Besprechung von Howald und Meyer 1941 ein Bestandteil ist, welch klare Übersicht über die Forschungen zur römischen Schweiz er immer noch – oder wieder – besass. In einer weit ausholenden Umschau über das gesamte Gebiet der römischen Schweiz referiert er in knapper Form neue Forschungsergebnisse und nimmt dazu in ausgewogener Weise Stellung. So weist er etwa einzelne Thesen Ernst Meyers zurück, während er andere akzeptiert (am wichtigsten hierbei die Akzeptanz der Zugehörigkeit des Helvetiergebietes zu *Germania Superior*). Es ist hierbei höchst bezeichnend, dass er eingangs seiner Rekapitulation erklärt: «Im folgenden soll nicht das rein Archäologische, wohl aber eine Auswahl des geschichtlich und kulturgeschichtlich Wichtigen ins Auge gefaßt werden.»[212] Einerseits sehen wir hier Staehelins unverändert genuin historischen fachlichen Zugriff auf die römische Schweiz, andererseits folgt er in seiner Reihung «geschichtlich – kulturgeschichtlich» der Grundstruktur seiner SRZ. Schon diese sprachliche Wendung weist darauf hin, was die eigentliche Bedeutung dieser Sammelrezension ist: Sie ist eine Reflexion von Staehelins beginnender Vorbereitung einer dritten Auflage, eine Frucht seiner nie wirklich been-

207 Meyer 1946.
208 Wartmann 1862.
209 Burckhardt-Biedermann 1887.
210 Simonett 1941, 254.
211 Meyer 1972.
212 Staehelin 1943e, 449.

deten, aber nun mit neuer Entschiedenheit wieder aufgenommenen Totalrezeption der Forschungen zum Thema: Staehelin holte erneut zum grossen Wurf aus.[213] Es sollte denn auch bereits im Folgejahr die Arbeit an der SRZ^3 mit Einschluss aller involvierten Parteien konkret beginnen. Die Sammelrezension, die also das erste deutliche Zeichen dafür ist, dass mit dieser Neuauflage zu rechnen war, beleuchtete, wie Staehelin selbst festhält, «die letzten zwölf Jahre», was genau der Zeit seit dem Erscheinen der SRZ^2 entspricht.

Als letzter Beitrag vor der Emeritierung bleibt zu erwähnen eine Art Grusswort an die in der Kriegssituation neu gegründete Schweizer Akademie der medizinischen Wissenschaften. Unter dem Titel *Medicis et professoribus* referierte Staehelin über eine schon lange bekannte Inschrift aus Avenches,[214] in deren Text diese Widmung enthalten ist.[215] Er hatte die Inschrift bereits in der SRZ behandelt,[216] stellte sie aber nun in einen neuen Zusammenhang mit der Politik Vespasians. Diese neue Behandlung des Themas sollte später in die dritte Auflage einfliessen.[217]

213 Vgl. hierzu auch die Bemerkung Von der Mühlls, wonach aus dieser Rezension zu erschliessen sei, «wie eine dritte Ausgabe des Hauptwerks [= SRZ] aussehen würde». Und weiter: «Wir erhoffen sie.» Nat.-Ztg. 1943, Nr. 601, 27. 12. 1943.

214 CIL XIII 5079; Howald/Meyer 210; Walser, RIS I 77; Kolb 2022, 139.

215 Staehelin 1944b.

216 SRZ, 416; SRZ^2, 454 f.

217 SRZ^3, 483 ff.

7 Emeritus

7.1 Emeritierung und Nachfolge

Am 28. Dezember 1943 wurde Felix Staehelin 70 Jahre alt. Zu diesem Anlass feierte ihn die HAG in ihrer Sitzung vom 20. Dezember und er wurde ebenfalls in der Stadtpresse gewürdigt.[1] Dass für ihn ein Fakultätsessen veranstaltet würde, wie es das Zeremoniell vorgesehen hätte und wie es zu seinem 60. Geburtstag stattgefunden hatte, lehnte Staehelin ab.[2]

Da er sich ebenfalls eine eigentliche Festschrift verbeten hatte,[3] wurde stattdessen eine Nummer der BZG in eine solche verwandelt.[4] Federführend war hierbei der Staatsarchivar Paul Roth, zu jener Zeit Redaktor der Zeitschrift und Präsident der HAG.[5] Der grösste Teil der Kontribuenten sind in die baslerischen Zusammenhänge einzuordnen, so steuerten Rudolf Laur-Belart, Emil Major, Peter Buxtorf, Paul Roth, Paul Burckhardt, der Philologie-Ordinarius Harald Fuchs sowie die beiden Geschichtsordinarien Werner Kaegi und Edgar Bonjour je einen Aufsatz bei und Wilhelm Abt verfasste eine Bibliographie der Publikationen Staehelins. Aus dem weiteren Schweizer Umkreis lieferten Ernst Meyer, Otto Tschumi und Paul Collart einen Beitrag sowie der Waadtländer Geschichtsordinarius Charles Gilliard. Paul Roth verfasste ebenfalls ein Grusswort *An den Jubilar!*, in dem er in bezeichnender überschwänglicher Weise die SRZ hervorhob: «Um das, was Sie für die schweizerische Römerforschung geleistet haben, beneiden uns die Fachgenossen aus aller Welt. Ihr Buch ‹Die Schweiz in römischer Zeit› gehört neben die Werke der unsterblichen Klassiker gestellt.»[6] Ganz ähnlich äusserte

1 BN 1943, Nr. 354, 27.12.1943 (Paul Roth); Nat.-Ztg. 1943, Nr. 601, 27.12.1943 (Peter Von der Mühll).

2 BN 1943, Nr. 354, 27.12.1943.

3 Offenbar erschien ihm eine solche angesichts der Kriegslage unangemessen. Roth an div., 8.3.1943, StABS PA 88 J 4 h.

4 BZG, Bd. 24 (1943). Korrespondenz zu dem Band: StABS PA 88 J 4 h.

5 Brückner 1962.

6 Roth 1943 (BZAG 42, 1943). Dass das Ausland nichts Ebenbürtiges vorzuweisen habe, wurde nachgerade zu einem Topos der Rezeption der SRZ, der immer wieder auftaucht. Das Ausland ist aber nicht immer neidisch wie hier bei Roth, sondern es anerkennt wahlweise auch «neidlos», dass «es ihm nichts Gleichwertiges an die Seite zu stellen habe» (Laur-Belart 1952a, 7).

sich Von der Mühll in seiner Würdigung ebenfalls zum 70. Geburtstag in den BN: «Wenn es von der Stellung zu reden gilt, die Staehelin in der gelehrten Welt einnimmt, so fällt selbstverständlich jedermann zuerst das Buch über ‹*Die Schweiz in römische Zeit*› ein. Es ist heute schon ein klassisches Werk der Altertumswissenschaft aus neuerer Zeit.»[7] Staehelin, der sich offenbar in der direkten Reaktion auf solche Ehrungen oftmals zurückhaltend zeigte,[8] freute sich sehr über diesen Festband, wie er selbst gegenüber Paul Roth und den Kontribuenten versicherte.[9]

Die Konsequenz des nun vollendeten 70. Altersjahres bestand aber nicht nur in entsprechenden Würdigungen, sondern konkret vor allem in dem nun bevorstehenden Abschied von der universitären Tätigkeit, wie er von dem Universitätsgesetz gefordert wurde. So informierte die Kuratel das Erziehungsdepartement im Sommer 1943 über den bevorstehenden Weggang Staehelins:

> Herr Prof. Dr. Felix Staehelin, Inhaber des dritten gesetzlichen Lehrstuhls für Geschichte, wird am 28. Dezember 1943 70 Jahre alt. Gemäss § 10, Abs. 1, des Universitätsgesetzes [...] muss er daher auf das Ende des Wintersemesters 1943/44, d. h. auf den 31. März 1944, von seinem Amte zurücktreten. [...] Die Kuratel beantragt Ihnen, Herrn Prof. Felix Staehelin unter Verdankung der geleisteten Dienste und unter Belassung von Titel und Rechten eines ordentlichen Professors auf den 31. März 1944 aus seinem Amte zu entlassen.[10]

Wenn Staehelin letztlich über diesen Termin hinaus noch bis in den Oktober 1944 lesen sollte, so hatte dies nicht etwa den Grund, dass er sich an seiner Tätigkeit festgeklammert hätte. Aus einem Schreiben, mit dem er sich am 1. Januar bei

7 Nat.-Ztg. 1943, Nr. 601, 27. 12. 1943.

8 So schrieb Paul Roth an Otto Tschumi: «Er hat mir mündlich und schriftlich wiederholt in einer Art für unsere Bemühungen gedankt, wie ich es bei ihm eigentlich nicht gewohnt war.» Roth an Tschumi, 12. 1. 1944. Bernisches Historisches Museum. Auf Staehelins unmittelbare Reaktion wird ein Licht geworfen durch seine Entschuldigung bei Paul Roth im Nachhinein der Versammlung der HAG: «Mein eigenes Gewissen und meine bessere Hälfte machen mir übereinstimmend Vorwürfe darüber, dass ich mich vorgestern Ihnen gegenüber eigentlich recht ‹ungattlig› benommen habe. Ihre Eröffnungsrede war für mich ja wirklich eine hohe Ehre, und Sie dürfen mir glauben, dass ich sie als eine solche auch empfunden habe! Aber die ganze Veranstaltung hat mich, unerwartet und überraschend wie sie war, förmlich aus dem Konzept gebracht, so dass ich den ganzen Abend hindurch nicht den rechten Ton zu treffen wusste.» Staehelin an Roth, 22. 12. 1943, StABS PA 454a: 21, 53.

9 Staehelin an Roth, 18. 12. 1943, StABS PA 454a: 21, 53; Staehelin an Roth 29. 12. 1943, StABS PA 88 J 4 h; Staehelin an Tschumi, 3. 1. 1944, Bernisches Historisches Museum. Roth an Tschumi, 12. 1. 1944, Bernisches Historisches Museum.

10 Kuratel an Erziehungsdepartement, 13. 7. 1943, StABS ED REG 1a.1: 1427. Der Regierungsrat entschied entsprechend: Miville an Regierungsrat, 21. 7. 1943, StABS ED REG 1a.1: 1427; Beschluss des Regierungsrates, 27. 7. 1943, StABS ED REG 1a.1: 1427.

Regierungsratspräsident Miville für die Glückwünsche zu seinem runden Geburtstag bedankte, bemerkte er dazu:

> [...] es gibt mir Mut, bis zu meiner Pensionierung noch alle mir verbliebenen Kräfte zusammenzuraffen zur Erfüllung meiner amtlichen Pflichten. Dann aber werde ich willig meinen Platz räumen – sofern wenigstens, was ich sehnlichst erhoffe, auf Beginn des Sommersemesters mein Nachfolger antreten kann. Ich bin mehr als je davon überzeugt, wie weise Ihr Amtsvorgänger Dr. Hauser gehandelt hat, indem er im neuen Universitätsgesetz die Altersgrenze auf die Vollendung des 70. Lebensjahres festsetzte.[11]

Eine gewisse Amtsmüdigkeit Staehelins und zweifelsohne auch sein damals schon gefasster Plan zur SRZ[3] liessen ihn der Beendigung seiner Lehrtätigkeit mit innerer Zustimmung entgegensehen. Entscheidend für seinen vorläufigen Verbleib waren also nicht seine eigenen Wünsche, sondern vielmehr ein Umstand, der auch aus diesem Schreiben herauszulesen ist: Die Nachfolgefrage gestaltete sich sehr schwierig.[12] In Antizipation dieser Tatsache hatte die Kuratel bereits im Juli 1943 für das Berufungsverfahren eine Expertenkommission eingesetzt.[13] Die Gründe, die sie gegenüber dem Erziehungsdepartement dafür geltend machte, sind bezeichnend für die Situation der Alten Geschichte in der Schweiz. Ein frühzeitiger Beginn der Beratung sei nötig «unter den heutigen Verhältnissen und bei dem völligen Mangel irgend eines schweizerischen Nachwuchses in dem von Herrn Prof. Staehelin vertretenen Fach der alten Geschichte».[14] Neben den Schwierigkeiten, welche der Kriegssituation geschuldet waren,[15] bestand das Problem also vor allem aus der disziplinären Situation der Altertumswissenschaften in der Schweiz: Es gab immer noch praktisch keine Althistoriker, und Basel stand in dieser Beziehung fast unverändert vor derselben Herausforderung wie Zürich bereits seit anfangs der 1920er Jahre. Diese Verhältnisse werfen erneut ein Licht auf die Pionierfunktion Staehelins, der sich fast 40 Jahre zuvor für das Fach habilitiert und seit dieser Zeit stets entsprechend in der Schweiz gelehrt und geforscht hatte.

Die Fakultät schlug in ihrem Gutachten Matthias Gelzer für die Nachfolge vor, der bereits 1931 im Gespräch gewesen war.[16] Es wurde – neben seiner überragenden fachlichen Qualifikation – betont, er habe «auch der modernen Ras-

---

11 Staehelin an Miville, 2.1.1944, StABS ED REG 1a.1: 1427.

12 Vgl. zu diesem Berufungsverfahren die Ausführungen bei: Königs 1988, 32–37. Zur allgemeinen Charakteristik der Berufungsverfahren in Alter Geschichte in Basel vgl. Königs 1988, 43 f.

13 Kuratel an Erziehungsdepartement, 13.7.1943, StABS ED REG 1a.1: 1427.

14 Kuratel an Erziehungsdepartement, 13.7.1943, StABS ED REG 1a.1: 1427. Vgl. Königs 1988, 32.

15 Vgl. Königs 1988, 32.

16 Vgl. Kapitel 6.1.

senideologie gegenüber seine Unabhängigkeit bewahrt».[17] Dieser Hinweis kam nicht von ungefähr. Bereits 1931 waren gegen Gelzer Bedenken laut geworden, die dahingingen, seine «Anschauungen [näherten] sich den deutschnationalen zum mindesten stark» an.[18] Nach seiner langjährigen Tätigkeit als Ordinarius im nationalsozialistischen Deutschland waren die entsprechenden Vorbehalte – auch aufgrund familiärer Implikationen – nicht weniger geworden. Der Charakter, den der deutsche Nationalismus in dieser Zeit angenommen hatte, liess solche Vorwürfe noch schwerer wiegen, als es zu Beginn der 1930er Jahre der Fall gewesen war. Obwohl die Fakultät und anfänglich auch die Expertenkommission Gelzers Haltungen und vergangene Handlungen offenbar nicht so beurteilten, dass sie einer Berufung entgegengestanden hätten, entwickelte sich die Sache zu einer politischen Frage, und am Ende des Verfahrens sollte aufgrund entsprechender Bedenken und mit Blick auf die öffentliche Meinung schliesslich keine Berufung resultieren.[19]

In Betracht gezogen wurden von der Fakultät neben Paul Collart – der aufgrund seiner schlechten Deutschkenntnisse wegfiel – u. a. ebenfalls Alfred Heuss[20] und Andreas Alföldi[21]. Heuss hatte sich bei Felix Staehelin selbst ins Spiel gebracht, indem er ihm gegenüber als Reaktion auf die Zusendung des Artikels zu den *Völkern und Völkerwanderungen im Alten Orient* Distanz zu einer von nationalsozialistischer Ideologie geprägten Althistorie markiert hatte.[22]

17 Fakultät an Gerwig (Präsident der Kuratel), 4.12.1943, StABS UA XI 3,3. Die Fakultät bezieht sich hierbei ausdrücklich auf Gelzers Beitrag in dem Sammelband *Rom und Karthago*. Sowohl bei Heuss wie auch bei Gelzer erfüllte in diesem Zusammenhang also der jeweilige Beitrag zu dem Sammelband die Funktion, ihre Unabhängigkeit gegenüber einer nationalsozialistisch-ideologischen Geschichtsschreibung zu demonstrieren.

18 Kuratel an Erziehungsrat, 29.4.1931; StABS Erziehung CC 20. Vgl. Königs 1988, 21.

19 Die langwierige und verwickelte Debatte betrifft Staehelin nur mittelbar, sie ist bei Königs 1988, 32–35 in den Grundzügen dargestellt. Vgl. jetzt auch Simon 2022, 329 ff.

20 Zu Alfred Heuss vgl. Rebenich 2000.

21 Alföldi sollte zu einem späteren Zeitpunkt tatsächlich auf den Lehrstuhl berufen werden. Vgl. Ruprecht 2015, 51–57; Königs 1988, 37–41. Daneben wurden genannt: Bengtson, Bickermann, Ehrenberg, Instinsky, Nesselhauf und Strasburger. Fakultät an Gerwig (Präsident der Kuratel), 4.12.1943, StABS UA XI 3,3. Vgl. Königs 1988, 33.

22 Heuss an Staehelin, 3.6.1943, UB Basel NL 72 VIII: 234. Vgl. zur Reaktion auf den Völkerwanderungs-Aufsatz Kapitel 10.2. Heuss erwähnt seinen Beitrag zum Sammelband *Rom und Karthago*, dem Staehelin «hoffentlich ansehen» werde, «dass er sich von einem billigen Doktrinarismus freizuhalten sucht». Der Sammelband, der auch zur Beurteilung Gelzers herangezogen wurde, ist in jüngster Zeit in wissenschaftsgeschichtlicher Perspektive neu beleuchtet worden: Sommer/Schmidt 2019. Für den Beitrag von Heuss: Gehrke 2019. Ebenfalls verwies Heuss Staehelin auf den Orientalisten («unseren Landsmann») Johann Jakob Stamm, bei welchem Staehelin in der Folge Erkundigungen einzog. Die Auskünfte, die er von Stamm erhalten hatte, notierte er folgendermassen: «[…] er sei ihm immer als ein ernster, geistiger Mensch erschienen, die Modeströmungen seit 1933 habe er nie mitgemacht, sondern sich bewusst von ihnen

Es sollte aufgrund der Umstände nicht gelingen, Staehelins Nachfolge in einer Frist zu regeln, die es erlaubt hätte, diesen bereits auf das Sommersemester hin zu ersetzen. Es war also nötig, eine Vertretung zu finden. Für diese stellte sich Staehelin selbst zur Verfügung: «Herr Prof. Felix Staehelin hat sich trotz seiner Amtsmüdigkeit in freundlicher Weise bereit erklärt, die Aufgabe zu übernehmen».[23] Staehelin las also noch einmal ein Semester, musste allerdings im Frühsommer 1944 feststellen, dass das Berufungsverfahren für seine Nachfolge nicht recht vorankam. Er wollte keinesfalls noch ein weiteres Semester anhängen, machte sich jedoch Sorgen um die Zukunft des Fachbereichs der Alten Geschichte in Basel, der ja seine Schöpfung und sein institutionelles Vermächtnis war. Im Juni schrieb er an die Kuratel: «Im laufenden Sommersemester habe ich die Erfahrung machen müssen, dass meine amtliche Pflicht mich doch mehr ermüdet, als dass ich noch länger ausharren dürfte. Ich sehe mich zu dem Entschluss gedrängt, meine Pensionierung auf den 1. Okt. d. J. als endgültig zu betrachten.» Es sei ihm aber «ein ernstes Anliegen», so Staehelin weiter, «dass das Fach der Alten Geschichte unter keinen Umständen verwaist bleibe». Staehelin bat die Behörden dringend darum, seinen Lehrstuhl zu Beginn des folgenden Wintersemesters wieder zu besetzen. Als Nachfolge schlug er Gelzer vor und als Alternative, «wenn die ihm entgegenstehenden Hindernisse unüberwindlich sein sollten, Alfred Heuss».[24] Für das Wintersemester 1944/1945 war eine definitive Entscheidung noch immer nicht erfolgt, und so übernahm der Philologie-Ordinarius Harald Fuchs die Vertretung für die Alte Geschichte. Im Sommer 1945 wurde schliesslich im Zuge einer internen Lösung Bernhard Wyss zum Ordinarius für Alte Geschichte gewählt.[25] Dieser wechselte 1952 auf das gräzistische Ordinariat, woraufhin Andreas Alföldi den von Staehelin

ferngehalten; an Berve (seinem Lehrer) habe er die Einengung des Gesichtskreises auf die Idg. bedauert u. die Notwendigkeit einer universellen Betrachtungsweise mit Einschluß des semit. Orients hervorgehoben.» Staehelin zeigte sich nach seiner Evaluation von der wissenschaftlichen Integrität Alfred Heuss' überzeugt: «Das stimmt durchaus zu der Haltung seines Beitrags in ‹Rom und Karthago› und mit seinem Brief an mich […], den ich Stamm vorlas und der nach dessen Eindruck unbedingt ehrlich ist.» Notiz Staehelin, UB Basel NL 72 VIII: 234, Beil.

23 Gerwig (Präsident der Kuratel) an Erziehungsdepartement, 31.3.1944, StABS ED REG 1a.1: 1427. Vgl. Königs 1988, 32.

24 Staehelin an Kuratel, 1.6.1944, StABS ED REG 1a.1: 1427. Staehelin unterstützte die Strategie von Alfred Heuss, indem er ihn ausdrücklich einen «Auslandschweizer» nannte und damit seine Eigenschaft als Schweizer ebenso betonte, wie Heuss es ihm gegenüber getan hatte. Ebenfalls verwies er darauf, dass er ihn persönlich kenne und dass man u. a. bei Stamm weitere Auskünfte einholen könne. Den Hinweis auf die Hindernisse, die einer Berufung Gelzers entgegenstünden, hat Königs 1988, 36 sicher zu Recht dahingehend interpretiert, dass Staehelin die politische Konsensfähigkeit Gelzers zu diesem Zeitpunkt angesichts der entsprechenden Diskussionen bereits als gering einschätzte.

25 Königs 1988, 35 ff.

begründeten Lehrstuhl übernahm.[26] Felix Staehelin aber wurde im Herbst 1944 definitiv in den Ruhestand versetzt. Seit 1907 hatte er ununterbrochen an der Universität Basel Alte Geschichte gelehrt, hatte das entsprechende Seminar begründet und als erster Ordinarius für das Fach amtiert. Mit seiner Emeritierung begann nicht nur eine weitere, letzte Phase seines Lebens, sondern es ging auch für die Geschichtswissenschaft und die Altertumswissenschaften in Basel selbst eine Ära zu Ende.

7.2 Die dritte Auflage der *Schweiz in römischer Zeit*

«Die Tagesarbeit seines Alters», so nannte Paul Burckhardt Staehelins Beschäftigung mit der dritten Auflage seiner SRZ.[27] Es stellt einen eindrücklichen Beweis von Staehelins geistiger Spannkraft dar, dass er im Alter von 70 Jahren direkt im Anschluss an seine Emeritierung die grosse Aufgabe einer erneuten Überarbeitung seines Werks in Angriff nahm. Bereits gegen Ende seiner regulären Amtsdauer als Ordinarius hatte er den Plan fest ins Auge gefasst. Wie oben ausgeführt, zeigt schon seine Sammelrezension zur *Römerzeit* aus dem Jahr 1943 deutlich die erneute Erarbeitung eines umfassenden Überblicks über den Stand der Forschung und damit einen ersten Beginn der gedanklichen Arbeit an der der dritten Auflage. Es ist kein Zufall, dass Peter Von der Mühll in seinem Zeitungsartikel von dieser Umschau Staehelins auf die mögliche Gestalt einer dritten Auflage geschlossen und sich eine solche im selben Zug von Felix Staehelin erwünscht hatte.[28]

Anfang des Jahres 1944 begann Staehelin in Erwartung seiner baldigen Emeritierung damit, den Plan zur erneuten Publikation seiner SRZ zu kommunizieren und erste Schritte zu deren Organisation zu unternehmen. So schloss er an seinen Dank, den er Otto Tschumi Anfang Januar für dessen Beitrag an seine Festschrift abstattete, die Bemerkung an, es werde ihm erst möglich sein, die Folgerungen aus Tschumis Aufsatz zu ziehen, «wenn es zu einer SRZ[3] kommt, worauf nach meinem Rücktritt im Frühjahr – falls bis dahin mein Nachfolger ernannt ist und antreten kann – einige Aussicht besteht».[29] Ebenfalls noch im Januar wandte sich Staehelin in dieser Sache an den Schwabe Verlag. Er informierte ihn über seinen Plan, wobei er klar machte, dass er mit der tatsächlichen Arbeit erst beginnen könne, wenn er durch keine anderen Belastungen mehr in Anspruch genommen werde. Schwabe sicherte ihm daraufhin zu, dass bezüglich

26 Vgl. Königs 1988, 37–41; Ruprecht 2015, 51–57.

27 Burckhardt 1953, 10.

28 Vgl. Kapitel 6.3.

29 Staehelin an Tschumi, 3. 1. 1944. Bernisches Historisches Museum.

seines Buches erneut mit der Stiftung Schnyder von Wartensee Fühlung aufgenommen werde.[30]

Während Staehelins letztem Semester an der Universität, das er lediglich noch in Vertretung absolvierte, wurde also durch den Verlag bereits die Organisation der 3. Auflage der SRZ in die Wege geleitet. Die Verantwortlichen in Zürich zeigten sich dem Ansinnen gegenüber offen und bereits im Juli konnte Schwabe Staehelin mitteilen, die Stiftung sei «von der Bibliothekskommission der Zentralbibliothek Zürich ermächtigt worden [...], die Herstellungskosten einer 3. von ihnen durchgesehenen Auflage Ihres Werkes ‹Die Schweiz in römischer Zeit› zu übernehmen».[31] Staehelin reagierte sehr erfreut; da er wie oben geschildert zu dieser Zeit bereits seinen definitiven Abschied von der Universität erklärt hatte, konnte er Schwabe die baldige Aufnahme der Ausarbeitung in Aussicht stellen: «Ich habe meine akademische Lehrtätigkeit jetzt endgültig eingestellt und werde mich vom Spätsommer an energisch an das neue Unternehmen machen.»[32] Dies bedeutete den konkreten Beginn der Arbeit; die nächsten Jahre sollten nun in erster Linie der 3. Auflage der SRZ gewidmet sein.

Ende des Jahres 1944 fand eine Besprechung statt zwischen Felix Staehelin, Schwabe und dem Aktuar der Stiftung, Burckhardt. Geplant war erneut eine Auflage von 1500 Exemplaren, die im Frühling 1946 erscheinen sollte. Ernst Howald, der Mitglied in der Stiftungskommission war, mahnte in der darauffolgenden Sitzung einen nicht zu hohen Ladenpreis (maximal 30 Franken) an und schlug die Erhöhung der Auflage auf 2000 Exemplare vor. In einer seltsamen Verkennung der Fortschritte der Schweizer Bodenforschung behauptete er, die 2. Auflage sei «noch keineswegs veraltet», und es hätte «bei höherer Auflageziffer [...] eine 3. Auflage noch hinausgeschoben werden können».[33] Howalds Haltung ist hierbei nicht leicht verständlich. Einerseits zielen seine Vorschläge (tieferer Preis, höhere Auflage) auf eine grössere Verbreitung der SRZ[3] ab. Andererseits scheint er der Sache nicht besonders wohlwollend gegenübergestanden zu haben, wenn er die Meinung äusserte, es wäre wünschenswerter gewesen, mit einem Vorrat an Exemplaren der zweiten Auflage eine dritte noch hinauszögern zu können. Wie lange hätte der über 70-jährige Emeritus Staehelin mit der Arbeit an einer dritten Auflage noch zuwarten wollen? Ein solches Vorgehen hätte – wie unschwer zu sehen ist – die wahrscheinliche Folge gehabt, dass eine dritte Auflage nie entstanden wäre.

30 Schwabe Verlag an Staehelin, 18. 1. 1944, UB Basel NL 72 VIII: 520.

31 Schwabe Verlag an Staehelin, 13. 7. 1944, UB Basel, Archiv Schwabe Verlag II, Staehelin Felix.

32 Staehelin an Schwabe Verlag, 15. 7. 1944, UB Basel, Archiv Schwabe Verlag II, Staehelin Felix.

33 Protokoll Kommission SvW, 24. 1. 1945, ZBZ Arch. St 202: a.

Schwabe erklärte sich zu einer Erhöhung der Auflage gern bereit und beschied der Stiftung SvW, dass der Ladenpreis von noch vorzunehmenden Preiskalkulationen abhänge.[34]

Ein Veröffentlichungstermin im Frühling 1946 sollte sich allerdings als illusorisch erweisen. Aufgrund diverser praktischer Schwierigkeiten seitens des Verlags und des Buchdrucks verzögerte sich die Publikation immer weiter. Eine Folge hiervon war, dass Staehelin in das grundsätzlich bereits fertige Manuskript fortlaufend die neue Literatur einarbeiten musste, wollte er sein Buch aktuell halten. Dies wiederum erforderte – in Kombination mit einer zwischenzeitlichen Erhöhung der Auflage – aufgrund des fortlaufend anwachsenden Buchumfangs Anpassungen an der Preiskalkulation, so dass im Frühling 1946 bereits getroffene Abmachungen zwischen Verlag und Stiftung wieder revidiert werden mussten.[35] Die Stiftung akzeptierte in der Folge eine Erhöhung ihres finanziellen Beitrags, um eine «prohibitive» Preisgestaltung zu verhindern. Auf Grundlage dieser neuen Abmachungen wurde nach weiteren Anpassungen sodann ein Vertrag abgeschlossen, der auf den 1. August 1946 datiert ist.[36] Die Stiftung finanzierte das Werk mit 9600 Franken, wobei sie nach Verkauf von 1200 Exemplaren jeweils 7 Franken für jedes weitere verkaufte Buch zurückerhielt. Für Staehelin wurde vom Verlag ein Honorar von 4500 Franken festgesetzt, wobei er 2250 Franken nach Ablieferung des druckfertigen Exemplars erhielt und den Rest nach Absatz von 1000 Exemplaren. Wie weit Staehelin zu diesem Zeitpunkt mit seiner Arbeit bereits fortgeschritten war, wird dadurch deutlich, dass der Verlag ihm den ersten Teil des Honorars bereits unmittelbar nach Vertragsabschluss auszahlte. Das Manuskript war also bereits im Sommer 1946 in einem grundsätzlich druckfertigen Zustand.

Die Publikation sollte sich allerdings immer noch weiter verzögern, was für Staehelin nicht nur eine wahre Geduldsprobe bedeutete, sondern ebenfalls seinen Anspruch gefährdete, ein Werk auf dem absolut neusten Stand der Forschung zu veröffentlichen. Noch im August 1946 teilte Schwabe der Stiftung SvW mit, dass aufgrund der Überlastung des Druckgewerbes erst im Spätherbst mit dem Satz begonnen werden könne.[37] Eine neue Terminierung der Publikation auf Ostern 1947 sollte sich als ebenso unmöglich einzuhalten erweisen wie die ursprünglich angedachte. Im August 1947 war der «Umbruch in Seiten und Bogen abgeschlos-

---

34 Schwabe Verlag an SvW, 21.2.1945, UB Basel, Archiv Schwabe Verlag II, Staehelin Felix. Nach einer zwischenzeitlichen Kalkulation mit 36 Franken sollte das Buch schliesslich tatsächlich zu einem Preis von 30 Franken in die Läden kommen. Schwabe Verlag an SvW, 10.9.1948, UB Basel, Archiv Schwabe Verlag II, Staehelin Felix.

35 Schwabe Verlag an SvW, 8.5.1946, UB Basel, Archiv Schwabe Verlag II, Staehelin Felix.

36 Verlags-Vertrag *Die Schweiz in römischer Zeit, 3. Aufl.*, 1.8.1946, UB Basel, Archiv Schwabe Verlag II, Staehelin Felix.

37 Schwabe Verlag an SvW, 2.8.1946, UB Basel, Archiv Schwabe Verlag II, Staehelin Felix.

sen», wie Staehelin im Vorwort der SRZ³ schreibt,[38] so dass er Neues nur noch dort einfügen konnte, wo dazu die fertigen Seiten nicht weiter verändert werden mussten. Für alles andere war er gezwungen, auf die «Nachträge und Berichtigungen» ausweichen, die auf diese Weise «je länger zu desto beängstigenderem Umfang angeschwollen» waren[39] – die Veröffentlichung sollte sich nämlich auch von diesem Datum an ständig noch weiter verzögern. In einem Schreiben vom Oktober 1947 bat der Verlag eine Drittpartei um Geduld, da «der Druck infolge verschiedener unvorhergesehener Hindernisse» erst Ende des Jahres erfolgen könne,[40] und es dauerte letztlich noch bis September 1948, bis Staehelin den erlösenden Bescheid erhielt:

> Endlich können wir Ihnen die erfreuliche Mitteilung machen, dass die so lange erwartete Neuauflage Ihres Werkes ‹Die Schweiz in römischer Zeit› nun erschienen ist. [...] Wir hoffen, sehr verehrter Herr Professor, der schöne und stattliche Band werde Sie die von Ihnen geforderte Mühe und Geduld vergessen lassen [...].[41]

Die SRZ³ erschien in einer Auflage von 2200 Exemplaren. Über zwei Jahre hatte es also gedauert, bis Staehelins eigentlich bereits fertige Arbeit schliesslich erscheinen konnte. Staehelin zeigte sich hoch erfreut, er gratulierte in seinem Antwortschreiben «Ihnen – und auch mir – zu dem prachtvollen Ergebnis Ihrer Bemühungen». «Ich atme erleichtert auf», so Staehelin weiter, «denn ich bin der Sorge ledig, daß ich das Erscheinen gar nicht mehr erleben würde!»[42]

Die Herstellung der dritten Auflage der SRZ stellt einen gewaltigen Kraftakt des emeritierten Professors dar. In einer bis heute auf dem Gebiet absolut beispiellosen Anstrengung unternahm er es noch einmal, die gesamte Forschungsleistung der Zunft in seine Gestaltung zu integrieren; sie nicht nur anzuhäufen, zu überblicken und als Materialsammlung zu präsentieren, sondern intellektuell zu durchdringen, mit seinen bisherigen Ergebnissen in der SRZ und der SRZ² zu konfrontieren und gegebenenfalls neue Schlüsse zu ziehen. In seinem Beharren darauf, dass das Buch zum Zeitpunkt seiner Veröffentlichung den absolut neusten Forschungsstand repräsentieren sollte, zeigt sich der Wunsch Staehelins, hier sein Werk, dem er so viel an Erfolg, Prominenz und Anerkennung zu verdanken hatte, das nun aber bereits einer anderen Zeit angehörte, auf Dauer zu stellen und

38 SRZ³, 9.

39 SRZ³, 9.

40 Schwabe Verlag an Verlag Birkhäuser, 3.10.1947, UB Basel, Archiv Schwabe Verlag II, Staehelin Felix.

41 Schwabe Verlag an Staehelin, 13.9.1948, UB Basel, Archiv Schwabe Verlag II, Staehelin Felix.

42 Staehelin an Schwabe Verlag, 14.9.1948, UB Basel, Archiv Schwabe Verlag II, Staehelin Felix.

dessen Status als die massgebliche «römische Schweiz» für die Zukunft zu sichern. Zu diesem Zweck war nicht nur der Text auf den neusten Stand gebracht worden, sondern Staehelin sorgte ebenfalls für neue Illustrationen und ersetzte die beigegebenen Pläne. Angesichts der Fortschritte, die die römische Bodenforschung in den 1930er und 1940er Jahren gemacht hatte, wäre Staehelins Buch ohne die dritte Auflage nach seinem Tod wohl noch konsultiert worden; den Anspruch aber, *das* entscheidende Referenzwerk zu sein, den Staehelin 1927 in einer solch durchschlagenden Weise verteidigt hatte, dem hätte es sehr schnell immer weniger gerecht werden können. Die Überarbeitung seines Werks nahm Staehelin auch jetzt wieder grundsätzlich in derselben Weise vor, wie er es für die 2. Auflage getan hatte. In ein durchschossenes Exemplar notierte er sich, was abgeändert bzw. ergänzt werden sollte. Hierbei umfassen die berücksichtigten Publikationen und Mitteilungen nun einen viel längeren Zeitraum als im Fall der zweiten Auflage. So finden sich in Staehelins Handexemplar etwa noch persönliche Mitteilungen von Karl Stehlin aus den frühen 1930er Jahren.[43] Staehelin dürfte also schon seit dem Erscheinen der 2. Auflage entsprechende Bemerkungen in sein Exemplar eingetragen haben. Der Umfang der Erweiterungen in der SRZ³ übersteigt aber die in dem Handexemplar notierten Passagen bei weitem.

Aufgrund der spezifischen Art der Überarbeitung, die charakteristisch ist für Staehelins Arbeitsweise, galt auch für diese Auflage wieder, dass das «Gebäude [...] unangetastet» geblieben, aber die «Innendekoration etwas umgestaltet» worden war, wie der Rezensent der Basler *National-Zeitung* bemerkte.[44] Oder wie Ernst Meyer es ausdrückte: «So ist das Buch im ganzen doch das alte geblieben, aber in erneuerter und verschönerter Form und dem derzeitigen Stand unseres Wissens entsprechend.»[45] In der Tat verzichtete Staehelin erneut auf konzeptuelle Eingriffe und die Überarbeitung ist in Hinsicht auf die Buchstruktur mit einem gewissen Minimalismus ausgeführt. Besonders betrifft dies erneut die konkreten Formulierungen, an denen Staehelin in einer teilweise geradezu verblüffenden Weise festhielt.

An den meisten Stellen ist immer noch selbst in Abschnitten, wo sich die darin entwickelte These von der SRZ² zur SRZ³ diametral ändert – etwa wenn Staehelin aufgrund der neueren Forschung zu anderen Ergebnissen kam –, die sprachliche Form soweit es nur irgendwie geht unverändert geblieben. Als Beispiel hierfür soll eine Passage dienen, welche die Frage der Provinzzugehörigkeit eines Grossteils des heutigen schweizerischen Territoriums betrifft. In der SRZ schreibt Staehelin bezüglich der Einrichtung der Provinz *Germania Superior:*

43 UB Basel NL 72 V: 39.

44 Nat.-Ztg., 5.12.1948. Dies sollte jedoch nicht so verstanden werden, dass die Änderungen kosmetischer Natur gewesen wären.

45 Meyer 1948, 245.

> Wahrscheinlich wurde das schweizerische Gebiet von diesen Veränderungen nicht betroffen, sondern entsprechend dem hohen Stand seiner Zivilisation bei der Gallia Belgica gelassen; dies gilt sowohl für das eigentliche Helvetierland wie für das Gebiet der peregrinen Rauriker und der Kolonie Augusta Raurica, die administrativ bei einander blieben und so auch vereint mit dem Sequanerland zusammen unter Diocletian in der Provinz Sequania (später Maxima Sequanorum) aufgegangen sind.[46]

In der SRZ[2] beliess Staehelin den Satz unverändert.[47] In der SRZ[3] steht an dieser Stelle:

> Wahrscheinlich wurde das schweizerische Gebiet gleich dem nördlich angrenzenden Elsaß von diesen Veränderungen betroffen und der neuen Provinz Obergermanien einverleibt; das gilt sowohl für das eigentliche Helvetierland wie für das Gebiet der peregrinen Rauriker und der Kolonie Augusta Raurica, die administrativ beieinander blieben und so auch vereint mit dem Sequanerland zusammen unter Diocletian in der Provinz Sequania (später Maxima Sequanorum) aufgegangen sind.[48]

Obwohl Staehelin sich in der Zwischenzeit der Argumentation Ernst Meyers angeschlossen hatte[49] und damit seine These vom Verbleib des Gebiets in der Gallia Belgica über den Zeitpunkt der Einrichtung der neuen Provinz hinaus hinfällig geworden war, behält die betreffende Passage zur Gänze ihren sprachlichen Charakter.[50]

Wie im Falle der ersten und der zweiten Auflage versuchte Staehelin im Vorfeld der Publikation über persönliche Kontakte einerseits stets auf dem Laufenden zu bleiben, was neue Ausgrabungsergebnisse betraf, und andererseits die Illustrationen für das Buch zu organisieren. Ebenfalls flossen auch jetzt wieder konkrete Anmerkungen zu den einzelnen Themen, die ihm brieflich zukamen, in die Darstellung ein. In der Gestalt dieses Netzwerks war aber im Vergleich zu den beiden früheren Auflagen eine Veränderung eingetreten, wie bereits aus der Danksagung für «Bildvorlagen» und «sonstige Mitteilungen» ersichtlich wird, mit denen Stae-

46 SRZ, 210.

47 SRZ[2], 229 (mit Ausnahme der Schreibweise des Wortes «beieinander», welches nun nicht mehr getrennt geschrieben wurde).

48 SRZ[3], 237 f.

49 Meyer vertrat schon in Howald/Meyer 1941 die These einer Zugehörigkeit zur *Germania Superior* (siehe etwa: Howald/Meyer 1941, 241); konkret schliesst sich hier Staehelin Meyers These an, dass aus den Angaben bei Ptol. geogr. 2.9.9 sich ein Verbleib in der *Gallia Belgica* nicht schliessen lasse. Vgl. Howald/Meyer 1941, 98, Anm. 2.

50 Dieses Vorgehen war nur deshalb möglich, weil Staehelin die notwendige Diskussion der Thesen praktisch gänzlich in die Fussnoten auslagerte, vgl. Kapitel 9.4. Im Falle der hier gezeigten Passage beginnt aber ebenfalls die entsprechende Fussnote in SRZ[3] trotz nun gänzlich anders gearteter Aussage in der Formulierung gleichförmig wie noch in der SRZ und der SRZ[2] (SRZ, 210, Anm. 3; SRZ[2], 229, Anm. 4; SRZ[3], 237, Anm. 5).

helin in allen drei Vorlagen sein Vorwort beschloss.[51] Während in der ersten Auflage noch deutsche Forscher wie Friedrich Drexel, Oscar Bohn und weitere verdankt wurden, finden sich in den entsprechenden Passagen in der dritten Auflage nurmehr in der Schweiz tätige Wissenschaftler. Ein ähnliches Bild ergibt sich bei einer Konsultation des vorbereitenden Handexemplars der zweiten Auflage und ebenfalls in der nachgelassenen Korrespondenz. Die briefliche Mitarbeit an Staehelins Themen kam nun fast ausschliesslich aus der Schweizer Forschung. Wir fassen hier eine Reflexion der veränderten Lage in Bezug auf die «Römerforschung». Der Quellenbefund weist auf die Tatsache hin, dass sich die provinzialrömische Archäologie der Schweiz in den 1930er und 1940er Jahren fortlaufend professionalisiert und sich trotz weiterhin wichtiger Tätigkeit von Wissenschaftlern wie Gerhard Bersu von der deutschen Forschung zunehmend emanzipiert hatte. Dies ist vor dem Hintergrund nicht nur der fortschreitenden disziplinären Ausdifferenzierung, fachlichen Professionalisierung und der entsprechenden Implikationen für die Geschichte wissenschaftlicher Institutionen und innerfachlicher Diskurse zu sehen, sondern ebenfalls in dem grösseren Zusammenhang der politischen Entwicklungen der Zeit. Es ist von einem Zusammenspiel einer notwendig gewordenen stärkeren diskursiven Abgrenzung von grossen Teilen der deutschen Forschung auszugehen bei gleichzeitiger Intensivierung der eigenen Anstrengungen mit Instrumenten wie dem freiwilligen Arbeitsdienst und später der Beschäftigung von Internierten. Allgemeine Hinweise auf die Zusammenhänge und Ansätze zu einer Darstellung der Entwicklungen sind in der Forschung vorhanden.[52] Ein umfassendes Bild des Prozesses im Hinblick auf seine diskursiven Interdependenzen und die Rolle der einzelnen Akteure und Institutionen ist ein Desiderat und müsste zunächst von einer auf eine breite Quellenbasis abge-

51 SRZ, VII–X; das Vorwort der ersten Auflage wurde in der zweiten noch einmal abgedruckt (SRZ², VI–IX) und ebenfalls in der dritten, hier aber in einer gekürzten Version ohne die Danksagungen (SRZ³, VII–VIII). Daneben enthalten beide Auflagen auch je ein eigenes Vorwort: SRZ², X; SRZ³, IX f.

52 Vgl. Furger 1998 (zur Ur- und Frühgeschichtsforschung im allgemeinen in der Schweiz:), 37–46, bes. 38: «Die ersten professionellen Schweizer Archäologen beginnen jetzt die Nachfolge der selbst ausgebildeten Forscher aus dem Kreis des gehobenen Bürgertums anzutreten. Das führt endlich zu einer allgemeinen Angleichung der Schweizer Forschung an das ausländische Niveau. Der Generationenwechsel findet in den dreissiger Jahren und damit in der Zeit der Weltwirtschaftskrise mit der damit verbundenen Arbeitslosigkeit und des sich anbahnenden neuen Weltkrieges statt. Mit dieser Situation gehen die jungen Forscher kreativ um. Dabei hilft ganz wesentlich mit, dass geistige Aufrüstung – im Gegenzug zu entsprechenden Bestrebungen vor allem Deutschlands – gefragt ist und die Archäologie des Heimatbodens mittlerweile zu einer wichtigen Aufgabe des Landes gemacht wurde»; vgl. weiter: Rey 2002; Brem 2003; Brem 2023.

stützte Geschichte der provinzialrömischen[53] Bodenforschung in der Schweiz geleistet werden.[54]

Für das Thema vorliegender Arbeit ist es wichtig zu betonen, dass Staehelin hier in gewissem Sinn ernten konnte, was er selbst gesät hatte. Die viel grössere Eigenständigkeit der schweizerischen Forschung war nicht zuletzt ihm selbst zu verdanken, der viel zu deren Förderung unternommen hatte. Schon allein die Installierung Rudolf Laur-Belarts und die Möglichkeit des Rückgriffs auf dessen Ressourcen stellten für Staehelin im Hinblick auf die SRZ³ eine unschätzbare Grundlage dar, die grosse Teile der Funktion seines Netzwerkes, wie es in den 1920er Jahren bestanden hatte, übernehmen konnte.[55] Mit diversen weiteren Protagonisten der Schweizer Bodenforschung, die nun für die Forschungslandschaft bestimmend waren, hatte Staehelin schon früh in Kontakt gestanden, mancher von ihnen war selbst in der einen oder anderen Art aus den Basler Verhältnissen herausgewachsen und hatte dort in seiner Jugend, in Gymnasium und Studium, Felix Staehelin als den Repräsentanten der römischen Schweiz erlebt.[56]

Neben dieser neuen wissenschaftlichen Qualität und Eigenständigkeit der schweizerischen Bodenforschung war es – wie bereits angesprochen – besonders die Forschungs- und Publikationstätigkeit Ernst Meyers, welche in Bezug auf das

53 Da eine entsprechende Disziplin lange institutionell nicht bestand, müsste eine entsprechende historische Behandlung eng an eine Geschichte der ur- und frühgeschichtlichen Bodenforschung in der Schweiz angeschlossen werden mit Berücksichtigung der Nachbardisziplinen.

54 Es ist hierbei zu beachten, dass Staehelins Leben und Werk die entsprechenden Entwicklungen nicht in einer geradlinigen Weise reflektieren. Hierfür ist nicht nur seine fachlich-disziplinäre Position zu einzigartig und zu distanziert von der Bodenforschung, sondern es spielen in Fragen seiner persönlichen und institutionellen Kontakte ebenfalls stark biographisch geprägte Faktoren hinein wie sein fortschreitendes Alter und sein Umgang mit dem Generationenwechsel, der oben geschildert wurde. Man kann also die Entwicklung der provinzialrömischen Forschung in der Schweiz in der fraglichen Zeit nicht direkt aus einer Untersuchung mit Fokus auf Staehelin, wie sie hier vorgenommen wird, erschliessen. Dennoch steht es ausser Frage, dass grundlegende Aspekte eben dieser Entwicklungen Staehelins praktischen Zugriff auf die römische Schweiz stark affizieren mussten und dass diese sich deswegen in einer spezifischen Form auch in einer auf Staehelin fokussierten Betrachtung zeigen.

55 Staehelin betont dies auch im Vorwort und erneut in der Einleitung der dritten Auflage (SRZ³, IX f.).

56 So etwa Emil Vogt, der selbst aus Basel stammte und der bereits in der ersten Auflage der SRZ in der Danksagung für die Bildvorlagen neben Karl Stehlin aufgeführt wird (SRZ, IX). Für die dritte Auflage war Vogt für Staehelin direkter Ansprechpartner für diverse Fragen der archäologischen Bodenforschung. Ebenfalls hatte Christoph Simonett, der zur Zeit der dritten Auflage der massgebliche Protagonist der Forschung in Vindonissa war und mit dem Staehelin auch für seine SRZ³ regelmässig in Kontakt stand, unter anderem in Basel studiert (Wieser, Constantin, «Laudatio für Herrn Dr. Simonett», in: *Bündner Monatsblatt* 1/2, 1981, 1–8, hier: 2). Ebenso ist hier etwa Walter Drack anzuführen, der 1945 in Basel promovierte und den Staehelin in der SRZ³ bereits verschiedentlich zitiert.

Forschungsumfeld zu der geänderten Ausgangslage für Staehelin gegenüber der ersten Auflage beitrug. Bereits im Vorwort hebt Staehelin die nun verfügbare Quellenedition Howald/Meyer hervor und stellt sie in ihrer Bedeutung dem von Laur gegründeten Institut für Ur- und Frühgeschichte an die Seite.[57] Hier hatte Staehelin sich nun erstmals mit einem anderen Gelehrten auseinanderzusetzen, der nicht als Ausgräber, sondern so wie Staehelin selbst mit genuin historischem Blick und altertumswissenschaftlicher Übersicht die römische Schweiz behandelte.[58] Ernst Meyer war wie oben ausgeführt der erste eigentliche Althistoriker neben Staehelin, der sich mit der römischen Schweiz in ihrer Gesamtheit beschäftigte, und die Auseinandersetzung mit den Wertungen Meyers und der Rekurs auf seine (mit Howald realisierte) Quellenedition prägte Staehelins dritte Auflage der SRZ in entscheidenden Punkten.

Auch die dritte Auflage der SRZ war ein grosser Erfolg. Es wurde ihr erneut, sowohl im In- als auch im Ausland eine grosse Anzahl Rezensionen gewidmet. Man kannte das Buch nun bereits, es hatte sich über 20 Jahre als Standardwerk bewiesen, und seine Neuauflage wurde mit äusserstem Wohlwollen, teils begeistert aufgenommen. Exemplarisch hierfür ist die Eingangspassage der Besprechung in der *Classical Philology:* «It is a pleasure to welcome this magnificent new edition of a work already long favorably known.»[59]

Entsprechend schrieb auch Ernst Meyer in seiner Rezension: «Über das Werk im allgemeineinen noch etwas hinzuzufügen, dürfte überflüssig sein. Staehelins Römische Schweiz bedarf keiner Empfehlung mehr.»[60] Gerade bei Ernst Meyer sowie in weiteren ausführlichen Besprechungen wurde nun allerdings auch noch deutlicher Kritik an einzelnen Punkten und methodischen Entscheidungen Staehelins geübt, als es Ende der 1920er, Anfang der 1930er Jahre der Fall gewesen war. Es zeigte sich – bei aller Überarbeitung – in einzelnen Teilen nun doch, dass das Buch letztlich aus einer anderen Zeit stammte und die Wissenschaft inzwischen nicht nur neue Protagonisten hervorgebracht hatte, sondern dass sich auch gewisse diskursive Veränderungen ergeben hatten. Auf diese Punkte wird in Kapitel 9.3 zurückzukommen sein. Auch in den kritischen Besprechungen wurde aber Staehelin erneut die Anerkennung für sein einzigartiges, beinahe unglaublich vollständiges und akribisch nachgeführtes Werk nie versagt. Es wurde generell äusserst positiv vermerkt, dass er nicht nur neue Erkenntnisse der Forschung additiv an sein Werk angefügt hatte, sondern seine Wertungen und Thesen im Licht der Auseinandersetzungen revidiert, angepasst, neu verteidigt hatte. Die intellektuelle Redlichkeit, die sich darin ausdrückte, hatte auch

57 SRZ[3], 9.

58 Ebenfalls zu nennen ist hier Denis van Berchem.

59 Larsen 1950.

60 Meyer 1948/49.

jetzt wieder etwas Zwingendes an sich, dem sich die Rezipienten nicht entziehen konnten.

Bleibt noch anzufügen, dass auch an dem Absatz der erneute Erfolg der SRZ deutlich abzulesen ist: Bereits zu Beginn des Jahres 1951 waren die ersten 1000 Exemplare verkauft.[61]

7.3 Die Frage der französischen Übersetzung

Wie gezeigt, fand die SRZ auch im französischen Sprachraum bei den Fachleuten grossen Anklang, die Tatsache, dass sie lediglich auf Deutsch vorlag, stellte jedoch evidenterweise ein Hemmnis für ihre Rezeption dar. Dies fiel umso mehr ins Gewicht, als Staehelin mit seinem Werk gerade das die Schweizer Landesteile Verbindende betonen wollte und eine historische Behandlung des römischen, lateinischen Elements in der Schweiz in der Romandie auf Interesse stossen musste.[62]

Wie oben bereits angesprochen, erhielt Staehelin noch vor der zweiten Auflage bereits aus der Westschweiz ein entsprechendes Angebot, und zwar durch den Anwalt Maurice Barbey aus Orbe.[63] Staehelin war mit Barbey in Kontakt gekommen aufgrund von dessen Arbeiten zum römischen *Urba,* dem Fundort bedeutender Mosaiken, zu denen Barbey 1929 eine zusammenfassende Darstellung publiziert hatte.[64] Für die zweite Auflage der SRZ bemühte sich Staehelin um entsprechende Illustrationen für das Buch und im Zuge der Korrespondenz machte ihm Barbey das folgende Angebot: «A l'occasion je serai hereux de savoir si vous avez songé à une traduction française de votre bel ouvrage ‹Die Schweiz in römischer Zeit›? Eventuellement je serais disposé à collaborer à cette traduction».[65] Es entspann sich hieraus eine Zusammenarbeit, aus der zwar ein französisches maschinengeschriebenes Manuskript der SRZ,[66] jedoch letztlich nie eine Publikation resultieren sollte.

Es wurde zunächst die 2. Auflage abgewartet. Geplant war offenbar ein Vorwort von Albert Grenier, der mit Barbey freundschaftlich verbunden war[67] und dessen Name allein schon im französischen Sprachraum die Qualität des Werks

61 Schwabe Verlag an Staehelin, 2.2.1951, UB Basel, Archiv Schwabe Verlag II, Staehelin Felix.

62 Vgl. zu diesem Aspekt auch Kapitel 10.2.

63 Vgl. zu Maurice Barbey (1874–1938) Otto Tschumi: «Zur Erinnerung an Maurice Barbey», in: *Der Bund* 193, 27.4.1938.

64 Vgl. Kapitel 5.3.

65 Barbey an Staehelin, 16.1.1930, UB Basel NL 72 VIII: 23.

66 UB Basel NL 72 V: 59.

67 Grenier an Tschumi, 4.5.1938, SLA Otto Tschumi 10. Vgl. Der Bund 1938, Nr. 193, 27.4. 1938.

demonstriert hätte.[68] Die Stiftung Schnyder von Wartensee gab im November 1931 einem Gesuch des Verlags Editions de la Baconnière statt zur «Veröffentlichung einer durch Herrn Maurice Barbey [...] herzustellenden französischen Übersetzung des Werkes ‹Die Schweiz in römischer Zeit› von Prof. Staehelin».[69] Allerdings dürfe das Buch nicht vor dem November 1932 erscheinen, wohl um den Absatz der SRZ^2 nicht zu gefährden. Die Sorge um eine zu frühe Veröffentlichung sollte sich jedoch schnell als unbegründet herausstellen, wie aus den Akten zu ersehen ist. Im Jahr 1934 fragte der Verlag bei der Stiftung SvW an, ob sich diese aufgrund anfallender Mehrkosten an der Finanzierung beteiligen könne, was die Stiftung aber ablehnte, da eine solche Subvention nicht dem Stiftungszweck entspreche.[70] Das Projekt war also offenbar in Finanzierungsschwierigkeiten geraten, diese stellten jedoch nicht das Hauptproblem dar. Das von Staehelin durchgesehene Manuskript[71] zeigt, in welchem Umfang er Korrekturen hatte anbringen müssen. Barbey hatte manche Dinge offensichtlich falsch verstanden, anderes nachlässig übersetzt. So schreibt Staehelin beispielsweise in SRZ^2, S. 60[72] (zu Caes. Gall. 1.2.1–1.4.1), nach einer Charakterisierung der verschwörerischen Machenschaften des Orgetorix: «Was von seinen [= Orgetorix'] Plänen an das Licht des Tages trat, fand rückhaltlos die Billigung der helvetischen Volksgemeinde», womit er ausdrückt, dass nur ein Teil der Absichten des Orgetorix bekannt geworden sei (nämlich die Auswanderung, nicht aber die Absicht zur Erlangung der Königsherrschaft) und dieser Teil Zustimmung gefunden habe. Barbey übersetzte folgendermassen: «Les assemblées du peuple helvète approuvèrent sans réserve ces plans dès qu'ils lui furent connus.»[73] Wenn in sprachlicher Hinsicht die Einschränkung in der deutschen Wendung überlesen werden konnte, so zeigte der Übersetzungsfehler jedoch ebenfalls, dass Barbey mit der Materie nicht vertraut war.

Darüber hinaus musste Staehelin auch formale Eigenheiten korrigieren, so übersetzte Barbey etwa fortwährend Titel von Periodika. Aus der *Neuen Zürcher Zeitung* wurde so in den Anmerkungen eine «Nouvelle Gazette de Zürich»,[74] aus den *Mitteilungen* der Antiquarischen Gesellschaft Zürich wurden die «Mémoires ...»[75] etc.

68 Manuskript Barbey, Titelblatt, UB Basel NL 72 V: 59.

69 SvW-Zirkularbeschluss vom 19./20. 11. 1931, ZBZ Arch. St 202: a.

70 SvW- Zirkularbeschluss vom 16. 8. 1934, ZBZ Arch. St 202: a.

71 In sprachlicher Hinsicht wurde das nachgelassene Manuskript korrigiert von Gustave Attinger.

72 SRZ, 54; SRZ^3, 69.

73 Manuskript Barbey, 81, UB Basel NL 72 V: 59.

74 Manuskript Barbey, 65 (SRZ^2, 47), UB Basel NL 72 V: 59.

75 Manuskript Barbey, 1 (SRZ^2, XV), UB Basel NL 72 V: 59.

Die Sache endete letztlich damit, dass Staehelin die Übersetzung als Ganzes nicht akzeptierte.[76] Die Zurückweisung dürfte sowohl für Barbey, der sich über mehrere Jahre dieser schwierigen Aufgabe gewidmet hatte,[77] wie für den mit dem Projekt engagierten Verlag schmerzlich gewesen sein.[78] Mit welcher expliziten Begründung Staehelin die Übersetzung Barbeys ablehnte, ist aus dem hier ausgewerteten Quellenmaterial nicht ersichtlich. Ebenso ist unklar, ob Staehelin jegliche Kollaboration förmlich beendete oder ob nach Ablehnung der ersten Übersetzung deswegen keine weitere unternommen wurde, weil der Tod Barbeys im Jahr 1938 dazwischengekommen war. Wie aus einem Brief an Otto Tschumi hervorgeht, war sich jedenfalls Albert Grenier noch zum Zeitpunkt des Todes von Maurice Barbey nicht im Klaren darüber, ob eine von diesem verfasste Übersetzung postum nicht doch noch erscheinen werde.[79]

Nachdem es also mit diesem Projekt nicht gelungen war, die zweite Auflage in einer Weise zu übersetzen, die Staehelin akzeptabel erschienen wäre,[80] stellte sich die Frage für die dritte Auflage erneut. Im Herbst 1945, in der Zeit, als Staehelin an seinem Manuskript arbeitete, erwähnte Max Niedermann[81] im Gespräch ihm gegenüber einen möglichen Übersetzer, mit dem er «jedenfalls bessere Erfahrungen machen würde [...] als seinerzeit mit Herrn Barbey» und sicherte ihm danach noch brieflich zu, er werde «selbstverständlich mit niemandem [...] über die Eventualität einer französischen Uebersetzung» seines Buches sprechen, «bis Du selber den Zeitpunkt dafür als gekommen erachtest».[82] Dies war offenbar eine Weile nach Publikation der SRZ^3 der Fall: Der Schwabe Verlag gelangte

76 Editions de la Baconnière an Schwabe Verlag, 20.2.1952, UB Basel, Archiv Schwabe Verlag II, Staehelin Felix.

77 Grenier an Tschumi, 4.5.1938, SLA Otto Tschumi 10.

78 So schrieb der Verlag im Jahr 1952: «Nous avons supporté il y a quelques années tous les inconvénients du refus de la traduction de M. Barbey.» Editions de la Baconnière an Schwabe Verlag, 20.2.1952, UB Basel, Archiv Schwabe Verlag II, Staehelin Felix.

79 Grenier an Tschumi, 4.5.1938, SLA Otto Tschumi 10.

80 Nach Äusserungen der Editions de la Baconnière war mehr als ein Versuch unternommen worden, die 2. Auflage zu übersetzen, «sans jamais obtenir l'agrément de M. Staehelin» (Editions de la Baconnière an Schwabe Verlag, 20.2.1952, UB Basel, Archiv Schwabe Verlag II, Staehelin Felix). Wer dabei involviert war, wird aus dem Schreiben nicht ersichtlich. Schwabe begründet das Scheitern einer Übersetzung der zweiten Auflage später mit dem «Mangel an einem geeigneten Übersetzer». Schwabe Verlag an Editions de la Baconnière, 29.11.1949, UB Basel, Archiv Schwabe Verlag II, Staehelin Felix.

81 Max Niedermann (1874–1954) hatte wie Staehelin 1897 in Basel promoviert, 1899/1900 PD in Basel, 1900–1906 Lehrer am Gymnasium La-Chaux-de Fonds, 1903 PD in Neuenburg (Akademie), 1905 Extraordinarius für allgemeine Sprachwissenschaft, 1909 Extraordinarius für vergleichende Sprachwissenschaften und Sanskrit in Basel, 1911–1925 Ordinarius, dazu 1909–1944 Ordinarius für lateinische Sprache und Literatur in Neuenburg, 1925–1944 ebenfalls für allgemeine Sprachwissenschaft (Wachter 2009).

82 Niedermann an Staehelin, 9.10.1945, UB Basel NL 72 VIII: 404.

im November 1949 erneut an die Editions de la Baconnière, mit der Anfrage, «ob Sie an der Veröffentlichung einer französischen Ausgabe des Buches [...] Interesse hätten». Ebenfalls teilte Schwabe einen von Niedermann neu empfohlenen und von Staehelin gewünschten Übersetzer mit (nicht derselbe wie noch 1945).[83] Die Editions de la Baconnière meldeten nach anfänglichem Zögern,[84] sie sähen nun eine Möglichkeit, da die Stiftung Pro Helvetia das Projekt möglicherweise unterstützen werde.[85]

Was nun folgte, waren jahrelange Verhandlungen mit verschiedenen Parteien über die Finanzierung und die Wahl des Übersetzers. Ende des Jahres 1949 richtete Schwabe ein konkretes Angebot an die Editions und übermittelte Staehelins Wunsch, diese würden den ihm von Niedermann vorgeschlagenen Übersetzer (Pierre Schmid) berücksichtigen.[86] Darauf folgte zunächst keine Reaktion, so dass Schwabe im März 1950 erneut nachhakte und zur Eile mahnte: «Dem sehr betagten Herrn Prof. Stähelin liegt natürlich daran, dass das Werk bald auf französisch vorliegen möge».[87] Die Editions antworteten darauf, eine Anfrage an Pro Helvetia sei immer noch hängig;[88] im Juni berichteten sie schliesslich nach Basel, dass Pro Helvetia 5000 Franken zugesichert habe,[89] worauf nur wenige Tage später die Meldung folgte, die Editions müssten bis auf weiteres auf das Projekt verzichten, da diese Subvention zu seiner Realisierung nicht ausreichen werde.[90] Gleichzeitig liefen jedoch sowohl von den Editions wie von Schwabe die Kontakte zu Pro Helvetia weiter, während Staehelin sich auf Anregung des Schwabe Verlags mit der Stiftung SvW in Verbindung setzte, die ihn für einen Entscheid auf Ende des Jahres 1950 vertröstete.[91] Im August beschied Pro Helvetia dem Schwabe Verlag, dass zusätzlich zu ihrem Beitrag das Eidgenössische Departement des Innern (EDI) bereit sei, zur Finanzierung beizutragen, aber nur falls die Überset-

83 Schwabe Verlag an Editions de la Baconnière, 29. 11. 1949, UB Basel, Archiv Schwabe Verlag II, Staehelin Felix.

84 Editions de la Baconnière an Schwabe Verlag, 8. 12. 1949, UB Basel, Archiv Schwabe Verlag II, Staehelin Felix.

85 Editions de la Baconnière an Schwabe Verlag, 20. 2. 1952, UB Basel, Archiv Schwabe Verlag II, Staehelin Felix. Zur Kulturstiftung Pro Helvetia vgl. Keller 2012.

86 Schwabe Verlag an Editions de la Baconnière, 28. 12. 1949, UB Basel, Archiv Schwabe Verlag II, Staehelin Felix.

87 Schwabe Verlag an Editions de la Baconnière, 17. 3. 1950, UB Basel, Archiv Schwabe Verlag II, Staehelin Felix.

88 Editions de la Baconnière an Schwabe Verlag, 20. 3. 1950, UB Basel, Archiv Schwabe Verlag II, Staehelin Felix.

89 Schwabe Verlag an Editions de la Baconnière, 5. 6. 1950, UB Basel, Archiv Schwabe Verlag II, Staehelin Felix.

90 Editions de la Baconnière an Schwabe Verlag, 13. 6. 1950, UB Basel, Archiv Schwabe Verlag II, Staehelin Felix.

91 SvW an Staehelin, 8. 7. 1950, UB Basel, Archiv Schwabe Verlag II, Staehelin Felix.

zung einem von diesem benannten Anwärter übertragen werde. Ausserdem würden die Editions auch im Fall einer solchen Lösung noch zusätzliche Mittel verlangen, etwa durch die Stiftung SvW.[92] Die Editions unterstützten ebenfalls den vom EDI vorgeschlagenen Übersetzer, und Staehelin willigte schliesslich ein, diesen eine Probeübersetzung anfertigen zu lassen.[93] Der Übersetzer verzichtete jedoch schliesslich mit der Begründung, offenbar benötige Staehelin für diese Arbeit einen Spezialisten, womit die Subvention des EDI wegfiel.[94] Ebenfalls lehnte die Stiftung SvW im November 1950 die Übernahme eines Zuschusses ab.[95] Schwabe insistierte daraufhin erneut bei den Editions, ob diese nicht andere Geldquellen erschliessen und das Buch nun doch von dem von Staehelin präferierten Schmid übersetzen lassen könnten. Der Schwabe Verlag verwies auf die guten französischen Rezensionen zur SRZ[3] und signalisierte ein Entgegenkommen Staehelins bei der Frage des Honorars.[96] Die Editions antworteten erst auf weiteres Nachhaken, und zwar in dem Sinne, dass ein Entscheid in dieser Sache nicht vor dem Frühling 1951 gefällt werden könne.[97] Im Sommer schliesslich wandten sie sich erneut an Pro Helvetia mit der Bitte, die Subvention auf 10 000 Franken zu erhöhen.[98] Nachdem der Schwabe Verlag und Staehelin für den Rest des Jahres von Seiten der Editions nur vage Auskünfte erhalten hatten und anfangs 1952 immer noch nicht wussten, ob das Gesuch bei Pro Helvetia Erfolg gehabt hatte, richtete Schwabe im Februar 1952 erneut eine entsprechende Anfrage an die Editions.[99] Diese antworteten darauf nicht direkt, sondern bekräftigten ein grundsätzliches Interesse an der Übersetzung, brachten noch einmal Bedenken vor zu Staehelins Anforderungen an eine Übersetzung, wobei sie an

92 Pro Helvetia an Schwabe Verlag, 22.8.1950, UB Basel, Archiv Schwabe Verlag II, Staehelin Felix. Das EDI sah in dem Buchprojekt die Möglichkeit, einen «in Not geratenen Auslandschweizer», den Übersetzer und Literaten Blaise Briod zu unterstützen.

93 Aktennotiz Schwabe Verlag, 16.10.1950, UB Basel, Archiv Schwabe Verlag II, Staehelin Felix.

94 Pro Helvetia an Staehelin, 17.11.1950, UB Basel, Archiv Schwabe Verlag II, Staehelin Felix.

95 Schwabe Verlag an Staehelin, 22.11.1950 (Handschr. Notiz auf nicht abgesandtem Schreiben), UB Basel, Archiv Schwabe Verlag II, Staehelin Felix.

96 Schwabe Verlag an Editions de la Baconnière, 5.12.1950, UB Basel, Archiv Schwabe Verlag II, Staehelin Felix.

97 Editions de la Baconnière an Schwabe Verlag, 28.2.1951, UB Basel, Archiv Schwabe Verlag II, Staehelin Felix.

98 Editions de la Baconnière an Pro Helvetia, 26.7.1951, UB Basel, Archiv Schwabe Verlag II, Staehelin Felix.

99 Schwabe Verlag an Editions de la Baconnière, 5.2.1952, UB Basel, Archiv Schwabe Verlag II, Staehelin Felix.

Barbey erinnerten, erklärten sich aber nun bereit, Staehelin den Übersetzer selbst auswählen zu lassen.[100]

Diese Nachricht aber sollte nicht mehr bis zu Staehelin gelangen. «Ihr Schreiben vom 20. Februar», so teilte der Schwabe Verlag den Editions mit, «erreichte uns unmittelbar nach dem Tod von Herrn Prof. Staehelin. Wir bedauern es aufrichtig, dass eine französische Ausgabe seines Standardwerkes nicht mehr vor seinem Ableben zustande gekommen ist und wir halten es für unsere Pflicht, nichts unversucht zu lassen, diese doch noch zu veröffentlichen, nachdem dem Autor so sehr viel an ihr gelegen war.»[101] Die Editions ihrerseits versicherten, wie sehr auch sie es bedauerten, dass die französische Version der SRZ zu Lebzeiten «de son auteur, le Prof. Ernst [sic] Staehelin» nicht mehr habe erscheinen können, und erklärten sich bereit, mit dem Übersetzer (Pierre Schmid) in Kontakt zu treten, den der Schwabe Verlag nun, um des Verstorbenen dahingehenden Wunsch zu erfüllen, erneut vorgeschlagen hatte.[102] Über acht Monate später fragte der Schwabe Verlag mit Bezug auf diesen Briefwechsel nach, «ob noch eine Aussicht besteht, dass Sie dieses Werk in französischer Sprache veröffentlichen».[103] Mit dem Übersetzer habe man gesprochen, so die Antwort, und mit Pro Helvetia sei man immer noch in Kontakt. «Nous ne pouvons que vous confirmer ce qui vous a été dit jusqu'à maintenant, à savoir que nous sommes intéressés par l'édition de cette oeuvre mais que nous ne pouvons l'entreprendre sans trouver un montant de subvention assez considérable.»[104] Mit dieser Nachricht vom Dezember 1952 bricht die Korrespondenz im Archiv des Schwabe Verlags ab. Eine französische Übersetzung der SRZ sollte nie erscheinen.

Das Scheitern dieses Projekts ist in einer Gemengelage verschiedener Faktoren zu suchen. Erstens hatte Staehelin hohe Ansprüche an eine französische Ausgabe seines Buches, die er nicht bereit war zu kompromittieren. Falls Staehelin an die Übersetzung ähnliche Massstäbe in punkto Ausarbeitung, Detailgenauigkeit und Exaktheit anzulegen gedachte wie an seine eigene, deutschsprachige Publikation, so stellte das Projekt höchste Anforderungen an einen Übersetzer, der nicht nur sprachliche, sondern ebenfalls fachliche Fähigkeiten mitbringen musste. Nicht nur Maurice Barbey war hierfür offensichtlich nicht die richtige Person gewesen, sondern allgemein war es äusserst schwierig, überhaupt einen geeigne-

100 Editions de la Baconnière an Schwabe Verlag, 20.2.1952, UB Basel, Archiv Schwabe Verlag II, Staehelin Felix.

101 Schwabe Verlag an Editions de la Baconnière, 8.3.1952, UB Basel, Archiv Schwabe Verlag II, Staehelin Felix.

102 Editions de la Baconnière an Schwabe Verlag, 14.3.1952, UB Basel, Archiv Schwabe Verlag II, Staehelin Felix.

103 Schwabe Verlag an Editions de la Baconnière, 26.11.1952, UB Basel, Archiv Schwabe Verlag II, Staehelin Felix.

104 Editions de la Baconnière an Schwabe Verlag, 2.12.1952, UB Basel, Archiv Schwabe Verlag II, Staehelin Felix.

ten Bearbeiter zu finden. Hinzu kommt, dass die Editions de la Baconnière das Projekt offenbar alles andere als energisch verfolgten. Vorgewarnt durch die anspruchsvolle Art Staehelins, wären sie nur bei geringem Risiko durch ausreichende Fremdfinanzierung zu dem Versuch bereit gewesen, die sie aber nicht mit dem nötigen Nachdruck zu gewinnen suchten. Als sodann einmal mehr der von ihnen präferierte Übersetzer aus dem Projekt ausschied, scheinen die Editions das Interesse weitgehend verloren zu haben. Dem EDI wiederum lag nicht eigentlich etwas an Staehelins Projekt, und es liess dieses – wie angekündigt – sofort fallen, sobald es sich als zur Arbeitsbeschaffung ungeeignet erwiesen hatte. Von der Stiftung SvW war nun bei diesem Anliegen auch keine Unterstützung zu erwarten, und so blieb als einzig echte mit Staehelin verbündete Instanz der Schwabe Verlag, der zumindest versuchte, das Projekt voranzutreiben, der immer wieder nachhakte und noch nach Staehelins Tod einen neuen – jedoch auch wieder ergebnislosen – Anlauf unternahm, eine französische Version der SRZ zu ermöglichen.

7.4 Die letzten Jahre

Es stellt einen eindrücklichen Beweis von Staehelins Energie und Arbeitsethos dar, dass er selbst nach der riesigen Anstrengung, welche die Herstellung der dritten Auflage der SRZ bedeutet hatte, nahtlos weiter in der wissenschaftlichen Forschung tätig war. Noch im Jahr 1948 veröffentlichte er eine epigraphische Arbeit, und zwar eine der eher aussergewöhnlichen Art. Durch seine Position und hervorragende Vernetzung in der Basler Stadtgesellschaft wurde ihm eine Inschrift zugänglich gemacht, die lediglich in Form einer Zeichnung aus dem 18. Jahrhundert überliefert war. Enthalten war die Zeichnung in dem Album des «hochbegabten Dilettanten und Kunstsammlers Daniel Burckhardt-Wildt (1752–1819)».[105] Die Abbildungen in dem Album zeigten unter anderem Fundstücke aus Augst und waren – wie ein von Laur-Belart durchgeführter Vergleich mit den Originalen zeigte – von einer grossen Detailgenauigkeit. Ein bestimmtes im Album abgebildetes Fundstück aber, ein Fragment eines Inschriftensteins, existierte mittlerweile nicht mehr. Aufgrund der Zuverlässigkeit der übrigen Abbildungen konnte jedoch darauf geschlossen werden, dass in der Zeichnung ein getreues Bild des Steins überliefert war. Da sich das Album stets in Privatbesitz befunden hatte, war es keinem von Staehelins Vorgängern möglich gewesen, Kenntnis von der offenbar früh verschollenen Inschrift zu erhalten. Staehelin beschreibt in seinem Artikel mit dem Titel *Eine vergessene Augster Grabinschrift*

105 Staehelin 1948, 11.

diesen Überlieferungszusammenhang und publiziert die Inschrift.[106] Zu der Erklärung des Textes holte Staehelin Rat von Andreas Alföldi ein, die Ergänzung erarbeitete er unter anderem zusammen mit dem Basler Latinisten und Kollegen Harald Fuchs.[107]

Im Jahr darauf bewies Staehelin noch einmal seinen weiten historischen Horizont. Erneut legte er eine Studie vor, die ein Thema der Neuzeit betrifft, und zwar handelt es sich um eine 68 Seiten umfassende Abhandlung *Der jüngere Stuartprätendent und sein Aufenthalt in Basel,* wo Staehelin dem Lebensweg von Charles Edward Stuart nachging und dessen «Basler Episode» (1754–1756) rekonstruierte.[108]

Der Status, den Staehelin durch die SRZ erreicht hatte, kam im Jahr 1950 noch einmal in besonderer Weise dadurch zum Ausdruck, dass er zum korrespondierenden Mitglied der Deutschen Akademie der Wissenschaften gewählt wurde. Dem «über die Grenzen seines Heimatlandes hinaus allgemein verehrte[n] Nestor der schweizerischen Altertumsforscher»[109] wurde damit eine Ehre zuteil, die ihm von der Preussischen Akademie der Wissenschaften ursprünglich bereits im Jahre 1939 einmal zugedacht worden war, als seine Aufnahme letztlich aus politischen Gründen von den übergeordneten Behörden verhindert wurde.[110]

Wie Rudolf Laur-Belart berichtet, wäre überdies die Verleihung eines Doktorgrades *honoris causa* der Universität Durham angestanden. Die Verleihung hätte aber die persönliche Anwesenheit Staehelins bedingt, der aufgrund seines Gesundheitszustandes verzichtete.[111]

Neben immer noch fortgeführter Publikationstätigkeit in der Basler Presse – und der Veröffentlichung eines historisch relevanten Briefes eines Schweizer Studenten aus Leipzig nach Basel über den jungen Nietzsche[112] – kam Staehelin in seinen letzten Arbeiten sodann auf die prägende Figur seiner Jugend zurück, die mit ihrem Erbe sein ganzes Leben leitmotivisch durchzogen hatte: Jacob Burckhardt. Bereits 1946 hatte Staehelin in einer «Radioplauderei» über seine «Erinnerungen an Jacob Burckhardt» gesprochen, welche später publiziert wurde.[113] Der persönliche, anekdotische Text gibt einen Einblick in Jacob Burckhardts Humor und den Charakter, den er im persönlichen Umgang hatte. Der Vortrag ist aber vor

---

106 Zu der Inschrift vgl. Frei-Stolba 1976, 347, Anm. 218; Nesselhauf/Lieb 105; Kolb 2022, 626.

107 Staehelin 1948, 15 f.

108 Staehelin 1949.

109 Wahlvorschlag. Archiv BBAW: AKL (1945–1968) Pers. Nr. A 442: 1.

110 Archiv BBAW: AKL (1945–1968) Pers. Nr. A 442; PAW (1812–1945): II-III-46 Bl_146 – Bl_153; PAW (1812–1945): II-III-156 Bl_26 – Bl_35. Vgl. Kapitel 6.3, Kapitel 10.2.

111 Laur-Belart 1952a, 7 f.

112 Staehelin 1948/49.

113 Staehelin 1946.

allem auch eine wertvolle Quelle für Staehelins Beziehung zu seinem Grossonkel, und hierfür wurde er auch in vorliegender Untersuchung in Kapitel 2 herangezogen. Im Jahr 1951 schliesslich veröffentlichte er seine letzte Arbeit, «die er nicht ohne Mühe vollendet hatte», wie Paul Burckhardt schreibt,[114] und die sich der Beziehung zwischen Jacob Burckhardt und dem Philosophen Wilhelm Dilthey widmet. Staehelin geht hier von einer (ursprünglich anonymen) Kritik Diltheys an Burckhardts Begriffsbildungen aus, die er aufgrund der *Gesammelten Schriften* Diltheys ihrem Urheber zuweisen konnte. Mithilfe des Nachlasses Jacob Burckhardts vermochte er weiter zu zeigen, dass dieser die Kritik gekannt hatte. Ausgehend von der Frage, ob Burckhardt wohl je erfahren habe, von wem er da kritisiert wurde, geht Staehelin dem Verhältnis zwischen dem «siegesstolzen Preussen» Dilthey mit seinem «unerschütterlichen Optimismus» und dem «Seher einer düsteren Zukunft» Burckhardt nach, die in Basel während dreier Semester Kollegen waren.[115] Staehelin zitiert hier Burckhardts briefliche Äusserungen, wonach er «durchaus der Spekulation unfähig und zum abstrakten Denken auch keine Minute im Jahr aufgelegt» und dass «seiner Natur [...] der ‹einseitige Hang› zu konkreter Anschauung eigen» sei.[116] Von hier fällt ein Licht zurück auf Staehelins eigene Auffassungen von sich selbst und von seiner Art des geistigen Schaffens, auf sein eigenes Selbstbild als Wissenschaftler, seinen Hang zum Konkreten, den er seit seiner Jugend mit einem gewissen Schalk in ganz ähnlichen Wendungen zum Ausdruck gebracht hatte.

Staehelins letzte Jahre waren von den Erscheinungen des Alters deutlich geprägt, wie wir der obenstehenden Aussage Paul Burckhardts und auch den oben zitierten Bemerkungen Edgar Bonjours entnehmen können. Aber nicht nur geistig blieb er bis zu seinem Tod regsam. So schildert Paul Burckhardt die Gesellschaft Staehelins im Alter in seinem Nachruf:

> Seinen Freunden bewies Felix Stähelin eine Treue, auf die man sich verlassen konnte. Der Schreiber dieser Zeilen erfuhr dies besonders in den zwei letzten Jahren, als Felix Stähelin den in seiner Sehkraft behinderten Freund mit rührender Regelmäßigkeit aufsuchte, um ihm Altes und Neues vorzulesen. Zu seinen Lieblingsbüchern gehörten die heut wenig mehr bekannten geistreichen Briefe des preußischen Diplomaten v. Schlözer, der Gesandter am Hof Pius' IX. und Leos XIII. war. Die glänzenden Schilderungen des römischen Lebens jener Tage verbanden sich für Stähelin mit den eigenen Erinnerungen an Rom.[117]

114 Burckhardt 1953, 13.

115 Staehelin 1951, 301 f.

116 Staehelin 1951, 300 (Staehelin zitiert: Burckhardt an Beyschlag, 14.6.1842; Burckhardt an Fresenius, 19.6.1842).

117 Burckhardt 1953, 12.

Am 20. Februar 1952, zwei Monate nach dem Tod seiner Frau Martha, erlag Felix Staehelin einem Schlaganfall.[118]

Sein wichtigstes Vermächtnis, die *Schweiz in römischer Zeit,* war in ihrer dritten Auflage zu diesem Zeitpunkt noch keine fünf Jahre alt und also immer noch ein hochaktuelles Standardwerk. Die Nachfrage nach Staehelins SRZ war denn auch unverändert gross. Im Jahr 1964 war die dritte Auflage vergriffen.[119] Schon zu diesem Zeitpunkt wurde im Schwabe Verlag über eine vierte Auflage nachgedacht.[120] Auch in der Folge hielt die Nachfrage nach dem Buch weiter an, so schrieb etwa die Buchhandlung Haupt in Bern anfangs des Jahres 1966: «Es treten immer wieder Anfragen nach diesem Werk ein», und «es würde uns interessieren, von Ihnen zu vernehmen, ob nun entschieden ist, ob davon in absehbarer Zeit eine Neuauflage erscheinen soll oder nicht.»[121] Einer anderen Buchhandlung beschied Schwabe um dieselbe Zeit, auf eine ähnlich lautende Anfrage hin,[122] dass «die Frage, ob eine Neuauflage unseres Verlagswerkes, Staehelin, ‹Die Schweiz in römischer Zeit› erscheinen kann, immer noch offen steht».[123] Ausführlicher reagierte Schwabe im Oktober 1965 auf eine Anfrage von Gerold Walser, der zu jener Zeit Ordinarius für Alte Geschichte in Bern war. Hier wurde nun auch der Grund dafür, dass in dieser Beziehung immer noch nichts geschehen war, benannt:

> Da immer noch eine anhaltende Nachfrage nach diesem Werk besteht, haben wir zwar grundsätzlich eine Neuauflage vorgesehen, doch ist es uns nach dem Tod des Autors im Jahre 1952 bisher nicht gelungen, einen geeigneten neuen Herausgeber zu finden, der mit der Materie vollkommen vertraut ist, und der das Werk auf den heutigen Stand der Forschung ergänzen könnte.[124]

Auf eine Anfrage des kantonalen aargauischen Lehrmittelverlages antwortete Schwabe schliesslich im Jahr 1970, dass «eine Bearbeitung von dritter Hand mit dem sehr persönlichen Charakter des Originalwerkes kaum vereinbar wäre». Aufgrund der immer noch bestehenden Nachfrage werde jedoch «die Möglichkeit eines unveränderten photomechanischen Nachdrucks der letzten Auflage»

---

118 Die Tat 1952, Nr. 51, 22.2.1952.

119 Schwabe Verlag an Stiftung SvW, 8.9.1971, ZBZ Arch. St 203: 1.

120 Schwabe Verlag an Hufschmid, 16.1.1964, UB Basel, Archiv Schwabe Verlag II, Staehelin Felix. In dem Brief ist sogar davon die Rede, eine 4. Auflage sei «in Vorbereitung».

121 Haupt an Schwabe Verlag, 3.2.1966, UB Basel, Archiv Schwabe Verlag II, Staehelin Felix.

122 Buchhandlung Peter Kuert an Schwabe Verlag, 12.1.1966, UB Basel, Archiv Schwabe Verlag II, Staehelin Felix.

123 Schwabe Verlag an Buchhandlung Peter Kuert, 8.2.1966, UB Basel, Archiv Schwabe Verlag II, Staehelin Felix.

124 Schwabe Verlag an Walser, 27.10.1965, UB Basel, Archiv Schwabe Verlag II, Staehelin Felix.

erwogen.[125] Auf die Nachfrage des Schwabe Verlags hin, mit wie vielen Bestellungen man von Seiten der Aargauer rechnen könnte, beschied der Lehrmittelverlag, dass sie nicht mehr als jährlich fünf Stück zu kaufen beabsichtigten.[126] Schwabe war sich also offenbar nicht sicher, ob sich ein Nachdruck finanziell lohne, und versuchte, das Volumen der Nachfrage abzuschätzen. Im Jahr 1976 wurde ein Nachdruck der SRZ von Schwabe ein letztes Mal kalkuliert und man kam bei einer geplanten Auflage von 500 Exemplaren auf einen notwendigen Ladenpreis von 140 Franken.[127] Dies bedeutete das Ende für jegliche Pläne, die in diese Richtung wiesen. Auf eine Anfrage aus Turin wurde im Jahr 1979 lediglich noch beschieden: «Leider müssen wir Ihnen mitteilen, dass dieses Buch vergriffen ist. Auch haben wir nicht die Absicht, dieses Werk neu aufzulegen. Wir danken Ihnen für Ihre Nachfrage.»[128]

Damit gehörte das Buch nun selbst der Geschichte an. Seine Wirkung aber hält an, auch wenn die Forschung zu den von Staehelin traktierten Gegenständen heute an einem ganz anderen Ort steht. Immer noch kommt kaum eine historische Behandlung eines Aspekts der römischen Schweiz gänzlich ohne Verweis auf dieses grosse und in seiner Art der historischen Gestaltung des Themas einzig gebliebene Buch zur römischen Schweiz aus.

Staehelins Name sollte in einer Wiese damit verbunden bleiben, dass Wissenschaftler und Buch geradezu in eins fallen, somit das wahrgenommene – «epistemische» – Individuum des Althistorikers Staehelin in der Kategorie des Verfassers der römischen Schweiz geradezu aufgeht. Im Jahr 1956 veröffentlichte Staehelins Schüler und stetiger Mitarbeiter Wilhelm Abt Staehelins gesammelte *Reden und Vorträge.* Die beste Illustration der Identifizierung Staehelins mit seiner SRZ bieten die Rezensionen zu diesem Band; praktisch keine von ihnen kommt in der Referenzierung dessen, der hier postum mit einer Schriftensammlung gewürdigt wurde, aus, ohne darauf zu verweisen, dass es sich um den Autor der *Schweiz in römischer Zeit* handle.

125 Schwabe Verlag an Kant. Lehrmittelverlag Aargau, 4.8.1970, UB Basel, Archiv Schwabe Verlag II, Staehelin Felix.

126 Kant. Lehrmittelverlag Aargau an Schwabe Verlag, 11.8.1970, UB Basel, Archiv Schwabe Verlag II, Staehelin Felix.

127 Schwabe Verlag an Rohr (Buchhändler), 8.3.1977, UB Basel, Archiv Schwabe Verlag II, Staehelin Felix.

128 Schwabe Verlag an Rosenberg & Sellier, 3.5.1979, UB Basel, Archiv Schwabe Verlag II, Staehelin Felix.

7.5 Fazit zu den Kapiteln 6 und 7

Auf die Publikation der SRZ folgte für Felix Staehelin eine weitere Etablierung im wissenschaftlichen und universitären Feld sowie in der mit Letzterem eng verknüpften Stadtgesellschaft. Bereits 1928 wurde Staehelin in den Vorstand der HAG wie auch zum Präsidenten der Kommission für das Historische Museum gewählt. Auf internationaler Ebene erfolgte die Wahl zum ordentlichen Mitglied des Deutschen Archäologischen Instituts. Durch eine Kombination von Staehelins durch die SRZ gewonnenem Prestige mit seiner guten Vernetzung, der Loyalität zu seiner Heimuniversität und kontingenten Entwicklungen gelang es ihm sodann im Jahr 1931, sich ebenfalls an der Universität zu etablieren. Der Tod des Universalhistorikers Adolf Baumgartner machte erstens eine administrative Neuorganisation des Faches Geschichte an der Universität Basel nötig und stellte zweitens die Erfordernis, die nun verwaiste Alte Geschichte, die zum Lehrprogramm Baumgartners gehört hatte, neu zu besetzen. Im Zuge dieser Umgestaltung wurde Felix Staehelin ein Lehrauftrag für die Geschichte des Altertums und damit verbunden ein persönliches Ordinariat verliehen, worin nicht zuletzt eine sichtbare Folge seines durch die SRZ gestiegenen Prestiges zu sehen ist.

Staehelin hatte damit nun ein gewissermassen aus der Erbmasse Baumgartners entstandenes neues Fach «Alte Geschichte» unter sich, das sich nur schwer in die bestehenden Strukturen einfügen liess. Einerseits bot das Historische Seminar keine geeignete Heimat für das neue Fach, so dass Staehelin sich gezwungen sah, für seine Übungen auf das Seminar der Klassischen Philologie auszuweichen. Andererseits wurde die Alte Geschichte im Lehrprogramm stets ebenfalls von den anderen Historikern und nach wie vor auch von den Klassischen Philologen vertreten, so dass Staehelin nur sehr begrenzte Möglichkeiten hatte, um seinem Gebiet ein scharfes Profil zu geben. Hinzu kam, dass er mit seinem Lehrprogramm schon früher oftmals eher der Philologie zugerechnet worden war als der Geschichte. Diese Faktoren trafen sich mit einem selbst formulierten Ideal einer institutionell einheitlichen Altertumswissenschaft und führten hierdurch dazu, dass Staehelin das neue Seminar für Alte Geschichte gründete, welches er eng an das Seminar für Klassische Philologie anschloss. Die Gründung des Seminars bedeutete gleichzeitig eine – vielleicht bewusst angestrebte – Festschreibung des Status der Alten Geschichte als eines eigenständigen Fachbereichs, der die zukünftige Lehrstuhlverteilung präjudizierte. Als das Fach Geschichte mit dem Universitätsgesetz von 1937 einen dritten gesetzlichen Lehrstuhl erhielt, wurde dieser denn auch diskussionslos Staehelin zugeteilt. Mit dem Abschied von der Schule und dem Erreichen dieses Ordinariats beginnt in institutioneller Hinsicht die letzte Etappe von Staehelins Biographie.

Nicht nur in dieser Perspektive bildete die Zeit der Veröffentlichung der zwei ersten Auflagen der SRZ eine Zäsur. In Bezug auf die römische Schweiz hatte Staehelin nun immer stärker die Rolle der geehrten Bezugsperson und zentralen Instanz inne, trat aber nicht mit eigenen innovativen Forschungsleistungen hervor. Er wurde mit Ehrenmitgliedschaften gewürdigt, und man schmückte sich mit seiner Präsenz. Diese Erhöhung seines sozialen Kapitals war ebenfalls eine direkte Folge des Prestigegewinns, den er durch die SRZ erzielen konnte. Ein für die zukünftige Entwicklung der Forschungslandschaft geradezu epochaler Schachzug gelang Staehelin durch die Heranziehung von Rudolf Laur-Belart nach Basel. Geschickt hatte Staehelin seine institutionelle Stellung genutzt, um die Augster Forschung noch vor dem absehbaren Wegfall von Karl Stehlin auf Dauer zu stellen. Er hatte damit sowohl für Basel als auch für die Schweizer Römerforschung und nicht zuletzt für seine eigenen wissenschaftlichen Interessen den Grundstein zu der später so genannten «Basler Schule» der Schweizer Bodenforschung gelegt. Nachdem Staehelin nun schon jahrzehntelang das Gesicht der Augster Forschung gewesen war und von seiner diesbezüglichen Zusammenarbeit mit Stehlin aus sich die römische Schweiz erobert hatte, wurde er nun zum eigentlichen Patron dieser Forschung durch seine Rolle bei der Gründung der Stiftung Pro Augusta Raurica und als Garant für Laurs entsprechende Ambitionen. Es ist in erster Linie Staehelin zu verdanken, dass die Augster Forschung auf diese Weise eine Fortsetzung fand und personell und organisatorisch auf ein solides Fundament gestellt werden konnte.

Gegen Ende seiner Lehrtätigkeit, das Staehelin wohl auch aus diesem Grund herbeisehnte, begann er in dem gewandelten Forschungsumfeld, sich wieder an die Ausarbeitung einer weiteren Auflage seines grossen Werks zu machen. Nachdem er die Forschung über Jahre in eher kommentierender Form begleitet hatte, erarbeitete er sich nun in einem gewaltigen Kraftakt noch einmal den Stand der Erkenntnisse und konnte, nach peinvollen Jahren der Verzögerung, eine aktualisierte *Schweiz in römischer Zeit* veröffentlichen, die erneut mit grosser Begeisterung aufgenommen wurde, auch wenn die kritischen Töne nicht mehr zu überhören waren. Aus der Art der Entstehung dieses Werks sind ebenfalls Aspekte der allgemeinen Entwicklung der Schweizer Bodenforschung zu ersehen, die sich nun rasch professionalisierte und die – auch aufgrund umfassender zeitgeschichtlicher Zusammenhänge – nun eine viel grössere Eigenständigkeit aufwies als noch zu der Zeit, als die erste Auflage geschrieben wurde. Diese Aspekte zeigen sich in dem hier beibehaltenen Fokus auf Staehelin aber nur aus einer gewissen Distanz und von persönlichen biographischen Faktoren überlagert.

Eine französische Übersetzung von Staehelins Werk, die bereits für die 2. Auflage geplant war, sollte aufgrund einer Kombination verschiedener Einflussfaktoren nie zustande kommen. Ebenfalls nie erscheinen sollte eine nach dem Tod Staehelins noch geplante vierte Auflage der SRZ. Die Methode Staehelin erwies sich als nicht reproduzierbar.

Selbst in seinen letzten Lebensjahren forschte und publizierte Staehelin weiter und die Beschäftigung mit Jacob Burckhardt sollte am Ende seines intellektuellen Lebens stehen, so wie sie in gewisser Hinsicht dessen Anfang bedeutet hatte.

II Aspekte der *Schweiz in römischer Zeit*

8 Zu Objekt und Inhalt der *Schweiz in römischer Zeit*

8.1 Das Objekt der *Schweiz in römischer Zeit*: Die römische Schweiz

Das Objekt, das Staehelin in seiner SRZ behandelt, zeichnet sich dadurch aus, dass es in der historischen Epoche, in der es angesiedelt ist, keinen politischen, begrifflichen oder sonst wie an dem Quellenmaterial aufzuzeigenden Referenten besitzt.

Eine Schweiz gab es in römischer Zeit nicht, so die offensichtliche Feststellung, die in neuerer Zeit etwa in der Einleitung zum 5. Band der Reihe *Die Schweiz von der Prähistorie bis zum Mittelalter (Römische Zeit)* mit besonderer Vehemenz bekräftigt wird:

> Abschliessend der Hinweis, dass die Bezeichnung ‹römische Schweiz› und weitere diskutable Benennungen, mittels derer die territorialen Gegebenheiten der Antike mit denjenigen der Gegenwart überlagert werden, aus den folgenden Seiten verbannt wurden. Die Schweiz gab es damals nicht, das ist eine Tatsache, den [sic] bereits andere mit aller Deutlichkeit festgehalten haben (z. B. Martin-Kilcher 1983), und wir wollen so weit als möglich vermeiden, das Gegenteil anzudeuten. Aber die aktuellen Grenzen existieren (und sie grenzen die Aktivitäten der Forscher leider tatsächlich ein). Wir haben daher ausschliesslich ‹Schweizer› Fundstätten betrachtet, auch wenn wir es lieber vermieden hätten. Auf den Karten ist die anachronistische Silhouette der Eidgenossenschaft abgebildet, die jedoch nichts anderes darstellt als das berücksichtigte archäologische Gebiet. Wer die Geschichte von Obergermanien, von Rätien oder anderer Provinzen unserer Regionen schreiben wollte, muss sich auf eine komplizierte Angelegenheit gefasst machen, denn ein solches Projekt würde eine intensive internationale Kooperation bedingen.[1]

Das nationalgeschichtliche Konstrukt «römische Schweiz» gilt hier – in seiner Eigenschaft als Produkt einer Form von «Invention of Tradition»[2] – also offenbar als nicht mehr zeitgemäss. Die Grenzen der Schweiz stellen nach Flutsch und Rossi lediglich eine pragmatische Einschränkung in der Auswahl der präsentierten Funde und Befunde dar. Eine Alternative, die der Antike besser gerecht würde, wäre des-

1 Flutsch/Rossi 2002, 18 f. Vgl. Martin-Kilcher 1983, 13.

2 Hobsbawm 1996.

halb – so die Argumentation – die Orientierung an den überlieferten territorialen Einheiten des Römischen Reiches, also eine Provinzgeschichte.[3]

Erstens wird mit dieser programmatischen Stellungnahme also das Konzept der römischen Schweiz für illegitim und obsolet erklärt. Vor allem aber wird durch Flutsch betont, dass dem Begriff römische Schweiz kein Objekt entspreche: Es gibt keine römische Schweiz, es hat nie eine solche gegeben, und damit ist – von den pragmatischen Zwängen der Forschungspraxis abgesehen – die Frage bereits erledigt.

Mit Blick auf ein provinzialarchäologisches und provinzialgeschichtliches Interesse am Gegenstand kann diese Argumentation sicherlich eine gewisse Plausibilität für sich in Anspruch nehmen. Aus der Perspektive der Rezeptions- und Wissenschaftsgeschichte stellt sich das Problem jedoch etwas anders dar. Für unser Erkenntnisinteresse ist mit der blossen Feststellung der Nichtexistenz der römischen Schweiz nichts gewonnen. Denn als *Objekt der Rezeption* bestätigt die römische Schweiz in der Quellenanalyse ihre Existenz in einer Art und Weise, die an Deutlichkeit nichts zu wünschen übrig lässt. Davon mag folgende (nicht vollständige) chronologisch geordnete Liste von Publikationen zu eben jenem Objekt aus den letzten rund 200 Jahren einen Eindruck geben:

- *Helvetien unter den Römern* (Haller)
- *Vindonissa oder Helvetien unter den Römern* (Fisch)
- *Die Schweiz in römischer Zeit* (Mommsen)
- *Die Schweiz unter den Römern* (Wartmann)
- *Helvetien unter den Römern* (Burckhardt-Biedermann)
- *Helvetien unter den Römern* (Reinhardt)
- *Die Schweiz in römischer Zeit* (Staehelin)
- *Die römische Schweiz* (Howald/Meyer)
- *Die Schweiz im Altertum* (Meyer)
- *Die Schweiz zur Römerzeit* (Fellmann)
- *Die Schweiz zur Römerzeit* (Bögli)
- *Die römische Schweiz* (Frei-Stolba)
- *Die Römer in der Schweiz* (Drack/Fellmann)
- *Die Schweiz zur Römerzeit* (Drack/Fellmann)
- *La Suisse gallo-romaine* (Fellmann, Teilübersetzung von Drack/Fellmann)
- *Die Schweiz zur Zeit der Römer* (Furger)[4]

3 So in der Zwischenzeit – ebenfalls aus provinzialarchäologischer Perspektive – für *Germania Superior* unternommen von Margot Klee: Klee 2013.

4 Haller 1811/1812; Fisch 1821; Mommsen 1854a; Wartmann 1862; Burckhardt-Biedermann 1887; Reinhardt 1924; Staehelin 1927 (= SRZ); Howald/Meyer 1941 (= HM); Meyer 1943; Fellmann 1957; Bögli 1972; Frei-Stolba 1976; Drack/Fellmann 1988; Drack/Fellmann 1991; Fellmann 1992; Furger 2001.

Aus rezeptionsgeschichtlicher Perspektive kann also mit der Feststellung der Nichtexistenz des Objekts «römische Schweiz» das Wesentliche nicht ausgesagt sein, ansonsten wäre der in obigen Titeln variierte Name des Untersuchungsobjekts ein leerer Begriff ohne Bedeutung, was wiederum hiesse, dass es beliebig wäre, mit welchem Inhalt der Begriff gefüllt würde. Es wäre dann willkürlich, welche historiographischen Elemente darunter subsumiert würden, was zum Ergebnis hätte, dass unter den genannten Variationen desselben Begriffs jeweils vollkommen unterschiedliche Dinge behandelt werden könnten, was selbstverständlich nicht der Fall ist.

Eine Sichtweise, in welcher die Beantwortung der Frage nach der Ontologie des Objekts von Staehelins Werk bei der Erkenntnis stehenbleibt, dass die römische Schweiz «eigentlich» nicht existiert hat, kann also einer rezeptionsgeschichtlichen Betrachtung nicht genügen.

So ist auch für die vorliegende Untersuchung mit einer solchen Erklärung zu wenig gesagt, denn Staehelin trifft den Gegenstand – in unscharfer Ausprägung – ja bereits an. Es ist nicht zur Gänze seiner individuellen Willkür überlassen, was er darunter zu verstehen hat. Offenbar haben wir es also bei der römischen Schweiz nicht mit einer beliebigen Fiktion eines originalen Autors zu tun. Es muss folglich Kriterien geben, Aussageregeln, die dem historiographischen Konstrukt «römische Schweiz» eine Art von Konsistenz und diachroner Persistenz verleihen. Dies aber bedingt Regelmässigkeiten, Gleichbleibendes über die jeweiligen Aussageereignisse hinweg. Es braucht einen Raum des über die römische Schweiz Sagbaren.

Obwohl oben eben diese Regelmässigkeiten durch die jeweiligen Titel, also Benennungen der entsprechenden Darstellung angedeutet sind, erschöpfen sie sich keineswegs darin. Wer diese Darstellungen rezipiert, wird feststellen, dass sie alle – und wenn sie das Thema noch so stark variieren – im Grossen und Ganzen über dasselbe sprechen. Ja, es gilt dies auch für Behandlungen des Objekts, die dieses im Titel selbst nicht einer solchen Art benennen, wie die Bände *Die Römerzeit*[5] und *Die römische Epoche*[6] sowie der von Ernst Meyer verfasste Abschnitt *Römische Zeit*[7] im *Handbuch der Schweizer Geschichte* von 1972 – und letztlich ebenfalls für den eingangs zitierten SPM-Band.

Man kann sich fragen, wo denn dieses Objekt zu verorten, wie seine Existenz zu konzeptualisieren sei, über das durch eben jene regelmässigen Aussagen gesprochen wird. Die Antwort darauf lautet wie oben angedeutet: Das Objekt gewinnt seine Konsistenz, seinen ontologischen Status lediglich dadurch, dass darüber etwas ausgesagt wird. Die römische Schweiz *ist* ein System von stabilen Aussagemustern. Sie ist ein Gegenstand, der durch die wiederholten Äusserun-

5 Martin-Kilcher 1983 (Reihe: Fundort Schweiz).

6 Drack et al. 1975 (Reihe: Ur- und frühgeschichtliche Archäologie der Schweiz).

7 Meyer 1972.

gen, die ihn betreffen, systematisch hervorgebracht wird.[8] Erst in dieser diskursanalytischen Perspektive gewinnt die römische Schweiz einen Status, der einer rezeptionsgeschichtlichen Analyse adäquat ist. Erst das Verständnis der römischen Schweiz als eines *diskursiven Gegenstandes*[9] eröffnet die Möglichkeit, konzeptionell damit umzugehen, dass Staehelin, als er an die Abfassung der SRZ geht, in der Gestaltung trotz der «Nichtexistenz» der römischen Schweiz nicht einfach völlig frei ist. Er trifft das Objekt als im Diskurs und durch den Diskurs bestehend ja bereits an.

Der Gegenstand ist hierbei allerdings nicht starr. Bereits die Variationen im Titel der Publikationen, die oben aufgeführt sind, sind nicht bedeutungslos, und in der konkreten Behandlung besteht ein grosses Spektrum, welche die jeweils spezifische Art des Aussagereignisses über die römische Schweiz von anderen solchen in grossen Teilen unterscheiden kann. Da in der vorliegenden Arbeit darüber hinaus das Individuum als nicht reduzibel aufgefasst wird, wird hierbei von einem starken individuellen Element (welches jedoch selbst vielfältig geprägt und also wesentlich heteronom ist) bei der Gestaltung des Objekts durch den Verfasser ausgegangen. Selbst grössere Variationen in der Art der getätigten Aussagen gefährden die Existenz des Objekts nicht, diese müssen nur so weit regelmässig sein, dass eine diskursive Grundsubstanz, die Konsistenz des Objekts nicht angegriffen wird. Die Gestaltungsmöglichkeiten des einzelnen Verfassers sind demzufolge wie gesagt vorhanden, wenn auch selbst im Einzelnen diskursiv vorgeprägt.

In dieser Art also muss die römische Schweiz verstanden werden: Nicht als antike Formation, sondern als diskursiver Gegenstand der Rezeptionsgeschichte. Es gibt keine «Schweiz», die als «römisch» bezeichnet werden könnte (wie es eine gibt, die als «modern» bezeichnet werden kann), aber es gibt den diskursiven Gegenstand, eine Rückprojektion und nationalgeschichtliche Konstruktion, die ihren ontologischen Status durch das Über-sie-Sprechen erhält. Es gibt keine *«römische»* Schweiz, aber eine *«römische Schweiz»*.

Es ist wie oben angesprochen für sein Bestehen einigermassen irrelevant, ob man das Objekt als solches mit dem überkommenen Namen bezeichnet oder nicht, die Regelmässigkeit der Aussagen über das Objekt bestehen nur zu einem kleinen Teil in der Regelmässigkeit der Benennung. Der oben erwähnte SPM-Band mit dem Titel *Römische Zeit* vermeidet wie selbst proklamiert mit einiger Anstrengung weitgehend alle Ausdrücke, wie sie in der Titelauflistung oben variiert werden, versucht also den Begriff «römische Schweiz» in der gesamten Behandlung terminologisch zu umgehen – und schreibt trotzdem über dasselbe Objekt. Die explizite Behauptung der Nichtexistenz eines diskursiven Gegenstandes zerstört ihn nicht, im Gegenteil: Da auch die Behandlung in dem SPM-Band

8 Vgl. Foucault 2015, 74.

9 «Diskursiver Gegenstand» soll hierbei bedeuten: ein Gegenstand, der diskursiv konstituiert wird.

sich ansonsten in allen wesentlichen Punkten in die Abfolge von regelmässigen Aussageereignissen zur römischen Schweiz einschreibt, bestätigt, bekräftigt und befördert auch sie dessen diskursive Existenz. Ein diskursiver Gegenstand hört dadurch auf zu existieren, dass keine Aussageereignisse, die ihn konstituieren, mehr vorkommen, nicht durch die explizite Verneinung seiner Existenz.[10]

Die Sachlage ist im konkreten Fall von einer geradezu paradoxen Struktur: Flutsch weist in besagter Einleitung auf die Feststellung der Nichtexistenz der römischen Schweiz durch Martin-Kilcher hin. Er erwähnt ebenfalls, dass diese Feststellung auch an anderen Orten getroffen wurde. Tatsächlich ist sie seit Mommsen und Staehelin quasi kanonisch.[11] Sie kommt in einer solchen Regelmässigkeit vor, dass sie geradezu selbst einen Teil der regelmässigen Aussagemuster darstellt, durch die die römische Schweiz konstituiert wird. Auch in dieser Hinsicht bricht der SPM-Band hier also nicht mit einer alten Tradition, sondern fügt sich nahtlos in diese ein. Der propagierte Bruch zeigt sich so letztlich als eine blosse terminologische Massnahme.[12]

Es ergibt sich aus dem Gesagten, dass eine rezeptions- und wissenschaftsgeschichtliche Betrachtungsweise den Gegenstand «römische Schweiz» und seine Existenz als diskursives Objekt ernst nehmen muss, um seine Beschaffenheit, seine Wandlungen, seine Signifikanz beobachten zu können. Um zu verstehen, was Staehelins SRZ ist, ist im Folgenden also der Blick darauf zu lenken, wie der Verfasser in der Auseinandersetzung mit Formen des im Diskurs präexistenten Objekts die römische Schweiz in dem Aussageereignis, das die SRZ darstellt, selbst konstruiert. Konkret bedeutet dies: Um seine SRZ zu schreiben, muss Staehelin den Untersuchungsgegenstand für sich neu konstituieren. Hierzu muss das Objekt benannt, die zeitlichen und räumlichen Grenzen der Konstruktion bestimmt und die Bestandteile, die Konstituenten des Objekts römische Schweiz definiert werden. Letztere müssen sodann gruppiert, zueinander in Beziehung gesetzt und im Kontext der altertumswissenschaftlichen Diskurse der Zeit diskutiert werden. Dies ist – in logisch-systematischer Hinsicht – das Projekt der *Schweiz in römischer Zeit.*

10 Sarasin spricht in diesem Zusammenhang vom Zerfallen von Aussagemustern. «Diskursanalyse zielt darauf festzustellen, was faktisch gesagt wurde und dann gleichsam zu stabilen Aussagemustern kristallisierte, die nach einiger Zeit wieder zerfallen.» Sarasin 2012, 108.

11 Mommsen 1854a, 4; Burckhardt-Biedermann 1887, 18; Staehelin SRZ, 3; Meyer 1972, 55; Frei-Stolba 1976, 289–292. Vgl. Kapitel 8.2.

12 Dies gilt für den angesprochenen Band. Laurent Flutsch hat danach mit weiterer Konsequenz eine Kurzdarstellung zur römischen Schweiz veröffentlicht, die ebenfalls den «Schweiz»-Begriff weitestgehend vermeidet (Flutsch 2005). Ob durch solche methodischen Entscheidungen letztlich das Ende des diskursiven Gegenstandes «römische Schweiz» erreicht werden wird, muss die Zukunft erweisen.

8.2 Benennung und Abgrenzung der römischen Schweiz

Wie oben angesprochen sind die Variationen bei der Benennung des Objekts «römische Schweiz» nicht bedeutungslos und es können sich gewisse Prämissen der Behandlung aus einer entsprechenden Analyse erschliessen. Es kann nach der logischen Struktur der nationalgeschichtlichen Konstruktion keinen Quellenbegriff geben für die römische Schweiz. Die Benennung des Objekts bei Staehelin muss also mit Blick auf den Status quo ante, den Stand der Konstruktion der römischen Schweiz vor seiner SRZ hin analysiert werden.

Zu der historischen Gestaltung des Themas durch seine Vorgänger äussert sich Staehelin in der SRZ im Rahmen seines Forschungsüberblicks in der Einleitung[13] – allerdings auf eine sehr ungleichmässige Weise. Die Passage besteht im Grossen und Ganzen aus einer Lobrede auf Mommsens *Schweiz in römischer Zeit:* «Ein kleines Kunstwerk, ein Meisterstück der Darstellung hat Mommsen darin der Frühgeschichte unseres Landes gewidmet», alle «Hauptzüge» seien «mit sicherem Blick für immer festgestellt». Alle Nachkommenden hätten nichts Wesentliches an Mommsens Erkenntnissen widerlegen, höchstens einiges ergänzen, vor allem aber lediglich auf Mommsens Grundlage aufbauen können. Weit davon entfernt, seine Landsleute zu schonen, zieht Staehelin sodann die Konklusion: «Mit seiner Inschriftensammlung[14] und dieser Darstellung hat Mommsen für die Kenntnis der Schweiz in römischer Zeit mehr geleistet als Generationen einheimischer Gelehrter vor ihm.» Neben dem hohen Niveau von Mommsens Arbeiten markieren diese für Staehelin vor allem durch die «kritische Zusammenfassung alles dessen, was bisher erreicht war»,[15] einen Epocheneinschnitt in der historischen Beschäftigung mit der römischen Schweiz: «[…] alles Frühere hat lediglich Wert für die Geschichte der Wissenschaft.»[16] Mommsen hatte seine kurze und konzise Darstellung der römischen Schweiz, die in den *Mitteilungen* der Antiquarischen Gesellschaft Zürich publiziert worden war, ebenso wie sein Corpus der Schweizer Inschriften während der Zeit, da er in Zürich eine Professur für römisches Recht innehatte (1852–1854), verfasst,[17]

13 SRZ, XVI. Der äusserst knappe Abschnitt mit dem Titel «Literatur» stellt keinen echten Literaturüberblick dar, sondern behandelt tatsächlich nur die Frage nach früheren Gesamtdarstellungen der römischen Schweiz. Sämtliche weitere für die SRZ relevante Literatur kommt nicht zur Sprache.

14 Die *Inscripitones Confoederationis Helveticae Latinae* (ICH), Staehelin behandelt das Corpus an anderem Ort in seiner Einleitung («Inschriften») separat. Vgl. Kapitel 9.

15 Vgl. hierzu den Literaturüberblick in Mommsens ICH, der eine umfassende Kenntnis der schweizerischen Literatur zum Thema seit der Zeit des Humanismus verrät. Vgl. Meyer 1954.

16 Der Text zur Bedeutung der Arbeit Mommsens findet sich praktisch identisch bereits in Staehelins Artikel zu *Mommsen und die Schweiz* aus dem Jahr 1917 (BN 1917, Sonntagsblatt Nr. 50, 16.12.1917).

17 ICH: Mommsen 1854b. Zu Mommsens Zeit in Zürich vgl. Rebenich 2002, 72–98; Walser 1966; Meyer 1954.

später erschienen weiter die *Schweizer Nachstudien*, in welchen er einzelne Probleme der römischen Schweiz noch einmal aufgriff und die Schweizer Forscher erneut korrigierte. Die klare Behandlung des Themas auf der Höhe der deutschen Altertumswissenschaft hebt sie weit über die dagegen teils laienhaft wirkenden früheren Versuche von Schweizer Forschern hinaus, und dies, obwohl sie lediglich aus einem als populär gedachten Vortrag[18] von geringem Umfang besteht.

Aufgrund ihrer überragenden Bedeutung für Staehelin ist Mommsens Darstellung als sein steter Orientierungspunkt bei der Konzeption der SRZ zu betrachten.[19] Dies gilt gerade auch für die Frage der Benennung des Gegenstandes der Darstellung und deren grundlegenden Implikationen, wie im Folgenden gezeigt wird.

Neben Mommsen stehen am Ende von Staehelins Forschungsüberblick lediglich zwei in der Zwischenzeit erschienene «ehrenwerte Versuche zusammenfassender Darstellung unseres Wissens». Und zwar nennt Staehelin hier die popularisierende Synthese des St. Gallers Hermann Wartmann[20] und die aus dem Basler Umfeld stammende Darstellung von Theophil Burckhardt-Biedermann.[21] Mit diesen zwei bibliographischen Angaben, die ohne weitere Besprechung angeführt werden, ist der Forschungsüberblick komplett.[22] Reinhardts Buch dagegen wurde von Staehelin seit der öffentlichen Vernichtung totgeschwiegen und findet in der SRZ nirgends eine Erwähnung.[23]

Aufgrund der Zäsur, die Mommsens *Schweiz in römischer Zeit* und sein ICH bilden, erwähnt also Staehelin in seinem Überblick keine Literatur, die vor

18 BN 1917, Sonntagsblatt Nr. 50, 16. 12. 1917.

19 Mommsen war für Staehelin bereits während der Phase seiner Einarbeitung ins Thema und der Konzeption der Vorlesung der grundlegende Ausgangspunkt. Als ein Zeugnis seiner akribischen Beschäftigung mit dem Text von Mommsens *Schweiz in römischer Zeit* sind entsprechende Exzerpte in Staehelins Nachlass überliefert (UB Basel NL 72 VI: 13a). Für seinen Vortrag zu *Mommsen und die Schweiz* (Sonntagsblatt der BN 1917, Nr. 50, 16. 12. 1917; vgl. Kapitel 3.3) versuchte er ebenfalls in wissenschaftsgeschichtlicher Recherche die genauen Umstände der Entstehung der Schrift zu klären. Vgl. Korrespondenz mit Otto Markwart: UB Basel NL 72 VIII: 364–365. Wie sich Gerold Walser erinnerte, hatte Staehelin ebenfalls in seiner Vorlesung «immer wieder die Unerreichbarkeit» der Darstellung Mommsens betont. Walser 1966, 53. Ebenso war es aber gegeben, dass Staehelins Versuch von der Fachwelt stets vor dem Hintergrund der Darstellung Mommsens gesehen wurde (vgl. etwa Koepp 1928), und es war klar, dass die SRZ daran gemessen werden würde.

20 Wartmann 1862. Wartmann war zuerst Bürgerratsschreiber, danach Aktuar des Kaufmännischen Direktoriums in St. Gallen, ebenfalls war er Bürgerrat, Kantonsrat, Ständerat und kantonaler Erziehungsrat. Er hatte in Zürich Geschichte und Philologie studiert und war Mitbegründer und langjähriger Präsident des Historischen Vereins des Kantons St. Gallen. Mayer 2014.

21 Burckhardt-Biedermann 1887.

22 In der dritten Auflage kommt wie erwähnt noch hinzu: Meyer 1943.

23 Staehelin hatte bereits im Herbst 1926 gegenüber Olivier angekündigt, er werde Reinhardt in der SRZ nicht erwähnen. Staehelin an Olivier, 24. 11. 1926, BCU IS 1905/XIII P.

diese Arbeiten zurückreicht. Daraus sollte jedoch nicht geschlossen werden, dass er frühere Gestaltungen des Themas nicht rezipiert hätte. Das zu Staehelins Zeit rezente Konzept einer antiken Schweiz hat eine Vorgeschichte, deren Anfänge spätestens im Klima des frühneuzeitlichen Humanismus und im Kontext der Notwendigkeiten eigener Herkunftserzählungen in der Alten Eidgenossenschaft zu suchen sind.[24] Die Beschäftigung mit verschiedenen Aspekten der römischen Epoche des Gebietes der Schweiz reichte zu Staehelins Zeit also bereits über Jahrhunderte zurück und hatte eine entsprechende Fülle an Behandlungen hervorgebracht. Die wichtigen davon waren Staehelin allesamt bekannt, so namentlich auch die letzte ambitionierte Gesamtaufarbeitung des Themas vor Mommsen: Franz Ludwig von Hallers *Helvetien unter den Römern.*[25]

Diese Darstellung gibt bezüglich der Benennung des Objekts ein Grundmuster vor, welches für alle folgenden Darstellungen bis in die Zeit Staehelins hinein die Alternative zur späteren Benennung durch Mommsen darstellt: Während dieser von der «*Schweiz* in römischer Zeit» spricht, heisst es bei Haller noch «*Helvetien* unter den Römern». Ebenfalls «Helvetien» nennt sein Objekt Johann Heinrich Fisch, der in der Zeit zwischen Haller und Mommsen eine populäre Darstellung für die aargauische Jugend verfasste.[26] Nach Mommsen kam sodann Burckhardt-Biedermann (nicht aber Wartmann) wieder auf diese Form der Benennung zurück und danach noch einmal Ludwig Reinhardt.[27]

Der Unterschied ist nicht trivial. Der Grund für Mommsen, mit der Tradition der Benennung zu brechen, ist in eben jener Feststellung der Nichtexistenz einer entsprechenden antiken Formation zu suchen, die eingangs dieses Kapitels angesprochen wurde. So heisst es bei Mommsen:

> Die [...] Schwierigkeit rührt daher, dass der Länderbezirk, den wir jetzt die Schweiz nennen, wie er ja auch heutzutage eben nur eine politische Einheit bildet, durch welche die großen Berg- und Wasserscheiden der Natur sowie die Stammes-, Sprach- und Religionsgrenzen der Menschen hindurchlaufen, ganz ähnlich in römischer Zeit weder eine Volks- noch eine Sprach- noch eine politische Gemeinde jemals gebildet hat. Es gab ein römisches Gallien und ein römisches Ägypten, aber ein römisches Helvetien gab es weder der Sache noch dem Namen nach, und die erste Bedingung einer anschaulichen Erkenntnis jener Zeit ist es, sich das heutige Gebiet der Eidgenossenschaft aufzulösen und die einzelnen Stücke als integrierende Teile der Nachbarländer sich vorzustellen.[28]

Im Einzelnen ist diese Bemerkung Mommsens weniger klar, als sie auf den ersten Blick erscheinen mag, da sie im Grunde zwei verschiedene Probleme zusammen-

24 Vgl. Marchal 1991; Maissen 2002.

25 Haller 1811/1812.

26 Fisch 1821.

27 Vgl. ebenfalls die Karte von Jakob Emanuel Scheuermann, *Helvetien unter der Römerherrschaft,* Aarau, um 1845 sowie: Georg Wyss: *Ueber das römische Helvetien* (Wyss 1851).

28 Mommsen 1854a, 4.

zieht. Dass das Gebiet der Schweiz in der Antike keine Form der Einheit kannte, ist eine grundsätzlich andere Feststellung als diejenige, dass es kein römisches Helvetien gegeben habe (welches ja ohnehin nur einen Teil des Gebiets der modernen Schweiz eingenommen hätte). Nur wenn man von vornherein die Schweiz mit «Helvetien» gleichsetzt, fallen die Aussagen zusammen.[29] Die Aufforderung, das Gebiet der Schweiz im Geiste auf die umliegenden Länder aufzuteilen, um zu einem klareren Bild der antiken Verhältnisse zu gelangen, hat mit dem Gebiet der Helvetier selbst, das – auch nach Mommsens Ansicht – in römischer Zeit zur Gänze innerhalb der Schweizer Grenzen lag, nichts zu tun. Dass sich kein «Helvetien» nachweisen lässt, gehört sachlich vielmehr in eine Diskussion, die Mommsen erst später im Text führt, wo er erläutert, dass, «obwohl diese Völkerschaft [= *civitas*] natürlich ein bestimmtes Territorium umfasst, dennoch niemals von Helvetien, Arvenien, Sequanien gesprochen wird, sondern nur von den Helvetiern, Arvernern, Sequanern».[30]

Erstens war das Gebiet der Schweiz also in keiner Weise eine Einheit. Zweitens kann nach Mommsen in Bezug auf das Territorium der *civitas* der Helvetier nicht von «Helvetien» gesprochen werden. Dass Mommsen die beiden Aussagen zusammenzieht, deutet darauf hin, dass er bei seinem Publikum eine Vorstellung von «Helvetien» als territorial entsprechende oder historische Vorgängerformation der Schweiz vermutet; einer solchen will er den Boden entziehen.[31]

Grundsätzlich will Mommsen mit obigem Zitat also folgendes sagen: Erstens: Es gibt keinen Referenten in der Antike für das Objekt *Schweiz in römischer Zeit*. Zweitens: Es gibt kein römisches «Helvetien», das als ein solcher Referent dienen könnte.[32]

---

29 Um dies zu verdeutlichen: Es wäre logisch widerspruchsfrei möglich, dass ein «Helvetien», etwa als eigene Provinz, mit dem Umfang des Gebietes der *civitas* der Helvetier existiert hätte und dass trotzdem das Gebiet der modernen Schweiz in der Antike keine Form der Einheit besessen hätte. Die beiden Aussagen betreffen nicht dasselbe Problem.

30 Im Zusammenhang: «Der Gau [...] heisst in den keltischen Landschaften [...] stets die ‹Völkerschaft› *(civitas)* und es ist charakteristisch, dass, obwohl diese Völkerschaft natürlich ein bestimmtes Territorium umfasst, dennoch niemals von Helvetien, Arvenien, Sequanien gesprochen wird, sondern nur von den Helvetiern, Arvernern, Sequanern.» Mommsen 1854a, 17. Mit Verweis auf Caes. Gall. 1.12 fügt Mommsen an: «*Civitas Helvetia* ist natürlich erlaubt.» Ebd., Anm. 18. Allerdings hatte Mommsen, wie Staehelin in anderem Zusammenhang berichtet, noch im Dezember 1853 vor der Antiquarischen Gesellschaft Zürich einen Vortrag gehalten mit dem Titel *Bruchstücke aus den Inschriften des römischen Helvetiens*. Sonntagsblatt der BN 1917, Nr. 50, 16.12.1917.

31 Dies ist auch im Zusammenhang damit zu sehen, dass «Helvetia» wie unten ausgeführt generell als latinisierte Form für «Schweiz» gebräuchlich war bzw. ist, ohne dass damit auf eine bestimmte historische Epoche verwiesen wird.

32 Sehr klar bringt Gelzer die beabsichtigte Aussage in einer knappen Bemerkung auf den Punkt: «Wenn in neuerer Zeit die Schweiz als ‹Helvetia› bezeichnet wird, so entspricht dies

Bei Hallers Begriff von «Helvetien», der Mommsen bekannt war, klingt tatsächlich eine überkommene Gleichsetzung der Eidgenossen mit den Helvetiern[33] und damit eine Verwendung des Begriffs «Helvetien» als antikisierendes Äquivalent für «Schweiz» an – also eben die Auffassung, gegen die sich offenbar Mommsens obenstehender Zusammenzug der beiden Probleme wendet. Grundsätzlich hat Haller aber durchaus den Anspruch, die tatsächlichen antiken Verhältnisse zugrunde zu legen und in diesem Sinne über «Helvetien» als über das tatsächliche Gebiet der Helvetier zu schreiben. Trotzdem behandelt er in seinem Werk nicht nur dieses Territorium, sondern greift verschiedentlich darüber auf die restliche Schweiz hinaus, was er selbst an mehreren Stellen transparent macht.[34] Ebenfalls verschweigt er nicht, dass ein «Helvetien» als territoriale Bezeichnung in den Quellen nicht nachzuweisen sei.[35] Das Objekt seiner Darstellung, sein «Helvetien», erhält so einen Charakter, der zwischen der expliziten Definition als Territorium der Helvetier und der impliziten Gestalt einer antiken Schweiz schwankt. Auch Burckhardt-Biedermann, dessen populärer Darstellung die Kenntnis von Mommsens Behandlung bereits deutlich anzumerken ist, nennt sein Objekt – wie erwähnt – «Helvetien». Auch er macht transparent, dass er darunter das Gebiet der *civitas* der Helvetier versteht, auch er behandelt aber trotzdem grosse Teile der übrigen Schweiz mit.[36]

---

nicht den antiken Verhältnissen. In der römischen Kaiserzeit waren nicht weniger als fünf Verwaltungsgebiete am Boden der modernen Schweiz beteiligt.» Gelzer 1928, 371.

33 Vgl. hierzu: Maissen 2002.

34 Haller 1811/1812, 40: «Da wir eigentlich die Gränzen der helvetischen Geschichte nicht überschreiten, sondern die Begebenheiten in Rhätien nur in so fern sie einigen Bezug auf jene haben, anführen wollen». Ebd., 47: «Wir werden die Geschichte der Rauracher [...] zugleich mit der helvetischen darstellen, indem dieselben fast durchgehends gleiche Schicksale mit den Helvetiern gehabt haben.»

35 So widersteht er der Versuchung, in dem Ausdruck IN HEL[V] in der Inschrift CIL XIII 5092 (= Howald/Meyer 193; Walser, RIS I 84; Kolb 2022, 194) eine solche topographische Bezeichnung zu sehen: «[...] auf der Inschrift von Donatus Salvianus [...] finden wir durch die Worte IN HELV. nicht sowohl den Namen des Landes, als vielmehr den des Volks; denn es könnte ja von diesem Donatus Salvianus eben so gut heissen: *exactori tributorum in Helvetiis*, als es nacher von Flavius Sabinus, dem Vater Vespasians hieß: *apud helvetios, diem obiit* [Zusammenzug aus: Suet. Vesp. 1.3]; wir wollen zwar keineswegs in Abrede seyn, dass der Ausdruck *in Helvetia* dem *stilo lapidari* und der Sprachschönheit selbst angemessener ist, als jener: *in Helvetiis*, wenn man nur diesen Landesnamen auch sonst noch erweisen könnte.» Haller 1811/1812, 58 f.

36 Burckhardt-Biedermann 1887: «Was zuerst die Grenzen des Landes betrifft, so dürfen wir uns die heutige Schweiz damals nicht eine als politische Einheit vorstellen» (15). Burckhardt-Biedermann zählt im Folgenden die Gebiete auf, die seiner Ansicht nach zu Rätien und zu Italien gehörten, danach weist er darauf hin, dass das Gebiet von Nyon (Colonia Iulia Equestris) sowie Genf und ebenso «das Land der Rauriker» nicht zu «Helvetien» gehörten: «Somit liefen die Grenzen des eigentlichen Helvetierlandes im Westen über den Kamm des Jura, im Norden am Rhein und dem Bodensee bis Arbon, [...] Ostgrenze war die hohe Gebirgswand des Rheintals in Appenzell, St. Gallen und Graubünden.» Ebd. Gewisse Formulierungen sind in ihrer Unschärfe allerdings

Mommsen aber lässt das gesamte «Helvetien» beiseite und wählt einen viel eleganteren, methodisch ungleich saubereren Weg. Statt das Gebiet der Helvetier mit dem Namen «Helvetien» zu bezeichnen, trotzdem das Wallis, das Raurakergebiet etc. ebenfalls zu berücksichtigen und dabei ständig darauf hinzuweisen, dass er damit Helvetien in seiner Behandlung verlässt, zieht er einen klaren Schnitt: Er nennt das Objekt «Schweiz in römischer Zeit», macht es so als reines historiographisches Konstrukt transparent, gewinnt damit eine klare territoriale Grenze und ist auf keinerlei nationalgeschichtliche, ethnische oder sonst wie gearteten Kontinuitäten angewiesen. An die Stelle eines als antik gedachten «Helvetien»-Begriffs, in welchem solche Kontinuitätsvorstellungen bzw. nationalstaatlichen Parallelisierungen zeitgenössisch stets mitschwingen, setzt Mommsen nun das bewusste Konstrukt einer Schweiz in römischer Zeit. Die Rezeptionsepoche wird in ihrem Erkenntnisinteresse vollkommen transparent gemacht und das Objekt explizit danach konstruiert. Dieser Schritt ist ebenfalls vor dem Hintergrund seiner Schweizer Inschriftensammlung zu sehen, deren Umfang nach eben jenen klaren Kriterien bestimmt werden musste. Entsprechend verzeichnet das Corpus explizit die (antiken) lateinischen Inschriften der *Confoederatio Helvetica,* also des modernen Schweizer Bundesstaates und nicht eines antiken «Helvetien».

Es ist nun nach dem Gesagten unmittelbar einsichtig, dass für Staehelin, der zwischen diesen Varianten zu wählen hatte, nur Mommsens Lösung in Frage kommen konnte. Bei ihm, der sich in jeder Hinsicht auf der Höhe der Diskussion bewegt, wird nun – nach Mommsen – der Gegenstand also als historisches Konstrukt transparent gemacht und die Konstruktion sozusagen vor den Augen des Lesers vorgenommen und reflektiert. Alles andere wäre methodisch nicht mehr haltbar.[37]

So steht denn auch Mommsen im Hintergrund, wenn Staehelin gleich zu Beginn des Hauptteils der SRZ schreibt: «Erstens gab es noch keine Schweiz,

dazu angetan, die tatsächlichen Verhältnisse zugunsten der Auffassung «Helvetiens» als einer antiken Schweiz zu verunklären: «Vieles ist auch durch die Schicksale der Stadt [= Augusta Raurica] verloren gegangen, während die Hauptstadt des Landes, Aventicum, kostbarere [...] Bautrümmer aufweist.» Ebd., 27. Eine deutliche und transparente Abgrenzung zwischen dem «eigentlichen Helvetien» und den umliegenden Gebieten nimmt Wyss 1851 vor. Auch er behandelt in seiner Darstellung aber ganz selbstverständlich etwa Augst und Genf mit. Sowohl Burckhardt-Biedermann als auch Wyss verwenden also das sprachliche Mittel des «eigentlichen Helvetien», um die Diskrepanz zwischen der Schweiz und dem Gebiet der Helvetier zu überbrücken.

37 Für den ausländischen Leser verstand es sich angesichts dieser verwickelten Situation nicht von selbst, dass Reinhardt mit seinem Helvetien und Staehelin mit der Schweiz in römischer Zeit dasselbe Objekt, denselben diskursiven Gegenstand behandelten. Deswegen hielt Koepp in seiner Rezension in der Folge seiner Bemerkung, wonach Reinhardt wenigstens einem besseren Buch, das sich die gleiche Aufgabe gestellt habe, nicht den Weg blockierte, fest: «Die gleiche Aufgabe? Ja: ‹Helvetien unter den Römern› und ‹Die Schweiz in römischer Zeit›, das ist doch die gleiche Aufgabe!» Koepp 1928, 354.

sondern die Lande um das zentrale Massiv der Alpen waren von Splittern großer Nationen bewohnt, zwischen denen zunächst kaum irgendwelche oder höchstens feindselige Berührungen stattfanden.»[38]

Noch deutlicher wird dies, wenn Staehelin die offensichtliche Folge der Entscheidung für die konstruktive Lösung «römische Schweiz» referiert: dass nämlich die geographische Ausdehnung des Untersuchungsobjekts nicht in antiken Verhältnissen gesucht wird, sondern den modernen Schweizer Landesgrenzen zu entsprechen hat:

> Die römische Schweiz, die wir in diesem Buche mit Rücksicht auf den heutigen Umkreis unserer Landesgrenzen etwas gewaltsam zu einer Einheit zusammenfassen, war in Wirklichkeit das denkbar uneinheitlichste Gebilde. Ein «Helvetien» hat es weder dem Namen noch der Sache nach gegeben. Nicht nur zog sich während des ganzen Altertums mitten durch unser Land die große Hauptgrenze zwischen gallischem und raetischem Volkstum, die auch der römischen Provinzialeinteilung zugrunde gelegt wurde, sondern innerhalb der beiden ungleichen Hälften sind außerdem noch mannigfaltige politische Abstufungen und staatsrechtliche Spielarten vorhanden. Man muß sich also auf ein buntes Vielerlei gefasst machen.[39]

Die Wendung «weder dem Namen noch der Sache nach» ist hierbei wörtlich dieselbe wie bei Mommsen.[40] Staehelin setzte diesen Mommsen'schen Zugang nun definitiv durch, und die «Helvetien»-Darstellungen der erwähnten Form verschwanden in der Folge zunehmend aus dem wissenschaftlichen Diskurs.[41] Staehelin schärfte also den diskursiven Gegenstand «römische Schweiz» für die Zukunft neu.

Zunächst wurde allerdings der methodische Einschnitt, der mit Mommsen stattgefunden hatte, terminologisch noch nicht so deutlich, wie er sich im Rückblick zeigt, gerade auch bei Staehelin nicht. So schrieb er noch 1921 einen Aufsatz *Aus der Religion des römischen Helvetien.*[42] Wie seine sämtlichen Vorgänger beschränkt er sich in diesem Aufsatz nicht auf das Helvetiergebiet, und ganz ähnlich wie sie schreibt er deshalb: «Vorweg mag bemerkt sein, dass wir zu Helvetien

---

38 SRZ, 3 (SRZ², 3; SRZ³, 3).

39 SRZ, 120 (SRZ², 130; SRZ³, 139).

40 In dem Vortrag *Die Anfänge geschichtlichen Lebens in der Schweiz*, den Staehelin im Frühling 1925 vor der HAG gehalten hatte, führte er die Uneinheitlichkeit der römischen Schweiz ganz ähnlich an, die Passage zu Helvetien fehlt aber im Vortragsmanuskript. Auch dies ist ein Hinweis darauf, dass die zwei Aspekte nicht zwingend zusammengehören und von Staehelin in der SRZ nach dem Vorbild Mommsens zusammengezogen wurden, UB Basel NL 72 V: 31.

41 Wenn auch in der neusten Forschung der Begriff für das Gebiet der Helvetier zuweilen noch verwendet wird (etwa: Kaenel 2012, 140: «Helvétie Romaine»).

42 Staehelin 1921.

hier auch die im Altertum vom Helvetierland politisch getrennten Gebiete der heutigen Kantone Basel, Tessin, Wallis und Genf hinzurechnen.»[43]

Doch als er sich in der Folge konkret an die Arbeit an der SRZ machte, hörte die Verwendung des Helvetienbegriffs bei Staehelin auf. Er gebraucht ihn in der gesamten SRZ nicht, und er streicht ihn auch Barbey an, wenn dieser entsprechende Wendungen in dem Buch mit «Helvétie» wiedergeben will.[44]

Wenn «Helvetien» in der Folge von Mommsen und Staehelin aus dem wissenschaftlichen Diskurs also tendenziell immer mehr verschwindet, so taucht der Begriff auch nach der SRZ trotzdem immer noch auf, etwa in populären Zusammenhängen. Ebenfalls wird «römisches Helvetien» immer noch häufig als direktes Synonym für die römische Schweiz verwendet, dies geschieht oft ohne weitere Bedeutung, aus Gedankenlosigkeit oder dem Wunsch nach terminologischer Variation.[45] So heisst es häufiger, Staehelin habe ein Buch über das «römische Helvetien» geschrieben[46] – allerdings nicht mehr von ihm selbst.

Hierbei sind durchaus Unterschiede auszumachen: Auf der einen Seite steht etwa der Philologe Von der Mühll, der die populäre Unschärfe in der Gleichsetzung erkennt und deshalb in seinem lateinischen Text für die Ehrenmitgliedsurkunde, die Staehelin von Pro Vindonissa überreicht wurde, mit einigem Aufwand den Helvetienbegriff vermeidet.[47] Auf der anderen Seite schreibt die Universität in der Erneuerung des Doktorgrads Staehelins ohne weitere Skrupel von «Helve-

43 Staehelin 1921, 17.

44 UB Basel NL 72 V: 59.

45 Allgemein sind Überlagerungen zu beachten mit dem Phänomen, dass «Helvetien» auch in Zusammenhängen, die mit der römischen Schweiz nichts zu tun haben, einfach als Synonym für «Schweiz» gebraucht wird. «Helvetien» bzw. «Helvetia» bezeichnet also nicht immer denselben diskursiven Gegenstand. Es ist für den Untersuchungszeitraum stets im Einzelfall zu klären, ob das antike Gebiet der Helvetier gemeint ist oder die Schweiz in der Antike oder ob lediglich ein latinisierter Ausdruck für «Schweiz» verwendet wird. Zwischen diesen Verwendungsarten des Ausdrucks kommt es, besonders wenn es um die antiken Verhältnisse geht, zu Unschärfen, wie oben für Haller und Burckhardt-Biedermann gezeigt. Die entsprechenden Bedeutungsebenen der Bezeichnung überschneiden sich generell häufig und haben evidenterweise auch denselben Ursprung. Von dem Studium des Altertums im Humanismus (vgl. Maissen 2002: «Helvetierthese») gehen alle Stränge aus. Pauschale Bezeichnungen des Gebietes der Eidgenossenschaft als *Helvetia* sind bereits für das 16. Jahrhundert bezeugt (Maissen 2010), seit dem 17. Jahrhundert ist der Begriff *Corpus Helveticum* für das Territorium der 13 Orte und ihrer Zugewandten gebräuchlich (Holenstein 2005), weiter zu beachten ist der Name der revolutionären *Helvetischen Republik* und der *Confoederatio Helvetica* als Bezeichnung des modernen Bundesstaates sowie Benennungen wie *Helvetismus* oder *Pro Helvetia*. Die interdependente diachrone Begriffs- und Diskursgeschichte seit dem Humanismus, die in der diskursiven Situation des hier beleuchteten Untersuchungszeitraums resultiert, kann hier nicht aufgearbeitet werden.

46 Vgl. etwa: Schulthess an Staehelin, 30.12.1925, UB Basel NL 72 VIII: 512.

47 Vgl. Kapitel 6.3.

tia Romana».[48] Hier ist nicht das «Helvetien» von Haller und Burckhardt-Biedermann gemeint, sondern «Helvetia» ist ganz einfach die lateinische Übersetzung von «Schweiz».

Wenn nun also klar geworden ist, dass Staehelin sich bei gegebener Ausgangslage gegen Helvetien und für die Schweiz entscheiden musste, stand damit die konkrete Benennung immer noch nicht fest. Um das Objekt der Untersuchung zu bezeichnen, spricht Staehelin in seiner Korrespondenz und auch noch in der SRZ in der Regel von der «römischen Schweiz». Weshalb also nicht dieser Titel für das Buch? Diese Frage stellten sich bereits Zeitgenossen von Staehelin; eine raffinierte Erklärung hatte hierbei Koepp gefunden. Er bringt den Titel in Zusammenhang mit der Berücksichtigung nicht nur der römischen, sondern ebenfalls der «einheimischen» Elemente durch Staehelin. «Das Buch will ja nicht nur die ‹römische Schweiz› schildern, sondern die ‹Schweiz in römischer Zeit›, und wenn wir uns damit abfinden müssen, dass sich in den Zeugnissen das Römische vordrängt, so ist doch lebhaft der Wunsch, hinter diese römische Fassade zu blicken».[49] Der Gedanke ist, was die Benennung des Buches betrifft, ebenso brillant wie unzutreffend.

Wie hier zum ersten Mal gezeigt werden kann, hatte Staehelin tatsächlich seinem Werk den Titel «Die römische Schweiz» geben wollen. Hierdurch erklärt sich auch der seltsame Umstand, dass Staehelins Vorlesung bis zu ihrer letzten Durchführung *Die Schweiz in römischer Zeit* hiess und danach, im Sommer 1925, als das Manuskript mehrheitlich stand, plötzlich den Titel *Die römische Schweiz* trug, obwohl Staehelin das Buch dann schliesslich trotzdem *Die Schweiz in römischer Zeit* nennen sollte. Des Rätsels Lösung findet sich in einem Brief an Otto Tschumi. Im Frühling 1926 schrieb Staehelin an den Berner Kollegen, er werde aus politischen Gründen «statt des [...] politisch bedenklichen ‹Die römische Schweiz› [...] lieber ‹Die Schweiz in römischer Zeit›» sagen. «Ich hätte den Gleichklang mit Mommsen lieber vermieden, aber es ist nicht zu umgehen.»[50]

Es war also der Vermeidung einer «politisch bedenklichen» Formulierung geschuldet, dass Staehelin seine ursprüngliche Absicht aufgab. Dass Staehelins Werk genau wie Mommsens Schrift *Die Schweiz in römischer Zeit* heisst, ist somit durch zeitgeschichtliche Umstände verschuldet. Hierauf ist weiter unten noch einzugehen. Festzuhalten ist, dass es für Staehelin in Bezug auf das Objekt seiner Darstellung keinen konzeptionellen Unterschied gibt zwischen einer «römischen Schweiz» und einer «Schweiz in römischer Zeit».

Es wurde bereits darauf verwiesen, dass Staehelins Entscheidung für die transparente historiographische Konstruktion «römische Schweiz» evidenterwei-

48 StABS PA 182a B45: 1.

49 Koepp 1928, 368.

50 Staehelin an Tschumi, 21.4.1926, SLA Otto Tschumi 78. Zu den Gründen für diese Entscheidung vgl. Kapitel 10.2.

se die Frage nach der territorialen Ausdehnung des Objekts gleich mitentscheidet: Diese ist deckungsgleich mit derjenigen der modernen Schweiz. Auf den Punkt bringt dies bereits Mommsen in seinem ICH: «Recepi in hanc syllogen titulos omnes repertos intra fines qui nunc sunt confoederationis Helveticae».[51]

Wenn das Problem der Definition des Territoriums damit auch auf einen Schlag gelöst ist, so macht es doch die konkrete Behandlung umso schwieriger: Aufgrund des für die antiken Verhältnisse vollkommen willkürlichen Rahmens ist nun in der Tat mit einem «bunten Vielerlei», mit einer ausgeprägten Heterogenität umzugehen. Gerade die peripheren Gebiete gehören ihrerseits zu Gebilden, die mit dem Gebiet der Schweiz in ihren grössten Teilen sehr wenig zu tun haben. Eine zu ausgedehnte Behandlung dieser aussenliegenden territorialen Entitäten droht aber die Grenzziehungen aufzulösen und damit den Gegenstand nicht mehr klar hervortreten zu lassen. Staehelin hatte ohnehin als Althistoriker die Herausforderung zu bewältigen, keine isolierte Binnenschau zu betreiben, sondern die geschichtlichen Zusammenhänge – die erst auf einer übergeordneten Ebene deutlich werden – aufzuzeigen. Gleichzeitig wollte er aber keine Geschichte der Nordwestprovinzen oder gar des Reichs geben, sondern eine der Schweiz.[52] Weiter war aber auch im Innern eine gleichmässige Behandlung des Territoriums aufgrund der Quellenlage vollkommen unmöglich.[53] Der eleganten Einfachheit und methodischen Transparenz einer territorialen Eingrenzung des Objekts vermittels der Grenzen der modernen Schweiz stehen also gewichtige Schwierigkeiten in der konkreten Gestaltung gegenüber.

Um dem Objekt «römische Schweiz» seinen Rahmen zu geben, musste von Staehelin weiter neben den geographischen Grenzen ebenfalls die zeitliche Ausdehnung definiert werden. Diese wird von den grundlegenden Entscheidungen, die bis hier besprochen wurden, nicht präjudiziert. Ebenfalls konnte hier Mommsen nur sehr bedingt Orientierung bieten, da er keine ereignisgeschichtliche Behand-

51 ICH, VIII. Weiter formuliert Mommsen die Kriterien für die Ausnahmen von diesem Prinzip: «[…] adsumpsi paucos […] qui quamquam hodie extra fines servantur, tamen olim intra eos limites videntur stetisse, exclusi autem quos sine iusta causa Orellius […] Helveticis inseruit Germanicos et Sabaudicos».

52 Vgl. hierzu Staehelins eigene Bemerkungen: «Wohl aber sollte vorzugsweise das Charakteristische, das der Schweiz Besondere und Eigenartige herausgearbeitet werden.» SRZ, VIII.

53 Vgl. Frei-Stolba 1976, 192. Von den meisten Rezensenten wurde dieser Umstand, wenn überhaupt erwähnt, als gegeben zur Kenntnis genommen, so etwa in *Greece and Rome:* «Inevitably the Gallic half of Switzerland is treated in fuller detail than the Raetian half.» H.W.S. 1950, 91. Der Umgang mit dieser Tatsache durch Staehelin wird lobend hervorgehoben: «there is very little of the vague conjecture by which some historians try to conceal the absence of recorded fact» (ebd.).

lung verfasst hatte, sondern in seiner *Schweiz in römischer Zeit* lediglich *Zustände* darstellen wollte.[54]

Während Haller noch auf eine Behandlung des Helvetischen Krieges gegen Caesar verzichtet hatte, u. a. weil sie «zu weit hinauf und in den celtischen Zeitpunkt führen würde»,[55] begann Burckhardt-Biedermann seine Darstellung mit diesem Ereignis. Staehelin jedoch entschied sich für eine andere Lösung. Er grenzt in der SRZ den Untersuchungszeitraum zuerst von der Prähistorie ab, die er mit dem Beginn der schriftlichen Überlieferung enden lässt, und zählt sodann alles, was danach kommt, als das Historische zur Gänze zu seinem Untersuchungsobjekt. Die entsprechenden Beweggründe haben wichtige Implikationen für seine methodischen Prämissen und sein Geschichtsverständnis und werden deswegen im nächsten Kapitel ausführlicher behandelt. Hier ist lediglich festzuhalten, dass – anders als bei Mommsen – die «vorrömische Schweiz» bei Staehelin einen Teil des Objekts «römische Schweiz» ausmacht und dass diese «vorrömische Schweiz» mit Beginn der schriftlichen Quellen anfängt.

Das chronologische Ende der römischen Schweiz setzt Staehelin in mehreren Etappen an, die von dem Abzug des römischen Militärs um das Jahr 400 über die Ansiedlung der Burgunder, den Tod des Aëtius bis zu der Einwanderung und Ansiedlung grösserer alemannischer Verbände reicht.[56] Die Darstellung endet aber nicht hier, sondern es schliessen sich nahtlos Bemerkungen zur weiteren Kontinuität des Römischen in der Schweiz an, was Staehelins römischer Schweiz einen gewissermassen offenen Ausgang verleiht. Es ist bezeichnend für seinen Blick auf den Gegenstand, dass dieser zwar einen Anfang, ein eigentliches Ende aber nicht hat.

8.3 Die Elemente der römischen Schweiz und ihre Anordnung

Nach der Analyse der Benennung und des geographischen und chronologischen Rahmens, die die äussere Begrenzung des Objekts bestimmen, ist nach dem Inhalt, der internen Beschaffenheit des Gegenstandes «römische Schweiz» bei Staehelin zu fragen, nach den Elementen also, durch welche die römische Schweiz konstituiert wird, und nach deren Anordnung in dem gegebenen Rahmen.[57]

---

54 Vgl. Kapitel 10.1.

55 Haller 1811, 1.

56 Vgl. die zeitliche Abgrenzung der römischen Schweiz gegen das schweizerische Mittelalter in Mommsens ICH, VIII: «Medii aevi titulos, id est scriptos post expulsos ex his partibus Romanos, praetermisi.»

57 Vgl. für das Folgende die Inhaltsverzeichnisse SRZ–SRZ[3] im Anhang. Was die grundlegende Struktur betrifft, so sind die Unterschiede zwischen den Auflagen – mit Ausnahme der Veränderungen im Umfang der einzelnen Kapitel – marginal.

In dem eingangs des Kapitels angeführten Zitat aus der Einleitung des SPM-Bandes *Römische Zeit* wird ein heute vertretenes Verständnis der römischen Schweiz artikuliert, «die jedoch nichts anderes darstellt als das berücksichtigte archäologische Gebiet». Falls Staehelin eine ähnliche Sicht auf den Gegenstand und die Aufgabe, die er stellt, gehabt hätte, so hätte er das zeitlich und räumlich eingegrenzte Gebiet als eine Art Container verstehen können, in welchem die entsprechenden Funde und Befunde lediglich in einer bestimmten Anordnung zu präsentieren gewesen wären. Die materielle Überlieferung selbst würde in diesem Verständnis in ihren einzelnen Teilen die Elemente der Darstellung liefern.

Dies war aber offensichtlich nicht sein Ziel, vielmehr wollte Staehelin eine historische Synthese verfassen, und deshalb bestehen seine Bausteine, die Elemente der römischen Schweiz, nicht einfach aus Fundergebnissen der Bodenforschung, sondern wesentlich aus historischen Ereignissen, Prozessen und Strukturen. Für das Gesamtbild, das Staehelin anstrebte, war es weiter nötig, dass er unter den historischen Aussagen, die sich über das Gebiet der römischen Schweiz treffen lassen, nicht eigentlich auswählte, sondern versuchte, sie alle in einer sinnhaften Darstellung narrativ zu verbinden.

Durch die bezüglich der antiken historischen Gemengelage arbiträre Wahl der Grenzen des Objekts umfassen diese nicht nur wie oben angesprochen die verschiedensten historischen Themenkomplexe und Überlieferungszusammenhänge, sondern diese heterogenen Elemente müssen häufig zum Zweck der Konstruktion der römischen Schweiz zusätzlich aus den ihnen eigenen Zusammenhängen herausgelöst werden.[58] Die Elemente sind also selbst bereits Komplexe bzw. Teilkomplexe von grösseren Zusammenhängen. Dies alles gibt der SRZ einen mehrfach zusammengesetzten Charakter, und der souveräne Umgang mit diesen Schwierigkeiten ist einer der Hauptgründe für die exzeptionelle Qualität des Werks. Die Art und Weise, mit der er eine solche Heterogenität des Gegenstandes bewältigte, stellt denn auch eine wichtige Quelle der Bewunderung dar, mit der Staehelins Werk quittiert wurde.

Als Mommsen seine *Schweiz in römischer Zeit* verfasste, verzichtete er wie erwähnt auf eine ereignisgeschichtliche Darstellung und legte stattdessen die *Zustände* dar. Dies erlaubte es ihm, die Elemente, die seine römische Schweiz konstituieren, in systematischer Weise zu ordnen und zu behandeln. Die Anordnung der

58 So ist der Helvetische Krieg für Staehelin ein Teil der römischen Schweiz, ebenso – wegen der Beteiligung der Helvetier – der Aufstand des Vercingetorix, nicht jedoch der restliche Gallische Krieg, wobei hier die Grenzziehungen nicht klar sind. Die Feldzüge des Drusus und Tiberius gehören ebenfalls zu einem Teil der römischen Schweiz an, in ihrer Gesamtheit aber nicht. Dasselbe gilt für die Organisation der Provinzen, die Religion etc. Es zeigt sich hier ein ähnliches Problem wie in der Quellensammlung Howald/Meyer, wo aufgrund der auf die Schweiz hin verengten Auswahl der Quellenstellen deren eigener Kontext marginalisiert zu werden droht.

einzelnen Teile lässt sich aus dem Text extrahieren, was Gerold Walser geleistet hat, indem er für seine Neuausgabe eine – ursprünglich nicht vorhandene – Einteilung in Kapitel vorgenommen hat.[59] Auf die Erläuterung der Aufgabenstellung folgen so die «Zivilverwaltung», die «Grenzsicherung», die «Nationalitäten», die «Gemeindeverfassungen» sowie «Verkehr und Handel». Mommsens Strukturierung des Objekts «römische Schweiz» konnte Staehelin – anders als die Benennung – nicht übernehmen. Erstens wollte Staehelin wie gesagt im Gegensatz zu Mommsen eine erzählende Geschichte bieten; zweitens strebte er ein ganz anderes Mass an Vollständigkeit an, und zwar auch was die nicht ereignisgeschichtlichen Themen anbelangt; drittens sah durch die zwischenzeitlich erreichten Ergebnisse der römischen Bodenforschung auch die Quellenlage ganz anders aus als 70 Jahre zuvor.

Staehelin entschied sich für eine Anordnung der Elemente, die grundsätzlich aus zwei verschiedenen Arten historischer Systematik besteht: einer diachron und einer synchron ausgerichteten. Nach diesem Prinzip funktionieren grundsätzlich die zwei Hauptteile des Werks: «Geschichte» und «Kultur». Dieses Gesamtordnungsprinzip der Darstellung wird allerdings – wie unten gezeigt wird – in manchen Kapiteln durchbrochen, was eine ausgewogene und gut lesbare Mischung aus dynamischen und statischen Elementen im Text ergibt. Komplettiert wird das Werk durch einen dritten Teil, der aus einem topographischen Anhang besteht.

Der Trennung in zwei Teile liegt eine Überlagerung verschiedener methodischer Entscheidungen und strukturierender Konzepte von Staehelins historischem Zugriff auf das Thema zugrunde, die in den Kapiteln 9 und 10 geklärt werden. Offensichtlich ist, dass die Zweiteilung einen Unterschied im Gewicht der zugrunde liegenden Quellengattungen impliziert und dass die beiden Teile durch ein jeweils anders geartetes Erkenntnisinteresse charakterisiert sind. Der erste Teil stützt sich in stärkerem Masse auf die literarische Überlieferung als der zweite und dieser in grösserem Umfang auf die archäologische als der erste, beide aber integrieren mehrere Quellenformen, neben den genannten ebenfalls die Inschriften und die sprachwissenschaftliche Evidenz. Die unterschiedliche Berücksichtigung der Überlieferungsformen ist im Grunde sekundär und hängt mit ihrer Aussagekraft für die unterschiedlichen Problemstellungen der beiden Teile zusammen. Die Bedeutung der Trennung der zwei Teile liegt nicht in erster Linie in einer Sortierung der unterschiedlichen Evidenzformen – etwa in schriftliche und archäologische Quellen. Von wirklich archäologischem Charakter ist allerdings der topographische Anhang.

Im ersten Teil gibt Staehelin also eine erzählende Geschichte der römischen Schweiz. In formaler Hinsicht zeigt das Inhaltsverzeichnis eine kontinuierliche

59 Mommsen/Walser 1966.

und lineare Behandlung des behandelten Zeitraums.[60] Im Zuge einer genaueren Betrachtung des Textes und seiner Analyse nach historischen Hauptelementen und ihrer Anordnung ergibt sich jedoch ein davon differierendes Bild, welches im Folgenden ausgeführt wird.[61]

Die Darstellung ist grundsätzlich organisiert nach den ereignisgeschichtlichen Hauptkonstituenten, die sich aus den historischen Prozessen selbst, damit teilweise zusammenhängend aber vor allem aus der Quellenlage ergeben. Es handelt sich dabei um folgende Komplexe: der Kimbernzug, der Helvetische Krieg, die Unterwerfung der Alpenstämme unter Augustus, der Kampf der Helvetier gegen Caecina im Jahr 69, die Kämpfe an der Rheinfront in der Spätantike, die Ansiedlung der Burgunder, Einbrüche und Landnahme der Alemannen. Diese Hauptkomplexe bilden das narrative Grundgerüst, in welches die weiteren Elemente, aus denen der erste Teil gebildet ist, eingepasst werden.

Vor dem *Kimbernzug* behandelt Staehelin die einzelnen ethnischen Formationen der vorrömischen Schweiz, deren Siedlungen und Verkehrswege sowie ihre Verbindungen zur griechischen Mittelmeerwelt.

In direktem Anschluss an den darauffolgenden *Helvetischen Krieg* rückt er die Diskussion des sogenannten Helvetierfoedus, danach behandelt er Galbas Vorstoss ins Wallis, den Aufstand des Vercingetorix und die Einrichtung der Kolonien *Iulia Equestris* und *Raurica.*

Auf die Diskussion der *Unterwerfung der westlichen Alpenstämme und der Raeter* folgen die Behandlung der Einrichtung der raetischen und poeninischen Provinz(en), die Neukonstituierung von Augusta Raurica, die Provinzialisierung der restlichen Schweiz und Gesamtorganisation der gallischen Provinzen, die Germanienkriege von Drusus bis Germanicus und ihre Bedeutung für das Gebiet der Schweiz, die Sicherung der Rheingrenze und der Beginn der Romanisierung Genfs und des Wallis.

Zwischen diesen Ausführungen und dem folgenden *Kampf der Helvetier gegen Caecina* bespricht Staehelin zuerst den Anfang der Militärpräsenz in Vindonissa. Hierauf folgt ein längerer synchronischer Exkurs über die Provinzzugehörigkeiten und die staatsrechtliche Verfasstheit der verschiedenen Gebiete der Schweiz in der frühen Kaiserzeit vor den Flaviern.

Ein dynamisches Element bringt Staehelin in diese Erörterungen, indem er – nach einzelnen Kaisern geordnet – diverse Neuerungen dieser Periode bespricht: zuerst das bis heute unklare *Forum Tiberii* sowie *Iuliomagus,* danach die

---

60 Zum besseren Verständnis der hier vorgenommenen Analyse in ihrem Verhältnis zum expliziten Aufbau der SRZ vgl. die SRZ-Inhaltsverzeichnisse im Anhang.

61 Es wird – wie in der Einleitung vorliegender Studie ausgeführt – auf die Angabe (und erst recht auf eine Diskussion) von Forschungsliteratur zu den einzelnen Themen auf der Materialebene des althistorischen bzw. provinzialarchäologischen Erkenntnisinteresses verzichtet.

Veränderungen Vindonissas unter der 21. Legion und die Frage militärischer Bauten an der Rheingrenze.

In der Folge der Behandlung der helvetischen *Niederlage gegen Caecina* bespricht Staehelin unter dem Stichwort «Vespasian» dessen familiäre und biographische Verbindungen zum Gebiet der Schweiz, bevor er Vindonissa unter der 11. Legion behandelt, die Frage nach den militärischen Unternehmungen des Cornelius Clemens sowie den neuen Koloniestatus von Aventicum und dessen Auswirkungen auf die Verfasstheit des helvetischen Gebietes. Danach kommt er auf die Zeit Domitians, den obergermanisch-raetischen Limes und die Errichtung der Provinz Germania Superior zu sprechen.

Nach dieser an den Kampf gegen Caecina angeschlossenen Behandlung der Flavier kommt Staehelin in eine gewisse Verlegenheit, was die Ereignisgeschichte angeht. Die nächsten aufgrund der Quellenlage wirklich in ihrem historischen Ablauf zu behandelnden Ereignisfolgen liegen in der Spätantike. Staehelin setzt hier mit Diocletian wieder ein, doch auch die mit diesem Kaiser verbundenen Themen der Neuordnung des Reiches und des Baus von Kastellen stellen keine Erzählung von eigentlichen Ereignissen in der römischen Schweiz dar. Was die Zeitspanne dazwischen, also von Domitian bis Diocletian, betrifft, so bespricht Staehelin hier lediglich den Abzug der römischen Truppen aus der Schweiz um das Jahr 100 und die militärischen Laufbahnen von «Schweizern» im Reich, auf weiteren drei Seiten behandelt er sodann die Adoptivkaiser und die Severer, bevor er mit «Anzeichen des Zerfalls», also der Reichskrise des 3. Jahrhunderts und dem sogenannten Fall des Limes, bereits in die Spätzeit überleitet. Nach den diocletianischen Reformen folgt nun Staehelin den Anstrengungen an der Rheinfront von Konstantin bis Valentinian I. – wobei ein Grossteil des Textes in der Besprechung von Kastellen und den Wachtürmen des sogenannten Hochrhein-Limes[62] besteht – und gibt einen kurzen Überblick über die Kenntnisse bezüglich der spätantiken Truppenkörper in der Schweiz. Bevor Staehelin sodann die *Ansiedlung der Burgunder* durch Aëtius und die Einbrüche und schliessliche *Landnahme der Alamannen* referiert, erwähnt er den Abzug römischer Truppen unter Stilicho. Er schliesst den Teil wie oben erwähnt mit einem Kapitel zur «Kontinuität der Kultur».

Die Aufgabe für den zweiten Teil stellt sich etwas anders dar, da Staehelin hier keine fortlaufende Erzählung anstrebt, sondern die Elemente in systematischer Ordnung aufeinanderfolgend präsentieren kann. Die Hauptelemente des zweiten Teils, «Kultur», sind erstens die «äußeren Bedingungen des Lebens»,[63] also die Infrastrukturen des *Verkehrs* und der *Siedlungen*, weiter die *Wirtschaftsweise*, Aspekte des *gesellschaftlichen Lebens*, die Frage der *Romanisierung* und vor allem die *Religion*.

62 Vgl. zur Bezeichnung Hächler et al. 2020, 50.

63 SRZ, 197.

Im ersten Kapitel behandelt Staehelin in erster Linie die Strassen und die Alpenpässe. Besonders betont werden die «helvetische Hauptstraße» durch das Mittelland nach Norden und ihre «Abzweigungen» sowie die Bedeutung des Grossen St. Bernhard; weiter wird etwa auf die raetischen Pässe und Strassenverbindungen eingegangen. Staehelin diskutiert in dem umfangreichen Kapitel ebenfalls verschiedenste allgemein mit dem Thema verbundene Fragen wie etwa das Wegmass der «Leuge» und daraus zu ziehende Schlüsse für die Bestimmung der Provinzgrenzen oder die Besonderheiten der Verkehrslage des Lagers von Vindonissa und der Zollstation Turicum.

Das zweite Kapitel, welches die «Siedelung und Wohnung» zum Thema hat, zerfällt in zwei Teile. In dem ersten versucht Staehelin nach dem von ihm rezipierten Forschungsstand Typen, Bauformen und Ausstattung der ergrabenen Villen darzustellen. Er geht dabei aber nicht systematisch vor, bietet etwa keinen Überblick über die Fundorte. Nach kurzen Erläuterungen zu Mosaiken, Wandmalereien und Statuetten beschreibt er sodann Prinzip und Wirkungsweise einer Hypokaust-Heizung. In dem zweiten Teil des Kapitels behandelt Staehelin die Frage der Ausdehnung des Siedlungsgebietes in römischer Zeit, wobei er in erster Linie die sprachwissenschaftliche Forschung referiert. Zum Schluss des Kapitels kommt er kurz auf die Gräber zu sprechen.

In dem Kapitel, das sich der Wirtschaft widmet, spricht Staehelin zuerst über die Landwirtschaft, danach über den Handel (Import und Export) und wendet sich dann «Industrie und Handwerk» zu, wobei er hauptsächlich auf die Evidenz für einzelne Handwerke und ihre Organisationen und Hinweise auf einheimische Kunstproduktion verweist.

Das vierte Kapitel («Oeffentliches Leben und Gesellschaft») trägt zwar im Titel die Gesellschaft, Staehelin schreibt hier aber praktisch nichts zu der sozialen Struktur und Stratifizierung (nur die *seviri Augustales* kommen als Organisation einer Klasse der «begüterten Mittelschicht» der Freigelassenen kurz vor). Dies alles kommt – wenn überhaupt – im ersten Teil des Buches zur Sprache. Hier aber geht Staehelin von den städtischen Gebäudekomplexen aus und beschreibt die mit ihnen verbundenen Aktivitäten, die er als «öffentliches Leben» versteht: Theater, Amphitheater, Bäder und Scholae. Letztere geben ihm Anlass, erstens wichtige erschlossene Familien wie die Octacilii und Camilli vorzustellen und zweitens erneut – und diesmal ausführlicher – auf Korporationen der Schiffer, der Handwerker, der Ärzte und Augenärzte zu sprechen zu kommen.

Hierauf folgt ein sehr kurzes Kapitel, das Staehelin mit «Geistiges Leben» betitelt hat. Staehelin legt dar, dass zum Problem der Bildung aufgrund der Evidenz kaum etwas zu sagen sei, er geht weiter auf die Frage nach der Alphabetisierung ein, wofür Ähnliches gelte, und verknüpft diese Frage mit dem Grad der Romanisierung; hierfür bespricht er als Indikator eine Zusammenstellung der epigraphisch erschlossenen Namen.

Im Ganzen handelt es sich ebenfalls um eine Art kurzer Überleitung zum letzten und umfangreichsten Kapitel des Teils: «Religion». Hier kann nun Staehelin aus seinen Vorarbeiten zu dem Thema schöpfen. Sein eigenes Interesse an entsprechenden Fragen zeigt sich in der ausführlichen und sehr engagierten Behandlung, die aufgrund ihrer chronologischen Entwicklungsperspektive den grundsätzlich synchronisch und statisch angelegten zweiten Teil des Buches mit einem dynamischen Schluss versieht. Das Ende besteht aus einer Behandlung der Anfänge des Christentums in der Schweiz, und Staehelin schliesst dadurch den zweiten Teil wie vorher den ersten mit einer zukunftsgerichteten Kontinuitätsaussicht ab.

In dem topographischen Anhang schliesslich stellt Staehelin in einem alphabetischen Katalog den Forschungsstand zu einzelnen Siedlungen und Kastellen der römischen Schweiz zusammen. Kurze Beschreibungen und beigegebene Illustrationen werden mit den entsprechenden bibliographischen Angaben komplettiert. Dieser letzte Teil, wo nun die Elemente tatsächlich nicht durch thematische Komplexe, sondern durch reine materielle Überlieferung gebildet werden und wo keine Synthese, sondern eine Auflistung erfolgt, nimmt nur den geringsten Teil des gesamten Werks ein und weist in etwa den Umfang eines durchschnittlichen Kapitels des ersten bzw. zweiten Teils auf. Beigegeben sind dem Buch ausserdem eine Karte und drei Pläne.

Staehelin gibt also im ersten Teil eine chronologische, erzählende Geschichte der römischen Schweiz. Ein solcher Versuch wurde in dieser ambitionierten und ausführlichen Form seit Haller nicht mehr unternommen, und die methodische Legitimität eines solchen galt generell als fraglich. Mommsen hatte ein entsprechendes Unterfangen noch explizit abgelehnt, Staehelin selbst relativiert es in der SRZ, und auch die Rezensenten reagierten unterschiedlich darauf. Im Hintergrund steht hier die Frage, ob ein richtig verstandenes Konzept von «Geschichte» hier überhaupt zur Anwendung kommen konnte.[64]

Was die Berücksichtigung der einzelnen Elemente dieser «Geschichte» betrifft, so konnte Staehelin nach seinem eigenen Anspruch wie oben angesprochen keine eigentliche Auswahl treffen, sondern musste versuchen, die historischen Teile des Objekts römische Schweiz zur Gänze einzuarbeiten. In welchem Umfang er die Elemente jedoch überhaupt behandeln konnte, hängt wesentlich von der Quellenlage ab. Da diese sehr fragmentarisch und ungleichmässig ist, musste die Erzählung diese Charakteristik in der Logik der wissenschaftlichen Überführung von Evidenz in Darstellung ebenfalls aufweisen. Dem entgegen steht das Prinzip der linearen Narration, wie das Inhaltsverzeichnis sie abbildet. Dass eine kontinuierliche Ereignisgeschichte unmöglich ist, wird durch die chronologisch kontinuierlichen Kapitel und den scheinbar linearen Aufbau verschleiert; bereits in Anbetracht des Umfangs des Kapitels, das die Zeit zwischen Domitian und Diocletian

64 Vgl. hierzu Kapitel 10.1.

abdeckt, wird dies aber offensichtlich: Es sind 25 Seiten (SRZ^2: 26, SRZ^3: 28), wovon sich 12 nicht eigentlich auf das Gebiet der Schweiz beziehen (militärische Laufbahnen der «Schweizer»). Die literarische Evidenz, auf die Staehelin für eine Ereignisgeschichte in hohem Mass angewiesen ist, verteilt sich sehr ungleichmässig über den Untersuchungszeitraum, bot sich doch in der Antike «der hohen Geschichtsschreibung [...] selten Anlaß, sich mit diesen Gegenden und ihren Bewohnern zu befassen», wie Gelzer in seiner Rezension bemerkte.[65] Dort, wo sie es tat und überliefert ist, an diesen Stellen sind die oben herausgestellten Hauptelemente von Staehelins Geschichte der römischen Schweiz zu suchen, um die herum der Rest des Teiles konstruiert ist. Es ist offensichtlich, dass die Dichte der Evidenz mit der jeweiligen militärischen Bedeutung des Gebietes der Schweiz korrespondiert, da dieses ausschliesslich im Kontext militärischer Operationen und Massnahmen in zusammenhängenden Abschnitten antiker Autoren thematisiert wird. Staehelin reagiert auf diesen Umstand damit, dass er die gesamte Geschichte nach eben diesem Kriterium periodisiert. Der erste Teil beginnt mit zwei Kapiteln, die in Bezug auf die römische Schweiz Prologcharakter haben («I Die vorrömische Schweiz», «II Die Unterwerfung unter Rom») und die jeweils einen bestimmten, anhand der literarischen Überlieferung zu besprechenden militärhistorischen Ereigniskomplex zum Zentrum haben (Kimbernzug bzw. Helvetischer Krieg).[66] Danach wird die gesamte Zeit der römischen Schweiz anhand der Militärpräsenz eingeteilt, woraus die Gliederung in «1. Militärperiode» (bis etwa zu Domitian), «2. Militärperiode» (ab Diocletian) und dazwischen die «militärlose Periode» entsteht. Staehelin erhält somit eine «Erste Militärperiode», auf die der grösste Teil der Evidenz entfällt, und eine «Zweite Militärperiode», die zwar einen deutlich längeren Zeitraum umfasst, aber weniger narrativ zu verwertendes Quellenmaterial, und die deshalb in der Behandlung ebenso deutlich kürzer ausfällt. Für die Zeit nach Valentinian I. bildete er sodann ein eigenes Kapitel «Das Ende der römischen Herrschaft». Da diese Anordnung der historischen Teilkomplexe von der Quellenlage bis zu einem gewissen Grad vorgegeben ist, schien sie in dem zeitgenössischen wissenschaftlichen Diskurs geradezu aus dem Thema selbst hervorzugehen. So schrieb Koepp in seiner Besprechung: «Für die ganze Zeit der Herrschaft über das in der heutigen Schweiz zusammengefasste Gebiet ergab sich von selbst eine Teilung in drei Perioden».[67]

Erhellend für ein Verständnis der Konstruktionsarbeit, die Staehelin leistet, ist ein Vergleich mit seiner Vorlesung zur römischen Schweiz, die einen früheren

---

65 Gelzer 1928, 371.

66 Daneben die Unterwerfung der Alpenstämme und die augusteischen Germanienkriege.

67 Koepp 1928, 360. Vgl. dazu den Hinweis in Hächler et al. 2020, 55, dass der Begriff «zweite Militärperiode» (wie überhaupt die Periodisierung nach Militärperdioden) bereits in einem Aufsatz von Samuel Heuberger zu Vindonissa aus dem Jahr 1909 zu finden ist: Heuberger 1909.

Stand derselben repräsentiert. Diese ist in zwei Teile gegliedert: einen «historischen Teil» und einen «topographischen Teil». Während der «topographische Teil» in seiner Funktion dem topographischen Anhang der SRZ vergleichbar ist, schliesst der «historische Teil» hier die Behandlung der «Kultur» – anders als in der SRZ – noch mit ein, und zwar ist der in etwa dem zweiten Teil der SRZ entsprechende Abschnitt «Die Kultur der Friedenszeit» an derjenigen Stelle der chronologisch erzählten Geschichte eingerückt, wo mit der «militärlosen Periode» in der SRZ eine veritable chronologische Lücke klafft.[68] Durch die Herauslösung dieses Abschnitts und seine Umbildung zu einem selbständigen Teil, der nun – etwa was die Religion betrifft – auch stärkere diachrone Elemente beinhaltet und über die «Friedenszeit» hinausreicht, blieb über die Periode von den Flaviern bis zum sogenannten Limesfall für Staehelin nicht mehr viel zu sagen: «Eine lange Friedenszeit war angebrochen. [...] Uns sind keine im eigentlichen Sinn geschichtlichen Ereignisse bekannt, die während dieser Periode irgendwie auch nur ihre Wellen bis in unser Land geworfen hätten, geschweige denn solche, die sich auf dem Boden der Schweiz selbst abgespielt hätten.»[69] Geradezu erleichtert klingt es entsprechend, wenn Staehelin eine Seite weiter unten fortfährt: «Erst der gefährliche Einbruch, den zur Zeit des Kaisers Marc Aurel (161–180) die Marcomannen und andere germanische Völker über die mittlere Donau vornahmen, hat in das behäbige, zuletzt geradezu stagnierende Dasein wieder einige Abwechslung gebracht.»[70] Die Herauslösung des «Kultur»-Teils aus der Ereignisgeschichte hat also ebenfalls zur Folge, dass die friedlichen Aspekte der römischen Schweiz, die Prosperität und das Wohlergehen der Bevölkerung aus der chronologischen Erzählung tendenziell verschwinden und lediglich noch als Behäbigkeit und Stagnation erscheinen. Während die Vorlesung nach Kaisern periodisierte, legen sich in der SRZ jetzt die «Militärperioden» als abgegrenzte Epochen darüber, das Militärische beginnt so als die bestimmende Kategorie der Periodisierung, die gesamte Perspektive auf die Geschichte der römischen Schweiz zu dominieren, so dass sämtliche nichtpolemischen Faktoren mit Blick auf die Gesamtnarration als untergeordnet erscheinen.[71]

Neben der Ereignisgeschichte bildet also die «Kultur» nun in der SRZ einen abgegrenzten, eigenen Teil der Darstellung. Während Staehelin im Geschichtsteil möglichst sämtliche in Frage kommenden Elemente integrierte, traf er in der Darstellung der «Kultur», was die materielle Überlieferung angeht, eine bewusste Aus-

68 UB Basel NL 72 IV: 6. Ein ähnlicher Einschub des entsprechenden Kapitels «Cultur des Volkes» findet sich bei Burckhardt-Biedermann 1887, 30–34.

69 SRZ, 225 (SRZ^2, 244; SRZ^3, 252).

70 SRZ, 226 (SRZ^2, 245; SRZ^3, 253).

71 Es erstaunt deshalb nicht, dass die moderne Forschung in Teilen eine zu stark auf das Militärische fokussierte Betrachtung der älteren Forschung moniert: Flutsch 2002; Flutsch 2005. Vgl. auch Hächler et al. 2020, 55.

wahl, so dass hier von Teilen der Fachwelt auch manches vermisst wurde.[72] In der Anordnung besteht der zweite Teil zwar ebenso aus diversen zusammengefügten Elementen wie der erste, er weist aber nirgends eine so offensichtliche Distanz zwischen den Konstituenten auf. Dies hängt damit zusammen, dass die Komposition der Elemente ohne den Zwang zur chronologischen Linearität in einer freieren Art vorgenommen werden konnte. Obwohl die beschreibbare römische Schweiz in räumlicher Hinsicht ebenso Lücken aufweist wie in zeitlicher, fallen diese für die Kohärenz von Staehelins Querschnitt, den der zweite Teil darstellt, weniger ins Gewicht, da sie in der Regel implizit bleiben.[73] Hierdurch erscheint der zweite Teil in einem gewissen Sinn kohärenter als der erste. Hierzu trägt auch bei, dass die systematische Reihung nicht beliebig erfolgt: Durch Staehelins Komposition eines Aufstiegs von dem Boden, den Strassen, Pässen, Behausungen, generell dem Materiellen zum Gesellschaftlichen, Geistigen und schliesslich Religiösen erscheint dieser Teil, obwohl nicht erzählend, sondern systematisch darlegend, geschlossener als der erste Teil. Da er in viel geringerem Masse als der erste Teil auf die so disparate literarische Evidenz angewiesen ist, gewinnt er eine viel grössere Regelmässigkeit in der Behandlung. Für das Funktionieren der Konstruktion des Objekts römische Schweiz ist dies von grösster Wichtigkeit. Der erste Teil erzählt zwar eine Geschichte, aber die einzelnen historischen Elemente, aus denen er aufgebaut ist, stehen einander teilweise so fern, dass das Objekt auseinanderzufallen droht. Hier ist es die synchronische Darstellung der Kultur im zweiten Teil der Darstellung, die den Gegenstand der römischen Schweiz zusammenhält und welche die nötige Kontinuität liefert, um die einzelnen Elemente auch der Ereignisgeschichte als zu einem Objekt gehörig zu verstehen.

Das Konzept der «Kultur», das sich in der SRZ zeigt, weist, wie in Kapitel 10 gezeigt wird, eine Vielzahl von Implikationen und Facetten auf; im Hinblick auf die Logik der historiographischen Konstruktion ist hierin jedoch sein Hauptaspekt zu suchen: Der Kulturbegriff ermöglicht Substanz und Stetigkeit des Objekts, ohne ihn würde die römische Schweiz sich historisch in Episoden und Themenkomplexe auflösen oder beschränkte sich – ähnlich wie es in der heutigen Forschung teilweise vertreten wird – auf einen letztlich beliebigen Rahmen, in welchen die literarischen Splitter, die Inschriften, die diversen Bodenbefunde und materiellen Fundstücke zusammengefasst werden.

72 Explizit tritt Staehelin in der Einleitung der «unbilligen Forderung» entgegen, von der SRZ «lückenlose Vollständigkeit in der Mitteilung von Fundtatsachen» zu verlangen. «Meine Absicht konnte es nicht sein, jede römische Scherbe, jeden Leistenziegel, jede Münze oder Statuette, jeden aus der gallischen oder der lateinischen Sprache ableitbaren Orts- und Flurnamen, ja auch nur jede ausgegrabene Villa zu registrieren.» SRZ, VIII. Dass sich Staehelin gegen ein solches Verständnis seiner Aufgabe verwahrt, ist bezeichnend für seinen methodischen und disziplinären Zugriff auf das Thema, vgl. hierzu Kapitel 9.3, Kapitel 10.1.

73 Dies gilt allerdings nicht generell, so wurde Staehelin etwa auch vorgeworfen, er vernachlässige die raetischen und italischen Gebiete der römischen Schweiz.

Die hier analysierte Anordnung der Elemente, welche die römische Schweiz konstituieren, ist durchaus nicht unanfechtbar und wurde denn vereinzelt auch (in sehr wohlwollender Weise) kritisiert. So schien Koepp die Integration der Diskussion der Bauten des spätantiken Hochrhein-Limes in die Ereignisgeschichte nicht adäquat:

> Mit vollem Recht widmet *Stähelin* diesen späten Kastellen und Warten, wie vorher dem Legionslager der Frühzeit, eingehende Beachtung: der Archäologe wird ihm das gewiß nicht am wenigsten danken. Aber mir will doch scheinen, dass das Buch im Ganzen gewonnen hätte, wenn sein erster Teil von diesen Einzelheiten entlastet worden wäre, wenn der Verfasser dieses Archäologische entweder in den «Topographischen Anhang» verweisen oder dem zweiten Teil einen Abschnitt über die Bauten des Heeres eingefügt hätte, den man dort (zwischen dem ersten und dem zweiten Kapitel) eigentlich vermisst.[74]

Dass Staehelin sich dadurch nicht veranlasst sah, den Aufbau seiner Darstellung zu verändern, wurde in Kapitel 5 bereits festgehalten. Aus der hier vorgenommenen Analyse zeigt sich, dass er andernfalls einen grossen Teil seiner «zweiten Militärperiode» eingebüsst und dadurch das Ungleichgewicht im Vergleich mit der zeitlich kürzeren, aber in den Behandlung deutlich umfangreicheren «ersten Militärperiode» noch akzentuiert hätte. Ebenso ist zu beachten, dass das Militärische generell in dem «Kultur»-Teil nicht vorkommt, sondern gänzlich im ersten Teil behandelt wird, Koepps Vorschlag wäre diesem Prinzip zuwidergelaufen.[75]

Weiter ist auch die Integration der Diskussion von Provinzzugehörigkeiten und interner Verfasstheit der diversen Teile der römischen Schweiz in die Ereignisgeschichte nicht ohne Alternative. Dieses systematische Thema hätte ebenfalls einen gesonderten Teil erhalten können. Dasselbe gilt für die eigentlich gesellschaftsgeschichtlichen Aspekte, die in dem Kapitel «Öffentliches Leben und Gesellschaft» des zweiten Teils kaum zur Sprache kommen und nur sehr marginal und am Rande im Zuge der Ereignisgeschichte abgehandelt werden. Ebenfalls erscheint das kurze Kapitel von sieben Seiten über das «geistige Leben» fragmentarisch.

Angesichts der grossen Schwierigkeiten, die die Aufgabe der Auswahl und Anordnung der Elemente einer römischen Schweiz birgt, erschien jedoch die Art, wie Staehelin diese löste, auch den Zeitgenossen als überzeugend. Es ist insbesondere der klare Blick auf die logischen Notwendigkeiten einer historiographischen Konstruktion wie der römischen Schweiz, die den gewählten Aufbau als so gelungen erscheinen lassen.[76]

---

74 Koepp 1928, 363. Sein Vorschlag geht also dahin, im zweiten Teil zwischen dem Kapitel zu Strassen und Pässen und demjenigen zu Siedelung und Wohnung eines zu den Bauten des Heeres einzufügen.

75 Vgl. zu diesem Punkt die Diskussion des Kultur-Konzepts der SRZ in Kapitel 10.1.

76 Das Wesentliche trifft hier mit seinem Lob Tatarinoff, der den «logisch wohldurchdachten Aufbau» der SRZ hervorhebt. Solothurner Wochenblatt 1928, Nr. 4.

Wie in Kapitel 5 und 7 dargelegt wurde, änderte Staehelin in der zweiten und dritten Auflage an dem äusseren Aufbau des Werks praktisch nichts, sondern überarbeitete das Buch innerhalb der einzelnen Teile. Äusserlich sichtbar wird dies bereits daran, dass die Kapiteltitel[77] im Inhaltsverzeichnis dieselben bleiben, mit wenigen Ausnahmen, wo marginale Anpassungen erfolgten.[78] In der Terminologie der hier vorgenommenen Analyse lässt sich festhalten, dass die Auswahl und Anordnung der Elemente, die Staehelins römische Schweiz konstituieren, über alle Auflagen hinweg grundsätzlich dieselben bleiben. Was sich änderte, war die konkrete Behandlung dieser Elemente, wobei Staehelin öfter auch seine Thesen im Lichte der neuen Forschung anpasste. Der Zuwachs an zu berücksichtigendem neuen Material, sowohl was die Forschungsliteratur wie auch was die Quellenbasis betrifft, zeigt sich an der Zunahme des Umfangs der Behandlung der einzelnen Elemente. Diese erfolgte sehr ungleichmässig, was als Indikator dafür verwendet werden kann, für welche Elemente von Staehelins Darlegung neue Evidenz bzw. die Entwicklung der Forschungsdebatten eine umfassendere Behandlung nötig machten. Wenig überraschend betrifft dies jene Teile am stärksten, die sich massgeblich auf die archäologische Evidenz stützen. Besonders zwischen der zweiten Auflage (1931) und der dritten (1948) wurden hier in der Schweizer Forschung grosse Fortschritte erzielt, die Staehelin einzuarbeiten suchte. Der gesamte erste Teil, die «Geschichte», wuchs so in sehr viel geringerem Masse an als der zweite Teil («Kultur») und der topographische Anhang.

77 Formal ist die SRZ pro Hauptteil in je sechs Kapitel aufgeteilt, die römisch durchnummeriert sind, wobei Teil 2 wieder bei I. beginnt. Von diesen Kapiteln sind das zweite des geschichtlichen Teils («Teil 1, II. Die Unterwerfung unter Rom») sowie das weitaus umfangreichste des Buches («Teil 1, III. Die erste Militärperiode») in arabisch durchnummerierte Unterkapitel (erster Ordnung) gegliedert. Kapitel und Unterkapitel erster Ordnung werden durch Zwischentitel im Text angezeigt. Daneben besteht jedes Kapitel – und auch die Unterkapitel erster Ordnung – aus Unterkapiteln zweiter Ordnung, von denen manche in Unterkapitel dritter Ordnung gegliedert sind. Beide werden ausschliesslich im Inhaltsverzeichnis und (oft nicht in derselben Form) in der fortlaufenden Kopfzeile des Buches ausgewiesen, nicht jedoch durch Zwischentitel im Text angezeigt.

78 Das Unterkapitel dritter Ordnung namens «Genava» heisst in der SRZ^3 aufgrund der neu von Staehelin vertretenen Namensform «Genua»; das Unterkapitel zweiter Ordnung «Das Wohngrubendorf bei Basel» heisst in der SRZ^3 aufgrund des veränderten archäologischen Forschungsstandes «Dörfer bei Sissach und unterhalb Basels». Ein weiteres Unterkapitel zweiter Ordnung heisst in der SRZ^3 «Beginn der Romanisierung in Genf und im Wallis», in den beiden vorangehenden Auflagen fehlt hier «Genf». Das Unterkapitel dritter Ordnung «Puschlav und Mendrisio» heisst seit der 2. Auflage «Puschlav und das südliche Tessin»; das Unterkapitel dritter Ordnung «Augenärzte» heisst seit der zweiten Auflage mit direkter Benennung der zentralen Quellen «Augensalbenstempel».

9 Zur Methode der *Schweiz in römischer Zeit*

9.1 Die *Schweiz in römischer Zeit* als Forschungssynthese

Felix Staehelin verbindet in der SRZ einzelne Elemente zu einer Gesamtdarstellung, die nach der Art ihrer jeweiligen historischen Kontexte von einer grossen Heterogenität sind. Anders als es in früheren Gesamtdarstellungen geschehen war, verknüpft Staehelin diese überdies nicht nur zu einem Gesamtbild, sondern er diskutiert die Elemente in ihrem Eigenrecht als distinkte historische Probleme. Dies erfordert einerseits einen umfassenden Überblick über die Quellen und den Einbezug verschiedenster Evidenzformen, ein Charakteristikum der SRZ, das unten weiter ausgeführt wird. Was die Forschungsliteratur betrifft, kommt jedoch noch eine weitere Schwierigkeit hinzu: Wie oben erläutert, sind die Teilelemente der SRZ, die historischen Gegenstände, aus denen sie sich aufbaut, für sich genommen unabhängig von dem arbiträren Objekt der «römischen Schweiz» und müssen von Staehelin folglich zur Konstruktion eben dieses Objekts aus anderen Zusammenhängen herausgelöst werden.[1] Ist dies bereits narrativ eine grosse Herausforderung, so stellt sich das Problem in Bezug auf den Umgang mit der bisherigen Forschung noch in einer eigenen Qualität. Da die historischen Elemente, aus denen die Darstellung sich aufbaut, selbst nicht von dem Konzept einer römischen Schweiz abhängig sind oder mit einem solchen auch schon nur in eine nähere Beziehung gebracht werden müssten, wurden sie vor und während (und auch nach) Staehelins Arbeit an der SRZ in der Forschung auch unabhängig von diesem Objekt dargelegt und diskutiert. Dies hat zur Folge, dass Staehelin in seinem Anspruch, alle Probleme auf der Höhe der Forschung zu diskutieren, sich in keiner Weise mit Arbeiten begnügen konnte, die sich mit der «römischen Schweiz» und ihren Aspekten befassten; vielmehr hatte er eine gewaltige Menge an Forschungsliteratur zu all jenen unterschiedlichen Themen zu verarbeiten, die für die einzelnen Elemente, aus denen er sein Werk aufbaute, von Relevanz waren. Hierbei ist der Begriff der «Forschungsliteratur» nicht zu eng zu fassen in Anbetracht der Heterogenität des Behandelten. Während Staehelin einerseits zahlreiche Textkommentare, Monographien, die gelehrte Zeitschriftenliteratur und die sonstige auch in der übrigen Forschung allgemein diskutierte Literatur

1 Allerdings tut er dies in einer Weise, die stets den Blick auf die althistorischen Gesamtzusammenhänge beibehält (vgl. hierzu auch Kapitel 9.3).

rezipierte, so verarbeitete er daneben eine Unmenge an entlegenen Notizen, Nachrichten, Vortragsreferaten und Fundberichten, die oft in der Tagespresse erschienen und von denen Staehelin in Form von Zeitungsausschnitten eine solche Anzahl hortete, dass er spätestens in der Zeit nach der 3. Auflage begann, selbst den Überblick darüber zu verlieren.[2] Wie man sich dies in lebensweltlich-praktischer Hinsicht vorzustellen hat, wird in einem Zitat seines engen Freundes Paul Burckhardt anschaulich gemacht:

> Sein Sammeleifer, mit dem er auch wenig Wichtiges gewissenhaft zusammentrug, war erstaunlich. Wenn Wilamowitz einmal über die Philologen spottete, die ihr Leben lang Regenwürmer in ihre Tonne sammelten, so hat Felix Stähelin seine Collectanea fast aus Gewissenszwang, aber doch mit humoristischer Einschätzung ihres Wertes oder Unwertes daheim geäufnet; in seiner Studierstube waren Schäfte, Tische und Stühle so reichlich belegt, daß ihm in den letzten Monaten des Lebens die Arbeit des Ordnens über den Kopf wuchs.[3]

Dies ein Zeichen unter anderen, dass die Methode der Totalrezeption aller Aspekte der römischen Schweiz bei dem Fortschreiten der Forschung nicht mehr lange durchzuhalten gewesen wäre.

Staehelin hatte spätestens um das Jahr 1910 damit begonnen, systematisch das bisher auf dem Gebiet (oder besser: auf den Gebieten) Geleistete aufzuarbeiten. Er fertigte bereits damals umfangreiche Exzerpte an und konnte so schon für seine früheren Vorlesungen von einem beachtlichen Forschungsüberblick profitieren.[4] Dabei zeigt er in seiner Aufarbeitung eine grosse zeitliche Tiefe, von älterer Literatur ist ihm auch sehr vieles bekannt, was er im Buch kaum je oder gar nicht erwähnt. Es ist davon auszugehen, dass Staehelin gerade, was das engere Themengebiet angeht, die ältere Forschungsgeschichte schon bald praktisch zur Gänze kannte. Um auch die letzten allfällig noch vorhandenen Lücken zu schliessen, bemühte er sich auch um sehr obskure Titel, sobald er davon erfahren hatte.[5] In den darauffolgenden ca. 15 Jahren bis zur ersten Auflage der SRZ war es Staehelins Ehrgeiz, sämtliche Neupublikationen, die mit dem Thema irgendwie in Verbindung standen, «mitzunehmen».

Staehelin führt die Literatur in der SRZ nicht einfach bibliographisch auf, sondern er flicht sie in verarbeiteter Form in den Anmerkungen konstant in seine

2 Hunderte solcher Zeitungsausschnitte finden sich allein schon in Staehelins Handexemplaren der SRZ, UB Basel NL 72 V: 36, 39, hunderte weitere im übrigen Nachlass. Hinzu kommt eine Fülle von Sonderdrucken, Exzerpten, Vortragsmitschriften und einzelnen Notizzetteln.

3 Burckhardt 1953, 10 f.

4 UB Basel NL 72 VI: 13.

5 So etwa: Staehelin an Olivier 31.10.1926; Staehelin an Olivier, 18.11.1926, BCU IS 1905/XIII P.

Darstellung ein, entweder als reine Belege, oftmals aber in Form eigentlicher Forschungsdiskussionen zu der jeweiligen Passage. Dies ist denn auch eines der Hauptcharakteristika der SRZ, das in der Rezeption auch stets hervorgehoben wurde: die Vollständigkeit in der Synthese und Diskussion der bisherigen Forschungsleistungen.[6] Staehelins «minimalistische» Methode der Überarbeitung, die die äussere Form praktisch unangetastet lässt, und seine funktionale Trennung zwischen Haupttext und Fussnoten brachten es mit sich, dass im Zuge der Zunahme der Forschungsliteratur bis zur dritten Auflage die einzelnen Anmerkungen auf ein Vielfaches ihres ursprünglichen Umfangs anwachsen konnten.

Die entsprechenden Aktualisierungen versuchte Staehelin hierbei bis zum letztmöglichen Zeitpunkt vorzunehmen. Das Ergebnis war eine in Teilen geradezu verblüffende bibliographische Aktualität. So stellte Keller-Tarnuzzer in seiner Besprechung der zweiten Auflage fest: «Sie [die zweite Auflage] ist, wie nicht anders zu erwarten war, bis auf die letzte Stunde nachgeführt worden. Was irgendwo und irgendwie seit der ersten Auflage in der Schweiz in der römischen Forschung geleistet wurde, ist berücksichtigt.»[7] Und für die dritte Auflage, die 1946 bereits im Manuskript abgeschlossen war und wo Staehelin wegen der Druckverzögerungen noch in ungleich grösserem Mass als in den früheren Auflagen auf Nachträge auswich, bemerkte ein Rezensent erstaunt, er habe in dem Buch Literatur aus dem Jahr 1948 zitiert gesehen.[8]

Die *Schweiz in römischer Zeit* ist von Staehelin bewusst als Forschungssynthese konzipiert und verstanden worden. Der Beginn seines Vorworts macht deutlich, wie er sein Unternehmen verstanden wissen wollte: «Die Ergebnisse der Forschung über die Schweiz in römischer Zeit waren bis jetzt in unzähligen Einzelabhandlungen zerstreut. Der vorliegende Versuch möchte diese keineswegs überflüssig machen, sondern im Gegenteil zu ihnen hinführen.»[9] Am Ende des Vorworts wird hierzu ein Bogen geschlagen: «Schließlich gilt mein Dank all den fleißigen Arbeitern auf dem Felde der Forschung, deren Ertrag ich in die Scheune sammeln durfte.»[10]

Diese Formulierung umschreibt mit der evidenten Bescheidenheitsgeste, die darin liegt, den Charakter der SRZ nur höchst unzureichend. Weder stellt sie eine

6 Entsprechende Bemerkungen finden sich in praktisch jeder Erwähnung der SRZ. Typisch etwa Tschumi (Der Bund, 8.1.1944): «Wenn wir nunmehr sein Hauptwerk, ‹Die Schweiz in römischer Zeit› auf die wesentlichen schriftstellerischen Eigenschaften des Verfassers prüfen, so eignet ihm vor allem eine lückenlose Kenntnis der einschlägigen Schriften und aller noch umstrittenen Probleme.» Tatarinoff bemerkte: «Es ist geradezu erstaunlich, was für eine Masse von Literatur und kritischen Erörterungen in den Anmerkungen enthalten ist.» Solothurner Wochenblatt 1928, Nr. 4, 28.1.1928.

7 Keller-Tarnuzzer 1931, 111.

8 Ernoud 1949, 193: «Je vois même cité un article de […] 1948».

9 SRZ, VII.

10 SRZ, X.

«Sammlung» dar, noch ist darin lediglich von anderen Erarbeitetes dargestellt. Die Formulierung weist jedoch auf Staehelins Vorgehen hin, sämtliche greifbaren Forschungsleistungen in sein Buch zu integrieren. Von einer Kompilation ist das Werk aber so weit entfernt wie nur möglich, die Behandlung sämtlicher Probleme wird von Staehelin von den Quellen her aufgebaut, und sein spezifischer Umgang mit den diversen Quellengattungen, sein Zugriff auf die Überlieferung und deren Organisation für den historischen Erkenntnisgewinn prägen den Charakter des Buches massgeblich.

9.2 Die Quellen

9.2.1 Die literarischen Quellen

Aus der antiken literarischen Überlieferung lässt sich keine Geschichte der römischen Schweiz schreiben; sie ist spärlich und unzusammenhängend, wie Staehelin denn auch am Beginn seines knappen Quellenüberblicks in der Einleitung der SRZ festhält: «Schriften antiker Autoren, die sich eigens und ausschliesslich oder auch nur vorwiegend auf unser Land und seine Geschichte bezögen, gibt es nicht und hat es wohl auch nie gegeben. Alles, was wir aus Schriftstellern des Altertums über die Schweiz erfahren, liegt in ganz gelegentlichen Ausführungen zerstreut.»[11] Es ist diese Lage der literarischen Überlieferung, die das Projekt des ersten Teiles der SRZ, die kontinuierliche Ereignisgeschichte der römischen Schweiz im eigentlichen Sinn unmöglich macht. In seiner Vorlesung hatte Staehelin dies auch noch deutlich so gesagt: «So kommt es auch, daß wir außerstande sind, eine zusammenhängende Geschichte unseres Landes in römischer Zeit zu geben.»[12] Es wurde oben gezeigt, dass die Kontinuität des Gegenstandes nicht ereignisgeschichtlich hergestellt werden kann, was quellenseitig bedeutet, dass andere Überlieferungsformen als die literarische in grossem Umfang hinzugezogen werden müssen, um ein Objekt «römische Schweiz» auch jenseits der Ereignisgeschichte zu konstruieren. Staehelin hatte in seinem wissenschaftlichen Arbeiten mit seiner Behandlung des Galater-Themas bereits früh unter Beweis gestellt, dass er verschiedene Evidenzformen zu historischem Erkenntnisgewinn zu kombinieren verstand. Bestand das Vorgehen hier in erster Linie aus einer methodischen Zusammenschau literarischer und epigraphischer Quellen, so bezog Staehelin in seinen Vorarbeiten zum Thema der römischen Schweiz zusätzlich nun auch stärker die archäologische Überlieferung in sein Arbeiten mit ein, die nun in der SRZ eine wichtige Rolle spielen sollte.

11 SRZ, XV.

12 UB Basel NL 72 IV: 6, 65. Er verweist hierbei auf Mommsen, der jedoch gestützt auf weitere Überlegungen entsprechend in seiner Darstellung auf eine narrative «Geschichte» verzichtet hatte – anders als Staehelin. Vgl. Kapitel 10.1.

Dennoch bildeten für ihn seinem Werdegang, wie er im ersten Teil dieser Arbeit dargelegt wurde, und seinem wissenschaftlichen Habitus nach die schriftlichen Quellen und besonders die literarische Überlieferung immer den epistemologischen Hauptzugang zur historischen Wirklichkeit. So besteht in der SRZ ein grosser Teil derjenigen Quellenarbeit, die klar eigenständigen Charakter aufweist, aus der Diskussion der literarischen Zeugnisse, denn wenn diese auch spärlich und fragmentarisch sind, so bieten sie doch im Einzelnen – gerade in einer Perspektive, die sie in Bezug setzt zu anderen Evidenzformen – eine Fülle von diskussionswürdigen historischen Problemen.

Der erste Autor,[13] den Staehelin in der chronologischen Abfolge seiner Darstellung im eigentlichen Sinn ereignisgeschichtlich auswerten kann, ist *Poseidonios,* der die Helvetier u. a. im Zusammenhang mit dem Zug der Kimbern behandelt und dessen entscheidende Passagen vor allem bei Strabon überliefert sind.[14] Mit diesem Autor im Zentrum, der auch allgemein für die Zustände des frühen 1. Jahrhunderts v. Chr. die wichtigste Quelle bildet, konstruiert Staehelin den Hauptteil seines Narrativs der vorrömischen Schweiz. In einer weit ausholenden Kombination mit weiterer Evidenz leitet er seine Thesen über die frühen Sitze der Helvetier und Sequaner her: die nach ihm spät abgeschlossene Einwanderung Ersterer ins Schweizer Mittelland, die These der frühen Sitze der Sequaner im Süden des Schweizer Mittellandes, die Lokalisierung des Rheinübergangs der Kimbern bei Mainz, die Identifikation der Teutonen als *pagus* der Helvetier und die Art und den Verlauf ihrer Involvierung in den Kimbernzug, gemeinsam mit den ebenfalls helvetischen Tigurinern. Es ist dieser Themenkomplex, mit dem Staehelin im Jahr 1921 gegen Eduard Norden angetreten war und sich in der deutschsprachigen Altertumswissenschaft so als Helvetierexperte ins Spiel gebracht hatte.[15] Die Behandlung des Themas ist denn auch von einer sehr grossen Eigenständigkeit und stellt eine der Hauptleistungen von Staehelins Quellenarbeit dar. Die Wichtigkeit dieser Arbeit Staehelins und sein Wunsch, ihre Ergebnisse in die SRZ einzuarbeiten, hätten als Motivation möglicherweise allein bereits ausgereicht, das Objekt der römischen Schweiz mit dem semantischen

---

13 Es werden hier im Einzelnen nur für die grossen Passagen der für die römische Schweiz wichtigsten Autoren Stellen angegeben. Für eine umfassendere Zusammenstellung vgl. Howald/Meyer 1941, 3–170. Die Stellen sind bei Howald/Meyer allerdings in einer sehr engen Interpretation dessen, was die Schweiz betrifft, ausgewählt. So fehlen Stellen, die sich nicht unmittelbar auf das Gebiet beziehen, aus deren Ausführungen für die Geschichte der römischen Schweiz aber dennoch Wesentliches zu schliessen ist. Ebenso wurden dort – wie bereits in Kapitel 6 erwähnt – die einzelnen Passagen eng auf das Thema hin gekürzt.

14 Strab. 7.2.2 (FGrH 87 F 31). Vgl. auch Athen. 6 233 d (FGrH 87 F 48). Bei Strabon sind ebenfalls topographische und ethnographische Beschreibungen einschlägig: div. Passagen Strab. 4; Strab. 7.

15 Vgl. Kapitel 4.2.

Mittel der *vorrömischen* Schweiz chronologisch so weit hinaufzuziehen, wie er es in der SRZ tut.

Der nächste im eigentlichen Sinn ereignisgeschichtlich zu verwertende Autor ist *Caesar*, der mit dem Beginn seines Gallischen Krieges den umfangreichsten und, auch was die Rezeptionsgeschichte angeht, historisch wichtigsten antiken Bericht zu der Geschichte der Schweiz im Altertum verfasst hat.[16] Aufgrund seiner Rückblenden ist er ebenfalls für die «Schweizer» Teilnehmer an den Ereignissen des Kimbernzugs zu verwenden. Caesars Ausführungen stellen in ihrer zusammenhängenden und geschlossenen Art die für die römische Schweiz seltene Möglichkeit dar, eine verbundene Abfolge von Ereignissen quellenkritisch anhand einer ausgearbeiteten Darstellung zu diskutieren: «Beträchtlich klarer als über den bisher betrachteten Zuständen und Vorgängen leuchtet das Licht der Geschichte über dem nächsten großen Ereignis, von dem wir Kunde haben, dem Auswanderungsversuch der Helvetier im Jahre 58 v. Chr.»[17]

Ebenfalls bildet der Themenkomplex für Staehelins Narrativ ein entscheidendes Bindeglied: «Diese Begebenheit endigt mit der Unterwerfung der Helvetier und ihrer Verbündeten durch Rom und leitet so zu unserem eigentlichen Gegenstande über, der Geschichte der Schweiz in römischer Zeit.»[18] Aufgrund der Autorschaft Caesars in seiner Eigenschaft als der in Bezug auf das Beschriebene wichtigsten «tätig eingreifenden Persönlichkeit»[19] stellt der Abschnitt diverse quellenkritische Probleme. Zu der in der Forschung virulenten Kritik an Caesars Glaubwürdigkeit hatte Staehelin allerdings eine deutliche Haltung:[20] Zwar sei es selbstverständlich, dass der «geniale Politiker» mit seinem Bericht «bestimmte politische Absichten» verfolgt habe, aber «die kleinliche Art [...], mit der ihm moderne Kritiker grobe Entstellungen des Sachverhalts nachzurechnen suchten, ist gescheitert».[21] Im Ganzen folgt denn Staehelin auch der Darstellung Caesars. Dort, wo er von anderen Voraussetzungen ausgeht, tut er dies stillschweigend, etwa als er schreibt, Ariovist habe den Auszug der Helvetier induziert, was bei Caesar nirgends steht.[22] Er folgt ihm auch in sehr umstrittenen Punkten, wie etwa der Gesamtzahl der sich in Bewegung befindenden Helvetier

16 Caes. Gall. 1.1–29. Vgl. Maissen 2002, zur allgemeinen Geschichte der Rezeption der antiken Autoren und der Wissenschaftsgeschichte der Philologie in der Schweiz vgl. Wackernagel 1891; Burkert 1998; Näf 2002.

17 SRZ, 51.

18 SRZ, 51.

19 SRZ, 51.

20 Vgl. hierzu: Walser 1998.

21 Vgl. Walser 1998, 10, der sich angesichts dieses Votums ironisch unter die «kleinlichen Besser-Wisser» rechnet.

22 Vgl. Walser 1998, 42.

und Verbündeten (368 000).[23] Wichtig für Staehelin war hier allgemein die Arbeit, die Täubler geleistet hatte, woraus er – was für sein Vorgehen selbstverständlich ist – nie einen Hehl macht.[24] Im Ganzen tritt Staehelin, was Caesar angeht, weder besonders kritisch noch in irgendeiner Weise spekulativ auf. Ebenfalls verzichtet er darauf, im Stile Täublers ein schicksalsschweres Gemälde zu malen und die weltgeschichtliche Bedeutung des Ereignisses zu akzentuieren. Die Sprache bleibt stets nüchtern, anschaulich und in einem ruhigen, erzählenden Duktus.

Der nächste für die Ereignisgeschichte ergiebige Autor ist *Tacitus*, in dessen *Historien* sich ein Abschnitt über die Involvierung der Helvetier in die Wirren des Vierkaiserjahres 69 findet.[25] Dies ist die einzige längere zusammenhängende narrative Passage der überlieferten Literatur, die tatsächlich innere Ereignisse des Gebietes der Schweiz zu dessen Zeit als Teil des Römischen Reiches zum Thema hat.

Nachdem Staehelin den historischen Hintergrund der Episode und die Anbahnung des Konflikts erläutert hat, beschreibt er die konkrete Auseinandersetzung nahezu wörtlich nach Tacitus («Hören wir, wie Tacitus den weiteren Verlauf der Ereignisse [...] erzählt»).[26] Danach bespricht er strittige Fragen der Episode in Auseinandersetzung vor allem mit Viollier und Täubler. Staehelins Diskussion der mit der Passage verbundenen topographischen Probleme, die sich gegen Viollier und Täubler wandte, stiess in der Forschung nicht einhellig auf Zustimmung. Fabricius nannte die Behandlung «nicht ganz glücklich».[27]

In der Art, wie Staehelin die Episode schildert, zeigt sich sein genuin althistorischer Zugriff aufs Thema, der die Ereignisse stets in der Reichsgeschichte zu verorten sucht und eine Binnenperspektive vermeidet. So sieht er in dem Kampf der Helvetier gegen die Truppen des Caecina denn auch keine «nationale Erhe-

---

23 Eine andere Auffassung wurde auch zeitgenössisch häufig vertreten, so bezeichnete Meyer (Howald/Meyer 1941, 355f.) die Zahl der Helvetier als von Caesar viel zu hoch angegeben. Staehelin diskutiert in der SRZ die Einwände, korrigiert die Zahlen jedoch auch für die SRZ³ nicht, worauf Ernst Meyer in seiner Rezension in Form einer Kritik darauf zurückkam. Meyer 1948/49, 111.

24 Wenn Staehelin etwa schreibt, dass für die Helvetier nicht nur die «germanische Gefahr» ein Grund zur Auswanderung gewesen sei, sondern ebenfalls «die Verlockung, dem Rivalen Ariovist die gallische Beute zu entreissen» (SRZ, 55; SRZ², 61; SRZ³, 70), so würde hier nach Lektüre von Täublers *Bellum Helveticum* die entsprechende Inspiration selbst ohne die zugehörige Fussnote deutlich, mit welcher Staehelin darauf verweist. Staehelin hatte Täubler auch selbst über seine Rezeption von dessen entsprechenden Arbeiten unterrichtet, vgl. Kapitel 4.4.3.

25 Tac. hist. 1.67–70 (daneben knappe Bemerkungen bei Tac. hist. 4.61, 70 und Tac. Germ. 1.2; 28.2).

26 SRZ, 168; SRZ², 182; SRZ³, 190.

27 Fabricius 1930, 74.

bung», wie es sonst in der Schweizer Rezeption teils geschah,[28] sondern stellt sie konsequent in den Zusammenhang der helvetischen Loyalität zu Galba:

> Diesen militärischen Übergriff waren die Helvetier nicht gewillt sich gefallen zu lassen, um so weniger als sie von der Ermordung des Kaisers Galba in Rom noch gar nichts wußten und des guten Glaubens waren, jeder Widerstand gegen die meuternden rheinischen Legionen werde von der legitimen Regierung geschirmt und belohnt werden.[29]

Es ist klar, was es für das Projekt von Staehelins erstem Teil bedeutet, wenn konstatiert werden muss, dass *Ammianus Marcellinus* nach Tacitus der nächste Autor ist, der in einigermassen ergiebiger Art ereignisgeschichtlich auszuwerten ist.[30] Während Staehelin den Beginn seiner «zweiten Militärperiode» – die Regierungszeit Diocletians – mit der Schilderung der neuen Provinzeinteilungen und der Diskussion der entstehenden Kastelle nur relativ statisch behandeln kann und die kriegerischen Ereignisse sich lediglich an Münzdepots und archäologischen Befunden diskutieren lassen, liefert Ammian doch einige narrative Passagen. So kann hier Staehelin manche Unternehmungen an der Rheinfront mit Bezug zum Gebiet der Schweiz extrahieren, so unter Constantius II. und Julian. Besonders wichtig sind die Passagen zu Valentinian I.; die Beschreibung von dessen Massnahmen der Grenzsicherung am Rhein bildet das literarische Quellenäquivalent zu archäologischen Befunden des sogenannten Hochrhein-Limes. Für Staehelin besonders bedeutungsvoll ist es, dass hier nun erstmals der Name Basels fällt.[31] Ammian liefert über das eigentlich Narrative hinaus auch weitere Bemerkungen zum Gebiet der Schweiz, zu topographischen Eigenheiten und einzelnen Siedlungen.

Diese wenigen Autoren bilden das Grundgerüst an ergiebigen ereignisgeschichtlich zu verwendenden literarischen Quellen. Es ist für den Charakter der SRZ entscheidend, dass Staehelin in dieses Gerüst nicht nur andere Evidenzformen, sondern ebenfalls eine Fülle von Splittern weiterer literarischer Quellen einflicht und für die Ereignisgeschichte und die darin integrierten systematischen Darlegungen fruchtbar zu machen sucht. Er zieht auf diese Weise grosse Teile der für die Zeit einschlägigen Quellenlage auf irgendeine Weise für sein Erkenntnisinteresse heran. Für die vorrömische Schweiz handelt es sich vor allem um Stellen aus *Avienus, Apollonios von Rhodos,* die bereits genannten *Polybios* und *Strabon* sowie *Livius.*[32] Im Umfeld des Gallischen Krieges und der Beziehungen

---

28 Vgl. die Kritik an Furger bei Schucany 2016, 53, Anm. 7.

29 SRZ, 167; SRZ², 181; SRZ³, 189.

30 Insbesondere div. Stellen Amm. 14.10; 15.4, 11; 16.11 f.; 20.10; 21.8; 22.8; 28.2; 30.3; 31.10.

31 Amm. 30.3.1; SRZ, 272; SRZ², 294; SRZ³, 300 f.

32 Es wird wie oben ausgeführt darauf verzichtet, die verstreuten Stellen im Einzelnen anzugeben.

Roms zu den Helvetiern sind äusserst wichtig und viel diskutiert einige kurze Stellen bei *Cicero.*[33]

Für die Unterwerfung der Alpenstämme und die Germanenkriege werden weiter insbesondere hinzugezogen: *Horaz, Florus, Cassius Dio, Velleius Paterculus* und die Wiedergabe des *tropaeum Alpium* bei Plinius[34], bei dem sich auch diverse zu verwendende Bemerkungen zu Topographie, Fauna und Wirtschaftsweise finden. Für die Beziehungen Vespasians zur römischen Schweiz entscheidend ist eine Notiz bei *Sueton.*[35]

Für die Topographie, Siedlungen und Siedlungsgebiete sowie Provinzzugehörigkeiten sind wichtig *Ptolemaios,* das *Itinerarium Antonini,* die *Tabula Peutingeriana* und spätantike Verzeichnisse wie die *Notitia Galliarum* und die *Notitia Dignitatum,* weiter der *Geograph von Ravenna.* Für die spätantike Ereignisgeschichte kann Staehelin neben Ammian vor allem auf einen Panegyricus auf Konstantin zurückgreifen[36] sowie auf *Claudian* und *Sidonius Apollinaris.* Zu Aventicum (und einer Bemerkung zum Thunersee) finden sich bei «*Fredegar*» diverse kurze Passagen.

Im Vergleich zum ersten Teil der SRZ spielt die literarische Überlieferung für die «Kultur» (2. Teil der SRZ) eine viel geringere Rolle, mehr nebenbei zieht hier Staehelin mit seiner grossen Übersicht Zitate antiker Autoren heran.[37] Von den relativ ausführlichen erzählenden Passagen zu der rezeptionsgeschichtlich äusserst wirkungsmächtigen Legende vom Martyrium der Thebäischen Legion macht Staehelin keinen Gebrauch. Er handelt die Geschichte im 2. Teil in einer einzigen Fussnote ab und stellt dazu fest, «ganz ungreifbar» sei deren «historischer Kern».[38]

In der konkreten Behandlung der literarischen Evidenz zeigt Staehelin seine überragende Übersicht über Quellen und Literatur. Seine Erzählerposition interpretiert er stets nüchtern und nah am Quellenmaterial. Es kann nach der Kenntnis der Entwicklung seines Habitus als Wissenschaftler, wie sie im ersten Teil dieser Untersuchung dargestellt ist, nicht erstaunen, dass in Staehelins Umgang mit der Überlieferung der Eindruck gewissenhafter Detailarbeit überwiegt; weder durch besonders betonte Kritik noch durch spekulative Neuerungen noch durch historisch-philosophische Abstraktion versucht er Glanzpunkte zu setzen. Die stets kritische Haltung, die souveräne Kombination von Quellen und Literatur

33 Cic. Att. 1.19.2; Cic. Att. 1.20.5.; Cic. Balb. 14.32.

34 Plin. nat. 3.136 f.

35 Suet. Vesp. 1.

36 Paneg. Lat. VI [7]. Die Autorschaft wird heute anders beurteilt als noch zur Zeit Staehelins: Vgl. Frei-Stolba 2013b.

37 Zur Wirtschaft etwa die Legende Plin. nat. 12.5; SRZ, 367, Anm. 2; SRZ^2, 401, Anm. 4; SRZ^3, 429, Anm. 2.; weiter u. a. Strabon und Cassiodor. Zur Religion: Lucilius, Sulpicius Severus, hier doch von einiger Wichtigkeit: Caesar, weiter etwa Irenaeus.

38 SRZ, 500, Anm. 2; SRZ^2, 543, Anm. 4; SRZ^3, 583, Anm. 4.

und die dezidierte Art der Thesenbildung verhindern dennoch jeden Eindruck des Biederen.

In Kombination mit dem in Kapitel 8 Ausgeführten sehen wir hier, wie sich die fragmentarische Quellenlage in der historischen Arbeit in eine diskontinuierliche Ereignisgeschichte übersetzt und so aus den chronologischen Inseln der literarischen Überlieferung im Prozess der historiographischen Konstruktion die ereignisgeschichtlichen Hauptelemente entstehen, um die herum Staehelin den ersten Teil der SRZ aufbaut. Die historischen Hauptthemen der SRZ zeigen sich in dieser Perspektive methodisch als kontextualisierte Diskussion einzelner Fragmente literarischer Überlieferung. Bezeichnend für diese Tatsache ist die einleitende Bemerkung Staehelins zu der Behandlung von Tacitus' Bericht über den Kampf der Helvetier gegen Caecina im Vierkaiserjahr:

> Im Verlauf dieser stürmisch bewegten Zeit, in der die Legionen bald hier bald dort ihre Feldherren zu Kaisern erhoben [...] wird die Geschichte unseres Landes auf einen Augenblick blitzartig erhellt. Wir befinden uns wie in einer Oase nach und vor langer Wüstenwanderung durch ganze Jahrhunderte, deren Verlauf wir mühselig aus einer Masse von Inschriftenfragmenten und einzelnen Fundtatsachen rekonstruieren müssen.[39]

Zusätzlich zu der angesprochenen Logik des Zustandekommens der historischen Hauptelemente ist hier das Wesentliche in einer kurzen Passage ausgedrückt: die überragende Wertschätzung der literarischen Überlieferung, ihr schmerzlich empfundener Mangel und die Konsequenz für das methodische Vorgehen in der SRZ. Neben den literarischen Quellen und der oben angesprochenen vollständigen Integration der Forschungsliteratur sucht Staehelin jede nur mögliche Quellenevidenz für seine Geschichte der römischen Schweiz heranzuziehen, was die breite Berücksichtigung von Inschriften und archäologischer Überlieferung und ihre Kombination mit den spärlichen literarischen Quellen bedingt.

9.2.2 Die epigraphischen Quellen

«Was uns die antiken Schriftsteller schuldig bleiben», so Staehelin in seinem Überblick über die Quellenlage, «müssen wir mit Hilfe des *urkundlichen* Quellenmaterials zu ergänzen suchen.» Neben der archäologischen Evidenz «sind hierher namentlich die römischen *Inschriften* unseres Landes zu rechnen».[40]

Tatsächlich bilden die Inschriften quellenseitig eine Grundsubstanz der SRZ, ohne sie wäre das Buch in dieser Form unmöglich. Die laufende explizite Berücksichtigung der epigraphischen Evidenz, ihr skrupulöser Nachweis und die umfassende Kombination mit anderen Quellenformen unterscheidet Staehelins

39 SRZ, 166; SRZ², 179; SRZ³, 187 f.

40 SRZ, XV; SRZ², XV; SRZ³, XVII.

Buch von anderen Arbeiten über das Gebiet. Die Inschriften bieten ein viel breiteres Bild der römischen Schweiz, als es die wenigen Schwerpunkte der literarischen Überlieferung könnten. Allerdings zeigen sich hier gewaltige territoriale Lücken in der Evidenz. Während Staehelin für das Wallis, Genf, Nyon, das Raurakergebiet und vor allem für das Gebiet der Helvetier eine Vielzahl von Inschriften heranziehen konnte, war dies für das Gebiet, das zu Raetien gehörte, so gut wie überhaupt nicht möglich.[41] Dennoch liess sich mit der epigraphischen Evidenz eine ganz andere Form von kontinuierlicher Behandlung bestimmter Themen erreichen als mit der literarischen.

Bereits im ersten Teil des Buches basieren massgebliche Bestandteile der Thesenbildung auf epigraphischem Material. Dies betrifft etwa Fragen der Siedlungsgeschichte, der Provinzgrenzen und der inneren Verfasstheiten des schweizerischen Gebiets, der provinzialen Ämter und Amtsbereiche, des Fortschritts der Romanisierung, der Entwicklung von Vindonissa und weiterer militärischer Bauten und der damit assoziierten Truppenverbände, der Feststellung einzelner Personen und derer Laufbahnen, der Identifizierung von «Schweizer» Truppenkörpern und kriegerischer Ereignisse sowie von Phasen des Infrastrukturbaus und der Datierung von einzelnen Bauten.

Im Teil 2 des Buches allerdings spielen die Inschriften als Quellenbasis eine so fundamentale Rolle, dass sie geradezu dessen Substrat bilden. In jedem Kapitel werden sie hinzugezogen, wenn auch nicht in jedem im selben Mass. Im Kapitel zu den Strassen und Pässen wird in grossem Umfang nicht nur auf Meilensteine, sondern ebenfalls auf Weihinschriften (etwa Grosser St. Bernhard, Petinesca), Grabinschriften (so die berühmte Inschrift aus *Turicum*)[42] sowie auf Bauinschriften abgehoben. Im Kapitel zu «Siedelung und Wohnung» treten die Inschriften zugunsten der archäologischen Überlieferung zurück, in demjenigen zu «Industrie und Handwerk» spielen sie wieder eine wichtigere Rolle, hier besonders auch im Zusammenhang mit Kleinfunden. Das Kapitel zu «öffentlichem Leben und Gesellschaft» zitiert eine Vielzahl von Bauinschriften, Weihinschriften und Grabinschriften, auch hier u. a. wieder zu prosopographischen Zwecken. Das kurze Kapitel zum «geistigen Leben» beruht praktisch zur Gänze auf epigraphischer Evidenz, da die Feststellung der gesicherten Personennamen hier den Kern bildet. Besonders aber zeigt das umfangreiche Kapitel zur Religion die umfassende epigraphische Quellenarbeit, die Staehelin geleistet hat. Wie im ersten Teil dieser Arbeit gezeigt wurde, hatte Staehelin bereits seit dem Beginn der 1920er Jahre intensiv auf diesem Gebiet gearbeitet und als entsprechend umfassend erweist sich hier seine Expertise in der Behandlung des Inschriftenmaterials und in dessen Kombination mit der literarischen und archäologischen Überlieferung.

---

41 Vgl. SRZ, 293; SRZ[2], 317; SRZ[3], 332.

42 CIL XIII 5244; Howald/Meyer 260; Walser, RIS II 193; Kolb 2022, 394.

Mit der Inschriftenkunde bzw. deren Hinzuziehung als historische Hilfswissenschaft war Staehelin sozusagen gross geworden, besonders seine Berliner Zeit und die Arbeit an der Dissertation hatten im Zeichen der Auswertung epigraphischer Evidenz gestanden. Allerdings hatte es sich da stets um griechische Epigraphik gehandelt, wie ja denn Staehelin generell in seiner frühen Phase als Wissenschaftler in erster Linie ein Experte für die hellenistische Epoche gewesen war. Die lateinische Epigraphik war für Staehelin dagegen relativ neu, als er begann, sich mit der römischen Schweiz zu befassen.

Nach der Rückkehr nach Basel von seinem Lehramt in Winterthur und in der darauffolgenden Zeit seiner verstärkten Tätigkeit in der HAG hatte sich Staehelin relativ schnell in das Gebiet eingearbeitet. Bisher war die antike lateinische Epigraphik in Basel – und das heisst in erster Linie für Augst – die Domäne Burckhardt-Biedermanns gewesen und Staehelin übernahm auch in dieser Beziehung dessen Nachfolge. In Bezug auf die römischen Inschriften der Schweiz konnte Staehelin nicht nur auf das von diesem Erarbeitete, sondern auch sonst auf eine reiche und weit zurückreichende Literatur zurückgreifen. Die römische Epigraphik hatte in der Schweiz bereits eine jahrhundertelange Tradition,[43] und so konnte Staehelin umfassend das bisher Geleistete auswerten. Er rezipierte die entsprechende Literatur bis zurück in die Zeit des Humanismus, wo mit Glarean, Tschudi und Stumpf die eigentliche Beschäftigung mit den lateinischen Inschriften der Schweiz ihren Anfang genommen hatte.[44] Eine einschneidende Zäsur stellt auch hier, wie im Hinblick auf den Gesamtkomplex «römische Schweiz», die Arbeit Mommsens dar, der in seiner Zürcher Zeit nicht nur – wie erwähnt – ein Corpus der Schweizer Inschriften veröffentlichte, sondern ebenfalls die Arbeit sämtlicher Vorgänger überprüfte, wovon die umfangreich kommentierte Bibliographie zeugt, die einen eigentlichen forschungsgeschichtlichen Abriss ergibt.[45] Damit war ein neuer Stand der Auseinandersetzung erreicht. Mommsen wurde zwar in manchen seiner wissenschaftsgeschichtlichen Wertungen schon bald korrigiert, integrierte diese Korrekturen jedoch selbst in eine überarbeitete Version seines Überblicks im CIL.[46] Mit dem ICH und dem 1905 erschienen Band des CIL XIII, 2, 1 lag durch Mommsens epigraphische Arbeit also das Material in vorzüglich aufbereiteter, durch Autopsie erstellter Form vor. In der Zwischenzeit

43 Für die Wissenschaftsgeschichte der Epigraphik in der Schweiz: Immer noch Ausgangspunkt ist Mommsens kommentierte Übersicht in ICH, XI–XVIII (und überarbeitet in CIL XIII 2.1, 7–12) sowie Mommsen 1881, weiter: Voegelin 1886, der die Ausführungen in den ICH teilweise korrigiert; Wackernagel 1891; Dübi 1888; Rotach 1938; Trümpy 1956; Leu 2001; Auberson 2011. Besonders zu beachten: Frei-Stolba 1992 und Frei-Stolba 2013a.

44 Nach Rotach 1938, 48 f. ist nicht in Glarean, Tschudi oder Stumpf, sondern im Freiburger Schultheissen Peter Falck der erste Sammler und Bearbeiter der Inschriften in der Schweiz zu sehen. In Bezug auf Glarean anders beurteilt bei: Frei-Stolba 2013a, 52.

45 ICH, XI–XVIII. Siehe auch die Einleitung: V–X.

46 CIL XIII, 2.1, 7–12. Vgl. Frei-Stolba 1992, 228, Anm. 4.

waren die Neufunde selbst auch wieder intensiv bearbeitet worden. Diese Arbeit fand in der Regel für regional begrenzte Gebiete statt, so berichtete Konrad Meisterhans über Inschriften aus Solothurn, William Wavre über Neufunde aus Yverdon und Avenches sowie Burckhardt-Biedermann über Augst.[47]

Wie in Kapitel 4.4.2 vorliegender Untersuchung ausgeführt, wurden sodann ab 1913 die neuen Inschriften zentral von Otto Schulthess gesammelt und publiziert, nachdem er, wie er selbst schreibt, «schon vielfach bei der ersten Lesung und Herausgabe der Inschriften mitgewirkt» habe.[48] Die Publikation der Schweizer Inschriften in dem 1916 erschienenen Band CIL XIII, 4 (S. 62–70) basiert auf seinen umfangreichen Vorarbeiten.[49] Schulthess trieb die Epigraphik in der Schweiz energisch voran und war bestens vernetzt, wie oben gezeigt wurde. Ein Beispiel für die Art, wie in jener Zeit in nationaler und internationaler Kooperation an den Inschriften gearbeitet wurde, bildet die «Magidunum»-Inschrift,[50] die Staehelin später in einem Aufsatz behandeln sollte.[51] Schulthess korrespondierte in dieser Sache intensiv mit Burckhardt-Biedermann, dieser wandte sich schliesslich an Domaszewski, und mit dessen Hilfe wurden letztlich die Ergänzungen hergestellt.[52]

Staehelin konnte sich also auf eine rege und kompetente epigraphische Tätigkeit in der Schweiz stützen, so dass ihm fortlaufend das entsprechende Material, aufbereitet nach den Methoden der Zeit, zur Verfügung stand. Für die dritte Auflage schliesslich, die auch in Bezug auf die Schweizer Epigraphik schon einer anderen Epoche angehörte, lag zusätzlich der Quellenband Howald/Meyer vor, nach dem Staehelin in der SRZ[3] (zusätzlich) konsequent zitiert, und der ihm nach eigenen Angaben bei seiner Arbeit eine grosse Hilfe gewesen war.[53]

Schon für seine Vorlesung zur *Schweiz in römischer Zeit* (ab 1912) also begann sich Staehelin systematisch die römischen Inschriften der Schweiz zu erarbeiten.[54] Burckhardt-Biedermanns Leistungen auf dem Gebiet erlebte er somit in einer ersten Phase noch als fortlaufend mit, bevor sie selbst Teil der Forschungsgeschichte wurden.

In einer neuen Intensität beschäftigte sich Staehelin schliesslich von Beginn der 1920er Jahre an mit den Inschriften, was sich ebenfalls in der Vorle-

47 Vgl. Schulthess 1913, 36. Burckhardt-Biedermann beschränkte sich aber nicht auf Augst, sondern arbeitete entsprechend auch zum spätantiken «Hochrhein-Limes».

48 Schulthess 1913, 36.

49 Vgl. für peripherere Gebiete der Schweiz (Tessin, Genf, Wallis) darüber hinaus insbesondere auch: CIL V; CIL XII.

50 CIL XIII 11543; Howald/Meyer 341; Walser, RIS II 233; Kolb 2022, 589.

51 Staehelin 1925b.

52 Korrespondenz Schulthess – Burckhardt-Biedermann 1907–1908, BBBern Mss.hh. XXXIV.198. Vgl. auch: SRZ, 271, Anm. 3; SRZ[2], 192, Anm. 5; SRZ[3], 299, Anm. 5.

53 SRZ[3], IX.

54 Vgl. hierzu auch die Collectanea UB Basel NL 72 VI: 13.

sung zur *Lateinischen Epigraphik mit besonderer Berücksichtigung der römischen Inschriften der Schweiz* äusserte.[55] In seiner Vorlesung führte Staehelin von einer allgemeinen Betrachtung der lateinischen Epigraphik und der in chronologischer Folge vorgenommenen Besprechung historisch wichtiger Inschriften auf die Auseinandersetzung mit dem schweizerischen Material hin.[56] In diesem Vorgehen leitet Staehelin die Studenten zu einer Sichtweise an, welche die epigraphischen Quellen für die römische Schweiz als in den Gesamtkontext der lateinischen Epigraphik eingebunden versteht, die entsprechenden historischen Entwicklungen auf dem Gebiet der Schweiz mithin in ihrem Zusammenhang mit den Grossthemen der Alten Geschichte.

Später bot Staehelin überdies eine Übung zu den Schweizer Inschriften an.[57] Während die Vorlesung im Hinblick auf die SRZ eher vorbereitenden Charakter hatte, konnte er sich in der Übung umgekehrt bereits auf sein Werk stützen.

Einen Grundstock an besonders gut zugänglichen Inschriften bildete für Staehelin der Bestand des Historischen Museums Basel. Nicht nur aus seinen Collectanea ist ersichtlich, wie intensiv er sich mit diesem beschäftigt hatte, auch sein Schüler Wilhelm Abt nannte die entsprechenden Steine Staehelins «Freunde, die er liebte und verstand».[58] Ebenfalls bemühte er sich auch sonst nach Möglichkeit um Autopsie. Wilhelm Abt berichtet eine von Staehelin erzählte Anekdote, wonach er einmal beim Schloss Münchenweiler bei Murten eine eingemauerte Inschrift habe besichtigen wollen, dabei aber von dem Schlossherrn samt Hunden überrascht und weggewiesen worden sei.[59]

In der eigentlich epigraphischen Grundlagenarbeit war Staehelin nie in einer Weise engagiert gewesen wie etwa Otto Schulthess oder Burckhardt-Biedermann. Staehelins Leistung liegt auch hier wie sonst in erster Linie in der historischen Fruchtbarmachung des bereits aufbereiteten Materials. Trotzdem war er durchaus auch in der epigraphischen Arbeit im engeren Sinn zuhause. Hiervon zeugen eigenständige Publikationen von Inschriften aus Augst wie diejenige einer Weihinschrift an Sucellus im Jahr 1924, wo die Ergänzung des Namens des Stifters und die Erläuterung von Staehelin erarbeitet wurde.[60] Ein anderes Beispiel ist eine Weihinschrift an Apollo und Sirona, die er 1941 mit ausführlichem Kommentar publizierte.[61] Dass er sich nicht scheute, zur Bearbeitung auf sein Netz-

55 UB Basel NL 72 IV: 8d.

56 Ebenfalls orientierte Staehelin die Hörer über den aktuellen Stand der schweizerischen Epigraphik.

57 UB Basel NL 72 IV: 8e.

58 Abt 1995 (1952), 151.

59 Abt 1995 (1952), 150.

60 Staehelin 1924c; AE 1925, 5; Howald/Meyer 352; Walser, RIS II 239; Kolb 2022, 573.

61 Staehelin 1941b; Nesselhauf/Lieb 97; Kolb 2022, 562.

werk zurückzugreifen, zeigt etwa die Publikation der nur durch Zeichnung überlieferten Grabinschrift von Augst, die er mithilfe von Andreas Alföldi und Harald Fuchs klärte.[62] Auch sonst arbeitete Staehelin in epigraphischen Belangen eng mit anderen Wissenschaftlern zusammen, so war etwa im Hinblick auf die SRZ Oscar Bohn[63] in dieser Beziehung, aber auch für bestimmte Fragen, die Archäologisches betrafen, von grosser Wichtigkeit für ihn.[64] Er besprach sich aber auch etwa mit Frank Olivier.

Wenn Staehelin bei schwierigeren Inschriften gern Hilfe in Anspruch nahm, so war ihm doch ein eigenständiges und unabhängiges Urteil eigen. So war er entgegen der Meinung Mommsens immer der Ansicht, die Inschriften aus Amsoldingen bei Thun (nicht zu verwechseln mit Allmendingen bei Thun) seien sämtlich aus Avenches verschleppt.[65]

Exemplarisch zeigt sich seine Expertise ebenfalls in der Korrespondenz, die Staehelin bezüglich einer später berühmt gewordenen Inschrift aus Allmendingen führte.[66] Da der Stein bei der Bergung beschädigt worden war, konnte die Inschrift zu Beginn nicht vollständig gelesen werden. Tschumi (bzw. wohl vor allem Schulthess) stellte den Text deshalb provisorisch wie folgt her: «[E]LPIRUS EX STIPE REG LIND» Man ging davon aus, «Elpirus» sei der Name des Stifters.[67] Staehelin bemerkte in einem Brief an Tschumi dazu:

> Die Sache gibt mir nach wie vor sehr zu denken. Erst jetzt wird mir klar, daß (E)lpirus als Nominativ eines Stifternamens gefaßt wird, – aber einen ähnlichen gall. Namen kenne ich bis jetzt von nirgends her. Ich stand vorher unter der Suggestion, das R sei nicht sicher und es liege ein Dativ plur. auf -lpibus vor, also irgend ein kelt. Göttinnenklub. [...] Es würde mich sehr interessieren [...][,] ob in (E)lpirus das E und das R in sicheren Spuren da sind oder ob statt R auch B möglich wäre, – letzteres nur zu meinem Privatgebrauch.[68]

Staehelin sah hier also ohne eigene Anschauung des Steins sofort das Richtige. Als der Stein schliesslich vollständig gelesen werden konnte, wurden seine Bemerkungen vollauf bestätigt: «Alpibus / ex stipe / reg(io) Lind(ensis)». Womöglich war er der richtigen Lösung sogar noch näher gekommen, als er in dem Brief

62 Staehelin 1948; Nesselhauf/Lieb 105; Kolb 2022, 626.

63 Vgl. zu Bohn: Drexel 1927 («Oscar Bohn», in: *Germania,* Bd. IX, 1–2).

64 Sein Tod im Jahr 1927 bedeutet für Staehelin in mehrerer Hinsicht einen grossen Verlust: «Ich persönlich verdanke ihm zahlreiche wertvolle Mitteilungen, die man in meinem Buche finden wird. Sein Tod geht mir recht nah.» Staehelin an Olivier, 18. 1. 1927, BCU IS 1905 XIII/P.

65 Staehelin an Tschumi, 3. 11. 1926; Staehelin an Tschumi, 8. 4. 1926, SLA Otto Tschumi 4. Vgl. SRZ, 330, Anm. 3; SRZ^2, 358, Anm. 1; SRZ^3, 378, Anm. 1.

66 Tschumi/Schulthess 1926; AE 1927, 6; Howald/Meyer 234; Walser, RIS II 124; Kolb 2022, 311; vgl. Kaufmann-Heinimann 2009b; Herzig 2009.

67 Tschumi an Tatarinoff, 6. 4. 1926, ZBSO TAT_E 3.2.60.

68 Staehelin an Tschumi, 11. 4. 1926, SLA Otto Tschumi 4.

ausgedrückt hatte. So dankte er Tschumi, als dieser ihm den definitiven Text der Inschrift geschickt hatte, und schrieb dazu:

> [...] er bestätigt eine Vermutung, die ich angesichts der Unsicherheit des E- und des -r- längst still im Busen getragen und nur nicht zu äußern gewagt habe. Die «Alpes» als Gottheiten stehen den Göttinnen «Abnoba» (Schwarzwald), «Arduinna» (Ardennen) etc. zur Seite. Ich glaube sie bei den gallischen Kulten einreihen zu dürfen einmal wegen der weihenden «regio», offenbar einer Unterabteilung der helvetischen Volksgemeinde entsprechend der reg. Arurensis mit ihrer Weihung an die Naria; sodann wegen des speziellen Beinamens der neuen «regio»: Lind(ensis) ist ganz durchsichtig gallisch, kommt von gall. lindo-n «Gewässer, See» und bezeichnet die Gegend augenscheinlich als die «(Thuner) Seegegend»: in ihrer Benennung nach einem Gewässer gerade wieder die denkbar schönste Parallele zur «reg. Arurensis». Eine Weihung des Thunerseebezirks an die Götter der Alpen, das ist über die Maßen schön![69]

Damit war die Inschrift grundsätzlich bereits geklärt. Es zeigt sich die Bedeutung von Staehelins grosser Übersicht, gerade auf dem Gebiet der gallorömischen Religion für seine epigraphische Arbeit in der SRZ. Ebenfalls macht dieses Beispiel erneut deutlich, wie wichtig neben der Aufbereitung der Schweizer Inschriften in der Forschung, auf die Staehelin zurückgreifen konnte, sowie seinen unternommenen Autopsien ebenfalls sein Netzwerk war, durch welches er nicht nur über Neufunde informiert wurde, sondern ebenfalls direkt in die Klärung einzelner Inschriften involviert war und so im besten Fall bereits die ersten historischen Schlüsse ziehen konnte, bevor die Inschrift von den Entdeckern überhaupt abschliessend gelesen, geschweige denn publiziert war.

In Bezug auf die wissenschaftlichen Möglichkeiten zum Umgang mit der römischen Schweiz stellte die Kompetenz zur Behandlung der Inschriften eine klare Grenzlinie dar zwischen den in Laienvereinen organisierten Bodenforschern auf der einen und den Altertumswissenschaftlern auf der anderen Seite. Sie bildete die Grenze etwa zwischen Otto Schulthess einerseits und den meisten der in der SGU organisierten Forscher andererseits. Nur wer die Inschriften – und die antiken Autoren – beherrschte, konnte als Prätendent für eine Darstellung der römischen Schweiz in Frage kommen, was nicht nur durch die Tatsache, dass gerade Burckhardt-Biedermann hierin Staehelins Vorgänger war, sondern vor allem auch durch die Konkurrenzsituation zwischen Schulthess und Staehelin, die beide dieses entscheidende Kriterium erfüllten, deutlich abgebildet wird. Explizit wird diese Erfordernis in einer Bemerkung, die Otto Schulthess 1912 in seinem

---

69 Staehelin an Tschumi, 21.4.1926, SLA Otto Tschumi 4. Die hier zitierte Korrespondenz hat in die Forschung bislang keinen Eingang gefunden. Zu den Punkten, die Staehelin in seinen weiteren Bemerkungen anspricht, vgl. Herzig 2009.

Schreiben an Staehelin bezüglich dessen neu angebotener Vorlesung zur römischen Schweiz machte.[70]

Neben der genauen Kenntnis und des geübten Umgangs mit der literarischen Überlieferung ist es also in erster Linie Staehelins epigraphische Expertise, die ihn in die Lage versetzt, die SRZ zu verfassen, und die das Werk deutlich von einer blossen Synthese der Ergebnisse der Bodenforschung abhebt. Staehelins wissenschaftlicher Habitus, dessen Herausbildung im ersten Teil dieser Arbeit nachgezeichnet wurde, bringt es mit sich, dass seine Stärke hauptsächlich im Umgang mit den schriftlichen Quellen lag. Es sind also die Inschriften, die es ihm erlauben, auch neben den antiken Autoren eine Grundsubstanz an Quellenmaterial durch seine Kompetenz in eigenständiger Weise zu behandeln. Die Epigraphik erlaubt Staehelin so die *historische* Diskussion von Aspekten der provinzialrömischen Gesellschaft. Sie macht damit Staehelins zweiten Teil («Kultur») in seiner Art erst möglich. Die Diskussion, Kombination und Auswertung der schriftlichen Quellen (und deren Kontextualisierung mit der archäologischen Überlieferung) verleiht der *Schweiz in römischer Zeit* auf diese Weise auch in den grossen Passagen, die nicht von der literarischen Überlieferung abgedeckt sind, ihren historischen Charakter.

Trotzdem muss festgehalten werden, dass selbst unter Einbezug des Inschriftenmaterials eine eigentlich kontinuierliche Substanz der römischen Schweiz aus den Schriftquellen nicht zu gewinnen ist: Diese konnte auch für Staehelin letztlich nur die Bodenforschung bereitstellen. Die methodische Sonderstellung, die diese für Staehelin hatte, und ihre Bedeutung für die SRZ werden in Kapitel 9.3 behandelt.

9.2.3 Sprachwissenschaftliche Evidenz

Bereits in seiner Vorlesung zur römischen Schweiz zog Staehelin besonders für Fragen der Verbreitung und Siedlungsgebiete sowie Verwandtschaftsverhältnisse diverser ethnischer Formationen entsprechende Thesen der Sprachwissenschaft sowie der Ortsnamensforschung heran. Ebenfalls hebt er die Bedeutung dieses Erkenntnismittels in einem Vortrag von 1935 hervor und entsprechend findet die Methode auch in der SRZ Anwendung. Hier betrifft dies vor allem die Behandlung der «vorrömischen Schweiz», die «Ausdehnung des Siedlungsgebietes» und die «Kontinuität der Kultur».

Mit der Sprachwissenschaft, die in Basel u. a. durch Jacob Wackernagel und teilweise durch Max Niedermann vertreten war, hatte sich Staehelin – wie aus

70 «Es ist allerhöchste Zeit, dass Nachwuchs komme; sonst reißt die Tradition und Kenntnis plötzlich ab. Mit Pfuschern, die nicht bloß von Epigraphik, sondern auch von Latein nichts verstehen, kann man nichts anfangen.» UB Basel NL 72 VIII: 509. Ebenfalls zitiert in Kapitel 4.4.

der Behandlung in Kapitel 2 und 3 hervorgeht – in seinem Studium nie näher befasst und sie spielte auch in seiner weiteren wissenschaftlichen Entwicklung höchstens mittelbar ein gewisse Rolle. Da er hier also kein Spezialist war und keine originären Arbeiten zu dem Thema geleistet hatte, stützt sich Staehelin bei seinen entsprechenden Ausführungen in der SRZ in der Regel auf die Ergebnisse von Fachlinguisten, namentlich dort, wo keltische und vorkeltische Sprachentwicklungen zur Debatte stehen. Zwischen den Thesen wählt er aber aufgrund von Plausibilitätsurteilen aus, die er auch verteidigt. In dem erwähnten Vortrag von 1935 bestehen die entsprechenden Ausführungen in erster Linie aus der auf das Thema hin geordneten Präsentation verschiedener von den Spezialisten vertretenen Thesen und Erläuterungen Staehelins zu deren Konsequenzen für den historischen Erkenntnisgewinn. Entsprechend ist die Dichte von Namensnennungen seiner Gewährsleute, denen die originären Ergebnisse durch Staehelin immer transparent zugewiesen werden, im Referatstext äusserst hoch.

Wie auf dem Gebiet des Alten Orients, so ist Staehelin auch hier bei linguistischen Urteilen grundsätzlich von den Autoritäten abhängig und nur in genuin historischer Argumentation wirklich autonom.[71] Wenn er die Schlüsse, die er aus der Sprachwissenschaft zieht, wirklich eigenständig verteidigt, so argumentiert er letztlich immer aus der Position des Historikers. Dies zeigt sich etwa auch in persönlichen fachlichen Disputen mit den entsprechenden Experten. So führte er einen brieflichen Disput mit dem Linguisten Hubschmied, wobei er auf dessen Argumente hin sich notierte: «[…] ja, wenn keine Historie wäre!»[72] Ganz ähn-

71 Dies zeigt sich bereits etwa an seinem Artikel von 1905 über die Bastarner, wo er auf die «spärlichen sprachlichen Indizien» für die Richtigkeit seiner anderweitig gewonnenen Ergebnisse hinweist, die Hypothesen der Linguisten aber bloss erwähnt. Bezeichnend die Formulierung: «Ebensowenig […] wage ich zu urteilen über Much's Versuch den Namen der Bastarner selbst aus einer germanischen Wurzel […] zu deuten.» Staehelin 1905a, 69. In der SRZ sind als aufschlussreiches Beispiel etwa zu nennen Staehelins Ausführungen über ein bestimmtes «sicher ligurisches» Suffix, welches er – einer Vermutung von Ernest Muret folgend – «zahlreichen Orts- und Flurnamenbildungen der welschen Schweiz» zugrunde legt und daraus unter der Voraussetzung, dass diese Vermutung richtig sei (worüber er selbst kein Urteil abgibt), eine hohe Wahrscheinlichkeit dafür folgert, dass diese Gebiete «vor der keltischen Invasion von Ligurern bewohnt gewesen» seien (SRZ, 5 f.). In der dritten Auflage ist das Suffix nicht mehr «sicher ligurisch», sondern nur noch «ligurisch», und an die hohe Wahrscheinlichkeit der ligurischen Besiedlung schliesst sich neu die Bemerkung an, dass ein ähnliches Suffix «auch in unzweifelhaft gallischen Ortsnamen vorkommt» und man deswegen «auf seine Verwendung zu historischen Schlüssen besser verzichten» werde (SRZ^3, 6). Der Meinungsumschwung geht nicht auf eigene Deliberation zurück, sondern auf die Studie eines Ortsnamensforschers (W. Bruckner) zu diesem Problem, die inzwischen erschienen war, worauf Staehelin seine Aussage stillschweigend relativierte und den Text mit der zitierten lakonischen Bemerkung ergänzte. (Die Passage ist auch ein bezeichnendes Beispiel für Staehelins Minimalismus in der Anpassung der Darstellung bei veränderter Thesenbildung.).

72 UB Basel NL 72 VIII: 264.

lich in einer Auseinandersetzung mit Jakob Jud, der Teile seiner Ausführungen in Staehelin 1935 kritisierte:[73] Auch hier verwies Staehelin zur Verteidigung seiner Position auf «ein histor. Faktum, das Sie ignorieren».[74] Im Ganzen zeigt sich Staehelin in dieser Frage als Generalist, der auf Vollständigkeit in der Berücksichtigung von Erkenntnismöglichkeiten über die römische Schweiz abzielt.

Der konkrete Umgang und die Implementierung linguistischer Methoden in seiner Darstellung tragen hierbei den Charakter einer abwägenden Einordnung der Aussagen entsprechender Autoritäten und eines Einbezugs einer benachbarten, aber selbst nicht durchdrungenen Disziplin im Sinne einer Hilfswissenschaft. Die konkrete Methodik ist hier also weniger in einer eigenen Erarbeitung zu sehen als in einer gewichteten Forschungsdiskussion in Anwendung auf sein Erkenntnisinteresse.

9.2.4 Die Münzen

Bevor die Frage der allgemeinen Bedeutung der Bodenforschung für die SRZ zur Sprache kommt, muss an dieser Stelle noch kurz auf eine Form der Evidenz eingegangen werden, die in der SRZ eine relativ geringe Rolle spielt: die Münzen. Staehelin schreibt hierzu in seiner Übersicht zur Überlieferungssituation in der SRZ:

> Neben den Inschriften kommen als geschichtliche Urkunden vor allem die *Münzen* in Betracht. Sie helfen uns entweder die Dauer oder doch das minimale Alter eines Bauwerks, einer Ortschaft, eines Grabes oft genau zu bestimmen. Wo sie gar als vergrabener Schatz (Dépot) vorkommen, zeigen die jüngsten Stücke mit annähernder Genauigkeit den Zeitpunkt, in dem der Schatz unter den Boden gekommen ist. In der Regel läßt sich daraus schließen, daß die Gegend in dieser Zeit durch kriegerische Ereignisse heimgesucht und von den Bewohnern fluchtartig verlassen worden ist.[75]

Es ist kein Zufall, dass hier als einzige Erkenntnismöglichkeit der Münzen die Datierung von Fundschichten bzw. die ereignisgeschichtlichen Implikationen von Depotfunden erwähnt werden. Es ist schon früher darauf hingewiesen worden, dass Staehelin sich nie näher mit den Möglichkeiten numismatischer Evidenz auseinandergesetzt hat. Er hat auf diesem Gebiet nicht publiziert, und es fehlen auch Lehrveranstaltungen zum Thema. Gerade eine Buchbesprechung eines Werks von Andreas Alföldi, in welchem Staehelin die Aussagemöglichkeiten entsprechender Untersuchungen betont, ist hierfür bezeichnend: Neben einer Würdigung von Alföldis Arbeit steht der einzige kritische Einwand, den Staehe-

73 UB Basel NL 72 VIII: 289 ff.

74 Staehelin an Jud, 19.11.1935 (Briefkonzept), UB Basel NL 72 VIII: 290, Beil.

75 SRZ, XVI.

lin macht, mit der Numismatik in keinem Zusammenhang: Es geht um die Datierung der Abfassung der *Historia Augusta*.[76]

Die Münzen spielen entsprechend, was ihre historische Auswertung angeht, auch in der gesamten SRZ nur eine geringe Rolle, obwohl Staehelin durchaus gewisse Erkenntnisse aus der numismatischen Evidenz zieht. Vor allem verweist er auf die numismatische Evidenz, wie in seiner Einleitung angekündigt, für Funddatierungen, für die zeitliche Eingrenzung von Verkehrsrouten und vor allem für die Identifizierung kriegerischer Ereignisse, wobei er Depotfunde sehr rigoros als Anzeichen für Letztere interpretiert. Staehelin gibt keine Übersicht über das numismatische Material in der Schweiz, nie führt er überdies numismatische Erkenntnisse an, aus denen für die historische Thesenbildung nicht unmittelbar weiter etwas folgt.

Der relativ geringe Anteil, den die numismatische Evidenz in Staehelins Argumentationen einnimmt, wurde nur selten angesprochen. Durch die Fortschritte, die die Numismatik in der Zeit bis zur dritten Auflage gemacht hatte, fiel der geringe Umfang der entsprechenden Diskussion in der SRZ nun mittlerweile aber doch auf. So bemerkte Fritz Moritz Heichelheim in seiner Rezension: «Nur auf münzkundlichem Gebiet ist der Verf., eine seiner wenigen Schwächen, nicht voll unterrichtet, wie bereits aus der allzu kurzen Einleitungsübersicht [...] hervorgeht.»[77]

9.3 Die *Schweiz in römischer Zeit* zwischen Althistorie und Bodenforschung

Der grösste Unterschied zwischen der Ausgangslage, wie sie sich 1854 präsentierte, als Mommsen seine *Schweiz in römischer Zeit* schrieb, und derjenigen, die sich 70 Jahre später Felix Staehelin bot, bestand quellenseitig aus dem Zugang zur archäologischen Überlieferung.

Der in der Zwischenzeit erfolgte entscheidende Materialzuwachs, den Staehelin einzuarbeiten hatte, ermöglichte nun eine Darstellung, die in einem ganz anderen Umfang auf die antiken Verhältnisse zugreifen konnte, als dies noch für Mommsen möglich gewesen war. In der deutschsprachigen provinzialrömischen Forschung galt es, nachdem bei Ausgrabungen und in Einzelstudien über Jahrzehnte eine Fülle neuer Ergebnisse gewonnen worden waren, nun als ein Gebot der Zeit, dass die aktuelle Wissenschaftlergeneration versuchte, durch möglichst komplette Synthese der verstreuten Evidenz abgerundete Darstellungen vorzulegen. So ist denn die Position der SRZ im wissenschaftlichen Diskurs unter anderem auch in diesem Zusammenhang zu sehen: Es ging für die Fachwelt auch um

76 Staehelin 1944c.

77 Heichelheim 1951/52.

eine Zusammenführung der in der Schweiz erzielten Fortschritte der römischen Bodenforschung.

Wenn wie oben ausgeführt bereits die Inschriften die Herstellung von Kontinuität in der thematischen Behandlung ermöglichten, so war dies in Bezug auf die archäologischen Funde und Befunde noch in einer ganz anderen Qualität der Fall. Staehelin zieht diese in der SRZ bereits für die Ereignisgeschichte heran. So thematisiert er wie oben gezeigt etwa alle militärischen Bauten bereits hier. Es ist aber vor allem der zweite Teil, der entscheidend auf den archäologischen Quellen basiert. In Bezug auf die Logik des Aufbaus der SRZ hat die archäologische Evidenz also in gewissem Sinn eine ähnliche Funktion wie die epigraphische. Im zweiten Teil stützen sich die Kapitel zu «Siedelung und Wohnung» sowie zum «öffentlichen Leben» (das von den Gebäuden und ihrer Funktion ausgeht) am stärksten auf die Bodenbefunde, das Kapitel zur Wirtschaft sowie dasjenige zur Religion hauptsächlich auch auf diverse Grabungs- und Einzelfunde. Der topographische Anhang schliesslich bildet den im eigentlichen Sinne archäologischen Teil des Buches. Darüber hinaus ist der Rekurs auf archäologisches Quellenmaterial in dem Buch allerdings ubiquitär. Diese Tatsache ist nicht selbstverständlich, wenn man sich Staehelins Bildungsweg, die Herausprägung seines wissenschaftlichen Habitus und seinen disziplinären Zugriff auf die Antike betrachtet.[78] Wie im ersten Teil dieser Untersuchung gezeigt, war sich Staehelin bereits zur Zeit seines Studiums sicher, dass er in Bezug auf die Archäologie generell nur an deren Ergebnissen, nicht aber an der Wissenschaft selbst interessiert war.[79] Mit der heimischen, stark prähistorisch geprägten Bodenforschung in der Schweiz war er hierbei nicht in Kontakt gekommen, sondern mit einer stärker kunsthistorisch ausgerichteten Klassischen Archäologie, wie sie etwa Ferdinand Dümmler und Georg Loeschcke betrieben.

Die Art von Bodenforschung, mit der er also in Zusammenhang mit der SRZ in Kontakt kam, war ein anderes, sich in dieser Zeit erst allmählich konstituierendes Fach und wurde gerade in der Schweiz grösstenteils von anderen Milieus und in anderen institutionellen und diskursiven Zusammenhängen betrieben als die Klassische Archäologie. Obwohl zwischen den Feldern und Diskursen der universitären Klassischen und der in Vereinen betriebenen provinzialen Archäologie also eine gewisse Trennung bestand, gab es aber trotzdem Überschnei-

78 Anzuführen ist hier die Beobachtung von Furger, dass die Berücksichtigung sowohl historischer wie auch archäologischer Quellen ebenfalls bereits in Charakter und Namen der HAG angelegt war (Furger 2001, 301). Dies ergibt sich aus Geschichte der Gesellschaft, die oben in Kapitel 3 und 4 skizziert ist. Die Formung von Staehelins wissenschaftlichem Habitus und die Art seiner historischen Tätigkeit sind in einem weiteren Kontext zu sehen. Der Reflex des Doppelcharakters der HAG ist direkter und deutlicher in der Tätigkeit Karl Stehlins zu sehen. Auf dieses Charakteristikum von Stehlins Arbeiten weist Staehelin selbst in seinem Nachruf hin: Staehelin 1934b.

79 Vgl. Kapitel 2.3.

dungen, gerade was die deutschen Experten anging, deren Rolle für die Schweizer Forschung im ersten Teil der vorliegenden Untersuchung angesprochen wurde.[80] Allgemein ist hierbei zu beachten, dass grosse lokale und regionale Unterschiede existierten. Gerade in Basel mit seiner besonderen Beziehung zu Augst waren die heimische Bodenforschung und das Interesse für die lokalen «Altertümer» stärker mit den klassischen Studien verbunden als anderswo in der Schweiz. Wie im ersten Teil der vorliegenden Arbeit gezeigt, war es die Historische und Antiquarische Gesellschaft, die hier die massgebliche Rolle spielte, und so kam denn Staehelin auch via die HAG in Kontakt mit der heimischen Bodenforschung. Hierbei war wie gezeigt die Nähe zu Burckhardt-Biedermann, zunehmend aber vor allem zu Karl Stehlin entscheidend, dem die «[l]iterarische Darstellung [...] weniger leicht aus der Feder [ging] als kritische Untersuchung».[81]

Hier hatte Staehelin also, ohne selbst entsprechend tätig zu sein, direkten Zugang zu den Ergebnissen der Forschung, zu derjenigen aufbereiteten Form von Archäologie also, der sein Interesse galt. Nicht nur durch Stehlins regelmässige Führungen in Augst, sondern auch sonst durch unzählige persönliche Mitteilungen wurde Staehelin stets auf dem neuen Stand gehalten. Einen Grossteil seiner Ergebnisse überliess Stehlin Staehelin zur Publikation. Als entsprechende Synthese war bereits *Das älteste Basel* zustande gekommen.[82] Stehlins Anteil war in allen Publikationen Staehelins zu Augst und Basel entscheidend und teilweise so gross, dass er als Koautor aufgeführt wurde.[83] Es ist deshalb nicht erstaunlich, dass Staehelin ein eminentes Interesse daran hatte, Stehlin zu ersetzen, als sich dessen Abgang abzeichnete, und es zeigt sich aus dieser Perspektive, wie wichtig die geglückte Heranziehung von Laur-Belart für ihn war.[84]

Staehelin hatte also neben der Rezeption der Bodenforschung via Literatur durch Stehlin ebenfalls direkten Zugriff auf Befunde und Funde in Basel und Augst. Als er sich jedoch Ende der 1910er und Anfang der 1920er Jahre mit neuer Initiative daranmachte, das Forschungsfeld der römischen Schweiz für sich zu besetzen, wurde es notwendig, dass er sich noch weit intensiver in den Kreisen der römischen Bodenforschung vernetzte.[85] Es wurde oben bereits gezeigt, wie wichtig für Staehelin die deutsche Forschung, die RGK und vor allem Friedrich Drexel in

80 Vgl. Kapitel 4.

81 Staehelin 1934b.

82 Vgl. Kapitel 4.2.

83 Staehelin 1925a.

84 Dies umso mehr, als Laur-Belart mit seinem Institut Staehelin nun auch stets als Ansprechpartner nicht nur für Augst, sondern für die Schweizer Römerforschung allgemein diente. In diesem Sinn ist die entsprechende Bemerkung im Vorwort der SRZ[3] zu verstehen (vgl. Kapitel 7).

85 In diesem Zusammenhang sind auch Staehelins Mitgliedschaften in der SGU, in der Gesellschaft Pro Vindonissa und in der Société Pro Aventico zu sehen. Vgl. Teil 1 dieser Arbeit.

vielerlei Hinsicht waren. In Bezug auf fachliche Beratung waren besonders Drexel, aber auch etwa Oscar Bohn stete Ansprechpartner Staehelins, was in der SRZ deutlichen Niederschlag fand. In den entsprechenden Kontakten zu Drexel übernimmt Staehelin auch die Funktion einer kommunikativen Zwischenposition zwischen Stehlin und der RGK. Besonders wichtig wurden nun für Staehelin aber ebenfalls enge und stetige Kontakte zu den Zentren der Schweizer Römerforschung. Aufgrund der vielen kantonalen und lokalen Vereine und Museen, der Verstreutheit der Ergebnisse und Funde war er darauf angewiesen, dass er stets mit den relevanten Informationen versorgt wurde.[86] Aus dieser Perspektive erklärt es sich auch, weshalb Staehelin es sich kurz vor der Publikation der SRZ mit Otto Tschumi und damit den Berner Ausgräbern nicht hatte verderben können.[87] Eine stupende Übersicht über den Stand der Ergebnisse ist ein Hauptmerkmal von Staehelins SRZ, es war für ihn in dieser Phase zwingend, auch aus Bern jeweils Informationen zu den aktuellsten Funden zu erhalten, sonst wäre dieser Anspruch empfindlich gefährdet gewesen.[88]

Es wurde in Kapitel 9.1 drauf hingewiesen, dass Staehelin die Forschung zur römischen Schweiz bis in die Tagespresse hinein verfolgte und praktisch zur Gänze aufarbeitete. Nötig war diese ausgedehnte Recherche- und Sammlungstätigkeit aufgrund eben jener dezentralen Organisation der Bodenforschung in der Schweiz. Zwar wurden mit den Berichten im JbSGU und im ASA gerade von Otto Schulthess eine Vereinheitlichung der Berichterstattung und eine zentrale Sammlung der neuen Ergebnisse angestrebt, Tatsache war jedoch, dass die relevanten Auseinandersetzungen für einzelne Römerplätze bis in die Lokalzeitungen nachverfolgt werden mussten, was Staehelin denn auch tat. Ohne direkte Informationen wäre ihm dies aber in der angestrebten Vollständigkeit nicht möglich gewesen.

Es lässt sich also festhalten, dass es erstens Staehelins grosse Literaturübersicht und sein unermüdlicher Sammeleifer waren und zweitens aber die Pflege seines Netzwerkes und der entsprechende Informationsfluss, die es ihm erlaubten, für die SRZ in einem derartigen Umfang auf die archäologische Evidenz zuzugreifen. Sein Netzwerk benötigte er hierbei einerseits, um über neue Ergebnisse an den einzelnen Ausgrabungsstätten informiert zu bleiben, andererseits aber auch, um überhaupt auf die Expertise zurückgreifen zu können, die nötig war,

86 Während seiner Arbeit an der SRZ fragte Staehelin seine Kontakte auch explizit und gezielt an, um allfällige neue Ergebnisse zu erfahren. So etwa: Staehelin an Drexel, 26.12.1924, D-DAI-RGK-A-AR-1185; Staehelin an Tschumi, 4.10.1926, SLA Tschumi 4.

87 Vgl. hierzu Kapitel 4.

88 Zusätzlich zu der ohnehin bestehenden entsprechenden Erfordernis war Bern in diesem Moment kritisch, weil einerseits eine gewisse Spannung herrschte, die durch die Konkurrenzsituation zwischen Staehelin und Tschumi/Schulthess bedingt war, andererseits aber die Berner zu jener Zeit in Allmendingen spektakuläre Entdeckungen machten, deren Fehlen für Staehelins Buch angesichts seines Anspruchs einen empfindlichen Makel bedeutet hätte.

um die archäologische Überlieferung zu behandeln. Deutlich wird dies bereits in seinen kleineren Publikationen, die sich in entsprechenden Themengebieten bewegen; der oben erwähnte Aufsatz über das «Kriegerrelief» etwa, der so stark von Stehlin abhängig war, dass dieser als Koautor geführt wurde, entstand zusätzlich in einer eigentlichen schriftlichen Zusammenarbeit mit Frank Olivier und – nicht erstaunlich – Friedrich Drexel. Denn es muss betont werden: Bei aller Rezeption der Bodenforschung und des Kontakts zu entsprechend tätigen Wissenschaftlern entwickelte sich Staehelin selbst doch nie zum Archäologen, auch nicht annäherungsweise, weder was die provinziale noch was die Klassische Archäologie betrifft. Wie bereits zu Studienzeiten interessierten ihn auch später «an dieser Wissenschaft nur die Ergebnisse». «Wohl nie», so schreibt Laur-Belart in seinem Nachruf, «hat er mit einem Schäufelchen nach Münzen oder Terra Sigillata-Scherben geschürft, nie mit dem Stift die Schichten eines Erdprofils nachgezeichnet. Archäologische Tatbestände wurden ihm erst in ihrer literarischen Fassung zur Realität».[89] Staehelin grub nicht aus, und er hatte auch keine entsprechenden Ambitionen. Dass er kein Archäologe war und deshalb auf diesem Feld auch ein methodisches Defizit aufwies, machte er auch selbst immer wieder deutlich. So fragte er im Sommer 1923 bei Drexel an, ob statt seiner selbst nicht lieber dieser, Drexel, einmal einen Beitrag für die *Basler Zeitschrift* über Basler Funde und Befunde verfassen möge «und nicht immer wieder derselbe archäologische Laie, der doch nur von Ihnen zehrt».[90] Bereits Anfang 1922 hatte er in einem Brief an Drexel die Bemerkung gemacht: «[...] ich selbst bin auf archäologischem Gebiete, wie Sie zur Genüge bemerkt haben, ein unbeholfenes Kind».[91] Im Herbst 1926 suchte Staehelin bei Olivier für seinen wichtigen Kontakt Oscar Bohn um Informationen bezüglich eines Amphorenfundes in der Westschweiz nach. Er stellte jedoch klar: «ich [selbst] will über diese Amphoren durchaus keine Details, schon darum nicht, weil ich persönlich hiervon gar nichts verstehe».[92]

Dass Staehelin trotz seines klar historischen wissenschaftlichen Profils zu archäologischen Themen überhaupt publizierte, weist auf eine Vorstellung der Einheit der Altertumswissenschaften hin, die wir auch in seinem Ideal eines entsprechenden Universitätsinstituts bereits gesehen haben. Neben der Tatsache, dass er die betreffenden Arbeiten aber wie angesprochen nie auf sich allein gestellt verfasste, ist allerdings zusätzlich zu betonen, dass Staehelin in dem Umgang mit dem Material stets eine in erster Linie historische Perspektive beibehält. Letzterer Punkt ist denn auch das Hauptcharakteristikum von Staehelins Be-

89 Laur-Belart 1952a, 6.

90 Staehelin an Drexel, 20.7.1923, D-DAI-RGK-A-AR-1185.

91 Staehelin an Drexel, 29.1.1922, D-DAI-RGK-A-AR-1185.

92 Staehelin an Olivier, 24.11.1926, BCU IS 1905/XIII P. Vgl. Deonna an Staehelin, 28.12.1925, UB Basel NL 72 VIII: 91.

handlung der archäologischen Evidenz in der SRZ. Sein distanziertes Verhältnis zur Archäologie und seine stets klar von *historischem* Erkenntnisinteresse bedingte Fragestellung wirkten sich in mehr als einer Beziehung entscheidend auf den Charakter des Werkes aus, wie im Folgenden gezeigt werden soll.

«Wirkliche *Geschichte*», so schreibt Staehelin in der SRZ, «beginnt erst da, wo irgendwelche schriftlichen Zeugnisse vorhanden sind, wo es eine Ueberlieferung gibt, sei es die bewußte durch Nachrichten der Schriftsteller oder die unbewußte durch Inschriften und sonstige Denkmäler, die mit den aus Schriftstellernachrichten bekannten Völker und Kulturen in erkennbarem Zusammenhange stehen.»[93] Aus dieser Passage wird ein philologisch-historischer Zugang zur Geschichte deutlich,[94] der für das Postulat einer «Geschichte» erstens Schriftlichkeit fordert und zweitens darüber hinaus solche Schriftquellen, die entweder selbst aus gestalteter Überlieferung («Tradition»)[95] bestehen oder die, wenn lediglich als «Überrest» vorhanden, Kollektive betreffen, welche mit einer solchen Überlieferung in einen Zusammenhang gebracht werden können.[96] In der SRZ hat der zitierte Abschnitt die Funktion, den Anfangspunkt, den Staehelin für die chronologische Eingrenzung seines Untersuchungsobjekts gewählt hat, methodisch zu legitimieren. Denn: «[...] so gewiß es richtig ist, dass die Zustände der Römerzeit erst dann verstanden werden können, wenn man sich zuvor einen Einblick in die *vorrömischen* Zustände verschafft hat, so werden wir doch alles Prähistorische grundsätzlich aus unserer Betrachtung ausscheiden müssen.»[97] Die prähistorischen Bodenfunde können kein Postulat von Geschichte stützen: «Wir haben uns nicht mit den ältesten Spuren der Menschen in der Schweiz zu befassen [...]; auch die etwas jüngeren Zeiten des Paläolithikums [...] müssen für uns außer Betracht fallen.» Dasselbe gelte für die Kulturen der Jungsteinzeit und der Bronzezeit.[98]

93 SRZ, 4; SRZ[2], 4; SRZ[3], 4.

94 Zur Beurteilung von Staehelins philologisch geprägtem Zugang zum Thema vgl. auch die jedoch stark vereinfachenden Überlegungen in Furger 2001, 302–308. Vgl. hierzu die Einleitung dieser Arbeit.

95 Die (wenn auch nicht in dieser Terminologie) auf Droysen zurückgehende Unterscheidung von Tradition und Überrest (vgl. Heuss 1934) muss hier nicht trennscharf definiert werden, sie trifft in einem allgemeinen Sinn den Unterschied in der Überlieferung, den Staehelin hier betonen will.

96 Vgl. zum Konzept von «Geschichte» in der SRZ Kapitel 10.1.

97 SRZ, 3; SRZ[2], 3; SRZ[3], 3.

98 SRZ, 3 f.; SRZ[2], 3 f.; SRZ[3], 3 f. Explizit erteilt Staehelin einer Behandlung der in der Schweiz äusserst populären «Pfahlbaukulturen» eine Absage. Grundsätzlich fallen diese aus seiner Geschichtsdefinition ohnehin heraus. Er widmet ihrer Exklusion aber doch einige Zeilen, da in der Rezeption teilweise die Pfahlbaukultur mit den Kelten bzw. Helvetiern vermischt wurde (vgl. etwa: Gisi ASA 1885, 122), und da Staehelin diese behandelt, sieht er sich zur Legitimation

Nun ist der Ausschluss der Prähistorie für Staehelins Untersuchung ja ohnehin bereits dadurch gerechtfertigt, dass eine gegenteilige Vorgehensweise der Einheit des behandelten Gegenstandes nicht zuträglich wäre. Dies ist jedoch nicht der Punkt, den Staehelin hier machen will, so hält er bezüglich der Zustände im Paläolithikum fest: «So wichtig das alles ist für die Erkenntnis der Entwicklung einer primitiven Kultur auf unserm Boden, so liegt es doch weit jenseits von aller Geschichte.»[99] Und für die jüngere Prähistorie: «All die[se] [...] ehrwürdigen Ueberreste der Vergangenheit stammen aus Zeiten, die viele Jahrhunderte, vielleicht Jahrtausende vor der Geschichte liegen.»[100] Staehelin legitimiert also den Ausschluss der Prähistorie nicht einfach mit der Ferne der Urgeschichte von seinem eigenen Gegenstand. Vielmehr stellt der von ihm gewählte Ausgangspunkt überhaupt den Beginn des «geschichtlichen Lebens» dar; was vorher war, gehört in dieser Lesart in eine vollkommen andere Kategorie.

Es steht hier im Hintergrund nicht nur eine methodische Überlegung, sondern geradezu eine gewisse ästhetische Abneigung gegen einen Geschichtsbegriff, der sich auf die materielle Kultur von prähistorischen Formationen stützen möchte. Deutlich wird dies in dem spöttischen Ton, den Staehelin an der entsprechenden Stelle in seiner Vorlesung zur Schweiz in römischer Zeit anschlägt:

> Wenn man die Zustände u. die Gesch. der Schw. in r. Zt. verstehen will, so ist es notwendig, daß man sich zuvor einen Einblick in die vorrömischen Zustände verschafft. Fürchten Sie nun aber nicht, daß ich Sie lange mit Pfeilspitzen und Gewandspangen, mit Knochenresten u. Topfscherben unterhalten werde. Das eigentlich Prähistorische müssen wir aus unserer Betrachtung grundsätzlich ausscheiden.[101]

Es ist diese Verbindung von kategorieller Betrachtung und intuitiver Auffassung, die auch Laur-Belart in seiner Würdigung Staehelins hervorhob: «Zeiten ohne schriftliche Quellen waren für ihn geschichtslos. Vor einer mit steinzeitlichen Silexklingen gefüllten Vitrine konnte er einen gelinden Schauder empfinden.»[102] Es ist hierbei auch von einer gewissen Vorstellung der intellektuellen Inferiorität der Bodenforschung auszugehen, wie wir sie zeitweise etwa auch bei Laur-Belart fassen können.[103] Was sich in dieser letztlich nicht zu trennenden Verbindung

---

des Ausschlusses der Pfahlbauer veranlasst, diesem Irrtum entgegenzutreten. Vgl. zur Rezeption der Pfahlbauer in der Schweiz: Kaeser 1998; Kaeser 2004.

99 SRZ, 4; SRZ², 4; SRZ³, 3.

100 SRZ, 4; SRZ², 4; SRZ³, 4.

101 UB Basel NL 72 IV: 6, 1 A.

102 Laur-Belart 1952a, 6.

103 Vgl. Kapitel 6.3. Bezeichnend für diesen Aspekt von Staehelins Habitus ist die Tatsache, dass er in einem Brief den Bodenforscher Otto Tschumi philologisch schulmeistert: «Darf ich noch, da ich gerade das ‹Wort› habe, den unmöglichen Ausdruck ‹korreliert› [...] anstreichen? correlatum kommt ja nicht von einem (nicht existierenden) correlare, woraus ‹korrelieren›

von Methode und Ästhetik, von fachlichem Urteil und Geschmack ausdrückt, ist der Habitus als System von Wahrnehmungs- und Denkdispositionen, in dem die fachlichen Prägungen sich nicht trennscharf aus dem Gesamtsystem herauslösen lassen.

Es lässt sich also festhalten, dass Staehelin mit dem kategorischen Ausschluss aller Zeiträume ohne schriftliche Überlieferung aus dem Geschichtskonzept eine Periodisierung vornimmt, die geradezu in einer eigenen Epoche resultiert, deren Konzeption von dem Untersuchungsbereich der Alten Geschichte ausgeht, obwohl sie in gewisser Weise vor diesen zurückgreift: die Zeit der «vorrömischen Schweiz».

Die klare Abwertung der materiellen Überreste, die sich in der Ablehnung einer Vorstellung von Geschichte ausdrückt, welche auf einer solchen Quellenbasis beruhen könnte, hat jedoch nicht nur Implikationen für Periodisierungsfragen bzw. den Ausschluss der Urgeschichte aus der Betrachtung. Auch in der Art und Weise der Implementierung der archäologischen Quellen in der SRZ zeigt sich Staehelins entsprechende Distanz. Zieht er hier auch fortlaufend die archäologische Überlieferung zur Gewinnung von historischer Erkenntnis heran, so ordnet er sie doch stets den schriftlichen Quellen hierarchisch unter. Oft geschieht dies implizit, bei manchen Streitfragen jedoch auch ausdrücklich, so namentlich bei dem Problem der Identifizierung ethnischer Formationen. Bereits in seinem wichtigen Aufsatz zur Geschichte der Helvetier hatte er sich hierzu in grundsätzlicher Art geäussert, und zwar in Zusammenhang mit einer These von David Viollier, der aufgrund seiner archäologischen Studien eine lange Kontinuität der helvetischen Besiedlung der Schweiz behauptet hatte, was Staehelin ablehnte: «Allein die Gründe, mit denen Viollier beweisen möchte, daß sogar schon seit dem Beginn der La Tène-Periode, d. h. seit der Mitte des 5. Jahrhunderts, die Helvetier [...] die alleinigen Bewohner der Schweizer Hochebene gewesen seien, können dem Historiker nicht genügen.»[104] Staehelin nennt einige konkrete Einwände und stellt weiter fest: «[...] vor allem aber berücksichtigt er ein prinzipielles Bedenken nicht [...]: der Bodenforschung muß grundsätzlich das Recht bestritten werden, geschichtliche Probleme im Widerspruch mit den geschriebenen Quellen zu lösen».[105] In der SRZ sollte er diesen Einwand wiederholen, er formu-

---

würde, sondern von correferre, so wie relativ, Relation von referre». Staehelin an Tschumi, 24. 8. 1926. Bernisches Historisches Museum, Otto Tschumi.

104 Staehelin 1921b, 141.

105 Staehelin 1921b, 142. Er bezieht sich hierbei auf Wilhelm Oechsli und Eduard Meyer: «[...] diesen Fragen gegenüber versagt die prähistorische Archäologie vollkommen.» Eduard Meyer, Geschichte des Altertums I^3 2, 826 f. «Kultureinwirkungen und Kulturkreise können wir greifen, aber die Völker selber nicht – soweit nicht geschichtliche Nachrichten der fremden Kulturvölker uns darüber unterrichten.» Ebd., 844, zitiert nach Staehelin 1921b, 142, Anm. 9. Oechslis Äusserungen, getätigt nach einem Vortrag Violliers vom 26. 2. 1916, gibt Staehelin fol-

liert ihn dort zunächst jedoch weniger scharf, indem er in Paraphrase sich selbst zitiert.[106] Kurz darauf wird er in einer Anmerkung aber wieder apodiktisch: «Auch hier kann nur die Geschichtsforschung, nicht die Bodenforschung entscheiden.»[107] Mit dieser methodischen Haltung setzte sich Staehelin nicht nur in Gegensatz zu Viollier, sondern zu den Schweizer Bodenforschern im Allgemeinen. So schreibt Tschumi in seiner *Urgeschichte* von 1926, in Einklang u. a. mit Tatarinoff halte er die Auffassung, wonach «der Bodenforschung grundsätzlich das Recht bestritten werden müsse, geschichtliche Probleme im Widerspruch mit den Quellen zu lösen», ein Standpunkt, den nach Oechsli «nun neuerdings [auch] F. Stähelin» verfechte, «für zu weitgehend». Und er fügt an: «Man wird doch von Fall zu Fall abwägen müssen, ob eine Notiz eines alten Schriftstellers glaubhaft erscheint und ob andererseits sich gewisse Schlüsse aus dem Fundma-

---

gendermassen wieder: «[...] die Prähistorie kann wohl Zustände und deren Wandlungen feststellen, niemals aber historische Ereignisse eruieren; schon auch nur ethnische Unterschiede lassen sich aus der Verschiedenheit der Formen ausgegrabener Gegenstände nicht erweisen; die Grenzen keltischer Stämme vollends sind an Hand des Fundmaterials gewiß nicht zu fixieren». Staehelin 1921b, 142. Das Problem war in der Forschung der Zeit allgemein sehr präsent und in Deutschland ebenfalls mit der Problematik einer völkisch ausgerichteten germanozentrischen Archäologie verknüpft. Zentraler Vordenker letzterer Richtung war Gustaf Kossinna (1858–1931; vgl. Mante 2007, 60–70), später der auch in vielerlei Hinsicht mit der Schweizer Forschung verbundene Hans Reinerth (1900–1990) (zu den Kontakten zwischen Reinerth und der Schweizer Forschung: Rey 2002; Brem 2003; Brem 2023). In einer gewissen Opposition hierzu sind diverse Protagonisten der RGK zu sehen. Vgl. Krämer 2002, 20: «In der Dissertation polemisiert Bersu gegen die vorschnelle ethnische Deutung bestimmter, aus Funden erschlossener Kulturgruppen durch Kossinna und seine Schule und beruft sich dabei auch auf die Kritik von Eduard Meyer.» In diesem Zusammenhang dürfte es auch zu sehen sein, dass Drexel Staehelin in seiner Reaktion auf den Artikel schrieb: «Aus der Seele gesprochen sind mir übrigens Oechslis Worte» (Drexel an Staehelin, 25.10.1921, UB Basel NL 72 VIII: 99). Es sind diese Diskussionen ebenfalls in einem weiteren Zusammenhang zu sehen mit der integrativen Stossrichtung der römisch-germanischen Forschung, die schon seit Mommsens «einheitlicher Limesforschung» eine vom Studium des Klassischen Altertums inspirierte Sicht auf das «Provinzialrömische» pflegte und so in einer sich akzentuierenden Opposition zum völkischen «Germanenkult» stand (vgl. Rebenich 2008, 119 f.). Zu der Auseinandersetzung zwischen «klassischer Altertumswissenschaft» und «germanischer Vorgeschichtsforschung» in der deutschen Archäologie vgl. Junker 1997, 72–83. Zu dem Spannungsfeld zwischen der provinzialrömischen und der vorgeschichtlichen Forschung in der RGK vgl. Vigener 2012, 43 ff.

106 «Von andrer Seite wird diesen Tatsachen keine große Beweiskraft beigemessen, da die Bodenforschung wohl Kultureinwirkungen und Kulturkreise, nicht aber die einzelnen Volksstämme selbst zu greifen vermöge.» SRZ, 22. Die Formulierung ist angelehnt an die entsprechende, oben wiedergegebene Bemerkung Eduard Meyers. Die Anmerkung (Anm. 3), die Staehelin an diese Aussage anhängt, verweist auf ihn selbst, und zwar auf eben jenen Artikel Staehelin 1921b.

107 SRZ, 25, Anm. 6; SRZ^2, 28, Anm. 4; SRZ^3, 32, Anm. 1.

terial zwangsweise ergeben.»[108] Im Allgemeinen neigt Staehelin dazu, die Ergebnisse der Bodenforschung vor allem dort herauszustellen, wo sie seine – historisch gewonnenen – Hypothesen stützen,[109] und sie ansonsten nicht für sich allein gelten zu lassen. Bereits in Bezug auf seinen Artikel von 1921 war denn in der Presse zu lesen: «Sa thèse d'historien, fidèle interprète des textes écrits, s'oppose souvent aux constatations des archéologues».[110]

Für die SRZ zeigt sich Staehelins distanzierter Bezug zu den archäologischen Disziplinen nicht nur in solchen methodischen Streitfragen, sondern allgemein in der Art seiner Berücksichtigung der archäologischen Evidenz. Wer eine systematische Zusammenstellung des Standes der Forschung erwartet hatte, wurde enttäuscht. Bezeichnend ist die Antwort Staehelins auf einen Einwand, den Tschumi in seiner Rezension für den *Bund* vorbrachte. Tschumi bemerkte dort, «etwas zu kurz weggekommen» seien «die Gräbervorkommnisse», besonders in Bezug auf die Fragen der Datierung römischer Keramik. Nach Staehelins Buch sei immer noch «Raum gelassen für ein weiteres Werk, das sich mehr mit der Auswertung der Einzelfunde befassen und so Stähelins straff zusammenfassende Darstellung ergänzen» könne.[111] Staehelin antwortete ihm darauf in dem Brief, mit welchem er Tschumi für die im Allgemeinen äusserst wohlwollende Besprechung dankte:

> Gräber-«Vorkommnisse» habe ich absichtlich nicht behandelt; soweit aus ihnen Daten für die Keramik gefolgert worden sind, ist dies nach Möglichkeit im III. Kapitel des II. Teils berücksichtigt. Mein Interesse ist vorwiegend historisch, nicht antiquarisch, und ich wollte die Leser möglichst verschonen mit technischen Details und all dem, was Jacob Burckhardt den ‹Schutt› der Forschung zu nennen pflegte [...].[112]

Staehelin verwies weiter auf die Passage in der SRZ, wo festgehalten ist, er werde nicht «jede römische Scherbe, jeden Leistenziegel» etc. registrieren.[113] In dieser Antwort ist das Grundlegende ausgedrückt. Staehelin hatte gar nie das Ziel, eine archäologische Übersicht zu verfassen. Die Feststellung der überlieferten materiellen Kultur ist ihm nicht Selbstzweck, sondern reines Mittel zum historischen Erkenntnisgewinn, und er führt diese nur dort an, wo sie ihm für diesen Zweck

108 Tschumi 1926, 137. Offensichtlich verspürte er jedoch keinen Wunsch nach einer Konfrontation mit Staehelin: «F. Stähelin dürfte wohl mit seinem Angriff gegen vorkommende Übertreibungen und allzukühne Hypothesen ins Feld gezogen sein.» Ebd.

109 Vgl. etwa Staehelin 1921b, 139 f.

110 JdG, 26. 1. 1923.

111 Der Bund 1928, Nr. 37, 23. 1. 1928.

112 Staehelin an Tschumi, 25. 1. 1928, SLA Otto Tschumi 9. Vgl. zu diesem Zitat auch Kapitel 10.1.

113 SRZ, VIII.

dienlich erscheint. Der Rest ist «Schutt der Forschung», der für die Darstellung wegfallen muss.[114]

Betrachtet man die Rolle der archäologischen Quellen in der SRZ, so muss dies stets auch mit Blick auf das fachliche Instrumentarium und die entsprechenden Kompetenzen geschehen. Vor dem Hintergrund von Staehelins wissenschaftlicher Bildung und bei Berücksichtigung der Art des Zustandekommens seiner Publikationen zu Themen der archäologischen Überlieferung erscheint es fraglich, ob es in seinen methodischen Möglichkeiten gelegen hätte, die Bodenfunde und Befunde in ihrem Eigenrecht und in einer wirklich eigenständigen Art zu behandeln.[115] Darauf, dass dem nicht so war, deuten auch seine oben zitierten Äusserungen hin. Sein Desinteresse an vielen Aspekten des archäologischen Handwerks und das daraus folgende Fehlen einer eigentlichen Auseinandersetzung damit verleihen der SRZ ihren klar historischen Charakter. Aus dem bisher Gesagten geht hervor, dass dies durchaus erwünscht war. In der SRZ bleibt Staehelin auf diese Weise stark von den Gewährsleuten abhängig, auch dort, wo er entsprechende Wertungen dezidiert verteidigt und sie für seine historische Thesenbildung heranzieht. Umso wichtiger sind die oben angesprochenen Faktoren der Übersicht über das Publizierte und des persönlichen Netzwerks.

Der hier skizzierte Umgang mit den archäologischen Quellen fand in den Rezensionen einen entsprechenden Niederschlag. So schrieb David Viollier, gegen dessen Thesen sich ja Staehelins methodische Einwände in erster Linie gerichtet hatten:

> Evidemment M. Staehelin est avant tout historien et se sent plus à l'aise dans la partie purement historique de son ouvrage que lorsqu'il a à traiter d'architecture ou d'archéologie pure. Il manque un chapitre où auraient été étudiés avec plus de détails les arts indistruels, la céramique, la verrerie, les objets de toilette ou d'usage courant.[116]

Ganz ähnlich äusserte sich Tatarinoff:

> Während der außerordentlich belesene, aus der Schule der strengen Historiker hervorgegangene Vf. den geschichtlichen Teil mit einer erstaunlichen Sachkenntnis bearbeitet, bezeugt der 2. Teil, dass der Verfasser «im Gelände», d. h. in der kulturtechnischen Auffas-

---

114 Staehelin dürfte damit allerdings nicht ausschliesslich das Materielle meinen, vgl. Kapitel 10.1.

115 Zweischneidig auch das Lob Laur-Belarts in seinem Nachruf auf Staehelin: «Umso bewundernswerter ist sein eifriges Bemühen, der archäologischen Forschung gerecht zu werden» (Laur-Belart 1952a, 6). In einem weiteren Nachruf (für den JbSGU) skizzierte er die SRZ folgendermassen: «Sorgfältig verarbeitete er sämtliche Publikationen zur römischen Geschichte der Schweiz und referierte über Ausgrabungen» (Laur-Belart 1952b, 10). Von Staehelins Quellenarbeit ist hier gar nicht die Rede, er wird in dieser Perspektive zu einem reinen Referenten der Bodenforschung.

116 Viollier 1927b, 266.

> sung der Dinge nicht im gleichen Maße zu Hause ist. Insbesondere darf vom Standpunkt der prähistorisch eingestellten Methode bemerkt werden, dass er die r. Provinzkultur, deren Kenntnis in neuerer Zeit doch gewaltig vermehrt wurde, etwas stiefmütterlich behandelt, soweit sie sich auf die sog. «Sachgüter» bezieht.[117]

Und auch Dragendorff bemerkt in seiner Besprechung:

> St. ist in erster Linie Historiker. Nach der Seite der Auswertung der literarischen Überlieferung, der Inschriften, sprachlicher Beobachtungen, topographischer Feststellungen, der durch Interpretation deutbaren Denkmäler liegt das Schwergewicht seiner Leistung. Demgegenüber kommen die unscheinbaren Denkmälerklassen, vor allem die Keramik, etwas kurz weg.[118]

Die Distanz Staehelins zur Bodenforschung verschärfte sich für die dritte Auflage noch einmal. Dies dürfte unter anderem auch mit dem Wegfall Karl Stehlins zusammenhängen sowie mit weiteren empfindlichen Lücken, die Staehelin in seinem entsprechenden Netzwerk hinnehmen musste,[119] weiter mit seiner institutionellen Eingebundenheit und der Entwicklung seines wissenschaftlichen Fokus. Vor allem aber werden wir hier auf die Tatsache hingewiesen, dass sich das wissenschaftliche Umfeld deutlich stärker gewandelt hatte als Staehelins SRZ, gerade in Bezug auf die Entwicklungen in der römischen Bodenforschung der Schweiz. So übte etwa Ernst Meyer, der sich immer stärker zum massgeblichen Protagonisten einer historischen Gesamtschau des Themas entwickelte, nun – bei unveränderter Hochachtung vor Staehelins Gesamtleistung – ausführliche Kritik an Staehelins Umgang mit den archäologischen Funden und Befunden[120] und auch Paul Schoch, der Schüler und treue Mitarbeiter Staehelins, der bereits die Offensive gegen Reinhardt mitgemacht hatte, brachte entsprechende Einwände vor.[121] So monierte er etwa, dass bestimmte Arbeiten, die der Archäologe Christoph Simonett im Tessin vorgenommen hatte, nicht ausreichend berücksichtigt worden seien.[122] Noch dezidierter aber nahm nun der Archäologe Emil Vogt Stellung. In seiner Rezension der SRZ³ bleibt er bei einer Kritik von einzelnen Mängeln, die das Buch aus archäologischer Sicht aufweise, nicht stehen, sondern greift Staehelins methodische Prämissen frontal an. Nicht nur also «sehen manch archäologisch-historische Probleme heute anders aus als vor zwanzig Jahren» und nicht nur sei «das Gewicht des archäologischen Urteils [...] in manchen Fällen größer

117 Tatarinoff 1927, 147.

118 Dragendorff 1929, 120 f. Weiter monierte etwa Lehner eine zu knappe Abhandlung der Villenbefunde im Kapitel «Siedelung und Wohnung» (Lehner 1927/28). Auch Tatarinoff kritisierte dieses Kapitel im Besonderen. Tatarinoff 1928.

119 Vgl. Kapitel 6.3.

120 Meyer 1948/49, 112 f.

121 Schoch 1953.

122 Schoch 1953, 428.

geworden»,[123] sondern ebenfalls kritisiert Vogt Staehelins allgemeines «Mißtrauen gegenüber der Bodenforschung». Bezeichnend sei, dass «in der Einleitung über die Quellen [...] von Bodenfunden nur monumentale Überreste, Inschriften und Münzen genannt werden.» Zu bedauern sei vor allem, «dass das erste Alinea des Textes (S. 3–4) [wo Staehelin die Prähistorie aus jedem Konzept von Geschichte ausscheidet] stehen geblieben ist, trotzdem gerade es die Stellungnahme des Verfassers gegenüber der Bodenforschung besonders beleuchtet und für die Grundhaltung des Buches in dieser Hinsicht bestimmend ist».[124] Und weiter: «[...] es ist auch falsch, zu glauben, daß es im Grunde nur eine Methode historischer Forschung gebe, nämlich die auf Grund der schriftlichen Überlieferung. Ich lehne dieses erste Alinea grundsätzlich ab samt allen daraus sich ergebenden Folgerungen.»[125] Es ist bezeichnend, dass Vogt hierbei den Vorwurf formuliert, dass Staehelin den Ausdruck seiner Ablehnung eines Geschichtsbegriffs, der ohne schriftliche Quellen auskommt, *stehen gelassen* habe. Vogt scheint diese Auffassung also nicht nur für falsch, sondern auch für veraltet zu halten. Damit weist er von neuem auf eine Tatsache hin, auf die in vorliegender Untersuchung schon mehrmals hingewiesen wurde: Die SRZ blieb letztlich immer ein Buch der 1920er Jahre und muss aus diesen heraus verstanden werden.

Die methodischen Auseinandersetzungen, in die Staehelins SRZ eingebunden ist, haben weitreichende diskursive Implikationen, die über individuelle Entscheidungen hinausreichen. Der Hinweis Dragendorffs, Staehelin behandle nur die «durch Interpretation deutbaren» archäologischen Quellen, fügt sich in die skizzierte Art und Weise von Staehelins Umgang mit der archäologischen Evidenz ein. Er berücksichtigt lediglich die in seinen Augen historisch wertvollen Ergebnisse der Archäologie, übernimmt diese in bearbeiteter und aufbereiteter Form von den Bodenforschern und weist ihnen ihren historischen Platz zu.[126] Hierin zeigt sich auch ein gewisser Anspruch, die Althistorie als die übergeordnete Disziplin zu installieren, die auf die Archäologie zugreifen kann.[127] Im Gegensatz dazu ist Tatarinoffs Rede von der «prähistorischen Methode», die von Staehelin

123 Vogt 1948, 522 f.

124 Vogt 1948, 523.

125 Vogt 1948, 524.

126 In dieser Art funktioniert etwa auch Staehelins Vortrag *Zur Lage und Geschichte von Vindonissa.* Vortragsmanuskript und Materialien: UB Basel NL 72 V: 30. Vgl. Kapitel 4.3.

127 Dass Staehelin 1935 in einem Vortrag vor Bodenforschern die Geschichte und die Sprachwissenschaft als «Hilfswissenschaften» der Bodenforschung bezeichnet (Staehelin 1935), ist als ein rhetorisches Mittel zu sehen. Die charmante Bescheidenheitsgeste gegenüber dem Publikum ist typisch für Staehelins Vortragsweise.

vernachlässigt werde, Ausdruck einer Auffassung von einem Primat der Bodenforschung in dem wissenschaftlichen Umgang mit der römischen Schweiz.[128]

Bereits 1912 hatte dies Tatarinoff in einer programmatischen Feststellung im JbSGU klar gemacht: «Der Vorstand [der SGU] ist immer in der Ansicht einig gewesen, dass die Zeit der römischen und germanischen Okkupation unseres Landes zum Arbeitsgebiet der Prähistorischen Gesellschaft gehöre.» Und er hält fest, «dass sowohl in der römischen wie der frühgermanischen Forschung die *prähistorische Methode* massgebend ist».[129]

Diese Stellungnahmen zeigen sich nicht nur als relevant für die konkrete methodische Vorgehensweise. Vielmehr reflektieren sie grundsätzliche Unterschiede in der historischen Situierung des Objekts «römische Schweiz», in der Beantwortung der Frage, ob die römische Schweiz als eine Episode («römische Okkupation») der schweizerischen Ur- bzw. Frühgeschichte zu sehen ist oder vielmehr als eine Epoche sui generis: Ist die historische Leitkategorie die Ur- bzw. Frühgeschichte, und die römische Zeit zeigt sich als ein Teil davon, ebenso wie etwa das Neolithikum und die Bronzezeit? Oder ist die übergeordnete Kategorie vielmehr das klassische Altertum, und die römische Schweiz zeigt sich als ein Teil hiervon, wie etwa die Geschichte der hellenistischen Monarchien oder – kategorisch näher – der kleinasiatischen Galater? In der Vertretung des letzteren Ansatzes ist eine wissenschaftsgeschichtliche Hauptbedeutung von Staehelins SRZ zu sehen.[130]

Die römische Schweiz ist bei Staehelin stets in erster Linie Teil der antiken Welt und wird entsprechend behandelt. Mit dem teleologischen semantischen Mittel der Epochenbildung «vorrömische Schweiz» wird der Primat der althistorischen Periodisierung zusätzlich akzentuiert. Der Standpunkt des Althistorikers zeigt sich gegenüber den prähistorisch geprägten Bodenforschern also längst nicht nur in der Auswahl, Bearbeitung und Gewichtung der Quellen, sondern auch in dem allgemeinen Blick auf die historischen Zusammenhänge.

Die scharfe Attacke, die Vogt nach der Publikation der SRZ^3 gegen Staehelin führte, zeigt deutlich das gewachsene Selbstbewusstsein der nun professionalisierten Schweizer Bodenforschung und stellt eine Affirmation des ur- und früh-

128 Der Gegensatz zwischen prähistorischer und althistorischer Methode ist zeitgenössisch ebenfalls vor dem Hintergrund der Auseinandersetzung zwischen «prähistorischer Germanenforschung» und klassischer Altertumswissenschaft in der deutschen archäologischen Forschung zu sehen. Vgl. Kapitel 9.3, Anm. 105. Die entsprechenden Kontroversen in der Schweiz sind hiervon beeinflusst, jedoch in vielfacher Weise anders strukturiert.

129 Er fährt fort: «Nekropolen aus diesen Zeiten werden nicht anders behandelt wie die aus der La Tène-Zeit und es wäre doch widersinnig, sich mit dem Interesse an einer La Tène-Fibel zu begnügen, dann den Riegel zu schliessen und sich um die Fortbildung derselben in römischer und alamannischer Zeit gar nicht zu kümmern.» Tatarinoff 1912, 23.

130 Erst in dieser Perspektive werden die Aspekte, die Furger 2001, 301 ff. an der SRZ kritisiert, wirklich klar.

geschichtlichen Standpunktes dar. Staehelins klassische Herangehensweise wird demgegenüber als veraltet taxiert und zurückgewiesen.[131]

Wie etwa Gelzer bemerkte, ist es ein Charakteristikum der SRZ, dass Staehelin «als vorzüglicher Kenner der gesamten Altertumsgeschichte [...] alles von vornherein in die richtige Perspektive zu rücken [weiss] und [...] stets die große Linie» festhalte.[132] Und Fabricius hielt fest, dass Staehelin «seine volle Beherrschung der römischen Geschichte und des römischen Staatswesens wie der Kultur im weitesten Sinne zustatten[kam]».[133] Im selben Sinn auch das bereits in Kapitel 6 zitierte Gutachten im Zusammenhang mit Staehelins Erlangung der persönlichen Ordinariats: «Dem Buch ist auf Schritt und Tritt anzumerken, dass der Verfasser über helvetorömische Verhältnisse mit voller Beherrschung und Berücksichtigung der gesamt-römischen Geschichte und Kultur und ihrer wissenschaftlichen Problematik schreibt.»[134] Gegenüber einer auf das Autochthone ausgerichteten Bodenforschung berücksichtigte Staehelins althistorischer Umgang mit dem Thema das Postulat Mommsens, dass sich die römische Schweiz nur im Kontext der allgemeinen römischen Geschichte erschliesse.[135] So mahnte er auch die Studenten, zum Verständnis der Geschichte der römischen Schweiz sich eingehend mit der allgemeinen römischen Geschichte zu beschäftigen.[136]

Staehelin blickt nicht von der Schweiz aus auf das Römische, sondern von dem Römischen aus auf die Schweiz, und in dieser Tatsache wird ein höchst aufschlussreicher Bogen geschlossen zu seiner Behandlung der kleinasiatischen Galater, die ebenfalls immer aus dem Blickwinkel der klassischen Kultur erfolgt, von der das Hauptobjekt der Untersuchung stets in epistemologischer Abhängigkeit erscheint.[137]

131 In dieser diskursiven Tradition bewegen sich auch die in der heutigen provinzialarchäologischen Forschung formulierten wissenschaftsgeschichtlichen Stellungnahmen zu Staehelins SRZ, die in der Einleitung dieser Arbeit vorgestellt wurden.

132 Gelzer 1928, 372 f.

133 Fabricius 1930, 74.

134 Philologisch-Historische Abteilung der Philosophischen Fakultät. Gutachten Nachfolge Baumgartner, 27. 1. 1931, 4 f., StABS Erziehung CC 20.

135 Mommsen 1854a, 4. Und immer noch galt – gerade mit Rücksicht auf die Bodenforscher –, dass die «Kunde römischen Wesens und römischer Geschichte» zwar «Jeder erwerben kann, aber freilich nicht Jeder von denen besitzt, die um die Geschichte der Schweiz sich bekümmern» (ebd.).

136 UB Basel NL 72 IV 6.

137 Schon Denis van Berchem kritisierte überdies, Staehelin beurteile aus seiner genuin althistorischen Perspektive das römische Element in der Schweiz zu optimistisch. Und diese Perspektive der SRZ von «oben» und von Rom her wird denn in selben Sinne auch von der neueren archäologischen Forschung kritisiert; so etwa – wie schon mehrfach erwähnt – von Furger 2001, 301 ff.; vgl. auch Kapitel 1. Auch hier zeigt sich in der modernen Kritik an Staehelins SRZ also weniger eine neue wissenschaftsgeschichtliche Analyse als eine diskursive Tradition mit Wurzeln in dem hier behandelten Untersuchungszeitraum.

Ebenfalls fällt in diesem Zusammenhang ein Schlaglicht auf die disziplinäre Situation der römischen Schweiz zur Zeit der Entstehung der SRZ: Die wichtigen Protagonisten im deutschsprachigen Inland, die sich seit Beginn des Jahrhunderts mit dem Gegenstand befasst hatten, waren vermögende Privatgelehrte (Karl Stehlin), auf die «Altertümer» spezialisierte Philologen (Otto Schulthess), mehr oder weniger autodidaktisch gebildete Prähistoriker (Otto Tschumi) bzw. in Vereinen organisierte «Römerforscher» (Samuel Heuberger) oder mit Staehelin und Täubler die ersten «echten» Althistoriker in der Schweiz gewesen. Während die historische Seite der Auseinandersetzung in der Althistorie gerade mit der Etablierung Staehelins und später auch Ernst Meyers nun ein adäquates Gefäss besass, existierte ein solches für die römische Bodenforschung bislang nicht. Aufgrund der Methodik und Entwicklungsgeschichte dieses neuen Wissenschaftszweigs – die sich u. a. in obigen Zitaten Tatarinoffs widerspiegelt – wurde sie institutionell der Ur- und Frühgeschichte zugeschlagen, was sich auch an der Struktur der hier im Bezug auf Staehelins SRZ beleuchteten Diskurse zeigt. Bezeichnend ist hierfür der Werdegang Laur-Belarts. Er war, wie im ersten Teil dieser Arbeit gezeigt, in gewissem Sinne vor seiner institutionellen Etablierung bereits provinzialrömischer (bzw. «römisch-germanischer») Archäologe, musste sich aber aufgrund der Zwänge der disziplinären Verhältnisse zusätzlich zum Prähistoriker ausbilden lassen. Durch seine Etablierung in Augst leistete hier Staehelin einen grossen Beitrag zu einem künftigen eigenständigeren und schärferen Profil der römischen Bodenforschung in der Schweiz.

Betrachten wir den Stand der schweizerischen Beschäftigung mit der eigenen römischen Vergangenheit in der Zeit vor Staehelin, in einer Zeit, wo die provinzialrömische Archäologie (und auch die Alte Geschichte) nur untergeordnete institutionelle Gefässe besassen, so weist ebenfalls gerade die Position von Otto Schulthess (SGEK, SGU) auf deren fragmentierten Charakter hin: zwischen Denkmalpflege, Urgeschichtsforschung, Heimatkunde und altphilologischer Realie, zwischen Altertumskunde und klassischer Altertumswissenschaft.[138]

Vor diesem Hintergrund zeigt sich die wissenschaftsgeschichtliche Bedeutung der SRZ im Kontext der Zeit ihrer Entstehung. In dieser unklaren disziplinären Situation schlug Staehelin mit konsequent althistorischer Methode eine Bresche für eine Betrachtung der römischen Schweiz als Gegenstand sui generis und führte so das Objekt Hallers und Mommsens in einer neuen Zeit wissenschaftlicher Entwicklung aus der fragmentarischen Behandlung wieder einer einheitlichen Betrachtung zu. Was seit Jahrzehnten nur in populären Abhandlungen

138 Vgl. zum zeitgenössischen Begriff der «Altertumskunde» in der Schweiz Tschumi: «Unter der Altertumskunde im weitesten Sinne verstehen wir die Kenntnis der Kulturerzeugnisse der verschiedenen Völker, ohne Rücksicht auf die Zeit, in welcher sie gewirkt haben. Sie stellt ihrem Wesen nach auf die Funde ab, welche an allen wichtigen Kulturstätten gemacht worden sind und sucht deren Charakter und Verhältnis zueinander zu bestimmen.» Tschumi 1921, 73.

und in verstreuten Notizen vorhanden gewesen war, überführte er mit seiner in der Schweiz noch neuen althistorischen fachlichen Prägung in eine historische Darstellung auf der Höhe der Wissenschaft.

9.4 Charakter der Darstellung und Adressatenkreis

Wie in der Untersuchung bis hierher herausgearbeitet wurde, weist die SRZ auf mehreren Ebenen einen zusammengesetzten Charakter auf. Bernhard Wyss sprach in diesem Zusammenhang treffend von einem «Mosaik».[139] Auf inhaltlicher Ebene stellt das Buch, wie in Kapitel 8 gezeigt, eine Kombination verschiedener historischer Elemente dar. Aus der Perspektive des Aufbaus des Werks zeigt es sich als aus zwei Teilen mit je verschiedener Herangehensweise zusammengesetzt. Und in methodischer Hinsicht ergibt sich der zusammengesetzte Charakter einerseits daraus, dass erstens eine fast unabsehbare Menge einzelner Vorarbeiten in die Darstellung integriert ist und zweitens eine Kombination verschiedenster Formen der Überlieferung vorgenommen wird.

Dieser vielfach zusammengesetzte Charakter bedeutete eine gewaltige Herausforderung für die konkrete Darstellung, und dass es Staehelin gelang, all diese Einzelteile nicht aufzulisten oder nacheinander abzuhandeln, sondern in einer echten Synthese zu verbinden, darin dürfte die grösste Leistung seiner SRZ zu sehen sein. Mochte auch möglicherweise Täubler einen glänzenderen Umgang mit der literarischen Überlieferung pflegen, Schulthess einen noch grösseren Überblick über die Inschriften besitzen und eine ganze Reihe Archäologen besser mit Gebäudegrundrissen und römischer Keramik umgehen können, die narrative Durchgestaltung dieser Masse an Material, wie sie Staehelin glückte, macht seine SRZ auf dem Gebiet einzigartig und zu einem Werk von aussergewöhnlicher Qualität.

Was die konkrete Darstellung betrifft, so hängt diese Qualität ebenfalls in hohem Masse damit zusammen, dass Staehelin zwei verschiedene Vorhaben erfolgreich verband (und auch auf dieser Ebene ist das Buch zusammengesetzt), die er selbst in dem Vorwort formuliert:

> Zwei Ziele, die nicht immer ganz leicht zu vereinigen sind, schwebten mir [...] vor. Einerseits fehlte es nicht am guten Willen, dem Laien eine lesbare, leichtverständliche Darstellung zu bieten; andrerseits betrachtete ich es als meine Pflicht, ohne Beeinträchtigung des Textes eine wissenschaftliche Begründung zu liefern, die über das Einzelne sorgfältig

139 Wyss 1952a, 267. Wyss war nicht der Erste, der zur Charakterisierung der SRZ dieses Bild verwendete, bereits in einer Besprechung der SRZ^3 von 1949 ist zu lesen: «Die ‹Schweiz in römischer Zeit› ist ein Standardwerk, das nur entstehen konnte, da zahlreiche Einzeluntersuchungen vorausgegangen sind, die gleich Mosaiksteinchen zu einem sprechenden Bild vereinigt wurden» (Bücherblatt Zürich 1949, Nr. 2, 5.3.1949).

> Rechenschaft ablegt und dem Fachmann sowohl Nachprüfung als auch Mitarbeit und tieferes Eindringen in den Stoff ermöglicht.[140]

Das Ideal einer wissenschaftlich nicht kompromittierten Popularisierung der römischen Antike zeigte sich bereits bei Staehelins Würdigung der Wirksamkeit Mommsens.[141] Auch in seiner *Nachlese zu Constantin* ist ein hierfür bezeichnendes Lob für «im besten Sinn populäre und doch streng wissenschaftliche Geschichtsschreibung» zu lesen,[142] und in seiner Einleitung zu Jacob Burckhardts Konstantin-Aufsatz erinnert er an Burckhardts Vorhaben, «denkende Leser aller Stände» in «abgerundeten Bildern zu fesseln».[143]

In gewissem Sinn laufen in dem Buch zwei Projekte parallel nebeneinanderher: ein fortlaufendes erzählendes Lesebuch im Haupttext und eine daran geknüpfte wissenschaftliche Diskussion aller einzelnen Punkte in den Anmerkungen. Der interessierte Laie («wer den wissenschaftlichen Apparat verabscheut») sollte durch dieses Verfahren die Möglichkeit haben, einen fortlaufenden erzählenden Text rezipieren zu können, ohne sich mit der fachlichen Diskussion «zu beschweren».[144]

In dem Haupttext ist Staehelin ganz Erzähler, der nüchtern, häufig mit didaktischem Tonfall, aber anschaulich, mit moralischer Wertung, oft gravitätisch, dabei jedoch auch mit Humor der Leserschaft die römische Schweiz näherbringt. Deutlich ist die Absicht der literarischen Durchgestaltung spürbar. War sein Stil in der Lehre als trocken und teils geradezu als langweilig verschrien, so hatte er in der SRZ den Ton und mit der Zweiteilung der Darstellung das Mittel gefunden, um trotz aller Akribie, die er auch hier wieder zeigte, gut lesbar zu bleiben, jedenfalls für einen Leserkreis, der dem Thema nicht ganz fern stand. Bereits das Fakultätsgutachten von 1931 hatte den «überaus lebendigen und lesbaren Text» hervorgehoben sowie den «vom Text glücklich distanzierten wissenschaftlichen Apparat».[145] Daneben machen die Illustrationen, für die Staehelin einen grossen Aufwand trieb und seine zusätzliche Geldquelle aufbrauchte, das Buch in der Ausstattung äusserst attraktiv. Die reiche Bebilderung, die Staehelin auch in den

140 SRZ, VII.

141 Vgl. Kapitel 3.3.

142 Staehelin 1939a, 398.

143 Staehelin 1929, XI.

144 SRZ, VI. Entsprechend wurde der Gebrauch des Buches einem Laienpublikum von den entsprechenden Periodika auch nahegelegt: «Alles ist mit Anmerkungen belegt, aber sie sind für die Gelehrtenwelt bestimmt und dem Laien sei für die Lektüre empfohlen, den wissenschaftlichen Apparat nicht weiter zu beachten» (Bücherblatt Zürich 1949, Nr. 2, 5.3.1949).

145 Gutachten Nachfolge Baumgartner, 27.1.1931, StABS Erziehung CC 20.

Neuauflagen stetig zu verbessern suchte und auf die er in dem Vorwort auch eigens hinweist,[146] wurde verschiedentlich lobend hervorgehoben.

In den Anmerkungen wiederum macht Staehelin das Zustandekommen jeglicher Aussagen des Haupttextes extrem transparent. Er ermöglicht damit tatsächlich «Nachprüfung, Mitarbeit und tieferes Eindringen in den Stoff», wie er selbst als Ziel formuliert, und dies verleiht seiner Darstellung den Charakter eines Handbuchs und Ausgangspunkts für jede Beschäftigung mit den behandelten Einzelthemen. Dass er dabei die Diskussion der historischen Elemente nicht in Endnoten auslagerte, sondern fortlaufend unter dem Text vornahm, verstärkt den Eindruck der Parallelisierung. Es handelte sich hierbei um eine bewusste Entscheidung, wollte Staehelin doch, wie er im Vorwort ausführt, «auf keinen Fall der [...] heutzutage nur allzu verbreiteten Aesthetenmode folgen, die auf Anmerkungen entweder überhaupt verzichtet oder in unpraktischer Weise ihnen höchstens ein Aschenbrödelplätzchen irgendwo hinter dem Texte gönnt».[147] Es war diese Art der Darstellung, die es Staehelin erlaubte, die einzelnen Formulierungen des Haupttextes selbst bei fundamental geänderten Thesen über die Auflagen hinweg beinahe unangetastet zu lassen. Die entsprechende Diskussion konnte er ja in fast beliebiger Breite in den Anmerkungen vornehmen.

Durch die Kombination aus der Einarbeitung praktisch sämtlicher verschiedenartiger Evidenzformen und der akribischen Diskussion dieser Einarbeitung in der Darstellung erhielt Staehelins Werk, wie Gelzer feststellte, «für die allgemeine Altertumswissenschaft ein methodisches Interesse, das die Themenstellung weit übersteigt».[148] Das Buch verkörpert so trotz der klaren historischen fachlichen Prägung Staehelins gewissermassen die Einheit der Altertumswissenschaft; nicht deshalb, weil Staehelin für das gesamte Gebiet Spezialist gewesen wäre, sondern weil er die Bereiche seines Spezialistentums mit einer Integration und Diskussion der Ergebnisse anderer Forschungsfelder zu einer Synthese kombiniert.

Wenn durch diese Eigenschaften die Darstellung für ein Fachpublikum in idealer Weise geglückt war, so ist es trotz der guten Lesbarkeit doch fraglich, ob interessierte Laien, die dem Gegenstand fernstanden, in der SRZ tatsächlich eine «leichtverständliche Darstellung» vorfanden. Staehelins eigene Formulierung lässt durchscheinen, dass er die SRZ im Zweifelsfall bewusst auf die Fachwelt als den massgeblichen Adressatenkreis hin verfasste und es ihm durchaus klar war, dass das Resultat für diese zwar höchst flüssig zu lesen, für Laien aber immer noch sehr anspruchsvoll war. So urteilte etwa auch Tatarinoff, das Buch sei «in erster Linie an die zünftigen Forscher, an die Gebildeten, ja an die Gelehrten un-

146 «Dem Laien gleichermaßen wie dem Fachmann werden, so hoffe ich, die Abbildungen willkommen sein; auf ihre Auswahl und Gestaltung habe ich besondere Sorgfalt verwendet.» SRZ, VI.

147 SRZ, VI.

148 Gelzer 1928, 373.

serer Nation gerichtet», und er bemerkt, er «möchte nicht die Hand ins Feuer legen, dass unsere Heimatfreunde, die in großer Zahl doch in der Römerforschung Laien sind, alles verstehen».[149] Es ist fraglich, wie sehr das Buch in breiten Kreisen tatsächlich gelesen wurde. Es gibt vereinzelte überlieferte Rückmeldungen, die deutlich machen, dass es in der weiteren Bevölkerung durchaus Leser fand.[150] Ebenfalls ist zu betonen, dass das Buch in den öffentlichen Bibliotheken vorhanden[151] und ausserhalb der engeren Fachkreise ebenfalls in Bildungsanstalten nachgefragt war. Es wurde von der Stiftung Schnyder von Wartensee auch explizit ein tiefer Ladenpreis angestrebt, weil man, wie Howald es ausdrückte, «das Buch auch in den Händen der Lehrer sehen» wollte.[152] Aber ob es wirklich als ein «national work for the average swiss» dienen konnte, wie ein Rezensent bemerkte?[153] Wohl nicht in dem Sinne, dass es von dem «durchschnittlichen Schweizer» gelesen worden wäre, aber dennoch war es als fester Bezugspunkt und Teil einer nationalen Geschichtsschreibung installiert, von dem man wusste, dass er existierte und auf den von Fall zu Fall zugegriffen werden konnte. Mit der Erwähnung des «average swiss» ist – neben allen weiteren Implikationen – ebenfalls eine zusätzliche Problematik des Adressatenkreises berührt: Konnte man sich im Ausland überhaupt angesprochen fühlen von einem Buch, das seine Existenz lediglich «dem praktischen Bedürfnis» verdankt, «den heutigen Schweizern Kenntnis zu geben von den Schicksalen ihres Landes unter römischer Herrschaft»,[154] wie Gelzer bemerkte? Während für die deutsche Wissenschaft durch ihre geographische Nähe und fachliche Involvierung in die schweizerische Römerforschung, die im ersten Teil dieser Arbeit besprochen wird, das grosse Interesse an der SRZ hinreichend plausibel wird, stellte sich für das weitere Ausland – auch neben der offensichtlichen Sprachbarriere – die Sachlage etwas anders dar. Die französische Fachwelt war – wie die Einlassungen von Camille Jullian und Albert Grenier zeigen – aufgrund des Charakters der SRZ als eines Beitrags zur gallorömischen Geschichte interessiert. Dies dürfte sich aber auf relativ wenige Spezialisten beschränkt haben. Der Rezensent von *Greece and Rome* in England wiederum zeigte sich dankbar für die mitgelieferte Karte als Hilfe für «those who do not possess the knowledge of Swiss geography which the author seems to assume».[155]

149 Tatarinoff 1928, 26.

150 So etwa: K. Dudle an Felix Stähelin, 3. 2. 1944, UB Basel NL 72 VIII: 108.

151 «Dass die Schweiz. Landesbibliothek auch durch Sie ein Freiexemplar erhalten hat, schadet nichts. Das Werk gehört auch in die Handbibliothek des Lesesaales, sodass die Bibliothek froh sein wird, sowohl ein Ausleiheexemplar wie ein Praesenzexemplar erhalten zu haben.» Stiftung SvW an Schwabe Verlag, 29. 9. 1948, UB Basel, Archiv Schwabe Verlag II, Staehelin Felix.

152 Protokoll Kommission SvW, 24. 1. 1945, ZBZ Arch. St 202: a.

153 Den Boer 1949, 174.

154 Gelzer 1928, 371. Vgl. Kapitel 10.2.

155 H.W.S. 1950, 91.

Geht der Text also von einer Kenntnis der geographischen Verhältnisse aus, die einen engeren Adressatenkreis aus in erster Linie Schweizern, daneben Deutschen, Franzosen und Italienern nahelegt, so ist auch sonst für geographisch entferntere Rezipienten das Interesse, welches eine Betrachtung der römischen Schweiz auch für sie haben konnte, nicht ohne weiteres evident. Motiviert werden konnte ein solches vor allem durch drei Argumente: Das erste und wichtigste ist die Betonung des Beitrags zu einer allgemeinen Geschichte des Reiches und der römischen Provinzen, den die SRZ darstellt, was etwa von Ronald Syme deutlich gemacht wird: «No serious student of the history and civilisation of the Western Provinces of the Empire can afford to neglect this book.»[156] Auch in der *Revue Belge* wird festgehalten: «Derrière les nombreuses citations et références, se cache une science consommée qui rend le livre précieux, non seulement par ce qu'il nous apprend sur les Cantons helvétiques, mais aussi par les indications générales qu'il donne sur les sources de l'histoire de l'Empire et de ses provinces.»[157] Zweitens die Möglichkeiten, welche die Analogien zu anderen Gebieten boten, was in der Rezension in *Greece and Rome* deutlich wird: Dort stellt der Autor zuerst ausdrücklich fest: «[...] the title and appearance of this book might give the impression that it could only appeal to historical specialists with an interest in Switzerland and a knowledge of German. In reality, only the last of these qualification is necessary.» Er betont in der Folge die «many analogies [...] between Britain and Switzerland» und bemerkt weiter: «[...] and the differences, where the Roman historian is concerned, are equally important». Letztlich zeige das Buch «what, under more favourable circumstances, Roman Britain might have become».[158]

Drittens sprachen die Exemplarität und die allgemeine methodische Bedeutung von Staehelins Arbeit, wie sie auch in obigem Zitat von Matthias Gelzer reflektiert wird, für eine Rezeption der SRZ über den Rahmen der Schweiz hinaus. R. G. Collingwood hob entsprechend hervor, dass die Aufgabe einer histori-

156 Syme 1931, 301.

157 Breuer 1932, 732. Dieses Argument wird ebenfalls verbunden mit der besonderen Bedeutung des schweizerischen Gebietes für die Reichs- und allgemeine Provinzgeschichte. Vgl. Grenier 1928, 301: «Elle [la monographie] relève en outre de l'histoire générale de l'empire romain par ses grandes voies de communication entre l'Italie, le Danube et le Rhin et aussi, parce qu'à deux periodes différentes [...] elle fut une des marches frontières du monde romain.» Vgl. weiter Brogan 1949, 130: «Though Staehelin deals with such a small part of the Roman Empire and, moreover, with an area which had then no political unity, he makes the reader share his unerring sense that its story is a great one. This is partly due to his skill in conveying the importance of this vital crossroads of invasion and empire on the highways from Italy to Germany and from Gaul to the Danube lands.»

158 H.W.S. 1950, 91 f. Die Ausrichtung auf ein breiteres Publikum des Periodikums zeigt sich an der Bemerkung H.W.S.', «that the Romans did not greatly appreciate mountain scenery and were not attracted by winter sports».

schen und archäologischen Beschreibung eines bestimmten Gebiets in römischer Zeit auch schon früher zufriedenstellend gelöst worden sei, aber nie besser als bei Staehelin: «In its completeness, in its arrangement, in its scholarly character, and in its illustrations, Dr. Stähelin's book is a model of its kind.»[159]

159 Collingwood 1928, 241.

10 Zentrale Konzepte der *Schweiz in römischer Zeit*

10.1 Geschichte und Kultur

«Ich will zufrieden sein», so schreibt Felix Staehelin im Vorwort der SRZ, «wenn es mir gelungen ist, dem Leser ein zutreffendes Bild vom Verlauf der Dinge und einen nachhaltigen Eindruck von der Lebensfülle der römischen Kultur der Schweiz zu vermitteln.»[1] Dieser doppelten Zielsetzung, die einerseits den «Verlauf der Dinge» und andererseits die «Lebensfülle der römischen Kultur» in den Fokus nimmt, entspricht die Doppelung des Hauptteils der SRZ. «Geschichte» und «Kultur»: Dies sind die grundlegenden Konzepte,[2] welche die Anordnung der historischen Elemente der römischen Schweiz bestimmen und damit die Darstellung strukturieren. Wie diese Konzepte in Bezug auf die Logik der historischen Konstruktion konkret funktionieren, wurde in Kapitel 8 analysiert. Hier ist nun nach dem Bedeutungsinhalt dieser strukturierenden Kategorien, ihrer Signifikanz im wissenschaftlichen Diskurs zu fragen; hierbei werden ihr Verhältnis zueinander und die Implikationen ihrer gegenseitigen Abgrenzung geklärt.

Es wurde im Zusammenhang mit der Frage nach Staehelins Umgang mit den Quellen und dessen disziplinären Implikationen gezeigt, dass «Geschichte» für ihn stets zwingend mit schriftlicher Überlieferung, und zwar zumindest mittelbar mit bewusster Tradierung verbunden ist. Wie wir gesehen haben, ist diese Bedingung für seinen Untersuchungsbereich zwar gegeben, aber doch in sehr prekärer Form, weshalb die SRZ eine Ereignisgeschichte beinhaltet, die in der Wahrnehmung ihres Autors nicht im eigentlichen Sinne möglich ist. Hinzu kommt, dass auch die römische Schweiz, deren Geschichte erzählt werden soll, als antike Entität nicht existiert. Zusätzlich zu diesen Vorbehalten zeigt sich jedoch das Konzept der Geschichte in der SRZ noch in einer weiteren Hinsicht als

1 SRZ, VIII.

2 Unter Konzepten werden hier in werkimmanenter Perspektive methodische und weltanschauliche Kategorien verstanden, welche der Darstellung unterliegen und die historische Evidenz organisieren. Sie können ebenfalls als Gegenstände des Diskurses gefasst werden, also als Objekte, die durch regelkonforme Aussagen hervorgebracht werden. Aufzeigen und analysieren lassen sich diese Einheiten anhand ihres sprachlichen Vorkommens, das sich einerseits (explizit) als ihnen direkt zugeordnete Bezeichnung fassen lässt (Geschichte, Kultur, Volk, Okzident etc.), andererseits (implizit) durch Regelmässigkeiten in den sie betreffenden Aussagezusammenhängen.

nicht unangefochten, die – wie das Gebot der Schriftlichkeit – ebenfalls mit dem Bedeutungsinhalt von «Geschichte» selbst zusammenhängt.

Wie Staehelin in seinem Vorwort ausführt, könne von «Schweizergeschichte» in Bezug auf die SRZ nicht nur deshalb keine Rede sein, weil es in der Antike keine Schweiz gegeben habe, wie oben in Kapitel 8 besprochen, sondern zusätzlich noch aus einem weiteren Grund:

> Zweitens kennt dieses Gebiet im Altertum noch keine Geschichte, sofern man darunter eine tätige, schöpferische Mitwirkung und Teilnahme an den Schicksalen der Welt versteht. Von Geschichte kann höchstens gesprochen werden im Sinne eines Erlebens und Erleidens geschichtlicher Vorgänge, die großenteils durch Anstöße von außen bewirkt worden sind.[3]

In dem Buch werde deshalb nicht «Geschichte» behandelt, sondern lediglich das «geschichtliche Leben» der römischen Schweiz. «Geschichtlich» nenne er diese Erscheinungen «vor allem auch, um den Stoff nach oben abzugrenzen, also um den Gegensatz zum *Vorgeschichtlichen* auszudrücken». Auf diesen letzteren Punkt wurde bereits ausführlich eingegangen,[4] zu klären bleibt die konzeptuelle Aussage. Das Kriterium der aktiven Gestaltung der historischen Prozesse, der «schöpferischen Mitwirkung» in der Geschichtskonzeption Staehelins findet ebenso wie die explizite Dekonstruktion des Objekts «römische Schweiz» sein Vorbild in Mommsens Darstellung von 1854. Mommsen schreibt hier:

> Die [...] Epoche der römischen Herrschaft ist zwar geschichtlich wohlbekannt;[5] allein von einer Geschichte der Schweiz oder auch nur der schweizerischen Völkerschaften kann desshalb nicht die Rede sein, weil die volle und ununterbrochene politische, religiöse und sociale Abhängigkeit derselben von der römischen Nation die Eingebornen zum zweiten Mal unmündig machte. Nur ein Volk, das über sich selbst bestimmt, hat Geschichte, und in jener Zeit bestimmte Rom nicht bloss die Handlungen, sondern auch den Glauben und die Gedanken seiner Unterthanen.[6]

In dieser Lesart bleibt eine Geschichte der römischen Schweiz nicht nur ohne *Schweiz* – sondern ebenfalls ohne *Geschichte.* Mommsen definiert folglich als Ziel seiner Behandlung, «nicht die Geschichte, die es nicht gab, sondern die Zu-

---

3 SRZ, 3.

4 Vgl. Kapitel 9.3.

5 Im Gegensatz dazu sei «die älteste keltische Periode [...] geschichtlich verschollen». Mommsen integriert anders als nach ihm Staehelin die Zeit vor der römischen Herrschaft über das Gebiet der Schweiz nicht in seine Darstellung.

6 Mommsen 1854a, 3. Vgl. zu Mommsens Konzepten von Nation und zivilisatorischer Überlegenheit in der Antike: Rebenich 2008. Zu seiner Auffassung von Geschichtsschreibung und Geschichtswissenschaft vgl. Rebenich 2002, 85–98, 128–131.

stände unsers Landes in römischer Zeit darzustellen».[7] Wenn die entsprechende Konzeptualisierung bei Mommsen also dazu führt, dass er in seiner Darstellung tatsächlich auf eine narrative Geschichte verzichtet, so benötigt andererseits Staehelin, der im Gegensatz dazu eine solche in die SRZ integriert, eine konzeptuelle Möglichkeit, ein solches Vorgehen trotzdem zu legitimieren. Er löst das Problem, wie obenstehendes Zitat zeigt, explizit dadurch, dass er betont, keine Geschichte zu schreiben, sondern lediglich das «geschichtliche Leben», verstanden als Teilhabe an historischen Entwicklungen, deren Agens ausserhalb liegt. Dies gilt zumindest für das programmatische Vorwort; in der Darstellung selbst schreibt er im ersten Teil letztlich genau das, was dessen Titel impliziert: eine Geschichte.[8] Diskutiert wird dieser konzeptuelle Ausweg Staehelins, der sich der vorgefundenen diskursiven Gestalt des Geschichtskonzepts beugt, sie gleichzeitig aber gewissermassen umgeht, von Koepp. Wie er in seiner Besprechung festhält, gälten «die Gründe, aus denen Mommsen es ablehnte, eine ‹*Geschichte*› der Schweiz in römischer Zeit zu schreiben, [...] heute so gut wie damals».[9] Entsprechend sieht er die Problematik in Staehelins Herangehensweise: «‹Die Geschichte› nennt der Verfasser den ersten Teil seines Werkes. Setzt er sich damit nicht in Widerspruch zu Mommsen [...]?»[10] Mit Blick auf die jüngste deutsche Vergangenheit und die damit verbundenen Demütigungs- und Ohnmachtserfahrungen relativiert er sodann das Postulat Mommsens: «Ich will mich nicht darauf berufen, daß die Geltung des letzten, des begründenden Satzes nicht unanfechtbar scheint – würden wir doch bei ihrer unbedingten Anerkennung auch in der neuesten ‹Geschichte› unseres eigenen Volkes eine Lücke entstehen sehen: wir wissen es: Geschichte kann auch *Leiden* sein.» Vor allem aber sieht er in Staehelins Lösung der bloss mittelbaren Geschichte tatsächlich die Vermeidung eines Widerspruchs zu Mommsen: «Aber was hier ‹Geschichte› genannt wird, ist auch gar nicht eigentlich die Geschichte der Schweiz, sondern allgemeine Geschichte, in die das Schicksal der Landschaften, die wir heute Schweiz nennen, verflochten ist.»[11]

Das Konzept einer uneigentlichen Geschichte des «Erlebens und Erleidens» bei Staehelin ist jedoch keineswegs lediglich als eine reine Behelfsmassnahme zu sehen, um den diskursiven Konflikt zu umgehen und seine «Geschichte ohne Ge-

7 Mommsen 1854a, 4. Namentlich meint Mommsen mit den «Zuständen»: «die Reichs- und Gemeindeverfassung, die Nationalitäts- und Verkehrsverhältnisse, überhaupt die Besonderheiten, die innerhalb der grossen und gewaltsam nivellirenden Römerherrschaft unsern Districten zukamen».

8 Wir sehen hierbei in gewisser Weise dieselbe Situation wie in Bezug auf die im Grunde nicht ausreichende Quellenlage, wo Staehelin ebenfalls – zumindest in der Vorlesung – explizit die Unmöglichkeit einer Ereignisgeschichte der römischen Schweiz betont und sie aber dennoch schreibt.

9 Koepp 1928, 353.

10 Koepp 1928, 355.

11 Koepp 1928, 355. Es folgt das hier diskutierte Zitat Staehelins SRZ, 3.

schichte» schreiben zu können. Vielmehr ist in dieser Lösung ebenfalls ein weiterer Reflex von Staehelins Blick auf die römische Schweiz zu erkennen: die Perspektive von aussen, von der klassischen Kultur und antiken Geschichte, von Rom her. Sie zeigt sich in diesem Sinn als konsequente Weiterführung der Stossrichtung gegen eine gewissermassen autochthonistische Betrachtungsweise der römischen Schweiz.[12]

Soweit Staehelin in seiner Auffassung des Konzepts «Geschichte» und des heteronomen Charakters der römischen Schweiz dem Vorbild Mommsens folgt, so ist bei ihm allerdings dennoch nirgends dessen Postulat einer «vollen und ununterbrochenen politischen, religiösen und socialen Abhängigkeit» der Bewohner der römischen Schweiz zu lesen, zeigt er doch in seiner Behandlung selbst die fortdauernde Bedeutung auch autochthoner Elemente und zeichnet die entsprechenden Entwicklungen trotz klarer Hierarchisierung in einer grösseren Komplexität.[13]

Mit seiner definitorischen Arbeit an dem Geschichtskonzept und durch seine Methode der vollkommenen Ausnutzung der verfügbaren Evidenz stellt Staehelin die Möglichkeit einer Ereignisgeschichte der römischen Schweiz her, eines narrativen, diachronisch aufgebauten ersten Teils, den er einem synchronischen zweiten Teil voranstellt. Eine systematische, nicht chronologisch strukturierte Betrachtung der römischen Schweiz, wie auch Mommsen sie an Stelle einer fortlaufenden Narration vornimmt, ist demnach in Form des zweiten Teils immer noch vorhanden, jetzt aber komplettiert durch eine «Geschichte». Entsprechend definiert Staehelin zu Beginn des ersten Teils: «Den Gegenstand dieses Buches bilden das geschichtliche Leben und die Zustände unseres Landes in römischer Zeit.»[14] Zu den «Zuständen», die es bei Mommsen bereits gab, tritt nun als erster Teil das «geschichtliche Leben». Doch der Gleichklang täuscht: Das Verhältnis von Staehelins «Geschichte und Kultur» zu Mommsens «Zuständen» ist nicht so klar, wie diese Ausdrucksweise suggerieren könnte. Bereits aus der Art der Themen und der berücksichtigten Quellen wird deutlich, dass es sich nicht so verhält, dass Mommsens systematische Themen nun in Staehelins synchronischem Kulturteil aufgegangen wären und die Ereignisgeschichte ergänzend hinzukäme, dass also der zweite Teil Staehelins thematisch der Darstellung Mommsen entspräche. Die Ereignisgeschichte fehlt bei Mommsen, aber dessen «Zustände»

12 Hier ist eine aufschlussreiche Parallele zu Staehelins Behandlung der kleinasiatischen Galater und den diskursiven Zugängen der zeitgenössischen Altertumswissenschaft zu diesem Thema zu ziehen, die umso deutlicher werden im Wortlaut der Rezension der Dissertation durch Fabricius 1898, 1530: «Die kleinasiatischen Galater haben eben im eigentlichen Sinne des Wortes keine Geschichte gehabt, und weitaus das Meiste, was wir über ihre Thaten oder vielmehr Unthaten und Geschicke erfahren, ist lediglich im Zusammenhang mit der Geschichte anderer Völker oder Staaten überliefert.»

13 Vgl. Kapitel 10.2.

14 SRZ, 3; SRZ^2, 3; SRZ^3, 3.

umfassen nicht das, was Staehelin aus seiner Ereignisgeschichte ausgliedert: Mommsens «Zustände» sind nicht Staehelins «Kultur». Die systematischen Themen Mommsens, betitelt nach Walser,[15] sind die «Zivilverwaltung», die «Grenzsicherung», die «Nationalitäten», die «Gemeindeverfassungen» sowie «Verkehr und Handel». Bei einem Vergleich mit Staehelins Anordnung der historischen Elemente auf seine zwei Teile zeigt sich, dass von sämtlichen Themenkomplexen Mommsens lediglich «Verkehr und Handel» in den «Kultur»-Teil der SRZ gehören, der gesamte Rest ist bei Staehelin der Ereignisgeschichte eingegliedert. Obwohl, wie oben vorläufig festgehalten, der erste und der zweite Teil der SRZ sich grundsätzlich darin unterscheiden, dass der eine diachronisch und der andere synchronisch organisiert ist, kann das gegenseitige Verhältnis der beiden Teile dadurch letztlich nicht erklärt werden. Dies wird nun hier deutlich durch die Tatsache, dass der grösste Teil der synchronisch behandelten Themen Mommsens sich in dem diachronischen Teil Staehelins wiederfinden. Die in Kapitel 8.3 behandelte Tatsache, dass der «Kultur»-Teil in der Vorlesung noch in die Ereignisgeschichte integriert war, kann weder dessen Herauslösung noch die entsprechenden Konzepte erklären. Das Verhältnis zwischen «Geschichte» und «Kultur» ist komplexer und muss in einem breiteren Kontext gesehen werden. Hierfür ist es in erster Linie notwendig, neben einer Betrachtung des Geschichtskonzepts der SRZ ebenfalls danach zu fragen, wie das Konzept von Kultur bzw. von deren historiographischer Behandlung bei Staehelin beschaffen ist.

In der Phase der entscheidenden Prägung von Staehelins Habitus, der Formierung des Wissenschaftlers Felix Staehelin, ist die Präsenz von Konzepten der Kultur und der Kulturgeschichte in seiner Nähe nicht zu übersehen. Die frühe Beschäftigung hiermit ist in Staehelins Teilnahme an der Vorlesung zur «griechischen Kulturgeschichte» von Ferdinand Dümmler zu sehen, sowie in der Auseinandersetzung mit Jacob Burckhardts *Griechischer Kulturgeschichte*. Dümmler, dessen wissenschaftliche Arbeit im Allgemeinen stark von einem archäologischen, kunsthistorisch geprägten Zugriff auf die Antike geprägt ist, betont in seiner Vorlesung einerseits den Gegensatz der Kulturgeschichte – verstanden als übergreifende Perspektive – zu den altertumswissenschaftlichen Einzeldisziplinen[16] und zweitens einen konzeptuellen Unterschied von «Kultur» und «Kulturgeschichte». Seine Auffassung von Kulturgeschichte schliesst die politischen Verhältnisse nicht aus, aber betrachtet sie im Zusammenspiel mit Wirtschaft, Dichtung, Philosophie und bildender Kunst. Der Unterschied liegt hier nicht nur in den behandelten Gegenständen als vielmehr in dem spezifischen synthetischen Blick auf diese Gegenstände: «Sie [= die Kulturgeschichte] fragt auch noch: Was geschieht? Und: wozu?, was jene [= die

15 Vgl. Walser 1966.

16 Vgl. zu dem grossen Bedeutungsspektrum, das der Begriff «Kulturgeschichte» umfasste: Nippel 2013, 140.

einzelnen Disziplinen] über dem ‹Wie?› leider jetzt oft vergessen.» Und: «Die Kulturgeschichte muss von bestimmten Gesichtspunkten ausgehen, aber sie muss den Einzelnen [Disziplinen] die Wege weisen».[17] Die politische Geschichte ist in diesem Verständnis die Geschichte einzelner politischer Gemeinwesen, während die Kulturgeschichte das Politische im Rahmen der kulturellen Phänomene mitbetrachtet: «So gibt es also keine politische griechische Geschichte, aber seit Homer eine griechische Gesamtkulturentwicklung.»[18] Der Unterschied zwischen «Kultur» und «Kulturgeschichte» liegt nach Dümmler darin, dass Letztere eine Entwicklungsperspektive verlangt, also eine «Geschichte», verstanden als sinnvolle Abfolge beschreibbarer Veränderungen: «Die Griechen sind nicht das erste Volk, das eine Kultur hat, aber das erste, das eine Kulturgeschichte hat. Der Orient hat eine stabile Massenkultur, die ohne Rücksicht auf die Entwicklung dargestellt werden kann.»[19]

Diese Auffassungen bilden einen wichtigen Hintergrund für Staehelins Verständnis der entsprechenden Kategorien. Sie zeigen jedoch auch und gerade, falls sie gelten sollen, dass ein unmittelbarer Anschluss des «Kultur»-Teils der SRZ an eine so verstandene Kulturgeschichte nicht möglich war. Wenn also Dümmler einen konzeptuellen Rahmen entsprechender Kategorien, aber kein Modell für die SRZ bieten kann, so gilt dies ebenfalls für die ungleich wirkungsmächtigeren Konzeptionen von Jacob Burckhardt.

Es wurde im ersten Teil dieser Untersuchung gezeigt, dass die Auseinandersetzung mit dem Leben und Werk Jacob Burckhardts in diversen Formen Staehelins gesamten Lebensweg prägte. Von dem persönlichen Kontakt in der Jugendzeit, der Begleitung des Studiums, der Würdigung im Nekrolog, der Mitarbeit und publizistischen Begleitung der Oeri'schen Ausgabe der *Kulturgeschichte,* der Funktion in der Jacob-Burckhardt-Stiftung über die herausgeberische Tätigkeit für die Gesamtausgabe bis zu den späten Beiträgen bildet das Vermächtnis Burckhardts ein Leitmotiv von Staehelins Biographie. So unabhängig sich Staehelin in seinen Urteilen gegenüber Burckhardt auch zeigte, bilden doch grundlegende die Geschichte betreffende Auffassungen Burckhardts für sein Denken einen wichtigen Bezugspunkt. Mit Blick auf den historiographischen Umgang mit dem Konzept der Kultur wird dies in der SRZ deutlich an zwei prominent plat-

17 Vorlesungsmitschrift Staehelin: Dümmler, Griechische Kulturgeschichte, UB Basel NL 72 I: 39.

18 Die Mitberücksichtigung des Politischen in der Kulturgeschichte wird nicht aus programmatischen Aussagen Dümmlers geschlossen, sondern folgt aus Verlauf, Themensetzung und Inhalt der Vorlesung.

19 Dümmlers Vorlesung wimmelt von solchen schroffen und apodiktischen Urteilen, wie sie in dieser Abfertigung der «orientalischen Kultur» zum Ausdruck kommen und die im Einzelnen häufig auch nach seinen eigenen Prämissen schlecht begründet erscheinen. Ins Positive gewendet entspricht dies einem «weiten Horizont und kühnen Geist». So charakterisierte Staehelin als Student gegenüber Jacob Burckhardt die Gemeinsamkeiten, die Diels und Dümmler teilten. Staehelin an Burckhardt, 24.5.1895, StABS, PA 207, 52 S41. Vgl. Kapitel 2.3.

zierten programmatischen Zitaten ersichtlich. In einem Satz am Beginn des «Kultur»-Teils zitiert Staehelin Burckhardts Rede von der durch die klassische Kultur gesicherten «Kontinuität der Bildung».[20] Und in der zweiten und dritten Auflage der SRZ ist dem gesamten Teil ein längeres Zitat aus den *Historischen Fragmenten* als Motto vorangestellt, in welchem die Rolle der universalen römischen Welt als Voraussetzung «unseres Denkens» und Bedingung der «okzidentalen Kultur» betont wird, durch welche die «antike Gesamtkultur in die unsrige übergegangen ist».[21] Mit diesen Gedanken in engem Zusammenhang stehen Staehelins Konzepte der kontinuierlichen Bedeutung der römischen Schweiz, die an verschiedenen Stellen der SRZ deutlich werden, und auf die in Kapitel 10.2 zurückzukommen sein wird. Für Konzepte von Kultur und Kontinuität im Allgemeinen ist also der Einfluss Burckhardts auf Staehelins Auffassung der römischen Schweiz und ihrer Bedeutung beträchtlich.[22]

Dagegen war – wie schon für Dümmlers Konzeptionen festgestellt – an eine konkrete Übernahme des Modells *Griechische Kulturgeschichte* für den zweiten Teil der SRZ nicht zu denken.[23] Staehelin schreibt für die römische Schweiz keine Kulturgeschichte Burckhardt'scher Prägung. Eine solche kann es nach Staehelin gar nicht geben. Ebenso wie die römische Schweiz «Geschichte» nach Staehelin bloss im Sinn eines «Miterlebens» der Geschichte des Altertums hat, so weist sie ebenfalls nur mittelbar eine eigene Kultur auf. Auch hier wird die Schweiz in der SRZ stets aus der Perspektive Roms betrachtet. Kultur der römischen Schweiz heisst: Teilhabe an der römischen Kultur. Wie in obenstehendem Zitat ausgedrückt, geht es nicht um eine Kultur der Schweiz, sondern um die «Lebensfülle der römischen Kultur der Schweiz». Mehr noch, wie Staehelin im Vorwort weiter ausführt, haben wir es hier mit einem «provinzialen und recht getrübten Abglanz,» der «Herrlichkeit» der römischen Kultur zu tun.[24] Hierbei

---

20 SRZ, 297; SRZ^2, 321; SRZ^3, 337. Nach dem Wortlaut in den *Weltgeschichtlichen Betrachtungen*: «Ohne die römische Weltmonarchie hätte es keine Kontinuität der Bildung gegeben.» Burckhardt 1929b, 67.

21 «Rom ist an allen Enden die bewußte oder stillschweigende Voraussetzung unseres Anschauens und Denkens; denn wenn wir jetzt in den wesentlichsten geistigen Dingen nicht mehr dem einzelnen Volk oder Land, sondern der okzidentalen Kultur angehören, so ist dies eine Folge davon, daß einst die Welt römisch, universal war und daß diese antike Gesamtkultur in die unsrige übergegangen ist.» SRZ^2, 319; SRZ^3, 336. Vgl. *Historische Fragmente* 9, Burckhardt 1929b, 234.

22 Vgl. zur zeitgenössischen Jacob-Burckhardt-Rezeption: Rebenich 2018. Jacob Burckhardt steht auch hier bei Staehelin als ein Denker, der, wie es Christian Simon für Emil Dürrs Verständnis von Burckhardt ausgedrückt hat, «auf die ideale geistige Welt, Humanität und Idealität, auf die Bildung Alteuropas abzielte» (Simon 2013, 75).

23 Bezeichnenderweise stammen die erwähnten Zitate aus den *Weltgeschichtlichen Betrachtungen* und den *Historischen Fragmenten*, nicht aus der *Kulturgeschichte*.

24 SRZ, VIII; SRZ^2, VIII; SRZ^3, VIII.

bezeichnet Provinzialisierung in einer diachronischen Perspektive ebenfalls einen Aspekt in Staehelins Dekadenznarrativ eines fortschreitenden Kulturverlustes. So «vereinigte» seit der *Constitutio Antoniniana* «ein gleiches, provinzialisiertes und auch reichlich barbarisiertes Niveau alles, was den Römernamen führte».[25] Die römische Schweiz hat also nur in einer sekundären, abhängigen Art «Kultur», und entsprechend liegt denn die explizite Zielsetzung des zweiten Teils der SRZ darin, die Auswirkungen der «Romanisierung des Okzidents» anhand eines kleinen Teilgebietes des Reiches aufzuzeigen.[26]

Es ist an dieser Stelle zu betonen, dass dem autochthonen Element in Staehelins Verständnis hierbei nicht die Rolle eines zu füllenden Gefässes, eines passiven Empfängers zukommt. Ja, es ist nicht einmal als zu Verdrängendes oder Abzulösendes konzeptualisiert. Das einheimische Element ist zwar inferior und wird von der klassischen Kultur erobert und erhoben, aber es trägt doch auch Eigenes zu der neuen Kultur der römischen Schweiz bei: Die römische Kultur, als die «überlegene Kultur des herrschenden Volkes», muss «ihr Ringen und ihren Ausgleich mit den im Land selbst erwachsenen Formen zu Ende führ[en]».[27] Sowohl die klare Hierarchisierung, die Konfrontation, aber auch die letztlich geglückte Kultursynthese sind in dieser Formulierung ausgedrückt. Das «Fortleben» autochthoner Elemente wird an diversen Stellen der SRZ betont, sehr häufig anzutreffen ist das Bild, dass «unter» oder «hinter» dem Römischen, «aller äußeren Romanisierung zum Trotz»,[28] das Keltische sichtbar bleibe. «Der gallische Untergrund blickt [...] durch.»[29] Besonders wichtig für Staehelins gegenüber Mommsen in diesem Punkt viel differenziertere Auffassung sind seine intensiven Studien zur Religion der römischen Schweiz, wo sich Transfer- und Transformationsprozesse abzeichnen und die Bedeutung der vorrömischen Elemente offensichtlich wird.[30]

Trotz dieser Berücksichtigung autochthoner Elemente[31] kann hier nach Staehelin nicht die Geschichte einer Kultur geschrieben werden, sondern es ist lediglich aufzuzeigen, wie sich die römische Kultur in dem vorgegebenen Raum in Auseinandersetzung mit dem Bestehenden durchsetzt. Zusätzlich kann es sich hier nicht um Kulturgeschichte im Sinn Dümmlers handeln, da diese die Erzählung einer

25 SRZ, 229; SRZ^2, 249; SRZ^3, 257.

26 SRZ, 297; SRZ^2, 321; SRZ^3, 337. Die «Romanisierung des Okzidents» nennt Staehelin mit Berufung auf Mommsen das «weltgeschichtliche Werk der Kaiserzeit». Vgl. Mommsen, RG V, 62 (Mommsen 2010, Bd. II, Bd. 8, 69). Das Zitat steht in unmittelbarer Nachbarschaft zu den programmatischen Verweisen auf Jacob Burckhardt. So stehen Burckhardt und Mommsen direkt beieinander am Beginn des «Kultur»-Teils der SRZ.

27 SRZ, 297; SRZ^2, 321; SRZ^3, 337.

28 SRZ, 437; SRZ^2, 476; SRZ^3, 510.

29 SRZ, 424; SRZ^2, 462; SRZ^3, 494.

30 Vgl. zu den angesprochenen Transformationsprozessen: Spickermann 2018.

31 Dass Staehelin stärker als Mommsen das keltische Element berücksichtigt, hat etwa auch Furger festgestellt. Furger 2001, 161.

Entwicklung beinhaltet. Staehelins «Kultur»-Teil der SRZ zeigt zwar in Einzelkapiteln eine solche auf – im eigentlichen Sinn allerdings nur in demjenigen zur Religion –, grundsätzlich ist der Teil aber eben synchronisch, systematisch angeordnet. Er bildete ja, wie in Kapitel 8.3 gezeigt, in der Vorlesung ursprünglich einen Einschub in die Ereignisgeschichte. Es ist weiter eine «irgendwie umfassende und ins Innere dringende Schilderung»[32] der Kultur, wie Staehelin ausführt, schon allein aufgrund der Quellenlage nicht möglich. Aus allen diesen Gründen ist von einer eigentlichen «Kulturgeschichte» in der SRZ nie die Rede.

Es wird weiter deutlich, dass hier nicht nach einem Burckhardt'schen Modell zu schreiben versucht wird, wenn man die Zuordnung der historischen Elemente in Betracht zieht. Burckhardt, der selbst auf die Vieldeutigkeit des Begriffs der Kulturgeschichte hingewiesen hat,[33] ist in seiner Zuordnung schwankend. Einerseits schliesst die «Kultur» in seinen Behandlungen den Staat und das Politische ein, andererseits stellt er sie in seiner expliziten theoretischen Erläuterung dem Staat und der Religion gegenüber.[34] Bei Staehelins SRZ ist nun aber weder das eine noch das andere der Fall. Die staatlichen Verhältnisse, alles Politische und Militärische werden aus dem «Kultur»-Teil herausgehalten und gehören zur Ereignisgeschichte. Andererseits ist die Religion, die in dem am besten ausgearbeiteten Kapitel behandelt wird, nicht nur Bestandteil, sondern Kulminationspunkt der Kultur. Der zweite Teil der SRZ passt also weder in eine explizite noch in eine implizite Burckhardt'sche Definition von Kultur. Für die Interpretation von Staehelins kulturgeschichtlicher Arbeit, die er in der SRZ leistet, ist aber Jacob Burckhardt dennoch in einer weiteren Weise wichtig, die in dem grösseren Zusammenhang der wissenschaftlichen Diskurse zu erkennen ist.

Eine Unterteilung der Vorgehensweise anhand der Achsen diachronisch – synchronisch, wie sie Staehelin in der SRZ vornimmt, war in den Altertumswissenschaften des 19. Jahrhunderts diskursiv vorgeformt durch die unterschiedenen Konzepte der «Geschichte» und der «Altertümer». Während unter Geschichte die Erzählung ereignisgeschichtlicher Abfolgen und Entwicklungen in literarischem Stil verstanden wurde, bestanden die «Altertümer» aus materiallastigen Behandlungen der Zustände auf den diversen Gebieten von Politik, Recht, Religion, Militär sowie «Sitten und Gewohnheiten».[35] Dass Staehelins Einteilung

32 SRZ, 428; SRZ², 466; SRZ³, 499.

33 Nippel 2013, 140.

34 Nippel 2013, 141.

35 Nach: Nippel 2013, 135, vgl. auch die Herausarbeitung der grossen Linien bei Alfred Heuss: «Zur humanistischen gelehrten Tradition [...] gehören nicht nur Textstudium und Textedition, sondern ebenso Handbücher, die einem das Verständnis erleichtern, sog. ‹Altertümer›, auf Grund des lateinischen Ausdrucks ‹antiquitates›. In der Geburtsstunde der modernen Klassischen Philologie, also in Deutschland, wurde diese inzwischen eigeschlafene Tradition erneuert, und zwar unter Einsatz frischer Kräfte, welche weit größere Möglichkeiten in sich bargen». Heuss 1989a, 1954.

der SRZ mit einem solchen Konzept auf eine zumindest mittelbare Weise in einer Verbindung steht, wird direkt deutlich, wenn man sich seine Formulierung vergegenwärtigt, wonach einerseits «das geschichtliche Leben» und andererseits «die Zustände unseres Landes» in römischer Zeit behandelt würden. Staehelins Habitus als Wissenschaftler wurde in einem Umfeld geformt, in dem das Konzept der Altertümer noch höchst präsent war. Die Kategorie der Altertümer ist dem Thema vorliegender Untersuchung weiter auf eine ganz konkrete Weise nah: Otto Schulthess, der einzige echte weitere Prätendent auf die Gesamtdarstellung der römischen Schweiz in den 1920er Jahren, steht mit seinem Forscherprofil für eben dieses Konzept altertumswissenschaftlichen Arbeitens, wie im ersten Teil dieser Untersuchung gezeigt wurde. Wie aus Beurteilungen Schulthess' u. a. durch Wilamowitz hervorgeht, galt den Spitzen der Forschung die entsprechende Methodik von Schulthess' Arbeiten aber bereits in der Zeit von seiner Etablierung an der Universität als veraltet.[36] Die Zeit der Altertümer neigte sich dem Ende zu.[37]

Wie Wilfried Nippel gezeigt hat, war es nun das Konzept der Kulturgeschichte, das im althistorischen Diskurs in gewisser Weise die Nachfolge der «Altertümer» antrat, und es war die Arbeit Jacob Burckhardts, die hierbei einen wesentlichen Einschnitt darstellt.[38] Nippel verweist auf eine Definition von «Kulturgeschichte» bei Jacob Burckhardt, die dieses Verhältnis der Konzepte schlaglichtartig beleuchtet: «Die Kulturgeschichte ist die Geschichte der Welt in ihren Zuständen, während man mit Geschichte im Allgemeinen den Verlauf der Ereignisse und ihren Zusammenhang bezeichnet.»[39] Die Behandlung der Zustände erfolgte nun unter neuen historischen methodischen Vorzeichen. Auch hier wurden nun nicht mehr Materialsammlungen angestrebt, sondern historische

36 Wilamowitz schreibt zu Schulthess' Arbeiten auf dem Gebiet der Altertümer: «Das ist subjectiv sehr anerkennenswerth und für die Sache nützlich, obwohl starke Fortschritte, seit es eine Philologie giebt, durch diesen Betrieb der ‹Antiquitäten› nicht gewonnen worden sind: das geschieht entweder durch spezifisch historische oder durch spezifisch juristische Forschung, am besten durch beides; siehe Mommsen.» StABS CC16 Abschrift Brief Wilamowitz 1896 zu Nachfolge Dümmler: Beurteilung Otto Schulthess. Vgl. zur Kritik an den Altertümern auch: Nippel 2013, 137.

37 Vgl. auch Heuss 1989a, 1956, der davon spricht, dass der Begriff der Altertümer im Verlauf des 19. Jahrhunderts «immer mehr ein verstaubtes Ansehen gewann». Von einem älteren Philologen wie Jacob Wackernagel konnte aber der Althistoriker Staehelin noch 1921 als «unser [...] Vertreter der Epigraphik und der Altertümer» bezeichnet werden. Wackernagel an Staehelin, 1.12.1921, UB Basel NL 72: 645.

38 Nippel 2013.

39 Nippel 2013, 140 f. Zum Originalzitat vgl. Kaegi 1947–1982, Bd. 3 (1956), 693.

Durchgestaltung des Themas.[40] Es ist also auch in der Nachfolge Burckhardts zu sehen, dass Staehelin seine «Zustände» in einen Teil auslagert, den er «Kultur» nennt. Er vollzieht hier die skizzierte Entwicklung innerhalb der Altertumswissenschaften nach. Neben der Ereignisgeschichte will er nach seinen eigenen Worten Zustände darstellen, und die Darstellung von Geschichte in Zuständen ist nun nach Burckhardts Definition Kulturgeschichte. Wenn also auch hier von einem fundamentalen Einfluss Burckhardts auf Staehelin auszugehen ist, so sind entsprechende Reflexionen anderer chronologisch noch näher an der SRZ. Zu beachten ist hier etwa Walter Otto, der mit Staehelin in persönlichem Kontakt stand. Staehelin rezensierte 1925 Ottos *Kulturgeschichte des Altertums.*[41] In dem Werk legt Otto seine Haltung in der Frage dar:

> Sehr groß ist die Gefahr, daß an die Stelle der Kulturgeschichte antiquarische Aneinanderreihung von Tatsachen, sogar von Belanglosigkeiten tritt. Für die Kulturgeschichte des Altertums ist dies sogar in besonderem Maße der Fall. Die früher in der Altertumsforschung so beliebte Gattung der Antiquitäten hat hier sehr verderblich gewirkt und wirkt noch nach.[42]

Es zeigt sich in dem Umgang mit der Kultur-Kategorie erneut Staehelins modernes wissenschaftliches Profil als in gewisser Weise «erster Schweizer Althistoriker». Während Schulthess seine Altertümer als philologische Realien versteht, ist Staehelin von Beginn weg Historiker und nicht Philologe und bewegt sich auf der Höhe der althistorischen Diskurse. Er setzt nun in der historischen Gestaltung einer synchronen Darstellung der «Kulturerscheinungen» nicht auf ein Konzept von Altertümern, Materialsammlungen etc., sondern von Kulturgeschichte, selbst wenn er seine entsprechende Arbeit in der SRZ aus oben herausgearbeiteten Gründen nicht so nennt. (Der Ausdruck «Kulturgeschichte» kommt aber bei Staehelin im Zusammenhang mit der römischen Schweiz trotzdem gelegentlich vor.)[43]

Hier erscheint nun auch die in Kapitel 9.3 im Zusammenhang mit der Frage der Bedeutung der archäologischen Evidenz zitierte Antwort an Tschumi in neuem Licht, wo Staehelin betont, sein Interesse an der römischen Schweiz sei «vorwiegend historisch, nicht antiquarisch».[44] Wie wir nun deutlicher sehen, bezieht sich dies nicht alleine darauf, dass er in der SRZ keinen *archäologischen* Katalog erstellen wollte, sondern dass er überhaupt keinen Katalog, keine antiquarische

---

40 In unterschiedlichem Masse wurde in der Kulturgeschichte anders als in den Altertümern nun ebenfalls das Aufzeigen fortschreitender historischer Entwicklungen verlangt. Deutlich wird dies für Dümmler, vgl. oben. Für Burckhardt vgl. Nippel 2013, 142.

41 BN 1925, Nr. 321, 21./22.11.1925. Otto 1925.

42 Otto 1925, 14 f.

43 Etwa: Staehelin 1943e.

44 Staehelin an Tschumi, 25.1.1928, SLA Otto Tschumi 9.

Präsentation, sondern historische Gestaltung auch in der Darstellung der Zustände anstrebte. Bezeichnend ist, dass er hierbei Jacob Burckhardt zitiert und bemerkt, er wolle den Leser nicht mit dem «Schutt der Forschung» belasten. Genau hierin liegt der Kern der Unterscheidung einer Behandlung von Altertümern und einer Burckhardt'schen Kulturgeschichte.[45]

Otto Schulthess hat diese Implikationen möglicherweise nicht zur Gänze erkannt. In der Antwort auf einen Brief Staehelins schrieb er in Bezug auf ihre jeweiligen Projekte einer Darstellung der römischen Schweiz: «Der Inhalt meines Abschnitts wird von Ihrigem nicht wesentlich verschieden sein, keinesfalls bloß ‹die Altertümer› beschreiben sondern, was ja eben gegenüber den älteren Epochen das Wesentliche ist, die staatlichen Verhältnisse in den Vordergrund rücken.»[46] Schulthess versteht hier offenbar eine Absage Staehelins an eine reine Beschreibung der Altertümer lediglich als auf die Bodenfunde bezogen. Deswegen betont er im Gegensatz dazu die «staatlichen Verhältnisse», die ja gegenüber der Urgeschichte das Wesentliche seien. Es ist nach dem Gesagten aber zu vermuten, dass Staehelin sich hier ebenfalls gegen eine Behandlung der «staatlichen Verhältnisse» im Sinne von «Staatsaltertümern» wendet, die bei Schulthess durchaus zu erwarten gewesen wäre. Vor diesem Hintergrund erscheint ebenfalls Staehelins Integration alles Staatlichen in die Ereignisgeschichte in einem neuen Licht. Die Ausgliederung des Staates, des Rechts und des Militärs aus dem synchronischen Teil und ihre Behandlung im Rahmen der chronologischen Geschichte akzentuiert die Distanz dieses jetzt «Kultur» genannten Teils von einem obsoleten Konzept von Altertümern. In den synchronischen Teil kommen nach dem neueren Konzept nun ausschliesslich die «Kulturerscheinungen», und in beiden Teilen wird die genuin historische Perspektive gewahrt.

Die Unterordnung von Verkehr, Siedlung, Wirtschaft, Bildung und Wissenschaft sowie Religion unter das Konzept der Kultur bei gleichzeitigem Ausschluss alles Politischen hat hierbei gewichtige Folgen für die Darstellung. So bildet etwa das Wirtschaftliche nicht nur keine eigenständige Kategorie und bleibt ein kulturelles Phänomen unter vielen, sondern sie spielt überdies auch gegenüber den übrigen Kultur-Elementen keine herausgehobene Rolle. Bereits in seiner Rezension zu Walter Otto hatte Staehelin eine zu starke Betonung der wirtschaftlichen Aspekte in dessen Auffassung von Kulturgeschichte moniert.[47] Weiter erscheinen Wirtschaft, Gesellschaft und Religion durch die kategorielle Trennung in der SRZ von der politischen und militärischen Geschichte distanziert und weitgehend unverbunden mit entsprechenden Entwicklungen. Auch wenn Staehelin an einigen Stellen auf Interdependenzen verweist – etwa als er auf den Kaiserkult zu sprechen kommt –, so schafft er mit dem zweiten Teil seiner SRZ doch atmo-

45 Vgl. Nippel 2013, 141.

46 Schulthess an Staehelin, 13.4.1925, UB Basel NL 72 VIII: 513. Vgl. Kapitel 4.

47 BN 1925, Nr. 321, 21./22.11.1925

sphärisch eine politikfreie Sphäre der Kultur.[48] Diese Sphäre ist sodann in einer aszendierenden Form gegliedert, von den materiellen Grundlagen über den Handel bis hin zum geistigen Leben und schliesslich zur Religion.

Zusätzlich zu dem bis hier Herausgearbeiteten sind in Bezug auf das Konzept der Kultur in der SRZ noch weitere Aspekte der wissenschaftlichen Diskurse zu berücksichtigten. Staehelins Werk steht durch seine disziplinäre Zwischenposition in einem noch grösseren Spannungsfeld, wozu vor allem auch die provinzialrömische (bzw. «römisch-germanische») Bodenforschung gehört. Wie wir bereits in den Einlassungen etwa Tatarinoffs gesehen haben,[49] wird unter einer Betrachtung von «Kultur» in Kreisen der Bodenforscher auch zu einem grossen Teil die Darstellung und Interpretation der materiellen Überreste verstanden, im Gegensatz zu der Ereignisgeschichte, die aus den schriftlichen Quellen geschrieben wird. Das Kulturkonzept der SRZ ist auch in dieser Hinsicht diskursiv geprägt, entsprechend ist der zweite Teil wie gezeigt stark von den archäologischen Quellen abhängig. Da Staehelins «Kultur»-Teil, obwohl er dadurch auf den ersten Blick so interpretiert werden könnte, dennoch nicht einfach als «archäologischer Teil» charakterisiert werden kann, führte er bei denjenigen, die dies taten, zu den etwas enttäuschten Reaktionen, wie sie in Kapitel 9.3 gezeigt werden.[50] Hierbei spielt wiederum ein antiquarisches Verständnis mit, wie manche Einwände zeigen: Staehelin wird kritisiert, weil er keine Materialsammlung liefert.

In verschiedenen Diskurszusammenhängen existieren zeitgenössisch also schon nur innerhalb der Altertumswissenschaften unterschiedliche Konzepte von Kultur und Kulturgeschichte, die sich nicht auf eine Formel bringen lassen. Die «Kultur» in der SRZ muss als in diesen Diskursräumen stehend gesehen werden, nicht jedoch als Durchschnitt oder Kombination: So wie Staehelins wissenschaftliche Stellung in Bezug auf die römische Schweiz einzigartig war und er zu verschiedenen Wissenschaftsgemeinden in unterschiedlicher Nähe stand und unter seiner Interpretation der Einheit der Altertumswissenschaften seine Alte Geschichte trieb, so ist auch sein Kulturkonzept ohne die verschiedenen präexistenten Konzepte zwar nicht zu denken, wird aber auf eine eigene und eigenständige Art neu gestaltet, in der sich sowohl die herrschenden Diskurse wie auch Staehelins wissenschaftlicher Habitus widerspiegeln.

48 In diesem Zusammenhang sei noch einmal auf die Tatsache verwiesen, dass etwa die gesellschaftliche Stratifizierung im Rahmen der politischen Ereignisgeschichte behandelt wird, während die «Gesellschaft» des «Kultur»-Teils die Aktivitäten des «Öffentlichen Lebens» behandelt. Vgl. Kapitel 8.3.

49 Vgl. Kapitel 9.3.

50 Dass der zweite Teil nicht als der archäologische Teil bezeichnet werden kann, zeigt sich auch daran, dass die Besprechung der Befunde sämtlicher militärischer Bauten nicht dort, sondern im ersten Teil erfolgt. Bezeichnenderweise ist es ein Bodenforscher, Koepp, der vorschlägt, diese Besprechung in den zweiten Teil zu übernehmen (vgl. Kapitel 8.3), was Staehelin nicht tut: Das Militärische gehört nicht zu seinem Konzept der Kultur.

Wie sich festhalten lässt, gehört die «Kultur» Staehelins wie die Ereignisgeschichte ebenfalls in den Bereich der Historie. Unter «Geschichte» fällt also sowohl der so betitelte erste Teil von Staehelins Darstellung als in einem übergeordneten Sinn auch das Gesamtwerk. In diesem letzteren Verständnis sollen zum Abschluss dieses Unterkapitels einige Bemerkungen dazu gemacht werden, wie «Geschichte» in Staehelins SRZ allgemein zu charakterisieren ist.

Es ist bereits aus der bisherigen Untersuchung klar geworden, dass Akribie und eine teilweise geradezu pedantisch anmutende Fokussierung auf Details zu den herausragenden Eigenschaften des historischen Arbeitens (wie auch der gymnasialen und universitären Lehre) Staehelins gehörten. Hiermit korrespondiert die Zielformulierung für die SRZ, ein «zutreffendes Bild» zu schaffen. Das historische Ergebnis muss in erster Linie zutreffend, es muss wahr sein, dies ist Staehelins erste Anforderung an sich selbst. Er zeigt sich in der SRZ, um eine Formulierung Staehelins auf ihn selbst anzuwenden, als ein «Geschichtsforscher, der einfach Tatbestände festzustellen sucht».[51] Bereits während seines Studiums entwickelte Staehelin wie gezeigt keinen Sinn für philosophische Konstruktionen, die grossen geistigen Entwürfe waren nicht seine Sache. Dieser Eigenschaft seines Denkens stand er dabei durchaus affirmativ gegenüber, schon als Student hatte er sich als «philosophisch ungebildeten Kopf» bezeichnet und Paul Burckhardt-Lüscher zitiert ihn mit dem Ausspruch: «Ich bin eben keine philosophische Natur; ich bin Historiker.»[52] Wenn man etwa den – in den Ergebnissen freilich nicht unanfechtbaren – mitreissenden und grossartigen Umgang mit der literarischen Evidenz zum *Bellum Helveticum* bei Täubler betrachtet, so erscheint dagegen der Stil der SRZ trocken und bescheiden auf das Belegbare beschränkt.[53] Staehelin tritt denn in der Regel in der SRZ auch nicht mit origineller oder gar unkonventioneller Thesenbildung hervor.[54] Eine ruhige, «bedächtige» Art des Arbeitens, ein gewisser Pedantismus trifft sich in seinem Habitus mit einer tatsachenorientierten Vorstellung von Geschichte. Insofern ist es nicht erstaunlich,

51 Die Formulierung findet sich in Staehelins Einleitung zu Jacob Burckhardts *Constantin* und betrifft den u. a. von Wilamowitz geäusserten Vorwurf, Burckhardt habe bei der Beurteilung Eusebius' die Regeln des literarischen Genus nicht beachtet. Staehelin verteidigt Burckhardt: «Man könnte hierauf zunächst erwidern, daß es für den Geschichtsforscher, der einfach Tatbestände festzustellen sucht, letzten Endes gleichgültig ist, ob Euseb nur aus heuchlerischer Tendenz […] oder kraft unverbrüchlicher Stilgesetze die Wahrheit entstellt hat.» Staehelin 1929 XVI f.

52 Burckhardt 1953, 11. Vgl. zu der Vorformung dieser Haltung durch Jacob Burckhardt Kapitel 7.4.

53 Vgl. Bosch 1932, 40: «In seinem Bestreben, sich peinlich genau nur an die gesicherten Resultate der Forschung zu halten, geht der Verfasser vielleicht da und dort etwas zu weit.»

54 Dies verhält sich allerdings in den einzelnen historischen Teilkomplexen unterschiedlich. Gerade seine Thesen zur vorrömischen Schweiz, mit denen er polemisch gegen Eduard Norden auftrat, sind deutlich kühner und schärfer gefasst als andere.

wenn Bernhard Wyss bemerkt, Staehelins Art der Geschichtsschreibung sei stark im 19. Jahrhundert verhaftet.[55] Aufgrund seiner detaillierten Behandlung auch nebensächlicher Fragen und der grossen Wichtigkeit des zugehörigen Apparats, in dem er eine gewaltige Materialmenge unterbrachte, mochte Staehelins Darstellung trotz ihrer Überwindung der antiquarischen Methode einer solchen doch noch als verwandt erscheinen – gerade in der Perspektive nicht der Altertumswissenschaftler, sondern der Historiker. Sein Habitus als Wissenschaftler, sein Arbeiten, das auf die Klärung der positiven Tatsachen ausgerichtet ist, entsprach denn auch nicht dem Geschmack der Historie der Zwischenkriegszeit, wie sich etwa in seiner Beurteilung im Hinblick auf die Nachfolge Baumgartners zeigte.[56] Es zeugt von seiner intellektuellen Eigenständigkeit, dass sich Staehelin hier nicht beirren liess. Die Qualität des mit seiner Methode Erreichten sprach für sich, und auch wenn etwas bedauernd auf seine wenig philosophisch-konstruktive Art verwiesen wurde, so wurde ihm doch gleichzeitig die Anerkennung für die genaue und intellektuell unbestechliche Klärung seiner historischen Fragestellungen nie versagt. Da Staehelin seiner Art, Geschichte zu treiben, treu geblieben war, konnte diese nach 1945 in einer erneut veränderten diskursiven Lage als Ausdruck «altbewährter Tradition» von «Sachlichkeit und solider Wissenschaftlichkeit» neue Wertschätzung erfahren.[57]

Wenn also die Charakterisierung des Historikers Staehelin als akribischer Klärer positiver Sachverhalte keineswegs gänzlich verfehlt ist, so ist damit dennoch nur ein Teil seines Zugriffs auf die Geschichte erfasst. Gerade was die SRZ betrifft, sind auch andere Aspekte von Staehelins Geschichtsverständnis zu konstatieren, was in der oben angesprochenen Verwendung der Burckhardt-Zitate anklingt. Neben der Zielsetzung des «zutreffenden Bildes» formulierte er überdies ja auch noch diejenige des «nachhaltigen Eindrucks von der Lebensfülle der römischen Kultur der Schweiz». Zu Staehelins Konzept von Geschichte, zu seiner Perspektive auf die römische Schweiz gehören neben den reinen Sachverhalten ebenfalls weiter gefasste Zusammenhänge, normative Vorstellungen, Ideale und Kontinuitäten. Neben der Schule einer spezialisierten Altertumswissenschaft des späten 19. Jahrhunderts, durch die Staehelins Arbeit massgeblich geprägt ist, finden sich in der SRZ auch der Universalismus und der Zug ins grosse Ganze wieder, den sein frühes Basler Umfeld, allen voran Jacob Burckhardt, verkörperte.[58] Diese Aspekte in Staehelins geschichtlichem Denken, die sinnhafte Signifikanz des Historischen, unterliegen als entsprechende Konzepte Staehelins Auffassung auch der römischen Schweiz, sie zeigen sich jedoch erst deutlich, wenn die SRZ

55 «Als Wissenschaftler wurzelt Staehelin durchaus im Erdreich des 19. Jahrhunderts» (Wyss 1952b, 13).

56 Vgl. Kapitel 6. Zur Geschichtsschreibung der Zwischenkriegszeit in Basel vgl. Simon 2013.

57 Goessler 1950, 30.

58 Vgl. hierzu auch Wyss 1952b, 13.

auch im Kontext ausserwissenschaftlicher Diskurse betrachtet und auf die entsprechenden Konzepte hin befragt wird. Dies soll im folgenden abschliessenden Unterkapitel mit Blick auf die Frage nach Konzepten der Kontinuität im Hinblick auf die historische Selbstverortung und die Bedeutung der römischen für die moderne Schweiz geschehen.

10.2 Konzepte der Kontinuität

«ὣς οὐδὲν γλύκιον ἧς πατρίδος».[59] Dieses Zitat aus Homers *Odyssee,* in welchem die Sehnsucht des Odysseus nach dem heimischen Ithaka ausgedrückt ist, stellt Staehelin dem Vorwort seiner SRZ als Motto voran.[60] Es ist ein Hinweis darauf, dass das Werk und seine strukturierenden Konzepte nicht allein in einem wissenschaftlichen Kontext zu sehen sind, sondern ebenfalls auf ihren Platz in Diskursen der nationalen historischen Selbstverortung hin befragt werden müssen.

Die grosse Rolle, welche die Historie für das Selbstverständnis der schweizerischen Nation in der Moderne spielt, wurde in den letzten Jahrzehnten durch zahlreiche Untersuchungen aufgezeigt und im Einzelnen in Bezug auf diverse Aspekte untersucht.[61] Was die Funktion angeht, die in solchen Diskursen der antiken Schweiz, den Helvetiern und Rom zukam, so ist die Forschungslage gerade für die neuste Geschichte fragmentarisch und die Zusammenhänge sind kaum aufgearbeitet. Aufschlussreiche Beiträge existieren mittlerweile zu den Anfängen der entsprechenden diskursiven Traditionen im Humanismus, die nachzeichnen, wie sich eine Identifizierung der Eidgenossenschaft und ihrer Stände mit den Helvetiern und deren *pagi* vollzogen hat, wie also die gleichsetzende «Helvetierthese» diskursiv wirksam wurde, deren begriffliche Auswirkungen schliesslich in der Zeit der SRZ noch für mancherlei Verwirrung sorgten, wie wir in Kapitel 8.1 gesehen haben.[62] Wenn in der Moderne wie gezeigt ohne genaue Betrachtung der einzelnen Aussagen nie klar wird, ob mit «Helvetia» bzw. «Helvetien» generell die Schweiz gemeint ist, das antike Gebiet der Helvetier, das Gebiet der Schweiz in der Antike oder eine unreflektierte Mischform aus allen diesen Dingen, so sind dies Folgen eines verschlungenen begriffs- und diskursgeschichtlichen Weges, der durch die genannten Beiträge nur in seinen Anfängen historisch wirklich aufgearbeitet ist. Die Geschichte der römischen und vorrömischen Schweiz als dis-

---

59 Hom. Od. 9.34. Vgl. hierzu auch das Zitat aus den *Historien* des Tacitus, welches Staehelin seit der zweiten Auflage dem «Geschichts»-Teil der SRZ als Motto voranstellt: «Octingentorum annorum fortuna disciplinaque compages haec coaluit, quae convelli sine exitio convellentium non potest» (Tac. hist. 4.74). SRZ², 1; SRZ³, 2.

60 SRZ, VII; SRZ², VII; SRZ³, VII.

61 Genannt seien hier: Marchal 2007; Buchbinder 2002.

62 Grundlegend: Maissen 2002. Vgl. weiter die Diskussion des Forschungsstandes in der Einleitung.

kursives Objekt ist über weite Strecken nicht erforscht. Erschwerend kommt hinzu, dass hierbei die Ebene der einzelnen Orte bzw. Kantone und Städte, für die punktuell viele einzelne Beiträge für den Themenbereich vorliegen, aber keine systematischen Geschichten, zu einem diachronen Gesamtbild vereinigt werden müsste. Ein solches Gesamtbild ist ein Forschungsdesiderat. Die chronologischen und geographischen Lücken sind bislang riesig.

Für die neuste Geschichte der Schweiz existieren keine umfangreichen Untersuchungen zu der Diskursgeschichte der Rezeption der römischen Schweiz. In der entsprechenden fach- und forschungsgeschichtlichen Literatur der provinzialrömischen Archäologie findet sich eine Vielzahl wichtiger Beobachtungen, die jedoch oft lediglich in Form knapper Bemerkungen und grundsätzlicher Statements vorgetragen werden.[63] Obwohl wichtige Elemente der Diskursgeschichte beleuchtet wurden, ist es doch wünschenswert, dass das Bild in verschiedener Beziehung schärfer gefasst und auf die Basis eigentlicher historischer Quellenarbeit gestellt wird.

Erstens muss die Geschichte der Rezeption der römischen Schweiz in der Moderne auf eine breitere Basis gestellt werden, um zu wirklich stichhaltigen Aussagen zu gelangen. Hierfür ist die systematische Auswertung sowohl von Publikationen wie auch archivalischer Überlieferung notwendig. Zweitens ist es nötig, dass an einzelnen, klar definierten Stellen angesetzt wird und hier eine Analyse in die Tiefe erfolgt, anstatt der bisher allzu verbreiteten Methode, aus einzelnen Indizien sogleich auf die Breite des Diskurses zu schliessen. Anzuregen ist also eine viel stärker induktiv geführte Auseinandersetzung mit der Rezeptionsgeschichte der römischen Schweiz, die erst für ein breites Bild die Grundlage zu schaffen hat.

In diesem Sinn soll im Folgenden anhand einer Diskussion ausserwissenschaftlich wirksamer Konzepte von Staehelins SRZ ein kleiner Teil zu einer solchen Rezeptionsgeschichte beigetragen werden. Dieser muss in Anbetracht der Forschungslage noch ohne abschliessende Einordnung bleiben. Es soll hier danach gefragt werden, inwiefern Konzepte des Zugriffs Staehelins auf die römische Schweiz mit Fragen der historischen Kontinuität und der Selbstverortung in der Rezeptionsepoche in Verbindung stehen. Um hier nicht ebenfalls pauschal zu werden, ist es zudem nötig, diachron zu differenzieren. Zu beachten ist hierbei, dass die SRZ, wie wir gesehen haben, auch für die dritte Auflage nicht grundsätzlich, sondern nur in der historischen Diskussion einzelner Sachverhalte verändert wurde. Ausserwissenschaftliche diskursive Entwicklungen der 1930er und 1940er Jahre sind also nicht in einem für die hier verfolgten Fragen relevanten Masse eingeflossen, weswegen zur Klärung solcher Einflüsse auf Staehelins Konzeptionen der römischen Schweiz zusätzlich auf weitere Quellen zurückgegriffen werden muss.

63 Vgl. die Diskussion in der Einleitung, Kapitel 1.3.

Fragen wir nach Konzepten der Kontinuität in Staehelins Zugriff auf die römische Schweiz, so kann es nach den bis hierher herausgearbeiteten Ergebnissen der Untersuchung nicht erstaunen, dass lineare Vorstellungen ethnischer Essenz und simplizistische Konzepte diachron unverändert persistierender Völker bei Staehelin nicht anzutreffen sind. In Bezug auf die römische Schweiz sind solche allerdings nicht nur aufgrund von Staehelins methodisch reflektierter Art der Geschichtsschreibung nicht zu erwarten, sondern ebenfalls bereits in Anbetracht der diskursiven Ausgangslage. Es wurde in der Forschung verschiedentlich darauf hingewiesen, dass der Heranziehung der Helvetier und der weiteren antiken Völkerschaften zur nationalen Identifikation in der neusten Geschichte der Schweiz einige Schwierigkeiten entgegenstanden, die ihre entsprechende Rolle stark limitierte.[64] Dies gilt für jegliche entsprechende Inanspruchnahme, gerade aber für Persistenzvorstellungen. Dass es keine direkte ethnische Kontinuität («Abstammung») zwischen der Bevölkerung der antiken und den Bewohnern des grössten Teils der modernen Schweiz gab, war in der Entstehungszeit der SRZ zumindest in der Deutschschweiz Konsens, wie etwa an den entsprechenden Formulierungen in den massgeblichen nationalgeschichtlichen Darstellungen zu zeigen ist.[65]

Der ereignisgeschichtliche Bruch, der für das Gebiet der Schweiz in den ethnogenetischen Prozessen der Spätantike und den damit verbundenen Entwicklungen liegt, musste (als Völkerwanderung verstanden) einer Geschichtswissenschaft, wie sie in der Zeit der Entstehung der SRZ vorlag, die Annahme ethnischer Diskontinuität von der römischen Schweiz zu späteren Epochen nahelegen.

Das Fehlen einer Konstruktion von Abstammung heisst jedoch nicht, dass ethnische Kategorien für Staehelin nicht wichtig gewesen wären. In seinem historischen Arbeiten ist im Gegenteil das Konzept des «Volkes» und der «Völker» von grosser Wichtigkeit. Es zieht sich geradezu leitmotivisch durch einen grossen Teil seines Werkes. Bereits die Dissertation hatte mit den kleinasiatischen Galatern eine ethnische Formation in einem definierten Raum zum Untersuchungsobjekt.[66] Auch der Aufsatz zu den Bastarnern[67] besteht nach Thema und Fragestellung aus der korrekten Zuordnung dieses «Volkes» zu einer grösseren ethnischen Formation (Germanen). Der Aufsatz zu den Philistern widmet sich ebenfalls der Frage nach Herkunft und Charakterisierung eines Volkes und seiner

64 Vgl. Flutsch/Rossi 2002, 13; Kaeser 1998; Kaeser 2014, 31 f. Auch hier sind jedoch viele Aussagen in der Forschungsliteratur noch sehr allgemein gehalten und ein differenzierteres Bild wäre wünschenswert.

65 Hier sei als Beispiel verwiesen auf: Gagliardi 1920, 26, der hiervon – wie Staehelin – die raetischen Gebiete ausnimmt.

66 Staehelin 1897b; Staehelin 1907c.

67 Staehelin 1905a.

Abgrenzung zu den Nachbarvölkern.[68] Auch in seiner wichtigen Arbeit zu den Helvetiern aus dem Jahr 1921 sind Fragen der Abgrenzung und Zugehörigkeit von Gauen, Stämmen, Völkern zentral für die Thesenbildung.[69] Die grosse Bedeutung entsprechender Konzepte wird dadurch noch akzentuiert, dass der in Kapitel 9.3 beschriebene Methodenstreit um die Hierarchisierung der Überlieferungsformen sich an eben jenen Fragen ethnischer Zuordnung entzündete. Und so spielt dieser Fokus auf die Völker ebenfalls in der SRZ eine gewichtige Rolle. Für die vorrömische Schweiz transponierte Staehelin die entsprechenden Thesen seines Helvetier-Aufsatzes von 1921 in das Buch, breit werden ausserdem Herkunft und Verwandtschaft von «Ligurern» und «Raetern», die Ethnizität der Stämme des Wallis und weitere entsprechende Fragen diskutiert. Auch im weiteren Verlauf der Untersuchung diskutiert Staehelin – etwa in Bezug auf die Einwohnerschaft der Kolonien und auf den Prozess der Romanisierung – diverse Fragen der Ethnizität. All dies bleibt jedoch fast ausschliesslich auf die behandelte Epoche beschränkt. Staehelin zieht kaum Schlüsse daraus für das «Schweizer Volk» seiner Zeit.[70] Selbst als er darauf zu sprechen kommt, wo er direkte ethnische (auch helvetische) Kontinuitäten über das Ende der römischen Schweiz hinaus vermutet,[71] nämlich in Raetien, geht er auf Fragen der Abstammung nur nebenbei ein und betont die «Kontinuität der Kultur».

Staehelins Behandlung der Völker der römischen Schweiz, so wichtig sie für die SRZ ist, bleibt also grundsätzlich auf die Antike beschränkt. Aufschlussreich ist allerdings die Darstellung der ethnischen Veränderungen am Ende des Untersuchungszeitraums, als «das Römertum alt und morsch geworden» war und «das Heer, die einzige wirkliche Macht im Staate, [...] völlig barbarisiert».[72]

Was die Burgunder betrifft, so betont Staehelin, dass sie, «je weiter sich ihr Machtbereich äußerlich verbreitete», sich «desto mehr [...] in der einheimischen Bevölkerung verloren» hätten. Er hebt die durch Mischehen und Konversionen

68 Staehelin 1918.

69 Staehelin 1921b.

70 In seinem Vortrag zur vorrömischen Schweiz von 1935, den er vor Bodenforschern hielt, macht Staehelin allerdings die Kontinuität vorrömischer Elemente stärker als in der SRZ: «[...] im Anfang des 2. Jhdts. verließ das lateinsprechende Militär die Schweiz, und was in unserm Lande sesshaft blieb, war eine starke Schicht mehr oder weniger romanisierter provinzialer Zivilbevölkerung, die seit dem 5. Jhdt. nur in der nordöstlichen Schweiz und auch da erst nach und nach, der Germanisierung erlegen ist. Und stets hat das Vorrömische, Einheimische, unter der römischen Tünche fortgelebt, und im Beginn des Mittelalters hat es durch die Berührung mit dem Germanischen mindestens keine Schwächung erlitten.» Staehelin 1935, 368.

71 Staehelin vermutet, dass die Persistenz der römischen Sprache in Graubünden mit Fluchtbewegungen galloromanischer Bevölkerung in dieses Gebiet zusammenhängen könnte. SRZ, 293; SRZ², 317 f.; SRZ³, 333.

72 SRZ, 231; SRZ², 250; SRZ³, 259. Hier im Zusammenhang mit dem sog. Limesfall und den Einbrüchen der Alemannen.

«rasche Verschmelzung» der beiden Volksteile und eine «gründliche Romanisierung dieses germanischen Stammes» hervor und schliesst, neben Resten burgundischer Herrschaft in Form einiger Ortsnamensbildungen hätten sich «gerade in den burgundischen Teilen der Schweiz romanische Sprache und welsches Volkstum ungeschmälert erhalten können».[73] In den nördlichen und östlichen Gebieten der Schweiz, die von den Alemannen besiedelt wurden, habe sich die Entwicklung zwar «wesentlich anders» gestaltet:[74] «Der Einzug der Alamannen [...] bedeutete nun eine ungleich empfindlichere Heimsuchung als das Umsichgreifen der Burgunder».[75] Und aufgrund mehrerer Ursachen sei «hier in der Tat schließlich eine vollständige Germanisierung eingetreten».[76] Allerdings führt Staehelin weiter aus: «Trotzdem wäre die Annahme verfehlt, dass die Alamannen die eingesessene Bevölkerung der nördlichen und östlichen Schweiz restlos ausgerottet und ihrer Kultur den Garaus gemacht hätten.»[77] Staehelin zählt in der Folge gallorömische Ortsnamen auf, die sich erhalten hätten, Einflüsse der ansässigen Bevölkerung auf die Wirtschaftsweise der «Eindringlinge» und weitere Anzeichen, die den historischen Bruch relativieren, und leitet hiermit direkt über in seine Besprechung der «Kontinuität der Kultur».

In diesen Passagen weist also Staehelin nun doch auf ethnische Kontinuitäten hin. Aber auch hier sind Abstammungsfragen den kulturellen Faktoren vollkommen untergeordnet. Überdies wird gerade nicht die Weitergabe einer irgendwie gearteten ethnischen Essenz postuliert, sondern im Gegenteil die Synthese betont. Was die Burgunder betrifft, so persistiert nach Staehelin «welsches» Volkstum. Er spricht hier nicht von einer helvetischen Substanz, sondern mit dem vagen Ausdruck «welsch» wird bereits die gallorömische Synthese betont und zudem, wie auch sonst, in erster Linie auf die Sprache abgehoben. Was die Deutschschweiz betrifft, so stellt hier die Betonung kontinuierlicher Faktoren der römischen Schweiz gerade nicht eine Stärkung der Identifikation der modernen Schweiz via Abstammungsgedanke dar, sondern vielmehr die Relativierung eines solchen. Die Abstammungslinie, die nach Staehelins Auffassung für die modernen Deutschschweizer im Wesentlichen mit den Alemannen beginnt, wird mit der Hervorhebung des Aspekts der Synthese und der Vermischung als durch historische Prozesse veränderlicher und kontingenter Faktor gefasst und nicht als die Weitergabe eines reinen Volkstums über die historischen Prozesse hinweg.

---

73 SRZ, 284; SRZ², 308; SRZ³, 320 f.

74 SRZ, 285; SRZ², 308; SRZ³, 321.

75 SRZ, 286; SRZ², 309 f.; SRZ³, 323.

76 SRZ, 286; SRZ²; 310; SRZ³, 324.

77 SRZ, 287; SRZ², 310; SRZ³, 324 mit zusätzlichen Einschüben: «Trotzdem wäre die Annahme verfehlt, dass die Alamannen *das besetzte Gebiet sofort bevölkerungsmäßig wirklich ausgefüllt hätten, indem sie* die eingesessene *romanische* Bevölkerung der nördlichen und östlichen Schweiz restlos ausrotteten und ihrer Kultur den Garaus machten.»

Neben der Betonung des Kulturellen gegenüber der Abstammung zeigt sich hier ein weiterer wichtiger Aspekt von Staehelins Volkstumskonzept: Staehelin kolportiert keine biologistischen Vorstellungen einer rassischen Essenz. Auch wenn er etwa in seinem Aufsatz zum antiken Antisemitismus zu Beginn des Jahrhunderts noch von der «indogermanischen Rasse» spricht – bezeichnenderweise aber nur in der ersten Version[78] – und in seinem zur selben Zeit entstandenen Bastarner-Aufsatz anhand der Haarfarbe Überlegungen zur Zugehörigkeit zur «keltischen oder germanischen Rasse» anstellt[79] –, ist trotzdem ein Rassenkonzept für seine Vorstellung von Geschichte nicht konstitutiv, schon gar nicht in einer als natürlich gedachten, zoologischen Bedeutung. Dies wird im Verlauf seiner wissenschaftlichen Entwicklung immer deutlicher. Scharf akzentuiert sollte es sich in späteren Äusserungen zeigen, die er angesichts des Erstarkens solcher Vorstellungen in der deutschen Wissenschaft tätigte. (Hierauf wird weiter unten eingegangen.) In der SRZ sind seine marginalen entsprechenden Bemerkungen durch zeitgenössische rassekundliche Diskurse zwar geprägt, deren Konzepte werden aber lediglich herangezogen, um das Bestehen von «rassischer Reinheit» zu negieren.[80]

Wir können also festhalten, dass bei Staehelin keine Betonung einer «völkisch» gedachten ethnischen Kontinuität sichtbar wird. Sein Volkstumskonzept weist keine Essenz auf, sondern ist den diversen historischen Entwicklungen in seinen Wandlungen und Veränderungen vollkommen unterworfen. Ebenfalls

---

78 Abgedruckt in: Sonntagsbeilage ASZ 1901, Nr. 17, 28.4.1901, 55 ff.; Sonntagsbeilage ASZ 1901, Nr. 18, 5.5.1901, 69 f.; Sonntagsbeilage ASZ 1901, Nr. 19, 12.5.1901, 73 f.

79 Staehelin 1905a, 73, Anm. 5.

80 Über die Gräber der La-Tène-Zeit: «Wichtig ist schon die Feststellung, dass die hier bestatteten Skelette keine einheitlichen Rassenmerkmale aufweisen; Langschädel und Breitschädel sind bunt gemischt. Daraus ergibt sich der Schluß, daß es eine reine ‹keltische Rasse› nicht gab; was uns in den Schilderungen des Poseidonios und anderer antiker Berichterstatter als solche erscheinen mag, ist lediglich das Ergebnis einer gewaltsam vereinfachenden und nur das Auffallende hervorhebenden Betrachtungsweise.» Weiter spricht Staehelin von der «starke[n] Vermischung der Einwanderer mit Ueberbleibseln der früheren Bevölkerungsschichten», die «bei jedem sog. Bevölkerungswechsel anzunehmen» sei. SRZ, 19; SRZ^2, 21; SRZ^3, 24. In Bezug auf die Diskurse der deutschen Bodenforschung ist Staehelins Haltung, was die Volkstumsfragen betrifft, wie bereits angetönt wurde, in einer gewissen Nähe der Auffassungen im Umfeld der RGK zu verorten, die eine Gegenposition zu einer völkischen Schule der Prähistorie markierte. In diesem Zusammenhang ist auch Drexels Zustimmung für Staehelins methodische Bemerkungen zu sehen, die in Kapitel 9.3 ausgeführt wurden. Hiermit steht auch seine fachliche Heimat in den klassischen Altertumswissenschaften in Verbindung. Die genauen Interdependenzen zwischen den – in vielem anders strukturierten – deutschen Diskursen zu den Debatten in der Schweizer Bodenforschung müssten eigens in einer Geschichte der Schweizer Prähistorie und Provinzialarchäologie aufgearbeitet werden. Wichtige Pionierarbeit wurde hier von Rey 2002; Müller et al. 2003 und Brem 2023 geleistet.

sind in der SRZ keine direkten auf die Gegenwart bezogenen Parallelisierungen zu finden, was etwa einen «Volkscharakter» oder Ähnliches beträfe.

Aus diesem Befund lässt sich nun allerdings keineswegs schliessen, dass Staehelin Fragen der nationalen Identität und einer historischen Selbstverortung der Schweiz indifferent gegenübergestanden wäre und sich das eingangs zitierte Motto also in einer oberflächlichen Geste erschöpfte. Im Gegenteil, ein starkes Bewusstsein und eine dezidierte Affirmation seiner Identität als Schweizer zeigt sich schon vor der Publikation der SRZ in einer ganzen Reihe seiner Äusserungen,[81] und auch hier sollten im Verlauf der diskursiven Veränderungen der 1930er und 1940er Jahre seine Stellungnahmen an Schärfe gewinnen. Wie wenig er aber eine unmittelbare Relation der römischen Schweiz mit der späteren Nation postulieren wollte, zeigt sich deutlich in einer Passage aus einem Vortrag, den er im März 1925 hielt. Staehelin führt hier wie auch später in der SRZ aus, dass die Schweiz in römischer Zeit keine Form der Einheit gekannt habe, und fährt – anders als in der SRZ – fort:

> Die geographische Beschaffenheit unseres Landes [...] läßt im Grunde diesen Zustand als den einzig natürlichen erscheinen. Und wenn man sich über etwas wundern muß, so ist es nicht der Umstand, daß auf dem Boden unseres Landes in alter Zeit national, sprachlich und politisch die größte Mannigfaltigkeit, die klaffendsten Gegensätze herrschten, sondern viel eher die Tatsache, daß wir, scheinbar aller Natur schnurstracks zuwider, dennoch im Verlauf einer 600 jährigen Geschichte ein Volk geworden sind, das nicht nur die äußere Form eines wohlgefügten Staatswesens gefunden hat, sondern auch als eine einzige Nation sich durch eine gemeinsame nationale Ueberlieferung verbunden weiß.[82]

Wesentliche Punkte von Staehelins Konzept des Volkes werden hier deutlich. Erstens sei das Schweizer Volk ein Produkt der Geschichte, es habe nichts Natürliches an sich, seine Herausbildung scheine der Natur sogar «schnurstracks» zu-

81 Staehelin war sich schon als Student in Deutschland seiner Identität als Schweizer sehr bewusst. So lobte er Treitschke gegenüber Jacob Burckhardt mit den Worten, dass dieser in seinen historischen Auffassungen für die Schweiz mehr Verständnis zeige als viele andere Deutsche (Staehelin an Burckhardt, 24.5.1895, StABS PA 207 52: S41). In seinen Schilderungen des wilhelminischen Deutschland zeigte er stets eine distanzierte Ironie, mit der er seine Position als aussenstehender Beobachter deutlich machte. Als er für die ASZ über seine Teilnahme an der Fahrt der Burschenschaften zum Altkanzler Bismarck berichtete, schilderte er, wie ein deutscher Staatsangehöriger ihn scherzhaft als bereits «annektiert» bezeichnet habe, was er explizit von sich wies (ASZ 1895, Nr. 83, 7.4.1895). In seinem Nekrolog auf Jacob Burckhardt hob er dessen Forderung nach einer Identifikation der Basler auch mit der frühen eidgenössischen Geschichte hervor (Staehelin 1897a, 118), und wenn er über «Mommsen und die Schweiz» schrieb (Sonntagsblatt der BN 1917, Nr. 50, 16.12.1917), war es ihm wichtig zu betonen, dass dieser als Deutscher nie die Legitimität des schweizerischen Nationalstaats in Frage gestellt hatte.

82 Handschr. Manuskript: *Die Anfänge geschichtlichen Lebens in der Schweiz*, 16.3.1925, UB Basel, NL 72 V: 31.

wider zu laufen.[83] Zweitens habe sich dieses Volk im «Verlauf einer 600 jährigen Geschichte» herausgebildet.[84] Weder die ethnischen Formationen der römischen Schweiz noch die in der Spätantike einwandernden Germanen sind hier zugehörig, sondern Staehelin spielt auf den überkommenen und diskursiv hegemonialen Gründungsmythos der Eidgenossenschaft an, der um das Jahr 1300 angesetzt wird.[85] Drittens bestehe dieses Volk durch sein Staatswesen und als Nation durch die gemeinsame Geschichte, durch eine nationale Überlieferung. Das Schweizer Volk sei also in doppeltem Sinn ein Produkt der Geschichte, die römische Schweiz gehöre hier aber nicht unmittelbar dazu.

Wir können festhalten, dass die Bedeutung der römischen Schweiz für die moderne Schweiz nach Staehelin nicht in einer unvermittelten Entwicklung, nicht in ethnischer Persistenz und nicht in politischen Kontinuitäten gesucht werden kann. Trotz diesem Befund ist der Hinweis, den das eingangs zitierte Motto gibt, wichtig und die Lektüre der SRZ zeigt denn auch, worin für Staehelin die fortdauernde Bedeutung der römischen Schweiz für die historische Selbstverortung der Nation liegt: Wie im Folgenden gezeigt wird, ist das Wesentliche die immer wieder betonte «Kontinuität der Kultur».

Es wurde in Kapitel 10.1 angesprochen, wie sehr Staehelin die klassische Kultur gegenüber den autochthonen Elementen priorisierte. In der römischen Schweiz «tritt uns der getrübte Abglanz» römischer Kultur entgegen. Die Bedeutung, die hierin für die Schweiz liegt, führt Staehelin im Vorwort weiter aus: Es sei die Reflexion «einer Herrlichkeit, in der wir Schweizer aller Zungen den Urgrund unserer gemeinsamen Kultur verehren sollen, den nährenden Boden, in dem ihre Wurzeln haften, und aus dem wir noch jetzt, wenn wir nur wollen, immerdar geistig belebende Kraft empfangen dürfen».[86] Diese Worte sind zwar mit grosser Emphase geschrieben, ihre Bedeutung zeigen sie aber erst in einem Gesamtblick

---

83 Dies allerdings nur «scheinbar», dass die Entstehung einer schweizerischen Nation geradewegs widernatürlich sei, wollte Staehelin wohl doch nicht behaupten.

84 Ein aufschlussreiches frühes Beispiel von Staehelins Auffassung des Verlaufs der Genese einer Nation und der daran beteiligten Faktoren findet sich in seinem Vortrag über das Ptolemäerreich, den er anlässlich des Habilitationskolloquiums gehalten hatte: «Von Natur ein abgeschlossenes einheitliches Land, war es auch durch eine jahrtausende alte Geschichte zum Sitz einer einheitlichen Nationalität und Kultur und eines geschlossenen Staatswesens geworden.» UB Basel NL 72 V: 14. Die hier angesprochene Komponente der natürlichen Geschlossenheit fehlt im Fall der Schweiz. Die Geschichte bringt hier also nicht wie im Falle Ägyptens im Einklang *mit*, sondern *trotz* der natürlichen Gegebenheiten eine Nation hervor.

85 Je nach berücksichtigter Überlieferungstradition 1307 oder 1291, vgl. Holenstein 2013. Ein interessantes anekdotisches Detail hierzu findet sich in Form eines Fragments in Staehelins Nachlass. Offenbar verfasste Staehelin noch als Schüler eine Arbeit über Wilhelm Tell, worin er die verschiedenen Überlieferungszusammenhänge diskutiert, UB Basel NL 72 III: 1.

86 SRZ, VIII; SRZ^2, VIII; SRZ^3, VIII.

auf die SRZ. Es ist nicht nur die Idee eines Urgrundes, sondern vor allem die Perspektive auf das Fortwirken dieser Kultur, die ihre Bedeutung auch für die moderne Schweiz akzentuiert. Sowohl der «Geschichts»-Teil wie auch der «Kultur»-Teil werden von Staehelin in diesem Sinn gestaltet. Der «Geschichts»-Teil schliesst mit dem erwähnten Unterkapitel (dritter Ordnung) namens «Die Kontinuität der Kultur» unter Einnahme einer Perspektive, die den ethnischen Bruch – der zumindest im Fall der Alemannen im Sinne einer Katastrophe interpretiert wird – wie oben gezeigt in seiner Bedeutung relativiert und das Römische als in die Zukunft fortdauernd konzeptualisiert. Der «Kultur»-Teil beginnt, wie in Kapitel 10.1 erwähnt, mit der auf Mommsen zurückgehenden Aussage, wonach in der «Romanisierung des Okzidents» das «weltgeschichtliche Werk der Kaiserzeit» zu sehen sei. Daran schliesst die Formulierung an, dass «die überlegene Kultur des herrschenden Volkes ihr Ringen und ihren Ausgleich mit den im Lande selbst erwachsenen Formen zu Ende führt und schließlich hier wie anderwärts die ‹Kontinuität der Bildung›» sichere, wobei mit letzterem Ausdruck wie erwähnt Jacob Burckhardt zitiert wird.[87] Auch das weitere Burckhardt-Zitat, das Staehelin dem «Kultur»-Teil in der zweiten und dritten Auflage als Motto voranstellt und das die okzidentale Kultur beschwört, welche die Folge davon sei, «daß einst die Welt römisch, universal war und daß diese antike Gesamtkultur in die unsrige übergegangen ist», betont das kontinuierliche Fortwirken der römischen Kultur. Dieser zweite Teil wird in Erfüllung der oben angesprochenen aufsteigenden Ordnung der Elemente mit der Besprechung des Christentums beendet, wobei der Schlusssatz folgendermassen lautet: «In [...] [der] kirchlichen Gliederung sind Reste der politischen Grenzen aus der Zeit des späten Altertums teilweise bis zum heutigen Tag am Leben geblieben, und so hat sich auch hier die christliche Kirche als eines der stärksten Bindeglieder zwischen dem Altertum und allen folgenden Perioden der Weltgeschichte erwiesen.»[88] Das Relief der römischen Wölfin aus Aventicum, das in stilisierter Form als Titelbild alle drei Auflagen der SRZ ziert, habe im Altertum «den Beschauern Tag für Tag die schützende Macht des ewigen Rom» vor Augen gehalten.[89]

Die Kontinuität ist also nicht völkisch, nicht biologisch und materiell, es sei der geistige Zusammenhang mit der römischen Kultur, die fortwirke und durch die auch die moderne Schweiz geprägt sei. Dies wird jedoch in der SRZ durch entsprechende Formulierungen nur angedeutet. Wie in der Charakterisierung des Werks in dieser Untersuchung bereits gezeigt wurde, ist die SRZ in ihrer Gesamtgestalt viel zu gewissenhaft und nüchtern abgefasst, als dass solche Gedanken die historische Tatsachenklärung in eine entsprechende Richtung ablenken könnten. Deutlicher sollte die grosse Bedeutung, welche die römische Kultur für

---

87 Vgl. Kapitel 10.1.

88 SRZ, 506; SRZ², 550; SRZ³, 591.

89 SRZ, 392; SRZ², 428; SRZ³, 455 f.

Staehelins Blick auch auf die moderne Schweiz hatte, erst in der diskursiv verschärften Lage der 1930er und 1940er Jahre hervortreten, auf die unten eingegangen wird.

Eine solche Betonung und ostentative Hochachtung des Römischen und die Hervorhebung des Beitrags der klassischen Kultur an die Schweiz, wie Staehelins SRZ sie bedeutete, hatte in den 1920er Jahren gewichtige Implikationen in ausserwissenschaftlichen Diskursen. Diese betrafen namentlich die Politik, Propaganda und Rhetorik des faschistischen Italien und in den Schweizer Diskursen im engeren Sinn die Frage des Verhältnisses der Sprachregionen zueinander, daneben ebenfalls der Einordnung der schweizerischen Nation in die europäischen Zusammenhänge.

Was Italien betraf, so stellte hier Mussolinis aggressive Beschwörung des altrömischen Erbes und der damit verbundenen territorialen und kulturpolitischen Ansprüche Italiens für Staehelin ein Problem dar. Seine diesbezügliche Sensibilität zeigt deutlich, dass er sich der Tragweite seiner Schilderung des römischen Anteils an der Schweiz durchaus bewusst war. Er sah die Gefahr einer faschistischen Vereinnahmung der Schweiz auf historischer Grundlage und wollte einer solchen keinesfalls das Wort reden. Aufgeschreckt wurde er durch eine Rede, die Mussolini am 6. Februar 1926 gehalten hatte. In dieser Rede führte Mussolini u. a. aus, die deutschsprachige Bevölkerung Südtirols repräsentiere keine «minoranza nazionale», sondern bilde vielmehr «una reliquia etnica». Von der 180 000 köpfigen deutschen Minderheit seien, so Mussolini, 80 000 ehemalige Italiener, die zu ihrer wahren Nationalität zurückfinden müssten.[90] Die weiteren 100 000 aber bildeten bloss Reste der «barbarischen Invasionen», die in einer Zeit der Ohnmacht Italiens stattgefunden hätten.[91] In dieser Lesart stand also das faschistische Italien nicht nur in direkter Nachfolge des Römischen Reiches, sondern sämtliche nichtlateinischen Minderheiten auf dessen früherem Territorium hatten den Status illegitimer Eindringlinge. Nicht nur deutsche, sondern auch deutschschweizerische Medien reagierten konsterniert. «Was soll die altrömische Verachtung der nicht-römischen Kultur?», fragte etwa der freisinnige Berner *Bund*. «Es gibt wohl kein Kulturvolk, das nicht auf eine ‹barbarische› Invasion zurückzuführen ist. Man sollte daher [...] auf Querelen aus der Zeit der Völker-

90 «Di questi 180.000, 80.000 io affermo che sono italiani diventati tedeschi, e noi cercheremo di riscattarli, di fare loro ritrovare i loro vecchî nomi italiani come risultano da tutti gli atti dello stato civile e che abbiano l'orgoglio di essere cittadini della grande Patria italiana.» Zitiert nach: Mussolini 1934, 268.

91 «Gli altri sono il residuato delle invasioni barbariche quando l'Italia non potendo essere una Potenza per se stessa era il campo di battaglia per altre Potenze di occidente e del settentrione.» Zitiert nach: Mussolini 1934, 268.

wanderung verzichten können.»[92] Staehelin reagierte auf die Rede mit der in Kapitel 8.2 angesprochenen Änderung des Titels der SRZ, wie einer Passage aus einem Brief an Otto Tschumi zu entnehmen ist:

> Uebrigens habe ich mich nach der Südtiroler Brandrede Mussolinis entschlossen, den Titel zu ändern: statt des politisch bedenklichen «Die römische Schweiz» sage ich lieber «Die Schweiz in römischer Zeit». Ich hätte den Gleichklang mit Mommsen lieber vermieden, aber es ist nicht zu umgehen.[93]

Die diskursive Lage rund um diese Fragen war tatsächlich gerade was die Schweizer Altertumswissenschaften anging nicht ganz durchsichtig. So versuchte das italienische Istituto di Studi Romani gezielt, die Verbindung von Schweizer Protagonisten latinistischer und römischer Studien mit dem faschistischen Staat zu fördern.[94] Namhafte Vertreter der entsprechenden Fächer in der Westschweiz pflegten eine gewisse Nähe zu Mussolini und den italienischen Institutionen; so etwa auch der mit Staehelin wie gezeigt freundschaftlich verbundene Frank Olivier.[95] Wie präsent die entsprechenden Parallelen im Diskurs allgemein waren, wird durch den Beginn von Tatarinoffs Rezension der SRZ im *Solothurner Wochenblatt* illustriert, der vermutlich scherzhaft gemeint war:

> In einer Zeit, wo unsere Politiker sich oft die Frage stellen, wohin die Beziehungen zu unseren südlichen Nachbarn – unbewußt – einst führen werden, ist es ganz interessant, sich in die Vergangenheit zu versenken und zu sehen, wie schon einmal in früheren Zeiten das Rad der Geschichte so stand, dass die Römer in unserem Lande herrschten.[96]

Staehelin, der erstens auf die Schweizer Nation grossen Wert legte und zweitens eine humanistisch zu nennende, auf den Geist und die Bildung zielende Perspektive auf das Römische hatte, stand also einer solchen machtpolitischen Interpretation der römischen Schweiz ablehnend gegenüber und versuchte sie in Bezug auf sein Buch zu verhindern.

Für die inländischen Diskurse um ein Vielfaches bedeutender war jedoch die mit Staehelins Buch zum ersten Mal in einer solchen wissenschaftlichen Qualität erfolgte historische Betonung des lateinischen Elementes der Schweiz. Wenn Staehelin in seinem Vorwort betont, dass die römische Schweiz das kulturelle Fundament der Schweizer «aller Zungen» bilde, so steht hier der in der Zwischenkriegszeit noch virulente Konflikt zwischen der Deutsch- und der französischsprachigen Westschweiz im Hintergrund: Staehelin will seine Betonung des römischen Anteils an der Schweiz nicht in einem spalterischen Sinn verstanden

92 Der Bund 1926, Nr. 59, 9.2.1926.

93 Staehelin an Tschumi, 21.4.1926, SLA Otto Tschumi 4.

94 Guerreiro 2017.

95 Vgl. Gex 2018.

96 Tatarinoff, Solothurner Woche, 1928, Nr. 2, 14.1.1928.

wissen, sondern vielmehr als national einigenden Faktor. Die universalhistorische Sichtweise, die hinter der Auffassung der fundamentalen Bedeutung der römischen Kultur und ihres kontinuierlichen Fortwirkens steht, bedeutet keine Parteinahme für die lateinischsprachige Schweiz. Aufgrund der diskursiven Lage in der Schweiz wurde aber die SRZ mittelbar doch in die entsprechenden Auseinandersetzungen hineingezogen, wie im Folgenden gezeigt wird.

Im Jahr 1929 veröffentlichte der Freiburger (i. Ü.) konservative katholische Intellektuelle Gonzague de Reynold einen geschichtsphilosophischen Abriss der Schweizer Geschichte mit dem Titel *La démocratie et la Suisse.*[97] Dieser *Essai d'une philosophie de notre histoire nationale* richtete sich direkt gegen ein freisinnig-liberales Geschichtsbild der Schweiz, wie es in der modernen Schweiz als eigentliche «Bundesideologie»[98] in einer das politische System legitimierenden Weise eine diskursiv geradezu hegemoniale Stellung innehatte. Reynold betonte gegen ein solches «demokratistisches» Geschichtsbild dagegen die Rolle der Aristokratie und der Autorität in der Schweizer Geschichte. Er wandte sich polemisch gegen den Egalitarismus des freisinnigen Bundesstaates und argumentierte für ein föderalistisches autoritäres System.[99] Sein schillernder, facettenreicher, mit Witz vorgetragener, aber nichtsdestotrotz sehr direkter Angriff auf ein deutschschweizerisch und protestantisch geprägtes freisinniges Verständnis schweizerischer Identität und Geschichte verursachte einen Skandal – so wurde seine Geschichtsphilosophie etwa als klerikalfaschistisch bezeichnet[100] –, und in der Affäre, die sich daraus entwickelte, verliess Reynold schliesslich Bern, wo er einen Lehrstuhl für französische Literatur innegehabt hatte.[101]

Aus der Perspektive der Rezeptionsgeschichte der Antike ist das Buch deshalb interessant, weil die Behandlung der keltischen/raetischen und vor allem der römischen Epoche darin eine ungleich wichtigere Rolle spielt als in anderen zeitgenössischen nationalhistorischen Darstellungen und nicht nur einen wichtigen rhetorisch-argumentativen Angelpunkt von Reynolds Revision der politischen

97 Reynold 1929. Zu Gonzague de Reynold vgl. Mattioli 1995; Mattioli 1994; Mattioli 1992; Stadler 1991; Altermatt 1998; Jost 1992; Santschi 2009.

98 Holenstein 2013.

99 Gonzague de Reynold ist mit seinem geradezu gigantischen Œuvre und mit seinen vielfältigen Tätigkeiten (Zeitschriftenherausgeber, Literat, Leiter Vortragsdienst der Armee, Abgeordneter beim Völkerbund, Literaturwissenschaftler, Professor) in einer knappen Beschreibung nicht in einer Art einzuordnen, die seiner Person gerecht würde. Er ist als ein provokativer und origineller Denker zu charakterisieren, dessen politischer Habitus im Lauf seines Lebens – wie Mattioli gezeigt hat – grösseren Veränderungen unterworfen war, grundsätzlich aber geprägt ist durch ein Spannungsfeld, dessen Konstituenten in einem aristokratischen Selbstverständnis, einer dezidiert westschweizerischen Identität, einem schweizerischen Nationalismus, konservativen Katholizismus und antimodernen Neothomismus zu suchen sind. Vgl. Mattioli 1994.

100 Rufer 1929.

101 Vgl. Mattioli 1994.

Interpretation der Schweizer Geschichte darstellt, sondern darüber hinaus einen zentralen Bezugspunkt seines geschichtsphilosophischen Denkens.[102] Wichtig für die vorliegende Untersuchung ist nun die Tatsache, dass die entsprechenden Kapitel praktisch vollständig von Staehelins SRZ abhängig sind. Bereits die Einteilung der antiken Epochen in Kapitel widerspiegelt diejenige der SRZ. Reynold beginnt hier mit einem Kapitel, das die «Ligures, Celtes, Helvètes» behandelt. Es trägt den Titel «Les substructures primitives» und entspricht Staehelins «vorrömischer Zeit» (allerdings mit Einschluss des *Bellum Helveticum).* Wenn Staehelin hier zu Beginn das Paläolithikum und die «Pfahlbauer» der Jungsteinzeit aus der Untersuchung ausschliesst, so beginnt Reynold in eben derselben Weise, er erwähnt dabei genau wie Staehelin namentlich den Fundort «Wildkirchli».[103] Den Untersuchungszeitraum lässt Reynold wie Staehelin mit den Ligurern beginnen und er führt zu ihrer Lokalisierung Argumente an, die bei Staehelin zu finden sind. Er zitiert für seine Behandlung der Kelten im folgenden Camille Jullian und Albert Grenier, für die Helvetier wiederholt Staehelins SRZ. Wenn schon dieses Kapitel deutlich von der Lektüre der SRZ geprägt ist, so gilt dies ebenfalls für das folgende Schlüsselkapitel. Reynold nennt es «La civilisation romaine», wobei «la civilisation» ebenfalls die übliche französische Übersetzung ist für Staehelins Titel seines zweiten Teils der SRZ: «Die Kultur». Zu Beginn des Kapitels moniert Reynold eine Vernachlässigung der römischen Epoche durch die schweizerische Historiographie, konstatiert aber im Allgemeinen für die Zwischenkriegszeit ein gestiegenes Bewusstsein für die Bedeutung des Römischen:[104] «En Suisse même, depuis quelques années, la civilisation romaine est étudiée avec plus de méthode.» Reynold macht diesen Befund an zwei Namen fest: Otto Schulthess («notre collègue et ami») mit seiner Berichterstattung sowie Felix Staehelin mit seiner SRZ. Es wird im Weiteren offensichtlich, dass seine Behandlung der römischen Schweiz die historische Substanz grösstenteils der SRZ verdankt.

Die Funktion der römischen Epoche für Reynolds historisches Narrativ ist vielschichtig,[105] liegt jedoch vor allem auch in einer Betonung der römischen und damit lateinischen Wurzeln der Schweiz. In der Deutschschweiz führte auch dieser Punkt zu zuweilen harschen Reaktionen, hierbei wurde aber in der Regel nicht auf die historiographische Grundlage von Reynolds Ausführungen, die SRZ, eingegangen. Eine Ausnahme macht hier ein Artikel mit dem Titel *Latinität und Barbarei in der Schweiz,* der in den als deutschfreundlich geltenden *Schweizerischen Monatsheften* erschien[106] und der mit den folgenden Worten beginnt:

102 Siehe hierzu: Thomi 2013.

103 Reynold 1929, 17; SRZ, 3; SRZ^2, 3; SRZ^3, 3.

104 Dies hängt ebenfalls mit einer geschichtsphilosophischen Relation zusammen, die Reynold zwischen dem Römischen Reich und dem modernen Völkerbund sieht. Reynold 1929, 33.

105 Thomi 2013.

106 Boerlin 1929/1930.

«Es scheint eine beliebte Beschäftigung in der welschen Schweiz zu sein, sich in eine römische Vergangenheit zu vertiefen, gewissermaßen auf dieser alten Galere das lateinische Segel aufzuziehen und von einem munteren Windlein vom Ufer der Tatsachen auf hohe See sich abtreiben zu lassen.»[107] Hierzu müsse nun einmal etwas «aus dem Lande der Barbarei gesagt [...] werden» – Reynold handelt die Einwanderung der germanischen Stämme unter dem Titel «Barbaren» ab, wobei die (deutschschweizerischen) Alemannen in der Charakterisierung noch deutlich schlechter wegkommen als die (westschweizerischen) Burgunder.[108] «Das kürzlich auch in diesen Blättern angezeigte Buch von Gonzague de Reynold», so der Artikel weiter, «gab Veranlassung, der Sache etwas näher zu treten und dabei sich eines bewährten Führers zu versichern, als welcher Felix Stähelin mit seinem Buche: Die Schweiz in römischer Zeit in zuverlässigster Art sich erweist.»[109] Anhand einer eigenen Lektüre von Staehelins SRZ versucht der Autor in der Folge zu erweisen, dass das römische Element in der Schweiz nie richtig durchgedrungen «und damit dem lateinischen Stammbaum überhaupt der Ahnherr entzogen» sei.[110] Um dies anhand der SRZ zu zeigen, muss der Autor, der auf dem Gebiet offensichtlich Laie ist – er bemerkt selbst, er habe «keine philologischen Kenntnisse», und spricht etwa von einer «römisch-helvetischen Provinz» –, allerdings Staehelin sehr selektiv lesen und fast gewaltsam missverstehen.[111] Vollends, was die Betonung der Kontinuität des Römischen angeht, ist Staehelin so deutlich, dass man ihn nicht mehr anders verstehen kann. Hierzu schreibt der Autor: «Jakob Burckhardts Gesetz der Kontinuität des Geistes, das Stähelin anruft, sind wir nicht vermessen genug anzugreifen, aber wir möchten doch gerne die Zwischenglieder sehen.»[112] Entsprechend verlegt er in der Folge seine Argumentation auf die späteren Zeiten.

Gonzague de Reynolds explizite Hervorhebung der SRZ und die Gestaltung seiner Antike-Kapitel, die zum grössten Teil darauf beruht, sowie die hier angeführte Reaktion werfen aus der Perspektive der vorliegenden Untersuchung ein

107 Boerlin 1929/1930, 404. Hier wird auf den Titel der von Reynold mitbegründeten Zeitschrift *Voile Latine* angespielt.

108 Reynold 1929, 55–77.

109 Boerlin 1929/1930, 405.

110 Es finden sich im Text noch weitere Argumentationsstrategien. Alle zielen sie auf eine Delegitimierung des Anspruchs der Westschweiz auf ein römisch-lateinisches Erbe.

111 So verweist er darauf, dass nach Staehelin das Land zur Zeit des Augustus «barbarisch» gewesen sei (SRZ, 88; SRZ^2, 96; SRZ^3, 104), fügt weiter an, dies gelte aber «auch später noch», und zitiert Staehelins entsprechende Bemerkungen zum frühen 3. Jahrhundert (SRZ, 229; SRZ^2, 249; SRZ^3, 257; vgl. Kapitel 10.1). Aus der Frühzeit springt er direkt in Staehelins Niedergangsnarrativ und stellt das Ganze unter Auslassung der eigentlichen «Blütezeit» als gleichbleibenden Zustand dar, was eine grobe Verzerrung von Staehelins Konzeption darstellt. Boerlin 1929/1930, 405.

112 Boerlin 1929/1930, 407 f.

Licht auf die diskursive Virulenz der römischen Schweiz und der damit verbundenen Konzepte in den Debatten über die historische Selbstverortung der Schweiz in der Zwischenkriegszeit. Zu beachten ist hierbei die Art, wie in der Debatte auf Staehelin Bezug genommen wird. Dass eine radikale Gegnerschaft wie die hier gezeigte sich beiderseits auf dasselbe Werk stützt, zeigt, dass dieses selbst nicht als entsprechende Stellungnahme, sondern als über bzw. ausserhalb der Debatte stehend wahrgenommen wurde. Die SRZ besetzte im Diskurs selbst nicht die Position einer programmatischen Einlassung, sondern diejenige der legitimen Aussage zur historischen Faktizität. Selbst wenn Boerlin den Aussagen Staehelins widerspricht, versucht er es so aussehen zu lassen, als sei dem nicht so, und bezieht sich trotzdem auf ihn. Die SRZ bot in ihrem Umfang und ihrer wissenschaftlichen Qualität zum ersten Mal überhaupt einen allgemein anerkannten, festen Bezugspunkt, der nun im Sinne der «Gebrauchsgeschichte»[113] verwendet werden konnte. Der römischen Schweiz wurde durch die SRZ eine neue Plastizität verliehen, sie war nun als Objekt in einer Deutlichkeit und Schärfe vorhanden, die sie in ausserwissenschaftlichen Diskursen eine neue Rolle spielen liess.

Es ist daneben allerdings auch nicht zu übersehen, dass die SRZ von Reynold nicht zufälligerweise so affirmativ aufgenommen wurde, wie ja denn auch sein Gegner Staehelin aktiv missverstehen musste, um hier zu kontern. Die Art, wie Staehelin seine römische Schweiz konzeptualisiert, die Bedeutung der klassischen Kultur und ihrer Kontinuität, die Ablehnung einer Hochschätzung des Urtümlichen, «Primitiven» und «Barbarischen», eine gewisse aristokratische Haltung, dies alles kann – obwohl weit von der politischen Vereinnahmung dieser Konzepte durch Reynold entfernt – gewisse argumentative Weiterführungen zulassen. Die römische Schweiz als diskursives Objekt bedeutet hier auch: Herauslösung der Schweiz und ihrer Geschichte aus einer Binnenperspektive und Einordnung in die grösseren Zusammenhänge des Okzidents, was bei Staehelin anklingt[114] und bei Reynold als Perspektive explizit gefordert wird. Selbstverständlich ist zu beachten, dass Reynolds Interesse an der SRZ nicht zuletzt deswegen gross war, weil er hier passende Argumente fand für seine vorgefasste politische Haltung, gerade was die Betonung des Lateinischen anging. Ebenfalls muss betont werden, dass die meisten Konzepte, die Reynold seiner römischen Antike unterschiebt, bei Staehelin überhaupt nicht angelegt sind, etwa was den Katholizismus betrifft. Und es kann nicht genügend Gewicht auf die Feststellung gelegt werden, dass Staehelin nicht nur von den Ideologemen Reynolds, sondern

113 Marchal 2007.

114 Es ist entsprechend ganz im Sinne Staehelins, wenn die Zeitung *Der Bund* in ihrer Rezension zur dritten Auflage festhält: «Die Kenntnis der römischen Epoche unseres Landes ist alles andere als eine rein antiquarische Angelegenheit, führt sie doch unmittelbar an die Fundamente unserer abendländischen Kultur.» Der Bund, 11.11.1948.

von jeder in eine solche Richtung weisenden Radikalität gänzlich frei war. Trotzdem ist es nicht so, dass die SRZ Reynold gerade zufällig ins Argumentarium gepasst hätte. So zitiert er Staehelin etwa explizit dort, wo dieser mögliche Kontinuitätslinien andeutet. Letztlich, so darf man wohl schliessen, zeigt die Inanspruchnahme der SRZ durch Reynold auch, dass Staehelin und sein von Burckhardt geprägtes historisches Denken, das die Kontinuität des Klassischen und der römischen Kultur betonte, anschlussfähig war für intellektuelle Entwicklungen der Zwischenkriegszeit, die sich in einem neu verstandenen Konservatismus von der freisinnigen Tradition der schweizerischen Geschichtsschreibung lösen wollten. Wie Dürr, wie Bächtold und andere war Staehelin eben auch Teil der «Neubesinnung auf Jacob Burckhardt»[115], auf den sich auch Reynold explizit berief.[116] Staehelin erscheint in dieser Perspektive auf einmal viel weniger als der in der Quellenkritik des 19. Jahrhundert verhaftete Positivist, sondern fügt sich in die Geschichtsschreibung der Zwischenkriegszeit besser ein, ist viel stärker Teil der virulenten Diskurse, als man auf den ersten Blick vermuten könnte.

Wenn die Betonung der Kontinuität römischer Kultur in der SRZ die Schweiz in einem übergreifenden Konzept eines aus der klassischen Welt geborenen Okzidents einordnet, so lässt sie diese darin doch nicht aufgehen. Durch die Benennung als «Schweiz» und die Kontinuität des abgegrenzten Raumes, der sich aus der oben ausführlich besprochenen Art der Konstruktion ergibt, bleibt die SRZ doch ein Stück Nationalgeschichtsschreibung. Staehelin schärft durch die explizit relativierte, implizit aber vorgenommene Rückprojektion und Transferierung der schweizerischen nationalstaatlichen Kategorie in die Antike nicht nur ein Konzept der *römischen* Schweiz, sondern ebenfalls eines der römischen *Schweiz;* dies umso mehr, als wie angesprochen eine patriotische Lesart der SRZ, wenn auch zurückhaltend, so doch ausdrücklich durch entsprechende Bemerkungen angeregt wird.

Dass die SRZ auch als Gabe an das eigene Land verstanden wurde, zeigen zahlreiche Würdigungen.[117] Auch ohne direkte historische Kontinuitäten konnte die SRZ in einem solchen Verständnis «den festen Unterbau» liefern, «ohne den

115 Stadler 1974, 325.

116 Zur Burckhardt-Rezeption der Zwischenkriegszeit vgl. Rebenich 2018. Zur konservativen Kulturgeschichte bei Dürr und Bächtold vgl. Simon 2013.

117 Vgl. etwa Otto Tschumi in seinem Zeitungsartikel *Ein Festband für Felix Stähelin* zu der Leistung, welche die SRZ darstelle: «Das sichert ihm den Dank der Wissenschaft, ja darüber hinaus die Dankbarkeit des Schweizervolkes.» Der Bund, 8. 1. 1944. Auf Staehelins eigene Haltung hierzu wird durch seine Würdigung Karl Stehlins in dem Nachruf von 1934 ein Licht geworfen, wo er den Wunsch ausspricht, dass dieser in der HAG Nachfolger finden werde, die «der wissenschaftlichen Erforschung der Vergangenheit unserer Vaterstadt und unseres Vaterlandes dienen» (Staehelin 1934b).

unsere nationale Geschichte in der Luft schweben würde».[118] Wie eine entsprechende Verknüpfung argumentativ vorgenommen werden konnte, zeigt ein Artikel der *Basler Nachrichten* zur dritten Auflage der SRZ auf:

> Es wäre abwegig, unmittelbare historische Zusammenhänge zwischen der Entwicklung des Schweizer Gebietes in römischer Zeit und dem modernen Staatsgebilde zu konstruieren. Aber es ist doch nicht zu verkennen, dass jene Epoche maßgebend an den geistigen Voraussetzungen zu der späteren Staatsgründung und nationalen Einigung mitgewirkt hat.[119]

Die entsprechenden Andeutungen in der SRZ sind nicht systematisch ausgeführt und die Interpretation deshalb nicht ganz klar. Das von Staehelin als Motto an den Beginn des zweiten Teils gestellte Zitat von Jacob Burckhardt postuliert, dass «wir [aufgrund der römischen Vergangenheit] jetzt in den wesentlichsten geistigen Dingen nicht mehr dem einzelnen Volk und Land, sondern der okzidentalen Kultur angehören».[120] Hier in einer Interpretation der SRZ, die den patriotischen Impetus ernst nimmt, von Burckhardts Aussage auf die Bedeutung der Nation zu gelangen, erfordert etwas Geschick, wie auch besagter Artikel der *Basler Nachrichten* zeigt:

> In Anwendung dieses Satzes [= Burckhardt-Zitat] auf den besonderen Fall der Schweiz könnte man ihn etwa dahingehend fassen, dass die einstige Zugehörigkeit ihres heutigen Gebietes zum römischen Reiche in vieler Beziehung Voraussetzung und Möglichkeit zu der in der Neuzeit vollzogenen staatlichen und nationalen Vereinigung ehemals divergierender Landschaften und Volksgruppen im Mittelstück der Alpen geschafft hat.[121]

Es ist zu beachten, dass die hier zitierten Überlegungen nach der Publikation der dritten Auflage angestellt worden sind. Die nationale Kategorie, die das Konzept der römischen Schweiz strukturiert, sollte in den Diskursen der 1930er und 1940er Jahre ungleich stärker betont werden als vorher, aber schon seit Beginn von Staehelins eigentlicher Publikationstätigkeit zum Thema war die entsprechende Komponente stets diskursiv damit verbunden; und zwar war dies nicht Staehelins Willkür überlassen, sondern gehört zur diskursiven Geformtheit des Themas, zum präexistenten Objekt «römische Schweiz», wie etwa ein Blick auf

118 Nat.-Ztg. 1943, Nr. 595, 22. 12. 1943.

119 BN 1949, Sonntagsblatt Nr. 2, 16. 1. 1949.

120 «Rom ist an allen Enden die bewußte oder stillschweigende Voraussetzung unseres Anschauens und Denkens; denn wenn wir jetzt in den wesentlichsten geistigen Dingen nicht mehr dem einzelnen Volk oder Land, sondern der okzidentalen Kultur angehören, so ist dies eine Folge davon, daß einst die Welt römisch, universal war und daß diese antike Gesamtkultur in die unsrige übergegangen ist.» SRZ^2, 319; SRZ^3, 336. Nach: Jacob Burckhardt, Historische Fragmente, 9, zitiert nach SRZ (SRZ^2, 319; SRZ^3, 336). Vgl. Kapitel 10.1.

121 BN 1949, Sonntagsblatt Nr. 2, 16. 1. 1949.

frühere Darstellungen, wie diejenige Burckhardt-Biedermanns,[122] deutlich aufzeigt. So bemerkte denn auch bereits im Jahr 1921 – als Staehelin sich erstmals auf dem Forschungsfeld positionierte – Albert Debrunner in seinem Dankesschreiben für die Zusendung des Aufsatzes zur *Geschichte der Helvetier*, er habe «mit Schrecken» seine «Ignoranz auf einem Gebiet [bemerkt], das einem Schweizer eigentlich bekannt sein sollte».[123] Dass eine Behandlung der römischen Schweiz überhaupt existierte, war ja einzig «dem praktischen Bedürfnis» geschuldet, «den heutigen Schweizern Kenntnis zu geben von den Schicksalen ihres Landes unter römischer Herrschaft». Diese Formulierung stammt von Matthias Gelzer,[124] der in seiner – in Kapitel 5.2 und Kapitel 8 bereits angesprochenen – zwar sehr wohlwollenden (und für Staehelin äusserst wichtigen) Rezension das Konzept einer Geschichte der römischen Schweiz im Allgemeinen reserviert aufnimmt. Gleich zu Beginn seiner Besprechung hält er mit der zitierten Formulierung fest, dass das Buch seine Entstehung nur diesem Interesse «der heutigen Schweizer» verdanke: «Ohne solchen äußeren Anlaß würde sich kaum ein Altertumsforscher diesem Thema zuwenden.»[125] Nach dem bekannten Hinweis auf die Nichtexistenz der römischen Schweiz in der Antike[126] und den in Kapitel 8.2 zitierten Bemerkungen zur Quellenlage skizziert er knapp die Abfolge der wichtigsten historischen Prozesse und bemerkt: «Dieser ‹Geschichte› widmet Stähelin die erste Hälfte seines Buches.» Hierauf wendet sich Gelzer direkt der Frage nach den ethnischen Kontinuitäten zu: Die Behandlung der vorrömischen Schweiz sieht er deshalb als gerechtfertigt an, weil «nach der heutigen Anschauung [...] beim Eindringen neuer Völker die ältere Bevölkerung in der Regel nicht ausgerottet» worden sei. «Und so haben wir damit zu rechnen, dass in den neuzeitlichen Schweizern alle ethnischen Elemente, die jemals in der Eidgenossenschaft ihr Wesen hatten, vertreten sind: Ligurer, Kelten, Raeter, Burgunder und Alemannen, um nur die wichtigsten zu nennen.» In der ethnischen Kontinuität sieht Gelzer also trotz der Nichtexistenz einer antiken Schweiz eine mögliche Legitimation einer entsprechenden Fragestellung: «Unter diesem Gesichtspunkt», so fährt er fort, «wird die römische Epoche besonders wichtig. Ihre ethnische Hinterlassenschaft möchte ich freilich nicht hoch veranschlagen». So seien Italiker wohl kaum in grosser Zahl in die Schweiz eingewandert. «Aber die Römerherrschaft brachte die römische Zivilisation und das Christentum, die Grundlagen der heutigen Kultur.» Nach einem knappen Überblick über den Inhalt des «Kultur»-Teils der SRZ schliesst Gelzer den einleitenden Teil seiner Rezension mit der Feststellung: «Alles in allem stellt Stähelins Werk also ein Stück Kultur-

122 Burckhardt-Biedermann 1887.

123 UB Basel NL 72 VIII: 88.

124 Gelzer 1928, 371.

125 Gelzer 1928, 371.

126 Vgl. Kapitel 8.1.

bodenforschung dar.»[127] Die Reduktion der SRZ auf «ein Stück Kulturbodenforschung» erfolgt bei Gelzer also unter anderem aufgrund der ansonsten fehlenden (vor allem ethnischen) Relevanz der römischen für die moderne Schweiz. Sein Hinweis darauf, dass die römische Schweiz ein anachronistisches und arbiträres Objekt darstelle, ist sachlich offensichtlich gerechtfertigt, wird aber in kaum einer anderen Rezension mit solchem Nachdruck betont. Gelzer bezeichnet einen solchen historischen Fokus nicht als illegitim, lässt aber durchblicken, dass er selbst nicht auf eine entsprechende Themeneingrenzung verfallen wäre. Bereits in den frühen Diskussionen über eine zu schreibende Gesamtdarstellung zur römischen Schweiz hatte ja Gelzer im Gegensatz zu Drexel eine solche nicht befürwortet, sondern hatte Staehelin die Abfassung eines «Haug-Sixt» für die Schweiz empfohlen.[128]

Es ist im Allgemeinen nicht verwunderlich, dass gerade Matthias Gelzer dem Versuch, der schweizerischen Nation eine antike Geschichte zu geben, kühl begegnete. Gelzer, der ja selbst aus Basel stammte, jedoch früh definitiv nach Deutschland übergesiedelt war, scheint nicht nur was den historiographischen Fokus anbelangt, sondern auch in Bezug auf Gegenwartsfragen einer dezidiert schweizerischen Perspektive ferngestanden zu haben. Es war – wie in Kapitel 7 angesprochen – entsprechend in den Basler Berufungsverfahren, in denen er Kandidat war, wiederholt auf einen so kolportierten «deutschnationalen» Standpunkt Gelzers hingewiesen worden, was ihn letztlich auch als Kandidat für Staehelins Nachfolge ausschliessen sollte.[129] Unabhängig davon, wie es sich mit diesem Standpunkt im Detail verhielt und welche Formen er annahm, kann es nicht erstaunen, dass Gelzer mit dem Kleinstaatenpatriotismus, der in dem Versuch einer «Geschichte der römischen Schweiz» zum Ausdruck kommt, nicht viel anfangen konnte. Nicht nur die Konstruktion und Affirmation einer römischen Schweiz, sondern auch die Dekonstruktion und die Betonung des arbiträren Charakters des Konzepts finden also nicht in einem Raum der reinen Wissenschaft statt, sondern sind ebenso auf ihre Position in ausserwissenschaftlichen Diskursen hin zu befragen.

Die hier skizzierte diskursive Bedeutung zentraler Konzepte, die Staehelins Zugang zur römischen Schweiz strukturieren, änderte sich wie mehrfach angesprochen im Zuge der Entwicklungen der 1930er und 1940er Jahre.[130] Staehelin arbeitete bis in die Zeit der Endphase des Zweiten Weltkriegs nicht mehr an der SRZ,

---

127 Gelzer 1928, 372.

128 Vgl. Kapitel 4.2.

129 Vgl. Kapitel 7.1.

130 Einen höchst aufschlussreichen Einblick in die Auswirkungen der sich verändernden diskursiven Lage auf den Umgang mit der römischen Vergangenheit bietet für Genf: Capitani 2012.

und als er es tat, änderte er an dem Konzept und an seinen programmatischen Aussagen nichts, die SRZ blieb also auch in der dritten Auflage im Grunde stets ein Produkt der 1920er Jahre. Die Gestalt von Staehelins historischen Konzepten in der Zeit von Nationalsozialismus und «Geistiger Landesverteidigung»[131] muss deshalb aus anderen Quellen erschlossen werden. Hierbei ist zu beachten, dass andere Protagonisten, vor allem Laur-Belart, mit gegenwartsbezogenen Interpretationen der römischen Schweiz ungleich stärker hervortraten als Staehelin,[132] dass also der hier beibehaltene Fokus auf Staehelin nicht die Breite des Diskurses abbildet.

Durch die Entwicklungen in der deutschen Wissenschaft wurden nationalsozialistische Ideologeme und Rassenkonzepte gerade auch in der Althistorie und in der archäologischen Bodenforschung in einem neuen Masse als erkenntnisleitende Kategorien herangezogen. In Ausmass und Bedeutung gibt es auch in Deutschland grosse Unterschiede. Auch hier muss betont werden, dass pauschale Aussagen kaum möglich sind und jeweils die einzelnen Akteure, Institutionen und Diskurse einer genauen Analyse unterzogen werden müssen, um zu belastbaren Aussagen zu gelangen.[133] Felix Staehelin zeigte sich von Beginn weg als klarer Gegner nationalsozialistischer Ideologie, was etwa an einem Briefwechsel deutlich wird, den er mit «W. Brenner» führte und der in Form von Abschriften im Nachlass überliefert ist.[134] Brenner zeigt sich als Sympathisant der vom Nationalsozialismus stark beeinflussten «Frontenbewegung»,[135] und Staehelin nimmt eine hierzu völlig konträre Haltung ein, was letztlich offenbar im Kommunikationsabbruch endete.

Es ist diese Haltung, in der Staehelin angesichts der diskursiven Veränderungen nun auch, was die römische Schweiz angeht, seine Positionen zu ethnischen Fragen schärfte. Bereits 1935 äusserte er sich in seinem Vortrag zur «vorrömischen Schweiz», den er vor Schweizer Bodenforschern hielt, dezidiert und unmissverständlich:

> Nur nach ihrer Sprache lassen sich ja die Völker verwandtschaftlich gliedern und einreihen; der heutzutage in aller Mund lebende Begriff «Rasse» hat hier durchaus fernzubleiben. Nach modernem Missbrauch müsste ich die Kelten der «arischen Rasse» zuteilen, aber erstens kommt die Bezeichnung «Arier» von Rechts wegen nur den Indern und Ira-

131 Zum Konzept der «Geistigen Landesverteidigung» vgl. Mooser 1997; Zala 2014, 513 ff.

132 Vgl. Müller et al. 2003.

133 Vgl. hierzu die Forschungsdiskussion in der Einleitung dieser Arbeit, Kapitel 1.3. Vgl. weiter Kapitel 9.3.

134 Es dürfte sich bei dem Korrespondenzpartner um den Leiter des Basler Lehrerseminars Wilhelm Brenner handeln. So jüngst auch Simon 2022, 348, wo knapp auf die Kontroverse verwiesen wird. Vgl. zu Brenner: Hoffmann-Ocon/Metz 2011. Staehelin scheint die Abschriften auch Drittpersonen zugänglich gemacht zu haben.

135 Zur Frontenbewegung vgl. Zala 2014, 505 ff.

> niern zu [...], und zweitens hat es, selbst wenn wir den Ausdruck «arisch» durch den besseren «indogermanisch» ersetzen, doch eine indogermanische «Rasse» nie und nimmer gegeben, sondern nur eine indogermanische Sprachfamilie.[136]

Noch deutlicher wurde Staehelin in der universitären Lehre. So betont er in dem Vorlesungsmanuskript zum Alten Orient die historische Unwichtigkeit der Rassenkategorie und empört sich darüber, welch «ungeheuerlicher, von allen guten Geistern wissenschaftlichen Denkens verlassener Unfug, [...] gegenwärtig ~~jenseits des Rheins~~ in einem Teil Europas mit dem Begriff ‹Rasse› getrieben wird».[137] Entsprechend erinnerte sich auch Wilhelm Abt:

> Harte und wohlgezielte Seitenhiebe pflegte Staehelin mit Mut und Offenheit in seinen Vorlesungen an die Adresse des Hitlerregimes samt seinem neugebackenen tausendjährigen Reich zu richten. Was er von den Diktaturen im Norden und Süden unseres Landes hielt, konnte keinem seiner Studenten verborgen bleiben.[138]

Es mag vor diesem Hintergrund nicht erstaunen, dass Staehelins Wahl zum korrespondierenden Mitglied der Preussischen Akademie der Wissenschaften im Jahr 1939 aus politischen Gründen von den deutschen Behörden verhindert wurde. Auf Seiten der Akademie war Staehelin bereits einstimmig gewählt[139] – das Reichsministerium für Wissenschaft, Erziehung und Volksbildung beschied jedoch, man sehe sich «nicht in der Lage, die Wahl [...] zu bestätigen, da der Genannte nach [...] zugegangener Mitteilung als ein Gegner des heutigen Deutschlands angesehen werden muß».[140]

Viele Reaktionen erhielt Staehelin auf seinen Aufsatz *Völker und Völkerwanderungen im Alten Orient,* den er zur Zeit des Zweiten Weltkriegs in der ersten Ausgabe der *Schweizer Beiträge zur Allgemeinen Geschichte* publizierte und von dem er eine grosse Anzahl Sonderdrucke auch nach Deutschland versand-

---

136 Staehelin 1935, 350. Es ist interessant zu sehen, dass Staehelin in diesem Vortrag Mitte der 1930er Jahre die Persistenz des vorrömischen «einheimischen» Elements über die römische Zeit hinaus deutlicher akzentuiert als noch in der SRZ. Dies dürfte mit der Themenstellung zusammenhängen, kann aber auch ein Zeichen sein für eine im Sinne der «Geistigen Landesverteidigung» nun stärkere Betonung der Eigenidentität der Schweiz. Zur «Geistigen Landesverteidigung» vgl. Mooser 1997.

137 UB Basel, NL 72 IV 1 8 (die entsprechende Bemerkung im Manuskript stammt von 1935 oder von 1940).

138 Abt 1952.

139 Archiv BBAW: PAW (1812–1945): II-III-46 Bl_148/Bl_149.

140 Reichsministerium für Wissenschaft, Erziehung und Bildung (gez. Frey) an den Präsidenten der Preussischen Akademie der Wissenschaften, 28.6.1939. Archiv BBAW: PAW (1812–1945): II-III-46 Bl_146. Definitiv gewählt sollte Staehelin schliesslich erst im Jahr 1950 werden, vgl. Kapitel 7.4.

te.[141] In diesem Aufsatz fasste er seine Haltung zur zeitgenössischen Verwendung von Rassenkonzepten als historische Kategorie zusammen:

> Was man [...] als indogermanischen *Rassen*typus angeben wollte, hält der Prüfung nicht stand: der langschädlige, blonde, blauäugige sog. «nordische» Menschenschlag, das Steckenpferd aller Rassephantasten seit Gobineau und H. St. Chamberlain, ist wohl bei einem Teil der indogermanisch sprechenden Völkern Europas vertreten – und auch bei diesen um so seltener, je weiter nach Süden wir unsern Blick richten –; dagegen die Indogermanen Asiens, die Hindus und die Iranier, zusammengefaßt also die einzigen Völker, die man wissenschaftlich berechtigt ist als *Arier* zu bezeichnen (weil sie sich selber so genannt haben), sind weder blond noch blauäugig, sondern tief schwarz an Augen und Haar.[142]

Staehelin erhielt auf den Artikel wie erwähnt viele Reaktionen. Eine ganze Reihe von Schweizern zeigte sich erfreut über seine klare Aussage. Aus Deutschland wurde ihm ebenfalls verschiedentlich beigepflichtet. Alfred Heuss nutzte, wie bereits im Zusammenhang mit Staehelins Emeritierung in Kapitel 7 angesprochen, die Gelegenheit, seine Distanz zu einer nationalsozialistisch geprägten Geschichtsschreibung zu betonen: «Wie schön, dass Sie da das Vernünftige aussprechen und aussprechen können. Mir schwebt es seit Jahren auf der Zunge, aber es formt sich zu keinem Wort, eine Zungenlähmung, für die ich nicht allein verantwortlich bin.» Es folgt der in Kapitel 7.1 angesprochene Verweis auf seinen Beitrag für *Rom und Karthago*.[143]

Bezeichnend, und gerade auch für Staehelins Perspektive auf die römische Schweiz wichtig, ist das humanistisch zu nennende Konzept, das Staehelin den rassentheoretischen Ansätzen entgegensetzt, indem er betont, «daß es für eine geschichtliche Betrachtung von recht geringem Belang ist, wie sich die Völker in bezug auf ihre körperlichen Merkmale verhalten. Der Geschichte kommt es auf den geistigen Besitz der Menschheit an».[144]

---

141 Staehelin 1943c. Vgl. UB Basel NL 72 V: 54.

142 Staehelin 1943c, 8 ff. Er schliesst daran als Anmerkung eine Polemik an, die sich u. a. (ohne Namensnennung) gegen Schachermeyr und dessen RE-Artikel zu Peisistratos wendet (daneben gegen Josef Göhler und Wolfram von Soden): «Sie treiben ihr Spiel noch immer. Energische Haltung und erfolgreiche Leistung wird einer anderen Rasse als der ‹nordischen› nachgerade kaum mehr zugetraut. So wurden uns 1937 der Athener Peisistratos, 1939 der Römer Gaius Gracchus vorgestellt als ‹Führergestalten nordischer Prägung› (‹blutmässig zweifellos in sehr beträchtlichem Masse nordisch bestimmt›). Dieselbe Neigung verrät sich, wenn 1937 der kämpferische Geist der ‹Führerschaft› im assyrischen Heer auf einen ‹arischen und damit nordrassigen Einschlag› zurückgeführt wurde.»

143 Heuss an Staehelin, 3.6.1943, UB Basel NL 72 VIII: 234.

144 Staehelin 1943c. Jüngst wurde ebenfalls durch Christian Simon auf den Basler Humanismus als «Grundlage für Resistenz» gegen die nationalsozialistische Ideologie hingewiesen. Simon 2022, 365–369, mit Erwähnung der Rede Staehelin 1938b.

In dieser Haltung gestaltete Staehelin auch seinen Vortrag, den er 1938 zum 2000-jährigen Jubiläum der Geburt des Augustus hielt.[145] Dieser bestand – wie auch eine Art Zwillingsvortrag, den er im selben Jahr in Vindonissa hielt – aus einem eigentlichen Loblied auf den Friedenskaiser. Zwar verschwieg Staehelin durchaus nicht, dass Augustus «mit List und Gewalt» die Macht errungen habe, aber er gab sich damit nicht lange ab, sondern setzte den Ton für das Weitere mit der Bemerkung, wie «ewig bewundernswert» es sei, wie «der Herrscher in dreiundvierzigjähriger Regierungsdauer seine Stellung ausgebaut und befestigt hat, wie er sich bemühte, die tausend Wunden zu heilen, aus denen Rom und die Welt blutete, wie seine ganze Politik durch weises Maßhalten bestimmt wurde im Innern und nach außen».[146] Staehelin spricht in der Folge von der Erlösung, die Augustus für Rom und das Reich bedeutet habe, und mit einer Schilderung der Blüte der Kunst und Dichtung unter Augustus leitet er über in eine Betonung der Kontinuität, die stark an die entsprechenden Passagen der SRZ erinnert, allerdings teilweise die Akzente etwas anders setzt: «[...] alles war belebt von dem römischen Geiste, den Augustus, in bewußter Abkehr von Hellenismus und Orient, der Kultur seiner Zeit einzuhauchen verstand. Nur in dieser römischen Gestalt hat die antike Kultur in Westeuropa sich organisch fortentwickeln können.»[147] Und weiter unten: «Die römische Kultur, durch Vermählung mit germanischem Geiste zur gemeinsamen abendländischen geworden, ist der Urgrund unserer Kultur.»[148] Direkt hier schliesst Staehelin erneut das Zitat von Jacob Burckhardt (Hist. Fr. 9) an, das Motto des «Kultur»-Teils der SRZ,[149] und bemerkt dazu: «Das ist zwar nicht unser ‹Blut›, wohl aber unser ‹Boden›, der Grund und Boden, in dem wir Schweizer aller Zungen unsere geistigen Wurzeln haben. Dieses gemeinsamen Bodens wollen wir uns bewußt bleiben, jetzt mehr als je.»[150] Wir sehen hier in Teilen den Wortlaut der SRZ, der jedoch in entscheidenden Punkten verändert ist. Wenn in der SRZ noch die «Herrlichkeit» der römischen Kultur den «Urgrund» darstellt, so ist es nun die römische Kultur in ihrer Synthese mit «germanischem Geist». Statt einer reinen Berufung auf das Römische sehen wir hier nun ein schärfer ausgebildetes Abendlandkonzept, das als «Westeuropa» explizit in Gegensatz zum Osten gesetzt wird. Auch was das germanische Element angeht, ist aber nicht die Abstammung oder gar eine «Rasse» das Entscheidende, sondern auch hier ist es allein das Geistige, das den «Bo-

145 Staehelin 1938b. Die HAG veranstaltete eine grosse Augustusfeier im Theater von Augusta Raurica (mit einem zweiten Teil, der in Kaiseraugst stattfand). Vgl. StABS PA 88 E6. Vgl. jetzt ebenfalls die Hinweise auf die Rede sowie auf Staehelin 1939b bei Simon 2022, 348, 366.

146 Staehelin 1938b, 269.

147 Staehelin 1938b, 274 f.

148 Staehelin 1938b, 275.

149 SRZ[2], 319; SRZ[3], 336. Vgl. Kapitel 10.1.

150 Staehelin 1938b, 276.

den» bildet. Wie in der SRZ wird auch hier die Einheit der «Schweizer aller Zungen» betont, die dieselben «geistigen Wurzeln» hätten. Die Schweizer stammten zwar nicht blutsmässig von den Römern ab, aber dies sei historisch unerheblich, wichtig sei die «geistige», die kulturelle Abstammung. Die abendländische Kultur wird von Staehelin als Gegenmodell zu einem rassischen «Blut-und-Boden»-Konzept der Identität installiert.

Der Augustus-Vortrag, den Staehelin in Vindonissa hielt, ist etwas anders strukturiert, weniger weihevoll gehalten und legt – abhängig vom Adressatenkreis und vom Veranstaltungsort – grösseren Wert auf die historische Schilderung der Alpen- und Germanenkriege sowie des Charakters augusteischer Herrschaft, die «nicht einmal eine ‹beschränkte› Monarchie[,] sondern eine bloß notdürftig getarnte Monarchie» war.[151] Die Sprache ist überdies martialischer und deutlich vom Wortschatz der Zeit geprägt.[152] Auch hier wird aber des Friedens und der Blütezeit gedacht, und der Schluss klingt ähnlich wie derjenige der Augster Rede:

> Augustus hat das Reich [...] innerlich aufs Glücklichste gefestigt, so daß es die Kraft besaß, seine welthistorische Mission zu erfüllen, die darin bestand, auch den Völkern des Westens eine höhere Kultur zu bringen, nämlich die gemeinsame Mutter unserer gesamten romanisch-germanischen Kultur, der nun schon zweitausendjährigen westeuropäischen Kultur.[153]

Die Passage der «welthistorische[n] Mission» ist ein abgewandeltes Zitat aus der SRZ,[154] das ursprünglich auf Mommsen zurückgeht.[155]

Die generell äusserst positive – hier geradezu hymnisch überhöhende – Haltung, die Staehelin Augustus gegenüber einnahm, wurde in der modernen Forschung kritisiert.[156] Tatsächlich kann man erstaunt sein über diese Lobrede. Allerdings entspricht die Verbindung des Augustus mit dem Frieden, der römischen Kultur und ihrer Kontinuität offenbar einer bestimmten Lesart der römischen Vergangenheit, die Staehelin an diesem Anlass in Augst etablieren wollte. Augustus als Versöhner und Friedensfürst ist Sinnbild für die Bedeutung, welche die Antike gemäss Staehelin für die Fragen der Zeit transportieren kann.

151 Staehelin 1939b, 7.

152 Beispiele hierfür sind etwa der «entartete Römer Antonius», der «nationalrömische Geist» und das «Herrenvolk der römischen Bürger» (Staehelin 1939b, 8).

153 Staehelin 1939b, 20. Auch hier betont Staehelin weiter die «Abwehrstellung gegenüber Hellenismus und Orient»: «Nur diese römische Form trug die Gewähr in sich, organisch sich weiterentwickeln und auch nach dem Untergang des römischen Reiches, mit neuen Lebensinhalten erfüllt, noch Jahrtausende überdauern zu können.»

154 SRZ, 297; SRZ^2, 321; SRZ^3, 337.

155 Vgl. Kapitel 10.1.

156 Furger 2001, 306. Allerdings ohne Bezug auf die Augustusvorträge, sondern lediglich auf die SRZ.

Das antike Erbe, das an der Augustusfeier zelebriert wird, wird von Staehelin dargestellt, wie es sein *soll.* Staehelins Augustus ist in diesem Sinn für diesen Anlass normativ angelegt. Es handelt sich bei der Rede letztlich nicht nur um eine Beschwörung der römischen Kultur und des Okzidents, sondern ebenfalls darum, diese im Sinne einer Möglichkeit zum Frieden zu verstehen.[157] Die Antike als Bezugspunkt garantiert hierbei einen festen Punkt, von dem aus nicht nur die Bildung im engeren Sinn, sondern verstanden als Form der *humanitas* ein Menschenbild ermöglicht, das demjenigen der Totalitarismen entgegengesetzt ist und für die «Geistige Landesverteidigung» mobilisiert werden kann.[158] Deutlich kommt dies zum Ausdruck, wenn Staehelin für die Veranstaltung in Vindonissa ebenfalls mit den Worten zitiert wird: «Vindonissaforschung heißt: Streitbares Bekenntnis zum Geiste des antiken Menschheitsideals!»[159]

Die beiden Augustus-Vorträge bilden eine Momentaufnahme aus der in mehrerer Beziehung höchst angespannten Lage am Vorabend des Zweiten Weltkriegs, einen situativ zu verstehenden Ausschnitt aus einer Zeit der Bedrohung und der ideologischen Gefahrenabwehr im Sinne der «Geistigen Landesverteidigung». Sie richteten sich nicht an ein Fachpublikum im engeren Sinn, sondern stellen Gelegenheitstexte dar, welche die Stimmung des Anlasses transportieren sollten.[160] Es ist interessant zu sehen, dass Staehelin keine der hier sichtbaren Ab-

157 Für das Bild, das Staehelin von Augustus zeichnet, ist ferner zu beachten, dass er in seinem ganzen wissenschaftlichen Habitus dazu neigte, starke Kritik an massgeblichen Protagonisten als kleinlich aufzufassen. Dies geht sowohl aus Erinnerungen von Wilhelm Abt hervor (Abt 1952, bezüglich Alexanders des Grossen) als auch aus Staehelins Ausführungen zu Caesar in der SRZ (51; SRZ², 52; SRZ³, 66).

158 Vgl. auch die Hervorhebung dieser Bedeutung von Staehelins Augster Rede im Nachruf, den Laur-Belart auf ihn verfasst hat: «Unvergessen bleibt seine Gedächtnisrede auf Kaiser Augustus an der 2000-Jahrfeier im römischen Theater von Augst im gefahrdrohenden Spätsommer 1938, als er mit Jacob Burckhardt von der antiken Kultur als dem Grund und Boden sprach, in dem wir Schweizer aller Zungen unsere geistigen Wurzeln haben, und – mit erhobener Stimme zum Rhein hinüber rief: Dieses gemeinsamen Bodens wollen wir uns bewußt bleiben, jetzt mehr als je!» (Laur-Belart 1952a, 8. Laur-Belart war sich allerdings offenbar nicht ganz im Klaren darüber, wo das Burckhardt-Zitat aufhörte und wo Staehelins eigene Worte begannen.) Zur diskursiven Bedeutung der römischen Vergangenheit in der Zeit der «Geistigen Landesverteidigung» vgl. auch die Bemerkungen bei Flutsch 2002, 13 ff.; Furger 1998, 38 f.; Furger 2001, 304 f.; Kaeser 2014, 33. Allgemein zur Schweizer Bodenforschung im Kontext der «Geistigen Landesverteidigung» vgl. Brem 2023.

159 Kielholz 1947, 45.

160 In einer anderen Perspektive sind die Augustusvorträge auch einfach ein Beispiel für Staehelins Vermögen, komplexe und voraussetzungsreiche historische Sachverhalte in einer klaren und prägnanten Form so zu fassen, dass sie für jedermann verständlich werden. Wer sie gehört hatte, der hatte eine Idee bekommen vom Grundproblem der augusteischen Herrschaft, der Entstehung des Prinzipats. Die Vorträge stellen damit ebenfalls ein Zeugnis dar für die Freude Staehelins an der Vermittlung seiner eigenen Begeisterung für das Altertum und für seine Über-

wandlungen seiner programmatischen Aussagen zum Konzept der Kontinuität der Kultur in die dritte Auflage der SRZ übernehmen sollte. Das Konzept des Okzidents wird wie in den ersten beiden Auflagen zurückhaltend angedeutet und lediglich mit der klassischen römischen Kultur verbunden. Das Römisch-Germanische und die schroffe Abgrenzung gegen alles Östliche haben keine Aufnahme gefunden. Dies deutet darauf hin, dass diese Elemente stark von den Stimmungen und Erfordernissen des Tages bestimmt waren.[161] Die Betonung der römisch-germanischen Synthese legitimiert hierbei die Schweiz mit ihrem ethnolinguistischen Doppelcharakter und zeigt sie als den kristallisierten Ausdruck des bestimmenden Wesenszuges der abendländischen Kultur. Sie kann ebenfalls gelesen werden als Absage eines Versuchs der Vereinnahmung der Schweiz durch Italien oder Deutschland. War diesbezüglich noch zur Zeit der Publikation der SRZ für Staehelin Italien die grössere diskursive Gefahr, so hatte sich die entsprechende Problematik nun auf die rassentheoretischen Angriffe gegen die nationale Eigenidentität der Schweiz, die von deutscher Seite geführt wurden, verlagert.[162] Staehelin äusserte sich explizit hierzu in einer Rezension aus dem Jahr 1941. In einer Abhandlung von Gerhard Wais über die Alemannen, die von dem deutschen «Ahnenerbe» herausgegeben worden war, wurde zum Schluss der Darstellung die «Einheit» der Alemannen beschworen: «Das Bewußtsein der Künstlichkeit der Grenzen und der Gemeinsamkeit von Volkstum und Kultur läßt erwarten, daß der alamannisch-schwäbische Stamm zu der höheren Einheit zurückfindet, die in ihm liegt und die er einst preisgegeben hat.»[163] Staehelin besprach das Buch in der ZSG. Was den historischen Gehalt anging, so zeigte er sich trotz mancher Einwände durchaus angetan von dem «tüchtigen Erstlingswerk».[164] Scharf wies er jedoch die gegenwartsbezogenen Passagen zurück, wobei er ebenfalls Bezug nahm auf zwei frühere Versuche der argumentativen Verteidigung schweizerischer Eigenidentität auf dem Feld der Ur- und Frühgeschichte:

zeugung von der Relevanz des Wissens um und der Beschäftigung mit der Antike über den wissenschaftlichen Diskurs hinaus.

161 Aspekte wie die Betonung des Gegensatzes zum Osten, das neu hervorgehobene Europakonzept und andere Veränderungen in der Staehelin'schen Kontinuitätskonzeption, die in den Augustusvorträgen sichtbar werden, gleichen sich im Einzelnen manchen Auffassungen Reynolds an. Hier muss nicht von einem direkten Einfluss ausgegangen werden, es kann sich auch um den Effekt einer anderen Form diskursiver Konvergenz handeln. Dass Staehelin *La démocratie et la Suisse* aber zumindest gelesen hat, wird belegt durch eine Anmerkung in der zweiten und dritten Auflage der SRZ (SRZ^{2}, 53, Anm. 2; SRZ^{3}, 61, Anm. 2).

162 Dass allgemein der Latinismus als Thema der Schweizer Identitätsdiskurse deutlich in den Hintergrund geraten war, zeigt sich ebenfalls an der Veränderung in der Interpretation der Bedeutung Caesars in Genf. Vgl. Capitani 2012.

163 Wais 1940, 243.

164 Staehelin 1941c, 120.

Der Archäologe Karl Keller-Tarnuzzer[165] hatte die These aufgestellt, dass die Schweizer Bevölkerung eine genuine und distinkte rassische Identität besitze, die sie von den umliegenden Völkern unterscheide. Als prähistorischen Ursprung dieser Rasse machte er die «Pfahlbauer» aus, die in der Schweiz zu dieser Zeit bereits eine lange und für das eigene Selbstverständnis wichtige Rezeptionstradition hatten.[166] Staehelin hielt Keller-Tarnuzzers These – wenig erstaunlich – für vollkommen verfehlt und bezeichnet sie in der erwähnten Rezension als eine «Ausgeburt historisch unbekümmerten Blut- und Bodenglaubens».[167] Er verwies weiter darauf, dass diese Schweizer Rassentheorie ohnehin auch bereits durch Laur-Belart «abgefertigt» worden sei. Laur-Belart, der als einer der wichtigsten, wenn nicht als der wichtigste Vertreter einer Bodenforschung angesehen werden muss, die durch Popularisierung und sinnhafte Deutung die Förderung einer Gesinnung der «Geistigen Landesverteidigung» betrieb,[168] hatte 1939 eine Schrift veröffentlicht mit dem Titel *Urgeschichte und Schweizertum,* worin er sich gegen rassentheoretische Zugänge zur Frage der nationalen Identität wandte, wobei er en passant auch die These Keller-Tarnuzzer zurückwies.[169] Nach einem Längsschnitt durch die gesamte Ur- und Frühgeschichte unter dem Gesichtspunkt der fortwährenden Bevölkerungsdurchmischung[170] argumentiert er dafür, dass in

---

165 Zu Keller-Tarnuzzer vgl. Brem 2008, 228–231.

166 Keller-Tarnuzzer 1936. Keller-Tarnuzzer kommt hier zu folgendem Schluss: «Wir Schweizer lehnen die Blutmystik des Deutschen Reiches entschieden ab. Sicher mit Recht, soweit es die Art ist, in der sie verkündet wird, und soweit wir darin einen Angriff auf unsere Selbständigkeit erblicken müssen. Aus dieser berechtigten Abwehr heraus wollen Viele unter uns das nicht sehen, was an der Bluttheorie richtig ist. Die heutige Zeit fordert jedoch gebieterisch, daß wir uns mit der nationalsozialistischen Lehre, soweit sie sich mit der Volksverbundenheit befaßt, gründlich auseindersetzen [sic]. Dann werden wir die für Viele erstaunliche Erfahrung machen, daß wir in ihrer vorsichtigen und geklärten Anerkennung gerade den besten *Schutz* gegen Ansprüche von außen finden. Wir Schweizer sind in Wirklichkeit gar keine Alamannen, Burgunder, Langobarden, Helvetier oder Räter, und wer auf Blut und Boden schwört, hat keine Rechte auf unser Land geltend zu machen; denn unser Blut haben wir von den Pfahlbauern her.» Keller-Tarnuzzer 1936, 33. Allgemein zur Pfahlbauerrezeption: Kaeser 1998; Kaeser 2004.

167 Staehelin 1941c, 123.

168 Vgl. Müller et al. 2003; Brem 2023.

169 Laur-Belart 1939, 65. Vgl. zu *Urgeschichte und Schweizertum:* Müller et al. 2003, 194–197.

170 Die entsprechenden Entwicklungen zeitigten nach Laur-Belart folgendes Ergebnis: «Der Zürcher Unterländer Bauer, der Thurgauer, der Aargauer, soweit er nicht im Jura wohnt, der Berner sind Alamannen. Die Jurassier dagegen sind romanisierte Kelten, auch die Waadtländer sind es mehrheitlich, mit stärkerem germanisch-burgundischen Zuschuß. In den Alpen lebt sicher noch älteres Volkstum weiter, in Graubünden die romanisierten Räter, neben den im Mittelalter eingerückten alamannischen Nachkommen. Die Tessiner sind ebenfalls stark keltisch, jedoch mit einem größeren Zuschuß echt römischen und etwas langobardischen Blutes.» Die

«körperlicher und seelischer Hinsicht» zwei Elemente «am Aufbau unseres schweizerischen Volkstums» mitgewirkt hätten: «[d]as *Keltische* und das *Germanische*». «In kulturell-geistiger Beziehung aber sind es», so Laur-Belart, «da die keltische Kultur größtenteils in der römischen Aufging, das *Römische* und das *Germanische.*»[171] Hier seien die Voraussetzungen zu suchen für «unser eigenartiges Staatswesen», in dem «Deutsch und Welsch zu einer lebendigen Synthese gelangt sind».[172] Die argumentative Nähe zu Staehelins Augustus-Vorträgen ist hierbei offensichtlich.[173] Als gemeinsamen Zug der Elemente der schweizerischen Synthese macht Laur-Belart in Einklang mit etablierten Topoi der schweizerischen Nationalgeschichte den «Kampf um das demokratische Eigenleben» aus. Der Schweizer «Unabhängigkeitswille» sei sowohl alemannisch wie auch rätisch und keltisch. Die zeitgenössisch zweifellos wichtigste Aussage des Textes liegt in der Feststellung, der Staat sei nicht ein rassisches, sondern ein politisches Problem. In einer nicht sehr folgerichtigen Konklusion – wie bereits Felix Müller et al. festgestellt haben, ist sie «kaum nachvollziehbar, aber umso markiger»[174] – schliesst der Text mit dem Ausruf: «Urgeschichte schafft Schweizertum».[175]

Obwohl wie gesagt die Nähe zu Staehelin offensichtlich ist und nicht zuletzt auch durch die persönliche Beziehung unterstützt worden sein dürfte, sehen wir doch deutliche Unterschiede im Umgang mit entsprechenden Konzepten. Dies betrifft nicht nur die urgeschichtliche Perspektive, die Staehelin nie einnahm, sondern auch das Mass an instrumenteller Interpretation ist ein ganz anderes. Schon allein deshalb, weil Staehelin nie ein derart gefälliges nationales Bekenntnisnarrativ gebildet hätte, das in einer so offensichtlichen Weise die Evidenz nach konkreten politischen Erfordernissen organisierte, konnte er kein Protagonist der «Geistigen Landesverteidigung» werden wie Laur-Belart.

«Bevölkerung der Städte» sei allerdings auch durch jüngere Entwicklungen verursacht, «ein kompliziertes Gemisch». Laur-Belart 1939, 62.

171 Laur-Belart 1939, 62.

172 Laur-Belart 1939, 62 f.

173 Dies gilt besonders auch für die Betonung der Bedeutung des römischen Anteils an der Schweiz: «Wenn wir heute die römischen Ruinen unseres Landes erforschen und pietätvoll schützen, so ist das nicht nur eine Liebhaberei einiger Gelehrter, sondern es ist eine Beschäftigung mit uns selbst, mit einer der wichtigsten Komponenten unseres schweizerischen Geisteslebens. Das römische Theater von Augst ist ein Symbol, das über den Rhein schaut!» Ebenfalls zu vergleichen der Bericht der NZZ über einen Vortrag von Laur-Belart: «Vor allem legte er ein gewichtiges Bekenntnis aber [sic] über den Zweck der Vindonissa-Forschung. Sie soll im Gegensatz zu gewissen von Norden kommenden Strömungen von der Überzeugung getragen sein, daß die Welt der Römer und Griechen uns gewaltige Fortschritte brachte; wie die Römer einst in Vindonissa, stehen auch wir heute wiederum auf Vorposten für das römisch-griechische Humanitätspotential.» NZZ 1937, Nr. 1145, 25.6.1937.

174 Müller et al. 2003, 196.

175 Laur-Belart 1939, 69.

Gegen das übergriffige Alemannennarrativ von Wais – um auf die angesprochene Rezension zurückzukommen – setzte sich Staehelin auf eine Weise zur Wehr, die sein Verständnis der in den Augustus-Vorträgen hervorgehobenen romanisch-germanischen Synthese für die Schweiz deutlich aufzeigt:

> Die deutschsprechenden Schweizer sind unzweifelhaft auch blutmäßig vorwiegend Alamannen. Nur sind sie durch besonderes geschichtliches Erleben andere Wege geführt worden als ihre Stammesverwandten im Norden; sie besitzen seit Jahrhunderten ein ausgeprägtes eigenstaatliches Bewußtsein und hegen nicht die geringste Neigung, «zu der höheren Einheit zurückzufinden, die im alamannischen Stamme liegt und die er einst preisgegeben hat.», wie Wais (S. 243) erwarten zu dürfen meint. Die Rheingrenze ist nicht ein verhältnismäßig spätes, künstliches und nur politisches Gebilde, sondern eine uralte Kulturscheide zwischen zweierlei Alamannen, von denen die einen viel tiefer in römischer Tradition Wurzel faßten und dauernd viel entschiedener nach Süden orientiert waren als die anderen.[176]

Die Schweiz wird hier nicht verteidigt, indem der sachliche Inhalt des Abstammungsarguments angegriffen, sondern dessen Geltung rundweg abgelehnt wird. Auf dem Boden seiner Konzepte der Kontinuität der römischen Kultur und des durch den Rhein begrenzten Raumes der römischen Schweiz führt Staehelin den Charakter des Landes als aus dem Erbe Roms geborene Entität ins Feld, um eine rassische Kategorisierung der Zugehörigkeit zurückzuweisen. Hier gewinnen nun sämtliche in der SRZ angelegten Kontinuitätskonzepte eine direkte diskursive Wirksamkeit, die weit über die althistorischen Zusammenhänge hinausgeht.

Im Ganzen zeigt sich bei Staehelin eine Haltung, die man als einen *humanistischen Patriotismus* bezeichnen könnte; ein Habitus, der von einer Kombination aus als antik verstandenem Bildungs- und Menschheitsideal, einer christlichen Prägung, demokratischer, individualistischer Gesinnung und einer starken Verankerung in der nationalen Identität geprägt ist.

Was nun den Hintergrund von Staehelins Perspektive auf diese Bedeutung römischer Kultur für die moderne Selbstverortung angeht, die prägenden Elemente des Habitus, der sich hier zeigt, so dürfte klar geworden sein, dass man sich nicht auf monokausale Erklärungsmuster stützen kann, sondern dass dieser nur in einer Zusammenschau des in der vorliegenden Untersuchung Erarbeiteten zu verstehen ist. Es ist der gesamte Zusammenhang seiner Herkunft, Bildung, seines Werdegangs und der wesentlichen Einflüsse zu beachten, die hier herausgearbeitet wurden und die eingefügt in und geprägt von den herrschenden diskursiven Verhältnissen das gesamte Spektrum von Staehelins Umgang mit der römischen Schweiz bestimmen: Nicht nur die Betonung der Schriftquellen gegenüber dem Prähistorischen und allgemein Materiellen muss hier berücksichtigt werden, sondern in einem weiteren – und diesen Faktor integrierenden – Sinn

176 Staehelin 1941c, 123.

der Blick von der klassischen Kultur her auf die römische Schweiz, die Ablehnung einer auf das urwüchsige und autochthone gerichtete Betrachtung, die Auffassung einer Kulturgeschichte der römischen Schweiz als Geschichte einer Erhebung des Gebietes in den Zusammenhang der klassischen Antike, die Perspektive auf das Fortwirken dieser Kultur, der Begriff des geistigen Lebens, den Staehelin so direkt mit dem Romanisierungskonzept verknüpft, die Hierarchisierung der Kulturelemente und die christliche Religion als Brücke der Antike in die späteren Epochen. Wenn in dieser Gesamtschau Komponenten fachlich-disziplinärer Identität auch eine wichtige Rolle spielen, so kann dieses Spektrum darauf doch nicht verengt werden, muss vielmehr selbst im Kontext mit biographischen, institutionellen und diskursiven Faktoren gesehen werden.

Wichtig sind hierbei eine in der Tradition der gebildeten Basler Oberschichten verhaftete Selbstverortung in Deutungsperspektiven des Humanismus und eine wahrgenommene Kontinuität der Kultur der klassischen Antike, damit verbunden weiter die altertumswissenschaftlichen Studien und der Einfluss von Lehrerfiguren wie Jacob Burckhardt, Ferdinand Dümmler und Theodor Plüss, die ausserwissenschaftlichen Diskurse der Zeit und nicht zuletzt kontingente Faktoren im direkten und weiteren Umfeld. In dieser Perspektive ist die Gemengelage zu sehen, von der Staehelins spezifische Haltung gegenüber der römischen Epoche und dem römischen Erbe der Schweiz geprägt ist. Sichtbar wird eine durch vielschichtige Diskurse vorgeformte, aber in letztlich irreduzibel individueller Ausprägung gestaltete Haltung Staehelins, die ihn in der römischen Kultur etwas Grosses und Erhabenes erblicken lässt, was so nicht nur Europa, sondern eben spezifisch auch der Schweiz und damit ihm und seinen Mitbürgern zuteil geworden ist.

Es ist eine Haltung, die nicht das Natürliche und Urtümliche, den Boden, die Abstammung, die materielle Kontinuität betont, sondern den «geistigen Besitz» eines antiken Menschheitsideals.

Zusammenfassung

Die vorliegende Untersuchung hat zum zentralen Gegenstand das Werk zur *Schweiz in römischer Zeit* von Felix Staehelin. Das Buch, das drei Auflagen erlebte, ist für die Geschichte der wissenschaftlichen Auseinandersetzung mit der römischen Epoche des Gebietes der heutigen Schweiz von grundlegender Bedeutung, und eine wissenschaftsgeschichtliche Bearbeitung ist durch diese zentrale Stellung des Werks nicht nur legitimiert, sondern geradezu gefordert.

Die bisherige Beschäftigung mit der SRZ beschränkte sich in der überwiegenden Zahl der Fälle auf eine Rezeption im Hinblick auf die konkrete Aufarbeitung des Forschungsstandes zu einem bestimmten in dem Werk behandelten Thema, erfolgte also im Zuge einer Lektüre auf der Materialebene des Inhalts und in einem Zugang, der auf den Nachvollzug der explizit darin getroffenen Aussagen abzielt. Entsprechend der grossen wissenschaftlichen Bedeutung des Werks ist eine entsprechende Rezeption, welche die SRZ als Handbuch und Forschungsgrundlage liest, in der Forschung zur Provinzialgeschichte der römischen Schweiz im 20. Jahrhundert beinahe ubiquitär, und sie ist auch im 21. Jahrhundert noch keineswegs aus den entsprechenden Darstellungen verschwunden.

Eine Lektüre der *Schweiz in römischer Zeit* in einer Perspektive, die das Buch nicht auf der Ebene einer historischen Klärung des darin Behandelten rezipiert, sondern das Werk selbst als historisches Objekt in den Kontext der Geschichte seiner Entstehungs- und frühen Rezeptionszeit stellt, ist bislang nur sehr rudimentär vorgenommen worden: in Form von knappen entsprechenden Beobachtungen und im Hinblick auf die Klärung eigener, zu dem Werk in Opposition stehender Auffassungen.

In dieser Situation setzt die vorliegende Arbeit an, welche auf breiter Quellenbasis und unter umfassender Kontextualisierung die *Schweiz in römischer Zeit* in einem neuen Licht als geschichtliches Thema fasst, um zu einem wissenschaftsgeschichtlichen Erkenntnisgewinn zu gelangen, der sich ergibt aus einer Klärung der historischen Gemengelage, in welche das Buch eingebettet ist. In dem Bestreben, die *Schweiz in römischer Zeit* als Schnittpunkt der relevanten Kontexte zu fassen, wird in vorliegender Arbeit in einer übergeordneten Perspektive nach dem *Autor* und nach dem *Objekt* des Werks gefragt. Die SRZ wird in ihrer Substanz gefasst als die Gestaltung des präexistenten Objekts «römische Schweiz» durch den selbst in vielfacher Hinsicht geprägten und bedingten, aber in der spezifischen Art seiner Prägungen doch individuellen Autor *Felix Staehe-*

lin. Die vorliegende Untersuchung, die das Werk selbst ins Zentrum stellt, fragt somit nicht nach dem Autor per se und nicht nach dem Objekt per se, sondern nach der spezifischen historischen Form des Zusammentreffens, nach der konkreten Relation zwischen Autor und Objekt, deren Ausdruck das Werk bildet. Diese verbindende Fragestellung kommt im Titel der Untersuchung zum Ausdruck: *Felix Staehelin und die römische Schweiz.*

Als konzeptuelle Werkzeuge zur Traktierung dieser im Fokus stehenden historischen Entitäten wird einerseits auf die als konstruktiv verstandene Form des Bourdieu'schen *epistemischen Individuums* zurückgegriffen. Dieses Konzept bietet ein Mittel zum Umgang mit dem methodischen Problem der Diskrepanz zwischen einem Individuum, wie es in der Untersuchung entsteht, und dem empirischen Menschen, auf den es sich bezieht. Statt eine unwillkürliche Reduktion der Aspekte des empirischen Individuums und eine perspektivische Verzerrung stillschweigend hinzunehmen, wird das epistemische Individuum als kategoriell vom empirischen getrennt aufgefasst und kann sodann nach den Parametern der Analyse konstruktiv in der Darstellung hervorgebracht werden, ohne den Anspruch, dem «ganzen Menschen» gerecht zu werden, der ohnehin eine epistemologische Unmöglichkeit darstellt, aufrechtzuerhalten. Auch auf weitere Analyseinstrumente Pierre Bourdieus, die auf das epistemische Individuum angewendet werden können, wird in der Untersuchung zurückgegriffen, so auf den Habitus-, auf den Feld- und auf den Kapitalbegriff, die alle in gegenseitiger konzeptioneller Abhängigkeit stehen.

Andererseits wird der Begriff des *Diskurses* als Werkzeug herangezogen, um den Fokus auf das Individuum um eine nichtindividuelle Perspektive zu ergänzen, welche eine andere, überpersönliche Form der Bedingtheit jeglicher Aussage sichtbar machen kann und die das geeignete Mittel darstellt, um mit der wirklichkeitsbildenden Kapazität von Aussagefolgen und deren Regelhaftigkeit umzugehen. Die Möglichkeit, eine Existenz bestimmter Entitäten als gegeben und bedingt zu sehen durch die Aussagen, die darüber getroffen werden, eröffnet ergiebige Wege im Umgang mit Objekten der Geschichtsschreibung und stellt deshalb ein geeignetes Mittel für die Geschichte von deren Rezeption dar.

Diese Theorieinstrumente werden hier komplementär angewendet, als nicht gegenseitig reduzibel aufgefasst, und es wird auf den Versuch verzichtet, sie theoretisch zu harmonisieren.

Unter der übergeordneten Frage nach dem Autor und seiner Gestaltung des Objekts wird in der Untersuchung eine breite Analyse der historischen Kontexte angestrebt und Aufschluss über Fragen gesucht, welche die Akteure, die Institutionen und die Diskurse betreffen, die in relevanter historischer Interdependenz zu der *Schweiz in römischer Zeit* stehen.

Es wurde zur Klärung dieser Fragen ein Vorgehen gewählt, in welchem zuerst von dem Autor ausgegangen wird, indem die SRZ in einem ersten Teil mithilfe einer breit aufgefassten biographischen Betrachtung verortet wird. Dieser Blickwinkel wird sodann dadurch ergänzt, dass in einem zweiten Teil von Aspekten des Werks selbst ausgegangen wird und die weitere Kontextualisierung von dieser Perspektive aus erfolgt.

So wird in vorliegender Untersuchung die Frage nach den Prägungen gestellt, nach dem sozialen, intellektuellen und institutionellen Werdegang und Lebensweg des Autors Felix Staehelin, nach der Signifikanz seiner SRZ im Hinblick auf seine Biographie, im Hinblick auf die Geschichte der Geschichts- und Altertumswissenschaften und im Hinblick auf Diskurse der historischen Selbstverortung. Es wird also gefragt nach dem Platz und der Signifikanz des Althistorikers Felix Staehelin und seines Werks zur Schweiz in römischer Zeit in wissenschaftsgeschichtlicher Perspektive.

Im Einzelnen bedeutete dies zu fragen nach den Faktoren, welche die Entstehung der SRZ und die Art ihrer Gestaltung ermöglichten, begünstigten und beeinflussten; nach den relevanten Personen und Institutionen, die in historisch signifikanter Beziehung zur SRZ standen und nach der Art, der Funktion und der Bedeutung von Staehelins Netzwerk in lokalen, nationalen und transnationalen Zusammenhängen. Es wird weiter die Frage gestellt, wie Staehelins konkreter Weg hin zur SRZ verlief, welche chronologischen Etappen hierbei zu unterscheiden sind, wie das Themenfeld konkret besetzt und verteidigt wurde, wie die SRZ schliesslich in praktischer Hinsicht realisiert werden konnte. Es interessiert die Aufnahme der SRZ in den diversen wissenschaftlichen, sprachlichen und nationalen Zusammenhängen, die Auswirkungen ihres Erscheinens auf den weiteren Lebensweg Staehelins. Weiter geht die Untersuchung der Frage nach der Relevanz Staehelins für den wissenschaftlichen Umgang mit der römischen Schweiz über die SRZ hinaus nach, es wird nach seiner diesbezügliche Rolle gefragt, nach seiner institutionellen Wirksamkeit, nach der Weiterentwicklung seines wissenschaftlichen Profils.

Überdies interessiert die Frage nach der Entstehung der dritten Auflage, der Wandlung des Forschungsumfelds in den hierfür relevanten Zeiträumen sowie nach dem letztlich gescheiterten Versuch einer französischen Übersetzung.

In einem zweiten Teil stehen das Objekt, die Methode und die weitere diskursive Signifikanz der SRZ im Zentrum. Es wird hier die Frage gestellt, wie der Gegenstand der SRZ zu konzeptualisieren ist, welche Bedeutung seiner Benennung zukommt, aus welchen Teilelementen er besteht und wie er in der SRZ aus diesen konstruiert wird. Es wird weiter gefragt nach dem Charakter der SRZ in Bezug auf ihr Verhältnis zur Forschung und zu der Überlieferung. Es interessieren hierbei die Art und der Umfang der berücksichtigten Quellen und die Bedeutung der methodischen Entscheidungen Staehelins im Kontext der Fächer- und Methodengeschichte der Altertumswissenschaften, weiter der Adressatenkreis sowie die erreichte Verbreitung der SRZ. Schliesslich wird nach zentralen Konzepten der SRZ gefragt, nach der Bedeutung von «Geschichte» und «Kultur» im Kontext wissenschaftlicher Diskurse und sodann nach Konzepten der historischen Kontinuität und damit verbundener identitätsstiftender historischer Selbstverortung.

Als Quellenbasis dienen erstens die Publikationen, die in einer wissenschaftsgeschichtlich relevanten Beziehung zum Erkenntnisinteresse stehen und zweitens die archivalische Überlieferung, die im Hinblick auf ihre Bedeutung für die zu klärenden Fragen ausgewählt und bearbeitet wurde. In beiden Fällen betrifft der zentrale Überlieferungszusammenhang Felix Staehelin selbst, seine SRZ, seine weiteren Publikationen, seine nachgelassenen Materialien. Sowohl publiziertes wie archivalisches Material konnte um dieses Zentralcorpus perspektivisch angeordnet werden.

In Kapitel 2 widmet sich die Untersuchung zuerst der Frage nach der familiären und sozialen Herkunft Felix Staehelins, nach der frühen Bildung seines Habitus, der Ausformung erster selbst formulierter wissenschaftlicher Interessen und der letztlich erfolgten Wahl seiner Studienfächer. Staehelins soziale Heimat war das alte Basler Bürgertum, das noch bis zur Zeit seiner Geburt die politische Macht in dem Stadtkanton weitgehend monopolisiert hatte und das in Staehelins Jugend vorläufig immer noch die politische, vor allem aber die massgebliche kulturelle Elite darstellte. Diese aus verwandtschaftlich vielfach verflochtenen Familien gebildete distinkte soziale Schicht zeichnete sich durch spezifische Werthaltungen aus, von denen Staehelin früh geprägt wurde und die für seine Wahrnehmungs-, Denk- und Handlungsdispositionen von grösster Wichtigkeit blieben. Ein grundlegender Faktor bestand hierbei in einem als persönlich verstandenen protestantischen Christentum, das die weltanschaulichen Sinndeutungen strukturierte und das für Staehelin Zeit seines Lebens eine bestimmende Position seines Denkens bleiben sollte. Schon als Maturand machte er sich Gedanken über das Verhältnis von historisch-kritischer Methode und christlichem Glauben, ein Thema, mit dem er sich auch in späteren Jahren noch ebenso häufig beschäftigte wie mit dem damit in Verbindung stehenden Problem der Spaltung der kirchlichen Richtungen. Auch das Pflichtgefühl für und die Identifizierung mit seiner Heimatstadt, seiner Familie und seiner Herkunft stellen einen für diese soziale Herkunft bezeichnenden Zug dar. Als Sprössling zweier der ältesten Familien Basels, die seit Jahrhunderten massgeblich die Geschicke der Stadt mitgestaltet hatten, war Staehelin in den Basler Zusammenhängen bestens vernetzt und verfügte über ein beträchtliches soziales Kapital. Dieser Hintergrund, der durch seine starke Verwurzelung in Basel und die affirmative Haltung zu seiner Herkunft gebildet wird, ist in der Betrachtung von Staehelins Lebensweg stets zu berücksichtigen und lässt viele seiner Entscheidungen und Handlungsweisen in einem viel klareren Licht erscheinen.

Neben solch übergreifend wirksamen Faktoren war der junge Staehelin, der sich in den Quellen als ein wacher, begabter und ernsthafter Gymnasiast zeigt, in seinem frühen Erkenntnisstreben beeinflusst von starken Persönlichkeiten, deren pädagogisches Ethos und intellektuelle Kapazität anziehend und fördernd wirkten. Zu nennen ist hier etwa der Philologe und Gymnasiallehrer Theodor Plüss, der seinen Schülern eine humanistisch zu nennende Perspektive auf die Antike vermittelte, weiter Theophil Burckhardt-Biedermann, dessen Arbeit für Staehelin später eminent wichtig werden sollte. Ebenfalls ist zu verweisen auf Bernhard Duhm, der mit seinen theologischen Überlegungen die oben angesprochenen Reflexionen Staehelins massgeblich beeinflusste. Entscheidend sollte aber vor allem Jacob Burckhardt auf den jungen Staehelin einwirken, sein Grossonkel, der berühmte Historiker. Die Beschäftigung mit Burckhardt sollte ein Leitmotiv von Staehelins Biographie bleiben, und wenn er auch in seinen Wertungen schon früh dieser intellektuellen Vaterfigur gegenüber eigenständig geworden war, so verblieb er doch stets in affirmativer Haltung zu dessen grundlegenden historischen Perspektiven. Diese sollten denn auch eine strukturierende Rolle spielen für Staehelins Blick auf die Signifikanz der römischen Schweiz.

Staehelins Wahl seiner Studienfächer war geprägt von einer Dynamik aus wissenschaftlichem Idealismus, pragmatischen Zwängen und einer für Basel typischen Kanalisierung der jugendlichen Lebensentscheidung durch das nahe Umfeld. Sein frühstes Interessensgebiet bildete der Alte Orient, und aus Staehelins Beschäftigung mit Eduard Meyers entsprechender Darstellung sowie der Auseinandersetzung mit dem Alten Testament erwuchs eine erste tiefgehende Beschäftigung mit diesem spezifischen Themengebiet, die durchaus bereits das Gepräge wissenschaftlichen Arbeitens hatte. Legte sich der Gymnasiast selbst Rechenschaft darüber ab, dass eine Spezialisierung auf diesem Gebiet keine leichte Etablierung versprach, so war es letztlich der wohlwollende, aber bestimmt ausgeübte Einfluss seines Umfelds, der ihn die konventionellere Bahn eines Studiums der Geschichte und der Klassischen Philologie einschlagen liess. Vom Alten Orient sollte er freilich nie lassen. Wenn zu Beginn seiner Studien stets die Perspektive einer entsprechenden späteren Spezialisierung noch mitgedacht war und Staehelin auch theologische Lehrveranstaltungen besuchte, die in diese Richtung wiesen, so wurde doch bald klar, dass die klassischen Studien und die Geschichte die eigentlichen Fächer Staehelins bleiben würden, eine Wahl, die gerade Jacob Burckhardt stets vehement unterstützt hatte. Doch die Möglichkeit einer Auffassung der Alten Geschichte in einem weiten Umfang und eine in Basel verwurzelte Tendenz zum Universalgeschichtlichen sollten dazu führen, dass Staehelin trotz allem sein ganzes akademisches Leben hindurch die Geschichte des Alten Orients zu seinem Fachgebiet rechnen konnte.

Felix Staehelins grundlegende wissenschaftliche Bildung, die er durch sein Studium erlangte, war einerseits von den Verhältnissen der heimatlichen Basler Universität geprägt und andererseits – komplementär und im Kontrast dazu stehend – von denjenigen der deutschen Geschichts- und Altertumswissenschaft in Bonn und Berlin. Es zeigt sich hier ein Spannungsfeld, das Staehelins wissenschaftlichen Habitus entscheidend prägen sollte und den Grund legte für einen in seinem weiteren wissenschaftlichen Werdegang fortdauernden Dualismus zwischen einer universalistischen, den Blick auf weite Räume und Zeit-räume richtenden Perspektive und einer auf exakte Methode spezialisierten und auf die Klärung der positiven Einzelheiten fokussierten Wissenschaftlichkeit. Das Studium in Basel war grundlegend geprägt von dem Universalhistoriker Adolf Baumgartner sowie dem Philologen Ferdinand Dümmler, der in übergreifender Auffassung eine archäologisch geprägte und kulturhistorisch ausgerichtete Altertumswissenschaft pflegte. Dümmler sollte für Staehelin eine wichtige akademische Lehrerfigur werden, und als der Schritt ins Ausland erfolgte, war er neben dem Grossonkel Jacob Burckhardt die entscheidende beratende Instanz. In Bonn und Berlin traf Staehelin auf Spitzenkräfte der deutschen Philologie wie Usener und Diels, hörte Treitschke und Harnack. Für seine weitere wissenschaftliche Tätigkeit sollte aber vor allem die epigraphische Schulung durch Kern und Köhler wichtig werden, die er – bereits durch Nissen mit einem hellenistischen Projekt für die Dissertation ausgerüstet – in Berlin zur Konzeption seiner ersten Monographie fruchtbar machen konnte.

Für seine Dissertation ging Staehelin zunächst von einer Gestaltung der Geschichte Pergamons aus und verlegte sich erst im weiteren Verlauf seiner Arbeit sukzessive auf das Thema der kleinasiatischen Galater. Bereits an dieser ersten Arbeit lassen sich Aspekte ausmachen, die ebenfalls für die SRZ bedeutsam werden sollten. Rückblickend zeigen sich zwischen Staehelins erstem wissenschaftlichen Beitrag, den kleinasiatischen Galatern, und der SRZ interessante Parallelen und Kontinuitäten des Fragens, der Methode und der historischen Perspektiven. Ebenfalls bleibt das für Pergamon angedachte Projekt der monopolisierenden Gesamtdarstellung eines Themengebietes eine Perspektive seiner wissenschaftlichen Ambitionen, die schliesslich in der SRZ ihre Erfüllung finden sollte.

Zurück in Basel glückte Staehelin seine Promotion in ausgezeichneter Art und Weise, und nach einer ausgedehnten Reise durch Griechenland und Italien nahm er die berufliche Laufbahn eines Gymnasiallehrers in Angriff, wie es Jacob Burckhardt ihm stets nahegelegt hatte.

In Kapitel 3 dieser Untersuchung werden in einer thematischen Gliederung der frühe berufliche Werdegang, die wissenschaftliche Entwicklung und die Position, die Staehelin in der Stadtgesellschaft einnahm, aufgezeigt. Nach der Absolvierung seines Vikariats in Basel gelangte Staehelin an eine Stelle als Gymnasiallehrer in Winterthur. Weit davon entfernt, sich auf das geruhsame Leben eines Lehrers zu beschränken, das ihm Jacob Burckhardt ans Herz gelegt hatte, entfaltete Staehelin praktisch sofort eine rege Forschungstätigkeit. Hatte er bereits im Jahr 1900 einen Aufsatz zu Munatius Plancus veröffentlicht, so intensivierte er in seiner Winterthurer Zeit die wissenschaftliche Arbeit in einer Weise, die es ihm erlaubte, schon bald substantielle Publikationen vorlegen zu können, die ihm schliesslich die Habilitation ermöglichen sollten. Hierbei bewies er ein gutes Gespür für sich bietende Gelegenheiten, was sich etwa an seiner frühen Bearbeitung neu gefundener Historikerfragmente (Didymos) zeigt. Nach seiner Rückkehr nach Basel, die ihm durch eine Anstellung am dortigen Gymnasium ermöglicht wurde, begann Staehelin seine universitäre Karriere und etablierte sich gleichzeitig in der Stadtgesellschaft. Seinem Habitus entsprechend entwickelte er sich zu einer Person, die durch ihre Tätigkeitsfelder und die Art, wie sie sich zu diesen stellte, eine gesellschaftlich integrative Position einnahm und die in affirmativer Haltung zur Reproduktion der überkommenen Strukturen beitrug. In der Verbindung aus altbürgerlicher Abkunft, Engagement in den städtischen Institutionen und universitärer Tätigkeit verkörperte Staehelin ein gewisses Ideal der gebildeten Basler Gesellschaft. Wie gezeigt, stellte für das Thema vorliegender Untersuchung vor allem sein Wirken in der HAG eine folgenreiche Tätigkeit dar. Die in diesem Kontext erworbenen Möglichkeiten sollten bei der Hinwendung Staehelins zu Themen der römischen Schweiz eine entscheidende Rolle spielen. Was sein universitäres Fortkommen betrifft, so drang Staehelin zwar mit seinem Gesuch um Erlass einer Habilitationsschrift durch, sein Vortrag vor dem Kolloquium stiess jedoch nicht auf Begeisterung. Hier und in den kurz zuvor stattfindenden Beratungen über die Nachfolge Körte wird in den Quellen zum ersten Mal der Vorbehalt deutlich, der auch künftig bestimmend für eine verbreitete Haltung gegenüber Staehelins Arbeits- und Vortragsweise bleiben sollte. Wurde bereits jetzt seine Art als schulmeisterhaft und seine Arbeit als rezeptiv beurteilt, so sollte der Vorwurf einer akribischen Tatsachenhistorie später in dem diskursiven Klima der Zwischenkriegszeit noch ein grösseres Gewicht erhalten.

In seinem gesellschaftlichen Engagement erreichte Staehelin weitere Positionen, indem er in der religiös-sozialen Aufbruchstimmung zeitweise zu einem Sprecher des Kreises um Wernle und Ragaz avancierte, für den er, nachdem dieser einige Wandlungen durchgemacht hatte, 1918 in die Synode gewählt wurde. Bereits im Jahr zuvor war er zum Extraordinarius gewählt worden, jedoch ohne einen eigentlichen Lehrauftrag zu erhalten. Weiterhin führte er mit seiner akademischen und gymnasialen Lehrtätigkeit ein Doppelamt, das ihn bereits einmal an seine Leistungsgrenzen gebracht hatte und von dem er nur dank einer Reduktion seines Pensums nicht zurückgetreten war.

Seine Situation an der Universität war geprägt von einer Position zwischen dem Universalhistoriker Baumgartner, der seinen Anspruch auf die Alte Geschichte aufrechterhielt, und einer Klassischen Philologie, die sich in einer umfassenden Weise ebenfalls für die althistorischen Lehrinhalte zuständig fühlte. Obwohl damit die Gewinnung einer eigenständigen und aussichtsreichen Stellung schwierig war, blieb Staehelin loyal zu seiner Heimuniversität und schlug ein in Aussicht gestelltes Extraordinariat in Zürich aus.

In Staehelins wissenschaftlicher Tätigkeit zeigen sich einige Besonderheiten. Grundsätzlich war er Spezialist für hellenistische Geschichte, in den entsprechenden philologischen und epigraphischen Methoden geschult, mit einer Begeisterungsfähigkeit für neue Arten der Überlieferung ausgestattet und auf dem Gebiet allgemein anerkannt. So verfasste er denn auch bis Ende der 1930er Jahre zahlreiche entsprechende Artikel für die RE und seine überarbeitete und erweiterte Geschichte der Galater setzte sich als Standardwerk durch. Gleichzeitig war er aber trotz methodischer Defizite nicht bereit, auf den Alten Orient als Thema von Lehre und Publikationen zu verzichten, womit er beträchtliche Teile seiner Arbeitskraft einem Gebiet widmete, in dem er nicht auf die Höhe der Spitzen der Forschung gelangen konnte. Für die altorientalischen Themen galt er zwar lokal als Fachmann und war durch seine langjährige Beschäftigung auch ein guter Kenner, brachte aber aus seiner universitären Bildung nicht die Kompetenzen mit, um sich mit durchschlagenden Arbeiten echtes Prestige zu erwerben, das sich in akademisches Avancement hätte umwandeln lassen. Das Festhalten an dem Thema, das in seiner Jugend seinen Forscherdrang geweckt hatte und das sich bei ihm stets mit einem religiös motivierten Interesse am Alten Testament verbunden – aber nicht vermischt – hatte, ist ein Ausweis der grossen Bedeutung, die ein intrinsisches Erkenntnisinteresse in seinem wissenschaftlichen Werdegang spielte. Es zeugt ebenfalls von einer bemerkenswerten Konsequenz, dass Staehelin an dem frühen klaren Bekenntnis zur Althistorie auch in einem Umfeld, in dem hierfür noch kein institutionelles Gefäss bestand, festhielt, womit er eine Pionierrolle bei der Etablierung der Alten Geschichte in der Schweiz einnehmen sollte.

Staehelins wissenschaftliches Arbeiten erwies sich stets als von grosser Übersicht geprägt, und die Anerkennung für seine kompetente Behandlung eines breiten Themenspektrums wurde ihm nie versagt. Der Weite seines Blicks entsprach es hierbei, dass er auch Themen der neuzeitlichen Geschichte in sein historisches Arbeitsgebiet integrieren konnte.

In Kapitel 4 werden in einer thematischen Engführung der Untersuchung die Hinwendung Staehelins zur römischen Schweiz, seine Besetzung und Behauptung des Themenfeldes und die Publikation der ersten und der zweiten Auflage dargelegt. Auf nationaler und internationaler Ebene war Staehelin bis zum Beginn der 1920er Jahre nicht als Fachmann für die römische Schweiz hervorgetreten und die Art seiner frühen Hinwendung zum Thema lässt sich durch eine blosse Analyse seiner fachlichen Publikationen nicht nachvollziehen, sondern erschliesst sich nur in einer Untersuchung der spezifischen Situation in Basel, insbesondere von Staehelins Tätigkeit an der Universität und in der HAG. Staehelin fand durch sein Engagement in der HAG ideale Voraussetzungen vor, um seine althistorische Expertise für eine «Alte Geschichte seiner Heimat» fruchtbar zu machen. Während er in der ersten Zeit nach seiner Rückkehr aus Winterthur zuerst diesbezüglich keine herausgehobene Stellung innehatte und die Forschungen lediglich rezeptiv begleitete, änderte sich die Situation bald. Bereits 1910 erstattete er erstmals in der Presse über die Forschungen Bericht. Im Jahr 1912 wurde er in die Kommission für Augst gewählt. Für kurze Zeit war er damit das dritte Mitglied dieser Kommission, und als Theophil Burckhardt-Biedermann bald darauf verstarb, begann seine Zeit als Teil des Augster «Duumvirats» mit Karl Stehlin, die zwei Jahrzehnte andauern sollte. Die Arbeitsweise Karl Stehlins und der Umgang mit seinen Ergebnissen boten Staehelin ein weites Betätigungsfeld. Stehlin war ein engagierter Forscher, veröffentlichte jedoch kaum Synthesen und betätigte sich zwar als Archäologe, aber nicht im eigentlichen Sinn als Altertumswissenschaftler. Mit seiner philologischen Expertise, seiner historischen Übersicht und seiner gestalterischen Begabung bildete Staehelin hier die ideale wissenschaftliche Ergänzung. Zunächst erarbeitete er sich den Forschungsstand zu Augst und erstattete in der Presse regelmässig Bericht über die Forschung. Ebenfalls publizierte er einen Artikel zum Augster Theater in einem Periodikum für das breitere Publikum.

In eben jener Zeit begann der Privatdozent Felix Staehelin mit seiner Vorlesung zur *Schweiz in römischer Zeit* und die Arbeit an dieser Vorlesung sollte sich schliesslich zu einer über 20-jährigen Arbeit an einer Gesamtdarstellung der römischen Schweiz entwickeln; diese Vorlesung ist also in engem Zusammenhang zur Entstehung der SRZ zu sehen. Seine Fähigkeit, als Althistoriker mit den Ergebnissen, welche die Bodenforschung lieferte, umzugehen, stellte Staehelin dann in seiner Studie zum «ältesten Basel» unter Beweis. Ebenfalls veröffentlichte er einen Aufsatz *Zur Geschichte der Helvetier*, der eine kalkulierte Polemik gegen Eduard Norden darstellte und Staehelin nun als kompetenten Forscher auf diesem Gebiet einem weiten Fachpublikum zum Bewusstsein brachte. Die Synthese der städtischen Bodenforschung sowie der Helvetier-Aufsatz entsprachen gewissermassen einer doppelten Etablierung auf dem Forschungsfeld der Geschichte der Schweiz in der Antike, nicht zuletzt im Hinblick auf die sich entwickelnden engen Kontakte zu massgeblichen Protagonisten der deutschen römisch-germanischen Forschung. Es zeigt sich, welch immense Bedeutung die deutsche Forschung für die Schweizer Bemühungen um ihre römische Vergangenheit hatte und welch unschätzbarer Gewinn der Rückhalt der entsprechenden Akteure für Staehelin bedeutete. Vor allem Friedrich Drexel entwickelte sich nun zu einem eigentlichen Förderer und forderte Staehelin direkt und offen auf, eine «römische Schweiz» zu verfassen, wobei er ihn explizit dem auf dem Gebiet verdienten Philologen Schulthess vorzog. Der Beginn der 1920er Jahre markiert so eine klare Zäsur im Hinblick auf das Erkenntnisinteresse vorliegender Untersuchung. Von jetzt an verlief der Weg zwar noch nicht geradlinig, aber doch stetig in Richtung einer massgeblichen Gesamtdarstellung zur römischen Schweiz.

Es wird in vorliegender Untersuchung erstmals die Gemengelage in der Zeit vor der Publikation der SRZ aufgearbeitet und die diversen Konkurrenzsituationen analysiert. Die römische Bodenforschung der Zeit war in der Schweiz zu einem grossen Teil durch altertumswissenschaftliche Laien geprägt. Es gab aus diesem Grund nicht viele Akteure, die für Staehelin in dieser Situation eine Konkurrenz hätten bedeuten können. Zu rechnen war einerseits mit Eugen Täubler, der seit kurzem in Zürich das Extraordinariat besetzte, für das auch Staehelin angefragt worden war, und der neben Staehelin der einzige überhaupt in Frage kommende Althistoriker war. Schnell hatte er sich für die Themen der römischen Schweiz zu interessieren begonnen und Staehelin schon früh zu verstehen gegeben, dass auf diesem Gebiet von ihm etwas zu erwarten sein würde. Andererseits war der Philologe Otto Schulthess zu beachten, der einen ganz anderen Typus von Wissenschaftler verkörperte und für einen von Täublers Herangehensweise vollkommen verschiedenen Zugang zur römischen Schweiz stand. Durch langjährige epigraphische Arbeit und Berichterstattertätigkeit war er das Gesicht der schweizerischen römischen Forschung geworden, gerade auch was die Wahrnehmung in Deutschland betraf. Um die Mitte der 1920er Jahre war er in zwei Projekte eingebunden, die ihn in die Position eines Autors bzw. Herausgebers der massgeblichen Darstellung zur römischen Schweiz gebracht hätten. Das eine Projekt war sehr unbestimmt und hätte vermutlich auch Täubler eingeschlossen, das andere Projekt war in den Kreisen der Schweizer Bodenforscher breit verankert und schien auf dem Weg zur konkreten Realisierung zu sein. Bevor sich diese Situation klären sollte, erfolgte eine Episode, die Staehelins Entschlossenheit, sein polemisches Potential, sein soziales Kapital und sein Gespür für die Behauptung diskursiver Legitimität schlagartig aufzeigten. Als der Kompilator Ludwig Reinhardt eine Darstellung zu *Helevetien unter den Römern* veröffentlichte, die teilweise aus Staehelins Vorlesung geschrieben worden war, mobilisierte dieser sein Netzwerk und stellte die Delegitimierung dieses Unterfangens durchschlagend in allen relevanten Zusammenhängen, im In- und Ausland sicher. Gleichzeitig brachte er sich selbst in Stellung, indem aus seinem Umfeld öffentlich eine Darstellung zur römischen Schweiz, die «von berufener Seite» zu verfassen sei, gefordert wurde und ein zentraler Protagonist der Schweizer Bodenforschung ihn vor Publikum explizit um eine solche bat.

Durch diese Entwicklungen und seine fortlaufenden fundierten Publikationen zum Thema hatte sich Staehelin zur Mitte der 1920er Jahre hin in den Augen vieler bereits zum ersten Anwärter auf eine «römische Schweiz» entwickelt. Aufgeschreckt durch Ludwig Reinhardt und aufgrund seiner Verbindungen nach Deutschland und Frankreich sowie seines Status in der Schweiz in bester Ausgangslage, suchte er nun in Basel um Urlaub nach und begann mit der Niederschrift seiner SRZ. Durch den Weggang von Eugen Täubler war ein gewichtiger Konkurrent weggefallen und das Projekt von Otto Tschumi, in dessen Rahmen die Darstellung von Schulthess hätte erscheinen sollen, kam nicht von der Stelle. Hatte es lange noch geschienen, als sei dieses nur aufgeschoben, so sollte sich sein Ende letztlich doch als definitiv erweisen. Bis zum Beginn der entsprechenden Arbeiten von Ernst Meyer sollte Staehelin in Bezug auf die historische Gestaltung des Gesamtobjekts «römische Schweiz» nun ohne Konkurrenz bleiben.

Das Kapitel 5 dieser Untersuchung schliesst sich eng an das Kapitel 4 an. Hier wird Schritt für Schritt die konkrete Entstehung von Staehelins Werk beleuchtet, die Art der allgemeinen Aufnahme durch das Fachpublikum dargelegt und der Weg zur zweiten Auflage sowie deren Publikation skizziert. Staehelin nutzte gezielt sein Netzwerk, um jeweils die neusten Informationen – und daneben auch die Illustrationen, die er für sein Buch brauchte – zu erhalten. Hier zeigt sich der gewaltige Vorteil, den ihm seine lokalen, nationalen und transnationalen Verbindungen einbrachten. Obwohl er selbst nicht zu den Kreisen der Bodenforscher gehörte, war er mit diesen bestens vernetzt und konnte deren jeweiligen Informationsvorsprung für sich nutzbar machen. Daneben gelang es ihm, über die Stiftung Schnyder von Wartensee und einen privaten Förderer die notwendige Finanzierung zu organisieren. Als sein Buch schliesslich erschien, war diesem ein durchschlagender Erfolg beschieden; bereits nach sechs Wochen war es vergriffen. Als relevante Faktoren hierbei sind erstens die exzeptionelle Qualität des Werks zu sehen, zweitens die immense Erwartungshaltung, die mittlerweile in Bezug auf das Opus herrschte, und drittens dessen Charakter, mit einer Themensetzung, die den wissenschaftlichen Trends und den Diskursen der schweizerischen und internationalen – vor allem deutschen – Bodenforschung entsprach. Die allgemeine Aufnahme von Staehelins Werk war euphorisch. Hier war ihm nun, mit fast 54 Jahren, der grosse Wurf gelungen. Seit seiner Jugendzeit hatte Staehelin die Ambition gehabt, ein umfassendes Thema zu monopolisieren und die massgebliche Gesamtsynthese dazu vorzulegen. Bezüglich der Geschichte Pergamons, die hierzu eigentlich ausersehen gewesen wäre, kam es letztlich nie dazu. Für die römische Schweiz hatte er dies nun vollbracht.

Nach anfänglichem Zögern wurde Staehelin sodann durch Vertreter der internationalen Wissenschaft davon überzeugt, in relativ kurzer Frist eine zweite Auflage folgen zu lassen. Den Überarbeitungsprozess gestaltete Staehelin so, dass er Konzept und äussere Form unangetastet liess und mithilfe der Rezensionen, der in der Zwischenzeit erschienenen Fachpublikationen sowie von Fundberichten und der ihm persönlich zugegangenen Bemerkungen die SRZ in einer Vielzahl von einzelnen Punkten aktualisierte, wobei er die sprachliche Form des Fliesstextes soweit es ging unverändert liess. Er schuf damit in kurzer Zeit eine aktualisierte Version seines Buches, das «gleich geblieben» und dabei «doch ganz neu» geworden war.

Die Kapitel 6 und 7 bilden zusammen die letzte chronologische Einheit der vorliegenden Untersuchung. In Kapitel 6 wird zuerst unter Auseinandersetzung mit der bisherigen Forschung aus den Quellen heraus Staehelins institutionelle Etablierung erarbeitet und danach auf die Ausgestaltung von Lehre und Forschung in seiner Zeit als Ordinarius eingegangen, bevor seine Rolle erörtert wird, die er in jener Zeit im Hinblick auf die Forschungslandschaft zur römischen Zeit der Schweiz spielte.

Durch den Tod des Universalhistorikers Baumgartner wurde eine Reorganisation des Fachs Geschichte an der Universität Basel induziert und im Verlauf dieser Neuausrichtung sollte Staehelin ein persönliches Ordinariat mit einem Lehrauftrag für Alte Geschichte erlangen. Die Besetzung der zu vergebenen Positionen wurde von der Fakultät in einer Weise organisiert, die zur Folge hatte, dass lediglich Kräfte, die ihr bereits angehörten, zum Zug kamen. Dies und gewisse Vorbehalte gegenüber der politischen Ausrichtung einzelner Kandidaten und des Gesamtvorschlags führten zu einer Kontoverse mit den Behördenverantwortlichen, die letztlich aber im Sinn der Fakultät beigelegt wurde. Es sollte sich für Staehelins Laufbahn als entscheidend erweisen, dass zu jenem Zeitpunkt kein Vollordinariat für Alte Geschichte eingerichtet wurde, was die Berufung eines arrivierten deutschen Ordinarius zur Folge gehabt hätte. Aufgrund der Quellenlage darf geschlossen werden, dass es sich hierbei nicht um einen Glücksfall handelte, sondern dass – neben anderen Gründen – auch Staehelins entsprechende Perspektiven in die Deliberation miteinbezogen wurden. Staehelin hatte einige gewichtige Faktoren auf seiner Seite – obwohl er mit seiner Art, Wissenschaft zu treiben, den historiographischen Geschmack der Zwischenkriegszeit nur unzulänglich traf. Erstens war er in der Stadtgesellschaft und damit auch in der Kommission der Kuratel bestens vernetzt, er erfüllte durch seine Abkunft und sein gesellschaftliches Engagement überdies in idealer Weise die Erwartungen, welche an einen Basler Professor gestellt wurden. Ein gewichtiges Argument zu seinen Gunsten war weiter seine – trotz entsprechender alternativer Möglichkeiten – langjährige Loyalität zu seiner Heimuniversität. Nicht zuletzt aber sind gerade in dem Erfolg, den die SRZ bedeutete, und dem wissenschaftliche Prestige, das er sich mit dem Werk erworben hatte, wesentliche Faktoren bei seiner institutionellen Etablierung zu sehen. Diese bedeutete somit ebenfalls einen Teil der «Dividende», welche die SRZ für Staehelin in verschiedener Hinsicht generieren sollte.

Auf die Darlegung dieser Vorgänge folgt in der vorliegenden Untersuchung eine Behandlung von Staehelins Gründung des Seminars für Alte Geschichte der Universität Basel. Es wird nachgezeichnet, wie Staehelin die Alte Geschichte aus dem Historischen Seminar herauslöste und in enger Anlehnung an die Klassische Philologie als eigenes Institut konstituierte. Hierbei wird dafür argumentiert, dass Staehelin bislang in der Forschung als etwas zu passiv beurteilt wurde und dass eine Marginalisierung seiner Akteursposition und eine Abwertung seiner Charaktereigenschaften in quellenkritischer Hinsicht nicht auf diese Weise haltbar bzw. statthaft sind.

Ob absichtsvoll oder nicht – Staehelin schrieb mit seiner Abtrennung die Alte Geschichte als eigenen historischen Fachbereich fest, und als durch das Universitätsgesetz von 1937 ein dritter gesetzlicher Lehrstuhl für Geschichte eingerichtet wurde, war er es, der gewählt wurde. Man kann vermuten, dass er als Leiter eines eigenen Seminars nun kaum hätte übergangen werden können und dass die Abtrennung möglicherweise auch in diesem Licht zu sehen ist. Zu konstatieren ist, dass die Reihung persönliches Ordinariat – eigenes Seminar – gesetzlicher Lehrstuhl in dieser glatten Abfolge für Staehelin die ideale Kaskade bildete.

Staehelins Lehre als Ordinarius blieb, was die behandelten Themen betrifft, grundsätzlich konstant, er erweiterte sein Lehrprogramm aber in Richtung eines umfassenden althistorischen Angebots und berücksichtigte nun etwa auch die römische Geschichte breiter. Die Vorlesung zur Schweiz in römischer Zeit jedoch hatte offenbar mit der Publikation der SRZ ihre Bestimmung erreicht, Staehelin sollte sie nie mehr halten. In der ersten Hälfte der 1930er Jahre schloss Staehelin seine Arbeit an der Jacob-Burckhardt-Gesamtausgabe ab und verfasste weiter Artikel für die RE. Er unternahm jedoch in dieser Zeit keine grösseren Forschungsarbeiten, es dominierten der synthetische Blick ins Grosse und die kleine Form. So sind besonders seine Vorträge zu Claudius und zu Konstantin wichtige Zeugen seiner wissenschaftlichen Interessen zu jener Zeit.

Was die römische Schweiz betrifft, so kam Staehelin hier jetzt eine neue Rolle zu. Mit seinen entsprechenden Publikationen begleitete er die Forschung und nahm nun die Position des arrivierten Meisters ein, der geehrt wurde und mit dessen Präsenz man sich schmücken konnte. Um das Jahr 1930 unternahm Staehelin einen weitsichtigen Zug, indem er den jungen Bodenforscher Rudolf Laur-Belart nach Basel holte und damit noch vor dem antizipierten Wegfall von Karl Stehlin die Augster Forschung auf Dauer stellte. Erstmals in der Forschung sind hier der frühe Werdegang Laur-Belarts sowie der Verlauf seiner Basler «Berufung» dargestellt und in den Zusammenhang des transnationalen Netzwerks der Schweizer Bodenforscher und Felix Staehelins gestellt worden. Auch hier wirkte Drexel wieder als Beobachter der Schweizer Forschungslandschaft, evaluierte die Nachwuchskräfte und nahm darüber mit den arrivierten Schweizer Kräften Rücksprache. Staehelin wiederum nutzte seine institutionelle Stellung in Basel geschickt, um für seine Heimatstadt, für Augst, für die Römerforschung der Schweiz und nicht zuletzt für sich selbst und seine eigenen Interessen entscheidend gestaltend einzugreifen.

In der althistorischen Forschungslandschaft sollte nun mit Ernst Meyer ein neuer kompetenter Wissenschaftler auftreten, dessen Gewicht in diesem Themengebiet spätestens durch die zusammen mit Ernst Howald publizierte Quellensammlung *Die römische Schweiz* deutlich werden sollte. Felix Staehelin wiederum publizierte 1943 eine Sammelrezension *Römerzeit,* welche zentrale Forschungsergebnisse der letzten Zeit zusammenstellte und kritisch bewertete. Die Rezension stellt einen deutlichen Reflex seiner neu begonnenen Totalrezeption des Forschungsstandes dar und weist auf den Beginn der Arbeit an der dritten Auflage seiner *Schweiz in römischer Zeit* hin.

In Kapitel 7 wird zuerst Staehelins Emeritierung und die Regelung der Nachfolge skizziert, bevor auf die Entstehung der SRZ[3] eingegangen wird. Danach erfolgt eine Quellenauswertung zu der Frage nach einer französischen Übersetzung der

SRZ und eine Darstellung der wissenschaftlichen Tätigkeit Staehelins in seinen letzten Jahren.

Mit seinem 70. Geburtstag hatte Staehelin die Altersgrenze erreicht, die seit dem Universitätsgesetz von 1937 galt. Er selbst blickte seiner Emeritierung affirmativ entgegen, was nicht zuletzt mit seinem damals schon gefassten Plan zusammenhängen dürfte, eine dritte Auflage seines grossen Werks zu veröffentlichen. Die Suche nach einem Nachfolger gestaltete sich allerdings schwierig. Es wirft ein deutliches Licht auf die Entwicklung der Althistorie in der Schweiz, dass immer noch kein (deutsch-)schweizerischer Nachwuchs zur Verfügung stand. Staehelin übernahm aufgrund des sich hinziehenden Verfahrens für ein weiteres Semester die Vertretung auf dem Lehrstuhl. Um Matthias Gelzer, der in Frage kam und den Staehelin favorisierte, entspann sich eine Diskussion, die mit dessen politischer Haltung und seiner langjährigen Tätigkeit als Ordinarius im nationalsozialistischen Deutschland in Zusammenhang stand. Alfred Heuss, der ebenfalls im Gespräch war, wandte sich in Reaktion auf die Zusendung eines Artikels, in welchem Staehelin die Hinzuziehung der Rassenlehre in der Geschichtswissenschaft geisselte, brieflich an diesen und verwies darauf, dass seine Arbeit von solchem Gedankengut unbeeinträchtigt sei. Weiter betonte er beiläufig, dass er ebenfalls Schweizer sei, und empfahl Staehelin eine weitere Auskunftsperson. Staehelin zeigte sich überzeugt und empfahl, falls eine Berufung Gelzers nicht möglich sei, Heuss zu berücksichtigen. In dem Verfahren wurde letztlich in einer lokalen Lösung Bernhard Wyss auf den Lehrstuhl berufen. Es ist aus den Quellen deutlich ersichtlich, dass Staehelin sein institutionelles Lebenswerk, die Basler Alte Geschichte, unbedingt auf Dauer gestellt sehen wollte.

Direkt nach seiner Emeritierung begann Staehelin mit der konkreten Ausarbeitung der SRZ[3]. Aufgrund widriger Faktoren verzögerte sich jedoch der Druck des bereits 1946 abgeschlossenen Manuskripts bis in die zweite Hälfte des Jahres 1948. Dies zwang Staehelin zu fortlaufenden Nachträgen, war es doch sein Ziel, eine absolut aktuelle Auflage herzustellen. Die dritte Auflage ist in einem ganz ähnlichen Vorgehen wie die zweite erarbeitet worden, auch wenn der Umfangzuwachs naheliegenderweise dieses Mal deutlich grösser ausfiel. Es sind allerdings entsprechend der veränderten Lage auch wesentliche Unterschiede festzustellen. Die Schweizer Bodenforschung hatte in der Zwischenzeit nicht nur grosse Fortschritte gemacht, sondern sich auch professionalisiert und eine neue Form der Eigenständigkeit gewonnen. Entsprechend hatte auch die deutsche Forschung für Staehelins SRZ nicht mehr dieselbe überragende Bedeutung wie noch Ende der 1920er Jahre. Besonders das von Laur gegründete zentrale Institut erfüllte hier nun eine grundlegende Funktion. Aber auch in der Rezeption des Werks sollte sich zeigen, dass die Forschung nun an einem anderen Ort stand. Wohl wurde Staehelins Buch immer noch mit grosser Begeisterung aufgenommen, aber doch wurde die Kritik an dem Werk – gerade von einer selbstbewusster auftretenden Bodenforschung – nun häufiger und deutlicher geäussert. Es zeigte sich hier, dass trotz aller Aktualisierungen die SRZ doch im Grunde ein Produkt der 1920er Jahre geblieben war.

Bemühungen um eine französische Übersetzung der SRZ sollten letztlich scheitern. Ausschlaggebend waren hier die Schwierigkeit, einen Übersetzer zu finden, der Staehelins Anforderungen genügte, und ein in diesem Zusammenhang in der Vergangenheit erfolgter Eklat, der zusammen mit einem gewissen Desinteresse von Seiten des Westschweizer Verlegers zu einem Versanden des Projekts führte. Ebenfalls waren Staehelins Bemühungen um eine Finanzierung nicht von Erfolg gekrönt. Kurz stand die Option in Aussicht, dass der Bund als Arbeitsbeschaffung für einen Übersetzer, mit dem auch der Westschweizer Verlag verbunden war, einen substantiellen Beitrag an das Projekt leisten würde. Als sich diese Aussicht zerschlug, rückte die Realisierung einer französischen Version wieder in weite Ferne und verlief nach dem Tod Staehelins definitiv im Sande.

Auch nach der Publikation der SRZ[3] forschte und publizierte Staehelin weiter. Nach einer Studie zu einem Thema der neuen Geschichte, die noch im selben Jahr publiziert wurde, wandte sich Staehelin zu Ende seines Lebens wieder der frühen und für ihn stets bestimmenden intellektuellen Vaterfigur seiner Jugend zu: Seine letzte Arbeit befasste sich mit Jacob Burckhardt.

Kapitel 8 bildet den Beginn des zweiten Teils der vorliegenden Arbeit. Das Kapitel geht von der Feststellung aus, dass in relevanten Stellungnahmen der modernen provinzialarchäologischen Forschung eine Abkehr von dem Konzept einer «römischen Schweiz» gefordert und dies mit der Tatsache, dass eine solche in der Antike nie existiert habe, begründet wird. Während für eine Forschung, die sich in ihrem Erkenntnisinteresse auf die Materialebene einer provinzialgeschichtlichen Betrachtung beschränkt, die Frage nach der römischen Schweiz mit der Feststellung von deren Nichtexistenz bereits geklärt sein mag, muss hier die Rezeptions- und Wissenschaftsgeschichte eine andere Perspektive einnehmen. Dies betrifft zwar nicht die normative Folgerung, aber die Art, wie das Problem eines Objekts «römische Schweiz» analytisch gefasst wird. Es kann anhand von Buch- bzw. Kapiteltiteln aus den letzten 200 Jahren veranschaulicht werden, dass die römische Schweiz offenbar ja doch eine Form der Existenz aufweist, und zwar im Sinne eines Gegenstands der Rezeption. Es wird hier vorgeschlagen, dieses Rezeptionsobjekt mit dem theoretischen Werkzeug des Diskursbegriffs zu fassen, um mit dieser Form eines Gegenstandes umgehen zu können, der seinen ontologischen Status durch das Über-ihn-Sprechen erhält, der also von den Aussagen, die über ihn getroffen werden, selbst hervorgebracht wird. Wenn die römische Schweiz als diskursiver Gegenstand (was bedeuten soll: diskursiv konstituierter Gegenstand) konzeptualisiert wird, so die These vorliegender Untersuchung, so öffnet dies einen neuen Weg, rezeptionsgeschichtlich damit umzugehen. Dies wird demonstriert an der Tatsache, dass nun die römische Schweiz nicht mehr als Bezeichnung eines Nichtexistenten verstanden werden muss – was einem leeren Begriff entspräche –, sondern letztlich als eine Abfolge regelmässiger und regelkonform strukturierter Aussagen aufgefasst werden kann. Erstens lässt sich damit zeigen, dass das Ende der römischen Schweiz nicht dadurch erreicht werden wird, dass sie nicht mehr so genannt wird, sondern dass ihre Existenz erst dann beendet sein wird, wenn auch die übrigen sie konstituierenden Aussagemuster nicht mehr vorkommen. Zweitens kann nun mit der Tatsache umgegangen werden, dass die römische Schweiz immer wieder anders genannt wird. Statt mit Blick auf den Namen stets von einem anderen Rezeptionsobjekt ausgehen zu müssen, zeigt sich in einer Betrachtung unter dem Diskursbegriff, dass die zugehörigen Regeln der Aussagen auch bei einem Wechsel der Namen in einem relevanten Masse stabil bleiben. Trotzdem sind aber diese Wechsel in der Benennung nicht beliebig, sie zeigen Differenzen an, Variationen der Aussagemuster: Was wir nun sehen, ist die römische Schweiz als ein sich veränderndes diskursives Objekt, dessen Wandlungen nachverfolgt und dessen Geschichte geschrieben werden kann. Dies ist der Gewinn, den das Werkzeug hier bieten kann. Diese Herangehensweise wird hierbei als eine instrumentelle Perspektive verstanden und nicht als die Anwendung einer ontologischen oder epistemologischen Theorie. Sie soll nicht wahr oder falsch sein, sondern findet ihre Berechtigung in dem erzielten historischen Erkenntnisgewinn.

Konkret wird in dieser Perspektive gefragt nach der Gestalt des Objekts römische Schweiz bei Staehelin bzw. nach der Art, wie Staehelin mit dem im Diskurs bereits existenten Objekt umging. Es zeigt sich, dass Staehelin sich mit seiner Benennung des Objekts in eine methodische Tradition stellte, die von Mommsen ausgeht. Statt zu versuchen, die Schweiz an eine antike Formation anzuschliessen («Helvetien»), wird mit dem expliziten Bezug auf den modernen Nationalstaat ein methodisch ungleich klarerer Ansatz gewählt, der in seinem Namen ohne Suggestion von ethnischer Kontinuität bleibt. Im selben Zusammenhang erfolgt bei Mommsen die explizite Feststellung, dass in der Antike keine Schweiz existiert habe. Diese Aussage wird in der Folge regelhafter Teil des Sprechens über die römische Schweiz. Bei Staehelin erfolgt sie in eng an Mommsen angelehnter Formulierung.

Die Frage des «Helvetien»-Begriffs weist diverse sich überlagernde Ebenen auf. Da die Rom- und Helvetier-Rezeption eine weit vor den hier interessierenden Untersuchungszeitraum zurückreichende Geschichte hat, ergibt sich für die Zeit Staehelins bereits eine komplexe Gemengelage. Erstens wird, ausgehend von frühen Rezeptionstraditionen, «Helvetia» und Ähnliches als Synonym für die Schweiz verwendet, auch in Kontexten, die keine Antikebezüge aufweisen. Zweitens wird in historischen Darstellungen zuweilen das antike Gebiet der Helvetier «Helvetien» genannt. Hierbei sind aber die Grenzen zwischen einer Bezeichnung für das tatsächliche antike Gebiet der Helvetier und eines Ausgreifens des Konzepts auf die übrige Schweiz teils fliessend, so dass dieser Gebrauch des Helvetien-Begriffs oftmals doch in gewisser Weise die Existenz einer römischen Schweiz namens Helvetien suggerierte.

Ihre räumliche Gestalt erhält die römische Schweiz bei Staehelin sodann in logisch trivialer Weise durch dieselbe methodische Entscheidung, die im Namen «römische Schweiz» bzw. «Schweiz in römischer Zeit» zum Ausdruck kommt: Sie umfasst das Gebiet der modernen Schweiz. Die zeitliche Ausdehnung jedoch ergibt sich daraus nicht, diese stellt eine methodische Entscheidung dar, deren Implikationen im weiteren Verlauf der Untersuchung geklärt werden.

Das Objekt römische Schweiz, wie es sich bei Staehelin zeigt, kann analysiert werden, indem es in seine Elemente, die als historische Teilbereiche gefasst werden, zergliedert wird. Im Zuge einer Dekonstruktion des äusserlich chronologisch-linearen Aufbaus der «Geschichts»-Teils der SRZ wird die Logik der Konstruktion einer Ereignisgeschichte aus diskontinuierlichen Elementen sichtbar gemacht. Analog wird mutatis mutandis für den grundsätzlich synchronisch angelegten «Kultur»-Teil der SRZ vorgegangen. Die Struktur der SRZ wird weiter durch einen Vergleich mit Staehelins entsprechendem Vorlesungsmanuskript erhellt, welches einen früheren Stand seiner Gesamtkonzeption der römischen Schweiz abbildet. Durch dieses Verfahren kann Staehelins SRZ in ihrer konstruktiven Grundstruktur offengelegt werden.

In Kapitel 9 wird nach methodischen Charakteristika der SRZ gefragt, wobei besondere Aufmerksamkeit der disziplinären Position des Werks geschenkt wird. Als erstes bestimmendes Merkmal der SRZ wird ihre Eigenschaft als Forschungssynthese analysiert. Staehelin verstand sein Werk explizit als Zusammenfassung des bislang auf dem Gebiet Geleisteten, und er bemühte sich um eine möglichst vollständige Berücksichtigung der relevanten Forschung. Die SRZ zeichnet sich hierbei dadurch aus, dass Staehelin nicht nur leicht zugängliche Fachpublikationen rezipierte, sondern jegliche Notizen, Vortragsreferate und Fundberichte, derer er habhaft werden konnte, in seine Darstellung integrierte. Er ging hierbei nicht additiv vor, sondern nahm eine eigentliche Synthese vor in dem Sinne, dass er die Forschungsergebnisse in kritischer Diskussion als integrierende Bestandteile in seine Darstellung einbrachte. Die SRZ erschöpft sich keineswegs in ihrer Eigenschaft als Forschungssynthese, aber diese stellte eine der Voraussetzungen dafür dar, dass das Werk sich als Handbuch und Ausgangspunkt für jegliche die römische Schweiz betreffenden Fragen in einer solchen Weise durchsetzen konnte.

Was Staehelins Umgang mit der Überlieferung betrifft, so bestand sein Hauptzugang zur behandelten Epoche stets in den schriftlichen Quellen. Durch eine Analyse der Verfügbarkeit literarischer Quellen zum Thema sowie der Art und Weise ihrer Einarbeitung durch Staehelin zeigt sich, wie sich die fragmentarische Überlieferung in die diskontinuierliche Ereignisgeschichte übersetzt, die in Kapitel 8 in ihren Elementen vorgestellt wurde.

Die epigraphische Überlieferung bildete gegenüber den literarischen Quellen ein Mittel zur Herstellung einer kontinuierlicheren Behandlung des Gegenstandes. Zum Verständnis der Ausgangslage, mit der Staehelin in Bezug auf den Stand der epigraphischen Anstrengungen auf dem Gebiet der Schweiz konfrontiert war, ist insbesondere die Zäsur, die Mommsens Arbeit in dieser Hinsicht bedeutete, hervorzuheben und einmal mehr auf die wichtige Rolle, die Otto Schulthess zukam, zu verweisen. Staehelin war durchaus auch selbst epigraphisch tätig, seine Arbeit erschöpfte sich also nicht in der historischen Synthese des von anderen Geleisteten. Zwar nahm er für schwierigere Inschriften Hilfe in Anspruch (die er auch stets transparent auswies), doch gelangen ihm durchaus eigene Ergänzungen und Erläuterungen. An einem konkreten Beispiel konnte demonstriert werden, dass er dazu in der Lage war, ohne Autopsie eine Fehllesung zu vermuten und auf das Richtige hinzudeuten. Dies wurde ihm durch seine grosse Übersicht ermöglicht, die er sich gerade in dem Gebiet, das diese Inschrift betraf – der gallorömischen Religion –, in besonderem Masse erarbeitet hatte, was sich ebenfalls in dem entsprechenden Kapitel der SRZ zeigt. Die Untersuchung hat weiter die Bedeutung akzentuiert, welche der Fähigkeit, mit der epigraphischen Überlieferung umzugehen, in Bezug auf die Möglichkeit einer historischen Gestaltung der römischen Schweiz zukam, so dass hier eine feste Schranke stand zwischen Altertumswissenschaftlern und in der Bodenforschung beschäftigten Laien.

Es ist weiter auf die Bedeutung der Sprachwissenschaft für die Thesenbildung in der SRZ hinzuweisen. Diese nimmt in Form ihrer historischen Anwendung eine wichtige Stellung ein. Staehelin war hier, was die Grundlagen betraf, jedoch nur bedingt zu eigenständiger Thesenbildung in der Lage. Sobald er in eine Meinungsverschiedenheit mit Spezialisten geriet, führte er letztlich historische, nicht linguistische Argumente für seine Position ins Feld. Allerdings ermöglichte ihm seine fundierte philologische Bildung einen eigenen Standpunkt und eine reflektierte Beurteilung der in der Forschung vertretenen Thesen, die er also keineswegs blind auf seinen Gegenstand anwendete.

Die numismatische Evidenz wurde von Staehelin nur in begrenztem Mass herangezogen. Hauptsächlich zeigt sie sich in der SRZ als für die Thesenbildung wirksam, indem aus Depotfunden auf kriegerische Ereignisse geschlossen wird. Nach den grossen Fortschritten, welche die Numismatik zwischen der SRZ^2 und der SRZ^3 erlebte, wurde die Behandlung der Münzen durch Staehelin in der Rezeption der dritten Auflage von Spezialisten als defizitär angesprochen.

Aufgrund ihrer weitreichenden Implikationen ist die Besprechung von Staehelins Zugang zur archäologischen Überlieferung in der vorliegenden Untersuchung in ein eigenes Unterkapitel ausgelagert worden. Die Möglichkeit zur durchgehenden Berücksichtigung der archäologischen Evidenz stellt quellenseitig – neben dem Zuwachs an Inschriften – den grössten Unterschied dar zu der Ausgangslage, wie Mommsen sie angetroffen hatte. In der SRZ ermöglichen die

Ergebnisse der Bodenforschung nicht nur den «Kultur»-Teil (der sich in einer Auswertung dieser aber nicht erschöpft), sondern Staehelin zieht sie generell für die gesamte Untersuchung hinzu, womit dem Objekt «römische Schweiz» eine neue Form von Substanz und Kontinuität verliehen wurde.

Staehelin hatte sich früh, schon als Student, auf einen genuin historischen Zugang zum wissenschaftlichen Arbeiten festgelegt. Nicht nur nach der philosophisch-abstrakten Seite hin, sondern auch gegenüber einem primär auf das Materielle bezogenen Erkenntnisinteresse hatte er sich früh abgegrenzt. Sein Kontakt mit der Archäologie während seines Studiums hatte in ihm bald die Erkenntnis hervorgebracht, dass er, was diesen Bereich der altertumswissenschaftlichen Forschung betraf, lediglich an den Ergebnissen interessiert sei. In einem entsprechenden Verhältnis stand er dann auch später zu der heimischen Bodenforschung, in deren Nähe er durch die HAG gelangt war. Der Ausgräber Karl Stehlin bildete hierzu mit seinem Interesse an der praktischen Bodenforschung und seinem Verzicht auf die Herstellung von synthetisierenden Publikationen den genauen Gegenpart, was eine sich gegenseitig ergänzende, langjährige Zusammenarbeit ermöglichte.

Es war nicht zuletzt dieser direkte Zugang zu den archäologischen Ergebnissen und darüber hinaus sein weitgespanntes Netzwerk, was Staehelin die Berücksichtigung der archäologischen Evidenz in dem Umfang ermöglichte, wie es für die Abfassung der SRZ erforderlich war. Sein Netzwerk benötigte er hierbei erstens, um über die neusten Ausgrabungsergebnisse informiert zu bleiben und so die Aktualität seiner SRZ zu gewährleisten, und zweitens, um die nötige Expertise und fachliche Unterstützung mobilisieren zu können.

Staehelins dezidiert historischer Zugang zur römischen Schweiz prägt die Art und Weise, wie in der SRZ auf die Bodenforschung zugegriffen wird. Erstens formuliert Staehelin einen Geschichtsbegriff, der auf Schriftlichkeit beruht und damit die Funde und Befunde der Archäologie in ihrem Quellencharakter der schriftlichen Überlieferung klar unterordnet. Zweitens hält er kategorisch fest, dass in Konfliktfällen nie die archäologische Überlieferung den Primat über die schriftliche behaupten könne, und drittens behandelt er die Funde und Befunde in seiner SRZ nie als Selbstzweck, sondern zieht sie stets nur dort hinzu, wo er einen direkten Nutzen für seine historische Thesenbildung sieht. Bereits in der Rezeption der ersten Auflagen wurde bedauert, dass Staehelin der archäologische Überlieferung nicht in ihrem Eigenrecht grössere Beachtung schenke. In der veränderten Situation Ende der 1940er Jahre schliesslich, als die SRZ[3] erschienen war, wurde direkte Kritik geäussert an Staehelins Umgang mit den Ergebnissen der Bodenforschung. Nicht nur galt diese jetzt als nicht auf dem Stand der Forschung und mangelhaft, sondern seine methodische Haltung der archäologischen Evidenz gegenüber bildete jetzt ebenfalls ein Ziel scharfer Angriffe von Seiten einer viel selbstbewusster auftretenden professionellen Schweizer Bodenforschung.

Der Methodenstreit, wie er sich schon in der Zeit vor der Publikation der SRZ zeigte, ist auch als Ausdruck grundsätzlicher konzeptioneller Fragen zu fassen. Letztlich ging es auch darum, ob die grundsätzliche Leitkategorie durch die Ur- und Frühgeschichte gebildet und die römische Schweiz als ein Teil hiervon gesehen wurde oder ob der massgebliche Bezugsrahmen das klassische Altertum darstellte und die römische Schweiz hier einzuordnen war. In der klaren Befürwortung von letzterer Auffassung und der daraus entstehenden, so dezidiert althistorisch durchgeführten Darstellung der römischen Schweiz als Teil der Geschichte der Antike ist ein Hauptaspekt der wissenschaftsgeschichtlichen Bedeutung der SRZ zu sehen.

Zum Schluss des Kapitels wird die SRZ im Hinblick auf den spezifischen Charakter der Darstellung betrachtet. Das Werk zeigt sich in dieser Perspektive als in mehrerer Hinsicht zusammengesetzt. Dies betrifft etwa die Konstruktion aus den diversen historischen Elementen, den Doppelcharakter als Forschungssynthese und argumentative Quellenarbeit und die Hinzuziehung der zahlreichen unterschiedlichen Evidenzformen. Ebenfalls ist die Darstellung in dem Sinne zusammengesetzt, dass einem narrativen, zur fortlaufenden Lektüre aufbereiteten Haupttext kontinuierlich die Forschungsdiskussion in den Anmerkungen folgt. Auf diese Weise sollte erreicht werden, dass das Werk von breiten Kreisen unter Ausschluss des wissenschaftlichen Apparats als Lesebuch rezipiert werden konnte. Es ist allerdings zweifelhaft, in welchem Umfang eine solche Rezeption erfolgte. Allerdings ist die Bedeutung des Werks für breite Kreise auch darin zu sehen, dass es vorhanden und greifbar war und damit einen sichtbaren Ausdruck der Geschichte der römischen Schweiz darstellte, der konsultiert und auf den jederzeit referiert werden konnte.

In dem die Untersuchung abschliessenden Kapitel 10 wird nach grundlegenden Konzepten der *Schweiz in römischer Zeit* gefragt. Hierbei werden die Konzepte, durch welche in der SRZ die Evidenz organsiert und die Darstellung strukturiert ist, durch eine breitere Kontextualisierung in wissenschaftlichen und ausserwissenschaftlichen Diskursen verortet. Es werden erstens die für das Werk grundlegenden Ordnungskategorien «Geschichte» und «Kultur» analysiert und zweitens wird im Hinblick auf zeitgeschichtliche Rezeptionszusammenhänge nach Konzepten der Kontinuität gefragt, die in Bezug auf Diskurse historischer Selbstverortung auch ausserwissenschaftlich in relevantem Masse wirksam waren.

Die Struktur von Staehelins *Schweiz in römischer Zeit* ist grundlegend zweigeteilt, wobei der erste Teil den Titel «Die Geschichte» und der zweite Teil den Titel «Die Kultur» trägt. Während in Kapitel 8 der vorliegenden Untersuchung gezeigt wird, wie diese Strukturierung in der Logik der historiographischen Konstruktion funktioniert, ist nun weiter zu fragen, welche wissenschaftsgeschichtliche Signifikanz ihnen zu eigen ist. Grundsätzlich war das Konzept einer «Geschichte» der römischen Schweiz nicht unangefochten. Es fehlt die kontinuierliche Evidenz für eine eigentliche Ereignisgeschichte und darüber hinaus wurde die «römische Schweiz», der diese Geschichte beigelegt werden sollte, explizit als nichtexistent akzeptiert. Daneben zeigt sich jedoch eine weitere Schwierigkeit, die mit der Gestalt des Konzepts selbst zusammenhängt. Bereits Mommsen hatte kategorisch festgehalten, dass die römische Schweiz, da ihre Bevölkerung in vollkommener Abhängigkeit von dem historischen Agens – Rom – gestanden habe, keine «Geschichte» haben könne. Stattdessen seien nur «Zustände» zu beschreiben. Staehelin, der dieser Auffassung grundsätzlich affirmativ gegenüberstand, löste die konzeptionelle Frage so, dass er die Geschichte der römischen Schweiz in der SRZ als «geschichtliches Leben» fasste und so eine Möglichkeit schuf, auch ohne eigentliches Agens eine chronologische Folge als «Geschichte» zu erzählen, indem er die römische Schweiz an der Geschichte des Altertums teilhaben lässt. Hatte sich Mommsen auf die Darstellung der «Zustände» beschränkt, so erklärte Staehelin zum Gegenstand seines Buches «das geschichtliche Leben und die Zustände unseres Landes in römischer Zeit». Den synchron gefassten «Zuständen» Mommsens wird nun eine diachrone «Geschichte» zur Seite gestellt. Es verhält sich allerdings nicht so, dass Mommsens «Zustände» bei Staehelin in synchronischer Darstellung belassen worden und um eine diachronisch strukturierte Behandlung ergänzt worden wären. Praktisch alle Themen, die Mommsen als Zustände abhandelt, tauchen bei Staehelin in der «Geschichte» auf. Um die Unterscheidung zwischen Geschichte und Kultur in der SRZ zu verstehen, reicht also die Erklärung einer Ergänzung der Mommsen'schen Behandlung um einen ereignisgeschichtlichen Teil nicht. Es wird deshalb in der vorliegenden Untersuchung weiter eine Analyse des Kultur-Konzepts bei Staehelin vorgenommen. Staehelin war in der Zeit der hauptsächlichen Ausformung seines wissenschaftlichen Habitus mit diversen kulturgeschichtlichen Konzepten in Kontakt gekommen. Es zeigt sich allerdings, dass er für die SRZ in keiner direkten Form auf ein Konzept von Kulturgeschichte, wie es bei Dümmler oder bei Burckhardt vorliegt, zurückgriff oder auch schon nur zurückgreifen konnte. Jedoch ist in einem übergeordneten Sinn, in Fragen der Sinnhaftigkeit von Geschichte und von Konzepten der Kontinuität von einer starken Beeinflussung Staehelins durch Jacob Burckhardt auszugehen; überdies steht Staehelin in seiner Zweiteilung des Gegenstandes in Geschichte und Zustände und in der Fassung der Zustände unter dem Kulturbegriff in einem weiteren Sinn in einem relevanten Zusammenhang mit der wissenschaftlichen Wirksamkeit Jacob Burckhardts. Unter Rückgriff auf Ergebnisse der wissenschaftsgeschichtlichen Forschung kann Staehelins Strukturelement der «Kultur» in Zusammenhang gebracht werden mit einer Ablösung der Kategorie der «Altertümer» durch das Konzept der Kulturgeschichte in der zeitgenössischen Altertumswissenschaft. In Staehelins expliziter Abgrenzung eines historischen von einem antiquarischen Interesse zeigt sich in dieser Perspektive sodann ein relevanter Unterschied zwischen seinem Zugang zur römischen Schweiz und demjenigen sowohl der Bodenforscher wie dem – auf die Altertümer spezialisierten – Philologen Schulthess.

Es ist hierbei zu beachten, dass Staehelin mit seiner disziplinären Position in unterschiedlichen diskursiven Zusammenhängen steht und etwa ebenfalls von einer Beeinflussung seines Konzepts der Kultur der römischen Schweiz durch Ordnungs- und Benennungskriterien der Archäologie geprägt war. Staehelins entsprechende Konzepte sind als von dieser Gemengelage bedingt zu verstehen, aber nicht als Mischform, sondern als eine hierdurch geprägte, ihm eigene Kategorienbildung.

Staehelins Begriff von «Geschichte» im weiteren Sinn grenzt nicht nur einen Teil seines Werks ab, sondern stellt mit der Ablehnung des Antiquarischen und der daraus folgenden historischen Durchgestaltung auch der «Zustände» bzw. der «Kultur» gleichzeitig ein übergeordnetes Konzept dar. Grundsätzlich bestand «Geschichte» als Praxis für Staehelin in der Herstellung eines «zutreffenden Bildes». Explizit der philosophischen Konstruktion abgeneigt, bemühte er sich um eine möglichst genaue Klärung der Tatsachen. Eine vollständige Charakterisierung der Bedeutung von «Geschichte» bei Staehelin erschöpft sich darin jedoch nicht, vielmehr muss eine solche ebenso einem klar erkennbaren Zug ins Universale und in die übergreifenden Zusammenhänge gerecht werden. Diese Ambivalenz in Staehelins Geschichtsauffassung ist mit seiner doppelten akademischen Prägung in Verbindung zu bringen: durch die spezialisierte und methodenfokussierte deutsche Altertumswissenschaft einerseits und eine universalhistorisch ausgerichtete Basler Geschichtsbetrachtung andererseits.

Die Untersuchung leitet mit dieser Feststellung über in ein letztes Unterkapitel, in welchem Konzepte der Kontinuität, die sich in Staehelins Zugriff auf die römische Schweiz zeigen, in Hinblick auf ihre Signifikanz im Kontext zeitgeschichtlicher Diskurse historischer Selbstverortung analysiert werden. Ausgehend von einem programmatischen Homer-Zitat, das Staehelin an den Beginn des Vorwortes der SRZ stellt, wird die Frage gestellt nach Konzepten der kontinuierlichen Bedeutung der römischen Schweiz für die moderne schweizerische Nation. Es zeigt sich hierbei, dass Staehelin keine simplizistischen Vorstellungen ethnischer Kontinuität kolportiert. Wenn der Rassebegriff in Staehelins Publikationen vereinzelt vorkommt, so ist er doch seiner Geschichtsauffassung nie wesentlich. Mit fortschreitender wissenschaftlicher Entwicklung stellt sich Staehelin immer deutlicher gegen seine Verwendung und in späteren Jahren erhebt er gegen eine – nun in einer aggressiven Form im Diskurs präsente – rassentheoretische Geschichtsschreibung scharfen Protest. In seiner Auffassung relevanter Kontinuitätsphänomene der römischen Schweiz legt Staehelin auf den Abstammungsgedanken keinen grossen Wert. Aus einem Vortrag ist weiter ersichtlich, dass er das Schweizer Volk erstens durch sein Staatswesen und zweitens durch die gemeinsame nationale Geschichte konstituiert sieht, die er in Übereinstimmung mit geläufigen Auffassungen um das Jahr 1300 beginnen lässt.

Die eigentlichen Kontinuitätskonzepte sind bei Staehelin nicht mit Natürlichkeitsvorstellungen oder völkisch gedachter ethnischer Persistenz, sondern eng mit dem Begriff der Kultur verbunden. Die römische Schweiz ist der «Urgrund unserer Kultur», und in einer Burckhardt'schen Auffassung der universalen okzidentalen Kultur und einer römischen Welt, die die «Kontinuität der Bildung» sicherte, ist in Staehelins Augen auch das Band zu sehen, das die moderne Schweiz mit der römischen Vergangenheit ihres Landes verbindet: Es ist der geistige Zusammenhang einer übergreifenden Kulturgeschichte.

Staehelins Betonung des römischen Elements in den Diskursen der 1920er Jahre hatte auch politische Implikationen im Zusammenhang mit Fragen der Bedeutung der Latinität. Einerseits veranlasste die Vereinnahmung des Römischen durch das faschistische Italien Staehelin, den geplanten Titel «Die römische Schweiz» für sein Buch fallen zu lassen. Innenpolitisch bedeutsamer war allerdings der Disput, der sich um das Buch *La démocratie et la Suisse* von Gonzague de Reynold entspann, welches in seinen Teilen, die die Antike betreffen, das wichtigste Zeugnis einer Rezeption der SRZ in politischer Hinsicht darstellt. Aus einer Analyse der Rolle, welche die SRZ in der Auseinandersetzung spielte, lässt sich zeigen, dass Staehelins Buch selbst nicht als programmatische Stellungnahme, sondern als Garant der Faktizität wahrgenommen wurde. Allerdings erwies sich seine auf die Bildung und ein gewisses elitäres Ideal bezogene Konzeption der Bedeutsamkeit römischer Kultur für die Schweiz als anschlussfähig für einen das lateinische Element betonenden aristokratischen Konservatismus, auch wenn die SRZ selbst keine politische Tendenz transportiert. Im Kontext dieser Wahrnehmung der SRZ fügt sich Staehelin deutlich besser in die historischen Diskurse der Zwischenkriegszeit ein, als es auf den ersten Blick scheinen könnte.

Weiter ist zu beachten, dass, auch wenn Staehelin mit der Betonung des römischen Elements die Schweiz in eine Okzidentskonzeption einordnet, er sie darin doch nicht aufgehen lässt und dass Staehelins Buch in der Rezeption immer auch als ein Werk über und für die Schweiz verstanden wurde. Um diese Beobachtung zu akzentuieren, kann etwa die kühle Aufnahme des Versuchs einer Geschichte der römischen Schweiz durch Matthias Gelzer mit dessen – nach allen Indizien anzunehmendem – Desinteresse an einem entsprechenden Kleinstaatenpatriotismus in Verbindung gebracht werden.

Was die Zeit von Nationalsozialismus und «Geistiger Landesverteidigung» betrifft, so argumentierte Staehelin nun offensiv gegen eine Heranziehung von rassentheoretischen Konzepten für die Geschichtswissenschaft. Er bekämpfte auch ein übergriffiges völkisches Alemannenkonzept aus dem Umfeld des deutschen «Ahnenerbes» und erteilte Versuchen, eine genuin schweizerische Blut-und-Boden-Ideologie herzustellen, eine spöttische Absage. Es wurden ebenfalls gewisse Modifikationen an seinen Kontinuitätskonzepten in der diskursiven Lage vor Ausbruch des Zweiten Weltkriegs aufgezeigt, wie sie aus den Augustus-Vorträgen deutlich werden. Diese sind in ihrer Differenz zur SRZ als situativ bedingt zu fassen, da sie in keiner Form Eingang in die dritte Auflage gefunden haben.

Staehelins normative Haltungen, die sich mit seinem Konzept der Kontinuität der römischen Kultur verbinden, sind nicht monokausal herzuleiten, sondern vielmehr im Licht einer Zusammenschau der in der Untersuchung herausgearbeiteten Faktoren der spezifischen Habitusausprägung und der zeitgenössischen Diskurse zu sehen, ohne dabei ihren spezifisch individuellen Charakter zu negieren.

Quellen und Literatur

1 Ungedruckte Quellen

Basel

Staatsarchiv des Kantons Basel-Stadt (StABS)

StABS Erziehung CC 1r	Seminar für alte Geschichte (1933–1941)
StABS Erziehung CC 16	Professur (Lateinisch) für klassische Philologie (1819–1939)
StABS Erziehung CC 20	Professur (Geschichte) (1913–1940)
StABS Erziehung CC 20a	Professur (Alte Geschichte) (1931–1937)
StABS Erziehung S 11b	Zeugnistabellen Unteres Gymnasium, 1883/84, 1884/85
StABS Erziehung S 11a	Zeugnistabellen Oberes Gymnasium, 1887/88, 1888/89, 1889–1895
StABS ED REG 1a.1 1427	Personalakten: Prof. Felix Staehelin
StABS Kirchenakten C11	Synode und Kirchenvorstände, Synodalbeschlüsse (1874–1936)

Privatarchive

StABS PA 88a H	Historische und Antiquarische Gesellschaft zu Basel. Archäologische Bodenforschung
StABS PA 88a J	Historische und Antiquarische Gesellschaft zu Basel. Publikationen der HAG
StABS PA 182a B 45	Archiv der Familie Stähelin und Stehelin: Felix Rudolf Stähelin-Schwarz (1873–1952)
StABS PA 207a 52	Nachlass Jacob Burckhardt: Korrespondenz von Jacob Burckhardt (1818–1897)
StABS PA 208 178	Jacob Burckhardt-Archiv: Zur Gesamtausgabe der Werke Jacob Burckhardts (1818–1897) (1882–1948)
StABS PA 208 179	Jacob Burckhardt-Archiv: Betreffend die «Griechische Kulturgeschichte» von Jacob Burckhardt
StABS PA 454a	Archivalischer Nachlass von Staatsarchivar Dr. Paul Roth (1896–1961)
StABS PA 513a 1 G	Stehlin'sches Familienarchiv: Karl Friedrich Stehlin (1859–1934)

Universitätsarchiv

StABS UA R 3a.1	Protokoll der Philologisch-historischen Abteilung der Philosophischen Fakultät (1895–1919)
StABS UA R 3a.3	Protokoll der Philologisch-historischen Abteilung der Philosophischen Fakultät (1930–1938)

StABS UA R 3.6	Protokoll der Philosophischen Fakultät (1902–1913)
StABS UA XI 2.25	Seminar für Alte Geschichte (1933–1934)

Universitätsbibliothek Basel (UB Basel)

Nachlass Felix Staehelin (1873–1952)

UB Basel NL 72 I	Nachschriften der von Staehelin besuchten Vorlesungen und Seminare
UB Basel NL 72 II	Nachschriften und Notizen von Staehelins Studienaufenthalt in Griechenland
UB Basel NL 72 III	Studentenarbeiten und Notizen, vornehmlich aus Staehelins Studienzeit
UB Basel NL 72 IV	Eigene Vorlesungen und Seminare
UB Basel NL 72 V	Vorträge, eigene Schriften, Berichte und Besprechungen
UB Basel NL 72 VI	Collectanea zu den eigenen Vorlesungen und Seminarien
UB Basel NL 72 VII	Collectanea varia
UB Basel NL 72 VIII	Korrespondenzen mit Felix Staehelin
UB Basel NL 72 IX	Briefwechsel zwischen Ferdinand Dümmler und Felix Staehelin
UB Basel NL 72 X	Briefwechsel zwischen W. Brenner und Felix Staehelin
UB Basel NL 72 XI	Briefwechsel zwischen Ludwig Reinhardt und Felix Staehelin

Nachlass Eugen Täubler (1879–1953)

UB Basel NL 78 E	Korrespondenz

Nachlass Max Burckhardt (1910–1993)

UB Basel NL 296 A	Briefe

Nachlass Edgar Salin (1892–1974)

UB Basel NL 114 F	Private Korrespondenz

Archiv Schwabe Verlag

UB Basel, Archiv Schwabe Verlag II, Staehelin Felix

Basel Bibliothek Altertum

Laur TB	Rudolf Laur-Belart, Tagebuch (UFG Bi 4)

Privatbesitz

TB	Tagebuch von Felix Staehelin (1890–1892)

Bern

Staatsarchiv Bern (StABE)

StABE BB IIIb 621	Professoren und Dozenten Philos. Fakultäten I + II: Sajtschik – Staub

Burgerbibliothek Bern (BBB)

BBB Mss.hh.XLV.34/35/36	Nachlass Prof. Dr. Otto Schulthess (1862–1939)
BBB Mss.hh.XXXIV.198	Nachlass Prof. Dr. Otto Schulthess (1862–1939)

Bernisches Historisches Museum (BHM)

Bernisches Historisches Museum: Bestand Otto Tschumi

Schweizerisches Literaturarchiv (SLA)

Nachlass Otto Schulthess (1862–1939)

SLA MS L 77

SLA MS L 78

Nachlass Otto Tschumi (1878–1960)

SLA Otto Tschumi 4

SLA Otto Tschumi 9

SLA Otto Tschumi 10

Solothurn

Zentralbibliothek Solothurn (ZBSO)

Nachlass Eugen Tatarinoff (1868–1938)

ZBSO TAT_E 3.2.3	Korrespondenz (1908–1912)
ZBSO TAT_E 3.2.50	Ausgehende Korrespondenz (1923–1924)
ZBSO TAT_E 3.2.55	Ausgehende Korrespondenz (1924–1927)
ZBSO TAT_E 3.2.58	Eingehende Korrespondenz (1925–1926)
ZBSO TAT_E: 3.2.60	Eingehende Korrespondenz (1926)

Zürich

Staatsarchiv Zürich (StAZH)

StAZH MM 3.41 RRB 1927/0431	Protokoll des Regierungsrates des Kantons Zürich. 1. Januar bis 31. Dezember 1927. Als Manuskript gedruckt
StAZH U 109.3	Philosophische Fakultät I: Allgemeine Unterlagen zu gewählten Professoren und nicht gewählten Kandidaten
StAZH Z 70.964	Philosophische Fakultät I: Geschichte

Zentralbibliothek Zürich (ZBZ)

Archiv Stiftung Schnyder von Wartensee

ZBZ, Arch. St 202	Protokolle
ZBZ, Arch. St 203	Akten (1919–1989)

Lausanne

Bibliothèque cantonale et universitaire Lausanne (BCU)
BCU IS 1905/XIII P Olivier (Famille): Dossier Staehelin (1925–1927)

Berlin

Deutsches Archäologisches Institut Berlin (DAI), Archiv der Zentrale
Biographica-Mappe Felix Staehelin

Archiv der Berlin-Brandenburgischen Akademie der Wissenschaften (BBAW)
Archiv der BBAW: AKL (1945–1968) Pers., Nr. A 442
Archiv der BBAW: PAW (1812–1945): II-III-46 Bl. 146–149; 151–153
Archiv der BBAW: PAW (1812–1945): II-III-156 Bl. 26–28; 35

Frankfurt am Main

Archiv der Römisch-Germanischen Kommission (RGK) des Deutschen Archäologischen Instituts
D-DAI-RGK-A-AR-417 Korrespondenz Staehelin – RGK (Diverse)
D-DAI-RGK-A-AR-1185 Korrespondenz Staehelin – RGK (Friedrich Drexel)

Halle (Saale)

Universitäts- und Landesbibliothek Sachsen-Anhalt (ULB)
Halle, Wissowa I: 5986 Nachlass Georg Wissowa (1859–1931)

Mainz

Universitätsbibliothek Mainz (UB Mainz)
UB Mainz 4° Ms 97 Nachlass Ernst Fabricius (1857–1942)

2 Zitierte Publikationen von Felix Staehelin

SRZ – Felix Staehelin, *Die Schweiz in römischer Zeit,* Basel 1927.
SRZ[2] – Felix Staehelin, *Die Schweiz in römischer Zeit,* zweite, verbesserte Auflage, Basel 1931.
SRZ[3] – Felix Staehelin, *Die Schweiz in römischer Zeit,* dritte, neu bearbeitete und erweiterte Auflage, Basel 1948.

Staehelin 1894a – Felix Staehelin, *Bericht über das 75. Jubiläum des Zofinger-Vereins, 1.–3. August 1893*, Basel 1894.
Staehelin 1894b – Felix Staehelin, «Zofingerverein und Burschenschaft im Jahr 1821/2», in: *Centralblatt* 34, 1893/1894, 237–259.
Staehelin 1897a – Felix Staehelin, «Nachruf Jakob Burckhardt», in: *Centralblatt* 38, 1897/1898, 112–122.
Staehelin 1897b – Felix Staehelin, *Geschichte der kleinasiatischen Galater bis zur Errichtung der römischen Provinz Asia*, Basel 1897.
Staehelin 1898 – Felix Staehelin, «Beschreibung meiner Reise durch Mittelgriechenland, 1.–20. Februar 1898», hg. von Martin Staehelin, in: *BZG* 64, 1964, 217–256.
Staehelin 1899 – Felix Staehelin, «Aus der Demagogenzeit», in: *Centralblatt* 39, 1898/1899, 534–561.
Staehelin 1900a – Felix Staehelin, «Munatius Plancus», in: Albert Burckhardt-Finsler et al. (Hgg.), *Basler Biographien*, Bd. 1, Basel 1900, 1–35.
Staehelin 1900b – [Felix Staehelin,] «Ein Basler Hochzeitsessen im 18. Jahrhundert», in: *BJ* 1900, 256–259.
Staehelin 1900c – [Felix Staehelin,] «Brief aus der Alliiertenzeit», in: *BJ* 1900, 270–272.
Staehelin 1900d – [Felix Staehelin,] «Eine Basler Verlobung im 18. Jahrhundert», in: *BJ* 1900, 254–255.
Staehelin 1903 – Felix Staehelin, *Geschichte der Basler Familie Stehelin, Stähelin und Staehelin*, Basel 1903.
Staehelin 1905a – Felix Staehelin, «Der Eintritt der Germanen in die Geschichte», in: *Festschrift zum 60. Geburtstage von Theodor Plüss*, Basel 1905, 46–75.
Staehelin 1905b – Felix Staehelin, «Die griechischen Historikerfragmente bei Didymos», in: *Klio* 5, 1905, 55–71, 141–154.
Staehelin 1905c – Felix Staehelin, *Der Antisemitismus des Altertums in seiner Entstehung und Entwicklung*, Winterthur 1905.
Staehelin 1905d – Felix Staehelin, «Ritter Bernhard Stehelin», in: Albert Burckhardt-Finsler et al. (Hgg.), *Basler Biographien*, Bd. 3, Basel 1905, 1–53.
Staehelin 1907a – Felix Staehelin, *Probleme der Israelitischen Geschichte*, Basel 1907.
Staehelin 1907b – Felix Staehelin, *Geschichte der kleinasiatischen Galater*, Leipzig [2]1907.
Staehelin 1907c – Felix Staehelin, «Zu Ciceros Briefwechsel mit Plancus», in: *Festschrift zur 49. Versammlung deutscher Philologen und Schulmänner*, Basel 1907, 104–113.
Staehelin 1908 – Felix Staehelin, *Israel in Aegypten nach neugefundenen Urkunden*, Basel 1908.
Staehelin 1911a – Felix Staehelin, «Vorwort», in: *Unsere Kirche. Worauf sie ruht und was sie soll*, Basel 1911 [ohne Paginierung].
Staehelin 1911b – Felix Staehelin, «Ein Briefwechsel zwischen Karl Ludwig v. Haller und Fürst Hardenberg», in: *BZG* 11, 1912, 221–229 [Sonderdruck 1911].
Staehelin 1911c – Felix Staehelin, «Die Anfänge des Zofingervereins im Lichte deutscher Polizeiakten», in: *Centralblatt* 51, 1910/11, 733–767.
Staehelin 1912 – Felix Staehelin, «Das Römertheater zu Augst», in: *Die Schweiz* 16, 1912, 305–308.
Staehelin 1914a – Felix Staehelin, «Hundertjährige Briefe einer Lausener Pfarrfrau», in: *BJ* 1914, 250–273.
Staehelin 1914b – Felix Staehelin «‹Demagogische Umtriebe› zweier Enkel Salomon Gessners», in: *JSG* 39, 1914, 3–88.
Staehelin 1918 – Felix Staehelin, *Die Philister*, Basel 1918.

Staehelin 1920 – Felix Staehelin, W. R. Staehelin, *Bilder zur Familiengeschichte der Stehelin und Stähelin. Zum Andenken an den 400. Jahrestag der Aufnahme des Stammvaters Hans Stehelin in das Bürgerrecht der Stadt Basel,* Basel 1920.

Staehelin 1921a – Felix Staehelin, «Aus der Religion des römischen Helvetien», in: *ASA* NF 23, 1921, 17–30.

Staehelin 1921b – Felix Staehelin, «Zur Geschichte der Helvetier», in: *ZSG* 1, 1921, 129–157.

Staehelin 1921c – Felix Staehelin, «Das älteste Basel», in: *BZG* 20, 1922, 127–175 [Sonderdruck 1921].

Staehelin 1922 – Felix Staehelin, *Das älteste Basel,* zweite, verbesserte Auflage, Basel 1922.

Staehelin 1923a – Felix Staehelin, «Der Name Kanaan», in: *Festschrift Jacob Wackernagel zur Vollendung des 70. Lebensjahres am 11. Dezember 1923,* Göttingen 1923, 150–153.

Staehelin 1923b – Felix Staehelin, «Buchbesprechung von Tacitus' Germania, erläutert von Heinrich Schweizer-Sidler, erneuert von Eduard Schwyzer», in: *ZSG* 3, 1923, 459–461.

Staehelin 1923c – Felix Staehelin, «La question d'‹Olitio› et le ‹castrum› d'Olten», in: *REA* 25, 1923, 57–60.

Staehelin 1924a – Felix Staehelin, «Denkmäler und Spuren helvetischer Religion», in: *ASA* NF 26, 1924, 20–27.

Staehelin 1924b – Felix Staehelin, «Zur Eponastatuette aus Muri», in: *ASA* NF 26, 1924, 197.

Staehelin 1924c – Felix Staehelin, «Zwei Sucellusdenkmäler aus Augst», in: *ASA* NF 26, 1924, 203–206.

Staehelin 1925a – Felix Staehelin, Karl Stehlin, «Das Römerdenkmal in Basel», in: *BZG* 23, 1925, 155–165.

Staehelin 1925b – Felix Staehelin, «Magidunum», in: *BZG* 25, 1926, 1–9 [Sonderdruck 1925].

Staehelin 1928 – Felix Staehelin, *Plan von Augusta Raurica,* Basel 1928.

Staehelin 1929 – Felix Staehelin, «Einleitung des Herausgebers», in: Jacob Burckhardt, *Die Zeit Constantins des Großen,* hg. von Felix Staehelin, Basel 1929, IX–XVIII.

Staehelin 1930 – Felix Staehelin, «Ein römisches Siegesdenkmal in Augst», in: *ASA* NF 32, 1930, 1–15.

Staehelin 1931 – Felix Staehelin, «Nachruf Adolf Baumgartner», in: *BZG* 30, 1931, 1–5.

Staehelin 1933a – Felix Staehelin, *Kaiser Claudius,* Basel 1933.

Staehelin 1933b – Felix Staehelin, «Der Solonische Rat der Vierhundert», in: *Hermes* 68, 1933, 343–345.

Staehelin 1934a – Felix Staehelin, «Einleitung des Herausgebers», in: Jacob Burckhardt, *Antike Kunst – Skulptur der Renaissance – Erinnerungen aus Rubens,* hg. von Felix Staehelin und Heinrich Wölfflin, Stuttgart u. a. 1934, 9–22.

Staehelin 1934b – Felix Staehelin, «Worte der Erinnerung an Dr. Karl Stehlin», in: *BZG* 33, 1934 [ohne Paginierung].

Staehelin 1934c – Felix Staehelin, «Worte der Erinnerung an Prof. Dr. Emil Dürr», in: *BZG* 33, 1934 [ohne Paginierung].

Staehelin 1934d – Felix Staehelin, «Buchbesprechung von E. Fabricius et al., ‹Der obergermanisch-raetische Limes des Römerreichs›», in: *ASA* NF 36, 1934, 291–292.

Staehelin 1934e – Felix Staehelin, «Buchbesprechung von Richard Heuberger, ‹Rätien, Bd. I›», in: *Klio* 27, 1934, 340–345.

Staehelin 1935 – Felix Staehelin, «Die vorrömische Schweiz im Lichte geschichtlicher Zeugnisse und sprachlicher Tatsachen», in: *ZSG* 15, 1935, 337–368.

Staehelin 1937 – Felix Staehelin, «Constantin der Grosse und das Christentum», in: *ZSG* 17, 1937, 385–417.

Staehelin 1938a – Felix Staehelin, «Antike Becher in Locarno», in: *ASA* NF 40, 1938, 264–267.

Staehelin 1938b – Felix Staehelin, «Kaiser Augustus. Rede, gehalten an der Basler Augustusfeier im römischen Theater zu Augst am 24. September 1938», in: *Sonntagsblatt der Basler Nachrichten* 1938, 159 f.; *BZG* 38, 1939, 287–294. Zitiert nach: Wilhelm Abt (Hg.), *Felix Staehelin. Reden und Vorträge,* Basel 1956, 268–276.

Staehelin 1939a – Felix Staehelin, «Nachlese zu Constantin», in: *ZSG* 19, 1939, 396–403.

Staehelin 1939b – Felix Staehelin, *Kaiser Augustus. Vortrag, gehalten an der Augustusfeier der Gesellschaft Pro Vindonissa am 29. Mai 1938 in der Klosterkirche Königsfelden,* Brugg 1939.

Staehelin 1941a – Felix Staehelin, «Erlebnisse und Bekenntnisse aus der Zeit der Dreißigerwirren», in: *BJ* 1941, 103–178.

Staehelin 1941b – Felix Staehelin, «Ein gallisches Götterpaar in Augst», in: *RSAA* 3, 1941, 241–245.

Staehelin 1941c – Felix Staehelin, «Buchbesprechung von Gerhard Wais, Die Alamannen in ihrer Auseinandersetzung mit der römischen Welt», in: *ZSG* 21, 1941, 120–124.

Staehelin 1943a – Felix Staehelin, «Das Philosophische Seminar; Das Pädagogische Seminar; Das Philologische Seminar», in: Georg Boner et al., *Die Universität Basel in den Jahren 1914–1939,* Basel 1943, 95–99.

Staehelin 1943b – Felix Staehelin, «Das Seminar für Alte Geschichte», in: Georg Boner et al., *Die Universität Basel in den Jahren 1914–1939,* Basel 1943, 98–99.

Staehelin 1943c – Felix Staehelin, «Völker und Völkerwanderungen im alten Orient», in: *SBAG* 1, 1943, 8–33.

Staehelin 1943d – Felix Staehelin, «Attische Richtertäfelchen in Basel», in: JDAI/AA 1943, Sp. 15–20.

Staehelin 1943e – Felix Staehelin, «Sammelrezension von Werken zur Römerzeit», in: *ZSG* 23, 1943, 449–463.

Staehelin 1944a – Felix Staehelin, «Felicior Augusto, melior Traiano!», in: *MH* 1, 1944, 179–180.

Staehelin 1944b – Felix Staehelin, «Medicis et professoribus», in: *Bulletin der Schweizerischen Akademie der Medizinischen Wissenschaften* 1, 1944–1945, 57–59.

Staehelin 1944c – Felix Staehelin, «Buchbesprechung von Andreas Alföldi, Die Kontorniaten», in: *RSAA* 6, 1944, 253–256.

Staehelin 1946 – Felix Staehelin, «Erinnerungen an Jacob Burckhardt. Eine Radioplauderei», in: *BJ* 1946, 117–123.

Staehelin 1948 – Felix Staehelin, «Eine vergessene Augster Grabinschrift», in: *BZG* 47, 1948, 11–18.

Staehelin 1948/49 – Felix Staehelin, «Ein Schweizer Studentenbrief über den jungen Nietzsche», in: *Neue Schweizer Rundschau* 16, 1948–1949, 377–380.

Staehelin 1949 – Felix Staehelin, *Der jüngere Stuartprätendent und sein Aufenthalt in Basel, 1754–1756,* Basel 1949.

Staehelin 1951 – Felix Staehelin, «Burckhardt und Dilthey», in: *MH* 8, 1951, 299–304.

3 Gedruckte Quellen und Literatur

Abt 1943 – Wilhelm Abt, «Bibliographie der Veröffentlichungen von Prof. Dr. Felix Stähelin», in: *BZG* 42, 1943, 271–294.

Abt 1947 – Wilhelm Abt, «Berichtigungen zur Bibliographie Prof. Dr. Felix Stähelin», in: *BZG* 46, 1947, 203–205.

Abt 1952 – Wilhelm Abt, «Zur Erinnerung an einen grossen Gelehrten», in: *BN* 1952, Nr. 105, 10.3.1952.

Abt 1953 – Wilhelm Abt, «Felix Staehelin», in: *Gymnasium Helveticum* 7/2, 1953, 98–99.

Abt 1982 – Wilhelm Abt, «Dr. phil. Carl Grob, genannt ‹Stramm› (1856–1918). Lehrer am Gymnasium zu Basel», in: *BZG* 82, 1982, 147–181.

Abt 1995 – Wilhelm Abt, *Laudes Basiliae. Gesammelte Schriften und Aufsätze*, hg.v. Eugen A. Meier, Basel 1995.

Altermatt 1998 – Urs Altermatt, Martin Pfister, «Gonzague de Reynold. Gegen den Rassenantisemitismus und gegen die Juden», in: *ZSK* 92, 1998, 91–106.

Auberson 2011 – Laurent Auberson, «César, les Helvètes et l'ancienne Confédération: Quelques aspects de la redécouverte de l'antiquité entre légendes médiévales et érudition renaissante», in: *Pro Aventico* 53, 2011, 125–134.

Aubert 2011 – Natacha Aubert, s. v. «Viollier, David», in: *HLS-Online*, verfügbar unter: https://hls-dhs-dss.ch/de/articles/009593/2011-08-11/ [1.12.2023].

Aubert 2012 – Natacha Aubert, s. v. «Vouga, Paul», in: *HLS-Online*, verfügbar unter: https://hls-dhs-dss.ch/de/articles/031448/2012-07-20/ [1.12.2023].

Ballmer 2011 – Christoph Ballmer, s. v. «Schnyder von Wartensee, Franz Xaver», in: *HLS-Online*, verfügbar unter: https://hls-dhs-dss.ch/de/articles/012264/2011-08-25/ [1.12.2023].

Baltrusch 2012 – Ernst Baltrusch, s. v. «Kornemann, Ernst», in: *DNP Suppl.* 6, 2012, Sp. 663–664.

Barbey et al. 1929 – Maurice Barbey et al., «Urba. Mosaïques et vestiges romains de Boscéaz, près Orbe», in: *Revue historique vaudoise* 37/11/12, 1929, 323–378.

Barmasse 2011 – André Barmasse, s. v. «Salis, Arnold von», in: *HLS-Online*, verfügbar unter: https://hls-dhs-dss.ch/de/articles/009590/2011-01-07/ [1.12.2023].

Barmasse 2013 – André Barmasse, s. v. «Vischer, Wilhelm (Nr. 16)», in: *HLS-Online*, verfügbar unter: http://www.hls-dhs-dss.ch/textes/d/D32175.php [1.12.2023].

Bärtschi 2011 – Christian Bärtschi, s. v. «Schulthess, Otto», in: *HLS-Online*, verfügbar unter: https://hls-dhs-dss.ch/de/articles/043454/2011-08-19/ [1.12.2023].

Baumann 1993 – Werner Baumann, *Bauernstand und Bürgerblock. Ernst Laur und der Schweizerische Bauernverband 1897–1918*, Zürich 1993.

Baumann 2012 – Werner Baumann, s. v. «Dürr, Emil», in: *HLS-Online*, verfügbar unter: https://hls-dhs-dss.ch/de/articles/027032/2012-05-31/ [1.12.2023].

Baumgartner 1960 – Walter Baumgartner, «Bernhard Duhm 1847–1928», in: Andreas Staehelin (Hg.), *Professoren der Universität Basel aus fünf Jahrhunderten: Bildnisse und Würdigungen*, Basel 1960, 232–233.

Becker 2002 – Katharina Becker, «Gründung der Römisch-Germanischen Kommission und der Gründungsdirektor Hans Dragendorff», in: *BRGK* 82 (2001), 2002, 105–135.

Benz et al. 2003 – Marion Benz et al., «Augusta Raurica. Eine Entdeckungsreise durch die Zeit», in: *ArchS* 26, 2003, 26–59.

Berger 1972 – Ludwig Berger, «Rudolf Laur-Belart zum Gedenken», in: *Pro Vindonissa* 1972, 5–7.

Berger 1985 – Ludwig Berger, «50 Jahre Stiftung Pro Augusta Raurica. Gekürzte Fassung einer Ansprache, gehalten am 22. Juni 1985 in Augst», in: *BSB* 1985, 33–36.

Berger 2000 – Ludwig Berger, «Testimonien für die Namen von Augst und Kaiseraugst von den Anfängen bis zum Ende des ersten Jahrtausends», in: Peter-Andrew Schwarz, Ludwig Berger (Hgg.), *Tituli Rauracenses 1: Testimonien und Aufsätze. Zu den Namen und ausgewählten Inschriften von Augst und Kaiseraugst*, Augst 2000, 13–40.

Berger 2012 – Ludwig Berger, *Führer durch Augusta Raurica*, mit Beiträgen von Thomas Hufschmid, einem Gemeinschaftsbeitrag von Sandra Ammann, Ludwig Berger und Peter-A. Schwarz und einem Beitrag von Urs Brombach, Basel 2012.

Berner 2016 – Hans Berner, s. v. «Basel (Kanton), Abschnitt 3.1 (Staatsbildung, Regierung und Verwaltung bis zum Ende des Ancien Régime)», in: *HLS-Online*, verfügbar unter: http://www.hls-dhs-dss.ch/textes/d/D7387.php [1.12.2023].

Bersu/Zeiß 1932 – Gerhard Bersu, Hans Zeiß, «Bericht über die Tätigkeit der Römisch-Germanischen Kommission vom 1. April 1931 bis 31. März 1932», in: *BRGK* 21 (1931), 1933, 1–10.

Bielman 1987 – Anne Bielman, *Histoire de l'histoire ancienne et de l'archéologie à l'Université de Lausanne (1537–1987)*, Lausanne 1987.

Bigger 2011 – Andreas Bigger, s. v. «Socin, Albert», in: *HLS-Online*, verfügbar unter: http://www.hls-dhs-dss.ch/textes/d/D41667.php [1.12.2023].

Bleicken/Staehelin 1994 – Jochen Bleicken, Martin Staehelin, «Ein unbekannter Brief von Ulrich von Wilamowitz-Moellendorff an Felix Staehelin über die ‹Geschichte der kleinasiatischen Galater›», in: *Klio* 76, 1994, 454–467.

Bloch 1960 – Alfred Bloch, «Jacob Wackernagel 1853–1938», in: Andreas Staehelin, *Professoren der Universität Basel aus fünf Jahrhunderten. Bildnisse und Würdigungen*, Basel 1960, 246–247.

Boerlin 1929/1930 – Gerhard Boerlin, «Latinität und Barbarei in der Schweiz», in: *Schweizerische Monatshefte für Politik und Kultur* 9/9 (1929/1930), 404–411.

Bögli 1972 – Hans Bögli, *Die Schweiz zur Römerzeit*, Bern 1972.

Boner 1943 – Georg Boner, *Die Universität Basel in den Jahren 1914–1939*, Basel 1943.

Bonjour 1960 – Edgar Bonjour, *Die Universität Basel von den Anfängen bis zur Gegenwart 1460–1960*, Basel 1960.

Bonjour 1971 – Edgar Bonjour, *Die Universität Basel von den Anfängen bis zur Gegenwart 1460–1960*, Basel ²1971.

Bonjour 1983 – Edgar Bonjour, *Erinnerungen*, Basel 1983.

Bosch 1932 – Reinhold Bosch, «Rezension SRZ²», in: *ZSG* 12/2, 1932, 239–240.

Bossert-Radtke 1992 – Claudia Bossert-Radtke, *Die figürlichen Rundskulpturen und Reliefs aus Augst und Kaiseraugst* (= CSIR, Schweiz, Bd. III), Augst 1992.

Bourdieu 2014 – Pierre Bourdieu, *Homo academicus*, übers. v. Bernd Schwibs, Frankfurt a. M. ⁶2014.

Bourdieu 2016 – Pierre Bourdieu, *Die feinen Unterschiede. Kritik der gesellschaftlichen Urteilskraft*, übers. v. Bernd Schwibs und Achim Russer, Frankfurt a. M. ²⁵2016.

Braun et al. 1995 – Maximilian Braun et al. (Hgg.), *‹Lieber Prinz›: Der Briefwechsel zwischen Hermann Diels und Ulrich von Wilamowitz-Möllendorff (1869–1921)*, Hildesheim 1995.

Brem 2003 – Hansjörg Brem, «Die Schweiz als Zufluchtsort für Nazi-Archäologen? Eine Replik auf die Rezension von Martina Schäfer, St. Gallen, zum Werk von Uta Halle», in: *Archäologische Informationen* 26/2, 2003, 520–523.

Brem 2007 – Hansjörg Brem, «Eine ungeschriebene Geschichte: 100 Jahre SGU(F)/Archäologie Schweiz», in: *AAS* 90, 2007, 19–26.

Brem 2008 – Hansjörg Brem, «Das Amt und Museum für Archäologie», in: *ThBeitr* 145, 2008, 221–240.

Brem 2012 – Hansjörg Brem, s. v. «Tatarinoff, Eugen», in: *HLS-Online,* verfügbar unter: https://hls-dhs-dss.ch/de/articles/009591/2012-08-13/ [1.12.2023].

Brem 2022 – Hansjörg Brem, «Bersu und die Schweiz – eine Annäherung», in: *BRGK* 100 (2019), 2022, 199–232.

Brem 2023 – Hansjörg Brem, «Walking on egg shells? Archaeology in Switzerland torn between submission and resistance from 1933 to 1945», in: Martijn Eickhoff et al. (Hgg.), *National-Socialist Archaeology in Europe and its Legacies,* 2023, 437–461.

Brem/Doppler 1996 – Hansjörg Brem, Hugo W. Doppler, «Gedanken zu 100 Jahre Pro Vindonissa», in: *Pro Vindonissa* 1996, 3–11.

Breuer 1932 – J. Breuer, «Rezension SRZ^2», in: *RBPh* 12/3, 1933, 731–734.

Bridel 2000 – Philippe Bridel, s. v. «Bosset, Louis», in: *HLS-Online,* verfügbar unter: https://hls-dhs-dss.ch/de/articles/010435/2000-11-21/ [1.12.2023].

Brogan 1949 – Olwen Brogan, «Rezension SRZ^3», in: *The Classical Review* 63, 1949, 130–131.

Brückner 1962 – Albert Brückner, «Nachruf Paul Roth», in: *SZG* 12, 1962, 229–231.

Buchbinder 2002 – Sascha Buchbinder, *Der Wille zur Geschichte. Schweizer Nationalgeschichte um 1900 – die Werke von Wilhelm Oechsli, Johannes Dierauer und Karl Dändliker,* Zürich 2002.

Buess/Mattmüller 1984 – Eduard Buess, Markus Mattmüller, *Prophetischer Sozialismus: Blumhardt, Ragaz, Barth,* Freiburg i. Ü. 1986.

Burckhardt 1929a – Jacob Burckhardt, *Die Zeit Constantins des Grossen,* hg. v. Felix Staehelin, Stuttgart u. a. 1929.

Burckhardt 1929b – Jacob Burckhardt, *Weltgeschichtliche Betrachtungen/Historische Fragmente aus dem Nachlass,* hg. v. Albert Oeri und Emil Dürr, Stuttgart u. a. 1929.

Burckhardt 1930 – Jacob Burckhardt, *Griechische Kulturgeschichte,* Bd. 1, hg. v. Felix Staehelin, Stuttgart u. a. 1930.

Burckhardt 1934 – Jacob Burckhardt, *Antike Kunst/Skulptur der Renaissance/Erinnerungen aus Rubens,* hg. v. Felix Staehelin und Heinrich Wölfflin, Stuttgart u. a. 1934.

Burckhardt 2000 – Jacob Burckhardt, *Aesthetik der bildenden Kunst – Über das Studium der Geschichte,* hg. v. Peter Ganz, München/Basel 2000.

Burckhardt 1942 – Paul Burckhardt-Lüscher, *Geschichte der Stadt Basel. Von der Zeit der Reformation bis zur Gegenwart,* Basel 1942.

Burckhardt 1953 – Paul Burckhardt-Lüscher, «Felix Stähelin», in: *BJ* 1953, 7–13.

Burckhardt 1957 – Paul Burckhardt-Lüscher, *Geschichte der Stadt Basel,* Basel ^{2}1957.

Burckhardt 1980 – Max Burckhardt (Hg.), *Briefe Jacob Burckhardt. Bd. 9: Der Rücktritt vom historischen Amt und sein Nachspiel (1886–1891),* Basel 1980.

Burckhardt 1986a – Max Burckhardt (Hg.), *Briefe Jacob Burckhardt. Bd. 10: Die zwei letzten Vorlesungssemester; Das Lebensende (1892–1897),* Basel 1986.

Burckhardt 1986b – Max Burckhardt, «Aus der Geschichte der Historischen und Antiquarischen Gesellschaft zu Basel», in: *BZG* 86, 7–133.

Burckhardt 1990 – Leonhard Burckhardt, «Wissenschaftler des 19. Jahrhunderts», in: Rudolf Suter et al., *ckdt. (Basel). Streiflichter auf Geschichte und Persönlichkeiten des Basler Geschlechts Burckhardt,* Basel 1999, 157–178.

Burckhardt 2005 – Leonhard Burckhardt, s. v. «Burckhardt», in: *HLS-Online,* verfügbar unter: http://www.hls-dhs-dss.ch/textes/d/D20956.php [1. 12. 2023].

Burckhardt et al. 1984 – Lukas Burckhardt et al. (Hgg.), *Das politische System Basel-Stadt. Geschichte, Institutionen, Politikbereiche,* Basel 1984.

Burckhardt-Biedermann 1882 – Theophil Burckhardt-Biedermann, *Das römische Theater zu Augusta Raurica,* Basel 1882.

Burckhardt-Biedermann 1887 – Theophil Burckhardt-Biedermann, *Helvetien unter den Römern,* Basel 1887.

Burckhardt-Biedermann 1889 – Theophil Burckhardt-Biedermann, *Geschichte des Gymnasiums zu Basel, 1589–1889,* Basel 1889 (ND 1989).

Burckhardt-Biedermann 1903 – Theophil Burckhardt-Biedermann, *Die Ausgrabungen im Gebiete von Augst, 1877–1902,* Basel 1903.

Burckhardt-Finsler 1905 – Albert Burckhardt-Finsler et al. (Hgg.), *Basler Biographien,* Bd. 3, Basel 1905.

Bürgin 1973 – Paul Bürgin, «Worte des Gedenkens an Prof. Dr. Rudolf Laur-Belart», in: *BZG* 73, 1973, 5–8.

Burkert 1989 – Walter Burkert, «Schweiz. Die Klassische Philologie», in: *La Filologia Greca et Latina nel Secolo XX. Atti del Congresso Internazionale, 17–21-settembre 1984,* 75–127.

Calder 2010 (= 1997) – William M. Calder III, «Wissenschaftlergeschichte als Wissenschaftsgeschichte», in: *Men in their Books,* Hildesheim u. a., 71–86 (= *Das Altertum* 42, 1997, 245–265).

Calder et al. 2000 – William M. Calder III et al. (Hgg.), *Der geniale Wildling: Ulrich von Wilamowitz-Möllendorff und Max Fränkel: Briefwechsel, 1874–1878, 1900–1903,* Göttingen 2000.

Cancik/Mohr 2002 – Hubert Cancik, Hubert Mohr, s. v. «Rezeptionsformen», in: *DNP* 15/2, 2002, 759–770.

Capitani 2012 – François de Capitani, «Genf 1942. Eine Stadt sucht ihre Geschichte», in: *RSAA* 69, 2012, 207–214.

Castella 2012 – Daniel Castella, «1938–1943: Chômeurs, soldats et mécène au service de l'archéologie», in: *ArchS* 35/3, 2012, 36–37.

Christ 1979 – Karl Christ, *Von Gibbon zu Rostovtzeff. Leben und Werk führender Althistoriker der Neuzeit,* Darmstadt 1979.

Christ 1982: Karl Christ, *Römische Geschichte und deutsche Geschichtswissenschaft,* München 1982.

Christ 1983 – Karl Christ, *Römische Geschichte und Wissenschaftsgeschichte,* Bd. 3, Darmstadt 1983.

Christ 1999 – Karl Christ, *Hellas. Griechische Geschichte und deutsche Geschichtswissenschaft,* Mannheim 1999.

Christ 2006 – Karl Christ, *Klios Wandlungen. Die deutsche Althistorie vom Neuhumanismus bis zur Gegenwart,* München 2006.

Collingwood 1928 – Robin George Collingwood, «Rezension SRZ», in: *JRS* 18, 1928, 239–241.

Debrunner 1939 – Albert Debrunner, «Nachruf [Otto Schulthess]» in: Fam. Hardmeyer-Schulthess (Hgg.), *Otto Schulthess,* Winterthur 1939, 23–28 [= *Der Bund* 194, 1939].

Degen/Sarasin 2017 – Bernhard Degen, Philipp Sarasin, s. v. «Basel (-Stadt)», «Abschnitt 5: Verfassungsgeschichte und Staatstätigkeit seit der Kantonstrennung», «Abschnitt 6: Gesellschaft, Wirtschaft und Kultur im 19. und 20. Jahrhundert», in: *HLS-Online,* verfügbar unter: http://www.hls-dhs-dss.ch/textes/d/D7478.php [1. 12. 2023].

Deglau 2017 – Claudia Deglau, *Der Althistoriker Franz Hampl zwischen Nationalsozialismus und Demokratie. Kontinuität und Wandel im Fach Alte Geschichte,* Wiesenbaden 2017.

Den Boer 1949 – W. den Boer, «Rezension SRZ[3]», in: *Mnemosyne* 4/2/2, 1949, 174.

Drack 1987 – Walter Drack, «EKD und archäologische Forschung», in: *Unsere Kunstdenkmäler* 38, 1987, 30–32.

Drack/Fellmann 1988 – Walter Drack, Rudolf Fellmann, *Die Römer in der Schweiz,* Stuttgart 1988.

Drack/Fellmann 1991 – Walter Drack, Rudolf Fellmann, *Die Schweiz zur Römerzeit: Führer zu den Denkmälern,* Zürich 1991.

Drack et al. 1975 – Walter Drack et al., *Ur- und frühgeschichtliche Archäologie der Schweiz,* Bd. 5: *Die römische Epoche,* Zürich 1975.

Dragendorff 1909 – Hans Dragendorff, «Schweiz», in: *Bericht über die Fortschritte der römisch-germanischen Forschung im Jahre 1908,* 1909, 97–105.

Dragendorff 1929 – Hans Dragendorff, «Rezension SRZ», in: *HZ* 139/1, 1929, 119–121.

Drexel 1921 – Friedrich Drexel, *Die sog. Gladiatorenkaserne von Vindonissa,* in: *ASA* NF 23, 1921, 31–35.

Drexel 1930 – Friedrich Drexel, «Vorwort», in: *Fünfundzwanzig Jahre Römisch-Germanische Kommission,* Berlin 1930, V–XI.

Dübi 1888 – Heinrich Dübi, *Die alten Berner und die Römischen Altertümer,* Bern 1888.

Ducrey 1972 – Pierre Ducrey, «Vorzeit, Kelten und Römer (bis 401 nach Christus)», in: *Geschichte der Schweiz und der Schweizer,* Basel [4]1972, 23–108.

Duhm 1892 – Bernhard Duhm, *Kosmologie und Religion. Vortrag, gehalten am 26. Januar 1892,* Basel 1892.

Dürr 1918 – Emil Dürr, *Freiheit und Macht bei Jacob Burckhardt,* Basel 1918.

Dürr 1932 – Emil Dürr, «Adolf Baumgartner. 1855–1930», in: *BJ* 1932, 211–242.

Eck 1997a – Eck, Werner, s. v. «Caecina [II 1]», in: *DNP* 2, 1997, Sp. 898.

Eck 1997b – Eck, Werner, s. v. «Cornelius [II 9]» in: *DNP* 3, 1997, Sp. 191.

Eder Matt 1991 – Katharina Eder Matt, «Die Helvetier: Ein Mythos im Alltag», in: *ArchS* 14, 1991, 46–52.

Egger 1932 – Rudolf Egger, «Rezension SRZ[2]», in: *Germania* 16, 1932, 244.

Ehinger 2020 – Paul Ehinger, s. v. «Schweizerischer Zofingerverein», in: *HLS-Online,* verfügbar unter: https://hls-dhs-dss.ch/de/articles/016439/2020-01-30/ [1. 12. 2023].

Ehrenbold/Hafner 2020 – Tobias Ehrenbold, Urs Hafner, *Stähelin, Staehelin, Stehelin. Eine Basler Familie seit 1520,* Basel 2020.

Engels 1998 – Johannes Engels s. v. «Hermias [1]», in: *DNP* 5, 1998, Sp. 435.

Ernoud 1949 – A. Ernoud «Rezension SRZ[3]», in: *RPh* 23, 1949, 193.

Esch 1972 – Arnold Esch, «Limesforschung und Geschichtsvereine. Romanismus und Germanismus, Dilettantismus und Facharchäologie in der Bodenforschung des 19. Jahrhunderts», in: Hartmut Boockmann et al. (Hgg.), *Geschichtswissenschaft und Vereinswesen im 19. Jahrhundert*, Göttingen 1972, 163–191.

Espérandieu 1907–1938 – Émile Espérandieu, Raymond Lantier, *Recueil général des bas-reliefs, statues et bustes de la Gaule romaine*, Paris 1907–1938.

Fabricius 1898 – Ernst Fabricius, «Rezension zu Felix Staehelin ‹Geschichte der kleinasiatischen Galater›», in: *Deutsche Literaturzeitung* 40, 1898, Sp. 1529–1531.

Fabricius 1930 – Ernst Fabricius, «Rezension SRZ», in: *Deutsche Literaturzeitung* 2, 1930, Sp. 73–75.

Fam. Staehelin 1952 – Familie Staehelin, *Zur Erinnerung an Professor Dr. Felix Staehelin-Schwarz*, [Basel] 1952.

Feller 1935 – Richard Feller, *Die Universität Bern 1834–1934*, Bern 1935.

Fellmann 1957 – Rudolf Fellmann, *Die Schweiz zur Römerzeit. Katalog: Ausstellung zur Feier der vor 2000 Jahren vollzogenen Gründung der Colonia Raurica*, Basel 1957.

Fellmann 1992 – Rudolf Fellmann, *La Suisse gallo-romaine. Cinq siècles d'histoire*, übers. v. Ursula Gaillard, Lausanne 1992.

Fellmann Brogli/Wertenschlag 2009 – Regine Fellmann Brogli, Noëmi Wertenschlag, «Das Vindonissa-Museum um 1912. Ein Haus im Spannungsfeld zwischen Wissenschaft und Vermittlung», in: *Pro Vindonissa* 2009, 2010, 97–115.

FGrH – Felix Jacoby, *Die Fragmente der griechischen Historiker*, Part I–III, [Leiden], Brill Online 2006.

Fisch 1821 – Johann Heinrich Fisch, *Vindonissa, oder Helvetien unter den Römern*. Neujahrsblatt der aargauischen Jugend geweiht, s. l. 1821.

Flutsch 2002 – Laurent Flutsch et al., *Die Schweiz vom Paläolithikum bis zum frühen Mittelalter*, Bd. 5: *Römische Zeit* (= *SPM* 5), Basel 2002.

Flutsch 2005 – Laurent Flutsch, *L'époque romaine. Ou la méditerranée au nord des alpes*, Lausanne 2005.

Flutsch/Rossi 2002 – Laurent Flutsch, Frédéric Rossi, «Das römische Intermezzo», in: Laurent Flutsch et al. (Hgg.), *Römische Zeit* (= *SPM* 5), Basel 2002, 9–19.

Foucault 2015 – Michel Foucault, *Archäologie des Wissens*, übers. v. U. Köppen, Frankfurt a. M. [17]2015.

Fraenkel 1890–1895 – Max Fraenkel, *Die Inschriften von Pergamon*, Berlin 1890–1895.

Frei-Stolba 1976 – Regula Frei-Stolba, «Die römische Schweiz: Ausgewählte staats- und verwaltungsrechtliche Probleme im Frühprinzipat», in: *ANRW* II 5/1, 1976, 288–403.

Frei-Stolba 1992 – Regula Frei-Stolba, «Früheste epigraphische Forschungen in Avenches. Zu den Abschriften des 16. Jahrhunderts», in: *SZG* 42, 1992, 227–246.

Frei-Stolba 2013a – Regula Frei-Stolba, «Die Inschrift über dem Hofportal des Schlosses von Avenches. Zur Rezeption der römischen Antike in der Schweiz im 16. und 18. Jahrhundert», in: Simon Frey, *La numismatique pour passion*, Lausanne 2013, 49–73.

Frei-Stolba 2013b – Regula Frei-Stolba, «Die Schlacht von Vindonissa (302 n.Chr.)», in: *Pro Vindonissa* 2013, 35–48.

Frey 1907 – Fritz Frey, *Führer durch die Ruinen von Augusta Raurica*, Liestal 1907.

Fuchs 1984 – Johannes Georg Fuchs, «Kirchen», in: Lukas Burckhardt et al. (Hgg.), *Das politische System Basel-Stadt*, Basel 1984, 347–363.

Fuchs 2014 – Thomas Fuchs, s. v. «Zellweger, Otto», in: *HLS-Online*, verfügbar unter: https://hls-dhs-dss.ch/de/articles/014822/2014-02-07/ [1. 12. 2023].

Furger 1994 – Alex R. Furger, «Vorwort», in: Karl Stehlin, *Ausgrabungen in Augst 1890–1934*, bearb. v. Constant Clareboets, hg. v. Alex R. Furger, Augst 1994, 6–7.

Furger 1986 – Andres Furger, *Die Helvetier. Kulturgeschichte eines Keltenvolkes*, Zürich ²1986.

Furger 1998 – Andres Furger, «Archäologie und Kulturgeschichte der Schweiz», in: Andres Furger et al., *Die ersten Jahrtausende*, Zürich 1998, 9–62.

Furger 2001 – Andres Furger, «Hintergründe und Ausblick», in: Andres Furger et al., *Die Schweiz zur Zeit der Römer*, Zürich 2001, 299–319.

Gagliardi 1920 – Ernst Gagliardi, *Geschichte der Schweiz. Von den Anfängen bis zur Gegenwart*, Bd. 1, Zürich 1920.

Gehrke 2019 – Hans-Joachim Gehrke, «‹Selbstzeugnis verschiedenen Menschentums›. Alfred Heuß über: Die Gestaltung des römischen und des karthagischen Staates bis zum Phyrros-Krieg», in: Michael Sommer, Tassilo Schmidt, *Von Hannibal zu Hitler. «Rom und Karthago» 1943 und die deutsche Altertumswissenschaft im Nationalsozialismus*, Darmstadt 2019, 71–83.

Gelzer 1921 – Matthias Gelzer, *Caesar. Der Politiker und Staatsmann*, Stuttgart 1921.

Gelzer 1922 – Matthias Gelzer, «Rezension zu Felix Staehelin ‹Zur Geschichte der Helvetier›», in: *PhW* 18, 1922, Sp. 418–421.

Gelzer 1928 – Matthias Gelzer, «Rezension SRZ», in: *PhW* 12, 1928, Sp. 492–499, zitiert nach: *Kleine Schriften*, Bd. 2, Wiesbaden 1963, 371–377.

Gelzer 1956 – Matthias Gelzer, «Rezension zu Felix Stähelin, Reden und Vorträge, hg. v. Wilhelm Abt», in: *Gnomon* 28/8, 1956, 623–624.

Germann 2004 – Martin Germann, s. v. «Escher, Hermann», in: *HLS-Online*, verfügbar unter: https://hls-dhs-dss.ch/de/articles/032266/2004-11-04/ [1. 12. 2023].

Gertzen 2017 – Thomas L. Gertzen, *Einführung in die Wissenschaftsgeschichte der Ägyptologie*, Berlin 2017.

Gex 2018 – Nicolas Gex, «Un brillant latiniste vaudois: Frank Olivier (1869–1964)», in: David Auberson, Nicolas Gex, *Urbain et Juste Olivier. Une grande famille vaudoise aux XIXe et XXe siècles*, Lausanne 2018, 295–318.

GGG 2001 – Gesellschaft für das Gute und Gemeinnützige (Hg.), *Basel 1501 2001 Basel*, (= *Neujahrsblatt* 179), Basel 2001.

Goessler 1950 – Peter Goessler, «Rezension SRZ³», in: *Deutsche Literaturzeitung* 71, 1950, Sp. 29–32.

Graaf 2013 – Beatrice de Graaf, «The Black International conspiracy as security dispositive in the Netherlands 1880–1900», in: *HSR* 38, 2013, 142–165.

Grenier 1928 – Alber Grenier, «Rezension SRZ», in: *RPh* 54, 1928, 301–302.

Grimm 1988 – Günter Grimm, «Friedrich Koepp», in: Reinhard Lullies, Wolfgang Schiering (Hgg.), *Archäologenbildnisse. Porträts und Kurzbiographien von Klassischen Archäologen deutscher Sprache*, Mainz 1988, 136–137.

Guerreiro 2017 – Silvia Guerreiro, *Les relations entre l'Istituto di studi romani (ISR) et la Suisse*, 2017 (unpubliziertes Manuskript).

Gutzwiller 1980 – Hans Gutzwiller, «Carl Jacob Burckhardts Basler Gymnasialjahre 1902–1908», in: *BZG* 80, 1980, 145–172.

Hächler et al. 2020 – Nikolas Hächler, Beat Näf, Peter-Andrew Schwarz, *Mauern gegen Migration? Spätrömische Strategie, der Hochrhein-Limes und die Fortifikationen der Provinz* Maxima Sequanorum – *eine Auswertung der Quellenzeugnisse,* Regensburg 2020.

Haller 1811/1812 – Franz Ludwig Haller, *Helvetien unter den Römern,* Bern 1811/1812.

Hansen 1898 – Reimer Hansen, «Rezension zu Felix Staehelin ‹Geschichte der kleinasiatischen Galater›», in: *Neue Philologische Rundschau* 1898, 591–592.

Hartmann 1906 – Benedikt Hartmann, «Was wir wollen», in: *Neue Wege* 1, 1906, 1–4.

Hartmann/Abt 1989 – Alfred Hartmann, *Erinnerungen,* mit Anmerkungen hg. v. Wilhelm Abt, Basel 1989.

Hatscher 2003 – Christoph F. Hatscher, *Alte Geschichte und Universalhistorie,* Stuttgart 2003.

Hauptmann 1991 – Hauptmann, William, «Gleyre, Troyon et les Romains en 1858», in: *ArchS* 14, 1991, 29–36.

Heichelheim 1951/52 – Fritz Moritz Heichelheim, «Rezension SRZ[3]», in: *FinanzArchiv,* NF 13/3, 1951/1952, 557–559.

Herzig 2009 – Heinz Herzig, «Die Alpen im römischen Verständnis und die Alpenweihung von Thun-Allmendingen», in: Stefanie Martin Kilcher, Regula Schatzmann (Hgg.), *Das römische Heiligtum von Thun-Allmendingen, die Regio Lindensis und die Alpen,* Bern 2009, 67–70.

Hess 2000 – Stefan Hess, «Die Suche nach dem Stadtgründer», in: Rolf Surbeck et al. (Red.), *Humanismus. 56 Annäherungen an einen lebendigen Begriff,* Basel 2000.

Hess 2020 – Stefan Hess, *Die Suche nach dem Stadtgründer. Spätmittelalterliche Ursprungsmythen in Basel und ihre neuzeitlichen Nachfolger,* Basel 2020.

Heuberger 1909 – Samuel Heuberger, «Aus der Baugeschichte Vindonissas und vom Verlauf ihrer Erforschung», in: *Argovia* 33, 1909, 263–367.

Heuss 1934 – Alfred Heuss, «Überrest und Tradition. Zur Phänomenologie der historischen Quellen», in: *AKG* 25, 1934, 134–183, zitiert nach: Alfred Heuss, *Gesammelte Schriften in 3 Bänden,* Bd. 3, Stuttgart 1995, 2289–2338.

Heuss 1989a – Alfred Heuss, «Institutionalisierung der Alten Geschichte», in: Horst Fuhrmann (Hg.), *Die Kaulbach-Villa als Haus des Historischen Kollegs. Reden und wissenschaftliche Beiträge zur Eröffnung,* München 1989, 39–71, zitiert nach: *Gesammelte Schriften,* Bd. 3, Stuttgart 1995, 1938–1970.

Heuss 1989b – Alfred Heuss, «Eugen Täubler Postumus», in: *HZ* 248, 1989, zitiert nach: *Gesammelte Schriften,* Bd. 3, Stuttgart 1995, 1891–1929.

His 1936 – Eduard His, «Geschichte der historischen und antiquarischen Gesellschaft zu Basel im ersten Jahrhundert ihres Bestehens. 1836–1936», in: *BZG* 35, 1936, 1–88.

Hobsbawm 1996 – Eric Hobsbawm, *The Invention of Tradition,* Cambridge 1996.

Hoffmann 2000 – Christhard Hoffmann, s. v. «Judentum, I. Antisemitismus», in: *DNP* 14, 2000, Sp. 752–760.

Hoffmann-Ocon/Metz 2011 – Andreas Hoffmann-Ocon, Peter Metz, «Orte der Ausbildung von Lehrerinnen und Lehrern – bildungshistorischer Kommentar aufschlussreicher Quellen», in: *Beiträge zur Lehrerbildung* 29, 2011, 312–324.

Holenstein 2005 – André Holenstein, s. v. «Corpus helveticum», in: *HLS-Online,* verfügbar unter: https://hls-dhs-dss.ch/de/articles/009824/2005-03-01/ [1. 12. 2023].

Holenstein 2013 – André Holenstein, «Ein Erinnerungsort für die Bundesideologie. Das Bundeshaus als Nationaldenkmal der Bundesstadt Bern», in: Heike Mayer et al. (Hgg.), *Im Herzen der Macht? Hauptstädte und ihre Funktion,* Bern 2013, 35–76.

Howald/Meyer = Howald/Meyer 1941 – Ernst Howald, Ernst Meyer, *Die römische Schweiz. Texte und Inschriften in Übersetzung*, Zürich 1941.

Hufschmid 2015 – Thomas Hufschmid, «Ein Kaufmann, ein Jurist und ein Künstler. Frühe Archäologie und Baudokumentation im Theater von Augusta Raurica», in: Thomas Hufschmid, Barbara Pfäffli (Hgg.), *Wiederentdeckt! Basilius Amerbach erforscht das Theater von Augusta Raurica*, Basel 2015, 37–58.

Hufschmid/Pfäffli 2015 – Thomas Hufschmid, Barbara Pfäffli (Hgg.), *Wiederentdeckt! Basilius Amerbach erforscht das Theater von Augusta Raurica*, Basel 2015.

Hufschmid/Tissot-Jordan 2013 – Thomas Hufschmid, Lucile Tissot-Jordan, *Amphorenträger im Treppenhaus. Zur Architektur und Wanddekoration der Gebäude in Insula 39 von Augusta Raurica*, Augst 2013.

H.W.S. 1950 – H.W.S., «Rezension SRZ³», in: *G&R* 19/56, 1950, 91–192.

Isler-Kerényi 2001 – Cornelia Isler-Kerényi, «Römerbilder der Schweizer», in: Andres Furger et al. (Hgg.), *Die Schweiz zur Zeit der Römer*, Zürich 2001, 293–298.

Janner 2012 – Sara Janner, *Zwischen Machtanspruch und Autoritätsverlust. Zur Funktion von Religion und Kirchlichkeit in Politik und Selbstverständnis des konservativen alten Bürgertums im Basel des 19. Jahrhunderts*, Basel 2012.

Jost 1992 – Hans Ulrich Jost, *Die reaktionäre Avantgarde. Die Geburt der Neuen Rechten in der Schweiz um 1900*, Zürich 1992.

Jullian 1906 – Camille Jullian, «Chronique gallo-romaine», in: *REA* 8, 1906, 263–271.

Jullian 1922 – Camille Jullian, «Rezension zu Felix Staehelin ‹Zur Geschichte der Helvetier›», in: *REA* 24, 1922, 55–56.

Jullian 1924 – Camille Jullian, «La Suisse romaine», in: *REA* 26, 1924, 344.

Jullian 1928 – Camille Jullian, «Rezension SRZ», in: *REA* 30, 1928, 176.

Jullien 1892 – Emile Jullien, *Le fondateur de Lyon: Histoire de L(ucius) Munatius Plancus*, Paris 1892.

Junker 1997 – Klaus Junker, *Das archäologische Institut des Deutschen Reiches zwischen Forschung und Politik. Die Jahre 1925 bis 1945*, Mainz 1997.

Käch 2013 – Daniel Käch, «Die Gesellschaft Pro Vindonissa. Seit über 100 Jahren aktiv im römischen Windisch», in: *ArchS* 36, 2013, 40–41.

Käch/Milosavljevic 2007 – Daniel Käch, Darko Milosavljevic, «Die Gesellschaft Pro Vindonissa und ihr Museum», in: *Pro Vindonissa* 2007, 2008, 65–78.

Kaegi 1947–1982 – Werner Kaegi, *Jacob Burckhardt. Eine Biographie*, 7 Bde., Basel 1947–1982.

Kaenel 1991 – Gilbert Kaenel, «Troyon, Desor et les ‹Helvétiens› vers le milieu du XIXe siècle», in: *ArchS* 14, 1991, 19–28.

Kaenel 1999 – Gilbert Kaenel, «Die Archäologie der Eisenzeit in der Schweiz», in: *Eisenzeit* (= *SPM* 4), Basel 1999, 15–20.

Kaenel 2012 – Gilbert Kaenel, *L'an 58. Les helvètes. Archéologie d'un peuple celte*, Lausanne 2012.

Kaeser 1998 – Marc-Antoine Kaeser, «Helvètes ou Lacustres? La jeune Confédération suisse à la recherche d'ancêtres opérationnels», in: Urs Altermatt et al. (Hgg.), *Die Konstruktion einer Nation. Nation und Nationalisierung in der Schweiz, 18.–20. Jahrhundert*, Zürich 1998, 75–86.

Kaeser 2004 – Marc-Antoine Kaeser, *Les Lacustres. Archéologie et mythe national*, Lausanne 2004.

Kaeser 2014 – Marc-Antoine Kaeser, «Helvetier, Römer und Pfahlbauer. Die Archäologie und die mythischen Ahnen der Schweiz», in: Georg Kreis, *Die Geschichte der Schweiz*, Basel 2014, 31–33.

Kamber 2008 – Pia Kamber, «Schatzgräber, Sammler und Gelehrte. Die Anfänge der Archäologie in Basel», in: Historisches Museum Basel (Hg.), *Unter Uns. Archäologie in Basel*, Basel 2008, 11–31.

Kamber 2011 – Pia Kamber, «Wissenssuche in der Aufklärung. Daniel Bruckner (1707–1781) und Daniel Burckhardt-Wildt (1752–1819)», in: Sabine Söll-Tauchert (Hg.), *Die grosse Kunstkammer. Bürgerliche Sammler und Sammlungen in Basel*, Basel 2011, 95–108.

Kaufmann-Heinimann 2009a – Annemarie Kaufmann-Heinimann, «Marmorstatuette einer Göttin: ‹Annona›?», in: Stefanie Martin Kilcher, Regula Schatzmann (Hgg.), *Das römische Heiligtum von Thun-Allmendingen, die Regio Lindensis und die Alpen*, Bern 2009, 73–76.

Kaufmann-Heinimann 2009b – Annemarie Kaufmann-Heinimann, «Der Sockel mit der Inschrift an die Alpes und das einst zugehörige Weihegeschenk», in: Stefanie Martin Kilcher, Regula Schatzmann (Hgg.), *Das römische Heiligtum von Thun-Allmendingen, die Regio Lindensis und die Alpen*, Bern 2009, 65–67.

Kaufmann-Heinimann 2012 – Annemarie Kaufmann-Heinimann et al., «Chronik», in: Anna Laschinger, Annemarie Kaufmann-Heinimann (Hgg.), *Knochen, Scherben und Skulpturen. 100 Jahre Archäologie an der Universität Basel*, Basel 2012, 5–10.

Kaufmann Heinimann 2014 – Annemarie Kaufmann-Heinimann, «Von Grabhügeln und Dümmler-Vasen. Zu den Anfängen der klassischen Archäologie an der Universität Basel», in: *BZG* 114, 2014, 191–234.

Keller 1912 – Robert Keller, *Lebensbilder der Lehrer*, Bd. 3, in: Alfred Ziegler, Robert Keller, *Festschrift zur Feier des fünfzigjährigen Bestehens des Gymnasiums und der Industrieschule in Winterthur*, Winterthur 1912.

Keller 2012 – Rolf Keller, s. v. «Pro Helvetia», in: *HLS-Online*, verfügbar unter: https://hls-dhs-dss.ch/de/articles/010994/2012-01-12/ [1.12.2023].

Keller-Tarnuzzer 1931 – Karl Keller-Tarnuzzer, «Rezension SRZ^2», in: *JbSGU* 23, 1931, 111.

Keller-Tarnuzzer 1936 – Karl Keller-Tarnuzzer, *Die Herkunft des Schweizervolkes*, Frauenfeld 1936.

Kern 1900 – Otto Kern (Hg.), *Die Inschriften von Magnesia am Maenander*, Berlin 1900.

Kielholz 1947 – Arthur Kielholz, «Die Gesellschaft Pro Vindonissa 1897–1946. Aus der Chronik des halben Jahrhunderts ihrer Geschichte», in: *Pro Vindonissa* 1946, 1947, 5–51.

Klee 2013 – Margot Klee, *Germania Superior. Eine römische Provinz in Frankreich, Deutschland und der Schweiz*, Regensburg 2013.

Kneppe/Wiesehöfer 1983 – Alfred Kneppe, Josef Wiesehöfer, *Friedrich Münzer. Ein Althistoriker zwischen Kaiserreich und Nationalsozialismus*, mit einem kommentierten Schriftenverzeichnis v. Hans-Joachim Drexhage, Bonn 1983.

Koepp 1928 – Friedrich Koepp, «Rezension SRZ», in: *GGA* 190/8, 1928, 353–376.

Kolb 2022 – Anne Kolb, *Tituli Helvetici. Die römischen Inschriften der West- und Ostschweiz*, Bonn 2022.

Königs 1988 – Diemuth Königs, *Die Entwicklung des Fachs «Alte Geschichte» an der Universität Basel im 20. Jahrhundert*, Liz. Universität Basel 1988.

Königs 1990 (=Königs 2010) – Diemuth Königs, «Die Entwicklung des Fachs ‹Alte Geschichte› an der Universität Basel im 20. Jahrhundert», in: Leonhard Burckhardt (Hg.), *Das Seminar für Alte Geschichte in Basel, 1934–2007,* Basel 2010, 21–51.

Königs 1995 – Diemuth Königs, *Joseph Vogt: Ein Althistoriker in der Weimarer Republik und im Dritten Reich,* Basel/Frankfurt a. M. 1995.

Körte 1898 – Alfred Körte, «Rezension zu Felix Staehelin ‹Geschichte der kleinasiatischen Galater›», in: *Wochenschrift für Klassische Philologie* 15 (1898), Sp. 1–6.

Körte 1905 – Alfred Körte, «Zum Orakel über die ἱερὰ ὀργάς», in: *Klio* 5/2, 1905, 280–282.

Krämer 2002 – Werner Krämer, *Gerhard Bersu – ein deutscher Prähistoriker, 1889–1964,* in: *BRGK* 82 (2001), 2002, 5–19.

Kreis 2010 – Georg Kreis, *550 Years of the University of Basel: Permanence and Change,* Basel 2010.

Kreis/Ott 2002 – Georg Kreis, Heinrich Ott (Hgg.), *Zeitbedingtheit, Zeitbeständigkeit: Professoren-Persönlichkeiten der Universität Basel,* Basel 2002.

Kreis/von Wartburg 2000 – Georg Kreis, Beat von Wartburg (Hgg.), *Basel – Geschichte einer städtischen Gesellschaft,* Basel 2000.

Kuhn 2011 – Thomas K. Kuhn, s. v. «Stähelin, Rudolf», in: *HLS-Online,* verfügbar unter: http://www.hls-dhs-dss.ch/textes/d/D10852.php [1. 12. 2023].

Kuhn/Sallman 2002 – Thomas K. Kuhn, Martin Sallmann, *Das «Fromme Basel». Religion in einer Stadt des 19. Jahrhunderts,* Basel 2002.

Külzer 2022 – Andreas Külzer, «Gerhard Bersu, Osbert G.S. Crawford und die Tabula Imperii Romani», in: *BRGK* 100 (2019), 2022, 181–197.

Landwehr 2009 – Achim Landwehr, *Historische Diskursanalyse,* Frankfurt a. M. [2]2009.

Lapaire 2002 (HLS) – Claude Lapaire, s. v. «Barth, Wilhelm», in: *HLS-Online,* verfügbar unter: https://hls-dhs-dss.ch/de/articles/027689/2002-01-11/ [1. 12. 2023].

Larsen 1950 – J.A.O. Larsen, «Rezension SRZ[3]», in: *CPh* 45/4, 1950, 256.

Laschinger/Kaufmann-Heinimann 2012 – Anna Laschinger, Annemarie Kaufmann-Heinimann, *Knochen, Scherben und Skulpturen. 100 Jahre Archäologie an der Universität Basel,* Basel 2012.

Laur-Belart 1931 – Rudolf Laur-Belart, *Die Erforschung Vindonissas unter S. Heuberger, 1897–1927,* Aarau 1931.

Laur-Belart 1934 – Rudolf Laur-Belart, «Aufgaben der römischen Archäologie in der Schweiz», in: *ZSG* 14, 1934, 1–19.

Laur-Belart 1939 – Rudolf Laur-Belart, *Urgeschichte und Schweizertum,* Basel 1939.

Laur-Belart 1952a – Rudolf Laur-Belart, «Worte der Erinnerung an Prof. Dr. Felix Stähelin (1873–1952)», in: *BZG* 51, 1952, 5–8.

Laur-Belart 1952b – Rudolf Laur-Belart, «Nachruf Felix Staehelin», in: *JbSGU* 42, 1952, 9–10.

Laur-Belart 1957 – Rudolf Laur-Belart, «Vorwort», in: Karl Stehlin, Victorine von Gonzenbach, *Die spätrömischen Wachttürme am Rhein von Basel bis zum Bodensee: 1. Untere Strecke: Von Basel bis Zurzach,* Basel 1957, 3–5.

Laur-Belart 1960 – Rudolf Laur-Belart, «Nachruf Otto Tschumi», in: *Urschweiz* 24, 1960, 45–48.

Lehner 1928 – Hans Lehner, «Rezension SRZ», in: *Germania* 11, 1928, 172–177.

Lengwiler 2013 – Martin Lengwiler, «Basler Geschichtswissenschaften in wissenshistorischer Perspektive», in: *BZG* 113, 2013, 5–9.

Leu 2001 – Urs B. Leu, «Nicht Tigurum, sondern Turicum! Johann Caspar Hagenbuch (1700–1763) und die Anfänge der römischen Altertumskunde in der Schweiz», in: *Zürcher Taschenbuch* NF 122, 2002, 233–299.

Leu 2004 – Urs B. Leu, *Johann Caspar Hagenbuchs archäologischer Plan von Avenches (1731)*, in: *Cartographica Helvetica* 29/30, 2004, 43–47.

Liechtenhan 1946 – Rudolf Liechtenhan, «Die Anfänge der ‹Neuen Wege›», in: *Neue Wege* 40, 1946, 184–188.

Litwan 2014 – Peter Andreas Litwan, «Stadtgründer, Stammvater, Patron oder doch nicht? Basler Inschriften, Darstellungen und Texte aus fast einem halben Jahrtausend zu L. Munatius Plancus», in: *BZG* 114, 2014, 235–259.

Losemann 1977 – Volker Losemann, *Nationalsozialismus und Antike. Studien zur Entwicklung des Faches Alte Geschichte 1933–1945*, Hamburg 1977.

Losemann 2017 – Volker Losemann, *Klio und die Nationalsozialisten. Gesammelte Schriften zur Wissenschaft- und Rezeptionsgeschichte*, hg. v. Claudia Deglau et al., Wiesbaden 2017.

Maissen 2002 – Thomas Maissen, «Weshalb die Eidgenossen Helvetier wurden. Die humanistische Definition einer *natio*», in: Johannes Helmrath et al. (Hgg.), *Diffusion des Humanismus, Studien zur nationalen Geschichtsschreibung europäischer Humanisten*, Göttingen 2002, 210–149.

Maissen 2010 – Thomas Maissen, «Die Schweiz und Europa in historischer Perspektive», in: Thomas Cottier et al. (Hgg.), *Die Schweiz und Europa. Wirtschaftliche Integration und institutionelle Abstinenz*, Zürich 2010, 73–106.

Mante 2007 – Gabriele Mante, *Die deutschsprachige prähistorische Archäologie. Eine Ideengeschichte im Zeichen von Wissenschaft, Politik und europäischen Werten*, Münster 2007.

Marchal 1991 – Guy P. Marchal, *Höllenväter – Heldenväter – Helvetier*, in: *ArchS* 14, 1991, 5–13.

Marchal 2007 – Guy P. Marchal, *Schweizer Gebrauchsgeschichte. Geschichtsbilder, Mythenbildung und nationale Identität*, Basel [2]2007.

Marchal 2013 – Guy P. Marchal, «Kleine Geschichte des Historischen Seminars der Universität Basel», in: *BZG* 113, 2013, 11–52.

Markwart 1920 – Otto Markwart, *Jacob Burckhardt. Persönlichkeit und Leben*, Basel 1920.

Marti 1892 – Karl Marti, *Prophet Sacharja. Der Zeitgenosse Serubbabels. Ein Beitrag zum Verständnis des Alten Testamentes*, Freiburg i. Br. 1892.

Martin 1921 – Paul E. Martin, «Rezension zu Felix Staehelin ‹Zur Geschichte der Helvetier›», in: *ZSG* 1, 1921, 464–465.

Martin-Kilcher 1983 – Stefanie Martin-Kilcher, *Die Römerzeit*, Solothurn 1983.

Martin-Kilcher/Schatzmann (Hgg.) 2009 – Stefanie Martin-Kilcher/Regula Schatzmann (Hgg.), *Das römische Heiligtum von Thun-Allmendingen, die Regio Lindensis und die Alpen*, Bern 2009.

Mattioli 1992 – Aram Mattioli, «Au Pays des Aïeux. Gonzague de Reynold und die Erfindung des neohelvetischen Nationalismus (1899–1912)», in: Guy P. Marchal, Aram Mattioli (Hgg.), *Erfundene Schweiz. Konstruktionen nationaler Identität*, Zürich 1992, 275–290.

Mattioli 1994 – Aram Mattioli, *Zwischen Demokratie und totalitärer Diktatur. Gonzague de Reynold und die Tradition der autoritären Rechten in der Schweiz*, Zürich 1994.

Mattioli 1995 – Aram Mattioli, *Intellektuelle von rechts. Ideologie und Politik in der Schweiz 1918–1939*, Zürich 1995.

Mattioli 1999 – Aram Mattioli, «Jacob Burckhardts Antisemitismus. Eine Neuinterpretation aus mentalitätsgeschichtlicher Sicht», in: *SZG* 49, 1999, 496–529.

Mattmüller 1957 – Markus Mattmüller, *Leonhard Ragaz und der religiöse Sozialismus: Eine Biographie*, Basel/Stuttgart 1957.

Mayer 2014 – Marcel Mayer, s. v. «Wartmann, Hermann», in: *HLS-Online*, verfügbar unter: https://hls-dhs-dss.ch/de/articles/004035/2014-12-27/ [1.12.2023].

Méautis 1928 – Georges Méautis, «Rezension SRZ», in: *Musée Neuchâtelois* NF 10, 1928, 76–77.

Meister 2000 – Klaus Meister, s. v. «Philochoros», in: *DNP* 9, 2000, Sp. 821–822.

Meyer 1884 – Eduard Meyer, *Geschichte des Alterthums*, Bd. 1: *Geschichte des Orients bis zur Begründung des Perserreichs*, Stuttgart u. a. 1884.

Meyer 1897 – Eduard Meyer, «Rezension zu Felix Staehelin ‹Geschichte der kleinasiatischen Galater›», in: *Berliner Philologische Wochenschrift* 17/51, 1897, Sp. 1584–1587.

Meyer 1946 – Ernst Meyer, *Die Schweiz im Altertum*, Bern 1946.

Meyer 1948 – Ernst Meyer, «Rezension SRZ^3», in: *MH* 5, 1948, 244–245.

Meyer 1948/49 – Ernst Meyer, «Rezension SRZ^3», in: *RSAA* 10, 1948/49, 109–113.

Meyer 1954 – Ernst Meyer, «Theodor Mommsen in Zürich (1852–1854)», in: *SBAG* 12, 1954, 99–138.

Meyer 1972 – Ernst Meyer, «Römische Zeit», in: *Handbuch der Schweizer Geschichte*, Bd. 1, Zürich 1972, 53–90.

Meyer 1989 – Friedrich Meyer, *Das humanistische Gymnasium Basel 1889–1989*, Basel 1989.

Meyer 1997 – Matthias Meyer, «Fritz Staehelin – Vom Missionar und Bischof zum Missionshistoriker», in: Fritz Staehelin, *Die Mission der Brüdergemeinde in Suriname und Berbice im achtzehnten Jahrhundert* (*Nikolaus Ludwig von Zinzendorf, Materialien und Dokumente* 2/28,1), Hildesheim/Zürich/New York 1997.

Mez 1995 – Carl-Gustav Mez, *Die Verfassung des Kantons Basel-Stadt vom 10. Mai 1875*, Basel/Frankfurt a. M. 1995.

Mommsen 1854a – Theodor Mommsen, «Die Schweiz in römischer Zeit», in: *Mitteilungen der Antiquarischen Gesellschaft Zürich* 9, 1854.

Mommsen 1854b (= ICH) – Theodor Mommsen, «Inscriptiones Confoederationis Helveticae Latinae», in: *Mitteilungen der Antiquarischen Gesellschaft Zürich* 9, 1854.

Mommsen 1881 – Theodor Mommsen, «Schweizer Nachstudien», in: *Hermes* 16/3, 1881, 445–494.

Mommsen 2010 – Theodor Mommsen, *Römische Geschichte. Sonderausgabe in zwei Bänden auf der Grundlage der vollständigen Ausgabe von 1976 in acht Bänden*, hg. v. Stefan Rebenich, Darmstadt 2010.

Mommsen/Walser 1966 – Mommsen, Theodor, *Die Schweiz in römischer Zeit*, hg. v. Gerold Walser, Zürich 1966.

Monnoyeur 2005 – Pierre Monnoyeur, s. v. «Deonna, Waldemar», in: *HLS-Online*, verfügbar unter: https://hls-dhs-dss.ch/de/articles/027707/2005-08-23/ [1.12.2023].

Mooser 1997 – Josef Mooser, «Die ‹Geistige Landesverteidigung› in den 1930er Jahren. Profile und Kontexte eines vielschichtigen Phänomens der schweizerischen politischen Kultur in der Zwischenkriegszeit», in: *SZG* 47, 1997, 685–798.

Mooser 2000 – Josef Mooser, «Die erste Hälfte des 20. Jahrhunderts: Konflikt und Integration – Wirtschaft, Gesellschaft und Politik in der ‹Wohlfahrtsstadt›», in: Georg Kreis, Beat von Wartburg (Hgg.), *Basel – Geschichte einer städtischen Gesellschaft*, Basel 2000, 226–263.

Mooser 2009 – Josef Mooser, «Basel um 1900», in: Peter W. Heer et al. (Hgg.), *Vom Weissgerber zum Bundesrat. Basel und die Familie Brenner, 17.–20. Jahrhundert,* Basel 2009, 251–313.

Moppert 1961 – Oscar Moppert, *50 Jahre selbständige reformierte Basler Kirche 1911–1961,* Basel 1961.

Much 1908 – Rudolf Much, «Rezension Staehelin, Der Eintritt der Germanen in die Geschichte», in: *Zeitschrift für deutsches Altertum und deutsche Literatur* 50/4, 1908, 263–267.

Müller 1999 – Felix Müller, *Kelten an der Schnittstelle von Geschichte, Ethnographie und Archäologie,* in: *Eisenzeit* (= *SPM* 4), Basel 1999, 24–27.

Müller 2009 – Carl Werner Müller, *Nachlese. Kleine Schriften 2,* Berlin/New York 2009.

Müller 2020 – Felix Müller, *Rastlos. Das erstaunliche Leben des Archäologen und Erfinders Jakob Wiedmer-Stern (1876–1928),* Zürich 2020.

Müller et al. 2003 – Felix Müller et al., «Germanenerbe und Schweizertum: Archäologie im Dritten Reich und die Reaktionen in der Schweiz», in *JbSGU* 86, 2003, 191–198.

Mussolini 1934 – Benito Mussolini, *Scritti e Discorsi, Bd. V (1925–1926),* Mailand 1934.

Näf 1986 – Beat Näf, *Von Perikles zu Hitler? Die athenische Demokratie und die deutsche Althistorie bis 1945,* Bern u. a. 1986.

Näf 2001 – Beat Näf (Hg.), *Antike und Altertumswissenschaft in der Zeit von Faschismus und Nationalsozialismus. Kolloquium Universität Zürich 14.–17. Oktober 1998,* Mandelbachtal/Cambridge 2001.

Näf 2002 – Beat Näf, s. v. «Schweiz», in: *DNP* 15/2, 2002, Sp. 1120–1156.

Nagel 1995 – Anne Nagel, «‹Aux amateurs de la nature et de l'art›. Aubert Joseph Parents Ausgrabungen in Augst und der Forcartsche Garten in Basel», in: Burkard von Roda, Benno Schubiger (Hgg.), *Das Haus zum Kirschgarten und die Anfänge des Klassizismus in Basel,* Basel 1995, 169–184.

Nesselhauf/Lieb = Nesselhauf/Lieb 1960 – Herbert Nesselhauf, Hans Lieb, «Dritter Nachtrag zu CIL XIII. Inschriften aus den germanischen Provinzen und dem Treverergebiet», in: *BRGK* 40 (1959), 1960, 120–229.

Neukom 2002 – Claudia Neukom, *Schweiz I,7: Das übrige helvetische Gebiet* (= *CSIR Schweiz* I,7), Basel 2002.

Nippel 2013 – Wilfried Nippel, *Klio dichtet nicht. Studien zur Wissenschaftsgeschichte der Althistorie,* Frankfurt a. M. 2013.

Norden 1920 – Eduard Norden, *Die germanische Urgeschichte in Tacitus Germania,* Leipzig 1920.

Norden 1922 – Eduard Norden, *Die germanische Urgeschichte in Tacitus Germania,* Leipzig ^{2}1922.

Oechsli 1918 – Wilhelm Oechsli, *Quellenbuch zur Schweizergeschichte. Kleine Ausgabe,* Zürich ^{2}1918.

Olivier 1943 – Urbain Olivier, *Campagne de Bâle/Sonderbund,* hg. v. Frank Olivier, Lausanne 1943.

Osterwalder Maier 1991 – Christin Osterwalder Maier, «Die Rache der Unterlegenen: keltische Siege im mystischen Nebel», in: *ArchS* 14, 1991, 53–60.

Otto 1925 – Walter Otto, *Kulturgeschichte des Altertums. Ein Überblick über neue Erscheinungen,* München 1925.

Pesditschek 2010 – Martina Pesditschek, *Barbar, Kreter, Arier: Leben und Werk des Althistorikers Fritz Schachermeyr*, Saarbrücken 2010.

Peter-Müller/Babey 1983 – Irmgard Peter-Müller, Maurice Babey, *Seidenband in Basel*, Basel 1983.

Philipp 1920 – Hans Philipp, «Die helvetische Einwanderung. Ein Beitrag zur ältesten Geschichte der Schweiz», in: Eduard Norden, *Die germanische Urgeschichte in Tacitus Germania*, Leipzig 1920, 472–484.

Porter 2008 – James I. Porter, «Reception Studies: Future Prospects», in: Lorna Hardwick, Christopher Stray (Hgg.), *A Companion to Classical Receptions*, Malden u. a. 2008.

Quadri 2011 – Peter Quadri, s. v. «Sidler, Emil», in: *HLS-Online*, verfügbar unter: https://hls-dhs-dss.ch/de/articles/024941/2011-11-23/ [1. 12. 2023].

Rassmann et al. 2002 – Knut Rassmann, Karl Friedrich Rittershofer, Sigmar von Schnurbein, *Die Veröffentlichungen der Römisch-Germanischen Kommission*, in: *BRGK* 82 (2001), 2002, 363–394.

Rebenich 1997 – Stefan Rebenich, *Theodor Mommsen und Adolf Harnack. Wissenschaft und Politik im Berlin des ausgehenden 19. Jahrhunderts.* Mit einem Anhang: Edition und Kommentierung des Briefwechsels, Berlin 1997.

Rebenich 2000 – Stefan Rebenich, «Alfred Heuß. Ansichten seines Lebenswerkes», in: *HZ* 271, 2000, 661–673.

Rebenich 2001 – Stefan Rebenich, «Alte Geschichte in Demokratie und Diktatur. Der Fall Helmut Berve», in: *Chiron* 31, 2001, 457–496.

Rebenich 2002 – Stefan Rebenich, *Theodor Mommsen. Eine Biographie*, München 2002.

Rebenich 2008 – Stefan Rebenich, «‹Die Urgeschichte unseres Vaterlandes› – Theodor Mommsen, die Reichslimeskommission und die Konstruktion der deutschen Nationalgeschichte im 19. Jahrhundert», in: Michel Reddé, Siegmar von Schnurbein (Hgg.), *Alésia et la bataille du Teutoburg. Un parallèle critique des sources*, Ostfildern 2008, 105–120.

Rebenich 2010 – Stefan Rebenich, «Die Institutionalisierung der Alten Geschichte im 19. und 20. Jahrhundert. Wissenschaftshistorische Überlegungen zur Entwicklung des Faches», in: Leonhard Burckhardt (Hg.), *Das Seminar für Alte Geschichte in Basel. 1934–2007*, Basel 2010, 7–20.

Rebenich 2012 – Stefan Rebenich, «‹Geben Sie ihm eine gute Ermahnung mit auf den Weg und den Ordinarius.› Berufungspolitik und Schulbildung in der Alten Geschichte», in: Christian Hesse, Rainer Schwinges (Hgg.), *Professorinnen und Professoren gewinnen. Zur Geschichte des Berufungswesens an den Universitäten Mitteleuropas*, Basel 2012, 353–372.

Rebenich 2018 – Stefan Rebenich, «Der Prophet aus Basel», in: *ZIG* 12, 2018, 29–44.

Rebenich 2021 – Stefan Rebenich, *Die Deutschen und ihre Antike. Eine wechselvolle Beziehung*, Stuttgart 2021.

Rebenich/von Reibnitz/Späth 2010 – Stefan Rebenich, Barbara von Reibnitz, Thomas Späth, «Einführung: ‹Übersetzung der Antike›», in: Stefan Rebenich et al. (Hgg.), *Translating Antiquity. Antikebilder im europäischen Kulturtransfer*, Basel 2010.

Reck 1984 – Oskar Reck, «Medien», in: Lukas Burckhardt et al. (Hgg.), *Das politische System Basel-Stadt. Geschichte, Institutionen, Politikbereiche*, Basel 1984, 161–168.

Reichen 2012 – Quirinus Reichen, s. v. «Allgemeine Geschichtsforschende Gesellschaft der Schweiz (AGGS)», in: *HLS-Online*, verfügbar unter: http://www.hls-dhs-dss.ch/textes/d/D38329.php [1. 12. 2023].

Reinach 1928 – Salomon Reinach, «Rezension SRZ», in: *RA* 5/27, 1928, 224.

Reinhardt 1924 – Ludwig Reinhardt, *Helvetien unter den Römern. Geschichte der römischen Provinzial-Kultur,* Berlin 1924.

Reinhardt 2014 – Volker Reinhardt, *Schweizer Mythen,* Zürich 2014.

Rey 2002 – Toni Rey, «Über die Landesgrenzen: Die SGU und das Ausland zwischen den Weltkriegen im Spiegel der Jahresberichte», in: *JbSGU* 85, 2002, 231–253.

Reynold 1929 – Gonzague de Reynold, *La démocratie et la Suisse. Essai d'une philosophie de notre histoire nationale,* Bern 1929.

Rotach 1938 – U. Rotach, «Tigurum. Geschichte einer Namenswechslung», in: *Zürcher Monatschronik* 7/1–4, 1938, 2–6, 25–27, 47–51, 63–64.

Roth 1988 – Dorothea Roth, *Die Politik der Liberal-Konservativen in Basel 1875–1914,* Basel 1988.

Roth 2008 – Barbara Roth, s. v. «Martin, Paul-Edmond», in: *HLS-Online,* verfügbar unter: https://hls-dhs-dss.ch/de/articles/031582/2008-09-03/ [1. 12. 2023].

Rufer 1929 – Alfred Rufer, *Eine klerikal-fascistische Philosophie der Schweizergeschichte,* Bern 1929.

Ruprecht 2015 – Seraina Ruprecht, «Andreas Alföldi und die Alte Geschichte in der Schweiz», in: James H. Richardson, Federico Santangelo (Hgg.), *Andreas Alföldi in the Twenty-First Century,* Stuttgart 2015, 37–64.

Santschi 2002 – Catherine Santschi, s. v. «Berchem, Denis van», in: *HLS-Online,* verfügbar unter: https://hls-dhs-dss.ch/de/articles/010432/2002-06-26/ [1. 12. 2023].

Santschi 2009 – Eric Santschi, *Par delà la France et l'Allemagne : Gonzague de Reynold, Denis de Rougement et quelques lettrés libéraux suisses face à la crise de la modernité,* Neuchâtel 2009.

Sarasin 1952 – Hans Franz Sarasin, «Ansprache», in: Familie Staehelin, *Zur Erinnerung an Professor Dr. Felix Staehelin-Schwarz,* [Basel] 1952, 18–21.

Sarasin 1997 – Philipp Sarasin, *Stadt der Bürger. Bürgerliche Macht und städtische Gesellschaft. Basel 1846–1914,* Basel ^{2}1997.

Sarasin 2012 – Philipp Sarasin, *Michel Foucault zur Einführung,* Hamburg ^{5}2012.

Sarasin 2017 – Philipp Sarasin, «Diskursanalyse», in: Marianne Sommer et al. (Hgg.), *Handbuch der Wissenschaftsgeschichte,* Stuttgart 2017.

Sauter 1982 – Marc-R. Sauter, «Quelques aspects de l'histoire de la Société suisse de préhistoire et d'archéologie (SSPA)», in: *ArchS* 5 (1982), 34–42.

Schaad 2012 – Gabrielle Schaad, s. v. «Trog, Hans», in: *HLS-Online,* verfügbar unter: https://hls-dhs-dss.ch/de/articles/027777/2012-07-04/ [1. 12. 2023].

Schaffner 1984 – Martin Schaffner, «Geschichte des politischen Systems von 1833 bis 1905», in: Lukas Burckhardt et al. (Hgg.), *Das politische System Basel-Stadt. Geschichte, Institutionen, Politikbereiche,* Basel 1984, 37–53.

Scharbaum 2000 – Heike Scharbaum, *Zwischen zwei Welten: Wissenschaft und Lebenswelt am Beispiel des deutsch-jüdischen Historikers Eugen Täubler (1879–1953),* Münster u. a. 2000.

Schlange-Schöningen 2012 – Heinrich Schlange-Schöningen, s. v. «Jullian, Camille», in: *DNP* Suppl. 6, 2012, Sp. 630–631.

Schlunke 2016 – Olaf Schlunke, *Eduard Norden. Altertumswissenschaftler von Weltruf und «halbsemitischer Friese»,* Berlin 2016.

Schmidt 2019 – Tassilo Schmidt, «‹…mußte es nach allen Erfahrungen der Geschichte zum Kampf kommen›. Matthias Gelzer über: Der Rassengegensatz als geschichtlicher Faktor beim Ausbruch der römisch-karthagischen Kriege», in: Michael Sommer, Tassilo Schmidt (Hgg.), *Von Hannibal zu Hitler. «Rom und Karthago» 1943 und die deutsche Altertumswissenschaft im Nationalsozialismus,* Darmstadt 2019, 105–178.

Schneeberger 1929 – E. Schneeberger, «Rezension SRZ», in: *ZSG* 9, 1929, 208–211.

Schneider 1991 – Boris Schneider, «Ferdinand Keller und die Antiquarische Gesellschaft Zürich», in: *ArchS* 14, 1991, 14–18.

Schneider 2015 – Christoph Schneider, «Aufbruch in die eigene Antike: Die Basler entdecken ihre römische Vergangenheit im 16. Jahrhundert», in: Thomas Hufschmid, Barbara Pfäffli, (Hgg.), *Wiederentdeckt! Basilius Amerbach erforscht das Theater von Augusta Raurica,* Basel 2015, 11–22.

Schnurbein 2002 – Siegmar von Schnurbein, «Abriß der Entwicklung der Römisch-Germanischen Kommission unter den einzelnen Direktoren von 1911–2002», in: *BRGK* 82 (2001), 2002, 137–289.

Schnurbein 2022 – Siegmar von Schnurbein, «Gerhard Bersu und die ‹Studienfahrten deutscher und donauländischer Bodenforscher›», in: *BRGK* 100 (2019), 2022, 97–117.

Schoch 1953 – Paul Schoch-Bodmer, «Rezension SRZ[3]», in: *Gnomon* 25/6, 1953, 427–428.

Schubiger 1995 – Benno Schubiger, «Sehnsucht Antike: Basler Spurensuche nach einer verlorenen Zeit», in: Burkard von Roda, Benno Schubiger (Hgg.), *Das Haus zum Kirschgarten und die Anfänge des Klassizismus in Basel,* Basel 1995, 9–14.

Schucany 2016 – Caty Schucany, «Die Helvetier und das Jahr 69 n Chr.», in: *Pro Vindonissa* 2015, 2016, 53–58.

Schulthess 1886 – Otto Schulthess, *Vormundschaft nach attischem Recht,* Freiburg i. Br. 1886.

Schulthess 1891 – Otto Schulthess, *Der Prozess des C. Rabirius vom Jahre 63 v. Chr.,* Frauenfeld 1891.

Schulthess 1894 – Otto Schulthess, «Bericht 1878–1893: Griechische Staats- und Rechtsaltertümer», in: *Jahresbericht über die Fortschritte der classischen Altertumswissenschaft* 81, 1894, 1895, 117–181.

Schulthess 1895 – Otto Schulthess, «Rezension Ulrich von Wilamowitz-Möllendorff: Aristoteles und Athen», in: *Wochenschrift für Klassische Philologie* 12/35, 1895, Sp. 937–944.

Schulthess 1907 – Otto Schulthess, «Die Bauinschrift der Römerwarte beim Kleinen Laufen bei Koblenz», in: *ASA* NF 9, 1907, 190–197.

Schulthess 1913 – Otto Schulthess, «Neue römische Inschriften aus der Schweiz. I. Reihe: 1907–1912», in: *ASA* NF 15, 1913, 36–44.

Schulthess 1914a – Otto Schulthess, «Neue römische Inschriften aus der Schweiz. I. Reihe: 1907–1912, Fortsetzung», in: *ASA* NF 16, 1914, 105–118.

Schulthess 1914b – Otto Schulthess, «Zu den römischen Augenarztstempeln», in: *Festgabe für Hugo Blümner,* Zürich 1914, 173–185.

Schulthess, 1925 – Otto Schulthess, «Ein Dezennium römischer Forschung in der Schweiz (1914–1923)», in: *BRGK* 15 (1923/1924), 1925, 11–40.

Schulthess 1928 – Otto Schulthess, «Rezension SRZ», in: *JbSGU* 19, 1927, 110.

Schwabe et al. 1980 – Erich Schwabe, «100 Jahre Gesellschaft für Schweizerische Kunstgeschichte», in: *Unsere Kunstdenkmäler* 31, 1980, 317–365.

Schwarz 2000 – Peter-Andrew Schwarz, «Bemerkungen zur sog. Magidunum-Inschrift (CIL XIII 11543) und zum Grabstein eines actarius peditum (CIL XIII 11544)», in: *Tituli Rauracenses,* Bd. 1: *Testimonien und Aufsätze. Zu den Namen und ausgewählten Inschriften von Augst und Kaiseraugst,* Augst 2000, 147–171.

Schwarz 2012a – Peter-Andrew Schwarz, «Stähelin, Felix», in: *HLS-Online,* verfügbar unter: https://hls-dhs-dss.ch/de/articles/027109/2012-02-27/ [1.12.2023].

Schwarz 2012b – Peter-Andrew Schwarz, «Hans Dragendorff», in: Anna Laschinger, Annemarie Kaufmann-Heinimann (Hgg.), *Knochen, Scherben und Skulpturen. 100 Jahre Archäologie an der Universität Basel,* Basel 2012, 37–38.

Schwarz 2016 – Peter-Andrew Schwarz «Neue Forschungen zum spätantiken Hochrhein-Limes im Kanton Aargau II», in: *Pro Vindonissa* 2016, 45–73.

Schwarz et al. 2014 – Peter-Andrew Schwarz, «Neue Forschungen zum spätantiken Hochrhein-Limes im Kanton Aargau I», in: *Pro Vindonissa* 2014, 37–68.

Sieber 1995 – Marc Sieber, *Jacob Burckhardts gestörte Grabesruhe,* in: *BZG* 95, 1995, 191–205.

Simmen 1966 – Martin Simmen, *Im Dienste des Geistes. Zwei Luzerner Stiftungen,* Luzern 1966.

Simon 2013 – Christian Simon, «Zwischen Historismus und Geistiger Landesverteidigung. Geschichtswissenschaft an der Universität Basel im frühen 20. Jahrhundert», in: *BZG* 113, 2013, 53–100.

Simon 2022 – Christian Simon, *An der Peripherie des nazifizierten deutschen Hochschulsystems. Zur Geschichte der Universität Basel 1933–1945,* Basel 2022.

Simonett 1941 – Christoph Simonett, «Rezension Howald/Meyer, Die römische Schweiz», in: *RSAA* 3, 1941, 254–255.

SKPhB (Hgg.) 1987 – Seminar für klassische Philologie Basel (Hgg.), *125 Jahre Seminar für klassische Philologie Basel (1861/62–1986/87),* Basel 1987.

Söll-Tauchert 2011 – Sabine Söll-Tauchert, «‹ein ansehenlicher Schatz von allerley alten Müntzen, Kunst und Rariteten›. Das Amerbach-Kabinett», in: Sabine Söll-Tauchert (Hg.), *Die grosse Kunstkammer. Bürgerliche Sammler und Sammlungen in Basel,* Basel 2011, 41–58.

Söltenfuss 2012 – Anika Söltenfuss, s. v. «Wissowa, Georg», in: *DNP* Suppl. 6, 2012, Sp. 1328–1329.

Sommer/Schmidt 2019 – Michael Sommer, Tassilo Schmidt (Hgg.), *Von Hannibal zu Hitler. «Rom und Karthago» 1943 und die deutsche Altertumswissenschaft im Nationalsozialismus,* Darmstadt 2019.

Sonnabend 2012 – Holger Sonnabend, «Holleaux, Maurice», in: *DNP* Suppl. 6, 2012, Sp. 584.

Speidel 1996 – Michael Speidel, *Die römischen Schreibtafeln von Vindonissa. Lateinische Texte des militärischen Alltags und ihre geschichtliche Bedeutung,* Brugg 1996.

Spickermann 2018 – Wolfgang Spickermann, «Als die Götter lesen lernten: Keltisch-germanische Götternamen und lateinische Schriftlichkeit in Gallien und Germanien», in: Anne Kolb (Hg.), *Literacy in Ancient Everyday Life,* Berlin 2018, 239–260.

Stadler 1974 – Peter Stadler, «Zwischen Klassenkampf, Ständestaat und Genossenschaft. Politische Ideologien im schweizerischen Geschichtsbild der Zwischenkriegszeit», in: *HZ* 219, 1974, 290–358.

Stadler 1991 – Peter Stadler, «Neuere Historiographie. Beiträge der deutschen Schweiz seit 1945», in: *SZG* 41, 1991, 10–28.

Staehelin 1916 – Fritz Staehelin, *Lebenslauf von Fritz Staehelin. Für seine Frau geschrieben im November und Dezember 1916,* Herrnhut 1922.

Staehelin 1956 – Felix Staehelin, *Reden und Vorträge,* hg. v. Wilhelm Abt, Basel 1956.

Staehelin 1959 – Andreas Staehelin, *Geschichte der Universität Basel 1818–1835,* Basel 1959.

Staehelin 1960a – Andreas Staehelin (Hg.), *Professoren der Universität Basel aus fünf Jahrhunderten: Bildnisse und Würdigungen,* Basel 1960.

Staehelin 1960b – Ernst Staehelin, «Rudolf Staehelin», in: Andreas Staehelin (Hg.), *Professoren der Universität Basel aus fünf Jahrhunderten: Bildnisse und Würdigungen,* Basel 1960, 210–211.

Staehelin 1964 – Martin Staehelin, «Einleitung», zu: Felix Staehelin, «Beschreibung meiner Reise durch Mittelgriechenland, 1.–20. Februar 1898», hg. von Martin Staehelin, in: *BZG* 64, 1964, 217–221.

Staehelin et al. [3]1995 – Felix Staehelin, Fritz Staehelin-Bachmann, Andreas Staehelin, *Geschichte der Basler Familie Stehelin, Stähelin und Staehelin,* Basel [3]1995.

Stehlin 1911 – Karl Stehlin, «Bibliographie zu Augusta Raurica und Basilia», in: *BZG* 10, 1911, 38–180.

Stehlin 1994 – Karl Stehlin, *Ausgrabungen in Augst 1890–1934,* bearb. v. Constant Clareboets, hg. v. Alex R. Furger, Augst 1994.

Stehlin/Gonzenbach 1957 – Karl Stehlin, Victorine von Gonzenbach, *Die spätrömischen Wachttürme am Rhein von Basel bis zum Bodensee: 1. Untere Strecke: Von Basel bis Zurzach,* Basel 1957.

Steinmann 2004 – Steinmann, Martin s. v. Boos, Heinrich, in: *HLS-Online,* verfügbar unter: https://hls-dhs-dss.ch/de/articles/027021/2004-08-17/ [1. 12. 2023].

Strauss 2017 – Simon Strauss, *Von Mommsen zu Gelzer? Die Konzeption römisch-republikanischer Gesellschaft in «Staatsrecht» und «Nobilität»,* Stuttgart 2017.

Strobel 1996 – Karl Strobel, *Die Galater. Geschichte und Eigenart der keltischen Staatenbildung auf dem Boden des hellenistischen Kleinasien,* Berlin 1996.

Studniczka 1901 – Franz Studniczka, «Zur Einführung», in: Ferdinand Dümmler, *Kleine Schriften,* Bd. 1, Leipzig 1901, XI–XXIII.

Studniczka 1904 – Franz Studniczka, s. v. «Dümmler, Ferdinand», in: *Allgemeine Deutsche Biographie* 48, 1904, 163–166 [Online-Version],verfügbar unter: https://www.deutsche-biographie.de/pnd116238925.html#adbcontent [1. 12. 2023].

Suter et al. 1990 – Rudolf Suter et al., *ckdt (Basel). Streiflichter auf Geschichte und Persönlichkeiten des Basler Geschlechts Burckhardt,* Basel 1990.

Syme 1931 – Ronald Syme, «Rezension SRZ[2]», in: *JRS* 21, 1931, 301–302.

Tatarinoff 1912 – Eugen Tatarinoff, «Vereinsnachrichten: Vorstand und Sekretariat», in: *JbSGU* 5, 1912, 14–24.

Tatarinoff 1927 – Eugen Tatarinoff, «Rezension SRZ», in: *JbSGU* 19, 1927, 147.

Tatarinoff 1928 – Eugen Tatarinoff, «Rezension SRZ», in: *Solothurner Wochenblatt* 2, 14. 1. 1928, 3, 21. 1. 1928, 4, 28. 1. 1928.

Täubler 1924 – Eugen Täubler, *Bellum Helveticum. Eine Caesar-Studie,* Zürich 1924.

Täubler 1926a – Eugen Täubler, «Orgetorix», in: Eugen Täubler, *Tyche,* Leipzig/Berlin 1926, 137–166.

Täubler 1926b – Eugen Täubler, «Die letzte Erhebung der Helvetier», in: Eugen Täubler, *Tyche,* Leipzig/Berlin 1926, 167–179.

Teichmann 1885 – Albert Teichmann, *Die Universität Basel in den fünfzig Jahren seit ihrer Reorganisation im Jahre 1835,* Basel 1885.

Teichmann 1896 – Albert Teichmann, *Die Universität Basel in ihrer Entwicklung in den Jahren 1885–1895,* Basel 1896.

Teuteberg 2018 – Teuteberg, René, s. v. «Burckhardt, Albert», in: *HLS-Online,* verfügbar unter: http://www.hls-dhs-dss.ch/textes/d/D5951.php [1. 12. 2023].

Teuteberg et al. 2002 – René Teuteberg et al., *Albert Oeri. 1875 bis 1950. Journalist und Politiker aus Berufung*, Basel 2002.

Thomi 2013 – Severin Thomi, *Ein Schweizer Altertum. Die Antike im Werk «La démocratie et la Suisse» von Gonzague de Reynold*, Masterarbeit Bern 2013.

Thommen 1902 – Rudolf Thommen, «Die Geschichte unserer Gesellschaft», in: *BZG* 1, 1902, 202–247.

Thommen 1914 – Rudolf Thommen, *Die Universität Basel in den Jahren 1884–1913*, Basel 1914.

Tièche 1939 – Edouard Tièche, «Nachruf [Otto Schulthess]», in: Fam. Hardmeyer-Schulthess (Hgg.), *Otto Schulthess*, Winterthur 1939, 10–17.

Tièche 1941 – Edouard Tièche, «Otto Schultheß 1862–1939», SD aus: *Jahresbericht über die Fortschritte der classischen Altertumswissenschaft* 275, 1941.

Tréfas 2016 – David Tréfas, *Kleine Basler Pressegeschichte*, Basel 2016.

Trumm 2013 – Jürgen Trumm, «Rätsel um ein Rechteck: Anmerkungen zum sogenannten forum von Vindonissa», in: *Pro Vindonissa* 2013, 49–63.

Trümpy 1956 – Hans Trümpy, «Zu Gilg Tschudis epigraphischen Forschungen», in: *SZG* 6, 1956, 498–510.

Trümpy 1984 – Hans Trümpy, «Vom Wesen der Basler», in: Lukas Burckhardt et al. (Hgg.), *Das politische System Basel-Stadt. Geschichte, Institutionen, Politikbereiche*, Basel 1984, 145–153.

Tschudi 1960 – Rudolf Tschudi, «Albert Socin. 1844–1899», in: Andreas Staehelin (Hg.), *Professoren der Universität Basel aus fünf Jahrhunderten: Bildnisse und Würdigungen*, Basel 1960, 216–217.

Tschudin 2021 – Peter F. Tschudin, «Die doppelte Gründung der Colonia Raurica und die römische Befestigung der südlichen Rheingrenze», in: *BZG* 121, 113–125.

Tschumi 1921 – Otto Tschumi, «Die Altertumskunde im Unterricht. Vortrag, gehalten in der Aula des städtischen Gymnasiums an der Pestalozzifeier der stadtbernischen Lehrerschaft», in: *Berner Schulblatt* 54, 73–76; 90–92.

Tschumi 1926 – Otto Tschumi, *Urgeschichte der Schweiz*, Frauenfeld/Leipzig 1926.

Tschumi 1939 – Otto Tschumi, «Nachruf [Otto Schulthess]», in: Fam. Hardmeyer-Schulthess (Hgg.), *Otto Schulthess*, Winterthur 1939, 29–31 [= *Der Bund* 216, 1939].

Tschumi/Schulthess 1926 – Otto Tschumi, Otto Schulthess, *Römische Funde von Allmendingen bei Thun vom April 1926. Vorläufiger Bericht*, Zürich 1926.

Ungern-Sternberg 1985 – Jürgen von Ungern-Sternberg, «Einleitung», in: Eugen Täubler, *Der römische Staat*, hg. v. Jürgen von Ungern-Sternberg, Stuttgart 1985.

Ungern-Sternberg 1999 – Jürgen von Ungern-Sternberg, «Basel. Die Polis als Universität», in: Alexander Demandt (Hg.), *Stätten des Geistes*, Köln 1999, 187–204.

Ungern-Sternberg 2010 – Jürgen von Ungern-Sternberg, «Zur Geschichte der Alten Geschichte an der Universität Basel», in: Leonhard Burckhardt (Hg.), *Das Seminar für Alte Geschichte in Basel. 1934–2007*, Basel 2010, 53–90.

Ungern-Sternberg 2017 – Jürgen von Ungern-Sternberg, *Les chers ennemis. Deutsche und französische Altertumswissenschaftler in Rivalität und Zusammenarbeit*, Stuttgart 2017.

Ungern-Sternberg 2018 – Jürgen von Ungern-Sternberg, «Camille Jullian et l'Allemagne au fils des temps», in: Annick Fenet et al., *Hommes et patrimoines en guerre. L'heure du choix (1914–1918)*, Dijon 2018, 133–149.

van Berchem 1960a – Denis van Berchem, *Felix Staehelin. 1873–1952,* in: Staehelin, Andreas (Hg.), *Professoren der Universität Basel aus fünf Jahrhunderten: Bildnisse und Würdigungen,* Basel 1960, 338–339.

van Berchem 1960b – Denis van Berchem, «Alte Geschichte», in: Fritz Husner (Hg.), *Lehre und Forschung an der Universität Basel zur Zeit der Feier ihres fünfhundertjährigen Bestehens,* Basel 1960, 190–193.

Vigener 2012 – Marie Vigener, *«Ein wichtiger kulturpolitischer Faktor». Das Deutsche Archäologische Institut zwischen Wissenschaft, Politik und Öffentlichkeit, 1918–1945,* Rahden/Westf. 2012.

Vinogradov/Kryzickij 1995 – Jurij G. Vinogradov, Sergej D.Kryzickij, *Olbia. Eine altgriechische Stadt im nordwestlichen Schwarzmeerraum,* Leiden u. a. 1995.

Viollier 1916 – David Viollier, *Les sépultures du second âge du fer sur le plateau suisse,* Genf 1916.

Viollier 1927a – David Viollier, *Carte archéologique du Canton de Vaud des origines à l'époque de Charlemagne,* Lausanne 1927.

Viollier 1927b – David Viollier, «Rezension SRZ», in: *ASA* NF 29, 1927, 265–266.

Vischer 1956 – Eduard Vischer, *Barthold Georg Niebuhr und die Schweiz,* Stuttgart 1956. SD aus: *Die Welt als Geschichte* 16.

Vischer 1984 – Eduard Vischer, «Hermann Baechtold und das Studium der Geschichte im ersten Drittel unseres Jahrhunderts», in: Andreas Amiet, Anton Gössi (Hgg.), *Hermann Bächtold, Emil Dürr und der historische Zirkel Basel,* Basel 1984, 5–30.

Voegelin 1886 – Salomon Voegelin, «Wer hat zuerst die römischen Inschriften in der Schweiz gesammelt und erklärt?», in: *JSG* 11, 1886, 27–164.

Vogt 1948 – Emil Vogt, «Rezension SRZ³», in: *ZSG* 28, 1948, 522–524.

Von der Mühll 1960 – Peter Von der Mühll, «Ferdinand Dümmler. 1859–1896», in: Andreas Staehelin (Hg.), *Professoren der Universität Basel aus fünf Jahrhunderten. Bildnisse und Würdigungen,* Basel 1960, 264–265.

von Graffenried 2016 – Thomas von Graffenried, «Tätigkeitsbericht zum Archiv der Gesellschaft Pro Vindonissa», in: *Pro Vindonissa* 2016, 91–103.

Wachter 2004 – Rudolf Wachter, s. v. «Debrunner, Albert», in: *HLS-Online,* verfügbar unter: https://hls-dhs-dss.ch/de/articles/043434/2004-03-19/ [1. 12. 2023].

Wachter 2009 – Rudolf Wachter, s. v. «Niedermann, Max», in: *HLS-Online,* verfügbar unter: https://hls-dhs-dss.ch/de/articles/043448/2009-08-06/ [1. 12. 2023].

Wachter 2013 – Rudolf Wachter, s. v. «Wackernagel, Jacob», in: *HLS-Online,* verfügbar unter: http://www.hls-dhs-dss.ch/textes/d/D41196.php [1. 12. 2023].

Wackernagel 1891 – Jacob Wackernagel, *Das Studium des klassischen Altertums in der Schweiz,* Basel 1891.

Wackernagel 1952 – Hans Georg Wackernagel, «Ansprache», in: Familie Staehelin, *Zur Erinnerung an Professor Dr. Felix Staehelin-Schwarz,* [Basel] 1952, 15–17.

Wais 1940 – Gerhard Wais, *Die Alamannen in ihrer Auseinandersetzung mit der römischen Welt,* Berlin 1940.

Walser 1966 – Gerold Walser, «Nachwort», in: Theodor Mommsen, *Die Schweiz in römischer Zeit,* hg. v. Gerold Walser, Zürich 1966, 50–54.

Walser RIS = Walser 1977–1980 – Gerold Walser, *Römische Inschriften der Schweiz. Für den Schulunterricht ausgewählt, fotografiert und erklärt,* Bern 1977–1980.

Walser 1998 – Gerold Walser, *Bellum Helveticum. Studien zum Beginn der caesarischen Eroberung von Gallien,* Stuttgart 1998.

Wartmann 1862 – Hermann Wartmann, «Die Schweiz unter den Römern», in: *Neujahrsblatt/ Historischer Verein des Kantons St. Gallen,* 1862.

Wassermann 1969 – Felix Wassermann, «Jacob Burckhardts Großneffe als Student der klassischen Philologie in Göttingen: Ein Brief Alberts Oeris an Burckhardt aus dem Jahr 1896», in: *A&A* 15, 1960, 75–80.

Weber 1986 – Alfred R. Weber, «Die antiquarische Tätigkeit», in: *BZG* 86, 1986, 57–80.

Wecker 2000 – Regina Wecker, «Entwicklung zur Grossstadt», in: Georg Kreis, Beat von Wartburg (Hgg.), *Basel – Geschichte einer städtischen Gesellschaft,* Basel 2000, 195–220.

Weichenhan 2016 – Michael Weichenhan, *Der Panbabylonismus. Die Faszination des himmlischen Buches im Zeitalter der Zivilisation,* Berlin 2016.

Wernle 1912 – Paul Wernle, «Kirchliche Parteien und kirchliche Wahlen», in: *Neue Wege* 6, 1912, 220–236.

Wernle 1929 – Paul Wernle, «Paul Wernle», in: Erich Stange (Hg.), *Die Religionswissenschaft der Gegenwart in Selbstdarstellungen,* Bd. 5, Leipzig 1929, 207–251.

Wichers 2012 – Hermann Wichers, s. v. «Stähelin (BS)», in: *HLS-Online,* verfügbar unter: http://www.hls-dhs-dss.ch/textes/d/D25438.php [1. 12. 2023].

Wichers 2013 – Hermann Wichers, «Geschichte im Zeichen der Geistigen Landesverteidigung. Die Besetzung der Basler Historischen Lehrstühle 1935», in: *BZG* 113, 2013, 101–145.

Wilamowitz 1893 – Ulrich von Wilamowitz-Möllendorff, *Aristoteles und Athen,* Berlin 1893.

Winckler 1889 – Hugo Winckler, *Untersuchungen zur altorientalischen Geschichte,* Leipzig 1889.

Wirbelauer 2006 – Eckhard Wirbelauer, «Alte Geschichte und Klassische Archäologie», in: Eckhard Wirbelauer (Hg.), *Die Freiburger Philosophische Fakultät 1920–1960. Mitglieder – Strukturen – Vernetzungen,* München 2006, 111–237.

Wirbelauer 2016 – Eckhard Wirbelauer, «Die ‹Kreise› des Althistorikers Ernst Fabricius (1857–1942)», in: Karl. R. Krierer, Ina Friedmann (Hgg.), *Netzwerke der Altertumswissenschaften im 19. Jahrhundert. Beiträge der Tagung vom 30.–31. Mai 2014 an der Universität Wien,* Wien 2016, 249–266.

Wolters 1917 – Paul Wolters, *Aus Ferdinand Dümmlers Leben. Dichtungen, Briefe und Erinnerungen,* Leipzig 1917.

Wyss 1851 – Georg Wyss, «Über das römische Helvetien», in: *Archiv für schweizerische Geschichte* 7, 1851, 38–77.

Wyss 1952a – Bernhard Wyss, «Felix Staehelin: 1873–1952», in: *SZG* 2, 1952, 264–267.

Wyss 1952b – Bernhard Wyss, «Ansprache», in: Familie Staehelin, *Zur Erinnerung an Professor Dr. Felix Staehelin-Schwarz,* [Basel] 1952, 9–14.

Zala 2014 – Sacha Zala, «Krisen, Konfrontation, Konsens (1914–1949)», in: Georg Kreis (Hg.), *Die Geschichte der Schweiz,* Basel 2014, 491–593.

Zellweger 1952 – Eberhard Zellweger, «Predigt», in: Familie Staehelin, *Zur Erinnerung an Professor Dr. Felix Staehelin-Schwarz,* [Basel] 1952, 5–8.

Zimmermann 1991 – Karl Zimmermann, «Kelten und Helvetier im Spiegel historischer Festumzüge», in: *ArchS* 14 (1991), 37–45.

Zimmermann 2013 – Karl Zimmermann, s. v. «Tschumi, Otto», in: *HLS-Online,* verfügbar unter: https://hls-dhs-dss.ch/de/articles/009592/2013-11-05/ [1. 12. 2023].

Abbildungsverzeichnis

Anhang: Inhaltsverzeichnisse der drei Auflagen der *Schweiz in römischer Zeit*

Inhaltsverzeichnis 1. Auflage 1927

Inhaltsverzeichnis 2. Auflage 1931

Inhaltsverzeichnis 3. Auflage 1948

Zweiter Teil
DIE KULTUR

Beilagen:

Personenregister

In das Register aufgenommen wurden im Text erwähnte Personen, deren Wirken gänzlich oder teilweise in den Untersuchungszeitraum der vorliegenden Studie fällt. Ergänzend wurden Personen berücksichtigt, die letzteres Kriterium nicht erfüllen, jedoch für die Untersuchung von besonderer Relevanz sind.

Das Signet des Schwabe Verlags ist die Druckermarke der 1488 in Basel gegründeten Offizin Petri, des Ursprungs des heutigen Verlagshauses. Das Signet verweist auf die Anfänge des Buchdrucks und stammt aus dem Umkreis von Hans Holbein. Es illustriert die Bibelstelle Jeremia 23,29:
«Ist mein Wort nicht wie Feuer, spricht der Herr, und wie ein Hammer, der Felsen zerschmeisst?»